Introduction to Functions of Several variables

다변수 함수론 입문

미분을 중심으로

김종진 · 박성희 지음

KM 경문사

머리말

일상 생활의 여러 현상 및 자연을 기술하는 함수는 보통 여러 개의 변수를 가지는 다변수 함수이다. 이 책의 목적은 대학에서 미적분학(또는 해석학입문)과 선형대수학을 이미 공부한 학생들이 고등미적분학의 전통적인 주제(미분을 중심으로)를 체계적으로 학습하여 다변수함수론의 이론과 응용에 대한 이해가 깊어지도록 돕는 것이다.

유클리드 공간 사이에서 정의된 다변수함수의 이해를 위해 그 기본 토대인 유클리드 공간에 대한 이해가 선행되어야 하고, 이를 위해 벡터공간에 대한 이해가 수반되어야 한다. 또한, 해석학에 관한 연구의 기본 도구인 극한 개념을 다변수함수론에서도 다루기 위해 유클리드 공간 위의 거리 개념에 대한 기초지식과 이에 기초한 유클리드 공간의 초보적인 위상적 성질에 대한 이해가 필요하다. 게다가, 유클리드 공간 사이의 다변수함수는 행렬로 표현되고, 다변수함수의 미분은 주어진 점에서 그 함수와 가장 유사한 선형사상으로 정의되므로 (미분을 중심으로) 다변수함수를 공부하는 본질적인 토대는 선형대수학이다. 이런 이유로 관련된 일부 지식은 필요한 경우에 증명 없이 소개하였다.

이렇게 구성된 지식에 기반하여 본 교재에서는 다변수함수의 연속성과 미분법을 소개하고, 심화 주제로 다변수함수의 극값, 연쇄법칙, 역함수정리, 음함수정리, 다양체 등을 상세히 다룬다. 일부 익숙한 부분을 쉽게 익힐 수 있다면, 5,6,7,8,9장의 핵심부분은 한 학기 과정으로 다룰 수 있다.

이 책의 구성은 'Wendell Fleming'의 저서([6])를 토대로 하였고, 그 밖에 집필에 참고한 자료들은 참고문헌에 제시하였다. 한편, 독자들의 자기 주도적 학습에 도움을 주고자 제시된 연습문제에 대한 모범답안을 부록에 두었다.

이해를 돕기 위하여 이 책에서 많이 쓰인 표현에 대하여 부언(附言)을 하자면 다음과 같다.

- 각 절에 제시된 연습문제의 풀이는 해당문제의 끝에 표기된 번호와 일치하는 부록의 연습문제풀이의 번호를 찾아가면 확인할 수 있다.
- 함수를 정의할 때 (예로써) '$x \in A$일 때'의 표현 대신에 종종 다음과 같이 간단히 '$x \in A$'로 표현했다. 바꾸어 말하자면, 아래 그림에서 오른쪽 의미를 왼쪽과 같이 나타내어 표현하였다.

$$\chi_A(x) := \begin{cases} 1 & (x \in A) \\ 0 & (x \notin A) \end{cases} \iff \chi_E(x) := \begin{cases} 1 & (x \in A\text{일 때}) \\ 0 & (x \notin A\text{일 때}) \end{cases}$$

- 연습문제의 특정 번호를 인용할 때, (예로써) '연습문제 3.3의 5번 문제'는 간단히 '연습문제 3.3.5'로 나타냈다.

끝으로, 책을 내며 최선을 다해 오류를 수정하였지만 여전히 부족한 부분이 남아 있을 것으로 생각하고, 이에 대한 독자들의 소중한 의견을 기대하며 계속 보완하여 유익한 책이 되도록 노력하겠다. 또한 수년간 저자들의 강의를 수강하면서 원고의 수정을 도와준 학생들에게도 고마움을 전하고, 출판을 배려해주신 경문사 조경희 사장님과 임직원에게 깊이 감사드린다.

2022년 2월

차 례

제 0 장

준비학습

본 교재는 독자들이 실수계의 기본개념에 이미 익숙해 있는 것으로 간주하고, 우선 교재 전반에서 사용하게 될 몇 가지 통상적인 기본용어들을 소개하고자 한다.

0.1 수·집합

자연수(natural number), **정수(integer)**, **유리수(rational number)**, 그리고 **실수(real number)**들의 전체집합을 각각 $\mathbb{N}$, $\mathbb{Z}$, $\mathbb{Q}$, $\mathbb{E}$로 나타내고, 또한 $S \subset \mathbb{E}$ & $x \in \mathbb{E}$에 대하여

$$S_{\geq x} := \{t \in S : t \geq x\} \quad \& \quad S_{>x} := \{t \in S : t > x\}$$

로 간단히 쓴다. 여기서, 기호 ":="은 왼쪽의 기호가 오른쪽의 표현에 의하여 정의됨을 뜻한다.(1) 또한, 원소의 개수가 유한개인 집합을 **유한집합(finite set)**이라 하고, 집합 S의 원소의 개수를 간단히 $\#(S)$ 또는 $\#S$로 나타낸다.

참고 0.1.1. $m, n \in \mathbb{Z}$에 대하여 다음과 같이 정의한다.

- 조건 $n = 2k$ 또는 $n = 2k+1$을 만족하는 $k \in \mathbb{Z}$가 존재하면 정수 n을 각각 **짝수(even)** 또는 **홀수(odd)**라 한다.
- $m = nk$을 만족하는 $k \in \mathbb{Z}$가 존재하면 m을 n의 **배수(multiple)**라 하고, 이 경우 $n \neq 0$이면 n을 m의 **약수(divisor)**(2) 또는 **n이 m을 나눈다**고 한다. 이것을 간단히 $n|m$으로 그리고 그의 부정을 $n \nmid m$으로 나타낸다.
- 정수 k가 m의 약수임과 동시에 n의 약수이면 k를 m, n의 **공약수(common divisor)**라 한다. 특히 m, n중 적어도 하나가 0이 아닌 경우, m, n의 공약수 중 가장 큰 수를 **최대공약수(greatest common divisor)**라 하고 간단히 $\gcd(m, n)$으로 나타낸다.

(1) 기호":="는 통상적으로"equals by definition"으로 읽는다.
(2) 이 경우, n을 m의 **인수(factor)**라고도 한다.

- m, n중 적어도 하나가 0이 아니고 $\gcd(m, n) = 1$이면 m, n은 **서로소(coprime, relatively prime)** 또는 **서로 나눌 수 없다**고 한다. 그리고 m, n이 서로소인 경우 간단히 $(m, n) = 1$로 표기한다.
- 1과 자신을 제외한 양의 약수를 가지지 않는 2이상의 자연수를 **소수(prime, prime number)**라 한다.

예를 들면, 음의 정수 $-10 = 2 \cdot (-5)$와 $-13 = 2 \cdot (-7) + 1$는 각각 짝수와 홀수이고, $12 = 3 \cdot 4 = 3 \cdot 2 \cdot 2$은 약수 $\pm 2, \pm 3, \pm 4$를 가진다. 여기서 $2, 3$은 소수이지만 4는 소수가 아니다. 한편, 1은 모든 정수의 약수이고 임의의 정수는 0의 약수이며, 0은 모든 정수의 배수이지만 0이 아닌 정수의 약수는 아니다. 또한, -12의 양의 약수는 $1, 2, 3, 4, 6, 12$이고, 30의 양의 약수는 $1, 2, 3, 5, 6, 10, 15, 30$이므로 -12와 30의 양의 공약수는 $1, 2, 3, 6$이고, 특히 $\gcd(-12, 30) = 6$이다.

0.1.1 집합족

집합 $J(\neq \varnothing)$의 각 원소에 대하여 집합 A_j가 대응할 때, 집합족 $\{A_j : j \in J\}$를 첨수집합 J의 **첨수집합족(indexed family)**이라 한다. 더욱이, **합집합**과 **교집합**을 각각

$$\bigcup\{A_j : j \in J\} := \{x : \text{어떤 } j \in J\text{에 대하여 } x \in A_j\},$$

$$\bigcap\{A_j : j \in J\} := \{x : x \in A_j \ (\forall j \in J)\}$$

로 정의하고 합집합과 교집합에 대하여 아래와 같은 표현을 쓰기도 한다.

첨수집합(indexed set)	합집합(union)	교집합(intersection)
J	$\bigcup\{A_j : j \in J\},\ \bigcup_{j \in J} A_j$	$\bigcap\{A_j : j \in J\},\ \bigcap_{j \in J} A_j$
$J = \{1, 2, \cdots, n\}$	$\bigcup_{j=1}^{n} A_j$	$\bigcap_{j=1}^{n} A_j$
$J = \mathbb{N}$	$\bigcup_{j=1}^{\infty} A_j$	$\bigcap_{j=1}^{\infty} A_j$

명제 0.1.2. 첨수집합족 $\{A_j : j \in J\}$와 임의의 집합 B에 대하여 다음이 성립한다.

(a) $\bigcap_{j \in J} A_j \subset A_k \subset \bigcup_{j \in J} A_j \ \ (\forall k \in J)$.

(b) $B \cup \left(\bigcap_{j \in J} A_j\right) = \bigcap_{j \in J}(B \cup A_j)$.

(c) $B \cap \left(\bigcup_{j \in J} A_j\right) = \bigcup_{j \in J}(B \cap A_j)$.

전체집합([3]) X의 두 부분집합 A, B가 주어질 때, A의 원들 중에서 B와 공통인 원을 제외한 A의 원들로 이루어진 집합을 **A에 관한 B의 여집합(complement of B over A)**이라 하

([3]) 명제술어를 토론하려고 미리 정하는 변수의 범위를 **논의영역(domain of discourse)**이라 하고, 집합인 논의영역을 간단히 **전체집합(universal set)**이라 한다. 예를 들면, 만약 우리가 단지 **실수**에 대해 이야기하고 있었다면, 우리의 논의영역은 실수들 전체집합 $\mathbb{E}$이 될 것이다. 더욱이, 특정 논의영역에서 만들어진 모든 명제는 그 영역의 원소들에만 적용된다.

고 간단히 $A - B$ 또는 $A \setminus B$로 나타낸다. 즉,

$$A \setminus B = \{x : x \in A \;\&\; x \notin B\} = \{x \in A : x \notin B\}$$

이다. 또한,

- X에 관한 A의 여집합은 간단히 **A의 여집합(complement of A)**라 하고 종종 A^c로 나타낸다. 즉,

  $$A^c = X \setminus A = \{x \in X : x \notin A\}$$

  이다.

- 합집합 $A \cup B$에 관한 교집합 $A \cap B$의 여집합을 **A와 B의 대칭차집합(symmetric difference of A and B)**이라 하고 간단히 $A \triangle B$로 나타낸다. 즉,

  $$A \triangle B = (A \cup B) \setminus (A \cap B)$$

  이다.

주 의 **0.1.3.** 전체집합 X의 부분집합 $A,\ B,\ C \subset X$에 대하여 다음이 성립한다.

$$A - B = A \setminus B = A \cap B^c \quad \& \quad A \triangle B = (A - B) \cup (B - A),$$
$$A \cap (B \triangle C) = (A \cap B) \triangle (A \cap C)$$

정의 0.1.4. (a) 첨수집합 J가 가부번집합일 때, 집합족 $\{A_j : j \in J\}$를 **집합열(sequence of sets)**이라 하고 간단히 $(A_j)_{j \in J}$로 나타낸다. 특히, $J = \mathbb{N}$일 때, $(A_j)_{j \geq 1}$로 나타내기로 한다.([4])

(b) 집합열 $(A_j)_{j \geq 1}$가 주어질 때, 만일 $A_j \subset A_{j+1}\,(\forall j \in \mathbb{N})$을 만족하면 $(A_j)_{j \geq 1}$을 **단조증가집합열**이라 한다. 만일 $A_j \supset A_{j+1}\,(\forall j \in \mathbb{N})$을 만족하면 $(A_j)_{j \geq 1}$을 **단조감소집합열**이라 한다.

0.2 실수집합

조건 $a < b$를 만족하는 실수 $a, b \in \mathbb{E}$에 대하여 집합

$$(a,b) := \{x \in \mathbb{E} : a < x < b\}, \qquad [a,b] := \{x \in \mathbb{E} : a \leq x \leq b\},$$
$$[a,b) := \{x \in \mathbb{E} : a \leq x < b\}, \qquad (a,b] := \{x \in \mathbb{E} : a < x \leq b\}$$

를 각각 열린구간, 닫힌구간, 반열린(닫힌)구간이라 한다.

([4]) [정의] 집합 J와 자연수집합 $\mathbb{N}$사이에 전단사함수가 존재하면 J를 **가부번집합(denumerable set)**이라 한다. J가 유한집합이거나 가부번집합이면 집합 J를 **가산집합(countable set)**이라 한다.

0.2.1 상한·하한

정의 0.2.1. 집합 $S(\neq \varnothing) \subset \mathbb{E}$에 대하여 다음과 같이 정의한다.

- 조건 $x \le \alpha\,(\forall x \in S)$를 만족하는 실수 $\alpha \in \mathbb{E}$가 존재하면 집합 S는 **위로 유계(bounded above, bounded from above)**라 하고 실수 $\alpha \in \mathbb{E}$를 집합 S의 **상계(upper bound)**라 한다.

- 집합 S가 위로 유계일 때, S의 상계중 최소인 것을 S의 **상한(supremum)** 또는 **최소상계(least upper bound)**라 하고 간단히 $\sup S$로 나타낸다. 즉,

$$\alpha = \sup S \iff \begin{cases} \circ\ x \le \alpha \ \ (\forall x \in S); \\ \circ\ \lceil \alpha' \in \mathbb{E}\ \&\ \alpha' < \alpha \rfloor \implies \exists y \in S \ :\ \alpha' < y. \end{cases}$$

정의 0.2.2. 집합 $S(\neq \varnothing) \subset \mathbb{E}$에 대하여 다음과 같이 정의한다.

- 조건 $\beta \le x(\forall x \in S)$를 만족하는 실수 $\beta \in \mathbb{E}$가 존재하면 집합 S는 **아래로 유계(bounded below, bounded from below)**라 하고 실수 $\beta \in \mathbb{E}$를 집합 S의 **하계(lower bound)**라 한다.

- 집합 S가 아래로 유계일 때, S의 하계중 최대인 것을 S의 **하한(infimum)** 또는 **최대하계(greatest lower bound)**라 하고 간단히 $\inf S$로 나타낸다. 즉,

$$\beta = \inf S \iff \begin{cases} \circ\ x \ge \beta \ \ (\forall x \in S); \\ \circ\ \lceil \beta' \in \mathbb{E}\ \&\ \beta' > \beta \rfloor \implies \exists y \in S \ :\ y < \beta'. \end{cases}$$

명제 0.2.3. 집합 $S(\neq \varnothing) \subset \mathbb{E}$에 대하여 $-S := \{-x : x \in S\}$로 나타낼 때, 다음이 성립한다.

$$\sup(-S) = -\inf S.$$

공리 0.2.4. (완비성 공리) 비어 있지 않고 위로 유계인 집합은 최소상계를 갖는다. 즉, $S(\neq \varnothing) \subset \mathbb{E}$일 때 S가 위로 유계이면 $\sup S$가 존재하고, 특히 $\sup S \in \mathbb{E}$이다.

참고 0.2.5. 위로 유계인 집합들에 대한 완비성 공리 (공리 0.2.4)로부터 아래로 유계인 집합에 대한 완비성 공리를 유도할 수 있다. 즉, 집합 $S \subset \mathbb{E}$가 비어 있지 않고 아래로 유계이면 집합 $-S := \{-x : x \in S\}$가 비어 있지 않고 위로 유계이므로 상한 $\alpha := \sup(-S) \in \mathbb{E}$가 존재하고, 특히 $-\alpha$는 집합 S의 하한이다. 따라서,

"비어 있지 않고 아래로 유계인 집합은 최대하계를 갖는다."

주의 0.2.6. 모든 실수는 $\varnothing$의 상계이며 동시에 하계이므로

$$\sup \varnothing := -\infty \quad \& \quad \inf \varnothing := \infty$$

으로 약속한다.

정의 0.2.7. 집합 $S(\neq \varnothing) \subset \mathbb{E}$가 위로 유계임과 동시에 아래로 유계일 때, S를 **유계집합(bounded set)**이라 한다.

0.2.2 열린집합·닫힌집합

점 $x \in \mathbb{E}$와 양수 $\varrho > 0$에 대하여 집합 $(x-\varrho, x+\varrho)$를 중심이 $x \in \mathbb{E}$이고 반지름이 $\varrho > 0$인 **열린구간(open interval)**이라 한다. 점 $x \in A \subset \mathbb{E}$에 대하여 $(x-\varrho, x+\varrho) \subset A$를 만족하는 양수 $\varrho > 0$가 존재할 때, 점 $x \in A$를 집합 A의 **내점(interior point)**이라 한다. 또한 집합 A의 내점 전체집합을 A의 **내부(interior)**라 하고 간단히 $\mathrm{int}(A)$ 또는 $\mathrm{int}A$로 나타낸다.

정의 0.2.8. 실수의 부분집합 $B \subset \mathbb{E}$에 대하여 다음과 같이 정의한다.

- $B = \mathrm{int}(B)$일 때 집합 B를 **열린집합(open set)**이라 한다.
- $B^c = \mathbb{E} \setminus B$가 열린집합인 경우, 집합 B를 **닫힌집합(closed set)**이라 한다.

정리 0.2.9. 실수 $\mathbb{E}$ 위의 모든 열린집합은 서로소인 열린구간들 가산개의 합집합으로 표현된다.

[증명] 비어 있지 않은 열린집합 $G \subset \mathbb{E}$가 주어질 때, 임의의 점 $x \in G$를 생각하면 $G \subset \mathbb{E}$가 열린집합이므로 $(x-\varrho, x+\varrho) \subset G$를 만족하는 양수 $\varrho > 0$가 존재한다. 따라서

$$I_x := \bigcup \{I : I \subset G \ \& \ I\text{는 } x\text{를 포함하는 열린구간}\}$$

라 두면 I_x는 조건 $I_x \subset G$을 만족하는 열린구간이다. 특히, $x, x' \in G$ & $x \neq x'$에 대하여 $I_x \cap I_{x'} \neq \varnothing$라 하면 $I_x \cup I_{x'} \subset G$는 x, x'을 포함하는 열린구간이다. 따라서

$$I_x \subset I_x \cup I_{x'} \subset I_{x'} \quad \& \quad I_{x'} \subset I_x \cup I_{x'} \subset I_x$$

을 만족하므로 $I_x = I_x \cup I_{x'} = I_{x'}$을 얻는다. 즉, $x, x' \in G$ & $x \neq x'$이면 $I_x = I_{x'}$이거나 또는 $I_x \cap I_{x'} = \varnothing$이다. 특히, $G = \bigcup_{x \in G} I_x$이고 각 I_x는 유리수를 포함하므로 $\{I_x : x \in G\}$는 가산집합이다. □

0.2.3 아르키메데스 성질

완비성 공리의 중요한 결과 중 하나인 '아르키메데스 성질'을 소개한다. 이것은 자연수 전체집합 $\mathbb{N}$이 실수 전체집합 $\mathbb{E}$의 부분집합으로서 위로 유계가 아님을 의미한다.

정리 0.2.10. (아르키메데스 성질, Archimedean Property) 자연수 전체집합 $\mathbb{N}$은 위로 유계가 아니다.

다음 정리는 '아르키메데스 성질'에 대한 몇 가지 유용한 동치명제를 알려준다.

정리 0.2.11. 다음 명제들은 정리 0.2.10과 각각 동치이다.

(*a*) 실수 $x \in \mathbb{E}$가 임의로 주어지면 $n > x$인 자연수 $n \in \mathbb{N}$을 찾을 수 있다.

(*b*) 양수 $x > 0$와 실수 $y \in \mathbb{E}$가 임의로 주어지면 $nx > y$인 자연수 $n \in \mathbb{N}$이 존재한다.

(*c*) 양수 $x > 0$가 임의로 주어지면 $nx > 1$인 자연수 $n \in \mathbb{N}$을 찾을 수 있다.

0.2.4 무한소 원리

다음은 간단하지만 교재 전반에 걸쳐 자주 유용하게 활용되므로 잘 숙지해 두기 바란다.

명제 0.2.12. (무한소원리I, Infinitesimal Principle I) 실수 $a, b \in \mathbb{E}$에 대하여

$$a \leq b + \epsilon \ (\forall \epsilon > 0) \implies a \leq b \tag{1}$$

가 성립한다.

[증명] 결론을 부정하여 $a > b$라 가정하면 $\epsilon := (a-b)/2 > 0$이고

$$b + \epsilon = b + \frac{a-b}{2} = \frac{a+b}{2} < \frac{a+a}{2} = a$$

이다. 그러나 이것은 (1)의 가정에 모순이다. □

명제 0.2.13. (무한소원리II, Infinitesimal Principle II) 음이 아닌 두 실수 $a, b \geq 0$에 대하여

$$\epsilon b \leq a \ \ (\forall \epsilon \in (0,1)) \implies b \leq a$$

가 성립한다.

[증명] $b = 0$이면 분명히 성립하므로, $b > 0$인 경우를 살펴보기로 하자. 그 때, 주어진 가정에 의하여 $a > 0$이다. 만일 $a < b$를 가정하고 $0 < \frac{a}{b} < \epsilon < 1$을 만족하도록 양수 $\epsilon > 0$을 취하면 $\epsilon b > a$를 얻게되어 모순에 이른다. 그러므로 주어진 명제는 참임을 알 수 있다. □

0.2.5 상극한·하극한

실수열로부터 정의되는 상극한과 하극한의 개념에 대하여 살펴보기로 하고, 좀더 자세한 내용은 참고문헌([1])을 보기 바란다.

정의 0.2.14. 수열 $(x_n)_{n\geq 1} \subset \mathbb{E}$(5) 이 주어질 때,

$$\limsup_{n\to\infty} x_n := \inf_{k\geq 1}\left(\sup_{n\geq k} x_n\right) \quad \& \quad \liminf_{n\to\infty} x_n := \sup_{k\geq 1}\left(\inf_{n\geq k} x_n\right)$$

을 각각 수열 $(x_n)_{n\geq 1} \subset \mathbb{E}$의 상극한(upper limit) 그리고 하극한(lower limit)이라 한다.

참고 **0.2.15.** 수열 $(x_n)_{n\geq 1} \subset \mathbb{E}$이 주어질 때, 각 자연수 $k \in \mathbb{N}$에 대하여

$$b_k := \sup_{n\geq k} x_n \quad \& \quad c_k := \inf_{n\geq k} x_n$$

라 두면 다음을 만족한다.

$$\begin{cases} \circ \ -\infty \leq c_k \leq b_k \leq \infty\,; \\ \circ \ b_{k+1} \leq b_k \ (\forall\, k \in \mathbb{N})\,; \\ \circ \ c_k \leq c_{k+1} \ (\forall\, k \in \mathbb{N}). \end{cases}$$

(5) [기호 정의] $x_n \in \mathbb{E}\,(\forall n \in \mathbb{N})$인 수열 $(x_n)_{n\geq 1}$를 간단히 $(x_n)_{n\geq 1} \subset \mathbb{E}$로 표기한다.

특히,

$$\begin{aligned}
\limsup_{n\to\infty} x_n &= \lim_{k\to\infty} b_k = \lim_{k\to\infty}\left(\sup_{n\geq k} x_n\right), \\
\liminf_{n\to\infty} x_n &= \lim_{k\to\infty} c_k = \lim_{k\to\infty}\left(\inf_{n\geq k} x_n\right), \\
\limsup_{n\to\infty}(-x_n) &= -\liminf_{n\to\infty} x_n, \\
-\infty \leq \liminf_{n\to\infty} x_n &\leq \limsup_{n\to\infty} x_n \leq \infty
\end{aligned} \tag{2}$$

이 성립함을 알 수 있다.

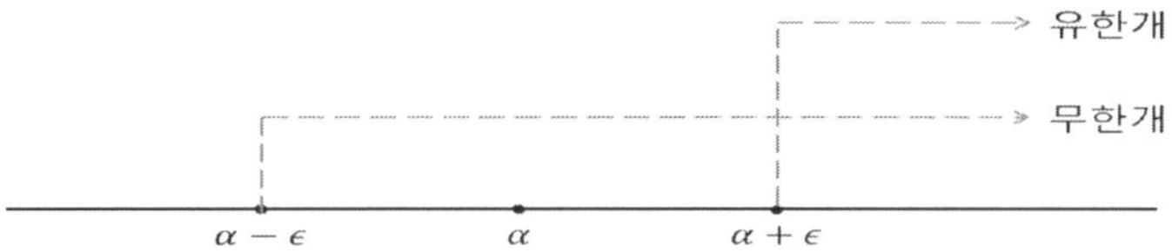

그림 1: 상극한 $\limsup_{n\to\infty} x_n = \alpha$의 이해

다음은 상극한에 관한 성질로서 정의 0.2.14를 다시 기술한 것에 불과하다.

명제 0.2.16. 실수열 $(x_n)_{n\geq 1} \subset \mathbb{E}$과 실수 $\alpha \in \mathbb{E}$에 대하여 다음이 성립한다.

$$\alpha = \limsup_{n\to\infty} x_n \iff \begin{cases} \circ\ \forall\epsilon > 0,\ \exists n_0 \in \mathbb{N}\ :\ n \geq n_0 \implies x_n < \alpha + \epsilon; \\ \circ\ \forall\epsilon > 0\ \&\ \forall n \in \mathbb{N},\ \exists k \in \mathbb{N}\ (k \geq n)\ :\ \alpha - \epsilon < x_k. \end{cases}$$

[증명] ($\Longrightarrow$) 임의의 양수 $\epsilon > 0$을 정해두면 다음이 성립한다.

- $\inf_{k\geq 1}\left(\sup_{n\geq k} x_n\right) = \alpha$이므로 $\sup_{k\geq n_0} x_k < \alpha + \epsilon$을 만족하는 자연수 $n_0 \in \mathbb{N}$가 존재하므로

$$k \geq n_0 \implies x_k < \alpha + \epsilon$$

  을 만족한다.

- $\inf_{k\geq 1}\left(\sup_{n\geq k} x_n\right) > \alpha - \epsilon$이므로 각 자연수 $k \in \mathbb{N}$에 대하여 $\sup_{n\geq k} x_n > \alpha - \epsilon$이 성립하므로 조건

$$\begin{cases} \circ\ n_k \geq k \\ \circ\ x_{n_k} > \alpha - \epsilon \end{cases}$$

  을 만족하는 자연수 $n_k \in \mathbb{N}$이 존재한다.

($\Longleftarrow$) 임의의 양수 $\epsilon > 0$을 정해두자. 이때, 첫 번째 조건에 의하여 $\sup_{k\geq n_0} x_k \leq \alpha + \epsilon$을 만족하는 자연수 $n_0 \in \mathbb{N}$가 존재하므로

$$\limsup_{n\to\infty} x_n = \inf_{n\geq 1}\left(\sup_{k\geq n} x_k\right) \leq \alpha + \epsilon$$

이다. 그러나 ϵ이 임의의 양수이므로 '무한소원리I'을 적용하면

$$\limsup_{n\to\infty} x_n \le \alpha$$

가 성립한다. 한편, 두 번째 조건에 따르면

$$\sup_{k\ge n} x_k > \alpha - \epsilon \quad (\forall n \in \mathbb{N})$$

이므로

$$\limsup_{n\to\infty} x_n = \inf_{n\ge 1}\left(\sup_{k\ge n} x_k\right) \ge \alpha - \epsilon$$

이다. 그러나 ϵ이 임의의 양수이므로 '무한소원리I'에 의하여

$$\limsup_{n\to\infty} x_n \ge \alpha$$

가 성립하고, 이로써

$$\limsup_{n\to\infty} x_n = \alpha$$

을 얻는다. □

명제 0.2.17. 실수열 $(x_n)_{n\ge1} \subset \mathbb{E}$이 주어질 때, 다음이 성립한다.

(a) $\limsup_{n\to\infty} x_n = \infty \iff \forall M \in \mathbb{E}\ \&\ \forall n \in \mathbb{N},\ \exists k \in \mathbb{N}(k \ge n)\ :\ x_k > M.$

(b) $\limsup_{n\to\infty} x_n = -\infty \iff \forall M \in \mathbb{E},\ \exists m \in \mathbb{N}\ :\ n \ge m \implies x_n < M.$

비슷한 방법으로 하극한에 관한 성질을 기술하면 다음과 같다.

명제 0.2.18. 실수열 $(x_n)_{n\ge1} \subset \mathbb{E}$과 실수 $\beta \in \mathbb{E}$에 대하여 다음이 성립한다.

$$\beta = \liminf_{n\to\infty} x_n \iff \begin{cases} \circ\ \forall \epsilon > 0,\ \exists n_0 \in \mathbb{N}\ :\ n \ge n_0 \implies \beta - \epsilon < x_n; \\ \circ\ \forall \epsilon > 0\ \&\ \forall n \in \mathbb{N},\ \exists k \in \mathbb{N}(k \ge n)\ :\ x_k < \beta + \epsilon. \end{cases}$$

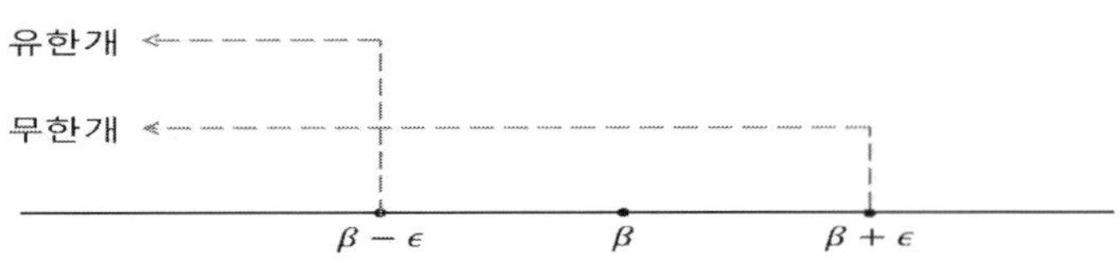

그림 2: 하극한 $\liminf_{n\to\infty} x_n = \beta$의 이해

명제 0.2.19. 실수열 $(x_n)_{n\ge1} \subset \mathbb{E}$이 주어질 때, 다음이 성립한다.

(a) $\liminf_{n\to\infty} x_n = \infty \iff \forall M \in \mathbb{E},\ \exists m \in \mathbb{N}\ :\ n \ge m \implies x_n > M.$

(b) $\liminf_{n\to\infty} x_n = -\infty \iff \forall M \in \mathbb{E}\ \&\ \forall n \in \mathbb{N},\ \exists k \in \mathbb{N}(k \ge n)\ :\ x_k < M.$

명제 0.2.20. 유계인 두 실수열 $(x_n)_{n\geq 1} \subset \mathbb{E}$ & $(y_n)_{n\geq 1} \subset \mathbb{E}$에 대하여 다음이 성립한다.([6])

$$\begin{aligned}\liminf_{n\to\infty} x_n + \liminf_{n\to\infty} y_n &\leq \liminf_{n\to\infty}(x_n + y_n) \\ &\leq \limsup_{n\to\infty} x_n + \liminf_{n\to\infty} y_n \\ &\leq \limsup_{n\to\infty}(x_n + y_n) \leq \limsup_{n\to\infty} x_n + \limsup_{n\to\infty} y_n.\end{aligned}$$

명제 0.2.21. 유계수열 $(x_n)_{n\geq 1} \subset \mathbb{E}$와 영이 아닌 실숫값으로 수렴하는 수열 $(y_n)_{n\geq 1} \subset \mathbb{E}$에 대하여 다음이 성립한다.

(a) $\limsup_{n\to\infty}(x_n + y_n) = \limsup_{n\to\infty} x_n + \lim_{n\to\infty} y_n$

(b) $\limsup_{n\to\infty} x_n y_n = \left(\limsup_{n\to\infty} x_n\right)\left(\lim_{n\to\infty} y_n\right)$

(c) $\liminf_{n\to\infty}(x_n + y_n) = \liminf_{n\to\infty} x_n + \lim_{n\to\infty} y_n$

(d) $\liminf_{n\to\infty} x_n y_n = \left(\liminf_{n\to\infty} x_n\right)\left(\lim_{n\to\infty} y_n\right)$

0.3 사상

먼저, '사상'에 관한 성질을 증명 없이 서술하고, 좀 더 자세한 내용에 대해서는 참고문헌([1])을 찾아보기 바란다. 저자에 따라 공변역이 실수집합 또는 복소수집합일 때, 사상을 '함수'라 언급하기도 한다. 본서에서 '사상'이라는 용어는 일반적인 의미로 사용될 것임을 미리 안내해 둔다.

정의 0.3.1. 사상 $f : X \longrightarrow Y$가 주어질 때, 집합 $A \subset X$와 집합 $B \subset Y$에 대하여 각각

$$f(A) := \{f(x) \in Y : x \in A\} \quad \& \quad f^{-1}(B) := \{x \in X : f(x) \in B\}$$

라 두고, $f(A)$를 사상 f에 의한 집합 A의 **상(image)**이라 하고, $f^{-1}(B)$를 사상 f에 의한 집합 B의 **역상(inverse image)**이라 한다.

정의 0.3.2. 집합 X, Y & $A(\neq \varnothing) \subset X$에 대하여 다음과 같이 정의한다.

- 사상 $f : X \longrightarrow Y$와 집합 $A \subset X$가 주어질 때, $f|_A(x) := f(x)\ (\forall x \in A)$로 정의된 사상 $f|_A : A \longrightarrow Y$를 f의 **제한사상(restriction map)**이라 한다.
- 사상 $g : A \longrightarrow Y$가 주어질 때, $h|_A = g$를 만족하는 사상 $h : X \longrightarrow Y$를 g의 **확장사상(extension map)**이라 한다.

실숫값을 갖는 함수에 관한 몇 가지 용어를 살펴 보기로 한다.

정의 0.3.3. 집합 X와 함수 $f, g : X \longrightarrow \mathbb{E}$, 그리고 실수 $\lambda \in \mathbb{E}$가 주어질 때, 다음과 같이 정의한다.

([6]) [정의] 수열 $(x_n)_{n\geq 1} \subset \mathbb{E}$에 대하여 조건 $|x_n| \leq M\ (\forall n \in \mathbb{N})$을 만족하는 양수 $M > 0$이 존재할 때 수열 $(x_n)_{n\geq 1}$을 **유계(bounded)**라 한다.

(a) **(함수의 연산)** 각 원소 $x \in X$에 대하여

$$(f+g)(x) := f(x)+g(x), \qquad (f-g)(x) := f(x)-g(x),$$
$$(fg)(x) := f(x)g(x), \qquad (f/g)(x) := f(x)/g(x) \ (\text{단, } g(x) \neq 0)$$
$$|f|(x) := |f(x)|, \qquad (\lambda f)(x) := \lambda f(x)$$

로 함수 $f \pm g, fg, \lambda f, |f| : X \longrightarrow \mathbb{E}$와 $f/g : X \setminus \{x : g(x) = 0\} \longrightarrow \mathbb{E}$(7) 를 정의한다.

(b) 조건 $|f(x)| \leq M \ (\forall x \in X)$을 만족하는 양수 $M > 0$이 존재하면 함수 f는 집합 X위에서 **유계(bounded)**라 한다.

정의 0.3.4. 구간 $I \subset \mathbb{E}$와 함수 $f : I \longrightarrow \mathbb{E}$에 대하여 다음과 같이 정의한다.

(a) 조건 「$x, y \in I \ \& \ x < y \implies f(x) \leq f(y)$」를 만족하면 함수 f는 구간 I(위)에서 **단조증가(monotone increasing)**한다.

(b) 조건 「$x, y \in I \ \& \ x < y \implies f(x) \geq f(y)$」를 만족하면 함수 f는 구간 I(위)에서 **단조감소(monotone decreasing)**한다.(8)

정의 0.3.5. 구간 $I \subset \mathbb{E}$와 함수 $f : I \longrightarrow \mathbb{E}$에 대하여 다음과 같이 정의한다.

(a) 조건 「$x, y \in I \ \& \ x < y \implies f(x) < f(y)$」를 만족하면 함수 f는 구간 I(위)에서 **순증가(strictly increasing)**한다.

(b) 조건 「$x, y \in I \ \& \ x < y \implies f(x) > f(y)$」를 만족하면 함수 f는 구간 I(위)에서 **순감소(strictly decreasing)**한다.

정의 0.3.6. 집합 X(위)에서 정의된 함수 $f_n : X \longrightarrow \mathbb{E} \ (\forall n \in \mathbb{N})$이 조건

$$\exists M > 0 \ : \ |f_n(x)| \leq M \ \ (\forall x \in X \ \& \ \forall n \in \mathbb{N})$$

을 만족하면 함수열 $(f_n)_{n \geq 1}$이 집합 X(위)에서 **균등유계(uniformly bounded)**라 한다.

---

(7) 함수 f/g를 종종 $\frac{f}{g}$로도 나타낸다.
(8) 단조증가(감소)함수를 간단히 **'증가(감소)함수'**라 하고, 또한 종종 **'단조증가함수'**와 **'단조감소함수'**를 통틀어 간단히 **'단조함수'**라 부른다.

연습문제 0.1

1. 집합 $A(\neq \varnothing) \subset \mathbb{E}$에 대하여 다음이 성립함을 보여라.[1]

   (가) 만일 최대원 $\max A$가 존재하면 $\max A = \sup A$이다.

   (나) 만일 최소원 $\min A$가 존재하면 $\min A = \inf A$이다.

2. 위로 유계인 두 집합 $A, B(\neq \varnothing) \subset \mathbb{E}$에 대하여 다음이 성립함을 보여라.(9) [2]

   (가) $\sup(A \cup B) = \max\{\sup A, \sup B\}$ (나) $\sup(A+B) = \sup A + \sup B$

3. 아래로 유계인 두 집합 $A, B(\neq \varnothing) \subset \mathbb{E}$에 대하여 다음이 성립함을 보여라.[3]

   (가) $\inf(A \cup B) = \min\{\inf A, \inf B\}$ (나) $\inf(A+B) = \inf A + \inf B$

4. 집합 $A(\neq \varnothing) \subset \mathbb{E}$가 주어질 때, 만일 A가 위로 유계이면 $\inf(-A) = -\sup A$이고, 만일 A가 아래로 유계이면 $\sup(-A) = -\inf A$임을 보여라.(10) [4]

5. 수렴하는 두 실수열 $(x_n)_{n\geq 1}, (y_n)_{n\geq 1} \subset \mathbb{E}$가 주어질 때, 다음이 성립함을 보여라. 단, $x_n \xrightarrow{n\to\infty} x$이고 $y_n \xrightarrow{n\to\infty} y$이다.[5]

   (가) $\lim_{n\to\infty} \max\{x_n, y_n\} = \max\{x, y\}$ (나) $\lim_{n\to\infty} \min\{x_n, y_n\} = \min\{x, y\}$

6. 명제 0.2.17를 증명하여라.[6]

7. 명제 0.2.18을 증명하여라.[7]

8. 명제 0.2.19을 증명하여라.

9. 명제 0.2.20을 증명하여라.[8]

10. 유계수열 $(x_n)_{n\geq 1}, (y_n)_{n\geq 1} \subset \mathbb{E}_{>0}$에 대하여 다음이 성립함을 보여라.[9]

$$\begin{aligned}
\left(\liminf_{n\to\infty} x_n\right)\left(\liminf_{n\to\infty} y_n\right) &\leq \liminf_{n\to\infty}(x_n y_n) \\
&\leq \begin{cases} \left(\liminf_{n\to\infty} x_n\right)\left(\limsup_{n\to\infty} y_n\right) \\ \text{또는} \\ \left(\limsup_{n\to\infty} x_n\right)\left(\liminf_{n\to\infty} y_n\right) \end{cases} \\
&\leq \limsup_{n\to\infty}(x_n y_n) \\
&\leq \left(\limsup_{n\to\infty} x_n\right)\left(\limsup_{n\to\infty} y_n\right).
\end{aligned}$$

---

(9) [기호 정의] $A + B := \{a + b \in \mathbb{E} : a \in A \ \& \ b \in B\}$.

(10) [기호 정의] $-A := \{-a \in \mathbb{E} : a \in A\}$.

11. 명제 0.2.21를 증명하여라.[10]

12. 비어 있지 않은 두 집합 A, B와 유계함수 $\phi : A \times B \longrightarrow \mathbb{E}$에 대하여 다음이 성립함을 보여라.[11]

(가) $\displaystyle\sup_{(x,y)\in A\times B} \phi(x,y) = \sup_{x\in A}\left[\sup_{y\in B}\phi(x,y)\right]$

(나) $\displaystyle\inf_{(x,y)\in A\times B} \phi(x,y) = \inf_{x\in A}\left[\inf_{y\in B}\phi(x,y)\right]$

제 1 장

유클리드 공간

직선, 평면 그리고 공간등을 좀더 전문적이고 일반적인 수학적 용어를 이용하여 일차원, 이차원 그리고 삼차원 (벡터)공간 등으로 표현할 수 있다. 따라서 이들을 나타내는 집합의 대표적인 표현방법을 생각하는 것은 자연스럽다. 먼저, 실수 접체집합을 $\mathbb{E}$로 나타내고, 자연수 $n \in \mathbb{N}$이 주어질 때, 집합 $\mathbb{E}^n$을 귀납적으로 다음과 같이 정의한다:

$$\mathbb{E}^1 := \mathbb{E};$$
$$\mathbb{E}^n := \mathbb{E}^{n-1} \times \mathbb{E} \quad (\text{단}, n > 1).$$

$\mathbb{E}^2$의 원소는 순서쌍 (x, y) (단, $x, y \in \mathbb{E}^1$)이고 $\mathbb{E}^3$의 원소는 순서쌍 $((x, y), z))$ (단, $(x, y) \in \mathbb{E}^2$ & $z \in \mathbb{E}^1$)이다.

주의 1.0.7. 집합 $A \times B \times C$의 원 (a, b, c)가 정해지는 것은 $a \in A, b \in B, c \in C$를 이 순서로 정하는 것과 동치이며, 또 집합 $(A \times B) \times C$의 원 $((a, b), c)$를 정하는 것은 먼저 집합 $A \times B$의 원 (a, b), 다음에 집합 C의 원 c를 정하는 것과 동치이지만, (a, b)를 정하는 것은 먼저 $a \in A$, 다음에 $b \in B$를 정하는 것과 동치이기 때문에 결국 $A \times B \times C$와 $(A \times B) \times C$의 원 사이에는 괄호에 의한 기법의 차이 밖에는 없다. 그런데 데카르트 곱에 있어서 괄호의 기법은 편의상의 것에 불과하므로 실제로 두 집합은 서로 동일한 것이며 집합 $A \times (B \times C)$도 같은 이유로 동일하다. 즉,

$$A \times B \times C = (A \times B) \times C = A \times (B \times C)$$

이다. 이러한 관점에서 3개의 집합 A, B, C의 데카르트 곱을 당초부터

$$A \times B \times C := A \times (B \times C)$$

로 정의할 수 있고, n개의 집합 $A_1, \cdots, A_n$의 데카르트 곱은

$$A_1 \times A_2 \times \cdots \times A_n := (A_1 \times A_2 \times \cdots \times A_{n-1}) \times A_n$$

과 같이 귀납적으로 정의할 수 있다. 특히 이 기법에 의하면

$$A^n = A^{n-1} \times A$$

이며, n차원 (데카르트) 공간은

$$\mathbb{E}^n = \underbrace{\mathbb{E} \times \cdots \times \mathbb{E}}_{n\text{-번}} = \{(x^1, x^2, \cdots, x^n) : x^i \in \mathbb{E}\ (\forall i \in \{1, \cdots, n\})\}$$

로 표현된다.

일반적으로 $\mathbb{E}^n$의 각 원소는 순서를 가지며, $\mathbf{x} := (x^1, x^2, \cdots, x^n) \in \mathbb{E}^n$일 때 각 $i = 1, \cdots, n$에 대하여 x^i를 $\mathbf{x}$의 i-번째 좌표(i-th coordinate of $\mathbf{x}$)라 한다. 한편, $n \geq 2$일 때 $\mathbf{x}$를 **다변수(多變數, multivariable)**라 말한다.

앞으로, 특별한 언급이 없다면, 교재 전반에서 $\mathbf{x} \in \mathbb{E}^n$일 때 $\mathbf{x}$의 i-번째 좌표는 항상 x^i로 나타낸다. 즉,

$$\mathbf{x} = (x^1, x^2, \cdots, x^n) \in \mathbb{E}^n$$

로 표기한다.

1.1 유클리드 내적공간 $\mathbb{E}^n$

임의의 두 원소 $\mathbf{x}, \mathbf{y} \in \mathbb{E}^n$와 스칼라([1]) $\lambda \in \mathbb{E}^1$에 대하여

$$\begin{aligned} \mathbf{x} + \mathbf{y} &:= (x^1 + y^1, x^2 + y^2, \cdots, x^n + y^n); \\ \lambda\mathbf{x} &:= (\lambda x^1, \lambda x^2, \cdots, \lambda x^n) \end{aligned}$$

로 정의하면 다음이 성립한다.([2]) 단, $\mathbf{x}, \mathbf{y}, \mathbf{z} \in \mathbb{E}^n$, $\lambda, \mu \in \mathbb{E}^1$ & $\mathbf{0} := (0, \cdots, 0) \in \mathbb{E}^n$이다.

(a) $\mathbf{x} + \mathbf{y} = \mathbf{y} + \mathbf{x}$. (벡터합에 대한 교환성)

(b) $(\mathbf{x} + \mathbf{y}) + \mathbf{z} = \mathbf{x} + (\mathbf{y} + \mathbf{z})$. (벡터합에 대한 결합성)

(c) $\mathbf{x} + \mathbf{0} = \mathbf{x}$. (벡터합에 대한 항등원)

(d) $\mathbf{x} + (-1)\mathbf{x} \equiv \mathbf{x} + (-\mathbf{x}) = \mathbf{0}$. (벡터합에 대한 역원)

(e) $\lambda(\mathbf{x} + \mathbf{y}) = \lambda\mathbf{x} + \lambda\mathbf{y}$. (벡터합에 대한 스칼라곱의 분배성)

(f) $(\lambda + \mu)\mathbf{x} = \lambda\mathbf{x} + \mu\mathbf{x}$. (체의 합에 대한 벡터의 분배성)

([1]) 여러가지 대수적인(代數的, algebraic) 체계에서 기본으로 삼고 있는 수의 체계, 즉 기본체(basic field)의 원소를 **스칼라(scalar)**라고 부른다. 미적분학에서는 실수체가 기본체이고, 이때 실수가 스칼라이다. 이 단어는 라틴어 'scala'에서 유래하였는데, 그것은 처음에는 '사다리'를 뜻하다가 나중에는 그 뜻이 넓어져서 사다리의 계단과 같이 '일정한 간격의 표시'를 뜻하기도 하였다[Schwartzman].

([2]) (a) commutativity of vector addition, (b) associativity of vector addition, (c) identity element of vector addition, (d) inverse element of vector addition, (e) distributivity of scalar multiplication with respect to vector addition, (f) distributivity of scalar multiplication with respect to field addition, (g) compatibility of scalar multiplication with field multiplication, (h) identity element of scalar multiplication.

(g) $\lambda(\mu\mathbf{x}) = (\lambda\mu)\mathbf{x} = \mu(\lambda\mathbf{x})$. (체의 곱과 스칼라곱의 호환성)

(i) $1\mathbf{x} = \mathbf{x}$. (스칼라곱의 항등원)

(h) $0\mathbf{x} = \mathbf{0}$.

특히, $(\mathbb{E}^n, +,$ 스칼라곱셈$)$은 실수체 $\mathbb{E}^1$ 위의 벡터공간을 이룬다. 이 벡터공간을 앞으로 간단히 $\mathbb{E}^n$로 나타내기로 한다.

이제, 벡터공간 $\mathbb{E}^n$ 위에 '거리'(distance)와 '각(도)'(angle) 등 해석학의 주요 개념을 도입하기 위해서 우선 '내적'(內積)을 도입하자.

유클리드 내적(Euclidean inner product)은

$$\mathbf{x} \cdot \mathbf{y} := \sum_{i=1}^{n} x^i y^i \quad (\forall\, \mathbf{x}, \mathbf{y} \in \mathbb{E}^n)$$

로 정의된 사상 $\cdot : \mathbb{E}^n \times \mathbb{E}^n \longrightarrow \mathbb{E}^1$을 의미한다. 예를 들어, $k \in \mathbb{N}$일 때 두 벡터 $\mathbf{x}$, $\mathbf{y} \in \mathbb{E}^n$ (단, $n \in \{1, \cdots, k\}$)에 대하여 다음이 성립한다.

n	$\mathbf{x} \cdot \mathbf{y}$
1	x^1y^1
2	$x^1y^1 + x^2y^2$
3	$x^1y^1 + x^2y^2 + x^3y^3$
$\vdots$	$\vdots$
k	$x^1y^1 + x^2y^2 + \cdots + x^ky^k$

명제 1.1.1. (유클리드 내적의 기본 성질) $\mathbf{x}, \mathbf{y}, \mathbf{z} \in \mathbb{E}^n$ & $\lambda \in \mathbb{E}^1$일 때 다음이 성립한다.

(a) $\mathbf{x} \cdot \mathbf{y} = \mathbf{y} \cdot \mathbf{x}$ (b) $(\mathbf{x} + \mathbf{y}) \cdot \mathbf{z} = \mathbf{x} \cdot \mathbf{z} + \mathbf{y} \cdot \mathbf{z}$ (c) $(\lambda\mathbf{x}) \cdot \mathbf{y} = \lambda(\mathbf{x} \cdot \mathbf{y})$

(d) $\mathbf{x} \cdot \mathbf{x} \geq 0$ (e) $\mathbf{x} \cdot \mathbf{x} = 0 \iff \mathbf{x} = \mathbf{0}$

유클리드 내적을 가지는 벡터공간 $\mathbb{E}^n$을 보통 **유클리드 내적공간(Euclidean inner product space)**라 하고, 종종 $\mathbb{E}^n \equiv (\mathbb{E}^n, \cdot)$로 나타낸다.([3])

([3]) 벡터공간 위의 일반적인 '내적'과 '내적공간'은 다음과 같이 정의한다.

정의 1.1.2. 실수체 $\mathbb{E}^1$ 위의 벡터공간 V가 주어지고 함수 $\langle\ ,\ \rangle : V \times V \longrightarrow \mathbb{E}^1$가 임의의 $u, v, w \in V$와 임의의 $\alpha \in \mathbb{E}^1$에 대하여 조건

(a) $\langle u, v\rangle = \langle v, u\rangle$ (b) $\langle u + v, w\rangle = \langle u, w\rangle + \langle v, w\rangle$ (c) $\langle \alpha u, w\rangle = \alpha\langle u, w\rangle$

(d) $\langle u, u\rangle \geq 0$ (e) $\langle u, u\rangle = 0 \iff u = 0$

을 만족할 때, $\langle\cdot,\cdot\rangle$을 벡터공간 V 위의 **내적(inner product)**이라 하고, $(V, \langle\cdot,\cdot\rangle)$를 **내적공간(inner product space)**이라 한다.

유클리드 내적공간 $\mathbb{E}^n$ 위에서 유클리드 내적을 이용하여 함수 $\|\cdot\|_u : \mathbb{E}^n \longrightarrow \mathbb{E}^1$을 각 $\mathbf{x} \in \mathbb{E}^n$에 대하여

$$\|\mathbf{x}\|_u := (\mathbf{x} \cdot \mathbf{x})^{\frac{1}{2}}$$

로 정의하고, $\|\mathbf{x}\|_u$를 $\mathbf{x}$의 **유클리드 노름(Euclidean norm)** 또는 **(벡터 $\mathbf{x}$의) 길이(length of $\mathbf{x}$)**라 한다. 예를 들어, $k \in \mathbb{N}$일 때 벡터 $\mathbf{x} \in \mathbb{E}^n$ (단, $n \in \{1, \cdots, k\}$)에 대하여 다음이 성립한다.(4)

n	$\|\mathbf{x}\|_u$
1	$\sqrt{x^2} \equiv \lvert x \rvert$
2	$\sqrt{(x^1)^2 + (x^2)^2}$
3	$\sqrt{(x^1)^2 + (x^2)^2 + (x^3)^2}$
$\vdots$	$\vdots$
k	$\sqrt{(x^1)^2 + (x^2)^2 + \cdots + (x^k)^2}$

다음 결과는 '유클리드 내적'과 '유클리드 노름'의 관계를 알려준다.

정리 1.1.3. (코시-슈바르츠 부등식, Cauchy-Schwarz inequality) 임의의 두 벡터 $\mathbf{x}, \mathbf{y} \in \mathbb{E}^n$에 대하여 부등식

$$|\mathbf{x} \cdot \mathbf{y}| \le \|\mathbf{x}\|_u \|\mathbf{y}\|_u \tag{1.1}$$

가 성립한다. 즉,

$$\left| \sum_{k=1}^{n} x^k y^k \right| \le \sqrt{\sum_{k=1}^{n} (x^k)^2} \sqrt{\sum_{k=1}^{n} (y^k)^2} \quad (\forall \mathbf{x}, \mathbf{y} \in \mathbb{E}^n).$$

[증명] $\|\mathbf{x}\|_u = 0$ 또는 $\|\mathbf{y}\|_u = 0$일 때 분명 $\mathbf{x} \cdot \mathbf{y} = 0$이므로 (1.1)의 등식이 성립한다. 이제, $\|\mathbf{x}\|_u \ne 0$ & $\|\mathbf{y}\|_u \ne 0$을 가정하면, 임의의 $t \in \mathbb{E}^1$에 대하여

$$0 \le \|\mathbf{x} + t\mathbf{y}\|_u^2 = \|\mathbf{x}\|_u^2 + 2t(\mathbf{x} \cdot \mathbf{y}) + \|\mathbf{y}\|_u^2 t^2 \tag{1.2}$$

이고, 특히 (1.2)의 우변은 t에 관한 이차식이므로 '판별식'(判別式, discriminant)을 적용하면

$$4(\mathbf{x} \cdot \mathbf{y})^2 - 4\|\mathbf{x}\|_u^2 \|\mathbf{y}\|_u^2 \le 0 \quad \text{또는} \quad |\mathbf{x} \cdot \mathbf{y}|^2 \le \|\mathbf{x}\|_u^2 \|\mathbf{y}\|_u^2$$

이므로 (1.1)이 성립한다. □

따름정리 1.1.4. 벡터 $\mathbf{x}, \mathbf{y} \in \mathbb{E}^n$ (단, $\mathbf{y} \ne \mathbf{0}$)에 대하여 다음이 성립한다.

(a) $|\mathbf{x} \cdot \mathbf{y}| = \|\mathbf{x}\|_u \|\mathbf{y}\|_u \iff \ulcorner \exists\, t_0 \in \mathbb{E}^1 : \mathbf{x} = t_0 \mathbf{y} \lrcorner$.

(b) $\mathbf{x} \cdot \mathbf{y} = \|\mathbf{x}\|_u \|\mathbf{y}\|_u \iff \ulcorner \exists\, t_0 \in \mathbb{E}^1$ (단, $t_0 \ge 0$) $: \mathbf{x} = t_0 \mathbf{y} \lrcorner$.

(4) [주의] 유클리드 노름을 나타내는 기호 $\|\cdot\|_u$의 오른쪽 아래첨자 u는 '유클리드 노름'이 유클리드 공간 $\mathbb{E}^n$ 위의 **'통상적인 노름'(usual norm)** 임을 강조하기 위하여 'usual'의 첫 철자를 따서 표기한 것이다.

[증명] (a) ($\Longrightarrow$) $t_0 := -\frac{\mathbf{x}\cdot\mathbf{y}}{\|\mathbf{y}\|_u^2} \in \mathbb{E}^1$라 두면

$$\|\mathbf{x}+t_0\mathbf{y}\|_u^2 = \|\mathbf{x}\|_u^2 - \frac{|\mathbf{x}\cdot\mathbf{y}|}{\|\mathbf{y}\|_u^2} = 0$$

이므로 $\mathbf{x} = -t_0\mathbf{y}$이다.

($\Longleftarrow$) 조건 $\mathbf{x} = t_0\mathbf{y}$을 만족하는 실수 $t_0 \in \mathbb{E}^1$에 대하여

$$|\mathbf{x}\cdot\mathbf{y}| = |(t_0\mathbf{y})\cdot\mathbf{y}| = |t_0|\|\mathbf{y}\|_u^2 = \|t_0\mathbf{y}\|\|\mathbf{y}\|_u = \|\mathbf{x}\|_u\|\mathbf{y}\|_u$$

가 성립한다.

(b) ($\Longrightarrow$) $\mathbf{x}\cdot\mathbf{y} = \|\mathbf{x}\|_u\|\mathbf{y}\|_u \geq 0$이므로 $t_0 := -\frac{\mathbf{x}\cdot\mathbf{y}}{\|\mathbf{y}\|_u^2} \in \mathbb{E}^1$라 두면 $t_0 \leq 0$이고, 또한 (a)의 증명에 확인한 바와 같이 $\mathbf{x} = -t_0\mathbf{y}$이 성립한다.

($\Longleftarrow$) 조건 $\mathbf{x} = t_0\mathbf{y}$을 만족하는 실수 $t_0 \in \mathbb{E}^1$ (단, $t_0 \geq 0$)에 대하여

$$\mathbf{x}\cdot\mathbf{y} = (t_0\mathbf{y})\cdot\mathbf{y} = t_0\|\mathbf{y}\|_u^2 = \|t_0\mathbf{y}\|\|\mathbf{y}\|_u = \|\mathbf{x}\|_u\|\mathbf{y}\|_u$$

가 성립한다. □

따름정리 1.1.4에 의하여 다음을 쉽게 유도할 수 있다.

주 의 1.1.5. 두 벡터 $\mathbf{x}, \mathbf{y} \in \mathbb{E}^n$ (단, $\mathbf{y} \neq \mathbf{0}$)에 대하여 다음이 성립한다.

$$\|\mathbf{x}+\mathbf{y}\|_u = \|\mathbf{x}\|_u + \|\mathbf{y}\|_u \iff \ulcorner \exists t_0 \in \mathbb{E}^1 \text{ (단, } t_0 \geq 0) : \mathbf{x} = t_0\mathbf{y} \lrcorner.$$

명제 1.1.6. (유클리드 노름의 기본 성질) $\mathbf{x}, \mathbf{y} \in \mathbb{E}^n$ & $\lambda \in \mathbb{E}^1$일 때 다음이 성립한다.

(a) $\|\mathbf{x}\|_u \geq 0$

(b) $\|\mathbf{x}\|_u = 0 \iff \mathbf{x} = \mathbf{0}$

(c) $\|\lambda\mathbf{x}\|_u = |\lambda|\|\mathbf{x}\|_u$

(d) $\|\mathbf{x}+\mathbf{y}\|_u \leq \|\mathbf{x}\|_u + \|\mathbf{y}\|_u$

명제 1.1.6의 (c) & (d)로부터 다음을 얻으며, 이 또한 삼각부등식이라 한다.

따름정리 1.1.7. (삼각부등식, triangle inequality) $\mathbf{x}, \mathbf{y} \in \mathbb{E}^n$에 대하여 다음이 성립한다.

$$\big|\|\mathbf{x}\|_u - \|\mathbf{y}\|_u\big| \leq \|\mathbf{x} \pm \mathbf{y}\|_u \leq \|\mathbf{x}\|_u + \|\mathbf{y}\|_u$$

[증명] 명제 1.1.6의 (d)에 의하여 부등식

$$\begin{cases} \circ\ \|\mathbf{x}\|_u = \|\mathbf{x}-\mathbf{y}+\mathbf{y}\|_u \leq \|\mathbf{x}-\mathbf{y}\|_u + \|\mathbf{y}\|_u\,; \\ \circ\ \|\mathbf{y}\|_u = \|\mathbf{y}-\mathbf{x}+\mathbf{x}\|_u \leq \|\mathbf{y}-\mathbf{x}\|_u + \|\mathbf{x}\|_u = \|\mathbf{x}-\mathbf{y}\|_u + \|\mathbf{x}\|_u \end{cases}$$

이므로 $\|\mathbf{x}\|_u - \|\mathbf{y}\|_u \leq \|\mathbf{x}-\mathbf{y}\|_u$ & $\|\mathbf{y}\|_u - \|\mathbf{x}\|_u \leq \|\mathbf{x}-\mathbf{y}\|_u$이고, 특히

$$-\|\mathbf{x}-\mathbf{y}\|_u \leq \|\mathbf{x}\|_u - \|\mathbf{y}\|_u \leq \|\mathbf{x}-\mathbf{y}\|_u$$

가 성립하여 바라는 결과를 얻는다. 나머지 증명은 생략한다 (연습문제 1.1.9 참조). □

정리 1.1.3에 따르면, 두 벡터 $\mathbf{x}$, $\mathbf{y} \in \mathbb{E}^n \setminus \{\mathbf{0}\}$에 대하여 부등식

$$\left| \frac{\mathbf{x} \cdot \mathbf{y}}{||\mathbf{x}||_u ||\mathbf{y}||_u} \right| \leq 1$$

이 성립하므로

$$\cos\theta = \frac{\mathbf{x} \cdot \mathbf{y}}{||\mathbf{x}||_u ||\mathbf{y}||_u}$$

를 만족하는 유일한 $\theta \in [0, \pi]$가 존재한다. 이를 고려하여, 두 벡터 $\mathbf{x}$와 $\mathbf{y}$의 **사잇각(angle)** $\measuredangle(\mathbf{x}, \mathbf{y})$를

$$\measuredangle(\mathbf{x}, \mathbf{y}) := \cos^{-1}\left(\frac{\mathbf{x} \cdot \mathbf{y}}{||\mathbf{x}||_u ||\mathbf{y}||_u} \right) \in [0, \pi] \tag{1.3}$$

로 정의한다. 특히, $\mathbf{x} \cdot \mathbf{y} = 0$인 경우, 벡터 $\mathbf{x}$와 $\mathbf{y}$는 **직교(orthogonal)**한다고 말하고 간단히

$$\mathbf{x} \perp \mathbf{y}$$

로 나타낸다.

보기 1.1.8. 벡터 $\mathbf{x} = (1, 2, -1)$ & $\mathbf{y} = (2, 1, 1)$에 대하여 다음이 성립한다.

$$\cos(\measuredangle(\mathbf{x}, \mathbf{y})) = \frac{\mathbf{x} \cdot \mathbf{y}}{\|\mathbf{x}\|_u \|\mathbf{y}\|_u} = \frac{1}{2}$$

관찰 1.1.9. 벡터 $\mathbf{x}$, $\mathbf{y} \in \mathbb{E}^n \setminus \{\mathbf{0}\}$에 대하여 다음 등식이 성립한다.

$$\|\mathbf{x} + \mathbf{y}\|_u^2 = (\mathbf{x} + \mathbf{y}) \cdot (\mathbf{x} + \mathbf{y}) = \|\mathbf{x}\|_u^2 + 2(\mathbf{x} \cdot \mathbf{y}) + \|\mathbf{y}\|_u^2 ;$$
$$\|\mathbf{x} - \mathbf{y}\|_u^2 = (\mathbf{x} - \mathbf{y}) \cdot (\mathbf{x} - \mathbf{y}) = \|\mathbf{x}\|_u^2 - 2(\mathbf{x} \cdot \mathbf{y}) + \|\mathbf{y}\|_u^2$$

관찰 1.1.9에 의하여 다음이 성립함을 쉽게 확인할 수 있다.

명제 1.1.10. 임의의 두 벡터 $\mathbf{x}$, $\mathbf{y} \in \mathbb{E}^n$에 대하여 다음이 성립한다.

(a) $\|\mathbf{x} + \mathbf{y}\|_u^2 + \|\mathbf{x} - \mathbf{y}\|_u^2 = 2\|\mathbf{x}\|_u^2 + 2\|\mathbf{y}\|_u^2$. **(평행사변형 법칙, parallelogram law)**

(b) $\|\mathbf{x} + \mathbf{y}\|_u \|\mathbf{x} - \mathbf{y}\|_u \leq \|\mathbf{x}\|_u^2 + \|\mathbf{y}\|_u^2$.

(c) $4(\mathbf{x} \cdot \mathbf{y}) = \|\mathbf{x} + \mathbf{y}\|_u^2 - \|\mathbf{x} - \mathbf{y}\|_u^2$.

(d) $\mathbf{x} \cdot \mathbf{y} = 0 \iff \|\mathbf{x} \pm \mathbf{y}\|_u^2 = \|\mathbf{x}\|_u^2 + \|\mathbf{y}\|_u^2$.

우선, 유클리드 내적공간 $\mathbb{E}^n$ 위의 n개의 단위벡터([5])

$$\boldsymbol{\epsilon}_1 := (1, 0, \cdots, 0), \ \ \boldsymbol{\epsilon}_2 := (0, 1, \cdots, 0), \ \ \cdots \ \ , \ \ \boldsymbol{\epsilon}_n := (0, 0, \cdots, 1)$$

을 생각하면, 임의의 $\mathbf{x} = (x^1, x^2, \cdots, x^n) \in \mathbb{E}^n$에 대하여

$$\mathbf{x} = (x^1, x^2, \cdots, x^n) = \sum_{i=1}^{n} x^i \boldsymbol{\epsilon}_i$$

([5]) 길이가 1인 벡터는 **단위벡터(unit vector)**라 한다.

이 성립하므로 $\{\epsilon_1, \epsilon_2, \cdots, \epsilon_n\}$은 벡터공간 $\mathbb{E}^n$을 생성한다. 더욱이 $\{\epsilon_1, \epsilon_2, \cdots, \epsilon_n\}$은 일차 독립이므로 $\{\epsilon_1, \epsilon_2, \cdots, \epsilon_n\}$은 벡터공간 $\mathbb{E}^n$의 **기저(basis)**를 이룬다. 따라서 유클리드 내적공간 $\mathbb{E}^n$은 n차원 벡터공간이다. 문헌에서 $\{\epsilon_1, \epsilon_2, \cdots, \epsilon_n\}$을 종종 **$\mathbb{E}^n$의 표준기저(standard basis)**라 부른다.

정의 1.1.11. $\mathbb{E}^n$의 한 기저 $\{\mathbf{u}_1, \mathbf{u}_2, \cdots, \mathbf{u}_n\} \subset \mathbb{E}^n$가 조건[6]

$$\mathbf{u}_i \cdot \mathbf{u}_j = \delta_{ij} \quad (\forall i, j \in \{1, \cdots, n\})$$

를 만족하면 $\{\mathbf{u}_1, \mathbf{u}_2, \cdots, \mathbf{u}_n\}$을 $\mathbb{E}^n$에 대한 **정규직교기저(orthonormal basis)**라 한다.

보기 1.1.12. 유클리드 내적공간 $\mathbb{E}^n$ 위의 n개의 단위벡터 $\{\epsilon_1, \epsilon_2, \cdots, \epsilon_n\}$은 $\mathbb{E}^n$에 대한 정규직교기저이다.

1.1.1 내적공간 $\mathbb{E}^n \times \mathbb{E}^m$

벡터 $\mathbf{x} \in \mathbb{E}^n$ & $\mathbf{y} \in \mathbb{E}^m$에 대하여

$$z^j := \begin{cases} x^j & (1 \le j \le n) \\ y^{j-n} & (n+1 \le j \le n+m) \end{cases}$$

라 두면, 순서쌍 $(\mathbf{x}, \mathbf{y}) \in \mathbb{E}^n \times \mathbb{E}^m$는 벡터 $\mathbf{z} = (z^1, z^2, \cdots, z^{n+m}) \in \mathbb{E}^{n+m}$을 결정한다. 역으로, 벡터 $\mathbf{w} \in \mathbb{E}^{n+m}$에 대하여

$$\mathbf{u} := (w^1, \cdots, w^n) \quad \& \quad \mathbf{v} := (w^{n+1}, \cdots, w^{n+m})$$

라 두면, 순서쌍 $(\mathbf{u}, \mathbf{v}) \in \mathbb{E}^n \times \mathbb{E}^m$이 결정되고 벡터 $\mathbf{w}$와 같다. 이런 맥락에서, 주의 1.0.7에서와 같은 이유로

$$\mathbb{E}^n \times \mathbb{E}^m \equiv \mathbb{E}^{n+m}$$

으로 간주할 수 있다. 더욱이, 곱집합 $\mathbb{E}^n \times \mathbb{E}^m$ 위의 점 $(\mathbf{x}, \mathbf{y}), (\mathbf{s}, \mathbf{t}) \in \mathbb{E}^n \times \mathbb{E}^m$ & $\lambda \in \mathbb{E}^1$에 대하여 '덧셈'(또는 '합')과 '스칼라곱(셈)'을 각각

$$(\mathbf{x}, \mathbf{y}) + (\mathbf{s}, \mathbf{t}) := (\mathbf{x} + \mathbf{s}, \mathbf{y} + \mathbf{t}) \quad \& \quad \lambda(\mathbf{x}, \mathbf{y}) := (\lambda\mathbf{x}, \lambda\mathbf{y}) \tag{1.4}$$

로 정의하면 분명히 $\mathbb{E}^n \times \mathbb{E}^m$은 실수체 $\mathbb{E}^1$ 위의 벡터공간이다 (연습문제 1.1.13 참고).

명제 1.1.13. $n, m \in \mathbb{N}$일 때 함수 $\langle \cdot, \cdot \rangle : (\mathbb{E}^n \times \mathbb{E}^m) \times (\mathbb{E}^n \times \mathbb{E}^m) \longrightarrow \mathbb{E}^1$을

$$\langle (\mathbf{x}, \mathbf{y}), (\mathbf{s}, \mathbf{t}) \rangle := \mathbf{x} \cdot \mathbf{s} + \mathbf{y} \cdot \mathbf{t} \quad (\forall (\mathbf{x}, \mathbf{y}), (\mathbf{s}, \mathbf{t}) \in \mathbb{E}^n \times \mathbb{E}^m)$$

로 정의하면, $(\mathbb{E}^n \times \mathbb{E}^m, \langle \cdot, \cdot \rangle)$은 내적공간이다. 단, $\mathbf{x} \cdot \mathbf{s}$ & $\mathbf{y} \cdot \mathbf{t}$는 각각 공간 $\mathbb{E}^n$ & $\mathbb{E}^m$ 위에서의 유클리드 내적을 의미한다.

---

[6] 단, δ_{ij}는 **크로네커 델타(Kronecker delta)**를 의미한다. 즉, $i, j \in \{1, \cdots, n\}$일 때 $\delta_{ij} = \begin{cases} 1 & (i = j) \\ 0 & (i \ne j) \end{cases}$ 이다.

[증명] 임의의 $(\mathbf{x},\mathbf{y})$, $(\mathbf{s},\mathbf{t})$, $(\mathbf{u},\mathbf{v}) \in \mathbb{E}^n \times \mathbb{E}^m$ & $\lambda \in \mathbb{E}^1$에 대하여 다음이 성립한다.

(a) $\langle(\mathbf{x},\mathbf{y}),(\mathbf{s},\mathbf{t})\rangle = \mathbf{x}\cdot\mathbf{s}+\mathbf{y}\cdot\mathbf{t} = \mathbf{s}\cdot\mathbf{x}+\mathbf{t}\cdot\mathbf{y} = \langle(\mathbf{s},\mathbf{t}),(\mathbf{x},\mathbf{y})\rangle$.

(b) $\langle(\mathbf{x},\mathbf{y})+(\mathbf{s},\mathbf{t}),(\mathbf{u},\mathbf{v})\rangle = \langle(\mathbf{x}+\mathbf{s},\mathbf{y}+\mathbf{t}),(\mathbf{u},\mathbf{v})\rangle = (\mathbf{x}+\mathbf{s})\cdot\mathbf{u}+(\mathbf{y}+\mathbf{t})\cdot\mathbf{v}$이고, 또한 $\langle(\mathbf{x},\mathbf{y}),(\mathbf{u},\mathbf{v})\rangle + \langle(\mathbf{s},\mathbf{t}),(\mathbf{u},\mathbf{v})\rangle = \mathbf{x}\cdot\mathbf{u}+\mathbf{y}\cdot\mathbf{v}+\mathbf{s}\cdot\mathbf{u}+\mathbf{t}\cdot\mathbf{v}$이므로

$$\langle(\mathbf{x},\mathbf{y})+(\mathbf{s},\mathbf{t}),(\mathbf{u},\mathbf{v})\rangle = \langle(\mathbf{x},\mathbf{y}),(\mathbf{u},\mathbf{v})\rangle + \langle(\mathbf{s},\mathbf{t}),(\mathbf{u},\mathbf{v})\rangle$$

이다.

(c) $\langle\lambda(\mathbf{x},\mathbf{y}),(\mathbf{u},\mathbf{v})\rangle = \langle(\lambda\mathbf{x},\lambda\mathbf{y}),(\mathbf{u},\mathbf{v})\rangle = (\lambda\mathbf{x})\cdot\mathbf{u}+(\lambda\mathbf{y})\cdot\mathbf{v}$이고, 또한 $\lambda\langle(\mathbf{x},\mathbf{y}),(\mathbf{u},\mathbf{v})\rangle = \lambda(\mathbf{x}\cdot\mathbf{u}+\mathbf{y}\cdot\mathbf{v}) = \lambda(\mathbf{x}\cdot\mathbf{u})+\lambda(\mathbf{y}\cdot\mathbf{v})$이므로

$$\langle\lambda(\mathbf{x},\mathbf{y}),(\mathbf{u},\mathbf{v})\rangle = \lambda\langle(\mathbf{x},\mathbf{y}),(\mathbf{u},\mathbf{v})\rangle$$

이다.

(d) $\langle(\mathbf{x},\mathbf{y}),(\mathbf{x},\mathbf{y})\rangle = \mathbf{x}\cdot\mathbf{x}+\mathbf{y}\cdot\mathbf{y} = \|\mathbf{x}\|_u^2+\|\mathbf{y}\|_u^2 \geq 0$.

(e) $\langle(\mathbf{x},\mathbf{y}),(\mathbf{x},\mathbf{y})\rangle = 0 \iff \|\mathbf{x}\|_u^2 = 0 = \|\mathbf{y}\|_u^2 \iff \mathbf{x}=\mathbf{0}=\mathbf{y} \iff (\mathbf{x},\mathbf{y}) = (\mathbf{0},\mathbf{0})$.

따라서 $(\mathbb{E}^n \times \mathbb{E}^m, \langle\cdot,\cdot\rangle)$은 내적공간이다. □

내적에 관한 명제 1.1.13의 결과와 유사하게 노름에 관한 다음 결과가 성립함을 확인할 수 있다.

명제 1.1.14. $n,m \in \mathbb{N}$일 때 함수 $\|\cdot\|_{n,m} : \mathbb{E}^n \times \mathbb{E}^m \longrightarrow \mathbb{E}^1$을

$$\|(\mathbf{x},\mathbf{y})\|_{n,m} := \sqrt{\langle(\mathbf{x},\mathbf{y}),(\mathbf{x},\mathbf{y})\rangle} \quad (\forall\,(\mathbf{x},\mathbf{y}) \in \mathbb{E}^{n+m})$$

로 정의하면,

$$\|(\mathbf{x},\mathbf{y})\|_{n,m} = \sqrt{\|\mathbf{x}\|_u^2+\|\mathbf{y}\|_u^2} \quad (\forall\,\mathbf{x} \in \mathbb{E}^n \ \&\ \forall\,\mathbf{y} \in \mathbb{E}^m) \tag{1.5}$$

이고, 특히

$$\max\{\|\mathbf{x}\|_u, \|\mathbf{y}\|_u\} \leq \|(\mathbf{x},\mathbf{y})\|_{n,m} \quad (\forall\,\mathbf{x} \in \mathbb{E}^n \ \&\ \forall\,\mathbf{y} \in \mathbb{E}^m) \tag{1.6}$$

이며, 덧붙여 임의의 $(\mathbf{x},\mathbf{y})$, $(\mathbf{s},\mathbf{t}) \in \mathbb{E}^n \times \mathbb{E}^m$ & $\lambda \in \mathbb{E}^1$에 대하여 다음이 성립한다.

(a) $\|(\mathbf{x},\mathbf{y})\|_{n,m} \geq 0$

(b) $\|(\mathbf{x},\mathbf{y})\|_{n,m} = 0 \iff (\mathbf{x},\mathbf{y}) = (\mathbf{0},\mathbf{0})$

(c) $\|\lambda(\mathbf{x},\mathbf{y})\|_{n,m} = |\lambda|\|(\mathbf{x},\mathbf{y})\|_{n,m}$

(d) $\|(\mathbf{x},\mathbf{y})+(\mathbf{s},\mathbf{t})\|_{n,m} \leq \|(\mathbf{x},\mathbf{y})\|_{n,m} + \|(\mathbf{s},\mathbf{t})\|_{n,m}$

[증명] 임의의 $(\mathbf{x},\mathbf{y})$, $(\mathbf{s},\mathbf{t}) \in \mathbb{E}^n \times \mathbb{E}^m$ & $\lambda \in \mathbb{E}^1$을 정해두면

$$\|(\mathbf{x},\mathbf{y})\|_{n,m} = \sqrt{\langle(\mathbf{x},\mathbf{y}),(\mathbf{x},\mathbf{y})\rangle} = \sqrt{\mathbf{x}\cdot\mathbf{x}+\mathbf{y}\cdot\mathbf{y}} = \sqrt{\|\mathbf{x}\|_u^2+\|\mathbf{y}\|_u^2}$$

이고, 또한 다음이 성립한다.

(a) $\|(\mathbf{x},\mathbf{y})\|_{n,m} = \sqrt{\|\mathbf{x}\|_u^2 + \|\mathbf{y}\|_u^2} \geq 0.$

(b) $\|(\mathbf{x},\mathbf{y})\|_{n,m} = 0 \iff \|\mathbf{x}\|_u = 0 = \|\mathbf{y}\|_u \iff \mathbf{x} = \mathbf{0} = \mathbf{y} \iff (\mathbf{x},\mathbf{y}) = (\mathbf{0},\mathbf{0}).$

(c) $\|\lambda(\mathbf{x},\mathbf{y})\|_{n,m} = \sqrt{\|\lambda\mathbf{x}\|_u^2 + \|\lambda\mathbf{y}\|_u^2} = \sqrt{|\lambda|^2(\|\mathbf{x}\|_u^2 + \|\mathbf{y}\|_u^2)} = |\lambda|\|(\mathbf{x},\mathbf{y})\|_{n,m}.$

(d) $(\mathbb{E}^n \times \mathbb{E}^m, \langle\cdot,\cdot\rangle)$가 내적공간이므로 연습문제 1.1.12에 의하여 '코시-슈바르츠 부등식'

$$|\langle(\mathbf{x},\mathbf{y}),(\mathbf{s},\mathbf{t})\rangle| \leq \|(\mathbf{x},\mathbf{y})\|_{n,m}\|(\mathbf{s},\mathbf{t})\|_{n,m} = \sqrt{\|\mathbf{x}\|_u^2 + \|\mathbf{y}\|_u^2}\sqrt{\|\mathbf{s}\|_u^2 + \|\mathbf{t}\|_u^2} \tag{1.7}$$

이고, 또한 $\mathbf{x}\cdot\mathbf{s} + \mathbf{y}\cdot\mathbf{t} = \langle(\mathbf{x},\mathbf{y}),(\mathbf{s},\mathbf{t})\rangle$에 (1.7)을 적용하면

$$\begin{aligned}
\|(\mathbf{x},\mathbf{y}) + (\mathbf{s},\mathbf{t})\|_{n,m} &= \|(\mathbf{x}+\mathbf{s},\mathbf{y}+\mathbf{t})\|_{n,m} \\
&= \sqrt{\|\mathbf{x}+\mathbf{s}\|_u^2 + \|\mathbf{y}+\mathbf{t}\|_u^2} \\
&= \sqrt{\|\mathbf{x}\|_u^2 + 2(\mathbf{x}\cdot\mathbf{s}) + \|\mathbf{s}\|_u^2 + \|\mathbf{y}\|_u^2 + 2(\mathbf{y}\cdot\mathbf{t}) + \|\mathbf{t}\|_u^2} \\
&= \sqrt{\|\mathbf{x}\|_u^2 + \|\mathbf{y}\|_u^2 + \|\mathbf{s}\|_u^2 + \|\mathbf{t}\|_u^2 + 2\langle(\mathbf{x},\mathbf{y}),(\mathbf{s},\mathbf{t})\rangle} \\
&\leq \sqrt{\|\mathbf{x}\|_u^2 + \|\mathbf{y}\|_u^2 + \|\mathbf{s}\|_u^2 + \|\mathbf{t}\|_u^2 + 2\|(\mathbf{x},\mathbf{y})\|_{n,m}\|(\mathbf{s},\mathbf{t})\|_{n,m}} \\
&= \sqrt{\left(\sqrt{\|\mathbf{x}\|_u^2 + \|\mathbf{y}\|_u^2} + \sqrt{\|\mathbf{s}\|_u^2 + \|\mathbf{t}\|_u^2}\right)^2} \\
&= \sqrt{\|\mathbf{x}\|_u^2 + \|\mathbf{y}\|_u^2} + \sqrt{\|\mathbf{s}\|_u^2 + \|\mathbf{t}\|_u^2} \\
&= \|(\mathbf{x},\mathbf{y})\|_{n,m} + \|(\mathbf{s},\mathbf{t})\|_{n,m}
\end{aligned}$$

가 성립한다. □

1.2 벡터의 기하학적인 설명

수학과 물리학에서 다루는 양(量) 가운데 '**크기**'와 '**방향**'을 모두 고려해야 하는 경우가 빈번하다. 우리는 보통 '**크기**'와 '**방향**'을 함께 생각하는 양(量)을 **벡터(vector)**[7] 라 하고, 단순히 '**크기**'만 생각하는 대상을 **스칼라(scalar)**로 구분하여 부른다.

평면(또는 공간)위에 두 점 A, B가 주어질 때, A에서 B까지 방향을 고려한 선분, 즉 **유향선분(directed line segment)**을

$$\overrightarrow{AB}$$

로 나타내고, A와 B를 각각 유향선분 $\overrightarrow{AB}$의 **시점(initial point)**과 **종점(terminal point)**이라 한다. 특히, 유향선분 $\overrightarrow{AB}$의 길이를

$$|\overrightarrow{AB}|$$

로 나타내고, 또한 두 개의 유향선분 $\overrightarrow{AB}$와 $\overrightarrow{CD}$가 **(서로) 평행**할 때

$$\overrightarrow{AB} \parallel \overrightarrow{CD}$$

[7] 라틴어에서 "운반하는 설비"를 뜻한다.

로 나타낸다.

평면(또는 공간)위에 두 유향선분 $\overrightarrow{AB}$ & $\overrightarrow{CD}$에 대하여

$$\overrightarrow{AB} \equiv \overrightarrow{CD} \iff \begin{cases} \circ\ \overrightarrow{AB} \parallel \overrightarrow{CD}; \\ \circ\ |\overrightarrow{AB}| = |\overrightarrow{CD}| \end{cases}$$

로 정의하면 '$\equiv$'은 평면(또는 공간) 위의 유향성분들 전체집합 위에서 동치관계를 이룬다.(8) 따라서 평면(또는 공간)위의 유향선분 전체집합을 동치(또는 동등)관계 '$\equiv$'로 분류하고, 이 관계에 의한 각각의 동치류를 **벡터(vector)**라 부른다. 특히, 크기가 **0**인 벡터를 **영벡터(zero vector)**, 크기가 1인 벡터는 **단위벡터(unit vector)**라 한다.

한편, 정의에 따르면, 유향선분 $\overrightarrow{AB}$가 속하는 동치류

$$\left[\!\left[\overrightarrow{AB}\right]\!\right] := \left\{\overrightarrow{CD} \,:\, \overrightarrow{AB} \equiv \overrightarrow{CD}\right\}$$

가 벡터이지만 통상적으로 동치류 $\left[\!\left[\overrightarrow{AB}\right]\!\right]$ 대신에 그 대표원(representative) $\overrightarrow{AB}$를 **벡터**로 나타낸다. 즉, 벡터는 유향선분으로서 그 위치는 관계하지 않고 '**방향**'과 '**크기**'만을 생각하는 양(量)으로 서로 동등한 유향선분을 같은 것으로 보아(9) 벡터라 부른다.(10)

평면(또는 공간) 위의 임의의 유향선분은 원점을 시점으로하는 어떤 유향선분과 동등하므로, 벡터들 전체집합은 원점을 시점으로하는 유향성분들 전체집합과 같다.(11) 벡터를 표현하는 유향선분은 그 방향과 크기가 같을 때, 시점은 자유롭게 잡을 수 있다. 이러한 벡터를 **자유벡터(free vector)**라 부르며 시점을 어느 한점으로 고정한 벡터를 **위치벡터(position vector)**라 말한다. 특히, 평면(또는 공간) 위의 각 점 P에 대하여 원점 O가 시점이고 종점이 P인 벡터

$$\overrightarrow{OP}$$

를 **(원점에 관한 점 P의) 위치벡터(position vector)**라 말한다.

주 의 1.2.1. 위치벡터의 종점은 $\mathbb{E}^n$의 한 점을 나타내므로, $\mathbb{E}^n$의 한 점을 때로는 벡터로 이해하기로 한다.

$$\text{`}\mathbb{E}^n \text{ 위의 한 벡터'} \xleftrightarrow{1:1 \text{ 대응}} \text{`}\mathbb{E}^n \text{ 위의 한 위치벡터'} \xleftrightarrow{1:1 \text{ 대응}} \text{`}\mathbb{E}^n \text{ 위의 한 점'}$$

(8) 즉, 평면(또는 공간) 위의 유향선분들에 대하여 다음이 성립한다.

(가) $\overrightarrow{AB} \equiv \overrightarrow{AB}$ (반사율)

(나) $\overrightarrow{AB} \equiv \overrightarrow{A'B'} \implies \overrightarrow{A'B'} \equiv \overrightarrow{AB}$ (대칭률)

(다) $\left[\overrightarrow{AB} \equiv \overrightarrow{A'B'} \ \&\ \overrightarrow{A'B'} \equiv \overrightarrow{A''B''}\right] \implies \overrightarrow{AB} \equiv \overrightarrow{A''B''}$ (추이율)

(9) 수학에서는 서로 표현방법이 다르더라도 동등한 것을 같다고 볼 때가 많다. 예를 들면, $\frac{2}{3}$나 $\frac{4}{6}$는 그 표현방법이 다르지만, 같은 분수(값)를 나타낸다. 서로 다른 위치에 놓인 두 삼각형도 서로 포개어 놓을 수 있으면 같다(또는 '합동'이다)고 한다.

(10) 다시 말해, 벡터 $\overrightarrow{AB}$란 동치류 $\left[\!\left[\overrightarrow{AB}\right]\!\right]$를 뜻한다.

(11) 이것은 마치 유리수를 표현할 때, 분모와 분자가 서로 소(relatively prime)가 되게 표현할 수 있고, 각의 크기를 표현할 때 360° 미만으로 표현할 수 있는 것과 마찬가지이다.

즉, $\mathbb{E}^n$의 벡터 전체 집합은 $\mathbb{E}^n$과 일치하게 된다. 이런 입장에서 보면 유향선분 $\overrightarrow{AB}$가 표현하는 벡터는 점 $B - A$에 대응된다. 앞으로 $\mathbb{E}^n$의 원소를 때로는 **점**, 때로는 **벡터**(또는 n-**벡터**)라고 부르기로 한다. 즉, $\mathbb{E}^n$의 한 원소

$$A = (a_1, \cdots, a_n)$$

은 (상황에 따라서) A가 위치한 점을 뜻하기도 하고, 또는 유향선분 $\overrightarrow{OA}$가 표현하는 벡터를 뜻하기도 한다. 또 원점 O은 **영벡터(zero vector)**([12]) 에 대응된다. 벡터와 유향선분 사이의 관계는 마치 '가족'과 '가족구성원'과의 관계와 같다. 그러나 이러한 구별이 뚜렷하게 되고 나면, '가족구성원'을 그냥 '가족'이라고 부르듯이, 유향선분을 그냥 '벡터'라고 부르기도 한다.

1.2.1 벡터의 덧셈·스칼라곱셈

벡터 $\overrightarrow{AB}$, $\overrightarrow{BC}$, $\overrightarrow{AD}$, $\overrightarrow{DC}$ & $\overrightarrow{PQ}$ 와 실수 $\lambda \in \mathbb{E}^1 \setminus \{0\}$에 대하여 다음과 같이 정의한다.

- (벡터의 덧셈, addition of vectors)

$$\overrightarrow{AB} + \overrightarrow{BC} := \overrightarrow{AC} \quad \& \quad \overrightarrow{AD} + \overrightarrow{DC} := \overrightarrow{AC} \tag{1.8}$$

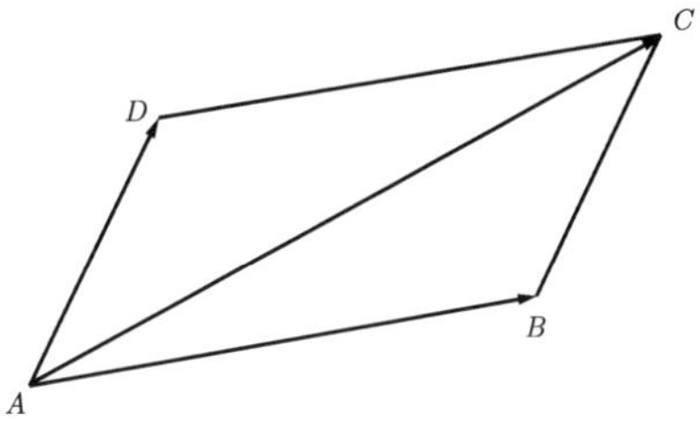

그림 1.1: 벡터 덧셈의 이해

- (벡터와 스칼라의 곱셈, multiplication of vector by scalars)

$$\lambda\overrightarrow{AB} := \overrightarrow{PQ} \iff \begin{cases} \circ\ \overrightarrow{PQ} \parallel \overrightarrow{AB}\,; \\ \circ\ |\overrightarrow{PQ}| = |\lambda||\overrightarrow{AB}|. \end{cases} \tag{1.9}$$

벡터와 스칼라의 곱셈에 대해서는 그림 1.2를 참고하기 바란다.([13])

특히, (1.9)에서

- $\lambda > 0$일 때 벡터 $\overrightarrow{AB}$와 벡터 $\overrightarrow{PQ}$는 **동일한 방향(same direction)을 가진다**고 하고,
- $\lambda < 0$일 때 벡터 $\overrightarrow{AB}$와 벡터 $\overrightarrow{PQ}$는 **반대 방향(reverse direction)을 가진다**고 한다.

주 의 1.2.2. 평면(또는 공간) 위의 네 점 A, B, C & D에 대하여 다음이 성립한다.

([12]) 유향벡터의 시점과 종점이 일치하는 형식적인 유향벡터의 위치벡터 $\overrightarrow{OO}$를 **영벡터(zero vector)**라 하고 간단히 $\mathbf{0}$로 나타낸다. 특히, $\mathbf{0} = \overrightarrow{OO} = O$이다.
([13]) '$\parallel$'은 평행을 나타내는 기호임.

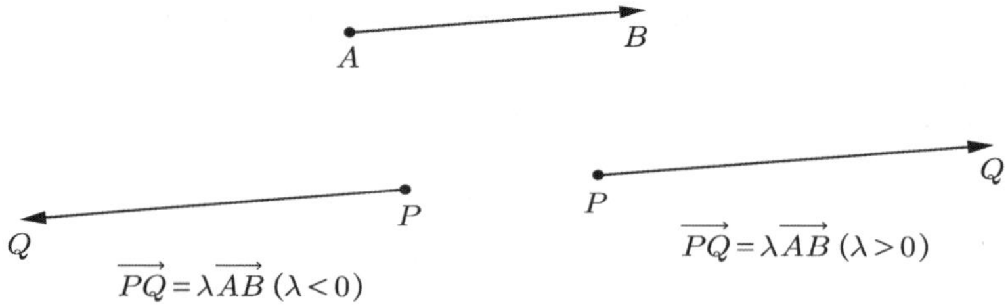

그림 1.2: 벡터와 스칼라 곱셈의 이해

(가) $\overrightarrow{OA} + \overrightarrow{AB} = \overrightarrow{OB}$이므로 $\overrightarrow{AB} = \overrightarrow{OB} - \overrightarrow{OA}$이다.

(나) $A = B$일 때 (1.8)를 적용하면 $\overrightarrow{AA} + \overrightarrow{AC} = \overrightarrow{AC}$이므로 $\overrightarrow{AA} = \mathbf{0}$이고, 또한 $\overrightarrow{AB} + \overrightarrow{BA} = \overrightarrow{AA} = \mathbf{0}$이므로 $\overrightarrow{AB} = -\overrightarrow{BA}$이다.

(다) $\overrightarrow{AB} = \overrightarrow{DC}$일 때 $\overrightarrow{AD} = \overrightarrow{AC} - \overrightarrow{DC}$ & $\overrightarrow{BC} = \overrightarrow{AC} - \overrightarrow{AB}$이므로 $\overrightarrow{AD} = \overrightarrow{BC}$이고, 특히 $\square ABCD$은 평행사변형이다 (그림 1.1 참고).

보기 1.2.3. 세 가지 벡터 $\overrightarrow{OA} = (1, 2, -3)$, $\overrightarrow{OB} = (1, 2, -1)$ & $\overrightarrow{OC} = (1, 1, 3)$에 대하여 두 위치벡터 $\overrightarrow{AB}$ & $\overrightarrow{AC}$에 대한 사잇각을 θ라 할 때 $\cos\theta$을 구해보자.

[풀이] $\overrightarrow{AB} = \overrightarrow{OB} - \overrightarrow{OA} = (0, 0, 2)$ & $\overrightarrow{AC} = \overrightarrow{OC} - \overrightarrow{OA} = (0, -1, 6)$이므로

$$\cos\theta = \frac{\overrightarrow{AB} \cdot \overrightarrow{AC}}{|\overrightarrow{AB}||\overrightarrow{AC}|} = \frac{6}{\sqrt{37}}$$

이다. □

1.3 벡터의 성분분해

벡터 $\mathbf{v} \in \mathbb{E}^n \setminus \{\mathbf{0}\}$를 정해두고 벡터 $\mathbf{a} \in \mathbb{E}^n \setminus \{\mathbf{0}\}$가 주어질 때, $\mathbf{a}$를 $\mathbf{v}$에 평행인 벡터와 수직인 벡터로 분해하는 방법을 소개하기로 한다. 이를 위하여 두 벡터 $\mathbf{a}, \mathbf{v}$가 이루는 사잇각을 $\theta\,(0 \le \theta \le \pi)$라 하고 $\|\mathbf{v}\|_u = 1$이라 가정하자. 만일 $\|\mathbf{v}\|_u \ne 1$이면 $\mathbf{w} := \frac{\mathbf{v}}{\|\mathbf{v}\|_u}$를 생각함으로서 $\|\mathbf{w}\|_u = 1$을 얻는다. 그때, 크기는

$$\begin{cases} \circ\ \|\mathbf{a}\|_u \cos\theta & \left(0 \le \theta \le \frac{\pi}{2}\right); \\ \circ\ \|\mathbf{a}\|_u \cos(\pi - \theta) & \left(\frac{\pi}{2} < \theta \le \pi\right) \end{cases}$$

이고, 방향은

$$\begin{cases} \circ\ \mathbf{v}\text{와 같은 방향} & \left(0 \le \theta \le \frac{\pi}{2}\right); \\ \circ\ \mathbf{v}\text{와 반대 방향} & \left(\frac{\pi}{2} < \theta \le \pi\right) \end{cases}$$

으로 결정된 벡터를 **v 위에 a의 정사영벡터(projection vector of a on v)** 또는 **v와 평행인 벡터(parallel vector to v)**라 하고 간단히 $\mathrm{proj}_{\mathbf{v}}(\mathbf{a})$로 나타낸다.(14) 이 정사영벡터 $\mathrm{proj}_{\mathbf{v}}(\mathbf{a})$의

(14) 벡터 $\mathbf{a}$에서 벡터 $\mathbf{v}$의 연장선 위에 수선을 내려 $\mathbf{a}$의 시점에서 수선의 발까지의 길이를 생각하고 방향이 $\mathbf{v}$와 평행인 벡터를 정사영벡터라 한다.

표현방법을 좀 더 자세히 살펴보자.

- $0 \le \theta \le \frac{\pi}{2}$인 경우; $\|\mathbf{v}\|_u = 1$이므로 정사영벡터의 길이는

  $$\left\|\mathrm{proj}_{\mathbf{v}}(\mathbf{a})\right\|_u = \|\mathbf{a}\|_u \cos\theta = \mathbf{a}\cdot\mathbf{v}$$

  이다. 그런데 벡터 $\mathrm{proj}_{\mathbf{v}}(\mathbf{a})$는 $\mathbf{v}$와 같은 방향이고 $\|\mathbf{v}\|_u = 1$이므로

  $$\mathrm{proj}_{\mathbf{v}}(\mathbf{a}) = \left\|\mathrm{proj}_{\mathbf{v}}(\mathbf{a})\right\|_u \mathbf{v} = (\mathbf{a}\cdot\mathbf{v})\mathbf{v}$$

  임을 알 수 있다.

- $\frac{\pi}{2} < \theta \le \pi$인 경우; $\|\mathbf{v}\|_u = 1$이므로 정사영벡터의 길이는

  $$\left\|\mathrm{proj}_{\mathbf{v}}(\mathbf{a})\right\|_u = \|\mathbf{a}\|_u \cos(\pi-\theta) = -\|\mathbf{a}\|_u \cos\theta = -(\mathbf{a}\cdot\mathbf{v})$$

  으로 주어진다. 그런데 이번에는 정사영벡터의 방향이 $\mathbf{v}$와 반대이므로

  $$\mathrm{proj}_{\mathbf{v}}(\mathbf{a}) = \left\|\mathrm{proj}_{\mathbf{v}}(\mathbf{a})\right\|_u (-\mathbf{v}) = -(\mathbf{a}\cdot\mathbf{v})(-\mathbf{v}) = (\mathbf{a}\cdot\mathbf{v})\mathbf{v}$$

  임을 알 수 있다.

위 두가지의 경우로 부터 사잇각 $\theta\,(0 \le \theta \le \pi)$의 크기에 관계없이 정사영벡터는

$$\mathrm{proj}_{\mathbf{v}}(\mathbf{a}) = (\mathbf{a}\cdot\mathbf{v})\mathbf{v} \tag{1.10}$$

로 표현됨을 알 수 있다. 특히, 그림 1.3에서 보는 바와 같이 $\mathbf{v}$와 수직인 $\mathbf{a}$의 성분벡터는 $\mathbf{a} - \mathrm{proj}_{\mathbf{v}}(\mathbf{a})$임에 유념하면 $\mathbf{a}$는 $\mathbf{v}$와 평행인 성분벡터 $\mathrm{proj}_{\mathbf{v}}(\mathbf{a})$와 수직인 성분벡터 $\mathbf{a} - \mathrm{proj}_{\mathbf{v}}(\mathbf{a})$의 합으로 표현된다. 즉,

$$\mathbf{a} = \mathrm{proj}_{\mathbf{v}}(\mathbf{a}) + (\mathbf{a} - \mathrm{proj}_{\mathbf{v}}(\mathbf{a}))\,. \tag{1.11}$$

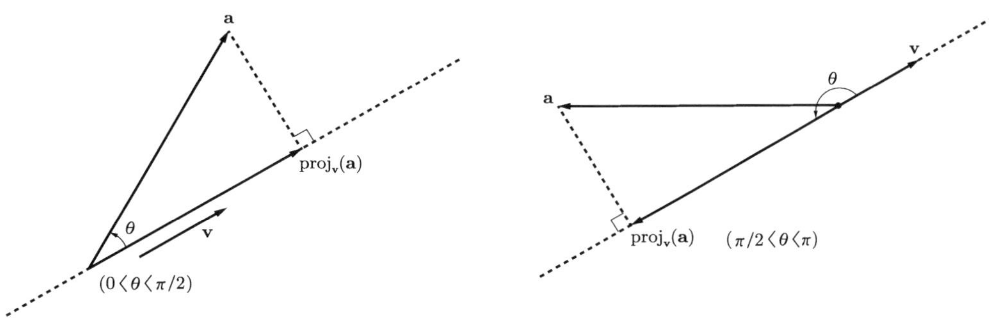

그림 1.3: 정사영 벡터 $\mathrm{proj}_{\mathbf{v}}(\mathbf{a})$의 이해

정의 1.3.1. **벡터 $\mathbf{b} \in \mathbb{E}^n \setminus \{\mathbf{0}\}$가 주어질 때, 벡터 $\mathbf{a} \in \mathbb{E}^n \setminus \{\mathbf{0}\}$에 대하여**

$$\mathrm{proj}_{\mathbf{b}}(\mathbf{a}) := \left(\frac{\mathbf{a}\cdot\mathbf{b}}{\|\mathbf{b}\|_u}\right)\frac{\mathbf{b}}{\|\mathbf{b}\|_u} = \frac{\mathbf{a}\cdot\mathbf{b}}{\|\mathbf{b}\|_u^2}\mathbf{b}$$

로 정의하고 $\mathrm{proj}_{\mathbf{b}}(\mathbf{a})$를 **벡터 a의 벡터 b 위로의 정사영(orthogonal projection)**이라 부르고

$$\mathbf{a} - \mathrm{proj}_{\mathbf{b}}(\mathbf{a})$$

을 벡터 $\mathbf{b}$와 수직인 $\mathbf{a}$의 **성분벡터**이라 말한다.

보기 1.3.2. 두 벡터 $\mathbf{a} := (3, 2, -6), \mathbf{b} := (2, -4, 1) \in \mathbb{E}^3$에 대하여 $\|\mathbf{b}\|_u = \sqrt{4 + 16 + 1}$이므로

$$\mathrm{proj}_{\mathbf{b}}(\mathbf{a}) = \frac{\mathbf{a}\cdot\mathbf{b}}{\|\mathbf{b}\|_u^2}\mathbf{b} = \frac{-8}{21}(2, -4, 1) = \left(\frac{-16}{21}, \frac{32}{21}, \frac{-8}{21}\right)$$

이다.

보기 1.3.3. 두 벡터 $\mathbf{a} := (1, 2, -3), \mathbf{b} := (1, 1, 2) \in \mathbb{E}^3$에 대하여 $\frac{\mathbf{a}\cdot\mathbf{b}}{\|\mathbf{b}\|_u^2} = \frac{1+2-6}{1+1+4} = -\frac{1}{2}$이므로

$$\mathrm{proj}_{\mathbf{b}}(\mathbf{a}) = \frac{\mathbf{a}\cdot\mathbf{b}}{\|\mathbf{b}\|_u^2}\mathbf{b} = -\frac{1}{2}(1, 1, 2) = \left(-\frac{1}{2}, -\frac{1}{2}, -1\right)$$

이다.

보기 1.3.4. 벡터 $\mathbf{a} := (3, 2, -6)$을 벡터 $\mathbf{b} := (2, -1, 1)$와 평행인 성분벡터와 수직인 성분벡터의 합으로 표현해 보자. 우선,

$$\frac{\mathbf{a}\cdot\mathbf{b}}{\|\mathbf{b}\|_u^2} = \frac{6 - 2 - 6}{4 + 1 + 1} = -\frac{1}{3}$$

이므로 $\mathbf{b}$와 평행인 성분벡터는

$$\mathrm{proj}_{\mathbf{b}}(\mathbf{a}) = -\frac{1}{3}(2, -1, 1) = \left(-\frac{2}{3}, \frac{1}{3}, -\frac{1}{3}\right)$$

이고 $\mathbf{b}$와 수직인 성분벡터는

$$\mathbf{a} - \mathrm{proj}_{\mathbf{b}}(\mathbf{a}) = (3, 2, -6) - \left(-\frac{2}{3}, \frac{1}{3}, -\frac{1}{3}\right) = \left(\frac{11}{3}, \frac{5}{3}, -\frac{17}{3}\right)$$

임을 알 수 있다. 따라서

$$(3, 2, -6) = \mathbf{a} = \mathrm{proj}_{\mathbf{b}}(\mathbf{a}) + (\mathbf{a} - \mathrm{proj}_{\mathbf{b}}(\mathbf{a})) = \left(-\frac{2}{3}, \frac{1}{3}, -\frac{1}{3}\right) + \left(\frac{11}{3}, \frac{5}{3}, -\frac{17}{3}\right)$$

이다.

연습문제 1.1

1. 명제 1.1.1을 증명하여라.

2. 임의의 $\mathbf{x} \in \mathbb{E}^n$에 대하여 $\sum_{k=1}^{n} |x^k| \leq \sqrt{n}\|\mathbf{x}\|_u$임을 보여라.[12]

3. 임의의 $\mathbf{x} = (x^1, x^2, \cdots, x^n) \in \mathbb{E}^n$에 대하여 다음이 성립함을 보여라.[13]

   (가) $|x^k| \leq \|\mathbf{x}\|_u \leq \sqrt{n} \max\limits_{1 \leq k \leq n} |x^k|$ (나) $\|\mathbf{x}\|_u \leq \sqrt{n} \sum\limits_{k=1}^{n} |x^k|$

4. $\mathbf{x}, \mathbf{y}, \mathbf{z} \in \mathbb{E}^n \setminus \{\mathbf{0}\}$일 때 명제 「$\mathbf{x} \cdot \mathbf{y} = \mathbf{x} \cdot \mathbf{z} \Longrightarrow \mathbf{y} = \mathbf{z}$」가 성립하는가?[14]

5. $\mathbf{x} \in \mathbb{E}^n$일 때 「$\mathbf{x} \cdot \mathbf{y} = 0 \ (\forall \mathbf{y} \in \mathbb{E}^n) \Longrightarrow \mathbf{x} = \mathbf{0}$」임을 보여라.[15]

6. 벡터 $\mathbf{x}_1, \mathbf{x}_2, \cdots, \mathbf{x}_r \in \mathbb{E}^n \setminus \{\mathbf{0}\}$ (단, $r \leq n$)가 조건 $\mathbf{x}_j \cdot \mathbf{x}_k = 0 \ (j \neq k)$를 만족할 때 $\mathbf{x}_1, \mathbf{x}_2, \cdots, \mathbf{x}_r$가 일차독립임을 보여라.[16]

7. 주의 1.1.5를 증명하여라.[17]

8. 명제 1.1.6을 증명하여라.[18]

9. 따름정리 1.1.7(삼각부등식)의 증명을 마무리하여라.[19]

10. 명제 1.1.10을 증명하여라.[20]

11. **(코사인 제2법칙)** 벡터 $\mathbf{x}, \mathbf{y} \in \mathbb{E}^n \setminus \{\mathbf{0}\}$에 대하여 다음 등식이 성립함을 보여라. 단, $\theta := \measuredangle(\mathbf{x}, \mathbf{y})$이다.[21]

$$\|\mathbf{x} - \mathbf{y}\|_u^2 = \|\mathbf{x}\|_u^2 + \|\mathbf{y}\|_u^2 - 2\|\mathbf{x}\|_u\|\mathbf{y}\|_u \cos\theta$$

12. **(코시-슈바르츠 부등식)** 내적공간 $(V, \langle\ ,\ \rangle)$가 주어질 때, 함수 $\|\cdot\| : V \longrightarrow \mathbb{E}^1$을 각 $u \in V$에 대하여 $\|u\| := \sqrt{\langle u, u\rangle}$로 정의하면 부등식

$$|\langle u, v\rangle| \leq \|u\|\|v\| \quad (\forall\, u, v \in V)$$

   이 성립함을 보여라.[22]

13. (1.4)에서와 같이 정의된 벡터의 덧셈과 스칼라 곱셈을 가지는 곱집합 $\mathbb{E}^n \times \mathbb{E}^m$가 체 $\mathbb{E}^1$ 위의 벡터공간임을 보여라.[23]

14. 벡터 $\mathbf{x} = (x^1, x^2, \cdots, x^n), \mathbf{y} = (y^1, y^2, \cdots, y^n) \in \mathbb{E}^n \setminus \{\mathbf{0}\}$의 사잇각을 $\theta \, (0 \leq \theta \leq \pi)$라 하면 다음이 성립함을 보여라.[24] (15) (16)

$$\|\mathbf{x}\|_u\|\mathbf{y}\|_u \cos\theta = x^1y^1 + x^2y^2 + \cdots + x^ny^n. \tag{1.12}$$

---

(15) 관계식 (1.12)의 왼편을 유클리드 내적 $\mathbf{x} \cdot \mathbf{y}$의 기하학적 정의, 오른편을 유클리드 내적 $\mathbf{x} \cdot \mathbf{y}$의 대수적 정의라 부르기도 한다.

(16) 두 벡터의 사잇각이 내적을 이용하여 정의되었다는 사실을 상기하기 바란다.

15. 벡터 $\mathbf{v} = (v^1, v^2, v^3) \in \mathbb{E}^3 \setminus \{\mathbf{0}\}$가 양의 x-축과 이루는 각이 α, 양의 y-축과 이루는 각이 β 그리고 양의 z-축과 이루는 각이 γ라 하면

$$\cos^2\alpha + \cos^2\beta + \cos^2\gamma = 1$$

이 성립함을 보여라.[25] ([17])

16. 평면위에 서로 평행하지 않은 두 벡터 $(a, b), (c, d) \in \mathbb{E}^2 \setminus \{\mathbf{0}\}$에 의해서 구성된 평행사변형을 생각하고 그의 면적을 S라 하면

$$S = \left|\det\begin{pmatrix} a & b \\ c & d \end{pmatrix}\right| = |ad - bc|$$

임을 보여라.[26]

17. 공간위에 서로 평행하지 않은 두 벡터 $\mathbf{a} = (a^1, a^2, a^3), \mathbf{b} = (b^1, b^2, b^3) \in \mathbb{E}^3 \setminus \{\mathbf{0}\}$에 의해서 구성된 평행사변형을 생각하고, 그의 면적을 S라 하면

$$S = \sqrt{(a^1b^2 - a^2b^1)^2 + (a^2b^3 - a^3b^2)^2 + (a^3b^1 - a^1b^3)^2}$$

임을 보여라.[27]

([17]) $\cos\alpha, \cos\beta, \cos\gamma$를 벡터 $\mathbf{v}$의 **방향코사인(direction cosines)**이라 한다.

1.4 기하학적인 성질

평면이나 공간에서 선, 평면, 원, 구면 그리고 구의 개념은 유클리드 내적공간 $\mathbb{E}^n$ 위로 확장하여 정의할 수 있다. 이러한 기하학적인 개념에 대하여 살펴보기로 하자.

1.4.1 직선·초평면·아핀 집합

정의 1.4.1. 벡터 $\mathbf{x}, \mathbf{v} \in \mathbb{E}^n$ (단, $\mathbf{v} \neq \mathbf{0}$)가 주어질 때,

- 집합
$$L(\mathbf{x}; \mathbf{v}) := \{\mathbf{x} + t\mathbf{v} \in \mathbb{E}^n : t \in \mathbb{E}^1\} \tag{1.13}$$
을 **$\mathbf{v}$ 방향으로 $\mathbf{x}$를 지나는 직선(straight line)**이라 하고, 종종 직선 (1.13)을 매개변수 방정식
$$X(t) := \mathbf{x} + t\mathbf{v} \quad (\forall t \in \mathbb{E}^1)$$
로 나타내기도 한다.

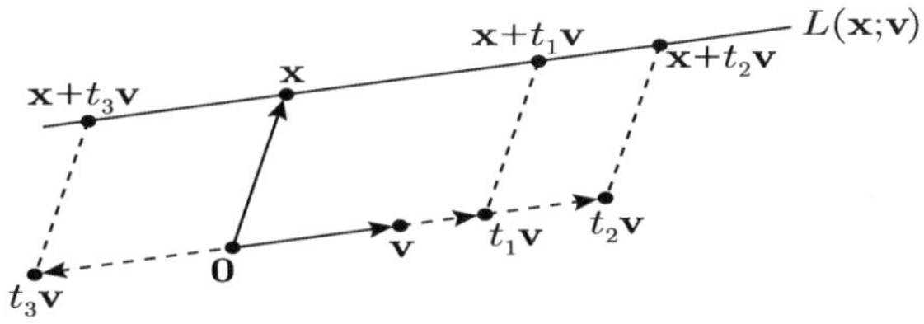

그림 1.4: $\mathbf{v}$ 방향으로 $\mathbf{x}$를 지나는 직선의 이해

- 집합
$$[\![\mathbf{x}; \mathbf{x} + \mathbf{v}]\!]_s := \{\mathbf{x} + t\mathbf{v} \in \mathbb{E}^n : t \in [0, 1]\} \tag{1.14}$$
을 **$\mathbf{x}$와 $\mathbf{x} + \mathbf{v}$를 잇는 선분(line segment)**이라 한다. 또는 **$\mathbf{v}$ 방향으로 $\mathbf{x}$와 $\mathbf{x} + \mathbf{v}$를 잇는 선분**이라 한다.

보기 1.4.2. 평면 $\mathbb{E}^2$ 위의 점 $\mathbf{x} := (2, 1)$와 벡터 $\mathbf{v} := (-1, 5)$가 주어질 때, 직선 $L(\mathbf{x}; \mathbf{v})$의 매개변수 방정식은
$$X(t) = (2, 1) + t(-1, 5) = (2 - t, 1 + 5t) \quad (\forall t \in \mathbb{E}^1)$$
이고, 특히
$$\begin{cases} \circ\ x := 2 - t; \\ \circ\ y := 1 + 5t \end{cases}$$
일 때, 매개변수 t를 소거하면, $5x + y = 11$을 얻는다.

보기 1.4.3. 공간 $\mathbb{E}^3$ 위의 점 $\mathbf{x} := (1, 2, 3)$와 벡터 $\mathbf{v} := (2, 0, 5)$가 주어질 때, 직선 $L(\mathbf{x}; \mathbf{v})$의 매개변수 방정식은
$$X(t) = (1, 2, 3) + t(2, 0, 5) = (1 + 2t, 2, 3 + 5t) \quad (\forall t \in \mathbb{E}^1)$$

이고, 특히

$$\begin{cases} \circ\ x := 1 + 2t\,; \\ \circ\ y := 2\,; \\ \circ\ z := 3 + 5t \end{cases}$$

일 때, 매개변수 t를 소거하면, $5x - 2z = -1$ & $y = 2$를 얻는다.

정의 1.4.4. 점 $\boldsymbol{\xi} \in \mathbb{E}^n$와 벡터 $\mathbf{v} \in \mathbb{E}^n \setminus \{\mathbf{0}\}$가 주어질 때, 집합

$$P(\boldsymbol{\xi};\mathbf{v}) := \{\mathbf{x} \in \mathbb{E}^n : (\mathbf{x} - \boldsymbol{\xi}) \cdot \mathbf{v} = 0\} \tag{1.15}$$

을 점 $\boldsymbol{\xi}$를 지나고 벡터 $\mathbf{v}$에 수직인 **초평면(hyperplane)**([18]) 이라 하며, 이때 벡터 $\mathbf{v}$를 초평면 $P(\boldsymbol{\xi};\mathbf{v})$의 **법선벡터(normal vector)**라 한다.

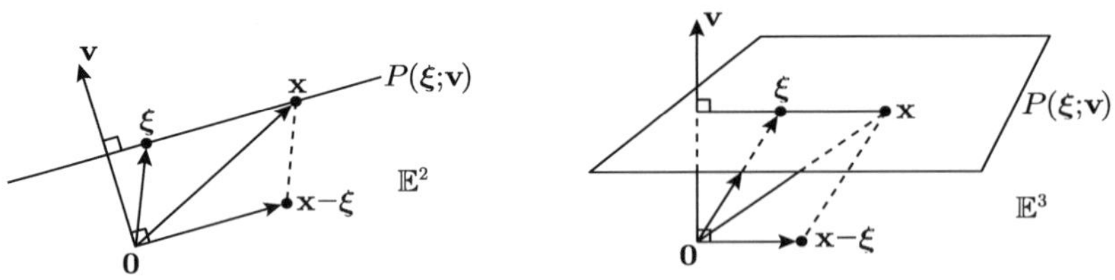

그림 1.5: $\mathbf{v}$에 수직이고 ξ를 지나는 초평면의 이해

주 의 1.4.5. 점 $\boldsymbol{\xi} \in \mathbb{E}^n$와 벡터 $\mathbf{v} \in \mathbb{E}^n \setminus \{\mathbf{0}\}$가 주어질 때, $c := \boldsymbol{\xi} \cdot \mathbf{v}$라 두면, 다음이 성립한다.

(가) $(\mathbf{x} - \boldsymbol{\xi}) \cdot \mathbf{v} = \mathbf{x} \cdot \mathbf{v} - \boldsymbol{\xi} \cdot \mathbf{v}$이므로

$$\mathbf{x} \in P(\boldsymbol{\xi};\mathbf{v}) \iff \mathbf{x} \cdot \mathbf{v} = c$$

이고, 특히 점 $\boldsymbol{\xi}$를 지나고 벡터 $\mathbf{v}$에 수직인 초평면 $P(\boldsymbol{\xi};\mathbf{v})$은 벡터 $\mathbf{v}$와 실수 c에 의해 결정되는

$$H(\mathbf{v};c) := \{\mathbf{x} \in \mathbb{E}^n : \mathbf{x} \cdot \mathbf{v} = c\} \tag{1.16}$$

꼴 집합이다. 이 경우에도 벡터 $\mathbf{v}$를 초평면 $H(\mathbf{v};c)$의 **법선벡터**라 한다.

(나) $b \in \mathbb{E}^1 \setminus \{0\}$일 때 「$\mathbf{x} \cdot \mathbf{v} = c \iff \mathbf{x} \cdot (b\mathbf{v}) = b(\mathbf{x} \cdot \mathbf{v}) = bc$」이므로

$$\{\mathbf{x} \in \mathbb{E}^n : \mathbf{x} \cdot \mathbf{v} = c\} = \{\mathbf{x} \in \mathbb{E}^n : \mathbf{x} \cdot (b\mathbf{v}) = bc\}$$

가 성립하고, 특히 한 초평면을 정의하는 벡터 $\mathbf{v}$와 실수 c는 상수배를 제외하면 유일하게 결정된다. 특히, (1.16)에서 $c \neq 0$인 경우 $c = 1$로 택할 수 있다.

(다) 임의의 실수 $c, d \in \mathbb{E}^1$ (단, $c \neq d$)에 대하여 두 초평면 $H(\mathbf{v};c)$와 $H(\mathbf{v};d)$는 서로 평행하다. 특히, $\mathbf{0} \in H(\mathbf{v};0)$이고 $H(\mathbf{v};0)$는 $\mathbb{E}^n$의 $(n-1)$차원 부분공간이다 (연습문제 1.2.7 참고).

([18]) $n = 1, 2, 3$일 때 초평면은 각각 '한 점'(a point), '한 직선'(a straight line), '한 평면'(a plane)을 나타낸다.

보기 1.4.6. 공간 $\mathbb{E}^4$ 위의 서로 다른 네 개의 점 $\boldsymbol{\epsilon}_1$, $\boldsymbol{\epsilon}_1 + 2\boldsymbol{\epsilon}_2$, $\boldsymbol{\epsilon}_2 + 3\boldsymbol{\epsilon}_3$ & $\boldsymbol{\epsilon}_3 + 4\boldsymbol{\epsilon}_4$를 포함하는 초평면를 구해보자.

[풀이] 구하는 초평면을 $H(\mathbf{v}; c)$ (단, $\mathbf{v} \in \mathbb{E}^4 \setminus \{\mathbf{0}\}$ & $c \in \mathbb{E}^1$)라 두면, 조건

$$\begin{cases} \circ\ c = \mathbf{v} \cdot \boldsymbol{\epsilon}_1 = v^1\,; \\ \circ\ c = \mathbf{v} \cdot (\boldsymbol{\epsilon}_1 + 2\boldsymbol{\epsilon}_2) = v^1 + 2v^2\,; \\ \circ\ c = \mathbf{v} \cdot (\boldsymbol{\epsilon}_2 + 3\boldsymbol{\epsilon}_3) = v^2 + 3v^3\,; \\ \circ\ c = \mathbf{v} \cdot (\boldsymbol{\epsilon}_3 + 4\boldsymbol{\epsilon}_4) = v^3 + 4v^4 \end{cases}$$

을 만족하므로 $v^1 = c, v^2 = 0, v^3 = \frac{c}{3}$ & $v^4 = \frac{c}{6}$이고, 특히, $c = 6$이라 두면

$$H(\mathbf{v}; c) = \{\mathbf{x} \in \mathbb{E}^4 : 6x^1 + 2x^3 + x^4 = 6\}$$

을 얻는다. □

보기 1.4.7. 공간 $\mathbb{E}^3$ 위의 서로 다른 세 개의 점 $\mathbf{x}_1 = (1, 2, -1)$, $\mathbf{x}_2 = (-1, 1, 4)$ & $\mathbf{x}_3 = (1, 3, -2)$를 포함하는 초평면을 구해보자.

[풀이] 구하는 초평면 P는 점 $\mathbf{x}_1$을 지나고 두 벡터 $\overrightarrow{\mathbf{x}_1\mathbf{x}_2}$ & $\overrightarrow{\mathbf{x}_1\mathbf{x}_3}$에 수직인 (영이 아닌) 벡터가 법선벡터인 것이다. 우선,

$$\begin{cases} \circ\ \overrightarrow{\mathbf{x}_1\mathbf{x}_2} = \overrightarrow{O\mathbf{x}_2} - \overrightarrow{O\mathbf{x}_1} = (-2, -1, 5)\,; \\ \circ\ \overrightarrow{\mathbf{x}_1\mathbf{x}_3} = \overrightarrow{O\mathbf{x}_3} - \overrightarrow{O\mathbf{x}_1} = (0, 1, -1) \end{cases}$$

이므로 조건 $\overrightarrow{\mathbf{x}_1\mathbf{x}_2} \perp \mathbf{v}$ & $\overrightarrow{\mathbf{x}_1\mathbf{x}_3} \perp \mathbf{v}$를 만족하는 벡터 $\mathbf{v} \in \mathbb{E}^3 \setminus \{\mathbf{0}\}$는

$$\begin{cases} \circ\ 0 = \mathbf{v} \cdot \overrightarrow{\mathbf{x}_1\mathbf{x}_2} = -2v^1 - v^2 + 5v^3\,; \\ \circ\ 0 = \mathbf{v} \cdot \overrightarrow{\mathbf{x}_1\mathbf{x}_3} = v^2 - v^3 \end{cases}$$

을 만족하고, 특히 $v^2 = v^3$ & $v^1 = 2v^2$이므로 $\mathbf{v} = v^2(2, 1, 1)$이며, 이로써

$$P = P(\mathbf{x}_1; \mathbf{v}) = \{\mathbf{x} \in \mathbb{E}^3 : \mathbf{x} \cdot \mathbf{v} = \overrightarrow{O\mathbf{x}_1} \cdot \mathbf{v}\} = \{\mathbf{x} \in \mathbb{E}^3 : 2x^1 + x^2 + x^3 = 3\}$$

을 얻는다. □

보기 1.4.8. 방정식 $x + 2y + 2z = 5$는 공간 $\mathbb{E}^3$ 위의 유일한 초평면을 결정함을 보여라.

[풀이] $(1, 2, 2) \cdot (x, y, z) = x + 2y + 2z = 5 = (1, 2, 2) \cdot (1, 1, 1)$이므로 구하는 초평면은 점 $\boldsymbol{\xi} := (1, 1, 1) \in \mathbb{E}^3$를 지나고 법선벡터가 $\mathbf{v} := (1, 2, 2) \in \mathbb{E}^3$인 $P(\boldsymbol{\xi}; \mathbf{v})$이다. □

정의 1.4.9. 공간 $\mathbb{E}^n$ 위의 임의개의 초평면들의 교집합을 **비퇴화 평탄(nondegenerate flat)** 또는 **비퇴화 아핀집합(nondegenerate affine set)**이라 하고,(19) 비어 있는 집합 $\varnothing$와 전체집합 $\mathbb{E}^n$은 **퇴화 아핀집합(degenerate affine set)**으로 간주한다. 특별한 언급이 없이 아핀집합을 말할 때는 비퇴화 아핀집합을 의미하는 것으로 규약한다.

(19) 용어 '비퇴화 평탄'과 '비퇴화 아핀집합'은 종종 **'정상적인 평탄'**, **'정상적인 아핀집합'**으로 부른다.

참고 1.4.10. 유클리드 내적공간 $\mathbb{E}^3$ 위에서 평면, 직선 그리고 단집합들은 모두 아핀집합이다. 왜냐하면, 평면의 경우 하나의 초평면을 생각함으로서 얻어지고, 직선의 경우 2개의 초평면들의 교집합으로 이루어지며 마지막으로 점의 경우 3개의 초평면들의 교집합으로 구성되기 때문이다. 한편, 유클리드 내적공간 $\mathbb{E}^2$ 위의 아핀집합은 직선과 단집합뿐이다.

보기 1.4.11. 공간 $\mathbb{E}^3$ 위에 점 $\boldsymbol{\xi} := (1, 2, 3)$와 벡터 $\mathbf{v} := (2, 0, 5)$에 대하여 직선 $L(\boldsymbol{\xi}; \mathbf{v})$은 아핀집합임을 보여라.

[풀이] $\mathbf{v}$ 방향으로 $\boldsymbol{\xi}$를 지나는 직선 $L(\boldsymbol{\xi}; \mathbf{v})$의 매개변수 방정식

$$\begin{cases} \circ\ x := 1 + 2t\,; \\ \circ\ y := 2\,; \\ \circ\ z := 3 + 5t \end{cases}$$

으로부터, 변수 t를 소거하면, 두 개의 평면

$$\Pi_1 : 5x - 2z = -1 \quad \& \quad \Pi_2 : y = 2$$

이 얻어지고, 특히 $L(\boldsymbol{\xi}; \mathbf{v}) = \Pi_1 \cap \Pi_2$이므로 바라는 결과가 성립한다. □

정의 1.4.12. 유클리드 내적공간 $\mathbb{E}^3$ 위의 **두 평면 사이의 각(angle between two panes)**은 이들 평면의 법선벡터들이 이루는 **예각(acute angle)**(^{20}) 으로 정의한다.

보기 1.4.13. 두 평면 $\Pi_1 : x + y + z = 1$ & $\Pi_2 : x - y - z = 5$에 대한 사잇각 θ에 대한 코사인 값을 구하라.

[풀이] 평면 Π_1, Π_2의 법선벡터로 각각 $\mathbf{v}_1 := (1, 1, 1)$ & $\mathbf{v}_2 := (1, -1, -1)$을 택할 수 있고, 특히

$$\cos\theta = \frac{\mathbf{v}_1 \cdot \mathbf{v}_2}{\|\mathbf{v}_1\|_u \|\mathbf{v}_2\|_u} = -\frac{1}{3}$$

이다. □

1.4.2 반공간

유클리드 내적공간 $\mathbb{E}^n$ 위에 한 초평면에 의하여 $\mathbb{E}^n$은 두 개의 공간으로 나누어진다.

정의 1.4.14. 벡터 $\mathbf{v} \in \mathbb{E}^n \setminus \{\mathbf{0}\}$와 실수 $c \in \mathbb{E}^1$에 대하여 다음과 같이 정의한다.

- 집합

$$\overline{H^+(\mathbf{v}; c)} := \{\mathbf{x} \in \mathbb{E}^n : \mathbf{x} \cdot \mathbf{v} > c\} \tag{1.17}$$

을 초평면 $P := H(\mathbf{v}; c)$에 의해서 결정된 **닫힌 반공간(closed half-space)**이라 한다.

- 집합

$$H^+(\mathbf{v}; c) := \{\mathbf{x} \in \mathbb{E}^n : \mathbf{x} \cdot \mathbf{v} > c\} \tag{1.18}$$

을 초평면 $P := H(\mathbf{v}; c)$에 의해서 결정된 **열린 반공간(open half-space)**이라 한다.

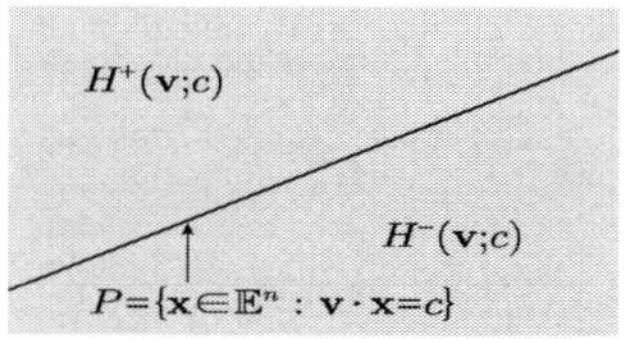

그림 1.6: 반공간과 초평면의 이해

주의 1.4.15. 벡터 $\mathbf{v} \in \mathbb{E}^n \setminus \{\mathbf{0}\}$와 실수 $c \in \mathbb{E}^1$가 주어질 때, 주의 1.4.5(나)의 관점에서 다음이 성립한다.

(가) $\overline{H^-(\mathbf{v};c)} := \{\mathbf{x} \in \mathbb{E}^n : \mathbf{x}\cdot\mathbf{v} \le c\} = \overline{H^+(-\mathbf{v};-c)}$이므로 $\overline{H^-(\mathbf{v};c)}$는 초평면 $H(\mathbf{v};c)$에 의해서 결정된 닫힌 반공간이다.

(나) $H^-(\mathbf{v};c) := \{\mathbf{x} \in \mathbb{E}^n : \mathbf{x}\cdot\mathbf{v} < c\} = H^+(-\mathbf{v};-c)$이므로 $H^-(\mathbf{v};c)$는 초평면 $H(\mathbf{v};c)$에 의해서 결정된 열린 반공간이다.

(다) 공간 $\mathbb{E}^n$은 초평면 $H(\mathbf{v};c)$에 의하여 두 개의 열린 반공간 $H^+(\mathbf{v};c)$ & $H^-(\mathbf{v};c)$로 분해되고, 특히 세 집합 $H^+(\mathbf{v};c)$, $H^-(\mathbf{v};c)$, $H(\mathbf{v};c)$는 서로소이며

$$\mathbb{E}^n = H^+(\mathbf{v};c) \cup H(\mathbf{v};c) \cup H^-(\mathbf{v};c)$$

가 성립한다.

1.4.3 구와 구면

유클리드 내적공간 $\mathbb{E}^n$ 위에서 열린구, 닫힌구 그리고 구면 등에 대하여 살펴보기로 하자.

정의 1.4.16. 중심이 점 $\mathbf{x}_0 \in \mathbb{E}^n$이고 반지름이 양수 $\delta > 0$인 **열린구(open ball)** $B_u(\mathbf{x}_0;\delta)$, **닫힌구(closed ball)** $C_u(\mathbf{x}_0;\delta)$, 그리고 **구면(sphere)** $S_u(\mathbf{x}_0;\delta)$를 다음과 같이 정의한다.[21]

$$B_u(\mathbf{x}_0;\delta) := \{\mathbf{x} \in \mathbb{E}^n : \|\mathbf{x}-\mathbf{x}_0\|_u < \delta\},$$
$$C_u(\mathbf{x}_0;\delta) := \{\mathbf{x} \in \mathbb{E}^n : \|\mathbf{x}-\mathbf{x}_0\|_u \le \delta\},$$
$$S_u(\mathbf{x}_0;\delta) := \{\mathbf{x} \in \mathbb{E}^n : \|\mathbf{x}-\mathbf{x}_0\|_u = \delta\}$$

예를 들어, $n \in \{1,2,3\}$일 때 다음이 성립한다.

n	1	2	3
$B_u(\mathbf{x}_0;\delta)$	열린구간	열린원판	열린구
$C_u(\mathbf{x}_0;\delta)$	닫힌구간	닫힌원판	닫힌구
$S_u(\mathbf{x}_0;\delta)$	두 점	원	구면

[20] **'뾰족각'**이라고도 부르는 '예각'(銳角)은 0°보다 크고 직각보다 작은 각을 뜻한다.

[21] 문헌에 따라, 집합 $B_u(\mathbf{x}_0;\delta)$, $C_u(\mathbf{x}_0;\delta)$, $S_u(\mathbf{x}_0;\delta)$을 각각 **열린구면 n-공(open spherical n-ball)**, **닫힌구면 n-공(closed spherical n-ball)**, **$(n-1)$-구($(n-1)$-sphere)**라고도 부른다.

1.4.4 한 점에서 초평면까지의 거리

유클리드 내적공간 $\mathbb{E}^n$ 위의 점 $\mathbf{a} \in \mathbb{E}^n$와 집합 $A \subset \mathbb{E}^n$ 사이의 **거리(distance)**를

$$\mathrm{dist}(\mathbf{a}, A) := \inf\{\|\mathbf{a} - \mathbf{x}\|_u : \mathbf{x} \in A\}$$

로 정의한다.

점 $\boldsymbol{\xi} \in \mathbb{E}^n$와 벡터 $\mathbf{v} \in \mathbb{E}^n \setminus \{\mathbf{0}\}$가 주어질 때, 임의의 한 점 $\boldsymbol{\eta} \in \mathbb{E}^n \setminus P(\boldsymbol{\xi}; \mathbf{v})$을 정해두고 $\mathrm{dist}(\boldsymbol{\eta}, P(\boldsymbol{\xi}; \mathbf{v}))$를 구해보자. 우선, $L(\boldsymbol{\eta}; \mathbf{v}) = \{\boldsymbol{\eta} + t\mathbf{v} \in \mathbb{E}^n : t \in \mathbb{E}^1\}$이므로 조건

$$P(\boldsymbol{\xi}; \mathbf{v}) \cap L(\boldsymbol{\eta}; \mathbf{v}) = \{\boldsymbol{\eta} + t_0\mathbf{v}\}$$

을 만족하는 유일한 실수 $t_0 \in \mathbb{E}^1$가 존재하고, 이때

$$0 = (\boldsymbol{\eta} + t_0\mathbf{v} - \boldsymbol{\xi}) \cdot \mathbf{v} = (\boldsymbol{\eta} - \boldsymbol{\xi}) \cdot \mathbf{v} - t_0(\mathbf{v} \cdot \mathbf{v})$$

이므로 $t_0 = \frac{(\boldsymbol{\eta}-\boldsymbol{\xi})\cdot\mathbf{v}}{\mathbf{v}\cdot\mathbf{v}}$이다. 특히 $t_0\mathbf{v} = \mathrm{proj}_{\mathbf{v}}(\boldsymbol{\eta} - \boldsymbol{\xi})$이므로

$$\mathrm{dist}(\boldsymbol{\eta}, P(\boldsymbol{\xi}; \mathbf{v})) = \|\boldsymbol{\eta} - (\boldsymbol{\eta} + t_0\mathbf{v})\|_u = \|\mathrm{proj}_{\mathbf{v}}(\boldsymbol{\eta} - \boldsymbol{\xi})\|_u = \frac{|(\boldsymbol{\eta} - \boldsymbol{\xi}) \cdot \mathbf{v}|}{\|\mathbf{v}\|_u}$$

가 성립하여 다음 정리를 얻는다.

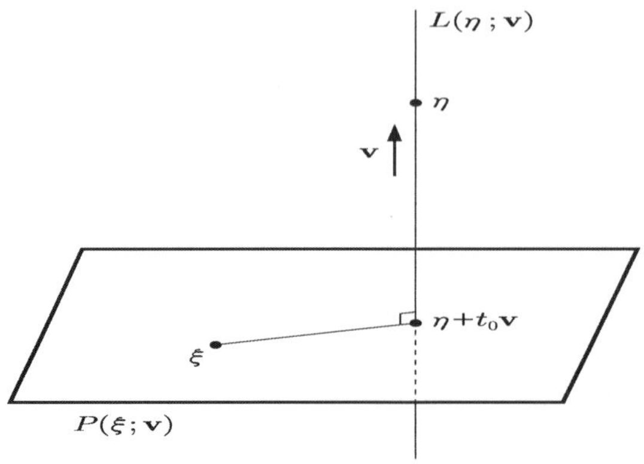

그림 1.7: 한 점에서 초평면까지 거리의 이해

정리 1.4.17. 점 $\boldsymbol{\xi} \in \mathbb{E}^n$와 벡터 $\mathbf{v} \in \mathbb{E}^n \setminus \{0\}$에 대하여

$$\mathrm{dist}(\boldsymbol{\eta}, P(\boldsymbol{\xi}; \mathbf{v})) = \|\mathrm{proj}_{\mathbf{v}}(\boldsymbol{\eta} - \boldsymbol{\xi})\|_u = \frac{|(\boldsymbol{\eta} - \boldsymbol{\xi}) \cdot \mathbf{v}|}{\|\mathbf{v}\|_u} \quad (\forall \boldsymbol{\eta} \in \mathbb{E}^n \setminus P(\boldsymbol{\xi}; \mathbf{v}))$$

가 성립한다.

보기 1.4.18. 공간 $\mathbb{E}^3$ 위의 점 $\boldsymbol{\xi} := (1, 0, -1)$을 지나고 벡터 $\mathbf{v} := (1, 1, 1)$에 수직인 초평면과 점 $\boldsymbol{\eta} := (1, 2, 3)$ 사이의 거리를 구해보자.

[풀이] $\|\mathbf{v}\|_u = \sqrt{3}$ & $(\boldsymbol{\eta} - \boldsymbol{\xi}) \cdot \mathbf{v} = (0, 2, 4) \cdot (1, 1, 1) = 6$이므로 정리 1.4.17에 의하여

$$\mathrm{dist}(\boldsymbol{\eta}, P(\boldsymbol{\xi}; \mathbf{v})) = \frac{|(\boldsymbol{\eta} - \boldsymbol{\xi}) \cdot \mathbf{v}|}{\|\mathbf{v}\|_u} = \frac{6}{\sqrt{3}} = 2\sqrt{3}$$

이다. □

1.4.5 볼록집합

'볼록'의 사전적 의미는 물체의 거죽('겉으로 드러나 보이는 물체의 모양')이 둥글고 작게 튀어나온 모양을 나타내는 말이고, '오목'은 물체의 표면이 약간 둥글고 깊게 패어 들어간 모양을 나타내는 말이다. 또한, '볼록'이 '오목'의 반의어(反義語)이기 때문에, 한 집합이 기하학적으로 '볼록하다'는 의미는 '오목한 부분이 없음'을 나타내는 것이 자연스럽고, 이런 맥락에서 주어진 집합에 속하는 임의의 두 점을 연결한 선분이 항상 그 집합 안에 완전히 포함되는 경우에 '볼록하다'고 부르고자 한다.

정의 1.4.19. 유클리드 내적공간 $\mathbb{E}^n$의 부분집합 $K \subset \mathbb{E}^n$가 조건

$$[\![\mathbf{x};\mathbf{y}]\!]_s \subset K \quad (\forall\, \mathbf{x}, \mathbf{y} \in K)$$

를 만족하면 K를 **볼록집합(convex set)**이라 한다.

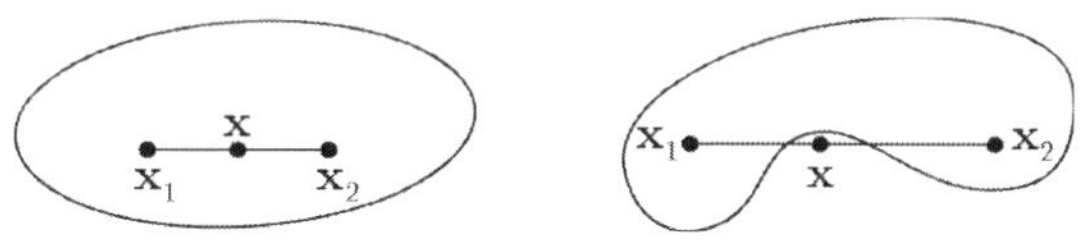

그림 1.8: 볼록집합의 이해

주의 1.4.20. 유클리드 내적공간 $\mathbb{E}^n$ 자신과 $\varnothing$, 그리고 단집합들은 분명 모두 볼록집합이므로 집합 $K \subset \mathbb{E}^n$가 볼록집합이기 위한 필요충분조건은

$$[\![\mathbf{x};\mathbf{y}]\!]_s \subset K \quad (\forall\, \mathbf{x}, \mathbf{y} \in K \ \&\ \mathbf{x} \neq \mathbf{y})$$

을 만족하는 것이다. 왜냐하면, $\mathbf{x}, \mathbf{y} \in K$ & $\mathbf{x} = \mathbf{y}$일 때 $[\![\mathbf{x};\mathbf{y}]\!]_s = \{\mathbf{x}\} \subset K$이기 때문이다.

보기 1.4.21. 유클리드 내적공간 $\mathbb{E}^n$ 위의 임의의 반공간과 초평면, 그리고 구(면)은 모두 볼록집합이다.

[**풀이**] 임의의 벡터 $\mathbf{v} \in \mathbb{E}^n \setminus \{\mathbf{0}\}$와 실수 $c \in \mathbb{E}^1$, 그리고 양수 $\delta > 0$을 정해두면 다음이 성립한다.

(가) 임의의 $\mathbf{x}_1, \mathbf{x}_2 \in \overline{H^+(\mathbf{v};c)}$ & $t \in [0,1]$에 대하여

$$\mathbf{v} \cdot (t\mathbf{x}_1 + (1-t)\mathbf{x}_2) = t(\mathbf{v} \cdot \mathbf{x}_1) + (1-t)(\mathbf{v} \cdot \mathbf{x}_2) \geq tc + (1-t)c = c$$

이므로 $t\mathbf{x}_1 + (1-t)\mathbf{x}_2 \in \overline{H^+(\mathbf{v};c)}$이고, 특히 $[\![\mathbf{x}_1;\mathbf{x}_2]\!]_s \subset \overline{H^+(\mathbf{v};c)}$이므로 $\overline{H^+(\mathbf{v};c)}$은 볼록집합이다. 유사하게 $H^+(\mathbf{v};c)$, $\overline{H^-(\mathbf{v};c)}$, $H^-(\mathbf{v};c)$도 역시 모두 볼록집합임을 쉽게 확인할 수 있다.

(나) 임의의 $\mathbf{x}_1, \mathbf{x}_2 \in H(\mathbf{v};c)$ & $t \in [0,1]$에 대하여

$$(t\mathbf{x}_1 + (1-t)\mathbf{x}_2) \cdot \mathbf{v} = t(\mathbf{x}_1 \cdot \mathbf{v}) + (1-t)(\mathbf{x}_2 \cdot \mathbf{v}) = tc + (1-t)c = c$$

이므로 $t\mathbf{x}_1 + (1-t)\mathbf{x}_2 \in H(\mathbf{v};c)$이고, 특히 $[\![\mathbf{x}_1;\mathbf{x}_2]\!]_s \subset H(\mathbf{v};c)$이다.

(다) 임의의 $\mathbf{x}_1, \mathbf{x}_2 \in B_u(\mathbf{v};\delta)$ & $t \in [0,1]$에 대하여

$$\begin{aligned}\|(t\mathbf{x}_1 + (1-t)\mathbf{x}_2) - \mathbf{v}\|_u &= \|t(\mathbf{x}_1 - \mathbf{v}) + (1-t)(\mathbf{x}_2 - \mathbf{v})\|_u \\ &\le t\|\mathbf{x}_1 - \mathbf{v}\|_u + (1-t)\|\mathbf{x}_2 - \mathbf{v}\|_u < t\delta + (1-t)\delta = \delta\end{aligned}$$

이므로 $t\mathbf{x}_1 + (1-t)\mathbf{x}_2 \in B_u(\mathbf{v};\delta)$이고, 특히 $[\![\mathbf{x}_1;\mathbf{x}_2]\!]_s \subset B_u(\mathbf{v};\delta)$이다. □

정의 1.4.22. 유클리드 내적공간 $\mathbb{E}^n$ 위에 있는 유한개의 닫힌 반공간의 교집합을 **볼록다면체(convex polytope)**라 부른다.

보기 1.4.23. 평면 $\mathbb{E}^2$ 위에 삼각형(triangle)([22]) 은 볼록다면체이다. 왜냐하면, 삼각형은 각 변을 포함하는 직선에 의해서 결정된 세 개의 반평면의 교집합이기 때문이다.

1.4.6 볼록껍질

볼록집합에 속하는 임의의 점은 분명 그 집합에 포함되는 어떤 두 점의 일차결합에 의해서 표현된다. 이 현상의 일반화로 한 집합에 포함되는 유한개 점들의 일차결합으로 표현되는 점들의 모임을 살펴보자.

정의 1.4.24. (a) 어떤 $m \in \mathbb{N}$에 대하여 $\mathbf{x}_1, \mathbf{x}_2, \cdots, \mathbf{x}_m \in \mathbb{E}^n$일 때 조건 $t^j \in \mathbb{E}^1_{\ge 0}$ $(\forall j = 1, \cdots, m)$ & $\sum_{j=1}^m t^j = 1$을 만족하는 점 $\sum_{j=1}^m t^j \mathbf{x}_j$을 $\mathbf{x}_1, \mathbf{x}_2, \cdots, \mathbf{x}_m$의 **볼록결합(convex combination)**이라 하고, 이러한 볼록결합들 전체집합을 간단히

$$\mathrm{Conv}\{\mathbf{x}_1, \mathbf{x}_2, \cdots, \mathbf{x}_m\} \quad \text{또는} \quad \mathrm{Conv}(\{\mathbf{x}_1, \mathbf{x}_2, \cdots, \mathbf{x}_m\})$$

으로 나타낸다.

(b) 비어 있지 않은 집합 $K \subset \mathbb{E}^n$에 대하여 다음과 같이 정의한다.

- $A \subset_{\mathrm{fnt}} K$([23]) 일 때 각 $\mathbf{x} \in \mathrm{Conv}(A)$를 K의 **볼록결합(a convex combination of K)**이라 하고,
- 집합 $\hat{K} := \bigcup_{A \subset_{\mathrm{fnt}} K} \mathrm{Conv}(A)$을 집합 K의 **볼록껍질(convex hull)**이라 한다.

명제 1.4.25. 집합 $K(\neq \varnothing) \subset \mathbb{E}^n$가 볼록집합이기 위한 필요충분조건은 $\hat{K} \subset K$인 것이다.

[증명] 우선, 각 $m \in \mathbb{N}$에 대하여 집합 K의 서로 다른 m개의 원소들의 볼록결합들 전체집합을 $\mathrm{Conv}_m(K)$로 나타내고 귀납법으로 규명하자.

($\Longrightarrow$) 분명 $\mathrm{Conv}_1(K) \subset K$이다. 또한, $\mathbf{x}_1, \mathbf{x}_2 \in K$일 때, $\mathbf{x} := t\mathbf{x}_1 + s\mathbf{x}_2$ (단, $s, t \in \mathbb{E}^1_{\ge 0}$ & $s + t = 1$)라 두면, $\mathbf{x} = t\mathbf{x}_1 + (1-t)\mathbf{x}_2$이므로 집합 K의 볼록성에 의하여 $\mathbf{x} \in K$이고, 이로써 $\mathrm{Conv}_2(K) \subset K$를 얻는다. 이제, 어떤 자연수 $m(\ge 2)$에 대하여 $\mathrm{Conv}_m(K) \subset K$임을 가정하고, 서로 다른 $(m+1)$개의 점 $\mathbf{x}_1, \cdots, \mathbf{x}_m, \mathbf{x}_{m+1} \in K$와 조건 $\sum_{j=1}^{m+1} t^j = 1$을 만족하는 음이 아닌 실수 $t^1, \cdots, t^m, t^{m+1} \in \mathbb{E}^1$를 정해두자. 이때, $\mathbf{x} := \sum_{j=1}^{m+1} t^j \mathbf{x}_j$로 나타내면 다음이 성립한다.

([22]) **'삼각형'(三角形)**은 한 직선 위에 있지 않은 서로 다른 세 점을 연결한 선분으로 이루어진 평면 도형을 말한다.
([23]) [기호 정의] B가 집합 A의 유한 부분집합일 때 간단히 $B \subset_{\mathrm{fnt}} A$로 나타낸다.

- $t^{m+1} = 0$인 경우: 귀납법의 가정 $\mathsf{Conv}_m(K) \subset K$에 의하여 분명 $\mathbf{x} \in K$이다.
- $t^{m+1} \neq 0$인 경우: 만일 $t^{m+1} = 1$이면 $t^j = 0\ (\forall j \in \{1, \cdots, m\})$이므로 $\mathbf{x} = \mathbf{x}_{m+1} \in K$이다. 이제, $0 < t^{m+1} < 1$을 가정하고, $t := 1 - t^{m+1}$라 두면 $0 < t < 1$이며, 또한 각 $j \in \{1, \cdots, m\}$에 대하여 $s^j := \frac{t^j}{t}$라 두면 $s^j \geq 0$이다. 더욱이,

$$\sum_{j=1}^{m} s^j = \frac{1}{t}\sum_{j=1}^{m} t^j = \frac{1}{t}(1 - t^{m+1}) = 1$$

이므로 귀납법의 가정 $\mathsf{Conv}_m(K) \subset K$에 의하여 $\mathbf{y} := \sum_{j=1}^{m} s^j \mathbf{x}_j \in K$를 얻는다. 한편, $0 < t < 1$ & $t + t^{m+1} = 1$이고 $\mathbf{x} = \sum_{j=1}^{m} t^j \mathbf{x}_j + t^{m+1}\mathbf{x}_{m+1} = t\mathbf{y} + t^{m+1}\mathbf{x}_{m+1}$이며, 특히 $\mathsf{Conv}_2(K) \subset K$이므로 $\mathbf{x} \in K$이다.

즉, $\mathsf{Conv}_{m+1}(K) \subset K$이다. 따라서 '수학적 귀납법'에 의하여 $\mathsf{Conv}_m(K) \subset K\ (\forall m \in \mathbb{N})$가 성립하고, 특히 $\hat{K} = \bigcup_{m \in \mathbb{N}} \mathsf{Conv}_m(K) \subset K$를 얻는다.

($\Longleftarrow$) 분명 $\mathsf{Conv}_2(K) \subset \hat{K} \subset K$이므로 K는 볼록집합이다. □

명제 1.4.26. 집합 $S \subset \mathbb{E}^n$에 대하여 다음이 성립한다.

(a) 집합 S의 볼록껍질 $\hat{S}$은 볼록집합이다.

(b) 집합 $K \subset \mathbb{E}^n$가 볼록이고 $S \subset K$이면 $\hat{S} \subset K$이다.

(c) 집합 S의 볼록껍질 $\hat{S}$는 집합 S를 포함하는 가장 작은 볼록집합이다.

[증명] (a)만 증명하고 나머지는 연습문제로 남긴다. 우선 $\mathbf{x}, \mathbf{y} \in \hat{S}$와 $\alpha \in [0,1]$를 임의로 정해두자. 이때, $\hat{S}$의 정의에 의하여 $\mathbf{x} \in \mathsf{Conv}(A)$ & $\mathbf{y} \in \mathsf{Conv}(B)$를 충족하는 유한집합 $A = \{\mathbf{x}_1, \mathbf{x}_2, \cdots, \mathbf{x}_p\} \subset S$ & $B = \{\mathbf{y}_1, \mathbf{y}_2, \cdots, \mathbf{y}_q\} \subset S$를 선택할 수 있다. 따라서

$$\begin{cases} \circ\ s^k \geq 0\ (\forall k \in \{1, 2, \cdots, p\})\,; \\ \circ\ \sum_{k=1}^{p} s^k = 1\,; \\ \circ\ \mathbf{x} = \sum_{k=1}^{p} s^k \mathbf{x}_k \end{cases} \quad \& \quad \begin{cases} \circ\ t^j \geq 0\ (\forall j \in \{1, 2, \cdots, q\})\,; \\ \circ\ \sum_{j=1}^{q} t^j = 1\,; \\ \circ\ \mathbf{y} = \sum_{j=1}^{q} t^j \mathbf{y}_j \end{cases}$$

이므로

$$\alpha\mathbf{x} + (1-\alpha)\mathbf{y} = \alpha s^1 \mathbf{x}_1 + \alpha s^2 \mathbf{x}_2 + \cdots + \alpha s^p \mathbf{x}_p + (1-\alpha)t^1 \mathbf{y}_1 + \cdots + (1-\alpha)t^q \mathbf{y}_q\,;$$
$$\sum_{k=1}^{p} \alpha s^k + \sum_{j=1}^{q}(1-\alpha)t^j = \alpha\sum_{k=1}^{p} s^k + (1-\alpha)\sum_{j=1}^{q} t^j = \alpha + (1-\alpha) = 1$$

가 성립하여 $\alpha\mathbf{x} + (1-\alpha)\mathbf{y} \in \hat{S}$을 얻는다. 따라서 $\hat{S}$는 볼록집합이다. □

임의의 점 $\mathbf{x} \in \mathbb{E}^n$를 $\mathbb{E}^n$에 속하는 원소들의 볼록결합으로 나타낼 때, 볼록결합에 사용되는 최소의 갯수를 선택한다면 $\dim \mathbb{E}^n = n$과 관련하여 과연 몇 개로 충분할까?하는 질문에 다음 명제는 대답한다.

명제 1.4.27. $S = \{\mathbf{x}_1, \mathbf{x}_2, \cdots, \mathbf{x}_m\} \subset \mathbb{E}^n \setminus \{\mathbf{0}\}$ & $m > n+1$일 때, $\mathbf{x} = \sum_{j=1}^m t^j \mathbf{x}_j$ (단, $t^j > 0\,(1 \le j \le m)$ & $\sum_{j=1}^m t^j = 1$)이면 조건

$$\begin{cases} \circ\ \#(A) = n+1\,; \\ \circ\ \mathbf{x} \in \mathsf{Conv}(A) \end{cases}$$

을 충족하는 유한집합 $A \subset_{\text{fnt}} S$를 선택할 수 있다.[24]

[증명] (1°) $\mathbf{x}$가 $\mathbf{x}_1, \mathbf{x}_2, \cdots, \mathbf{x}_m$들 중 $(m-1)$개 원소들의 볼록결합으로 표현됨을 목표로 한다. 우선 $m-1 > n = \dim \mathbb{E}^n$이므로 $\{\mathbf{x}_1 - \mathbf{x}_m, \mathbf{x}_2 - \mathbf{x}_m, \cdots, \mathbf{x}_{m-1} - \mathbf{x}_m\}$은 $\mathbb{E}^n$의 일차종속인 집합이다. 그러므로 조건

$$c^1(\mathbf{x}_1 - \mathbf{x}_m) + c^2(\mathbf{x}_2 - \mathbf{x}_m) + \cdots + c^{m-1}(\mathbf{x}_{m-1} - \mathbf{x}_m) = \mathbf{0}$$

을 충족하고 모두 0일 필요가 없는 실수 $c^1, c^2, \cdots, c^{m-1} \in \mathbb{E}^1$을 선택할 수 있다. 여기서 $c^m = -\sum_{j=1}^{m-1} c^j$라 두면 $\sum_{j=1}^m c^j \mathbf{x}_j = \mathbf{0}$ & $\sum_{j=1}^m c^j = 0$이다. 그러나 $\sum_{j=1}^m c^j = 0$이므로 모든 c^j가 양수이거나 음수일 수는 없다. 따라서

$$\frac{1}{\alpha} := \max\left\{\frac{c^1}{t^1}, \frac{c^2}{t^2}, \cdots, \frac{c^m}{t^m}\right\} > 0$$

임을 알 수 있다. 한편 각 $j \in \{1, 2, \cdots, m\}$에 대하여 $s^j := t^j - \alpha c^j$라 두면 $s^j \ge 0$이고 $s^k = 0$인 $k \in \{1, 2, \cdots, m\}$가 존재한다. 더욱이

$$\sum_{\substack{j=1 \\ j \ne k}}^m s^j = \sum_{j=1}^m s^j = \sum_{j=1}^m t^j - \alpha \sum_{j=1}^m c^j = \sum_{j=1}^m t^j = 1$$

이고 또한

$$\sum_{\substack{j=1 \\ j \ne k}}^m s^j \mathbf{x}_j = \sum_{j=1}^m s^j \mathbf{x}_j = \sum_{j=1}^m t^j \mathbf{x}_j - \alpha \sum_{j=1}^m c^j \mathbf{x}_j = \sum_{j=1}^m t^j \mathbf{x}_j = \mathbf{x}$$

를 얻는다. 그러므로 $\mathbf{x} \in \mathsf{Conv}\{\mathbf{x}_1, \cdots, \mathbf{x}_{k-1}, \mathbf{x}_{k+1}, \cdots, \mathbf{x}_m\}$이다. 즉, $\mathbf{x}$는 $\mathbf{x}_1, \mathbf{x}_2, \cdots, \mathbf{x}_m$들 중 $(m-1)$개 원소들의 볼록결합이다.

(2°) 만일 (1°)에서 $m-1 = n+1$이면 증명은 마무리 되지만 $m-1 > n+1$인 경우 $m-2 > n$이므로 (1°)에서와 동일하게 진행하면 $\mathbf{x}$는 $\mathbf{x}_1, \mathbf{x}_2, \cdots, \mathbf{x}_m$들 중 $(m-2)$개 원소들의 볼록결합으로 표현된다. 이러한 과정을 반복하면 조건

$$\begin{cases} \circ\ \#(A) = n+1\,; \\ \circ\ \mathbf{x} \in \mathsf{Conv}(A) \end{cases}$$

를 충족하는 유한집합 $A \subset_{\text{fnt}} S$를 선택할 수 있다. □

---

[24] 예로서, 동일 직선위에 있지 않고 서로 다른 세점 $\mathbf{x}_0$, $\mathbf{x}_1$, $\mathbf{x}_2 \in \mathbb{E}^2$가 주어질 때, $S = \{\mathbf{x}_0, \mathbf{x}_1, \mathbf{x}_2\}$라 두고 세점 $\mathbf{x}_0$, $\mathbf{x}_1$, $\mathbf{x}_2$를 꼭지점으로 갖는 삼각형을 생각하면 내부점은 $\mathbf{x}_0$, $\mathbf{x}_1$, $\mathbf{x}_2$의 볼록결합이다. 따라서 명제에서 주장하는 $(n+1)$은 더 이상 줄일 수 없는 최선의 수이다.

따름정리 1.4.28. 집합 $S \subset \mathbb{E}^n$에 대하여 $\mathbf{x} \in \mathsf{Conv}(S)$이면 조건

$$\begin{cases} \circ \ \#(B) \leq n+1\,; \\ \circ \ \mathbf{x} \in \mathsf{Conv}(B) \end{cases}$$

를 충족하는 유한집합 $B \subset_{\text{fnt}} S$를 선택할 수 있다.

[**증명**] 만일 $\mathbf{x}$가 집합 $S \subset \mathbb{E}^n$의 $(n+1)$ 이하인 갯수의 일차합으로 표현되면 증명을 필요하지 않는다. 그러나 만일 $(n+1)$ 보다 많은 갯수의 일차결합으로 표현되는 경우 명제 1.4.27에 의하여 성립한다. □

보기 1.4.29. 집합 $S \subset \mathbb{E}^n$가 n-단체의 꼭지점으로 이루어진 집합이라 하고, $\mathbf{x}$의 무게중심좌표 각각이 양수라 하면 $\mathbf{x}$는 S의 원소중 $(n+1)$개 보다 적은 갯수의 볼록결합으로 표현할 수 없다. 따라서 따름정리 1.4.28에서 $(n+1)$은 선택가능한 최선의 수이다.

정의 1.4.30. 공간 $\mathbb{E}^n$ 위의 서로 다른 $(r+1)$개의 점 $\mathbf{x}_0, \mathbf{x}_1, \cdots, \mathbf{x}_r \in \mathbb{E}^n$ (단, $r \leq n$)에 대하여 $\mathbf{x}_1 - \mathbf{x}_0$, $\mathbf{x}_2 - \mathbf{x}_0$, $\cdots$, $\mathbf{x}_r - \mathbf{x}_0$가 일차독립일 때, 볼록껍질 $\mathsf{Conv}\{\mathbf{x}_0, \mathbf{x}_1, \cdots, \mathbf{x}_r\}$을 **꼭지점 $\mathbf{x}_0, \mathbf{x}_1, \cdots, \mathbf{x}_r$을 가지는 r-단체(r-simplex with vertices $\mathbf{x}_0, \mathbf{x}_1, \cdots, \mathbf{x}_r$)**라 말한다.

참고 1.4.31. (a) 명제 1.4.25에 의하여 볼록집합 $K \subset \mathbb{E}^n$의 원소들로 구성된 꼭지점을 가지는 r-단체는 항상 K의 부분집합이다.

(b) 유클리드 내적공간 위에서 다음이 성립한다.([25])

1-단체	2-단체	3-단체
선분	삼각형	사면체

명제 1.4.32. r-단체 $\mathsf{Conv}\{\mathbf{x}_0, \mathbf{x}_1, \cdots, \mathbf{x}_r\} \subset \mathbb{E}^n$에 대하여 $\mathbf{x} \in \mathsf{Conv}\{\mathbf{x}_0, \mathbf{x}_1, \cdots, \mathbf{x}_r\}$이면 $\mathbf{x}$는 꼭지점 $\mathbf{x}_0, \mathbf{x}_1, \cdots, \mathbf{x}_r$의 유일한 볼록결합으로 표현된다.

명제 1.4.32의 관점에서 다음 각 용어는 의미를 가진다.

정의 1.4.33. r-단체 $\mathsf{Conv}\{\mathbf{x}_0, \mathbf{x}_1, \cdots, \mathbf{x}_r\} \subset \mathbb{E}^n$에 대하여 다음과 같이 정의한다.

(a) 어떤 $(t^0, t^1, \cdots, t^r) \in \mathbb{E}^{r+1}$에 대하여 $\mathbf{x} := \sum_{j=0}^{r} t^j \mathbf{x}_j \in \mathsf{Conv}\{\mathbf{x}_0, \mathbf{x}_1, \cdots, \mathbf{x}_r\}$일 때 $(t^0, t^1, \cdots, t^r)$을 $\mathbf{x}$의 **무게중심좌표(barycentric coordinate)**라 한다.

(b) $j \in \{0, 1, \cdots, r\}$일 때 j-번째 무게중심좌표가 0인 $\mathsf{Conv}\{\mathbf{x}_0, \mathbf{x}_1, \cdots, \mathbf{x}_r\}$의 점들 전체집합

$$\left\{ \sum_{k=0}^{r} t^k \mathbf{x}_k \in \mathsf{Conv}\{\mathbf{x}_0, \mathbf{x}_1, \cdots, \mathbf{x}_r\} \,:\, t^k \geq 0 \, (0 \leq k \leq r) \ \& \ \sum_{\substack{k=0 \\ k \neq j}}^{r} t^k = 1 = \sum_{k=0}^{r} t^k \right\}$$

을 **꼭지점 $\mathbf{x}_j$의 $(r-1)$-차원 대면($(r-1)$-dimensional face opposite the vertex $\mathbf{x}_j$)**라 한다.

([25]) **사면체(四面體, tetrahedron)**는 네 개의 삼각형으로 둘러싸인 입체도형이다.

(c) $\mathsf{Conv}\{\mathbf{x}_0, \mathbf{x}_1, \cdots, \mathbf{x}_r\}$의 원소중 무게중심좌표의 각 성분이 모두 일치하는 원소를 r-단체 $\mathsf{Conv}\{\mathbf{x}_0, \mathbf{x}_1, \cdots, \mathbf{x}_r\}$의 **무게중심(barycenter)**이라 한다.

보기 1.4.34. 공간 $\mathbb{E}^n$ 위의 삼각형인 2-단체 $\mathsf{Conv}\{\mathbf{x}_0, \mathbf{x}_1, \mathbf{x}_2\}$의 무게중심좌표는 다음과 같다.(26)

$\mathbf{x} \in \mathsf{Conv}\{\mathbf{x}_0, \mathbf{x}_1, \mathbf{x}_2\}$	무게중심좌표
$\mathbf{x} = \mathbf{x}_0$	$(1, 0, 0)$
$\mathbf{x} = \mathbf{x}_1$	$(0, 1, 0)$
$\mathbf{x} = \mathbf{x}_2$	$(0, 0, 1)$
$\mathbf{x} =$ "$\mathbf{x}_0$의 2-차원 대면의 중점"	$(0, \frac{1}{2}, \frac{1}{2})$
$\mathbf{x} =$ "$\mathbf{x}_1$의 2-차원 대면의 중점"	$(\frac{1}{2}, 0, \frac{1}{2})$
$\mathbf{x} =$ "$\mathbf{x}_2$의 2-차원 대면의 중점"	$(\frac{1}{2}, \frac{1}{2}, 0)$
$\mathbf{x} = \sum_{j=0}^{2} t^j \mathbf{x}_j$ (단, $(t^0, t^1, t^2) \in \mathbb{E}^3$)	(t^0, t^1, t^2)

정의 1.4.35. $\mathsf{Conv}\{\mathbf{0}, \epsilon_1, \cdots, \epsilon_n\}$을 $\mathbb{E}^n$ 위의 **표준 n-단체(standard n-simplex)**(27) 라 하고 종종 간단히 Σ^n로 나타낸다.

(26) $\mathsf{Conv}\{\mathbf{x}_0, \mathbf{x}_1, \mathbf{x}_2\}$의 무게중심은 $(\frac{1}{3}, \frac{1}{3}, \frac{1}{3})$이다.
(27) $\epsilon_1 - \mathbf{0}, \cdots, \epsilon_n - \mathbf{0}$은 분명 일차독립이다.

연습문제 1.2

1. 주어진 벡터 $\mathbf{v} \in \mathbb{E}^3$에 수직이고 점 $P \in \mathbb{E}^3$를 지나는 공간 $\mathbb{E}^3$ 위의 평면의 방정식을 구하라.[28]

   (가) $\mathbf{v} = (1, -1, 3)$ & $P = (4, 2, -1)$ (나) $\mathbf{v} = (-1, 0, 3)$ & $P = (2, 3, 5)$

2. 주어진 서로 다른 세 점을 지나는 공간 $\mathbb{E}^3$ 위의 평면의 방정식을 구하여라.[29]

   (가) $(2, 1, 1)$, $(3, -1, 1)$, $(4, 1, -1)$ (나) $(1, -1, 2)$, $(1, 2, -1)$, $(3, 1, 2)$

3. 공간 $\mathbb{E}^3$ 위의 두 점 $P := (1, 3, -2)$, $Q := (1, -1, 2)$와 벡터 $\mathbf{v} := (1, 2, 2)$가 주어질 때, 다음 물음에 답하여라.[30]

   (가) $\mathbf{v}$ 방향으로 점 P를 지나는 직선의 방정식을 구하여라.

   (나) $\mathbf{v}$에 수직이고 점 Q를 지나는 평면의 방정식을 구하여라.

   (다) 위에서 구한 직선과 평면의 교점을 구하여라.

4. 공간 $\mathbb{E}^3$ 위의 점 Q와 평면 Π 사이의 거리를 구하여라.[31]

   (가) $Q = (1, 1, 2)$ & $\Pi : 3x + y - 5z = 2$ (나) $Q = (3, -2, 1)$ & $\Pi : yz$-평면

5. $\mathbf{x}_1, \mathbf{x}_2 \in \mathbb{E}^n$ (단, $\mathbf{x}_1 \neq \mathbf{x}_2$)일 때 집합

   $$\{\mathbf{x} \in \mathbb{E}^n : \|\mathbf{x} - \mathbf{x}_1\|_u = \|\mathbf{x} - \mathbf{x}_2\|_u\}$$

   가 유클리드 내적공간 $\mathbb{E}^n$ 위의 한 초평면임을 보여라.[32]

6. 두 점 $\mathbf{x}_1, \mathbf{x}_2 \in \mathbb{E}^n$ (단, $\mathbf{x}_1 \neq \mathbf{x}_2$)와 상수 $c \in \mathbb{E}^1$ (단, $0 < c < 1$)에 대하여 집합

   $$\{\mathbf{x} \in \mathbb{E}^n : \|\mathbf{x} - \mathbf{x}_1\|_u = c\|\mathbf{x} - \mathbf{x}_2\|_u\}$$

   가 유클리드 내적공간 $\mathbb{E}^n$ 위의 구면임을 보여라.[33]

7. $\mathbf{v} \in \mathbb{E}^n \setminus \{\mathbf{0}\}$일 때 집합 $\{\mathbf{x} \in \mathbb{E}^n : \mathbf{v} \cdot \mathbf{x} = 0\}$가 $\mathbb{E}^n$의 $(n-1)$차원 부분공간임을 보여라.[34]

8. 평면 위에 두 직선 $y = mx + b$와 $y = m'x + c$가 서로 직교하기 위한 필요충분조건은 $mm' = -1$임을 보여라.[35]

9. 공간 $\mathbb{E}^n$ 위의 n개의 벡터 $\mathbf{x}_0, \mathbf{x}_1, \cdots, \mathbf{x}_{n-1}$가 주어질 때, $\{\mathbf{x}_1 - \mathbf{x}_0, \mathbf{x}_2 - \mathbf{x}_0, \cdots, \mathbf{x}_{n-1} - \mathbf{x}_0\} \subset \mathbb{E}^n$가 일차독립인 집합이면 벡터 $\mathbf{x}_0, \mathbf{x}_1, \cdots, \mathbf{x}_{n-1}$을 포함하는 단 하나의 초평면이 있음을 보여라.[36]

10. 다음 각 집합 $K \subset \mathbb{E}^n$이 볼록집합임을 보여라.[37]

$$\text{(가)}\ K = \left\{ (x^1, x^2, \cdots, x^n) \in \mathbb{E}^n : \sum_{k=1}^{n} |x^k| \le 1 \right\}$$

$$\text{(나)}\ K = \left\{ \sum_{k=1}^{n} c_k \mathbf{v}_k \in \mathbb{E}^n : c_1, \cdots, c_n \in [0,1] \right\} \text{(단, } \{\mathbf{v}_1, \mathbf{v}_2, \cdots, \mathbf{v}_n\}\text{은 } \mathbb{E}^n \text{의 기저)}$$

11. 명제 1.4.26이 성립함을 보여라.[38]

12. $\mathbf{x}_1, \mathbf{x}_2, \cdots, \mathbf{x}_m \in \mathbb{E}^n$에 대하여 $\mathbf{x} \in \mathsf{Conv}\{\mathbf{x}_1, \mathbf{x}_2, \cdots, \mathbf{x}_m\}$이고 각 $j \in \{1, 2, \cdots, m\}$에 대하여 $\mathbf{x}_j \in \mathsf{Conv}\{\mathbf{y}_{j1}, \mathbf{y}_{j2}, \cdots, \mathbf{y}_{jm_j}\}$이라 가정하자. $\mathbf{z}_1, \mathbf{z}_2, \cdots, \mathbf{z}_p$가 집합 $\{\mathbf{y}_{jk} : 1 \le k \le m_j \ \&\ 1 \le j \le m\}$의 원소 중 서로 다른 것일 때 $\mathbf{x} \in \mathsf{Conv}\{\mathbf{z}_1, \mathbf{z}_2, \cdots, \mathbf{z}_p\}$임을 보여라.[39]

13. 초평면 $P \subset \mathbb{E}^n$가 주어질 때, 서로다른 두 점 $\mathbf{x}_1, \mathbf{x}_2 \in P$을 잇는 직선 $L(\mathbf{x}_2; \mathbf{x}_1 - \mathbf{x}_2)$에 대하여 $L(\mathbf{x}_2; \mathbf{x}_1 - \mathbf{x}_2) \subset P$임을 보여라.[40]

14. 집합 A, $B \subset \mathbb{E}^n$가 주어질 때, 집합

$$[\![A; B]\!] := \{\mathbf{x} \in [\![\mathbf{a}; \mathbf{b}]\!]_s : \mathbf{a} \in A \ \&\ \mathbf{b} \in B\}$$

을 A**와** B**의 이음** 또는 **결합(join of two sets** A **and** B**)**이라 한다. 두 개의 볼록집합 A, $B \subset \mathbb{E}^n$의 이음 $[\![A; B]\!]$도 볼록집합임을 보여라.[41]

15. 명제 1.4.32을 증명하여라.[42]

16. $(t^0, t^1, \cdots, t^n) \in \mathbb{E}^{n+1}$가 점 $\mathbf{x} = (x^1, x^2, \cdots, x^n) \in \Sigma^n$에 대한 무게중심좌표이기 위한 필요충분조건은

$$\begin{cases} \circ\ t^j = x^j \ \ (\forall j \in \{1, \cdots, n\})\,; \\ \circ\ t^0 = 1 - \sum_{k=1}^{n} x^k \end{cases}$$

임을 보여라.[43]

17. 사잇각의 정의 (1.3)을 이용하여 점 $\boldsymbol{\xi} \in \mathbb{E}^n$와 벡터 $\mathbf{v} \in \mathbb{E}^n \setminus \{\mathbf{0}\}$가 주어질 때, 점 $\boldsymbol{\eta} \in \mathbb{E}^n \setminus P(\boldsymbol{\xi}; \mathbf{v})$을 정해두면 다음이 성립함을 보여라.[44]

$$\operatorname{dist}(\boldsymbol{\eta}, P(\boldsymbol{\xi}; \mathbf{v})) = \frac{|(\boldsymbol{\xi} - \boldsymbol{\eta}) \cdot \mathbf{v}|}{\|\mathbf{v}\|_{\mathbf{u}}}.$$

제 2 장

공간 $\mathbb{E}^n$의 위상

이 장에서는 다변수를 접하는 데 있어서 주의 깊게 다루어야 할 위상적 개념을 소개한다. 수렴과 연속, 그리고 미분의 개념은 극한으로부터 유도되기 때문에 멀고 가까움을 언급할 수 있는 거리의 도입이 필요하다. 유클리드 공간 위에 유클리드 노름으로부터 자연럽게 위상을 도입하는 과정을 살펴보자.

2.1 위상의 도입

명제 1.1.6에서 주어진 성질을 활용하면 주어진 두 점 사이에 멀고 가까움의 개념을 얻게 된다. 이러한 개념을 통하면 자연스럽게 위상을 도입할 수 있다.

2.1.1 열린집합·닫힌집합

정의 2.1.1. 점 $\mathbf{x}_0 \in \mathbb{E}^n$와 양수 $\epsilon > 0$에 대하여 집합

$$B_u(\mathbf{x}_0;\epsilon) := \{\mathbf{x} \in \mathbb{E}^n : \|\mathbf{x} - \mathbf{x}_0\|_u < \epsilon\}$$

을 **(반지름이 ϵ인) x_0의 ϵ-근방(ϵ-neighborhood of x_0)**(또는 **x_0의 근방**)이라 하고, 집합

$$B_u^*(\mathbf{x}_0;\epsilon) := \{\mathbf{x} \in \mathbb{E}^n : 0 < \|\mathbf{x} - \mathbf{x}_0\|_u < \epsilon\}$$

을 **(반지름이 ϵ인) x_0가 빠진 ϵ-근방(deleted ϵ-neighborhood of x_0)**([1]) (또는 **x_0가 빠진 근방**)이라 한다.

주의 2.1.2. 점 $\mathbf{x}_0 \in \mathbb{E}^n$와 양수 $\epsilon > 0$에 대하여 $B_u^*(\mathbf{x}_0;\epsilon) = B_u(\mathbf{x}_0;\epsilon) \setminus \{\mathbf{x}_0\}$이다.

이제, 근방의 개념을 이용하면 어떤 집합의 내부, 외부 그리고 경계 등에 관하여 좀 더 명확히 정의할 수 있다.

([1]) 또는 punctured ϵ-neighborhood of $\mathbf{x}_0$.

정의 2.1.3. 집합 $D \subset \mathbb{E}^n$와 $\mathbf{x} \in \mathbb{E}^n$가 주어질 때, 다음과 같이 정의한다.

(a) 조건 $B_u(\mathbf{x};\epsilon) \subset D$을 만족하는 양수 $\epsilon > 0$이 존재할 때 $\mathbf{x}$를 D**의 내점(interior point of** D**)**이라 하고, D의 내점 전체집합을 D**의 내부(interior of** D**)**라 하며, 간단히 $\operatorname{int} D$ 또는 $\operatorname{int}(D)$로 나타낸다.

(b) 임의의 양수 $\epsilon > 0$에 대하여 조건 $B_u(\mathbf{x};\epsilon) \cap D \neq \varnothing \neq B_u(\mathbf{x};\epsilon) \cap D^c$가 성립하면 $\mathbf{x}$를 D**의 경계점(boundary point of** D**)**이라 하고, D의 경계점 전체집합을 D**의 경계(boundary of** D**)**라 하고, 간단히 ∂D로 나타낸다.

(c) $\mathbf{x} \in \operatorname{int}(D^c)$일 때 $\mathbf{x}$를 D의 **외점(exterior point)**라 하고, D의 외점 전체모임을 D의 **외부(外部, exterior)**라 하며, 간단히 $\operatorname{ext}(D)$ 또는 $\operatorname{ext}D$로 나타낸다.

보기 2.1.4. 집합 $D := \mathbb{E}^n$에 대하여 $\operatorname{int} D = \mathbb{E}^n$ & $\partial D = \varnothing$이다.

주의 **2.1.5.** 집합 $D, E \subset \mathbb{E}^n$에 대하여 「$D \subset E \Longrightarrow \operatorname{int} D \subset \operatorname{int} E$」이다.

정의 2.1.6. 집합 $D \subset \mathbb{E}^n$가 주어질 때, 조건 $\operatorname{int} D = D$를 만족하면 D를 **열린집합** 또는 **개집합(open set)**이라 하고, 또한 $\mathbb{E}^n \setminus D$가 열린집합일 때, D를 **닫힌집합** 또는 **폐집합(closed set)**이라 한다.

보기 2.1.7. (1) $\operatorname{int} \mathbb{E}^n = \mathbb{E}^n$이므로 $\mathbb{E}^n$은 열린집합이고, 또한 $\mathbf{x} \in \mathbb{E}^n$일 때 명제 「$\mathbf{x} \in \varnothing$」의 진릿값은 거짓이므로 $\varnothing$은 열린집합이다. 더욱이, $(\mathbb{E}^n)^c = \varnothing$이므로 $\mathbb{E}^n$은 닫힌집합이다. 따라서 $\mathbb{E}^n$은 열린집합인 동시에 닫힌집합이다. 특히, $\varnothing$은 $\mathbb{E}^n$의 부분집합으로서 열린집합인 동시에 닫힌집합이다.

(2) 임의의 점 $\mathbf{x} \in \mathbb{E}^n$과 양수 $\epsilon > 0$에 대하여 $B_u(\mathbf{x};\epsilon)$은 열린집합이다. 왜냐하면: 임의의 점 $\mathbf{y} \in B_u(\mathbf{x};\epsilon)$에 대하여, $r := \epsilon - \|\mathbf{x} - \mathbf{y}\|_u$라 두면, 분명 $r > 0$이고 '삼각부등식'에 의하여

$$\begin{aligned} \mathbf{z} \in B_u(\mathbf{y};r) &\Longrightarrow \|\mathbf{z} - \mathbf{x}\|_u \leq \|\mathbf{z} - \mathbf{y}\|_u + \|\mathbf{y} - \mathbf{x}\|_u < r + \|\mathbf{y} - \mathbf{x}\|_u = \epsilon \\ &\Longrightarrow \mathbf{z} \in B_u(\mathbf{x};\epsilon) \end{aligned}$$

가 성립하므로 $B_u(\mathbf{y};r) \subset B_u(\mathbf{x};\epsilon)$을 얻는다.

(3) 임의의 점 $\mathbf{x} \in \mathbb{E}^n$에 대하여 $\{\mathbf{x}\}$는 닫힌집합이다. 왜냐하면: 임의의 점 $\mathbf{y} \in \mathbb{E}^n \setminus \{\mathbf{x}\}$에 대하여 $r := \frac{1}{2}\|\mathbf{x} - \mathbf{y}\|_u$라 두면, 분명 $r > 0$이고, 또한 '삼각부등식'에 의하여

$$\begin{aligned} \mathbf{z} \subset B_u(\mathbf{y};r) &\Longrightarrow \|\mathbf{z} - \mathbf{x}\|_u \geq \|\mathbf{x} - \mathbf{y}\|_u - \|\mathbf{z} - \mathbf{y}\|_u > \|\mathbf{x} - \mathbf{y}\|_u - r = r > 0 \\ &\Longrightarrow \mathbf{z} \in \mathbb{E}^n \setminus \{\mathbf{x}\} \end{aligned}$$

이므로 $\operatorname{int}(\mathbb{E}^n \setminus \{\mathbf{x}\}) = \mathbb{E}^n \setminus \{\mathbf{x}\}$이며, 특히 $\mathbb{E}^n \setminus \{\mathbf{x}\}$는 열린집합이다.

(4) 임의의 점 $\mathbf{x} \in \mathbb{E}^n$와 양수 $\epsilon > 0$에 대하여 $B_u^*(\mathbf{x};\epsilon)$은 열린집합이다. 왜냐하면: 임의의 점 $\mathbf{y} \in B_u^*(\mathbf{x};\epsilon)$에 대하여 $r := \frac{1}{2}\min\{\|\mathbf{x} - \mathbf{y}\|_u, \epsilon - \|\mathbf{x} - \mathbf{y}\|_u\}$라 두면, 분명 $r > 0$이고,

또한 '삼각부등식'에 의하여

$$\mathbf{z} \in B_u(\mathbf{y};r) \implies \begin{cases} \circ \ \|\mathbf{z}-\mathbf{x}\|_u < r + \|\mathbf{y}-\mathbf{x}\|_u \le \frac{1}{2}(\epsilon + \|\mathbf{y}-\mathbf{x}\|_u) < \epsilon \\ \circ \ \|\mathbf{z}-\mathbf{x}\|_u > \|\mathbf{x}-\mathbf{y}\|_u - r \ge \frac{1}{2}\|\mathbf{x}-\mathbf{y}\|_u > 0 \end{cases}$$
$$\implies \mathbf{z} \in B_u^*(\mathbf{x};\epsilon)$$

이므로 $B_u(\mathbf{y};r) \subset B_u^*(\mathbf{x};\epsilon)$이며, 특히 $B_u^*(\mathbf{x};\epsilon) \subset \operatorname{int}(B_u^*(\mathbf{x};\epsilon))$이므로 $B_u^*(\mathbf{x};\epsilon)$는 열린 집합이다.

(5) $\mathbf{x} \in \mathbb{E}^n$ & $\epsilon > 0$일 때

$$C_u(\mathbf{x};\epsilon) = \{\mathbf{y} \in \mathbb{E}^n : \|\mathbf{y}-\mathbf{x}\|_u \le \epsilon\}$$

을 생각하자. 이때, 임의의 $\mathbf{y} \in \mathbb{E}^n \setminus C_u(\mathbf{x};\epsilon)$를 선택하고, $r := \|\mathbf{y}-\mathbf{x}\|_u - \epsilon > 0$라 두자. 그때,

$$\mathbf{z} \in B_u(\mathbf{y};r) \implies \|\mathbf{z}-\mathbf{x}\|_u \ge \|\mathbf{y}-\mathbf{x}\|_u - \|\mathbf{z}-\mathbf{y}\|_u > \|\mathbf{y}-\mathbf{x}\|_u - r = \epsilon$$

이므로 $B_u(\mathbf{y};r) \subset \mathbb{E}^n \setminus C_u(\mathbf{x};\epsilon)$이다. 그러므로 $\mathbb{E}^n \setminus C_u(\mathbf{x};\epsilon)$은 열린집합이다. 특히 $C_u(\mathbf{x};\epsilon)$은 닫힌집합이다.([2])

(6) 임의의 점 $\mathbf{x} \in \mathbb{E}^n$와 양수 $\epsilon > 0$를 정해두면, 보기 2.1.7의 (2) & (5)에 의하여 두 집합 $B_u(\mathbf{x};\epsilon)$ & $[C_u(\mathbf{x};\epsilon)]^c$는 모두 열린집합이고, 또한 다음이 성립한다.

- $\mathbf{y} \in B_u(\mathbf{x};\epsilon)$일 때 조건 $B_u(\mathbf{y};r) \subset B_u(\mathbf{x};\epsilon)$을 만족하는 양수 $r > 0$이 존재하고, 특히 $B_u(\mathbf{y};r) \cap [B_u(\mathbf{x};\epsilon)]^c = \varnothing$이므로 $\mathbf{y} \notin \partial[B_u(\mathbf{x};\epsilon)]$이다. 따라서 $B_u(\mathbf{x};\epsilon) \cap \partial[B_u(\mathbf{x};\epsilon)] = \varnothing$이다.
- $\mathbf{z} \notin C_u(\mathbf{x};\epsilon)$일 때 조건 $B_u(\mathbf{z};\rho) \subset [C_u(\mathbf{x};\epsilon)]^c$를 만족하는 양수 $\rho > 0$가 존재하고, 특히 $B_u(\mathbf{z};\rho) \cap B_u(\mathbf{x};\epsilon) \subset B_u(\mathbf{z};\rho) \cap C_u(\mathbf{x};\epsilon) = \varnothing$이므로 $[C_u(\mathbf{x};\epsilon)]^c \cap \partial[B_u(\mathbf{x};\epsilon)] = \varnothing$이다.

한편, 분명 $\{\mathbf{y} \in \mathbb{E}^n : \|\mathbf{y}-\mathbf{x}\|_u = \epsilon\} \subset \partial[B_u(\mathbf{x};\epsilon)]$이고, 또한

$$B_u(\mathbf{x};\epsilon) = \{\mathbf{y} \in \mathbb{E}^n : \|\mathbf{y}-\mathbf{x}\|_u < \epsilon\} \quad \& \quad \mathbb{E}^n \setminus C_u(\mathbf{x};\epsilon) = \{\mathbf{y} \in \mathbb{E}^n : \|\mathbf{y}-\mathbf{x}\|_u > \epsilon\}$$

이므로

$$\partial[B_u(\mathbf{x};\epsilon)] = \{\mathbf{y} \in \mathbb{E}^n : \|\mathbf{y}-\mathbf{x}\|_u = \epsilon\} = S_u(\mathbf{x};\epsilon)$$

가 성립한다.

주 의 2.1.8. 집합 $D \subset \mathbb{E}^n$가 주어질 때, 항상 $\operatorname{int} D \subset D$이므로

$$\text{“}D\text{는 열린집합이다.”} \iff D = \operatorname{int} D \iff D \subset \operatorname{int} D$$

이다. 한편, $\mathbf{x} \in \operatorname{int} D$일 때 조건 $B_u(\mathbf{x};\epsilon) \subset D$를 만족하는 양수 $\epsilon > 0$을 정해두면, 보기 2.1.7에 의하여 $B_u(\mathbf{x};\epsilon) = \operatorname{int} B_u(\mathbf{x};\epsilon) \subset \operatorname{int} D$이므로 $\mathbf{x} \in \operatorname{int}(\operatorname{int} D)$이다. 즉, $\operatorname{int} D \subset \operatorname{int}(\operatorname{int} D)$이고, 특히 $\operatorname{int} D$는 열린집합이다.

([2]) 이런 이유로 $C_u(\mathbf{x};\epsilon)$을 종종 **닫힌구** 또는 **폐구(closed ball)**라 부른다.

다음 결과는 열린집합들의 합집합 또는 교집합 연산이 그 집합의 열린집합 여부와 어떤 관계를 가지는지 알려준다.

정리 2.1.9. $\mathbb{E}^n$ 위에서 열린집합들의 임의개의 합집합과 유한개의 교집합은 모두 열린집합이다.

[증명] (a) 열린집합들의 모임 $\{U_\alpha : \alpha \in \Lambda\}$가 주어질 때, $D := \bigcup_{\alpha\in\Lambda} U_\alpha$라 놓고, 임의의 점 $\mathbf{x} \in D$를 정해두면, $\mathbf{x} \in U_\beta$를 만족하는 $\beta \in \Lambda$가 존재하고, 특히 U_β가 열린집합이므로 조건 $B_u(\mathbf{x};\epsilon) \subset U_\beta$를 만족하는 양수 $\epsilon > 0$을 택할 수 있으며, 덧붙여 $U_\beta \subset D$이므로 $\mathbf{x} \in \operatorname{int} D$이다. 그런데 $\mathbf{x}$는 D의 임의의 점이므로 $D \subset \operatorname{int} D$이고, 특히 D는 열린집합이다.

(b) 열린집합들의 모임 $\{U_i : i \in \Gamma\}$ (단, $\Gamma \subset_{\text{fnt}} \mathbb{N}$)가 주어질 때, $G := \bigcap_{j\in\Gamma} U_j$라 놓고, 임의의 점 $\mathbf{x} \in G$를 정해두면, 각 $j \in \Gamma$에 대하여 $\mathbf{x} \in U_j$이므로 $B_u(\mathbf{x};\epsilon_j) \subset U_j$을 만족하는 양수 $\epsilon_j > 0$를 택할 수 있다. 이때, $\epsilon := \min\{\epsilon_j : j \in \Gamma\}$라 두면, 분명 $\epsilon > 0$이고, 또한 $B_u(\mathbf{x};\epsilon) \subset B_u(\mathbf{x};\epsilon_j)\,(\forall j \in \Gamma)$이므로 $B_u(\mathbf{x};\epsilon) \subset \bigcap_{j\in\Gamma} B_u(\mathbf{x};\epsilon_j) \subset G$가 성립한다. 그런데 $\mathbf{x}$는 G의 임의의 점이므로 $G \subset \operatorname{int} G$이고, 특히 G는 열린집합이다. □

주 의 **2.1.10.** [보기 2.1.7의 (4)에 대한 다른 증명] 임의의 점 $\mathbf{x} \in \mathbb{E}^n$와 양수 $\epsilon > 0$에 대하여

$$B_u^*(\mathbf{x};\epsilon) = B_u(\mathbf{x};\epsilon) \setminus \{\mathbf{x}\} = B_u(\mathbf{x};\epsilon) \cap \{\mathbf{x}\}^c$$

이므로 정리 2.1.9에 의하여 $B_u^*(\mathbf{x};\epsilon)$은 열린집합이다.

따름정리 2.1.11. $\mathbb{E}^n$ 위에서 닫힌집합들의 임의개의 교집합과 유한개의 합집합은 모두 닫힌집합이다.

다음 보기는, 정리 2.1.9와 달리, 임의개 열린집합의 교집합은 일반적으로 열린집합이 아님을 알려준다.

보기 2.1.12. $n \in \mathbb{N}$일 때 $U_n := \left(-\frac{1}{n}, \frac{1}{n}\right)$이 $\mathbb{E}^1$의 열린부분집합이지만 $\bigcap_{n=1}^{\infty} U_n = \{0\}$이므로 $\bigcap_{n=1}^{\infty} U_n$은 열린집합이 아니다.

2.1.2 집적점

열린집합과 닫힌집합의 정의는 근방의 개념에 의존했다. 이제, 한 점이 빠진 근방을 이용하여 또 하나의 중요한 위상적 개념을 정의하자.

정의 2.1.13. 집합 $D \subset \mathbb{E}^n$와 점 $\mathbf{x} \in \mathbb{E}^n$가 주어질 때, 다음과 같이 정의한다.

(a) 각 $\epsilon > 0$에 대하여 조건 $B_u^*(\mathbf{x};\epsilon) \cap D \neq \varnothing$가 성립할 때 $\mathbf{x}$를 D의 **집적점(accumulation point)**이라 하고, 집합 D의 집적점 전체모임을 **D의 유도집합(derived set of D)**[3] 이라 부르며, 간단히 D'으로 나타낸다.

(b) $\mathbf{x} \in D \setminus D'$일 때 $\mathbf{x}$를 **D의 고립점(isolated point of D)**이라 한다.

(3) '유도집합'(誘導集合, (獨)abgeleitete Punktmenge)이라는 용어는 칸토어(G. Cantor)가 1872년에 도입하였다.

주의 2.1.14. (1) $E, D \subset \mathbb{E}^n$일 때, $E \subset D$이면 분명 $E' \subset D'$이다.

(2) 집합 $D \subset \mathbb{E}^n$의 한 집적점은 D에 속할 수도 있고 그렇지 않을 수도 있음에 유의하자. 예를 들어, $\mathbb{E}^1$의 두 부분집합 $D := \left\{\frac{1}{n} : n \in \mathbb{N}\right\}$ & $E := D \cup \{0\}$을 생각하면, 분명 $0 \in E \setminus D$이지만 $\frac{1}{n} \xrightarrow{n\to\infty} 0$이므로 $0 \in E' \cap D'$이다. 한편, 각 $n \in \mathbb{N}$에 대하여 조건 $0 < \epsilon_n < \frac{1}{n} - \frac{1}{n+1}$을 만족하는 양수 $\epsilon_n \in \mathbb{E}^1$을 택하면

$$(1/n - \epsilon_n, 1/n + \epsilon_n) \cap E = \{1/n\} = D \cap (1/n - \epsilon_n, 1/n + \epsilon_n)$$

이므로 $\frac{1}{n}$은 집합 E의 고립점이면서 동시에 집합 D의 고립점이다.

보기 2.1.15. 임의의 유한집합 $D \subset \mathbb{E}^n$에 대하여 $D' = \varnothing$이다.[4] 왜냐하면: $D = \varnothing$일 때는 분명 $D' = \varnothing$이다. 이제, $D \neq \varnothing$을 가정하고, $D = \{\mathbf{a}_1, \mathbf{a}_2 \cdots, \mathbf{a}_m\}$ (단, $m = \#(D) \in \mathbb{N}_{\geq 2}$)를 생각하자. 이때, $J := \{1, 2, \cdots, m\}$라 놓고 임의의 점 $\mathbf{x} \in \mathbb{E}^n$에 대하여

$$\epsilon := \begin{cases} \min_{k \in J\setminus\{j\}} \|\mathbf{a}_k - \mathbf{x}\|_u & (\mathbf{x} = \mathbf{a}_j) \\ \min_{k \in J} \|\mathbf{a}_k - \mathbf{x}\|_u & (\mathbf{x} \notin D) \end{cases}$$

라 두면, $\epsilon > 0$이고 $B_u^*(\mathbf{x};\epsilon) \cap D = \varnothing$이므로 $\mathbf{x} \notin D'$이고, 특히 $D' = \varnothing$이다.

정의 2.1.16. 집합 $D \subset \mathbb{E}^n$와 그 유도집합 D'의 합집합 $D \cup D'$을 집합 D의 닫음 또는 폐포(closure)라 하고 간단히 $\overline{D}$으로 나타낸다. 즉, $\overline{D} = D \cup D'$.

명제 2.1.17. 집합 $D \subset \mathbb{E}^n$와 점 $\mathbf{x} \in \mathbb{E}^n$에 대하여 다음이 성립한다.

$$\mathbf{x} \in \overline{D} \iff \forall \epsilon > 0,\ B_u(\mathbf{x};\epsilon) \cap D \neq \varnothing$$

[증명] ($\Longrightarrow$) 임의의 점 $\mathbf{x} \in \overline{D}$와 양수 $\epsilon > 0$을 정해두자. 그때,

- $\mathbf{x} \in D$일 때 분명 $\mathbf{x} \in B_u(\mathbf{x};\epsilon) \cap D$이고,
- $\mathbf{x} \notin D$일 때 $\mathbf{x} \in D'$이므로 $B_u^*(\mathbf{x};\epsilon) \cap D \neq \varnothing$이다.

그런데 $B_u^*(\mathbf{x};\epsilon) \subset B_u(\mathbf{x};\epsilon)$이므로 위의 어느 경우든 $B_u(\mathbf{x};\epsilon) \cap D \neq \varnothing$이다.

($\Longleftarrow$) 임의의 양수 $\epsilon > 0$에 대하여 $B_u(\mathbf{x};\epsilon) \cap D \neq \varnothing$을 가정하자. 그때,

- $\mathbf{x} \in D$인 경우: $D \subset \overline{D}$이므로 $\mathbf{x} \in \overline{D}$이고,
- $\mathbf{x} \notin D$인 경우: $B_u^*(\mathbf{x};\epsilon) \cap D = B_u(\mathbf{x};\epsilon) \cap D \neq \varnothing$이므로 $\mathbf{x} \in D'$이고, 특히 $\mathbf{x} \in \overline{D}$이다.

즉, 위의 어느 경우든 $\mathbf{x} \in \overline{D}$가 성립한다. □

다음 결과는 집적점과 폐포, 그리고 닫힌집합 사이의 관계를 설명한 것이다.

정리 2.1.18. 집합 $D \subset \mathbb{E}^n$에 대하여 다음이 성립한다.

(a) "D는 닫힌집합이다." $\iff$ $D' \subset D$.

(b) $\overline{D}$는 닫힌집합이다.

(c) "D는 닫힌집합이다." $\iff$ $D = \overline{D}$

---

[4] 단집합의 경우는 집적점의 의미가 없다.

[증명] (a) ($\Longrightarrow$) 임의의 점 $\mathbf{x} \in \mathbb{E}^n \setminus D$를 정해두면 $\mathbb{E}^n \setminus D$가 열린집합이므로 조건 $B_u(\mathbf{x};\epsilon) \subset \mathbb{E}^n \setminus D$을 만족하는 양수 $\epsilon > 0$이 존재하고, 특히 $B_u(\mathbf{x};\epsilon) \cap D = \varnothing$이므로 $\mathbf{x} \notin D'$ (즉, $\mathbf{x} \in (D')^c$)이다. 따라서 $D^c \subset (D')^c$이므로 $D' \subset D$를 얻는다.

($\Longleftarrow$) 임의의 점 $\mathbf{x} \in \mathbb{E}^n \setminus D$를 정해두면, $D' \subset D$이므로 $\mathbf{x} \notin D'$이고, 또한 조건 $B_u^*(\mathbf{x};\epsilon) \cap D = \varnothing$을 만족하는 양수 $\epsilon > 0$이 존재하고, 이때 $\mathbf{x} \notin D$이므로 $B_u(\mathbf{x};\epsilon) \cap D = \varnothing$이고, 특히 $B_u(\mathbf{x};\epsilon) \subset \mathbb{E}^n \setminus D$이므로 $\mathbf{x} \in \operatorname{int}(\mathbb{E}^n \setminus D)$이다. 그런데 $\mathbf{x}$는 $\mathbb{E}^n \setminus D$의 임의의 점이므로 $\mathbb{E}^n \setminus D$는 열린집합이다.

(b) (a)의 관점에서 $(\overline{D})' \subset \overline{D}$을 보이면 충분하다. 이를 위해, 임의의 점 $\mathbf{x} \in (\overline{D})'$를 정해두자. 이때, 만일 $\mathbf{x} \in D$이면 분명 $\mathbf{x} \in \overline{D}$이다. 이제 $\mathbf{x} \notin D$라 가정하면 $\mathbf{x} \in (\overline{D})'$이므로 임의의 양수 $\epsilon > 0$에 대하여 $B_u^*(\mathbf{x};\epsilon) \cap \overline{D} \neq \varnothing$이고, 특히 점 $\mathbf{y} \in B_u^*(\mathbf{x};\epsilon) \cap \overline{D}$를 택할 수 있다. 여기서

- $B_u^*(\mathbf{x};\epsilon)$은 열린집합이므로 조건 $B_u(\mathbf{y};\delta) \subset B_u^*(\mathbf{x};\epsilon)$을 만족하는 $\delta > 0$가 존재하고,
- 명제 2.1.17에 의하여 $B_u(\mathbf{y};\delta) \cap D \neq \varnothing$이므로 점 $\mathbf{z} \in B_u(\mathbf{y};\delta) \cap D$를 택할 수 있다.

따라서 $\mathbf{z} \in B_u^*(\mathbf{x};\epsilon) \cap D$이므로 $\mathbf{x} \in D'$이고, 특히 $\mathbf{x} \in \overline{D}$이다.

(c) ($\Longrightarrow$) D가 닫힌집합이므로 (a)에 의하여 $D' \subset D$이고, 특히 $\overline{D} = D \cup D' \subset D$이다. 더욱이, $D \subset \overline{D}$이므로 $D = \overline{D}$이다.

($\Longleftarrow$) $\overline{D} = D$이므로 (b)에 의하여 D는 닫힌집합이다. □

주 의 **2.1.19.** 보기 2.1.15와 정리 2.1.18의 (a)에 의하여 $\mathbb{E}^n$의 임의의 유한부분집합은 닫힌집합이고, 특히 단집합은 닫힌집합이다.

주 의 **2.1.20.** 집합 $D \subset \mathbb{E}^n$에 대하여 다음이 성립한다.

(가) '경계(점)'의 정의에 의하여

$$\mathbf{x} \in \partial D \iff [\mathbf{x} \notin \operatorname{int}D \ \&\ \mathbf{x} \notin \operatorname{int}(D^c)] \iff \mathbf{x} \in (\operatorname{int}(D))^c \cap [\operatorname{int}(D^c)]^c$$

이므로 $\partial D = (\operatorname{int}(D))^c \cap [\operatorname{int}(D^c)]^c = [\operatorname{int}(D) \cup \operatorname{int}(D^c)]^c = (\operatorname{int}(D) \cup \operatorname{ext}(D))^c$이다. 또한,

$$\mathbf{x} \in \partial D \iff \left[\mathbf{x} \in \overline{D} \ \&\ \mathbf{x} \in \overline{\mathbb{E}^n \setminus D}\right] \iff \mathbf{x} \in \overline{D} \cap \overline{D^c}$$

이므로 $\partial D = \overline{D} \cap \overline{D^c}$이고, 특히 $\overline{D}$ & $\overline{D^c}$가 모두 닫힌집합이므로 ∂D도 닫힌집합이다.

(나) $D \subset \mathbb{E}^n$일 때, $\operatorname{int}(D) \subset D$ & $\operatorname{ext}(D) = \operatorname{int}(D^c) \subset D^c$이므로 $\operatorname{int}(D) \cap \operatorname{ext}(D) \subset D \cap D^c = \varnothing$이다. 특히, (가)에 의하여 세 집합 $\operatorname{int}(D)$, ∂D, $\operatorname{ext}(D)$는 서로소이고, 또한

$$\mathbb{E}^n = \operatorname{int}(D) \cup \partial D \cup \operatorname{ext}(D)$$

가 성립한다.

명제 2.1.21. 집합 $D \subset \mathbb{E}^n$에 대하여 다음이 성립한다 (자세한 증명은 연습문제 2.0,7 참조).

(a) $\overline{D^c}^c = \operatorname{int}D$ (b) $\operatorname{ext}D = \overline{D}^c$ (c) $\partial D = \overline{D} \setminus \operatorname{int}D = \overline{D} \cap \overline{D^c}$

(d) $\overline{D} = D \cup \partial D$ (e) $\operatorname{int}D = D \setminus \partial D$ (f) $\partial(D^c) = \partial D$

2.2 非연결집합·연결집합

이 절에서는 집합의 연결성과 분리성의 개념을 정의하고 관련된 성질을 살펴본다.

정의 2.2.1. 집합 $S \subset \mathbb{E}^n$가 주어질 때 다음과 같이 정의한다.

(a) 열린집합 $U, V \subset \mathbb{E}^n$가 조건

$$U \cap V \cap S = \varnothing, \quad S \subset U \cup V \quad \& \quad S \cap U \neq \varnothing \neq S \cap V$$

을 만족할 때 $\{U, V\}$를 S의 **분리(separation)**라 한다.

(b) 조건

$$S = A \cup B \quad \& \quad \overline{A} \cap B = \varnothing = A \cap \overline{B}$$

을 만족하고 비어있지 않은 집합 $A, B \subset \mathbb{E}^n$가 존재하면 S를 **非연결집합(disconnected set)** 또는 S는 **연결되어 있지 않다**고 한다.

(c) 집합 S가 非연결집합이 아니면 S를 **연결집합(connected set)** 또는 S는 **연결되어 있다**고 한다.

명제 2.2.2. 집합 $S \subset \mathbb{E}^n$가 주어질 때, S가 非연결집합이기 위한 필요충분조건은 S의 분리가 존재하는 것이다.

[증명] ($\Longrightarrow$) S가 非연결집합임을 가정하면 조건

$$A \neq \varnothing \neq B, \quad S = A \cup B \quad \& \quad \overline{A} \cap B = \varnothing = A \cap \overline{B} \tag{2.1}$$

을 만족하는 집합 $A, B \subset \mathbb{E}^n$가 존재한다. 이때, $V := \mathbb{E}^n \setminus \overline{A}$ & $W := \mathbb{E}^n \setminus \overline{B}$라 두면, (2.1)의 세 번째 조건에 의하여 $A \subset W$, $B \subset V$ & $S = A \cup B \subset W \cup V$이므로 다음이 성립한다.

- $\varnothing \neq B = B \cap V \subset S \cap V$이므로 $S \cap V \neq \varnothing$이고, 또한 $\varnothing \neq A = A \cap W \subset S \cap W$이므로 $S \cap W \neq \varnothing$이다.
- $\overline{A \cup B} = \overline{A} \cup \overline{B}$ & $S = A \cup B \subset \overline{A \cup B}$이므로

$$S \cap V \cap W = S \cap (\overline{A}^c \cap \overline{B}^c) = S \cap (\overline{A} \cup \overline{B})^c = S \cap (\overline{A \cup B})^c = \varnothing$$

이다.

따라서 $\{V, W\}$는 집합 S의 분리이다.

($\Longleftarrow$) 집합 S의 분리 $\{V, W\}$를 정해두면, 열린집합 $V, W \subset \mathbb{E}^n$는 조건

$$S \cap V \neq \varnothing \neq S \cap W, \quad S \subset V \cup W \quad \& \quad S \cap V \cap W = \varnothing$$

을 만족한다. 이때, $A := S \cap W$ & $B := S \cap V$라 두면 $A \neq \varnothing \neq B$이므로 다음이 성립한다.

- $A \cup B = (S \cap W) \cup (S \cap V) = S \cap (V \cup W) = S$.
- $A \cap V = (S \cap W) \cap V = \varnothing$이므로 $A \subset V^c$이다. 그런데 V^c는 닫힌집합이므로 $\overline{A} \subset V^c$이고, 또한 $\overline{A} \cap V = \varnothing$이므로 $\overline{A} \cap B = \overline{A} \cap (S \cap V) \subset \overline{A} \cap V = \varnothing$이며, 특히 $\overline{A} \cap B = \varnothing$이다.
- $B \cap W = (S \cap V) \cap W = \varnothing$이므로 $B \subset W^c$이다. 그런데 W^c는 닫힌집합이므로 $\overline{B} \subset W^c$이고, 또한 $\overline{B} \cap W = \varnothing$이므로 $\overline{B} \cap A = \overline{B} \cap (S \cap W) \subset \overline{B} \cap W = \varnothing$이며, 특히 $\overline{B} \cap A = \varnothing$이다.

따라서 S는 非연결집합이다. □

참고 2.2.3. 비어 있는 집합 $\varnothing$과 단집합은 모두 연결집합이다.

보기 2.2.4. (1) 실수집합 $\mathbb{E}^1$의 부분집합 $A := [-2, 0] \cup [2, 3]$는 연결되어 있지 않다. 왜냐하면, 두 열린구간 $U := (-3, 1)$ & $V := (1, 4)$에 대하여

$$U \cap V \cap A = \varnothing, \quad A \subset U \cup V \quad \& \quad U \cap A \neq \varnothing \neq V \cap A$$

가 성립하므로 $\{U, V\}$가 A의 분리이기 때문이다.

(2) $a \in \mathbb{E}^1$일 때, 실수집합 $\mathbb{E}^1$의 부분집합 $A := \mathbb{E}^1 \setminus \{a\}$는 연결되어 있지 않다. 왜냐하면, 두 열린구간 $U := (-\infty, a)$ & $V := (a, \infty)$에 대하여

$$U \cap V \cap A = \varnothing, \quad A \subset U \cup V \quad \& \quad U \cap A \neq \varnothing \neq V \cap A$$

가 성립하므로 $\{U, V\}$가 A의 분리이기 때문이다.

정리 2.2.5. 집합 $A \subset \mathbb{E}^1$가 연결집합이기 위한 필요충분조건은 명제

$$\text{“}x, y \in A\text{일 때 「}x < y \implies (x, y) \subset A\text{」이다.”} \tag{2.2}$$

을 만족하는 것이다.

[증명] ($\Longrightarrow$) 결론을 부정하여, 조건 $z \in (x, y) \setminus A$을 만족하는 실수 $x, y \in A$ (단, $x < y$)와 $z \in \mathbb{E}^1$가 존재함을 가정하면, $x < y < z$이다. 이때, $U := (-\infty, z)$ & $V := (z, \infty)$라 두면,

$$U \cap V \cap A = \varnothing, \quad A \subset U \cup V \quad \& \quad A \cap U \neq \varnothing \neq A \cap V$$

이므로 $\{U, V\}$는 A의 분리이고, 특히 A는 연결집합이 아니다.

($\Longleftarrow$) 결론을 부정하여, 집합 A가 연결집합이 아님을 가정하면, 조건

$$U \cap A \neq \varnothing \neq V \cap A, \quad U \cap V \cap A = \varnothing \quad \& \quad A \subset U \cup V$$

을 만족하는 두 열린집합 $U, V \subset \mathbb{E}^1$가 존재하고, 특히 조건 $x \in U \cap A$ & $y \in V \cap A$을 만족하는 실수 $x, y \in \mathbb{E}^1$ (단, $x \neq y$)를 택할 수 있다. 이때, 일반성에 어긋남이 없이, $x < y$라 가정할 수 있고, 또한 가정 (2.2)에 의하여 유계구간 $[x, y]$가 집합 A의 부분집합이므로

$$z := \sup([x, y] \cap U \cap A) = \sup([x, y] \cap U) \in \mathbb{E}^1$$

이고, 특히 $x \le z \le y$이다. 더 나아가, 다시 (2.2)에 의하여 $z \in A$이고, 또한 $A \subset U \cup V$이므로 $z \in U \cup V$이며, 덧붙여 다음이 성립한다.

(i) $z \in U$인 경우: 조건 $N(z, \epsilon) \subset U$을 만족하는 양수 $\epsilon > 0$가 존재하며, 이때 조건 $z < t$을 만족하는 $t \in N(z, \epsilon)$를 택할 수 있다. 게다가

- $y \le t$일 때 $z \le y \le t$이므로 $y \in N(z, \epsilon) \subset U$이지만 이것은 $U \cap V \cap A = \varnothing$라는 사실에 모순이고;
- $t < y$일 때 $z < t < y$이므로 $t \in [x, y] \cap U \cap A$이지만 이것은 z의 정의에 모순이다.

(ii) $z \in V$인 경우: 조건 $N(z, \delta) \subset V$를 만족하는 양수 $\delta > 0$가 존재하고, 또한 z의 정의에 의하여 조건 $z - \delta < t \le z$을 만족하는 실수 $t \in [x, y] \cap U \cap A$를 택할 수 있으며, 특히 $t \in N(z, \delta) \subset V$이다. 그러나 이것은 $U \cap V \cap A = \varnothing$라는 사실에 모순이다.

위의 어느 경우든 모순이므로 바라는 결과를 얻는다. □

따름정리 2.2.6. ([1]) $\mathbb{E}^1$의 부분집합이 연결집합일 필요충분조건은 구간인 것이다.

명제 2.2.7. 공간 $\mathbb{E}^n$의 볼록인 부분집합은 연결집합이다.

[증명] 결론을 부정하여, 볼록이지만 연결이 아닌 집합 $S(\neq \varnothing) \subset \mathbb{E}^n$가 존재함을 가정하면, 명제 2.2.2에 의하여 S의 분리 $\{U, V\}$가 존재한다. 이때, 열린집합 $U, V \subset \mathbb{E}^n$은 조건

$$U \cap V \cap S = \varnothing, \quad S \subset U \cup V \quad \& \quad U \cap S \neq \varnothing \neq V \cap S \tag{2.3}$$

을 만족하므로 두 점 $\mathbf{p} \in U \cap S$ & $\mathbf{q} \in V \cap S$ (단, $\mathbf{p} \neq \mathbf{q}$)를 택할 수 있고, 특히 집합 S의 볼록성에 의하여 $[\![\mathbf{p}; \mathbf{q}]\!]_u \subset S$가 성립한다. 반면에 (2.3)에 의하여 $S = (S \cap U) \cup (S \cap V)$ & $U \cap V \cap S = \varnothing$이므로 $\mathbf{c} \notin S$인 $\mathbf{c} \in [\![\mathbf{p}; \mathbf{q}]\!]_u$가 존재한다. 그러나 이것은 $[\![\mathbf{p}; \mathbf{q}]\!]_u \subset S$에 모순이므로 볼록집합 S의 분리는 존재하지 않는다. 결국 S가 연결집합임을 증명하였다. □

명제 2.2.8. 연결집합 $S(\neq \varnothing) \subset \mathbb{E}^n$가 주어질 때, $\mathbb{E}^n$ 위의 열린집합 U, V가 조건

$$U \cap V \cap S = \varnothing \quad \& \quad S \subset U \cup V \tag{2.4}$$

을 만족하면

$$S \cap U = \varnothing \quad \text{또는} \quad S \cap V = \varnothing \tag{2.5}$$

이고, 특히 $S \subset U$이거나 $S \subset V$이다.

[증명] 두 열린집합 $U, V \subset \mathbb{E}^n$가 조건 (2.4)를 만족할 때 $S \cap U \neq \varnothing \neq S \cap V$을 가정하면 $\{U, V\}$가 S의 분리이다. 그러나 이것은 S가 연결집합이라 사실에 모순이므로 (2.5)를 얻는다. 특히, $U \cap V \cap S = \varnothing$ & $S \subset U \cup V$이므로 $S \subset V$이거나 $S \subset U$이다. □

정리 2.2.9. 두 연결집합 $S_1, S_2 \subset \mathbb{E}^n$가 조건 $S_1 \cap S_2 \neq \varnothing$을 만족하면 $S_1 \cup S_2$도 역시 연결집합이다.

[증명] 결론을 부정하여 $S := S_1 \cup S_2$가 연결집합이 아님을 가정하면 S의 분리 $\{U, V\}$가 존재하고, 특히 열린집합 U, V는 조건

$$U \cap V \cap S = \varnothing, \quad S \subset U \cup V \quad \& \quad S \cap U \neq \varnothing \neq S \cap V \tag{2.6}$$

을 만족한다. 이때, 각 $j \in \{1, 2\}$에 대하여 $U \cap V \cap S_j = \varnothing$ & $S_j \subset U \cup V$이고, 또한 S_j가 연결집합이므로 명제 2.2.8의 관점에서 $S_j \subset U$ 또는 $S_j \subset V$이고, 덧붙여 다음이 성립한다.

- 「$S_1 \subset U$ & $S_2 \subset V$」 또는 「$S_1 \subset V$ & $S_2 \subset U$」인 경우: $S_1 \cap S_2 \subset U \cap V$이므로

$$S_1 \cap S_2 = (S_1 \cap S_2) \cap S \subset U \cap V \cap S = \varnothing$$

  이지만 이것은 $S_1 \cap S_2 \neq \varnothing$라는 사실에 모순이다.

- 「$S_1 \subset U$ & $S_2 \subset U$」 또는 「$S_1 \subset V$ & $S_2 \subset V$」인 경우: $S = S_1 \cup S_2 \subset U$ 또는 $S = S_1 \cup S_2 \subset V$이다. 그러므로

$$S \cap V = S \cap U \cap V \quad \text{또는} \quad S \cap U = S \cap U \cap V$$

  가 성립한다. 그러나 이것은 (2.6)에 모순이다.

따라서 S는 연결집합이다. □

2.3 콤팩트집합

이 절에서는 연결집합과 더불어 n-공간의 이해를 위해 매우 중요하고 유용한 개념인 콤팩트집합에 관하여 공부한다.

정의 2.3.1. 집합 $D \subset \mathbb{E}^n$와 집합족 $\mathcal{F} := \{O_\alpha : \alpha \in \Lambda\} \subset \mathcal{P}(\mathbb{E}^n)$(5) 가 주어질 때, 다음과 같이 정의한다.

(a) 조건 $D \subset \bigcup_{\alpha \in \Lambda} O_\alpha$를 만족할 때 $\mathcal{F}$를 D의 **덮개** 또는 **피복(covering)**이라 하고, 열린집합들로 이루어진 덮개를 **열린덮개(open covering)**라 한다.

(b) $\mathcal{F}$가 D의 덮개이고, 더불어 첨수집합 $\Gamma \subset \Lambda$에 대하여 $\mathcal{G} := \{O_\alpha : \alpha \in \Gamma\}$도 D의 덮개이면 $\mathcal{G}$를 (D를 덮는) $\mathcal{F}$의 **부분덮개(subcover)**라 하며, 특히 $\Gamma \subset_{\text{fnt}} \Lambda$일 때 $\mathcal{G}$를 (D를 덮는 $\mathcal{F}$의) **유한 부분덮개(finite subcovering)**라 한다.

(c) 집합 D의 임의의 열린덮개가 유한 부분덮개를 가지면 D를 **콤팩트집합(compact set)** 또는 **옹골집합**이라 한다.

---

(5) [기호 정의] 집합 X의 부분집합들 전체모임을 간단히 $\mathcal{P}(X)$로 나타낸다. 즉, $\mathcal{P}(X) = \{S : S \subset X\}$이다.

참고 2.3.2. 집합 $D \subset \mathbb{E}^n$가 콤팩트일 필요충분조건은 D의 임의의 열린덮개 $\mathcal{F} = \{O_\alpha : \alpha \in \Lambda\} \subset \mathcal{P}(\mathbb{E}^n)$에 대하여 조건

$$D \subset \bigcup_{\alpha \in \Gamma} O_\alpha$$

를 충족하는 유한집합 $\Gamma \subset_{\text{fnt}} \Lambda$가 존재하는 것이다.(6)

보기 2.3.3. 집합 $G := (0,3) \subset \mathbb{E}^1$은 콤팩트집합인가? 우선, $A_n := (1/n, 4)$ $(\forall n \in \mathbb{N})$라 두면 $0 < x < 3$일 때 '아르키메데스 성질'에 의하여 $px > 1$인 자연수 $p \in \mathbb{N}$를 선택할 수 있기 때문에 $x \in A_p$이고, 특히 $\mathcal{F} := \{A_n : n \in \mathbb{N}\}$는 G의 열린덮개이다. 그러나 임의의 유한집합 $\{n_1, n_2, \cdots, n_k\} \subset \mathbb{N}$을 정해두고 $m := \max\{n_1, n_2, \cdots, n_k\}$라 두면

$$A_{n_1} \cup \cdots \cup A_{n_k} = A_m = (1/m, 4)$$

이므로 $\{A_{n_i} : i = 1, 2, \cdots, k\}$은 G의 열린덮개가 되지 못한다. 따라서 $\mathcal{F}$의 어떤 유한 부분집합도 G의 열린덮개가 될 수 없다. 특히, 구간 $(0,3)$는 콤팩트집합이 아니다.

보기 2.3.4. 집합 $G := [1,3) \subset \mathbb{E}^1$은 콤팩트집합인가? 각 $n \in \mathbb{N}$에 대하여 $A_n := (0, 3 - 1/n)$라 두면, $1 < x < 3$일 때 '아르키메데스 성질'에 의하여 $p(3-x) > 1$인 자연수 $p \in \mathbb{N}$가 존재하므로 $x \in A_p$이고, 특히 $\mathcal{F} := \{A_n : n \in \mathbb{N}\}$는 G의 열린덮개이다. 그러나 임의의 유한집합 $\{n_1, n_2, \cdots, n_k\} \subset \mathbb{N}$을 정해두고 $m := \max\{n_1, n_2, \cdots, n_k\}$라 두면

$$A_{n_1} \cup \cdots \cup A_{n_k} = A_m = (0, 3 - 1/m)$$

이므로 $\{A_{n_i} : i = 1, 2, \cdots, k\}$은 G의 열린덮개가 되지 못한다. 즉, $\mathcal{F}$의 어떤 유한 부분집합도 G의 열린덮개가 될 수 없다. 특히, 구간 $[1,3)$는 콤팩트가 아니다.

보기 2.3.5. $\#(D) \geq 2$인 유한집합 $D \subset \mathbb{E}^n$은 콤팩트인가? 우선, $D := \{\mathbf{a}_1, \mathbf{a}_2, \cdots, \mathbf{a}_p\}$라 놓고 D의 열린덮개 $\mathcal{F} := \{U_\alpha : \alpha \in \Lambda\}$를 하나 정해두자. 그 때, 각 $i \in \{1, 2, \cdots, p\}$에 대하여 $\mathbf{a}_i \in U_{\alpha_i}$인 $\alpha_i \in \Lambda$가 존재하므로 $\{U_{\alpha_i} : i = 1, 2, \cdots, p\}$는 집합 D의 유한 부분덮개이다. 따라서 D는 콤팩트집합이다.

위의 세 가지 보기에서 살펴보았듯이, 주어진 집합이 콤팩트라는 것을 보이기 위해서는 그 집합의 임의의 열린덮개가 항상 유한부분덮개를 가짐을 확인해야 하고, 단지 특별한 열린덮개만이 유한부분덮개를 가짐을 보이는 것으로는 충분하지 않음에 유의해야 한다. 이런 관점에서 주어진 집합이 콤팩트임을 보이는 것에는 일반적으로 큰 어려움이 수반될 것으로 판단된다. 그러나 다행히도 실수의 부분집합의 콤팩트성은 소위 '하이네-보렐 정리'로 간단히 특성화됨을 확인할 수 있다.

정의 2.3.6. 집합 $S \subset \mathbb{E}^n$에 대하여 조건 $\|\mathbf{x}\|_u \leq M$ $(\forall \mathbf{x} \in S)$을 만족하는 양수 $M > 0$가 존재하면 S를 **유계집합(bounded set)**이라 한다.

$\mathbb{E}^1$의 '완비성공리'를 적용함으로서 다음과 같은 결과를 얻을 수 있다.

(6) 단집합이 콤팩트집합이라는 것은 분명하므로 앞으로 콤팩트집합을 논할 때는 적어도 두 점 이상을 포함하는 집합에 대하여 생각하기로 한다.

명제 2.3.7. 유계 닫힌집합 $F(\neq \varnothing) \subset \mathbb{E}^1$은 항상 최대·최솟값을 갖는다.

[증명] 집합 F가 위로 유계이므로 '완비성 공리'에 의하여 $m := \sup F \in \mathbb{E}^1$가 존재하고, 특히 임의의 양수 $\epsilon > 0$에 대하여 $m - \epsilon$은 F의 상계가 아니므로

$$m - \epsilon < x_\epsilon \leq m < m + \epsilon$$

을 충족하는 $x_\epsilon \in F$를 선택할 수 있다. 그런데 ϵ은 임의의 양수이므로 명제 2.1.17에 의하여 $m \in \overline{F}$가 성립하고, F가 닫힌집합이므로 정리 2.1.18에 의하여 $m \in F$이다. 특히 $m = \max F$을 얻는다. 유사한 방법으로 $\inf F \in F$임을 보일 수 있고, 특히 $\inf F = \min F$이다. □

명제 2.3.8. $\mathbb{E}^n$의 콤팩트 부분집합 F는 유계인 닫힌집합이다.

[증명] **(유계성)** 집합족 $\mathcal{F} := \{B_u(\mathbf{0}; k) : k \in \mathbb{N}\}$은 분명 F의 열린덮개이므로 F의 콤팩트성에 의하여 조건

$$F \subset \bigcup_{j \in \Lambda} B_u(\mathbf{0}; j) = B_u(\mathbf{0}; m)$$

을 충족하는 $\Lambda \subset_{\text{fnt}} \mathbb{N}$를 선택할 수 있다 (단, $m := \max \Lambda$). 특히, $||\mathbf{x}||_u < m$ $(\forall\, \mathbf{x} \in F)$이므로 F는 유계집합이다.

(닫힘성) 임의로 $\mathbf{x} \in F^c$를 정해두고, 각 $k \in \mathbb{N}$에 대하여

$$G_k(\mathbf{x}) := \left\{ \mathbf{y} \in \mathbb{E}^n : ||\mathbf{y} - \mathbf{x}||_u > \frac{1}{k} \right\}$$

라 두면 $G_k(\mathbf{x})$는 열린집합이고 $F \subset \mathbb{E}^n \setminus \{\mathbf{x}\} = \bigcup_{k=1}^{\infty} G_k(\mathbf{x})$를 만족한다. 그러나 F가 콤팩트집합이므로 $F \subset \bigcup_{j \in \Gamma} G_j(\mathbf{x}) = G_q(\mathbf{x})$을 충족하는 유한집합 $\Gamma \subset_{\text{fnt}} \mathbb{N}$을 선택할 수 있다 (단, $q = \max \Gamma$). 그때, $F \cap (\mathbb{E}^n \setminus G_q(\mathbf{x})) = \varnothing$이므로 $F \cap C_u(\mathbf{x}; 1/q) = \varnothing$이다. 특히 $F \cap B_u(\mathbf{x}; 1/q) = \varnothing$이므로 $B_u(\mathbf{x}; 1/q) \subset F^c$를 얻는다. 따라서 F^c가 열린집합이고 F는 닫힌집합이다. □

명제 2.3.9. 콤팩트집합 $F \subset \mathbb{E}^n$가 주어질 때, 조건 $K \subset F$를 만족하는 임의의 닫힌집합 $K \subset \mathbb{E}^n$은 콤팩트집합이다.

[증명] K의 임의의 열린덮개 $\mathcal{F}$를 하나 정해두면, $\mathcal{F} \cup \{\mathbb{E}^n \setminus K\}$는 분명 콤팩트집합 F의 열린덮개이므로 $\mathcal{F}_0 \cup \{\mathbb{E}^n \setminus K\}$가 F를 덮는 $\mathcal{F}$의 유한부분집합 $\mathcal{F}_0$를 선택할 수 있고, 특히 $\mathcal{F}_0$는 K를 덮는 $\mathcal{F}$의 유한부분덮개이다. □

이제, 콤팩트집합에 대한 특성화로 기대했던 명제 2.3.8의 역(逆)이 성립함을 보이자. ([7])

$\mathbb{E}^1$의 경우에는 명제 2.3.8의 역(逆)이 성립함을 '완비성공리'를 적용함으로서 규명할 수 있다.

([7]) 오늘날 '하이네-보렐 정리'로 불리는 결과의 중심에 소위 '하이네 정리'(정리 3.4.41)가 놓여 있다. 이 결과는 하이네(Heine)가 1904년에 처음 발표했지만 사실 그의 스승 디리클레(Dirichlet)가 1852년 강의 중에 최초로 기술하고 증명한 것이며, 특히 그의 증명에서 "유계닫힌구간의 임의의 열린덮개는 유한부분덮개를 가짐"을 암묵적으로 사용했다. 한편, 1895년 보렐(Borel)은 오늘날 '하이네-보렐 정리'라고 불리는 (셀 수 있는 덮개로 제한된) 형식을 최초로 기술하고 증명했고, 같은 해에 쿠젱(Cousin)도 다른 형식을 기술하고 증명했지만 이 사실은 크게 간과되었다. 반면에 하이네(Heine)는 증명하지 않은 정리로 크게 인정받았다.

명제 2.3.10. $\mathbb{E}^1$의 임의의 유계인 닫힌구간은 콤팩트집합이다.

[증명] 임의의 실수 $a, b \in \mathbb{E}^1$ (단, $a < b$)와 구간 $[a, b]$의 임의의 열린덮개 $\mathcal{F}$를 하나 정해두고,

$$I := \{y \in [a, b] : \text{구간 } [a, y]\text{를 덮는 } \mathcal{F}\text{의 유한부분덮개가 존재한다}\}$$

라 놓자. 그러면 $x, y \in [a, b]$ (단, $x < y$)일 때 「$y \in I \Longrightarrow x \in I$」이므로 「$x \notin I \Longrightarrow y \notin I$」이다. 또한, $a \in [a, b] \subset \bigcup\{O : O \in \mathcal{F}\}$이므로 $a \in O_a$인 $O_a \in \mathcal{F}$가 존재하고, 덧붙여 다음이 성립한다.

(i) $[a, a] = \{a\} \subset O_a$이므로 $a \in I$이고, 특히 $I \neq \varnothing$이다. 한편, b가 집합 I의 상계이므로 '완비성공리'에 의하여 $\tau := \sup(I)$가 존재하고, 특히 $I \subset [a, b]$이므로 $\tau \in [a, b]$이다.

(ii) a가 O_a의 내점이므로 $N(a; r) \subset O_a$인 $r > 0$가 존재한다. 이때, $s := \min\left\{\frac{r}{2}, b - a\right\}$라 두면 $[a, a + s] \subset O_a \in \mathcal{F}$이므로 $a + s \in I$이고, 특히 $a < a + s \leq \tau$이다.

이제, $\tau \neq b$을 가정하자. 그러면 (i)과 (ii)에 의하여 $a < \tau < b$이고, 집합족 $\mathcal{F}$가 구간 $[a, b]$의 덮개이므로 조건 $\tau \in G$을 만족하는 $G \in \mathcal{F}$를 택할 수 있다. 그런데 G가 열린집합이므로 조건 $N(\tau; \epsilon') \subset G$을 만족하는 양수 $\epsilon' > 0$가 존재한다. 이때, $0 < \epsilon < \min\{\epsilon', \tau - a, b - \tau\}$라 두면 $\tau = \sup(I)$이므로 $\tau - \epsilon \in I$가 성립하고, 특히 조건

$$[a, \tau - \epsilon] \subset \bigcup_{j=1}^{k} U_j$$

를 만족하는 $U_1, U_2, \cdots, U_k \in \mathcal{F}$를 택할 수 있고, 특히

$$\left[a, \tau + \frac{\epsilon}{2}\right] \subset [a, \tau + \epsilon) = [a, \tau - \epsilon] \cup (\tau - \epsilon, \tau + \epsilon) \subset \left(\bigcup_{j=1}^{k} U_j\right) \cup G$$

이므로 $\tau + \frac{\epsilon}{2} \in I$가 성립한다. 그러나 이것은 τ가 I의 상계라는 사실에 모순이므로 $\tau = b$을 얻는다. 따라서 집합족 $\mathcal{F}$가 구간 $[a, b]$의 열린덮개이므로 조건 $b \in O$을 만족하는 집합 $O \in \mathcal{F}$가 존재하고, 특히 H가 열린집합이므로 조건 $N(b; \varrho') \subset H$을 만족하는 $\varrho' > 0$를 택할 수 있다. 이때, $0 < \varrho < \min\{\varrho', b - a\}$라 두면, $b = \tau = \sup(I)$이므로 구간 $\left[a, b - \frac{\varrho}{2}\right]$를 덮는 $\mathcal{F}$의 유한부분덮개 $\mathcal{F}_0$를 택할 수 있고, 이로써 구간 $[a, b]$는 $\mathcal{F}$의 유한부분덮개 $\mathcal{F}_0 \cup \{O\}$로 덮을 수 있다. 그런데 $\mathcal{F}$는 구간 $[a, b]$의 임의의 열린덮개이므로 구간 $[a, b]$는 컴팩트집합이다. □

정리 2.3.11. (하이네-보렐, Heine-Borel) 집합 $K \subset \mathbb{E}^n$가 주어질 때, K가 콤팩트집합이기 위한 필요충분조건은 K가 유계인 닫힌집합인 것이다.

[증명] ($\Longrightarrow$) 이것은 명제 2.3.8의 결과이다.

($\Longleftarrow$) (1°) 집합 $K \subset \mathbb{E}^n$가 非유계라 가정하고 집합족 $\mathcal{F} := \{B_u(\mathbf{0}; k) : k \in \mathbb{N}\}$를 생각하면 $\mathcal{F}$는 집합 $K \subset \mathbb{E}^n$의 열린덮개를 이루지만 유한개를 어떻게 선택해도 집합 K의 덮개를 형성하지 못한다. 이것은 집합 K가 콤팩트라는 사실에 모순이다.

(2°) 집합 $K \subset \mathbb{E}^n$가 닫혀있지 않다고 가정하면 $\mathbf{x}_0 \in \partial K - K$를 만족하는 점 $\mathbf{x}_0 \in \mathbb{E}^n$가 존재한다. 그러므로 각 자연수 $k \in \mathbb{N}$에 대하여

$$A_k(\mathbf{x}_0) := \left\{ \mathbf{x} \in \mathbb{E}^n : ||\mathbf{x} - \mathbf{x}_0||_u > \frac{1}{k} \right\}$$

라 두면 집합족 $\{A_k(\mathbf{x}_0) : k \in \mathbb{N}\}$은 집합 $K \subset \mathbb{E}^n$의 열린덮개를 이루지만 유한개를 어떻게 선택해도 집합 K의 덮개를 형성하지 못한다. 이것은 집합 K가 콤팩트라는 사실에 모순이다. □

보기 2.3.12. 공간 $\mathbb{E}^n$ 위의 반지름이 양의 실수인 임의의 열린구와 닫힌구, 그리고 구면은 분명 모두 유계집합이다. 한편, 임의의 점 $\mathbf{x} \in \mathbb{E}^n$와 양수 $r > 0$에 대하여 다음이 성립한다.

- 보기 2.1.7의 (5)에 의하여 닫힌구 $C_u(\mathbf{x}; r) \subset \mathbb{E}^n$은 닫힌집합이므로 '하이네-보렐 정리'에 의하여 닫힌구 $C_u(\mathbf{x}; r)$은 콤팩트집합이다.
- 정리 2.1.18과 따름정리 2.1.11, 그리고 명제 2.1.21의 (c)의 관점에서 구면 $S_u(\mathbf{x}; r) \subset \mathbb{E}^n$도 닫힌집합이므로 '하이네-보렐 정리'에 의하여 닫힌구 $S_u(\mathbf{x}; r)$은 콤팩트집합이다.

'하이네-보렐 정리'의 응용으로서 집적점을 전혀 가지지 않는 집합이 존재하는 조건을 알려주는 '볼차노-바이어슈트라스 정리'([8]) 에 대하여 알아보자.

정리 2.3.13. (볼차노-바이어슈트라스, Bolzano-Weierstrass) $\mathbb{E}^n$의 유계인 무한집합은 적어도 하나의 집적점을 $\mathbb{E}^n$ 안에서 가진다.([9])

[증명] 우선, 유계인 무한집합 $D \subset \mathbb{E}^n$를 임의로 하나 정해두고 $D' = \varnothing$을 가정하자. 그러면 정리 2.1.18의 관점에서 D가 닫힌집합이므로 정리 2.3.11에 의하여 D는 콤팩트집합이다. 한편, $D' = \varnothing$이므로 D의 모든 점은 고립점이고, 특히 각 $\mathbf{x} \in D$에 대하여 조건

$$B_u(\mathbf{x}; \epsilon_{\mathbf{x}}) \cap D = \{\mathbf{x}\}$$

를 만족하는 양수 $\epsilon_{\mathbf{x}} > 0$가 존재한다. 이때, 집합족 $\{B_u(\mathbf{x}; \epsilon_{\mathbf{x}}) : \mathbf{x} \in D\}$가 콤팩트집합 D의 열린덮개이므로 조건

$$D \subset \bigcup_{\mathbf{x} \in D_0} B_u(\mathbf{x}; \epsilon_{\mathbf{x}})$$

을 만족하는 유한집합 $D_0 \subset_{\text{fnt}} D$를 택할 수 있고, 특히

$$D = D \cap \left[\bigcup_{\mathbf{x} \in D_0} B_u(\mathbf{x}; \epsilon_{\mathbf{x}}) \right] = D_0$$

가 성립한다. 그러나 이것은 D가 무한집합이라는 사실에 모순이다. 따라서 $D' \neq \varnothing$이다. □

([8]) 보헤미아의 성직자 볼차노(Bolzano)와 독일의 수학자 바이어슈트라스(Weierstrass)의 이름을 따서 명명된 이 결과는 1817년 볼차노가 사잇값정리의 증명에서 보조정리로 처음 증명했고, 이후 약 50년이 지나서 바이어슈트라스에 의해 다시 증명되었다.

([9]) **무한집합(infinte set)**이란 비어 있지 않은 집합으로 어떤 자연수 $n \in \mathbb{N}$에 대해서도 집합 $\mathbb{N} \cap [1, n]$과 대등하지 않은 집합을 의미한다.

따름정리 2.3.14. 집합 $S \subset \mathbb{E}^n$가 유계이고 닫힌집합이기 위한 필요충분조건은 임의의 무한 부분집합 $A \subset S$는 집합 S 안에서 적어도 하나의 집적점을 갖는 것이다.

[증명] ($\Longrightarrow$) 집합 $S \subset \mathbb{E}^n$가 유계이고 $A \subset S$이므로 A 역시 유계인 무한집합이다. 그러므로 정리 2.3.13에 의하여 $\mathbf{x}_0 \in A'$를 만족하는 점 $\mathbf{x}_0 \in \mathbb{E}^n$가 존재한다. 특히 $\mathbf{x}_0 \in \overline{A}$이다. 한편 집합 $S \subset \mathbb{E}^n$가 닫혀있고 $A \subset S$이므로 $\overline{A} \subset \overline{S} = S$가 성립하여 $\mathbf{x}_0 \in S$를 얻는다.

($\Longleftarrow$) (1°) 집합 $S \subset \mathbb{E}^n$가 非유계라 가정하자. 그 때, $||\mathbf{x}_1||_u \geq 1$을 만족하는 점 $\mathbf{x}_1 \in S$가 존재한다. 더욱이 $m \geq 2$인 각 자연수 $m \in \mathbb{N}$에 대하여 귀납적인 방법을 적용하면 $||\mathbf{x}_m||_u \geq ||\mathbf{x}_{m-1}||_u + 1$을 만족하는 점 $\mathbf{x}_m \in S$를 선택할 수 있다. 여기서 집합 $A = \{\mathbf{x}_1, \mathbf{x}_2, \cdots\}$를 생각하면 $A \subset S$는 무한 부분집합이고 $A' = \varnothing$이므로 가정에 모순이다.

(2°) 집합 $S \subset \mathbb{E}^n$가 닫혀있지 않다고 가정하면 $\mathbf{x}_0 \in \partial S - S$를 만족하는 점 $\mathbf{x}_0 \in \mathbb{E}^n$이 존재한다. 특히, $\mathbf{x}_0 \in \partial S$이므로 $||\mathbf{x}_1 - \mathbf{x}_0||_u < 1$을 만족하는 점 $\mathbf{x}_1 \in S$를 찾을 수 있다. 더욱이 $m \geq 2$인 각 자연수 $m \in \mathbb{N}$에 대하여 귀납적인 방법을 적용하면

$$||\mathbf{x}_m - \mathbf{x}_0||_u < \min\left\{\frac{1}{m}, ||\mathbf{x}_{m-1} - \mathbf{x}_0||_u\right\}$$

을 만족하는 점 $\mathbf{x}_m \in S$를 선택할 수 있다. 여기서 집합 $A = \{\mathbf{x}_1, \mathbf{x}_2, \cdots\}$를 생각하면 $A \subset S$는 무한 부분집합이고 $A' = \{\mathbf{x}_0\}$를 갖는다. 그러나 $\mathbf{x}_0 \notin S$이므로 모순에 이른다. □

다음 결과는 콤팩트집합의 중요한 특성이다.

정리 2.3.15. $\mathbb{E}^n$의 콤팩트 부분집합들의 모임 $\mathcal{F} := \{K_\alpha : \alpha \in \Lambda\}$에 대하여 다음이 성립한다.

$$\bigcap_{\alpha\in\Gamma} K_\alpha \neq \varnothing \quad (\forall\,\Gamma \subset_{\text{fnt}} \Lambda) \implies \bigcap_{\alpha\in\Lambda} K_\alpha \neq \varnothing.$$

[증명] 결론을 부정하여 $\bigcap_{\alpha\in\Lambda} K_\alpha = \varnothing$라 가정하고, 임의로 $\beta \in \Lambda$를 하나 정해두자. 그러면 $K_\beta \cap \left(\bigcap_{\alpha\in\Lambda-\{\beta\}} K_\alpha\right) = \varnothing$이므로 $K_\beta \subset \left(\bigcap_{\alpha\in\Lambda-\{\beta\}} K_\alpha\right)^c = \bigcup_{\alpha\in\Lambda-\{\beta\}} K_\alpha^c$이고, 특히 $\{K_\alpha^c : \alpha \in \Lambda - \{\beta\}\}$은 K_β의 열린덮개이다. 한편, K_β는 콤팩트이므로

$$K_\beta \subset K_{\alpha_1}^c \cup \cdots \cup K_{\alpha_m}^c = (K_{\alpha_1} \cap \cdots \cap K_{\alpha_m})^c$$

를 만족하는 $\alpha_1, \alpha_2, \cdots, \alpha_m \in \Lambda - \{\beta\}$을 선택할 수 있고, 더불어 $K_\beta \cap (K_{\alpha_1} \cap \cdots \cap K_{\alpha_m}) = \varnothing$이 성립한다. 이제 $\Gamma := \{\beta, \alpha_1, \cdots, \alpha_m\} \subset \Lambda$라 놓으면 $\Gamma \subset_{\text{fnt}} \Lambda$이고 $\bigcap_{\alpha\in\Gamma} K_\alpha = \varnothing$이다. 이것은 정리의 가정에 모순이다. □

정리 2.3.15에서 $\mathcal{F}$의 각 원소가 콤팩트집합이라는 가정은 약화시킬 수 없다.

보기 2.3.16. 각 $n \in \mathbb{N}$에 대하여 $B_n := \left(-\frac{1}{n}, 0\right)$라 놓으면 유한집합 $\Gamma \subset_{\text{fnt}} \mathbb{N}$에 대하여 $\bigcap_{j\in\Gamma} B_j \neq \varnothing$이 성립한다. 그러나 '아르키메데스 성질'을 적용하면 $\bigcap_{j\in\mathbb{N}} B_j = \varnothing$임을 알 수 있다.[10] 여기서 각 집합 B_n은 유계이지만 닫힌집합은 아님에 유의하자.

---

[10] 임의로 $x \in (-1, 0)$을 선택하면 $-x > 0$이므로 '아르키메데스 성질'을 적용하면 $n(-x) > 1$인 자연수 $n \in \mathbb{N}$을 선택할 수 있다. 따라서 $x < -\frac{1}{n}$이 성립하여 $x \notin \left(-\frac{1}{n}, 0\right)$을 얻게 되므로 $\mathbf{x} \notin \bigcap_{j\in\mathbb{N}} B_j$이다.

보기 2.3.17. 각 $n \in \mathbb{N}$에 대하여 $B_n := [n, \infty)$라 놓으면 유한집합 $\Gamma \subset_{\text{fnt}} \mathbb{N}$에 대하여 $\bigcap_{j\in\Gamma} B_j \neq \varnothing$이 성립한다. 그러나 '아르키메데스 성질'을 적용하면 $\bigcap_{j\in\mathbb{N}} B_j = \varnothing$임을 알 수 있다. 여기서 각 B_n은 닫힌집합이지만 유계가 아님에 유의하자.

따름정리 2.3.18. $\mathbb{E}^n$의 콤팩트부분집합들의 한 집합족 $\mathcal{F} := \{K_n : n \in \mathbb{N}\}$가 조건 $\varnothing \neq K_{n+1} \subset K_n\ (\forall n \in \mathbb{N})$을 만족하면 $\bigcap_{n=1}^{\infty} K_n \neq \varnothing$가 성립한다.

명제 2.3.19. 집합 $A(\neq \varnothing) \subset \mathbb{E}^n$와 점 $\mathbf{x}_0 \in \mathbb{E}^n$에 대하여 다음이 성립한다.

$$\inf\{\,||\mathbf{x} - \mathbf{x}_0||_u : \mathbf{x} \in A\,\} = 0 \iff \mathbf{x}_0 \in \overline{A}$$

[증명] ($\Longrightarrow$) 임의의 양수 $\epsilon > 0$을 정해두면, 가정에 의하여 조건 $||\mathbf{y} - \mathbf{x}_0||_u < \epsilon$을 만족하는 점 $\mathbf{y} \in A$가 존재하고, 특히 $B_u(\mathbf{x}_0;\epsilon) \cap A \neq \varnothing\ (\forall \epsilon > 0)$이므로 명제 2.1.17에 의하여 $\mathbf{x}_0 \in \overline{A}$가 성립한다.

($\Longleftarrow$) 임의의 $\epsilon > 0$을 정해두면, $\mathbf{x}_0 \in \overline{A}$이므로 명제 2.1.17에 의하여 $B_u(\mathbf{x}_0;\epsilon) \cap A \neq \varnothing$이고, 특히 조건 $||\mathbf{y}-\mathbf{x}_0||_u < \epsilon$을 만족하는 점 $\mathbf{y} \in A$가 존재하므로 $\alpha := \inf_{\mathbf{x}\in A} ||\mathbf{x}-\mathbf{x}_0||_u < \epsilon$가 성립한다. 그러나 ϵ은 임의의 양수이므로 '무한소원리I'에 의하여 $\alpha = 0$을 얻는다. □

명제 2.3.20. 닫힌집합 $A(\neq \varnothing) \subset \mathbb{E}^n$가 주어질 때, $\mathbf{x}_0 \notin A$이면 조건

$$||\mathbf{x}_1 - \mathbf{x}_0||_u \leq ||\mathbf{x} - \mathbf{x}_0||_u \quad (\forall\, \mathbf{x} \in A)$$

을 충족하는 $\mathbf{x}_1 \in A$이 존재한다.

[증명] $r = \inf\{\,||\mathbf{x} - \mathbf{x}_0||_u : \mathbf{x} \in A\,\}$라 두면 $\mathbf{x}_0 \notin A = \overline{A}$이므로 명제 2.3.19의 관점에서 $r > 0$이다. 이 때, 각 자연수 $k \in \mathbb{N}$에 대하여 집합 $A_k := A \cap \overline{B_u(\mathbf{x}_0; r + \frac{1}{k})}$을 생각하면 $A_k(\neq \varnothing)$는 콤팩트 집합이고 $A_{k+1} \subset A_k\ (\forall k \in \mathbb{N})$를 만족한다. 그러므로 따름정리 2.3.18를 적용하면 $\bigcap_{k=1}^{\infty} A_k \neq \varnothing$이다. 따라서 $\mathbf{x}_1 \in \bigcap_{k=1}^{\infty} A_k$인 $\mathbf{x}_1 \in \mathbb{E}^n$이 존재하고, 또한

- 각 $k \in \mathbb{N}$에 대하여 $A_k \subset A$이므로 $\mathbf{x}_1 \in A$이고, 따라서 $r \leq ||\mathbf{x}_1 - \mathbf{x}_0||_u$를 얻는다.
- 각 $k \in \mathbb{N}$에 대하여 $\mathbf{x}_1 \in A_k$이므로 $\mathbf{x}_1 \in \overline{B_u(\mathbf{x}_0; r + \frac{1}{k})}$을 얻는다. 그러므로 $||\mathbf{x}_1 - \mathbf{x}_0||_u \leq r + \frac{1}{k}\ (\forall k \in \mathbb{N})$이 성립한다. 이것은 '무한소원리1'의 관점에서 $||\mathbf{x}_1 - \mathbf{x}_0||_u \leq r$을 의미한다.

결국 두 개의 결과에 따라서 $||\mathbf{x}_1 - \mathbf{x}_0||_u = r$을 얻는다. □

정리 2.3.21. 집합 $A(\neq \varnothing) \subset \mathbb{E}^n$가 닫혀있고 볼록인 경우, $\mathbf{x}_0 \notin A$이면 조건

$$||\mathbf{x}_1 - \mathbf{x}_0||_u \leq ||\mathbf{x} - \mathbf{x}_0||_u \quad (\forall\, \mathbf{x} \in A)$$

을 만족하는 점 $\mathbf{x}_1 \in A$이 유일하게 존재한다.

[**증명**] 존재성은 명제 2.3.20에 의하여 확인되었으므로 유일성을 보이자. 이를 위하여

$$||\mathbf{x}_1 - \mathbf{x}_0||_u = ||\mathbf{x}_2 - \mathbf{x}_0||_u \leq ||\mathbf{x} - \mathbf{x}_0||_u \ \ (\forall \mathbf{x} \in A)$$

를 만족하는 두개의 점 $\mathbf{x}_1, \mathbf{x}_2 \in A$가 존재함을 가정하자. 만일, $\mathbf{x}_1 \neq \mathbf{x}_2$이면 집합 $A \subset \mathbb{E}^n$가 볼록이므로 $\frac{1}{2}(\mathbf{x}_1 + \mathbf{x}_2) \in A$이고, 따라서

$$||\mathbf{x}_1 - \mathbf{x}_0||_u \leq \left\|\frac{1}{2}(\mathbf{x}_1 + \mathbf{x}_2) - \mathbf{x}_0\right\|_u$$

를 만족한다. 특히, 점 $\mathbf{x}_0, \mathbf{x}_1, \mathbf{x}_1$을 꼭지점으로 갖는 이등변삼각형을 생각하면

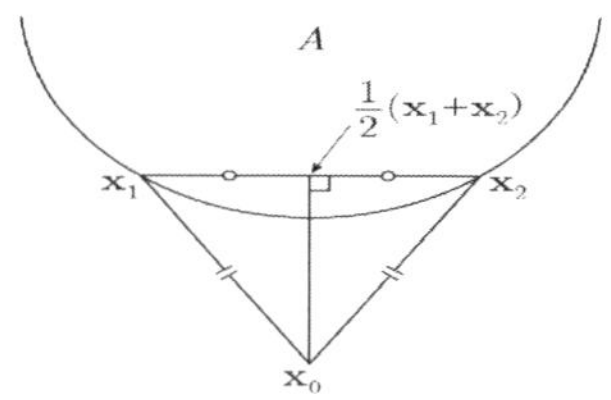

$$\left(\frac{1}{2}(\mathbf{x}_1 + \mathbf{x}_2) - \mathbf{x}_1\right) \perp \left(\mathbf{x}_0 - \frac{1}{2}(\mathbf{x}_1 + \mathbf{x}_2)\right)$$

이다. 그러므로 '피타고라스 정리'에 의하여

$$\begin{aligned} 0 < \left(\frac{1}{2}||\mathbf{x}_2 - \mathbf{x}_1||_u\right)^2 &= \left\|\mathbf{x}_1 - \frac{1}{2}(\mathbf{x}_2 + \mathbf{x}_1)\right\|_u^2 \\ &= ||\mathbf{x}_1 - \mathbf{x}_0||_u^2 - \left\|\frac{1}{2}(\mathbf{x}_1 + \mathbf{x}_2) - \mathbf{x}_0\right\|_u^2 \\ &\leq ||\mathbf{x}_1 - \mathbf{x}_0||_u^2 - ||\mathbf{x}_1 - \mathbf{x}_0||_u^2 = 0 \end{aligned}$$

이 성립하여 모순에 이른다. 따라서 $\mathbf{x}_1 = \mathbf{x}_2$를 얻고 증명을 마친다. □

2.4 받침 초평면

이 절에서는 집합의 볼록성에 관련된 몇 가지 성질을 살펴본다. 특히, 초평면과 관련하여 볼록집합의 성질을 조사해 보기로 하자.

명제 2.4.1. 볼록집합들의 임의개의 교집합도 볼록집합이다.

[**증명**] 볼록집합들의 한 집합족 $\mathcal{F} \subset \mathcal{P}(\mathbb{E}^n)$와 서로 다른 두 점 $\mathbf{x}, \mathbf{y} \in \bigcap_{C \in \mathcal{F}} C$를 임의로 선택하면, 각 $C \in \mathcal{F}$에 대하여 $\mathbf{x}, \mathbf{y} \in C$이므로 집합 C의 볼록성에 의하여 $[\![\mathbf{x}; \mathbf{y}]\!] \subset C$이고, 특히 $[\![\mathbf{x}; \mathbf{y}]\!] \subset \bigcap_{C \in \mathcal{F}} C$이다. □

주 의 2.4.2. $\mathbb{E}^n$ 위의 볼록다면체는 유한개 닫힌 반공간들의 교집합이므로 따름정리 2.1.11에 의하여 볼록다면체는 닫힌집합이고, 또한 각 반공간은 볼록집합이므로 명제 2.4.1에 의하여 볼록다면체는 볼록집합이다.

보기 2.4.3. 평면 $\mathbb{E}^2$ 위의 삼각형은 각 변을 통과하는 직선을 경계로 가지는 세 개의 닫힌 반평면의 교집합이므로 볼록집합이다.

정의 2.4.4. 닫힌 볼록집합 $K(\neq \varnothing) \subsetneq \mathbb{E}^n$에 대하여 초평면 $P \subset \mathbb{E}^n$가 두개의 조건

$$\begin{cases} \circ\ P \cap K \neq \varnothing; \\ \circ\ K\text{는 } P\text{에 의하여 결정된 두 개의 닫힌 반공간중 어느 하나에 완전히 포함된다.} \end{cases}$$

을 만족하면 $P \subset \mathbb{E}^n$를 **K에 대한 받침 초평면(supporting hyperplane for K)**이라 한다.

만일 P가 닫힌 볼록집합 $K(\neq \varnothing) \subsetneq \mathbb{E}^n$에 대한 받침 초평면이라면, 명제 2.4.1에 의하여 $P \cap K$는 볼록집합이고, 또한 $P \cap K \subset \partial K$이다(연습문제 2.0.20 참고). 한편, 각 $\mathbf{x}_0 \in \partial K$에 대하여 $\mathbf{x}_0$를 포함하는 K에 대한 받침 초평면은 적어도 하나 존재한다(연습문제 3.2.7 참고).

예를 들어, 평면 $\mathbb{E}^2$ 위의 삼각형을 생각할 때, 각 꼭지점에서는 삼각형에 대한 무수히 많은 **받침선(supporting line)**을 가지지만 다른 경계점은 그 점을 포함하고 변을 지나는 직선이 삼각형에 대한 유일한 받침선이다.

명제 2.4.5. 닫힌 볼록집합 $K(\neq \varnothing) \subsetneq \mathbb{E}^n$가 주어질 때, 각 점 $\mathbf{y} \notin K$에 대하여 K에 대한 받침 초평면이 존재한다.

[증명] 임의의 점 $\mathbf{y} \notin K$를 하나 정해두면, 가정에 의하여 K가 볼록인 닫힌집합이므로 정리 2.3.21에 의하여 조건

$$\|\mathbf{w} - \mathbf{y}\|_u \leq \|\mathbf{x} - \mathbf{y}\|_u \quad (\forall \mathbf{x} \in K) \tag{2.7}$$

을 만족하는 유일한 점 $\mathbf{w} \in K$가 존재한다. 이때

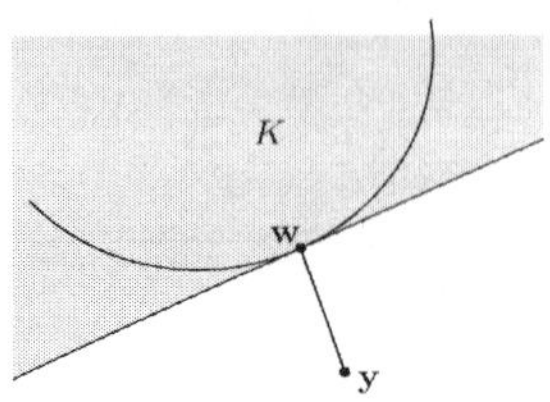

$$\begin{cases} \circ\ P_{\mathbf{y}} := \{\mathbf{x} \in \mathbb{E}^n : (\mathbf{y} - \mathbf{w}) \cdot (\mathbf{w} - \mathbf{x}) = 0\}; \\ \circ\ H_{\mathbf{y}} := \{\mathbf{x} \in \mathbb{E}^n : (\mathbf{y} - \mathbf{w}) \cdot (\mathbf{w} - \mathbf{x}) \geq 0\} \end{cases}$$

라 두면, $P_{\mathbf{y}} = \partial(H_{\mathbf{y}})$이고, $P_{\mathbf{y}}$는 $\mathbb{E}^n$ 위의 한 초평면이며, $P_{\mathbf{y}} \cap K_{\mathbf{y}} \neq \varnothing$ & $\mathbf{y} \notin H_{\mathbf{y}}$이다. 이제, $K \subset H_{\mathbf{y}}$임을 보이기 위하여, 임의의 점 $\mathbf{x} \in K$를 정해두면, K가 볼록집합이므로 $[\![\mathbf{w}; \mathbf{x}]\!] \subset K$이고, 특히 (2.7)에 의하여

$$\|\{t\mathbf{x} + (1-t)\mathbf{w}\} - \mathbf{y}\|_u^2 \geq \|\mathbf{w} - \mathbf{y}\|_u^2 \quad (\forall t \in [0,1])$$

이므로

$$2(\mathbf{w} - \mathbf{y}) \cdot (\mathbf{x} - \mathbf{w}) + t\|\mathbf{x} - \mathbf{w}\|_u^2 \geq 0 \quad (\forall t \in (0,1])$$

가 성립한다. 여기서, 극한 $t \longrightarrow 0+$을 취하면

$$(\mathbf{y} - \mathbf{w}) \cdot (\mathbf{w} - \mathbf{x}) = (\mathbf{w} - \mathbf{y}) \cdot (\mathbf{x} - \mathbf{w}) \geq 0$$

이므로 $\mathbf{x} \in H_{\mathbf{y}}$이다. 따라서, $P_{\mathbf{y}}$는 K에 대한 받침 초평면이다. □

명제 2.4.6. 닫힌 단위구 $C_u(\mathbf{0};1) \subset \mathbb{E}^n$을 생각하면 각 $\mathbf{y} \in \partial(C_u(\mathbf{0};1))$에 대하여 $\mathbf{y}$를 포함하는 $C_u(\mathbf{0};1)$에 대한 받침 초평면이 존재한다.

[증명] 조건 $\|\mathbf{y}\|_u = 1$을 만족하는 임의의 점 $\mathbf{y} \in \mathbb{E}^n$을 하나 정해두면, 점 $\mathbf{y}$를 지나고 단위구 $C_u(\mathbf{0};1)$에 접하는 임의의 초평면 $P \subset \mathbb{E}^n$에 대하여 $\mathbf{y} \cdot (\mathbf{x} - \mathbf{y}) = 0\,(\forall \mathbf{x} \in P)$이므로 $\mathbf{x} \cdot \mathbf{y} = \mathbf{y} \cdot \mathbf{y} = 1\,(\forall \mathbf{x} \in P)$이다. 따라서,

$$\begin{cases} \circ\ P_{\mathbf{y}} := \{\mathbf{x} \in \mathbb{E}^n : \mathbf{y} \cdot \mathbf{x} = 1\}; \\ \circ\ H_{\mathbf{y}} := \{\mathbf{x} \in \mathbb{E}^n : \mathbf{y} \cdot \mathbf{x} \le 1\} \end{cases}$$

라 두면, $\mathbf{y} \in P_{\mathbf{y}} = \partial(H_{\mathbf{y}})$이고, $P_{\mathbf{y}}$는 점 $\mathbf{y}$를 포함하는 $\mathbb{E}^n$ 위의 한 초평면이다. 한편, '코시-슈바르츠 부등식'에 의하여

$$\mathbf{x} \in C_u(\mathbf{0};1) \implies \|\mathbf{x}\|_u \le 1 \implies \mathbf{y} \cdot \mathbf{x} \le \|\mathbf{y}\|_u \|\mathbf{x}\|_u = \|\mathbf{x}\|_u \le 1$$

이므로 $C_u(\mathbf{0};1) \subset H_{\mathbf{y}}$이다. □

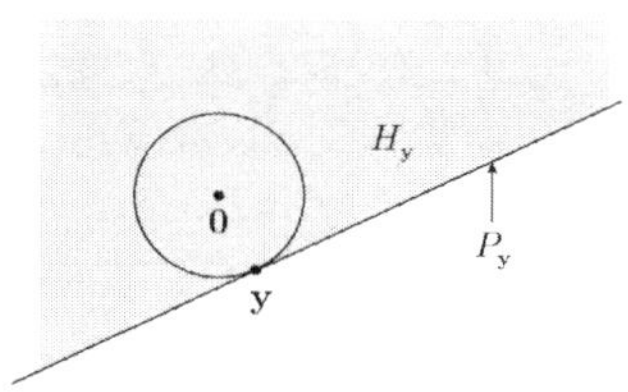

주 의 2.4.7. 일반적으로 닫힌 볼록집합 $K(\neq \varnothing) \subsetneq \mathbb{E}^n$가 주어지면 각 점 $\mathbf{y} \in \partial K$에 대하여 K에 대한 받침 초평면으로 점 $\mathbf{y}$를 포함하는 것이 존재함을 증명할 수 있다(연습문제 3.2.7 참고).

주의 2.4.2에서 살펴본 바와 유사하게, 닫힌 반공간들의 임의개의 교집합도 닫힌 볼록집합이다. 다음 결과는 이 명제의 역이 성립함을 알려준다.

정리 2.4.8. 닫힌 볼록집합 $K(\neq \varnothing) \subsetneq \mathbb{E}^n$가 주어질 때, 두 조건

$$\begin{cases} \circ\ K \subset H; \\ \circ\ \partial H \text{는 } K\text{에 대한 받침 초평면이다.} \end{cases}$$

을 충족하는 닫힌 반공간 $H \subset \mathbb{E}^n$의 전체집합을 $\mathscr{H}_K$라 두면

$$K = \bigcap_{H \in \mathscr{H}_K} H$$

가 성립한다.

[증명] 편의상 $K_1 := \bigcap_{H \in \mathscr{H}_K} H$라 두면, 각 $H \in \mathscr{H}_K$에 대하여 $K \subset H$이므로 분명 $K \subset K_1$이다. 이제, 귀류법을 이용하여 $K_1 \subset K$임을 보이기 위하여, $K \subsetneq K_1$을 가정하고 점 $\mathbf{x}_1 \in K_1 \setminus K$을 정해두자. 그런데 K가 볼록집합이므로 정리 2.3.21에 의하여 조건

$$\|\mathbf{x}_0 - \mathbf{x}_1\|_u \le \|\mathbf{x} - \mathbf{x}_1\|_u \quad (\forall \mathbf{x} \in K) \tag{2.8}$$

을 만족하는 유일한 점 $\mathbf{x}_0 \in K$가 존재한다. 이때,

$$\begin{cases} \circ\ P := \{\mathbf{x} \in \mathbb{E}^n : (\mathbf{x}_0 - \mathbf{x}_1) \cdot (\mathbf{x} - \mathbf{x}_0) = 0\}\,; \\ \circ\ H := \{\mathbf{x} \in \mathbb{E}^n : (\mathbf{x}_0 - \mathbf{x}_1) \cdot (\mathbf{x} - \mathbf{x}_0) \geq 0\} \end{cases}$$

라 두면, ∂H는 $\mathbb{E}^n$ 위의 한 초평면이며, 또한 $\mathbf{x}_0 \in P$이므로 $P \cap K \neq \varnothing$이다. 한편, 임의의 점 $\mathbf{x} \in K$를 정해두면, K의 볼록성에 의하여 $[\![\mathbf{x}_0; \mathbf{x}]\!] \subset K$이고, 특히 (2.8)에 의하여

$$\|t\mathbf{x} + (1-t)\mathbf{x}_0 - \mathbf{x}_1\|_u^2 \geq \|\mathbf{x}_0 - \mathbf{x}_1\|_u^2 \quad (\forall\, t \in [0,1])$$

이므로

$$2(\mathbf{x}_0 - \mathbf{x}_1) \cdot (\mathbf{x} - \mathbf{x}_0) + t\|\mathbf{x} - \mathbf{x}_0\|_u \geq 0 \quad (\forall\, t \in (0,1])$$

가 성립한다. 여기서, 극한 $t \longrightarrow 0+$을 취하면

$$(\mathbf{x}_0 - \mathbf{x}_1) \cdot (\mathbf{x} - \mathbf{x}_0) \geq 0$$

이므로 $\mathbf{x} \in H$이다. 즉, $K \subset H$이다. 따라서 $H \in \mathscr{H}_K$이므로 $K_1 \subset H$이고, 덧붙여 $(\mathbf{x}_0 - \mathbf{x}_1) \cdot (\mathbf{x}_1 - \mathbf{x}_0) = -\|\mathbf{x}_0 - \mathbf{x}_1\| < 0$이므로 $\mathbf{x}_1 \notin H$가 성립하여 $\mathbf{x}_1 \notin K_1$을 얻는다. 그러나 이것은 $\mathbf{x}_1 \in K_1$라는 사실에 모순이다. 이로써, $K_1 \subset K$이므로 $K_1 = K$이다. □

참고 2.4.9. 적당한 크기의 나무 기둥으로부터 어떤 볼록한 형상(나무조각)을 얻기 위해서 (초평면을 고려하는 것으로 간주할 수 있는) 톱질 작업을 여러 번 반복하면 결국 소기의 성과를 얻을 수 있다. 이런 일련의 작업은 정리 2.4.8을 이해하는 데 도움을 준다.

연습문제 2.0

1. 두 열린집합 $U \subset \mathbb{E}^m$와 $V \subset \mathbb{E}^n$에 대하여 $U \times V$가 $\mathbb{E}^{m+n}$의 열린집합임을 보여라.[45]

2. 두 닫힌집합 $F \subset \mathbb{E}^m$와 $H \subset \mathbb{E}^n$에 대하여 $F \times H$가 $\mathbb{E}^{m+n}$의 닫힌집합임을 보여라.[46]

3. 두 점 $\mathbf{x}_1, \mathbf{x}_2 \in \mathbb{E}^n$와 양수 $\delta > 0$에 대하여 다음이 성립함을 보여라.[47]

$$B_u(\mathbf{x}_1;\delta) \cap B_u(\mathbf{x}_2;\delta) \neq \varnothing \iff \|\mathbf{x}_1 - \mathbf{x}_2\|_u < 2\delta.$$

4. 다음 각 집합의 내부와 경계, 그리고 닫음을 구하여라. 단, $\delta > 0$이고 $p \in \mathbb{N}$이다.[48]

   (가) $C_u(\mathbf{x}_0;\delta) \setminus \{\mathbf{x}_0\}$ (나) $S_u(\mathbf{x}_0;\delta)$
   (다) $\{(x,y) \in \mathbb{E}^2 : 0 < y < x+1 \ \& \ x > -1\}$ (라) $(\mathbb{Q}^c \times \mathbb{E}^1) \cup (\mathbb{E}^1 \times \mathbb{Q}^c)$
   (마) $\#(A) = p$인 집합 $A \subset \mathbb{E}^n$ (바) $\{1/n : n \in \mathbb{N}\}$

5. 집합 $A,\ B \subset \mathbb{E}^n$에 대하여 다음이 성립함을 보여라.[49]

   (가) $\text{int}(A \cap B) = \text{int}(A) \cap \text{int}(B)$ (나) $\overline{A \cup B} = \overline{A} \cup \overline{B}$

6. 집합 $A,\ B \subset \mathbb{E}^n$에 대하여 다음이 성립함을 보여라.[50]

   (가) $\text{int}(A) \cup \text{int}(B) \subset \text{int}(A \cup B)$ (나) $\overline{A \cap B} \subset \overline{A} \cap \overline{B}$
   (다) (가)와 (나)에서 등호는 사실이 아니다.

7. 명제 2.1.21이 성립함을 보여라.[51]

8. 임의의 점 $\mathbf{x} \in \mathbb{E}^n$와 양수 $\epsilon > 0$에 대하여 다음이 성립함을 보여라.[52]

   (가) $\partial[B_u(\mathbf{x};\epsilon)] = \partial\,[C_u(\mathbf{x};\epsilon)] = S_u(\mathbf{x};\epsilon)$ (나) $\text{int}[B_u(\mathbf{x};\epsilon)] = \text{int}\,[C_u(\mathbf{x};\epsilon)]$
   (다) $\text{ext}[B_u(\mathbf{x};\epsilon)] = \text{ext}\,[C_u(\mathbf{x};\epsilon)]$ (라) $\overline{B_u(\mathbf{x};\epsilon)} = C_u(\mathbf{x};\epsilon)$

9. 볼록집합 $K \subset \mathbb{E}^n$에 대하여 $\text{int}(K)$ & $\overline{K}$가 모두 볼록집합임을 보여라.[53]

10. 다음 각 집합이 非연결집합임을 보여라.[54]

   (가) $\{(x,y) \in \mathbb{E}^2 : x^2 - y^2 = 1\}$ (나) $\{(x,y) \in \mathbb{E}^2 : x^2 + y^2 \leq 4 \ \& \ y \neq x+1\}$
   (다) $[0,1] \cup [3,4]$ (라) $\{(x,y) \in \mathbb{E}^2 : y^2 \leq x^2 \ \& \ x \neq 0\}$

11. 조건 $\#(S) \geq 2$을 만족하는 임의의 유한집합 $S \subset \mathbb{E}^n$는 非연결임을 보여라.[55]

12. 연결집합 $S \subset \mathbb{E}^n$에 대하여 조건 $S \subset T \subset \overline{S}$을 만족하는 집합 $T \subset \mathbb{E}^n$는 연결집합임을 보여라.[56]

13. 연결집합 $S(\neq \varnothing) \subset \mathbb{E}^n$의 내부 $\text{int}(S)$는 항상 연결집합인가?[57]

14. 다음에 제시된 각 집합이 유한 부분덮개를 갖지 않는 열린덮개가 존재함을 밝힘으로서 콤팩트집합이 아님을 보여라.[58]

(가) $(1, 3]$ (나) $\mathbb{N}$ (다) $\{1/n : n \in \mathbb{N}\}$ (라) $[0, 2] \cap \mathbb{Q}$ (마) $[0, \infty)$

15. $\mathbb{E}^1$의 콤팩트부분집합들의 임의의 교집합은 항상 콤팩트집합임을 보여라.[59]

16. 다음 각 명제가 성립함을 보여라.[60]

(가) $\mathbb{E}^1$의 콤팩트부분집합들의 유한개의 합집합은 항상 콤팩트집합이다.

(나) $\mathbb{E}^1$의 콤팩트부분집합들의 임의개의 합집합은 콤팩트집합이 아닐 수 있다.

17. 따름정리 2.3.18이 성립함을 보여라.[61]

18. 따름정리 2.3.18에서 콤팩트집합라는 가정을 완화할 수 없음을 보여라.(11) [62]

19. $\mathbb{E}^1$은 콤팩트집합이 아님을 보여라.[63]

20. 닫힌 볼록집합 $K(\neq \varnothing) \subsetneq \mathbb{E}^n$가 주어질 때, K에 대한 임의의 받침 초평면 P에 대하여 조건 $P \cap \operatorname{int}(K) = \varnothing$가 성립함을 보여라.[64]

---

(11) 따름정리 2.3.18의 가정에서 '콤팩트집합' 대신 '닫힌집합' 또는 '유계집합'이라 가정하면 따름정리 2.3.18의 명제는 성립하지 않는다.

제 3 장

극한과 연속

실수에서 다루어진 내용을 유클리드 공간으로 확장하여 점열과 점열의 극한, 그리고 사상의 극한과 연속 등에 관하여 알아보자. 이들은 모두 해석학의 중심이 되는 기본 개념들이다.

본 장을 통하여 아무런 언급이 없는 경우, 자연수 $n \in \mathbb{N}$에 대하여 $\{\epsilon_1, \epsilon_2, \cdots, \epsilon_n\}$은 언제나 벡터공간 $\mathbb{E}^n$의 표준기저를 의미하는 것으로 규약한다.

3.1 여러가지 사상

집합 X와 Y가 주어질 때, X의 각 원소에 Y의 원소를 오직 하나만 대응시키는 규칙을 집합 X에서 집합 Y로의 **사상(map, mapping)**이라 하며, 이 규칙을

$$f : X \longrightarrow Y$$

로 나타내고 집합 X와 집합 Y를 각각 사상 f의 **정의역(domain)**과 **공변역(codomain)**이라 한다. 더욱이,

- $Y \in \{\mathbb{E}^1, \mathbb{C}\}$인 경우: 사상 f를 **함수(function)**라 부르고,
- $Y = \mathbb{E}^n$ (단, $n > 1$)인 경우: 사상 f를 **변환(transformation)** 또는 **벡터값 함수(vector-valued function)**라 한다.(1)

또한, 집합 $f(X) := \{f(x) : x \in X\}$를 사상 f의 **치역(range)**이라 하고,

$$\mathbf{I}_X(x) := x \quad (\forall\, x \in X)$$

로 정의된 사상 $\mathbf{I}_X : X \longrightarrow X$를 집합 X의 **항등사상(identity map)** 또는 **항등변환(identity transformation)**이라 한다. 한편, 사상 $f : X \longrightarrow Y$가 주어질 때,

(1) 특히, 교재 전반에서 '변환'을 '함수'와 구분하기 위하여, '변환'을 나타내는 기호는 (예로써 f 대신에) 볼드체 $\mathbf{f}$로 나타낸다.

- 임의의 $x_1, x_2 \in X$에 대하여 조건 「$x_1 \neq x_2 \Longrightarrow f(x_1) \neq f(x_2)$」을 만족하면 f를 **일대일 사상(one-to-one map)** 또는 **단사사상(injective map)**이라 하고,
- 조건 $f(X) = Y$를 만족하면 f를 **위로의 사상(onto map)** 또는 **전사사상(surjective map)**이라 하며,
- f가 단사이면서 동시에 전사인 사상일 때, f를 **전단사사상(bijective map)** 또는 **일대일 대응(one-to-one correspondence)**이라 한다.

한편, 사상 $f : X \longrightarrow Y$가 전단사일 때, 각 $y \in Y$에 대하여

$$g(y) = x \iff f(x) = y$$

로 정의한 사상 $g : Y \longrightarrow X$를 사상 f의 **역사상(inverse map)**이라 하며 간단히

$$f^{-1} := g$$

로 나타낸다.

정의 3.1.1. 집합 X에서 집합 Y로의 사상 $f : X \longrightarrow Y$가 주어질 때, 집합 $A \subset X$와 집합 $B \subset Y$에 대하여

$$f(A) := \{f(x) \in Y : x \in A\} \quad \& \quad f^{-1}(B) := \{x \in X : f(x) \in B\}$$

로 나타내고, 각각 f에 의한 집합 A의 **상(image)**, f에 의한 집합 B의 **역상(inverse image)**이라 한다. 또한 집합 Y에서 집합 Z로의 사상 $g : Y \longrightarrow Z$가 주어질 때, 각 $x \in X$에 대하여

$$(g \circ f)(x) := g(f(x))$$

로 정의된 사상 $g \circ f : X \longrightarrow Z$를 사상 f와 g의 **합성(composition)** 또는 **합성함수(composite function)**, **합성변환(composite transformation)**이라 한다.

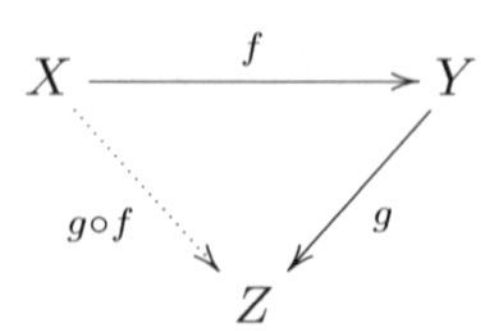

그림 3.1: 합성함수 $g \circ f$의 이해

명제 3.1.2. 사상 $f : X \longrightarrow Y$가 전단사일 때, 다음이 성립한다.

$$f^{-1} \circ f = \mathbf{I}_X \quad \& \quad f \circ f^{-1} = \mathbf{I}_Y.$$

정의 3.1.3. 자연수 $n \in \mathbb{N}$이 주어질 때, 각 $j \in \mathbb{N} \cap [1, n]$에 대하여

$$\pi^j(\mathbf{x}) := x^j \quad (\forall \mathbf{x} \in \mathbb{E}^n)$$

로 정의된 함수 $\pi^j : \mathbb{E}^n \longrightarrow \mathbb{E}^1$을 **$j$번째 표준 좌표함수($j$-th standard coordinate function)**라 한다.(2) 또한, 각 $j \in \mathbb{N} \cap [1, n]$에 대하여

$$\boldsymbol{\kappa}^j(t) := t\boldsymbol{\epsilon}_j \quad (\forall t \in \mathbb{E}^1)$$

(2) 집합 $\mathbb{N} \cap [1, n]$의 표현을 좀 더 자세히 살펴보면

$$\mathbb{N} \cap [1, n] = \begin{cases} \{1\} & (n = 1) \\ \{1, 2, \cdots, n\} & (n \geq 2) \end{cases}$$

임을 기억하자.

로 정의된 변환 $\boldsymbol{\kappa}^j : \mathbb{E}^1 \longrightarrow \mathbb{E}^n$을 j**번째 삽입사상(j-th insertion map)**이라 한다.

정의 3.1.4. $m, n \in \mathbb{N}$일 때, 각 $(\mathbf{x}, \mathbf{y}) \in \mathbb{E}^n \times \mathbb{E}^m$에 대하여

$$\boldsymbol{\pi}_1(\mathbf{x}, \mathbf{y}) := \mathbf{x} \quad \& \quad \boldsymbol{\pi}_2(\mathbf{x}, \mathbf{y}) := \mathbf{y}$$

로 정의된 변환 $\boldsymbol{\pi}_1 : \mathbb{E}^n \times \mathbb{E}^m \longrightarrow \mathbb{E}^n$ & $\boldsymbol{\pi}_2 : \mathbb{E}^n \times \mathbb{E}^m \longrightarrow \mathbb{E}^m$을 **사영사상(projection map)**이라 한다. 또한,

$$\boldsymbol{\kappa}_1(\mathbf{x}) = (\mathbf{x}, \mathbf{0}) \ (\forall\, \mathbf{x} \in \mathbb{E}^n) \quad \& \quad \boldsymbol{\kappa}_2(\mathbf{y}) = (\mathbf{0}, \mathbf{y}) \ (\forall\, \mathbf{y} \in \mathbb{E}^m)$$

로 정의된 사상 $\boldsymbol{\kappa}_1 : \mathbb{E}^n \longrightarrow \mathbb{E}^n \times \mathbb{E}^m$ & $\boldsymbol{\kappa}_2 : \mathbb{E}^m \longrightarrow \mathbb{E}^n \times \mathbb{E}^m$을 **삽입사상(insertion map)**이라 한다.

주의 3.1.5. 자연수 $m \in \mathbb{N}$이 주어질 때, 각 $i, j \in \mathbb{N} \cap [1, m]$에 대하여

$$\pi^j \circ \boldsymbol{\kappa}^i = \begin{cases} \mathbf{I}_{\mathbb{E}^1} & (i = j) \\ 0 & (i \neq j) \end{cases}$$

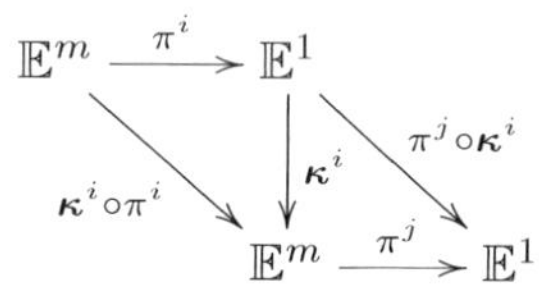

가 성립한다.

3.1.1 선형변환

이 소절에서는 선형사상의 기본 성질에 대하여 살펴본다.

사상 $\mathbf{L} : \mathbb{E}^n \longrightarrow \mathbb{E}^m$가 조건

$$\mathbf{L}(\lambda\mathbf{x} + \mu\mathbf{y}) = \lambda\mathbf{L}(\mathbf{x}) + \mu\mathbf{L}(\mathbf{y}) \quad (\forall\, \mathbf{x}, \mathbf{y} \in \mathbb{E}^n \ \& \ \forall\, \lambda, \mu \in \mathbb{E}^1)$$

을 만족하면 $\mathbf{L}$을 **선형변환(linear transformation)** 또는 **선형사상(linear map)**이라 하고,([3]) 또한 $\mathbb{E}^n$에서 $\mathbb{E}^m$으로의 선형변환들 전체집합을 간단히

$$\mathscr{L}(\mathbb{E}^n, \mathbb{E}^m)$$

로 나타낸다.

참고 3.1.6. 항등사상 $\mathbf{I}_{\mathbb{E}^n} : \mathbb{E}^n \longrightarrow \mathbb{E}^n$은 분명 선형변환이고, 또한 $\mathbf{L}(\mathbf{x}) := \mathbf{0} \in \mathbb{E}^m$ $(\forall\, \mathbf{x} \in \mathbb{E}^n)$로 정의된 영사상 $\mathbf{L} : \mathbb{E}^n \longrightarrow \mathbb{E}^m$도 분명 선형변환이다. 그러나 영사상이 아닌 임의의 상수사상은 선형변환이 아니다.

주의 3.1.7. 임의의 사영사상은 전사인 선형변환이지만 단사는 아니고, 임의의 삽입사상은 단사인 선형변환이지만 전사는 아니다.

([3]) 특히, $m = 1$일 때 선형변환 L을 종종 **선형범함수(linear functional)**라 한다.

주 의 3.1.8. $n \in \mathbb{N}_{>1}$일 때, 각 $j \in \mathbb{N} \cap [1, n]$에 대하여 j-번째 표준 좌표함수 π^j는 전사인 선형범함수이지만 단사는 아니고, j-번째 삽입사상 $\boldsymbol{\kappa}^j$는 단사인 선형변환이지만 전사는 아니다. 한편, $n = 1$일 때 $\pi^1, \boldsymbol{\kappa}^1$은 모두 항등사상이고 특히 $\pi^1 = \boldsymbol{\kappa}^1$이다.

명제 3.1.9. 사상 $L : \mathbb{E}^n \longrightarrow \mathbb{E}^1$가 선형범함수이기 위한 필요충분조건은 $L(\mathbf{x}) = \mathbf{a} \cdot \mathbf{x}$ $(\forall \mathbf{x} \in \mathbb{E}^n)$을 만족하는 유일한 점 $\mathbf{a} \in \mathbb{E}^n$가 존재하는 것이다.

[증명] $(\Longrightarrow)$ 각 $i \in \mathbb{N} \cap [1, n]$에 대하여 $a_i := L(\boldsymbol{\epsilon}_i) \in \mathbb{E}^1$라 두면, $\mathbf{x} \in \mathbb{E}^n$일 때 $\mathbf{x} = \sum_{i=1}^n x^i \boldsymbol{\epsilon}_i$이므로 사상 L의 선형성에 의하여

$$L(\mathbf{x}) = \sum_{i=1}^n a_i x^i = (a_1, a_2, \cdots, a_n) \cdot (x^1, x^2, \cdots, x^n) = \mathbf{a} \cdot \mathbf{x}$$

가 성립한다. 단, $\mathbf{a} := (a_1, a_2, \cdots, a_n)$이다.

$(\Longleftarrow)$ 각 $\mathbf{x} \in \mathbb{E}^n$에 대하여 $L(\mathbf{x}) := \mathbf{a} \cdot \mathbf{x}$로 정의된 함수 $L : \mathbb{E}^n \longrightarrow \mathbb{E}^1$을 생각하면, '내적의 기본 성질'(명제 1.1.1)에 의하여 임의의 $\mathbf{x}, \mathbf{y} \in \mathbb{E}^n$와 $\lambda, \mu \in \mathbb{E}^1$에 대하여

$$\mathbf{L}(\lambda\mathbf{x} + \mu\mathbf{y}) = \mathbf{a} \cdot (\lambda\mathbf{x} + \mu\mathbf{y}) = \lambda(a \cdot \mathbf{x}) + \mu(\mathbf{a} \cdot \mathbf{y}) = \lambda\mathbf{L}(\mathbf{x}) + \mu\mathbf{L}(\mathbf{y})$$

가 성립하므로 사상 L은 선형범함수이다. □

참고 3.1.10. 명제 3.1.9에서와 같이 주어진 선형범함수를 결정하는 유일한 $\mathbf{a} \in \mathbb{E}^n$을 '벡터'와 구분하기 위하여 종종 **코벡터(covector)**라 부르며, 이때 $a_1, a_2, \cdots, a_n$을 코벡터 $\mathbf{a}$의 **성분(components)**이라 한다.

도움정리 3.1.11. 선형변환 $\mathbf{L} : \mathbb{E}^n \longrightarrow \mathbb{E}^m$에 대하여 조건

$$\|\mathbf{L}(\mathbf{x})\|_u \le C\|\mathbf{x}\|_u \quad (\forall \mathbf{x} \in \mathbb{E}^n)$$

을 만족하는 양수 $C > 0$가 존재한다.

[증명] 벡터공간 $\mathbb{E}^m$의 표준기저를 $\{\mathbf{u}_1, \mathbf{u}_2, \cdots, \mathbf{u}_m\}$라 두면, 각 $i \in \mathbb{N} \cap [1, n]$에 대하여 $\mathbf{L}(\boldsymbol{\epsilon}_i) \in \mathbb{E}^m$이므로 조건

$$\mathbf{L}(\boldsymbol{\epsilon}_i) = \sum_{j=1}^m a_{ij}\mathbf{u}_j$$

을 만족하는 유일한 점 $(a_{i1}, a_{i2}, \cdots, a_{im}) \in \mathbb{E}^m$가 존재하고, 특히

$$\mathbf{L}(\mathbf{x}) = \sum_{i=1}^n x^i \mathbf{L}(\boldsymbol{\epsilon}_i) = \sum_{i=1}^n \sum_{j=1}^m a_{ij}\mathbf{u}_j = \sum_{j=1}^m \left(\sum_{i=1}^n x^i a_{ij} \right) \mathbf{u}_j \quad (\forall \mathbf{x} \in \mathbb{E}^n)$$

가 성립한다. 한편, $\|\mathbf{u}_j\|_u = 1$ $(\forall j \in \mathbb{N} \cap [1, m])$이고, 또한 $\mathbf{x} \in \mathbb{E}^n$일 때 $|x^i| \le \|\mathbf{x}\|_u$ $(\forall i \in \mathbb{N} \cap [1, n])$이므로

$$\|\mathbf{L}(\mathbf{x})\|_u \le \sum_{j=1}^m \left\| \left(\sum_{i=1}^n x^i a_{ij} \right) \mathbf{u}_j \right\|_u \le \sum_{j=1}^m \sum_{i=1}^n |a_{ij}x^i| = \sum_{j=1}^m \sum_{i=1}^n |a_{ij}||x^i| \le \sum_{j=1}^m \sum_{i=1}^n |a_{ij}|\|\mathbf{x}\|_u$$

이며, 여기서 $C := \sum_{j=1}^{m}\sum_{i=1}^{n}|a_{ij}| + 1$라 두면, 바라는 결과를 얻는다. □

두 변환 $\mathbf{f}, \mathbf{g} : D(\subset \mathbb{E}^n) \longrightarrow \mathbb{E}^m$와 실수 $\lambda \in \mathbb{E}^1$가 주어질 때, 각 $\mathbf{x} \in D$에 대하여

$$(\mathbf{f}+\mathbf{g})(\mathbf{x}) := \mathbf{f}(\mathbf{x}) + \mathbf{g}(\mathbf{x}) \quad \& \quad (\lambda\mathbf{f})(\mathbf{x}) := \lambda\mathbf{f}(\mathbf{x}) \tag{3.1}$$

로 정의된 변환 $\mathbf{f}+\mathbf{g}, \lambda\mathbf{f} : D \longrightarrow \mathbb{E}^m$을 생각하면 다음이 성립한다.

명제 3.1.12. $\mathbf{L}_1, \mathbf{L}_2 \in \mathscr{L}(\mathbb{E}^n, \mathbb{E}^m)$ & $\lambda \in \mathbb{E}^1$일 때, 다음이 성립한다.

$$\mathbf{L}_1 + \mathbf{L}_2 \in \mathscr{L}(\mathbb{E}^n, \mathbb{E}^m) \quad \& \quad \lambda\mathbf{L}_1 \in \mathscr{L}(\mathbb{E}^n, \mathbb{E}^m).$$

명제 3.1.13. $\mathbf{L} \in \mathscr{L}(\mathbb{E}^n, \mathbb{E}^m)$ & $\mathbf{M} \in \mathscr{L}(\mathbb{E}^m, \mathbb{E}^p)$일 때 $\mathbf{M} \circ \mathbf{L} \in \mathscr{L}(\mathbb{E}^n, \mathbb{E}^p)$이다.

3.1.2 선형변환의 성분

벡터공간 $\mathbb{E}^m$에 대한 표준기저 $\{\mathbf{u}_1, \mathbf{u}_2, \cdots, \mathbf{u}_m\}$을 이용하면, 각 $\mathbf{y} \in \mathbb{E}^m$에 대하여

$$\mathbf{y} = (y^1, y^2, \cdots, y^m) = (\pi^1(\mathbf{y}), \pi^2(\mathbf{y}), \cdots, \pi^m(\mathbf{y})) = \sum_{j=1}^{m} \pi^j(\mathbf{y})\mathbf{u}_j \tag{3.2}$$

가 성립한다. 한편, 변환 $\mathbf{L} : \mathbb{E}^n \longrightarrow \mathbb{E}^m$가 주어질 때, 각 $j \in \mathbb{N} \cap [1, n]$에 대하여 $L^j := \pi^j \circ \mathbf{L}$라 두면, (3.2)에 의하여

$$\mathbf{L}(\mathbf{x}) = \sum_{j=1}^{m} \pi^j(\mathbf{L}(\mathbf{x}))\mathbf{u}_j = \sum_{j=1}^{m} L^j(\mathbf{x})\mathbf{u}_j = (L^1(\mathbf{x}), L^2(\mathbf{x}), \cdots, L^m(\mathbf{x})) \quad (\forall \mathbf{x} \in \mathbb{E}^n) \tag{3.3}$$

가 성립한다. 이런 이유로, 각 $j \in \mathbb{N} \cap [1, n]$에 대하여 L^j를 **$\mathbb{E}^m$의 표준기저에 관한 변환 $\mathbf{L}$의 j-번째 성분(j-th component)**이라 한다. 더욱이, (3.3)에 의하여

$$\mathbf{L}(\mathbf{x}) = \sum_{j=1}^{m} L^j(\mathbf{x})\mathbf{u}_j = \sum_{j=1}^{m} \boldsymbol{\kappa}^j(L^j(\mathbf{x})) = \sum_{j=1}^{m} (\boldsymbol{\kappa}^j \circ L^j)(\mathbf{x}) \quad (\forall \mathbf{x} \in \mathbb{E}^n) \tag{3.4}$$

이고, 또한

$$\mathbf{I}_{\mathbb{E}^m}(\mathbf{y}) = \sum_{j=1}^{m} y^j\mathbf{u}_j = \sum_{j=1}^{m} \boldsymbol{\kappa}^j(y^j) = \sum_{j=1}^{m} \boldsymbol{\kappa}^j(\pi^j(\mathbf{y})) = \sum_{j=1}^{m} (\boldsymbol{\kappa}^j \circ \pi^j)(\mathbf{y}) \quad (\forall \mathbf{y} \in \mathbb{E}^m) \tag{3.5}$$

가 성립한다.

명제 3.1.14. 사상 $\mathbf{L} : \mathbb{E}^n \longrightarrow \mathbb{E}^m$가 선형변환이기 위한 필요충분조건은 각 $j \in \mathbb{N} \cap [1, m]$에 대하여 $\pi^j \circ \mathbf{L} : \mathbb{E}^n \longrightarrow \mathbb{E}^1$가 선형범함수인 것이다.

[증명] ($\Longrightarrow$) 각 $j \in \mathbb{N} \cap [1, m]$에 대하여 $\pi^j \in \mathscr{L}(\mathbb{E}^m, \mathbb{E}^1)$이므로 명제 3.1.12에 의하여 $\pi^j \circ \mathbf{L} \in \mathscr{L}(\mathbb{E}^n, \mathbb{E}^1)$이다.

($\Longleftarrow$) 각 $j \in \mathbb{N} \cap [1, m]$에 대하여 $L^j := \pi^j \circ \mathbf{L} \in \mathscr{L}(\mathbb{E}^n, \mathbb{E}^1)$이고, 또한 $\boldsymbol{\kappa}^j \in \mathscr{L}(\mathbb{E}^1, \mathbb{E}^m)$이므로 다시 명제 3.1.13에 의하여 $\boldsymbol{\kappa}^j \circ L^j \in \mathscr{L}(\mathbb{E}^n, \mathbb{E}^m)$이다. 덧붙여, 명제 3.1.12의 관점에서 선형변환의 유한합도 선형변환이므로 (3.4)에 의하여 $\mathbf{L}$은 선형변환이다. □

연습문제 3.1

1. 사상 $f : X \longrightarrow Y$와 $A, B \subset X$, $C, D \subset f(X)$, 그리고 $\mathcal{F} \subset \mathcal{P}(X)$, $\mathcal{G} \subset \mathcal{P}(Y)$에 대하여 다음이 성립함을 보여라.[65]

   (가) $A \subset B \Longrightarrow f(A) \subset f(B)$

   (나) $C \subset D \Longrightarrow f^{-1}(C) \subset f^{-1}(D)$

   (다) $f\left(\bigcup_{F \in \mathcal{F}} F\right) = \bigcup_{F \in \mathcal{F}} f(F)$

   (라) $f\left(\bigcap_{F \in \mathcal{G}} F\right) \subset \bigcap_{F \in \mathcal{F}} f(F)$

   (마) $f^{-1}\left(\bigcup_{G \in \mathcal{G}} G\right) = \bigcup_{G \in \mathcal{G}} f^{-1}(G)$

   (바) $f^{-1}\left(\bigcap_{G \in \mathcal{G}} G\right) = \bigcap_{G \in \mathcal{G}} f^{-1}(G)$

   (사) $A \subset f^{-1}(f(A))$

   (아) $f(f^{-1}(C)) \subset C$

   (자) $f(A) \setminus f(B) \subset f(A \setminus B)$

   (차) $f^{-1}(C \setminus D) = f^{-1}(C) \setminus f^{-1}(D)$

   (카) $f^{-1}(Y \setminus C) = X \setminus f^{-1}(C)$

   (타) $f\left(A \cap f^{-1}(C)\right) = f(A) \cap C$

2. 사상 $f : X \longrightarrow Y$ & $g : Y \longrightarrow Z$에 대하여 다음이 성립함으로 보여라.[66]

   (가) 사상 f와 g가 모두 단사이면 합성사상 $g \circ f$도 단사이다.

   (나) 사상 f와 g가 모두 전사이면 합성사상 $g \circ f$도 전사이다.

   (다) 사상 f와 g가 모두 전단사이면 합성사상 $g \circ f$도 전단사이다.

3. 연습문제 3.1.2에서 일반적으로 역이 성립하지 않음을 보여라.[67]

4. 사상 $f : X \longrightarrow Y$ & $g : Y \longrightarrow Z$ 에 대하여 다음이 성립함을 보여라.[68]

   (가) 합성사상 $g \circ f$가 단사이면 사상 f는 단사이다.

   (나) 합성사상 $g \circ f$가 전사이면 사상 g는 전사이다.

3.2 유클리드 공간 위의 점열

이 절에서는 자연수 전체집합 $\mathbb{N}$에서 벡터공간 $\mathbb{E}^n$으로의 사상을 뜻하는 유클리드 공간 $\mathbb{E}^n$ 위에서 점열에 대한 여러 가지 기본 성질을 공부한다.

정의 3.2.1. 임의의 사상 $\mathbf{f} : \mathbb{N} \longrightarrow \mathbb{E}^n$을 $\mathbb{E}^n$ 위의 **점열(sequence)**이라 하고, 각 $k \in \mathbb{N}$에 대하여 $\mathbf{x}_k := \mathbf{f}(k)$로 표시할 때, 점열 $\mathbf{f}$를

$$(\mathbf{x}_1, \mathbf{x}_2, \mathbf{x}_3, \cdots) \quad \text{또는} \quad (\mathbf{x}_k)_{k\geq 1}$$

로 나타내고, 또한 $\mathbb{E}^n$ 위의 점열임을 강조하기 위하여 종종

$$(\mathbf{x}_1, \mathbf{x}_2, \mathbf{x}_3, \cdots) \subset \mathbb{E}^n \quad \text{또는} \quad (\mathbf{x}_k)_{k\geq 1} \subset \mathbb{E}^n$$

로도 나타낸다.

정의 3.2.2. 점열 $(\mathbf{x}_k)_{k\geq 1} \subset \mathbb{E}^n$와 점 $\mathbf{x}_0 \in \mathbb{E}^n$에 대하여 다음과 같이 정의한다.

(a) 집합 $\{\mathbf{x}_k : k \in \mathbb{N}\}$가 유계일 때, 점열 $(\mathbf{x}_k)_{k\geq 1}$을 **유계(bounded)** 또는 **유계점열(bounded sequence)**이라 한다.([4])

(b) 각 양수 $\epsilon > 0$에 대하여 조건

$$k \geq N \implies \|\mathbf{x}_k - \mathbf{x}_0\|_u < \epsilon \tag{3.6}$$

을 만족하는 자연수 $N \in \mathbb{N}$가 존재하면 점열 $(\mathbf{x}_k)_{k\geq 1}$가 점 $\mathbf{x}_0$로 **수렴한다(converge)** 또는 점 $\mathbf{x}_0$는 점열 $(\mathbf{x}_k)_{k\geq 1}$의 **극한(limit)**이라 말하고, 간단히

$$\lim_{k\to\infty} \mathbf{x}_k = \mathbf{x}_0 \quad \text{또는} \quad \mathbf{x}_k \xrightarrow{k\to\infty} \mathbf{x}_0$$

로 나타낸다.

(c) 수렴하지 않는 점열은 **발산(divergence)**한다고 말한다.

주의 3.2.3. 각 $\mathbf{x} \in \mathbb{E}^n$에 대하여 등식 $|\|\mathbf{x}\|_u - 0| = \|\mathbf{x}\|_u$가 성립하므로 점열 $(\mathbf{x}_k)_{k\geq 1} \subset \mathbb{E}^n$와 점 $\mathbf{x}_0 \in \mathbb{E}^n$가 주어질 때,

$$\mathbf{x}_k \xrightarrow{k\to\infty} \mathbf{x}_0 \iff \|\mathbf{x}_k - \mathbf{x}_0\|_u \xrightarrow{k\to\infty} 0 \tag{3.7}$$

가 성립한다.

([4]) $\mathbb{E}^n$ 위의 점열 $(\mathbf{x}_k)_{k\geq 1}$가 유계이기 위한 필요충분조건은 $\|\mathbf{x}_k\|_u \leq M$ $(\forall k \in \mathbb{N})$을 만족하는 양수 $M > 0$이 존재하는 것이다.

3.2.1 점열의 성질

실수열과 대비되는 유클리드 공간 $\mathbb{E}^n$ 위의 점열의 기본 성질에 대하여 살펴보자.

명제 3.2.4. 수렴하는 점열은 유계점열이다.

[증명] 점열 $(\mathbf{x}_k)_{k\geq 1} \subset \mathbb{E}^n$가 점 $\mathbf{x}_0 \in \mathbb{E}^n$로 수렴함을 가정하면 조건

$$k > N \implies \|\mathbf{x}_k - \mathbf{x}_0\|_u < 1$$

을 만족하는 자연수 $N \in \mathbb{N}$가 존재하고, 특히

$$k > N \implies \|\mathbf{x}_k\|_u < \|\mathbf{x}_0\|_u + 1$$

이다. 따라서,

$$M := \{\|\mathbf{x}_1\|_u, \|\mathbf{x}_2\|_u, \cdots, \|\mathbf{x}_N\|_u, \|\mathbf{x}_0\|_u + 1\}$$

라 두면, 분명 $M > 0$이고, 또한 $\|\mathbf{x}_k\|_u \leq M\,(\forall\, k \in \mathbb{N})$이 성립한다. □

실수에서와 마찬가지로 유클리드 공간 위에서의 점열에 대하여도 비슷한 성질이 성립함을 다음 명제를 통하여 알 수 있다.

정리 3.2.5. (수렴하는 점열의 기본 성질) 수렴하는 점열 $(\mathbf{x}_k)_{k\geq 1}$ & $(\mathbf{y}_k)_{k\geq 1} \subset \mathbb{E}^n$가 주어질 때, $\mathbf{x}_0 := \lim_{k\to\infty} \mathbf{x}_k$ & $\mathbf{y}_0 := \lim_{k\to\infty} \mathbf{y}_k$라 두면, 다음이 성립한다.

(a) $\lim_{k\to\infty} (\mathbf{x}_k \pm \mathbf{y}_k) = \mathbf{x}_0 \pm \mathbf{y}_0$ (복호동순) (b) $\lim_{k\to\infty} \lambda\mathbf{x}_k = \lambda\mathbf{x}_0\ (\forall\, \lambda \in \mathbb{E}^1)$

(c) $\lim_{k\to\infty} \mathbf{x}_k \cdot \mathbf{y}_k = \mathbf{x}_0 \cdot \mathbf{y}_0$

[증명] (a) 임의의 양수 $\epsilon > 0$을 정해두면, $\mathbf{x}_0 := \lim_{k\to\infty} \mathbf{x}_k$ & $\mathbf{y}_0 := \lim_{k\to\infty} \mathbf{y}_k$이므로 조건

$$k \geq N \implies \|\mathbf{x}_k - \mathbf{x}_0\|_u < \frac{\epsilon}{2} \quad \& \quad \|\mathbf{y}_k - \mathbf{y}_0\|_u < \frac{\epsilon}{2}$$

을 만족하는 $N \in \mathbb{N}$가 존재한다. 그러므로

$$\begin{aligned} k \geq N \implies \|(\mathbf{x}_k \pm \mathbf{y}_k) - (\mathbf{x}_0 \pm \mathbf{y}_0)\|_u &\leq \|\mathbf{x}_k - \mathbf{x}_0\|_u + \|\mathbf{y}_k - \mathbf{y}_0\|_u \\ &< \frac{\epsilon}{2} + \frac{\epsilon}{2} = \epsilon \quad (\text{복호동순}) \end{aligned}$$

가 성립한다. 그런데 ϵ은 임의의 양수이므로 $\mathbf{x}_k \pm \mathbf{y}_k \xrightarrow{k\to\infty} \mathbf{x}_0 \pm \mathbf{y}_0$(복호동순)을 얻는다.

(b) 임의의 $\lambda \in \mathbb{E}^1$와 양수 $\epsilon > 0$을 정해두면, 가정에 의하여 $\mathbf{x}_k \xrightarrow{k\to\infty} \mathbf{x}_0$이므로 조건

$$k \geq N \implies \|\mathbf{x}_k - \mathbf{x}_0\|_u < \frac{\epsilon}{|\lambda| + 1}$$

을 만족하는 $N \in \mathbb{N}$가 존재하고, 특히

$$k \geq N \implies \|\lambda\mathbf{x}_k - \lambda\mathbf{x}_0\|_u = |\lambda|\|\mathbf{x}_k - \mathbf{x}_0\|_u < \frac{|\lambda|}{|\lambda| + 1}\epsilon < \epsilon$$

가 성립한다. 그런데 ϵ은 임의의 양수이므로 $\lambda\mathbf{x}_k \xrightarrow{k\to\infty} \lambda\mathbf{x}_0$을 얻는다.

(c) 가정에 의하여 점열 $(\mathbf{y}_k)_{k\geq 1}$가 수렴하므로 명제 3.2.4에 의하여 점열 $(\mathbf{y}_k)_{k\geq 1}$은 유계이고, 특히 조건 $\|\mathbf{y}_k\|_u \leq M_1\,(\forall k \in \mathbb{N})$을 만족하는 $M_1 > 0$을 선택할 수 있다. 이제, $M := \max\{\|\mathbf{x}_0\|_u + 1,\, M_1\}$라 놓고, 임의의 양수 $\epsilon > 0$을 정해두면 $\mathbf{x}_0 := \lim_{k\to\infty}\mathbf{x}_k$ & $\mathbf{y}_0 := \lim_{k\to\infty}\mathbf{y}_k$이므로

$$k \geq N \implies \|\mathbf{x}_k - \mathbf{x}_0\|_u < \frac{\epsilon}{2M} \quad \& \quad \|\mathbf{y}_k - \mathbf{y}_0\|_u < \frac{\epsilon}{2M}$$

을 만족하는 자연수 $N \in \mathbb{N}$을 선택할 수 있다. 그러므로 '삼각부등식'과 '코시-슈바르츠 부등식'을 적용하면 다음이 성립한다.

$$\begin{aligned} k \geq N \implies |\mathbf{x}_k \cdot \mathbf{y}_k - \mathbf{x}_0 \cdot \mathbf{y}_0| &= |(\mathbf{x}_k - \mathbf{x}_0)\cdot \mathbf{y}_k + \mathbf{x}_0 \cdot (\mathbf{y}_k - \mathbf{y}_0)| \\ &\leq \|\mathbf{x}_k - \mathbf{x}_0\|_u \|\mathbf{y}_k\|_u + \|\mathbf{x}_0\|_u \|\mathbf{y}_k - \mathbf{y}_0\|_u \\ &< \frac{\epsilon}{2M}\cdot M + M \cdot \frac{\epsilon}{2M} \\ &= \frac{\epsilon}{2} + \frac{\epsilon}{2} = \epsilon. \end{aligned}$$

그런데 ϵ은 임의의 양수이므로 $\mathbf{x}_k \cdot \mathbf{y}_k \xrightarrow{k\to\infty} \mathbf{x}_0 \cdot \mathbf{y}_0$을 얻는다. □

앞으로, 점 $\mathbf{x}_k \in \mathbb{E}^n$가 주어질 때, $\mathbf{x}_k$의 i-번째 성분을 $x_k^i \in \mathbb{E}^1$으로 나타내기로 하자. 좀 더 자세히 말하자면 $\mathbf{x}_k = (x_k^1, x_k^2, \cdots, x_k^n)$로 표기한다.

명제 3.2.6. 점열 $(\mathbf{x}_k)_{k\geq 1} \subset \mathbb{E}^n$과 점 $\mathbf{x}_0 \in \mathbb{E}^n$에 대하여 다음이 성립한다.

$$\mathbf{x}_k \xrightarrow{k\to\infty} \mathbf{x}_0 \iff \left[\, x_k^i \xrightarrow{k\to\infty} x_0^i \ \ (\forall\, i \in \mathbb{N}\cap[1,n]) \,\right]$$

[증명] ($\Longrightarrow$) 임의의 $i \in \mathbb{N}\cap[1,n]$와 양수 $\epsilon > 0$을 정해두면, $\mathbf{x}_k \xrightarrow{k\to\infty} \mathbf{x}_0$이므로 조건

$$k \geq N \implies \|\mathbf{x}_k - \mathbf{x}_0\|_u < \epsilon$$

을 만족하는 자연수 $N \in \mathbb{N}$가 존재하고, 특히

$$k \geq N \implies |x_k^i - x_0^i| \leq \|\mathbf{x}_k - \mathbf{x}_0\|_u < \epsilon$$

가 성립한다. 그런데 ϵ은 임의의 양수이므로 $\mathbf{x}_k^i \xrightarrow{k\to\infty} \mathbf{x}_0^i$을 얻는다.

($\Longleftarrow$) 임의의 양수 $\epsilon > 0$을 정해두면, 각 $i \in \mathbb{N}\cap[1,n]$에 대하여 $x_k^i \xrightarrow{k\to\infty} x_0^i$이므로 조건

$$k \geq N_i \implies |x_k^i - x_0^i| < \frac{\epsilon}{n\sqrt{n}} \tag{3.8}$$

을 만족하는 자연수 $N_i \in \mathbb{N}$가 존재한다. 그때, $N := \max\{N_i : i \in \mathbb{N}\cap[1,n]\}$라 두고 연습문제 1.1.3 & (3.8)을 적용하면 다음이 성립한다.

$$k \geq N \implies \|\mathbf{x}_k - \mathbf{x}_0\|_u \leq \sqrt{n}\sum_{i=1}^{n}|x_k^i - x_0^i| < \sqrt{n}\sum_{i=1}^{n}\frac{\epsilon}{n\sqrt{n}} = \epsilon.$$

그런데 ϵ은 임의의 양수이므로 $\mathbf{x}_k \xrightarrow{k\to\infty} \mathbf{x}_0$을 얻는다. □

정의 3.2.7. 점열 $(\mathbf{x}_k)_{k\geq 1} \subset \mathbb{E}^n$가 주어질 때, 임의의 $\epsilon > 0$에 대하여 조건

$$k, l \geq N \implies \|\mathbf{x}_k - \mathbf{x}_l\|_u < \epsilon \tag{3.9}$$

을 만족하는 자연수 $N \in \mathbb{N}$가 존재하면, $(\mathbf{x}_k)_{k\geq 1}$을 **코시 열(Cauchy sequence)**이라 한다.

다음 결과는 명제 3.2.6과 유사하다.

도움정리 3.2.8. 점열 $(\mathbf{x}_k)_{k\geq 1} \subset \mathbb{E}^n$가 코시 열이기 위한 필요충분조건은 각 $i \in \mathbb{N} \cap [1, n]$에 대하여 $(x_k^i)_{k\geq 1} \subset \mathbb{E}^1$가 코시 수열인 것이다.

[증명] ($\Longrightarrow$) 임의의 양수 $\epsilon > 0$을 정해두면, $(\mathbf{x}_k)_{k\geq 1}$가 코시 열이므로 조건

$$k, l \geq N \implies \|\mathbf{x}_k - \mathbf{x}_l\|_u < \epsilon$$

을 만족하는 자연수 $N \in \mathbb{N}$가 존재한다. 이제, 임의의 $i \in \mathbb{N} \cap [1, n]$를 정해두면,

$$k, l \geq N \implies |x_k^i - x_l^i| \leq \|\mathbf{x}_k - \mathbf{x}_l\| < \epsilon$$

가 성립하고, 특히 ϵ은 임의의 양수이므로 $x_k^i \xrightarrow{k\to\infty} x_0^i$을 얻는다.

($\Longleftarrow$) 양수 $\epsilon > 0$을 임의로 정해두면, 각 $i \in \mathbb{N} \cap [1, n]$에 대하여 $(x_k^i)_{k\geq 1} \subset \mathbb{E}^1$가 코시 수열이므로 조건

$$k, l \geq N_i \implies |x_k^i - x_l^i| < \frac{\epsilon}{n\sqrt{n}} \tag{3.10}$$

을 만족하는 자연수 $N_i \in \mathbb{N}$가 존재한다. 그때, $N := \max\{N_i : i \in \mathbb{N} \cap [1, n]\}$라 두고 연습문제 1.1.3 & (3.8)을 적용하면 다음이 성립한다.

$$k, l \geq N \implies \|\mathbf{x}_k - \mathbf{x}_l\|_u \leq \sqrt{n} \sum_{i=1}^{n} |x_k^i - x_l^i| < \sqrt{n} \sum_{i=1}^{n} \frac{\epsilon}{n\sqrt{n}} = \epsilon.$$

그런데 ϵ은 임의의 양수이므로 $(\mathbf{x}_k)_{k\geq 1}$은 코시 열이다. □

'실수열에 대한 코시 수렴판정'([1], p.125, 정리 4.3.6)과 유사하게 다음이 성립한다.

정리 3.2.9. (코시 수렴판정) 점열 $(\mathbf{x}_k)_{k\geq 1} \subset \mathbb{E}^n$가 수렴하기 위한 필요충분조건은 점열 $(\mathbf{x}_k)_{k\geq 1} \subset \mathbb{E}^n$가 코시 열인 것이다.

[증명] $I_n := \mathbb{N} \cap [1, n]$로 표기하면 다음이 성립한다.

"점열 $(\mathbf{x}_k)_{k\geq 1}$가 수렴한다."

$\Longleftrightarrow$ "$i \in I_n$일 때 $(x_k^i)_{k\geq 1}$가 수렴한다." (정리 3.2.6에 의하여)

$\Longleftrightarrow$ "$i \in I_n$일 때 $(x_k^i)_{k\geq 1}$은 코시 수열이다." ('실수열에 대한 코시 수렴판정'에 의하여)

$\Longleftrightarrow$ "점열 $(\mathbf{x}_k)_{k\geq 1}$은 코시 열이다." (도움정리 3.2.8에 의하여).

그러므로 요구된 결과를 얻고 증명을 마친다. □

명제 3.2.10. 점열 $(\mathbf{x}_k)_{k\geq 1} \subset \mathbb{E}^n$ & $\mathbf{x}_0 \in \mathbb{E}^n$이 주어질 때, 다음이 성립한다.

$$\mathbf{x}_k \xrightarrow{k\to\infty} \mathbf{x}_0 \implies \|\mathbf{x}_k\|_u \xrightarrow{k\to\infty} \|\mathbf{x}_0\|_u$$

[증명] 임의의 양수 $\epsilon > 0$을 정해두면, $\mathbf{x}_k \xrightarrow{k\to\infty} \mathbf{x}_0$이므로 조건

$$k \geq N \implies \|\mathbf{x}_k - \mathbf{x}_0\|_u < \epsilon$$

을 만족하는 자연수 $N \in \mathbb{N}$가 존재하고, 특히 '삼각부등식'에 의하여

$$k \geq N \implies \big|\|\mathbf{x}_k\|_u - \|\mathbf{x}_0\|_u\big| \leq \|\mathbf{x}_k - \mathbf{x}_0\|_u < \epsilon$$

가 성립한다. 그런데 ϵ은 임의의 양수이므로 $\|\mathbf{x}_k\|_u \xrightarrow{k\to\infty} \|\mathbf{x}_0\|_u$을 얻는다. □

주의 3.2.11. 명제 3.2.10의 역은 일반적으로 성립하지 않는다. 예로서, $\boldsymbol{\epsilon}_1 = (1, 0, \cdots, 0) \in \mathbb{E}^n$을 생각하고, 각 $k \in \mathbb{N}$에 대하여 $\mathbf{x}_k := (-1)^k\boldsymbol{\epsilon}_1$라 두면, $\|\mathbf{x}_k\|_u = 1$이므로 $\|\mathbf{x}_k\|_u \xrightarrow{k\to\infty} 1$이다. 한편, 수열 $((-1)^k)_{k\geq 1} \subset \mathbb{E}^1$가 발산하므로, 명제 3.2.6의 관점에서, $\mathbb{E}^n$ 위의 점열 $(\mathbf{x}_k)_{k\geq 1}$은 발산한다.

유계집합 $A \subset \mathbb{E}^n$가 주어질 때,

$$\operatorname{diam}(A) := \sup\{\|\mathbf{x} - \mathbf{y}\|_u : \mathbf{x}, \mathbf{y} \in A\}$$

을 A의 **직경(diameter)**이라 한다.

정리 3.2.12. (칸토어의 축소집합성질, Cantor's nested set theorem) 유클리드 공간 $\mathbb{E}^n$ 위의 닫힌집합열 $(A_k)_{k\geq 1} \subset \mathcal{P}(\mathbb{E}^n)$([5]) 이 조건

$$A_k \supset A_{k+1} \neq \varnothing \ (\forall\, k \in \mathbb{N}) \quad \& \quad \operatorname{diam}(A_k) \xrightarrow{k\to\infty} 0$$

을 만족하면 $\bigcap_{k=1}^{\infty} A_k$은 단집합이다.

[증명] 각 $k \in \mathbb{N}$에 대하여 $A_k \neq \varnothing$이므로 조건 $\mathbf{x}_k \in A_k \,(\forall\, k \in \mathbb{N})$을 만족하는 점열 $(\mathbf{x}_k)_{k\geq 1} \subset \mathbb{E}^n$을 택할 수 있다.

(1°) 양수 $\epsilon > 0$을 정해두면, $\operatorname{diam}(A_k) \xrightarrow{k\to\infty} 0$이므로 조건 $\operatorname{diam}(A_N) < \epsilon$을 만족하는 자연수 $N \in \mathbb{N}$가 존재한다. 그런데 「$k, l \geq N \implies A_k \cup A_l \subset A_N$」이므로 $\mathbf{x}_k, \mathbf{x}_l \in A_N$이고, 특히

$$k, l \geq N \implies \|\mathbf{x}_k - \mathbf{x}_l\|_u \leq \operatorname{diam}(A_N) < \epsilon$$

가 성립한다. 그런데 ϵ은 임의의 양수이므로 점열 $(\mathbf{x}_k)_{k\geq 1}$은 코시 열이고, 특히 '코시 수렴판정'에 의하여 조건 $\mathbf{x}_k \xrightarrow{k\to\infty} \mathbf{x}_0$를 만족하는 점 $\mathbf{x}_0 \in \mathbb{E}^n$을 택할 수 있다.

(2°) $k \in \mathbb{N}$일 때, 가정에 의하여, $A_l \subset A_k \,(\forall\, l \in \mathbb{N}_{\geq k})$이므로 $\mathbf{x}_l \in A_k \,(\forall\, l \in \mathbb{N}_{\geq k})$이고, 덧붙여 연습문제 3.2.2에 의하여 $\mathbf{x}_0 \in \overline{A_k}$이다. 또한, 각 A_k는 닫힌집합이므로 $\overline{A_k} = A_k$이고, 특히 $\mathbf{x}_0 \in A_k$이다. 그런데 k는 임의의 자연수이므로 $\mathbf{x}_0 \in \bigcap_{k=1}^{\infty} A_k$가 성립한다.

(3°) 어떤 점 $\mathbf{x} \in \mathbb{E}^n$에 대하여 $\mathbf{x} \in \bigcap_{k=1}^{\infty} A_k$을 가정하면, $\mathbf{x} \in A_j \,(\forall\, j \in \mathbb{N})$이고, 특히 $0 \leq \|\mathbf{x} - \mathbf{x}_0\|_u \leq \operatorname{diam}(A_l) \,(\forall\, l \in \mathbb{N})$이다. 그런데 $\operatorname{diam}(A_k) \xrightarrow{k\to\infty} 0$이므로 $\|\mathbf{x} - \mathbf{x}_0\|_u = 0$이고, 특히 $\mathbf{x} = \mathbf{x}_0$가 성립한다. □

([5]) [기호 정의] 집합족 $\mathfrak{M}$와 집합열 $(E_n)_{n\geq 1}$에 대하여 $(E_n)_{n\geq 1} \subset \mathfrak{M}$은 $E_n \in \mathfrak{M} \,(\forall\, n \in \mathbb{N})$을 뜻한다.

3.2.2 무한급수

유클리드 공간 $\mathbb{E}^n$ 위의 한 점열 $(\mathbf{x}_k)_{k\geq 1} \subset \mathbb{E}^n$에 대한 형식적인 합

$$\sum_{k=1}^{\infty} \mathbf{x}_k := \mathbf{x}_1 + \mathbf{x}_2 + \mathbf{x}_3 + \cdots$$

을 유클리드 공간 $\mathbb{E}^n$ 위의 **무한급수(infinite series)** 또는 **급수(series)**라 한다. 이때, 각 자연수 $m \in \mathbb{N}$에 대하여

$$\mathbf{s}_m := \sum_{k=1}^{m} \mathbf{x}_k$$

을 급수 $\sum_{k=1}^{\infty} \mathbf{x}_k$의 제 m항까지의 **부분합(partial sum)**이라 한다. 또한 점열 $(\mathbf{s}_m)_{m\geq 1} \subset \mathbb{E}^n$가 (한 점 $\mathbf{s} \in \mathbb{E}^n$로) 수렴하면 급수 $\sum_{k=1}^{\infty} \mathbf{x}_k$가 **수렴한다(converge)**고 하며, $\mathbf{s}$를 급수 $\sum_{k=1}^{\infty} \mathbf{x}_k$의 **합(sum)**이라 하고, 간단히 $\sum_{k=1}^{\infty} \mathbf{x}_k = \mathbf{s}$로 나타낸다.

명제 3.2.13. (급수에 대한 코시의 수렴조건, Cauchy condition for convergence of series) $\mathbb{E}^n$ 위의 급수 $\sum_{k=1}^{\infty} \mathbf{x}_k$가 수렴하기 위한 필요충분조건은 임의의 양수 $\epsilon > 0$에 대하여 조건

$$k \geq N \implies \left\| \sum_{j=k+1}^{k+m} \mathbf{x}_j \right\|_u < \epsilon \quad (\forall m \in \mathbb{N})$$

을 만족하는 자연수 $N \in \mathbb{N}$이 존재하는 것이다.

[증명] 우선, 각 $m \in \mathbb{N}$에 대하여 $\mathbf{s}_m := \sum_{k=1}^{m} \mathbf{x}_k$로 나타내자.

($\Longrightarrow$) 급수 $\sum_{k=1}^{\infty} \mathbf{x}_k$가 수렴하므로 점열 $(\mathbf{s}_m)_{m\geq 1}$도 수렴하고, '코시 수렴판정'에 의하여 점열 $(\mathbf{s}_m)_{m\geq 1}$은 코시 열이다. 따라서, 임의의 양수 $\epsilon > 0$에 대하여 조건

$$k, l \geq N \implies \|\mathbf{s}_k - \mathbf{s}_l\|_u < \epsilon$$

을 만족하는 자연수 $N \in \mathbb{N}$가 존재하고, 특히

$$k \geq N \implies \|\mathbf{x}_{k+1} + \mathbf{x}_{k+2} + \cdots + \mathbf{x}_{k+m}\|_u = \|\mathbf{s}_{k+m} - \mathbf{s}_k\|_u < \epsilon \quad (\forall m \in \mathbb{N})$$

가 성립한다.

($\Longleftarrow$) 임의의 양수 $\epsilon > 0$을 정해두면, 가정에 의하여 조건

$$k > N \implies \|\mathbf{s}_{k+m} - \mathbf{s}_k\|_u = \left\| \sum_{j=k+1}^{k+m} \mathbf{x}_j \right\|_u < \epsilon \quad (\forall m \in \mathbb{N})$$

을 만족하는 자연수 $N \in \mathbb{N}$가 존재하고, 특히

$$k, l > N \implies \|\mathbf{s}_l - \mathbf{s}_k\|_u < \epsilon$$

가 성립한다. 그런데 ϵ은 임의의 양수이므로 점열 $(\mathbf{s}_m)_{m\geq 1} \subset \mathbb{E}^n$은 코시 열이다. 따라서 '코시 수렴판정'에 의하여 점열 $(\mathbf{s}_m)_{m\geq 1}$가 수렴하므로 급수 $\sum_{k=1}^{\infty} \mathbf{x}_k$도 수렴한다. □

따름정리 3.2.14. (일반항 판정법, general term test) $\mathbb{E}^n$ 위의 급수 $\sum_{k=1}^{\infty}\mathbf{x}_k$가 수렴하면 $\mathbf{x}_k \xrightarrow{k\to\infty} \mathbf{0}$가 성립한다.

[증명] 각 $m \in \mathbb{N}$에 대하여 $\mathbf{s}_m := \sum_{k=1}^{m}\mathbf{x}_k$라 두면 급수 $\sum_{k=1}^{\infty}\mathbf{x}_k$가 수렴하므로 점열 $(\mathbf{s}_m)_{m\geq 1}$가 수렴하고, 특히

$$\lim_{m\to\infty}\mathbf{s}_m = \lim_{m\to\infty}\mathbf{s}_{m-1}$$

이다. 그런데 $\mathbf{x}_m = \mathbf{s}_m - \mathbf{s}_{m-1}$ $(\forall m \in \mathbb{N}_{\geq 2})$이므로 '수렴하는 점열의 기본 성질'에 의하여

$$\lim_{m\to\infty}\mathbf{x}_m = \lim_{m\to\infty}(\mathbf{s}_m - \mathbf{s}_{m-1}) = \lim_{m\to\infty}\mathbf{s}_m - \lim_{m\to\infty}\mathbf{s}_{m-1} = \mathbf{0}$$

가 성립한다. □

'수렴하는 점열의 기본 성질'(정리 3.2.5)에 의하여 다음이 성립함을 쉽게 확인할 수 있다.

정리 3.2.15. (수렴하는 급수의 기본 성질) 유클리드 공간 $\mathbb{E}^n$ 위의 수렴하는 두 급수 $\sum_{k=1}^{\infty}\mathbf{x}_k$ & $\sum_{k=1}^{\infty}\mathbf{y}_k$의 합을 각각 $\mathbf{s}, \mathbf{t} \in \mathbb{E}^n$라 하면 다음이 성립한다.

(a) $$\sum_{k=1}^{\infty}(\mathbf{x}_k + \mathbf{y}_k) = \mathbf{s} + \mathbf{t}$$

(b) $$\sum_{k=1}^{\infty}\lambda\mathbf{x}_k = \lambda\mathbf{s} \quad (\forall\, \lambda \in \mathbb{E}^1)$$

명제 3.2.6에 의하면 다음이 성립함을 알 수 있다.

명제 3.2.16. 유클리드 공간 $\mathbb{E}^n$ 위의 수렴하는 급수 $\sum_{k=1}^{\infty}\mathbf{x}_k$의 합을 $\mathbf{s} \in \mathbb{E}^n$라 두면 다음이 성립한다.

$$\sum_{k=1}^{\infty}\mathbf{x}_k = \mathbf{s} \iff \left[\sum_{k=1}^{\infty}x_k^i = s^i \quad (\forall\, i \in \mathbb{N}\cap[1,n])\right]$$

정의 3.2.17. 유클리드 공간 $\mathbb{E}^n$ 위의 점열 $(\mathbf{x}_k)_{k\geq 1}$가 주어질 때, 급수 $\sum_{k=1}^{\infty}\|\mathbf{x}_k\|_u$가 수렴하면 급수 $\sum_{k=1}^{\infty}\mathbf{x}_k$는 **절대수렴(absolutely convergence)**한다고 하고, 급수 $\sum_{k=1}^{\infty}\mathbf{x}_k$가 수렴하지만 급수 $\sum_{k=1}^{\infty}\|\mathbf{x}_k\|_u$가 발산하는 경우, 급수 $\sum_{k=1}^{\infty}\mathbf{x}_k$는 **조건수렴(conditionally convergence)**한다고 한다.

정리 3.2.18. $\mathbb{E}^n$ 위의 급수 $\sum_{k=1}^{\infty}\mathbf{x}_k$가 절대수렴하면 급수 $\sum_{k=1}^{\infty}\mathbf{x}_k$는 수렴한다.

[증명] 급수 $\sum_{k=1}^{\infty}\mathbf{x}_k$가 절대수렴하므로 실수열의 급수 $\sum_{k=1}^{\infty}\|\mathbf{x}_k\|_u$가 수렴한다. 따라서, 임의의 양수 $\epsilon > 0$을 정해두면, 조건

$$k \geq N \implies \sum_{j=k+1}^{k+m}\|\mathbf{x}_j\|_u < \epsilon \quad (\forall\, m \in \mathbb{N})$$

을 만족하는 자연수 $N \in \mathbb{N}$가 존재하고, 특히 '삼각부등식'에 의하여

$$k \geq N \implies \left\|\sum_{j=k+1}^{k+m}\mathbf{x}_j\right\|_u \leq \sum_{j=k+1}^{k+m}\|\mathbf{x}_j\|_u \quad (\forall\, m \in \mathbb{N})$$

가 성립한다. 따라서, '급수에 대한 코시의 수렴조건'에 의하여 급수 $\sum_{k=1}^{\infty}\mathbf{x}_k$는 수렴한다. □

정리 3.2.18의 역(逆)은 일반적으로 성립하지 않는다.

보기 3.2.19. $\boldsymbol{\epsilon}_1 = (1, 0, \cdots, 0) \in \mathbb{E}^n$에 대하여 급수 $\sum_{k=1}^{\infty}(-1)^k \frac{1}{k}\boldsymbol{\epsilon}_1$를 생각하면, 실수열의 급수 $\sum_{k=1}^{\infty}(-1)^k \frac{1}{k}$가 수렴하므로 명제 3.2.16의 관점에서 급수 $\sum_{k=1}^{\infty}(-1)^k \frac{1}{k}\boldsymbol{\epsilon}_1$은 수렴한다. 그러나 실수열의 급수 $\sum_{k=1}^{\infty} \frac{1}{k}$가 발산하므로 명제 3.2.16의 관점에서 급수 $\sum_{k=1}^{\infty}(-1)^k \frac{1}{k}\boldsymbol{\epsilon}_1$은 절대수렴할 수 없고, 특히 급수 $\sum_{k=1}^{\infty}(-1)^k \frac{1}{k}\boldsymbol{\epsilon}_1$은 조건수렴한다.

따름정리 3.2.20. (급수삼각부등식, series triangle inequality) $\mathbb{E}^n$ 위의 급수 $\sum_{k=1}^{\infty} \mathbf{x}_k$가 절대수렴하면 부등식

$$\left\| \sum_{k=1}^{\infty} \mathbf{x}_k \right\|_u \le \sum_{k=1}^{\infty} \|\mathbf{x}_k\|_u \tag{3.11}$$

가 성립한다.

[증명] 각 $m \in \mathbb{N}$에 대하여 $\mathbf{s}_m := \sum_{k=1}^{m} \mathbf{x}_k$라 놓으면, 정리 3.2.18에 의하여, 유클리드 공간 $\mathbb{E}^n$ 위의 점열 $(\mathbf{s}_m)_{m\ge1}$은 수렴하고

$$\lim_{m\to\infty} \mathbf{s}_m = \sum_{k=1}^{\infty} \mathbf{x}_k$$

이며, 특히 명제 3.2.10에 의하여

$$\lim_{m\to\infty} \|\mathbf{s}_m\|_u = \left\| \sum_{k=1}^{\infty} \mathbf{x}_k \right\|_u \tag{3.12}$$

이다. 한편, 급수 $\sum_{k=1}^{\infty} \mathbf{x}_k$가 절대수렴하므로 각 $m \in \mathbb{N}$에 대하여 부등식

$$\|\mathbf{s}_m\|_u \le \sum_{k=1}^{m} \|\mathbf{x}_k\|_u \le \sup_{n\in\mathbb{N}} \left(\sum_{k=1}^{n} \|\mathbf{x}_k\|_u \right) = \lim_{p\to\infty} \sum_{k=1}^{p} \|\mathbf{x}_k\|_u = \sum_{k=1}^{\infty} \|\mathbf{x}_k\|_u \tag{3.13}$$

가 성립하고,(6) 특히 (3.12) & (3.13)에 의하여 부등식 (3.11)을 얻는다. □

---

(6) (∵) 각 $j \in \mathbb{N}$에 대하여 $t_j := \sum_{k=1}^{j} \|\mathbf{x}_k\|_u$라 두면, 분명 $t_j \le t_{j+1}$이고, 또한 급수 $\sum_{k=1}^{\infty} \|\mathbf{x}_k\|_u$가 수렴하므로 수열 $(t_j)_{j\ge1} \subset \mathbb{E}^1$가 수렴하고, 특히 명제 3.2.4의 관점에서 $(t_j)_{j\ge1}$은 유계수열이다. 따라서 $(t_j)_{j\ge1}$가 유계인 단조증가수열이므로 '단조수렴정리'([1], p.121, 정리 4.3.3)에 의하여 $\lim_{p\to\infty} t_p = \sup\{t_j : j \in \mathbb{N}\}$가 성립하고, 특히

$$\sup_{n\in\mathbb{N}} \left(\sum_{k=1}^{n} \|\mathbf{x}_k\|_u \right) = \sup_{n\in\mathbb{N}} t_n = \lim_{p\to\infty} t_p = \lim_{p\to\infty} \sum_{k=1}^{p} \|\mathbf{x}_k\|_u$$

을 만족한다.

연습문제 3.2

1. 수렴하는 점열 $(\mathbf{x}_k)_{k\geq 1} \subset \mathbb{E}^n$의 극한이 유일함을 보여라.[69]

2. 집합 $A \subset \mathbb{E}^n$와 수렴하는 점열 $(\mathbf{x}_k)_{k\geq 1} \subset \mathbb{E}^n$가 주어질 때, 조건 $\mathbf{x}_k \in A\,(\forall k \geq k_0)$을 만족하는 자연수 $k_0 \in \mathbb{N}$가 존재하면 $\lim_{k\to\infty} \mathbf{x}_k \in \overline{A}$임을 보여라.[70]

3. 집합 $A \subset \mathbb{E}^n$에 대하여 다음이 성립함을 보여라.[71]

   (가) A가 닫힌집합일 때, 점열 $(\mathbf{x}_k)_{k\geq 1} \subset A$가 점 $x_0 \in \mathbb{E}^n$로 수렴하면 $\mathbf{x}_0 \in A$이다.

   (나) (가)에서 A가 닫힌집합'이라는 가정은 약화시킬 수 없다.

4. 정리 3.2.15을 증명하여라.[72]

5. 명제 3.2.16를 증명하여라.[73]

6. 집합 $K(\neq \varnothing) \subset \mathbb{E}^n$가 볼록이면 $\overline{K} \subset \mathbb{E}^n$ 역시 볼록임을 보여라.[74]

7. 닫힌 볼록집합 $K(\neq \varnothing) \subsetneq \mathbb{E}^n$가 주어질 때, $\mathbf{y} \in \partial K$이면 $\mathbf{y} \in P$인 K에 대한 받침 초평면 P가 존재함을 보여라.[75]

3.3 변환의 극한

집합 $D \subset \mathbb{E}^n$ 위에서 정의된 변환 $\mathbf{f}: D \longrightarrow \mathbb{E}^m$와 D의 집적점 $\mathbf{x}_0$ (즉, $\mathbf{x}_0 \in D'$)가 주어질 때, 점 $\mathbf{x}$가 D 내에서 $\mathbf{x}_0$에 한없이 가까워질 때 점 $\mathbf{f}(\mathbf{x})$의 변화의 추이를 관찰하자.

정의 3.3.1. 집합 $D \subset \mathbb{E}^n$ 위에서 정의된 변환 $\mathbf{f}: D \longrightarrow \mathbb{E}^m$와 점 $\mathbf{x}_0 \in D'$가 주어질 때, 임의의 $\epsilon > 0$에 대하여 조건

$$\lceil \mathbf{x} \in D \ \&\ 0 < \|\mathbf{x} - \mathbf{x}_0\|_u < \delta \rfloor \implies \|\mathbf{f}(\mathbf{x}) - \mathbf{y}\|_u < \epsilon \tag{3.14}$$

을 만족하는 양수 $\delta > 0$와 점 $\mathbf{y} \in \mathbb{E}^m$가 존재하면 **변환 f가 점 $\mathbf{x}_0$에서 극한 $\mathbf{y}$을 가진다**고 하고, 간단히

$$\lim_{\mathbf{x} \to \mathbf{x}_0} \mathbf{f}(\mathbf{x}) = \mathbf{y} \quad \text{또는} \quad \mathbf{f}(\mathbf{x}) \xrightarrow{\mathbf{x} \to \mathbf{x}_0} \mathbf{y} \tag{3.15}$$

로 나타낸다.([7])

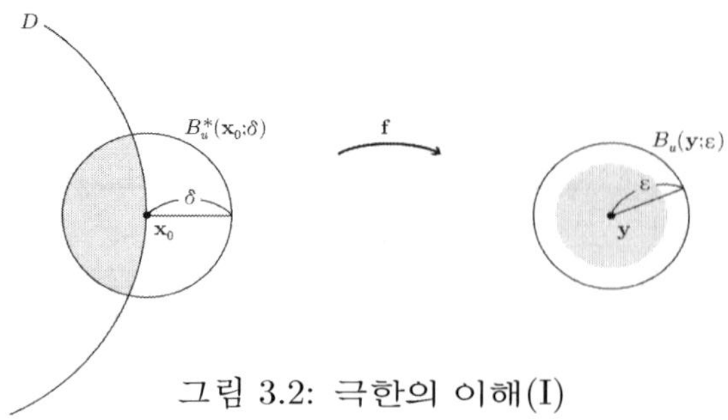

그림 3.2: 극한의 이해(I)

주의 3.3.2. 조건문 (3.14)를 생각할 때, 가정에서 조건 $0 < \|\mathbf{x} - \mathbf{x}_0\|_u < \delta$를 만족하는 점 $\mathbf{x} \in D$를 생각하면 되므로 변환의 한 점에서의 극한에 대한 개념 (또는 정의 3.3.1)을 다룰 때 변환 $\mathbf{f}(\mathbf{x})$가 점 $\mathbf{x} = \mathbf{x}_0$에서 정의되지 않아도 된다. 또한, 변환 $\mathbf{f}(\mathbf{x})$가 점 $\mathbf{x} = \mathbf{x}_0$에서 정의되는 경우 (즉, $\mathbf{x}_0 \in D$)에도 $f(\mathbf{x}_0)$와 $\mathbf{y}$가 같을 필요가 없음을 유념하자.

'점열극한정리'와 점열에 관한 결과들을 이용하면 함수의 극한이 유일함을 알 수 있다.

명제 3.3.3. (변환에 대한 극한의 유일성) 집합 $D \subset \mathbb{E}^n$ 위에서 정의된 변환 $\mathbf{f}: D \longrightarrow \mathbb{E}^m$가 점 $\mathbf{x}_0 \in D'$에서 극한을 가지면 그것은 유일하다.

[증명] 어떤 $\mathbf{y}, \mathbf{z} \in \mathbb{E}^m$에 대하여 $f(\mathbf{x}) \xrightarrow{\mathbf{x} \to \mathbf{x}_0} \mathbf{y}$ & $f(\mathbf{x}) \xrightarrow{\mathbf{x} \to \mathbf{x}_0} \mathbf{z}$임을 가정할 때, 임의의 양수 $\epsilon > 0$을 정해두면, 조건

$$\lceil \mathbf{x} \in D \ \&\ 0 < \|\mathbf{x} - \mathbf{x}_0\|_u < \delta \rfloor \implies \max\{\|\mathbf{f}(\mathbf{x}) - \mathbf{y}\|_u, \|\mathbf{f}(\mathbf{x}) - \mathbf{z}\|_u\} < \frac{\epsilon}{2}$$

([7]) 이때, 변환 $\mathbf{f}$의 정의역 D를 강조하기 위하여, 종종 (3.15) 대신에 각각

$$\lim_{D \ni \mathbf{x} \to \mathbf{x}_0} \mathbf{f}(\mathbf{x}) = \mathbf{y} \quad \& \quad \mathbf{f}(\mathbf{x}) \xrightarrow{D \ni \mathbf{x} \to \mathbf{x}_0} \mathbf{y}$$

로도 나타낸다. 그러나 문맥상 혼돈할 염려가 없거나 정의역에 대한 강조의 필요성이 없다면 보통은 (3.15)의 표현을 더 선호한다.

을 만족하는 양수 $\delta > 0$가 존재하고, 특히

$$\|\mathbf{y} - \mathbf{z}\|_u \leq \|\mathbf{f}(\mathbf{x}) - \mathbf{y}\|_u + \|\mathbf{f}(\mathbf{x}) - \mathbf{z}\|_u < \frac{\epsilon}{2} + \frac{\epsilon}{2} = \epsilon$$

이므로 '무한소원리I'에 의하여 $\|\mathbf{y} - \mathbf{z}\|_u \leq 0$ (즉, $\mathbf{y} = \mathbf{z}$)을 얻는다. □

변환의 극한에 대한 정의 (3.14)는 근방 개념을 이용하여 표현하면 다음과 같다.

정리 3.3.4. 집합 $D \subset \mathbb{E}^n$와 변환 $\mathbf{f} : D \longrightarrow \mathbb{E}^m$, 점 $\mathbf{x}_0 \in D'$, 그리고 점 $\mathbf{y} \in \mathbb{E}^m$에 대하여 다음은 서로 동치이다.

(a) $\mathbf{f}(\mathbf{x}) \xrightarrow{\mathbf{x} \to \mathbf{x}_0} \mathbf{y}$.

(b) 임의의 양수 $\epsilon > 0$에 대하여 조건 「$\mathbf{x} \in B_u^*(\mathbf{x}_0; \delta) \cap D \Longrightarrow \mathbf{f}(\mathbf{x}) \in B_u(\mathbf{y}; \epsilon)$」을 만족하는 양수 $\delta > 0$가 존재한다.

(c) 점 $\mathbf{y} \in \mathbb{E}^m$의 임의의 근방 $V \subset \mathbb{E}^m$에 대하여 조건 $\mathbf{f}(U \cap D) \subset V$를 만족하는 $\mathbf{x}_0$가 빠진 근방 $U \subset \mathbb{E}^n$가 존재한다.

다음 결과는 한 점에서 극한을 가지는 사상은 정의역에 포함되는 그 점의 어떤 근방 위에서 유계임을 알려준다.

명제 3.3.5. 변환 $\mathbf{f} : D(\subset \mathbb{E}^n) \longrightarrow \mathbb{E}^m$가 점 $\mathbf{x}_0 \in D'$에서 극한을 가지면 조건

$$\|\mathbf{f}(\mathbf{x})\|_u \leq M \quad (\forall \mathbf{x} \in D \cap B_u(\mathbf{x}_0; \delta))$$

을 만족하는 두 양수 $\delta > 0$ & $M > 0$가 존재한다.

[증명] 우선, $\mathbf{x}_0$에서 변환 $\mathbf{f}$의 극한을 $\mathbf{y} \in \mathbb{E}^n$라 두면, 정리 3.3.4에 의하여 조건

$$\mathbf{x} \in B_u^*(\mathbf{x}_0; \delta) \cap D \implies \|\mathbf{f}(\mathbf{x}) - \mathbf{y}\|_u < 1$$

을 만족하는 양수 $\delta > 0$를 선택할 수 있고, 특히 '삼각부등식'에 의하여

$$\|\mathbf{f}(\mathbf{x})\|_u \leq \|\mathbf{f}(\mathbf{x}) - \mathbf{y}\|_u + \|\mathbf{y}\|_u < 1 + \|\mathbf{y}\|_u \quad (\forall \mathbf{x} \in B_u^*(\mathbf{x}_0; \delta) \cap D)$$

가 성립한다. 따라서,

$$M := \begin{cases} \|\mathbf{y}\|_u + 1 & (\mathbf{x}_0 \notin D) \\ \max\{\|\mathbf{y}\|_u + 1, \|\mathbf{f}(\mathbf{x}_0)\|_u\} & (\mathbf{x}_0 \in D) \end{cases}$$

라 두면, $\|\mathbf{f}(\mathbf{x})\|_u \leq M$ $(\forall \mathbf{x} \in B_u(\mathbf{x}_0; \delta) \cap D)$을 얻는다. □

3.3.1 극한에 대한 수열판정법

변환의 극한과 점열 극한의 관계로써 '실수열의 수열극한정리'([1], p.140, 정리 5.1.6)에 대응하는 다음 결과가 성립한다.

정리 3.3.6. (점열극한정리) 집합 $D \subset \mathbb{E}^n$와 변환 $\mathbf{f} : D \longrightarrow \mathbb{E}^m$, 점 $\mathbf{x}_0 \in D'$, 그리고 점 $\mathbf{y} \in \mathbb{E}^m$에 대하여 다음 두 명제는 서로 동치이다.

(a) $\mathbf{f}(\mathbf{x}) \xrightarrow{\mathbf{x}\to\mathbf{x}_0} \mathbf{y}$ (b) $D \setminus \{\mathbf{x}_0\} \ni \mathbf{x}_k \xrightarrow{k\to\infty} \mathbf{x}_0 \implies \mathbf{f}(\mathbf{x}_k) \xrightarrow{k\to\infty} \mathbf{y}$

[증명] (a) $\Longrightarrow$ (b): 조건 $\mathbf{x}_k \xrightarrow{k\to\infty} \mathbf{x}_0$를 만족하는 점열 $(\mathbf{x}_k)_{k\ge1} \subset D \setminus \{\mathbf{x}_0\}$와 임의의 양수 $\epsilon > 0$을 정해두자. 이때, 가정에 의하여 $\mathbf{f}(\mathbf{x}) \xrightarrow{\mathbf{x}\to\mathbf{x}_0} \mathbf{y}$이므로 조건

$$\lceil \mathbf{x} \in D \ \& \ 0 < \|\mathbf{x} - \mathbf{x}_0\|_u < \delta \rfloor \implies \|\mathbf{f}(\mathbf{x}) - \mathbf{y}\|_u < \epsilon \tag{3.16}$$

을 만족하는 양수 $\delta > 0$를 택할 수 있고, 또한 $\mathbf{x}_k \xrightarrow{k\to\infty} \mathbf{x}_0$이므로

$$k \ge N \implies 0 < \|\mathbf{x}_k - \mathbf{x}_0\|_u < \delta \tag{3.17}$$

을 만족하는 자연수 $N \in \mathbb{N}$가 존재한다. 따라서, (3.16) & (3.17)에 의하여

$$k \ge N \implies \|\mathbf{f}(\mathbf{x}_k) - \mathbf{y}\|_u < \epsilon$$

이 성립한다. 그런데 ϵ은 임의의 양수이므로 점열 $(\mathbf{f}(\mathbf{x}_k))_{k\ge1} \subset \mathbb{E}^m$은 점 $\mathbf{y}$로 수렴한다.

(b)$\Longrightarrow$(a): 결론을 부정하여, $\lim_{\mathbf{x}\to\mathbf{x}_0} f(\mathbf{x}) \ne \mathbf{y}$을 가정하면 조건

$$\forall\, \delta > 0,\ \exists\, \mathbf{x}_\delta \in D \ : \ 0 < \|\mathbf{x}_\delta - \mathbf{x}_0\|_u < \delta \quad \& \quad \|\mathbf{f}(\mathbf{x}_\delta) - \mathbf{y}\|_u \ge \epsilon$$

을 만족하는 $\epsilon > 0$이 존재한다. 이때, 각 $k \in \mathbb{N}$에 대하여 $\mathbf{t}_k := \mathbf{x}_{1/k}$라 두면,

$$\begin{cases} \circ\ 0 < \|\mathbf{t}_k - \mathbf{x}_0\|_u = \|\mathbf{x}_{1/k} - \mathbf{x}_0\|_u < \frac{1}{k}\,; \\ \circ\ \|\mathbf{f}(\mathbf{t}_k) - \mathbf{y}\|_u = \|\mathbf{f}(\mathbf{x}_{1/k}) - \mathbf{y}\|_u \ge \epsilon \end{cases}$$

이며, 특히 전자에 의하여 $D \setminus \{\mathbf{x}_0\} \ni \mathbf{t}_k \xrightarrow{k\to\infty} \mathbf{x}_0$이고, 후자에 의하여 $\mathbf{f}(\mathbf{t}_k) \xrightarrow{k\to\infty}\!\!\!\!\!\!\!\not\ \ \ \ \mathbf{y}$이다. 그러나 이것은 (b)에 모순이다. □

따름정리 3.3.7. 집합 $D \subset \mathbb{E}^n$와 변환 $\mathbf{f} : D \longrightarrow \mathbb{E}^m$, 점 $\mathbf{x}_0 \in D'$, 그리고 점 $\mathbf{y} \in \mathbb{E}^m$에 대하여 다음 두 명제는 서로 동치이다.

(a) 변환 $\mathbf{f}$가 $\mathbf{x}_0$에서 극한을 가지지 않는다.

(b) 조건 $\mathbf{x}_k \xrightarrow{k\to\infty} \mathbf{x}_0$을 만족하지만 $(\mathbf{f}(\mathbf{x}_k))_{k\ge1}$가 수렴하지 않는 점열 $(\mathbf{x}_k)_{k\ge1} \subset D \setminus \{\mathbf{x}_0\}$이 존재한다.

집합 $D \subset \mathbb{E}^n$ 위에서 정의된 두 변환 $\mathbf{f}, \mathbf{g} : D \longrightarrow \mathbb{E}^m$이 주어질 때, 각 $\mathbf{x} \in D$에 대하여

$$(\mathbf{f} \cdot \mathbf{g})(\mathbf{x}) := \mathbf{f}(\mathbf{x}) \cdot \mathbf{g}(\mathbf{x}) \tag{3.18}$$

로 정의된 함수 $\mathbf{f} \cdot \mathbf{g} : D \longrightarrow \mathbb{E}^1$을 생각하면 다음이 성립한다.

정리 3.3.8. (변환의 극한에 대한 기본 성질) 변환 $\mathbf{f}, \mathbf{g} : D(\subset \mathbb{E}^n) \longrightarrow \mathbb{E}^m$가 모두 점 $\mathbf{x}_0 \in D'$에서 극한을 가질 때, $\mathbf{y} := \lim_{\mathbf{x}\to\mathbf{x}_0} \mathbf{f}(\mathbf{x})$ & $\mathbf{z} := \lim_{\mathbf{x}\to\mathbf{x}_0} \mathbf{g}(\mathbf{x})$라 두면 다음이 성립한다.

(a) $\lim_{\mathbf{x}\to\mathbf{x}_0} (\mathbf{f} \pm \mathbf{g})(\mathbf{x}) = \mathbf{y} \pm \mathbf{z}$ (복호동순) (b) $\lim_{\mathbf{x}\to\mathbf{x}_0} (\lambda\mathbf{f})(\mathbf{x}) = \lambda\mathbf{y}$ $(\forall\, \lambda \in \mathbb{E}^1)$

(c) $\lim_{\mathbf{x}\to\mathbf{x}_0} (\mathbf{f} \cdot \mathbf{g})(\mathbf{x}) = \mathbf{y} \cdot \mathbf{z}$

[증명] 조건 $\mathbf{x}_k \xrightarrow{k\to\infty} \mathbf{x}_0$를 만족하는 임의의 점열 $(\mathbf{x}_k)_{k\geq 1} \subset D \setminus \{\mathbf{x}_0\}$를 하나 정해두면, 가정에 의하여 $\mathbf{f}(\mathbf{x}) \xrightarrow{\mathbf{x}\to\mathbf{x}_0} \mathbf{y}$ & $\mathbf{g}(\mathbf{x}) \xrightarrow{\mathbf{x}\to\mathbf{x}_0} \mathbf{z}$이므로 '점열극한정리'에 의하여

$$\mathbf{f}(\mathbf{x}_k) \xrightarrow{k\to\infty} \mathbf{y} \quad \& \quad \mathbf{g}(\mathbf{x}_k) \xrightarrow{k\to\infty} \mathbf{z}$$

이다. 따라서, '수렴하는 점열의 기본 성질' (정리 3.2.5)에 의하여 다음이 성립한다.

(a) $(\mathbf{f} \pm \mathbf{g})(\mathbf{x}_k) = \mathbf{f}(\mathbf{x}_k) \pm \mathbf{g}(\mathbf{x}_k) \xrightarrow{k\to\infty} \mathbf{y} + \mathbf{z}$ (복호동순)이고,

(b) $\lambda \in \mathbb{E}^1$일 때 $(\lambda\mathbf{f})(\mathbf{x}_k) = \lambda\mathbf{f}(\mathbf{x}_k) \xrightarrow{k\to\infty} \lambda\mathbf{y}$이며,

(c) $(\mathbf{f} \cdot \mathbf{g})(\mathbf{x}_k) = \mathbf{f}(\mathbf{x}_k) \cdot \mathbf{g}(\mathbf{x}_k) \xrightarrow{k\to\infty} \mathbf{y} \cdot \mathbf{z}$이다.

이로써, '점열극한정리'의 관점에서, 바라는 결과가 성립함을 알 수 있다. □

3.3.2 직선을 따르는 변환의 극한

3.1.2에서 정의한 '선형변환의 성분'에 대한 개념을 일반화하여 '변환에 대한 성분'을 정의할 수 있다. 이를 위해, 집합 $D \subset \mathbb{E}^n$와 변환 $\mathbf{f} : D \longrightarrow \mathbb{E}^m$가 주어질 때, $f^j := \pi^j \circ \mathbf{f}$ $(\forall\, j \in \mathbb{N} \cap [1, m])$으로 나타내자. 그러면, (3.2)에서 이미 확인한 바와 같이, 벡터공간 $\mathbb{E}^m$에 대한 표준기저 $\{\mathbf{u}_1, \mathbf{u}_2, \cdots, \mathbf{u}_m\}$에 대하여 $\mathbf{y} = \sum_{j=1}^m \pi^j(\mathbf{y})\mathbf{u}_j$ $(\forall\, \mathbf{y} \in \mathbb{E}^m)$이므로

$$\mathbf{f}(\mathbf{x}) = \sum_{j=1}^m \pi^j(\mathbf{f}(\mathbf{x}))\mathbf{u}_j = \sum_{j=1}^m f^j(\mathbf{x})\mathbf{u}_j = (f^1(\mathbf{x}), f^2(\mathbf{x}), \cdots, f^m(\mathbf{x})) \quad (\forall\, \mathbf{x} \in D) \tag{3.19}$$

가 성립한다. 이런 맥락에서, 각 $j \in \mathbb{N} \cap [1, m]$에 대하여 f^j를 $\mathbb{E}^m$**의 표준기저에 관한 변환 f의** j**-번째 성분(**j**-th component)**이라 하고, 간단히

$$\mathbf{f} = (f^1, f^2, \cdots, f^m)$$

으로 나타낸다. 한편, (3.19)에 의하여

$$\mathbf{f}(\mathbf{x}) = \sum_{j=1}^m f^j(\mathbf{x})\mathbf{u}_j = \sum_{j=1}^m \boldsymbol{\kappa}^j(f^j(\mathbf{x})) = \sum_{j=1}^m (\boldsymbol{\kappa}^j \circ f^j)(\mathbf{x}) \quad (\forall\, \mathbf{x} \in D) \tag{3.20}$$

가 성립한다.

다음은 주어진 점열의 극한과 그 점열의 각 좌표(실수)열의 극한에 대한 관계를 보여준 명제 3.2.6와 유사한 결과가 변환과 그 성분 사이에도 성립함을 알려준다.

명제 3.3.9. 변환 $\mathbf{f} : D(\subset \mathbb{E}^n) \longrightarrow \mathbb{E}^m$, 점 $\mathbf{x}_0 \in D'$, 그리고 점 $\mathbf{y} \in \mathbb{E}^m$가 주어질 때, 다음이 성립한다.

$$\mathbf{f}(\mathbf{x}) \xrightarrow{\mathbf{x}\to\mathbf{x}_0} \mathbf{y} \iff \left[\, f^i(\mathbf{x}) \xrightarrow{\mathbf{x}\to\mathbf{x}_0} y^i \ (\forall\, i \in \mathbb{N} \cap [1,m]) \,\right]$$

[**증명**] ($\Longrightarrow$) 임의의 $i \in \mathbb{N} \cap [1,m]$와 양수 $\epsilon > 0$을 정해두면, $\mathbf{f}(\mathbf{x}) \xrightarrow{\mathbf{x}\to\mathbf{x}_0} \mathbf{y}$이므로 조건

$$\mathbf{x} \in B_u^*(\mathbf{x}_0;\delta) \cap D \implies \|\mathbf{f}(\mathbf{x}) - \mathbf{y}\|_u < \epsilon$$

을 만족하는 양수 $\delta > 0$가 존재하고, 특히 (3.19)에 의하여

$$\mathbf{x} \in B_u^*(\mathbf{x}_0;\delta) \cap D \implies |f^i(\mathbf{x}) - y^i| \le \|\mathbf{f}(\mathbf{x}) - \mathbf{y}\|_u < \epsilon$$

가 성립한다. 그런데 ϵ은 임의의 양수이므로 $f^i(\mathbf{x}) \xrightarrow{\mathbf{x}\to\mathbf{x}_0} y^i$를 얻는다.

($\Longleftarrow$) 임의의 $\epsilon > 0$을 정해두면, 각 $i \in \mathbb{N} \cap [1,m]$에 대하여 $f^i(\mathbf{x}) \xrightarrow{k\to\infty} y^i$이므로 조건

$$\mathbf{x} \in B_u^*(\mathbf{x}_0;\delta_i) \cap D \implies |f^i(\mathbf{x}) - y^i| < \frac{\epsilon}{m\sqrt{m}} \tag{3.21}$$

을 만족하는 양수 $\delta_i > 0$를 선택할 수 있다. 여기서, $\delta := \max\{\delta_i : i \in \mathbb{N} \cap [1,m]\}$라 두고 (3.19)와 연습문제 1.1.3, 그리고 (3.21)을 적용하면 다음이 성립한다.

$$\mathbf{x} \in B_u^*(\mathbf{x}_0;\delta) \cap D \implies \|\mathbf{f}(\mathbf{x}) - \mathbf{y}\|_u \le \sqrt{m}\sum_{i=1}^{m} |f^i(\mathbf{x}) - y^i| < \sqrt{m}\sum_{i=1}^{m} \frac{\epsilon}{m\sqrt{m}} = \epsilon.$$

그런데 ϵ은 임의의 양수이므로 $\mathbf{f}(\mathbf{x}) \xrightarrow{\mathbf{x}\to\mathbf{x}_0} \mathbf{y}$를 얻는다. □

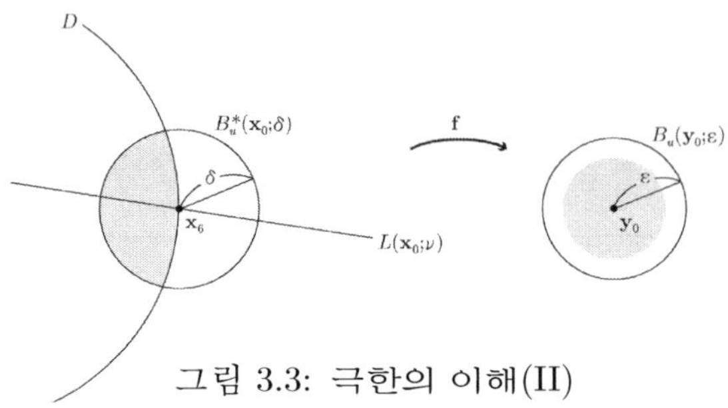

그림 3.3: 극한의 이해(II)

명제 3.3.10. 집합 $D \subset \mathbb{E}^n$에서 정의된 변환 $\mathbf{f} : D \longrightarrow \mathbb{E}^m$가 점 $\mathbf{x}_0 \in D'$에서 극한 $\mathbf{y} \in \mathbb{E}^n$을 가질 때, 조건 $\mathbf{x}_0 \in (L(\mathbf{x}_0;\mathbf{v}) \cap D)'$을 만족하는 벡터 $\mathbf{v} \in \mathbb{E}^n \setminus \{\mathbf{0}\}$에 대하여

$$\lim_{\mathbb{E}^1 \ni t \to 0} \mathbf{f}(\mathbf{x}_0 + t\mathbf{v}) = \mathbf{y}$$

가 성립한다.

[**증명**] 우선, 조건 $\mathbf{x}_0 \in (L(\mathbf{x}_0;\mathbf{v}) \cap D)'$을 만족하는 벡터 $\mathbf{v} \in \mathbb{E}^n \setminus \{\mathbf{0}\}$를 선택하고, 또한 $t_k \xrightarrow{k\to\infty} 0 \in \mathbb{E}^1$을 충족하는 임의의 실수열 $(t_k)_{k\ge1} \subset \mathbb{E}^1$을 정해두자. 그때,

$$\begin{cases} \circ\ (L(\mathbf{x}_0;\mathbf{v}) \cap D) \setminus \{\mathbf{x}_0\} \ni \mathbf{x}_0 + t_k\mathbf{v} \xrightarrow{k\to\infty} \mathbf{x}_0\,; \\ \circ\ \mathbf{f}(\mathbf{x}) \xrightarrow{D\ni\mathbf{x}\to\mathbf{x}_0} \mathbf{y} \end{cases}$$

이므로 점열 $(\mathbf{x}_0 + t_k\mathbf{v})_{k\geq 1} \subset D \setminus \{\mathbf{x}_0\}$에 '점열극한정리'를 적용하면 $\mathbf{f}(\mathbf{x}_0 + t_k\mathbf{v}) \xrightarrow{k\to\infty} \mathbf{y}$를 얻는다. 따라서 다시 '점열극한정리'의 관점에서 $\mathbf{f}(\mathbf{x}_0 + t\mathbf{v}) \xrightarrow{\mathbb{E}^1\ni t\to 0} \mathbf{y}$를 얻는다. □

주 의 3.3.11. 변환 $\mathbf{f}: D(\subset \mathbb{E}^n) \longrightarrow \mathbb{E}^m$가 점 $\mathbf{x}_0 \in D'$에서 극한 $\mathbf{y} \in \mathbb{E}^m$을 가질 때, 조건명제 (3.14)에서 $\mathbf{x}$의 조건 「$\mathbf{x} \in D\ \&\ 0 < \|\mathbf{x}-\mathbf{x}_0\|_u < \delta$」에 주목하면, 집합 $\mathbf{x} \in B_u^*(\mathbf{x}_0;\delta)\cap D$에 속하는 모든 점에 대하여 (3.14)의 마지막 부등식 $\|\mathbf{f}(\mathbf{x}) - \mathbf{y}\| < \epsilon$가 성립한다. 따라서, $\mathbf{x}_0$로 가까워지는 접근방법(예를 들어, $\mathbf{x}_0$를 지나는 직선이나 곡선)에 따라 주어진 변환의 극한이 변화된다면 결국 그 변환는 점 $\mathbf{x}_0$에서 극한을 가지지 않는다. 이런 관점에서, 명제 3.3.10의 결과는 주어진 변환이 특정한 점에서 극한을 가지지 않음을 보일 때 종종 유용하게 활용된다.

보기 3.3.12. 각 $(x,y) \in \mathbb{E}^2 \setminus \{\mathbf{0}\}$에 대하여

$$f(x,y) := \frac{x^2}{x^2+y^2}$$

로 정의된 함수 $f: \mathbb{E}^2 \setminus \{\mathbf{0}\} \longrightarrow \mathbb{E}^1$에 대하여

- $f(t\boldsymbol{\epsilon}_1) = f(\mathbf{0} + t\boldsymbol{\epsilon}_1) = f(t,0) = 1\,(\forall\, t \in \mathbb{E}^1 \setminus \{0\})$이므로 $f(t\boldsymbol{\epsilon}_1) \xrightarrow{\mathbb{E}^1\ni t\to 0} 1$이고,
- $f(t\boldsymbol{\epsilon}_2) = f(\mathbf{0} + t\boldsymbol{\epsilon}_2) = f(0,t) = 0\,(\forall\, t \in \mathbb{E}^1 \setminus \{0\})$이므로 $f(t\boldsymbol{\epsilon}_2) \xrightarrow{\mathbb{E}^1\ni t\to 0} 0$이다.

특히, 평면 $\mathbb{E}^2$ 위에서 좌표축을 따라 원점 $\mathbf{0} = (0,0)$에 접근할 때 함수 f의 극한(값)이 다르기 때문에 명제 3.3.10의 관점에서 함수 f는 원점에서 극한(값)을 가지지 않는다.

명제 3.3.10의 역(逆)이 성립하는지?묻는 것은 자연스럽지만 안타깝게도 이에 대한 답은 부정적이다.

보기 3.3.13. 각 $(x,y) \in \mathbb{E}^2 \setminus \{\mathbf{0}\}$에 대하여

$$f(x,y) := \frac{x^2y}{x^4+y^2}$$

로 정의된 함수 $f: \mathbb{E}^2 \setminus \{\mathbf{0}\} \longrightarrow \mathbb{E}^1$를 생각하면, $\mathbf{v} := (h,k) \in \mathbb{E}^2 \setminus \{\mathbf{0}\}$일 때

$$f(\mathbf{0} + t\mathbf{v}) = f(t\mathbf{v}) = f(th,tk) = \frac{th^2k}{t^2h^4+k^2} \quad (\forall\, t \in \mathbb{E}^1 \setminus \{0\})$$

이므로 $f(t\mathbf{v}) \xrightarrow{\mathbb{E}^1\ni t\to 0} 0$이다. 즉, $\lim_{\mathbb{E}^1\ni t\to 0} f(\mathbf{0} + t\mathbf{v}) = 0$이다. 그러나 곡선 $y = x^2$을 따라서 원점 $\mathbf{0} = (0,0)$에 접근하면

$$f(x,x^2) = \frac{x^4}{x^4+x^4} = \frac{1}{2} \quad (\forall\, x \in \mathbb{E}^1 \setminus \{0\})$$

이므로

$$\lim_{\mathbb{E}^1\ni x\to 0} f(x,x^2) = \frac{1}{2}$$

을 얻는다. 그러므로 함수 f는 원점 $\mathbf{0} = (0,0) \in \mathbb{E}^2$에서 극한(값)을 가지지 않는다.

변환에 극한에 관한 몇 가지 개념을 소개하고 이 소절을 맺고자 한다.

정의 3.3.14. (a) 非유계집합 $D \subset \mathbb{E}^n$ 위에서 정의된 변환 $\mathbf{f}: D \longrightarrow \mathbb{E}^m$이 주어질 때, 임의의 양수 $\epsilon > 0$에 대하여 조건

$$\lceil \mathbf{x} \in D \;\;\&\;\; \|\mathbf{x}\|_u > M \rfloor \implies \|\mathbf{f}(\mathbf{x}) - \mathbf{y}\|_u < \epsilon$$

을 만족하는 점 $\mathbf{y} \in \mathbb{E}^m$와 실수 $M > 1$가 존재하면 변환 $\mathbf{f}$는 ∞**에서 극한 $\mathbf{y}$를 가진다**고 말하고, 간단히

$$\lim_{D \ni \mathbf{x} \to \infty} \mathbf{f}(\mathbf{x}) = \mathbf{y} \quad \text{또는} \quad \mathbf{f}(\mathbf{x}) \xrightarrow{D \ni \mathbf{x} \to \infty} \mathbf{y}$$

로 나타낸다.([8])

(b) 집합 $D \subset \mathbb{E}^n$ 위에서 정의된 실숫값 함수 $f: D \longrightarrow \mathbb{E}^1$와 점 $\mathbf{x}_0 \in D'$가 주어질 때,

- 임의의 양수 $R > 1$에 대하여 조건

$$\left\lceil \mathbf{x} \in D \;\;\&\;\; 0 < \|\mathbf{x} - \mathbf{x}_0\|_u < \delta \right\rfloor \implies f(\mathbf{x}) > R$$

를 만족하는 양수 $\delta > 0$가 존재하면 함수 f가 점 $\mathbf{x}_0$에서 **양의 무한대로 발산한다**고 말하고, 간단히

$$\lim_{\mathbf{x} \to \mathbf{x}_0} f(\mathbf{x}) = \infty \quad \text{또는} \quad f(\mathbf{x}) \xrightarrow{\mathbf{x} \to \mathbf{x}_0} \infty$$

로 나타내며;

- 임의의 양수 $R > 1$에 대하여 조건

$$\left\lceil \mathbf{x} \in D \;\;\&\;\; 0 < \|\mathbf{x} - \mathbf{x}_0\|_u < \delta \right\rfloor \implies f(\mathbf{x}) < -R$$

를 만족하는 양수 $\delta > 0$가 존재하면 함수 f가 점 $\mathbf{x}_0$에서 **음의 무한대로 발산한다**고 말하고, 간단히

$$\lim_{\mathbf{x} \to \mathbf{x}_0} f(\mathbf{x}) = -\infty \quad \text{또는} \quad f(\mathbf{x}) \xrightarrow{\mathbf{x} \to \mathbf{x}_0} -\infty$$

로 나타낸다.

([8]) 단, "$\mathbf{x} \to \infty$"은 "$\|\mathbf{x}\|_u \to \infty$"을 의미한다.

연습문제 3.3

1. 각 $x \in \mathbb{E}^1$에 대하여 $f(x) := [x]$로 정의된 최대정수함수 $f : \mathbb{E}^1 \longrightarrow \mathbb{E}^1$를 생각할 때, 점 $x \in \{0, 1, \sqrt{3}\}$에서 함수 f의 극한(값)을 조사하여라.[76]

2. 다음에 주어진 함수 $f : \mathbb{E}^1 \setminus \{0\} \longrightarrow \mathbb{E}^1$에 대하여 원점 $0 \in \mathbb{E}^1$에서 극한(값)이 존재하면 구하여라.[77]

   (가) $\sin \dfrac{1}{x}$ (나) $x \sin \dfrac{1}{x}$ (다) $\dfrac{x}{|x|}$ (라) $\dfrac{|x|}{x}$

3. 각 $(x, y) \in \mathbb{E}^2$에 대하여 함수 $f : \mathbb{E}^2 \longrightarrow \mathbb{E}^1$을

$$f(x) = \begin{cases} \frac{2x-y^2}{2x+y^2} & ((x,y) \neq (0,0)) \\ 0 & ((x,y) \neq (0,0)) \end{cases}$$

   으로 정의할 때, 원점 $(0, 0)$에서 극한(값)이 존재하는지 조사하여라.[78]

4. 각 $(x, y) \in \mathbb{E}^2$에 대하여 함수 $f : \mathbb{E}^2 \longrightarrow \mathbb{E}^1$을

$$f(x) = \begin{cases} \frac{xy}{x^2+y^2} & ((x,y) \neq (0,0)) \\ 0 & ((x,y) \neq (0,0)) \end{cases}$$

   으로 정의할 때, 원점 $(0, 0)$에서 함수 f의 극한(값)이 존재하는지 조사하여라.[79]

5. 각 $(x, y) \in \mathbb{E}^2$에 대하여 함수 $f : \mathbb{E}^2 \longrightarrow \mathbb{E}^1$을

$$f(x) = \begin{cases} \frac{x+y^2}{2x+y} & ((x,y) \neq (0,0)) \\ 0 & ((x,y) \neq (0,0)) \end{cases}$$

   으로 정의할 때, 원점 $(0, 0)$에서 함수 f의 극한(값)이 존재하는지 조사하여라.[80]

6. 함수 $f : \mathbb{E}^2 \setminus \{(0,0)\} \longrightarrow \mathbb{E}^1$를 각 $(x, y) \in \mathbb{E}^2 \setminus \{(0,0)\}$에 대하여

$$f(x,y) = \frac{(y^2 - x)^2}{x^2 + y^4}$$

   로 정의할 때, 점 $\mathbf{x}_0 = (0, 0)$에서 극한(값)이 존재하는지 조사하여라.[81]

7. $\epsilon - \delta$논법을 이용하여, 정리 3.3.8가 성립함을 보여라.[82]

8. 사상 $\mathbf{f} : \mathbb{E}^2 \longrightarrow \mathbb{E}^2$를 각 $(x, y) \in \mathbb{E}^2$에 대하여

$$\mathbf{f}(x,y) = \begin{cases} (x/|x|, y) & (x \neq 0) \\ (1, y) & (x = 0) \end{cases}$$

   로 정의하면

$$\lim_{\mathbb{E}^2 \ni (x,y) \to (0,0)} \|\mathbf{f}(x,y)\|_u = 1$$

   이지만 함수 $\mathbf{f}(x, y)$는 점 $(0, 0)$에서 극한을 갖지 않음을 보여라.[83]

9. 집합 $D \subset \mathbb{E}^n$ 위에서 정의된 변환 $\mathbf{f} : D \longrightarrow \mathbb{E}^m$와 점 $\mathbf{x}_0 \in D'$, 그리고 점 $\mathbf{y} \in \mathbb{E}^m$가 주어질 때, 다음이 성립함을 보여라.[84]

   (가) $\mathbf{f}(\mathbf{x}) \xrightarrow{\mathbf{x}\to\mathbf{x}_0} \mathbf{y} \implies \|\mathbf{f}(\mathbf{x})\|_u \xrightarrow{\mathbf{x}\to\mathbf{x}_0} \|\mathbf{y}\|_u.$

   (나) $\mathbf{f}(\mathbf{x}) \xrightarrow{\mathbf{x}\to\mathbf{x}_0} \mathbf{0} \iff \|\mathbf{f}(\mathbf{x})\|_u \xrightarrow{\mathbf{x}\to\mathbf{x}_0} 0.$

   (다) (가)의 역(逆) "$\|\mathbf{f}(\mathbf{x})\|_u \xrightarrow{\mathbf{x}\to\mathbf{x}_0} \|\mathbf{y}\|_u \implies \mathbf{f}(\mathbf{x}) \xrightarrow{\mathbf{x}\to\mathbf{x}_0} \mathbf{y}$"은 거짓이다.

10. 함수 $f : D(\subset \mathbb{E}^n) \longrightarrow \mathbb{E}^1$와 점 $\mathbf{x}_0 \in D'$가 주어질 때, 다음이 성립함을 보여라.[85]

$$\lim_{D\ni\mathbf{x}\to\mathbf{x}_0} f(\mathbf{x}) = \infty \iff \begin{cases} \circ\ 1/f(\mathbf{x}) \xrightarrow{\mathbf{x}\to\mathbf{x}_0} 0\,; \\ \circ\ \exists\delta > 0\ :\ f(\mathbf{x}) > 0\ \ (\forall\,\mathbf{x} \in B_u^*(\mathbf{x}_0;\delta)). \end{cases}$$

3.4 연속사상

유클리드 공간 위에서 정의된 변환의 연속성에 대하여 살펴보기로 하자.

정의 3.4.1. **집합 $D \subset \mathbb{E}^n$와 변환 $\mathbf{f} : D \longrightarrow \mathbb{E}^m$, 그리고 점 $\mathbf{x}_0 \in D$에 대하여 조건**

$$\lim_{D \ni \mathbf{x} \to \mathbf{x}_0} \mathbf{f}(\mathbf{x}) = \mathbf{f}(\mathbf{x}_0) \quad \text{또는} \quad \mathbf{f}(\mathbf{x}) \xrightarrow{D \ni \mathbf{x} \to \mathbf{x}_0} \mathbf{f}(\mathbf{x}_0) \tag{3.22}$$

가 성립할 때, 변환 $\mathbf{f}$가 점 $\mathbf{x}_0$에서 연속(continuous at $\mathbf{x}_0$)이라 말한다. 또한, 변환 $\mathbf{f}$가 D의 각 점에서 연속일 때 변환 $\mathbf{f}$가 D(위)에서 연속(continuous on D)이라 말하고, 간단히 $\mathbf{f} \in \mathcal{C}(D, \mathbb{E}^m)$로 나타낸다.

한 점에서의 변환의 연속성을 $\epsilon - \delta$ 논법으로 나타내면 다음과 같다.

참고 3.4.2. 정의 3.4.1에서와 같은 기호를 사용할 때, (3.22)은 명제

$$\forall \epsilon > 0, \quad \exists \delta > 0 \ : \ \lceil \mathbf{x} \in D \ \& \ \|\mathbf{x} - \mathbf{x}_0\|_u < \delta \rfloor \implies \|\mathbf{f}(\mathbf{x}) - \mathbf{f}(\mathbf{x}_0)\|_u < \epsilon \tag{3.23}$$

와 동치이다.

보기 3.4.3. 임의의 상수변환과 항등변환은 모두 변환의 정의역 위에서 연속이다.

보기 3.4.4. 각 $(x, y) \in \mathbb{E}^2$에 대하여 $f(x, y) := (xy)^{\frac{1}{3}}$로 정의된 함수 $f : \mathbb{E}^2 \longrightarrow \mathbb{E}^1$은 원점에서 연속이다. 왜냐하면: 임의의 $x, y \in \mathbb{E}^1$에 대하여 $x^2 \pm 2xy + y^2 = (x \pm y)^2 \geq 0$(복호동순)이므로 $|xy| \leq \frac{1}{2}(x^2 + y^2)$이고, 특히 $|f(x, y)| = |xy|^{\frac{1}{3}} \leq 2^{-\frac{1}{3}}(x^2 + y^2)^{\frac{1}{3}}$이다. 따라서 $\epsilon > 0$일 때, $\delta := \sqrt{2\epsilon^3}$라 두면, $\delta > 0$이고, 또한

$$\lceil (x, y) \in \mathbb{E}^2 \ \& \ \|(x, y) - (0, 0)\|_u < \delta \rfloor \implies |f(x, y) - f(0, 0)| < \epsilon$$

이 성립한다.

'점열극한정리'(정리 3.3.6)를 이용하면 다음 결과를 유도할 수 있다.

정리 3.4.5. (변환의 연속성) 집합 $D \subset \mathbb{E}^n$와 변환 $\mathbf{f} : D \longrightarrow \mathbb{E}^m$, 그리고 점 $\mathbf{x}_0 \in D$에 대하여 다음은 서로 동치이다.

(a) 변환 $\mathbf{f}$는 점 $\mathbf{x}_0$에서 연속이다. 즉, $\mathbf{f}(\mathbf{x}) \xrightarrow{\mathbf{x} \to \mathbf{x}_0} \mathbf{f}(\mathbf{x}_0)$.

(b) 임의의 양수 $\epsilon > 0$에 대하여 조건 $\lceil \mathbf{x} \in B_u(\mathbf{x}_0; \delta) \cap D \implies \mathbf{f}(\mathbf{x}) \in B_u(\mathbf{f}(\mathbf{x}_0); \epsilon) \rfloor$을 만족하는 양수 $\delta > 0$가 존재한다.

(c) $(\mathbf{x}_n)_{n \geq 1} \subset D$일 때 $\lceil \mathbf{x}_n \xrightarrow{n \to \infty} \mathbf{x}_0 \implies \mathbf{f}(\mathbf{x}_n) \xrightarrow{n \to \infty} \mathbf{f}(\mathbf{x}_0) \rfloor$이다.

(d) 점 $\mathbf{f}(\mathbf{x}_0)$의 임의의 근방 V에 대하여 조건 $\mathbf{f}(U \cap D) \subset V$를 만족하는 점 $\mathbf{x}_0$의 근방 U가 존재한다.(9)

(9) $U \subset \mathbb{E}^n$가 열린집합일 때 집합 $U \cap D$를 D**에서의 상대적 열린집합(relatively open set in** D**)** 또는 간단히 D**에 대한 열린집합(open set relative to** D**)**이라 한다.

참고 **3.4.6.** 정리3.4.5에서 두 명제 (a) & (b)의 동치성을 종종 **'수열연속정리'(sequential continuity theorem)**라고 부른다.

따름정리 3.4.7. 집합 $D \subset \mathbb{E}^n$ 위에서 정의된 변환 $\mathbf{f} : D \longrightarrow \mathbb{E}^m$가 점 $\mathbf{x}_0 \in D$에서 연속이 아니기 위한 필요충분조건은 두 조건 $\mathbf{x}_n \xrightarrow{n\to\infty} \mathbf{x}_0$ & $\mathbf{f}(\mathbf{x}_n) \overset{n\to\infty}{\not\longrightarrow} \mathbf{f}(\mathbf{x})$를 만족하는 점열 $(\mathbf{x}_n)_{n\geq 1} \subset D$이 존재하는 것이다.

명제 3.4.8. (부호보존정리, sign-preserving theorem) 집합 $D \subset \mathbb{E}^n$ 위에서 정의된 함수 $f : D \longrightarrow \mathbb{E}^1$가 점 $\mathbf{x}_0 \in D$에서 연속일 때, 만일 $f(\mathbf{x}_0) \neq 0$이면 조건

$$|f(\mathbf{x})| > \frac{1}{2}|f(\mathbf{x}_0)| > 0 \quad (\forall\, \mathbf{x} \in B_u(\mathbf{x}_0;\delta) \cap D)$$

을 만족하는 양수 $\delta > 0$가 존재한다.

[증명] $f(\mathbf{x}_0) \neq 0$이므로 $\epsilon := \frac{1}{2}|f(\mathbf{x}_0)| > 0$이다. 그런데 함수 f가 점 $\mathbf{x}_0$에서 연속이므로 조건

$$\lceil \mathbf{x} \in D \ \&\ \|\mathbf{x} - \mathbf{x}_0\|_u < \delta \rfloor \implies |f(\mathbf{x}) - f(\mathbf{x}_0)| < \epsilon$$

만족하는 양수 $\delta > 0$를 택할 수 있고, 특히 '삼각부등식'에 의하여

$$|f(\mathbf{x})| \geq |f(\mathbf{x}_0)| - |f(\mathbf{x}) - f(\mathbf{x}_0)| > |f(\mathbf{x}_0)| - \epsilon = \epsilon > 0 \quad (\forall\, \mathbf{x} \in B_u(\mathbf{x}_0;\delta) \cap D)$$

이 성립한다. □

정리 3.4.9. (변환의 연속성에 대한 기본 성질) 집합 $D \subset \mathbb{E}^n$ 위에서 정의된 두 변환 $\mathbf{f}, \mathbf{g} : D \longrightarrow \mathbb{E}^m$가 모두 점 $\mathbf{x}_0 \in D$에서 연속일 때 다음이 성립한다.

(a) 두 변환 $\mathbf{f} + \mathbf{g}$, $\lambda\mathbf{f}$ (단, $\lambda \in \mathbb{E}^1$)와 함수 $\mathbf{f} \cdot \mathbf{g}$는 모두 점 $\mathbf{x}_0$에서 연속이다.

(b) $m = 1$인 경우, $g(\mathbf{x}_0) \neq 0$이면 두 함수 $1/g$ & f/g는 모두 점 $\mathbf{x}_0$에서 연속이다.

[증명] (a) 가정에 의하여 $\mathbf{f}(\mathbf{x}) \xrightarrow{\mathbf{x}\to\mathbf{x}_0} \mathbf{f}(\mathbf{x}_0)$ & $\mathbf{g}(\mathbf{x}) \xrightarrow{\mathbf{x}\to\mathbf{x}_0} \mathbf{g}(\mathbf{x}_0)$이므로 '변환의 극한에 대한 기본 성질'에 의하여

$$(\mathbf{f} + \mathbf{g})(\mathbf{x}) = \mathbf{f}(\mathbf{x}) + \mathbf{g}(\mathbf{x}) \xrightarrow{\mathbf{x}\to\mathbf{x}_0} \mathbf{f}(\mathbf{x}_0) + \mathbf{g}(\mathbf{x}_0) = (\mathbf{f} + \mathbf{g})(\mathbf{x}_0),$$
$$(\lambda\mathbf{f})(\mathbf{x}) = \lambda\mathbf{f}(\mathbf{x}) \xrightarrow{\mathbf{x}\to\mathbf{x}_0} \lambda\mathbf{f}(\mathbf{x}_0) = (\lambda\mathbf{f})(\mathbf{x}_0),$$
$$(\mathbf{f} \cdot \mathbf{g})(\mathbf{x}) = \mathbf{f}(\mathbf{x}) \cdot \mathbf{g}(\mathbf{x}) \xrightarrow{\mathbf{x}\to\mathbf{x}_0} \mathbf{f}(\mathbf{x}_0) \cdot \mathbf{g}(\mathbf{x}_0) = (\mathbf{f} \cdot \mathbf{g})(\mathbf{x}_0)$$

이므로 두 변환 $\mathbf{f} + \mathbf{g}$, $\lambda\mathbf{f}$와 함수 $\mathbf{f} \cdot \mathbf{g}$는 모두 점 $\mathbf{x}_0$에서 연속이다.

(b) 임의의 양수 $\epsilon > 0$을 정해두면, $g(\mathbf{x}_0) \neq 0$이므로 '부호보존정리'에 의하여 조건

$$|g(\mathbf{x})| > \frac{|g(\mathbf{x}_0)|}{2} > 0 \quad (\forall\, \mathbf{x} \in B_u(\mathbf{x}_0;\delta_1) \cap D)$$

을 만족하는 양수 $\delta_1 > 0$을 택할 수 있다. 또한, 함수 g가 $\mathbf{x}_0$에서 연속이므로 $g(\mathbf{x}) \xrightarrow{\mathbf{x}\to\mathbf{x}_0} g(\mathbf{x}_0)$이고, 특히 조건

$$|g(\mathbf{x}) - g(\mathbf{x}_0)| < \frac{|g(\mathbf{x}_0)|^2}{2}\epsilon \quad (\forall\, \mathbf{x} \in B_u(\mathbf{x}_0;\delta_2) \cap D)$$

을 만족하는 양수 $\delta_2 > 0$를 택할 수 있다. 여기서, $\delta := \min\{\delta_1, \delta_2\}$라 두면 다음이 성립한다.

$$\mathbf{x} \in B_u(\mathbf{x}_0;\delta) \cap D \implies \left|\frac{1}{g(\mathbf{x})} - \frac{1}{g(\mathbf{x}_0)}\right| = \frac{|g(\mathbf{x}) - g(\mathbf{x}_0)|}{|g(\mathbf{x})||g(\mathbf{x}_0)|} < \frac{\frac{|g(\mathbf{x}_0)|^2}{2}\epsilon}{\frac{|g(\mathbf{x}_0)|}{2}|g(\mathbf{x}_0)|} = \epsilon.$$

그런데 ϵ은 임의의 양수이므로 함수 $1/g$은 점 $\mathbf{x}_0$에서 연속이다. 한편, $\mathbf{x} \in B_u(\mathbf{x}_0;\delta) \cap D$일 때

$$\left(\frac{f}{g}\right)(\mathbf{x}) = \frac{f(\mathbf{x})}{g(\mathbf{x})} = f(\mathbf{x})\frac{1}{g(\mathbf{x})} = f(\mathbf{x})\frac{1}{g}(\mathbf{x})$$

이므로 두 함수 f & $1/g$의 연속성과 (가)에 의하여 함수 f/g도 점 $\mathbf{x}_0$에서 연속이다. □

정리 3.4.10. (합성변환의 연속성) 집합 $D \subset \mathbb{E}^n$에서 정의된 변환 $\mathbf{f} : D \longrightarrow \mathbb{E}^m$와 조건 $\mathbf{f}(D) \subset E$을 만족하는 집합 $E \subset \mathbb{E}^m$에서 정의된 변환 $\mathbf{g} : E \longrightarrow \mathbb{E}^p$가 주어질 때, 변환 $\mathbf{f}$와 $\mathbf{g}$가 각각 점 $\mathbf{x}_0 \in D$와 점 $\mathbf{f}(\mathbf{x}_0)$에서 연속이면 합성변환 $\mathbf{g} \circ \mathbf{f} : D \longrightarrow \mathbb{E}^p$는 점 $\mathbf{x}_0$에서 연속이다.

[증명] 임의의 양수 $\epsilon > 0$을 정해두면, 변환 $\mathbf{g}$가 점 $\mathbf{y}_0 := \mathbf{f}(\mathbf{x}_0) \in E$에서 연속이므로 조건

$$\lceil \mathbf{y} \in E \ \& \ \|\mathbf{y} - \mathbf{y}_0\|_u < \rho \rfloor \implies \|\mathbf{g}(\mathbf{y}) - \mathbf{g}(\mathbf{y}_0)\|_u < \epsilon \tag{3.24}$$

을 만족하는 양수 $\rho > 0$가 존재하고, 또한 변환 $\mathbf{f}$가 점 $\mathbf{x}_0$에서 연속이므로 조건

$$\lceil \mathbf{x} \in D \ \& \ \|\mathbf{x} - \mathbf{x}_0\|_u < \delta \rfloor \implies \|\mathbf{f}(\mathbf{x}) - \mathbf{f}(\mathbf{x}_0)\|_u < \rho \tag{3.25}$$

를 만족하는 양수 $\delta > 0$를 택할 수 있다. 따라서, (3.24) & (3.25)에 의하여

$$\lceil \mathbf{x} \in D \ \& \ \|\mathbf{x} - \mathbf{x}_0\|_u < \delta \rfloor \implies \|\mathbf{g}(\mathbf{f}(\mathbf{x})) - \mathbf{g}(\mathbf{f}(\mathbf{x}_0))\|_u < \epsilon$$

가 성립한다. 그런데 ϵ은 임의의 양수이므로 합성변환 $\mathbf{g} \circ \mathbf{f}$는 점 $\mathbf{x}_0$에서 연속이다. □

주어진 변환의 한 점에서의 연속성과 그 변환의 성분별 연속의 관계를 알려주는 다음 결과는 명제 3.3.9로부터 쉽게 얻을 수 있다.

정리 3.4.11. (변환의 연속성과 성분별 연속성) 변환 $\mathbf{f} = (f^1, f^2, \cdots, f^m) : D(\subset \mathbb{E}^n) \longrightarrow \mathbb{E}^m$가 한 점 $\mathbf{x}_0 \in D$에서 연속이기 위한 필요충분조건은 각 $i \in \mathbb{N} \cap [1, m]$에 대하여 함수 $f^i : D \longrightarrow \mathbb{E}^1$은 점 $\mathbf{x}_0$에서 연속인 것이다.

[증명] 정리 3.4.5 & 명제 3.3.9에 의하여

"변환 $\mathbf{f}$가 점 $\mathbf{x}_0$에서 연속이다."

$\iff \mathbf{f}(\mathbf{x}) \xrightarrow{\mathbf{x} \to \mathbf{x}_0} \mathbf{f}(\mathbf{x}_0)$

$\iff$ "각 $i \in \mathbb{N} \cap [1, m]$에 대하여 $f^i(\mathbf{x}) \xrightarrow{\mathbf{x} \to \mathbf{x}_0} f^i(\mathbf{x}_0)$이다."

$\iff$ "각 $i \in \mathbb{N} \cap [1, m]$에 대하여 함수 f^i는 점 $\mathbf{x}_0$에서 연속이다."

가 성립한다. □

유클리드 공간 $\mathbb{E}^n$ 내의 **곡선(curve)**은 어떤 유계닫힌구간 $[a,b] \subset \mathbb{E}^1$에서 공간 $\mathbb{E}^n$ 위로의 연속사상을 뜻하고,(10) 단사인 곡선을 **단순곡선(simple curve)**이라 부른다.

명제 3.4.12. 변환 $\mathbf{f} : B_u^*(\mathbf{x}_0; r)(\subset \mathbb{E}^n) \longrightarrow \mathbb{E}^m$가 점 $\mathbf{x}_0$에서 극한값 $\mathbf{y}_0 \in \mathbb{E}^m$를 가지면 조건 $\boldsymbol{\varphi}(0) = \mathbf{x}_0$을 만족하는 임의의 단순곡선 $\boldsymbol{\varphi} : [-1,1] \longrightarrow \mathbb{E}^n$에 대하여 $\mathbf{f}(\boldsymbol{\varphi}(t)) \xrightarrow{t\to 0} \mathbf{y}_0$가 성립한다.

[증명] 양수 $\epsilon > 0$을 정해두면, $\mathbf{f}(\mathbf{x}) \xrightarrow{\mathbf{x}\to\mathbf{x}_0} \mathbf{y}_0$이므로 조건

$$\|\mathbf{f}(\mathbf{x}) - \mathbf{y}_0\|_u < \epsilon \quad (\forall\, \mathbf{x} \in B_u^*(\mathbf{x}_0; \delta))$$

을 만족하는 양수 $\delta \in (0, r)$가 존재한다. 한편, 조건 $\boldsymbol{\varphi}(0) = \mathbf{x}_0$을 만족하는 임의의 단순곡선 $\boldsymbol{\varphi} : [-1,1] \longrightarrow \mathbb{E}^n$를 정해두면, 조건

$$0 < |t| < \eta \implies 0 < \|\boldsymbol{\varphi}(t) - \mathbf{x}_0\|_u = \|\boldsymbol{\varphi}(t) - \boldsymbol{\varphi}(0)\|_u < \delta$$

를 만족하는 양수 $\eta \in (0, 1]$를 택할 수 있고, 특히

$$0 < |t| < \eta \implies \|\mathbf{f}(\boldsymbol{\varphi}(t)) - \mathbf{y}_0\|_u < \epsilon$$

이 성립한다. 그런데 ϵ은 임의의 양수이므로 $\mathbf{f}(\boldsymbol{\varphi}(t)) \xrightarrow{t\to 0} \mathbf{y}_0$을 얻는다. □

참고 3.4.13. 명제3.4.12에서와 같은 기호를 사용할 때, 조건 $\boldsymbol{\varphi}(0) = \mathbf{x}_0$을 만족하고 사상 $(\mathbf{f} \circ \boldsymbol{\varphi})(t)$가 $t = 0$에서 극한값을 가지지 않는 단순곡선 $\boldsymbol{\varphi} : [-1,1] \longrightarrow \mathbb{E}^n$가 존재하면 사상 $\mathbf{f}$는 점 $\mathbf{x}_0$에서 극한을 가지지 않는다. 특히, 각 $j \in \{1, 2\}$에 대하여 조건

$$\begin{cases} \circ\ \boldsymbol{\varphi}_j(0) = \mathbf{x}_0\,; \\ \circ\ (\mathbf{f} \circ \boldsymbol{\varphi}_j)(t) \xrightarrow{t\to 0} \mathbf{b}_j \in \mathbb{E}^n \ \ (\text{단, } \mathbf{b}_1 \neq \mathbf{b}_2) \end{cases}$$

를 만족하는 단순곡선 $\boldsymbol{\varphi}_j : [-1,1] \longrightarrow \mathbb{E}^n$가 존재하면 사상 $\mathbf{f}$는 점 $\mathbf{x}_0$에서 극한을 가지지 않는다.

3.4.1 여러 가지 연속사상

이 소절에서 몇 가지 유용한 연속사상의 예를 살펴본다.

집합 $D \subset \mathbb{E}^n$ 위에서 정의된 변환 $\mathbf{f} : D \longrightarrow \mathbb{E}^m$에 대하여 조건

$$\|\mathbf{f}(\mathbf{x}) - \mathbf{f}(\mathbf{y})\|_u \le C\|\mathbf{x} - \mathbf{y}\|_u \quad (\forall\, \mathbf{x}, \mathbf{y} \in D) \tag{3.26}$$

을 만족하는 양수 $C > 0$가 존재하면 **f가 D 위에서 립쉬츠 조건을 만족한다(f satisfies a Lipschitz condition on D)**고 하고, 간단히 $\mathbf{f} \in \mathrm{Lip}(D, \mathbb{E}^m)$로 나타낸다.

도움정리 3.4.14. $D \subset \mathbb{E}^n$일 때 $\mathrm{Lip}(D, \mathbb{E}^m) \subset \mathcal{C}(D, \mathbb{E}^m)$이다.

(10) [참고] 주어진 곡선의 매개변수 구간 $[a,b] \subset \mathbb{E}^1$을 강조하기 위하여, 그 곡선을 종종 $[a,b]$ **위의 곡선**이라 부르기도 한다.

[증명] 변환 $\mathbf{f} \in \mathcal{C}(D, \mathbb{E}^m)$와 점 $\mathbf{x}_0 \in D$를 임의로 정해두고 양수 $\epsilon > 0$을 선택하자. 그때, $\mathbf{f} \in \mathcal{C}(D, \mathbb{E}^m)$이므로 조건 (3.26)을 충족하는 상수 $C > 0$가 존재하고, $\delta := \epsilon/C > 0$를 생각하면

$$\|\mathbf{f}(\mathbf{x}) - \mathbf{f}(\mathbf{x}_0)\|_u \leq C\|\mathbf{x} - \mathbf{x}_0\|_u < \epsilon \quad (\forall\, \mathbf{x} \in B_u(\mathbf{x}_0; \delta) \cap D)$$

가 성립하므로 변환 $\mathbf{f}$는 점 $\mathbf{x}_0$에서 연속이다. 그런데 $\mathbf{x}_0$는 D의 임의의 점이므로 $\mathbf{f} \in \mathcal{C}(D, \mathbb{E}^m)$이다. □

이어지는 결과는 유클리드 공간 위의 임의의 선형변환은 연속변환임을 알려준다.

명제 3.4.15. 다음과 같이 집합사이에 함의관계가 성립한다.

$$\mathscr{L}(\mathbb{E}^n, \mathbb{E}^m) \subset \mathrm{Lip}(\mathbb{E}^n, \mathbb{E}^m) \subset \mathcal{C}(\mathbb{E}^n, \mathbb{E}^m).$$

[증명] 임의의 변환 $\mathbf{L} \in \mathscr{L}(\mathbb{E}^n, \mathbb{E}^m)$을 정해두면, 도움정리 3.1.11에 의하여

$$\|\mathbf{L}(\mathbf{x})\|_u \leq C\|\mathbf{x}\|_u \quad (\forall\, \mathbf{x} \in \mathbb{E}^n)$$

을 만족하는 양수 $C > 0$를 택할 수 있다. 그런데 변환 $\mathbf{L}$의 선형성에 의하여 $\mathbf{L}(\mathbf{x}) - \mathbf{L}(\mathbf{y}) = \mathbf{L}(\mathbf{x} - \mathbf{y})\,(\forall\, \mathbf{x}, \mathbf{y} \in \mathbb{E}^n)$가 성립하므로 부등식

$$\|\mathbf{L}(\mathbf{x}) - \mathbf{L}(\mathbf{y})\|_u = \|\mathbf{L}(\mathbf{x} - \mathbf{y})\|_u \leq C\|\mathbf{x} - \mathbf{y}\|_u \quad (\forall\, \mathbf{x}, \mathbf{y} \in \mathbb{E}^n)$$

을 만족하고, 특히 $L \in \mathrm{Lip}(\mathbb{E}^n, \mathbb{E}^m)$이다. 따라서 도움정리 3.4.14에 의하여 $\mathbf{L} \in \mathcal{C}(\mathbb{E}^n, \mathbb{E}^m)$을 얻는다. □

보기 3.4.16. 각 $\mathbf{x} \in \mathbb{E}^n$에 대하여 함수 $\varphi : \mathbb{E}^n \longrightarrow \mathbb{E}^1$을 $\varphi(\mathbf{x}) := \|\mathbf{x}\|_u$로 정의할 때, '삼각부등식'에 의하여

$$|\varphi(\mathbf{x}) - \varphi(\mathbf{y})| = \big|\|\mathbf{x}\|_u - \|\mathbf{y}\|_u\big| \leq \|\mathbf{x} - \mathbf{y}\|_u \quad (\forall\, \mathbf{x}, \mathbf{y} \in \mathbb{E}^n)$$

가 성립하므로 $\varphi \in \mathrm{Lip}(\mathbb{E}^n, \mathbb{E}^1)$이고, 특히 함수 φ는 $\mathbb{E}^n$ 위에서 연속이다.

보기 3.4.17. 각 $(\mathbf{x}, \mathbf{y}) \in \mathbb{E}^n \times \mathbb{E}^n$에 대하여 함수 $S : \mathbb{E}^n \times \mathbb{E}^n \longrightarrow \mathbb{E}^1$를 $S(\mathbf{x}, \mathbf{y}) := \mathbf{x} \cdot \mathbf{y}$로 정의하면 함수 S는 $\mathbb{E}^n \times \mathbb{E}^n$ 위에서 연속이다.

[증명] 임의의 점 $(\mathbf{x}_0, \mathbf{y}_0) \in \mathbb{E}^n \times \mathbb{E}^n$과 양수 $\epsilon > 0$을 정해두고, 조건

$$0 < \delta < \min\big\{1,\ (1 + \|\mathbf{x}_0\|_u + \|\mathbf{y}_0\|_u)^{-1}\epsilon\big\}$$

을 만족하는 실수 $\delta \in \mathbb{E}^1$을 택하면, $(\mathbf{x}, \mathbf{y}) \in B_u((\mathbf{x}_0, \mathbf{y}_0); \delta)$일 때

$$\max\{\|\mathbf{x} - \mathbf{x}_0\|_u, \|\mathbf{y} - \mathbf{y}_0\|_u\} \leq \|(\mathbf{x}, \mathbf{y}) - (\mathbf{x}_0, \mathbf{y}_0)\|_u < \delta$$

이므로 '삼각부등식'과 '코시-슈바르츠 부등식'에 의하여

$$\begin{aligned}
\big|S(\mathbf{x}, \mathbf{y}) - S(\mathbf{x}_0, \mathbf{y}_0)\big| &= |(\mathbf{x} - \mathbf{x}_0) \cdot \mathbf{y} + \mathbf{x}_0 \cdot (\mathbf{y} - \mathbf{y}_0)| \\
&\leq \|\mathbf{x} - \mathbf{x}_0\|_u \|\mathbf{y}\|_u + \|\mathbf{x}_0\|_u \|\mathbf{y} - \mathbf{y}_0\|_u \\
&\leq \|\mathbf{x} - \mathbf{x}_0\|_u (\|\mathbf{y} - \mathbf{y}_0\|_u + \|\mathbf{y}_0\|_u) + \|\mathbf{x}_0\|_u \|\mathbf{y} - \mathbf{y}_0\|_u \\
&< \delta(1 + \|\mathbf{x}_0\|_u + \|\mathbf{y}_0\|_u) \leq \epsilon
\end{aligned}$$

이 성립한다. 따라서 함수 S는 $(\mathbf{x}_0, \mathbf{y}_0)$에서 연속이다. □

보기 3.4.18. 각 $(\mathbf{x}, \mathbf{y}) \in \mathbb{E}^n \times \mathbb{E}^n$에 대하여 변환 $\boldsymbol{\psi} : \mathbb{E}^n \times \mathbb{E}^n \longrightarrow \mathbb{E}^n$을 $\boldsymbol{\psi}(\mathbf{x}, \mathbf{y}) := \mathbf{x} + \mathbf{y}$으로 정의하면 변환 $\boldsymbol{\psi}$는 $\mathbb{E}^n \times \mathbb{E}^n$ 위에서 연속이다.

[증명] 각 $k \in \{1, 2\}$에 대하여 사영사상 $\boldsymbol{\pi}_k : \mathbb{E}^n \times \mathbb{E}^n \longrightarrow \mathbb{E}^n$은 선형변환이므로 명제 3.4.15에 의하여 연속사상이고, 또한 $\boldsymbol{\psi} = \boldsymbol{\pi}_1 + \boldsymbol{\pi}_2$이므로 정리 3.4.9에 의하여 $\boldsymbol{\psi}$도 역시 $\mathbb{E}^n \times \mathbb{E}^n$에서 연속이다. □

정리 3.4.9에 의하여 연속변환들의 유한합은 연속이므로 다음 결과를 얻는다.

명제 3.4.19. 각 $j \in \mathbb{N} \cap [1, p]$ (단, $p \in \mathbb{N}$)에 대하여 연속변환 $\mathbf{f}_j : D(\subset \mathbb{E}^n) \longrightarrow \mathbb{E}^m$가 주어질 때,

$$\mathbf{f}(\mathbf{x}) := \sum_{j=1}^{p} \mathbf{f}_j(\mathbf{x}) \quad (\forall\, \mathbf{x} \in D)$$

로 정의된 변환 $\mathbf{f} : D \longrightarrow \mathbb{E}^m$도 역시 D 위에서 연속이다.

정리 3.4.9에 의하여 연속함수들의 유한곱도 역시 연속이므로 다음 결과를 얻는다.

명제 3.4.20. 각 $j \in \mathbb{N} \cap [1, p]$ (단, $p \in \mathbb{N}$)에 대하여 연속함수 $f_j : D(\subset \mathbb{E}^n) \longrightarrow \mathbb{E}^1$가 주어질 때,

$$f(\mathbf{x}) := \prod_{j=1}^{p} f_j(\mathbf{x}) \equiv f_1(\mathbf{x}) f_2(\mathbf{x}) \cdots f_p(\mathbf{x}) \quad (\forall\, \mathbf{x} \in D)$$

로 정의된 함수 $f : D \longrightarrow \mathbb{E}^1$도 역시 D 위에서 연속이다.

명제 3.4.21. 각 $(t, \mathbf{x}) \in \mathbb{E}^1 \times \mathbb{E}^n$에 대하여 변환 $\mathbf{m} : \mathbb{E}^1 \times \mathbb{E}^n \longrightarrow \mathbb{E}^n$을 $\mathbf{m}(t, \mathbf{x}) := t\mathbf{x}$로 정의하면 변환 $\mathbf{m}$은 $\mathbb{E}^1 \times \mathbb{E}^n$ 위에서 연속이다.

[증명] 각 $j \in \mathbb{N} \cap [1, n+1]$에 대하여 함수 $\pi^j : \mathbb{E}^n \longrightarrow \mathbb{E}^1$ & $\tilde{\pi}^j : \mathbb{E}^{n+1} \longrightarrow \mathbb{E}^1$가 각각 j-번째 표준좌표함수라 하자 그때, 임의의 $i \in \mathbb{N} \cap [1, n]$에 대하여

$$(\pi^i \circ \mathbf{m})(t, \mathbf{x}) = \pi^i(t\mathbf{x}) = tx^i = \tilde{\pi}^1(t, \mathbf{x}) \tilde{\pi}^{i+1}(t, \mathbf{x}) \quad (\forall\, (t, \mathbf{x}) \in \mathbb{E}^1 \times \mathbb{E}^n)$$

가 성립하고, $\hat{\pi}^1$ & $\hat{\pi}^{i+1}$가 모두 연속이므로 명제 3.4.20에 의하여 $\pi^i \circ \mathbf{m} \in \mathcal{C}(\mathbb{E}^{n+1}, \mathbb{E}^1)$이다. 따라서 정리 3.4.11의 관점에서 변환 $\mathbf{m}$은 $\mathbb{E}^1 \times \mathbb{E}^n$ 위에서 연속이다. □

명제 3.4.22. 각 $t \in \mathbb{E}^1$에 대하여 $\mathbf{m}_t(\mathbf{x}) := t\mathbf{x}\, (\forall\, \mathbf{x} \in \mathbb{E}^m)$로 정의된 변환 $\mathbf{m}_t : \mathbb{E}^m \longrightarrow \mathbb{E}^m$는 $\mathbb{E}^m$ 위에서 연속이다.

[증명] $t \in \mathbb{E}^1$일 때 $\mathbf{m}_t \in \mathscr{L}(\mathbb{E}^m, \mathbb{E}^m)$이므로 명제 3.4.15에 의하여 $\mathbf{m}_t \in \mathcal{C}(\mathbb{E}^m, \mathbb{E}^m)$이다. □

따름정리 3.4.23. 집합 $D \subset \mathbb{E}^n$와 연속변환 $\mathbf{f} \in \mathcal{C}(D, \mathbb{E}^n)$가 주어질 때, 각 $t \in \mathbb{E}^1$에 대하여 $\mathbf{f}_t(\mathbf{x}) := t\mathbf{f}(\mathbf{x})$ $(\forall\, \mathbf{x} \in D)$로 정의된 변환 $\mathbf{f}_t : D \longrightarrow \mathbb{E}^n$는 D 위에서 연속이다.

[증명] 각 $t \in \mathbb{E}^1$에 대하여 $\mathbf{f}_t = \mathbf{m}_t \circ \mathbf{f}$이므로, 변환 $\mathbf{f}$의 연속성과 명제 3.4.22, 그리고 합성 변환의 연속성에 의하여, 변환 $\mathbf{f}_t$는 D 위에서 연속이다. □

정의 3.4.24. 유한집합 $\{c_{i,j} : i, j \in \mathbb{Z} \cap [0, n]\} \subset \mathbb{E}^1$ (단, $n \in \mathbb{N}$)에 대하여

$$P(x, y) := \sum_{i=0}^{n} \left(\sum_{k=0}^{i} c_{i-k,k} x^{i-k} y^k \right) \quad (\forall\, (x, y) \in \mathbb{E}^2)$$

로 정의된 함수 $P : \mathbb{E}^2 \longrightarrow \mathbb{E}^1$가 주어질 때, 조건 $c_{n-k,k} \neq 0$를 만족하는 $k \in \mathbb{Z} \cap [0, n]$가 존재하면 $P(x, y)$를 2**변수의** n**차 다항식**(n**-th degree polynomial of two variables**) 또는 $\mathbb{E}^2$ 위의 n**차 다항식**(n**-th degree polynomial in** $\mathbb{E}^2$)이라 한다.

정의 3.4.25. 2변수의 유리함수는 다항식들의 분수꼴로 정의된다. 즉, 차수를 가지는 어떤 2변수의 다항식 P & Q에 대하여

$$f(x, y) := \frac{P(x, y)}{Q(x, y)} \quad (\forall\, (x, y) \in \mathbb{E}^2 \setminus \mathcal{Z}(Q))$$

꼴로 정의된 함수 $f : \mathbb{E}^2 \setminus \mathcal{Z}(Q) \longrightarrow \mathbb{E}^1$를 2**변수의 유리함수**(**rational function**)라 한다.(11)

참고 3.4.26. 음이 아닌 정수 $n_1, n_2, \cdots, n_k \in \mathbb{Z}_{\geq 0}$ (단, $k \in \mathbb{N}$)가 주어질 때,

$$f(\mathbf{x}) := (x^1)^{n_1} (x^2)^{n_2} \cdots (x^k)^{n_k} = (\pi^1(\mathbf{x}))^{n_1} (\pi^2(\mathbf{x}))^{n_2} \cdots (\pi^k(\mathbf{x}))^{n_k} \quad (\forall\, \mathbf{x} \in \mathbb{E}^k) \tag{3.27}$$

로 정의하면 각 $j \in \{1, 2, \cdots, k\}$에 대하여 j번째 표준좌표함수 π^j가 $\mathbb{E}^k$ 위에서 연속이므로 명제 3.4.20의 관점에서 함수 $f : \mathbb{E}^k \longrightarrow \mathbb{E}^1$은 연속이고, 특히 모든 단항식은 항상 연속이다. 또한, 모든 상수함수도 연속이므로 명제 3.4.20의 관점에서 단항식의 상수배도 역시 연속이다. 따라서, 임의의 유한집합 $\{c_{n_1, \cdots, n_k} : n_j \in \mathbb{Z}_{\geq 0} \, (1 \leq j \leq k)\} \subset \mathbb{E}^1$에 대하여 다항식

$$\sum c_{n_1, \cdots, n_k} (x^1)^{n_1} (x^2)^{n_2} \cdots (x^k)^{n_k} \quad (\forall\, \mathbf{x} \in \mathbb{E}^k) \tag{3.28}$$

는 $\mathbb{E}^k$ 위에서 연속이다. 한편, (3.28)꼴로 정의된 두 개의 다항식 $P(\mathbf{x})$ & $Q(\mathbf{x})$에 대하여 $P(\mathbf{x})/Q(\mathbf{x})$로 정의된 유리함수도 열린집합 $\mathbb{E}^k \setminus \mathcal{Z}(Q)$ 위에서 연속이다.

정리 3.4.9를 적용하여 참고 3.4.26의 내용을 정리하면 다음과 같이 요약할 수 있다.

명제 3.4.27. (a) $\mathbb{E}^n$ 위의 모든 다항식은 유클리드 공간 $\mathbb{E}^n$ 위에서 연속이다.

(b) $\mathbb{E}^n$ 위의 서로소(12) 인 다항식 P & Q에 대하여

$$f(\mathbf{x}) := \frac{P(\mathbf{x})}{Q(\mathbf{x})} \quad (\forall\, \mathbf{x} \in \mathbb{E}^n \setminus \mathcal{Z}(Q))$$

로 정의된 유리함수 f는 열린집합 $\mathbb{E}^n \setminus \mathcal{Z}(Q)$ 위에서 연속이다.

---

(11) [정의] $\mathcal{Z}(Q) := \{(x, y) \in \mathbb{E}^2 : Q(x, y) = 0\}$.

(12) 다항식 P & Q가 **서로소**란 상수를 제외하고 어떠한 공통인수도 가지지 않는 경우를 의미한다.

3.4.2 연속사상의 위상적 성질

상수변환 $\mathbf{f} : \mathbb{E}^n \longrightarrow \mathbb{E}^m$은 $\mathbb{E}^n$ 위에서 연속이고 $\mathbf{f}(\mathbb{E}^n)$은 단집합이다. 그런데 $\mathbb{E}^m$의 모든 단집합은 닫힌집합이다. 이처럼, 연속변환에 의한 열린집합의 상은 일반적으로 열린집합이 아니다.

정의 3.4.28. 집합 $A, D \subset \mathbb{E}^n$에 대하여 다음과 같이 정의한다.

- 조건 $A = U \cap D$를 만족하는 열린집합 $U \subset \mathbb{E}^n$가 존재할 때 A를 D**에서 상대적 열린집합(relatively open in** D**)**이라 하고,
- 조건 $A = F \cap D$를 만족하는 닫힌집합 $F \subset \mathbb{E}^n$가 존재할 때 A를 D**에서 상대적 닫힌집합(relatively open in** D**)**이라 한다.

주의 3.4.29. 집합 $A \subset \mathbb{E}^n$가 집합 $D \subset \mathbb{E}^n$에서 상대적 열린집합이기 위한 필요충분조건은 집합 $D \setminus A$가 D에서 상대적 닫힌집합인 것이다.

정리 3.4.30. (위상적 연속성정리, topological continuity theorem) 집합 $D \subset \mathbb{E}^n$ 위에서 정의된 변환 $\mathbf{f} : D \longrightarrow \mathbb{E}^m$에 대하여 다음은 서로 동치이다.

(a) 변환 $\mathbf{f}$는 D 위에서 연속이다. 즉, $\mathbf{f} \in \mathcal{C}(D, \mathbb{E}^m)$.

(b) 임의의 열린집합 $G \subset \mathbb{E}^m$에 대하여 $\mathbf{f}^{-1}(G)$는 D에서 상대적 열린집합이다.

(c) 임의의 닫힌집합 $F \subset \mathbb{E}^m$에 대하여 $\mathbf{f}^{-1}(F)$는 D에서 상대적 닫힌집합이다.

[증명] (a) $\Longrightarrow$ (b): 임의의 열린집합 $G \subset \mathbb{E}^m$를 정해두면, 각 점 $\mathbf{x} \in \mathbf{f}^{-1}(G)$에 대하여 $\mathbf{f}(\mathbf{x}) \in G$이므로, 변환 $\mathbf{f}$의 연속성 (정리 3.4.5의 (d))에 의하여, 조건 $\mathbf{f}(U_\mathbf{x} \cap D) \subset G$를 만족하는 점 $\mathbf{x}$의 근방 $U_\mathbf{x} \subset \mathbb{E}^n$를 택할 수 있다. 여기서, $U := \bigcup_{\mathbf{x}\in\mathbf{f}^{-1}(G)} U_\mathbf{x}$라 두면, $U \subset \mathbb{E}^n$는 열린집합이고, 또한 $\mathbf{f}^{-1}(G) \subset U$를 만족한다. 덧붙여

$$\mathbf{f}^{-1}(G) \subset U \cap D = \bigcup_{\mathbf{x}\in\mathbf{f}^{-1}(G)} (U_\mathbf{x} \cap D) \subset \mathbf{f}^{-1}(G)$$

이므로 $\mathbf{f}^{-1}(G) = U \cap D$이고, 특히 $\mathbf{f}^{-1}(G)$는 D에서 상대적 열린집합이다.

(b) $\Longrightarrow$ (c): 임의의 닫힌집합 $F \subset \mathbb{E}^m$를 정해두면, $\mathbb{E}^m \setminus F$가 $\mathbb{E}^m$의 열린집합이므로, (b)에 의하여, $\mathbf{f}^{-1}(\mathbb{E}^m \setminus F)$는 D에서 상대적 열린집합이고, 특히 조건 $\mathbf{f}^{-1}(\mathbb{E}^m \setminus F) = D \cap U$를 만족하는 열린집합 $U \subset \mathbb{E}^n$가 존재한다. 그런데 연습문제 3.1.1의 (카)에 의하여 $\mathbf{f}^{-1}(\mathbb{E}^m \setminus F) = D \setminus \mathbf{f}^{-1}(F)$이므로 $D \setminus \mathbf{f}^{-1}(F) = D \cap U$이다. 따라서 $\mathbf{f}^{-1}(F) = D \cap (\mathbb{E}^n \setminus U)$이므로 $\mathbf{f}^{-1}(F)$는 D에서 상대적 닫힌집합이다.

(c) $\Longrightarrow$ (a): 임의의 점 $\mathbf{c} \in D$와 양수 $\epsilon > 0$을 정해두면, 보기 2.1.7의 (6)에 의하여 $F := \mathbb{E}^m \setminus B_u(\mathbf{f}(\mathbf{c}); \epsilon)$는 닫힌집합이고, 또한 연습문제 3.1.1의 (차)에 의하여 $\mathbf{f}^{-1}(F) = D \setminus \mathbf{f}^{-1}(B_u(\mathbf{f}(\mathbf{c}); \epsilon))$이므로, (c)에 의하여, $\mathbf{f}^{-1}(F)$는 D에서 상대적 닫힌집합이고, 특히 조건 $\mathbf{f}^{-1}(F) = D \cap K$를 만족하는 닫힌집합 $K \subset \mathbb{E}^n$가 존재한다. 따라서 $\mathbf{f}^{-1}(B_u(\mathbf{f}(\mathbf{c}); \epsilon)) =$

$D \cap K^c$이다. 더욱이, 점 $\mathbf{c}$가 열린집합 K^c의 원소이므로 조건 $B_u(\mathbf{c};\delta) \subset K^c$를 만족하는 양수 $\delta > 0$를 택할 수 있고, 특히

$$B_u(\mathbf{c};\delta) \cap D \subset K^c \cap D = \mathbf{f}^{-1}(B_u(\mathbf{f}(\mathbf{c});\epsilon))$$

이므로 $\mathbf{f}(D \cap B_u(\mathbf{c};\delta)) \subset B_u(\mathbf{f}(\mathbf{c});\epsilon)$가 성립한다. 결국 정리 3.4.5에 비추어 $\mathbf{f}$는 점 $\mathbf{c}$에서 연속이고, 또한 $\mathbf{c}$는 집합 D의 임의의 점이므로 변환 $\mathbf{f}$는 D에서 연속이다. □

다음은 집합의 연결성이 연속변환에 의하여 보존됨을 알려준다.

정리 3.4.31. (연결상정리, connected image theorem) 연속변환에 의한 연결집합의 상은 연결집합이다. 즉, 연결집합 $D \subset \mathbb{E}^m$ 위에서 정의된 연속변환 $\mathbf{f} : D \longrightarrow \mathbb{E}^m$의 상 $\mathbf{f}(D)$는 연결집합이다.

[**증명**] 결론을 부정하여, $\mathbf{f}(D)$가 非연결집합이라 가정하면, 조건

$$G \cap H \cap \mathbf{f}(D) = \varnothing, \quad \mathbf{f}(D) \subset G \cup H \quad \& \quad \mathbf{f}(D) \cap G \neq \varnothing \neq \mathbf{f}(D) \cap H$$

을 만족하는 집합 $\mathbf{f}(D)$의 한 분리 $\{G, H\}$가 존재하고, 다음이 성립한다.

- '위상적 연속성정리'에 의하여 $U := \mathbf{f}^{-1}(G)$ & $V := \mathbf{f}^{-1}(H)$은 모두 D에서 상대적 열린집합이고, 특히 조건 $U = U_1 \cap D$ & $V = V_1 \cap D$을 만족하는 열린집합 U_1, $V_1 \subset \mathbb{E}^n$이 존재한다.
- $\mathbf{f}^{-1}(G) = \mathbf{f}^{-1}(\mathbf{f}(D) \cap G)$ & $\mathbf{f}^{-1}(H) = \mathbf{f}^{-1}(\mathbf{f}(D) \cap H)$이므로 연습문제 3.1.1에 의하여

  $$U \cap V = \mathbf{f}^{-1}(G) \cap \mathbf{f}^{-1}(H) = \mathbf{f}^{-1}(\mathbf{f}(D) \cap G \cap H) = \varnothing$$

  이고, 특히 $U_1 \cap V_1 \cap D = U \cap V = \varnothing$이다.
- 또한, 연습문제 3.1.1에 의하여

  $$D = \mathbf{f}^{-1}(\mathbf{f}(D)) \subset \mathbf{f}^{-1}(G \cup H) = \mathbf{f}^{-1}(G) \cup \mathbf{f}^{-1}(H) = U \cup V \subset U_1 \cup V_1$$

  이다.
- $\mathbf{f}(D) \cap G \neq \varnothing$이므로 점 $\mathbf{y} \in \mathbf{f}(D) \cap G$를 택할 수 있고, 이때 조건 $\mathbf{y} = \mathbf{f}(\mathbf{x})$을 만족하는 점 $\mathbf{x} \in D \cap \mathbf{f}^{-1}(G) = D \cap U$가 존재하며, 특히 $D \cap U_1 = D \cap U \neq \varnothing$이다.
- $\mathbf{f}(D) \cap H \neq \varnothing$이므로 점 $\mathbf{s} \in \mathbf{f}(D) \cap H$를 택할 수 있고, 이때 조건 $\mathbf{s} = \mathbf{f}(\mathbf{t})$을 만족하는 점 $\mathbf{t} \in D \cap \mathbf{f}^{-1}(H) = D \cap V$가 존재하며, 특히 $D \cap V_1 = D \cap V \neq \varnothing$이다.

따라서 $\{U_1, V_1\}$은 집합 D의 분리이다. 그러나 이것은 D의 연결성에 모순이므로 $\mathbf{f}(D)$는 연결집합이다. □

정리 3.4.32. (사잇값정리, intermediate value theorem) 연결집합 $D \subset \mathbb{E}^n$와 '상수함수'가 아닌 연속함수 $f : D \longrightarrow \mathbb{E}^1$가 주어질 때, 임의의 $a, b \in f(D)$ (단, $a \neq b$)와 조건 $\min\{a, b\} < c < \max\{a, b\}$을 만족하는 임의의 $c \in \mathbb{E}^1$에 대하여 등식 $f(\mathbf{x}) = c$을 만족하는 점 $\mathbf{x} \in D$가 존재한다.

[증명] '연결상정리'에 의하여 $f(D)$가 $\mathbb{E}^1$에서 연결집합이다. 그런데 f는 D 위에서 상수함수가 아니므로, 따름정리 2.2.6의 관점에서, $f(D)$는 $\mathbb{E}^1$ 위의 한 구간이다. 따라서 $a, b \in f(D)$ (단, $a < b$)일 때 $[a, b] \subset f(D)$이고, 이로써 바라는 결과를 얻는다. □

정의 3.4.33. 집합 $D \subset \mathbb{E}^n$가 주어질 때, 다음과 같이 정의한다.

(a) $\mathbf{x}, \mathbf{y} \in D$일 때, 조건 $\mathbf{f}(0) = \mathbf{x}$ & $\mathbf{f}(1) = \mathbf{y}$을 만족하는 연속변환 $\mathbf{f} : [0,1] \longrightarrow D$가 존재하면 $\mathbf{f}$를 $\mathbf{x}$와 $\mathbf{y}$를 **연결하는 경로(path)** 또는 **곡선(curve)**라 한다.(13)

(b) 임의의 두 점 $\mathbf{x}, \mathbf{y} \in D$에 대하여 $\mathbf{x}$와 $\mathbf{y}$를 연결하는 경로가 존재하면 D를 **곡선연결집합** 또는 **경로연결집합(path connected)**이라 한다.

명제 3.4.34. 임의의 곡선연결집합은 항상 연결집합이다. 즉, 집합 $S \subset \mathbb{E}^n$가 곡선연결집합이면 S는 연결집합이다.

[증명] 연결되어 있지 않은 곡선연결집합 $S \subset \mathbb{E}^n$가 존재함을 가정하고, S의 분리 $\{U, V\}$를 하나 정해두자. 그러면 $S \cap U \neq \varnothing \neq S \cap V$이므로 두 점 $\mathbf{p} \in S \cap U$ & $\mathbf{q} \in S \cap V$를 택할 수 있다. 이때, S가 곡선연결이므로 $\mathbf{p}$와 $\mathbf{q}$를 연결하는 곡선 $\mathbf{f} : [0,1] \longrightarrow S$가 존재하며, 특히 따름정리 2.2.6와 정리 3.4.31에 의하여 $D := \mathbf{f}([0,1])$은 S의 연결부분집합이다. 또한, $\mathbf{p} \in D \cap U$ & $\mathbf{q} \in D \cap V$이므로 $D \cap U \neq \varnothing \neq D \cap V$이고, 덧붙여 $D \subset S \subset U \cup V$이므로 $\{U, V\}$는 집합 D의 분리이다. 그러나 이것은 D의 연결성에 모순이다. □

보기 3.4.35. 유클리드 공간 $\mathbb{E}^2$의 부분집합 $B_u(\mathbf{0}; 2) \setminus B_u(\mathbf{0}; 1)$은 곡선연결집합이므로 연결집합이다.

보기 3.4.36. 비어 있지 않은 볼록집합 $K \subset \mathbb{E}^n$가 주어질 때, 임의의 점 $\mathbf{x}, \mathbf{y} \in K$에 대하여

$$\mathbf{f}_{\mathbf{x},\mathbf{y}}(t) := \mathbf{x} + t(\mathbf{y} - \mathbf{x}) \quad (\forall t \in [0,1])$$

로 정의된 사상 $\mathbf{f}_{\mathbf{x},\mathbf{y}} : [0,1] \longrightarrow \mathbb{E}^n$은 연속이고, 또한 $\mathbf{f}_{\mathbf{x},\mathbf{y}}([0,1]) = [\![\mathbf{x}; \mathbf{y}]\!]_s \subset K$이므로 K는 곡선연결집합이다. 따라서 유클리드 공간 $\mathbb{E}^n$의 임의의 볼록집합은 곡선연결집합이다.

다음 결과는 연속변환에 의한 콤팩트집합의 상이 콤팩트집합임을 알려준다.

정리 3.4.37. (콤팩트상정리, compact image theorem) 집합 $D \subset \mathbb{E}^n$ 위에서 정의된 연속변환 $\mathbf{f} : D \longrightarrow \mathbb{E}^m$가 주어질 때, 임의의 콤팩트집합 $K \subset D$에 대하여 $\mathbf{f}(K)$은 $\mathbb{E}^m$의 콤팩트부분집합이다.

[증명] $\mathcal{F} = \{O_\alpha : \alpha \in \Lambda\}$가 $\mathbf{f}(K)$의 열린덮개라 하면 변환 $\mathbf{f}$가 연속이므로 $\{\mathbf{f}^{-1}(O_\alpha) : \alpha \in \Lambda\}$는 K의 열린덮개이다. 그러나 K가 콤팩트집합이므로 $K \subset \bigcup_{j=1}^{p} \mathbf{f}^{-1}(O_{\alpha_j})$을 만족하는 $\alpha_1, \alpha_2, \cdots, \alpha_p \in \Lambda$가 존재한다. 그러므로

$$\mathbf{f}(K) \subset \mathbf{f}\left(\bigcup_{j=1}^{p} \mathbf{f}^{-1}(O_{\alpha_j})\right) = \bigcup_{j=1}^{p} \mathbf{f}\left(\mathbf{f}^{-1}(O_{\alpha_j})\right) \subset \bigcup_{j=1}^{p} O_{\alpha_j}$$

가 성립한다. 따라서 $\mathbf{f}(K) \subset \mathbb{E}^m$는 콤팩트집합이다. □

---

(13) 집합 $\mathbf{f}([0,1])$을 사상 $\mathbf{f}$에 의해서 묘사된 집합 D 내의 곡선이라고도 한다.

정리 3.4.38. (최대최소정리, maximum-minimum theorem) 집합 $D \subset \mathbb{E}^n$ 위에서 정의된 연속함수 $f : D \longrightarrow \mathbb{E}^1$가 주어질 때, 콤팩트집합 $K \subset D$에 대하여 조건

$$f(\mathbf{x}_1) \leq f(\mathbf{x}) \leq f(\mathbf{x}_2) \quad (\forall\, \mathbf{x} \in K)$$

를 만족하는 점 $\mathbf{x}_1, \mathbf{x}_2 \in K$가 존재하고, 특히

$$f(\mathbf{x}_1) = \min_{\mathbf{x}\in K} f(\mathbf{x}) \quad \& \quad f(\mathbf{x}_2) = \max_{\mathbf{x}\in K} f(\mathbf{x})$$

가 성립한다.

[증명] 콤팩트집합 $K \subset D$를 하나 정해두면, '함수 f의 연속성'과 '콤팩트상정리'에 의하여 $f(K)$는 $\mathbb{E}^1$의 콤팩트부분집합이고, 또한 명제 2.3.7에 의하여 집합 $f(K)$는 최댓값과 최솟값을 가진다. 그러므로 요구된 결과를 얻는다. □

정의 3.4.39. 집합 $D \subset \mathbb{E}^n$ 위에서 정의된 변환 $\mathbf{f} : D \longrightarrow \mathbb{E}^m$가 주어질 때, 임의의 양수 $\epsilon > 0$에 대하여 조건

$$\ulcorner\, \mathbf{x}, \mathbf{y} \in D \;\&\; \|\mathbf{x} - \mathbf{y}\|_u < \delta \,\lrcorner \implies \|\mathbf{f}(\mathbf{x}) - \mathbf{f}(\mathbf{y})\|_u < \epsilon \tag{3.29}$$

을 만족하는 양수 $\delta > 0$가 존재하면, 변환 $\mathbf{f}$가 D**(위)에서 균등연속(uniformly continuous on** D**)**이라 말한다.

명제 3.4.40. 변환 $\mathbf{f} : D(\subset \mathbb{E}^n) \longrightarrow \mathbb{E}^m$에 대하여 다음이 성립한다.

(가) $\mathbf{f}$가 D 위에서 균등연속이면 $\mathbf{f}$는 D 위에서 연속이다 (즉, $\mathbf{f} \in \mathcal{C}(D, \mathbb{E}^m)$).

(나) $\mathbf{f} \in \mathrm{Lip}(D, \mathbb{E}^m)$이면 $\mathbf{f}$는 D 위에서 균등연속이다.

[증명] (가) 이것은 '균등연속'의 정의로부터 자명하다.
(나) $\mathbf{f} \in \mathrm{Lip}(D, \mathbb{E}^m)$일 때, 임의의 양수 $\epsilon > 0$을 정해두면, 조건

$$\|\mathbf{f}(\mathbf{x}) - \mathbf{f}(\mathbf{y})\|_u \leq C\|\mathbf{x} - \mathbf{y}\|_u \quad (\forall\, \mathbf{x}, \mathbf{y} \in D)$$

을 만족하는 상수 $C > 0$가 존재하고, 특히 $\delta := \epsilon/C$라 두면, 분명 $\delta > 0$이고

$$\ulcorner\, \mathbf{x}, \mathbf{y} \in D \;\&\; \|\mathbf{x} - \mathbf{y}\|_u < \delta \,\lrcorner \implies \|\mathbf{f}(\mathbf{x}) - \mathbf{f}(\mathbf{y})\|_u < C\delta = \epsilon$$

가 성립한다. 그러므로 변환 $\mathbf{f}$는 D 위에서 균등연속이다. □

정리 3.4.41. (하이네, Heine) 콤팩트집합 $K \subset \mathbb{E}^n$ 위에서 정의된 변환 $\mathbf{f} : K \longrightarrow \mathbb{E}^m$가 K 위에서 연속이기 위한 필요충분조건은 변환 $\mathbf{f}$가 K 위에서 균등연속인 것이다.

[증명] ($\Longleftarrow$) 이것은 명제 3.4.40의 결과이다.

($\Longrightarrow$) 임의의 양수 $\epsilon > 0$을 정해두면, 변환 $\mathbf{f}$가 집합 K 위에서 연속이므로 각 $\mathbf{x} \in K$에 대하여 조건

$$\ulcorner\, \mathbf{y} \in K \;\&\; \|\mathbf{y} - \mathbf{x}\|_u < \delta_{\mathbf{x}} \,\lrcorner \implies \|\mathbf{f}(\mathbf{x}) - \mathbf{f}(\mathbf{y})\|_u < \frac{\epsilon}{2} \tag{3.30}$$

을 만족하는 양수 $\delta_{\mathbf{x}} > 0$가 존재한다. 이때, 집합족 $\{B_u(\mathbf{x}; \delta_{\mathbf{x}}/2) : \mathbf{x} \in K\}$가 콤팩트집합 K의 열린덮개이므로 조건

$$K \subset \bigcup_{\mathbf{x} \in K_0} B_u(\mathbf{x}; \delta_{\mathbf{x}}/2)$$

을 만족하는 집합 $K_0 \subset_{\text{fnt}} K$를 택할 수 있고, 특히 $\delta := \min\left\{\frac{1}{2}\delta_{\mathbf{x}} : \mathbf{x} \in K_0\right\} > 0$이다. 이제, 조건 $\|\mathbf{s} - \mathbf{t}\|_u < \delta$을 만족하는 임의의 $\mathbf{s}, \mathbf{t} \in K$를 정해두자. 그때, 조건 $\mathbf{s} \in B_u\left(\mathbf{x}_0; \frac{1}{2}\delta_{\mathbf{x}_0}\right)$을 만족하는 $\mathbf{x}_0 \in K_0$가 존재하고, 특히 (3.30)에 의하여 $\|\mathbf{f}(\mathbf{s}) - \mathbf{f}(\mathbf{x}_0)\|_u < \frac{1}{2}\epsilon$이다. 또한, δ의 선택에 의하여

$$\|\mathbf{t} - \mathbf{x}_0\|_u \leq \|\mathbf{t} - \mathbf{s}\|_u + \|\mathbf{s} - \mathbf{x}_0\|_u < \delta + \frac{\delta_{\mathbf{x}_0}}{2} \leq \delta_{\mathbf{x}_0}$$

이므로 (3.30)에 의하여 $\|\mathbf{f}(\mathbf{t}) - \mathbf{f}(\mathbf{x}_0)\|_u < \frac{1}{2}\epsilon$이다. 그러므로

$$\|\mathbf{f}(\mathbf{s}) - \mathbf{f}(\mathbf{t})\|_u \leq \|\mathbf{f}(\mathbf{s}) - \mathbf{f}(\mathbf{x}_0)\|_u + \|\mathbf{f}(\mathbf{x}_0) - \mathbf{f}(\mathbf{t})\|_u < \frac{\epsilon}{2} + \frac{\epsilon}{2} = \epsilon$$

이 성립하고 따라서 변환 $\mathbf{f}$는 K 위에서 균등연속이다. □

연습문제 3.4

1. 함수 $f : \mathbb{E}^2 \longrightarrow \mathbb{E}^1$을

$$f(x, y) = \begin{cases} x\cos(1/y) & (y \neq 0) \\ 0 & (y = 0) \end{cases}$$

로 정의할 때, 함수 f가 연속인 점을 찾아라.[86]

2. 양수 $a > 0$가 주어질 때, 함수 $f : \mathbb{E}^1 \longrightarrow \mathbb{E}^1$를 $f(x) = |x|^a$로 정의하면 함수 f는 $x_0 = 0$에서 연속임을 보여라.[87]

3. 연속함수 $f : \mathbb{E}^n \longrightarrow \mathbb{E}^1$가 조건

$$\begin{cases} \circ\ f(\mathbf{x}) > 0\ \ (\forall\, \mathbf{x} \in \mathbb{E}^n \setminus \{\mathbf{0}\})\,; \\ \circ\ f(\lambda\mathbf{x}) = \lambda f(\mathbf{x})\ \ (\forall\, \mathbf{x} \in \mathbb{E}^n\ \ \&\ \ \lambda > 0) \end{cases}$$

을 만족할 때, 조건

$$m\|\mathbf{x}\|_u \leq f(\mathbf{x}) \leq M\|\mathbf{x}\|_u \quad (\forall\, \mathbf{x} \in \mathbb{E}^n)$$

을 만족하는 양수 $m > 0\ \&\ M > 0$이 존재함을 보여라.[88]

4. $\mathbb{E}^n$의 임의의 닫힌 부분집합 F와 점 $\mathbf{x} \in \mathbb{E}^n \setminus \{\mathbf{0}\}$에 대하여 집합 $\{t \in \mathbb{E}^1 : t\mathbf{x} \in F\}$는 $\mathbb{E}^1$의 닫힌 부분집합임을 보여라.[89]

5. $\mathbf{x}_0 \in \mathbb{E}^n$일 때, $f(\mathbf{x}) := \|\mathbf{x} - \mathbf{x}_0\|_u\ (\forall\, \mathbf{x} \in \mathbb{E}^n)$로 정의된 함수 $f : \mathbb{E}^n \longrightarrow \mathbb{E}^1$는 비어 있지 않은 임의의 닫힌집합 위에서 최솟값을 가짐을 보여라.[90]

6. 비어 있지 않은 집합 $A \subset \mathbb{E}^n$가 주어질 때,

$$d_A(\mathbf{x}) := \inf_{\mathbf{y} \in A} \|\mathbf{x} - \mathbf{y}\|_u \quad (\forall\, \mathbf{x} \in \mathbb{E}^n)$$

로 정의된 함수 $d_A : \mathbb{E}^n \longrightarrow \mathbb{E}^1$에 대하여 다음이 성립함을 보여라.[91]

(가) $d_A(\mathbf{x}) = 0 \iff \mathbf{x} \in \overline{A}$.

(나) $|d_A(\mathbf{x}_1) - d_A(\mathbf{x}_2)| \leq \|\mathbf{x}_1 - \mathbf{x}_2\|_u\ (\forall\, \mathbf{x}_1,\, \mathbf{x}_2 \in \mathbb{E}^n)$.

(다) 함수 d_A는 $\mathbb{E}^n$ 위에서 균등연속이다.

(라) A가 콤팩트집합이면, $c \geq 0$일 때 $\{\mathbf{x} \in \mathbb{E}^n : d_A(\mathbf{x}) \leq c\}$도 콤팩트집합이다.

7. 집합 $A, B \subset \mathbb{E}^n$에 대하여

$$\operatorname{dist}(A, B) := \inf\{\, \|\mathbf{x} - \mathbf{y}\|_u : \mathbf{x} \in A\ \ \&\ \ \mathbf{y} \in B\,\}$$

로 정의할 때, 다음이 성립함을 보여라.[92]

(가) 서로소인 닫힌집합 A와 콤팩트집합 B에 대하여 조건 $\operatorname{dist}(A, B) = \|\mathbf{a} - \mathbf{b}\|_u$을 만족하는 두 점 $\mathbf{a} \in A\ \&\ \mathbf{b} \in B$ (단, $\mathbf{a} \neq \mathbf{b}$)가 존재하고, 특히 $\operatorname{dist}(A, B) > 0$이다.

(나) 조건 $\mathrm{dist}(A, B) = 0$을 만족하는 서로소인 닫힌집합 A, B의 쌍이 존재한다.

8. 집합 $D \subset \mathbb{E}^n$ 위에서 정의된 변환 $\mathbf{f}: D \longrightarrow \mathbb{E}^m$가 한 점 $\mathbf{x}_0 \in D$에서 연속이면 조건

$$\|\mathbf{f}(\mathbf{x})\|_u \leq K \quad (\forall\, \mathbf{x} \in B_u(\mathbf{x}_0; \delta) \cap D)$$

을 만족하는 양수 $\delta > 0$ & $K > 0$가 존재함을 보여라.[93]

9. 집합 $D(\neq \varnothing) \subset \mathbb{E}^n$에 대하여 다음은 서로 동치임을 보여라.[94]

(가) D는 연결집합이다.

(나) 연속사상 $f: D \longrightarrow \{0, 1\}$가 주어지면 f는 '상수사상'이다.

10. 연속사상이 균등연속이 아닌 경우의 예를 들어라.[95]

11. 주어진 사상의 균등연속성은 정의역의 선택에 의존함을 보여라.[96]

12. 집합 $D \subset \mathbb{E}^n$ 위에서 균등연속인 변환 $\mathbf{f} : D \longrightarrow \mathbb{E}^m$가 주어질 때, 임의의 코시 열 $(\mathbf{x}_k)_{k\geq 1} \subset D$에 대하여 $(\mathbf{f}(\mathbf{x}_k))_{k\geq 1} \subset \mathbb{E}^m$도 코시 열임을 보여라.[97]

13. 집합 $D \subset \mathbb{E}^n$ 위에서 정의된 변환 $\mathbf{f} : D \longrightarrow \mathbb{E}^m$와 조건 $\mathbf{f}(D) \subset S$을 만족하는 집합 $S \subset \mathbb{E}^m$ 위에서 정의된 변환 $\mathbf{g} : S \longrightarrow \mathbb{E}^p$가 모두 균등연속일 때, 합성변환 $\mathbf{g} \circ \mathbf{f} : D \longrightarrow \mathbb{E}^p$가 D 위에서 균등연속임을 보여라.[98]

14. 집합 $D \subset \mathbb{E}^n$ 위에서 정의된 변환 $\mathbf{f}, \mathbf{g} : D \longrightarrow \mathbb{E}^m$가 모두 균등연속일 때, 다음 각 변환 역시 D 위에서 균등연속임을 보여라.[99]

(가) $\mathbf{f} \pm \mathbf{g}$

(나) $\lambda\mathbf{f}$ $(\forall\, \lambda \in \mathbb{E}^1)$

제 4 장

거리공간

유클리드 공간 $\mathbb{E}^n$의 속성 중 거리 개념은 점들 사이를 측정하는 방법을 제공한다. 거리공간은 두 점 사이의 거리를 측정하는 합리적인 방법을 제공하는 함수 $d : X \times X \longrightarrow \mathbb{E}^1$이 정의되는 집합 X을 뜻한다. 이와 관련된 표기법과 용어는 유클리드 공간 $\mathbb{E}^1, \mathbb{E}^2, \mathbb{E}^3$ 위에서 점들 사이에 익숙한 거리를 구현하기 위한 것이지만 이에 국한되지는 않는다.

4.1 거리공간

한 집합 위의 임의의 두 점 사이의 거리 개념을 공리화하고자 한다.

정의 4.1.1. 집합 X가 주어질 때, 조건

(d1) $d(x,y) \geq 0$ **(양부호성, positivity)**

(d2) $d(x,y) = 0 \iff x = y$ **(비퇴화성, nondegeneracy)**

(d3) $d(x,y) = d(y,x)$ **(대칭성, symmetry)**

(d4) $d(x,y) \leq d(x,z) + d(z,y)$ **(삼각부등식, triangle inequality)**

을 만족하는 함수 $d : X \times X \longrightarrow \mathbb{E}^1$를 X **위의 거리(distance, metric)**라 하고, 이렇게 어떤 거리 d가 정의된 집합 X 또는 그 순서짝 (X,d)를 **거리공간(metric space)**이라 한다.

보기 4.1.2. 각 $(x,y) \in \mathbb{E}^1 \times \mathbb{E}^1$에 대하여 $d(x,y) := |x-y|$로 정의된 함수 $d : \mathbb{E}^1 \times \mathbb{E}^1 \longrightarrow \mathbb{E}^1$는 $\mathbb{E}^1$ 위의 한 거리이고, 특히 $(\mathbb{E}^1, d)$은 거리공간이다.

'유클리드 노름의 기본 성질'에 의하여 다음이 성립한다. 다음은 곧바로 유도된다.

보기 4.1.3. 각 $(\mathbf{x},\mathbf{y}) \in \mathbb{E}^n \times \mathbb{E}^n$에 대하여 $d_u(\mathbf{x},\mathbf{y}) := \|\mathbf{x}-\mathbf{y}\|_u$로 정의된 함수 $d_u : \mathbb{E}^n \times \mathbb{E}^n \longrightarrow \mathbb{E}^1$는 $\mathbb{E}^n$ 위의 한 거리이다(명제 1.1.6 참고). 앞으로 이 거리 d_u를 $\mathbb{E}^n$ **위의 유클리드 거리(Euclidean distance on $\mathbb{E}^n$)**라 한다.

보기 4.1.4. 비어 있지 않은 집합 X가 주어질 때, 각 $(x,y) \in X \times X$에 대하여

$$d(x,y) := \begin{cases} 0 & (x = y) \\ 1 & (x \neq y) \end{cases} \tag{4.1}$$

로 정의된 함수 $d : X \times X \longrightarrow \mathbb{E}^1$은 X 위의 한 거리이다. 왜냐하면: 함수 d의 정의로부터 함수 d가 세 가지 성질 (d1), (d2), (d3)을 만족함은 분명하다. 이제, (d4)가 성립함을 보이기 위하여, 임의의 $x, y, z \in X$를 정해두면 다음이 성립한다.

- $x \neq z$일 때 $d(x,y) \leq 1 \leq 1 + d(z,y) = d(x,z) + d(z,y)$이고,
- $x = y = z$일 때 $d(x,y) = 0 = 0 + 0 = d(x,z) + d(z,y)$이며,
- $z = x \neq y$일 때 $d(x,y) = 1 = 0 + 1 = d(x,z) + d(z,y)$이다.

(4.1)에서와 같이 정의된 집합 X 위의 거리 d를 X **위의 자명한 거리(trivial distance)** 또는 **이산거리(discrete distance)**라 말한다.

보기 4.1.5. 거리공간 (X,d)와 부분집합 $Y \subset X$가 주어질 때, 각 $(x,y) \in Y \times Y$에 대하여

$$d_Y(x,y) := d(x,y)$$

로 정의된 함수 $d_Y : Y \times Y \longrightarrow \mathbb{E}^1$는 집합 Y 위의 한 거리이고, 이 거리를 d**에 의해 유도된** Y **위의 거리(distance induced on** Y **by** d**)**라 한다. 특히, (Y, d_Y)는 거리공간이다. 이 관점에서 유클리드 공간 $\mathbb{E}^n$의 비어 있지 않은 임의의 부분집합은 거리공간이다.

주의 4.1.6. 비어 있지 않은 임의의 집합은 어떠한 형태로든 거리를 도입할 수 있기 때문에 거리공간으로 간주할 수 있다.

정의 4.1.7. 거리공간 (X,d) 위의 점열 $(a_k)_{k\geq 1} \subset X$에 대하여 다음과 같이 정의한다.

(a) 임의의 양수 $\epsilon > 0$에 대하여 조건

$$k \geq N \implies d(a_k, a) < \epsilon$$

을 만족하는 자연수 $N \in \mathbb{N}$ & $a \in X$가 존재하면 점열 $(a_k)_{k\geq 1}$가 (점 a로) **수렴한다(convergent)**고 하고, a를 점열 $(a_k)_{k\geq 1}$의 **극한(limit)**이라 하며, 간단히

$$\lim_{k\to\infty} a_k = a \quad \text{또는} \quad a_k \xrightarrow{k\to\infty} a$$

으로 나타낸다. 한편, 수렴하지 않는 점열은 **발산한다(divergent)**고 말한다.

(b) 임의의 양수 $\epsilon > 0$에 대하여 조건

$$k, l \geq N \implies d(a_k, a_l) < \epsilon$$

을 만족하는 자연수 $N \in \mathbb{N}$가 존재할 때, 점열 $(a_k)_{k\geq 1}$를 **코시 열(Cauchy sequence)**이라 한다.

정리 4.1.8. (a) (극한의 유일성) 거리공간 위의 수렴하는 점열의 극한값은 유일하다.

(b) 거리공간 위의 수렴하는 점열은 코시 열이다.

[**증명**] (a) 거리공간 (X, d) 위의 점열 $(a_k)_{k\geq 1}$가 두 점 $a, b \in X$로 수렴함을 가정하고, 임의의 양수 $\epsilon > 0$을 정해두면, 조건 $d(a_k, a) < \frac{\epsilon}{2}$ $(\forall k \geq N_1)$와 $d(a_k, b) < \frac{\epsilon}{2}$ $(\forall k \geq N_2)$을 만족하는 자연수 $N_1, N_2 \in \mathbb{N}$를 택할 수 있다. 이때, $N := \max\{N_1, N_2\}$라 두면,

$$0 \leq d(a, b) \leq d(a, a_N) + d(a_N, b) < \epsilon$$

가 성립한다. 그런데 ϵ은 임의의 양수이므로 '무한소원리'에 의하여 $d(a, b) = 0$을 얻는다. 즉, $a = b$이다.

(b) 거리공간 (X, d) 위의 점열 $(a_k)_{k\geq 1}$가 점 $a \in X$로 수렴함을 가정하고, 임의의 양수 $\epsilon > 0$을 정해두면, 조건 $d(a_k, a) < \frac{\epsilon}{2}$ $(\forall k \geq N)$을 만족하는 자연수 $N \in \mathbb{N}$가 존재하고, 특히 '삼각부등식'에 의하여 $d(a_k, a_l) \leq d(a_k, a) + d(a, a_l) < \epsilon\, (\forall k, l \geq N)$이 성립한다. 그러므로 점열 $(a_k)_{k\geq 1} \subset X$는 코시 열이다. □

정의 4.1.9. 거리공간 (X, d) 위의 임의의 코시 열이 X 내의 한 점에 수렴하면 거리공간 (X, d)를 **완비(complete)**라 하고, 또는 (X, d)을 **완비거리공간(complete metric space)**이라 한다.

참고 4.1.10. 정리 3.2.9에 의하여 유클리드 거리공간 $(\mathbb{E}^n, d_u)$는 완비거리공간이다.

정의 4.1.11. 거리공간 (X, d)가 주어질 때, 다음과 같이 정의한다.

(a) 양수 $\delta > 0$와 점 $x_0 \in X$에 대하여

$$B_d(x_0; \delta) := \{x \in X : d(x, x_0) < \delta\}$$

로 정의된 집합을 **중심이 x_0이고 반지름이 δ인 d-구(d-ball)**라 한다.

(b) 집합 $U \subset X$가 조건

$$\forall x \in U, \quad \exists \delta > 0 \ : \ B_d(x; \delta) \subset U$$

을 만족할 때, U를 X 위의 **열린집합(open set)**이라 한다.

(c) X의 부분집합족

$$\mathscr{T}_d := \{U \in \mathcal{P}(X) : U\text{는 } X \text{ 위의 열린집합이다}\}$$

을 **거리 d에 의해서 유도된 X 위의 위상(topology induced by d)**이라 한다.

(d) 집합 $S \subset X$에 대하여 조건

$$d(x, y) \leq C \quad (\forall y \in S)$$

을 만족하는 양수 $C > 0$와 점 $x \in X$가 존재할 때, S는 **유계(bounded)**라 한다.

보기 4.1.12. 비어 있지 않은 집합 X 위의 자명한 거리 d가 주어질 때,

$$B_d(x;\delta) = \{x\} \quad (\forall\, x \in X \;\&\; \forall\, \delta \in (0,1))$$

이므로 $\mathscr{T}_d = \mathcal{P}(X)$이고, 이때 $\mathscr{T}_d$를 X**의 이산위상(discrete topology of X)**이라 하고, $(X, \mathscr{T}_d)$는 **이산위상공간(discrete topological space)**이라 부른다.

보기 4.1.13. $\mathbb{E}^n$ 위의 유클리드 거리 d_u에 의해 유도된 위상 $\mathscr{T}_{d_u}$을 **유클리드 위상(Euclidean Topology)**이라 하고, $(\mathbb{E}^n, \mathscr{T}_{d_u})$을 **유클리드 위상공간**이라 부른다.

정의 4.1.14. 집합 X 위에 두 개의 거리 d, ρ가 주어질 때, 조건

$$m\, d(x,y) \le \rho(x,y) \le M\, d(x,y) \quad (\forall\, (x,y) \in X \times X) \tag{4.2}$$

을 만족하는 두 양수 $m > 0$ & $M > 0$이 존재하면 거리 d와 ρ가 **동등(equivalent)하다**고 하고, 간단히 $d \sim \rho$로 나타낸다.

명제 4.1.15. 집합 X 위에 두 개의 거리 d, ρ에 대하여 다음이 성립한다.

$$d \sim \rho \implies \mathscr{T}_d = \mathscr{T}_\rho$$

[증명] (4.2)를 만족하는 두 양수 $m > 0$ & $M > 0$가 존재함을 가정하면 다음이 성립한다.

- 임의의 $U \in \mathscr{T}_\rho$을 정해두고, $x_0 \in U$라 하자. 그러면 조건 $B_\rho(x_0;\delta) \subset U$을 만족하는 양수 $\delta > 0$가 존재한다. 이때, (4.2)에 의하여 $\rho(x,y) \le M d(x,y)\,(\forall\,(x,y) \in X \times X)$이므로 $B_d(x_0;\frac{\delta}{M}) \subset B_\rho(x_0;\delta)$이고, 특히 $B_d(x_0;\frac{\delta}{M}) \subset U$이다. 그런데 x_0는 U의 임의의 점이므로 $U \in \mathscr{T}_d$가 성립한다. 따라서 $\mathscr{T}_\rho \subset \mathscr{T}_d$을 얻는다.

- 임의의 $V \in \mathscr{T}_d$를 정해두고, $t_0 \in V$라 하자. 그러면 $B_d(t_0;\delta) \subset V$을 만족하는 양수 $\delta > 0$가 존재한다. 이때, (4.2)에 의하여 $m\, d(x,y) \le \rho(x,y)\,(\forall\,(x,y) \in X \times X)$이므로 $B_\rho(t_0;m\delta) \subset B_d(t_0;\delta)$이고, 특히 $B_\rho(t_0;m\delta) \subset V$이다. 그런데 t_0는 V의 임의의 점이므로 $V \in \mathscr{T}_\rho$가 성립한다. 따라서 $\mathscr{T}_d \subset \mathscr{T}_\rho$을 얻는다. □

4.2 노름공간

실수의 절대값을 일반화한 개념에 대하여 살펴보기로 하자.

정의 4.2.1. 실수체 $\mathbb{E}^1$ 위에 벡터공간 V가 주어질 때, 임의의 벡터 $\mathbf{v}, \mathbf{w} \in V$와 스칼라 $\lambda \in \mathbb{E}^1$에 대하여 조건

(n1) $N(\mathbf{v}) \ge 0$ **(음이 아님, nonnegativity)**

(n2) $N(\mathbf{v}) = 0 \iff \mathbf{v} = \mathbf{0}$[1] **(양의 정부호성, positive definiteness)**

[1] 이때, $\mathbf{0}$는 벡터공간 V 위의 덧셈(연산)에 관한 항등원이다.

(n3) $N(\lambda\mathbf{v}) = |\lambda|N(\mathbf{v})$ **(절대동차성, absolute homogeneity)**

(n4) $N(\mathbf{v}+\mathbf{w}) \leq N(\mathbf{v}) + N(\mathbf{w})$ **(준가법성, subadditivity)**

을 만족하면[2] 실숫값 함수 $N : V \longrightarrow \mathbb{E}^1$를 벡터공간 V 위의 **노름(norm)**이라 하고 (V, N)을 **노름공간(normed space)**이라 한다.

정의 4.2.2. 실수체 $\mathbb{E}^1$ 위에 벡터공간 V가 주어질 때, 실숫값 함수 $p : V \longrightarrow \mathbb{E}^1$가 오직 노름함수의 세 가지 성질 (n1), (n3), (n4)만을 만족하는 경우, 실숫값 함수 $p : V \longrightarrow \mathbb{E}^1$[3] 를 벡터공간 V 위의 **반노름(semi norm)**[4] 이라 하고 (V, p)를 **반노름공간(semi normed space)**[5] 이라 한다.

보기 4.2.3. 각 $\mathbf{x} \in \mathbb{E}^3$에 대하여 $p(\mathbf{x}) := |x_1| + 3|x_2|$로 정의된 함수 $p : \mathbb{E}^3 \longrightarrow \mathbb{E}^1$을 유클리드 벡터공간 $\mathbb{E}^3$ 위의 반노름이지만 노름은 아니다. 왜냐하면: $\mathbf{x}, \mathbf{y} \in \mathbb{E}^3$ & $\lambda \in \mathbb{E}^1$일 때 $p(\mathbf{x}) \geq 0$이고, 또한

- $p(\lambda\mathbf{x}) = |\lambda x_1| + 3|\lambda x_2| = |\lambda|(|x_1| + 3|x_2|) = |\lambda|p(\mathbf{x})$이고,
- $p(\mathbf{x}+\mathbf{y}) = |x_1 + y_1| + 3|x_2 + y_2| \leq (|x_1| + 3|x_2|) + (|y_1| + 3|y_2|) = p(\mathbf{x}) + p(\mathbf{y})$이며,
- 각 $t \in \mathbb{E}^1$에 대하여 $p(0, 0, t) = 0$이고, 특히 $p(0, 0, 1) = 0$이다.

주의 4.2.4. 노름공간 (V, N)에 대하여 다음이 성립한다. 단, $\mathbf{0}_V$는 벡터공간 V의 덧셈 연산에 대한 항등원이다.

(가) 노름 N의 양의 정부호성 (n2)에서 의하여 $N(\mathbf{0}_V) = 0$이다.

(나) 노름 N의 절대동차성 (n3)과 준가법성 (n4)를 귀납적으로 반복하여 적용하면, 임의의 자연수 $m \in \mathbb{N}$에 대하여

$$N\left(\sum_{k=1}^{m} \lambda_k \mathbf{v}_k\right) \leq \sum_{k=1}^{m} |\lambda_k| N(\mathbf{v}_k) \quad (\forall\, \lambda_1, , \lambda_2, \cdots, \lambda_m \in \mathbb{E}^1 \;\&\; \forall\, \mathbf{v}_1, \mathbf{v}_2, \cdots, \mathbf{v}_m \in V)$$

가 성립함을 알 수 있다.

(다) 각 $\mathbf{v}, \mathbf{w} \in V$에 대하여 $d(\mathbf{v}, \mathbf{w}) := N(\mathbf{v} - \mathbf{w})$로 정의된 함수 $d : V \times V \longrightarrow \mathbb{E}^1$가 네 가지 조건 (d1), (d2), (d3), (d4)를 만족하므로 함수 d는 V 위의 거리이다.

보기 4.2.5. (상한노름) 각 $\mathbf{x} \in \mathbb{E}^n$에 대하여

$$\|\mathbf{x}\|_\infty := \max\{|x^i| : i = 1, 2, \cdots, n\}$$

---

[2] N의 준가법성 (n4)는 종종 **N에 대한 삼각부등식(triangle inequality)**이라 말한다.
[3] 즉, 함수 p는 음이 아니고, 절대동차적이며, 삼각부등식을 만족한다.
[4] 문헌에 따라 종종 **준노름** 또는 **유사노름(pseudo-norm)**이라 부르기도 한다.
[5] 문헌에 따라 종종 **준노름공간** 또는 **유사노름공간**이라 부르기도 한다.

로 정의된 함수 $\|\cdot\|_\infty : \mathbb{E}^n \longrightarrow \mathbb{E}^1$은 노름[6] 이므로, 주의 4.2.4의 (다)에 의하여,

$$d_\infty(\mathbf{x}, \mathbf{y}) := \|\mathbf{x} - \mathbf{y}\|_\infty \quad (\forall\, (\mathbf{x}, \mathbf{y}) \in \mathbb{E}^n \times \mathbb{E}^n)$$

로 정의된 함수 $d_\infty : \mathbb{E}^n \times \mathbb{E}^n \longrightarrow \mathbb{E}^1$은 $\mathbb{E}^n$ 위의 거리이고, 또한 $r > 0$일 때

$$B_{d_\infty}(\mathbf{0}; r) = \prod_{i=1}^{n}(-r, r) = \underbrace{(-r, r) \times \cdots \times (-r, r)}_{n\text{번}}$$

이므로 d_∞-구 $B_{d_\infty}(\mathbf{x}; r)$은 n차원 입방체이다.

보기 4.2.6. **(ℓ^1-노름)** 각 $\mathbf{x} \in \mathbb{E}^n$에 대하여

$$\|\mathbf{x}\|_1 := \sum_{k=1}^{n} |x^k|$$

로 정의된 함수 $\|\cdot\|_1 : \mathbb{E}^n \longrightarrow \mathbb{E}^1$은 노름[7] 이므로

$$d_1(\mathbf{x}, \mathbf{y}) = \|\mathbf{x} - \mathbf{y}\|_1 \quad (\forall\, (\mathbf{x}, \mathbf{y}) \in \mathbb{E}^n \times \mathbb{E}^n)$$

로 정의된 함수 $d_1 : \mathbb{E}^n \times \mathbb{E}^n \longrightarrow \mathbb{E}^1$은 $\mathbb{E}^n$ 위의 거리이고, 또한 $r > 0$일 때

$$B_{d_1}(\mathbf{x}; r) = \left\{ \mathbf{y} \in \mathbb{E}^n : \sum_{k=1}^{n} |y^k - x^k| < r \right\}$$

이므로 d_1-구 $B_{d_1}(\mathbf{x}; r)$은 볼록다면체이다.

정의 4.2.7. 노름공간 (V, N)의 부분집합 A에 대하여 조건 $\|x\| \leq C\,(\forall x \in A)$를 만족하는 양수 $C > 0$이 존재하면 A를 **유계집합(bounded set)** 또는 V의 **유계부분집합(bounded subset of V)**이라 한다.

정리 4.2.8. 유클리드 벡터공간 $\mathbb{E}^n$ 위의 노름 $N : \mathbb{E}^n \longrightarrow \mathbb{E}^1$에 대하여 조건

$$m\|\mathbf{x}\|_u \leq N(\mathbf{x}) \leq M\|\mathbf{x}\|_u \quad (\forall\, \mathbf{x} \in \mathbb{E}^n)$$

을 만족하는 양수 $m > 0$ & $M > 0$이 존재한다.

[증명] 각 $i \in \{1, 2, \cdots, n\}$에 대하여 $\boldsymbol{\epsilon}_k \neq \mathbf{0}$이므로, 노름의 양의 정부호성에 의하여,

$$M := n \max\{N(\boldsymbol{\epsilon}_i) : i = 1, 2, \cdots, n\} > 0$$

이다. 단, $\boldsymbol{\epsilon}_k\,(1 \leq k \leq n)$은 $\mathbb{E}^n$의 표준기저이다. 그때, 주의 4.2.4의 (나)를 적용하면, $\mathbf{x} \in \mathbb{E}^n$에 대하여

$$N(\mathbf{x}) = N\left(\sum_{i=1}^{n} x^i \boldsymbol{\epsilon}_i\right) \leq \sum_{i=1}^{n} |x^i| N(\boldsymbol{\epsilon}_i) \leq \frac{M}{n} \sum_{i=1}^{n} |x^i| \leq \frac{M}{n} \sum_{i=1}^{n} \|\mathbf{x}\|_u = M\|\mathbf{x}\|_u$$

---

(6) 유클리드 벡터공간 $\mathbb{E}^n$ 위의 노름 $\|\cdot\|_\infty$을 종종 **무한(대)노름(infinity norm)** 또는 **최대노름(maximum norm)**, **상한노름(supremum norm)** 등으로 말한다.

(7) 유클리드 벡터공간 $\mathbb{E}^n$ 위의 노름 $\|\cdot\|_1$을 종종 **택시 노름(Taxicab norm)** 또는 **맨허튼 노름(Manhattan norm)**, **ℓ^1-노름(ℓ^1-norm)**이라 말한다.

이고, 특히 N의 준가법성에 의하여

$$|N(\mathbf{x}) - N(\mathbf{y})| \le |N(\mathbf{x}-\mathbf{y})| = N(\mathbf{x}-\mathbf{y}) \le M\|\mathbf{x}-\mathbf{y}\|_u \quad (\forall\, \mathbf{x},\mathbf{y} \in \mathbb{E}^n)$$

이므로 $N \in \mathrm{Lip}(\mathbb{E}^n, \mathbb{E}^1)$이며, 이로써 도움정리 3.4.14에 의하여 함수 N은 $\mathbb{E}^n$ 위에서 연속이다. 그런데, 보기 2.3.12에서 확인한 바와 같이, 구면 $S_u(\mathbf{0};1)$가 $\mathbb{E}^n$의 콤팩트 부분집합이므로 '최대최소정리'에 의하여 $m := \min\{N(\mathbf{x}) : \mathbf{x} \in S_u(\mathbf{0};1)\} > 0$이고, 특히

$$m \le N\left(\frac{1}{\|\mathbf{x}\|_u}\mathbf{x}\right) = \frac{1}{\|\mathbf{x}\|_u} N(\mathbf{x}) \quad (\forall\, \mathbf{x} \in \mathbb{E}^n \setminus \{\mathbf{0}\})$$

이므로 $m\|\mathbf{x}\|_u \le N(\mathbf{x})\, (\forall\, \mathbf{x} \in \mathbb{E}^n)$가 성립한다. □

정리 4.2.8의 증명으로부터 다음이 성립한다.

따름정리 4.2.9. 공간 $\mathbb{E}^n$ 위의 모든 노름은 $\mathbb{E}^n$ 위에서 립쉬츠 조건을 만족하는 연속함수이다.

주의 4.2.4에서 살펴본 바와 같이, 임의의 노름 $N : \mathbb{E}^n \longrightarrow \mathbb{E}^1$에 대하여

$$d_N(\mathbf{x},\mathbf{y}) := N(\mathbf{x}-\mathbf{y}) \quad (\forall\, \mathbf{x},\mathbf{y} \in \mathbb{E}^n) \tag{4.3}$$

로 정의된 함수 $d_N : \mathbb{E}^n \times \mathbb{E}^n \longrightarrow \mathbb{E}^1$는 $\mathbb{E}^n$ 위의 거리이다. 앞으로, 이 거리 d_N을 **노름 N에 의해서 유도된 거리(induced distance by the norm N)**라 한다. 예로써, 유클리드 거리 d_u는 유클리드 노름 $\|\cdot\|_u$에 의하여 유도된 거리이다. 즉,

$$d_u = d_{\|\cdot\|_u}$$

이다. 또한, 정리 4.2.8에 의하여

$$m\, d_u(\mathbf{x},\mathbf{y}) \le d_N(\mathbf{x},\mathbf{y}) \le M\, d_u(\mathbf{x},\mathbf{y}) \quad (\forall\, \mathbf{x},\mathbf{y} \in \mathbb{E}^n) \tag{4.4}$$

이므로 명제 4.1.15의 관점에서 다음이 성립한다.

명제 4.2.10. 공간 $\mathbb{E}^n$ 위의 노름 N에 대하여 $\mathscr{T}_{d_u} = \mathscr{T}_{d_N}$가 성립한다. 즉, 유클리드 거리 d_u와 노름 N에 의해서 유도된 거리는 $\mathbb{E}^n$ 위의 동일한 위상을 유도한다.

유클리드 내적은 노름을 유도하고, 또한 그 노름은 $\mathbb{E}^n$ 위의 위상을 유도하기 때문에 유클리드 내적에 의해서 정의된 위상적 구조를 갖는 공간 $\mathbb{E}^n$을 보통 **유클리드 n-공간(Euclidean n-space)** 또는 **n-차원 유클리드 공간(n-dimensional Euclidean space)**이라 하고, 이 또한 간단히 **유클리드 공간** $\mathbb{E}^n$이라 한다.

이어지는 결과는 곱집합 $\mathbb{E}^n \times \mathbb{E}^m$을 유클리드 공간 $\mathbb{E}^{n+m}$으로 이해하는 것이 자연스러움을 암시한다.

명제 4.2.11. $\mathbb{E}^n \times \mathbb{E}^m$의 열린부분집합은 $\mathbb{E}^{n+m}$의 열린부분집합이고, 그 역(逆)도 성립한다.

[증명] 임의의 두 점 $(\mathbf{x}_0, \mathbf{y}_0), (\mathbf{x}, \mathbf{y}) \in \mathbb{E}^n \times \mathbb{E}^m$를 정해두면, (1.5)와 (1.6)에 의하여

$$\max\{ \|\mathbf{x} - \mathbf{x}_0\|_u, \|\mathbf{y} - \mathbf{y}_0\|_u \} \le \|(\mathbf{x}, \mathbf{y}) - (\mathbf{x}_0, \mathbf{y}_0)\|_{n,m} = \sqrt{\|\mathbf{x} - \mathbf{x}_0\|_u^2 + \|\mathbf{y} - \mathbf{y}_0\|_u^2} \quad (4.5)$$

이므로 다음이 성립한다.

- 양수 $\delta > 0$에 대하여

$$(\mathbf{x}, \mathbf{y}) \in B((\mathbf{x}_0, \mathbf{y}_0); \delta) \implies \mathbf{x} \in B_u(\mathbf{x}_0; \delta) \ \& \ \mathbf{y} \in B_u(\mathbf{y}_0; \delta)$$

  이므로 $B((\mathbf{x}_0, \mathbf{y}_0); \delta) \subset B_u(\mathbf{x}_0; \delta) \times B_u(\mathbf{y}_0; \delta)$이고,

- 두 양수 $r > 0 \ \& \ \rho > 0$에 대하여

$$(\mathbf{x}, \mathbf{y}) \in B_u(\mathbf{x}_0; r) \times B_u(\mathbf{y}_0; \rho) \implies (\mathbf{x}, \mathbf{y}) \in B\Big((\mathbf{x}_0, \mathbf{y}_0); \sqrt{r^2 + \rho^2}\Big)$$

  이므로 $B_u(\mathbf{x}_0; r) \times B_u(\mathbf{y}_0; \rho) \subset B\Big((\mathbf{x}_0, \mathbf{y}_0); \sqrt{r^2 + \rho^2}\Big)$이다.

이로써 바라는 결과가 성립한다. □

집합 $S \subset \mathbb{E}^n$가 조건 「$\mathbf{x} \in K \implies -\mathbf{x} \in K$」을 만족할 때, 집합 S는 **원점 0에 관하여 대칭(symmetric)**이라 말한다.

명제 4.2.12. $\mathbb{E}^n$ 위에 노름 N과 집합 $K := \{\mathbf{x} \in \mathbb{E}^n : N(\mathbf{x}) \le 1\}$에 대하여 다음이 성립한다.

(a) K는 콤팩트집합이다 (b) K는 볼록집합이다

(c) K는 원점 $\mathbf{0}$에 관하여 대칭이다 (d) 조건 $B_u(\mathbf{0}; \epsilon) \subset K$을 만족하는 $\epsilon > 0$이 존재한다

[증명] (a) 따름정리 4.2.9에 의하여 $N \in \mathcal{C}(\mathbb{E}^n, \mathbb{E}^1)$이고, 또한 $K = N^{-1}((-\infty, 1])$이므로 '위상적 연속성정리'에 의하여, K는 $\mathbb{E}^n$의 닫힌부분집합이다. 또한, 정리 4.2.8에 의하여 조건

$$m\|\mathbf{x}\|_u \le N(\mathbf{x}) \le M\|\mathbf{x}\|_u \quad (\forall\, \mathbf{x} \in \mathbb{E}^n)$$

을 만족하는 양수 $m > 0 \ \& \ M > 0$가 존재한다. 이때, $\mathbf{x} \in K$일 때 $m\|\mathbf{x}\|_u \le 1$이므로 $\|\mathbf{x}\| \le M\|\mathbf{x}\|_u \le \frac{M}{m}$이고, 특히 집합 K는 $\mathbb{E}^n$의 유계부분집합이다. 따라서 '하이네-보렐 정리'에 의하여 K는 $\mathbb{E}^n$의 콤팩트부분집합이다.

(b) 임의의 두 점 $\mathbf{x}_1, \mathbf{x}_2 \in K$와 실수 $t \in [0, 1]$에 대하여

$$N(t\mathbf{x}_1 + (1-t)\mathbf{x}_2) \le tN(\mathbf{x}_1) + (1-t)N(\mathbf{x}_2) \le t + (1-t) = 1$$

이므로 $t\mathbf{x}_1 + (1-t)\mathbf{x}_2 \in K$이다.

(c) $\mathbf{x} \in K$일 때 $N(-\mathbf{x}) = N(\mathbf{x}) \le 1$이므로 $-\mathbf{x} \in K$이다.

(d) $\delta \in (0, 1)$일 때 $B_{d_N}(\mathbf{0}; \delta) \subset K$이고, 또한 (4.4)에 의하여 $B_u(\mathbf{0}; \frac{\delta}{M}) \subset B_d(\mathbf{0}; \delta)$이며, 특히 $B_u(\mathbf{0}; \frac{\delta}{M}) \subset K$가 성립한다. □

다음 결과는 명제 4.2.12의 역(逆)이 성립함을 알려준다.

정리 4.2.13. 명제 4.2.12의 네 가지 조건 (a),(b),(c),(d)를 만족하는 집합 $K \subset \mathbb{E}^n$가 주어질 때, 조건 $K = \{\mathbf{x} \in \mathbb{E}^n : N(\mathbf{x}) \le 1\}$을 만족하는 노름 $N : \mathbb{E}^n \longrightarrow \mathbb{E}^1$이 존재한다.

[증명] (d)에 의하여 조건 「$||\mathbf{y}||_u \le r_1 \implies \mathbf{y} \in K$」을 만족하는 양수 $r_1 > 0$이 존재하고, 또한 (a)와 명제 2.3.8 (또는 '하이네-보렐 정리')에 의하여 K가 유계집합이므로 조건 「$||\mathbf{y}||_u > r_2 \implies \mathbf{y} \notin K$」을 만족하는 양수 $r_2 > 0$가 존재한다. 이때, 임의의 점 $\mathbf{x} \in \mathbb{E}^n \setminus \{\mathbf{0}\}$에 대하여

$$\left[|t| \le \frac{r_1}{||\mathbf{x}||_u} \implies t\mathbf{x} \in K \right] \quad \& \quad \left[|t| > \frac{r_2}{||\mathbf{x}||_u} \implies t\mathbf{x} \notin K \right]$$

이므로, $S_\mathbf{x} := \{t \in \mathbb{E}^1 : t\mathbf{x} \in K\}$라 두면, $\left[-\frac{r_1}{||\mathbf{x}||_u}, \frac{r_1}{||\mathbf{x}||_u}\right] \subset S_\mathbf{x}$이고, 또한 $\frac{r_2}{||\mathbf{x}||_u} \in \mathbb{E}^1$는 집

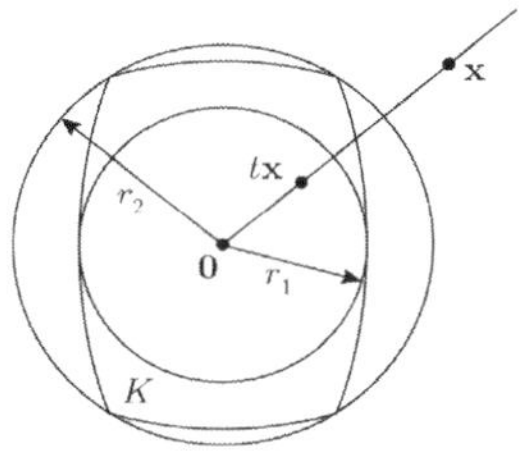

합 $S_\mathbf{x}$의 상계이다. 따라서 '완비성 공리'에 의하여 $\sup S_\mathbf{x} \in \mathbb{E}^1$가 존재하고, 특히 $\sup S_\mathbf{x} \ge \frac{r_1}{||\mathbf{x}||_u} > 0$이다. 덧붙여, (a)와 명제 2.3.8 (또는 '하이네-보렐 정리')에 의하여 K가 닫힌집합이므로, 연습문제 3.4.4에 의하여, 집합 $S_\mathbf{x}$도 역시 닫힌집합이고, 특히 연습문제 0.1.1에 의하여 $0 < \sup S_\mathbf{x} = \max S_\mathbf{x} \in S_\mathbf{x}$를 얻는다. 이제, 각 $\mathbf{x} \in \mathbb{E}^n$에 대하여

$$N(\mathbf{x}) := \begin{cases} 0 & (\mathbf{x} = \mathbf{0}) \\ (\max S_\mathbf{x})^{-1} & (\mathbf{x} \ne \mathbf{0}) \end{cases}$$

로 정의된 함수 $N : \mathbb{E}^n \longrightarrow \mathbb{E}^1$을 생각하자. (d)에 의하여 $\mathbf{0} \in K$이므로 $\mathbf{x} \in \mathbb{E}^n \setminus \{\mathbf{0}\}$일 때

$$\mathbf{x} \in K \overset{\text{(b)}}{\implies} [\![\mathbf{0}; \mathbf{x}]\!]_s \subset K \implies \max S_\mathbf{x} \ge 1,$$

$$\max S_\mathbf{x} \ge 1 \implies 「\exists t_0 \ge 1 \ : \ t_0\mathbf{x} \in K」 \overset{\text{(b)}}{\implies} [\![\mathbf{0}; t_0\mathbf{x}]\!]_s \subset K \implies \mathbf{x} \in K$$

이고, 특히 $K = \{\mathbf{x} \in \mathbb{E}^n : N(\mathbf{x}) \le 1\}$가 성립한다. 한편, $\mathbf{x} \in \mathbb{E}^n \setminus \{\mathbf{0}\}$일 때

$$t \in S_\mathbf{x} \iff t\mathbf{x} \in K \overset{\text{(c)}}{\iff} -(t\mathbf{x}) \in K \iff t(-\mathbf{x}) \in K \iff t \in S_{-\mathbf{x}}$$

이므로 $N(\mathbf{x}) = N(-\mathbf{x})$이다. 또한, $\mathbf{x} \in \mathbb{E}^n \setminus \{\mathbf{0}\}$ & $\lambda > 0$에 대하여

$$t \in S_{\lambda\mathbf{x}} \iff t(\lambda\mathbf{x}) \in K \iff (t\lambda)\mathbf{x} \in K \iff t\lambda \in S_\mathbf{x} \iff t \in \frac{1}{\lambda} S_\mathbf{x}$$

이므로([8]) 등식

$$\max S_{\lambda\mathbf{x}} = \max\left(\frac{1}{\lambda} S_\mathbf{x}\right) = \frac{1}{\lambda} \max S_\mathbf{x} \tag{4.6}$$

가 성립한다. 따라서, 함수 N가 $\mathbb{E}^n$ 위의 한 노름이다. 왜냐하면:

([8]) [기호 정의] 집합 $E \subset \mathbb{E}^n$와 스칼라 λ에 대하여 $\lambda E := \{\lambda\mathbf{x} : \mathbf{x} \in E\}$로 나타낸다.

- $\max S_{\mathbf{x}} > 0\,(\forall\,\mathbf{x} \in \mathbb{E}^n \setminus \{\mathbf{0}\})$이므로 N의 정의에 의하여 $N(\mathbf{x}) \geq 0\ (\forall\,\mathbf{x} \in \mathbb{E}^n)$이고, 특히 $N(\mathbf{x}) > 0\ (\forall\,\mathbf{x} \in \mathbb{E}^n \setminus \{\mathbf{0}\})$이다.

- $\mathbf{x} \in \mathbb{E}^n \setminus \{\mathbf{0}\}$일 때, (4.6)에 의하여 $N(\lambda\mathbf{x}) = \lambda N(\mathbf{x})\,(\forall\,\lambda > 0)$이고, 또한

$$N(\lambda\mathbf{x}) = N((-\lambda)(-\mathbf{x})) = (-\lambda)N(-\mathbf{x}) = |\lambda|N(\mathbf{x}) \quad (\forall\,\lambda < 0)$$

  이므로 $N(\lambda\mathbf{x}) = |\lambda|N(\mathbf{x})\,(\forall\,\lambda \in \mathbb{E}^1)$가 성립한다.

- 임의의 두 점 $\mathbf{x}, \mathbf{y} \in \mathbb{E}^n \setminus \{\mathbf{0}\}$을 정해두고 $\alpha := \max S_{\mathbf{x}}$, $\beta := \max S_{\mathbf{y}}$ & $\gamma := \frac{\beta}{\alpha+\beta}$라 하자. 이때, $0 < \gamma < 1$이고, 또한

$$\frac{1}{\alpha\gamma} = \frac{\alpha+\beta}{\alpha\beta} = \frac{1}{\alpha} + \frac{1}{\beta} = N(\mathbf{x}) + N(\mathbf{y})$$

  이며, 특히 $\alpha\gamma = \frac{\alpha\beta}{\alpha+\beta} = (1-\gamma)\beta$이므로 $\alpha\gamma(\mathbf{x}+\mathbf{y}) = \gamma(\alpha\mathbf{x}) + (1-\gamma)(\beta\mathbf{y})$가 성립한다. 그런데 $\alpha\mathbf{x}, \beta\mathbf{y} \in K$이므로 K의 볼록성에 의하여 $\alpha\gamma(\mathbf{x}+\mathbf{y}) \in K$이고, 특히 $\alpha\gamma \in S_{\mathbf{x}+\mathbf{y}}$이므로

$$N(\mathbf{x}+\mathbf{y}) \leq \frac{1}{\alpha\gamma} = N(\mathbf{x}) + N(\mathbf{y})$$

  가 성립한다.

결국 함수 $N : \mathbb{E}^n \longrightarrow \mathbb{E}^1$은 요구된 조건을 모두 만족하는 노름이다. □

정의 4.2.14. **벡터공간 V 위의 한 노름 N에 의하여 유도된 거리 d_N에 대하여 거리공간 (V, d_N)가 완비공간이 될 때, 노름공간 (V, N)을 바나흐 공간(Banach[9] space)이라 한다.**

바나흐 공간에 관련된 내용은 해석학의 한 분야인 '함수해석학'[10] 에서 주로 다루게 된다. 바나흐 공간에 관련된 내용은 본 도서에서 추구하는 목적의 범위를 벗어나므로 단지 소개만하고 마무리한다.

보기 4.2.15. n-차원 유클리드 노름공간 $(\mathbb{E}^n, \|\cdot\|_u)$는 유한차원 바나흐 공간이다.

보기 4.2.16. 집합[11]

$$\ell_1(\mathbb{E}^1) := \left\{ (a_n)_{n\geq 1} \subset \mathbb{E}^1 : \sum_{n=1}^{\infty} |a_n| < \infty \right\}$$

의 두 수열 $(a_n)_{n\geq 1}$, $(b_n)_{n\geq 1}$와 실수 $\lambda \in \mathbb{E}^1$에 대하여

$$(a_n)_{n\geq 1} + (b_n)_{n\geq 1} := (a_n + b_n)_{n\geq 1} \quad \& \quad \lambda(a_n)_{n\geq 1} := (\lambda a_n)_{n\geq 1}$$

---

[9] Stefan Banach (1892-1945), 폴란드 수학자.
[10] 이것은 벡터공간의 해석적 성질과 벡터공간 사이의 선형작용소에 대하여 연구하는 수학의 분야이다.
[11] [기호 정의] 수열 $(x_k)_{k\geq 1} \subset \mathbb{E}^1$에 대한 무한급수 $\sum_{k=1}^{\infty} x_k$가 수렴할 때 간단히 $\sum_{k=1}^{\infty} x_k < \infty$로 나타낸다.

로 정의하면 집합 $\ell_1(\mathbb{E}^1)$은 분명 실수체 $\mathbb{E}^1$ 위의 벡터공간이다. 또한, 각 수열 $(a_n)_{n\geq 1} \subset \ell_1(\mathbb{E}^1)$에 대하여

$$\|(a_n)_{n\geq 1}\|_1 := \sum_{n=1}^{\infty} |a_n|$$

로 정의하면([12]) 함수 $\|\cdot\|_1 : \ell_1(\mathbb{E}^1) \longrightarrow \mathbb{E}^1$은 노름이고, 특히 $(\ell_1(\mathbb{E}^1), \|\cdot\|_1)$은 무한차원 바나흐 공간이다(이에 대한 보다 자세한 내용은 [2]를 참고하여라).

주 의 4.2.17. 유클리드 노름공간 $(\mathbb{E}^n, \|\cdot\|_u)$ 위에서의 '하이네-보렐 정리'는 유한차원공간의 독특한 성질이다. 무한차원 노름공간 $(\ell_1(\mathbb{E}^1), \|\cdot\|_1)$ 위에서 유계인 닫힌집합은 일반적으로 콤팩트집합이 아니다. 예로서, 각 $i, j \in \mathbb{N}$에 대하여

$$\tau_j(i) := \begin{cases} 1 & (i = j) \\ 0 & (i \neq j) \end{cases}$$

로 정의된 수열 $\tau_j : \mathbb{N} \longrightarrow \mathbb{E}^1$을 생각할 때, $\|\tau_j\|_1 = 1\,(\forall j \in \mathbb{N})$이므로 $A := \{\tau_j : j \in \mathbb{N}\}$는 $\ell_1(\mathbb{E}^1)$의 유계부분집합이다. 그런데

$$\|\tau_j - \tau_k\|_1 = \begin{cases} 0 & (j = k)\,; \\ 2 & (j \neq k) \end{cases}$$

이므로 $A' = \varnothing$이고, 특히 A는 $\ell_1(\mathbb{E}^1)$의 닫힌부분집합이다. 반면에 각 $j \in \mathbb{N}$에 대하여 $U_j := \{x \in \ell_1(\mathbb{E}^1) : \|x - \tau_j\|_1 < 1\}$라 두면 $\mathscr{U} := \{U_j\}_{j\in\mathbb{N}}$는 A의 열린덮개이지만 A를 덮는 $\mathscr{U}$의 유한부분덮개가 존재하지 않기 때문에 A는 콤팩트집합이 아니다.

4.3 내적공간

이제, 노름을 유도할 수 있고 앞에서 다루었던 내용과도 깊은 연관이 있는 중요한 개념을 소개하기로 한다.

정의 4.3.1. 실수체 $\mathbb{E}^1$ 위의 벡터공간 V가 주어지고 함수 $\langle\cdot,\cdot\rangle : V \times V \longrightarrow \mathbb{E}^1$가 임의의 벡터 $\mathbf{u}, \mathbf{v}, \mathbf{w} \in V$와 실수 $\lambda \in \mathbb{E}^1$에 대하여 조건

(i1) $\langle \mathbf{v}, \mathbf{v}\rangle \geq 0$ **(음이 아님, nonnegativity)**

(i2) $\langle \mathbf{v}, \mathbf{v}\rangle = 0 \iff \mathbf{v} = \mathbf{0}$ **(양의 정부호성, positive definiteness)**

(i3) $\langle \lambda\mathbf{v}, \mathbf{w}\rangle = \lambda\langle \mathbf{v}, \mathbf{w}\rangle$ **(승법성, mutiplicativity)**

(i4) $\langle \mathbf{u} + \mathbf{v}, \mathbf{w}\rangle = \langle \mathbf{u}, \mathbf{w}\rangle + \langle \mathbf{v}, \mathbf{w}\rangle$ **(분배성, distributivity)**

(i5) $\langle \mathbf{v}, \mathbf{w}\rangle = \langle \mathbf{w}, \mathbf{v}\rangle$ **(대칭성, symmetry)**

([12]) 보기 4.2.6에 소개한 노름 $\|\cdot\|_1 : \mathbb{E}^n \longrightarrow \mathbb{E}^1$과 비교하라.

을 만족할 때, $\langle \cdot, \cdot \rangle$을 벡터공간 V 위의 **내적(inner product)**이라 하고, $(V, \langle \cdot, \cdot \rangle)$를 **내적공간(inner product space)**이라 한다.

보기 4.3.2. (유클리드 내적) 각 $(\mathbf{x}, \mathbf{y}) \in \mathbb{E}^n \times \mathbb{E}^n$에 대하여

$$\langle \mathbf{x}, \mathbf{y} \rangle_u := \mathbf{x} \cdot \mathbf{y}$$

로 정의된 함수 $\langle \cdot, \cdot \rangle_u : \mathbb{E}^n \times \mathbb{E}^n \longrightarrow \mathbb{E}^1$는 벡터공간 $\mathbb{E}^n$ 위의 한 내적이고, 특히 $(\mathbb{E}^n, \langle \cdot, \cdot \rangle_u)$은 내적공간이다(명제 1.1.1 참조).

보기 4.3.3. $a, b \in \mathbb{E}^1$ (단, $a < b$)일 때, $V := \mathcal{C}([a, b], \mathbb{E}^1)$은 $\mathbb{E}^1$ 위의 한 벡터공간이다(왜?). 또한, 각 $f, g \in V := \mathcal{C}([a, b], \mathbb{E}^1)$에 대하여

$$\langle f, g \rangle := \int_a^b f(t) g(t)\, dt$$

로 정의된 함수 $\langle \cdot, \cdot \rangle : V \times V \longrightarrow \mathbb{E}^1$은 벡터공간 V 위의 한 내적이고, 특히 $(V, \langle \cdot, \cdot \rangle)$ 은 내적공간이다.([13])

다음 결과는 임의의 내적공간 위에 자연스럽게 노름을 정의하는 한 방법을 알려준다.

명제 4.3.4. 내적공간 $(V, \langle \cdot, \cdot \rangle)$가 주어질 때, 각 $x \in V$에 대하여

$$\|x\| := \sqrt{\langle x, x \rangle} \tag{4.7}$$

로 정의된 함수 $\| \cdot \| : V \longrightarrow \mathbb{E}^1$는 벡터공간 V 위의 한 노름이고, 특히 $(V, \| \cdot \|)$는 노름공간이다.

앞으로, 내적공간 $(V, \langle \cdot, \cdot \rangle)$ 위의 노름을 다룰 때는, 특별한 언급이 없으면, 항상 (4.7)과 같이 정의된 노름 $\| \cdot \|$을 의미하고, 이를 벡터공간 V 위의 내적 $\langle \cdot, \cdot \rangle$에 의해 유도된 **표준적 노름(canonical norm)**이라 부른다. 한편, 벡터 $\mathbf{v} \in V$에 대한 노름의 값 $\|\mathbf{v}\|$를 종종 벡터 $\mathbf{v}$의 **길이(length)**라 한다.

정의 4.3.5. 내적공간 $(V, \langle \cdot, \cdot \rangle)$가 주어질 때, 다음과 같이 정의한다.

- 벡터 $\mathbf{v}, \mathbf{w} \in V$가 조건 $\langle \mathbf{v}, \mathbf{w} \rangle = 0$을 만족할 때 $\mathbf{v}, \mathbf{w}$가 **직교(orthogonal)한다**고 말하고 $\mathbf{v} \perp \mathbf{w}$로 나타낸다.
- 집합 $S \subset V \setminus \{\mathbf{0}\}$에 속하는 서로 다른 임의의 두 벡터가 (서로) 직교할 때([14]) S를 **직교체계(orthogonal system)** 또는 **직교집합(orthogonal set)**라 한다.

([13]) 이때, 함수 $\langle \cdot, \cdot \rangle$가 벡터공간 V 위에서 내적의 각 성질을 만족함을 (예로써) 다음 문헌에서 확인할 수 있다.

참고문헌	적분가능성	(i1)	(i2)	(i3)	(i4)
[1]	정리 7.2.3	연습문제 7.1.1.5	연습문제 7.2.3.3	정리 7.2.5의 (가)	정리 7.2.5의 (나)

([14]) 즉, "「$\mathbf{v}, \mathbf{w} \in S$ & $\mathbf{v} \neq \mathbf{w}$」 $\Longrightarrow \mathbf{v} \perp \mathbf{w}$"일 때

- 길이가 1인 벡터를 **단위벡터(unit vector)** 또는 **정규화된 벡터(normalized vector)**라 한다.
- 영벡터가 아닌 벡터를 그 벡터의 길이의 역수를 곱하여 단위벡터로 만드는 방법([15]) 을 벡터의 **정규화(normalizing, normalization)**라 말한다.
- 단위벡터들로만 구성된 직교체계를 간단히 **정규직교체계(orthonormal system)** 또는 **정규직교집합(orthonormal set)**이라 한다.
- 벡터공간 V의 한 기저가 정규직교체계를 이룰 때, 그 기저를 **정규직교기저(orthonormal basis)**라 한다.

다음 결과는 유한차원 내적공간의 한 직교체계를 정규화하여 정규직교체계를 만드는 방법([16]) 을 알려준다.

정리 4.3.6. (그람-슈미트 직교화, Gram-Schmidt orthogonalization) 유한차원 내적공간 $(V, \langle\cdot,\cdot\rangle)$의 일차독립인 부분집합 $S := \{\mathbf{v}_1, \mathbf{v}_2, \cdots, \mathbf{v}_n\}$가 주어졌을 때,

$$\begin{aligned}\mathbf{w}_1 &:= \mathbf{v}_1,\\ \mathbf{w}_k &:= \mathbf{v}_k - \sum_{j=1}^{k-1} \mathrm{proj}_{\mathbf{w}_j}(\mathbf{v}_k) \left[= \mathbf{v}_k - \sum_{j=1}^{k-1} \frac{\langle \mathbf{v}_k, \mathbf{w}_j\rangle}{\langle \mathbf{w}_j, \mathbf{w}_j\rangle}\mathbf{w}_j \right] \quad (\forall k \in \{2, 3, \cdots, n\})\end{aligned} \tag{4.8}$$

로 정의하면 다음이 성립한다.

(a) $\check{S} := \{\mathbf{w}_1, \mathbf{w}_2, \cdots, \mathbf{w}_n\} \subset V \setminus \{\mathbf{0}\}$ (b) $\check{S}$는 직교집합이다

(c) $\mathrm{span}(\check{S}) = \mathrm{span}(S)$ (d) $n = \dim V$일 때, $\check{S}$는 V의 직교기저이다

[**증명**] 정리의 진술에서 (a), (b), (c)가 성립함을 보이기 위하여, 집합 S를 구성하는 벡터의 개수 n에 대한 수학적 귀납법을 이용하자. 우선, 각 $k \in \{1, 2, \cdots, n\}$에 대하여 $S_k := \{\mathbf{v}_1, \mathbf{v}_2, \cdots, \mathbf{v}_k\}$ & $\check{S}_k := \{\mathbf{w}_1, \mathbf{w}_2, \cdots, \mathbf{w}_k\}$라 두면, $\check{S}_1 = S_1 \subset V \setminus \{\mathbf{0}\}$이므로 $n = 1$인 경우 정리에서 주장하는 성질 (a), (b), (c)는 자명하게 성립한다. 이제, $k \in \mathbb{N} \cap [2, n-1]$일 때 정리에서 주장하는 성질 (a), (b), (c)가 모두 성립함을 가정하자. 즉,

(i) $\check{S}_k \subset V \setminus \{\mathbf{0}\}$ (ii) $\check{S}_k$는 직교집합이다 (iii) $\mathrm{span}(\check{S}_k) = \mathrm{span}(S_k)$

이때, 다음이 성립한다.

- $\mathbf{w}_{k+1} = \mathbf{0}$을 가정하면 $\mathbf{v}_{k+1} \overset{(4.8)}{\in} \mathrm{span}(\check{S}_k) \overset{(\mathrm{iii})}{=} \mathrm{span}(S_k)$이지만 이것은 S_k가 일차독립이라는 사실에 모순이므로 $\mathbf{w}_{k+1} \neq \mathbf{0}$이고, 특히 $\check{S}_{k+1} = \check{S}_k \cup \{\mathbf{w}_{k+1}\}$이므로 (i)에 의하여 $\check{S}_{k+1} \subset V \setminus \{\mathbf{0}\}$이다.

([15]) 즉, $\mathbf{v} \in V \setminus \{\mathbf{0}\}$일 때 벡터 $\frac{1}{\|\mathbf{v}\|}\mathbf{v}$은 벡터 $\mathbf{v}$의 정규화이다.

([16]) 이 방법은 프랑스 수학자 라플라스와 코시의 논문에 처음 등장하지만 나중에 덴마크 수학자 그람과 독일 수학자 슈미트가 명시적으로 다룬 것을 기념하여 이들의 이름으로 명명되었다.

- (ii)에 의하여 $\check{S}_k$가 직교집합이므로 임의의 $i \in \{1, 2, \cdots, n\}$를 정해두면 $\mathbf{w}_i \perp \mathbf{w}_j$ $(\forall j \in \{1, 2, \cdots, n\} \setminus \{i\})$이고, 또한

$$\begin{aligned}\langle \mathbf{w}_{k+1}, \mathbf{w}_i \rangle &\overset{(4.8)}{=} \langle \mathbf{v}_{k+1}, \mathbf{w}_i \rangle - \sum_{j=1}^{k} \frac{\langle \mathbf{v}_{k+1}, \mathbf{w}_j \rangle}{\langle \mathbf{w}_j, \mathbf{w}_j \rangle} \langle \mathbf{w}_j, \mathbf{w}_i \rangle \\ &= \langle \mathbf{v}_{k+1}, \mathbf{w}_i \rangle - \frac{\langle \mathbf{v}_{k+1}, \mathbf{w}_i \rangle}{\langle \mathbf{w}_i, \mathbf{w}_i \rangle} \langle \mathbf{w}_i, \mathbf{w}_i \rangle = 0\end{aligned}$$

  이므로 $\check{S}_{k+1}(= \check{S}_k \cup \{\mathbf{w}_{k+1}\})$은 직교집합이다.

- (4.8)에 의하여 $\mathbf{w}_{k+1} \in \operatorname{span}(S_{k+1})$이므로 (iii)에 의하여 $\operatorname{span}(\check{S}_{k+1}) \subset \operatorname{span}(S_{k+1})$가 성립한다. 한편, $\check{S}_{k+1}$가 직교집합이므로 명제 10.3.9의 (a)에 의하여 $\check{S}_{k+1}$는 일차독립집합이고, 특히 명제 10.3.6에서 확인한 바와 같이 $\check{S}_{k+1}$는 부분공간 $\operatorname{span}(\check{S}_{k+1})$의 기저이다. 따라서

$$\dim\left(\operatorname{span}(\check{S}_{k+1})\right) = k + 1 = \dim\left(\operatorname{span}(S_{k+1})\right)$$

  이므로 명제 10.3.9의 (b)에 의하여 $\operatorname{span}(\check{S}_{k+1}) = \operatorname{span}(S_{k+1})$가 성립한다.

즉, 정리의 진술에서 $(k+1)$일 때도 정리에서 주장하는 성질 (a), (b), (c)가 모두 성립한다. 따라서 수학적 귀납법에 의하여 임의의 $n \in \mathbb{N}$에 대하여 정리의 진술 (a), (b), (c)는 항상 성립한다. 특히, (a)와 (b), 그리고 명제 10.3.9의 (a)에 의하여 $\check{S}$는 일차독립이므로 (c)에 의하여 $n = \dim V$일 때, $\check{S}$는 V의 직교기저임을 알 수 있다. □

참고 4.3.7. 내적공간에 주어진 기저 $\{\mathbf{v}_1, \mathbf{v}_2, \cdots, \mathbf{v}_n\}$로부터 정리 4.3.6의 (4.8)에서와 같이 직교기저 $\{\mathbf{w}_1, \mathbf{w}_2, \cdots, \mathbf{w}_n\}$를 얻는 방법을 **그람-슈미트 직교화 과정(Gram-Schmidt orthogonalization process)**이라 한다.

따름정리 4.3.8. 임의의 유한차원 내적공간은 정규직교기저를 가진다.

[증명] 정리 4.3.6에 의하여 임의의 유한차원 내적공간은 직교기저를 가진다. 이때 직교기저의 각 원소를 정규화하면 정규직교기저를 얻을 수 있다. □

정의 4.3.9. $\mathbb{E}^1$ 위의 행렬 $(c_{ij})_{n\times n}$이 주어질 때, 조건

$$\sum_{i,j=1}^{n} c_{ij} x^i x^j > 0 \quad (\forall \mathbf{x} \in \mathbb{E}^n \setminus \{\mathbf{0}\}) \tag{4.9}$$

을 만족하면 $(c_{ij})_{n\times n}$을 **양의 정부호(positive-definite) 행렬**이라 한다.[17]

명제 4.3.10. $\mathbb{E}^1$ 위의 양의 정부호 대칭행렬 $(c_{ij})_{n\times n}$이 주어질 때, 각 $\mathbf{x}$, $\mathbf{y} \in \mathbb{E}^n$에 대하여

$$B(\mathbf{x}, \mathbf{y}) := \sum_{i,j=1}^{n} c_{ij} x^i y^j$$

---

[17] 만일 (4.9)에서 부등호 "$>$"을 부등호 "$<$"로 대체했을 때 조건 (4.9)가 성립하면 $(c_{ij})_{n\times n}$을 **음의 정부호행렬(negative-definite)**이라 한다.

로 정의된 함수 $B : \mathbb{E}^n \times \mathbb{E}^n \longrightarrow \mathbb{E}^1$는 다음을 만족한다. 단, $\mathbf{x}, \mathbf{y}, \mathbf{z} \in \mathbb{E}^n$ & $\lambda \in \mathbb{E}^1$이다.

(a) $B(\mathbf{x}, \mathbf{y}) = B(\mathbf{y}, \mathbf{x})$; (b) $B(\mathbf{x}+\mathbf{y}, \mathbf{z}) = B(\mathbf{x}, \mathbf{z}) + B(\mathbf{y}, \mathbf{z})$;

(c) $B(\lambda\mathbf{x}, \mathbf{y}) = \lambda B(\mathbf{x}, \mathbf{y})$; (d) $B(\mathbf{x}, \mathbf{x}) > 0$ $(\forall\, \mathbf{x} \in \mathbb{E}^n \setminus \{\mathbf{0}\})$;

(e) $|B(\mathbf{x}, \mathbf{y})| \le \sqrt{B(\mathbf{x}, \mathbf{x})}\sqrt{B(\mathbf{y}, \mathbf{y})}$

[증명] 네 가지 성질 (a)~(d)는 함수 B의 정의에 의하여 분명하다. 한편, 분명 $B(\mathbf{x}, \mathbf{0}) = 0 = B(\mathbf{0}, \mathbf{0})$이므로 $|B(\mathbf{x}, \mathbf{0})| = \sqrt{B(\mathbf{x}, \mathbf{x})}\sqrt{B(\mathbf{0}, \mathbf{0})}$이다. 또한, 임의의 벡터 $\mathbf{y} \in \mathbb{E}^n \setminus \{\mathbf{0}\}$을 정해두면, $(c_{ij})_{n\times n}$가 양의 정부호행렬이므로 $B(\mathbf{y}, \mathbf{y}) > 0$이고, 덧붙여 성질 (a)~(d)에 의하여

$$0 \le B(\mathbf{x}+t\mathbf{y}, \mathbf{x}+t\mathbf{y}) = B(\mathbf{x}, \mathbf{x}) + 2tB(\mathbf{x}, \mathbf{y}) + t^2B(\mathbf{y}, \mathbf{y}) \quad (\forall\, t \in \mathbb{E}^1) \tag{4.10}$$

가 성립하므로 변수 t에 대한 이차방정식의 판별식([18]) 을 적용하면

$$B(\mathbf{x}, \mathbf{y})^2 - B(\mathbf{x}, \mathbf{x})B(\mathbf{y}, \mathbf{y}) \le 0$$

을 얻는다. 특히 $|B(\mathbf{x}, \mathbf{y})| \le \sqrt{B(\mathbf{x}, \mathbf{x})}\sqrt{B(\mathbf{y}, \mathbf{y})}$이 성립한다. 이로써 성질 (e)를 얻는다. □

명제 4.3.11. $\mathbb{E}^1$ 위의 양의 정부호 대칭행렬 $(c_{ij})_{n\times n}$이 주어질 때, 명제 4.3.10에서 정의된 함수 $B : \mathbb{E}^n \times \mathbb{E}^n \longrightarrow \mathbb{E}^1$에 대하여

$$\|\mathbf{x}\|_B := \sqrt{B(\mathbf{x}, \mathbf{x})} \quad (\forall\, \mathbf{x} \in \mathbb{E}^n)$$

로 정의된 함수 $\|\cdot\|_B : \mathbb{E}^n \longrightarrow \mathbb{E}^1$는 $\mathbb{E}^n$ 위의 한 노름이고, 특히 $(\mathbb{E}^n, \|\cdot\|_B)$는 노름공간이다.

[증명] 정의 4.2.1에서 N 대신에 $\|\cdot\|_B$로 대체할 때, 명제 4.3.10에 의하여, 세 가지 성질 (n1), (n2), (n3)이 모두 성립한다. 한편, 임의의 벡터 $\mathbf{x}$, $\mathbf{y} \in \mathbb{E}^n$를 정해두면, 명제 4.3.10에 의하여

$$\begin{aligned}
\|\mathbf{x}+\mathbf{y}\|_B^2 = B(\mathbf{x}+\mathbf{y}, \mathbf{x}+\mathbf{y}) &= B(\mathbf{x}, \mathbf{x}) + 2B(\mathbf{x}, \mathbf{y}) + B(\mathbf{y}, \mathbf{y}) \\
&\le B(\mathbf{x}, \mathbf{x}) + 2\sqrt{B(\mathbf{x}, \mathbf{x})}\sqrt{B(\mathbf{y}, \mathbf{y})} + B(\mathbf{y}, \mathbf{y}) \\
&= \left[\sqrt{B(\mathbf{x}, \mathbf{x})} + \sqrt{B(\mathbf{y}, \mathbf{y})}\right]^2 \\
&= (\|\mathbf{x}\|_B + \|\mathbf{y}\|_B)^2
\end{aligned}$$

이므로 삼각부등식 $\|\mathbf{x}+\mathbf{y}\|_B \le \|\mathbf{x}\|_B + \|\mathbf{y}\|_B$이 성립한다. □

참고 4.3.12. $\mathbb{E}^1$ 위의 양의 정부호 대칭행렬 $(c_{ij})_{n\times n}$이 주어질 때,

$$\rho(\mathbf{x}, \mathbf{y}) := \|\mathbf{x}-\mathbf{y}\|_B \quad (\forall\, (\mathbf{x}, \mathbf{y}) \in \mathbb{E}^n \times \mathbb{E}^n)$$

([18]) 프랑스 수학자 라그랑주(Lagrange, 1736-1813)는 이차다항식 $t \longmapsto at^2 + bt + c$ (단, $a, b, c \in \mathbb{E}^1$ & $a \neq 0$)의 **판별식(判別式, discriminant)**을 $D := b^2 - 4ac$로 정의했다. 판별식은 근의 개수를 판정하는데 도움을 준다. 독일의 수학자 가우스(Gauss, 1777-1855)는 이차식 $ax^2 + 2bxy + cy^2$의 **판별식**을 $b^2 - ac$로 정의하였다.

로 정의된 함수 $\rho : \mathbb{E}^n \times \mathbb{E}^n \longrightarrow \mathbb{E}^1$은 유클리드 공간 $\mathbb{E}^n$ 위의 한 거리이다(주의 4.2.4 참고). 한편, 임의의 $\mathbf{x} \in \mathbb{E}^n$ & $\delta > 0$에 대하여

$$B_\rho(\mathbf{x};\delta) = \{\mathbf{y} \in \mathbb{E}^n : \rho(\mathbf{x},\mathbf{y}) < \delta\}$$

이므로 유클리드 공간 $\mathbb{E}^n$에 대한 새로운 정규직교기저를 찾음으로서 집합 $B_\rho(\mathbf{x};\delta)$가 n-**차원 타원체**임을 알 수 있다(제9.5절 '곱셈자법칙' 참고).

정리 4.3.13. (리즈의 표현정리, Riesz representation theorem) 내적공간 $(V, \langle\cdot,\cdot\rangle)$이 유한 차원이고 선형범함수 $L : V \longrightarrow \mathbb{E}^1$가 주어지면 조건

$$L(\mathbf{v}) = \langle \mathbf{u}, \mathbf{v}\rangle \quad (\forall\, \mathbf{v} \in V)$$

을 만족하는 유일한 $\mathbf{u} \in V$가 존재한다.

[**증명**] $n := \dim_{\mathbb{E}^1} V \in \mathbb{N}$을 가정하면 다음이 성립한다.

- (**존재성**) 따름정리 4.3.8의 관점에서 V에 대한 정규직교기저 $\mathfrak{B} := \{\mathbf{v}_1, \mathbf{v}_2, \cdots, \mathbf{v}_n\}$가 존재한다. 이제, $\mathbf{u} := \sum_{k=1}^{n} L(\mathbf{v}_k)\mathbf{v}_k \in V$라 놓고,

$$L_{\mathbf{u}}(\mathbf{v}) = \langle \mathbf{u}, \mathbf{v}\rangle \quad (\forall\, \mathbf{v} \in V)$$

로 정의된 함수 $L_{\mathbf{u}} : V \longrightarrow \mathbb{E}^1$을 생각하면, $\mathfrak{B}$가 정규직교기저이므로

$$L_{\mathbf{u}}(\mathbf{v}_j) = \langle \mathbf{u}, \mathbf{v}_j\rangle = \left\langle \sum_{k=1}^{n} L(\mathbf{v}_k)\mathbf{v}_k, \mathbf{v}_j \right\rangle = \sum_{k=1}^{n} L(\mathbf{v}_k)\delta_{kj} = L(\mathbf{v}_j) \quad (\forall\, j \in \{1,2,\cdots,n\})$$

이고, 특히 $\langle \mathbf{u}, \mathbf{v}\rangle = L_{\mathbf{u}}(\mathbf{v}) = L(\mathbf{v})$ $(\forall\, \mathbf{v} \in V)$가 성립한다.

- (**유일성**) 벡터 $\mathbf{w} \in V$가 조건 $L(\mathbf{v}) = \langle \mathbf{w}, \mathbf{v}\rangle$ $(\forall\, \mathbf{v} \in V)$을 만족함을 가정하면

$$\langle \mathbf{u}, \mathbf{v}\rangle = \langle \mathbf{w}, \mathbf{v}\rangle \quad (\forall\, \mathbf{v} \in V)$$

이므로 $\langle \mathbf{u} - \mathbf{w}, \mathbf{v}\rangle = 0$ $(\forall\, \mathbf{v} \in V)$이고, 특히 $\langle \mathbf{u} - \mathbf{w}, \mathbf{u} - \mathbf{w}\rangle = 0$이므로 $\mathbf{u} - \mathbf{w} = 0$(즉, $\mathbf{u} = \mathbf{w}$)가 성립한다.

이로써 바라는 결과를 얻는다. □

주의 4.2.4의 (다)와 명제 4.3.4의 부산물로 다음이 성립함을 알 수 있다. □

명제 4.3.14. 실수체 $\mathbb{E}^1$ 위의 내적공간 $(V, \langle\cdot,\cdot\rangle)$가 주어질 때,

$$\|x\| := \langle x, x\rangle^{\frac{1}{2}} \quad (\forall\, x \in V)$$

로 정의된 함수 $\|\cdot\| : V \longrightarrow \mathbb{E}^1$는 V 위의 한 노름이고, 특히 $(V, \|\cdot\|)$는 노름공간이며 $(V, d_{\|\cdot\|})$는 거리공간이다.

정의 4.3.15. 벡터공간 V 위의 한 내적 $\langle\cdot,\cdot\rangle$에 의해 유도된 거리 $d_{\|\cdot\|}$에 대하여 거리공간 $(V, d_{\|\cdot\|})$가 완비공간일 때, 내적공간 $(V, \langle\cdot,\cdot\rangle)$을 힐베르트 공간(Hilbert space)이라 한다.

보기 4.3.16. 유클리드 내적 $\langle\cdot,\cdot\rangle_u$에 의해 유도된 유클리드 거리 $d_{\|\cdot\|_u}$가 정의된 유클리드 거리공간 $(\mathbb{E}^n, d_{\|\cdot\|_u})$는 완비거리공간이고, 특히 $(\mathbb{E}^n, \langle\cdot,\cdot\rangle)$은 힐베르트 공간이다.

연습문제 4.0

1. 보기 4.1.3을 증명하여라.

2. 거리공간 (X, d)가 주어질 때, 점 $x \in X$와 양수 $\delta > 0$에 대하여 $C_d(x;\delta) := \{y \in X : d(x,y) \le \delta\}$라 두면 집합 $B_d(x;\delta)$의 폐포 $\overline{B_d(x;\delta)}$에 대하여 $\overline{B_d(x;\delta)} \subsetneq C_d(x;\delta)$가 성립함을 보여라.[100]

3. 거리공간 (X, d)가 주어질 때, 함수 $\rho : X \times X \longrightarrow \mathbb{E}^1$을 각 $(x, y) \in X \times X$에 대하여

$$\rho(x,y) := \frac{d(x,y)}{1+d(x,y)}$$

로 정의하면 (X, ρ) 역시 거리공간임을 보여라.[101]

4. **(조르당 부등식, Jordan inequality)** 다음 부등식이 성립함을 보여라.[102]

$$0 \le \frac{2\theta}{\pi} \le \sin\theta \quad \left(\forall\,\theta \in \left[0, \frac{\pi}{2}\right]\right).$$

5. 구면 $S \subset \mathbb{E}^3$가 주어질 때, d를 $\mathbb{E}^3$ 위의 유클리드 거리라 하고 ρ는 구면 S 위의 대원(大圓, great circle)의 호의 길이라 하면 다음이 성립함을 보여라.[103]

   (가) $d(\mathbf{x}, \mathbf{y}) \le \rho(\mathbf{x}, \mathbf{y}) \le \dfrac{\pi}{2} d(\mathbf{x}, \mathbf{y}) \quad (\forall\, \mathbf{x}, \mathbf{y} \in S)$.

   (나) $\mathscr{T}_d = \mathscr{T}_\rho$.

6. $\mathbb{E}^1$ 위의 대칭행렬 $\begin{pmatrix} 1 & 1 \\ 1 & 4 \end{pmatrix}$에 대하여 다음 물음에 답하여라. 단, ϵ_1, ϵ_2는 $\mathbb{E}^2$의 표준기저이다.[104]

   (가) 양의 정부호행렬임을 보여라

   (나) $\mathbf{x} \in \mathbb{E}^2$일 때 $\|\mathbf{x}\|_B$를 구하여라

   (다) $\|\epsilon_1 - \epsilon_2\|_B$를 계산하여라

7. 유클리드공간 $\mathbb{E}^n$ 위에 반노름 $p : \mathbb{E}^n \longrightarrow \mathbb{E}^1$이 주어지면 반노름 p는 $\mathbb{E}^n$ 위에서 균등연속임을 보여라. 특히, p는 $\mathbb{E}^n$ 위에서 연속함수이다.[105]

8. 유클리드공간 $\mathbb{E}^n$ 위에 주어진 반노름 $p : \mathbb{E}^n \longrightarrow \mathbb{E}^1$을 생각하자. 그때, 집합 $K = \{\mathbf{x} \in \mathbb{E}^n : p(\mathbf{x}) \le 1\}$에 대하여 다음을 보여라.[106]

   (가) K는 $\mathbb{E}^n$에 포함되는 닫힌집합이다.

   (나) K는 명제 4.2.12의 세 가지 성질 (b),(c),(d)를 만족한다.

   (다) K가 $\mathbb{E}^n$의 콤팩트부분집합이기 위한 필요충분조건은 p가 노름인 것이다.

9. 유클리드공간 $\mathbb{E}^n$의 닫힌부분집합 $K \subset \mathbb{E}^n$가 명제 4.2.12의 세 가지 성질 (b),(c),(d)를 만족할 때, 함수 $p : \mathbb{E}^n \longrightarrow \mathbb{E}^1$을 각 $\mathbf{x} \in \mathbb{E}^n$에 대하여

$$p(\mathbf{x}) := \begin{cases} 0 & (\mathbf{x} = \mathbf{0}) \\ 0 & (\mathbf{x} \neq \mathbf{0} \ \& \ L(\mathbf{0}; \mathbf{x}) \subset K) \\ \frac{1}{\max\{t \in \mathbb{E}^1 : t\mathbf{x} \in K\}} & (\mathbf{x} \neq \mathbf{0} \ \& \ L(\mathbf{0}; \mathbf{x}) \setminus K \neq \varnothing) \end{cases} \tag{4.11}$$

으로 정의하면 p는 $\mathbb{E}^n$ 위에서 반노름임을 보여라.[107]

10. 집합 $K = \{(x, y) \in \mathbb{E}^2 : x^2 + xy + 4y^2 \leq 1\}$에 대하여 다음을 보여라.[108]

(가) 명제 4.2.12의 조건 (a),(b),(c),(d)를 충족한다.

(나) 집합 K를 가지고 정리 4.2.13에서 정의된 노름 $N : \mathbb{E}^2 \longrightarrow \mathbb{E}^1$에 대하여

$$N(x, y) = \|(x, y)\|_B \quad (\forall\, (x, y) \in \mathbb{E}^2)$$

가 성립한다. 단, $\|(x, y)\|_B$는 연습문제 4.0.6의 (나)와 같다.

제 5 장

실숫값 함수의 미분

이 장에서는 단지 유클리드 내적과 유클리드 노름만을 생각할 것이므로, 특별한 언급이 없으면, 유클리드 내적 '$\langle\cdot,\cdot\rangle_u$'와 유클리드 노름 '$\|\cdot\|_u$'은 각각 간단히 '$\cdot$'와 '$\|\cdot\|$'로 나타낸다. 예를 들어, 기호 $B(\mathbf{x};r)$ & $S(\mathbf{x};r)$은 각각 $B_u(\mathbf{x};r)$ & $S_u(\mathbf{x};r)$을 의미한다.([1]) 또한 $\{\boldsymbol{\epsilon}_1,\boldsymbol{\epsilon}_2,\cdots,\boldsymbol{\epsilon}_n\}$은 유클리드 공간 $\mathbb{E}^n$의 표준기저를 나타내고, $\mathbf{x}\in\mathbb{E}^n$일 때 $x^j\in\mathbb{E}^1$는 $\mathbf{x}$의 j번째 성분(좌표)을 나타내는 것으로 규약한다.

5.1 미분가능한 함수

이 절에서는 일변수 함수의 미분을 확장해서 다변수 함수의 미분을 정의하고 관련된 성질을 조사해 보기로 하자.

5.1.1 방향도함수·편도함수

참고 5.1.1. 유클리드 공간 $\mathbb{E}^n$ 위에 점 $\mathbf{v}(\neq\mathbf{0})\in\mathbb{E}^n$가 주어지면 시점이 $\mathbf{0}$이고 종점이 $\mathbf{v}$인 벡터가 얻어진다. 그 벡터는 단위벡터 $\frac{\mathbf{v}}{\|\mathbf{v}\|}$와 동일한 방향을 갖는다. 그러므로 유클리드 공간 위의 단위벡터는 하나의 방향을 결정짓는다.

점 $\mathbf{x}_0\in\mathbb{E}^n$와 유클리드 공간 $\mathbb{E}^n$ 위에 하나의 방향 $\mathbf{v}$가 주어질 때([2]), $\mathbf{x}_0+\mathbf{v}$와 $\mathbf{x}_0$를 지나는 직선과 방향이 $\mathbf{v}$이고 점 $\mathbf{x}_0$를 지나는 직선은 동일하다.([3])

정의 5.1.2. 함수 $f:\Delta(\subset\mathbb{E}^n)\longrightarrow\mathbb{E}^1$와 점 $\mathbf{x}_0\in\mathrm{int}(\Delta)$, 그리고 방향 $\mathbf{v}\in\mathbb{E}^n$가 주어질 때, 극한

$$\lim_{\mathbb{E}^1\ni t\to 0}\frac{f(\mathbf{x}_0+t\mathbf{v})-f(\mathbf{x}_0)}{t} \tag{5.1}$$

([1]) 특히, 이 표현은 유클리드 공간의 차원에 관계없이 편의상 동일한 표현을 사용함에 유의하자.
([2]) 유클리드 공간 $\mathbb{E}^n$ 위에서 **방향(direction)**이란 단위벡터를 뜻한다.
([3]) $L(\mathbf{x}_0;\mathbf{v})=\{\mathbf{x}_0+t\mathbf{v}\in\mathbb{E}^n:t\in\mathbb{E}^1\}$.

이 존재할 때, 극한값 (5.1)을 **점 $\mathbf{x}_0$에서 방향 $\mathbf{v}$로의 함수 f의 방향도함수**라 하고, 이를 간단히

$$f_{\mathbf{v}}(\mathbf{x}_0) \quad \text{또는} \quad \mathcal{D}_{\mathbf{v}} f(\mathbf{x}_0)$$

로 나타낸다.

주의 5.1.3. 방향이 $-\mathbf{v}$이고 점 $\mathbf{x}_0$를 지나는 직선은 방향이 $\mathbf{v}$이고 점 $\mathbf{x}_0$를 지나는 직선과 같다. 만일 (5.1)의 극한이 존재하는 경우, 점 $\mathbf{x}_0$에서 방향 $-\mathbf{v}$로의 함수 f의 방향도함수를 생각하면

$$\begin{aligned}\lim_{\mathbb{E}^1 \ni t \to 0} \frac{f(\mathbf{x}_0 + t(-\mathbf{v})) - f(\mathbf{x}_0)}{t} &= \lim_{\mathbb{E}^1 \ni t \to 0} \frac{f(\mathbf{x}_0 + (-t)\mathbf{v}) - f(\mathbf{x}_0)}{t} \\ &= -\lim_{\mathbb{E}^1 \ni t \to 0} \frac{f(\mathbf{x}_0 + (-t)\mathbf{v}) - f(\mathbf{x}_0)}{-t} = -f_{\mathbf{v}}(\mathbf{x}_0)\end{aligned}$$

이므로

$$f_{-\mathbf{v}}(\mathbf{x}_0) = -f_{\mathbf{v}}(\mathbf{x}_0)$$

이 성립한다. 즉, 점 $\mathbf{x}_0$에서 방향 $-\mathbf{v}$로의 함수 f의 방향도함수와 점 $\mathbf{x}_0$에서 방향 $\mathbf{v}$로의 함수 f의 방향도함수는 부호의 차이가 있다.

함수 $f : \Delta(\subset \mathbb{E}^n) \longrightarrow \mathbb{E}^1$와 점 $\mathbf{x}_0 \in \operatorname{int}(\Delta)$가 주어질 때, 점 $\mathbf{x}_0$에서 방향 $\boldsymbol{\epsilon}_k$ $(1 \leq k \leq n)$로의 함수 f의 방향도함수

$$\lim_{\mathbb{E}^1 \ni t \to 0} \frac{f(\mathbf{x}_0 + t\boldsymbol{\epsilon}_k) - f(\mathbf{x}_0)}{t} \tag{5.2}$$

가 존재하면 **함수 f는 점 $\mathbf{x}_0$에서 k-번째 좌표에 관하여 편미분가능(partial differentiable)**이라고 하고, 이때 극한값 (5.2)를 **함수 f의 k-번째 좌표에 관한 편미분계수**라 하며 간단히

$$f_k(\mathbf{x}_0) \quad \text{또는} \quad \frac{\partial f}{\partial x_k}(\mathbf{x}_0)$$

로 나타낸다. 더욱이, 임의로 $k \in \{1, 2, \cdots, n\}$가 주어질 때, 점 $\mathbf{x}_0$에서 함수 f가 k-번째 좌표에 관하여 편미분가능하면 **함수 f는 점 $\mathbf{x}_0$에서 편미분가능(partial differentiable)**이라 한다.

보기 5.1.4. 각 $(x, y) \in \mathbb{E}^2$에 대하여 $f(x, y) := \sqrt{|x^2 - y^2|}$로 정의된 함수 $f : \mathbb{E}^2 \longrightarrow \mathbb{E}^1$에 대하여 원점 $(0, 0)$에서 방향 $\mathbf{v} := (\cos\theta, \sin\theta)$로의 방향도함수를 찾아보기로 하자.

[풀이] 먼저 $f((0,0) + t\mathbf{v}) = f(t\cos\theta, t\sin\theta) = |t||\cos^2\theta - \sin^2\theta|^{\frac{1}{2}}$임에 유념하자.

- $\cos^2\theta = \sin^2\theta$인 경우:

$$\lim_{t \to 0} \frac{f((0,0) + t\mathbf{v}) - f(0,0)}{t} = 0$$

이므로 $f_{\mathbf{v}}(0,0) = 0$이다.

- $\cos^2\theta \neq \sin^2\theta$인 경우:

$$\lim_{t \to 0} \frac{f((0,0) + t\mathbf{v}) - f(0,0)}{t} = |\cos^2\theta - \sin^2\theta|^{\frac{1}{2}} \lim_{t \to 0} \frac{|t|}{t}$$

이므로 방향도함수는 존재하지 않는다. □

명제 5.1.5. 함수 $f : \Delta(\subset \mathbb{E}^n) \longrightarrow \mathbb{E}^1$와 점 $\mathbf{x}_0 \in \mathrm{int}(\Delta)$, 그리고 방향 $\mathbf{v} \in \mathbb{E}^n$가 주어질 때, 점 $\mathbf{x}_0$에서 방향 $\mathbf{v}$로의 함수 f의 방향도함수가 존재하면, 다음이 성립한다.

$$\lim_{\mathbb{E}^1 \ni t \to 0} f(\mathbf{x}_0 + t\mathbf{v}) = f(\mathbf{x}_0).$$

[**증명**] 주어진 가정에 의하여

$$\begin{aligned}\lim_{\mathbb{E}^1 \ni t \to 0} \{f(\mathbf{x}_0 + t\mathbf{v}) - f(\mathbf{x}_0)\} &= \lim_{\mathbb{E}^1 \ni t \to 0} \frac{f(\mathbf{x}_0 + t\mathbf{v}) - f(\mathbf{x}_0)}{t} t \\ &= f_{\mathbf{v}}(\mathbf{x}_0) \lim_{\mathbb{E}^1 \ni t \to 0} t = 0\end{aligned}$$

이므로 '극한의 기본성질'에 의하여

$$\begin{aligned}\lim_{\mathbb{E}^1 \ni t \to 0} f(\mathbf{x}_0 + t\mathbf{v}) &= \lim_{\mathbb{E}^1 \ni t \to 0} \{f(\mathbf{x}_0 + t\mathbf{v}) - f(\mathbf{x}_0) + f(\mathbf{x}_0)\} \\ &= \lim_{\mathbb{E}^1 \ni t \to 0} \{f(\mathbf{x}_0 + t\mathbf{v}) - f(\mathbf{x}_0)\} + \lim_{\mathbb{E}^1 \ni t \to 0} f(\mathbf{x}_0) = f(\mathbf{x}_0)\end{aligned}$$

을 얻고 증명을 마친다. □

보기 5.1.6. 두 개의 함수 $g : \Delta(\subset \mathbb{E}^n) \longrightarrow \mathbb{E}^1$와 $\psi : \mathbb{E}^1 \longrightarrow \mathbb{E}^1$가 주어지고, 점 $\mathbf{x}_0 \in \mathrm{int}(\Delta)$에 대하여 $g_i(\mathbf{x}_0)$와 $\psi'(g(\mathbf{x}_0))$가 존재할 때, 각 $\mathbf{x} \in \Delta$에 대하여 $f(\mathbf{x}) := \psi(g(\mathbf{x}))$로 정의된 함수 $f : \Delta(\subset \mathbb{E}^n) \longrightarrow \mathbb{E}^1$에 대하여 다음이 성립한다.

$$f_i(\mathbf{x}_0) = \psi'(g(\mathbf{x}_0))g_i(\mathbf{x}_0).$$

[**증명**] $s = g(\mathbf{x}_0 + t\boldsymbol{\epsilon}_i) - g(\mathbf{x}_0)$라 두고 명제 5.1.5를 적용하면

$$\begin{aligned}\lim_{\mathbb{E}^1 \ni t \to 0} \frac{f(\mathbf{x}_0 + t\boldsymbol{\epsilon}_i) - f(\mathbf{x}_0)}{t} &= \lim_{\mathbb{E}^1 \ni t \to 0} \frac{\psi(g(\mathbf{x}_0 + t\boldsymbol{\epsilon}_i)) - \psi(g(\mathbf{x}_0))}{t} \\ &= \lim_{\mathbb{E}^1 \ni t \to 0} \frac{\psi(g(\mathbf{x}_0) + s) - \psi(g(\mathbf{x}_0))}{s} \frac{g(\mathbf{x}_0 + t\boldsymbol{\epsilon}_i) - g(\mathbf{x}_0)}{t} \\ &= \psi'(g(\mathbf{x}_0))g_i(\mathbf{x}_0)\end{aligned}$$

이 성립하여 $f_i(\mathbf{x}_0) = \psi'(g(\mathbf{x}_0))g_i(\mathbf{x}_0)$를 얻는다. □

보기 5.1.7. 각 $i, j \in \{1, 2, \cdots, n\}$에 대하여 j번째 표준좌표함수 $\pi^j : \Delta(\subset \mathbb{E}^n) \longrightarrow \mathbb{E}^1$을 생각하면, 점 $\mathbf{x}_0 \in \mathrm{int}(\Delta)$에 대하여

$$\lim_{\mathbb{E}^1 \ni t \to 0} \frac{\pi^j(\mathbf{x}_0 + t\boldsymbol{\epsilon}_i) - \pi^j(\mathbf{x}_0)}{t} = \begin{cases} 1 & (i = j) \\ 0 & (i \neq j) \end{cases}$$

이므로 $\pi^j_i(\mathbf{x}_0) = \delta_{ij}$이다.

5.1.2 미분가능한 함수

이제, 다변수 함수의 미분가능성에 대한 더 자연스러운 개념을 정의하기 위하여 미적분학에서 배웠던 미분을 회상해 보자. 함수 $f:(a,b)\longrightarrow\mathbb{E}^1$와 점 $t_0\in(a,b)$가 주어지고, 극한

$$\lim_{\mathbb{E}^1\ni h\to 0}\frac{f(t_0+h)-f(t_0)}{h} \tag{5.3}$$

가 존재할 때, 함수 f는 t_0에서 미분가능하다고 하고, 이때 극한값 (5.3)을 간단히 $f'(t_0)$으로 나타내었다. 그러므로 함수 f는 t_0에서 미분가능하면

$$\lim_{\mathbb{E}^1\ni h\to 0}\frac{f(t_0+h)-f(t_0)-f'(t_0)h}{h}=0 \tag{5.4}$$

가 성립함을 알 수 있다. 여기서 각 $h\in\mathbb{E}^1$에 대하여 $L(h):=f'(t_0)h$로 정의된 함수 $L:\mathbb{E}^1\longrightarrow\mathbb{E}^1$을 생각하면 L은 선형범함수이다. 관계식 (5.4)를 유지하면서 자연스럽게 다변수 함수의 미분에 대한 정의로 확장해 나가는 것은 바람직하다. 또한, 미분가능성은 기하학적으로 접선의 존재를 의미한다는 점을 상기해 보자.

정의 5.1.8. **함수 $f:\Delta(\subset\mathbb{E}^n)\longrightarrow\mathbb{E}^1$와 점 $\mathbf{x}_0\in\mathrm{int}(\Delta)$가 주어질 때, 조건**

$$\lim_{\mathbb{E}^n\ni\mathbf{h}\to\mathbf{0}}\frac{f(\mathbf{x}_0+\mathbf{h})-f(\mathbf{x}_0)-L(\mathbf{h})}{\|\mathbf{h}\|}=0 \tag{5.5}$$

을 만족하고 $\mathbf{x}_0$에 의존하는 선형범함수 $L:\mathbb{E}^n\longrightarrow\mathbb{E}^1$이 존재하면 함수 f가 $\mathbf{x}_0$에서 미분가능(differentiable)이라 한다.

도움정리 5.1.9. 선형범함수 $L:\mathbb{E}^n\longrightarrow\mathbb{E}^1$가 조건

$$\lim_{\mathbb{E}^n\ni\mathbf{h}\to\mathbf{0}}\frac{L(\mathbf{h})}{\|\mathbf{h}\|}=0 \tag{5.6}$$

을 만족하면 $L=0$이다.

[증명] 임의로 $j\in\{1,2,\cdots,n\}$을 선택하고 $\mathbf{h}:=t\boldsymbol{\epsilon}_j$ $(t\in\mathbb{E}^1)$라 두면 $\lim_{\mathbb{E}^1\ni t\to 0}\mathbf{h}=\mathbf{0}$이다. 그러므로 (5.6)에 의하여

$$\lim_{\mathbb{E}^1\ni t\to 0}\frac{tL(\boldsymbol{\epsilon}_j)}{|t|}=\lim_{\mathbb{E}^1\ni t\to 0}\frac{L(t\boldsymbol{\epsilon}_j)}{\|t\boldsymbol{\epsilon}_j\|}=0$$

이 성립한다. 한편

$$\lim_{\mathbb{E}^1\ni t\to 0+}\frac{tL(\boldsymbol{\epsilon}_j)}{|t|}=L(\boldsymbol{\epsilon}_j)\quad\&\quad\lim_{\mathbb{E}^1\ni t\to 0-}\frac{tL(\boldsymbol{\epsilon}_j)}{|t|}=-L(\boldsymbol{\epsilon}_j)$$

이므로 $L(\boldsymbol{\epsilon}_j)=0$을 얻는다. 그러나 임의의 $\mathbf{x}\in\mathbb{E}^n$에 대하여 $\mathbf{x}=\sum_{k=1}^n x^k\boldsymbol{\epsilon}_k$이므로 $L(\mathbf{x})=\sum_{k=1}^n x^kL(\boldsymbol{\epsilon}_k)=0$이고 따라서 $L=0$을 얻는다. □

명제 5.1.10. (5.5)를 충족하는 선형범함수 $L:\mathbb{E}^n\longrightarrow\mathbb{E}^1$은 유일하다.

[증명] $L_1 : \mathbb{E}^n \longrightarrow \mathbb{E}^1$이 (5.5)를 만족하는 또 하나의 선형범함수라 하면

$$\begin{aligned}\lim_{\mathbb{E}^n \ni \mathbf{h} \to \mathbf{0}} \frac{L(\mathbf{h}) - L_1(\mathbf{h})}{\|\mathbf{h}\|} &= \lim_{\mathbb{E}^n \ni \mathbf{h} \to \mathbf{0}} \frac{f(\mathbf{x}_0 + \mathbf{h}) - f(\mathbf{x}_0) - L_1(\mathbf{h}) - f(\mathbf{x}_0 + \mathbf{h}) + f(\mathbf{x}_0) + L(\mathbf{h})}{\|\mathbf{h}\|} \\ &= \lim_{\mathbb{E}^n \ni \mathbf{h} \to \mathbf{0}} \frac{f(\mathbf{x}_0 + \mathbf{h}) - f(\mathbf{x}_0) - L_1(\mathbf{h})}{\|\mathbf{h}\|} \\ &\quad - \lim_{\mathbb{E}^n \ni \mathbf{h} \to \mathbf{0}} \frac{f(\mathbf{x}_0 + \mathbf{h}) - f(\mathbf{x}_0) + L(\mathbf{h})}{\|\mathbf{h}\|} = 0\end{aligned}$$

이 성립함을 알 수 있고 도움정리 5.1.9에 따라 $L = L_1$을 얻는다. □

명제 5.1.11. 함수 $f : \Delta(\subset \mathbb{E}^n) \longrightarrow \mathbb{E}^1$와 점 $\mathbf{x}_0 \in \mathrm{int}(\Delta)$가 주어질 때, f가 $\mathbf{x}_0$에서 미분가능하면 f는 $\mathbf{x}_0$에서 임의의 방향 $\mathbf{v} \in \mathbb{E}^n$로의 방향도함수를 갖는다.

[증명] 방향 $\mathbf{v} \in \mathbb{E}^n$를 임의로 선택하자. 그때, $\mathbf{h} = t\mathbf{v}\,(t \in \mathbb{E}^1)$를 가지고 (5.5)에 연습문제 3.3.9를 적용하면

$$\lim_{\mathbb{E}^1 \ni t \to 0} \frac{f(\mathbf{x}_0 + t\mathbf{v}) - f(\mathbf{x}_0) - L(t\mathbf{v})}{t} = 0$$

을 얻는다. 그러므로

$$\lim_{\mathbb{E}^1 \ni t \to 0} \frac{f(\mathbf{x}_0 + t\mathbf{v}) - f(\mathbf{x}_0)}{t} = L(\mathbf{v})$$

이고, 특히 $L(\mathbf{v})$는 $\mathbf{x}_0$에서 $\mathbf{v}$방향으로 f의 방향도함수이다. 즉, $f_{\mathbf{v}}(\mathbf{x}_0) = L(\mathbf{v})$이다. □

정의 5.1.12. **함수 $f : \Delta(\subset \mathbb{E}^n) \longrightarrow \mathbb{E}^1$와 점 $\mathbf{x}_0 \in \mathrm{int}(\Delta)$가 주어질 때, f가 $\mathbf{x}_0$에서 미분가능하면 명제 5.1.10의 관점에서 (5.5)를 만족하는 선형범함수 $L : \mathbb{E}^n \longrightarrow \mathbb{E}^1$가 유일하게 존재한다. 이 선형범함수 $L : \mathbb{E}^n \longrightarrow \mathbb{E}^1$에 대응하는 코벡터를 $df(\mathbf{x}_0)$로 나타내고 $df(\mathbf{x}_0)$를 $\mathbf{x}_0$에서 함수 f의 미분(differential)이라 한다.**

함수 $f : \Delta(\subset \mathbb{E}^n) \longrightarrow \mathbb{E}^1$가 점 $\mathbf{x}_0 \in \mathrm{int}(\Delta)$에서 미분가능함을 가정하자. 그때, 명제 5.1.11에 따르면 임의의 방향 $\mathbf{v} \in \mathbb{E}^n$에 대하여 $f_{\mathbf{v}}(\mathbf{x}_0) = L(\mathbf{v}) = df(\mathbf{x}_0) \cdot \mathbf{v}$이다.([4]) 즉,

$$\lim_{\mathbb{E}^1 \ni t \to 0} \frac{f(\mathbf{x}_0 + t\mathbf{v}) - f(\mathbf{x}_0)}{t} = df(\mathbf{x}_0) \cdot \mathbf{v} \tag{5.7}$$

가 성립한다. 특히, $\mathbf{v} = \boldsymbol{\epsilon}_i$를 생각하면 $f_i(\mathbf{x}_0) = df(\mathbf{x}_0) \cdot \boldsymbol{\epsilon}_i$이다. 그러므로 코벡터 $df(\mathbf{x}_0)$의 성분은 다음과 같이 편도함수를 이용하여 표현된다.

$$df(\mathbf{x}_0) = (f_1(\mathbf{x}_0), \cdots, f_n(\mathbf{x}_0)) = \sum_{j=1}^{n} f_j(\mathbf{x}_0)\boldsymbol{\epsilon}^j, \tag{5.8}$$

$$df(\mathbf{x}_0) \cdot \mathbf{h} = \sum_{j=1}^{n} f_j(\mathbf{x}_0)h^j \quad (\forall\, \mathbf{h} \in \mathbb{E}^n). \tag{5.9}$$

여기서 $\boldsymbol{\epsilon}^j$는 j번째 성분이 1이고 나머지는 모두 0인 코벡터를 의미한다.([5])

([4]) 선형범함수와 코벡터의 정의에 의하면 $L(\mathbf{h}) = df(\mathbf{x}_0) \cdot \mathbf{h}$ $(\forall\, \mathbf{h} \in \mathbb{E}^n)$이다.
([5]) 코벡터는 외견상 벡터와 모양이 동일하지만 코벡터는 함수를 표시하기 때문에 벡터와 구분하기 위하여 사용하는 용어이다.

주의 5.1.13. 유클리드 공간 위에서 정의된 모든 상수사상은 미분가능하고 그의 미분은 영사상이다.

참고 5.1.14. 함수 $f : \Delta(\subset \mathbb{E}^n) \longrightarrow \mathbb{E}^1$와 점 $\mathbf{x}_0 \in \text{int}(\Delta)$가 주어질 때, f가 $\mathbf{x}_0$에서 미분가능하면 방향 $\mathbf{v} \in \mathbb{E}^n$로 함수 f의 방향도함수는 (5.7) & (5.9)에 의하여

$$f_{\mathbf{v}}(\mathbf{x}_0) = df(\mathbf{x}_0) \cdot \mathbf{v} = \sum_{j=1}^{n} f_j(\mathbf{x}_0) v^j \tag{5.10}$$

로 주어짐을 알 수 있다.

명제 5.1.15. 선형범함수 $L : \mathbb{E}^n \longrightarrow \mathbb{E}^1$은 임의의 점 $\mathbf{x}_0 \in \mathbb{E}^n$에서 미분가능하다.

[증명] 임의의 점 $\mathbf{x}_0 \in \mathbb{E}^n$를 정해두면 $L(\mathbf{x}_0 + \mathbf{h}) - L(\mathbf{x}_0) - L(\mathbf{h}) = 0$이므로

$$\lim_{\mathbb{E}^n \ni \mathbf{h} \to \mathbf{0}} \frac{L(\mathbf{x}_0 + \mathbf{h}) - L(\mathbf{x}_0) - L(\mathbf{h})}{\|\mathbf{h}\|} = 0$$

이 성립하고, 특히 L은 $\mathbf{x}_0$에서 미분가능하다. □

주의 5.1.16. 선형범함수 $L : \mathbb{E}^n \longrightarrow \mathbb{E}^1$가 주어지면, 명제 3.1.9에 의하여 $L(\mathbf{x}) = \mathbf{a} \cdot \mathbf{x}$ ($\forall \mathbf{x} \in \mathbb{E}^n$)을 만족하는 유일한 코벡터 $\mathbf{a} \in \mathbb{E}^n$가 존재한다. 이것에 따르면 명제 5.1.15에서 $dL(\mathbf{x}_0) = \mathbf{a}$임에 유념하자.

보기 5.1.17. 각 $j \in \{1, 2, \cdots, n\}$에 대하여 j번째 표준좌표함수 $\pi^j : \mathbb{E}^n \longrightarrow \mathbb{E}^1$을 생각하자. 이때, $\pi^j : \mathbb{E}^n \longrightarrow \mathbb{E}^1$는 선형범함수이므로 각 $\mathbf{x}_0 \in \mathbb{E}^n$에 대하여

$$\lim_{\mathbb{E}^n \ni \mathbf{h} \to \mathbf{0}} \frac{\pi^j(\mathbf{x}_0 + \mathbf{h}) - \pi^j(\mathbf{x}_0) - \pi^j(\mathbf{h})}{\|\mathbf{h}\|} = 0$$

이고 따라서 $\pi^j(\mathbf{h}) = d\pi^j(\mathbf{x}_0) \cdot \mathbf{h}$ ($\forall \mathbf{h} \in \mathbb{E}^n$)이다. 즉, $d\pi^j(\mathbf{x}_0) = \boldsymbol{\epsilon}^j$임을 알 수 있다.

명제 5.1.18. 함수 $f : \Delta(\subset \mathbb{E}^n) \longrightarrow \mathbb{E}^1$가 점 $\mathbf{x}_0 \in \text{int}(\Delta)$에서 미분가능하면 f는 $\mathbf{x}_0$에서 연속이다.

[증명] f가 $\mathbf{x}_0 \in \text{int}(\Delta)$에서 미분가능하므로 양수 $\epsilon = 1$에 대하여 조건

$$\ulcorner \mathbf{h} \in \Delta \ \& \ \|\mathbf{h}\| < \delta_0 \lrcorner \implies |f(\mathbf{x}_0 + \mathbf{h}) - f(\mathbf{x}_0) - df(\mathbf{x}_0) \cdot \mathbf{h}| \le \|\mathbf{h}\| \tag{5.11}$$

을 만족하는 양수 $\delta > 0$가 존재한다. 그러므로 '삼각부등식'과 '코시-슈바르츠 부등식'을 적용하면 $\|\mathbf{h}\| < \delta_0$을 만족하는 임의의 $\mathbf{h} \in \Delta$에 대하여

$$\begin{aligned} |f(\mathbf{x}_0 + \mathbf{h}) - f(\mathbf{x}_0)| &\le |f(\mathbf{x}_0 + \mathbf{h}) - f(\mathbf{x}_0) - df(\mathbf{x}_0) \cdot \mathbf{h}| + |df(\mathbf{x}_0) \cdot \mathbf{h}| \\ &\le \|\mathbf{h}\| + \|df(\mathbf{x}_0)\| \|\mathbf{h}\| \\ &= (1 + \|df(\mathbf{x}_0)\|) \|\mathbf{h}\| \end{aligned}$$

가 성립한다. 이제, 임의의 양수 $\epsilon > 0$을 정해두고

$$\delta := \min \left\{ \delta_0, \ \frac{\epsilon}{1 + \|df(\mathbf{x}_0)\|} \right\} > 0$$

라 하자. 그때,

$$\ulcorner \mathbf{h} \in \Delta \ \& \ \|\mathbf{h}\| < \delta \lrcorner \implies |f(\mathbf{x}_0 + \mathbf{h}) - f(\mathbf{x}_0)| < \epsilon$$

이 성립하므로 f는 $\mathbf{x}_0$에서 연속이다. □

보기 5.1.19. 각 $(x, y) \in \mathbb{E}^2$에 대하여

$$f(x, y) := \begin{cases} \frac{2xy^2}{x^2+y^4} & ((x, y) \neq (0, 0)) \\ 0 & ((x, y) = (0, 0)) \end{cases}$$

로 정의된 함수 $f : \mathbb{E}^2 \longrightarrow \mathbb{E}^1$를 생각하면 다음이 성립한다.

(1) f는 $\mathbf{0} := (0, 0)$에서 임의의 방향으로 방향도함수를 갖는다.

(2) f는 $\mathbf{0} := (0, 0)$에서 미분불가능하다.

[풀이] (1) 방향 $\mathbf{v} := (\cos\theta, \sin\theta)$를 생각하면 $\mathbf{0} + t\mathbf{v} = (t\cos\theta, t\sin\theta)$이다.

- $\cos\theta \neq 0$인 경우:

$$\lim_{\mathbb{E}^1 \ni t \to 0} \frac{f(t\cos\theta, t\sin\theta) - f(0, 0)}{t} = \lim_{\mathbb{E}^1 \ni t \to 0} \frac{2\cos\theta\sin^2\theta}{\cos^2\theta + t^2\sin^4\theta} = \frac{2\sin^2\theta}{\cos\theta}.$$

- $\cos\theta = 0$인 경우:

$$\lim_{\mathbb{E}^1 \ni t \to 0} \frac{f(t\cos\theta, t\sin\theta) - f(0, 0)}{t} = \lim_{\mathbb{E}^1 \ni t \to 0} \frac{0}{t} = 0.$$

그러므로 f는 $(0, 0)$에서 모든 방향으로 방향도함수를 갖는다.

(2) 점 $(0, 0)$의 모든 근방은 곡선 $x = y^2$의 부분을 포함하고 더욱이 $y \neq 0$인 임의의 실수 $y \in \mathbb{E}^1$에 대하여 $f(y^2, y) = 1$임에 유념하자. 한편 $f(0, 0) = 0$이므로 f는 $(0, 0)$에서 연속은 아니다. 왜냐하면: 양수 $\epsilon\,(0 < \epsilon < 1)$을 정해두자. 그때, 임의의 양수 $\delta > 0$에 대하여

$$D := B(\mathbf{0}; \delta) \cap \{(x, y) \in \mathbb{E}^2 : x = y^2\} \neq \varnothing$$

임에 유념하면 $|f(x, y) - f(0, 0)| = 1 > \epsilon$을 충족하는 점 $(x, y) \in D$를 찾을 수 있다. 그러므로 명제 5.1.18에 의하여 f는 $(0, 0)$에서 미분불가능하다. □

함수가 연속이라는 것과 편미분가능하다는 것은 어떠한 관계에 있는지 조사해 보기로 하고, 먼저 연속이지만 편미분불가능한 함수를 생각하자.

보기 5.1.20. 각 $(x, y) \in \mathbb{E}^2$에 대하여 $f(x, y) = \sqrt{x^2 + y^2}$로 정의된 함수 $f : \mathbb{E}^2 \longrightarrow \mathbb{E}^1$을 생각하면, f는 $\mathbb{E}^2$ 위에서 연속이지만

$$\lim_{\mathbb{E}^1 \ni t \to 0} \frac{f(t, 0) - f(0, 0)}{t} = \lim_{\mathbb{E}^1 \ni t \to 0} \frac{|t|}{t} = \begin{cases} 1 & (t \to 0+) \\ -1 & (t \to 0-) \end{cases}$$

가 성립하므로 원점 $(0, 0) \in \mathbb{E}^2$에서 함수 f는 첫번째 좌표에 관하여 편미분불가능하다. 마찬가지 방법으로 원점 $(0, 0) \in \mathbb{E}^2$에서 함수 f는 y에 관하여 편미분불가능함을 알 수있다. 즉, 함수 f는 원점 $(0, 0) \in \mathbb{E}^2$에서 편미분불가능하다.

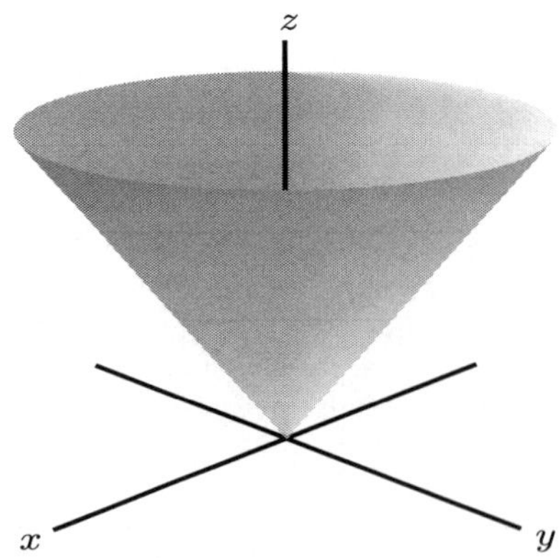

그림 5.1: 함수 $f(x,y)=\sqrt{x^2+y^2}$의 이해

다음으로 편미분가능하지만 연속이 아닌 함수를 찾아보자.

보기 5.1.21. 각 $(x,y)\in\mathbb{E}^2$에 대하여

$$f(x,y)=\begin{cases}\frac{xy}{x^2+y^2} & ((x,y)\neq(0,0))\\ 0 & ((x,y)=(0,0))\end{cases}$$

로 정의된 함수 $f:\mathbb{E}^2\longrightarrow\mathbb{E}^1$을 생각하자. $a\in\mathbb{E}^1\setminus\{0\}$가 주어질 때, 직선 $y=ax$를 따라서 원점 $(0,0)\in\mathbb{E}^2$에 접근하면

$$\lim_{\substack{x\to0\\ y=ax}} f(x,y)=\frac{a}{1+a^2}\neq 0=f(0,0)$$

이므로 함수 f는 원점 $(0,0)\in\mathbb{E}^2$에서 연속이 아니다. 그러나

$$\lim_{\mathbb{E}^1\ni t\to0}\frac{f(t,0)-f(0,0)}{t}=0 \quad \& \quad \lim_{\mathbb{E}^1\ni t\to0}\frac{f(0,t)-f(0,0)}{t}=0$$

이므로 $f_1(0,0)=0=f_2(0,0)$이다. 즉, 원점 $(0,0)\in\mathbb{E}^2$에서 함수 f는 편미분가능하다.

명제 5.1.22. 점 $\mathbf{x}_0\in\mathrm{int}(\Delta)$에서 미분가능한 함수 $f,g:\Delta(\subset\mathbb{E}^n)\longrightarrow\mathbb{E}^1$와 실수 $\lambda\in\mathbb{E}^1$가 주어질 때, 다음이 성립한다.

(a) $f+g$도 점 $\mathbf{x}_0\in\mathrm{int}(\Delta)$에서 미분가능하고 $d(f+g)(\mathbf{x}_0)=df(\mathbf{x}_0)+dg(\mathbf{x}_0)$이다.

(b) λf도 점 $\mathbf{x}_0\in\mathrm{int}(\Delta)$에서 미분가능하고 $d(\lambda f)(\mathbf{x}_0)=\lambda df(\mathbf{x}_0)$이다.

[증명] 가정에 의하여 $f,\, g$가 점 $\mathbf{x}_0\in\mathrm{int}(\Delta)$에서 미분가능하므로 $\varphi\in\{f,\, g\}$에 대하여

$$\lim_{\mathbb{E}^n\ni\mathbf{h}\to\mathbf{0}}\frac{\varphi(\mathbf{x}_0+\mathbf{h})-\varphi(\mathbf{x}_0)-d\varphi(\mathbf{x}_0)\cdot\mathbf{h}}{\|\mathbf{h}\|}=0$$

을 얻는다.

(a) 함수 $f+g$에 관하여 살펴보면

$$\begin{aligned}
&\lim_{\mathbb{E}^n \ni \mathbf{h} \to \mathbf{0}} \frac{(f+g)(\mathbf{x}_0+\mathbf{h})-(f+g)(\mathbf{x}_0)-[df(\mathbf{x}_0)+dg(\mathbf{x}_0)]\cdot \mathbf{h}}{\|\mathbf{h}\|} \\
&= \lim_{\mathbb{E}^n \ni \mathbf{h} \to \mathbf{0}} \frac{f(\mathbf{x}_0+\mathbf{h})+g(\mathbf{x}_0+\mathbf{h})-f(\mathbf{x}_0)-g(\mathbf{x}_0)-df(\mathbf{x}_0)\cdot\mathbf{h}-dg(\mathbf{x}_0)\cdot\mathbf{h}}{\|\mathbf{h}\|} \\
&= \lim_{\mathbb{E}^n \ni \mathbf{h} \to \mathbf{0}} \frac{f(\mathbf{x}_0+\mathbf{h})-f(\mathbf{x}_0)-df(\mathbf{x}_0)\cdot\mathbf{h}}{\|\mathbf{h}\|} \\
&\quad + \lim_{\mathbb{E}^n \ni \mathbf{h} \to \mathbf{0}} \frac{g(\mathbf{x}_0+\mathbf{h})-g(\mathbf{x}_0)-dg(\mathbf{x}_0)\cdot\mathbf{h}}{\|\mathbf{h}\|} = 0
\end{aligned}$$

이 성립하여 $f+g$는 점 $\mathbf{x}_0 \in \operatorname{int}(\Delta)$에서 미분가능하고 $d(f+g)(\mathbf{x}_0) = df(\mathbf{x}_0)+dg(\mathbf{x}_0)$이다.

(b) 함수 λf에 관하여 살펴보면

$$\begin{aligned}
&\lim_{\mathbb{E}^n \ni \mathbf{h} \to \mathbf{0}} \frac{(\lambda f)(\mathbf{x}_0+\mathbf{h})-(\lambda f)(\mathbf{x}_0)-(\lambda df(\mathbf{x}_0))\cdot\mathbf{h}}{\|\mathbf{h}\|} \\
&= \lim_{\mathbb{E}^n \ni \mathbf{h} \to \mathbf{0}} \frac{\lambda f(\mathbf{x}_0+\mathbf{h})-\lambda f(\mathbf{x}_0)-\lambda df(\mathbf{x}_0)\cdot\mathbf{h}}{\|\mathbf{h}\|} \\
&= \lambda \lim_{\mathbb{E}^n \ni \mathbf{h} \to \mathbf{0}} \frac{f(\mathbf{x}_0+\mathbf{h})-f(\mathbf{x}_0)-df(\mathbf{x}_0)\cdot\mathbf{h}}{\|\mathbf{h}\|} = 0
\end{aligned}$$

가 성립하여 λf는 점 $\mathbf{x}_0 \in \operatorname{int}(\Delta)$에서 미분가능하고 $d(\lambda f)(\mathbf{x}_0) = \lambda df(\mathbf{x}_0)$이다. □

명제 5.1.23. 함수 $S : \mathbb{E}^n \times \mathbb{E}^n \longrightarrow \mathbb{E}^1$를 $S(\mathbf{x},\mathbf{y}) = \mathbf{x}\cdot\mathbf{y}$ $(\forall\,(\mathbf{x},\mathbf{y}) \in \mathbb{E}^n \times \mathbb{E}^n)$로 정의하면, 임의의 점 $(\mathbf{x}_0,\mathbf{y}_0) \in \mathbb{E}^n \times \mathbb{E}^n$에서 S는 미분가능하고 $dS(\mathbf{x}_0,\mathbf{y}_0) = (\mathbf{y}_0,\mathbf{x}_0)$이다.

[증명] 임의로 점 $(\mathbf{x}_0,\mathbf{y}_0) \in \mathbb{E}^n \times \mathbb{E}^n$을 선택하여 두자.

(1°) 함수 $L : \mathbb{E}^n \times \mathbb{E}^n \longrightarrow \mathbb{E}^1$을

$$L(\mathbf{h},\mathbf{k}) = \mathbf{x}_0\cdot\mathbf{k}+\mathbf{y}_0\cdot\mathbf{h} \quad (\forall\,(\mathbf{h},\mathbf{k}) \in \mathbb{E}^n \times \mathbb{E}^n)$$

로 정의하면 임의의 $\lambda \in \mathbb{E}^1$ & $(\mathbf{h},\mathbf{k})$, $(\mathbf{u},\mathbf{v}) \in \mathbb{E}^n \times \mathbb{E}^n$에 대하여

$$\begin{aligned}
L(\lambda(\mathbf{h},\mathbf{k})+(\mathbf{u},\mathbf{v})) &= L(\lambda\mathbf{h}+\mathbf{u},\lambda\mathbf{k}+\mathbf{v}) \\
&= \mathbf{x}_0\cdot(\lambda\mathbf{k}+\mathbf{v})+\mathbf{y}_0\cdot(\lambda\mathbf{h}+\mathbf{u}) \\
&= \lambda(\mathbf{x}_0\cdot\mathbf{k})+\mathbf{x}_0\cdot\mathbf{v}+\lambda(\mathbf{y}_0\cdot\mathbf{h})+\mathbf{y}_0\cdot\mathbf{u} = \lambda L(\mathbf{h},\mathbf{k})+L(\mathbf{u},\mathbf{v})
\end{aligned}$$

이므로 L은 선형범함수이고 L에 대한 코벡터는 $(\mathbf{y}_0,\mathbf{x}_0)$이다.

(2°) (1°)에서 정의된 선형범함수 $L : \mathbb{E}^n \times \mathbb{E}^n \longrightarrow \mathbb{E}^1$을 생각할 때,

$$L(\mathbf{h},\mathbf{k}) = (\mathbf{y}_0,\mathbf{x}_0)\cdot(\mathbf{h},\mathbf{k}) \quad (\forall\,(\mathbf{h},\mathbf{k}) \in \mathbb{E}^n \times \mathbb{E}^n)$$

임에 유념하면

$$\begin{aligned}
&\lim_{\mathbb{E}^n\times\mathbb{E}^n \ni (\mathbf{h},\mathbf{k}) \to (\mathbf{0},\mathbf{0})} \frac{S((\mathbf{x}_0,\mathbf{y}_0)+(\mathbf{h},\mathbf{k}))-S(\mathbf{x}_0,\mathbf{y}_0)-L(\mathbf{h},\mathbf{k})}{\|(\mathbf{h},\mathbf{k})\|} \\
&= \lim_{\mathbb{E}^n\times\mathbb{E}^n \ni (\mathbf{h},\mathbf{k}) \to (\mathbf{0},\mathbf{0})} \frac{(\mathbf{x}_0+\mathbf{h})\cdot(\mathbf{y}_0+\mathbf{k})-\mathbf{x}_0\cdot\mathbf{y}_0-\mathbf{x}_0\cdot\mathbf{k}-\mathbf{y}_0\cdot\mathbf{h}}{\|(\mathbf{h},\mathbf{k})\|} \qquad (5.12) \\
&= \lim_{\mathbb{E}^n\times\mathbb{E}^n \ni (\mathbf{h},\mathbf{k}) \to (\mathbf{0},\mathbf{0})} \frac{\mathbf{h}\cdot\mathbf{k}}{\|(\mathbf{h},\mathbf{k})\|}
\end{aligned}$$

를 얻는다. 그러나 '코시-슈바르츠 부등식'과 명제 1.1.14를 고려하면

$$|\mathbf{h}\cdot\mathbf{k}| \le \|\mathbf{h}\|\|\mathbf{k}\| \le \|\mathbf{h}\|^2 + \|\mathbf{k}\|^2 \quad \& \quad \|(\mathbf{h},\mathbf{k})\| = \sqrt{\|\mathbf{h}\|^2 + \|\mathbf{k}\|^2}$$

이므로 $(\mathbf{h},\mathbf{k}) \in (\mathbb{E}^n \times \mathbb{E}^n) \setminus \{(\mathbf{0},\mathbf{0})\}$에 대하여

$$\frac{|\mathbf{h}\cdot\mathbf{k}|}{\|(\mathbf{h},\mathbf{k})\|} \le \frac{\|\mathbf{h}\|^2 + \|\mathbf{k}\|^2}{\sqrt{\|\mathbf{h}\|^2 + \|\mathbf{k}\|^2}} = \sqrt{\|\mathbf{h}\|^2 + \|\mathbf{k}\|^2}$$

이 성립한다. 그러므로 임의의 양수 $\epsilon > 0$에 대하여 $\delta = \epsilon$을 선택하면 다음이 성립한다.

$$0 < \|(\mathbf{h},\mathbf{k})\| < \delta \implies \left|\frac{\mathbf{h}\cdot\mathbf{k}}{\|(\mathbf{h},\mathbf{k})\|}\right| \le \sqrt{\|\mathbf{h}\|^2 + \|\mathbf{k}\|^2} < \delta = \epsilon.$$

즉,

$$\lim_{\mathbb{E}^n\times\mathbb{E}^n \ni (\mathbf{h},\mathbf{k}) \to (\mathbf{0},\mathbf{0})} \frac{\mathbf{h}\cdot\mathbf{k}}{\|(\mathbf{h},\mathbf{k})\|} = 0$$

이고, 따라서 (5.12)에 의하여 S는 $(\mathbf{x}_0,\mathbf{y}_0)$에서 미분가능하며 $dS(\mathbf{x}_0,\mathbf{y}_0) = (\mathbf{y}_0,\mathbf{x}_0)$이다. □

5.1.3 평균값정리

주 의 5.1.24. 점 $\mathbf{h}(\neq \mathbf{0}) \in \mathbb{E}^n$가 주어질 때, $\mathbf{x}_0 \in \text{int}(\Delta)$이면 조건

$$\lceil t \in \mathbb{E}^1 \ \& \ |t| < \delta \rfloor \implies \mathbf{x}_0 + t\mathbf{h} \in \Delta$$

를 만족하는 양수 $\delta > 0$가 존재한다.([6])

명제 5.1.25. 함수 $f : \Delta(\subset \mathbb{E}^n) \longrightarrow \mathbb{E}^1$와 벡터 $\mathbf{h} \in \mathbb{E}^n$가 주어질 때, 점 $\mathbf{x}_0 \in \text{int}(\Delta)$에 대하여 $\phi(t) := f(\mathbf{x}_0 + t\mathbf{h})$로 정의된 함수를 생각하자. 이때, 함수 f가 $\mathbf{x}_0 + t\mathbf{h}$에서 미분가능하면 ϕ는 t에서 미분가능하고 $\phi'(t) = df(\mathbf{x}_0 + t\mathbf{h})\cdot\mathbf{h}$이다.

[증명] $\mathbf{h} = \mathbf{0}$인 경우는 분명하므로 $\mathbf{h} \neq \mathbf{0}$이라 가정하자. 함수 f가 $\mathbf{x}_0 + t\mathbf{h}$에서 미분가능하므로

$$\lim_{\mathbb{E}^n \ni \mathbf{u} \to \mathbf{0}} \frac{f(\mathbf{x}_0 + t\mathbf{h} + \mathbf{u}) - f(\mathbf{x}_0 + t\mathbf{h}) - df(\mathbf{x}_0 + t\mathbf{h})\cdot\mathbf{u}}{\|\mathbf{u}\|} = 0$$

이 성립한다. 여기서 $\mathbf{u} = \tau\mathbf{h}$ $(\tau \in \mathbb{E}^1)$라 두면 $\lim_{\mathbb{E}^1 \ni \tau \to 0} \mathbf{u} = \mathbf{0}$이고, 또한 연습문제 3.3.9를 적용하면

$$\begin{aligned}\lim_{\mathbb{E}^1 \ni \tau \to 0} & \frac{\phi(t+\tau) - \phi(t)}{\tau} - df(\mathbf{x}_0 + t\mathbf{h})\cdot\mathbf{h} \\ &= \lim_{\mathbb{E}^1 \ni \tau \to 0} \frac{\phi(t+\tau) - \phi(t) - \tau df(\mathbf{x}_0 + t\mathbf{h})\cdot\mathbf{h}}{\tau} = 0\end{aligned}$$

([6]) 왜냐하면: $\mathbf{x}_0 \in \text{int}(\Delta)$이므로 $B(\mathbf{x}_0;\delta_1) \subset \Delta$을 만족하는 양수 $\delta_1 > 0$을 선택할 수 있다. 여기서 $\delta := \delta_1/\|\mathbf{h}\|$라 두면 $\delta > 0$이다. 더욱이

$$\lceil t \in \mathbb{E}^1 \ \& \ |t| < \delta \rfloor \implies \|\mathbf{x}_0 + t\mathbf{h} - \mathbf{x}_0\| = \|t\mathbf{h}\| < \delta\|\mathbf{h}\| = \delta_1$$

이 성립하므로 $\mathbf{x}_0 + t\mathbf{h} \in B(\mathbf{x}_0;\delta_1) \subset \Delta$을 얻는다.

을 얻는다. 그러므로

$$\lim_{\mathbb{E}^1 \ni \tau \to 0} \frac{\phi(t+\tau) - \phi(t)}{\tau} = df(\mathbf{x}_0 + t\mathbf{h}) \cdot \mathbf{h}$$

이 성립한다. 즉, ϕ는 t에서 미분가능하고 $\phi'(t) = df(\mathbf{x}_0 + t\mathbf{h}) \cdot \mathbf{h}$이다. □

정리 5.1.26. (평균값정리, mean value theorem) 함수 $f : \Delta(\subset \mathbb{E}^n) \longrightarrow \mathbb{E}^1$와 점 $\mathbf{x}_0 \in \text{int}(\Delta)$가 주어질 때, f가 $\mathbf{x}_0$와 $\mathbf{x}_0 + \mathbf{h}$를 잇는 선분 $[\![\mathbf{x}_0; \mathbf{x}_0 + \mathbf{h}]\!]_s$ 위에서 연속이고 끝점 $\mathbf{x}_0$와 $\mathbf{x}_0 + \mathbf{h}$를 제외한 모든 점에서 미분가능하면 조건

$$f(\mathbf{x}_0 + \mathbf{h}) - f(\mathbf{x}_0) = df(\mathbf{x}_0 + s\mathbf{h}) \cdot \mathbf{h}$$

을 만족하는 실수 $s \in (0,1)$가 존재한다.

[증명] 명제 5.1.25에서 처럼 함수 $\phi(t) := f(\mathbf{x}_0 + t\mathbf{h})$를 생각하면 ϕ는 $[0,1]$위에서 연속이고 $(0,1)$위에서 미분가능하다. 그러므로 일변수에 대한 '평균값정리'에 의하여 $\phi(1) - \phi(0) = \phi'(s)$을 만족하는 $s \in (0,1)$가 존재한다. 한편

$$\phi(1) = f(\mathbf{x}_0 + \mathbf{h}), \quad \phi(0) = f(\mathbf{x}_0) \quad \& \quad \phi'(s) = df(\mathbf{x}_0 + s\mathbf{h}) \cdot \mathbf{h}$$

이므로

$$f(\mathbf{x}_0 + \mathbf{h}) - f(\mathbf{x}_0) = df(\mathbf{x}_0 + s\mathbf{h}) \cdot \mathbf{h}$$

가 성립하여 요구된 결과를 얻는다. □

정의 5.1.27. 함수 $f : \Delta(\subset \mathbb{E}^n) \longrightarrow \mathbb{E}^1$가 주어질 때, f가 집합 $A(\subset \Delta)$의 모든 점에서 미분가능하면 f는 A **위에서 미분가능**하다고 말한다. 특히, Δ가 열린집합이고 f가 Δ 위에서 미분가능하면 f를 간단히 **미분가능한 함수**라 한다.

따름정리 5.1.28. 함수 $f : \Delta(\subset \mathbb{E}^n) \longrightarrow \mathbb{E}^1$가 주어지고 f가 볼록집합 $K(\subset \Delta)$ 위에서 미분가능일 때, 조건 $\|df(\mathbf{x})\| \leq C\, (\forall \mathbf{x} \in K)$을 만족하는 상수 $C \geq 0$가 존재하면 다음이 성립한다.

$$|f(\mathbf{x}) - f(\mathbf{y})| \leq C\|\mathbf{x} - \mathbf{y}\| \quad (\forall \mathbf{x}, \mathbf{y} \in K).$$

[증명] 임의의 두 점 $\mathbf{x}, \mathbf{y} \in K$를 정해두면 K가 볼록집합이므로 $[\![\mathbf{x}; \mathbf{y}]\!]_s \subset K$이다. 그러므로 정리 5.1.26에 의하여 조건

$$f(\mathbf{x}) - f(\mathbf{y}) = df(\mathbf{y} + s(\mathbf{x} - \mathbf{y})) \cdot (\mathbf{x} - \mathbf{y})$$

을 만족하는 실수 $s \in (0,1)$가 존재한다. 여기서 '코시-슈바르츠 부등식'을 적용하고 $\mathbf{y} + s(\mathbf{x} - \mathbf{y}) = s\mathbf{x} + (1-s)\mathbf{y} \in K$임에 유념하면 부등식

$$|f(\mathbf{x}) - f(\mathbf{y})| \leq \|df(\mathbf{y} + s(\mathbf{x} - \mathbf{y}))\| \|\mathbf{x} - \mathbf{y}\| \leq C\|\mathbf{x} - \mathbf{y}\|$$

을 얻고 증명을 마친다. □

따름정리 5.1.29. 영역 $\Delta \subset \mathbb{E}^n$와 미분가능한 함수 $f : \Delta \longrightarrow \mathbb{E}^1$가 주어질 때, 조건 $df(\mathbf{x}) = 0\ (\forall \mathbf{x} \in \Delta)$을 만족하면 f는 Δ 위에서 상수함수이다.[7]

[증명] 점 $\mathbf{x}_0 \in \Delta$를 정해두고 집합 $\Delta_1 := \{\mathbf{x} \in \Delta : f(\mathbf{x}) = f(\mathbf{x}_0)\}$를 생각하자. 우선 $\mathbf{x}_0 \in \Delta_1$이므로 $\Delta_1 \neq \varnothing$임을 알 수 있다. 그러므로 Δ_1이 Δ의 열린집합임과 동시에 닫힌집합임을 보이면 Δ의 연결성에 의하여 $\Delta = \Delta_1$이 성립하고 따라서 f는 Δ 위에서 상수함수이다.

- Δ_1이 열린집합임을 보이기 위하여 임의의 점 $\mathbf{x} \in \Delta_1$를 택하자. 이때, Δ가 열린집합이므로 $B(\mathbf{x};\delta) \subset \Delta$이 성립하는 양수 $\delta > 0$가 존재한다. 그런데 $B(\mathbf{x};\delta)$는 볼록집합이고 $df(\mathbf{x}) = 0\ (\forall \mathbf{x} \in \Delta)$이므로 따름정리 5.1.28에 의하여 $|f(\mathbf{y}) - f(\mathbf{x})| = 0\ (\forall \mathbf{y} \in B(\mathbf{x};\delta))$이 성립한다. 특히, $B(\mathbf{x};\delta) \subset \Delta_1$이 성립하여 Δ_1은 Δ의 열린부분집합이다.
- f가 Δ 위에서 미분가능한 함수이므로 f는 Δ 위에서 연속함수이다. 특히, $\Delta_1 = f^{-1}(\{f(\mathbf{x}_0)\})$이고 $\{f(\mathbf{x}_0)\}$은 $\mathbb{E}^1$의 닫힌집합이므로 Δ_1 은 Δ의 닫힌부분집합이다.

결국 Δ_1이 Δ의 열린집합임과 동시에 닫힌집합이므로 요구된 결과를 얻고 증명을 마친다. □

5.1.4 기울기 벡터

정의 5.1.30. 함수 $f : \Delta(\subset \mathbb{E}^n) \longrightarrow \mathbb{E}^1$가 점 $\mathbf{x} \in \text{int}(\Delta)$에서 미분가능할 때, 각 $\mathbf{h} \in \mathbb{E}^n$에 대하여 $L(\mathbf{h}) := df(\mathbf{x}) \cdot \mathbf{h}$로 정의된 함수 $L : \mathbb{E}^n \longrightarrow \mathbb{E}^1$은 선형범함수임을 알고 있다. 따라서 $\mathbb{E}^n$에 또 하나의 내적 $\langle \cdot,\cdot \rangle$이 도입된 내적공간이면 정리 4.3.13에 의하여 조건

$$df(\mathbf{x}) \cdot \mathbf{h} = L(\mathbf{h}) = \langle \mathbf{y}_\mathbf{x}, \mathbf{h} \rangle \quad (\forall \mathbf{h} \in \mathbb{E}^n) \tag{5.13}$$

을 만족하는 유일한 벡터 $\mathbf{y}_\mathbf{x} \in \mathbb{E}^n$가 존재한다. 이 벡터 $\mathbf{y}_\mathbf{x} \in \mathbb{E}^n$를 내적 $\langle \cdot,\cdot \rangle$에 관한 함수 f의 점 $\mathbf{x}$에서 **기울기 벡터(gradient vector)**라 한다.

정의 5.1.30에서 내적이 달라지면 기울기 벡터 역시 달라짐을 확인할 수 있다.

참고 5.1.31. 함수 $f : \Delta(\subset \mathbb{E}^n) \longrightarrow \mathbb{E}^1$가 점 $\mathbf{x} \in \text{int}(\Delta)$에서 미분가능할 때, $\mathbb{E}^n$ 위에 유클리드 내적을 가지고 기울기 벡터 $\mathbf{y}_\mathbf{x} \in \mathbb{E}^n$를 계산해 보자. 이미 살펴본바에 따르면

$$df(\mathbf{x}) \cdot \mathbf{h} = \sum_{i=1}^{n} f_i(\mathbf{x}) h^i \quad (\forall \mathbf{h} \in \mathbb{E}^n)$$

이므로 (5.13)으로 부터 등식

$$\mathbf{y}_\mathbf{x} \cdot \mathbf{h} = \sum_{i=1}^{n} f_i(\mathbf{x}) h^i \quad (\forall \mathbf{h} \in \mathbb{E}^n)$$

가 성립한다. 특히, $\mathbf{h} = \boldsymbol{\epsilon}_i\ (\forall i \in \{1, 2, \cdots, n\})$를 생각하면 유클리드 내적에 관한 함수 f의 점 $\mathbf{x}$에서 기울기 벡터 $\mathbf{y}_\mathbf{x}$는

$$\mathbf{y}_\mathbf{x} = (f_1(\mathbf{x}), f_2(\mathbf{x}), \cdots, f_n(\mathbf{x}))$$

---

[7] **영역(domain)**이란 열린연결집합(open and connected set)을 의미한다.

으로 주어진다. 유클리드 내적에 관한 기울기 벡터 $\mathbf{y_x}$를 $\mathrm{grad} f(\mathbf{x})$로 나타낸다. 그러므로

$$\mathrm{grad} f(\mathbf{x}) := \sum_{i=1}^{n} f_i(\mathbf{x})\boldsymbol{\epsilon}_i = (f_1(\mathbf{x}), f_2(\mathbf{x}), \cdots, f_n(\mathbf{x}))$$

이다.([8])

명제 5.1.32. 점 $\mathbf{x}_0 \in \mathrm{int}(\Delta)$에서 미분가능 함수 $f : \Delta(\subset \mathbb{E}^n) \longrightarrow \mathbb{E}^1$가 주어지고, $\mathbb{E}^n$ 위에 명제 4.3.10에서와 같은 내적

$$B(\mathbf{x}, \mathbf{y}) = \sum_{i,j=1}^{n} c_{ij} x^i y^j \quad (\forall \mathbf{x}, \mathbf{y} \in \mathbb{E}^n)$$

이 도입되었을 때, 내적 B에 관한 함수 f의 점 $\mathbf{x}_0$에서 기울기 벡터를 $\mathrm{grad}_B f(\mathbf{x}_0)$라 하면

$$\mathrm{grad}_B f(\mathbf{x}_0) = \sum_{i,j=1}^{n} c^{ij} f_j(\mathbf{x}_0)\boldsymbol{\epsilon}_i$$

로 주어진다. 여기서 $(c^{ij})_{n\times n}$는 $(c_{ij})_{n\times n}$의 역행렬을 의미한다.

[증명] (5.13)에 의하여

$$df(\mathbf{x}_0) \cdot \mathbf{h} = B(\mathrm{grad}_B f(\mathbf{x}_0), \mathbf{h}) \quad (\forall \mathbf{h} \in \mathbb{E}^n) \tag{5.14}$$

을 만족한다. 그러므로 $\mathbf{z} = \mathrm{grad}_B f(\mathbf{x}_0)$라 두고 벡터 $\mathbf{z}$의 성분을 찾기 위하여 $\mathbf{h} = \boldsymbol{\epsilon}_i\,(\forall i \in \{1, 2, \cdots, n\})$를 생각하면 $df(\mathbf{x}_0) \cdot \mathbf{h} = \sum_{i=1}^{n} f_i(\mathbf{x}_0) h^i$이므로 (5.14)로 부터

$$\sum_{j=1}^{n} c_{ij} z^j = f_i(\mathbf{x}_0) \quad (\forall i \in \{1, 2, \cdots, n\}) \tag{5.15}$$

을 얻는다. 즉,

$$\begin{pmatrix} c_{11} & c_{12} & \cdots & c_{1n} \\ c_{21} & c_{22} & \cdots & c_{2n} \\ \vdots & \vdots & \ddots & \vdots \\ c_{n1} & c_{n2} & \cdots & c_{nn} \end{pmatrix} \begin{pmatrix} z^1 \\ z^2 \\ \vdots \\ z^n \end{pmatrix} = \begin{pmatrix} f_1(\mathbf{x}_0) \\ f_2(\mathbf{x}_0) \\ \vdots \\ f_n(\mathbf{x}_0) \end{pmatrix}$$

이다. 한편, 행렬 $(c_{ij})_{n\times n}$가 가역(invertible)이므로

$$\begin{pmatrix} z^1 \\ z^2 \\ \vdots \\ z^n \end{pmatrix} = \begin{pmatrix} c^{11} & c^{12} & \cdots & c^{1n} \\ c^{21} & c^{22} & \cdots & c^{2n} \\ \vdots & \vdots & \ddots & \vdots \\ c^{n1} & c^{n2} & \cdots & c^{nn} \end{pmatrix} \begin{pmatrix} f_1(\mathbf{x}_0) \\ f_2(\mathbf{x}_0) \\ \vdots \\ f_n(\mathbf{x}_0) \end{pmatrix}$$

이 성립한다. 그러므로

$$\mathbf{z} = \mathrm{grad}_B f(\mathbf{x}_0) = \sum_{i=1}^{n} \left(\sum_{j=1}^{n} c^{ij} f_j(\mathbf{x}_0) \right) \boldsymbol{\epsilon}_i = \sum_{i,j=1}^{n} c^{ij} f_j(\mathbf{x}_0)\boldsymbol{\epsilon}_i$$

를 얻고 증명을 마친다. □

([8]) 때때로 $\mathbf{x}$에서 함수 f의 기울기 벡터 $\mathrm{grad} f(\mathbf{x})$를 $\nabla f(\mathbf{x})$로 나타내기도 한다.

참고 5.1.33. 열린집합 $\Delta \subset \mathbb{E}^n$ 위에서 미분가능한 함수 $f : \Delta \longrightarrow \mathbb{E}^1$가 주어질 때, 기울기 벡터 함수 $\nabla f : \Delta \longrightarrow \mathbb{E}^n$는 **벡터장(vector field)**의 한가지 사례이다. 이와 대조적으로 함수 $f : \Delta \longrightarrow \mathbb{E}^1$를 **스칼라장(scalar field)**이라 부르기도 한다.

5.1.5 동차함수

정의 5.1.34. 집합 $\Delta \subset \mathbb{E}^n$ 위에서 정의된 함수 $f : \Delta \longrightarrow \mathbb{E}^1$와 실수 $p \in \mathbb{E}^1$가 주어질 때, 다음과 같이 정의한다.

(i) 조건

$$\begin{cases} \circ\ \mathbf{x} \in \Delta \ \&\ t \in \mathbb{E}^1 \setminus \{0\} \implies t\mathbf{x} \in \Delta\,; \\ \circ\ f(t\mathbf{x}) = t^p f(\mathbf{x}) \quad (\forall \mathbf{x} \in \Delta \ \&\ \forall t \in \mathbb{E}^1 \setminus \{0\}) \end{cases}$$

을 만족하는 경우, 함수 f를 p차 **동차함수(homogeneous function)**라 한다.

(ii) 조건

$$\begin{cases} \circ\ \mathbf{x} \in \Delta \ \&\ t > 0 \implies t\mathbf{x} \in \Delta\,; \\ \circ\ f(t\mathbf{x}) = t^p f(\mathbf{x}) \quad (\forall \mathbf{x} \in \Delta \ \&\ \forall t > 0) \end{cases}$$

을 만족하는 경우, 함수 f를 p차 **양의 동차함수(positively homogeneous function)**라 한다.

보기 5.1.35. 임의의 $(x, y) \in \mathbb{E}^2$에 대하여 $f(x, y) = x^{-\frac{1}{3}} + y^{-\frac{1}{3}}$로 정의된 함수 f는 $-\frac{1}{3}$차 동차함수이고; 임의의 $(x, y) \in \mathbb{E}^2$에 대하여 $g(x, y) = \sqrt{x^2 + y^2}$로 정의된 함수 g는 1차 양의 동차함수이지만 동차함수는 아니다.

연습문제 5.1

1. 각 $(x,y,z) \in \mathbb{E}^3$에 대하여 $L(x,y,z) = x+y+2z$로 정의된 선형범함수 $L : \mathbb{E}^3 \longrightarrow \mathbb{E}^1$에 대응하는 코벡터를 구하여라.[109]

2. 선형범함수 $L : \mathbb{E}^n \longrightarrow \mathbb{E}^1$이 주어질 때, $L(\mathbf{x}_0) \neq 0$을 만족하는 점 $\mathbf{x}_0 \in \mathbb{E}^n$가 존재하면 집합 $P = \{\mathbf{x} \in \mathbb{E}^n : L(\mathbf{x}) = c\}$는 초평면임을 보여라.[110]

3. 각 $(x,y) \in \mathbb{E}^2$에 대하여 $f(x,y) = (x-1)^2 - y^2$로 정의된 함수 $f : \mathbb{E}^2 \longrightarrow \mathbb{E}^1$가 주어질 때, 임의의 방향 $\mathbf{v} \in \mathbb{E}^2$로 $\mathbf{x}_0 = (0,1)$에서 함수 f의 방향도함수를 구하여라.[111]

4. 각 $(x,y) \in \mathbb{E}^2$에 대하여 $f(x,y) = (xy)^{\frac{1}{3}}$로 정의된 함수 $\mathbb{E}^2 \longrightarrow \mathbb{E}^1$가 주어질 때, 다음에 답하여라.[112]

   (가) $f_1(0,0) = 0 = f_2(0,0)$임을 보여라.

   (나) 원점 $(0,0)$에서 함수 f의 방향도함수가 존재하는 방향은 좌표축 방향뿐임을 보여라.

   (다) 함수 f가 원점 $(0,0)$에서 연속임을 보여라.

5. 함수 $f : \mathbb{E}^2 \longrightarrow \mathbb{E}^1$를 각 $(x,y) \in \mathbb{E}^2$에 대하여

$$f(x,y) = \begin{cases} \frac{xy^2}{x^2+y^4} & (x \neq 0) \\ 0 & (x = 0) \end{cases}$$

   로 정의하면 f는 $(0,0)$에서 불연속이지만 임의의 방향으로 $(0,0)$에서 f의 방향도함수가 존재함을 보여라.[113]

6. 함수 $f : \mathbb{E}^2 \longrightarrow \mathbb{E}^1$를 각 $(x,y) \in \mathbb{E}^2$에 대하여

$$f(x,y) = \begin{cases} \frac{xy}{x^2+y^2} & ((x,y) \neq (0,0)) \\ 0 & ((x,y) = (0,0)) \end{cases}$$

   로 정의하면 다음이 성립함을 보여라.[114]

   (가) 모든 점에서 함수 f의 편도함수가 존재한다.

   (나) $v^1v^2 \neq 0$인 방향 $\mathbf{v} = (v^1, v^2) \in \mathbb{E}^2$에 대하여 원점 $(0,0)$에서 함수 f의 방향도함수는 존재하지 않는다.

   (다) 원점 $(0,0)$을 제외하고 모든 점에서 함수 f는 미분가능하다.

   (라) $\lim_{\mathbb{E}^2 \ni (x,y) \to (0,0)} f(x,y)$는 존재하지 않는다.

7. 각 $(x,y,z) \in \mathbb{E}^3$에 대하여 $f(x,y,z) = |x+y+z|$로 정의된 함수 $\mathbb{E}^3 \longrightarrow \mathbb{E}^1$와 $x_0 + y_0 + z_0 = 0$을 만족하는 점 $(x_0,y_0,z_0) \in \mathbb{E}^3$가 주어질 때, 점 (x_0,y_0,z_0)에서 함수 f의 방향도함수가 존재하는 방향을 구하여라.[115]

8. 함수 $f : \mathbb{E}^2 \longrightarrow \mathbb{E}^1$를 각 $(x,y) \in \mathbb{E}^2$에 대하여

$$f(x,y) = \begin{cases} x+y & (xy=0) \\ 1 & (xy \neq 0) \end{cases}$$

로 정의하면 다음이 성립함을 보여라.[116]

(가) $\lim_{\mathbb{E}^2 \ni (x,y) \to (0,0)} f(x,y)$는 존재하지 않는다.

(나) 원점 $(0,0)$에서 함수 f의 방향도함수가 존재하기 위한 필요충분조건은 $v^1 v^2 = 0$을 만족하는 방향 $\mathbf{v} = (v^1, v^2) \in \mathbb{E}^2$이다.

9. 함수 $f : \mathbb{E}^2 \longrightarrow \mathbb{E}^1$를 $f(x,y) = \sqrt{|xy|}$ $(\forall (x,y) \in \mathbb{E}^2)$로 정의하면 다음이 성립함을 보여라.[117]

(가) f는 원점 $(0,0)$에서 연속이다.

(나) 원점 $(0,0)$에서 함수 f의 편도함수가 존재한다.

(다) $v^1 v^2 \neq 0$를 만족하는 방향 $\mathbf{v} = (v^1, v^2) \in \mathbb{E}^2$에 대하여 원점 $(0,0)$에서 함수 f의 방향도함수는 존재하지 않는다.

(라) 함수 f는 원점 $(0,0)$에서 미분불가능하다.

10. 각 $(x,y) \in \mathbb{E}^2$에 대하여

$$f(x,y) = \begin{cases} \frac{x}{y} + \frac{y}{x} & (xy \neq 0) \\ 0 & (xy = 0) \end{cases}$$

으로 정의된 함수 $f : \mathbb{E}^2 \longrightarrow \mathbb{E}^1$가 주어질 때, 다음 물음에 답하여라.[118]

(가) 함수 f는 $xy \neq 0$인 점 $(x,y) \in \mathbb{E}^2$에서 편도함수가 존재하는가? 특히, 존재하는 경우, 편도함수들이 그 점에서 연속인가?

(나) 함수 f는 $xy = 0$인 점 $(x,y) \in \mathbb{E}^2 \setminus \{(0,0)\}$에서 편도함수가 존재하는가?

(다) 함수 f는 원점 $(0,0)$에서 편도함수가 존재하는가?

11. $\mathbb{E}^n$ 위에 다음과 같이 주어진 함수에 대하여 $\operatorname{grad} f(\mathbf{x})$를 구하여라.[119]

(가) $f(\mathbf{x}) := \mathbf{x}_0 \cdot \mathbf{x}$ (나) $f(\mathbf{x}) := \|\mathbf{x}\|$ (단, $\mathbf{x} \neq \mathbf{0}$) (다) $f(\mathbf{x}) := (\mathbf{x}_0 \cdot \mathbf{x})^2$

12. 각 $(x,y) \in \mathbb{E}^2$에 대하여

$$f(x,y) = \begin{cases} \frac{2xy}{\sqrt{x^2+y^2}} & ((x,y) \neq (0,0)) \\ 0 & ((x,y) = (0,0)) \end{cases}$$

로 정의된 함수 $f : \mathbb{E}^2 \longrightarrow \mathbb{E}^1$가 주어질 때, 다음 물음에 답하여라.[120]

(가) 함수 f는 원점 $(0,0)$에서 연속이다.

(나) 원점 $(0,0)$에서 함수 f의 방향도함수가 존재하는 방향을 찾아라.

(다) 원점 $(0,0)$에서 함수 f는 미분불가능이다.

13. **(Euler 공식)** 임의의 $\mathbf{x} \in \Delta$ & $t \in \mathbb{E}^1 \setminus \{0\}$에 대하여 $t\mathbf{x} \in \Delta$를 만족하는 열린집합 $\Delta \subset \mathbb{E}^n$ 위에서 정의된 미분가능한 함수 $f : \Delta \longrightarrow \mathbb{E}^1$가 주어질 때, f가 $p \in \mathbb{E}^1$차 동차함수이기 위한 필요충분조건은

$$df(\mathbf{x}) \cdot \mathbf{x} = pf(\mathbf{x}) \quad (\forall \mathbf{x} \in \Delta \setminus \{\mathbf{0}\})$$

임을 보여라.[121]

14. 실수 $p \in \mathbb{E}^1$와 $\mathbb{E}^1$ 위의 대칭행렬 $(c_{ij})_{n \times n}$이 주어질 때, 이차동차식

$$Q(\mathbf{x}) = \sum_{i,j=1}^{n} c_{ij} x^i x^j > 0 \quad (\forall \mathbf{x} \in \mathbb{E}^n \setminus \{\mathbf{0}\})$$

에 대하여 $f(\mathbf{x}) = \{Q(\mathbf{x})\}^{\frac{p}{2}}$로 정의된 함수 $f : \mathbb{E}^n \longrightarrow \mathbb{E}^1$를 생각하고 다음 물음에 답하여라.[122]

(가) 각 $\mathbf{x} \in \mathbb{E}^n$에 대하여 미분 $df(\mathbf{x})$를 구하여라.

(나) 함수 f를 가지고 'Euler 공식'을 증명하여라.

15. 점 $\mathbf{x}_0 \in \operatorname{int}(\Delta)$에서 미분가능한 함수 $f, g : \Delta(\subset \mathbb{E}^n) \longrightarrow \mathbb{E}^1$가 가 주어질 때, 함수 fg도 점 $\mathbf{x}_0 \in \operatorname{int}(\Delta)$에서 미분가능하고

$$(fg)(\mathbf{x}_0) = f(\mathbf{x}_0)dg(\mathbf{x}_0) + g(\mathbf{x}_0)df(\mathbf{x}_0)$$

임을 보여라.[123]

16. 집합 $\Delta \subset \mathbb{E}^n$ 위에서 정의된 함수 $f, g : \Delta \longrightarrow \mathbb{E}^1$와 점 $\mathbf{x}_0 \in \operatorname{int}(\Delta)$가 주어질 때, 조건

$$\begin{cases} \circ\ f\text{는 } \mathbf{x}_0\text{에서 연속;} \\ \circ\ g\text{는 } \mathbf{x}_0\text{에서 미분가능하고 } g(\mathbf{x}_0) = 0 \end{cases}$$

을 만족하면 fg도 점 $\mathbf{x}_0 \in \operatorname{int}(\Delta)$에서 미분가능하고 $d(fg)(\mathbf{x}_0) = f(\mathbf{x}_0)dg(\mathbf{x}_0)$임을 보여라.[124]

17. 집합 $\Delta \subset \mathbb{E}^n$ 위에서 정의된 함수 $f, g : \Delta \longrightarrow \mathbb{E}^1$가 점 $\mathbf{x}_0 \in \operatorname{int}(\Delta)$에서 미분가능할 때, 다음을 증명하여라.[125]

(가) $\nabla(fg)(\mathbf{x}_0) = f(\mathbf{x}_0)\nabla g(x_0) + g(\mathbf{x}_0)\nabla f(\mathbf{x}_0)$.

(나) $f(\mathbf{x}_0) \neq 0$이면 $\nabla(1/f)(\mathbf{x}_0) = -\frac{1}{f^2(\mathbf{x}_0)}\nabla f(\mathbf{x}_0)$.

18. 열린집합 $\Delta \subset \mathbb{E}^n$ 위에서 정의된 함수 $f : \Delta \longrightarrow \mathbb{E}^1$가 Δ 위에서 편미분가능하고 $|f_j(\mathbf{x})| \le M\,(\forall \mathbf{x} \in \Delta\ \&\ \forall j \in \{1, 2, \cdots, n\})$을 만족하는 양수 $M > 0$이 존재하면 $f \in \mathcal{C}(\Delta, \mathbb{E}^1)$임을 보여라.[126]

19. 열린볼록집합 $\Delta \subset \mathbb{E}^n$ 위에서 정의된 함수 $f : \Delta \longrightarrow \mathbb{E}^1$가 $f_1(\mathbf{x}) = 0\,(\forall \mathbf{x} \in \Delta)$을 만족하면 함수 f는 Δ 위에서 첫 번째 변수에 독립임을 보여라.[127]

20. 함수 $f : \mathbb{E}^2 \longrightarrow \mathbb{E}^1$을 각 $(x, y) \in \mathbb{E}^2$에 대하여

$$f(x,y) = \begin{cases} \frac{x^3}{x^2+y^2} & ((x,y) \neq (0,0)) \\ 0 & ((x,y) = (0,0)) \end{cases}$$

로 정의할 때, 다음 물음에 답하여라.[128]

(가) 편도함수 $f_j\,(\forall j \in \{1, 2\})$가 모두 $\mathbb{E}^2$ 위에서 유계임을 보여라. 특히, 함수 f는 $\mathbb{E}^2$ 위에서 연속임을 보여라.

(나) 임의의 방향 $\mathbf{v} \in \mathbb{E}^2$에 대하여 방향도함수 $f_{\mathbf{v}}(0,0)$가 존재하고 $|f_{\mathbf{v}}(0,0)| \le 1$임을 보여라.

(다) 함수 f는 원점 $(0,0)$에서 미분불가능임으로 보여라.

5.2 $\mathcal{C}^q$-급 함수

다변수 함수의 미분을 다루다 보면 하나의 변수로 편미분하는 경우도 있지만 몇개의 변수를 혼합해서 편미분을 실시해야 하는 경우도 발생한다. 이러한 경우를 포함하여 미분과 어떠한 상관관계를 갖는지 살펴보기로 하자.

5.2.1 일차 편도함수

정의 5.2.1. 열린집합 $\Delta \subset \mathbb{E}^n$와 함수 $f : \Delta \longrightarrow \mathbb{E}^1$가 주어질 때, 다음과 같이 정의한다.

(a) f가 Δ 위에서 연속이면 f를 $\mathcal{C}^0$**-급 함수**라 하고 간단히 $f \in \mathcal{C}^0(\Delta)$로 나타낸다.

(b) 각 점 $\mathbf{x} \in \Delta$에서 f의 편미분계수 $f_j(\mathbf{x})$ $(1 \le j \le n)$가 존재하고 또한 각 편도함수 f_j $(1 \le j \le n)$가 Δ 위에서 연속이면 f를 $\mathcal{C}^1$**-급 함수**라 하고 간단히 $f \in \mathcal{C}^1(\Delta)$로 나타낸다.

(c) $B(\mathbf{a}; r) \subset \Delta$ & $f \in \mathcal{C}^1(B(\mathbf{a}; r))$을 만족하는 양수 $r > 0$이 존재할 때, f를 $\mathbf{a} \in \Delta$**에서 국소적으로** $\mathcal{C}^1$**-급 함수**라 하고 간단히 $f \in \mathcal{C}^1(\{\mathbf{a}\})$로 나타낸다.

정리 5.2.2. 열린집합 $\Delta \subset \mathbb{E}^n$에 대하여 $f \in \mathcal{C}^1(\Delta)$이면 f는 미분가능한 함수이다.

[증명] 차원 $n \in \mathbb{N}$에 대하여 귀납적으로 증명하자.

(1°) $n = 1$인 경우 : $f \in \mathcal{C}^1(\Delta)$이면 도함수 f'이 Δ 위에서 연속이다. 그런데 함수 f가 미분가능이란 각 $x \in \Delta$에 대하여 $f'(x)$가 존재한 것을 의미한다. 따라서 정의에 의하여 분명하다.

(2°) $n > 1$인 경우 : 차원 $(n-1)$에 대하여 결론이 성립함을 가정하고 $\mathbf{x}_0 \in \Delta$를 임의의 정해두면 $\Delta \subset \mathbb{E}^n$가 열린집합이므로 조건 $B(\mathbf{x}_0; \delta) \subset \Delta$를 만족하는 양수 $\delta > 0$가 존재한다. 이때, $\mathbf{x} = (x^1, \cdots, x^n) \in \mathbb{E}^n$에 대하여 $\hat{\mathbf{x}} = (x^1, \cdots, x^{n-1})$라 두고 표현 $\mathbf{x} = (\hat{\mathbf{x}}, x^n)$을 채택하여 집합

$$\Delta_1 := \{\hat{\mathbf{x}} \in \mathbb{E}^{n-1} : (\hat{\mathbf{x}}, x_0^n) \in \Delta\}$$

를 생각하자. 각 $\hat{\mathbf{x}} \in \Delta_1$에 대하여 $\varphi(\hat{\mathbf{x}}) := f(\hat{\mathbf{x}}, x_0^n)$로 정의된 함수 $\varphi : \Delta_1 \longrightarrow \mathbb{E}^1$를 생각하면 $\varphi_i(\hat{\mathbf{x}}) = f_i(\hat{\mathbf{x}}, x_0^n)\,(1 \le i \le n-1)$이다. 그러나 $f \in \mathcal{C}^1(\Delta)$이므로 $\varphi \in \mathcal{C}^1(\Delta_1)$이고, 귀납법의 가정을 적용하면 φ는 열린집합 $\Delta_1 \subset \mathbb{E}^{n-1}$ 위에서 미분가능하다. 특히, φ는 $\hat{\mathbf{x}}_0$에서 미분가능하다. 그러므로 임의의 양수 $\epsilon > 0$에 대하여 조건

$$0 < \|\hat{\mathbf{h}}\| < \delta_1 \implies \left|\varphi(\hat{\mathbf{x}}_0 + \hat{\mathbf{h}}) - \varphi(\hat{\mathbf{x}}_0) - \sum_{i=1}^{n-1} \varphi_i(\hat{\mathbf{x}}_0) h^i\right| < \frac{\epsilon}{2}\|\hat{\mathbf{h}}\|$$

을 만족하는 양수 $\delta_1 \in (0, \delta)$을 선택할 수 있다. 반면에 편도함수 f_n이 $\mathbf{x}_0$에서 연속이므로 조건

$$\|\mathbf{y} - \mathbf{x}_0\| < \delta_2 \implies |f_n(\mathbf{y}) - f_n(\mathbf{x}_0)| < \frac{\epsilon}{2}$$

를 만족하는 $\delta_2 \in (0,\delta)$가 존재한다. 여기서 $\delta := \min\{\delta_1,\delta_2\}$라 두면 $\delta > 0$이고, $\|\mathbf{h}\| < \delta$를 만족하는 임의의 $\mathbf{h} \in \mathbb{E}^n$에 대하여 '평균값정리'를 적용하면 조건

$$\begin{aligned} f(\mathbf{x}_0+\mathbf{h}) - \varphi(\hat{\mathbf{x}}_0+\hat{\mathbf{h}}) &= f(\hat{\mathbf{x}}_0+\hat{\mathbf{h}}, x_0^n + h^n) - f(\hat{\mathbf{x}}_0+\hat{\mathbf{h}}, x_0^n) \\ &= f_n(\hat{\mathbf{x}}_0+\hat{\mathbf{h}}, x_0^n + sh^n)h^n \end{aligned}$$

를 만족하는 실수 $s \in (0,1)$을 선택할 수 있다. 여기서 $\mathbf{y} = (\hat{\mathbf{x}}_0+\hat{\mathbf{h}}, x_0^n + sh^n)$라 두면 $\|\mathbf{y} - \mathbf{x}_0\| = \|(\hat{\mathbf{h}}, sh^n)\| \le \|\mathbf{h}\| < \delta$이다. 그러므로 등식

$$\begin{aligned} f(\mathbf{x}_0+\mathbf{h}) - f(\mathbf{x}_0) &= f(\mathbf{x}_0+\mathbf{h}) - \varphi(\hat{\mathbf{x}}_0) \\ &= [f(\mathbf{x}_0+\mathbf{h}) - \varphi(\hat{\mathbf{x}}_0+\hat{\mathbf{h}})] + [\varphi(\hat{\mathbf{x}}_0+\hat{\mathbf{h}}) - \varphi(\hat{\mathbf{x}}_0)] \end{aligned}$$

을 고려하면 $0 < \|\mathbf{h}\| < \delta$을 만족하는 임의의 $\mathbf{h} \in \mathbb{E}^n$에 대하여 다음이 성립한다.

$$\begin{aligned} &|f(\mathbf{x}_0+\mathbf{h}) - f(\mathbf{x}_0) - df(\mathbf{x}_0)\cdot\mathbf{h}| \\ &\quad= \left| f_n(\mathbf{y})h^n - f_n(\mathbf{x}_0)h^n + \varphi(\hat{\mathbf{x}}_0+\hat{\mathbf{h}}) - \varphi(\hat{\mathbf{x}}_0) - \sum_{i=1}^{n-1} \varphi_i(\hat{\mathbf{x}}_0)h^i \right| \\ &\quad\le |f_n(\mathbf{y}) - f_n(\mathbf{x}_0)|\,|h^n| + \left| \varphi(\hat{\mathbf{x}}_0+\hat{\mathbf{h}}) - \varphi(\hat{\mathbf{x}}_0) - \sum_{i=1}^{n-1} \varphi_i(\hat{\mathbf{x}}_0)h^i \right| \\ &\quad< \frac{\epsilon}{2}|h^n| + \frac{\epsilon}{2}\|\hat{\mathbf{h}}\| \le \epsilon\|\mathbf{h}\|. \end{aligned}$$

결국,

$$\lim_{\mathbb{E}^n \ni \mathbf{h}\to\mathbf{0}} \frac{f(\mathbf{x}_0+\mathbf{h}) - f(\mathbf{x}_0) - df(\mathbf{x}_0)\cdot\mathbf{h}}{\|\mathbf{h}\|} = 0$$

을 얻고, f는 $\mathbf{x}_0$에서 미분가능함을 보였다. □

정리 5.2.2의 역이 성립하지 않는 예를 생각해 보자.

보기 5.2.3. 각 $(x,y) \in \mathbb{E}^2$에 대하여

$$f(x,y) = \begin{cases} (x^2+y^2)\sin\frac{1}{\sqrt{x^2+y^2}} & ((x,y)\ne(0,0)) \\ 0 & ((x,y)=(0,0)) \end{cases}$$

로 정의된 함수 $f : \mathbb{E}^2 \longrightarrow \mathbb{E}^1$을 생각하자. 이때,

$$\lim_{(h,k)\to(0,0)} \frac{f(h,k)-f(0,0)}{\sqrt{h^2+k^2}} = \lim_{(h,k)\to(0,0)} \sqrt{h^2+k^2}\sin\frac{1}{\sqrt{h^2+k^2}} = 0$$

이므로 함수 f는 원점 $(0,0) \in \mathbb{E}^2$에서 미분가능하고 $df(0,0) = 0$이다.(9) 특히, 함수 f의 정의에 따르면 f는 영역 $\mathbb{E}^2 \setminus \{(0,0)\}$ 위에서 미분가능하다. 그러나

$$\lim_{\mathbb{E}^1 \ni t\to 0} \frac{f(t,0)-f(0,0)}{t} = \lim_{\mathbb{E}^1 \ni t\to 0} t\sin\frac{1}{|t|} = 0$$

(9) 여기서 등식

$$\lim_{\mathbb{E}^1 \ni t\to 0} t\sin\frac{1}{t} = 0$$

을 이용하였다.

이므로 $f_1(0,0) = 0$이다. 한편, $(x,y) \in \mathbb{E}^2 \setminus \{(0,0)\}$에 대하여

$$f_1(x,y) = 2x \sin \frac{1}{\sqrt{x^2+y^2}} - \frac{x}{\sqrt{x^2+y^2}} \cos \frac{1}{\sqrt{x^2+y^2}}$$

이므로 f_1은 원점 $(0,0) \in \mathbb{E}^2$에서 연속이 아니다. 그러므로 $f \notin \mathcal{C}^1(\{(0,0)\})$임에 유념하자.

따름정리 5.2.4. 열린집합 $\Delta \subset \mathbb{E}^n$에 대하여 $\mathcal{C}^1(\Delta) \subset \mathcal{C}^0(\Delta)$이다.

[증명] $f \in \mathcal{C}^1(\Delta)$를 가정하면 정리 5.2.2에 의하여 미분가능하고 또한 명제 5.1.18을 적용하면 f는 Δ 위에서 연속이다. □

주 의 5.2.5. 지금까지 살펴본 결과를 종합하면 다음과 같은 관계도를 얻을 수 있다. 여기서 O는 성립을 의미하고 X는 일반적으로 성립하지 않음을 의미한다.

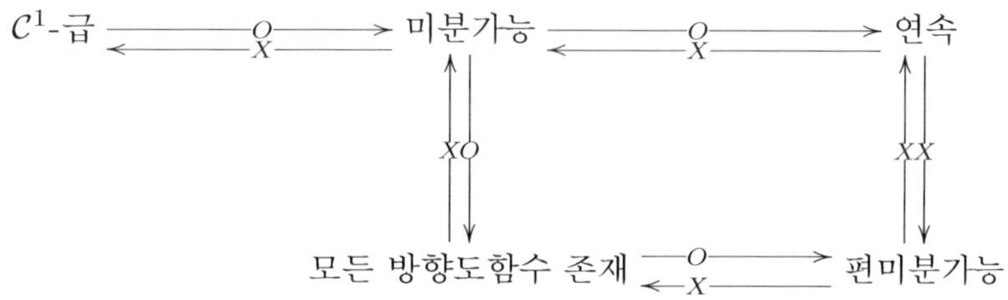

명제 5.2.6. 열린집합 $\Delta \subset \mathbb{E}^n$에 대하여 다음이 성립한다.

$$f,\, g \in \mathcal{C}^1(\Delta) \implies f+g,\, fg \in \mathcal{C}^1(\Delta).$$

[증명] 임의의 $\mathbf{x}_0 \in \Delta$ & $i\,(1 \le i \le n)$를 정해두고 '극한의 성질'을 적용하여 증명하자. 먼저,

$$\begin{aligned}
&\lim_{\mathbb{E}^1 \ni t \to 0} \frac{(f+g)(\mathbf{x}_0 + t\boldsymbol{\epsilon}_i) - (f+g)(\mathbf{x}_0)}{t} \\
&\qquad = \lim_{\mathbb{E}^1 \ni t \to 0} \frac{f(\mathbf{x}_0 + t\boldsymbol{\epsilon}_i) + g(\mathbf{x}_0 + t\boldsymbol{\epsilon}_i) - f(\mathbf{x}_0) - g(\mathbf{x}_0)}{t} \\
&\qquad = \lim_{\mathbb{E}^1 \ni t \to 0} \frac{f(\mathbf{x}_0 + t\boldsymbol{\epsilon}_i) - f(\mathbf{x}_0)}{t} + \lim_{\mathbb{E}^1 \ni t \to 0} \frac{g(\mathbf{x}_0 + t\boldsymbol{\epsilon}_i) - g(\mathbf{x}_0)}{t} \\
&\qquad = f_i(\mathbf{x}_0) + g_i(\mathbf{x}_0).
\end{aligned}$$

이므로 $(f+g)_i(\mathbf{x}_0) = f_i(\mathbf{x}_0) + g_i(\mathbf{x}_0)$를 얻는다. 그러나 $f_i, g_i \in \mathcal{C}^0(\Delta)$이므로 $f+g \in \mathcal{C}^1(\Delta)$을 증명하였다. 다음으로 따름정리 5.2.4에 의하여 f는 $\mathbf{x}_0$에서 연속이므로

$$\begin{aligned}
\lim_{\mathbb{E}^1 \ni t \to 0} \frac{(fg)(\mathbf{x}_0 + t\boldsymbol{\epsilon}_i) - (fg)(\mathbf{x}_0)}{t} &= \lim_{\mathbb{E}^1 \ni t \to 0} \frac{f(\mathbf{x}_0 + t\boldsymbol{\epsilon}_i) g(\mathbf{x}_0 + t\boldsymbol{\epsilon}_i) - f(\mathbf{x}_0) g(\mathbf{x}_0)}{t} \\
&= \lim_{\mathbb{E}^1 \ni t \to 0} f(\mathbf{x}_0 + t\boldsymbol{\epsilon}_i) \frac{g(\mathbf{x}_0 + t\boldsymbol{\epsilon}_i) - g(\mathbf{x}_0)}{t} \\
&\qquad + \lim_{\mathbb{E}^1 \ni t \to 0} \frac{f(\mathbf{x}_0 + t\boldsymbol{\epsilon}_i) - f(\mathbf{x}_0)}{t} g(\mathbf{x}_0) \\
&= f(\mathbf{x}_0) g_i(\mathbf{x}_0) + f_i(\mathbf{x}_0) g(\mathbf{x}_0)
\end{aligned}$$

이다. 따라서 $(fg)_i(\mathbf{x}_0) = f(\mathbf{x}_0)g_i(\mathbf{x}_0) + f_i(\mathbf{x}_0)g(\mathbf{x}_0)$가 성립하고 $f, g, f_i, g_i \in \mathcal{C}^0(\Delta)$임을 고려하면 $fg \in \mathcal{C}^1(\Delta)$를 증명하였다. □

명제 5.2.7. 열린집합 $\Delta \subset \mathbb{E}^n$와 조건 $g(\Delta) \subset I$를 만족하는 열린집합 $I \subset \mathbb{E}^1$이 주어질 때, 함수 $g \in \mathcal{C}^1(\Delta)$ & $\psi \in \mathcal{C}^1(I)$에 대하여 합성함수 $f := \psi \circ g$를 생각하면 $f \in \mathcal{C}^1(\Delta)$이다.

[증명] 임의의 $\mathbf{x}_0 \in \Delta$ & $i\,(1 \le i \le n)$를 정해두고 '극한의 성질'을 적용하여 증명하자. 우선, $g(\mathbf{x}_0 + t\boldsymbol{\epsilon}_i) - g(\mathbf{x}_0) = s$라 하면 g가 $\mathbf{x}_0$에서 연속이므로 $\lim_{\mathbb{E}^1 \ni t \to 0} s = 0$이 성립한다. 따라서

$$
\begin{aligned}
\lim_{\mathbb{E}^1 \ni t \to 0} \frac{f(\mathbf{x}_0 + t\boldsymbol{\epsilon}_i) - f(\mathbf{x}_0)}{t} &= \lim_{\mathbb{E}^1 \ni t \to 0} \frac{\psi(g(\mathbf{x}_0 + t\boldsymbol{\epsilon}_i)) - \psi(g(\mathbf{x}_0))}{t} \\
&= \lim_{\mathbb{E}^1 \ni t \to 0} \frac{\psi(g(\mathbf{x}_0) + s) - \psi(g(\mathbf{x}_0))}{t} \\
&= \lim_{\mathbb{E}^1 \ni t \to 0} \frac{\psi(g(\mathbf{x}_0) + s) - \psi(g(\mathbf{x}_0))}{s} \\
&\qquad \times \lim_{\mathbb{E}^1 \ni t \to 0} \frac{g(\mathbf{x}_0 + t\boldsymbol{\epsilon}_i) - g(\mathbf{x}_0)}{t} \\
&= \psi'(g(\mathbf{x}_0))g_i(\mathbf{x}_0)
\end{aligned}
$$

를 얻는다. 즉, $f_i(\mathbf{x}_0) = (\psi' \circ g)(\mathbf{x}_0)g_i(\mathbf{x}_0)$이다. 그러나 $\psi' \in \mathcal{C}^0(I)$이고 $g, g_i \in \mathcal{C}^0(\Delta)$이므로 $f = \psi \circ g \in \mathcal{C}^1(\Delta)$임을 알 수 있다. □

5.2.2 접초평면

일변수 함수의 경우 미분가능한 점에서 접선을 그을 수 있다. 이와 관련하여 접초평면의 개념을 소개하기로 한다.

정의 5.2.8. 함수 $f : \Delta(\subset \mathbb{E}^n) \longrightarrow \mathbb{E}^1$와 점 $\mathbf{x}_0 \in \Delta$ 가 주어질 때, 집합

$$M = \{(\mathbf{x}, z) \in \mathbb{E}^n \times \mathbb{E}^1 : z = f(\mathbf{x}) \ \& \ \mathbf{x} \in \Delta\}$$

을 $\mathbb{E}^{n+1}$내에서 함수 f의 **그래프(graph)** 또는 n-차원 **표면(surface)**라 한다. 또한 유클리드 공간 $\mathbb{E}^{n+1}$내의 초평면 $P \subset \mathbb{E}^{n+1}$이 각 점 $(\mathbf{x}, z) \in M$에 대하여 조건

$$\lim_{\Delta \ni \mathbf{x} \to \mathbf{x}_0} \frac{|z' - z|}{\|\mathbf{x} - \mathbf{x}_0\|} = 0 \tag{5.16}$$

을 만족하는 점 $(\mathbf{x}, z') \in P$가 존재하는 경우, P를 $(\mathbf{x}_0, f(\mathbf{x}_0)) \in M$에서 M에 대한 **접초평면(tangent hyperplane)**이라 한다.

명제 5.2.9. 함수 $f : \Delta(\subset \mathbb{E}^n) \longrightarrow \mathbb{E}^1$와 점 $\mathbf{x}_0 \in \operatorname{int}(\Delta)$가 주어질 때, f가 $\mathbf{x}_0$에서 미분가능하면 집합

$$P = \{(\mathbf{x}, z') \in \mathbb{E}^n \times \mathbb{E}^1 : z' = f(\mathbf{x}_0) + df(\mathbf{x}_0) \cdot (\mathbf{x} - \mathbf{x}_0)\}$$

는 $(\mathbf{x}_0, f(\mathbf{x}_0)) \in M$에서 M에 대한 접초평면이다. 여기서 $M = \{(\mathbf{x}, z) \in \mathbb{E}^n \times \mathbb{E}^1 : z = f(\mathbf{x}) \ \& \ \mathbf{x} \in \Delta\}$이다.

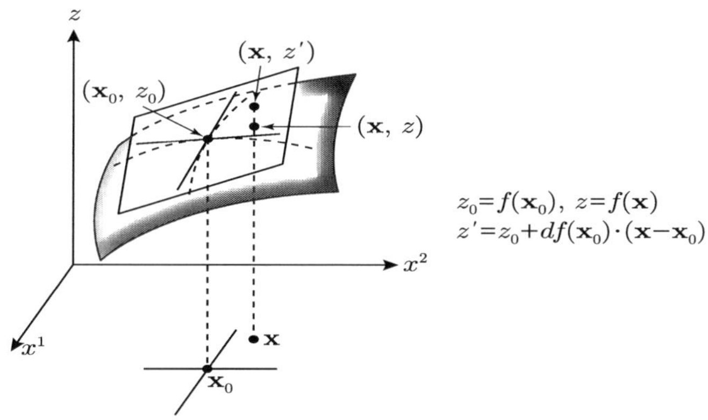

그림 5.2: $(\mathbf{x}_0, f(\mathbf{x}_0))$에서 M에 대한 접초평면

[증명] 우선,

$$z' = f(\mathbf{x}_0) + df(\mathbf{x}_0)\cdot(\mathbf{x}-\mathbf{x}_0) = df(\mathbf{x}_0)\cdot\mathbf{x} - df(\mathbf{x}_0)\cdot\mathbf{x}_0 + f(\mathbf{x}_0)$$

이므로

$$P = \{(\mathbf{x}, z') \in \mathbb{E}^{n+1} : (df(\mathbf{x}_0), -1)\cdot(\mathbf{x}, z') = df(\mathbf{x}_0)\cdot\mathbf{x}_0 - f(\mathbf{x}_0)\}$$

은 유클리드 공간 $\mathbb{E}^{n+1}$내의 초평면이다. P가 접초평면임을 보이기 위하여 임의의 $(\mathbf{x}, z) \in M$을 정해두고 조건 $z' = f(\mathbf{x}_0) + df(\mathbf{x}_0)\cdot(\mathbf{x}-\mathbf{x}_0)$을 만족하는 점 $(\mathbf{x}, z') \in P$를 선택하자. 이때,

$$\begin{aligned}\lim_{\Delta\ni\mathbf{x}\to\mathbf{x}_0}\frac{|z'-z|}{\|\mathbf{x}-\mathbf{x}_0\|} &= \lim_{\Delta\ni\mathbf{x}\to\mathbf{x}_0}\frac{|f(\mathbf{x}_0)+df(\mathbf{x}_0)\cdot(\mathbf{x}-\mathbf{x}_0)-f(\mathbf{x})|}{\|\mathbf{x}-\mathbf{x}_0\|}\\ &= \lim_{\Delta\ni\mathbf{x}\to\mathbf{x}_0}\frac{|f(\mathbf{x})-f(\mathbf{x}_0)-df(\mathbf{x}_0)\cdot(\mathbf{x}-\mathbf{x}_0)|}{\|\mathbf{x}-\mathbf{x}_0\|} = 0\end{aligned}$$

이 성립하므로 P는 $(\mathbf{x}_0, f(\mathbf{x}_0))$에서 M에 대한 접초평면이다. □

보기 5.2.10. 각 $(x, y) \in \mathbb{E}^2$에 대하여 $f(x, y) = 3x^2y + 2xy^2$로 정의된 함수 $f : \mathbb{E}^2 \longrightarrow \mathbb{E}^1$가 주어질 때, $(1, -2, 2)$에서 접평면을 찾아보자.

[풀이] 우선, $f_1(x, y) = 6xy + 2y^2$ & $f_2(x, y) = 3x^2 + 4xy$이므로 정리 5.2.2에 의하여 f는 임의의 점 $(1, -2) \in \mathbb{E}^2$에서 미분가능하다. $f_1(1, -2) = -4$ & $f_2(1, -2) = -5$이므로 명제 5.2.9를 적용하면 구하는 접평면의 방정식은

$$z = 2 + (-4)(x-1) + (-5)(y+2) = -4x - 5y - 4$$

로 주어진다. 즉, $4x + 5y + z = -4$이다.

보기 5.2.11. 각 $(x, y) \in \mathbb{E}^2$에 대하여 $f(x, y) = (xy)^{\frac{1}{3}}$로 정의된 함수 $f : \mathbb{E}^2 \longrightarrow \mathbb{E}^1$가 주어질 때, $(1, 1, 1)$에서 접평면을 찾아보기로 하자.

[풀이] x축과 y축을 제외하고

$$f_1(x,y) = \frac{1}{3}x^{-\frac{2}{3}}y^{\frac{1}{3}} \quad \& \quad f_2(x,y) = \frac{1}{3}x^{\frac{1}{3}}y^{-\frac{2}{3}}$$

이다. 더욱이 f_1은 y축을 제외하고 연속이며 f_2는 x축을 제외하고 연속이다. 그러므로 정리 5.2.2에 의하여 f는 임의의 점 $(x_0, y_0) \notin \{(x,y) \in \mathbb{E}^2 : x = 0 \text{ 또는 } y = 0\}$에서 미분가능하다. 특히, $f_1(0,0) = 0 = f_2(0,0)$임에 유의하자.(10) 그러므로 $(x_0, y_0, f(x_0, y_0))$에서 접평면의 방정식은 다음과 같이 주어진다.

$$z = f(x_0, y_0) + f_1(x_0, y_0)(x - x_0) + f_2(x_0, y_0)(y - y_0).$$

여기서 $x_0 = y_0 = 1$을 취하면 $(1, 1, 1)$에서 접평면의 방정식은

$$z = 1 + \frac{1}{3}(x-1) + \frac{1}{3}(y-1)$$

이다.

5.2.3 고차 편도함수

다중지수(multi-index)를 이용하면 집합 $\Delta \subset \mathbb{E}^n$ 위에서 정의된 함수의 '테일러 공식과 테일러 전개'는 간단한 형태로 표현할 수 있다. 따라서 다음과 같은 다중지수 표현을 도입하기로 한다.

$\mathbb{Z}_+ := \{n \in \mathbb{Z} : n \geq 0\}$이라 두고 $\mathbb{Z}_+^n := (\mathbb{Z}_+)^n$으로 정의하고 $\alpha = (\alpha_1, \cdots, \alpha_n)$, $\beta = (\beta_1, \cdots, \beta_n) \in \mathbb{Z}_+^n$이 주어질 때,

$$\alpha = \beta \iff \alpha_j = \beta_j \ (\forall j \in \{1, 2, \cdots, n\});$$
$$\alpha! := \alpha_1! \cdots \alpha_n!;$$
$$|\alpha| := \alpha_1 + \cdots + \alpha_n$$

로 정의한다.

보기 5.2.12. $\mathbb{E}^n$ 위에 m차 다항식 $f(\mathbf{x})$가 주어지면

$$f(\mathbf{x}) = \sum_{p=0}^{m} \sum_{\substack{\alpha \in \mathbb{Z}_+^n \\ |\alpha| = p}} a_\alpha \mathbf{x}^\alpha \quad (\text{단, } a_\alpha \in \mathbb{E}^1)$$

으로 표현할 수 있다. 여기서 $\sum_{\substack{\alpha \in \mathbb{Z}_+^n \\ |\alpha| = p}} a_\alpha \mathbf{x}^\alpha$를 다항식 $f(\mathbf{x})$의 **p-차 항(p-th term)**이라 한다.

$p \geq |\alpha|$를 만족하는 음이 아닌 정수 $p \in \mathbb{Z}_+$와 $\alpha = (\alpha_1, \cdots, \alpha_n) \in \mathbb{Z}_+^n$에 대하여

$$\binom{p}{\alpha} := \frac{p!}{\alpha!(p - |\alpha|)!}$$

---

(10) $\lim_{\mathbb{E}^1 \ni h \to 0} \frac{f(h,0) - f(0,0)}{h} = 0$이므로 편미분의 정의에 의하여 $\mathcal{D}_1 f(0,0) \equiv f_1(0,0) = 0$을 얻는다. 동일한 방법으로 $\mathcal{D}_2 f(0,0) \equiv f_2(0,0) = 0$이다.

로 정의한다. 덧붙여 $\mathbf{h} = (h^1, h^2, \cdots, h^n) \in \mathbb{E}^n$과 함수 $f : \Delta(\subset \mathbb{E}^n) \longrightarrow \mathbb{E}^1$에 대하여

$$\mathbf{h}^\alpha := (h^1)^{\alpha_1} \cdots (h^n)^{\alpha_n} ;$$
$$\mathcal{D}^\alpha f := \mathcal{D}_1^{\alpha_1} f \mathcal{D}_2^{\alpha_2} f \cdots \mathcal{D}_n^{\alpha_n} f \equiv \left(\frac{\partial f}{\partial x^1}\right)^{\alpha_1} \cdots \left(\frac{\partial f}{\partial x^n}\right)^{\alpha_n}$$

로 정의한다. 여기서 각 $j \in \{1, 2, \cdots, n\}$에 대하여 $\mathcal{D}_j$는 j-번째 좌표에 관한 편미분으로서 $\mathcal{D}_j := \frac{\partial}{\partial x^j}$를 의미한다.

참고 5.2.13. 편미분 횟수에 따른 다중지수와 아래첨수에 대한 표현비교는 아래 표와 같다.

다중지수를 이용하는 경우	편미분 회수	아래 첨수를 이용하는 경우
$\mathcal{D}^{(2,0)} f$	2	f_{11}
$\mathcal{D}^{(1,1)} f$	2	f_{12}, f_{21}
$\mathcal{D}^{(0,2)} f$	2	f_{22}
$\mathcal{D}^{(3,0)} f$	3	f_{111}
$\mathcal{D}^{(2,1)} f$	3	f_{112}, f_{121}, f_{211}
$\mathcal{D}^{(1,2)} f$	3	f_{122}, f_{212}, f_{221}
$\mathcal{D}^{(0,3)} f$	3	f_{222}
$\vdots$	$\vdots$	$\vdots$

정의 5.2.14. 열린집합 $\Delta \subset \mathbb{E}^n$와 $q \in \mathbb{Z}_+$가 주어질 때, 함수 $f : \Delta \longrightarrow \mathbb{E}^1$에 대하여 다음과 같이 정의한다.

(a) $|\alpha| \le q$을 만족하는 임의의 $\alpha = (\alpha_1, \cdots, \alpha_n) \in \mathbb{Z}_+^n$에 대하여 $\mathcal{D}^\alpha f$가 Δ의 각 점에서 존재하고 연속일 때, f를 **$\mathcal{C}^q$-급 함수**라 하고 간단히 $f \in \mathcal{C}^q(\Delta)$로 나타낸다.

(b) $B(\mathbf{a}; r) \subset \Delta$ & $f \in \mathcal{C}^q(B(\mathbf{a}; r))$을 만족하는 양수 $r > 0$이 존재할 때, f를 $\mathbf{a} \in \Delta$**에서 국소적으로 $\mathcal{C}^q$-급 함수**라 하고 간단히 $f \in \mathcal{C}^q(\{\mathbf{a}\})$로 나타낸다.(11)

정의 5.2.15. 열린집합 $\Delta \subset \mathbb{E}^n$와 함수 $f : \Delta \longrightarrow \mathbb{E}^1$에 대하여 다음과 같이 정의한다.

(a) 임의의 자연수 $q \in \mathbb{N}$에 대하여 $f \in \mathcal{C}^q(\Delta)$일 때, f를 **$\mathcal{C}^\infty$-급 함수**라 하고 간단히 $f \in \mathcal{C}^\infty(\Delta)$로 나타낸다.

(b) $B(\mathbf{a}; r) \subset \Delta$ & $f \in \mathcal{C}^\infty(B(\mathbf{a}; r))$을 만족하는 양수 $r > 0$이 존재할 때, f를 $\mathbf{a} \in \Delta$ **에서 국소적으로 $\mathcal{C}^\infty$-급 함수**라 하고 간단히 $f \in \mathcal{C}^\infty(\{\mathbf{a}\})$로 나타낸다.

보기 5.2.16. 열린집합 $\Delta \subset \mathbb{E}^n$와 $j \in \{1, 2, \cdots, n\}$를 정해두고 j번째 좌표함수 $\pi^j : \Delta(\subset \mathbb{E}^n) \longrightarrow \mathbb{E}^1$을 생각하자. 이때, 각 $i \in \{1, 2, \cdots, n\}$에 대하여 보기5.1.7을 적용하면 $\pi_i^j(\mathbf{x}) = \delta_{ij}$ $(\forall \mathbf{x} \in \Delta)$이므로 임의의 $q \in \mathbb{Z}_+$에 대하여 $\pi^j \in \mathcal{C}^q(\Delta)$이고, 특히 $\pi^j \in \mathcal{C}^\infty(\Delta)$이다.

(11) 어떠한 성질이 점 $\mathbf{a}$의 적당한 근방에서 성립하는 경우, 보통 **a에서 국소적(locally)으로 성립**한다고 표현한다.

보기 5.2.17. 선형범함수 $L : \mathbb{E}^n \longrightarrow \mathbb{E}^1$이 주어질 때, 임의의 $j \in \{1, 2, \cdots, n\}$와 점 $\mathbf{x} \in \mathbb{E}^n$를 정해두면

$$\lim_{\mathbb{E}^1 \ni t \to 0} \frac{L(\mathbf{x} + t\boldsymbol{\epsilon}_j) - L(\mathbf{x})}{t} = L(\boldsymbol{\epsilon}_j)$$

이므로 $L_j(\mathbf{x}) = L(\boldsymbol{\epsilon}_j)$이다. 따라서 임의의 $q \in \mathbb{Z}_+$에 대하여 $L \in \mathcal{C}^q(\mathbb{E}^n)$이고, 특히 $L \in \mathcal{C}^\infty(\mathbb{E}^n)$이다.

주의 5.2.18. 열린집합 $\Delta \subset \mathbb{E}^n$와 $k \in \mathbb{N}$가 주어질 때, 다음이 성립한다.

(1) $\mathcal{C}^k(\Delta) \subset \mathcal{C}^{k-1}(\Delta)$.

(2) $f, g \in \mathcal{C}^k(\Delta) \implies f + g, fg \in \mathcal{C}^k(\Delta)$.

(3) 조건 $g(\Delta) \subset I$을 만족하는 열린집합 $I \subset \mathbb{E}^1$에 대하여 $g \in \mathcal{C}^k(\Delta)$ & $\psi \in \mathcal{C}^k(I)$이면 $f := \psi \circ g \in \mathcal{C}^k(\Delta)$이다.

보기 5.2.19. 양의 실수 $p > 0$가 주어질 때, 각 $x \in \mathbb{E}^1$에 대하여

$$f(x) := \begin{cases} x^p & (x \geq 0) \\ 0 & (x \leq 0) \end{cases}$$

으로 정의된 함수 $f : \mathbb{E}^1 \longrightarrow \mathbb{E}^1$를 생각하면 $q \in \mathbb{Z}_+$에 대하여 다음이 성립한다.

$$\begin{cases} \circ\ f \in \mathcal{C}^q(\mathbb{E}^1) & (q < p); \\ \circ\ f \notin \mathcal{C}^q(\mathbb{E}^1) & (q \geq p). \end{cases}$$

그러므로 임의의 $q \in \mathbb{Z}_+$에 대하여 $\mathcal{C}^q$-급이지만 $\mathcal{C}^{q+1}$-급이 아닌 함수가 존재한다. 즉, $\mathcal{C}^{q+1} \subsetneq \mathcal{C}^q$이 성립한다.

보기 5.2.20. (1) $\mathbb{E}^n$ 위의 다항식 $P : \mathbb{E}^n \longrightarrow \mathbb{E}^1$을 생각하면 각 j $(1 \leq j \leq n)$에 대하여 j-번째 좌표에 관한 편도함수 $\mathcal{D}_j P$ 역시 $\mathbb{E}^n$ 위의 다항식이므로 $\mathbb{E}^n$ 위에서 연속이다. 이것은 P가 $\mathcal{C}^1$-급임을 의미한다. 귀납적으로 생각하면 $\mathbb{E}^n$ 위의 다항식 P는 임의의 $q \in \mathbb{Z}_+$에 대하여 $\mathcal{C}^q$-급이다. 즉, 임의의 $q \in \mathbb{Z}_+$에 대하여 $P \in \mathcal{C}^q(\mathbb{E}^n)$이고, 특히 $P \in \mathcal{C}^\infty(\mathbb{E}^n)$이다.

(2) $\mathbb{E}^n$ 위의 다항식 P & Q가 주어질 때, $\mathbb{E}^n$의 열린집합 $\Omega := \{\mathbf{x} \in \mathbb{E}^n : Q(\mathbf{x}) \neq 0\}$ 위에서 유리함수 $f(\mathbf{x}) := P(\mathbf{x})/Q(\mathbf{x})$를 생각하자. 이때, 각 j $(1 \leq j \leq n)$에 대하여 j-번째 좌표에 관한 편도함수 $\mathcal{D}_j f$ 역시 Ω 위의 유리함수이므로 Ω 위에서 연속이다. 이것은 f가 Ω 위에서 $\mathcal{C}^1$-급 임을 의미한다. 귀납적으로 생각하면 Ω 위의 유리함수 f는 임의의 $q \in \mathbb{Z}_+$에 대하여 Ω 위에서 $\mathcal{C}^q$-급이다. 즉, 임의의 $q \in \mathbb{Z}_+$에 대하여 $f \in \mathcal{C}^q(\Omega)$이고, 특히 $f \in \mathcal{C}^\infty(\Omega)$이다.

주의 5.2.21. $\mathcal{C}^1$-급 함수는 미분가능하므로 보기 5.2.20에 의하여 다항식과 유리함수는 모두 미분가능함을 알 수 있다.

보기 5.2.22. 함수 $f : \mathbb{E}^2 \longrightarrow \mathbb{E}^1$를 각 $(x, y) \in \mathbb{E}^2$에 대하여

$$f(x, y) = \begin{cases} \frac{x^3}{x^2 + y^2} & ((x, y) \neq (0, 0)) \\ 0 & ((x, y) = (0, 0)) \end{cases}$$

로 정의하면 다음이 성립한다.

(1) 편도함수 f_1 & f_2는 $\mathbb{E}^2$ 위에서 존재하고 모두 유계함수이다.

(2) $f_{12}(0,0) \neq f_{21}(0,0)$.

[풀이] (1) 원점에서 함수 f의 편도함수를 살펴보기로 하자.

$$\lim_{\mathbb{E}^1 \ni h \to 0} \frac{f(h,0)-f(0,0)}{h} = \lim_{\mathbb{E}^1 \ni h \to 0} \frac{h}{h} = 1 \quad \& \quad \lim_{\mathbb{E}^1 \ni k \to 0} \frac{f(0,k)-f(0,0)}{k} = 0$$

이므로 $f_1(0,0)=1$ & $f_2(0,0)=0$임을 알 수 있다. 다음으로 영역 $\mathbb{E}^2 \setminus \{(0,0)\}$ 위에서

$$f_1(x,y) = \frac{3x^2y^2+x^4}{(x^2+y^2)^2} \quad \& \quad f_2(x,y) = -\frac{2x^3y}{(x^2+y^2)^2}$$

을 얻는다. 더욱이, 부등식 $x^4 \le (x^2+y^2)^2$ & $2x^2y^2 \le x^4+y^4 \le (x^2+y^2)^2$을 적용하면 영역 $\mathbb{E}^2 \setminus \{(0,0)\}$ 위에서

$$\begin{aligned} \left|f_1(x,y)\right| &= \frac{x^4}{(x^2+y^2)^2} + \frac{3x^2y^2}{(x^2+y^2)^2} \le 1+3, \\ \left|f_2(x,y)\right| &= \frac{2|x|^3|y|}{(x^2+y^2)^2} = \frac{2|x||y|}{x^2+y^2}\frac{x^2}{x^2+y^2} \le 1 \end{aligned}$$

이 성립함을 알 수 있다. 즉, 편도함수 f_1 & f_2는 $\mathbb{E}^2$ 위에서 유계함수들이다.

(2) 이차 편도함수 $f_{12}(0,0)$ & $f_{21}(0,0)$을 살펴보기로 하자.

$$\begin{aligned} \lim_{\mathbb{E}^1 \ni k \to 0} \frac{f_1(0,k)-f_1(0,0)}{k} &= \lim_{\mathbb{E}^1 \ni k \to 0} \frac{-1}{k}, \\ \lim_{\mathbb{E}^1 \ni h \to 0} \frac{f_2(h,0)-f_2(0,0)}{h} &= \lim_{\mathbb{E}^1 \ni h \to 0} \frac{0}{h} = 0 \end{aligned}$$

이므로 $f_{12}(0,0)$는 존재하지 않지만 $f_{21}(0,0)=0$이다. 따라서 $f_{12}(0,0) \neq f_{21}(0,0)$이다. □

함수 f가 이차 편도함수 f_{ij} & f_{ji} $(i \neq j)$를 갖는 경우에도 일반적으로 $f_{ij} \neq f_{ji}$임을 바로 직전의 보기에서 살펴보았다. 비슷한 예로서 연습문제 5.2.1를 통해서도 확인할 수 있다. 그러나 f가 $\mathcal{C}^2$-급이면 이러한 현상은 일어나지 않음을 다음 정리를 통하여 알 수 있다.

정리 5.2.23. (클레로 정리, Clairaut's theorem) 열린집합 $\Delta \subset \mathbb{E}^n$와 함수 $f \in \mathcal{C}^1(\Delta)$가 주어지고 i,j $(i \neq j)$에 대하여 $f_{ij}, f_{ji} \in \mathcal{C}^0(\Delta)$이면 $f_{ij}(\mathbf{x}) = f_{ji}(\mathbf{x})$ $(\forall \mathbf{x} \in \Delta)$이다.

[증명] (1°) 먼저 $n=2$인 경우를 생각하자. 임의의 $\mathbf{x} \in \Delta$에 대하여 $f_{12}(\mathbf{x}) = f_{21}(\mathbf{x})$을 보여야 한다. 이를 밝히기 위하여 점 $\mathbf{x}_0 = (a,b) \in \Delta$라 하면 $\Delta \subset \mathbb{E}^2$가 열린집합이므로 조건 $B((a,b);\delta_0) \subset \Delta$를 만족하는 양수 $\delta_0 > 0$가 존재한다. 이제, $0 < r < \frac{\delta_0}{\sqrt{2}}$를 만족하는 실수 $r \in \mathbb{E}^1$를 정해두고, 함수

$$A(r) := \frac{1}{r^2}\left\{f(a+r,b+r) - f(a,b+r) - f(a+r,b) + f(a,b)\right\}$$

를 생각하자. 참고로

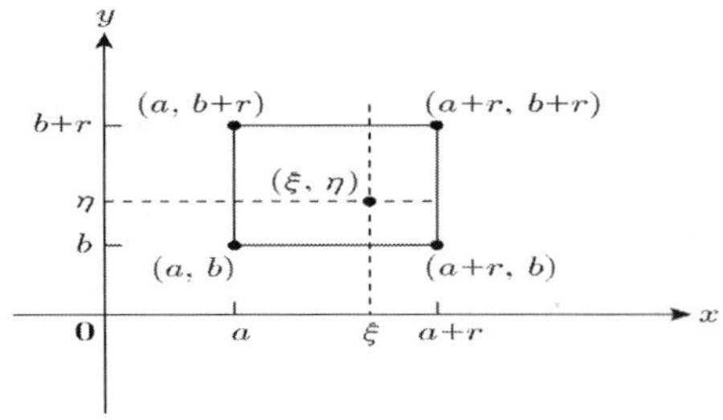

$$\left(a-\frac{\delta_0}{\sqrt{2}},a+\frac{\delta_0}{\sqrt{2}}\right)\times\left(b-\frac{\delta_0}{\sqrt{2}},b+\frac{\delta_0}{\sqrt{2}}\right)\subset B((a,b);\delta_0)\subset\Delta$$

임에 유의하고, 함수 $g:(a-\frac{\delta_0}{\sqrt{2}},a+\frac{\delta_0}{\sqrt{2}})\longrightarrow\mathbb{E}^1$을 $g(x):=f(x,b+r)-f(x,b)$ $(\forall x\in(a-\frac{\delta_0}{\sqrt{2}},a+\frac{\delta_0}{\sqrt{2}}))$로 정의하면, $f\in\mathcal{C}^1(\Delta)$이므로

$$g'(x)=f_1(x,b+r)-f_1(x,b)\quad\left(\forall x\in\left(a-\frac{\delta_0}{\sqrt{2}},a+\frac{\delta_0}{\sqrt{2}}\right)\right)$$

가 성립하고, 특히 $g\in\mathcal{C}^1((a-\frac{\delta_0}{\sqrt{2}},a+\frac{\delta_0}{\sqrt{2}}))$이다. 더욱이, $[a,a+r]\subset\left(a-\frac{\delta_0}{\sqrt{2}},a+\frac{\delta_0}{\sqrt{2}}\right)$이므로 함수 g를 닫힌구간 $[a,a+r]$에 제한하면 '평균값정리'에 의하여 조건

$$g(a+r)-g(a)=rg'(\xi)$$

를 만족하는 실수 $\xi\in(a,a+r)$를 선택할 수 있다. 그러므로

$$\begin{aligned}A(r)&=\frac{1}{r^2}\{f(a+r,b+r)-f(a,b+r)-f(a+r,b)+f(a,b)\}\\&=\frac{1}{r^2}\{g(a+r)-g(a)\}\\&=\frac{1}{r}\{f_1(\xi,b+r)-f_1(\xi,b)\}\end{aligned}\tag{5.17}$$

가 성립한다. 또한 함수 $h:(b-\frac{\delta_0}{\sqrt{2}},b+\frac{\delta_0}{\sqrt{2}})\longrightarrow\mathbb{E}^1$을 $h(y):=f_1(\xi,y)$ $(\forall y\in(b-\frac{\delta_0}{\sqrt{2}},b+\frac{\delta_0}{\sqrt{2}}))$로 정의하면, $f_{12}\in\mathcal{C}^0(\Delta)$이므로 함수 h는 열린구간 $(b-\frac{\delta_0}{\sqrt{2}},b+\frac{\delta_0}{\sqrt{2}})$ 위에서 $\mathcal{C}^1$-급이다. 따라서 함수 h를 닫힌구간 $[b,b+r]$에 제한하면 '평균값정리'에 의하여 조건

$$h(b+r)-h(b)=rh'(\eta)$$

를 만족하는 실수 $\eta\in(b,b+r)$를 선택할 수 있다. 그러므로

$$A(r)=\frac{1}{r}\{f_1(\xi,b+r)-f_1(\xi,b)\}=\frac{1}{r}\{h(b+r)-h(b)\}=h'(\eta)=f_{12}(\xi,\eta)\tag{5.18}$$

가 성립한다.

이제, 첫 번째 변수와 두 번째 변수의 역할을 바꾸어 앞선 증명을 반복하면

$$A(r)=f_{21}(\xi^*,\eta^*)\tag{5.19}$$

를 만족하는 실수 $\xi^*\in(a,a+r)$ & $\eta^*\in(b,b+r)$가 존재한다.

한편 이차 편도함수 f_{12} & f_{21}이 점 $(a,b)\in\Delta$에서 연속이므로 양수 $\epsilon>0$이 주어지면

$$\sqrt{(s-a)^2+(t-b)^2}<\delta \implies \begin{cases} \circ\ |f_{12}(s,t)-f_{12}(a,b)|<\epsilon\,; \\ \circ\ |f_{21}(s,t)-f_{21}(a,b)|<\epsilon \end{cases} \tag{5.20}$$

을 만족하는 양수 $\delta\in(0,\delta_0)$가 존재한다. 그러므로 $0<r<\frac{\delta}{\sqrt{2}}$를 만족하는 실수 $r\in\mathbb{E}^1$을 선택하여 위 과정을 반복하면

$$|f_{12}(\xi,\eta)-f_{12}(a,b)|<\epsilon \quad \& \quad |f_{21}(\xi^*,\eta^*)-f_{21}(a,b)|<\epsilon$$

을 만족하므로

$$\lim_{\mathbb{E}^1\ni r\to 0+} A(r)=f_{12}(a,b)=f_{21}(a,b)$$

가 성립함을 증명하였다.

(2°) $n>2$인 경우, $i<j$라 가정하고 $\mathbf{x}_0=(x_0^1,x_0^2,\cdots,x_0^n)\in\Delta$를 임의로 선택하면 Δ가 열린집합이므로

$$\begin{cases} \circ\ (x_0^i,x_0^j)\in V; \\ \circ\ (x_0^1,\cdots,x_0^{i-1},x,x_0^{i+1},\cdots,x_0^{j-1},y,x_0^{j+1},\cdots,x_0^n)\in\Delta \ \ (\forall\,(x,y)\in V) \end{cases}$$

을 만족하는 열린집합 $V\subset\mathbb{E}^2$가 존재한다. 이때, 임의의 $(x,y)\in V$에 대하여

$$\varphi(x,y):=f(x_0^1,\cdots,x_0^{i-1},x,x_0^{i+1},\cdots,x_0^{j-1},y,x_0^{j+1},\cdots,x_0^n)$$

로 정의된 함수 $\varphi:V\longrightarrow\mathbb{E}^1$에 (1°)를 적용하면

$$f_{ij}(\mathbf{x}_0)=\varphi_{12}(x_0^i,x_0^j)=\varphi_{21}(x_0^i,x_0^j)=f_{ji}(\mathbf{x}_0)$$

가 성립한다. □

5.3 Taylor 정리

일변수 함수에 대하여 테일러 정리를 생각한 것과 유사한 방법으로 다변수 함수에 대한 테일러 정리를 생각할 수 있다.

명제 5.3.1. (Taylor 정리) 열린집합 $\Delta\subset\mathbb{E}^n$와 함수 $f\in\mathcal{C}^q(\Delta)$가 주어지고 두 점 $\mathbf{x}_0$, $\mathbf{x}_0+\mathbf{h}\in\Delta$를 잇는 선분 $[\![\mathbf{x}_0;\mathbf{x}_0+\mathbf{h}]\!]_s$가 Δ에 포함되면 조건

$$\begin{aligned} f(\mathbf{x}_0+\mathbf{h}) &= f(\mathbf{x}_0)+\sum_{\substack{\alpha\in\mathbb{Z}_+^n\\|\alpha|=1}}\mathcal{D}^\alpha f(\mathbf{x}_0)\mathbf{h}^\alpha+\frac{1}{2!}\sum_{\substack{\alpha\in\mathbb{Z}_+^n\\|\alpha|=2}}\binom{2}{\alpha}\mathcal{D}^\alpha f(\mathbf{x}_0)\mathbf{h}^\alpha+\cdots \\ &\quad +\frac{1}{(q-1)!}\sum_{\substack{\alpha\in\mathbb{Z}_+^n\\|\alpha|=q-1}}\binom{q-1}{\alpha}\mathcal{D}^\alpha f(\mathbf{x}_0)\mathbf{h}^\alpha \\ &\quad +R_q(f;\mathbf{x}_0+\mathbf{h}) \end{aligned} \tag{5.21}$$

을 만족하는 실수 $s \in (0,1)$가 존재한다. 여기서

$$R_q(f;\mathbf{x}_0+\mathbf{h}) = \frac{1}{q!}\sum_{\substack{\alpha\in\mathbb{Z}_+^n \\ |\alpha|=q}} \binom{q}{\alpha} \mathcal{D}^\alpha f(\mathbf{x}_0+s\mathbf{h})\mathbf{h}^\alpha$$

이다.

[증명] $\mathbf{h} = \mathbf{x} - \mathbf{x}_0$라 두면 $[\![\mathbf{x}_0;\mathbf{x}_0+\mathbf{h}]\!]_s \subset \Delta$이므로 집합 $\{t \in \mathbb{E}^1 : \mathbf{x}_0 + t\mathbf{h} \in \Delta\}$는 닫힌구간 $[0,1]$을 포함하는 $\mathbb{E}^1$의 열린부분집합이다. 따라서 함수 $\phi : [0,1] \longrightarrow \mathbb{E}^1$을 $\phi(t) := f(\mathbf{x}_0 + t\mathbf{h})$ $(\forall\, t \in [0,1])$로 정의하면

$$\phi'(t) = df(\mathbf{x}_0+t\mathbf{h})\cdot\mathbf{h} = \sum_{i=1}^n f_i(\mathbf{x}_0+t\mathbf{h})h^i = \sum_{\substack{\alpha\in\mathbb{Z}_+^n \\ |\alpha|=1}} \mathcal{D}^\alpha f(\mathbf{x}_0+t\mathbf{h})\mathbf{h}^\alpha$$

$$\phi''(t) = \sum_{i=1}^n h^i df_i(\mathbf{x}_0+t\mathbf{h})\cdot\mathbf{h} = \sum_{i=1}^n \left[\sum_{j=1}^n f_{ij}(\mathbf{x}_0+t\mathbf{h})h^j\right] h^i = \sum_{\substack{\alpha\in\mathbb{Z}_+^n \\ |\alpha|=2}} \binom{2}{\alpha} \mathcal{D}^\alpha f(\mathbf{x}_0+t\mathbf{h})\mathbf{h}^\alpha$$

$$\vdots$$

$$\phi^{(q)}(t) = \sum_{\substack{\alpha\in\mathbb{Z}_+^n \\ |\alpha|=q}} \binom{q}{\alpha} \mathcal{D}^\alpha f(\mathbf{x}_0+t\mathbf{h})\mathbf{h}^\alpha$$

가 성립한다. 한편 '일변수에 대한 테일러 정리'를 적용하면

$$\phi(1) = \phi(0) + \phi'(0) + \frac{1}{2!}\phi''(0) + \cdots + \frac{1}{(q-1)!}\phi^{(q-1)}(0) + \frac{1}{q!}\phi^{(q)}(s)$$

을 만족하는 실수 $s \in (0,1)$가 존재한다. 그러나 $\phi(1) = f(\mathbf{x}) = f(\mathbf{x}_0+\mathbf{h})$ & $\phi(0) = f(\mathbf{x}_0)$이므로 이들을 대입하면

$$\begin{aligned} f(\mathbf{x}_0+\mathbf{h}) = f(\mathbf{x}_0) &+ \sum_{\substack{\alpha\in\mathbb{Z}_+^n \\ |\alpha|=1}} \mathcal{D}^\alpha f(\mathbf{x}_0)\mathbf{h}^\alpha + \frac{1}{2!}\sum_{\substack{\alpha\in\mathbb{Z}_+^n \\ |\alpha|=2}} \binom{2}{\alpha} \mathcal{D}^\alpha f(\mathbf{x}_0)\mathbf{h}^\alpha + \cdots \\ &+ \frac{1}{(q-1)!}\sum_{\substack{\alpha\in\mathbb{Z}_+^n \\ |\alpha|=q-1}} \binom{q-1}{\alpha} \mathcal{D}^\alpha f(\mathbf{x}_0)\mathbf{h}^\alpha \\ &+ \frac{1}{q!}\sum_{\substack{\alpha\in\mathbb{Z}_+^n \\ |\alpha|=q}} \binom{q}{\alpha} \mathcal{D}^\alpha f(\mathbf{x}_0+s\mathbf{h})\mathbf{h}^\alpha \end{aligned}$$

를 얻고 명제의 증명을 마친다.[12] □

---

[12] 아래첨수를 이용하여 명제 5.3.1을 표현하는 방법도 더불어 기록해 두면 다음과 같다.

명제 5.3.1을 나머지 $R_q(f;\mathbf{x}_0+\mathbf{h})$를 갖는 '테일러 공식'이라고도 한다. $R_q(f;\mathbf{x}_0+\mathbf{h})$를 무시하면 우변은 $h^1, h^2, \cdots, h^n$에 관한 $(q-1)$차의 다항식이며, 이 다항식을 $\mathbf{x}_0$에서 $(q-1)$차까지 함수 f의 **다항식 근사(polynomial approximation)**이라 한다. 특히, 나머지가 충분히 작다면 이 다항식은 대략 $f(\mathbf{x})$와 같게 된다. 이제, 함수 $f \in \mathcal{C}^q(\Delta)$의 q-차 편도함수들의 크기에 대한 평가식을 찾아보기로 하자.

명제 5.3.3. 열린집합 $\Delta \subset \mathbb{E}^n$와 함수 $f \in \mathcal{C}^q(\Delta)$에 대하여 $\mathbf{x}_0$, $\mathbf{x}_0+\mathbf{h} \in K$을 만족하는 볼록집합 $K \subset \Delta$가 주어지고 조건

$$|\mathcal{D}^\alpha f(\mathbf{x})| \le C \quad (\forall \mathbf{x} \in K \;\; \& \;\; \forall \alpha \in \mathbb{Z}_+^n \ulcorner |\alpha| = q \lrcorner)$$

을 만족하면 다음이 성립한다.(13)

$$|R_q(f;\mathbf{x}_0+\mathbf{h})| \le \frac{Cn^{\frac{q}{2}}}{q!}\|\mathbf{h}\|^q.$$

[증명] K가 Δ의 볼록 부분집합이므로 $[\![\mathbf{x}_0;\mathbf{x}_0+\mathbf{h}]\!]_s \subset K$이고, 명제 5.3.1을 적용하면

$$R_q(f;\mathbf{x}_0+\mathbf{h}) = \frac{1}{q!}\sum_{\substack{\alpha\in\mathbb{Z}_+^n \\ |\alpha|=q}} \binom{q}{\alpha} \mathcal{D}^\alpha f(\mathbf{x}_0+s\mathbf{h})\mathbf{h}^\alpha$$

을 만족하는 실수 $s \in (0,1)$가 존재한다. 그러므로

$$\begin{cases} \circ \;\; \sum_{i=1}^n |h^i| \le n^{\frac{1}{2}}\|\mathbf{h}\|\,; \\ \circ \;\; (y^1+\cdots+y^n)^q = \sum_{i_1,\cdots,i_q=1}^n y^{i_1}\cdots y^{i_q} \;\; (\forall\, y^1,\cdots,y^n \in \mathbb{E}^1) \end{cases}$$

명제 5.3.2. (Taylor 정리) 열린집합 $\Delta \subset \mathbb{E}^n$와 함수 $f \in \mathcal{C}^q(\Delta)$가 주어지고 두 점 $\mathbf{x}_0$, $\mathbf{x}_0+\mathbf{h} \in \Delta$를 잇는 선분 $[\![\mathbf{x}_0;\mathbf{x}_0+\mathbf{h}]\!]_s$가 Δ에 포함되면 조건

$$\begin{aligned} f(\mathbf{x}_0+\mathbf{h}) = f(\mathbf{x}_0) &+ \sum_{i=1}^n f_i(\mathbf{x}_0)h^i + \frac{1}{2!}\sum_{i,j=1}^n f_{ij}(\mathbf{x}_0)h^ih^j + \cdots \\ &+ \frac{1}{(q-1)!}\sum_{i_1,\cdots,i_{q-1}=1}^n f_{i_1\cdots i_{q-1}}(\mathbf{x}_0)h^{i_1}\cdots h^{i_{q-1}} \\ &+ R_q(f;\mathbf{x}_0+\mathbf{h}) \end{aligned} \tag{5.22}$$

을 만족하는 실수 $s \in (0,1)$가 존재한다. 여기서

$$R_q(f;\mathbf{x}_0+\mathbf{h}) = \frac{1}{q!}\sum_{i_1,\cdots,i_q=1}^n f_{i_1\cdots i_q}(\mathbf{x}_0+s\mathbf{h})h^{i_1}\cdots h^{i_q}$$

이다.

(13) [기호 정의] "$\alpha \in \mathbb{Z}_+^n \ulcorner |\alpha| = q \lrcorner$"에 의하여 $|\alpha| = q$을 만족하는 $\alpha \in \mathbb{Z}_+^n$를 의미한다.

을 이용하여 정리하면

$$\begin{aligned}|R_q(f;\mathbf{x}_0+\mathbf{h})| &\le \frac{1}{q!}\sum_{\substack{\alpha\in\mathbb{Z}_+^n\\|\alpha|=q}}\binom{q}{\alpha}|\mathcal{D}^\alpha f(\mathbf{x}_0+s\mathbf{h})||\mathbf{h}^\alpha|\\ &\le \frac{C}{q!}\sum_{i_1,\cdots,i_q=1}^{n}|h^{i_1}|\cdots|h^{i_q}| \qquad (\because\ \mathbf{x}_0+s\mathbf{h}\in K)\\ &= \frac{C}{q!}\left(\sum_{i=1}^{n}|h^i|\right)^q\\ &\le \frac{C}{q!}\left(n^{\frac{1}{2}}\|\mathbf{h}\|\right)^q = \frac{Cn^{\frac{q}{2}}}{q!}\|\mathbf{h}\|^q\end{aligned}$$

가 성립한다. □

보기 5.3.4. 각 $(x,y)\in\mathbb{E}^2$에 대하여 $f(x,y)=(1+y^2)^{\frac{1}{2}}\cos x$로 정의된 함수 $f:\mathbb{E}^2\longrightarrow\mathbb{E}^1$와 점 $\mathbf{x}_0=(0,1)\in\mathbb{E}^2$가 주어질 때, $q=2$를 가지고 다음을 구해보자. 단, $a>1$이다.

(1) $\mathbf{x}_0$에서 함수 f의 Taylor 정리를 기술하여라.

(2) 볼록집합 $K=\{(x,y)\in\mathbb{E}^2:|y|\le a\}$에 대하여

$$|R_2(f;(x,y))|\le(1+a^2)^{\frac{1}{2}}(x^2+(y-1)^2)\quad(\forall\,(x,y)\in K)$$

가 성립한다.

[풀이] (1) 우선, $f\in\mathcal{C}^q(\mathbb{E}^2)$ $(\forall\,q\in\mathbb{N})$임에 유의하자.

$$\begin{aligned}&f_1(x,y)=-(1+y^2)^{\frac{1}{2}}\sin x,\quad f_2(x,y)=y(1+y^2)^{-\frac{1}{2}}\cos x,\\ &f_{11}(x,y)=-(1+y^2)^{\frac{1}{2}}\cos x,\quad f_{12}(x,y)=-y(1+y^2)^{-\frac{1}{2}}\sin x,\\ &f_{22}(x,y)=(1+y^2)^{-\frac{3}{2}}\cos x\end{aligned}$$

이므로 $f(0,1)=2^{\frac{1}{2}}$, $f_1(0,1)=0$ & $f_2(0,1)=2^{-\frac{1}{2}}$이다. 그러므로

$$f(x,y)=2^{\frac{1}{2}}+2^{-\frac{1}{2}}(y-1)+R_2(f;(x,y))$$

를 얻는다. 단, 표현을 간단히 하기 위하여 $\mathbf{u}=(0,1)+s(x,y-1)$라 두면

$$R_2(f;(x,y))=\frac{1}{2!}\left\{f_{11}(\mathbf{u})x^2+2f_{12}(\mathbf{u})x(y-1)+f_{22}(\mathbf{u})(y-1)^2\right\}$$

이다.

(2) 임의의 $(x,y)\in K$를 정해두고 $C=(1+a^2)^{\frac{1}{2}}$라 하면

$$\begin{aligned}&|f_{11}(x,y)|\le(1+y^2)^{\frac{1}{2}}\le(1+a^2)^{\frac{1}{2}}=C,\\ &|f_{12}(x,y)|\le|y|\le a\le C\quad\&\quad|f_{22}(x,y)|\le1<C\end{aligned}$$

이므로 명제 5.3.3에 의하여

$$|R_2(f;(x,y))| \le \frac{2C}{2}(x^2+(y-1)^2) = (1+a^2)^{\frac{1}{2}}(x^2+(y-1)^2) \quad (\forall\,(x,y)\in K)$$

를 얻는다. □

주 의 5.3.5. $P(\mathbf{x})$가 $\mathbb{E}^n$ 위의 $(q-1)$차 다항식이면 $R_q(P;\mathbf{x})=0$ $(\forall\,\mathbf{x}\in\mathbb{E}^n)$임에 유념하자.

보기 5.3.6. 각 $(x,y)\in\Delta := \{(x,y)\in\mathbb{E}^2 : 1+x+2y>0\}$에 대하여 $f(x,y)=\ln(1+x+2y)$로 정의된 함수 $f:\Delta\longrightarrow\mathbb{E}^1$에 대하여 2차까지 원점 $(0,0)$에서 함수 $f(x,y)$의 다항식 근사를 구해보자.

[풀이] 각 $(x,y)\in\Delta$에 대하여

$$f_1(x,y)=\frac{1}{1+x+2y},\quad f_2(x,y)=\frac{2}{1+x+2y},\quad f_{11}(x,y)=-\frac{1}{(1+x+2y)^2}$$
$$f_{12}(x,y)=-\frac{2}{(1+x+2y)^2}=f_{21}(x,y),\quad f_{22}(x,y)=-\frac{4}{(1+x+2y)^2}$$

이므로 구하는 다항식 근사는

$$\begin{aligned}P(x,y) &= f(0,0)+\frac{1}{1!}\{f_1(0,0)x+f_2(0,0)y\}\\ &\quad+\frac{1}{2!}\{f_{11}(0,0)x^2+2f_{12}(0,0)xy+f_{22}(0,0)y^2\}\\ &= x+2y-\frac{1}{2!}\left(x^2+4xy+4y^2\right)\end{aligned}$$

을 얻는다. □

명제 5.3.7. 열린집합 $\Delta\subset\mathbb{E}^n$와 함수 $f\in\mathcal{C}^q(\Delta)$가 주어질 때, 조건 $\overline{B(\mathbf{x}_0;\delta)}\subset\Delta$를 만족하는 임의의 양수 $\delta>0$에 대하여

$$|R_q(f;\mathbf{x}_0+\mathbf{h})|\le C_\delta\|\mathbf{h}\|^q \quad (\forall\,\mathbf{h}\in\overline{B(\mathbf{0};\delta)})$$

을 만족하는 양수 $C_\delta>0$를 선택할 수 있다. 특히,

$$\lim_{\mathbb{E}^n\ni\mathbf{h}\to\mathbf{0}}\frac{R_q(f;\mathbf{x}_0+\mathbf{h})}{\|\mathbf{h}\|^{q-1}}=0$$

이 성립한다.

[증명] 우선,

$$R_q(f;\mathbf{x}_0+\mathbf{h})=\frac{1}{q!}\sum_{\substack{\alpha\in\mathbb{Z}_+^n\\|\alpha|=q}}\binom{q}{\alpha}\mathcal{D}^\alpha f(\mathbf{x}_0+s\mathbf{h})\mathbf{h}^\alpha$$

임에 유념하자. 단, $s\in(0,1)$이다. $f\in\mathcal{C}^q(\Delta)$이므로 $|\alpha|=q$인 임의의 $\alpha\in\mathbb{Z}_+^n$에 대하여 $\mathcal{D}^\alpha f\in\mathcal{C}^0(\Delta)$이다. 그런데 $\overline{B(\mathbf{x}_0;\delta)}$는 열린집합 Δ의 콤팩트 부분집합이므로

$$\left|\mathcal{D}^\alpha f(\mathbf{x})\right|\le C'_\delta \quad (\forall\,\mathbf{x}\in\overline{B(\mathbf{x}_0;\delta)}\ \&\ \forall\,\alpha\in\mathbb{Z}_+^n\left\lceil\,|\alpha|=q\,\right\rfloor)$$

이 성립하는 양수 $C'_\delta > 0$이 존재한다. 따라서 임의로 $\mathbf{h} = (h^1, h^2, \cdots, h^n) \in B(\mathbf{0}; \delta)$를 정해 두고, $\alpha = (\alpha^1, \alpha^2, \cdots, \alpha^n) \in \mathbb{Z}_+^n$을 생각하면 각 $j \in \{1, 2, \cdots, n\}$에 대하여 $|h^j| \le \|\mathbf{h}\|$이므로

$$|(h^1)^{\alpha_1}(h^2)^{\alpha_2}\cdots(h^n)^{\alpha_n}| \le \|\mathbf{h}\|^{\alpha_1+\alpha_2+\cdots+\alpha_n} = \|\mathbf{h}\|^{|\alpha|}$$

를 얻는다. 여기서

$$C_\delta = \sum_{\substack{\alpha\in\mathbb{Z}_+^n \\ |\alpha|=q}} \frac{C'_\delta}{\alpha!}$$

라 두면 분명히 $C_\delta > 0$이고

$$\left| \sum_{\substack{\alpha\in\mathbb{Z}_+^n \\ |\alpha|=q}} \binom{q}{\alpha} \mathcal{D}^\alpha f(\mathbf{x}_0 + s\mathbf{h})\mathbf{h}^\alpha \right| \le q! C_\delta \|\mathbf{h}\|^q \quad (\forall\, \mathbf{h} \in \overline{B(\mathbf{0}; \delta)})$$

가 성립한다. 특히, 부등식

$$|R_q(f; \mathbf{x}_0 + \mathbf{h})| \le C_\delta \|\mathbf{h}\|^q$$

을 얻는다. 따라서

$$\frac{R_q(f; \mathbf{x}_0 + \mathbf{h})}{\|\mathbf{h}\|^{q-1}} \le C_\delta \|\mathbf{h}\| \quad (\forall\, \mathbf{h} \in B^*(\mathbf{0}; \delta))$$

이므로 두 번째 주장이 성립한다. □

5.4 $\mathcal{C}^\infty$-급 함수·실해석적 함수

정의 5.4.1. 집합 $\Delta \subset \mathbb{E}^n$ 위에서 정의된 함수 $f : \Delta \longrightarrow \mathbb{E}^1$와 집합 $A(\neq \varnothing) \subset \Delta$가 주어질 때, 조건 $A \subset \Omega$ & $F(\mathbf{x}) = f(\mathbf{x})$ $(\forall\, \mathbf{x} \in A)$을 충족하는 열린집합 $\Omega \subset \mathbb{E}^n$와 $F \in \mathcal{C}^q(\Omega)$가 존재하면 f를 **집합 A 위에서 $\mathcal{C}^q$-급**이라 한다.

위 정의에 따르면 A가 Δ의 열린부분집합인 경우, f가 A 위에서 $\mathcal{C}^q$-급이라는 것과 제한함수 $f|_A$가 $\mathcal{C}^q$-급 함수라는 것은 동일하다.

보기 5.4.2. 자연수 $p \in \mathbb{N}$이 주어질 때, 각 $x \in \mathbb{E}^1$에 대하여

$$f(x) = \begin{cases} x^p & (x \ge 0) \\ 0 & (x \le 0) \end{cases}$$

로 정의된 함수 $f : \mathbb{E}^1 \longrightarrow \mathbb{E}^1$를 생각하자. 이때, 다음이 성립한다.

(1) $A = [0, \infty)$이면 모든 $q \in \mathbb{Z}_+$에 대하여 f는 A 위에서 $\mathcal{C}^q$-급이다.

(2) $B = (-\infty, 0]$이면 모든 $q \in \mathbb{Z}_+$에 대하여 f는 B 위에서 $\mathcal{C}^q$-급이다.

[풀이] (1) $\Omega = \mathbb{E}^1$라 두고 각 $x \in \Omega$에 대하여 $F(x) = x^p$로 정의된 함수 $F : \Omega \longrightarrow \mathbb{E}^1$를 생각하자. 그때, $A \subset \Omega$이고, 임의의 $q \in \mathbb{Z}_+$에 대하여 $F \in \mathcal{C}^q(\Omega)$이며 $F(x) = f(x)$ $(\forall\, x \in A)$이므로 임의의 $q \in \mathbb{Z}_+$에 대하여 f는 A 위에서 $\mathcal{C}^q$-급이다.

(2) 동일한 방법으로 임의의 $q \in \mathbb{Z}_+$에 대하여 f는 B 위에서 $\mathcal{C}^q$-급이다.

명제 5.4.3. 열린집합 $\Delta \subset \mathbb{E}^n$와 함수 $f \in \mathcal{C}^{\infty}(\Delta)$ 그리고 점 $\mathbf{x}_0 \in \Delta$가 주어질 때, 조건 $[\![\mathbf{x}_0; \mathbf{x}_0 + \mathbf{h}]\!]_s \subset \Delta$을 만족하는 점 $\mathbf{x}_0 + \mathbf{h} \in \mathbb{E}^n$에 대하여

$$\lim_{q \to \infty} R_q(f; \mathbf{x}_0 + \mathbf{h}) = 0$$

이 성립하면

$$\begin{aligned} f(\mathbf{x}_0 + \mathbf{h}) = f(\mathbf{x}_0) &+ \sum_{\substack{\alpha \in \mathbb{Z}_+^n \\ |\alpha|=1}} \mathcal{D}^{\alpha} f(\mathbf{x}_0)\mathbf{h}^{\alpha} + \frac{1}{2!} \sum_{\substack{\alpha \in \mathbb{Z}_+^n \\ |\alpha|=2}} \binom{2}{\alpha} \mathcal{D}^{\alpha} f(\mathbf{x}_0)\mathbf{h}^{\alpha} + \cdots \\ &\cdots + \frac{1}{(q-1)!} \sum_{\substack{\alpha \in \mathbb{Z}_+^n \\ |\alpha|=q-1}} \binom{q-1}{\alpha} \mathcal{D}^{\alpha} f(\mathbf{x}_0)\mathbf{h}^{\alpha} \\ &+ \frac{1}{q!} \sum_{\substack{\alpha \in \mathbb{Z}_+^n \\ |\alpha|=q}} \binom{q}{\alpha} \mathcal{D}^{\alpha} f(\mathbf{x}_0)\mathbf{h}^{\alpha} + \cdots \\ &\equiv \sum_{m=0}^{\infty} \frac{1}{m!} \sum_{\substack{\alpha \in \mathbb{Z}_+^n \\ |\alpha|=m}} \binom{m}{\alpha} \mathcal{D}^{\alpha} f(\mathbf{x}_0)\mathbf{h}^{\alpha} \end{aligned} \tag{5.23}$$

이다.([14])

[증명] 임의로 $q \in \mathbb{Z}_+$를 정해두면 명제 5.3.1에 의하여

$$\begin{aligned} f(\mathbf{x}_0 + \mathbf{h}) = f(\mathbf{x}_0) &+ \sum_{\substack{\alpha \in \mathbb{Z}_+^n \\ |\alpha|=1}} \mathcal{D}^{\alpha} f(\mathbf{x}_0)\mathbf{h}^{\alpha} + \frac{1}{2!} \sum_{\substack{\alpha \in \mathbb{Z}_+^n \\ |\alpha|=2}} \binom{2}{\alpha} \mathcal{D}^{\alpha} f(\mathbf{x}_0)\mathbf{h}^{\alpha} + \cdots \\ &\cdots + \frac{1}{(q-1)!} \sum_{\substack{\alpha \in \mathbb{Z}_+^n \\ |\alpha|=q-1}} \binom{q-1}{\alpha} \mathcal{D}^{\alpha} f(\mathbf{x}_0)\mathbf{h}^{\alpha} \\ &+ R_q(f; \mathbf{x}_0 + \mathbf{h}) ; \end{aligned}$$

$$R_q(f; \mathbf{x}_0 + \mathbf{h}) = \frac{1}{q!} \sum_{\substack{\alpha \in \mathbb{Z}_+^n \\ |\alpha|=q}} \binom{q}{\alpha} \mathcal{D}^{\alpha} f(\mathbf{x}_0 + s\mathbf{h})\mathbf{h}^{\alpha}$$

를 만족하는 실수 $s \in (0, 1)$가 존재한다. 그러나 $\lim_{q \to \infty} R_q(f; \mathbf{x}_0 + \mathbf{h}) = 0$이므로 급수의 정

([14]) (5.23)의 우변 급수를 $\mathbf{x}_0$에서 함수 f의 **테일러 급수(Taylor series)**라 하고, 테일러 급수로 나타내는 것을 **테일러 전개(Taylor expansion)**한다고 말한다.

의에 따르면

$$f(\mathbf{x}_0+\mathbf{h}) = f(\mathbf{x}_0) + \sum_{\substack{\alpha\in\mathbb{Z}_+^n\\|\alpha|=1}} \mathcal{D}^\alpha f(\mathbf{x}_0)\mathbf{h}^\alpha + \frac{1}{2!}\sum_{\substack{\alpha\in\mathbb{Z}_+^n\\|\alpha|=2}} \binom{2}{\alpha}\mathcal{D}^\alpha f(\mathbf{x}_0)\mathbf{h}^\alpha + \cdots$$
$$\cdots + \frac{1}{(q-1)!}\sum_{\substack{\alpha\in\mathbb{Z}_+^n\\|\alpha|=q-1}} \binom{q-1}{\alpha}\mathcal{D}^\alpha f(\mathbf{x}_0)\mathbf{h}^\alpha$$
$$+\frac{1}{q!}\sum_{\substack{\alpha\in\mathbb{Z}_+^n\\|\alpha|=q}} \binom{q}{\alpha}\mathcal{D}^\alpha f(\mathbf{x}_0)\mathbf{h}^\alpha + \cdots$$

가 성립한다. □

명제 5.4.4. 열린집합 $\Delta \subset \mathbb{E}^n$와 함수 $f \in \mathcal{C}^\infty(\Delta)$가 주어질 때, $\mathbf{x}_0 \in K$인 볼록집합 $K \subset \Delta$에 대하여 조건

$$|\mathcal{D}^\alpha f(\mathbf{x})| \le M^{|\alpha|} \quad (\forall\, \mathbf{x}\in K \;\;\&\;\; \forall\, \alpha \in \mathbb{Z}_+^n)$$

을 만족하는 양수 $M > 0$이 존재하면 다음이 성립한다.

$$f(\mathbf{x}) = \sum_{m=0}^\infty \frac{1}{m!}\sum_{\substack{\alpha\in\mathbb{Z}_+^n\\|\alpha|=m}} \binom{m}{\alpha}\mathcal{D}^\alpha f(\mathbf{x}_0)(\mathbf{x}-\mathbf{x}_0)^\alpha \quad (\forall\, \mathbf{x}\in K).$$

[증명] 임의로 $\mathbf{x} \in K$를 정해두고 $|\alpha| = q$에 대하여 $C = M^q$라 두자. 이때, 명제 5.3.3에 의하여

$$|R_q(f;\mathbf{x})| \le \frac{C}{q!}n^{\frac{q}{2}}\|\mathbf{x}-\mathbf{x}_0\|^q = \frac{M^q}{q!}n^{\frac{q}{2}}\|\mathbf{x}-\mathbf{x}_0\|^q = \frac{1}{q!}\left(Mn^{\frac{1}{2}}\|\mathbf{x}-\mathbf{x}_0\|\right)^q$$

가 성립한다. 그러나 $\lim_{q\to\infty}\frac{b^q}{q!} = 0$ $(\forall\, b \in \mathbb{E}^1 \;\&\; b \ge 0)$이므로

$$\lim_{q\to\infty}\frac{(Mn^{\frac{1}{2}}\|\mathbf{x}-\mathbf{x}_0\|)^q}{q!} = 0$$

이고 따라서 $\lim_{q\to\infty} R_q(f;\mathbf{x}) = 0$을 얻는다. 이제 명제 5.4.3을 적용하면

$$f(\mathbf{x}) = \sum_{m=0}^\infty \frac{1}{m!}\sum_{\substack{\alpha\in\mathbb{Z}_+^n\\|\alpha|=m}} \binom{m}{\alpha}\mathcal{D}^\alpha f(\mathbf{x}_0)(\mathbf{x}-\mathbf{x}_0)^\alpha$$

이 성립함을 알 수 있다. □

명제 5.4.5. 유클리드 공간 $\mathbb{E}^n$ 위에 주어진 다항식 $f(\mathbf{x})$의 원점 $\mathbf{0} \in \mathbb{E}^n$에서 테일러 급수는 바로 자신 $f(\mathbf{x})$이다.

[증명] $f(\mathbf{x})$가 유클리드 공간 $\mathbb{E}^n$ 위에 주어진 m차 다항식이라 하자. 이때, 다중지수 $\alpha,\ \beta \in \mathbb{Z}_+^n$에 대하여 함수 $\varphi(\mathbf{x}) := \mathbf{x}^\beta\ (\forall\, \mathbf{x} \in \mathbb{E}^n)$를 생각하면

$$\mathcal{D}^\alpha \varphi(\mathbf{0}) = \begin{cases} \alpha! & (\alpha = \beta) \\ 0 & (\alpha \neq \beta) \end{cases}$$

이 성립하고 특히, $|\alpha| > |\beta|$이면

$$\mathcal{D}^\alpha \mathbf{x}^\beta = \mathcal{D}^\alpha \varphi(\mathbf{x}) = 0$$

을 얻는다. 그러므로

$$f(\mathbf{x}) = \sum_{k=0}^{m} \sum_{\substack{\beta \in \mathbb{Z}_+^n \\ |\beta| = k}} a_\beta \mathbf{x}^\beta \quad (\text{단, } a_\beta \in \mathbb{E}^1)$$

라 두면

$$\begin{aligned} \mathcal{D}^\alpha f(\mathbf{0}) &= \begin{cases} 0 & (|\alpha| > m) \\ \sum_{k=0}^{m} \sum_{\substack{\beta \in \mathbb{Z}_+^n \\ |\beta| = k}} a_\beta \mathcal{D}^\alpha \varphi(\mathbf{0}) & (|\alpha| \le m) \end{cases} \\ &= \begin{cases} 0 & (|\alpha| > m) \\ \alpha! a_\alpha & (|\alpha| \le m) \end{cases} \end{aligned}$$

가 성립하므로 $R_{m+1}(f; \mathbf{x}) = 0$이고 $k \le m$인 모든 $k \in \mathbb{Z}_+$에 대하여

$$\frac{1}{k!} \sum_{\substack{\beta \in \mathbb{Z}_+^n \\ |\beta| = k}} \binom{k}{\beta} \mathcal{D}^\beta f(\mathbf{0}) \mathbf{x}^\beta = \frac{1}{k!} \sum_{\substack{\beta \in \mathbb{Z}_+^n \\ |\beta| = k}} \binom{k}{\beta} \beta! a_\beta \mathbf{x}^\beta = \sum_{\substack{\beta \in \mathbb{Z}_+^n \\ |\beta| = k}} a_\beta \mathbf{x}^\beta$$

을 얻는다. 따라서 다항식 $f(\mathbf{x})$의 원점 $\mathbf{0} \in \mathbb{E}^n$에서 테일러 급수는

$$\sum_{k=0}^{\infty} \frac{1}{k!} \sum_{\substack{\beta \in \mathbb{Z}_+^n \\ |\beta| = k}} \binom{k}{\beta} \mathcal{D}^\beta f(\mathbf{0}) \mathbf{x}^\beta = \sum_{k=0}^{m} \frac{1}{k!} \sum_{\substack{\beta \in \mathbb{Z}_+^n \\ |\beta| = k}} \binom{k}{\beta} \mathcal{D}^\beta f(\mathbf{0}) \mathbf{x}^\beta = f(\mathbf{x})$$

이다. □

정의 5.4.6. 열린집합 $\Delta \subset \mathbb{E}^n$와 함수 $f \in \mathcal{C}^\infty(\Delta)$를 생각하자. 점 $\mathbf{x}_0 \in \Delta$에 대하여 조건

$$f(\mathbf{x}) = \sum_{m=0}^{\infty} \frac{1}{m!} \sum_{\substack{\alpha \in \mathbb{Z}_+^n \\ |\alpha| = m}} \binom{m}{\alpha} \mathcal{D}^\alpha f(\mathbf{x}_0)(\mathbf{x} - \mathbf{x}_0)^\alpha \quad (\forall\, \mathbf{x} \in B(\mathbf{x}_0; r))$$

을 만족하는 열린구 $B(\mathbf{x}_0; r) \subset \Delta$가 존재하면 f를 $\mathbf{x}_0 \in \Delta$에서 **실해석적(real-analytic)** 또는 $\mathcal{C}^\omega$-**함수**라 하고 간단히 $f \in \mathcal{C}^\omega(\{\mathbf{x}_0\})$로 나타낸다. 더욱이, f가 모든 점 $\mathbf{x}_0 \in \Delta$에서 실해석적인 경우, f를 Δ 위에서 **실해석적(real-analytic)**라 하고 간단히 $f \in \mathcal{C}^\omega(\Delta)$로 나타낸다.

다음은 명제 5.4.4로 부터 쉽게 유도할 수 있다.

따름정리 5.4.7. 열린집합 $\Delta \subset \mathbb{E}^n$와 함수 $f \in \mathcal{C}^\infty(\Delta)$가 주어질 때, 임의의 점 $\mathbf{x}_0 \in \Delta$에 대하여 조건

$$|\mathcal{D}^\alpha f(\mathbf{x})| \le M^{|\alpha|} \quad (\forall\, \mathbf{x} \in U_{\mathbf{x}_0} \;\&\; \forall\, \alpha \in \mathbb{Z}_+^n)$$

을 만족하는 $\mathbf{x}_0$의 열린근방 $U_{\mathbf{x}_0} \subset \Delta$와 양수 $M > 0$이 존재하면 f는 Δ 위에서 실해석적이다. 즉, $f \in \mathcal{C}^\omega(\Delta)$이다.

다음은 명제 5.4.5로 부터 얻어지는 결과중 하나이다.

따름정리 5.4.8. 유클리드 공간 $\mathbb{E}^n$ 위에 주어진 다항식 f는 $\mathbb{E}^n$ 위에서 실해석적이다. 즉, $f \in \mathcal{C}^\omega(\mathbb{E}^n)$이다.

'로피탈 법칙'을 적용하면 다음이 성립함을 알 수 있다.

명제 5.4.9. 임의의 $k \in \mathbb{Z}_+$에 대하여 다음이 성립한다.

$$\lim_{\mathbb{E}^1 \ni x \to \infty} x^k e^{-x} = 0$$

정의에 따르면 $\mathcal{C}^\omega \subset \mathcal{C}^\infty$이지만, 다음 보기는 일반적으로 $\mathcal{C}^\omega \subsetneq \mathcal{C}^\infty$인 함의관계가 성립함을 보여준다. 좀 더 명확히 표현하면 다음 보기는 $f \in \mathcal{C}^\infty(\{0\})$이지만 $f \notin \mathcal{C}^\omega(\{0\})$임을 설명하고 있다.

보기 5.4.10. 각 $x \in \mathbb{E}^1$에 대하여

$$f(x) := \begin{cases} e^{-\frac{1}{x}} & (x > 0) \\ 0 & (x \le 0) \end{cases}$$

로 정의된 함수 $f : \mathbb{E}^1 \longrightarrow \mathbb{E}^1$를 생각하면 $f \in \mathcal{C}^\infty(\mathbb{E}^1)$이지만 $f \notin \mathcal{C}^\omega(\mathbb{E}^1)$이다. 즉, 일반적으로 $\mathcal{C}^\omega \subsetneq \mathcal{C}^\infty$이다.

[**증명**] (1°) 함수의 정의에 의하여 $f \in \mathcal{C}^q(\mathbb{E}^1 \setminus \{0\})$ $(\forall\, q \in \mathbb{Z}_+)$은 분명하다. 한편

$$\lim_{\mathbb{E}^1 \ni x \to 0+} f(x) = \lim_{\mathbb{E}^1 \ni x \to 0+} e^{-\frac{1}{x}} = 0 = \lim_{\mathbb{E}^1 \ni x \to 0-} f(x)$$

이고 $f(0) = 0$이므로 $f \in \mathcal{C}^0(\mathbb{E}^1)$이다.

(2°) 각 $q \in \mathbb{N}$에 대하여

$$f^{(q)}(x) = \frac{P_{q-1}(x)}{x^{2q}} e^{-\frac{1}{x}} \quad (\forall\, x \in \mathbb{E}^1 \;\&\; x > 0) \tag{5.24}$$

이 성립함을 보이자. 단, $P_{n-1}(x)$는 x에 관한 $(n-1)$차 다항식을 의미한다. 귀납적으로 (5.24)를 밝히기 위하여 $x > 0$인 실수 $x \in \mathbb{E}^1$을 생각하면

$$\begin{aligned} f'(x) &= \frac{1}{x^2} e^{-\frac{1}{x}}\,; \\ f''(x) &= \left(\frac{1}{x^4} - \frac{2}{x^3}\right) e^{-\frac{1}{x}} = \frac{1-2x}{x^4} e^{-\frac{1}{x}}\,; \\ f'''(x) &= \left(\frac{1}{x^6} - \frac{6}{x^5} + \frac{6}{x^4}\right) e^{-\frac{1}{x}} = \frac{1-6x+6x^2}{x^6} e^{-\frac{1}{x}} \end{aligned}$$

이다. 이제, $q = k\,(k \geq 4)$에 대하여 (5.24)가 성립함을 가정하자. 이때,

$$\begin{aligned}\left(\frac{P_{k-1}(x)}{x^{2k}}e^{-\frac{1}{x}}\right)' &= \frac{\left(P'_{k-1}(x)e^{-\frac{1}{x}} + P_{k-1}(x)\frac{1}{x^2}e^{-\frac{1}{x}}\right)x^{2k} - P_{k-1}(x)e^{-\frac{1}{x}}2kx^{2k-1}}{(x^{2k})^2}\\ &= \frac{\left(P'_{k-1}(x)e^{-\frac{1}{x}} + P_{k-1}(x)\frac{1}{x^2}e^{-\frac{1}{x}}\right)x - 2kP_{k-1}(x)e^{-\frac{1}{x}}}{x^{4k-2k+1}}\\ &= \frac{xP'_{k-1}(x) + P_{k-1}(x)\frac{1}{x} - 2kP_{k-1}(x)}{x^{2k+1}}e^{-\frac{1}{x}}\\ &= \frac{x^2P'_{k-1}(x) + (1-2kx)P_{k-1}(x)}{x^{2(k+1)}}e^{-\frac{1}{x}}\end{aligned}$$

이고 $x^2P'_{k-1}(x) + (1-2kx)P_{k-1}(x)$는 x에 관한 k차 다항식이므로 (5.24)가 성립한다. 그러므로 $x \neq 0$인 임의의 실수 $x \in \mathbb{E}^1$와 임의의 자연수 $q \in \mathbb{N}$에 대하여 다음을 얻는다.

$$f^{(q)}(x) = \begin{cases} \frac{P_{q-1}(x)}{x^{2q}}e^{-\frac{1}{x}} & (x > 0)\\ 0 & (x < 0). \end{cases} \tag{5.25}$$

(3°) 자연수 $q \in \mathbb{N}$가 임의로 주어질 때, $(q-1)$차 다항식 $P_{q-1}(x)$에 대하여

$$\lim_{\mathbb{E}^1 \ni x \to 0+} \frac{P_{q-1}(x)}{x^{2q+1}}e^{-\frac{1}{x}} = 0 \tag{5.26}$$

이 성립한다. 왜냐하면: 우선, $P_{q-1}(x) = a_1x^{q-1} + a_2x^{q-2} + \cdots + a_{q-1}x + a_q$ (단, $a_1 \neq 0$)라 두고, 변수변환 $x = \frac{1}{t}$ $(t > 0)$을 생각하자. 이때, 명제 5.4.9을 적용하면

$$\begin{aligned}\lim_{\mathbb{E}^1 \ni x \to 0+} \frac{P_{q-1}(x)}{x^{2q+1}}e^{-\frac{1}{x}} &= \lim_{\mathbb{E}^1 \ni x \to 0+}\left(\frac{a_1}{x^{q+2}} + \frac{a_2}{x^{q+3}} + \cdots + \frac{a_q}{x^{2q+1}}\right)e^{-\frac{1}{x}}\\ &= \lim_{\mathbb{E}^1 \ni t \to \infty}\left(a_1t^{q+2} + a_2t^{q+3} + \cdots + a_qt^{2q+1}\right)e^{-t} = 0\end{aligned}$$

을 얻는다.

(4°) 임의의 자연수 $q \in \mathbb{N}$가 주어질 때 귀납적인 방법으로 $f^{(q)}(0) = 0$을 밝히자. 변수변환 $x = \frac{1}{t}$ $(t > 0)$을 생각하고 명제 5.4.9을 적용하면

$$\lim_{\mathbb{E}^1 \ni x \to 0+} \frac{f(x) - f(0)}{x} = \lim_{\mathbb{E}^1 \ni x \to 0+} \frac{1}{x}e^{-\frac{1}{x}} = \lim_{\mathbb{E}^1 \ni t \to \infty} te^{-t} = 0$$

을 얻는다. 한편,

$$\lim_{\mathbb{E}^1 \ni x \to 0-} \frac{f(x) - f(0)}{x} = 0$$

이므로 $f'(0) = 0$이다. 이제, $q = k\,(k \geq 2)$일 때, $f^{(k)}(0) = 0$이 성립함을 가정하고 (3°)를 적용하면

$$\lim_{\mathbb{E}^1 \ni x \to 0+} \frac{f^{(k)}(x) - f^{(k)}(0)}{x} = \lim_{\mathbb{E}^1 \ni x \to 0+} \frac{1}{x}f^{(k)}(x) = \lim_{\mathbb{E}^1 \ni x \to 0+} \frac{P_{k-1}(x)}{x^{2k+1}}e^{-\frac{1}{x}} = 0$$

을 얻는다. 한편,

$$\lim_{\mathbb{E}^1 \ni x \to 0-} \frac{f^{(k)}(x) - f^{(k)}(0)}{x} = \lim_{\mathbb{E}^1 \ni x \to 0-} \frac{0-0}{x} = 0$$

이므로 $f^{(k+1)}(0) = 0$이 성립한다.

(5°) 음이 아닌 임의의 정수 $q \in \mathbb{Z}_+$가 주어질 때 $\lim_{\mathbb{E}^1 \ni x \to 0} f^{(q)}(x) = 0$을 보이는 것이 목적이다. 그런데 $\lim_{\mathbb{E}^1 \ni x \to 0-} f^{(q)}(x) = 0$이므로 $\lim_{\mathbb{E}^1 \ni x \to 0+} f^{(q)}(x) = 0$을 보이면 충분하다. 우선,

$$\lim_{\mathbb{E}^1 \ni x \to 0+} f(x) = \lim_{\mathbb{E}^1 \ni x \to 0+} e^{-\frac{1}{x}} = 0$$

이다. 다음으로 자연수 $q \in \mathbb{N}$에 대하여 $P_{q-1}(x) = a_1 x^{q-1} + a_2 x^{q-2} + \cdots + a_q$ $(a_1 \neq 0)$라 두자. 이때, 변수변환 $x = \frac{1}{t}$ $(t > 0)$과 (5.25)를 이용하면

$$\begin{aligned}
\lim_{\mathbb{E}^1 \ni x \to 0+} f^{(q)}(x) &= \lim_{\mathbb{E}^1 \ni x \to 0+} \frac{P_{q-1}(x)}{x^{2q}} e^{-\frac{1}{x}} \\
&= \lim_{\mathbb{E}^1 \ni x \to 0+} \left(\frac{a_1}{x^{q+1}} + \frac{a_2}{x^{q+2}} + \cdots + \frac{a_q}{x^{2q}} \right) e^{-\frac{1}{x}} \\
&= \lim_{\mathbb{E}^1 \ni t \to \infty} \left(a_1 t^{q+1} + a_2 t^{q+2} + \cdots + a_q t^{2q} \right) e^{-t} = 0
\end{aligned}$$

이 성립한다. 그러므로 음이 아닌 임의의 정수 $q \in \mathbb{Z}_+$에 대하여 $\lim_{\mathbb{E}^1 \ni x \to 0+} f^{(q)}(x) = 0$을 얻고, 따라서 $\lim_{\mathbb{E}^1 \ni x \to 0} f^{(q)}(x) = 0$이다.

결국 (1°) $\sim$ (5°)에 의하여 $f \in \mathcal{C}^{\infty}(\mathbb{E}^1)$이고, 임의의 $q \in \mathbb{Z}_+$에 대하여 $f^{(q)}(0) = 0$이다.

(6°) $f \notin \mathcal{C}^{\omega}(\mathbb{E}^1)$임을 살펴보기로 하자. 함수 f를 원점 0에서 Taylor 전개하면 $f^{(q)}(0) = 0$ $(\forall\, q \in \mathbb{Z}_{\geq 0})$이므로 원점 0의 어떤 근방의 모든 x에 대하여

$$f(x) = 0 + 0 + \cdots + R_q(f; x)$$

가 성립한다. 한편

$$\lim_{q \to \infty} R_q(f; x) = f(x) : \begin{cases} \neq 0 & (x > 0) \\ = 0 & (x \leq 0) \end{cases}$$

을 얻는다. 즉, 원점 0의 어떤 근방의 모든 x에 대하여 $\lim_{q \to \infty} R_q(f; x) \neq 0$이므로 f는 원점 0에서 실해석적은 아니다. 따라서 $f \notin \mathcal{C}^{\omega}(\mathbb{E}^1)$임을 알 수 있다. □

연습문제 5.2

1. 각 $(x,y)\in\mathbb{E}^2$에 대하여

$$f(x,y)=\begin{cases}\frac{xy(x^2-y^2)}{x^2+y^2} & ((x,y)\neq(0,0))\\ 0 & ((x,y)=(0,0))\end{cases}$$

로 정의된 함수 $f:\mathbb{E}^2\longrightarrow\mathbb{E}^1$에 대하여 다음 물음에 답하여라.[129]

(가) $(x,y)\neq(0,0)$일 때, $f_{12}(x,y)=f_{21}(x,y)$임을 보여라.

(나) $f_1(0,0)=0=f_2(0,0)$ & $f\in\mathcal{C}^1(\mathbb{E}^2)$임을 보여라.

(다) $f_{12}(0,0)$ & $f_{21}(0,0)$이 존재하지만 $f_{12}(0,0)\neq f_{21}(0,0)$임을 보여라.

(라) (다)에서 $f_{12}(0,0)\neq f_{21}(0,0)$이 정리 5.2.23에 위배되지 않는 이유를 설명하여라.

2. 임의로 $k\in\mathbb{Z}_+$가 주어질 때, 각 $x\in\mathbb{E}^1$에 대하여

$$f(x)=\begin{cases}x^k\sin\frac{1}{x} & (x\neq0)\\ 0 & (x=0)\end{cases}$$

로 정의된 함수 $f:\mathbb{E}^1\longrightarrow\mathbb{E}^1$에 대하여 다음을 보여라.[130]

(가) $k=0$이면 $f\in\mathcal{C}^0(\mathbb{E}^1\setminus\{0\})$이지만 f는 0에서 연속이 아니다.

(나) $k=1$이면 $f\in\mathcal{C}^0(\mathbb{E}^1)$이지만 f는 0에서 미분불가능이다.

(다) $k=2$이면 f는 $\mathbb{E}^1$의 모든 점에서 미분가능이지만 $f\notin\mathcal{C}^1(\mathbb{E}^1)$이다.

(라) $k\geq3$이면 $f\in\mathcal{C}^{[\frac{k-1}{2}]}(\mathbb{E}^1)$이지만 $f\notin\mathcal{C}^{[\frac{k+1}{2}]}(\mathbb{E}^1)$이다. 단, $[\cdot]$는 최대정수함수이다.

3. 각 $(x,y)\in\mathbb{E}^2$에 대하여 $f(x,y)=|x|+|y|$로 정의된 함수 $f:\mathbb{E}^2\longrightarrow\mathbb{E}^1$가 미분불가능한 점을 구하여라.[131]

4. 각 $(x,y)\in\mathbb{E}^2$에 대하여

$$f(x,y)=\begin{cases}\frac{x}{y}+\frac{y}{x} & (xy\neq0)\\ 0 & (xy=0)\end{cases}$$

으로 정의된 함수 $f:\mathbb{E}^2\longrightarrow\mathbb{E}^1$가 주어질 때, 다음 물음에 답하여라.[132]

(가) 함수 f는 $xy\neq0$인 점 $(x,y)\in\mathbb{E}^2$에서 미분가능한가?

(나) 함수 f는 $xy=0$인 점 $(x,y)\in\mathbb{E}^2\setminus\{(0,0)\}$에서 미분가능한가?

(다) 함수 f는 원점 $(0,0)$에서 미분가능한가?

5. 각 $(x,y) \in \mathbb{E}^2$에 대하여 $f(x,y) = x^{\frac{1}{3}} + y^2$으로 정의된 함수 $f : \mathbb{E}^2 \longrightarrow \mathbb{E}^1$가 미분불가능한 점을 구하여라.[133]

6. 점 $\mathbf{x}_0 \in \mathbb{E}^n$를 포함하는 열린집합 $\Delta \subset \mathbb{E}^n$과 함수 $f \in \mathcal{C}^0(\Delta) \cap \mathcal{C}^1(\Delta \setminus \{\mathbf{x}_0\})$가 주어질 때, 각 $k \in \{1, 2, \cdots, n\}$에 대하여 $l_k = \lim_{\mathbb{E}^n \ni \mathbf{x} \to \mathbf{x}_0} f_k(\mathbf{x})$가 존재하면 $l_k = f_k(\mathbf{x}_0)$ (즉, $f \in \mathcal{C}^1(\Delta)$)임을 보여라.[134]

7. $q > 1$인 자연수 $q \in \mathbb{N}$를 생각하고, 점 $\mathbf{x}_0 \in \mathbb{E}^n$를 포함하는 열린집합 $\Delta \subset \mathbb{E}^n$과 함수 $f \in \mathcal{C}^{q-1}(\Delta) \cap \mathcal{C}^q(\Delta \setminus \{\mathbf{x}_0\})$가 주어질 때, $|\alpha| = q$인 임의의 $\alpha \in \mathbb{Z}_+^n$에 대하여 $l_\alpha = \lim_{\mathbb{E}^n \ni \mathbf{x} \to \mathbf{x}_0} \mathcal{D}^\alpha f(\mathbf{x})$가 존재하면 $\mathcal{D}^\alpha f(\mathbf{x}_0) = l_\alpha$ (즉, $f \in \mathcal{C}^q(\Delta)$)임을 보여라.[135]

8. 각 $(x,y) \in \mathbb{E}^2$에 대하여 $f(x,y) = x^2 y$로 정의된 함수 $f : \mathbb{E}^2 \longrightarrow \mathbb{E}^1$을 생각할 때, $q = 4$를 가지고 점 $(1, -1)$에서 f의 테일러 정리를 유도하여라.[136]

9. 다항식 $f(x,y) = x^3 - 2xy^4 + (x-1)^2 y^{10}$을 원점 $(0,0)$에서 테일러 전개했을 때, 차수가 7인 항의 계수를 구하여라.[137]

10. 다음에 주어진 식을 테일러 정리를 이용하여 $x - 1$ & $y - 2$를 인수로 갖는 식으로 전개하여라.[138]

    (가) $f(x,y) = x^3 + y^3 + xy^2$.   (나) $f(x,y) = x^2 + xy + y^2$.

11. 각 $(x,y) \in \mathbb{E}^2$에 대하여 $f(x,y) = e^x \cos y$로 정의된 함수 $f : \mathbb{E}^2 \longrightarrow \mathbb{E}^1$를 생각할 때, 원점 $(0,0) \in \mathbb{E}^2$에서 테일러 정리의 3차 까지의 항들을 구하여라.[139]

12. 각 $(x,y,z) \in \mathbb{E}^3$에 대하여 $f(x,y,z) = xyz$로 정의된 함수 $f : \mathbb{E}^3 \longrightarrow \mathbb{E}^1$이 주어질 때, $q = 4$를 가지고 점 $\mathbf{x}_0 = (1, -1, 0) \in \mathbb{E}^3$에서 함수 f의 테일러 정리를 유도하여라.[140]

13. 0을 포함하는 열린집합 $I \subset \mathbb{E}^1$ 위에서 정의된 함수 $\psi \in \mathcal{C}^q(I)$와 실수 $a, b \in \mathbb{E}^1$가 주어질 때, $f(x,y) := \psi(ax + by)$로 정의된 함수 f에 대하여 점 $(0,0)$에서 테일러 정리는 다음과 같음을 보여라

$$f(x,y) = \sum_{k=0}^{q-1} \frac{\psi^{(k)}(0)}{k!} \sum_{j=0}^{k} \binom{k}{j} (ax)^j (by)^{k-j} + R_q(f; (x,y)).$$

    단, $\binom{k}{j}$는 이항계수이다.[141]

14. 열린집합 $\Delta \subset \mathbb{E}^2$와 n차 동차함수 $f \in \mathcal{C}^2(\Delta)$가 주어질 때, 등식

$$x^2 f_{11}(x,y) + 2xy f_{12}(x,y) + y^2 f_{22}(x,y) = n(n-1) f(x,y) \quad (\forall\, (x,y) \in \Delta)$$

    가 성립함을 보여라.[142]

제 6 장

미분의 응용

다변수 함수들도 일변수 함수들과 마찬가지로 국소적 최대·최솟값(local maxima and minima)과 대역적 최대·최솟값(global maxima and minima)을 가질 수 있다. 이제, 미분의 응용에 관련하여 극대·극솟값에 관한 문제와 볼록·오목함수에 관하여 살펴보기로 하자.

6.1 극값

이 절에서는 함수의 극대·극솟값을 찾는 문제를 고려해 보기로 하자. 함수의 극대·극솟값을 총칭하여 **극값(extremum)**이라 한다.

정의 6.1.1. 함수 $f : D(\subset \mathbb{E}^n) \longrightarrow \mathbb{E}^1$와 집합 $A \subset D$가 주어질 때, 점 $\mathbf{x}_0 \in A$에 대하여 생각하자.

(a) 조건 $f(\mathbf{x}_0) \leq f(\mathbf{x})$ $(\forall \mathbf{x} \in A)$를 만족하는 경우, f는 $\mathbf{x}_0$에서 최솟값을 갖는다고 하며 $f(\mathbf{x}_0)$를 집합 A 위에서 함수 f의 **최솟값(absolute minimum)**이라 한다.

(b) 조건 $f(\mathbf{x}_0) < f(\mathbf{x})$ $(\forall \mathbf{x} \in A \setminus \{\mathbf{x}_0\})$를 만족하는 경우, f는 $\mathbf{x}_0$에서 순최솟값을 갖는다고 하며 $f(\mathbf{x}_0)$를 집합 A 위에서 함수 f의 **순최솟값(strict absolute minimum)**이라 한다.

(c) 조건 $f(\mathbf{x}_0) \leq f(\mathbf{x})$ $(\forall \mathbf{x} \in A \cap U)$를 만족하는 $\mathbf{x}_0$의 근방 U가 존재하는 경우, f는 $\mathbf{x}_0$에서 **극솟값(relative minimum)**을 갖는다고 한다.

(d) 조건 $f(\mathbf{x}_0) < f(\mathbf{x})$ $(\forall \mathbf{x} \in A \cap (U \setminus \{\mathbf{x}_0\}))$를 만족하는 $\mathbf{x}_0$의 근방 U가 존재하는 경우, f는 $\mathbf{x}_0$에서 **순극솟값(strict relative minimum)**을 갖는다고 한다.

주의 6.1.2. 최댓값은 극댓값중 가장 큰값이고 최솟값은 극솟값중 가장 작은 값이다. 그러나 일반적으로 극댓값이 최대값은 아니며 극솟값이 최솟값은 아니다. 콤팩트집합 위에서 연속인 함수는 항상 최대값과 최솟값을 갖는다(정리 3.4.38 참고).

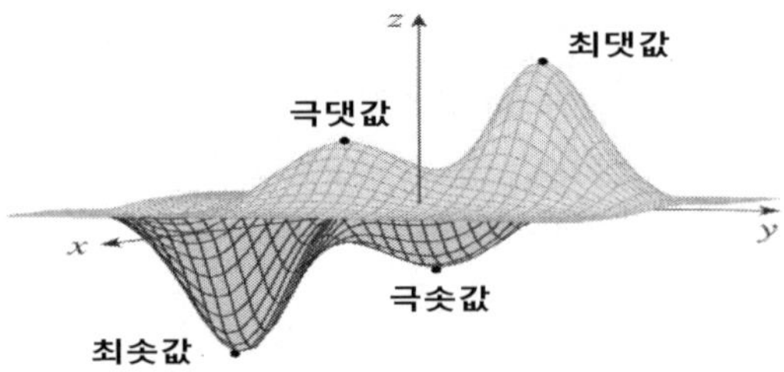

그림 6.1: 극솟(댓)값과 최솟(댓)값의 이해

최댓값과 순최댓값의 개념은 부등호를 바꾸어 놓음으로서 유사하게 정의된다.

주의 6.1.3. 각 $\mathbf{x} \in \mathbb{E}^n$에 대하여 $f(\mathbf{x}) := \|\mathbf{x}\|$로 정의된 함수 $f : \mathbb{E}^n \longrightarrow \mathbb{E}^1$를 생각하면 $f(\mathbf{0}) = 0 \ \& \ f(\mathbf{x}) > 0 \ (\forall \mathbf{x} \in \mathbb{E}^n \setminus \{\mathbf{0}\})$이므로 f는 $\mathbf{0}$에서 순최솟값을 갖는다. 한편 임의로 주어진 방향 $\mathbf{v} \in \mathbb{E}^n$에 대하여

$$\lim_{\mathbb{E}^1 \ni t \to \mathbf{0}} \frac{f(\mathbf{0}+t\mathbf{v}) - f(\mathbf{0})}{t} = \lim_{\mathbb{E}^1 \ni t \to \mathbf{0}} \frac{|t|}{t} = \begin{cases} 1 & (t \to 0+) \\ -1 & (t \to 0-) \end{cases}$$

이므로 함수 f는 점 $\mathbf{0}$에서 $\mathbf{v}$ 방향으로 방향도함수를 갖지 않는다. 특히, 명제 5.1.11의 대우를 적용하면 함수 f는 점 $\mathbf{0}$에서 미분불가능하다. 그러므로 함수 f가 $\mathbf{0}$에서 최솟값을 갖는지 여부는 미적분학의 이론을 통하여 찾을 수 없다.

정의 6.1.4. 함수 $f : D(\subset \mathbb{E}^n) \longrightarrow \mathbb{E}^1$와 집합 $A \subset D$에 대하여 f가 $\mathbf{x}_0 \in \mathrm{int}(A)$에서 미분가능하고 $df(\mathbf{x}_0) = \mathbf{0}$인 경우, $\mathbf{x}_0$를 함수 f의 **임계점(critical point)**이라 한다.

명제 6.1.5. 함수 $f : D(\subset \mathbb{E}^n) \longrightarrow \mathbb{E}^1$와 집합 $A \subset D$에 대하여 f가 $\mathbf{x}_0 \in \mathrm{int}(A)$에서 미분가능하고 f가 $\mathbf{x}_0$에서 극값을 가지면 $df(\mathbf{x}_0) = \mathbf{0}$이다. 즉, $\mathbf{x}_0$는 f의 임계점이다.

[증명] 임의의 방향 $\mathbf{v} \in \mathbb{E}^n$가 주어질 때, 집합 $I := \{t \in \mathbb{E}^1 : \mathbf{x}_0 + t\mathbf{v} \in A\}$은 0을 내점으로 갖는 $\mathbb{E}^1$의 부분집합이다.(1) 그러므로 함수 $\varphi : I \longrightarrow \mathbb{E}^1$을 $\varphi(t) := f(\mathbf{x}_0 + t\mathbf{v})$로 정의하면 φ는 $0 \in I$에서 미분가능하고 φ는 $0 \in I$에서 극값을 갖는다. 특히, $\varphi'(0) = 0$이다. 그러나 $\varphi'(0) = df(\mathbf{x}_0) \cdot \mathbf{v}$이므로 $df(\mathbf{x}_0) \cdot \mathbf{v} = 0$을 얻는다. 여기서 $\mathbf{v}$가 임의의 방향임을 고려하면 $df(\mathbf{x}_0) = \mathbf{0}$이 성립하여 $\mathbf{x}_0$는 f의 임계점임을 보였다. □

일반적으로 명제 6.1.5의 역이 성립하지 않음을 알 수 있다.

보기 6.1.6. 각 $(x, y) \in \mathbb{E}^2$에 대하여 $f(x, y) = x^2 y$로 정의된 함수 $f : \mathbb{E}^2 \longrightarrow \mathbb{E}^1$을 생각하면 $f \in \mathcal{C}^\infty(\mathbb{E}^2)$이고

$$f_1(x, y) = 2xy \quad \& \quad f_2(x, y) = x^2$$

(1) $\mathbf{x}_0 \in \mathrm{int}(A)$이므로 $B(\mathbf{x}_0; \delta) \subset A$을 만족하는 양수 $\delta > 0$을 선택할 수 있다. 이때,

$$\ulcorner t \in \mathbb{E}^1 \ \& \ |t| < \delta \lrcorner \implies \|\mathbf{x}_0 + t\mathbf{v} - \mathbf{x}_0\| = |t| < \delta$$

이므로 $\mathbf{x}_0 + t\mathbf{v} \in B(\mathbf{x}_0; \delta) \subset A \ (\forall t \in \mathbb{E}^1 \ \& \ |t| < \delta)$임을 알 수 있다.

이므로 원점 $(0,0) \in \mathbb{E}^2$는 f의 임계점이다. 그러나 $f(0,0) = 0$이고 평면 $\mathbb{E}^2$ 위에서 직선 $y = x$를 생각하면

$$f(x,x) = x^3 : \begin{cases} > 0 & (x > 0) \\ < 0 & (x < 0) \end{cases}$$

이 성립하여 원점 $(0,0) \in \mathbb{E}^2$에서 함수 f는 극값을 갖지 않는다.

보기 6.1.7. 각 $(x,y) \in \mathbb{E}^2$에 대하여 $f(x,y) = x^2 - 2x + y^2 - 4y + 5$로 정의된 함수 $f : \mathbb{E}^2 \longrightarrow \mathbb{E}^1$을 생각하면 $f \in \mathcal{C}^\infty(\mathbb{E}^2)$이다. 그런데

$$f_1(x,y) = 2x - 2 \quad \& \quad f_2(x,y) = 2y - 4$$

이므로 $(1,2) \in \mathbb{E}^2$는 함수 f의 유일한 임계점이다. 한편 임의의 $(x,y) \in \mathbb{E}^2$에 대하여 $f(x,y) = (x-1)^2 + (y-2)^2$이므로 점 $(1,2) \in \mathbb{E}^2$에서 함수 f는 최솟값 0을 갖는다.

관찰 6.1.8. 함수 $f : D(\subset \mathbb{E}^n) \longrightarrow \mathbb{E}^1$가 $\mathbf{x}_0 \in \text{int}(D)$에서 미분가능하고 $df(\mathbf{x}_0) \neq \mathbf{0}$일 때, $\mathbf{x}_0$에서 방향도함수 $f_{\mathbf{v}}(\mathbf{x}_0)$가 방향 $\mathbf{v}$에 따라서 어떻게 변화하는지 관찰해 보자.

$\mathbf{x}_0$에서 방향 $\mathbf{v}$에 대한 방향도함수 $f_{\mathbf{v}}(\mathbf{x}_0)$를 생각하면 명제 5.1.11에 의하여

$$f_{\mathbf{v}}(\mathbf{x}_0) = df(\mathbf{x}_0) \cdot \mathbf{v} = \text{grad}\, f(\mathbf{x}_0) \cdot \mathbf{v} \tag{6.1}$$

이다. 한편 벡터 $\text{grad}\, f(\mathbf{x}_0)$와 $\mathbf{v}$가 이루는 각을 θ $(0 \leq \theta \leq \pi)$라 하면 $\|\mathbf{v}\| = 1$이므로 (1.3)에 의하여

$$\text{grad}\, f(\mathbf{x}_0) \cdot \mathbf{v} = \|\text{grad}\, f(\mathbf{x}_0)\| \cos\theta$$

를 얻는다. 그러므로 $\theta = 0$일 때 즉, $\mathbf{v}$가 $\text{grad}\, f(\mathbf{x}_0)$와 동일한 방향

$$\mathbf{v} = \mathbf{v}(\mathbf{x}_0) = \frac{\text{grad}\, f(\mathbf{x}_0)}{\|\text{grad}\, f(\mathbf{x}_0)\|}$$

일 때, 방향도함수 $f_{\mathbf{v}}(\mathbf{x}_0)$는 최대값 $\|\text{grad}\, f(\mathbf{x}_0)\|$를 갖는다. 이 방향 $\mathbf{v}(\mathbf{x}_0)$를 $\mathbf{x}_0$에서 **기울기 방향(gradient direction)**이라 한다. $\theta = \pi$일 때 즉, 서로 반대방향

$$\mathbf{v} = -\mathbf{v}(\mathbf{x}_0) = -\frac{\text{grad}\, f(\mathbf{x}_0)}{\|\text{grad}\, f(\mathbf{x}_0)\|}$$

일 때, 방향도함수 $f_{\mathbf{v}}(\mathbf{x}_0)$는 최솟값 $-\|\text{grad}\, f(\mathbf{x}_0)\|$를 갖는다.(2)

---

(2) (6.1)에 '코시-슈바르츠 부등식'을 적용하면

$$|f_{\mathbf{v}}(\mathbf{x}_0)| = |\text{grad}\, f(\mathbf{x}_0) \cdot \mathbf{v}| \leq \|\text{grad}\, f(\mathbf{x}_0)\|\|\mathbf{v}\| = \|\text{grad}\, f(\mathbf{x}_0)\|$$

이므로 $\mathbf{x}_0$에서 방향도함수 $f_{\mathbf{v}}(\mathbf{x}_0)$에 대한 값의 범위는

$$-\|\text{grad}\, f(\mathbf{x}_0)\| \leq f_{\mathbf{v}}(\mathbf{x}_0) \leq \|\text{grad}\, f(\mathbf{x}_0)\|$$

와 같다.

- 기울기 방향 $\mathbf{v} = \mathbf{v}(\mathbf{x}_0)$를 생각하면

$$\lim_{\mathbb{E}^1 \ni t \to 0} \frac{f(\mathbf{x}_0 + t\mathbf{v}) - f(\mathbf{x}_0)}{t} = f_{\mathbf{v}}(\mathbf{x}_0) = \|\mathrm{grad}\, f(\mathbf{x}_0)\|$$

이므로 임의의 양수 $\epsilon \in (0, \|\mathrm{grad}\, f(\mathbf{x}_0)\|)$에 대하여

$$0 < |t| < \delta \implies \left| \frac{f(\mathbf{x}_0 + t\mathbf{v}) - f(\mathbf{x}_0)}{t} - \|\mathrm{grad}\, f(\mathbf{x}_0)\| \right| < \epsilon \tag{6.2}$$

을 만족하는 양수 $\delta > 0$가 존재한다. 그러므로

$$0 < |t| < \delta \implies 0 < \|\mathrm{grad}\, f(\mathbf{x}_0)\| - \epsilon < \frac{f(\mathbf{x}_0 + t\mathbf{v}) - f(\mathbf{x}_0)}{t} < \|\mathrm{grad}\, f(\mathbf{x}_0)\| + \epsilon$$

이 성립하고, 더욱이 다음과 같은 결과를 얻는다.

$$\begin{cases} \circ\ 0 < t < \delta \implies f(\mathbf{x}_0) < f(\mathbf{x}_0 + t\mathbf{v})\,; \\ \circ\ -\delta < t < 0 \implies f(\mathbf{x}_0 + t\mathbf{v}) < f(\mathbf{x}_0). \end{cases} \tag{6.3}$$

(6.3)으로 부터 $\mathbf{x}_0$에서 $\mathbf{v} = \mathbf{v}(\mathbf{x}_0)$ 방향으로 움직일 때, $\mathbf{x}_0$를 지나면서 f는 순증가함을 알 수 있다. 그러므로 f는 $\mathbf{x}_0$에서 극값을 가질 수 없다.

- 기울기 방향과 반대방향 $\mathbf{v} = -\mathbf{v}(\mathbf{x}_0)$를 생각하면

$$\lim_{\mathbb{E}^1 \ni t \to 0} \frac{f(\mathbf{x}_0 + t\mathbf{v}) - f(\mathbf{x}_0)}{t} = f_{\mathbf{v}}(\mathbf{x}_0) = -\|\mathrm{grad}\, f(\mathbf{x}_0)\|$$

이므로 임의의 양수 $\epsilon \in (0, \|\mathrm{grad}\, f(\mathbf{x}_0)\|)$에 대하여

$$0 < |t| < \delta \implies \left| \frac{f(\mathbf{x}_0 + t\mathbf{v}) - f(\mathbf{x}_0)}{t} + \|\mathrm{grad}\, f(\mathbf{x}_0)\| \right| < \epsilon \tag{6.4}$$

을 만족하는 양수 $\delta > 0$가 존재한다. 그러므로

$$0 < |t| < \delta \implies -\|\mathrm{grad}\, f(\mathbf{x}_0)\| - \epsilon < \frac{f(\mathbf{x}_0 + t\mathbf{v}) - f(\mathbf{x}_0)}{t} < -\|\mathrm{grad}\, f(\mathbf{x}_0)\| + \epsilon < 0$$

이 성립하고, 더욱이 다음과 같은 결과를 얻는다.

$$\begin{cases} \circ\ 0 < t < \delta \implies f(\mathbf{x}_0 + t\mathbf{v}) < f(\mathbf{x}_0)\,; \\ \circ\ -\delta < t < 0 \implies f(\mathbf{x}_0) < f(\mathbf{x}_0 + t\mathbf{v}). \end{cases} \tag{6.5}$$

(6.5)으로 부터 $\mathbf{x}_0$에서 $\mathbf{v} = -\mathbf{v}(\mathbf{x}_0)$ 방향으로 움직일 때, $\mathbf{x}_0$를 지나면서 f는 순감소함을 알 수 있다. 그러므로 f는 $\mathbf{x}_0$에서 극값을 가질 수 없다.

위 두개의 결과는 명제 6.1.5의 내용을 명확히 설명해주며 특히, 다음과 같이 요약할 수 있다.

종합 6.1.9. 함수 $f : \Delta(\subset \mathbb{E}^n) \longrightarrow \mathbb{E}^1$가 점 $\mathbf{x}_0 \in \mathrm{int}(\Delta)$에서 미분가능하고 $\nabla f(\mathbf{x}_0) \neq \mathbf{0}$라 가정하자. 그 때,

- 기울기 벡터 $\nabla f(\mathbf{x}_0)$ 쪽 방향은 점 $\mathbf{x}_0$에서 함수 f가 가장 가파르게(급격하게) 증가하는 방향이다.

- 방향 $\mathbf{v} \in \mathbb{E}^n \setminus \{\mathbf{0}\}$에 대하여 $f_{\mathbf{v}}(\mathbf{x}_0) = df(\mathbf{x}_0) \cdot \mathbf{v}$이므로 다음이 성립한다:([3])

$$\mathbf{v} \perp \nabla f(\mathbf{x}_0) \iff f_{\mathbf{v}}(\mathbf{x}_0) = 0.$$

- 기울기 벡터 $\nabla f(\mathbf{x}_0)$ 쪽 방향은 점 $\mathbf{x}_0$에서 함수 f가 최고변화율을 갖는 방향이고 그때의 값은 $\|\nabla f(\mathbf{x}_0)\|$이다.

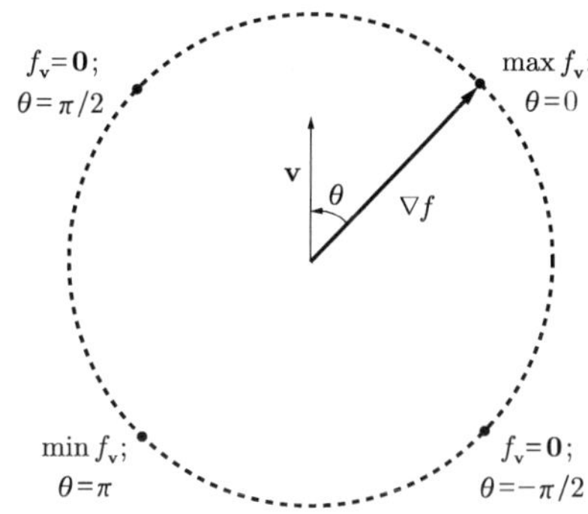

그림 6.2: 기울기벡터 ∇f와 이루는 각 θ에 대응하는 방향 $\mathbf{v}$에 대한 방향도함수 $f_{\mathbf{v}}$의 이해

보기 6.1.10. 각 $(x, y, z) \in \mathbb{E}^3$에 대하여 $f(x, y, z) = x^2 e^{-yz}$로 정의된 함수 $f : \mathbb{E}^3 \longrightarrow \mathbb{E}^1$가 주어질 때,

$$f_1(x, y, z) = 2xe^{-yz}, \quad f_2(x, y, z) = -x^2 ze^{-yz} \quad \& \quad f_3(x, y, z) = -x^2 ye^{-yz}$$

이므로 함수 f의 임계점은 $(0, y, z) \in \mathbb{E}^3$ $(\forall y, z \in \mathbb{E}^1)$임을 알 수 있다. 점 $(1, 0, 0)$에서 방향 $\mathbf{v} = (\frac{1}{\sqrt{3}}, \frac{1}{\sqrt{3}}, \frac{1}{\sqrt{3}})$로 함수 f의 기울기 벡터를 계산해 보면 $\operatorname{grad} f(1, 0, 0) = (2, 0, 0)$이므로

$$df(1, 0, 0) \cdot \mathbf{v} = (2, 0, 0) \cdot \left(\frac{1}{\sqrt{3}}, \frac{1}{\sqrt{3}}, \frac{1}{\sqrt{3}}\right) = \frac{2}{\sqrt{3}}$$

을 얻는다. 그러므로 함수 f의 점 $(1, 0, 0)$에서 방향 $\mathbf{v}$로의 방향도함수는 $f_{\mathbf{v}}(1, 0, 0) = \frac{2}{\sqrt{3}}$이다.

보기 6.1.11. 각 $(x, y) \in \mathbb{E}^2$에 대하여 $f(x, y) = x^2 - y^2$로 정의된 함수 $f : \mathbb{E}^2 \longrightarrow \mathbb{E}^1$가 주어질 때, 점 $(0, 1)$에서 가장 빠르게 증가하는 방향을 구해보자.

[**풀이**] $\operatorname{grad} f(x, y) = (2x, -2y)$ $(\forall (x, y) \in \mathbb{E}^2)$이므로 관찰6.1.8에 의하여 점 $(0, 1)$에서 가장 빠르게 증가하는 방향은

$$\mathbf{v} = \frac{\operatorname{grad} f(0, 1)}{\|\operatorname{grad} f(0, 1)\|} = \frac{(0, -2)}{\sqrt{4}} = (0, -1)$$

이다.

([3]) 코벡터 $df(\mathbf{x}_0)$와 벡터 $\nabla f(\mathbf{x}_0)$는 모든 좌표성분이 동일함에 유념하자. 엄밀한 의미에서는 다르지만 편의상 두 개의 기호를 구분없이 종종 사용함을 이해하여 주기바란다.

6.2 함수의 헤시안

우선, 2차 동차함수 $f(x,y) = ax^2 + bxy + cy^2\ (a \neq 0)$를 생각하자. 그때, 함수 $f(x,y)$의 그래프 형태를 살펴보기 위하여 완전제곱형으로 변형하면

$$\begin{aligned} f(x,y) = ax^2 + bxy + cy^2 &= a\left(x^2 + \frac{b}{a}xy + \frac{c}{a}y^2\right) \\ &= a\left[\left(x + \frac{b}{2a}y\right)^2 + \left(\frac{c}{a} - \frac{b^2}{4a^2}\right)y^2\right] \\ &= a\left[\left(x + \frac{b}{2a}y\right)^2 + \left(\frac{4ac - b^2}{4a^2}\right)y^2\right] \end{aligned} \tag{6.6}$$

이다. 그러므로 함수 $f(x,y)$의 그래프 형태는 a의 부호와 y^2의 계수의 부호에 의존하게 된다. 한편 $D := 4ac - b^2$이라 두면 D가 양수, 음수 그리고 0에 따라서 y^2의 계수에 대한 부호가 결정됨을 알 수 있다.([4]) 그러므로 다음과 같이 정리할 수 있다.

명제 6.2.1. 2차 동차함수 $f(x,y) = ax^2 + bxy + cy^2\ (a \neq 0)$가 주어질 때, $D := 4ac - b^2$이라 두면 다음이 성립한다.

- $D > 0$인 경우: (6.6)으로 부터 $[\cdots] \geq 0$임을 알 수 있고, 계수 a의 부호에 따라서 함수 $f(x,y)$ 는 극대값이나 극솟값을 갖는다.

  ◎ $a > 0$이면 함수 $f(x,y)$의 그래프는 함수 $g(x,y) = x^2 + y^2$의 그래프와 같이 아래로 볼록인 포물면(right-side-up paraboloid)이므로 극솟값을 갖는다.

  ◎ $a < 0$이면 함수 $f(x,y)$의 그래프는 함수 $h(x,y) = -x^2 - y^2$의 그래프와 같이 위로 볼록인 포물면(upside-down paraboloid)이므로 극댓값을 갖는다.

- $D < 0$인 경우: 이러한 경우 $f(x,y)$의 임계점을 **안장점(saddle point)**이라 한다.([5])

  ◎ $a > 0$이면 함수 $f(x,y)$의 그래프는 함수 $k(x,y) = x^2 - y^2$의 그래프와 같은 형태를 갖는다.

([4]) 여기서 $a \neq 0$을 가정하고 있지만 $a = 0$이고 $c \neq 0$인 경우에도 유사한 결론을 얻는다. 만일 $a = 0 = c$인 경우에는 $f(x,y) = bxy$이며 특히 $D = -b^2 < 0$이다.

([5]) $D < 0$인 경우, (6.6)으로 부터

$$\begin{aligned} ax^2 + bxy + cy^2 &= a\left[\left(x + \frac{b}{2a}y\right)^2 + \left(\frac{4ac - b^2}{4a^2}\right)y^2\right] \\ &= a\left[\left(x + \frac{b}{2a}y\right)^2 - \frac{(-D)}{4a^2}y^2\right] \\ &= a\left[\left(x + \frac{b}{2a}y + \frac{\sqrt{-D}}{2a}y\right)\left(x + \frac{b}{2a}y - \frac{\sqrt{-D}}{2a}y\right)\right] \end{aligned}$$

이므로 xy-좌표평면은 2개의 직선 $x = -\left(\frac{b+\sqrt{-D}}{2a}\right)y$ & $x = -\left(\frac{b-\sqrt{-D}}{2a}\right)y$에 의하여 구분되는 서로다른 4개의 삼각영역(triangular region)중 서로 마주보는 2개의 영역 위에서는 $ax^2 + bxy + cy^2 \geq 0$이고 2개의 영역 위에서는 $ax^2 + bxy + cy^2 < 0$이다.

◎ $a < 0$이면 함수 $f(x,y)$의 그래프는 함수 $l(x,y) = y^2 - x^2$의 그래프와 같은 형태를 갖는다.

- $D = 0$인 경우: $f(x,y) = a\left(x + \frac{b}{2a}y\right)^2$이므로 함수 $f(x,y)$의 그래프는 xy-평면에 있는 직선 $x = -\frac{b}{2a}y$를 따르는 포물기둥(parabolic cylinder)이다. 특히,

  ◎ $a > 0$이면 함수 $f(x,y)$의 그래프는 위로 열린 포물기둥이다.

  ◎ $a < 0$이면 함수 $f(x,y)$의 그래프는 아래로 열린 포물기둥이다.

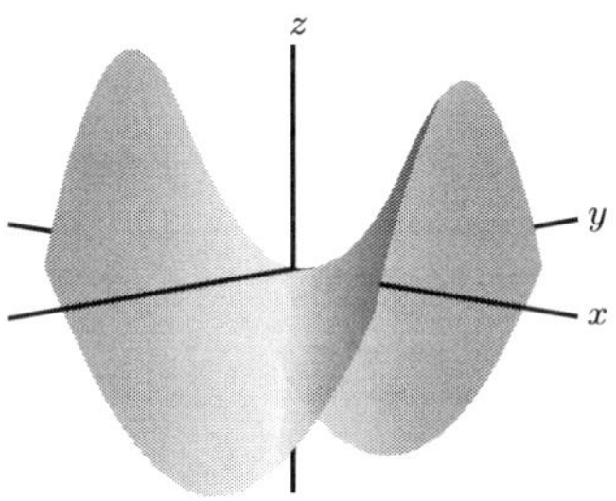

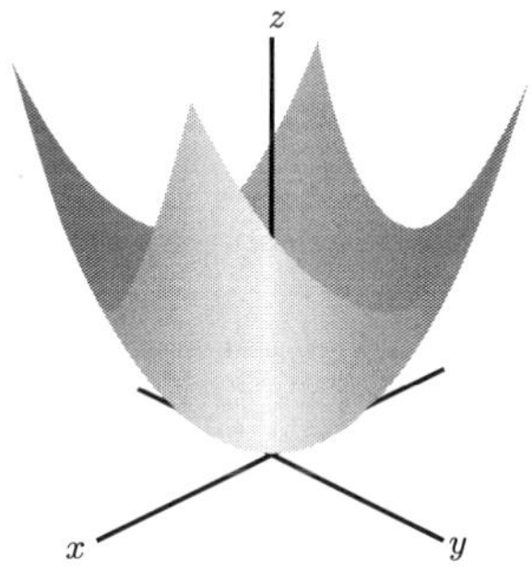

그림 6.3: 함수 $k(x,y) = x^2 - y^2$(좌측) & 함수 $g(x,y) = x^2 + y^2$(우측)의 이해

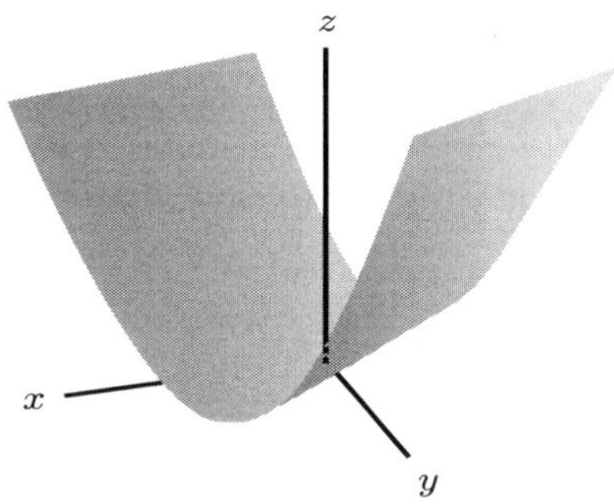

그림 6.4: 위로 열린 포물기둥(함수 $t(x,y) = (x-y)^2$)의 이해

명제 6.2.1과 관련하여 좀 더 일반적으로 논의해 보기로 하자.

도움정리 6.2.2. $\mathbb{E}^1$ 위의 행렬 $(c_{ij})_{n\times n}$가 주어질 때, 각 $\mathbf{h} = (h^1, \cdots, h^n) \in \mathbb{E}^n$에 대하여 함수 $g : \mathbb{E}^n \longrightarrow \mathbb{E}^1$를

$$g(\mathbf{h}) := \sum_{i,j=1}^{n} c_{ij}h^i h^j$$

로 정의하고 $g(\mathbf{h}) > 0$ $(\forall\, \mathbf{h} \in \mathbb{E}^n \setminus \{\mathbf{0}\})$을 가정하면 조건

$$g(\mathbf{h}) \geq m\|\mathbf{h}\|^2 \quad (\forall\, \mathbf{h} \in \mathbb{E}^n)$$

을 만족하는 양수 $m > 0$이 존재한다.

[증명] 함수 g가 $\mathbb{E}^n$ 위에서 연속이고 $S(\mathbf{0};1) = \{\mathbf{h} \in \mathbb{E}^n : \|\mathbf{h}\| = 1\}$는 $\mathbb{E}^n$의 콤팩트 부분 집합이므로 $g(\mathbf{h}) \geq m$ $(\forall\, \mathbf{h} \in S(\mathbf{0};1))$을 만족하는 양수 $m > 0$이 존재한다. 그러나

$$\frac{\mathbf{h}}{\|\mathbf{h}\|} \in S(\mathbf{0};1) \quad (\forall\, \mathbf{h} \in \mathbb{E}^n \setminus \{\mathbf{0}\})$$

이므로

$$m \leq g\left(\frac{\mathbf{h}}{\|\mathbf{h}\|}\right) = \sum_{i,j=1}^{n} c_{ij} \frac{h^i}{\|\mathbf{h}\|} \frac{h^j}{\|\mathbf{h}\|} = \frac{1}{\|\mathbf{h}\|^2} g(\mathbf{h})$$

가 성립한다. 따라서

$$g(\mathbf{h}) \geq m\|\mathbf{h}\|^2 \quad (\forall\, \mathbf{h} \in \mathbb{E}^n)$$

를 얻고 증명을 마친다. □

도움정리 6.2.3. 자연수 $n \in \mathbb{N}$을 정해두고 실수 c_{ij}, $\alpha_{ij} \in \mathbb{E}^1$이 조건

$$|\alpha_{ij} - c_{ij}| < \epsilon n^{-2} \quad (\forall\, i, j \in \{1, 2, \cdots, n\})$$

을 만족할 때, 각 $\mathbf{h} = (h^1, \cdots, h^n) \in \mathbb{E}^n$에 대하여 함수 $G : \mathbb{E}^n \longrightarrow \mathbb{E}^1$를

$$G(\mathbf{h}) := \sum_{i,j=1}^{n} \alpha_{ij} h^i h^j$$

로 정의하면 임의의 $\mathbf{h} \in \mathbb{E}^n$에 대하여

$$G(\mathbf{h}) \geq (m - \epsilon)\|\mathbf{h}\|^2$$

이 성립한다. 단, $m > 0$ & $(c_{ij})_{n\times n}$은 도움정리 6.2.2에서와 같다. 그러므로 $0 < \epsilon < m$이면 $G(\mathbf{h}) > 0$ $(\forall\, \mathbf{h} \in \mathbb{E}^n \setminus \{\mathbf{0}\})$을 만족한다.

[증명] 함수 g를 도움정리 6.2.2에서와 같이 선택하면

$$|G(\mathbf{h}) - g(\mathbf{h})| \leq \sum_{i,j=1}^{n} |\alpha_{ij} - c_{ij}||h^i||h^j| \leq \sum_{i,j=1}^{n} \epsilon n^{-2}\|\mathbf{h}\|^2 = \epsilon\|\mathbf{h}\|^2 \quad (\forall\, \mathbf{h} \in \mathbb{E}^n)$$

가 성립하므로 임의의 $\mathbf{h} \in \mathbb{E}^n$에 대하여

$$G(\mathbf{h}) \geq g(\mathbf{h}) - \epsilon\|\mathbf{h}\|^2 \geq m\|\mathbf{h}\|^2 - \epsilon\|\mathbf{h}\|^2 = (m - \epsilon)\|\mathbf{h}\|^2$$

을 얻는다. □

정의 6.2.4. 열린집합 $A \subset \mathbb{E}^n$와 함수 $f \in \mathcal{C}^2(A)$가 주어질 때, 각 $(\mathbf{x}, \mathbf{h}) \in A \times \mathbb{E}^n$에 대하여 이차형식 $Q_f : A \times \mathbb{E}^n \longrightarrow \mathbb{E}^1$을

$$Q_f(\mathbf{x}, \mathbf{h}) := \sum_{i,j=1}^{n} f_{ij}(\mathbf{x}) h^i h^j$$

로 정의한다. 이 때, $Q_f(\mathbf{x}, \mathbf{h})$를 **$\mathbf{x}$에서 함수 f의 헤시안(Hessian)**이라 한다.

정의 6.2.5. 열린집합 $A \subset \mathbb{E}^n$와 함수 $f \in \mathcal{C}^2(A)$가 주어질 때, $\mathbf{x}_0 \in A$에 대하여 다음과 같이 정의한다.

- $Q_f(\mathbf{x}_0, \mathbf{h}) \geq 0$ $(\forall\, \mathbf{h} \in \mathbb{E}^n)$인 경우, $Q_f(\mathbf{x}_0, \cdot)$는 **양의 준정부호(positive semidefinite)**이라 한다.

- $Q_f(\mathbf{x}_0, \mathbf{h}) > 0$ $(\forall\, \mathbf{h} \in \mathbb{E}^n \setminus \{\mathbf{0}\})$인 경우, $Q_f(\mathbf{x}_0, \cdot)$는 **양의 정부호(positive definite)**이라 한다.

- $Q_f(\mathbf{x}_0, \cdot)$가 양·음의 값을 갖는 경우, $Q_f(\mathbf{x}_0, \cdot)$이 **부정(indefinite)**이라 한다.

참고 6.2.6. 열린집합 $A \subset \mathbb{E}^n$와 함수 $f \in \mathcal{C}^2(A)$가 주어질 때, 각 $\mathbf{x} \in A$에 대하여 $Q_f(\mathbf{x}, \mathbf{0}) = 0$이고 행렬 $(f_{ij}(\mathbf{x}))_{n\times n}$은 대칭임에 유의하자. 이러한 이차형식 Q_f에 대하여 다음과 같은 표현을 채택하기로 한다.(6)

$\triangleright$ $Q_f(\mathbf{x}, \cdot) \geq 0 \iff Q_f(\mathbf{x}, \mathbf{h}) \geq 0$ $(\forall\, \mathbf{h} \in \mathbb{E}^n)$.

$\triangleright$ $Q_f(\mathbf{x}, \cdot) > 0 \iff Q_f(\mathbf{x}, \mathbf{h}) > 0$ $(\forall\, \mathbf{h} \in \mathbb{E}^n \setminus \{\mathbf{0}\})$

명제 6.2.7. 열린집합 $A \subset \mathbb{E}^n$와 함수 $f \in \mathcal{C}^2(A)$가 주어질 때, $\mathbf{x}_0 \in A$가 f의 임계점이면 조건

$$\forall\, \mathbf{x} \in U_1, \quad \exists\, s_{\mathbf{x}} \in (0,1) \ : \ f(\mathbf{x}) = f(\mathbf{x}_0) + \frac{1}{2} Q_f(\mathbf{x}_0 + s_{\mathbf{x}}(\mathbf{x} - \mathbf{x}_0), \mathbf{x} - \mathbf{x}_0)$$

을 만족하는 $\mathbf{x}_0$의 열린 볼록근방 $U_1 \subset A$이 존재한다.

[증명] $\mathbf{x}_0 \in A$이고 $A \subset \mathbb{E}^n$는 열린집합이므로 $\mathbf{x}_0 \in U \subset A$을 만족하는 $\mathbf{x}_0$의 볼록근방 U가 존재한다. 이때 $\mathbf{x} \in U$를 임의로 선택하면 U가 볼록이므로 $[\![\mathbf{x}_0; \mathbf{x}]\!]_s \subset U$이다. $q = 2$를 가지고 '테일러 정리'를 적용하면 조건

$$\begin{aligned} f(\mathbf{x}) &= f(\mathbf{x}_0) + \sum_{j=1}^{n} f_j(\mathbf{x}_0)(x^j - x_0^j) + \frac{1}{2!} \sum_{j,k=1}^{n} f_{jk}(\mathbf{x}_0 + s_{\mathbf{x}}(\mathbf{x} - \mathbf{x}_0))(x^j - x_0^j)(x^k - x_0^k) \\ &= f(\mathbf{x}_0) + \sum_{j=1}^{n} f_j(\mathbf{x}_0)(x^j - x_0^j) + \frac{1}{2!} Q_f(\mathbf{x}_0 + s_{\mathbf{x}}(\mathbf{x} - \mathbf{x}_0), \mathbf{x} - \mathbf{x}_0) \end{aligned}$$

을 만족하는 실수 $s_{\mathbf{x}} \in (0,1)$를 찾을 수 있다. 그러나 $\mathbf{x}_0 \in A$가 f의 임계점이므로 $df(\mathbf{x}_0) = \mathbf{0}$ 즉, 각 $j \in \{1, 2, \cdots, n\}$에 대하여 $f_j(\mathbf{x}_0) = 0$이고 따라서

$$f(\mathbf{x}) = f(\mathbf{x}_0) + \frac{1}{2} Q_f(\mathbf{x}_0 + s_{\mathbf{x}}(\mathbf{x} - \mathbf{x}_0), \mathbf{x} - \mathbf{x}_0)$$

가 성립함을 알 수 있다. □

참고 6.2.8. 명제 6.2.7으로 부터 다음을 유추할 수 있다.

$\triangleright$ f가 $\mathbf{x}_0$에서 극솟값을 갖는다 $\iff Q_f(\mathbf{x}_0 + s_{\mathbf{x}}(\mathbf{x} - \mathbf{x}_0), \mathbf{x} - \mathbf{x}_0) \geq 0$ $(\forall\, \mathbf{x} \in U_1)$.

$\triangleright$ f가 $\mathbf{x}_0$에서 극대값을 갖는다 $\iff Q_f(\mathbf{x}_0 + s_{\mathbf{x}}(\mathbf{x} - \mathbf{x}_0), \mathbf{x} - \mathbf{x}_0) \leq 0$ $(\forall\, \mathbf{x} \in U_1)$.

(6) $Q_f(\mathbf{x}, \cdot)(\mathbf{h}) := Q_f(\mathbf{x}, \mathbf{h})$ $(\forall\, \mathbf{h} \in \mathbb{E}^n)$ & $Q_f(\cdot, \mathbf{h})(\mathbf{x}) := Q_f(\mathbf{x}, \mathbf{h})$ $(\forall\, \mathbf{x} \in A)$를 의미한다.

다음 정리는 함수 f의 헤시안을 통하여 좀더 용이하게 극대·극소를 찾는 방법을 안내한다.

정리 6.2.9. 열린집합 $A \subset \mathbb{E}^n$와 함수 $f \in \mathcal{C}^2(A)$가 주어질 때, $\mathbf{x}_0 \in A$가 f의 임계점이면 다음이 성립한다.

(a) f가 $\mathbf{x}_0$에서 극솟값을 갖는다면 $Q_f(\mathbf{x}_0, \cdot) \geq 0$이다.

(b) f가 $\mathbf{x}_0$에서 극댓값을 갖는다면 $Q_f(x_0, \cdot) \leq 0$이다.

(c) $Q_f(\mathbf{x}_0, \cdot) > 0$이면 f는 $\mathbf{x}_0$에서 순극솟값을 갖는다.

(d) $Q_f(\mathbf{x}_0, \cdot) < 0$이면 f는 $\mathbf{x}_0$에서 순극댓값을 갖는다.

[증명] (a) f가 $\mathbf{x}_0$에서 극솟값을 갖는다고 가정하면 조건 $f(\mathbf{x}_0) \leq f(\mathbf{x})$ $(\forall \mathbf{x} \in U)$을 만족하는 $\mathbf{x}_0$의 근방 $U \subset U_1$가 존재한다. 여기서 U_1은 명제 6.2.7에서와 같다. 이때, 부등식

$$Q_f(\mathbf{x}_0 + s_{\mathbf{x}}(\mathbf{x} - \mathbf{x}_0), \mathbf{x} - \mathbf{x}_0) \geq 0 \quad (\forall \mathbf{x} \in U) \tag{6.7}$$

가 성립함을 알 수 있다. 이제, (6.7)으로부터

$$Q_f(\mathbf{x}_0, \mathbf{h}) \geq 0 \quad (\forall \mathbf{h} \in \mathbb{E}^n \setminus \{\mathbf{0}\}) \tag{6.8}$$

을 유도하는 것이 목적이다. (6.8)를 부정하여 $Q_f(\mathbf{x}_0, \mathbf{h}_0) < 0$을 만족하는 $\mathbf{h}_0 \in \mathbb{E}^n \setminus \{\mathbf{0}\}$가 존재함을 가정하면 $f \in \mathcal{C}^2(A)$이므로 $Q_f(\cdot, \mathbf{h}_0)$는 A 위에서 연속이고 따라서 조건

$$Q_f(\mathbf{y}, \mathbf{h}_0) < 0 \quad (\forall \mathbf{y} \in U_0 := B(\mathbf{x}_0; \delta)) \tag{6.9}$$

가 성립하는 $\mathbf{x}_0$의 근방 $U_0 \subset U$가 존재한다. 한편

$$\left[c \in \mathbb{E}^1 \;\;\&\;\; |c| < \frac{\delta}{\|\mathbf{h}_0\|} \right] \implies \|\mathbf{x}_0 + c\mathbf{h}_0 - \mathbf{x}_0\| = |c|\|\mathbf{h}_0\| < \delta$$

가 성립하여 $\mathbf{x}_0 + c\mathbf{h}_0 \in B(\mathbf{x}_0; \delta) = U_0$이다. 그러므로 $0 < |c| < \frac{\delta}{\|\mathbf{h}_0\|}$인 임의의 실수 $c \in \mathbb{E}^1$에 대하여 $\mathbf{x} = \mathbf{x}_0 + c\mathbf{h}_0$라 두면 $\mathbf{x} \in U_0$ & $\mathbf{x} \neq \mathbf{x}_0$이다. 더욱이 $\mathbf{x}_0 + s_{\mathbf{x}}(\mathbf{x} - \mathbf{x}_0) \in U_0$임을 고려하면

$$0 \leq Q_f(\mathbf{x}_0 + s_{\mathbf{x}}(\mathbf{x} - \mathbf{x}_0), \mathbf{x} - \mathbf{x}_0) = c^2 Q_f(\mathbf{x}_0 + s_{\mathbf{x}}(\mathbf{x} - \mathbf{x}_0), \mathbf{h}_0) < 0 \tag{6.10}$$

을 얻게되어 모순이 발생한다. 그러므로 (6.8)가 성립한다.

(c) $Q_f(\mathbf{x}_0, \cdot) > 0$을 가정하면 $c_{ij} := f_{ij}(\mathbf{x}_0)$를 택하고 도움정리 6.2.2을 적용하여

$$Q_f(\mathbf{x}_0, \mathbf{h}) \geq m\|\mathbf{h}\|^2 \quad (\forall \mathbf{h} \in \mathbb{E}^n) \tag{6.11}$$

을 만족하는 양수 $m > 0$을 선택할 수 있다. 여기서 $0 < \epsilon < m$인 양수 $\epsilon > 0$을 임의로 정해두면 모든 $i, j \in \{1, 2, \cdots, n\}$에 대하여 f_{ij}가 A 위에서 연속이므로 조건

$$|f_{ij}(\mathbf{y}) - f_{ij}(\mathbf{x}_0)| < \frac{\epsilon}{n^2} \quad (\forall \mathbf{y} \in U_2 \;\;\&\;\; \forall i, j \in \{1, 2, \cdots, n\}) \tag{6.12}$$

이 성립하는 $\mathbf{x}_0$의 볼록근방 $U_2 \subset A$를 선택할 수 있다. 이때, 각 $\mathbf{y} \in U_2$에 대하여 $\alpha_{ij} := f_{ij}(\mathbf{y})$를 가지고 도움정리 6.2.3를 적용하면

$$Q_f(\mathbf{y}, \mathbf{h}) > 0 \quad (\forall \mathbf{y} \in U_2 \ \& \ \forall \mathbf{h} \in \mathbb{E}^n \setminus \{\mathbf{0}\}) \tag{6.13}$$

을 얻는다. 이제 $U_3 := U_1 \cap U_2$라 두자. 단, U_1은 명제 6.2.7에서와 같다. 그 때, U_3는 $\mathbf{x}_0$의 열린 볼록근방이고, 더욱이

$$Q_f(\mathbf{x}_0 + s(\mathbf{x} - \mathbf{x}_0), \mathbf{x} - \mathbf{x}_0) > 0 \quad (\forall \mathbf{x} \in U_3 \setminus \{\mathbf{x}_0\} \ \& \ \forall s \in (0,1)) \tag{6.14}$$

이 성립한다. 그러므로 명제 6.2.7을 적용하면 $f(\mathbf{x}) > f(\mathbf{x}_0)$ $(\forall \mathbf{x} \in U_3 \setminus \{\mathbf{x}_0\})$을 얻게되어 f는 $\mathbf{x}_0$에서 순극솟값을 갖는다.

(b) & (d)의 증명은 f대신 $-f$를 생각함으로서 유사한 방법으로 증명할 수 있으므로 생략한다. □

6.3 극값의 평가

$\mathcal{C}^2$-급 함수 f의 임계점 $\mathbf{x}_0$ 근처에서 거동(behavior)은 이차형식 $Q_f(\mathbf{x}_0, \cdot)$의 거동에 의해서 결정된다(정리 6.2.9 참고). 그러므로 함수에 대한 헤시안의 부호를 좀더 간편하게 판정하는 방법을 알 수 있다면 극값을 구하는데 있어서 유용한 도구가 될 것이다. 이제 퇴화되지 않은 임계점에서 함수가 극값을 갖는지 여부를 시험할 수 있는 평가기준을 조사해 보기로 하자.

6.3.1 판정기준 I

미분가능한 함수의 경우, 임계점이 아니면 극값을 갖지 않는다는 것을 이미 설명하였다(명제 6.1.5 참고). 특히, 열린집합 $A \subset \mathbb{E}^n$와 함수 $f \in \mathcal{C}^2(A)$가 주어질 때, 퇴화하지 않은 임계점에서 극대·극소에 관한 문제를 생각해 보기로 하자.

명제 6.3.1. $\mathbb{E}^1$ 위의 대칭행렬 $(c_{ij})_{n\times n}$이 주어질 때, 다음이 성립한다.

$$\sum_{i,j=1}^{n} c_{ij}h^i h^j > 0 \quad (\forall \mathbf{h} = (h^1, \cdots, h^n) \in \mathbb{E}^n \setminus \{\mathbf{0}\})$$
$$\iff \begin{vmatrix} c_{11} & c_{12} & \cdots & c_{1k} \\ c_{21} & c_{22} & \cdots & c_{2k} \\ \vdots & \vdots & \ddots & \vdots \\ c_{k1} & c_{k2} & \cdots & c_{kk} \end{vmatrix} > 0 \quad (\forall k \in \{1, 2, \cdots, n\})$$

[증명] [3] 또는 [5]를 참고하기 바란다.

정의 6.3.2. 열린집합 $A \subset \mathbb{E}^n$와 함수 $f \in \mathcal{C}^2(A)$를 생각하자.

(a) 각 $k \in \{1, 2, \cdots, n\}$에 대하여 $d_k(\mathbf{x})$를 행렬 $(f_{ij}(\mathbf{x}))_{n\times n}$로부터 마지막 $(n-k)$개의 행과 열을 제외하고 얻은 행렬로 이루어진 행렬식 즉,

$$d_k(\mathbf{x}) := \begin{vmatrix} f_{11}(\mathbf{x}) & f_{12}(\mathbf{x}) & \cdots & f_{1k}(\mathbf{x}) \\ f_{21}(\mathbf{x}) & f_{22}(\mathbf{x}) & \cdots & f_{2k}(\mathbf{x}) \\ \vdots & \vdots & \ddots & \vdots \\ f_{k1}(\mathbf{x}) & f_{k2}(\mathbf{x}) & \cdots & f_{kk}(\mathbf{x}) \end{vmatrix}$$

을 행렬 $(f_{ij}(\mathbf{x}))_{n\times n}$의 k-**차 주소행렬식**(k-**th principal minor determinant**)이라 한다.

(b) $d_n(\mathbf{x})$를 f에 의해서 유도된 **헤시안 행렬식**이라 한다.

(c) 점 $\mathbf{x}_0 \in A$가 조건 $d_n(\mathbf{x}_0) \neq 0$를 만족하는 f의 임계점인 경우, 점 $\mathbf{x}_0 \in A$를 f의 **퇴화하지 않은 임계점(nondegenerate critical point)**이라 한다.

보기 6.3.3. $\mathbb{E}^2$ 위에서 정의된 함수 $f(x,y) = x^2 + 6y^3 + 18y^2 - 6xy + 18y - 18x$를 생각할 때 극대값, 극솟값 그리고 안장점을 찾아보자. 우선

$$\begin{cases} \circ \ f_1(x,y) = 2x - 6y - 18\,; \\ \circ \ f_2(x,y) = 18y^2 + 36y - 6x + 18 \end{cases}$$

이므로 함수 f의 임계점은 $(3,-2)$ & $(12,1)$임을 알 수 있다. 이제 $f_{11}(x,y) = 2$, $f_{12}(x,y) = -6$ & $f_{22}(x,y) = 36y + 36$이므로

$$D(x,y) := f_{11}(x,y)f_{22}(x,y) - f_{12}(x,y) = 72y + 72 - 36 = 72y + 72$$

을 얻는다. 한편 $D(3,-2) = -72 < 0$이므로 $(3,-2)$는 함수 f의 안장점이다. 또한 $D(12,1) = 144 > 0$ & $f_{11}(12,1) = 2$이므로 $(12,1)$은 함수 f가 극소값을 갖는 점이다.

명제 6.3.4. 열린집합 $A \subset \mathbb{E}^n$와 함수 $f \in \mathcal{C}^2(A)$에 대하여 점 $\mathbf{x}_0 \in A$가 f의 퇴화하지 않은 임계점이라 하면 $\mathbf{x}_0$는 고립점이다. 즉, f의 퇴화되지 않은 다른 임계점을 포함하지 않는 $\mathbf{x}_0$의 열린근방 $U \subset A$가 존재한다 ([6]).

정리 6.3.5. 열린집합 $A \subset \mathbb{E}^2$와 함수 $f \in \mathcal{C}^2(A)$에 대하여 점 $\mathbf{x}_0 = (a,b) \in A$가 f의 퇴화하지 않은 임계점이면 다음이 성립한다.

(a) $f_{11}(\mathbf{x}_0) > 0$ & $f_{11}(\mathbf{x}_0)f_{22}(\mathbf{x}_0) - f_{12}^2(\mathbf{x}_0) > 0$이면 f는 $\mathbf{x}_0 \in A$에서 극솟값을 갖는다.

(b) $f_{11}(\mathbf{x}_0) < 0$ & $f_{11}(\mathbf{x}_0)f_{22}(\mathbf{x}_0) - f_{12}^2(\mathbf{x}_0) > 0$이면 f는 $\mathbf{x}_0 \in A$에서 극댓값을 갖는다.

(c) $f_{11}(\mathbf{x}_0)f_{22}(\mathbf{x}_0) - f_{12}^2(\mathbf{x}_0) < 0$인 경우, $Q_f(\mathbf{x}_0, \cdot)$는 부정이다.

[증명] 점 $\mathbf{x}_0 \in A$가 f의 퇴화하지 않은 임계점이므로

$$\begin{aligned} d_2(\mathbf{x}_0) = \begin{vmatrix} f_{11}(\mathbf{x}_0) & f_{12}(\mathbf{x}_0) \\ f_{21}(\mathbf{x}_0) & f_{22}(\mathbf{x}_0) \end{vmatrix} &= f_{11}(\mathbf{x}_0)f_{22}(\mathbf{x}_0) - f_{12}(\mathbf{x}_0)f_{21}(\mathbf{x}_0) \\ &= f_{11}(\mathbf{x}_0)f_{22}(\mathbf{x}_0) - f_{12}^2(\mathbf{x}_0) \neq 0 \end{aligned}$$

이다. 또한

$$Q_f(\mathbf{x}_0,(h,k)) = f_{11}(\mathbf{x}_0)h^2 + 2f_{12}(\mathbf{x}_0)hk + f_{22}(\mathbf{x}_0)k^2 \quad (\forall\,(h,k)\in\mathbb{E}^2)$$

이므로 이차형식 $Q_f(\mathbf{x}_0,\cdot)$의 부호를 조사하고 정리 6.2.9을 적용하기로 하자.

- $f_{11}(\mathbf{x}_0)f_{22}(\mathbf{x}_0) - f_{12}^2(\mathbf{x}_0) > 0$인 경우: $f_{11}(\mathbf{x}_0)f_{22}(\mathbf{x}_0) > f_{12}^2(\mathbf{x}_0) \ge 0$임에 유념하면

$$\begin{aligned} Q_f(\mathbf{x}_0,(h,k)) &= f_{11}(\mathbf{x}_0)h^2 + 2f_{12}(\mathbf{x}_0)hk + f_{22}(\mathbf{x}_0)k^2 \\ &= f_{11}(\mathbf{x}_0)\left(h + \frac{f_{12}(\mathbf{x}_0)}{f_{11}(\mathbf{x}_0)}k\right)^2 + \frac{f_{11}(\mathbf{x}_0)f_{22}(\mathbf{x}_0) - f_{12}^2(\mathbf{x}_0)}{f_{11}(\mathbf{x}_0)}k^2 \end{aligned}$$

  을 얻는다. 그러므로

$$\{(h,k)\in\mathbb{E}^2 : Q_f(\mathbf{x}_0,(h,k)) = 0\} = \{(0,0)\}$$

  이고 또한

$$Q_f(\mathbf{x}_0,\,\cdot) : \begin{cases} > 0 & (f_{11}(\mathbf{x}_0) > 0) \\ < 0 & (f_{11}(\mathbf{x}_0) < 0) \end{cases}$$

  를 얻는다. 따라서 점 $\mathbf{x}_0 \in A$를 가지고 정리 6.2.9를 적용하면 다음이 성립한다.

  (a) $f_{11}(\mathbf{x}_0) > 0$ & $f_{11}(\mathbf{x}_0)f_{22}(\mathbf{x}_0) - f_{12}^2(\mathbf{x}_0) > 0$이면 f는 $\mathbf{x}_0 \in A$에서 극솟값을 갖는다.

  (b) $f_{11}(\mathbf{x}_0) < 0$ & $f_{11}(\mathbf{x}_0)f_{22}(\mathbf{x}_0) - f_{12}^2(\mathbf{x}_0) > 0$이면 f는 $\mathbf{x}_0 \in A$에서 극댓값을 갖는다.

- $f_{11}(\mathbf{x}_0)f_{22}(\mathbf{x}_0) - f_{12}^2(\mathbf{x}_0) < 0$인 경우: 집합 $\{(h,k)\in\mathbb{E}^2 : Q_f(\mathbf{x}_0,(h,k)) = 0\}$은 원점 $(0,0)$에서 만나는 두 개의 직선으로 구성되며 (h,k)-평면을 4개의 부분 즉, $Q_f(\mathbf{x}_0,\,\cdot) > 0$인 두 개의 부분과 $Q_f(\mathbf{x}_0,\,\cdot) < 0$인 두 개의 부분으로 나누어진다. 따라서 $Q_f(\mathbf{x}_0,\,\cdot)$는 부정이다. □

정의 6.3.6. **열린집합 $A \subset \mathbb{E}^2$와 함수 $f \in \mathcal{C}^2(A)$가 주어질 때, 점 $\mathbf{x}_0 \in A$가 조건**

$$\begin{cases} \circ\ df(\mathbf{x}_0) = \mathbf{0}\,; \\ \circ\ f_{11}(\mathbf{x}_0)f_{22}(\mathbf{x}_0) - f_{12}^2(\mathbf{x}_0) < 0 \end{cases}$$

를 만족하는 경우, 점 $\mathbf{x}_0 \in A$를 f의 안장점(saddle point)이라 한다.

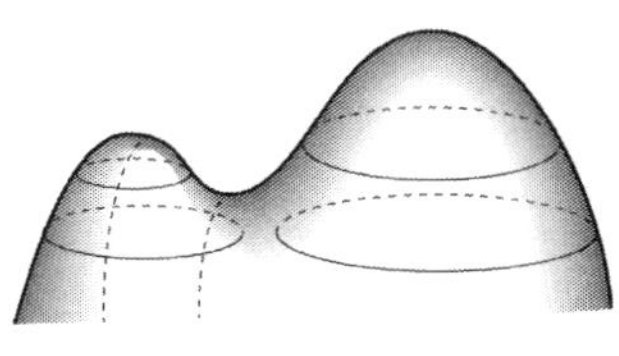

그림 6.5: 극솟값, 안장점 그리고 극댓값의 이해

보기 6.3.7. 각 $(x,y) \in \mathbb{E}^2$에 대하여 $f(x,y) = 2y^2 - x(x-1)^2$로 정의된 함수 $f : \mathbb{E}^2 \longrightarrow \mathbb{E}^1$를 생각하면 $f \in \mathcal{C}^\infty(\mathbb{E}^2)$이고 또한

$$f_1(x,y) = -3x^2 + 4x - 1 = -(3x-1)(x-1) \quad \& \quad f_2(x,y) = 4y$$

이므로 f의 임계점은 $(\frac{1}{3}, 0)$ & $(1,0)$이다. 더욱이

$$\begin{cases} \circ\ f_{11}(x,y) = -6x + 4,\ f_{12}(x,y) = 0 = f_{21}(x,y),\ f_{22}(x,y) = 4\,; \\ \circ\ d_2((x,y)) = f_{11}(x,y)f_{22}(x,y) - f_{12}^2(x,y) = 16 - 24x \end{cases}$$

이므로 $d_2((\frac{1}{3},0)) = 8$이고 따라서 점 $(\frac{1}{3},0) \in \mathbb{E}^2$은 함수 f의 퇴화하지 않은 임계점이다. 더욱이 $f_{11}(\frac{1}{3},0) = 2$이므로 명제 6.3.5에 의하여 $f(\frac{1}{3},0) = -\frac{4}{27}$는 f의 극솟값이다. 또한 $f_{11}(1,0)f_{22}(1,0) - f_{12}^2(1,0) = -8 < 0$이므로 $(1,0)$은 f의 안장점임을 알 수 있다.

보기 6.3.8. 각 $(x,y) \in \mathbb{E}^2$에 대하여 $f(x,y) = x^3 - 3x + y^3 - 3y$로 정의된 함수 $f : \mathbb{E}^2 \longrightarrow \mathbb{E}^1$를 생각할 때, 함수 f의 임계점을 분류하여라.

[**풀이**] 함수 f의 정의에 의하여 $f \in \mathcal{C}^\infty(\mathbb{E}^2)$이고 또한

$$f_1(x,y) = 3x^2 - 3 \quad \& \quad f_2(x,y) = 3y^2 - 3$$

이므로 f의 임계점은 $(-1,-1)$, $(-1,1)$, $(1,-1)$ & $(1,1)$이다. 더욱이

$$\begin{cases} \circ\ f_{11}(x,y) = 6x,\ f_{12}(x,y) = 0 = f_{21}(x,y),\ f_{22}(x,y) = 6y\,; \\ \circ\ f_{11}(x,y)f_{22}(x,y) - f_{12}^2(x,y) = 36xy \end{cases}$$

이므로 다음과 같이 분류할 수 있다.

- $f_{11}(-1,-1) = -6 < 0$ & $f_{11}(-1,-1)f_{22}(-1,-1) - f_{12}^2(-1,-1) = 36 > 0$이므로 함수 f는 점 $(-1,-1)$에서 극댓값을 갖는다.
- $f_{11}(-1,1)f_{22}(-1,1) - f_{12}^2(-1,1) = -36 < 0$이므로 점 $(-1,1)$ 은 함수 f의 안장점이다.
- $f_{11}(1,-1)f_{22}(1,-1) - f_{12}^2(1,-1) = -36 < 0$이므로 점 $(1,-1)$ 은 함수 f의 안장점이다.
- $f_{11}(1,1) = 6 > 0$ & $f_{11}(1,1)f_{22}(1,1) - f_{12}^2(1,1) = 36 > 0$ 이므로 함수 f는 점 $(1,1)$에서 극솟값을 갖는다. □

6.3.2 판정기준 II

정리 6.2.9에 따르면 극값문제는 임계점에서 함수의 헤시안이 양의 정부호를 갖느냐 또는 음의 정부호를 갖느냐에 의해서 결정된다. 그러므로 임계점에서 함수에 대한 헤시안의 양·음 부호를 독립적으로 조사하는 것은 중요한 의미를 갖는다.

정리 6.3.9. 열린집합 $A \subset \mathbb{E}^n$와 함수 $f \in \mathcal{C}^2(A)$가 주어질 때, 점 $\mathbf{x}_0 \in A$에 대하여 다음이 성립한다.

(a) $Q_f(\mathbf{x}_0, \cdot) > 0 \iff d_k(\mathbf{x}_0) > 0 \ (\forall\, k \in \{1, 2, \cdots, n\})$.

(b) $Q_f(\mathbf{x}_0, \cdot) < 0 \iff (-1)^k d_k(\mathbf{x}_0) > 0 \ (\forall\, k \in \{1, 2, \cdots, n\})$.

[증명] (a) 명제 6.3.1에 의하여 성립한다.

(b) $Q_f(\mathbf{x}_0, \cdot) < 0 \iff -Q_f(\mathbf{x}_0, \mathbf{h}) = \sum_{i,j=1}^{n}(-f_{ij}(\mathbf{x}_0))h^i h^j > 0 \ (\forall\, \mathbf{h} \in \mathbb{E}^n \setminus \{\mathbf{0}\}) \iff (-1)^k d_k(\mathbf{x}_0) > 0 \ (\forall\, k \in \{1, 2, \cdots, n\})$. □

주 의 6.3.10. 판정기준 II는 차원이 작은 경우 적용하기 쉽지만 큰 경우 행렬식 값의 계산이 그다지 용이하지 않기 때문에 적용하기는 쉽지 않다.

보기 6.3.11. 각 $(x, y) \in \mathbb{E}^2$에 대하여 $f(x, y) = x^3 + e^{-y^2}$로 정의된 함수 $f : \mathbb{E}^2 \longrightarrow \mathbb{E}^1$을 생각하면 $f \in \mathcal{C}^\infty(\mathbb{E}^2)$이고 또한

$$\begin{cases} \circ\ f_1(x, y) = 3x^2, \quad f_2(x, y) = -2ye^{-y^2}\,; \\ \circ\ f_{11}(x, y) = 6x, \quad f_{12}(x, y) = 0 = f_{21}(x, y), \quad f_{22}(x, y) = -2e^{-y^2} + 4y^2 e^{-y^2} \end{cases}$$

이다. 따라서 점 $(1, 1) \in \mathbb{E}^2$에 대하여 $d_1((1, 1)) = f_{11}(1, 1) = 6 > 0$이고

$$d_2((1, 1))) = \begin{vmatrix} f_{11}(1,1) & f_{12}(1,1) \\ f_{21}(1,1) & f_{22}(1,1) \end{vmatrix} = \begin{vmatrix} 6 & 0 \\ 0 & \frac{2}{e} \end{vmatrix} = \frac{12}{e}$$

이므로 정리 6.3.9에 의하여 $Q_f((1, 1), \cdot) > 0$임을 알 수 있다.

보기 6.3.12. 각 $(x, y, z) \in \mathbb{E}^3$에 대하여 $f(x, y, z) = x^3 - 3x + y^3 - 3y + z^3 - 3z$로 정의된 함수 $f : \mathbb{E}^3 \longrightarrow \mathbb{E}^1$를 생각하면 $f \in \mathcal{C}^\infty(\mathbb{E}^3)$이고 또한

$$\begin{cases} \circ\ f_1(x, y,) = 3x^2 - 3, \quad f_2(x, y, z) = 3y^2 - 3, \quad f_3(x, y, z) = 3z^2 - 3\,; \\ \circ\ f_{11}(x, y, z) = 6x, \quad f_{12}(x, y, z) = 0 = f_{13}(x, y, z)\,; \\ \circ\ f_{21}(x, y, z) = 0, \quad f_{22}(z, y, z) = 6y, \quad f_{23}(x, y, z) = 0\,; \\ \circ\ f_{31}(x, y, z) = 0 = f_{32}(z, y, z), \quad f_{33}(x, y, z) = 6z \end{cases}$$

이다. 따라서 점 $(-1, -1, -1) \in \mathbb{E}^3$은 함수 f의 임계점이다. 특히, $x = y = z = -1$일 때, $d_1((x, y, z)) = f_{11}(x, y, z) = -6 < 0$이고

$$d_2((x, y, z)) = \begin{vmatrix} f_{11}(x,y,z) & f_{12}(x,y,z) \\ f_{21}(x,y,z) & f_{22}(x,y,z) \end{vmatrix} = \begin{vmatrix} -6 & 0 \\ 0 & -6 \end{vmatrix} = 6^2 > 0$$

이며 또한

$$d_3((x, y, z)) = \begin{vmatrix} f_{11}(x,y,z) & f_{12}(x,y,z) & f_{13}(x,y,z) \\ f_{21}(x,y,z) & f_{22}(x,y,z) & f_{23}(x,y,z) \\ f_{31}(x,y,z) & f_{32}(x,y,z) & f_{33}(x,y,z) \end{vmatrix} = \begin{vmatrix} -6 & 0 & 0 \\ 0 & -6 & 0 \\ 0 & 0 & -6 \end{vmatrix} = -6^3 < 0$$

이므로 정리 6.3.9에 의하여 $Q_f((x, y, z), \cdot) < 0$임을 알 수 있다.

6.3.3 판정기준 III

열린집합 $A \subset \mathbb{E}^n$와 함수 $f \in \mathcal{C}^2(A)$가 주어질 때, 점 $\mathbf{x}_0 \in A$를 임의로 정해두면 각 $\mathbf{h} = \sum_{i=1}^n \eta^i(\mathbf{x}_0)\mathbf{v}_i(\mathbf{x}_0) \in \mathbb{E}^n$에 대하여 조건

$$Q_f(\mathbf{x}_0, \mathbf{h}) = \sum_{i=1}^n \lambda_i(\mathbf{x}_0)[\eta^i(\mathbf{x}_0)]^2 \tag{6.15}$$

을 만족하는 $\mathbb{E}^n$의 직교기저 $\{\mathbf{v}_1(\mathbf{x}_0), \mathbf{v}_2(\mathbf{x}_0), \cdots, \mathbf{v}_n(\mathbf{x}_0)\}$가 존재한다. 단, $\lambda_k(\mathbf{x}_0) \in \mathbb{E}^1$ $(1 \leq k \leq n)$은 행렬 $(f_{ij}(\mathbf{x}_0))_{n\times n}$의 고윳값(characteristic values)이다.

정리 6.3.13. 열린집합 $A \subset \mathbb{E}^n$와 함수 $f \in \mathcal{C}^2(A)$가 주어질 때, 점 $\mathbf{x}_0 \in A$에 대하여 다음이 성립한다.

(a) $Q_f(\mathbf{x}_0, \cdot) > 0 \iff \lambda_i(\mathbf{x}_0) > 0 \ (\forall\, k \in \{1, 2, \cdots, n\})$.

(b) $Q_f(\mathbf{x}_0, \cdot) \geq 0 \iff \lambda_i(\mathbf{x}_0) \geq 0 \ (\forall\, k \in \{1, 2, \cdots, n\})$.

(c) $Q_f(\mathbf{x}_0, \cdot) < 0 \iff \lambda_i(\mathbf{x}_0) < 0 \ (\forall\, k \in \{1, 2, \cdots, n\})$.

(d) $Q_f(\mathbf{x}_0, \cdot) \leq 0 \iff \lambda_i(\mathbf{x}_0) \leq 0 \ (\forall\, k \in \{1, 2, \cdots, n\})$.

[증명] (a) $(\Longrightarrow)$ $Q_f(\mathbf{x}_0, \cdot) > 0$을 가정하면 (6.15)에 의하여 다음이 성립한다.

$$\lambda_i(\mathbf{x}_0) = Q_f(\mathbf{x}_0, \mathbf{v}_i(\mathbf{x}_0)) > 0 \quad (\forall\, k \in \{1, 2, \cdots, n\}).$$

$(\Longleftarrow)$ 각 $k \in \{1, 2, \cdots, n\}$에 대하여 $\lambda_i(\mathbf{x}_0) > 0$을 가정하면 (6.15)에 의하여

$$Q_f(\mathbf{x}_0, \mathbf{h}) > 0 \quad \left(\forall\, \mathbf{h} = \sum_{i=1}^n \eta^i(\mathbf{x}_0)\mathbf{v}_i(\mathbf{x}_0) \in \mathbb{E}^n \setminus \{\mathbf{0}\}\right)$$

이 성립한다. 그러므로 $Q_f(\mathbf{x}_0, \cdot) > 0$을 얻는다.

(c) $(\Longrightarrow)$ $Q_f(\mathbf{x}_0, \cdot) < 0$을 가정하자. 이때, (6.15)에 의하여 다음이 성립한다.

$$\lambda_i(\mathbf{x}_0) = Q_f(\mathbf{x}_0, \mathbf{v}_i(\mathbf{x}_0)) < 0 \quad (\forall\, k \in \{1, 2, \cdots, n\}).$$

$(\Longleftarrow)$ 각 $k \in \{1, 2, \cdots, n\}$에 대하여 $\lambda_i(\mathbf{x}_0) < 0$을 가정하면 (6.15)에 의하여

$$Q_f(\mathbf{x}_0, \mathbf{h}) < 0 \quad \left(\forall\, \mathbf{h} = \sum_{i=1}^n \eta^i(\mathbf{x}_0)\mathbf{v}_i(\mathbf{x}_0) \in \mathbb{E}^n \setminus \{\mathbf{0}\}\right)$$

이 성립한다. 그러므로 $Q_f(\mathbf{x}_0, \cdot) < 0$을 얻는다.

(b) & (d)의 증명은 (c) & (a)에서 대우를 취하면 즉시 얻어진다. □

연습문제 6.1

1. 함수 $f(x,y) = e^{xy}$에 대하여 점 $(1,1)$에서 아래 조건을 만족하는 방향을 각각 구하여라.[143]

   (가) 가장 가파르게 증가하는 방향　　(나) 가장 가파르게 감소하는 방향

   (다) 변화율이 0인 방향

2. 함수 $f(x,y) = x^2y^3$에 대하여 점 $(-1,2)$에서 아래 조건을 만족하는 방향을 각각 구하여라.[144]

   (가) 최대변화율 방향　　(나) 최소변화율 방향

   (다) 변화율이 0인 방향

3. 함수 $f(x,y)$가 점 $\mathbf{P} \in \mathbb{E}^2$에서 미분가능하고 $\nabla f(\mathbf{P}) \neq \mathbf{0}$일 때, 아래 그림과 같이 주어진 4개의 단위벡터 $\mathbf{u}_j \in \mathbb{E}^2\,(j = 1,2,3,4)$에 대하여 방향도함수 $f_{\mathbf{u}_j}(\mathbf{P})\,(j = 1,2,3,4)$와 0을 크기순으로 나열하여라.[145]

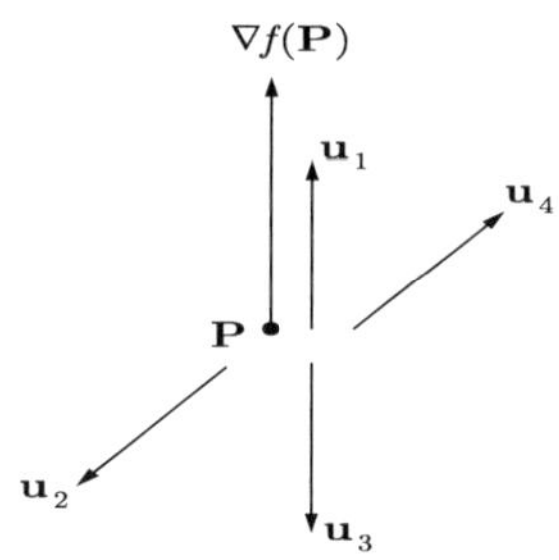

4. 각 $(x,y) \in \mathbb{E}^2$에 대하여 아래와 같이 정의된 함수 $f : \mathbb{E}^2 \longrightarrow \mathbb{E}^1$에 대하여 임계점, 극값 그리고 안장점을 찾아라.[146]

   (가) $f(x,y) = x - x^2 - y^2$　　(나) $f(x,y) = (x+1)(y-2)$

   (다) $f(x,y) = xy(x-1)$　　(라) $f(x,y) = \sin xy$

5. 각 $(x,y) \in \mathbb{E}^2$에 대하여 아래와 같이 정의된 함수 $f : \mathbb{E}^2 \longrightarrow \mathbb{E}^1$에 대하여 임계점, 극값 그리고 안장점을 찾아라.[147]

   (가) $f(x,y) = \exp(1 + x^2 - y^2)$　　(나) $f(x,y) = \exp x \cos y$

   (다) $f(x,y) = x \sin y$

6. 각 $(x,y) \in \mathbb{E}^2 \setminus \{(0,0)\}$에 대하여 함수 $f : \mathbb{E}^2 \setminus \{(0,0)\} \longrightarrow \mathbb{E}^1$를 $f(x,y) = xy + \frac{1}{x} + \frac{1}{y}$로 정의할 때, 임계점, 극값 그리고 안장점을 찾아라. [148]

7. 각 $(x,y) \in \mathbb{E}^2$에 대하여 아래와 같이 정의된 함수 $f : \mathbb{E}^2 \longrightarrow \mathbb{E}^1$에 대하여 임계점, 극값 그리고 안장점을 찾아라.[149]

   (가) $f(x,y) = x^3 + x - 4xy - 2y^2$ (나) $f(x,y) = xy + x - x^2 y$

   (다) $f(x,y) = \cos x \cosh y$

8. 각 $(x,y,z) \in \mathbb{E}^3$에 대하여 $f(x,y,z) = x^2 + y^2 - z^2$로 정의된 함수 $f : \mathbb{E}^3 \longrightarrow \mathbb{E}^1$은 하나의 임계점을 갖지만 그 점에서 극값을 갖지 않음을 보여라.[150]

9. 각 $(x,y,z) \in \mathbb{E}^3$에 대하여 $f(x,y,z) = x^2 + 3y^2 + 2z^2 - 2xy + 2xz$로 정의된 함수 $f : \mathbb{E}^3 \longrightarrow \mathbb{E}^1$는 원점 $\mathbf{0} \in \mathbb{E}^3$에서 최솟값을 가짐을 보여라.[151]

10. 서로 다른 점 $\mathbf{x}_1, \mathbf{x}_2, \cdots, \mathbf{x}_m \in \mathbb{E}^n$에 대하여 함수 $f : \mathbb{E}^n \longrightarrow \mathbb{E}^1$을

$$f(\mathbf{x}) := \sum_{j=1}^{m} \|\mathbf{x} - \mathbf{x}_j\|^2 \quad (\forall\, \mathbf{x} \in \mathbb{E}^n)$$

로 정의할 때, 함수 f가 최솟값을 갖는 점과 최솟값을 구하여라. [152]

11. 함수 $\psi \in \mathcal{C}^2(\mathbb{E}^1)$과 점 $\mathbf{a} = (a^1, a^2, \cdots, a^n) \in \mathbb{E}^n \setminus \{\mathbf{0}\}$에 대하여 함수 $f : \mathbb{E}^n \longrightarrow \mathbb{E}^1$를 $f(\mathbf{x}) = \psi(\mathbf{a} \cdot \mathbf{x})$ $(\forall\, \mathbf{x} \in \mathbb{E}^n)$으로 정의할 때, 다음 물음에 답하여라.[153]

   (가) f의 임계점을 모두 구하여라.

   (나) f의 임계점은 모두 퇴화함을 보여라.

12. 각 $(x,y) \in \mathbb{E}^2$에 대하여 $f(x,y) = (x-y)^2$로 정의된 함수 $f : \mathbb{E}^2 \longrightarrow \mathbb{E}^1$에 대하여 연습문제 6.1.11을 확인하여라.[154]

13. 각 $(x,y) \in \mathbb{E}^2$에 대하여 아래와 같이 정의된 함수 $f : \mathbb{E}^2 \longrightarrow \mathbb{E}^1$가 주어질 때, 집합 $A = \{(x,y) \in \mathbb{E}^2 : x^2 + y^2 \le 1\}$ 위에서 최대·최솟값을 구하여라.[155]

   (가) $f(x,y) = x - x^2 - y^2$ (나) $f(x,y) = \sin xy$

14. 각 $(x,y) \in \mathbb{E}^2$에 대하여 $f(x,y) = \frac{1}{2}x^2 + 3y^3 + 9y^2 - 3xy + 9y - 9x$로 정의된 함수 $f : \mathbb{E}^2 \longrightarrow \mathbb{E}^1$의 극값을 갖는 점과 안장점을 구하여라.[156]

15. 각 $(x,y) \in \mathbb{E}^2$에 대하여 $f(x,y) = \alpha - (x^2 + \beta x + y^2 + \gamma y)$로 정의된 함수 $f : \mathbb{E}^2 \longrightarrow \mathbb{E}^1$가 점 $(-2,1)$에서 극댓값 15를 갖도록 실수 α, β & γ를 결정하여라.[157]

16. 각 $(x,y) \in \mathbb{E}^2$에 대하여 $f(x,y) = \alpha x^2 + y^2 - 4xy$로 정의된 함수 $f : \mathbb{E}^2 \longrightarrow \mathbb{E}^1$가 점 $(0,0)$을 임계점으로 가질 때, 그 임계점이

   (가) 안장점 (나) 극대점 (다) 극소점

   이 되도록, 존재하는 경우, 실수 $\alpha \in \mathbb{E}^1$의 범위를 결정하여라.[158]

6.4 볼록·오목 함수

볼록·오목 함수는 볼록집합과 자연스럽게 관련되고 미적분학에 광범위하게 응용된다. 특히, 부등식 문제를 해결하는데 유용하게 활용된다.

정의 6.4.1. 함수 $f : D(\subset \mathbb{E}^n) \longrightarrow \mathbb{E}^1$와 볼록부분집합 $K \subset D$가 주어질 때,

- 임의의 $\mathbf{x}_1, \mathbf{x}_2 \in K$ & $t \in [0,1]$에 대하여 조건

$$f(t\mathbf{x}_1 + (1-t)\mathbf{x}_2) \leq tf(\mathbf{x}_1) + (1-t)f(\mathbf{x}_2) \tag{6.16}$$

  를 만족하면 f를 K 위에서 **볼록(convex)**라 한다.

- 임의의 $\mathbf{x}_1, \mathbf{x}_2(\neq) \in K$ & $t \in (0,1)$에 대하여 조건

$$f(t\mathbf{x}_1 + (1-t)\mathbf{x}_2) < tf(\mathbf{x}_1) + (1-t)f(\mathbf{x}_2) \tag{6.17}$$

  를 만족하면 f를 K 위에서 **순볼록(strictly convex)**라 한다.([7])

6.4.1 볼록·오목 함수의 성질

볼록의 기하학적 의미를 살펴보기 위하여 $\mathbb{E}^{n+1}$의 원소 $(x^1, x^2, \cdots, x^n, z)$을 간단히 $(\mathbf{x}, z)$로 표기하고 집합

$$K^+ := \{(\mathbf{x}, z) \in \mathbb{E}^n \times \mathbb{E}^1 : \mathbf{x} \in K \ \& \ z \geq f(\mathbf{x})\}$$

을 생각하자. 이때, 다음은 볼록함수의 정의로부터 분명하다.

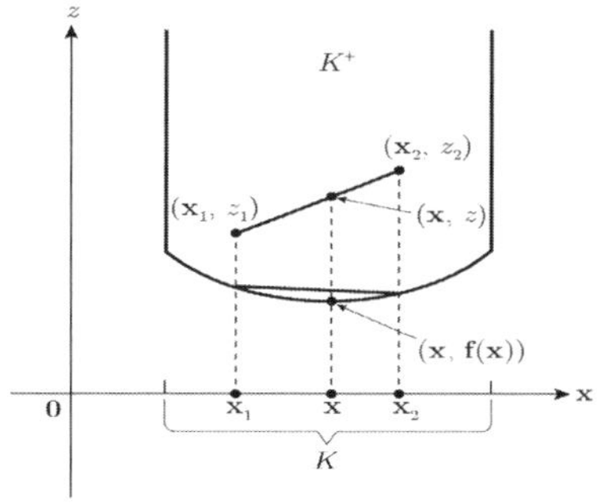

그림 6.6: K^+의 이해

명제 6.4.2. 함수 $f : D(\subset \mathbb{E}^n) \longrightarrow \mathbb{E}^1$와 볼록부분집합 $K \subset D$가 주어질 때, f가 K 위에서 볼록이기위한 필요충분조건은 K^+가 $\mathbb{E}^{n+1}$의 볼록부분집합이다.

([7]) [규약] $\mathbf{x}_1, \mathbf{x}_2(\neq) \in K$에 의하여 $\mathbf{x}_1, \mathbf{x}_2 \in K$ & $\mathbf{x}_1 \neq \mathbf{x}_2$을 의미한다.

[증명] ($\Longrightarrow$) $(\mathbf{x}_1, z_1), (\mathbf{x}_2, z_2) \in K^+$와 $t \in [0,1]$을 임의로 정해둘 때,

$$t(\mathbf{x}_1, z_1) + (1-t)(\mathbf{x}_2, z_2) = (t\mathbf{x}_1 + (1-t)\mathbf{x}_2, tz_1 + (1-t)z_2) \in K^+$$

를 보이는 것이 목표이다. 그런데 f가 K 위에서 볼록이고 $(\mathbf{x}_1, z_1), (\mathbf{x}_2, z_2) \in K^+$이므로

$$f(t\mathbf{x}_1 + (1-t)\mathbf{x}_2) \le tf(\mathbf{x}_1) + (1-t)f(\mathbf{x}_2) \le tz_1 + (1-t)z_2$$

가 성립한다. 그러므로 $(t\mathbf{x}_1 + (1-t)\mathbf{x}_2, tz_1 + (1-t)z_2) \in K^+$이다. 즉, K^+는 $\mathbb{E}^{n+1}$의 볼록부분집합이다

($\Longleftarrow$) $\mathbf{x}_1, \mathbf{x}_2 \in K$와 $t \in [0,1]$을 임의로 정해두면 $(\mathbf{x}_1, f(\mathbf{x}_1)), (\mathbf{x}_2, f(\mathbf{x}_2)) \in K^+$이다. 그런데 K^+가 $\mathbb{E}^{n+1}$의 볼록부분집합이므로

$$(t\mathbf{x}_1 + (1-t)\mathbf{x}_2, tf(\mathbf{x}_1) + (1-t)f(\mathbf{x}_2)) = t(\mathbf{x}_1, f(\mathbf{x}_1)) + (1-t)(\mathbf{x}_2, f(\mathbf{x}_2)) \in K^+$$

이다. 즉,

$$f(t\mathbf{x}_1 + (1-t)\mathbf{x}_2) \le tf(\mathbf{x}_1) + (1-t)f(\mathbf{x}_2)$$

가 성립하므로 f는 K 위에서 볼록이다. □

실수 $c \in \mathbb{E}^1$와 집합 $K \subset D$에 대하여

$$K_c := \{\mathbf{x} \in K : f(\mathbf{x}) \le c\}$$

라 두면 다음이 성립한다.

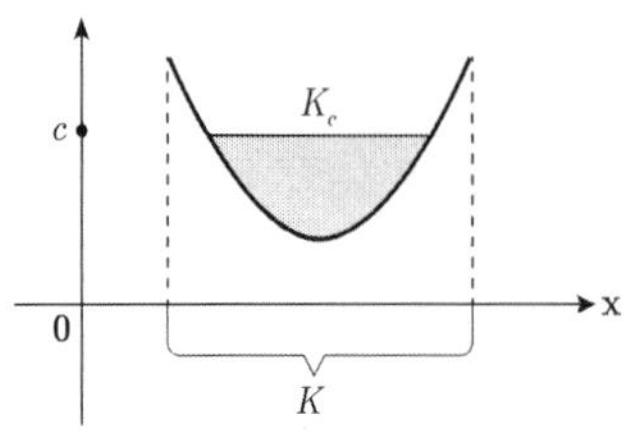

그림 6.7: K_c의 이해

명제 6.4.3. 함수 $f : D(\subset \mathbb{E}^n) \longrightarrow \mathbb{E}^1$와 볼록부분집합 $K \subset D$가 주어질 때, f가 K 위에서 볼록이면 임의의 $c \in \mathbb{E}^1$에 대하여 K_c는 K의 볼록부분집합이다.

[증명] 임의로 $\mathbf{x}_1, \mathbf{x}_2 \in K_c$ & $t \in [0,1]$을 정해두면 $K_c \subset K$이고 f가 K 위에서 볼록함수이므로

$$f(t\mathbf{x}_1 + (1-t)\mathbf{x}_2) \le tf(\mathbf{x}_1) + (1-t)f(\mathbf{x}_2) \le tc + (1-t)c = c$$

가 성립하여 $t\mathbf{x}_1 + (1-t)\mathbf{x}_2 \in K_c$를 얻게 된다. 따라서 K_c는 K의 볼록부분집합이다. □

따름정리 6.4.4. 함수 $f : D(\subset \mathbb{E}^n) \longrightarrow \mathbb{E}^1$와 볼록부분집합 $K \subset D$가 주어질 때, f가 K 위에서 볼록이면 임의의 $c \in \mathbb{E}^1$에 대하여 집합 $\{\mathbf{x} \in K : f(\mathbf{x}) < c\}$는 K의 볼록부분집합이다.

명제 6.4.3 & 따름정리 6.4.4의 역은 일반적으로 성립하지 않음을 다음 보기를 통하여 알 수 있다.

보기 6.4.5. 각 $x \in \mathbb{E}^1$에 대하여 $f(x) = x^3$로 정의된 함수 $f : \mathbb{E}^1 \longrightarrow \mathbb{E}^1$을 생각하면 임의의 $c \in \mathbb{E}^1$에 대하여 $\{x \in \mathbb{E}^1 : f(x) \le c\} = (-\infty, c^{\frac{1}{3}}]$이므로 집합 $\{x \in \mathbb{E}^1 : f(x) \le c\}$은 $\mathbb{E}^1$의 볼록부분집합이다. 한편, $x_1 = 0$, $x_2 = -1$라 두고 $t = \frac{1}{2}$을 택하면

$$f(tx_1 + (1-t)x_2) = f(-1/2) = -\frac{1}{8} \quad \& \quad tf(x_1) + (1-t)f(x_2) = -\frac{1}{2}$$

이므로 $f(tx_1 + (1-t)x_2) > tf(x_1) + (1-t)f(x_2)$이다. 즉, f는 $\mathbb{E}^1$ 위에서 볼록이 아니다.

볼록함수의 정의에서 조건 (6.16) & (6.17)의 부등호 방향를 바꾸어 놓으면 다음과 같은 정의를 얻는다.

정의 6.4.6. 함수 $f : D(\subset \mathbb{E}^n) \longrightarrow \mathbb{E}^1$와 볼록부분집합 $K \subset D$가 주어질 때,

- 임의의 $\mathbf{x}_1, \mathbf{x}_2 \in K$ & $t \in [0,1]$에 대하여 조건

$$f(t\mathbf{x}_1 + (1-t)\mathbf{x}_2) \ge tf(\mathbf{x}_1) + (1-t)f(\mathbf{x}_2) \tag{6.18}$$

  를 만족하면 f를 K 위에서 **오목(concave)**이라 한다.

- 임의의 $\mathbf{x}_1, \mathbf{x}_2(\neq) \in K$ & $t \in (0,1)$에 대하여 조건

$$f(t\mathbf{x}_1 + (1-t)\mathbf{x}_2) > tf(\mathbf{x}_1) + (1-t)f(\mathbf{x}_2) \tag{6.19}$$

  를 만족하면 f를 K 위에서 **순오목(strictly concave)**이라 한다.

명제 6.4.7. 함수 $f : D(\subset \mathbb{E}^n) \longrightarrow \mathbb{E}^1$와 볼록집합 $K \subset D$가 주어질 때, 다음이 성립한다.

"f가 K 위에서 오목이기 위한 필요충분조건은 $-f$가 K 위에서 볼록이다."

오목의 기하학적 의미를 살펴보기 위하여 $\mathbb{E}^{n+1}$의 원소 $(x^1, x^2, \cdots, x^n, z)$를 간단히 $(\mathbf{x}, z)$로 표기하고 집합

$$K^- := \{(\mathbf{x}, z) \in \mathbb{E}^{n+1} : \mathbf{x} \in K \ \& \ z \le f(\mathbf{x})\}$$

을 생각하자. 이때, 다음은 명제 6.4.7로부터 분명하다.

명제 6.4.8. 함수 $f : D(\subset \mathbb{E}^n) \longrightarrow \mathbb{E}^1$와 볼록부분집합 $K \subset D$가 주어질 때, f가 K 위에서 오목이기 위한 필요충분조건은 K^-가 $\mathbb{E}^{n+1}$의 볼록부분집합이다.

실수 $c \in \mathbb{E}^1$와 집합 $K \subset D$에 대하여

$$K^c := \{\mathbf{x} \in K : f(\mathbf{x}) \ge c\}$$

라 두면 다음이 성립한다.

명제 6.4.9. 함수 $f : D(\subset \mathbb{E}^n) \longrightarrow \mathbb{E}^1$와 볼록부분집합 $K \subset D$가 주어질 때, f가 K 위에서 오목이면 임의의 $c \in \mathbb{E}^1$에 대하여 K^c는 K의 볼록부분집합이다.

명제 6.4.10. 함수 $f : D(\subset \mathbb{E}^n) \longrightarrow \mathbb{E}^1$와 볼록부분집합 $K \subset D$가 주어질 때, f가 K 위에서 오목이면 임의의 $c \in \mathbb{E}^1$에 대하여 집합 $\{\mathbf{x} \in K : f(\mathbf{x}) > c\}$는 K의 볼록부분집합이다.

명제 6.4.11. 닫힌집합 $A(\neq \varnothing) \subset \mathbb{E}^n$에 대하여 함수 $f : \mathbb{E}^n \longrightarrow \mathbb{E}^1$을 각 $\mathbf{x} \in \mathbb{E}^n$에 대하여

$$f(\mathbf{x}) := \inf\{\|\mathbf{x} - \mathbf{y}\| : \mathbf{y} \in A\}$$

로 정의할 때, f가 $\mathbb{E}^n$ 위에서 볼록이기위한 필요충분조건은 A가 볼록집합인 것이다(증명은 연습문제 6.2.3 참고).

정리 6.4.12. 볼록 열린집합 $K \subset \mathbb{E}^n$에 대하여 함수 f가 K 위에서 볼록이면 f는 K 위에서 연속이다.

[증명] 점 $\mathbf{x}_0 \in K$를 임의로 정해두고 $\rho = \mathrm{dist}(\mathbf{x}_0, \partial K)$라 하자. $K = \mathbb{E}^n$인 경우 $\rho = \infty$이다. 이제, $K \subsetneq \mathbb{E}^n$을 가정하고 $n^{\frac{1}{2}}\delta < \rho$를 만족하는 양수 $\delta > 0$를 택하여 Q를 $\mathbf{x}_0$에 중심을 두고 한변의 길이가 2δ인 n-입방체(cube)라 하자. 즉,

$$Q := \{\mathbf{x} \in \mathbb{E}^n : |x^i - x_0^i| \le \delta \ \ (1 \le i \le n)\}$$

이다. 또한 V를 Q의 꼭지점들의 집합이라 하고 $M := \max_{\mathbf{x} \in V} f(\mathbf{x})$라 두면 명제 6.4.3에 의하여 K_M은 K의 볼록부분집합이다. 그러나 $Q = \hat{V}$(8) 이고 $V \subset K_M$이므로 $Q \subset K_M$이다. 임의로 $\mathbf{x} \in B^*(\mathbf{x}_0; \delta)$를 정해두고 두 점 $\mathbf{x}_0 \pm \mathbf{u} \in L(\mathbf{x}_0; \mathbf{x} - \mathbf{x}_0) \cap S(\mathbf{x}_0; \delta)$를 선택하자. 이때,

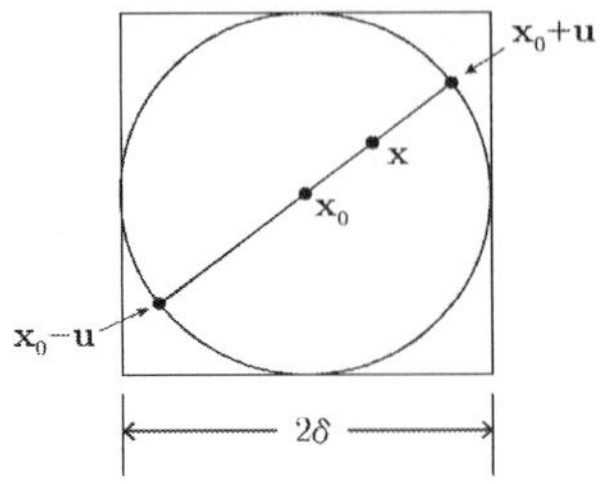

$t = \delta^{-1}\|\mathbf{x} - \mathbf{x}_0\|$라 두고 만일 $\mathbf{x} \in [\![\mathbf{x}_0; \mathbf{x}_0 + \mathbf{u}]\!]_s$라 하면

$$\mathbf{x} = t(\mathbf{x}_0 + \mathbf{u}) + (1-t)\mathbf{x}_0 \quad \& \quad \mathbf{x}_0 = \frac{1}{1+t}\mathbf{x} + \frac{t}{1+t}(\mathbf{x}_0 - \mathbf{u})$$

와 같이 표현된다.(9) 그런데 f가 K 위에서 볼록이므로

$$\begin{cases} \circ\ f(\mathbf{x}) \le tf(\mathbf{x}_0 + \mathbf{u}) + (1-t)f(\mathbf{x}_0) \le tM + (1-t)f(\mathbf{x}_0)\,; \\ \circ\ f(\mathbf{x}_0) \le \frac{1}{1+t}f(\mathbf{x}) + \frac{t}{1+t}f(\mathbf{x}_0 - \mathbf{u}) \le \frac{f(\mathbf{x}) + tM}{1+t} \end{cases}$$

(8) 즉, Q는 V의 볼록껍질이다.

(9) 첫 번째 식의 경우, $\mathbf{x}$는 $\mathbf{x}_0 + \mathbf{u}$와 $\mathbf{x}_0$의 볼록결합(convex combination)이다.

을 얻는다. 이 두 개의 부등식를 결합하면

$$-t(M - f(\mathbf{x}_0)) \leq f(\mathbf{x}) - f(\mathbf{x}_0) \leq t(M - f(\mathbf{x}_0))$$

가 성립한다. 즉,

$$|f(\mathbf{x}) - f(\mathbf{x}_0)| \leq \frac{M - f(\mathbf{x}_0)}{\delta}\|\mathbf{x} - \mathbf{x}_0\|$$

을 얻게되어 f는 $\mathbf{x}_0$에서 연속이다. □

K가 열린집합이 아닌 경우, 볼록함수 f는 K의 경계점에서 불연속일 수 있다. 하지만 K의 내부는 열린볼록집합이므로 정리 6.4.12에 의하여 f는 K 내부의 모든 점에서 연속이다.

보기 6.4.13. 집합 $K = [0, 1] \subset \mathbb{E}^1$ 위에서 함수 $f : K \longrightarrow \mathbb{E}^1$을

$$f(x) := \begin{cases} x & (0 < x \leq 1) \\ 1 & (x = 0) \end{cases}$$

로 정의하면 f는 집합 K 위에서 볼록이지만 0에서 연속이 아니다.

[풀이] (1°) 명제 6.4.2를 적용하기 위하여 집합

$$K^+ = \{(0, y) \in \mathbb{E}^2 : y \geq 1\} \cup \{(x, y) \in \mathbb{E}^2 : 0 < x \leq 1 \ \& \ x \leq y\}$$

을 생각하고 K^+가 $\mathbb{E}^2$의 볼록부분집합임을 보이자. 이를 위하여 $(x, y_1), (0, y_2) \in K^+$와 $t \in (0, 1)$을 임의로 선택하면 $0 < x \leq 1$, $x \leq y_1$ & $1 \leq y_2$가 성립하고, 따라서

$$\begin{cases} \circ \ 0 < tx \leq t < 1\,; \\ \circ \ tx \leq ty_1\,; \\ \circ \ 0 < 1 - t \leq (1 - t)y_2 \end{cases}$$

을 만족한다. 그러므로

$$0 < tx < 1 \quad \& \quad tx < ty_1 + (1 - t)y_2$$

가 성립하여

$$t(x, y_1) + (1 - t)(0, y_2) = (tx, ty_1 + (1 - t)y_2) \in K^+$$

를 보였다. 그러므로 명제 6.4.2에 의하여 함수 f는 K 위에서 볼록하다.

(2°) f가 0에서 연속이 아닌 것은 분명하다. □

명제 6.4.14. 볼록집합 $K \subset \mathbb{E}^n$ 위에서 함수 $f : K \longrightarrow \mathbb{E}^1$는 볼록이고, 조건 $f(K) \subset I$를 만족하는 구간 $I \subset \mathbb{E}^1$위에서 정의된 함수 $\psi : I \longrightarrow \mathbb{E}^1$가 단조증가하고 볼록이면 합성함수 $\psi \circ f$는 K 위에서 볼록이다.

[증명] 임의의 $\mathbf{x}, \mathbf{y} \in K$ & $t \in [0, 1]$를 정해두고 주어진 가정을 이용하면

$$\begin{aligned}(\psi \circ f)(t\mathbf{x} + (1 - t)\mathbf{y}) &= \psi(f(t\mathbf{x} + (1 - t)\mathbf{y})) \\ &\leq \psi(tf(\mathbf{x}) + (1 - t)f(\mathbf{y})) \leq t(\psi \circ f)(\mathbf{x}) + (1 - t)(\psi \circ f)(\mathbf{y})\end{aligned}$$

가 성립하므로 합성함수 $\psi \circ f$는 K 위에서 볼록이다. □

명제 6.4.15. 함수 $f : \mathbb{E}^n \longrightarrow \mathbb{E}^1$가 주어질 때, 함수 f가 볼록임과 동시에 오목이며 또한 $f(\mathbf{0}) = 0$을 만족하기 위한 필요충분조건은 f가 선형범함수인 것이다(증명은 연습문제 6.2.4 참고).

6.4.2 미분가능한 함수의 볼록·오목

미분가능한 함수의 볼록·오목성을 관찰해 보기로 하자. 특히, 미분가능한 함수의 경우 볼록·오목성은 접초평면과 밀접한 관계가 있다는 사실을 파악하게 된다.

정리 6.4.16. 함수 f가 볼록집합 $K \subset \mathbb{E}^n$ 위에서 미분가능할 때, f가 K 위에서 볼록이기 위한 필요충분조건은 임의의 $\mathbf{x}_0$, $\mathbf{x} \in K$에 대하여

$$f(\mathbf{x}) \geq f(\mathbf{x}_0) + df(\mathbf{x}_0) \cdot (\mathbf{x} - \mathbf{x}_0) \tag{6.20}$$

가 성립하는 것이다.

[증명] ($\Longrightarrow$) 임의로 $\mathbf{x}_0, \mathbf{x} \in K$를 선택하자. $\mathbf{x} = \mathbf{x}_0$인 경우, (6.20)은 분명하므로 $\mathbf{x}_0 \neq \mathbf{x}$를 가정하자. 그 때, 함수 f가 K 위에서 볼록이므로 임의의 $t \in (0, 1)$에 대하여

$$f(\mathbf{x}_0 + t(\mathbf{x} - \mathbf{x}_0)) = f(t\mathbf{x} + (1-t)\mathbf{x}_0) \leq tf(\mathbf{x}) + (1-t)f(\mathbf{x}_0)$$

가 성립한다. 특히, 임의의 $t \in (0, 1)$에 대하여

$$\begin{aligned} f(\mathbf{x}_0 + t(\mathbf{x} - \mathbf{x}_0)) - f(\mathbf{x}_0) - df(\mathbf{x}_0) \cdot t(\mathbf{x} - \mathbf{x}_0) \\ \leq t(f(\mathbf{x}) - f(\mathbf{x}_0) - df(\mathbf{x}_0) \cdot (\mathbf{x} - \mathbf{x}_0)) \end{aligned} \tag{6.21}$$

가 성립한다. 그러나 f가 $\mathbf{x}_0$에서 미분가능하므로

$$\lim_{\mathbb{E}^1 \ni t \to 0+} \frac{f(\mathbf{x}_0 + t(\mathbf{x} - \mathbf{x}_0)) - f(\mathbf{x}_0) - df(\mathbf{x}_0) \cdot t(\mathbf{x} - \mathbf{x}_0)}{t} = 0 \tag{6.22}$$

이다. 따라서 (6.21) & (6.22)을 결합하면 $f(\mathbf{x}) \geq f(\mathbf{x}_0) + df(\mathbf{x}_0) \cdot (\mathbf{x} - \mathbf{x}_0)$을 얻는다.

($\Longleftarrow$) 임의로 $\mathbf{x}_1$, $\mathbf{x}_2(\neq) \in K$ & $t \in (0, 1)$을 선택하고 $\mathbf{x}_0 = t\mathbf{x}_1 + (1-t)\mathbf{x}_2$라 두면 K가 볼록집합이므로 $\mathbf{x}_0 \in K$ & $\mathbf{x}_2 - \mathbf{x}_0 = -\frac{t}{1-t}(\mathbf{x}_1 - \mathbf{x}_0)$이다. 한편 $\mathbf{x}_0, \mathbf{x}_1$, $\mathbf{x}_2 \in K$이므로 가정에 의하여

$$\begin{cases} \circ \ f(\mathbf{x}_1) \geq f(\mathbf{x}_0) + df(\mathbf{x}_0) \cdot (\mathbf{x}_1 - \mathbf{x}_0); \\ \circ \ f(\mathbf{x}_2) \geq f(\mathbf{x}_0) + df(\mathbf{x}_0) \cdot (\mathbf{x}_2 - \mathbf{x}_0) \end{cases} \tag{6.23}$$

가 성립한다. 그러므로 (6.23)의 두 번째 식에 $\mathbf{x}_2 - \mathbf{x}_0 = -\frac{t}{1-t}(\mathbf{x}_1 - \mathbf{x}_0)$를 대입하고 첫번째 식에 $\frac{t}{1-t}$를 곱하여 두 번째식에 더하면

$$\frac{t}{1-t}f(\mathbf{x}_1) + f(\mathbf{x}_2) \geq \left(\frac{t}{1-t} + 1\right) f(\mathbf{x}_0) = \frac{1}{1-t}f(\mathbf{x}_0)$$

을 얻는다. 이를 정리하면

$$tf(\mathbf{x}_1) + (1-t)f(\mathbf{x}_2) \geq f(\mathbf{x}_0) = f(t\mathbf{x}_1 + (1-t)\mathbf{x}_2)$$

가 성립하여 함수 f는 K 위에서 볼록이다. □

참고 6.4.17. 정리 6.4.16에서 집합 $P = \{(\mathbf{x}, z) \in \mathbb{E}^{n+1} : z = f(\mathbf{x}_0) + df(\mathbf{x}_0) \cdot (\mathbf{x} - \mathbf{x}_0)\}$은 점 $(\mathbf{x}_0, f(\mathbf{x}_0))$에서 함수 f의 그래프에 대한 접초평면이다. 특히, P는 볼록집합 K^+에 대한 받침초평면임에 유념하자.

마찬가지 방법으로 다음을 증명할 수 있다.

정리 6.4.18. 함수 f가 볼록집합 $K \subset \mathbb{E}^n$ 위에서 미분가능할 때, f가 K 위에서 순볼록이기 위한 필요충분조건은 임의의 $\mathbf{x}_0, \mathbf{x}(\neq) \in K$에 대하여

$$f(\mathbf{x}) > f(\mathbf{x}_0) + df(\mathbf{x}_0) \cdot (\mathbf{x} - \mathbf{x}_0)$$

가 성립하는 것이다.

[**증명**] $(\Longrightarrow)$ 임의로 $\mathbf{x}_0, \mathbf{x}(\neq) \in K$를 선택하면 f가 K 위에서 순볼록이므로

$$f(\mathbf{x}_0 + t(\mathbf{x} - \mathbf{x}_0)) = f(t\mathbf{x} + (1-t)\mathbf{x}_0) < tf(\mathbf{x}) + (1-t)f(\mathbf{x}_0) \quad (\forall\, t \in (0,1))$$

가 성립한다. 즉,

$$f(\mathbf{x}_0 + t(\mathbf{x} - \mathbf{x}_0)) - f(\mathbf{x}_0) < t(f(\mathbf{x}) - f(\mathbf{x}_0)) \quad (\forall\, t \in (0,1)) \tag{6.24}$$

이다. 특히, f가 K 위에서 볼록이고 $\mathbf{x}_0 + t(\mathbf{x} - \mathbf{x}_0) = t\mathbf{x} + (1-t)\mathbf{x}_0 \in K$ $(\forall\, t \in (0,1))$이므로 정리 6.4.16을 적용하면

$$f(\mathbf{x}_0 + t(\mathbf{x} - \mathbf{x}_0)) \geq f(\mathbf{x}_0) + df(\mathbf{x}_0) \cdot t(\mathbf{x} - \mathbf{x}_0) \quad (\forall\, t \in (0,1)) \tag{6.25}$$

가 성립하고, 따라서 (6.24)과 결합하여

$$\begin{aligned} tdf(\mathbf{x}_0) \cdot (\mathbf{x} - \mathbf{x}_0) &= df(\mathbf{x}_0) \cdot t(\mathbf{x} - \mathbf{x}_0) \\ &\leq f(\mathbf{x}_0 + t(\mathbf{x} - \mathbf{x}_0)) - f(\mathbf{x}_0) < t(f(\mathbf{x}) - f(\mathbf{x}_0)) \end{aligned} \tag{6.26}$$

을 얻는다. 그러므로 (6.26)을 정리하면

$$f(\mathbf{x}) - f(\mathbf{x}_0) > df(\mathbf{x}_0) \cdot (\mathbf{x} - \mathbf{x}_0)$$

가 성립하여 요구된 결과를 얻는다.

$(\Longleftarrow)$ 임의로 $\mathbf{x}_1$, $\mathbf{x}_2(\neq) \in K$ & $t \in (0,1)$을 선택하고 $\mathbf{x}_0 = t\mathbf{x}_1 + (1-t)\mathbf{x}_2$라 두면 K가 볼록집합이므로 $\mathbf{x}_0 \in K$ & $\mathbf{x}_2 = \mathbf{x}_0 - \frac{t}{1-t}(\mathbf{x}_1 - \mathbf{x}_0)$이다. 그런데 $\mathbf{x}_0, \mathbf{x}_1$, $\mathbf{x}_2$는 K에 포함되는 서로 다른 점이므로 가정에 의하여

$$\begin{cases} \circ\ f(\mathbf{x}_1) > f(\mathbf{x}_0) + df(\mathbf{x}_0) \cdot (\mathbf{x}_1 - \mathbf{x}_0)\,; \\ \circ\ f(\mathbf{x}_2) > f(\mathbf{x}_0) + df(\mathbf{x}_0) \cdot (\mathbf{x}_2 - \mathbf{x}_0) \end{cases} \tag{6.27}$$

가 성립한다. 그러므로 (6.27)의 두 번째 식에 $\mathbf{x}_2 - \mathbf{x}_0 = -\frac{t}{1-t}(\mathbf{x}_1 - \mathbf{x}_0)$를 대입하고 첫번째 식에 $\frac{t}{1-t}$를 곱하여 두 번째식에 더하면

$$\frac{t}{1-t}f(\mathbf{x}_1) + f(\mathbf{x}_2) > \left(\frac{t}{1-t} + 1\right) f(\mathbf{x}_0) = \frac{1}{1-t}f(\mathbf{x}_0)$$

을 얻는다. 이를 정리하면

$$tf(\mathbf{x}_1) + (1-t)f(\mathbf{x}_2) > f(\mathbf{x}_0) = f(t\mathbf{x}_1 + (1-t)\mathbf{x}_2)$$

가 성립하여 함수 f는 K 위에서 순볼록이다. □

다음은 정리 6.4.16 & 정리 6.4.18에서 함수 f 대신 $-f$를 이용하면 곧 바로 증명할 수 있으므로 생략한다.

명제 6.4.19. 함수 f가 볼록집합 $K \subset \mathbb{E}^n$ 위에서 미분가능할 때, f가 K 위에서 오목이기 위한 필요충분조건은 임의의 $\mathbf{x}_0, \mathbf{x} \in K$에 대하여

$$f(\mathbf{x}) \leq f(\mathbf{x}_0) + df(\mathbf{x}_0) \cdot (\mathbf{x} - \mathbf{x}_0)$$

가 성립하는 것이다.

명제 6.4.20. 함수 f가 볼록집합 $K \subset \mathbb{E}^n$ 위에서 미분가능할 때, f가 K 위에서 순오목이기 위한 필요충분조건은 임의의 $\mathbf{x}_0, \mathbf{x}(\neq) \in K$에 대하여

$$f(\mathbf{x}) < f(\mathbf{x}_0) + df(\mathbf{x}_0) \cdot (\mathbf{x} - \mathbf{x}_0)$$

가 성립하는 것이다.

명제 6.4.21. 함수 f가 구간 $I \subset \mathbb{E}^1$ 위에서 미분가능하면 다음이 성립한다.

(a) f가 I 위에서 볼록이기 위한 필요충분조건은 도함수 f'이 I 위에서 단조증가하는 것이다.

(b) f가 I 위에서 순볼록이기 위한 필요충분조건은 도함수 f'이 I 위에서 순증가하는 것이다.

[증명] ($\Longrightarrow$) 임의의 $x, y \in I$ (단, $y < x$)를 정해두자.
(a) 정리 6.4.16에 의하여

$$\begin{cases} \circ \ f(x) - f(y) \geq f'(y)(x-y); \\ \circ \ f(y) - f(x) \geq f'(x)(y-x) \end{cases}$$

가 성립하므로 $f'(y)(x-y) \leq f'(x)(x-y)$를 얻는다. 그러나 $x-y > 0$이므로 $f'(y) \leq f'(x)$이다. 즉, f'은 I 위에서 단조증가한다.

(b) 정리 6.4.18에 의하여

$$\begin{cases} \circ \ f(x) - f(y) > f'(y)(x-y); \\ \circ \ f(y) - f(x) > f'(x)(y-x) \end{cases}$$

가 성립하므로 $f'(y)(x-y) < f'(x)(x-y)$를 얻는다. 그러나 $x-y > 0$이므로 $f'(y) < f'(x)$이다. 즉, f'은 I 위에서 순증가한다.

($\Longleftarrow$) 임의의 $x, x_0 \in I$를 정해두자. 만일 $x = x_0$인 경우, 정리 6.4.16은 자동적으로 성립하므로 $x_0 < x$를 가정하자. 이때, '평균값정리'에 의하여

$$f(x) - f(x_0) = f'(y)(x - x_0) \tag{6.28}$$

를 만족하는 $y \in (x_0, x)$가 존재한다.

(a) f'이 단조증가하므로 $f'(x_0) \le f'(y)$가 성립하고 따라서

$$f(x) - f(x_0) \ge f'(x_0)(x - x_0)$$

을 얻는다. 즉, $f(x) \ge f(x_0) + f'(x_0)(x - x_0)$가 성립한다. 그러므로 정리 6.4.16에 의하여 f는 I 위에서 볼록이다.

(b) f'이 순증가하므로 $f'(x_0) < f'(y)$가 성립하고 따라서

$$f(x) - f(x_0) > f'(x_0)(x - x_0)$$

을 얻는다. 즉, $f(x) > f(x_0) + f'(x_0)(x - x_0)$가 성립한다. 그러므로 정리 6.4.18에 의하여 f는 I 위에서 순볼록이다.

이것으로 명제의 증명을 마친다. □

보기 6.4.22. $p > 1$인 실수 $p \in \mathbb{E}^1$에 대하여 함수 $f : \mathbb{E}^1 \longrightarrow \mathbb{E}^1$을 $f(x) := |x|^p$ $(\forall\, x \in \mathbb{E}^1)$로 정의할 때,

$$f'(x) = \begin{cases} p|x|^{p-1} & (x > 0) \\ 0 & (x = 0) \\ -p|x|^{p-1} & (x < 0) \end{cases} \tag{6.29}$$

이다 (연습문제 6.2.19 참고). 특히, 도함수 f'은 $\mathbb{E}^1$ 위에서 순증가하므로 명제 6.4.21을 적용하면 함수 f는 $\mathbb{E}^1$ 위에서 순볼록이다. 여기서 $x_1, x_2 \in \mathbb{E}^1$을 임의로 정해두고 $t = \frac{1}{2}$을 선택하면

$$\left|\frac{1}{2}(x_1 + x_2)\right|^p = f\left(\frac{1}{2}(x_1 + x_2)\right) \le \frac{1}{2}f(x_1) + \frac{1}{2}f(x_2) = \frac{1}{2}(|x_1|^p + |x_2|^p)$$

를 얻는다. 즉,

$$|x_1 + x_2|^p \le 2^{p-1}(|x_1|^p + |x_2|^p)$$

가 성립한다. 특히, $x_1 \ne x_2$이면 도함수 f'이 $\mathbb{E}^1$ 위에서 순증가하므로

$$|x_1 + x_2|^p < 2^{p-1}(|x_1|^p + |x_2|^p)$$

이다.

다음 정리를 통하여 미분가능한 볼록·오목 함수에 관해서는 임계점과 최소·최대값을 갖는 점은 동일함을 알 수 있다.

정리 6.4.23. 열린 볼록집합 $K \subset \mathbb{E}^n$ 위에서 볼록이고 미분가능한 함수 $f : K \longrightarrow \mathbb{E}^1$가 주어질 때, $\mathbf{x}_0 \in K$가 f의 임계점이기 위한 필요충분조건은 $f(\mathbf{x}_0)$는 K 위에서 f의 최솟값이다.

[증명] ($\Longrightarrow$) $\mathbf{x}_0 \in K$가 f의 임계점이라 가정하자. 그때, f가 K 위에서 볼록이고 미분가능하므로 정리 6.4.16에 의하여

$$f(\mathbf{x}) \geq f(\mathbf{x}_0) + df(\mathbf{x}_0) \cdot (\mathbf{x} - \mathbf{x}_0) \quad (\forall \mathbf{x} \in K)$$

가 성립한다. 한편 $\mathbf{x}_0 \in K$가 f의 임계점이므로 $df(\mathbf{x}_0) = \mathbf{0}$이고 따라서 $f(\mathbf{x}) \geq f(\mathbf{x}_0)$ $(\forall \mathbf{x} \in K)$을 얻는다. 즉, $f(\mathbf{x}_0)$는 K 위에서 f의 최솟값이다.

($\Longleftarrow$) $f(\mathbf{x}_0)$가 K 위에서 f의 최솟값이라 가정하자. 그 때, f가 K 위에서 미분가능한 함수이므로 f는 $\mathbf{x}_0 \in K$에서 극값을 가짐을 의미한다. 그러므로 명제 6.1.5에 따르면 $\mathbf{x}_0 \in K$는 f의 임계점이다. □

정리 6.4.24. 열린 볼록집합 $K \subset \mathbb{E}^n$ 위에서 오목이고 미분가능한 함수 $f : K \longrightarrow \mathbb{E}^1$가 주어질 때, $\mathbf{x}_0 \in K$가 f의 임계점이기 위한 필요충분조건은 $f(\mathbf{x}_0)$는 K 위에서 f의 최대값이다.

[증명] ($\Longrightarrow$) $\mathbf{x}_0 \in K$가 f의 임계점이라 가정하자. 이때, f가 K 위에서 오목이고 미분가능하므로 명제 6.4.19에 의하여

$$f(\mathbf{x}) \leq f(\mathbf{x}_0) + df(\mathbf{x}_0) \cdot (\mathbf{x} - \mathbf{x}_0) \quad (\forall \mathbf{x} \in K)$$

가 성립한다. 한편 $\mathbf{x}_0 \in K$가 f의 임계점이므로 $df(\mathbf{x}_0) = \mathbf{0}$이고 따라서 $f(\mathbf{x}) \leq f(\mathbf{x}_0)$ $(\forall \mathbf{x} \in K)$을 얻는다. 즉, $f(\mathbf{x}_0)$는 K 위에서 f의 최대값이다.

($\Longleftarrow$) $f(\mathbf{x}_0)$가 K 위에서 f의 최대값이라 가정하자. 이때, f가 K 위에서 미분가능한 함수이므로 f는 $\mathbf{x}_0 \in K$에서 극값을 가짐을 의미한다. 그러므로 명제 6.1.5에 따르면 $\mathbf{x}_0 \in K$는 f의 임계점이다. □

따름정리 6.4.25. 열린 볼록집합 $K \subset \mathbb{E}^n$ 위에서 미분가능한 함수 $f : K \longrightarrow \mathbb{E}^1$가 주어질 때, 다음이 성립한다.

(a) f가 K 위에서 순볼록이면 f는 많아야 하나의 임계점을 갖는다.

(b) f가 K 위에서 순오목이면 f는 많아야 하나의 임계점을 갖는다.

[증명] (a) 서로 다른 두 점 $\mathbf{x}_0, \mathbf{x}_1 \in K$가 f의 임계점이라 하자. 그때, 정리 6.4.23에 의하면 임의의 $x \in K$에 대하여

$$f(\mathbf{x}_0) \leq f(\mathbf{x}) \quad \& \quad f(\mathbf{x}_1) \leq f(\mathbf{x})$$

가 성립한다. 특히, $f(\mathbf{x}_0) = f(\mathbf{x}_1)$을 얻는다. 한편 정리 6.4.18과 가정에 비추어

$$f(\mathbf{x}_1) > f(\mathbf{x}_0) + df(\mathbf{x}_0) \cdot (\mathbf{x}_1 - \mathbf{x}_0) = f(\mathbf{x}_0)$$

을 얻게 되어 $f(\mathbf{x}_0) = f(\mathbf{x}_1)$에 모순이다.

(b) (a)와 유사하므로 생략한다. □

6.4.3 $\mathcal{C}^2$-급 함수의 볼록·오목

$\mathcal{C}^2$-급 함수의 볼록·오목성에 대하여 살펴보기로 하자. 특히, $\mathcal{C}^2$-급 함수 f의 볼록·오목성은 이차형식 Q_f의 양·음 부호를 판정하는데 중요한 역할을 한다.

정리 6.4.26. 열린 볼록집합 $K \subset \mathbb{E}^n$와 함수 $f \in \mathcal{C}^2(K)$가 주어질 때, 다음이 성립한다.

(a) 함수 f가 K 위에서 볼록이기 위한 필요충분조건은 $Q_f(\mathbf{x}, \cdot) \geq 0$ $(\forall \mathbf{x} \in K)$이다.

(b) $Q_f(\mathbf{x}, \cdot) > 0$ $(\forall \mathbf{x} \in K)$이면 함수 f는 K 위에서 순볼록이다.

[증명] 임의로 $\mathbf{x}$, $\mathbf{x}_0 \in K$를 정해두고 $q = 2$를 가지고 Taylor 공식을 적용하면 조건

$$f(\mathbf{x}) = f(\mathbf{x}_0) + df(\mathbf{x}_0) \cdot (\mathbf{x} - \mathbf{x}_0) + \frac{1}{2} Q_f(\mathbf{x}_0 + s_{\mathbf{x}}(\mathbf{x} - \mathbf{x}_0), \mathbf{x} - \mathbf{x}_0) \tag{6.30}$$

을 만족하는 실수 $s_{\mathbf{x}} \in (0, 1)$를 선택할 수 있다.

(a) $(\Longrightarrow)$ 결론을 부정하여 $Q_f(\mathbf{x}_0, \mathbf{h}_0) < 0$을 만족하는 $\mathbf{x}_0 \in K$ & $\mathbf{h}_0 \in \mathbb{E}^n \setminus \{\mathbf{0}\}$가 존재한다고 가정하자. 이때, $f \in \mathcal{C}^2(K)$이므로 $Q_f(\cdot, \mathbf{h}_0)$는 점 $\mathbf{x}_0$에서 연속이고 따라서

$$\begin{cases} \circ\ U := B(\mathbf{x}_0; \delta) \subset K\,; \\ \circ\ Q_f(\mathbf{y}, \mathbf{h}_0) < 0 \ \ (\forall \mathbf{y} \in U) \end{cases}$$

가 성립하는 양수 $\delta > 0$를 선택할 수 있다. 그러나 $|c| < \frac{\delta}{\|\mathbf{h}_0\|}$를 만족하는 임의의 실수 $c \in \mathbb{E}^1$에 대하여 $\mathbf{x} = \mathbf{x}_0 + c\mathbf{h}_0 \in U$이다. 특히, $0 < |c| < \frac{\delta}{\|\mathbf{h}_0\|}$를 만족하는 임의의 실수 $c \in \mathbb{E}^1$에 대하여 $\mathbf{x} = \mathbf{x}_0 + c\mathbf{h}_0 \in U$ & $\mathbf{x} \neq \mathbf{x}_0$이므로

$$Q_f(\mathbf{x}_0 + s_{\mathbf{x}}(\mathbf{x} - \mathbf{x}_0), \mathbf{x} - \mathbf{x}_0) = c^2 Q_f(\mathbf{x}_0 + s_{\mathbf{x}}(\mathbf{x} - \mathbf{x}_0), \mathbf{h}_0) < 0$$

이 성립한다. 그러므로 (6.30)에 의하여

$$f(\mathbf{x}) < f(\mathbf{x}_0) + df(\mathbf{x}_0) \cdot (\mathbf{x} - \mathbf{x}_0)$$

를 얻고, 정리 6.4.16에 의하면 f가 K 위에서 볼록이라는 사실에 모순이다.

$(\Longleftarrow)$ 각 $\mathbf{x} \in K$에 대하여 $Q_f(\mathbf{x}, \cdot) \geq 0$을 가정하면 $\mathbf{x}_0 + s_{\mathbf{x}}(\mathbf{x} - \mathbf{x}_0) \in K$이므로

$$Q_f(\mathbf{x}_0 + s_{\mathbf{x}}(\mathbf{x} - \mathbf{x}_0), \cdot) \geq 0$$

이 성립한다. 특히, 모든 $\mathbf{x}$, $\mathbf{x}_0(\neq) \in K$에 대하여

$$Q_f(\mathbf{x}_0 + s_{\mathbf{x}}(\mathbf{x} - \mathbf{x}_0), \mathbf{x} - \mathbf{x}_0) \geq 0$$

이 성립한다. 그러므로 (6.30)을 적용하면 모든 $\mathbf{x}$, $\mathbf{x}_0(\neq) \in K$에 대하여

$$f(\mathbf{x}) \geq f(\mathbf{x}_0) + df(\mathbf{x}_0) \cdot (\mathbf{x} - \mathbf{x}_0)$$

를 얻는다. 그러므로 정리 6.4.16에 의하여 f는 K 위에서 볼록이다.

(b) 임의로 $\mathbf{x} \in K \setminus \{\mathbf{x}_0\}$를 선택하면

$$\begin{cases} \circ \ Q_f(\mathbf{x}, \cdot) > 0\,; \\ \circ \ \mathbf{x}_0 + s_{\mathbf{x}}(\mathbf{x} - \mathbf{x}_0) = s_{\mathbf{x}}\mathbf{x} + (1 - s_{\mathbf{x}})\mathbf{x}_0 \in K \end{cases}$$

이므로 $Q_f(\mathbf{x}_0 + s_{\mathbf{x}}(\mathbf{x} - \mathbf{x}_0), \cdot) > 0$이다. 여기서 $s_{\mathbf{x}} \in (0, 1)$는 $\mathbf{x} \in K$에 의존한다. 그러므로

$$Q_f(\mathbf{x}_0 + s_{\mathbf{x}}(\mathbf{x} - \mathbf{x}_0),\, \mathbf{x} - \mathbf{x}_0) > 0$$

이 성립하여 (6.30)으로부터

$$f(\mathbf{x}) > f(\mathbf{x}_0) + df(\mathbf{x}_0) \cdot (\mathbf{x} - \mathbf{x}_0)$$

을 얻는다. 따라서 정리 6.4.18을 적용하면 f가 K 위에서 순볼록임을 보였다. □

정리 6.4.26을 적용하면 다음은 쉽게 증명할 수 있다.

정리 6.4.27. 열린볼록집합 $K \subset \mathbb{E}^n$와 함수 $f \in \mathcal{C}^2(K)$가 주어질 때, 다음이 성립한다.

(a) f가 K 위에서 오목이기 위한 필요충분조건은 $Q_f(\mathbf{x}, \cdot) \leq 0$ $(\forall \mathbf{x} \in K)$이다.

(b) $Q_f(\mathbf{x}, \cdot) < 0$ $(\forall \mathbf{x} \in K)$이면 f는 K 위에서 순오목이다.

[증명] (a) f가 K 위에서 오목이기 위한 필요충분조건은 $g := -f$가 K 위에서 볼록인 것이다. 그러나 $Q_g(\mathbf{x}, \cdot) = -Q_f(\mathbf{x}, \cdot)$ $(\forall \mathbf{x} \in K)$이므로 정리 6.4.26을 적용하면

$$Q_g(\mathbf{x}, \cdot) \geq 0 \ \ (\forall \mathbf{x} \in K) \iff Q_f(\mathbf{x}, \cdot) \leq 0 \ \ (\forall \mathbf{x} \in K)$$

이 성립한다.

(b) $Q_f(\mathbf{x}, \cdot) < 0$을 가정하면 다음이 성립한다.

$$Q_f(\mathbf{x}, \cdot) < 0 \ \ (\forall \mathbf{x} \in K) \iff Q_{-f}(\mathbf{x}, \cdot) = -Q_f(\mathbf{x}, \cdot) > 0 \ \ (\forall \mathbf{x} \in K).$$

그러므로 정리 6.4.26을 적용하면 $-f$는 K 위에서 순볼록이다. 특히, f는 K 위에서 순오목이다. □

명제 6.4.28. 열린 볼록집합 $K \subset \mathbb{E}^n$와 볼록함수 $g \in \mathcal{C}^2(K)$가 주어지고, 조건 $g(K) \subset I$를 만족하는 구간 $I \subset \mathbb{E}^1$에 대하여 함수 $\phi \in \mathcal{C}^2(I)$가 조건

$$\begin{cases} \circ \ \phi'(t) \geq 0 \ \ (\forall t \in I)\,; \\ \circ \ \phi''(t) \geq 0 \ \ (\forall t \in I) \end{cases}$$

을 충족할 때, 합성함수 $f := \phi \circ g : K \longrightarrow \mathbb{E}^1$는 K 위에서 볼록이다.

[증명] 임의로 $i, j \in \{1, 2, \cdots, n\}$을 정해두자. 이때, 보기 5.1.6을 적용하면

$$f_i(\mathbf{x}) = \phi'(g(\mathbf{x}))g_i(\mathbf{x}) \quad (\forall \mathbf{x} \in K)$$

가 성립한다. 한 번 더 보기 5.1.6을 적용하면

$$f_{ij}(\mathbf{x}) = \phi'(g(\mathbf{x}))g_{ij}(\mathbf{x}) + \phi''(g(\mathbf{x}))g_i(\mathbf{x})g_j(\mathbf{x}) \quad (\forall \mathbf{x} \in K)$$

를 얻는다. 그러므로 임의의 $\mathbf{x} \in K$와 $\mathbf{h} \in \mathbb{E}^n$에 대하여

$$\begin{aligned} Q_f(\mathbf{x},\mathbf{h}) &= \phi'(g(\mathbf{x}))\sum_{i,j=1}^{n} g_{ij}(\mathbf{x})h^ih^j + \phi''(g(\mathbf{x}))\sum_{i,j=1}^{n} g_i(\mathbf{x})g_j(\mathbf{x})h^ih^j \\ &= \underbrace{\phi'(g(\mathbf{x}))\sum_{i,j=1}^{n} g_{ij}(\mathbf{x})h^ih^j}_{A} + \underbrace{\phi''(g(\mathbf{x}))\left(\sum_{i=1}^{n} g_i(\mathbf{x})h^i\right)^2}_{B} \end{aligned} \tag{6.31}$$

이 성립한다. 그러나 g가 K 위에서 볼록이고 $\phi'(g(\mathbf{x})) \geq 0$ $(\forall \mathbf{x} \in K)$이므로

$$A = \phi'(g(\mathbf{x}))\sum_{i,j=1}^{n} g_{ij}(\mathbf{x})h^ih^j = \phi'(g(\mathbf{x}))Q_g(\mathbf{x},\mathbf{h}) \geq 0$$

이고 또한 $\phi''(g(\mathbf{x})) \geq 0$ $(\forall \mathbf{x} \in K)$이므로 $B \geq 0$이다. 따라서

$$Q_f(\mathbf{x},\mathbf{h}) \geq 0 \quad (\forall \mathbf{x} \in K \ \& \ \forall \mathbf{h} \in \mathbb{E}^n)$$

을 얻는다. 특히, 정리 6.4.26에 의하여 f는 K 위에서 볼록이다. □

보기 6.4.29. $\mathbb{E}^1$ 위의 대칭행렬 $(c_{ij})_{n\times n}$가 주어질 때, 함수 $f : \mathbb{E}^n \longrightarrow \mathbb{E}^1$을

$$f(\mathbf{x}) := \sum_{i,j=1}^{n} c_{ij}x^ix^j \quad (\forall \mathbf{x} \in \mathbb{E}^n)$$

로 정의하면 $f \in \mathcal{C}^2(\mathbb{E}^n)$이고 또한 임의의 $i, j \in \{1, 2, \cdots, n\}$에 대하여 $f_{ij}(\mathbf{x}) = 2c_{ij}$ $(\forall \mathbf{x} \in \mathbb{E}^n)$이므로

$$Q_f(\mathbf{x},\mathbf{h}) = \sum_{i,j=1}^{n} f_{ij}(\mathbf{x})h^ih^j = 2f(\mathbf{h}) \quad (\forall \mathbf{x} \in \mathbb{E}^n \ \& \ \forall \mathbf{h} \in \mathbb{E}^n)$$

를 얻는다. 그러므로 정리 6.4.26(a) & 정리 6.4.27(a)에 의하여 다음이 성립함을 알 수 있다.

(a) $f(\mathbf{x}) \geq 0$ $(\forall \mathbf{x} \in \mathbb{E}^n)$이면 f는 $\mathbb{E}^n$ 위에서 볼록이다.

(b) $f(\mathbf{x}) \leq 0$ $(\forall \mathbf{x} \in \mathbb{E}^n)$이면 f는 $\mathbb{E}^n$ 위에서 오목이다.

보기 6.4.30. 각 $(x, y) \in \mathbb{E}^2$에 대하여 $f(x, y) = \frac{1}{6}(x^3 + y^3) + xy$로 정의된 함수 $f : \mathbb{E}^2 \longrightarrow \mathbb{E}^1$이 주어질 때, 집합 $A = \{(x, y) \in \mathbb{E}^2 : x > 0 \ \& \ xy > 1\}$과 집합 $B = \{(x, y) \in \mathbb{E}^2 : x < 0 \ \& \ xy > 1\}$을 생각하면 다음이 성립한다.

(a) f는 A 위에서 순볼록이다

(b) f는 B 위에서 순오목이다

[증명] 우선 $f \in \mathcal{C}^2(\mathbb{E}^2)$임에 유념하자. 이때, 임의의 $(x,y) \in \mathbb{E}^2$에 대하여

$$f_1(x,y) = \frac{1}{2}x^2 + y \quad \& \quad f_2(x,y) = \frac{1}{2}y^2 + x$$

이므로 $f_{11}(x,y) = x$, $f_{12}(x,y) = 1 = f_{21}(x,y)$ & $f_{22}(x,y) = y$를 얻는다. 따라서 대칭행렬

$$\begin{pmatrix} f_{11}(x,y) & f_{12}(x,y) \\ f_{21}(x,y) & f_{22}(x,y) \end{pmatrix} = \begin{pmatrix} x & 1 \\ 1 & y \end{pmatrix}$$

을 생각하면

$$d_1((x,y)) = f_{11}(x,y) = x \quad \& \quad d_2((x,y)) = \begin{vmatrix} f_{11}(x,y) & f_{12}(x,y) \\ f_{21}(x,y) & f_{22}(x,y) \end{vmatrix} = \begin{vmatrix} x & 1 \\ 1 & y \end{vmatrix} = xy - 1$$

을 얻는다. 그러므로 다음이 성립한다.

- $(x,y) \in A$인 경우: 집합 A의 정의에 의하여 $d_1((x,y)) > 0$ & $d_2((x,y)) > 0$이다. 그러므로 정리 6.3.9를 적용하면 $Q_f((x,y),\cdot) > 0$이 성립하고, 특히 정리 6.4.26에 의하여 f는 볼록 열린집합 A 위에서 순볼록이다.

- $(x,y) \in B$인 경우: 집합 B의 정의에 의하여 $d_1((x,y)) < 0$ & $d_2((x,y)) > 0$이다. 그러므로 정리 6.3.9를 적용하면 $Q_f((x,y),\cdot) < 0$이 성립하고, 특히 정리 6.4.27에 의하여 f는 볼록 열린집합 B 위에서 순오목이다.

결국 요구된 결과를 얻고 증명을 마친다. □

6.5 일차함수의 극값

조건 $f(\mathbf{0}) \neq 0$을 만족하는 일차함수 $f : \mathbb{E}^n \longrightarrow \mathbb{E}^1$이 주어질 때, 각 $\mathbf{x} \in \mathbb{E}^n$에 대하여 $g(\mathbf{x}) := f(\mathbf{x}) - f(\mathbf{0})$으로 정의된 함수 $g : \mathbb{E}^n \longrightarrow \mathbb{E}^1$은 선형범함수이다. 일차함수 $f : \mathbb{E}^n \longrightarrow \mathbb{E}^1$의 극값은 선형범함수 $g : \mathbb{E}^n \longrightarrow \mathbb{E}^1$의 극값을 상수 $f(\mathbf{0})$ 만큼 평행이동하여 얻는 것과 같다는 것을 알 수 있다. 그러므로 n개 변수에 대한 일차함수의 극값문제는 선형범함수의 극값문제로 귀결된다.

선형범함수 $f : \mathbb{E}^n \longrightarrow \mathbb{E}^1$이 주어지면

$$f(\mathbf{x}) := \mathbf{a} \cdot \mathbf{x} = \sum_{i=1}^{b} a_i x^i \quad (\forall \mathbf{x} \in \mathbb{E}^n) \tag{6.32}$$

으로 표현되는 코벡터 $\mathbf{a} \in \mathbb{E}^n$를 택할 수 있다. 그때,

$$\lim_{\mathbb{E}^n \ni \mathbf{h} \to \mathbf{0}} \frac{f(\mathbf{x}+\mathbf{h}) - f(\mathbf{x}) - f(\mathbf{h})}{\|\mathbf{h}\|} = \lim_{\mathbb{E}^n \ni \mathbf{h} \to \mathbf{0}} \frac{\mathbf{a} \cdot (\mathbf{x}+\mathbf{h}) - \mathbf{a} \cdot \mathbf{x} - \mathbf{a} \cdot \mathbf{h}}{\|\mathbf{h}\|} = 0$$

이므로 f는 미분가능하고 각 $j \in \{1,2,\cdots,n\}$에 대하여 $f_j(\mathbf{x}) = a_j$이다. 특히, 선형범함수 $f : \mathbb{E}^n \longrightarrow \mathbb{E}^1$의 임계점은 $\mathbf{a} = \mathbf{0}$이다. 그러므로 임계점을 가지는 선형범함수는 오직 영함수

뿐이므로 임계점을 가지는 선형범함수 $f : \mathbb{E}^n \longrightarrow \mathbb{E}^1$는 극값을 구하는데 미적분의 이론이 아무런 의미가 없다.

임계점을 갖지 않는 선형범함수 $f : \mathbb{E}^n \longrightarrow \mathbb{E}^1$가 주어질 때, 볼록다면체 $K \subset \mathbb{E}^n$ 위에서 f의 극값문제를 생각하기로 하자. 볼록다면체 $K \subset \mathbb{E}^n$가 조건

$$K \subset \{\mathbf{x} \in \mathbb{E}^n : x^j \geq 0 \ \ (\forall j \in \{1, 2, \cdots, n\}\}$$

을 만족하는 경우, f의 극값문제는 선형계획법에서의 문제로 전환되어 경제학 그리고 공학등 여러 분야에 다양하게 응용된다.

더불어 볼록 다면체 $K \subset \mathbb{E}^n$가 콤팩트라 가정하면 선형범함수 f의 최대·최솟값은 항상 K의 경계 ∂K 위에서 갖게되며 특히, ∂K 위의 특수한 점, 소위 극점만을 생각함으로서 선형범함수 f의 최대·최솟값 문제를 해결할 수 있다.

정의 6.5.1. **볼록집합 $K \subset \mathbb{E}^n$와 점 $\mathbf{x} \in K$가 주어질 때, 조건 $\mathbf{x} = t\mathbf{x}_1 + (1-t)\mathbf{x}_2$를 충족하는 두 점 $\mathbf{x}_1, \mathbf{x}_2 \in K$ (단, $\mathbf{x}_1 \neq \mathbf{x}_2$)와 실수 $t \in (0,1)$가 존재하지 않을 때, $\mathbf{x}$를 K의 극점(extreme point)이라 하고, K의 극점들의 전체집합을 $\mathscr{E}(K)$로 나타낸다.**

보기 6.5.2. 볼록 닫힌집합 $K \subset \mathbb{E}^n$의 극점들을 살펴보면 다음과 같다.

K	닫힌구간	닫힌구	반공간	단체
$\mathscr{E}(K)$	끝점	경계점	없음	꼭지점

명제 6.5.3. 콤팩트집합 $K \subset \mathbb{E}^n$가 볼록이면 K의 모든 점은 K의 극점들의 볼록결합이다. 즉, $K \subset \widehat{\mathscr{E}(K)}$이다. 특히, $K = \widehat{\mathscr{E}(K)}$이 성립한다.

[증명] 차원 n에 대한 귀납법에 의하여 증명하기로 하자. 먼저 $n = 1$이면 K는 닫힌 구간이거나 단집합이므로 성립한다. 다음으로 $n \geq 2$인 $n \in \mathbb{N}$에 대하여 성립을 가정하고 $\mathbf{x}_0 \in K$를 선택하자.

(1°) $\mathbf{x}_0 \in \partial K$인 경우: $\mathbf{x}_0$를 포함하는 K에 대한 받침 초평면 P를 선택할 수 있다(연습문제 3.2.7 참고). 이때, (필요하다면) $\mathbb{E}^n$의 등거리 변환(즉, 회전과 평행이동)을 취하여,

$$\mathbf{x}_0 = \mathbf{0} \quad \& \quad P = \{\mathbf{x} \in \mathbb{E}^n : \mathbf{x} \cdot \boldsymbol{\epsilon}_n = 0\}$$

을([10]) 가정할 수 있다. 한편 명제 2.3.9 & 명제 2.4.1에 의하여, $K \cap P$가 콤팩트인 볼록집합이므로 귀납법의 가정에 의하여 $\mathbf{x}_0 \in K \cap P$는 $K \cap P$의 극점들의 볼록결합으로 표현되고, 특히 연습문제 6.2.20의 관점에서, $\mathbf{x}_0$는 K의 극점들의 볼록결합이다.

(2°) $\mathbf{x}_0 \in \mathrm{int}(K)$인 경우: 조건 $\mathbf{x}_0 = t\mathbf{x}_1 + (1-t)\mathbf{x}_2$를 만족하는 두 점 $\mathbf{x}_1, \mathbf{x}_2 \in \partial K$ (단, $\mathbf{x}_1 \neq \mathbf{x}_2$)와 실수 $t \in (0,1)$을 택할 수 있다. 그런데 (1°)의 관점에서 $\mathbf{x}_1, \mathbf{x}_2$는 모두 K의 극점들의 볼록결합으로 표현할 수 있기 때문에 $\mathbf{x}_0$는 K의 극점들의 볼록결합으로 표현된다(연습문제 1.2.12 참고).

([10]) $P = \{(x^1, x^2, \cdots, x^{n-1}, 0) : x^j \in \mathbb{E}^1 \ (\forall j \in \{1, 2, \cdots, n\})\}$.

그러므로 $K \subset \widehat{\mathscr{E}(K)}$을 얻는다. 한편 $\mathscr{E}(K) \subset K$이므로 $\widehat{\mathscr{E}(K)} \subset \hat{K}$이고, 또한 K의 볼록성에 의하여 $\hat{K} = K$이므로 $\widehat{\mathscr{E}(K)} \subset K$를 얻는다. 즉, $\widehat{\mathscr{E}(K)} = K$이다.

명제 6.5.4. 선형범함수 $f : \mathbb{E}^n \longrightarrow \mathbb{E}^1$와 볼록인 콤팩트집합 $K \subset \mathbb{E}^n$가 주어질 때,

$$\begin{cases} \circ\ \alpha := \max\{f(\mathbf{x}) : \mathbf{x} \in K\}\,; \\ \circ\ K_1 := \{\mathbf{x} \in K : f(\mathbf{x}) = \alpha\} \end{cases}$$

를 생각하면 K_1은 집합 $\{\mathbf{x} \in \mathscr{E}(K) : f(x) = \alpha\}$에 의해서 생성된 볼록집합이다.

[증명] 집합 $S := \{\mathbf{x} \in \mathscr{E}(K) : f(\mathbf{x}) = \alpha\}$를 생각하면 $K_1 = \hat{S}$임을 보이는 것이 목적이다.

- $\mathbf{x} \in K_1$이라 가정하면 $K_1 \subset K$이므로 명제 6.5.3에 의하여 조건

$$\begin{cases} \circ\ t^j \geq 0\ \ (\forall j \in \{1, 2, \cdots, m\})\,; \\ \circ\ \sum_{j=1}^m t^j = 1\,; \\ \circ\ \mathbf{x} = \sum_{j=1}^m t^j \mathbf{x}_j \end{cases}$$

를 충족하는 극점 $\mathbf{x}_1, \mathbf{x}_2, \cdots, \mathbf{x}_m \in \mathscr{E}(K)$를 선택할 수 있다. 그러므로

$$\alpha = f(\mathbf{x}) = \sum_{j=1}^m t^j f(\mathbf{x}_j)$$

가 성립하고 특히,

$$\sum_{j=1}^m t^j(\alpha - f(\mathbf{x}_j)) = 0$$

을 얻는다. 그러나 각 $k \in \{1, 2, \cdots, m\}$에 대하여 $t^k \geq 0$ & $f(\mathbf{x}_k) \leq \alpha$이므로

$$0 \leq \sum_{\substack{j=1 \\ j \neq k}}^m t^j(\alpha - f(\mathbf{x}_j)) = -t^k(\alpha - f(\mathbf{x}_k)) \leq 0$$

이 성립하여 $f(\mathbf{x}_k) = \alpha$임을 알 수 있다. 그러므로 $\mathbf{x}_k \in S\ (\forall k \in \{1, 2, \cdots, m\})$이고 따라서 $\mathbf{x} \in \hat{S}$이다.

- $\mathbf{x} \in \hat{S}$를 가정하면 조건

$$\begin{cases} \circ\ \sum_{j=1}^p s^j = 1\,; \\ \circ\ \mathbf{x} = \sum_{j=1}^p s^j \mathbf{y}_j \end{cases}$$

을 충족하는 점 $\mathbf{y}_j \in S\ (\forall j \in \{1, 2, \cdots, p\})$와 양수 $s^j \geq 0\ (\forall j \in \{1, 2, \cdots, p\})$를 택할 수 있다. 그때,

$$f(\mathbf{x}) = \sum_{j=1}^p s^j f(\mathbf{y}_j) = \sum_{j=1}^p s^j \alpha = \alpha$$

이므로 $\mathbf{x} \in K_1$이다. 따라서 $\hat{S} \subset K_1$을 얻는다. □

연습문제 6.2

1. $\mathbb{E}^1$ 위에서 4차 다항식 $P(x) = \alpha x^4 + \beta x^3 + \gamma x^2 + \delta x + \eta \ (\forall\, x \in \mathbb{E}^1)$가 볼록이기 위한 조건을 찾아라.**[159]**

2. 아래와 같이 정의된 함수 $f : K \longrightarrow \mathbb{E}^1$와 볼록집합 K가 주어질 때, 함수 f의 볼록·오목을 판별하여라.**[160]**

    (가) $f(x, y, z) = x^2 + y^2 - 4z^2 \ \& \ K = \mathbb{E}^3$.

    (나) $f(x, y, z) = x - y^2 - z^2 \ \& \ K = \mathbb{E}^3$.

    (다) $f(x, y, z) = \exp(x^2 + xy + y^2 + z^2) \ \& \ K = \mathbb{E}^3$.

    (라) $f(x, y) = \exp(xy) \ \& \ K = \mathbb{E}^2$.

    (마) $f(x, y) = (x + y + 1)^p \ \& \ K = \{(x, y) \in \mathbb{E}^2 : x + y + 1 > 0\}$ (단, $p \in \mathbb{E}^1$).

3. 닫힌집합 $A(\neq \varnothing) \subset \mathbb{E}^n$에 대하여 함수 $f : \mathbb{E}^n \longrightarrow \mathbb{E}^1$을 각 $\mathbf{x} \in \mathbb{E}^n$에 대하여

$$f(\mathbf{x}) := \inf\{\|\mathbf{x} - \mathbf{y}\| : \mathbf{y} \in A\}$$

    로 정의할 때, f가 $\mathbb{E}^n$ 위에서 볼록함수이기 위한 필요충분조건은 A가 볼록집합인 것을 보여라.**[161]**

4. 함수 $f : \mathbb{E}^n \longrightarrow \mathbb{E}^1$가 주어질 때, 함수 f가 볼록임과 동시에 오목이며 또한 $f(\mathbf{0}) = 0$을 만족하기 위한 필요충분조건은 f가 선형범함수인 것을 증명하여라.**[162]**

5. 함수 $f : \mathbb{E}^n \longrightarrow \mathbb{E}^1$가 주어질 때, 함수 f가 볼록임과 동시에 오목이면 $f(\mathbf{x}) = \mathbf{a} \cdot \mathbf{x} + b \ (\forall\, \mathbf{x} \in \mathbb{E}^n)$을 만족하는 $\mathbf{a} \in \mathbb{E}^n$와 $b \in \mathbb{E}^1$가 존재함을 보여라.**[163]**

6. 순증가하는 오목함수 $\varphi \in \mathcal{C}^2(I)$와 집합 $K = \{(x, y) \in \mathbb{E}^2 : x^2 + y^2 \leq r^2\}$가 주어질 때, $f(x, y) = \varphi(x^2 + y^2) \ (\forall\, (x, y) \in K)$로 정의된 함수 $f : K \longrightarrow \mathbb{E}^1$가 집합 K 위에서 볼록이기 위한 필요충분조건은

$$\varphi'(t) + 2t\varphi''(t) \geq 0 \quad (\forall\, t \in [0, r^2])$$

    임을 보여라. 단, $I \subset \mathbb{E}^1$는 $[0, r^2] \subset I$을 만족하는 열린구간이다.**[164]**

7. 다음에 주어진 함수 f가 집합 $K = \{(x, y) \in \mathbb{E}^2 : x^2 + y^2 \leq r^2\}$ 위에서 볼록이 되는 가장 큰 양수 $r > 0$을 구하여라.**[165]**

    (가) $f(x, y) = \ln(1 + x^2 + y^2)$ (나) $f(x, y) = \sin(x^2 + y^2)$

8. 다음에 주어진 함수 $f : \mathbb{E}^n \longrightarrow \mathbb{E}^1$이 집합 $\mathbb{E}^n$ 위에서 볼록임을 보여라. (단, $p \geq 1$).**[166]**

    (가) $f(\mathbf{x}) = \|\mathbf{x}\|^p$ (나) $f(\mathbf{x}) = (1 + \mathbf{x} \cdot \mathbf{x})^{\mathbf{x} \cdot \mathbf{x}}$

    (다) $f(\mathbf{x}) = (1 + \|\mathbf{x}\|^2)^p$

9. 두 번 미분가능한 함수 $\varphi : (0,\infty) \longrightarrow \mathbb{E}^1$이 주어질 때, 함수 $f, g : (0,\infty) \longrightarrow \mathbb{E}^1$을 각 $\mathbf{t} \in (0,\infty)$에 대하여 각각

$$f(t) = t\varphi(t) \quad \& \quad g(t) = \varphi\left(\frac{1}{t}\right)$$

로 정의하자. 이때, f가 구간 $(0,\infty)$ 위에서 볼록이기 위한 필요충분조건은 g가 구간 $(0,\infty)$ 위에서 볼록인 것임을 보여라.[167]

10. 실수 $x, y \in (0,\infty)$와 $t \in [0,1]$이 주어질 때, 부등식 $tx + (1-t)y \geq x^t y^{1-t}$가 성립함을 보여라.[168]

11. 볼록집합 $K \subset \mathbb{E}^n$ 위에서 함수 $f : K \longrightarrow \mathbb{E}^1$가 오목이면 임의의 $\mathbf{x}_j \in K$ $(1 \leq j \leq m)$과 $\sum_{j=1}^m t^j = 1$을 만족하는 음이 아닌 실수 $t^j \in \mathbb{E}^1$ $(1 \leq j \leq m)$에 대하여 부등식

$$\sum_{j=1}^m t^j f(\mathbf{x}_j) \leq f\left(\sum_{j=1}^m t^j \mathbf{x}_j\right)$$

이 성립함을 보여라.[169]

12. 양의 실수 $x_j \in (0,\infty)$ $(1 \leq j \leq m)$와 $\sum_{j=1}^m t^j = 1$을 만족하는 음이 아닌 실수 $t^j \in \mathbb{E}^1$ $(1 \leq j \leq m)$에 대하여 다음 부등식을 증명하여라.[170]

(가) $\displaystyle\sum_{i=1}^m t^i x_i \geq x_1^{t^1} \cdots x_m^{t^m}$ (나) $\displaystyle\frac{1}{m}\sum_{i=1}^m x_i \geq (x_1 \cdots x_m)^{\frac{1}{m}}$

13. 함수 $f, g : K \longrightarrow \mathbb{E}^1$가 볼록집합 $K \subset \mathbb{E}^n$ 위에서 볼록이면 $f+g$ 역시 집합 $K \subset \mathbb{E}^n$ 위에서 볼록임을 보여라.[171]

14. 함수 $f, g : K \longrightarrow \mathbb{E}^1$가 볼록집합 $K \subset \mathbb{E}^n$ 위에서 볼록일 때,

$$h(\mathbf{x}) := \max\{f(\mathbf{x}),\, g(\mathbf{x})\} \quad (\forall\, \mathbf{x} \in K)$$

로 정의된 함수 $h : K \longrightarrow \mathbb{E}^1$가 집합 K 위에서 볼록임을 보여라.[172]

15. 함수 $f : K \longrightarrow \mathbb{E}^1$가 볼록집합 $K \subset \mathbb{E}^n$ 위에서 연속이고 조건

$$f\left(\frac{1}{2}(\mathbf{x}+\mathbf{y})\right) \leq \frac{1}{2}f(\mathbf{x}) + \frac{1}{2}f(\mathbf{y}) \quad (\forall\, \mathbf{x},\, \mathbf{y} \in K)$$

을 만족하면 f는 집합 K 위에서 볼록임을 보여라.[173]

16. 보기 6.4.22에서 (6.29)이 성립함을 보여라.[174]

17. 볼록 닫힌집합 $K \subset \mathbb{E}^n$이 주어지고 P가 K에 대한 받침 초평면일 때 $\mathscr{E}(K \cap P) \subset \mathscr{E}(K)$가 성립함을 보여라.[175]

제 7 장

벡터값 함수

벡터값 함수를 다루기 위하여 먼저 선형사상에 관련된 여러가지 개념을 학습한 후 이를 바탕으로 벡터값 함수의 미분에 대하여 살펴보기로 하자. 벡터값 함수를 간단히 변환이라 부르기도 하며, 특히 선형사상과 선형변환은 동의어임을 언급해 둔다.

이 장에서도 앞장에서와 같이 단지 유클리드 내적과 유클리드 노름만을 생각하므로 특별한 언급이 없으면 유클리드 내적은 '$\cdot$', 유클리드 노름은 $\|\cdot\|_u$ 대신 '$\|\cdot\|$'으로 나타내기로 한다. 특히, 그들은 유클리드 공간의 차원에 관계없이 동일하게 사용되고, 이 장에서도 앞장에서와 마찬가지로 유클리드 공간 $\mathbb{E}^n$의 표준기저를 $\{\boldsymbol{\epsilon}_1, \boldsymbol{\epsilon}_2, \cdots, \boldsymbol{\epsilon}_n\}$으로 나타내었다.

7.1 선형변환의 행렬

선형변환 $\mathbf{L} : \mathbb{E}^r \longrightarrow \mathbb{E}^n$이 주어지고 $\mathfrak{B} = \{\mathbf{v}_1, \mathbf{v}_2, \cdots, \mathbf{v}_r\}$ & $\mathfrak{C} = \{\mathbf{w}_1, \mathbf{w}_2, \cdots, \mathbf{w}_n\}$이 각각 $\mathbb{E}^r$ & $\mathbb{E}^n$의 기저일 때, 각 $j \in \{1, 2, \cdots, r\}$에 대하여

$$\mathbf{L}(\mathbf{v}_j) = a_{1j}\mathbf{w}_1 + a_{2j}\mathbf{w}_2 + \cdots + a_{nj}\mathbf{w}_n$$

와 같이 유일하게 표현되는 실수 $a_{ij} \in \mathbb{E}^1$ $(i \in \{1, 2, \cdots, n\})$이 존재한다. 이 때, $\mathbb{E}^1$ 위의 행렬

$$A = \begin{pmatrix} a_{11} & a_{12} & \cdots & a_{1j} & \cdots & a_{1r} \\ \vdots & \vdots & \ddots & \vdots & \ddots & \vdots \\ a_{i1} & a_{i2} & \cdots & a_{ij} & \cdots & a_{ir} \\ \vdots & \vdots & \ddots & \vdots & \ddots & \vdots \\ a_{n1} & a_{n2} & \cdots & a_{nj} & \cdots & a_{nr} \end{pmatrix} \tag{7.1}$$

을 기저 $\mathfrak{B}$와 $\mathfrak{C}$에 관한 $\mathbf{L}$의 행렬이라 하고 간단히 $A = [\mathbf{L}]_{\mathfrak{C},\mathfrak{B}}$로 나타낸다. 특히, $r = n$이고 $\mathfrak{B} = \mathfrak{C}$일 때, $[\mathbf{L}]_{\mathfrak{C},\mathfrak{B}} = [\mathbf{L}]_{\mathfrak{B}}$로 나타낸다.

주의 7.1.1. 위의 설명에 따르면 선형변환 $\mathbf{L}:\mathbb{E}^r \longrightarrow \mathbb{E}^n$에 대하여 $\mathbb{E}^1$ 위의 행렬 $(a_{ij})_{n\times r}$을 얻을 수 있다. 특히, $\mathbf{x}\in\mathbb{E}^r$의 $\mathfrak{B}=\{\mathbf{v}_1,\mathbf{v}_2,\cdots,\mathbf{v}_r\}$에 관한 좌표를 $(t^1,t^2,\cdots,t^r)$이라 하면 즉, $\mathbf{x}=t^1\mathbf{v}_1+t^2\mathbf{v}_2+\cdots+t^r\mathbf{v}_r$이라 하면

$$\begin{aligned}\mathbf{L}(\mathbf{x}) &= t^1\mathbf{L}(\mathbf{v}_1)+t^2\mathbf{L}(\mathbf{v}_2)+\cdots+t^r\mathbf{L}(\mathbf{v}_r)\\ &= t^1(a_{11}\mathbf{w}_1+a_{21}\mathbf{w}_2+\cdots+a_{n1}\mathbf{w}_n)+t^2(a_{12}\mathbf{w}_1+a_{22}\mathbf{w}_2+\cdots+a_{n2}\mathbf{w}_n)\\ &\qquad \cdots+t^r(a_{1r}\mathbf{w}_1+a_{2r}\mathbf{w}_2+\cdots+a_{nr}\mathbf{w}_n)\\ &= (t^1a_{11}+t^2a_{12}+\cdots+t^ra_{1r})\mathbf{w}_1+(t^1a_{21}+t^2a_{22}+\cdots+t^ra_{2r})\mathbf{w}_2\\ &\qquad \cdots+(t^1a_{n1}+t^2a_{n2}+\cdots+t^ra_{nr})\mathbf{w}_n\end{aligned}$$

이 성립한다. 따라서 $\mathbf{L}(\mathbf{x})$의 $\mathfrak{C}=\{\mathbf{w}_1,\mathbf{w}_2,\cdots,\mathbf{w}_n\}$에 관한 좌표는

$$(t^1a_{11}+t^2a_{12}+\cdots+t^ra_{1r},t^1a_{21}+t^2a_{22}+\cdots+t^ra_{2r},\cdots,t^1a_{n1}+t^2a_{n2}+\cdots+t^ra_{nr})$$

으로 주어진다. 이것을 행렬의 곱셈을 이용하여 표현하면 다음과 같다.

$$\begin{pmatrix} a_{11} & a_{12} & \cdots & a_{1r}\\ \vdots & \vdots & \ddots & \vdots\\ a_{i1} & a_{i2} & \cdots & a_{ir}\\ \vdots & \vdots & \ddots & \vdots\\ a_{n1} & a_{n2} & \cdots & a_{nr}\end{pmatrix}\begin{pmatrix} t^1\\ t^2\\ \vdots\\ t^r\end{pmatrix}=\begin{pmatrix} t^1a_{11}+t^2a_{12}+\cdots+t^ra_{1r}\\ \vdots\\ t^1a_{i1}+t^2a_{i2}+\cdots+t^ra_{ir}\\ \vdots\\ t^1a_{n1}+t^2a_{n2}+\cdots+t^ra_{nr}\end{pmatrix}. \tag{7.2}$$

역으로 $\mathbb{E}^1$ 위의 행렬 $(c_{ij})_{n\times r}$이 주어질 때, (7.2)를 고려하고 각 $\mathbf{x}=(x^1,x^2,\cdots,x^r)\in\mathbb{E}^r$에 대하여

$$\mathbf{L}(x^1,x^2,\cdots,x^r)=\left(\sum_{j=1}^r c_{1j}x^j,\ \sum_{j=1}^r c_{2j}x^j,\ \cdots,\ \sum_{j=1}^r c_{nj}x^j\right)$$

로 정의하면 사상 $\mathbf{L}:\mathbb{E}^r\longrightarrow\mathbb{E}^n$은 분명 선형변환이다.

보기 7.1.2. 각 $(x,y)\in\mathbb{E}^2$에 대하여 $\mathbf{L}(x,y):=(y,-5x+13y,-7x+16y)$로 정의된 선형변환 $\mathbf{L}:\mathbb{E}^2\longrightarrow\mathbb{E}^3$을 생각하고 기저 $\mathfrak{B}=\{(3,1),(5,2)\}$ & $\mathfrak{C}=\{(1,0,-1),(-1,2,2),(0,1,2)\}$에 관한 $\mathbf{L}$의 행렬 $[\mathbf{L}]_{\mathfrak{C},\mathfrak{B}}$를 구해보자.

[풀이] $\mathbf{L}(3,1)=(1,-2,-5)$ & $\mathbf{L}(5,2)=(2,1,-3)$이고

$$\begin{cases}\circ\ (1,-2,-5)=(1,0,-1)-2(0,1,2)\,;\\ \circ\ (2,1,-3)=3(1,0,-1)+(-1,2,2)-(0,1,2)\end{cases}$$

이므로 구하는 $\mathbf{L}$의 행렬은

$$[\mathbf{L}]_{\mathfrak{C},\mathfrak{B}}=\begin{pmatrix}1 & 3\\ 0 & 1\\ -2 & -1\end{pmatrix}$$

이다.

보기 7.1.3. 각 $(x, y) \in \mathbb{E}^2$에 대하여 $\mathbf{L}(x, y) = (x + y, -2x + 4y)$로 정의된 선형변환 $\mathbf{L} : \mathbb{E}^2 \longrightarrow \mathbb{E}^2$이 주어질 때, 기저 $\mathfrak{B} = \{(1, 1), (1, 2)\}$에 관한 $\mathbf{L}$의 행렬 $[\mathbf{L}]_{\mathfrak{B}}$를 구해보자.

[**풀이**] $\mathbf{L}(1, 1) = (2, 2)$ & $\mathbf{L}(1, 2) = (3, 6)$이고

$$(2, 2) = 2(1, 1) \quad \& \quad (3, 6) = 3(1, 2)$$

이므로 구하는 $\mathbf{L}$의 행렬은

$$[\mathbf{L}]_{\mathfrak{B}} = \begin{pmatrix} 2 & 0 \\ 0 & 3 \end{pmatrix}$$

이다.

정의 7.1.4. 선형변환 $\mathbf{L} : \mathbb{E}^r \longrightarrow \mathbb{E}^n$이 주어질 때, $\mathbb{E}^r$ & $\mathbb{E}^n$의 표준기저에 관한 $\mathbf{L}$의 행렬을 $[\mathbf{L}]_{n \times r}$로 나타내고, 간단히 $\mathbf{L}$의 표현행렬(representation matrix)이라 한다.

명제 7.1.5. 선형변환 $\mathbf{L} : \mathbb{E}^r \longrightarrow \mathbb{E}^p$ & $\mathbf{M} : \mathbb{E}^p \longrightarrow \mathbb{E}^n$에 대한 표현행렬을 각각 $[\mathbf{L}]_{p \times r} = (c_{jk})_{p \times r}$ & $[\mathbf{M}]_{n \times p} = (d_{ij})_{n \times p}$이라 하고 선형변환 $\mathbf{M} \circ \mathbf{L} : \mathbb{E}^r \longrightarrow \mathbb{E}^n$의 표현행렬을 $[\mathbf{M} \circ \mathbf{L}]_{n \times r} = (b_{ik})_{n \times r}$이라 하면

$$b_{ik} = \sum_{j=1}^{p} d_{ij} c_{jk} \quad (\forall i \in \{1, 2, \cdots, n\} \ \& \ \forall k \in \{1, 2, \cdots, r\})$$

이 성립한다. 즉, 행렬의 곱셈으로 나타내면

$$[\mathbf{M} \circ \mathbf{L}]_{n \times r} = [\mathbf{M}]_{n \times p} [\mathbf{L}]_{p \times r}$$

이다.

[**증명**] $\mathbb{E}^r$ & $\mathbb{E}^p$의 표준기저를 각각 $\{\mathbf{e}_1, \mathbf{e}_2, \cdots, \mathbf{e}_r\}$ & $\{\mathbf{u}_1, \mathbf{u}_2, \cdots, \mathbf{u}_p\}$이라 하고 $\mathbb{E}^n$의 표준기저를 $\{\boldsymbol{\epsilon}_1, \boldsymbol{\epsilon}_2, \cdots, \boldsymbol{\epsilon}_n\}$라 두면 정의에 의하여

$$\mathbf{L}(\mathbf{e}_k) = \sum_{j=1}^{p} c_{jk} \mathbf{u}_j, \quad \mathbf{M}(\mathbf{u}_j) = \sum_{i=1}^{n} d_{ij} \boldsymbol{\epsilon}_i \quad \& \quad (\mathbf{M} \circ \mathbf{L})(\mathbf{e}_k) = \sum_{i=1}^{n} b_{ik} \boldsymbol{\epsilon}_i$$

이다. 그러므로

$$\begin{aligned} \sum_{i=1}^{n} b_{ik} \boldsymbol{\epsilon}_i = (\mathbf{M} \circ \mathbf{L})(\mathbf{e}_k) = \mathbf{M} \left(\sum_{j=1}^{p} c_{jk} \mathbf{u}_j \right) \\ = \sum_{j=1}^{p} c_{jk} \mathbf{M}(\mathbf{u}_j) \\ = \sum_{j=1}^{p} c_{jk} \left(\sum_{i=1}^{n} d_{ij} \boldsymbol{\epsilon}_i \right) = \sum_{i=1}^{n} \left(\sum_{j=1}^{p} d_{ij} c_{jk} \right) \boldsymbol{\epsilon}_i \end{aligned}$$

가 성립한다. 따라서 각 $i \in \{1, 2, \cdots, n\}$와 각 $k \in \{1, 2, \cdots, r\}$에 대하여

$$b_{ik} = \sum_{j=1}^{p} d_{ij} c_{jk}$$

를 얻고 증명을 마친다. □

항등변환 $\mathbf{I} : \mathbb{E}^n \longrightarrow \mathbb{E}^n$ $(\mathbf{x} \longmapsto \mathbf{x})$을 생각하면 $\mathbf{I}$의 표현행렬은

$$\begin{pmatrix} 1 & 0 & 0 & \cdots & 0 & 0 \\ 0 & 1 & 0 & \cdots & 0 & 0 \\ \vdots & \vdots & \vdots & \ddots & \vdots & \vdots \\ 0 & 0 & 0 & \cdots & 1 & 0 \\ 0 & 0 & 0 & \cdots & 0 & 1 \end{pmatrix}$$

으로 주어진다.([1])

다음은 이미 선형대수학에서 학습한 내용으로서 기본적이고 중요하므로 복습삼아 서술해 둔다.

참고 7.1.6. ([3]) 선형변환 $\mathbf{L} : \mathbb{E}^r \longrightarrow \mathbb{E}^n$이 주어질 때, 다음의 용어를 사용하기로 한다.

(a) $\mathbf{L}$의 상(image) $\mathbf{L}(\mathbb{E}^r)$은 $\mathbb{E}^n$의 부분공간이다. 특히, $\mathbf{L}(\mathbb{E}^r)$의 차원을 **L의 계수(rank)**라 하고 간단히 $\mathrm{rank}(\mathbf{L})$로 나타낸다. 즉, $\mathrm{rank}(\mathbf{L}) := \dim(\mathrm{Im}\,(\mathbf{L}))$이다.

(b) 집합 $\ker(\mathbf{L}) = \{\mathbf{t} \in \mathbb{E}^r : \mathbf{L}(\mathbf{t}) = \mathbf{0}\}$은 $\mathbb{E}^r$의 부분공간이며 **L의 핵(kernel)**이라 한다.

(c) $\mathrm{rank}(\mathbf{L}) + \dim(\ker(\mathbf{L})) = r$

(d) $r = n$ & $\mathrm{rank}(\mathbf{L}) = n$이면 $\mathbf{L}$을 **정칙(nonsingular) 선형변환**이라 한다.

참고 7.1.7. 선형변환 $\mathbf{L} : \mathbb{E}^n \longrightarrow \mathbb{E}^n$을 생각하자. 이때, $\ker(\mathbf{L}) \neq \{\mathbf{0}\}$이기 위한 필요충분조건은 $\mathbf{L}(\mathbf{x}) = \mathbf{0}$을 만족하는 $\mathbf{x} \in \mathbb{E}^n \setminus \{\mathbf{0}\}$가 존재하는 것이다. 그러므로 $\mathbf{L}$의 표현행렬을 $(c_{ij})_{n\times n}$이라 하고 $\mathbf{x} = (x^1, x^2, \cdots, x^n) \in \mathbb{E}^n$라 두면 다음이 성립한다.

$$\mathbf{L}(\mathbf{x}) = \mathbf{0} \iff \begin{cases} c_{11}x^1 + c_{12}x^2 + \cdots + c_{1j}x^j + \cdots + c_{1n}x^n = 0\,; \\ c_{21}x^1 + c_{22}x^2 + \cdots + c_{2j}x^j + \cdots + c_{2n}x^n = 0\,; \\ \qquad\qquad\qquad\vdots \\ c_{n1}x^1 + c_{n2}x^2 + \cdots + c_{nj}x^j + \cdots + c_{nn}x^n = 0. \end{cases} \tag{7.3}$$

즉, $\ker(\mathbf{L}) \neq \{\mathbf{0}\}$이기 위한 필요충분조건은 n개의 일차 동차방정식 (7.3)이 0이 아닌 해 $x^1, x^2, \cdots, x^n$을 갖는 것이다.

명제 7.1.8. 변환 $\mathbf{L} \in \mathscr{L}(\mathbb{E}^n, \mathbb{E}^n)$가 단사이기 위한 필요충분조건은 전사인 것이다.

([1]) $\mathbb{E}^n$의 항등변환을 $\mathbf{I}_{\mathbb{E}^n}$ 대신 간단히 $\mathbf{I}$로 나타내기로 한다.

명제 7.1.5와 명제 7.1.8에 의하여 다음 결과를 얻을 수 있다.

주의 7.1.9. 선형변환 $\mathbf{L} : \mathbb{E}^n \longrightarrow \mathbb{E}^n$이 단사이면 역사상 $\mathbf{L}^{-1} : \mathbb{E}^n \longrightarrow \mathbb{E}^n$ 역시 선형변환이고 더욱이 $\mathbf{L}^{-1} \circ \mathbf{L} = \mathbf{I} = \mathbf{L} \circ \mathbf{L}^{-1}$이 성립한다. 특히, 행렬 $[\mathbf{L}]_{n\times n}$은 가역(invertible)이고

$$[\mathbf{L}^{-1}]_{n\times n} = [\mathbf{L}]_{n\times n}^{-1}$$

이 성립한다. 즉, 역변환 $\mathbf{L}^{-1}$의 표현행렬은 선형변환 $\mathbf{L}$의 표현행렬에 대한 역행렬과 같다.

정의 7.1.10. **선형변환 $\mathbf{L} : \mathbb{E}^n \longrightarrow \mathbb{E}^n$에 대한 표현행렬이 $(c_{ij})_{n\times n}$ 일 때, $\det(c_{ij})_{n\times n}$을 $\mathbf{L}$의 행렬식이라 하고 간단히 $\det \mathbf{L}$로 나타낸다. 즉,**

$$\det \mathbf{L} := \det(c_{ij})_{n\times n}.$$

7.2 여러 가지 변환

선형변환과 관련하여 아핀변환, 평행이동, 직교변환, 수반변환 그리고 회전이동 등 여러 가지 변환에 대하여 살펴보기로 하자.

정의 7.2.1. **변환 $\mathbf{g} : \mathbb{E}^r \longrightarrow \mathbb{E}^n$가 주어질 때, 점 $\mathbf{x}_0 \in \mathbb{E}^n$와 선형변환 $\mathbf{L} : \mathbb{E}^r \longrightarrow \mathbb{E}^n$이 존재하여 $\mathbf{g}(\mathbf{t}) = \mathbf{L}(\mathbf{t}) + \mathbf{x}_0$ $(\forall\, \mathbf{t} \in \mathbb{E}^n)$을 만족하면 변환 $\mathbf{g} : \mathbb{E}^r \longrightarrow \mathbb{E}^n$를 아핀변환(affine transformation)이라 한다. 특히, $r = n$ & $\mathbf{L} = \mathbf{I}$인 경우, $\mathbf{g}$를 평행이동(translation)이라 한다.**

참고 7.2.2. 아핀변환 $\mathbf{g} : \mathbb{E}^r \longrightarrow \mathbb{E}^n$가 정의 7.2.1에서와 같이 주어질 때, 다음이 성립한다.

(a) 평행이동 $\mathbf{T} : \mathbb{E}^n \longrightarrow \mathbb{E}^n$를 $\mathbf{T}(\mathbf{x}) := \mathbf{x} + \mathbf{x}_0$ $(\forall\, \mathbf{x} \in \mathbb{E}^n)$으로 정의하면 $\mathbf{g} = \mathbf{T} \circ \mathbf{L}$이다.

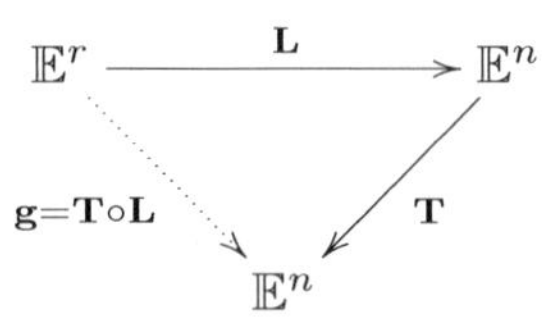

(b) $\mathbf{g}$가 선형변환이기 위한 필요충분조건은 $\mathbf{g}(\mathbf{0}) = \mathbf{0}$이다.

정의 7.2.3. **변환 $\mathbf{g} : \mathbb{E}^n \longrightarrow \mathbb{E}^n$가 조건**

$$\|\mathbf{g}(\mathbf{x}) - \mathbf{g}(\mathbf{y})\| = \|\mathbf{x} - \mathbf{y}\| \quad (\forall\, \mathbf{x}, \mathbf{y} \in \mathbb{E}^n)$$

을 만족하면 $\mathbf{g}$를 $\mathbb{E}^n$의 등거리(isometry) 또는 강체운동(rigid motion)이라 한다.

명제 7.2.4. 변환 $\mathbf{g} : \mathbb{E}^n \longrightarrow \mathbb{E}^n$에 대하여 다음에 주어진 3개의 명제를 생각하자.

(a) $\mathbf{g}$는 $\mathbb{E}^n$의 등거리이고 $\mathbf{g}(\mathbf{0}) = \mathbf{0}$이다.

(b) $\mathbf{g}$는 유클리드 내적을 보존한다. 즉, $\mathbf{g}(\mathbf{x})\cdot\mathbf{g}(\mathbf{y}) = \mathbf{x}\cdot\mathbf{y}$ $(\forall\,\mathbf{x},\mathbf{y}\in\mathbb{E}^n)$이다.

(c) $\mathbf{g}$는 선형변환이다.

이때, (a) $\Longrightarrow$ (b) $\Longrightarrow$ (c)가 성립한다.

[증명] (a) $\Longrightarrow$ (b) 임의의 $\mathbf{x},\mathbf{y}\in\mathbb{E}^n$에 대하여

$$\begin{aligned}\|\mathbf{g}(\mathbf{x})\|^2 - 2\mathbf{g}(\mathbf{x})\cdot\mathbf{g}(\mathbf{y}) + \|\mathbf{g}(\mathbf{y})\|^2 &= \|\mathbf{g}(\mathbf{x})-\mathbf{g}(\mathbf{y})\|^2 \\ &= \|\mathbf{x}-\mathbf{y}\|^2 = \|\mathbf{x}\|^2 - 2\mathbf{x}\cdot\mathbf{y} + \|\mathbf{y}\|^2\end{aligned} \tag{7.4}$$

가 성립한다. 그러나 $\mathbf{g}(\mathbf{0}) = \mathbf{0}$ & $\|\mathbf{g}(\mathbf{x})-\mathbf{g}(\mathbf{y})\| = \|\mathbf{x}-\mathbf{y}\|$ $(\forall\,\mathbf{x},\mathbf{y}\in\mathbb{E}^n)$이므로 $\|\mathbf{g}(\mathbf{x})\| = \|\mathbf{x}\|$ $(\forall\,\mathbf{x}\in\mathbb{E}^n)$를 얻는다. 그러므로 (7.4)로부터

$$\mathbf{g}(\mathbf{x})\cdot\mathbf{g}(\mathbf{y}) = \mathbf{x}\cdot\mathbf{y} \quad (\forall\,\mathbf{x},\mathbf{y}\in\mathbb{E}^n)$$

이고 (b)가 증명되었다.

(b) $\Longrightarrow$ (c) $\mathbf{g}(\boldsymbol{\epsilon}_j) = \mathbf{v}_j$ $(\forall\,j\in\{1,2,\cdots,n\})$라 두면 가정 (b)에 의하여

$$\mathbf{v}_i\cdot\mathbf{v}_j = \mathbf{g}(\boldsymbol{\epsilon}_i)\cdot\mathbf{g}(\boldsymbol{\epsilon}_j) = \boldsymbol{\epsilon}_i\cdot\boldsymbol{\epsilon}_j = \delta_{ij} \quad (\forall\,i,j\in\{1,2,\cdots,n\}) \tag{7.5}$$

가 성립하므로 $\{\mathbf{v}_1,\mathbf{v}_2,\cdots,\mathbf{v}_n\}$은 $\mathbb{E}^n$의 정규직교기저이다.(2) 다음으로 임의의 $\mathbf{x},\mathbf{y}\in\mathbb{E}^n$ & $\lambda\in\mathbb{E}^1$에 대하여 $\mathbf{g}(\mathbf{x}+\lambda\mathbf{y}) = \mathbf{g}(\mathbf{x}) + \lambda\mathbf{g}(\mathbf{y})$가 성립함을 보이자. 우선, 각 $j\in\{1,2,\cdots,n\}$에 대하여

$$\begin{cases} \circ\ \mathbf{g}(\mathbf{x}+\lambda\mathbf{y})\cdot\mathbf{v}_j = \mathbf{g}(\mathbf{x}+\lambda\mathbf{y})\cdot\mathbf{g}(\boldsymbol{\epsilon}_j) = (\mathbf{x}+\lambda\mathbf{y})\cdot\boldsymbol{\epsilon}_j = x^j + \lambda y^j\,; \\ \circ\ \mathbf{g}(\mathbf{x})\cdot\mathbf{v}_j = \mathbf{g}(\mathbf{x})\cdot\mathbf{g}(\boldsymbol{\epsilon}_j) = \mathbf{x}\cdot\boldsymbol{\epsilon}_j = x^j\,; \\ \circ\ \lambda\mathbf{g}(\mathbf{y})\cdot\mathbf{v}_j = \lambda\mathbf{g}(\mathbf{y})\cdot\mathbf{g}(\boldsymbol{\epsilon}_j) = \lambda(\mathbf{y}\cdot\boldsymbol{\epsilon}_j) = \lambda y^j \end{cases}$$

가 성립하므로

$$[\mathbf{g}(\mathbf{x}+\lambda\mathbf{y}) - \mathbf{g}(\mathbf{x}) - \lambda\mathbf{g}(\mathbf{y})]\cdot\mathbf{v}_j = 0 \quad (\forall\,j\in\{1,2,\cdots,n\})$$

을 얻는다. 그러나 $\{\mathbf{v}_1,\mathbf{v}_2,\cdots,\mathbf{v}_n\}$은 $\mathbb{E}^n$의 기저이므로

$$[\mathbf{g}(\mathbf{x}+\lambda\mathbf{y}) - \mathbf{g}(\mathbf{x}) - \lambda\mathbf{g}(\mathbf{y})]\cdot\mathbf{t} = 0 \quad (\forall\,\mathbf{t}\in\mathbb{E}^n)$$

---

(2) 먼저 $\mu_1\mathbf{v}_1 + \mu_2\mathbf{v}_2 + \cdots\mu_n\mathbf{v}_n = \mathbf{0}$을 가정하면 임의의 $j\in\{1,2,\cdots,n\}$에 대하여 (7.5)를 적용하면

$$\mu_j = (\mu_1\mathbf{v}_1 + \mu_2\mathbf{v}_2 + \cdots\mu_n\mathbf{v}_n)\cdot\mathbf{v}_j = \mathbf{0}$$

이 성립하고 따라서 $\{\mathbf{v}_1,\mathbf{v}_2,\cdots,\mathbf{v}_n\}$은 일차독립이다. 다음에 $\dim(\mathbb{E}^n) = n$이므로 임의의 $\mathbf{x}\in\mathbb{E}^n$에 대하여 벡터들 $\{\mathbf{x},\mathbf{v}_1,\mathbf{v}_2,\cdots,\mathbf{v}_n\}$은 일차 종속이고 따라서

$$\lambda_0\mathbf{x} + \lambda_1\mathbf{v}_1 + \cdots + \lambda_n\mathbf{v}_n = \mathbf{0}$$

을 만족하는 모두가 0일 필요가 없는 실수 $\lambda_0,\lambda_1,\cdots,\lambda_n\in\mathbb{E}^1$이 존재한다. 만일 $\lambda_0 = 0$이면 $\lambda\mathbf{v}_1 + \cdots + \lambda_n\mathbf{v}_n = \mathbf{0}$이고 $\{\mathbf{v}_1,\mathbf{v}_2,\cdots,\mathbf{v}_n\}$이 일차독립이라는 사실로부터 $\lambda_1 = \lambda_2 = \cdots = \lambda_n = 0$이 되어 모순이 발생한다. 따라서 $\lambda_0 \neq 0$이다. 그러므로

$$\mathbf{x} = -\frac{\lambda_1}{\lambda_0}\mathbf{v}_1 - \frac{\lambda_2}{\lambda_0}\mathbf{v}_2 - \cdots - \frac{\lambda_n}{\lambda_0}\mathbf{v}_n$$

이 성립하여 $\{\mathbf{v}_1,\mathbf{v}_2,\cdots,\mathbf{v}_n\}$은 $\mathbb{E}^n$을 생성한다.

이 성립하고, 특히 $\mathbf{t} = \mathbf{g}(\mathbf{x}+\lambda\mathbf{y}) - \mathbf{g}(\mathbf{x}) - \lambda\mathbf{g}(\mathbf{y})$를 선택함으로서 $\mathbf{g}(\mathbf{x}+\lambda\mathbf{y}) - \mathbf{g}(\mathbf{x}) - \lambda\mathbf{g}(\mathbf{y}) = \mathbf{0}$을 얻고 따라서 $\mathbf{g}(\mathbf{x}+\lambda\mathbf{y}) = \mathbf{g}(\mathbf{x}) + \lambda\mathbf{g}(\mathbf{y})$를 증명하였다. □

정의 7.2.5. 선형변환 $\mathbf{L} : \mathbb{E}^n \longrightarrow \mathbb{E}^n$가 조건

$$\mathbf{L}(\mathbf{x}) \cdot \mathbf{L}(\mathbf{y}) = \mathbf{x} \cdot \mathbf{y} \quad (\forall\, \mathbf{x}, \mathbf{y} \in \mathbb{E}^n)$$

을 만족할 때, $\mathbf{L}$을 **직교변환(orthogonal transformation)**이라 한다.

명제 7.2.6. 선형변환 $\mathbf{L} : \mathbb{E}^n \longrightarrow \mathbb{E}^n$가 주어질 때, $\mathbf{L}$이 직교변환이기 위한 필요충분조건은 $\{\mathbf{L}(\epsilon_1), \mathbf{L}(\epsilon_2), \cdots, \mathbf{L}(\epsilon_n)\}$이 $\mathbb{E}^n$의 정규직교기저인 것이다.

[증명] ($\Longrightarrow$) $\mathbf{L}(\epsilon_j) = \mathbf{v}_j$ $(\forall\, j \in \{1, 2, \cdots, n\})$라 두면 명제 7.2.4에서 이미 증명한 것처럼 $\{\mathbf{v}_1, \mathbf{v}_2, \cdots, \mathbf{v}_n\}$은 $\mathbb{E}^n$의 정규직교기저이다.

($\Longleftarrow$) 임의의 $\mathbf{x} = (x^1, x^2, \cdots, x^n) \in \mathbb{E}^n$가 주어지면 $\mathbf{x} = \sum_{j=1}^n x^j \boldsymbol{\epsilon}_j$로 표현할 수 있고 따라서 $\mathbf{L}(\mathbf{x}) = \sum_{j=1}^n x^j \mathbf{L}(\epsilon_j)$이다. 그러므로 $\mathbf{L}(\epsilon_i) \cdot \mathbf{L}(\epsilon_j) = \delta_{ij}$ $(\forall\, i, j \in \{1.2, \cdots, n\})$을 적용하면, 임의의 $\mathbf{x}, \mathbf{y} \in \mathbb{E}^n$에 대하여

$$\mathbf{L}(\mathbf{x}) \cdot \mathbf{L}(\mathbf{y}) = \sum_{i,j=1}^{n} x^i y^j \mathbf{L}(\epsilon_i) \cdot \mathbf{L}(\epsilon_j) = \sum_{i=1}^{n} x^i y^i = \mathbf{x} \cdot \mathbf{y}$$

가 성립한다. 그러므로 $\mathbf{L}$은 직교변환이다. □

정리 7.2.7. 변환 $\mathbf{g} : \mathbb{E}^n \longrightarrow \mathbb{E}^n$가 주어질 때, $\mathbf{g}$가 $\mathbb{E}^n$의 등거리이기 위한 필요충분조건은 $\mathbf{g}(\mathbf{x}) = \mathbf{L}(\mathbf{x}) + \mathbf{x}_0$ $(\forall\, \mathbf{x} \in \mathbb{E}^n)$을 만족하는 점 $\mathbf{x}_0 \in \mathbb{E}^n$과 직교변환 $\mathbf{L} : \mathbb{E}^n \longrightarrow \mathbb{E}^n$이 존재하는 것이다.

[증명] ($\Longrightarrow$) $\mathbf{g}(\mathbf{0}) = \mathbf{x}_0$라 두고 변환 $\mathbf{L} : \mathbb{E}^n \longrightarrow \mathbb{E}^n$을 $\mathbf{L}(\mathbf{x}) = \mathbf{g}(\mathbf{x}) - \mathbf{x}_0$ $(\forall\, \mathbf{x} \in \mathbb{E}^n)$로 정의하면 $\mathbf{L}(\mathbf{0}) = \mathbf{0}$이고 더욱이

$$\|\mathbf{L}(\mathbf{x}) - \mathbf{L}(\mathbf{y})\| = \|\mathbf{g}(\mathbf{x}) - \mathbf{g}(\mathbf{y})\| = \|\mathbf{x} - \mathbf{y}\| \quad (\forall\, \mathbf{x}, \mathbf{y} \in \mathbb{E}^n)$$

이 성립한다. 그러므로 명제 7.2.4에 의하여 $\mathbf{L}$은 직교변환이고 요구된 조건을 만족한다.

($\Longleftarrow$) 임의의 $\mathbf{x} \in \mathbb{E}^n$에 대하여

$$\|\mathbf{L}(\mathbf{x})\|^2 = \mathbf{L}(\mathbf{x}) \cdot \mathbf{L}(\mathbf{x}) = \mathbf{x} \cdot \mathbf{x} = \|\mathbf{x}\|^2$$

이므로 $\|\mathbf{L}(\mathbf{x})\| = \|\mathbf{x}\|$ $(\forall\, \mathbf{x} \in \mathbb{E}^n)$을 얻는다. 그러므로

$$\|\mathbf{L}(\mathbf{x}) - \mathbf{L}(\mathbf{y})\| = \|\mathbf{L}(\mathbf{x} - \mathbf{y})\| = \|\mathbf{x} - \mathbf{y}\| \quad (\forall\, \mathbf{x}, \mathbf{y} \in \mathbb{E}^n)$$

가 성립하여 $\mathbf{L}$은 $\mathbb{E}^n$의 등거리이다. 더욱이

$$\|\mathbf{g}(\mathbf{x}) - \mathbf{g}(\mathbf{y})\| = \|\mathbf{L}(\mathbf{x}) - \mathbf{L}(\mathbf{y})\| = \|\mathbf{x} - \mathbf{y}\| \quad (\forall\, \mathbf{x}, \mathbf{y} \in \mathbb{E}^n)$$

이므로 $\mathbf{g}$ 역시 $\mathbb{E}^n$의 등거리이다. □

정의 7.2.8. 선형변환 $\mathbf{L} : \mathbb{E}^n \longrightarrow \mathbb{E}^n$의 표현행렬을 $(c_{ij})_{n\times n}$라 하고 $(c_{ij})_{n\times n}$의 전치행렬 $(c_{ij})^t_{n\times n}$를 표현행렬로 갖는 선형변환 $\mathbf{L}^t : \mathbb{E}^n \longrightarrow \mathbb{E}^n$를 $\mathbf{L}$의 **수반선형변환(adjoint linear transformation)**이라 한다.

명제 7.2.9. $\mathbf{L}^t : \mathbb{E}^n \longrightarrow \mathbb{E}^n$가 선형변환 $\mathbf{L} : \mathbb{E}^n \longrightarrow \mathbb{E}^n$의 수반선형변환이면 임의의 $\mathbf{x}, \mathbf{y} \in \mathbb{E}^n$에 대하여 $\mathbf{y}\cdot\mathbf{L}(\mathbf{x}) = \mathbf{L}^t(\mathbf{y})\cdot\mathbf{x}$가 성립한다.

[증명] 임의의 $\mathbf{x}, \mathbf{y} \in \mathbb{E}^n$을 정해두고 $(c_{ij})_{n\times n}$를 선형변환 $\mathbf{L}$의 표현행렬이라 하면 주의 7.1.1에서 살펴본 것처럼

$$\begin{aligned}\mathbf{L}(\mathbf{x}) &= \left(\sum_{j=1}^n c_{1j}x^j,\ \sum_{j=1}^n c_{2j}x^j,\ \cdots,\ \sum_{j=1}^n c_{nj}x^j\right),\\ \mathbf{L}^t(\mathbf{y}) &= \left(\sum_{i=1}^n c_{i1}y^i,\ \sum_{i=1}^n c_{i2}y^i,\ \cdots,\ \sum_{i=1}^n c_{in}y^i\right)\end{aligned}$$

이다. 그러므로

$$\begin{aligned}\mathbf{y}\cdot\mathbf{L}(\mathbf{x}) &= y^1\sum_{j=1}^n c_{1j}x^j + y^2\sum_{j=1}^n c_{2j}x^j + \cdots + y^n\sum_{j=1}^n c_{nj}x^j\\ &= y^1(c_{11}x^1 + c_{12}x^2 + \cdots + c_{1n}x^n) + \cdots\\ &\qquad \cdots + y^n(c_{n1}x^1 + c_{n2}x^2 + \cdots + c_{nn}x^n)\\ &= x^1\sum_{i=1}^n c_{i1}y^i + x^2\sum_{i=1}^n c_{i2}y^i + \cdots + x^n\sum_{i=1}^n c_{in}y^i = \mathbf{L}^t(\mathbf{y})\cdot\mathbf{x}\end{aligned}$$

를 얻는다. □

명제 7.2.10. (수반선형변환의 유일성) 선형변환 $\mathbf{L}, \mathbf{M} : \mathbb{E}^n \longrightarrow \mathbb{E}^n$이 조건

$$\mathbf{y}\cdot\mathbf{L}(\mathbf{x}) = \mathbf{M}(\mathbf{y})\cdot\mathbf{x} \quad (\forall\, \mathbf{x}, \mathbf{y} \in \mathbb{E}^n)$$

을 만족하면 $\mathbf{M} = \mathbf{L}^t$이다. 즉, $\mathbf{M}$은 $\mathbf{L}$의 수반선형변환이다.

[증명] $[\mathbf{L}]_{n\times n} = (a_{ij})_{n\times n}$ & $[\mathbf{M}]_{n\times n} = (b_{ij})_{n\times n}$이라 두면 임의의 $i, j \in \{1, 2, \cdots, n\}$에 대하여 $\boldsymbol{\epsilon}_i\cdot\mathbf{L}(\boldsymbol{\epsilon}_j) = \mathbf{M}(\boldsymbol{\epsilon}_i)\cdot\boldsymbol{\epsilon}_j$이므로

$$a_{ij} = \boldsymbol{\epsilon}_i\cdot\mathbf{L}(\boldsymbol{\epsilon}_j) = \mathbf{M}(\boldsymbol{\epsilon}_i)\cdot\boldsymbol{\epsilon}_j = b_{ji}$$

가 성립한다. 따라서 $[\mathbf{M}]_{n\times n} = [\mathbf{L}]^t_{n\times n}$이다. 즉, $\mathbf{M}$은 $\mathbf{L}$의 수반선형변환이다. □

명제 7.2.11. 선형변환 $\mathbf{L} : \mathbb{E}^n \longrightarrow \mathbb{E}^n$이 주어질 때, $\mathbf{L}$이 직교변환이기 위한 필요충분조건은 $\mathbf{L}^t = \mathbf{L}^{-1}$이다.

[증명] ($\Longrightarrow$) $\mathbf{L}$이 직교변환이라 가정하고 임의로 $\mathbf{x} \in \mathbb{E}^n$을 정해두자. 이때, 명제 7.2.9에 의하여

$$\mathbf{y}\cdot\mathbf{L}(\mathbf{x}) = \mathbf{L}^t(\mathbf{y})\cdot\mathbf{x} \quad (\forall\, \mathbf{y} \in \mathbb{E}^n)$$

이므로

$$(\mathbf{L}^t \circ \mathbf{L})(\mathbf{x}) \cdot \mathbf{y} = \mathbf{L}(\mathbf{x}) \cdot \mathbf{L}(\mathbf{y}) = \mathbf{x} \cdot \mathbf{y} \quad (\forall\, \mathbf{y} \in \mathbb{E}^n)$$

를 얻는다. 특히,

$$[(\mathbf{L}^t \circ \mathbf{L})(\mathbf{x}) - \mathbf{x}] \cdot \mathbf{y} = 0 \quad (\forall\, \mathbf{y} \in \mathbb{E}^n)$$

이 성립하여 $(\mathbf{L}^t \circ \mathbf{L})(\mathbf{x}) = \mathbf{x}$를 얻고 따라서 $\mathbf{L}^t \circ \mathbf{L} = \mathbf{I}$이다. 한편, 명제 7.2.6 & 명제 7.1.8에 의하여 $\mathbf{L}$이 전단사이므로 $\mathbf{L}^t = \mathbf{L}^{-1}$을 얻는다.([3])

($\Longleftarrow$) $\mathbf{L}^t = \mathbf{L}^{-1}$인 경우, 임의의 $\mathbf{x}, \mathbf{y} \in \mathbb{E}^n$에 대하여

$$\mathbf{L}(\mathbf{x}) \cdot \mathbf{L}(\mathbf{y}) = (\mathbf{L}^t \circ \mathbf{L})(\mathbf{x}) \cdot \mathbf{y} = (\mathbf{L}^{-1} \circ \mathbf{L})(\mathbf{x}) \cdot \mathbf{y} = \mathbf{x} \cdot \mathbf{y}$$

가 성립하므로 $\mathbf{L}$은 직교변환이다. □

주 의 7.2.12. 직교변환 $\mathbf{L} : \mathbb{E}^n \longrightarrow \mathbb{E}^n$이 주어지면 $\mathbf{L}^t \circ \mathbf{L} = \mathbf{I}$이므로 $1 = (\det \mathbf{L}^t)(\det \mathbf{L})$가 성립하고 또한 $\det \mathbf{L}^t = \det \mathbf{L}$이므로 $(\det \mathbf{L})^2 = 1$을 얻는다. 그러므로 $\det \mathbf{L} = \pm 1$이다.

정의 7.2.13. 선형변환 $\mathbf{L} : \mathbb{E}^n \longrightarrow \mathbb{E}^n$이 직교변환이고 $\det \mathbf{L} = 1$을 만족하면 $\mathbf{L}$을 원점 $\mathbf{0} \in \mathbb{E}^n$에 관한 $\mathbb{E}^n$의 회전(rotation)이라 한다.

보기 7.2.14. 각 $\mathbf{x} = (x^1, x^2, \cdots, x^n) \in \mathbb{E}^n$에 대하여 $\mathbf{S}(\mathbf{x}) = (x^1, x^2, \cdots, -x^n)$으로 정의된 변환 $\mathbf{S} : \mathbb{E}^n \longrightarrow \mathbb{E}^n$을 생각하면 다음이 성립한다.

(1) $\mathbf{S}$는 직교변환이다.

(2) $\mathbf{S} \circ \mathbf{S} = \mathbf{I}$ & $\mathbf{S}^{-1} = \mathbf{S} = \mathbf{S}^t$.

(3) $\mathbf{S}$의 표현행렬은

$$\begin{pmatrix} 1 & 0 & 0 & \cdots & 0 & 0 \\ 0 & 1 & 0 & \cdots & 0 & 0 \\ \vdots & \vdots & \vdots & \ddots & \vdots & \vdots \\ 0 & 0 & 0 & \cdots & 1 & 0 \\ 0 & 0 & 0 & \cdots & 0 & -1 \end{pmatrix}$$

이다.

(4) $\mathbf{S}$는 초평면 $\{\mathbf{t} \in \mathbb{E}^n : \mathbf{t} \cdot \boldsymbol{\epsilon}_n = 0\}$에 관한 $\mathbb{E}^n$의 **반사(reflection)**이다.([4])

([3]) 사상 $\boldsymbol{\varphi} : \mathbb{E}^n \longrightarrow \mathbb{E}^n$이 전단사일 때, 사상 $\mathbf{g}, \mathbf{h} : \mathbb{E}^n \longrightarrow \mathbb{E}^n$에 대하여 $\mathbf{g} \circ \boldsymbol{\varphi} = \mathbf{I} = \boldsymbol{\varphi} \circ \mathbf{h}$를 만족하면

$$\mathbf{g} = \mathbf{h} = \boldsymbol{\varphi}^{-1} \tag{7.6}$$

임을 상기하자.

([4]) $x^n > 0$을 만족하는 임의의 $\mathbf{x} = (x^1, x^2, \cdots, x^n) \in \mathbb{E}^n$가 주어지면

$$\mathbf{S}(\mathbf{x}) = \mathbf{S}(x^1, x^2, \cdots, x^n) = (x^1, x^2, \cdots, -x^n)$$

이므로 점 $(x^1, x^2, \cdots, x^n)$과 점 $(x^1, x^2, \cdots, -x^n)$은 초평면 $\{\mathbf{t} \in \mathbb{E}^n : \mathbf{t} \cdot \boldsymbol{\epsilon}_n = 0\} = \{(t^1, t^2, \cdots, t^{n-1}, 0) : t^j \in \mathbb{E}^1\ (1 \le j \le n-1)$에 반사이다.

명제 7.2.15. 선형변환 $\mathbf{L} : \mathbb{E}^2 \longrightarrow \mathbb{E}^2$가 주어질 때, $\mathbf{L}$가 원점 $\mathbf{0} \in \mathbb{E}^2$에 관한 회전이기 위한 필요충분조건은 조건

$$[\mathbf{L}]_{2\times 2} = \begin{pmatrix} \cos\theta & -\sin\theta \\ \sin\theta & \cos\theta \end{pmatrix}$$

를 만족하는 $\theta \in [0, 2\pi)$가 존재하는 것이다.

[증명] ($\Longrightarrow$) $\{\mathbf{e}_1, \mathbf{e}_2\}$를 $\mathbb{E}^2$의 표준기저라 하고 $\mathbf{L}(\mathbf{e}_j) = \mathbf{v}_j$ ($\forall j \in \{1, 2\}$)라 두면 명제 7.2.6에 의하여 $\{\mathbf{v}_1, \mathbf{v}_2\}$는 $\mathbb{E}^2$의 정규직교기저이다. 특히, $\|\mathbf{v}_1\| = 1$이므로

$$\mathbf{v}_1 = (\cos\theta, \sin\theta) = \mathbf{e}_1 \cos\theta + \mathbf{e}_2 \sin\theta$$

를 만족하는 $\theta \in [0, 2\pi)$가 존재한다. 한편, $\mathbf{v}_2 = a\mathbf{e}_1 + b\mathbf{e}_2$라 두면 $\|\mathbf{v}_2\| = 1$ & $\mathbf{v}_1 \cdot \mathbf{v}_2 = 0$이다. 특히 $\mathbf{L}$이 원점 $\mathbf{0}$에 관한 회전이라는 가정에 의하여 방정식

$$\begin{cases} \circ\ a^2 + b^2 = 1\,; \\ \circ\ a\cos\theta + b\sin\theta = 0\,; \\ \circ\ \begin{vmatrix} \cos\theta & a \\ \sin\theta & b \end{vmatrix} = 1 \end{cases}$$

을 얻는다. 이 방정식을 풀면 $a = -\sin\theta$ & $b = \cos\theta$이고 따라서 요구된 결과를 얻는다.

($\Longleftarrow$) 임의의 $(x, y), (s, t) \in \mathbb{E}^2$에 대하여

$$\begin{aligned} \mathbf{L}(x, y) \cdot \mathbf{L}(s, t) &= (x\cos\theta - y\sin\theta, x\sin\theta + y\cos\theta) \cdot (s\cos\theta - t\sin\theta, s\sin\theta + t\cos\theta) \\ &= xs + yt = (x, y) \cdot (s, t) \end{aligned}$$

이므로 $\mathbf{L}$은 직교변환이다. 더욱이 $\det [\mathbf{L}]_{2\times 2} = \cos^2\theta + \sin^2\theta = 1$이므로 $\mathbf{L}$은 원점 $\mathbf{0} \in \mathbb{E}^2$에 관한 $\mathbb{E}^2$의 회전이다. □

명제 7.2.16. 선형변환 $\mathbf{L} : \mathbb{E}^n \longrightarrow \mathbb{E}^n$이 직교변환이면 $\mathbf{L}$은 원점 $\mathbf{0}$에 관한 $\mathbb{E}^n$의 회전이거나 또는 $\mathbf{L} = \mathbf{S} \circ \mathbf{M}$을 만족하는 원점 $\mathbf{0}$에 관한 $\mathbb{E}^n$의 회전 $\mathbf{M} : \mathbb{E}^n \longrightarrow \mathbb{E}^n$이 존재하는 것이다. 단, $\mathbf{S}$는 보기 7.2.14에서와 같다.

[증명] $\mathbf{L}$이 직교변환이면 $\det \mathbf{L} = \pm 1$이므로 다음과 같이 구분하여 정리할 수 있다.

- $\det \mathbf{L} = 1$인 경우: $\mathbf{L}$은 원점 $\mathbf{0}$에 관한 $\mathbb{E}^n$의 회전이다.

- $\det \mathbf{L} = -1$인 경우: 합성변환 $\mathbf{M} = \mathbf{S} \circ \mathbf{L}$은 원점 $\mathbf{0}$에 관한 $\mathbb{E}^n$의 회전이다. 그러나 $\mathbf{L} = \mathbf{S}^{-1} \circ \mathbf{M} = \mathbf{S} \circ \mathbf{M}$이므로 요구된 결과를 얻는다.

즉, $\mathbf{L}$은 원점 $\mathbf{0}$에 관한 $\mathbb{E}^n$의 회전이거나 또는 $\mathbf{L} = \mathbf{S} \circ \mathbf{M}$을 만족하는 원점 $\mathbf{0}$에 관한 $\mathbb{E}^n$의 회전 $\mathbf{M} : \mathbb{E}^n \longrightarrow \mathbb{E}^n$이 존재한다. □

7.3 선형변환의 노름

선형변환에 의해서 이루어진 함수공간에 대하여 살펴보자. 임의의 두 선형변환 $\mathbf{L}, \mathbf{M} \in \mathscr{L}(\mathbb{E}^r, \mathbb{E}^n)$와 실수 $\lambda \in \mathbb{E}^1$가 주어질 때, 각 $\mathbf{x} \in \mathbb{E}^r$에 대하여

$$(\mathbf{L}+\mathbf{M})(\mathbf{x}) := \mathbf{L}(\mathbf{x}) + \mathbf{M}(\mathbf{x}) \quad \& \quad (\lambda\mathbf{L})(\mathbf{x}) := \lambda\mathbf{L}(\mathbf{x})$$

로 정의하면 $\mathscr{L}(\mathbb{E}^r, \mathbb{E}^n)$은 $\mathbb{E}^1$ 위의 벡터공간이다. 특히, $\mathbf{L} \in \mathscr{L}(\mathbb{E}^r, \mathbb{E}^n)$이 주어지면 도움정리 3.1.11에 의하여 조건 $\|\mathbf{L}(\mathbf{x})\| \le C\|\mathbf{x}\| \, (\forall\, \mathbf{x} \in \mathbb{E}^r)$을 만족하는 양수 $C > 0$가 존재한다. 이 사실을 염두에 두고, 각 $\mathbf{L} \in \mathscr{L}(\mathbb{E}^r, \mathbb{E}^n)$에 대하여

$$\|\mathbf{L}\| := \sup\{\|\mathbf{L}(\mathbf{x})\| : \|\mathbf{x}\| \le 1\} \tag{7.7}$$

로 정의된 함수 $\|\cdot\| : \mathscr{L}(\mathbb{E}^r, \mathbb{E}^n) \longrightarrow \mathbb{E}^1$을 생각하자.

명제 7.3.1. 임의의 $\mathbf{L} \in \mathscr{L}(\mathbb{E}^r, \mathbb{E}^n)$에 대하여 부등식

$$\|\mathbf{L}(\mathbf{x})\| \le \|\mathbf{L}\|\|\mathbf{x}\| \quad (\forall\, \mathbf{x} \in \mathbb{E}^r) \tag{7.8}$$

이 성립한다. 특히, $\|\mathbf{L}\| < \infty$이고 $\mathbf{L}$은 $\mathbb{E}^r$ 위에서 균등연속이다.

[증명] $\mathbf{L} = \mathbf{0}$이면 (7.8)은 분명 성립하므로 $\mathbf{L} \neq \mathbf{0}$이라 가정하고 임의의 $\mathbf{x} \in \mathbb{E}^r$를 선택해 두자. 이때, $\mathbf{x} = \mathbf{0}$이면 $\mathbf{L}(\mathbf{x}) = \mathbf{0}$이므로 $\|\mathbf{L}(\mathbf{x})\| = 0 = \|\mathbf{L}\|\|\mathbf{x}\|$가 성립하고, $\mathbf{x} \in \mathbb{E}^r \setminus \{\mathbf{0}\}$이면

$$\frac{1}{\|\mathbf{x}\|}\|\mathbf{L}(\mathbf{x})\| = \left\|\mathbf{L}\left(\frac{\mathbf{x}}{\|\mathbf{x}\|}\right)\right\| \le \|\mathbf{L}\|$$

이므로 $\|\mathbf{L}(\mathbf{x})\| \le \|\mathbf{L}\|\|\mathbf{x}\|$를 얻는다.

$\mathbb{E}^r$의 표준기저를 $\{\mathbf{e}_1, \mathbf{e}_2, \cdots, \mathbf{e}_r\}$라 하고 조건 $\|\mathbf{x}\| \le 1$을 만족하는 $\mathbf{x} \in \mathbb{E}^r$을 임의로 선택하면 $|x^j| \le 1 \; (\forall\, j \in \{1, 2, \cdots, r\})$이므로

$$\|\mathbf{L}(\mathbf{x})\| = \left\|\sum_{j=1}^{r} x^j \mathbf{L}(\mathbf{e}_j)\right\| \le \sum_{j=1}^{r} |x^j|\|\mathbf{L}(\mathbf{e}_j)\| \le \sum_{j=1}^{r} \|\mathbf{L}(\mathbf{e}_j)\|$$

가 성립한다. 그러므로 $\|\mathbf{L}\| \le \sum_{j=1}^{r} \|\mathbf{L}(\mathbf{e}_j)\| < \infty$를 얻는다. 마지막으로

$$\|\mathbf{L}(\mathbf{x})\| \le \|\mathbf{L}\|\|\mathbf{x}\| \quad (\forall\, \mathbf{x} \in \mathbb{E}^r)$$

로부터

$$\|\mathbf{L}(\mathbf{x}) - \mathbf{L}(\mathbf{y})\| \le \|\mathbf{L}\|\|\mathbf{x} - \mathbf{y}\| \quad (\forall\, \mathbf{x}, \mathbf{y} \in \mathbb{E}^r)$$

가 성립하므로 $\mathbf{L}$은 $\mathbb{E}^r$ 위에서 균등연속이다. □

(7.7)에서와 같이 정의된 함수 $\|\cdot\| : \mathscr{L}(\mathbb{E}^r, \mathbb{E}^n) \longrightarrow \mathbb{E}^1$에 대하여 다음이 성립한다.

정리 7.3.2. (a) $(\mathscr{L}(\mathbb{E}^r, \mathbb{E}^n), \|\cdot\|)$은 노름공간이다.

(b) $\mathbf{L} \in \mathscr{L}(\mathbb{E}^r, \mathbb{E}^n)$ & $\mathbf{M} \in \mathscr{L}(\mathbb{E}^n, \mathbb{E}^p)$이면 $\|\mathbf{M} \circ \mathbf{L}\| \leq \|\mathbf{M}\|\|\mathbf{L}\|$이다.

(c) $\dim(\mathscr{L}(\mathbb{E}^r, \mathbb{E}^n)) = nr$.

[증명] (a) $(\mathscr{L}(\mathbb{E}^r, \mathbb{E}^n), \|\cdot\|)$이 노름공간임을 보이기로 하자.

- 정의에 의하여 $\|\mathbf{L}\| \geq 0$ $(\forall \mathbf{L} \in \mathscr{L}(\mathbb{E}^r, \mathbb{E}^n))$이다. 만일 $\mathbf{L} \neq \mathbf{0}$이라 하면 $\mathbf{L}(\mathbf{x}) \neq \mathbf{0}$을 만족하는 $\mathbf{x} \in \mathbb{E}^r \setminus \{\mathbf{0}\}$가 존재하고, 특히

$$\|\mathbf{L}\| \geq \left\|\mathbf{L}\left(\frac{\mathbf{x}}{\|\mathbf{x}\|}\right)\right\| > 0$$

  이므로 $\|\mathbf{L}\| > 0$을 얻는다.

- 임의의 $\mathbf{L} \in \mathscr{L}(\mathbb{E}^r, \mathbb{E}^n)$ & $\lambda \in \mathbb{E}^1$을 생각하면

$$\|\lambda\mathbf{L}\| = \sup\{\|\lambda\mathbf{L}(\mathbf{x})\| : \|\mathbf{x}\| \leq 1\} = |\lambda| \sup\{\|\mathbf{L}(\mathbf{x})\| : \|\mathbf{x}\| \leq 1\} = |\lambda|\|\mathbf{L}\|$$

  이다.

- $\|\mathbf{x}\| \leq 1$을 만족하는 임의의 $\mathbf{x} \in \mathbb{E}^r$에 대하여

$$\|(\mathbf{L} + \mathbf{M})(\mathbf{x})\| = \|\mathbf{L}(\mathbf{x}) + \mathbf{M}(\mathbf{x})\| \leq \|\mathbf{L}(\mathbf{x})\| + \|\mathbf{M}(\mathbf{x})\| \leq \|\mathbf{L}\| + \|\mathbf{M}\|$$

  이 성립하므로 $\|\mathbf{L} + \mathbf{M}\| \leq \|\mathbf{L}\| + \|\mathbf{M}\|$을 얻는다.

그러므로 $(\mathscr{L}(\mathbb{E}^r, \mathbb{E}^n), \|\cdot\|)$이 노름공간임을 보였다.

(b) $\|\mathbf{x}\| \leq 1$을 만족하는 임의의 $\mathbf{x} \in \mathbb{E}^r$에 대하여 (7.8)을 적용하면

$$\|(\mathbf{M} \circ \mathbf{L})(\mathbf{x})\| = \|\mathbf{M}(\mathbf{L}(\mathbf{x}))\| \leq \|\mathbf{M}\|\|\mathbf{L}(\mathbf{x})\| \leq \|\mathbf{M}\|\|\mathbf{L}\|$$

가 성립하므로 $\|\mathbf{M} \circ \mathbf{L}\| \leq \|\mathbf{M}\|\|\mathbf{L}\|$을 얻는다.

(c) 집합 $\mathcal{M}_{n\times r}(\mathbb{E}^1) := \{(c_{ij})_{n\times r} : c_{ij} \in \mathbb{E}^1\}$에 대하여 행렬의 덧셈과 스칼라곱셈을 도입하면 $\mathcal{M}_{n\times r}(\mathbb{E}^1)$은 $\mathbb{E}^1$ 위의 벡터공간이다. 특히, 각 $\mathbf{L} \in \mathscr{L}(\mathbb{E}^r, \mathbb{E}^n)$에 대하여 $\Phi(\mathbf{L}) := [\mathbf{L}]_{n\times r}$로 정의된 사상 $\Phi : \mathscr{L}(\mathbb{E}^r, \mathbb{E}^n) \longrightarrow \mathcal{M}_{n\times r}(\mathbb{E}^1)$는 벡터공간들 사이의 전단사인 선형사상 (즉, 동형사상)이다. 따라서

$$\dim(\mathscr{L}(\mathbb{E}^r, \mathbb{E}^n)) = \dim(\mathcal{M}_{n\times r}(\mathbb{E}^1)) = nr$$

이 성립한다.([5]) □

([5]) (i, j)성분이 1이고 나머지는 모두 0인 $n \times r$ 행렬을 A_{ij}라 하면

$$\{A_{ij} \in \mathcal{M}_{n\times r}(\mathbb{E}^1) : i \in \{1, 2, \cdots, n\} \ \& \ j \in \{1, 2, \cdots, r\}\}$$

은 벡터공간 $\mathcal{M}_{n\times r}(\mathbb{E}^1)$의 기저를 이룬다.

연습문제 7.1

1. 선형변환 $\mathbf{L}: \mathbb{E}^3 \longrightarrow \mathbb{E}^2$가 조건

$$\mathbf{L}(\epsilon_1) = \mathbf{e}_1 - 2\mathbf{e}_2, \quad \mathbf{L}(\epsilon_2) = \mathbf{e}_1 \quad \& \quad \mathbf{L}(\epsilon_3) = 5\mathbf{e}_1 + \mathbf{e}_2$$

을 만족할 때, 다음을 구하여라. 단, $\{\epsilon_1, \epsilon_2, \epsilon_3\}$ & $\{\mathbf{e}_1, \mathbf{e}_2\}$는 각각 $\mathbb{E}^3$ & $\mathbb{E}^2$의 표준기저이다.[176]

(가) $\mathbf{L}$의 행렬 (나) rank($\mathbf{L}$) (다) ker($\mathbf{L}$)

2. 명제 7.1.8을 증명하여라.[177]

3. (7.6)을 증명하여라. 즉, 사상 $\varphi : \mathbb{E}^n \longrightarrow \mathbb{E}^n$이 전단사일 때, 사상 $\mathbf{g}, \mathbf{h} : \mathbb{E}^n \longrightarrow \mathbb{E}^n$에 대하여 $\mathbf{g} \circ \varphi = \mathbf{I} = \varphi \circ \mathbf{h}$를 만족하면 $\mathbf{g} = \mathbf{h} = \varphi^{-1}$이 성립함을 보여라.[178]

4. 다음 물음에 답하여라.[179]

(가) 두 개의 아핀변환의 합성은 아핀변환임을 보여라.

(나) 아핀변환이 단사이기 위한 조건을 찾아라.

5. 행렬 $\begin{pmatrix} 0 & 1 \\ 1 & 0 \end{pmatrix}$을 표현행렬로 갖는 선형변환 $\mathbf{L} : \mathbb{E}^2 \longrightarrow \mathbb{E}^2$가 주어질 때, 다음 물음에 답하여라. 여기서 $\mathbf{S} : \mathbb{E}^2 \longrightarrow \mathbb{E}^2\ ((x, y) \longmapsto (x, -y))$이다.[180]

(가) $\mathbf{S} \circ \mathbf{L}$ & $\mathbf{L} \circ \mathbf{S}$의 표현행렬을 구하여라.

(나) $\mathbf{S} \circ \mathbf{L}$ & $\mathbf{L} \circ \mathbf{S}$가 원점 $\mathbf{0} \in \mathbb{E}^2$에 관한 $\mathbb{E}^2$의 회전임을 보여라.

6. $\mathbf{L} : \mathbb{E}^n \longrightarrow \mathbb{E}^n$가 직교변환일 때, 다음 물음에 답하여라. [181]

(가) $\mathbf{L}$은 정규직교집합을 정규직교집합으로 사상한다.

(나) $\mathbf{L}$은 전단사이다.

7. $\mathbf{L}, \mathbf{M} : \mathbb{E}^n \longrightarrow \mathbb{E}^n$이 원점 $\mathbf{0} \in \mathbb{E}^n$에 관한 $\mathbb{E}^n$의 회전이면 $\mathbf{L}^{-1}$ & $\mathbf{M} \circ \mathbf{L}$도 역시 원점 $\mathbf{0} \in \mathbb{E}^n$에 관한 $\mathbb{E}^n$의 회전임을 보여라.[182]

8. 벡터 $\mathbf{v}_1 = \left(\frac{1}{\sqrt{5}}, 0, \frac{2}{\sqrt{5}}\right)$, $\mathbf{v}_2 = \left(-\frac{2}{\sqrt{10}}, \frac{\sqrt{5}}{\sqrt{10}}, \frac{1}{\sqrt{10}}\right)$ & $\mathbf{v}_3 = \left(\frac{2}{\sqrt{10}}, \frac{\sqrt{5}}{\sqrt{10}}, -\frac{1}{\sqrt{10}}\right)$에 대하여 다음 물음에 답하여라.[183]

(가) $\{\mathbf{v}_1, \mathbf{v}_2, \mathbf{v}_3\}$는 $\mathbb{E}^3$의 정규직교기저임을 보여라.

(나) $\mathbf{v}_1, \mathbf{v}_2, \mathbf{v}_3$를 열벡터로 갖는 행렬이 $\mathbf{L}$의 표현행렬일 때, $\mathbf{L}^t$를 구하고 $\mathbf{L}^t \circ \mathbf{L} = \mathbf{I}$임을 보여라. 또한 $\mathbf{L}$은 원점 $\mathbf{0}$에 관한 $\mathbb{E}^3$의 회전인가?

9. 벡터 $\mathbf{v} \in \mathbb{E}^n$와 선형변환 $\mathbf{L} \in \mathscr{L}(\mathbb{E}^r, \mathbb{E}^n)$가 주어질 때, 함수 $\mathbf{v} \cdot \mathbf{L} : \mathbb{E}^r \longrightarrow \mathbb{E}^1$을

$$(\mathbf{v} \cdot \mathbf{L})(\mathbf{x}) := \mathbf{v} \cdot \mathbf{L}(\mathbf{x}) \quad (\forall \mathbf{x} \in \mathbb{E}^r)$$

로 정의하면 $\mathbf{v} \cdot \mathbf{L}$은 선형범함수이고, 더욱이

$$\mathbf{v} = (v^1, v^2, \cdots, v^n) \quad \& \quad \mathbf{L} = (L^1, L^2, \cdots, L^n)$$

라 두면 선형범함수로서 $\mathbf{v} \cdot \mathbf{L} = \sum_{j=1}^n v^j L^j$를 만족함을 보여라.[184]

10. 함수 $|||\cdot||| : \mathscr{L}(\mathbb{E}^r, \mathbb{E}^n) \longrightarrow \mathbb{E}^1$을 각 $\mathbf{L} \in \mathscr{L}(\mathbb{E}^r, \mathbb{E}^n)$에 대하여

$$|||\mathbf{L}||| := \|\mathbf{w}_1\| + \|\mathbf{w}_2\| + \cdots + \|\mathbf{w}_n\|$$

로 정의할 때, 다음 물음에 답하여라. 단, $\mathbf{w}_1, \mathbf{w}_2, \cdots, \mathbf{w}_n \in \mathbb{E}^r$은 $\mathbf{L}$의 표현행렬 $[\mathbf{L}]_{n\times r}$의 행벡터를 의미한다.[185]

(가) $(\mathscr{L}(\mathbb{E}^r, \mathbb{E}^n), |||\cdot|||)$은 노름공간임을 보여라.

(나) 임의의 $\mathbf{L} \in \mathscr{L}(\mathbb{E}^r, \mathbb{E}^n)$에 대하여 $\|\mathbf{L}\| \le |||\mathbf{L}|||$임을 보여라. 단, $\|\mathbf{L}\|$은 (7.7)에서와 같이 정의된다.

7.4 미분가능한 변환

이제, 벡터값 함수의 미분가능성에 대한 개념을 정의하고 실숫값 함수의 미분과 어떠한 관련이 있는지 등에 관하여 살펴보기로 하자. 지금부터 이후에는 특별한 언급이 없으면 유클리드 공간 $\mathbb{E}^r$의 표준기저를 $\{\mathbf{e}_1, \mathbf{e}_2, \cdots, \mathbf{e}_r\}$로 표현한다.

정의 7.4.1. 변환 $\mathbf{f}: \Omega(\subset \mathbb{E}^r) \longrightarrow \mathbb{E}^n$와 점 $\mathbf{x}_0 \in \mathrm{int}(\Omega)$가 주어질 때, 조건

$$\lim_{\mathbb{E}^r \ni \mathbf{h} \to \mathbf{0}} \frac{\mathbf{f}(\mathbf{x}_0 + \mathbf{h}) - \mathbf{f}(\mathbf{x}_0) - \mathbf{L}(\mathbf{h})}{\|\mathbf{h}\|} = \mathbf{0} \tag{7.9}$$

을 만족하고 $\mathbf{x}_0$에 의존하는 선형변환 $\mathbf{L} \in \mathscr{L}(\mathbb{E}^r, \mathbb{E}^n)$이 존재하는 경우, 변환 $\mathbf{f}$는 $\mathbf{x}_0$에서 **미분가능(differentiable)**이라 한다. $\mathbf{L} := D\mathbf{f}(\mathbf{x}_0)$로 나타내고 $\mathbf{x}_0$에서 변환 $\mathbf{f}$의 **미분(differential)**이라 한다. 또한 Ω가 열린집합이고 변환 $\mathbf{f}$가 Ω의 모든 점에서 미분가능할 때, $\mathbf{f}$는 Ω **위에서 미분가능**이라 한다.

도움정리 5.1.9와 마찬가지 방법으로 다음을 증명할 수 있다.

도움정리 7.4.2. 선형변환 $\mathbf{L}: \mathbb{E}^r \longrightarrow \mathbb{E}^n$가 조건

$$\lim_{\mathbb{E}^r \ni \mathbf{h} \to \mathbf{0}} \frac{\mathbf{L}(\mathbf{h})}{\|\mathbf{h}\|} = \mathbf{0} \tag{7.10}$$

을 만족하면 $\mathbf{L} = \mathbf{0}$이다.

[증명] 각 $j \in \{1, 2, \cdots, r\}$에 대하여 $\lim_{\mathbb{E}^1 \ni t \to 0} t\mathbf{e}_j = \mathbf{0}$ & $\|t\mathbf{e}_j\| = |t|\,(\forall t \in \mathbb{E}^1)$이므로 (7.10)에 따르면

$$\lim_{\mathbb{E}^1 \ni t \to 0} \frac{t\mathbf{L}(\mathbf{e}_j)}{|t|} = \lim_{\mathbb{E}^1 \ni t \to 0} \frac{\mathbf{L}(t\mathbf{e}_j)}{\|t\mathbf{e}_j\|} = \mathbf{0}$$

이 성립한다. 한편

$$\lim_{\mathbb{E}^1 \ni t \to 0+} \frac{t\mathbf{L}(\mathbf{e}_j)}{|t|} = \mathbf{L}(\mathbf{e}_j) \quad \& \quad \lim_{\mathbb{E}^1 \ni t \to 0-} \frac{t\mathbf{L}(\mathbf{e}_j)}{|t|} = -\mathbf{L}(\mathbf{e}_j)$$

이므로 $\mathbf{L}(\mathbf{e}_j) = 0$을 얻는다. 그러나 $\{\mathbf{e}_1, \mathbf{e}_2, \cdots, \mathbf{e}_r\}$가 유클리드 공간 $\mathbb{E}^r$의 표준기저이므로 임의의 $\mathbf{x} \in \mathbb{E}^r$에 대하여 $\mathbf{x} = \sum_{j=1}^r x^j \mathbf{e}_j$이고 더욱이 $\mathbf{L}(\mathbf{x}) = \sum_{j=1}^r x^j \mathbf{L}(\mathbf{e}_j) = \mathbf{0}$임을 알수 있다. 결국 $\mathbf{L} = \mathbf{0}$을 보였다. □

명제 7.4.3. (7.9)를 만족하는 선형변환 $\mathbf{L}: \mathbb{E}^r \longrightarrow \mathbb{E}^n$은 유일하다.

[증명] $\mathbf{L}_1: \mathbb{E}^r \longrightarrow \mathbb{E}^n$이 (7.9)를 만족하는 또 하나의 선형변환이라 하면

$$\begin{aligned}
\lim_{\mathbb{E}^r \ni \mathbf{h} \to \mathbf{0}} \frac{\mathbf{L}(\mathbf{h}) - \mathbf{L}_1(\mathbf{h})}{\|\mathbf{h}\|} &= \lim_{\mathbb{E}^r \ni \mathbf{h} \to \mathbf{0}} \frac{f(\mathbf{x}_0 + \mathbf{h}) - f(\mathbf{x}_0) - \mathbf{L}_1(\mathbf{h}) - f(\mathbf{x}_0 + \mathbf{h}) + f(\mathbf{x}_0) + \mathbf{L}(\mathbf{h})}{\|\mathbf{h}\|} \\
&= \lim_{\mathbb{E}^r \ni \mathbf{h} \to \mathbf{0}} \frac{f(\mathbf{x}_0 + \mathbf{h}) - f(\mathbf{x}_0) - \mathbf{L}_1(\mathbf{h})}{\|\mathbf{h}\|} \\
&\quad - \lim_{\mathbb{E}^r \ni \mathbf{h} \to \mathbf{0}} \frac{f(\mathbf{x}_0 + \mathbf{h}) - f(\mathbf{x}_0) + \mathbf{L}(\mathbf{h})}{\|\mathbf{h}\|} = \mathbf{0}
\end{aligned}$$

이 성립함을 알 수 있다. 그러므로 도움정리 7.4.2를 적용하면 $\mathbf{L} = \mathbf{L}_1$을 얻고 증명을 마친다. □

주 의 7.4.4. 유클리드 공간 위에서 정의된 모든 '상수변환'은 미분가능하고 그의 미분은 영변환이다.

명제 7.4.5. 선형변환 $\mathbf{L} : \mathbb{E}^r \longrightarrow \mathbb{E}^n$은 $\mathbb{E}^r$ 위에서 미분가능하고 $D\mathbf{L}(\mathbf{x}) = \mathbf{L}$ $(\forall \mathbf{x} \in \mathbb{E}^r)$이다.

[증명] 임의의 점 $\mathbf{x}_0 \in \mathbb{E}^r$를 정해두면 $\mathbf{L}$이 선형이므로 각 $\mathbf{h} \in \mathbb{E}^r$에 대하여

$$\mathbf{L}(\mathbf{x}_0 + \mathbf{h}) - \mathbf{L}(\mathbf{x}_0) - \mathbf{L}(\mathbf{h}) = \mathbf{L}(\mathbf{x}_0 + \mathbf{h} - \mathbf{x}_0 - \mathbf{h}) = \mathbf{L}(\mathbf{0}) = \mathbf{0}$$

이다. 따라서

$$\lim_{\mathbb{E}^r \ni \mathbf{h} \to \mathbf{0}} \frac{\mathbf{L}(\mathbf{x}_0 + \mathbf{h}) - \mathbf{L}(\mathbf{x}_0) - \mathbf{L}(\mathbf{h})}{\|\mathbf{h}\|} = \mathbf{0}$$

이 성립하고, 특히 명제 7.4.3에 의하여 $D\mathbf{L}(\mathbf{x}_0) = \mathbf{L}$임을 알 수 있다. □

명제 7.4.6. 변환 $\mathbf{f} : \Omega(\subset \mathbb{E}^r) \longrightarrow \mathbb{E}^n$가 점 $\mathbf{x}_0 \in \text{int}(\Omega)$에서 미분가능하면 $\mathbf{f}$는 $\mathbf{x}_0$에서 연속이다.

[증명] $\mathbf{f}$가 $\mathbf{x}_0 \in \text{int}(\Omega)$에서 미분가능하므로 양수 $\epsilon = 1$에 대하여 조건

$$\ulcorner \mathbf{h} \in \mathbb{E}^r \ \& \ \|\mathbf{h}\| < \delta_0 \lrcorner \implies \begin{cases} \circ \ \mathbf{x}_0 + \mathbf{h} \in \Omega\,; \\ \circ \ \|\mathbf{f}(\mathbf{x}_0 + \mathbf{h}) - \mathbf{f}(\mathbf{x}_0) - (D\mathbf{f}(\mathbf{x}_0))(\mathbf{h})\| \leq \|\mathbf{h}\| \end{cases} \tag{7.11}$$

을 만족하는 양수 $\delta_0 > 0$가 존재한다. 그러므로 '삼각부등식'과 명제 7.3.1을 적용하면 $\|\mathbf{h}\| < \delta_0$을 만족하는 임의의 $\mathbf{h} \in \mathbb{E}^r$에 대하여

$$\begin{aligned} \|\mathbf{f}(\mathbf{x}_0 + \mathbf{h}) - \mathbf{f}(\mathbf{x}_0)\| &\leq \|\mathbf{f}(\mathbf{x}_0 + \mathbf{h}) - \mathbf{f}(\mathbf{x}_0) - (D\mathbf{f}(\mathbf{x}_0))(\mathbf{h})\| + \|(D\mathbf{f}(\mathbf{x}_0))(\mathbf{h})\| \\ &\leq \|\mathbf{h}\| + \|D\mathbf{f}(\mathbf{x}_0)\|\|\mathbf{h}\| \\ &= (1 + \|D\mathbf{f}(\mathbf{x}_0)\|)\|\mathbf{h}\| \end{aligned} \tag{7.12}$$

가 성립한다. 이제, 임의의 양수 $\epsilon > 0$을 정해두고

$$\delta := \min\left\{\delta_0, \ \frac{\epsilon}{1 + \|D\mathbf{f}(\mathbf{x}_0)\|}\right\} > 0$$

라 하면

$$\ulcorner \mathbf{h} \in \mathbb{E}^r \ \& \ \|\mathbf{h}\| < \delta \lrcorner \implies \|\mathbf{f}(\mathbf{x}_0 + \mathbf{h}) - \mathbf{f}(\mathbf{x}_0)\| < \epsilon$$

가 성립하므로 $\mathbf{f}$는 $\mathbf{x}_0$에서 연속이다. □

명제 7.4.7. 점 $\mathbf{x}_0 \in \text{int}(\Omega)$에서 미분가능한 변환 $\mathbf{f}, \mathbf{F} : \Omega(\subset \mathbb{E}^r) \longrightarrow \mathbb{E}^n$와 실수 $\lambda \in \mathbb{E}^1$가 주어질 때, 다음이 성립한다.

(a) $\mathbf{f} + \mathbf{F}$도 $\mathbf{x}_0$에서 미분가능하고 $D(\mathbf{f} + \mathbf{F})(\mathbf{x}_0) = D\mathbf{f}(\mathbf{x}_0) + D\mathbf{F}(\mathbf{x}_0)$이다.

(b) $\lambda\mathbf{f}$도 점 $\mathbf{x}_0$에서 미분가능하고 $D(\lambda\mathbf{f})(\mathbf{x}_0) = \lambda D\mathbf{f}(\mathbf{x}_0)$이다.

[증명] 가정에 의하여 $\mathbf{f}$, $\mathbf{F}$가 점 $\mathbf{x}_0 \in \mathrm{int}(D)$에서 미분가능하므로 $\varphi \in \{\mathbf{f}, \mathbf{F}\}$라 하면

$$\lim_{\mathbb{E}^r \ni \mathbf{h} \to \mathbf{0}} \frac{\varphi(\mathbf{x}_0 + \mathbf{h}) - \varphi(\mathbf{x}_0) - (D\varphi(\mathbf{x}_0))(\mathbf{h})}{\|\mathbf{h}\|} = \mathbf{0}$$

이고 또한 $D\varphi(\mathbf{x}_0) \in \mathscr{L}(\mathbb{E}^r, \mathbb{E}^n)$이다.

(a) 변환 $\mathbf{f} + \mathbf{F}$에 대하여 생각하면

$$\begin{aligned}
&\lim_{\mathbb{E}^r \ni \mathbf{h} \to \mathbf{0}} \frac{(\mathbf{f}+\mathbf{F})(\mathbf{x}_0 + \mathbf{h}) - (\mathbf{f}+\mathbf{F})(\mathbf{x}_0) - \{D\mathbf{f}(\mathbf{x}_0) + D\mathbf{F}(\mathbf{x}_0)\}(\mathbf{h})}{\|\mathbf{h}\|} \\
&\quad = \lim_{\mathbb{E}^r \ni \mathbf{h} \to \mathbf{0}} \frac{\mathbf{f}(\mathbf{x}_0 + \mathbf{h}) + \mathbf{F}(\mathbf{x}_0 + \mathbf{h}) - \mathbf{f}(\mathbf{x}_0) - \mathbf{F}(\mathbf{x}_0) - (D\mathbf{f}(\mathbf{x}_0))(\mathbf{h}) - (D\mathbf{F}(\mathbf{x}_0))(\mathbf{h})}{\|\mathbf{h}\|} \\
&\quad = \lim_{\mathbb{E}^r \ni \mathbf{h} \to \mathbf{0}} \frac{\mathbf{f}(\mathbf{x}_0 + \mathbf{h}) - \mathbf{f}(\mathbf{x}_0) - (D\mathbf{f}(\mathbf{x}_0))(\mathbf{h})}{\|\mathbf{h}\|} \\
&\qquad\qquad + \lim_{\mathbb{E}^r \ni \mathbf{h} \to \mathbf{0}} \frac{\mathbf{F}(\mathbf{x}_0 + \mathbf{h}) - \mathbf{F}(\mathbf{x}_0) - (D\mathbf{F}(\mathbf{x}_0))(\mathbf{h})}{\|\mathbf{h}\|} = \mathbf{0}
\end{aligned}$$

이므로 $\mathbf{f} + \mathbf{F}$는 $\mathbf{x}_0$에서 미분가능하고, 특히 명제 7.4.3에 의하여

$$D(\mathbf{f} + \mathbf{F})(\mathbf{x}_0) = D\mathbf{f}(\mathbf{x}_0) + D\mathbf{F}(\mathbf{x}_0)$$

이 성립한다.

(b) 변환 $\lambda\mathbf{f}$에 대하여 생각하면

$$\begin{aligned}
&\lim_{\mathbb{E}^r \ni \mathbf{h} \to \mathbf{0}} \frac{(\lambda\mathbf{f})(\mathbf{x}_0 + \mathbf{h}) - (\lambda\mathbf{f})(\mathbf{x}_0) - [\lambda D\mathbf{f}(\mathbf{x}_0)](\mathbf{h})}{\|\mathbf{h}\|} \\
&\qquad = \lim_{\mathbb{E}^r \ni \mathbf{h} \to \mathbf{0}} \frac{\lambda\mathbf{f}(\mathbf{x}_0 + \mathbf{h}) - \lambda\mathbf{f}(\mathbf{x}_0) - [\lambda D\mathbf{f}(\mathbf{x}_0)](\mathbf{h})}{\|\mathbf{h}\|} \\
&\qquad = \lambda \lim_{\mathbb{E}^r \ni \mathbf{h} \to \mathbf{0}} \frac{\mathbf{f}(\mathbf{x}_0 + \mathbf{h}) - \mathbf{f}(\mathbf{x}_0) - (D\mathbf{f}(\mathbf{x}_0))(\mathbf{h})}{\|\mathbf{h}\|} = \mathbf{0}
\end{aligned}$$

이 성립하여 $\lambda\mathbf{f}$는 점 $\mathbf{x}_0 \in \mathrm{int}(D)$에서 미분가능하고 $D(\lambda\mathbf{f})(\mathbf{x}_0) = \lambda D\mathbf{f}(\mathbf{x}_0)$이다. □

명제 7.4.8. 변환 $\mathbf{f} : \Omega(\subset \mathbb{E}^r) \longrightarrow \mathbb{E}^n$와 점 $\mathbf{t}_0 \in \mathbb{E}^n$가 주어질 때, $\mathbf{g}(\mathbf{x}) := \mathbf{f}(\mathbf{x}) + \mathbf{t}_0$ $(\forall\, \mathbf{x} \in \Omega)$로 정의된 변환 $\mathbf{g} : \Omega \longrightarrow \mathbb{E}^n$을 생각하면 다음이 성립한다.

(a) $\mathbf{f}$가 점 $\mathbf{x}_0 \in \mathrm{int}(\Omega)$에서 미분가능하면 $\mathbf{g}$도 $\mathbf{x}_0$에서 미분가능하고 $D\mathbf{g}(\mathbf{x}_0) = D\mathbf{f}(\mathbf{x}_0)$이다.

(b) $\Omega = \mathbb{E}^r$ & $\mathbf{f} = \mathbf{L} \in \mathscr{L}(\mathbb{E}^r, \mathbb{E}^n)$이면 아핀변환 $\mathbf{g}$는 임의의 점 $\mathbf{x} \in \mathbb{E}^r$에서 미분가능하고 $D\mathbf{g}(\mathbf{x}) = \mathbf{f}$이다.

[증명] (a) 상수변환 $\boldsymbol{\psi} : \Omega \longrightarrow \mathbb{E}^n$ $(\mathbf{x} \longmapsto \mathbf{t}_0)$를 생각하면 Ω 위에서 $\mathbf{g} = \mathbf{f} + \boldsymbol{\psi}$이다. 또한 $\boldsymbol{\psi}$는 점 $\mathbf{x}_0 \in \mathrm{int}(\Omega)$에서 미분가능하고 $D\boldsymbol{\psi}(\mathbf{x}_0) = \mathbf{0}$이므로 명제 7.4.7에 의하여 $\mathbf{g}$는 $\mathbf{x}_0$에서 미분가능하고 $D\mathbf{g}(\mathbf{x}_0) = D\mathbf{f}(\mathbf{x}_0)$이다.

(b) 선형변환 $\mathbf{L} \in \mathscr{L}(\mathbb{E}^r, \mathbb{E}^n)$은 임의의 점 $\mathbf{x} \in \mathbb{E}^r$에서 미분가능하고 $D\mathbf{L}(\mathbf{x}) = \mathbf{L}$이므로 명제 7.4.7에 의하여 $\mathbf{g}$는 임의의 점 $\mathbf{x} \in \mathbb{E}^r$에서 미분가능하고 $D\mathbf{g}(\mathbf{x}) = \mathbf{f}$이다. □

정리 7.4.9. 변환 $\mathbf{f} = (f^1, f^2, \cdots, f^n) : \Omega(\subset \mathbb{E}^r) \longrightarrow \mathbb{E}^n$와 점 $\mathbf{x}_0 \in \mathrm{int}(\Omega)$가 주어질 때, 다음이 성립한다.

(a) $\mathbf{f}$가 $\mathbf{x}_0$에서 미분가능하기 위한 필요충분조건은 각 $i \in \{1, 2, \cdots, n\}$에 대하여 f^i가 $\mathbf{x}_0$에서 미분가능한 것이다.

(b) $\mathbf{f}$가 $\mathbf{x}_0$에서 미분가능이면

$$[D\mathbf{f}(\mathbf{x}_0)]_{n\times r} = \begin{pmatrix} f^1_1(\mathbf{x}_0) & f^1_2(\mathbf{x}_0) & \cdots & f^1_r(\mathbf{x}_0) \\ f^2_1(\mathbf{x}_0) & f^2_2(\mathbf{x}_0) & \cdots & f^2_r(\mathbf{x}_0) \\ \vdots & \vdots & \ddots & \vdots \\ f^n_1(\mathbf{x}_0) & f^n_2(\mathbf{x}_0) & \cdots & f^n_r(\mathbf{x}_0) \end{pmatrix}$$

이다.

[증명] (a) ($\Longrightarrow$) $D\mathbf{f}(\mathbf{x}_0) = \mathbf{L} := (L^1, L^2, \cdots, L^n)$이라 두면 각 $i \in \{1, 2, \cdots, n\}$에 대하여 $L^i : \mathbb{E}^r \longrightarrow \mathbb{E}^1$은 선형범함수이다. 더욱이

$$\lim_{\mathbb{E}^r \ni \mathbf{h} \to \mathbf{0}} \frac{\mathbf{f}(\mathbf{x}_0 + \mathbf{h}) - \mathbf{f}(\mathbf{x}_0) - \mathbf{L}(\mathbf{h})}{\|\mathbf{h}\|} = \mathbf{0}$$

이므로 명제 3.3.9를 적용하면 각 $i \in \{1, 2, \cdots, n\}$에 대하여

$$\lim_{\mathbb{E}^r \ni \mathbf{h} \to \mathbf{0}} \frac{f^i(\mathbf{x}_0 + \mathbf{h}) - f^i(\mathbf{x}_0) - L^i(\mathbf{h})}{\|\mathbf{h}\|} = 0$$

이 성립한다. 그러므로 각 $i \in \{1, 2, \cdots, n\}$에 대하여 f^i는 $\mathbf{x}_0$에서 미분가능이다.

($\Longleftarrow$) 각 $i \in \{1, 2, \cdots, n\}$에 대하여 f^i가 $\mathbf{x}_0$에서 미분가능이라 가정하고 $df^i(\mathbf{x}_0)$를 코벡터로 갖는 선형범함수를 $L^i : \mathbb{E}^r \longrightarrow \mathbb{E}^1$라 두자. 이때, $\mathbf{L} := (L^1, L^2, \cdots, L^n) \in \mathscr{L}(\mathbb{E}^r, \mathbb{E}^n)$이고, 더욱이

$$\lim_{\mathbb{E}^r \ni \mathbf{h} \to \mathbf{0}} \frac{f^i(\mathbf{x}_0 + \mathbf{h}) - f^i(\mathbf{x}_0) - L^i(\mathbf{h})}{\|\mathbf{h}\|} = 0$$

이므로 명제 3.3.9를 적용하면

$$\lim_{\mathbb{E}^r \ni \mathbf{h} \to \mathbf{0}} \frac{\mathbf{f}(\mathbf{x}_0 + \mathbf{h}) - \mathbf{f}(\mathbf{x}_0) - \mathbf{L}(\mathbf{h})}{\|\mathbf{h}\|} = \mathbf{0}$$

이 성립한다. 즉, $\mathbf{f}$는 $\mathbf{x}_0$에서 미분가능이다.

(b) $D\mathbf{f}(\mathbf{x}_0) = \mathbf{L} := (L^1, L^2, \cdots, L^n)$라 두고, (a)를 적용하면, 각 $i \in \{1, 2, \cdots, n\}$에 대하여

$$L^i(\mathbf{h}) = df^i(\mathbf{x}_0) \cdot \mathbf{h} = \sum_{j=1}^{r} f^i_j(\mathbf{x}_0) h^j \quad (\forall\, \mathbf{h} = (h^1, h^2, \cdots, h^r) \in \mathbb{E}^r)$$

가 성립하므로

$$[D\mathbf{f}(\mathbf{x}_0)]_{n\times r} = \begin{pmatrix} L^1(\mathbf{e}_1) & L^1(\mathbf{e}_2) & \cdots & L^1(\mathbf{e}_r) \\ L^2(\mathbf{e}_1) & L^2(\mathbf{e}_2) & \cdots & L^2(\mathbf{e}_r) \\ \vdots & \vdots & \ddots & \vdots \\ L^n(\mathbf{e}_1) & L^n(\mathbf{e}_2) & \cdots & L^n(\mathbf{e}_r) \end{pmatrix} = \begin{pmatrix} f^1_1(\mathbf{x}_0) & f^1_2(\mathbf{x}_0) & \cdots & f^1_r(\mathbf{x}_0) \\ f^2_1(\mathbf{x}_0) & f^2_2(\mathbf{x}_0) & \cdots & f^2_r(\mathbf{x}_0) \\ \vdots & \vdots & \ddots & \vdots \\ f^n_1(\mathbf{x}_0) & f^n_2(\mathbf{x}_0) & \cdots & f^n_r(\mathbf{x}_0) \end{pmatrix}$$

를 얻는다. □

명제 7.4.10. 닫힌구간 $[a,b] \subset \mathbb{E}^1$ 위에서 연속이고 개구간 (a,b) 위에서 미분가능한 변환 $\mathbf{f} : [a,b] \longrightarrow \mathbb{E}^n$가 주어지면

$$\|\mathbf{f}(b) - \mathbf{f}(a)\| \leq (b-a)\|D\mathbf{f}(t)\|$$

를 만족하는 실수 $t \in (a,b)$가 존재한다.

[증명] $\mathbf{z} = \mathbf{f}(b) - \mathbf{f}(a)$라 두자. $\mathbf{z} = \mathbf{0}$인 경우는 부등식이 자동적으로 성립하기 때문에 $\mathbf{z} \neq \mathbf{0}$을 가정하자. 이때, 변환 $\varphi : [a,b] \longrightarrow \mathbb{E}^1$을 $\varphi(t) = \mathbf{z} \cdot \mathbf{f}(t)\ (\forall t \in [a,b])$로 정의하면 변환 φ는 닫힌구간 $[a,b]$ 위에서 연속이고 개구간 (a,b) 위에서 미분가능하다. 그러므로 '평균값정리'를 적용하면

$$\varphi(b) - \varphi(a) = (b-a)\varphi'(t) = (b-a)[\mathbf{z} \cdot (D\mathbf{f}(t))]$$

를 만족하는 $t \in (a,b)$가 존재한다. 한편

$$\varphi(b) - \varphi(a) = \mathbf{z} \cdot \mathbf{f}(b) - \mathbf{z} \cdot \mathbf{f}(a) = \mathbf{z} \cdot (\mathbf{f}(b) - \mathbf{f}(a)) = \mathbf{z} \cdot \mathbf{z} = \|\mathbf{z}\|^2$$

이므로 정리 1.1.3을 적용하면 부등식

$$\|\mathbf{z}\|^2 = (b-a)|\mathbf{z} \cdot (D\mathbf{f}(t))| \leq (b-a)\|\mathbf{z}\|\|D\mathbf{f}(t)\|$$

를 얻는다. 그러므로

$$\|\mathbf{f}(b) - \mathbf{f}(a)\| = \|\mathbf{z}\| \leq (b-a)\|D\mathbf{f}(t)\|$$

을 만족하는 실수 $t \in (a,b)$가 존재함을 보였다. □

정의 7.4.11. 변환 $\mathbf{f} : \Omega(\subset \mathbb{E}^r) \longrightarrow \mathbb{E}^n$와 점 $\mathbf{x}_0 \in \mathrm{int}(\Omega)$가 주어질 때, 다음과 같이 정의한다.

(a) 극한

$$\lim_{\mathbb{E}^1 \ni t \to 0} \frac{\mathbf{f}(\mathbf{x}_0 + t\mathbf{e}_j) - \mathbf{f}(\mathbf{x}_0)}{t}$$

가 존재하면 변환 $\mathbf{f}$는 점 $\mathbf{x}_0$에서 j-**좌표에 관하여 편미분가능**이라 하고 그의 극한값을 $\mathbf{f}_j(\mathbf{x}_0)$로 나타낸다.

(b) 임의의 $j \in \{1, 2, \cdots, r\}$에 대하여 극한

$$\lim_{\mathbb{E}^1 \ni t \to 0} \frac{\mathbf{f}(\mathbf{x}_0 + t\mathbf{e}_j) - \mathbf{f}(\mathbf{x}_0)}{t}$$

가 존재하면 변환 $\mathbf{f}$는 점 $\mathbf{x}_0$에서 **편미분가능**이라 한다.

명제 7.4.12. 선형변환 $\mathbf{L} : \mathbb{E}^r \longrightarrow \mathbb{E}^n$이 주어지면 $\mathbf{L}$은 각 점 $\mathbf{x}_0 \in \mathbb{E}^r$에서 편미분가능하고

$$\mathbf{L}_j(\mathbf{x}_0) = \mathbf{L}(\mathbf{e}_j) \quad (\forall j \in \{1, 2, \cdots, r\})$$

이다.

[증명] 각 $j \in \{1, 2, \cdots, r\}$와 임의의 점 $\mathbf{x}_0 \in \mathbb{E}^r$를 정해두면

$$\lim_{\mathbb{E}^1 \ni t \to 0} \frac{\mathbf{L}(\mathbf{x}_0 + t\mathbf{e}_j) - \mathbf{L}(\mathbf{x}_0)}{t} = \lim_{\mathbb{E}^1 \ni t \to 0} \frac{t\mathbf{L}(\mathbf{e}_j)}{t} = \mathbf{L}(\mathbf{e}_j)$$

이므로 선형변환 $\mathbf{L}$은 각 점 $\mathbf{x}_0 \in \mathbb{E}^r$에서 편미분가능하고 $\mathbf{L}_j(\mathbf{x}_0) = \mathbf{L}(\mathbf{e}_j)$이다. □

참고 7.4.13. 변환 $\mathbf{f} = (f^1, f^2, \cdots, f^n) : \Omega(\subset \mathbb{E}^r) \longrightarrow \mathbb{E}^n$가 점 $\mathbf{x}_0 \in \mathrm{int}(\Omega)$에서 미분가능할 때, 각 $j \in \{1, 2, \cdots, r\}$에 대하여 $\lim_{\mathbb{E}^1 \ni t \to 0} t\mathbf{e}_j = \mathbf{0}$ & $\|t\mathbf{e}_j\| = |t|\ (\forall t \in \mathbb{E}^1)$이므로 연습문제 3.3.9를 적용하면

$$\begin{aligned}\lim_{\mathbb{E}^1 \ni t \to 0} \frac{\mathbf{f}(\mathbf{x}_0 + t\mathbf{e}_j) - \mathbf{f}(\mathbf{x}_0)}{t} &= \lim_{\mathbb{E}^1 \ni t \to 0} \frac{\mathbf{f}(\mathbf{x}_0 + t\mathbf{e}_j) - \mathbf{f}(\mathbf{x}_0) - t(D\mathbf{f}(\mathbf{x}_0))(\mathbf{e}_j)}{t} + (D\mathbf{f}(\mathbf{x}_0))(\mathbf{e}_j) \\ &= \lim_{\mathbb{E}^1 \ni t \to 0} \frac{\mathbf{f}(\mathbf{x}_0 + t\mathbf{e}_j) - \mathbf{f}(\mathbf{x}_0) - (D\mathbf{f}(\mathbf{x}_0))(t\mathbf{e}_j)}{t} + (D\mathbf{f}(\mathbf{x}_0))(\mathbf{e}_j) \\ &= (D\mathbf{f}(\mathbf{x}_0))(\mathbf{e}_j)\end{aligned}$$

이므로 $\mathbf{f}_j(\mathbf{x}_0) = (D\mathbf{f}(\mathbf{x}_0))(\mathbf{e}_j)$이다.[6] 그러므로 명제 3.3.9에 따르면 각 $k \in \{1, 2, \cdots, n\}$에 대하여

$$\lim_{\mathbb{E}^1 \ni t \to 0} \frac{f^k(\mathbf{x}_0 + t\mathbf{e}_j) - f^k(\mathbf{x}_0)}{t} = f^k_j(\mathbf{x}_0)$$

가 존재하고, 더욱이

$$\mathbf{f}_j(\mathbf{x}_0) = (D\mathbf{f}(\mathbf{x}_0))(\mathbf{e}_j) = (f^1_j(\mathbf{x}_0), f^2_j(\mathbf{x}_0), \cdots, f^n_j(\mathbf{x}_0))$$

이다. 특히, 정리 7.4.9(b)로부터 $\mathbf{f}_j(\mathbf{x}_0)$는 행렬 $[D\mathbf{f}(\mathbf{x}_0)]_{n \times r}$의 j번째 열벡터임을 알 수 있다. 다른한편, 각 $k \in \{1, 2, \cdots, n\}$에 대하여

$$df^k(\mathbf{x}_0) = (f^k_1(\mathbf{x}_0), f^k_2(\mathbf{x}_0), \cdots, f^k_r(\mathbf{x}_0))$$

이므로 정리 7.4.9(b)로부터 $df^k(\mathbf{x}_0)$는 행렬 $[D\mathbf{f}(\mathbf{x}_0)]_{n \times r}$의 k번째 행벡터임을 알 수 있다.

정의 7.4.14. 변환 $\mathbf{f} = (f^1, f^2, \cdots, f^n) : \Omega(\subset \mathbb{E}^n) \longrightarrow \mathbb{E}^n$가 점 $\mathbf{x}_0 \in \mathrm{int}(\Omega)$에서 미분가능하면, 유클리드공간의 표준기저에 관한 $D\mathbf{f}(\mathbf{x}_0) \in \mathscr{L}(\mathbb{E}^n, \mathbb{E}^n)$의 정방행렬 $[D\mathbf{f}(\mathbf{x}_0)]_{n \times n}$을 얻고 이를 $\mathbf{x}_0$에서 $\mathbf{f}$의 **야코비 행렬(Jacobi matrix)**이라 한다. 또한,

$$J_{\mathbf{f}}(\mathbf{x}_0) := \det D\mathbf{f}(\mathbf{x}_0)$$

---

[6] 연습문제 3.3.9를 적용하면 다음이 성립한다.

$$\begin{aligned}&\lim_{\mathbb{E}^1 \ni t \to 0} \frac{\mathbf{f}(\mathbf{x}_0 + t\mathbf{e}_j) - \mathbf{f}(\mathbf{x}_0) - (D\mathbf{f}(\mathbf{x}_0))(t\mathbf{e}_j)}{\|t\mathbf{e}_j\|} = \mathbf{0} \\ &\Longleftrightarrow \lim_{\mathbb{E}^1 \ni t \to 0} \left\| \frac{\mathbf{f}(\mathbf{x}_0 + t\mathbf{e}_j) - \mathbf{f}(\mathbf{x}_0) - (D\mathbf{f}(\mathbf{x}_0))(t\mathbf{e}_j)}{|t|} \right\| = 0 \\ &\Longleftrightarrow \lim_{\mathbb{E}^1 \ni t \to 0} \frac{\mathbf{f}(\mathbf{x}_0 + t\mathbf{e}_j) - \mathbf{f}(\mathbf{x}_0) - (D\mathbf{f}(\mathbf{x}_0))(t\mathbf{e}_j)}{t} = \mathbf{0}.\end{aligned}$$

라 두고 $\mathbf{x}_0$에서 변환 $\mathbf{f}$의 **야코비안 행렬식(Jacobian determinant)**이라 한다. $\mathbf{x}_0$에서 변환 $\mathbf{f}$의 야코비안 행렬식을 성분을 이용하여

$$\left.\frac{\partial(f^1, f^2, \cdots, f^n)}{\partial(x^1, x^2, \cdots, x^n)}\right|_{\mathbf{x}=\mathbf{x}_0}$$

와 같이 표현하기도 한다.

정리 7.4.15. 영역 $\Omega \subset \mathbb{E}^r$와 미분가능한 변환 $\mathbf{f} = (f^1, f^2, \cdots, f^n) : \Omega \longrightarrow \mathbb{E}^n$가 주어질 때, 임의의 $\mathbf{x} \in \Omega$에 대하여 미분 $D\mathbf{f}(\mathbf{x})$ = '상수'이면 $\mathbf{f} = \mathbf{g}|_\Omega$를 만족하는 아핀변환 $\mathbf{g} : \mathbb{E}^r \longrightarrow \mathbb{E}^n$가 존재한다.

[증명] 점 $\mathbf{x}_0 \in \Omega$를 정해두고 변환 $\boldsymbol{\varphi} : \Omega \longrightarrow \mathbb{E}^n$를 $\boldsymbol{\varphi}(\mathbf{x}) := \mathbf{f}(\mathbf{x}) - (D\mathbf{f}(\mathbf{x}_0))(\mathbf{x})$ $(\forall \mathbf{x} \in \Omega)$로 정의하자. 이때, 명제 7.4.5 & 명제 7.4.7을 적용하면 $\boldsymbol{\varphi}$는 미분가능한 변환이고 $D\mathbf{f}(\mathbf{x}) = D\mathbf{f}(\mathbf{x}_0)$ $(\forall \mathbf{x} \in \Omega)$이므로 $D\boldsymbol{\varphi}(\mathbf{x}) = \mathbf{0}$ $(\forall \mathbf{x} \in \Omega)$을 얻는다. 특히, $\boldsymbol{\varphi} = (\varphi^1, \varphi^2, \cdots, \varphi^n)$라 두면 참고 7.4.13에 의하여

$$d\varphi^i(\mathbf{x}) = 0 \quad (\forall \mathbf{x} \in \Omega \ \& \ \forall i \in \{1, 2, \cdots, n\})$$

이 성립한다. 그러므로 따름정리 5.1.29를 적용하면 각 i $(1 \leq i \leq n)$에 대하여 $\varphi^i : \Omega \longrightarrow \mathbb{E}^1$은 '상수함수'이다. 즉, $\varphi^i(\mathbf{x}) = c^i$ $(\forall \mathbf{x} \in \Omega)$를 만족하는 실수 $c^i \in \mathbb{E}^1$가 존재한다. $\mathbf{c} = (c^1, c^2, \cdots, c^n) \in \mathbb{E}^n$라 두면 $\boldsymbol{\varphi}(\mathbf{x}) = \mathbf{c}$ $(\forall \mathbf{x} \in \Omega)$이다. 특히, $\mathbf{f}(\mathbf{x}) = (D\mathbf{f}(\mathbf{x}_0))(\mathbf{x}) + \mathbf{c}$ $(\forall \mathbf{x} \in \Omega)$이다. 이제, $D\mathbf{f}(\mathbf{x}_0) \in \mathscr{L}(\mathbb{E}^r, \mathbb{E}^n)$이므로 변환 $\mathbf{g} : \mathbb{E}^r \longrightarrow \mathbb{E}^n$를 $\mathbf{g}(\mathbf{x}) = (D\mathbf{f}(\mathbf{x}_0))(\mathbf{x}) + \mathbf{c}$ $(\forall \mathbf{x} \in \mathbb{E}^r)$로 정의하면 $\mathbf{g}$는 아핀변환이고 $\mathbf{f} = \mathbf{g}|_\Omega$를 만족한다. □

정리 7.4.15에서 특별히 $D\mathbf{f}(\mathbf{x}) = \mathbf{0}$ $(\forall \mathbf{x} \in \Omega)$이면 다음과 같은 결과를 얻는다.

따름정리 7.4.16. 영역 $\Omega \subset \mathbb{E}^r$와 미분가능한 변환 $\mathbf{f} : \Omega \longrightarrow \mathbb{E}^n$가 주어질 때, 임의의 $\mathbf{x} \in \Omega$에 대하여 $D\mathbf{f}(\mathbf{x}) = \mathbf{0}$이면 $\mathbf{f}$는 '상수변환'이다.

7.5 $\mathcal{C}^q$-급 변환

이제, 실숫값 함수의 $\mathcal{C}^q$-급 개념을 확장하여 벡터값 함수의 $\mathcal{C}^q$-급 개념을 살펴보기로 하자.

정의 7.5.1. 열린집합 $\Omega \subset \mathbb{E}^r$ 위에서 정의된 변환 $\mathbf{f} = (f^1, f^2, \cdots, f^n) : \Omega \longrightarrow \mathbb{E}^n$와 $q \in \mathbb{Z}_+$가 주어질 때, 다음과 같이 정의한다.

(a) 각 $i \in \{1, 2, \cdots, n\}$에 대하여 $f^i \in \mathcal{C}^q(\Omega)$인 경우, $\mathbf{f}$를 Ω **위에서 $\mathcal{C}^q$-급 변환**이라 하고 간단히 $\mathbf{f} \in \mathcal{C}^q(\Omega, \mathbb{E}^n)$으로 나타낸다.

(b) 각 $i \in \{1, 2, \cdots, n\}$에 대하여 f^i가 $B(\subset \Omega)$ 위에서 $\mathcal{C}^q$-급 함수인 경우, $\mathbf{f}$를 B **위에서 $\mathcal{C}^q$-급 변환**이라 한다.

(c) $\mathbf{f}$가 각 점 $\mathbf{x} \in \Omega$에서 미분가능한 경우, $\mathbf{f}$를 **미분가능한 변환**이라 한다.

사영사상과 삽입사상의 미분가능성에 대하여 살펴보기로 하자.

보기 7.5.2. $\mathbf{x} \in \mathbb{E}^n$ & $\mathbf{y} \in \mathbb{E}^m$일 때, $\mathbf{x}$의 성분은 $x^j\,(1 \leq j \leq n)$ 그리고 $\mathbf{y}$의 성분은 $y^j\,(1 \leq j \leq m)$ 등으로 표현됨을 상기하자. 이때,

(1) $j \in \{1, 2, \cdots, n\}$를 정해두고 $\boldsymbol{\kappa}^j(t) := t\boldsymbol{\epsilon}_j\ (\forall t \in \mathbb{E}^1)$로 정의된 j-번째 삽입사상 $\boldsymbol{\kappa}^j : \mathbb{E}^1 \longrightarrow \mathbb{E}^n$를 생각하면, 각 $t \in \mathbb{E}^1$에 대하여

$$\lim_{\mathbb{E}^1 \ni s \to 0} \frac{\boldsymbol{\kappa}^j(t+s) - \boldsymbol{\kappa}^j(t)}{s} = \lim_{\mathbb{E}^1 \ni s \to 0} \frac{(t+s)\boldsymbol{\epsilon}_j - t\boldsymbol{\epsilon}_j}{s} = \boldsymbol{\epsilon}_j$$

이므로 $(\boldsymbol{\kappa}^j)'(t) = \boldsymbol{\epsilon}_j$를 얻는다. 따라서 임의의 $q \in \mathbb{Z}_+$에 대하여 $\boldsymbol{\kappa}^j \in \mathcal{C}^q(\mathbb{E}^1, \mathbb{E}^n)$이다.

(2) 임의의 $(\mathbf{x}, \mathbf{y}) \in \mathbb{E}^n \times \mathbb{E}^m$에 대하여 각각 $\boldsymbol{\pi}_1(\mathbf{x}, \mathbf{y}) := \mathbf{x}$ & $\boldsymbol{\pi}_2(\mathbf{x}, \mathbf{y}) := \mathbf{y}$로 정의된 사영사상 $\boldsymbol{\pi}_1 : \mathbb{E}^n \times \mathbb{E}^m \longrightarrow \mathbb{E}^n$ & $\boldsymbol{\pi}_2 : \mathbb{E}^n \times \mathbb{E}^m \longrightarrow \mathbb{E}^m$의 경우를 생각하면, 각 $k \in \{1, 2, \cdots, n\}$에 대하여 $\pi_1^k(\mathbf{x}, \mathbf{y}) = x^k$이고, 또한 각 $j \in \{1, 2, \cdots, m\}$에 대하여 $\pi_2^j(\mathbf{x}, \mathbf{y}) = y^j$임을 알 수 있다. 따라서 임의의 $q \in \mathbb{Z}_+$에 대하여 $\boldsymbol{\pi}_1 \in \mathcal{C}^q(\mathbb{E}^n \times \mathbb{E}^m, \mathbb{E}^n)$ & $\boldsymbol{\pi}_2 \in \mathcal{C}^q(\mathbb{E}^n \times \mathbb{E}^m, \mathbb{E}^m)$이다.

(3) 각각 $\boldsymbol{\kappa}_1(\mathbf{x}) = (\mathbf{x}, \mathbf{0})\ (\forall \mathbf{x} \in \mathbb{E}^n)$ & $\boldsymbol{\kappa}_2(\mathbf{y}) = (\mathbf{0}, \mathbf{y})\ (\forall \mathbf{y} \in \mathbb{E}^m)$으로 정의된 삽입사상 $\boldsymbol{\kappa}_1 : \mathbb{E}^n \longrightarrow \mathbb{E}^n \times \mathbb{E}^m$ & $\boldsymbol{\kappa}_2 : \mathbb{E}^m \longrightarrow \mathbb{E}^n \times \mathbb{E}^m$의 경우를 생각하자. 이때, 각 $k \in \{1, 2, \cdots, n+m\}$에 대하여

$$\kappa_1^k(\mathbf{x}) = \begin{cases} x^k & (1 \leq k \leq n) \\ 0 & (n+1 \leq k \leq n+m) \end{cases} \quad \& \quad \kappa_2^k(\mathbf{y}) = \begin{cases} 0 & (1 \leq k \leq n) \\ y^k & (n+1 \leq k \leq n+m) \end{cases}$$

임을 알 수 있다. 따라서 임의의 $q \in \mathbb{Z}_+$에 대하여 $\boldsymbol{\kappa}_1 \in \mathcal{C}^q(\mathbb{E}^n, \mathbb{E}^n \times \mathbb{E}^m)$ & $\boldsymbol{\kappa}_2 \in \mathcal{C}^q(\mathbb{E}^m, \mathbb{E}^n \times \mathbb{E}^m)$이다.

정리 7.5.3. 열린집합 $\Omega \subset \mathbb{E}^r$ 위에서 정의된 변환 $\mathbf{f} = (f^1, f^2, \cdots, f^n) : \Omega \longrightarrow \mathbb{E}^n$가 주어질 때, 다음이 성립한다.

(a) $\mathbf{f}$가 미분가능한 변환이면 $\mathbf{f}$는 Ω 위에서 연속이다.

(b) $\mathbf{f}$가 Ω 위에서 $\mathcal{C}^1$-급 변환이면 $\mathbf{f}$는 미분가능한 변환이다.

[증명] (a) $\mathbf{f}$가 미분가능한 변환이라 가정하자. 이때, 정리 7.4.9(a)를 적용하면 각 $i \in \{1, 2, \cdots, n\}$에 대하여 f^i는 미분가능한 함수이고, 다시 정리 5.1.18을 적용하면 f^i는 Ω 위에서 연속인 함수이다. 그러므로 정리 3.4.11의 관점에서 $\mathbf{f}$는 Ω 위에서 연속이다.

(b) $\mathbf{f}$가 Ω 위에서 $\mathcal{C}^1$-급 변환이면 각 $i \in \{1, 2, \cdots, n\}$에 대하여 f^i는 Ω 위에서 $\mathcal{C}^1$-급 함수이고, 정리 5.2.2을 적용하면 f^i는 미분가능한 함수이다. 그러므로 정리 7.4.9(a)에 비추어 $\mathbf{f} = (f^1, f^2, \cdots, f^n)$는 미분가능한 변환임을 알 수 있다. □

명제 7.5.4. 열린집합 $\Omega \subset \mathbb{E}^r$ 위에서 정의된 변환 $\mathbf{f}:\Omega \longrightarrow \mathbb{E}^n$가 $\mathbf{x}_0 \in \Omega$에서 미분가능하면 임의의 양수 $\epsilon > 0$에 대하여 조건

$$\|\mathbf{f}(\mathbf{x}) - \mathbf{f}(\mathbf{x}_0)\| \le (\|D\mathbf{f}(\mathbf{x}_0)\| + \epsilon)\|\mathbf{x} - \mathbf{x}_0\| \quad (\forall\, \mathbf{x} \in \Delta)$$

을 만족하는 $\mathbf{x}_0$의 근방 $\Delta \subset \Omega$가 존재한다.

[증명] 임의의 양수 $\epsilon > 0$을 정해두면 가정에 의하여

$$\lim_{\mathbb{E}^r \ni \mathbf{x} \to \mathbf{x}_0} \frac{\mathbf{f}(\mathbf{x}) - \mathbf{f}(\mathbf{x}_0) - (D\mathbf{f}(\mathbf{x}_0))(\mathbf{x} - \mathbf{x}_0)}{\|\mathbf{x} - \mathbf{x}_0\|} = \mathbf{0}$$

이므로

$$\ulcorner\, \mathbf{x} \in \Omega \ \ \& \ \ \|\mathbf{x} - \mathbf{x}_0\| < \delta \,\lrcorner \implies \|\mathbf{f}(\mathbf{x}) - \mathbf{f}(\mathbf{x}_0) - (D\mathbf{f}(\mathbf{x}_0))(\mathbf{x} - \mathbf{x}_0)\| \le \epsilon \|\mathbf{x} - \mathbf{x}_0\|$$

를 만족하는 양수 $\delta > 0$를 선택할 수 있다. 여기서 $\Delta := B(\mathbf{x}_0;\delta) \cap \Omega$ 라 두면 $\Delta \subset \Omega$는 $\mathbf{x}_0$의 근방이다. 한편, '삼각부등식'에 의하여

$$\big|\|\mathbf{f}(\mathbf{x}) - \mathbf{f}(\mathbf{x}_0)\| - \|(D\mathbf{f}(\mathbf{x}_0))(\mathbf{x} - \mathbf{x}_0)\|\big| \le \|\mathbf{f}(\mathbf{x}) - \mathbf{f}(\mathbf{x}_0) - (D\mathbf{f}(\mathbf{x}_0))(\mathbf{x} - \mathbf{x}_0)\|$$

이고 또한 명제 7.3.1에 의하여 $\|(D\mathbf{f}(\mathbf{x}_0))(\mathbf{x} - \mathbf{x}_0)\| \le \|D\mathbf{f}(\mathbf{x}_0)\|\|\mathbf{x} - \mathbf{x}_0\|$이므로

$$\|\mathbf{f}(\mathbf{x}) - \mathbf{f}(\mathbf{x}_0)\| \le (\|D\mathbf{f}(\mathbf{x}_0)\| + \epsilon)\|\mathbf{x} - \mathbf{x}_0\| \quad (\forall\, \mathbf{x} \in \Delta)$$

를 얻고 증명을 마친다. □

명제 7.5.4에서 변환 $\mathbf{f}:\Omega \longrightarrow \mathbb{E}^n$가 $\mathcal{C}^1$-급이면 더욱 강력한 결과를 얻을 수 있다.

명제 7.5.5. 열린집합 $\Omega \subset \mathbb{E}^r$ 위에서 정의된 변환 $\mathbf{f}:\Omega \longrightarrow \mathbb{E}^n$가 $\mathcal{C}^1$-급일 때, $\mathbf{x}_0 \in \Omega$이면 임의의 양수 $\epsilon > 0$에 대하여 조건

$$\|\mathbf{f}(\mathbf{x}) - \mathbf{f}(\mathbf{y})\| \le (\|D\mathbf{f}(\mathbf{x}_0)\| + \epsilon)\|\mathbf{x} - \mathbf{y}\| \quad (\forall\, \mathbf{x}, \mathbf{y} \in \Delta)$$

을 만족하는 $\mathbf{x}_0$의 근방 $\Delta \subset \Omega$가 존재한다.

[증명] $\mathbf{L} := D\mathbf{f}(\mathbf{x}_0)$라 두고 변환 $\boldsymbol{\varphi} : \Omega \longrightarrow \mathbb{E}^n$을 $\boldsymbol{\varphi}(\mathbf{x}) := \mathbf{f}(\mathbf{x}) - \mathbf{L}(\mathbf{x})$ $(\forall\, \mathbf{x} \in \Omega)$로 정의하면 $D\boldsymbol{\varphi}(\mathbf{x}_0) = D\mathbf{f}(\mathbf{x}_0) - \mathbf{L} = \mathbf{0}$을 얻는다. 그러므로 $\boldsymbol{\varphi} = (\varphi^1, \varphi^2, \cdots, \varphi^n)$라 두면 참고 7.4.13에 의하여

$$d\varphi^i(\mathbf{x}_0) = \mathbf{0} \quad (\forall\, i \in \{1, 2, \cdots, n\})$$

이 성립한다. 한편, $\mathbf{f} \in \mathcal{C}^1(\Omega, \mathbb{E}^n)$이므로 보기 5.2.17을 적용하면 $\boldsymbol{\varphi} \in \mathcal{C}^1(\Omega, \mathbb{E}^n)$임을 알 수 있고, 더욱이

$$\varphi^i_j(\mathbf{x}) = f^i_j(\mathbf{x}) - L^i(\mathbf{e}_j) \quad (\forall\, i \in \{1, 2, \cdots, n\} \ \& \ \forall\, j \in \{1, 2, \cdots, r\})$$

가 성립한다. 여기서 $\mathbf{L} = (L^1, L^2, \cdots, L^n)$이고 $\{\mathbf{e}_1, \mathbf{e}_2, \cdots, \mathbf{e}_r\}$은 $\mathbb{E}^r$의 표준기저를 의미한다. 특히, 모든 $i \in \{1, 2, \cdots, n\}$ & $j \in \{1, 2, \cdots, r\}$에 대하여 φ^i_j가 $\mathbf{x}_0$에서 연속이므로 조건

$$\big|\varphi^i_j(\mathbf{u}) - \varphi^i_j(\mathbf{x}_0)\big| < \frac{\epsilon}{n\sqrt{r}} \quad (\forall\, \mathbf{u} \in \Delta)$$

를 만족하는 $\mathbf{x}_0$의 볼록근방 $\Delta \subset \Omega$를 찾을 수 있다. 이때,

$$\begin{aligned}\|d\varphi^i(\mathbf{u})\| &= \|d\varphi^i(\mathbf{u}) - d\varphi^i(\mathbf{x}_0)\| \\ &= \sqrt{\sum_{j=1}^{r} \left(\varphi_j^i(\mathbf{u}) - \varphi_j^i(\mathbf{x}_0)\right)^2} \\ &< \sqrt{\sum_{j=1}^{r} \frac{\epsilon^2}{n^2 r}} = \frac{\epsilon}{n} \qquad (\forall\, \mathbf{u} \in \Delta \ \& \ \forall\, i \in \{1, 2, \cdots, n\})\end{aligned}$$

이 성립하므로 따름정리 5.1.28을 적용하면

$$\left|\varphi^i(\mathbf{x}) - \varphi^i(\mathbf{y})\right| \le \frac{\epsilon}{n}\|\mathbf{x} - \mathbf{y}\| \quad (\forall\, \mathbf{x}, \mathbf{y} \in \Delta \ \& \ \forall\, i \in \{1, 2, \cdots, n\})$$

을 얻고, 따라서

$$\|\boldsymbol{\varphi}(\mathbf{x}) - \boldsymbol{\varphi}(\mathbf{y})\| \le \sum_{i=1}^{n} \left|\varphi^i(\mathbf{x}) - \varphi^i(\mathbf{y})\right| \le \epsilon\|\mathbf{x} - \mathbf{y}\| \quad (\forall\, \mathbf{x}, \mathbf{y} \in \Delta)$$

을 얻는다. 이들을 종합하면

$$\begin{aligned}\|\mathbf{f}(\mathbf{x}) - \mathbf{f}(\mathbf{y})\| &\le \|\boldsymbol{\varphi}(\mathbf{x}) - \boldsymbol{\varphi}(\mathbf{y})\| + \|\mathbf{L}(\mathbf{x}) - \mathbf{L}(\mathbf{y})\| \\ &\le \epsilon\|\mathbf{x} - \mathbf{y}\| + \|\mathbf{L}\|\|\mathbf{x} - \mathbf{y}\| \\ &= (\|D\mathbf{f}(\mathbf{x}_0)\| + \epsilon)\|\mathbf{x} - \mathbf{y}\| \quad (\forall\, \mathbf{x}, \mathbf{y} \in \Delta)\end{aligned}$$

을 얻고 증명을 마친다. □

명제 7.5.5에서 $r = n$인 경우에는 더 특수한 관계식을 얻을 수 있다.

명제 7.5.6. 열린집합 $\Omega \subset \mathbb{E}^n$ 위에서 정의된 변환 $\mathbf{f} : \Omega \longrightarrow \mathbb{E}^n$가 $\mathcal{C}^1$-급일 때, $J_\mathbf{f}(\mathbf{x}_0) \ne 0$을 만족하는 점 $\mathbf{x}_0 \in \Omega$가 주어지면 임의의 양수 $\epsilon > 0$ 에 대하여 조건

$$\begin{cases} \circ\ J_\mathbf{f}(\mathbf{x}) \ne 0 \ \ (\forall\, \mathbf{x} \in \Delta)\,; \\ \circ\ \|\mathbf{f}(\mathbf{x}) - \mathbf{f}(\mathbf{y})\| \ge (c - \epsilon)\|\mathbf{x} - \mathbf{y}\| \ \ (\forall\, \mathbf{x}, \mathbf{y} \in \Delta) \end{cases}$$

을 만족하는 $\mathbf{x}_0$의 근방 $\Delta \subset \Omega$가 존재한다. 단, $c = \frac{1}{\|D\mathbf{f}(\mathbf{x}_0)^{-1}\|}$이다.

[증명] 임의의 양수 $\epsilon > 0$을 정해두자. 우선, $\mathbf{f} \in \mathcal{C}^1(\Omega, \mathbb{E}^n)$이므로 $J_\mathbf{f} : \Omega \longrightarrow \mathbb{E}^1$는 연속함수이다. 그런데 $J_\mathbf{f}(\mathbf{x}_0) \ne 0$이므로 $J_\mathbf{f}(\mathbf{x}) \ne 0$ $(\forall\, \mathbf{x} \in \Delta_1)$을 만족하는 $\mathbf{x}_0$의 열린근방 $\Delta_1 \subset \Omega$이 존재한다.

(1) $\epsilon \ge c$인 경우에는 $\mathbf{x}_0$의 열린근방 $\Delta_1 \subset \Omega$에 대하여 요구된 결과가 성립함을 알 수 있다.

(2) $0 < \epsilon < c$인 경우를 생각하자. 이때, $\mathbf{L} := D\mathbf{f}(\mathbf{x}_0)$라 두고 변환 $\boldsymbol{\varphi} : \Omega \longrightarrow \mathbb{E}^n$를 $\boldsymbol{\varphi}(\mathbf{x}) := \mathbf{f}(\mathbf{x}) - \mathbf{L}(\mathbf{x})$ $(\forall\, \mathbf{x} \in \Omega)$로 정의하면 $\boldsymbol{\varphi} \in \mathcal{C}^1(\Omega, \mathbb{E}^n)$ & $D\boldsymbol{\varphi}(\mathbf{x}_0) = 0$이므로 명제 7.5.5의 관점에서 조건

$$\|\boldsymbol{\varphi}(\mathbf{x}) - \boldsymbol{\varphi}(\mathbf{y})\| \le \epsilon\|\mathbf{x} - \mathbf{y}\| \quad (\forall\, \mathbf{x}, \mathbf{y} \in \Delta_2)$$

을 만족하는 $\mathbf{x}_0$의 열린근방 $\Delta_2 \subset \Omega$가 존재한다. 한편, $J_\mathbf{f}(\mathbf{x}_0) \neq 0$이므로 $\mathbf{L} : \mathbb{E}^n \longrightarrow \mathbb{E}^n$은 전단사인 선형변환이다. 따라서 부등식

$$\|\mathbf{L}(\mathbf{x})\| \geq \frac{1}{\|\mathbf{L}^{-1}\|}\|\mathbf{x}\| \quad (\forall\, \mathbf{x} \in \mathbb{E}^n)$$

이 성립한다.(7) 그러므로

$$\begin{aligned}\|\mathbf{f}(\mathbf{x}) - \mathbf{f}(\mathbf{y})\| &= \|\mathbf{L}(\mathbf{x}) + \varphi(\mathbf{x}) - \mathbf{L}(\mathbf{y}) - \varphi(\mathbf{y})\| \\ &\geq \|\mathbf{L}(\mathbf{x}) - \mathbf{L}(\mathbf{y})\| - \|\varphi(\mathbf{x}) - \varphi(\mathbf{y})\| \\ &\geq \frac{1}{\|\mathbf{L}^{-1}\|}\|\mathbf{x} - \mathbf{y}\| - \epsilon\|\mathbf{x} - \mathbf{y}\| = (c - \epsilon)\|\mathbf{x} - \mathbf{y}\| \quad (\forall\, \mathbf{x}, \mathbf{y} \in \Delta_2)\end{aligned}$$

가 성립함을 알 수 있다. 결국 $\Delta := \Delta_1 \cap \Delta_2$라 두면 $\Delta \subset \Omega$는 $\mathbf{x}_0$의 열린근방이고 더욱이 조건

$$\begin{cases} \circ\ J_\mathbf{f}(\mathbf{x}) \neq 0 \ \ (\forall\, \mathbf{x} \in \Delta)\,; \\ \circ\ \|\mathbf{f}(\mathbf{x}) - \mathbf{f}(\mathbf{y})\| \geq (c - \epsilon)\|\mathbf{x} - \mathbf{y}\| \ \ (\forall\, \mathbf{x}, \mathbf{y} \in \Delta) \end{cases}$$

을 충족한다.

이와같이 요구된 결과가 성립하여 명제의 증명을 마친다. □

정의 7.5.7. 열린집합 $\Delta \subset \mathbb{E}^n$와 미분가능한 변환 $\mathbf{g} : \Delta \longrightarrow \mathbb{E}^n$이 주어질 때, 조건

$$\begin{cases} \circ\ \boldsymbol{\mu}(\mathbf{t}) > 0 \ \ (\forall\, \mathbf{t} \in \Delta)\,; \\ \circ\ \text{각 } \mathbf{t} \in \Delta\text{에 대하여 } \boldsymbol{\mu}(\mathbf{t})D\mathbf{g}(\mathbf{t}) : \mathbb{E}^n \longrightarrow \mathbb{E}^n\text{은 점 } \mathbf{0} \in \mathbb{E}^n\text{에 관한 } \mathbb{E}^n\text{의 회전이다.} \end{cases} \tag{7.13}$$

을 만족하는 함수 $\boldsymbol{\mu} : \Delta \longrightarrow \mathbb{E}^1$가 존재하면 $\mathbf{g}$를 **등각변환(conformal transformation)**이라 한다.

정리 7.5.8. 열린집합 $\Delta \subset \mathbb{E}^n$와 미분가능한 변환 $\mathbf{g} : \Delta \longrightarrow \mathbb{E}^n$이 주어질 때, $\mathbf{g}$가 등각변환이기 위한 필요충분조건은 임의의 $\mathbf{t} \in \Delta$에 대하여

(a) $\boldsymbol{\mu}(\mathbf{t}) > 0$

(b) $\mathbf{g}_i(\mathbf{t}) \cdot \mathbf{g}_j(\mathbf{t}) = 0 \ (\forall\, i, j \in \{1, 2, \cdots, n\},\ i \neq j)$

(c) $J_\mathbf{g}(\mathbf{t}) > 0$

(d) $\|\mathbf{g}_i(\mathbf{t})\| = \dfrac{1}{\boldsymbol{\mu}(\mathbf{t})} \ (\forall\, i \in \{1, 2, \cdots, n\})$

을 만족하는 함수 $\boldsymbol{\mu} : \Delta \longrightarrow \mathbb{E}^1$가 존재하는 것이다.

[증명] 점 $\mathbf{t} \in \Delta$를 선택하고, 각 $i \in \{1, 2, \cdots, n\}$에 대하여 $\mathbf{v}_i := (\boldsymbol{\mu}(\mathbf{t})D\mathbf{g}(\mathbf{t}))(\boldsymbol{\epsilon}_i)$라 두자.

($\Longrightarrow$) 명제 7.2.6의 관점에서 $\boldsymbol{\mu}(\mathbf{t})D\mathbf{g}(\mathbf{t})$가 점 $\mathbf{0} \in \mathbb{E}^n$에 관한 $\mathbb{E}^n$의 회전이기 위한 필요충분조건은

$$\begin{cases} \circ\ \{\mathbf{v}_1, \mathbf{v}_2, \cdots, \mathbf{v}_n\}\text{은 정규직교기저}\,; \\ \circ\ \det(\boldsymbol{\mu}(\mathbf{t})D\mathbf{g}(\mathbf{t})) = 1 \end{cases} \tag{7.14}$$

(7) $\|\mathbf{x}\| = \|\mathbf{L}^{-1}(\mathbf{L}(\mathbf{x})\| \leq \|\mathbf{L}^{-1}\|\|\mathbf{L}(\mathbf{x})\| \ (\forall\, \mathbf{x} \in \mathbb{E}^n)$로부터 $\|\mathbf{L}(\mathbf{x})\| \geq \frac{1}{\|\mathbf{L}^{-1}\|}\|\mathbf{x}\| \ (\forall\, \mathbf{x} \in \mathbb{E}^n)$을 얻는다.

을 만족하는 것이다. 그 때, 임의로 $\mathbf{t} \in \Delta$를 정해두면 (7.14)의 두 번째 조건으로부터 $J_{\mathbf{g}}(\mathbf{t}) = \frac{1}{\boldsymbol{\mu}(\mathbf{t})^n} > 0$을 얻고, 또한 참고 7.4.13에 의하여 $\boldsymbol{\mu}(\mathbf{t})^2 \mathbf{g}_i(\mathbf{t}) \cdot \mathbf{g}_j(\mathbf{t}) = \mathbf{v}_i \cdot \mathbf{v}_j = \delta_{ij}$이므로

$$\begin{cases} \circ\ \mathbf{g}_i(\mathbf{t}) \cdot \mathbf{g}_j(\mathbf{t}) = 0 \quad (\forall i, j \in \{1, 2, \cdots, n\}\ \&\ i \neq j); \\ \circ\ \|\mathbf{g}_i(\mathbf{t})\| = \frac{1}{\boldsymbol{\mu}(\mathbf{t})} \quad (\forall i \in \{1, 2, \cdots, n\}) \end{cases}$$

이 성립함을 알 수 있다.

($\Longleftarrow$) 각 $\mathbf{t} \in \Delta$에 대하여 $\boldsymbol{\mu}(\mathbf{t}) D\mathbf{g}(\mathbf{t}) : \mathbb{E}^n \longrightarrow \mathbb{E}^n$가 점 $\mathbf{0} \in \mathbb{E}^n$에 관한 $\mathbb{E}^n$의 회전임을 보이기로 하자.

- 임의의 $i, j \in \{1, 2, \cdots, n\}$에 대하여 $\boldsymbol{\mu}(\mathbf{t})^2 \mathbf{g}_i(\mathbf{t}) \cdot \mathbf{g}_j(\mathbf{t}) = \mathbf{v}_i \cdot \mathbf{v}_j$가 성립함을 유념하자. 이때, $\mathbf{g}_i(\mathbf{t}) \cdot \mathbf{g}_j(\mathbf{t}) = 0\ (i \neq j)$이므로 $\mathbf{v}_i \cdot \mathbf{v}_j = 0\ (i \neq j)$을 얻고, 또한

$$\|\mathbf{v}_i\|^2 = \mathbf{v}_i \cdot \mathbf{v}_i = \boldsymbol{\mu}(\mathbf{t})^2 \mathbf{g}_i(\mathbf{t}) \cdot \mathbf{g}_i(\mathbf{t}) = \boldsymbol{\mu}(\mathbf{t})^2 \|\mathbf{g}_i(\mathbf{t})\|^2 = 1 \quad (\forall i \in \{1, 2, \cdots, n\})$$

  이므로 $\|\mathbf{v}_i\| = 1$이 성립하여 $\{\mathbf{v}_1, \mathbf{v}_2, \cdots, \mathbf{v}_n\}$은 정규직교기저이다. 특히 명제 7.2.6의 관점에서 $\boldsymbol{\mu}(\mathbf{t}) D\mathbf{g}(\mathbf{t})$는 직교변환이다.

- $\det D\mathbf{g}(\mathbf{t}) = \det D\mathbf{g}(\mathbf{t})^t$이므로 (b), (d) 그리고 참고 7.4.13을 적용하면

$$\begin{aligned} J_{\mathbf{g}}(\mathbf{t})^2 &= \det\left(D\mathbf{g}(\mathbf{t})\right)^t \det\left(D\mathbf{g}(\mathbf{t})\right) \\ &= \begin{vmatrix} g_1^1(\mathbf{t}) & g_1^2(\mathbf{t}) & \cdots & g_1^n(\mathbf{t}) \\ g_2^1(\mathbf{t}) & g_2^2(\mathbf{t}) & \cdots & g_2^n(\mathbf{t}) \\ \vdots & \vdots & \ddots & \vdots \\ g_n^1(\mathbf{t}) & g_n^2(\mathbf{t}) & \cdots & g_n^n(\mathbf{t}) \end{vmatrix} \begin{vmatrix} g_1^1(\mathbf{t}) & g_2^1(\mathbf{t}) & \cdots & g_n^1(\mathbf{t}) \\ g_1^2(\mathbf{t}) & g_2^2(\mathbf{t}) & \cdots & g_n^2(\mathbf{t}) \\ \vdots & \vdots & \ddots & \vdots \\ g_1^n(\mathbf{t}) & g_2^n(\mathbf{t}) & \cdots & g_n^n(\mathbf{t}) \end{vmatrix} \\ &= \begin{vmatrix} \frac{1}{\boldsymbol{\mu}(\mathbf{t})^2} & 0 & \cdots & 0 \\ 0 & \frac{1}{\boldsymbol{\mu}(\mathbf{t})^2} & \cdots & 0 \\ \vdots & \vdots & \ddots & \vdots \\ 0 & 0 & \cdots & \frac{1}{\boldsymbol{\mu}(\mathbf{t})^2} \end{vmatrix} = \frac{1}{\boldsymbol{\mu}(\mathbf{t})^{2n}} \end{aligned}$$

  을 얻는다. 그러나 $J_{\mathbf{g}}(\mathbf{t}) > 0\ (\forall \mathbf{t} \in \Delta)$이므로 $J_{\mathbf{g}}(\mathbf{t}) = \frac{1}{\boldsymbol{\mu}(\mathbf{t})^n}$이고 따라서

$$\det\left(\boldsymbol{\mu}(\mathbf{t}) D\mathbf{g}(\mathbf{t})\right) = \boldsymbol{\mu}(\mathbf{t})^n J_{\mathbf{g}}(\mathbf{t}) = 1$$

  이 성립함을 알 수 있다.

결국 각 $\mathbf{t} \in \Delta$에 대하여 $\boldsymbol{\mu}(\mathbf{t}) D\mathbf{g}(\mathbf{t}) : \mathbb{E}^n \longrightarrow \mathbb{E}^n$는 점 $\mathbf{0} \in \mathbb{E}^n$에 관한 $\mathbb{E}^n$의 회전임을 보였다. □

7.6 합성변환의 미분

미분가능한 두 개의 변환이 주어질 때, 합성변환의 미분법 즉, 연쇄법칙(chain rule)을 살펴보자. 또 연쇄법칙에 기초하여 합성변환에 대한 편미분공식을 유도하고 야코비안 행렬식을 계산해 보기로 하자.

도움정리 7.6.1. 변환 $\mathbf{g} : \Omega(\subset \mathbb{E}^r) \longrightarrow \mathbb{E}^n$ & $\mathbf{f} : \Delta(\subset \mathbb{E}^n) \longrightarrow \mathbb{E}^p$가 주어지고 $\mathbf{g}(\Omega) \subset \Delta$를 만족할 때, 만일 $\mathbf{g}$가 $\mathbf{t}_0 \in \mathrm{int}(\Omega)$에서 미분가능하고 또한 $\mathbf{f}$는 $\mathbf{g}(\mathbf{t}_0) = \mathbf{x}_0 \in \mathrm{int}(\Delta)$에서 미분가능하며 $D\mathbf{f}(\mathbf{g}(\mathbf{t}_0)) = \mathbf{0}$이면 합성변환 $\mathbf{F} := \mathbf{f} \circ \mathbf{g}$ 역시 $\mathbf{t}_0 \in \mathrm{int}(\Omega)$에서 미분가능하고 $D\mathbf{F}(\mathbf{t}_0) = \mathbf{0}$이다.

[증명] 우선, $D\mathbf{f}(\mathbf{x}_0) \in \mathscr{L}(\mathbb{E}^n, \mathbb{E}^p)$ & $D\mathbf{g}(\mathbf{t}_0) \in \mathscr{L}(\mathbb{E}^r, \mathbb{E}^n)$이므로 $D\mathbf{f}(\mathbf{x}_0) \circ D\mathbf{g}(\mathbf{t}_0) \in \mathscr{L}(\mathbb{E}^r, \mathbb{E}^p)$이다. 그런데 $D\mathbf{f}(\mathbf{x}_0) = \mathbf{0}$이므로 $D\mathbf{f}(\mathbf{x}_0) \circ D\mathbf{g}(\mathbf{t}_0) = \mathbf{0}$임을 유념하자. 따라서 극한

$$\lim_{\mathbb{E}^r \ni \mathbf{k} \to \mathbf{0}} \frac{\mathbf{F}(\mathbf{t}_0 + \mathbf{k}) - \mathbf{F}(\mathbf{t}_0)}{\|\mathbf{k}\|} = \mathbf{0} \tag{7.15}$$

이 성립함을 주장함으로서 $\mathbf{F} = \mathbf{f} \circ \mathbf{g}$는 $\mathbf{t}_0 \in \mathrm{int}(\Omega)$에서 미분가능하고 $D\mathbf{F}(\mathbf{t}_0) = \mathbf{0}$을 얻게된다. (7.15)를 보이기 위하여 $K := \|D\mathbf{g}(\mathbf{x}_0)\| + 1$이라 놓고 임의의 양수 $\epsilon > 0$을 정해두면 명제 7.5.4의 관점에서 조건

$$\ulcorner \mathbf{k} \in \mathbb{E}^r \ \& \ \|\mathbf{k}\| < \delta_0 \lrcorner \implies \begin{cases} \circ \ \mathbf{t}_0 + \mathbf{k} \in \Omega\,; \\ \circ \ \|\mathbf{g}(\mathbf{t}_0 + \mathbf{k}) - \mathbf{g}(\mathbf{t}_0)\| \le K\|\mathbf{k}\| \end{cases} \tag{7.16}$$

을 만족하는 양수 $\delta_0 > 0$를 찾을 수 있고, 또한 조건

$$\ulcorner \mathbf{x} \in \mathbb{E}^n \ \& \ \|\mathbf{x} - \mathbf{x}_0\| < \eta \lrcorner \implies \begin{cases} \circ \ \mathbf{x} \in \Delta\,; \\ \circ \ \|\mathbf{f}(\mathbf{x}) - \mathbf{f}(\mathbf{x}_0)\| \le \frac{\epsilon}{K}\|\mathbf{x} - \mathbf{x}_0\| \end{cases} \tag{7.17}$$

을 만족하는 양수 $\eta > 0$가 존재한다. 그러므로 $\delta := \min\left\{\frac{\eta}{K}, \delta_0\right\}$라 두고 (7.16) & (7.17)을 차례로 적용하면 다음이 성립한다.

$$\begin{aligned} \ulcorner \mathbf{k} \in \mathbb{E}^r \ \& \ \|\mathbf{k}\| < \delta \lrcorner &\implies \|\mathbf{g}(\mathbf{t}_0 + \mathbf{k}) - \mathbf{g}(\mathbf{t}_0)\| \le K\|\mathbf{k}\| < \eta \\ &\implies \|\mathbf{F}(\mathbf{t}_0 + \mathbf{k}) - \mathbf{F}(\mathbf{t}_0)\| = \|\mathbf{f}(\mathbf{g}(\mathbf{t}_0 + \mathbf{k})) - \mathbf{f}(\mathbf{g}(\mathbf{t}_0))\| \\ &\qquad\qquad \le \frac{\epsilon}{K}\|\mathbf{g}(\mathbf{t}_0 + \mathbf{k}) - \mathbf{g}(\mathbf{t}_0)\| \le \epsilon\|\mathbf{k}\|. \end{aligned}$$

결국

$$\lim_{\mathbb{E}^r \ni \mathbf{k} \to \mathbf{0}} \frac{\mathbf{F}(\mathbf{t}_0 + \mathbf{k}) - \mathbf{F}(\mathbf{t}_0)}{\|\mathbf{k}\|} = \mathbf{0}$$

이 성립함을 보였고 따라서 $\mathbf{F} = \mathbf{f} \circ \mathbf{g}$는 $\mathbf{t}_0$에서 미분가능하고 $D\mathbf{F}(\mathbf{t}_0) = \mathbf{0}$을 얻는다.

도움정리 7.6.2. 변환 $\mathbf{g} : \Omega(\subset \mathbb{E}^r) \longrightarrow \mathbb{E}^n$와 선형변환 $\mathbf{T} \in \mathscr{L}(\mathbb{E}^n, \mathbb{E}^p)$가 주어질 때, $\mathbf{g}$가 $\mathbf{t}_0 \in \mathrm{int}(\Omega)$에서 미분가능하면 합성변환 $\mathbf{F} := \mathbf{T} \circ \mathbf{g}$ 역시 $\mathbf{t}_0 \in \mathrm{int}(\Omega)$에서 미분가능하고 $D\mathbf{F}(\mathbf{t}_0) = \mathbf{T} \circ D\mathbf{g}(\mathbf{t}_0)$이다.

[증명] $\mathbf{L} := D\mathbf{g}(\mathbf{t}_0)$라 두자. 우선, 명제 7.4.8에 의하여 $\mathbf{T}$는 모든 점 $\mathbf{x} \in \mathbb{E}^n$에서 미분가능하고 $D\mathbf{T}(\mathbf{x}) = \mathbf{T}$이다. 따라서 변환 $\mathbf{T}$의 선형성과 연속성을 적용하면

$$\begin{aligned} &\lim_{\mathbb{E}^r \ni \mathbf{k} \to \mathbf{0}} \frac{\mathbf{F}(\mathbf{t}_0 + \mathbf{k}) - \mathbf{F}(\mathbf{t}_0) - (\mathbf{T} \circ \mathbf{L})(\mathbf{k})}{\|\mathbf{k}\|} \\ &\qquad = \lim_{\mathbb{E}^r \ni \mathbf{k} \to \mathbf{0}} \frac{(\mathbf{T} \circ \mathbf{g})(\mathbf{t}_0 + \mathbf{k}) - (\mathbf{T} \circ \mathbf{g})(\mathbf{t}_0) - (\mathbf{T} \circ \mathbf{L})(\mathbf{k})}{\|\mathbf{k}\|} \\ &\qquad = \lim_{\mathbb{E}^r \ni \mathbf{k} \to \mathbf{0}} \mathbf{T}\left(\frac{\mathbf{g}(\mathbf{t}_0 + \mathbf{k}) - \mathbf{g}(\mathbf{t}_0) - \mathbf{L}(\mathbf{k})}{\|\mathbf{k}\|}\right) = \mathbf{0} \end{aligned}$$

이 성립한다. 즉, $\mathbf{F} = \mathbf{T} \circ \mathbf{g}$는 $\mathbf{t}_0$에서 미분가능이고 $D\mathbf{F}(\mathbf{t}_0) = \mathbf{T} \circ \mathbf{L} = \mathbf{T} \circ D\mathbf{g}(\mathbf{t}_0)$이다.

정리 7.6.3. 변환 $\mathbf{g} : \Omega(\subset \mathbb{E}^r) \longrightarrow \mathbb{E}^n$ & $\mathbf{f} : \Delta(\subset \mathbb{E}^n) \longrightarrow \mathbb{E}^p$가 주어지고 $\mathbf{g}(\Omega) \subset \Delta$를 만족할 때, 만일 $\mathbf{g}$가 $\mathbf{t}_0 \in \mathrm{int}(\Omega)$에서 미분가능하고 $\mathbf{f}$는 $\mathbf{g}(\mathbf{t}_0) = \mathbf{x}_0 \in \mathrm{int}(\Delta)$에서 미분가능하면 합성변환 $\mathbf{F} := \mathbf{f} \circ \mathbf{g}$ 역시 $\mathbf{t}_0 \in \mathrm{int}(\Omega)$에서 미분가능하고 $D\mathbf{F}(\mathbf{t}_0) = D\mathbf{f}(\mathbf{x}_0) \circ D\mathbf{g}(\mathbf{t}_0)$이다.

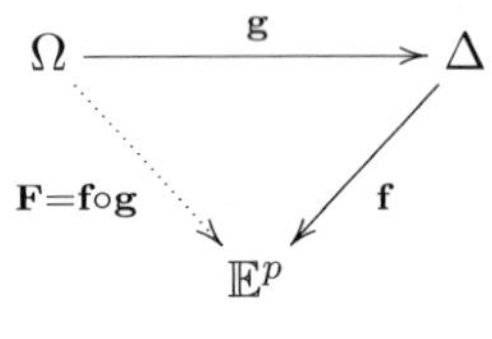

[증명] $\mathbf{L} := D\mathbf{g}(\mathbf{t}_0)$ & $\mathbf{M} := D\mathbf{f}(\mathbf{x}_0)$라 놓자. 이 때, $\tilde{\mathbf{f}} := \mathbf{f} - \mathbf{M}$이라 두면 $\tilde{\mathbf{f}}$는 $\mathbf{x}_0$에서 미분가능하고 $D\tilde{\mathbf{f}}(\mathbf{x}_0) = D\mathbf{f}(\mathbf{x}_0) - \mathbf{M} = \mathbf{0}$이므로 도움정리 7.6.1에 의하여 $\tilde{\mathbf{F}} := \tilde{\mathbf{f}} \circ \mathbf{g}$는 $\mathbf{t}_0$에서 미분가능하고 $D\tilde{\mathbf{F}}(\mathbf{t}_0) = \mathbf{0}$이다. 또한 $\mathbf{G} := \mathbf{M} \circ \mathbf{g}$에 도움정리 7.6.2를 적용하면 $\mathbf{G}$는 $\mathbf{t}_0$에서 미분가능하고 $D\mathbf{G}(\mathbf{t}_0) = \mathbf{M} \circ \mathbf{L}$이다. 한편 $\mathbf{F} = \mathbf{f} \circ \mathbf{g} = \tilde{\mathbf{f}} \circ \mathbf{g} + \mathbf{M} \circ \mathbf{g} = \tilde{\mathbf{F}} + \mathbf{G}$이므로 명제 7.4.7의 관점에서 $\mathbf{F}$는 $\mathbf{t}_0$에서 미분가능하고 $D\mathbf{F}(\mathbf{t}_0) = D\tilde{\mathbf{F}}(\mathbf{t}_0) + D\mathbf{G}(\mathbf{t}_0) = \mathbf{M} \circ \mathbf{L}$이 성립한다. □

따름정리 7.6.4. 변환 $\mathbf{g} : \Omega(\subset \mathbb{E}^r) \longrightarrow \mathbb{E}^n$와 함수 $f : \Delta(\subset \mathbb{E}^n) \longrightarrow \mathbb{E}^1$가 주어지고 $\mathbf{g}(\Omega) \subset \Delta$를 만족할 때, 만일 $\mathbf{g}$가 $\mathbf{t}_0 \in \mathrm{int}(\Omega)$에서 미분가능하고 f가 $\mathbf{g}(\mathbf{t}_0) = \mathbf{x}_0 \in \mathrm{int}(\Delta)$에서 미분가능하면 합성함수 $F := f \circ \mathbf{g}$에 대하여 다음이 성립한다.

$$F_j(\mathbf{t}_0) = \sum_{i=1}^{n} f_i(\mathbf{x}_0) g_j^i(\mathbf{t}_0) \quad (\forall j \in \{1, 2, \cdots, r\}).$$

즉,

$$\frac{\partial F}{\partial t^j}(\mathbf{t}_0) = \sum_{i=1}^{n} \frac{\partial f}{\partial x^i}(\mathbf{x}_0) \frac{\partial g^i}{\partial t^j}(\mathbf{t}_0) \quad (\forall j \in \{1, 2, \cdots, r\}).$$

[증명] 정리 7.4.9 & 정리 7.6.3을 적용하면 다음이 성립한다.

$$(F_1(\mathbf{t}_0), F_2(\mathbf{t}_0), \cdots, F_r(\mathbf{t}_0)) = (f_1(\mathbf{x}_0), \cdots, f_n(\mathbf{x}_0)) \begin{pmatrix} g_1^1(\mathbf{t}_0) & g_2^1(\mathbf{t}_0) & \cdots & g_r^1(\mathbf{t}_0) \\ g_1^2(\mathbf{t}_0) & g_2^2(\mathbf{t}_0) & \cdots & g_r^2(\mathbf{t}_0) \\ \vdots & \vdots & \ddots & \vdots \\ g_1^n(\mathbf{t}_0) & g_2^n(\mathbf{t}_0) & \cdots & g_r^n(\mathbf{t}_0) \end{pmatrix}.$$

이제, 행렬의 곱셈을 계산하면 각 $j \in \{1, 2, \cdots, r\}$에 대하여

$$F_j(\mathbf{t}_0) = f_1(\mathbf{x}_0) g_j^1(\mathbf{t}_0) + f_2(\mathbf{x}_0) g_j^2(\mathbf{t}_0) + \cdots + f_n(\mathbf{x}_0) g_j^n(\mathbf{t}_0) = \sum_{i=1}^{n} f_i(\mathbf{x}_0) g_j^i(\mathbf{t}_0)$$

를 얻는다. □

따름정리 7.6.5. 변환 $\mathbf{g} : \Omega(\subset \mathbb{E}^1) \longrightarrow \mathbb{E}^n$ & $\mathbf{f} : \Delta(\subset \mathbb{E}^n) \longrightarrow \mathbb{E}^p$가 주어지고 $\mathbf{g}(\Omega) \subset \Delta$를 만족할 때, 만일 $\mathbf{g}$가 $t_0 \in \mathrm{int}(\Omega)$에서 미분가능하고 $\mathbf{f}$가 $\mathbf{g}(t_0) = \mathbf{x}_0 \in \mathrm{int}(\Delta)$에서 미분가능하면 합성변환 $\mathbf{F} := \mathbf{f} \circ \mathbf{g}$에 대하여 다음이 성립한다.

$$\mathbf{F}'(t_0) = D\mathbf{f}(\mathbf{x}_0) \circ \mathbf{g}'(t_0).$$

즉, $\mathbf{F} = (F^1, F^2, \cdots, F^p)$, $\mathbf{g} = (g^1, g^2, \cdots, g^n)$ & $\mathbf{f} = (f^1, f^2, \cdots, f^p)$라 두면 각 $j \in \{1, 2, \cdots, p\}$에 대하여

$$(F^j)'(t_0) = \sum_{k=1}^{n} f_k^j(\mathbf{x}_0)(g^k)'(t_0)$$

이다.

정리 7.6.6. 열린집합 $\Omega \subset \mathbb{E}^r$ & $\Delta \subset \mathbb{E}^n$ 위에서 정의된 변환 $\mathbf{g} : \Omega \longrightarrow \mathbb{E}^n$와 함수 $f : \Delta \longrightarrow \mathbb{E}^1$가 주어지고 $\mathbf{g}(\Omega) \subset \Delta$를 만족할 때, 자연수 $q \in \mathbb{N}$에 대하여 $\mathbf{g} \in \mathcal{C}^q(\Omega, \mathbb{E}^n)$ & $f \in \mathcal{C}^q(\Delta)$이면 $F := f \circ \mathbf{g} \in \mathcal{C}^q(\Omega)$이다.

[**증명**] $\mathbf{g} \in \mathcal{C}^q(\Omega, \mathbb{E}^n)$ & $f \in \mathcal{C}^q(\Delta)$이므로 정리 7.5.3의 관점에서 $f, \mathbf{g}$는 모두 미분가능하고 더욱이 $F = f \circ \mathbf{g}$ 역시 미분가능한 함수이다. 그러므로 따름정리 7.6.4의 관점에서 각 $j \in \{1, 2, \cdots, r\}$에 대하여

$$F_j(\mathbf{t}) = \sum_{i=1}^{n} f_i(\mathbf{g}(\mathbf{t}))g_j^i(\mathbf{t}) \quad (\forall\, \mathbf{t} \in \Delta)$$

가 성립한다. 즉, 임의로 $j \in \{1, 2, \cdots, r\}$가 주어질 때, Δ 위에서

$$F_j = \sum_{i=1}^{n} (f_i \circ \mathbf{g})g_j^i \tag{7.18}$$

가 성립한다.

- $f, \mathbf{g}$가 모두 $\mathcal{C}^1$-급이라 하면 f_i, $\mathbf{g}$ & g_j^i는 모두 연속함수이므로 F_j 역시 연속이다. 그러므로 $F = f \circ \mathbf{g} \in \mathcal{C}^1(\Omega)$이다.

- $f, \mathbf{g}$가 모두 $\mathcal{C}^2$-급이라 가정하면 f_i, $\mathbf{g}$ & g_j^i는 모두 $\mathcal{C}^1$-급이고 (7.18)에 의하여 F_j 역시 $\mathcal{C}^1$-급이다. 그러므로 정리 7.5.3을 적용하면 F_j는 미분가능하고, 특히 따름정리 7.6.4의 관점에서 각 $k \in \{1, 2, \cdots, r\}$에 대하여

$$\begin{aligned} F_{jk}(\mathbf{t}) &= \sum_{i=1}^{n} \left(\sum_{l=1}^{n} f_{il}(\mathbf{g}(\mathbf{t}))g_k^l(\mathbf{t}) \right) g_j^i(\mathbf{t}) + \sum_{i=1}^{n} f_i(\mathbf{g}(\mathbf{t}))g_{jk}^i(\mathbf{t}) \\ &= \sum_{i,l=1}^{n} (f_{il} \circ \mathbf{g})(\mathbf{t})g_k^l(\mathbf{t})g_j^i(\mathbf{t}) + \sum_{i=1}^{n} (f_i \circ \mathbf{g})(\mathbf{t})g_{jk}^i(\mathbf{t}) \quad (\forall\, \mathbf{t} \in \Delta) \end{aligned}$$

  가 성립하므로 Δ 위에서

$$F_{jk} = \sum_{i,l=1}^{n} (f_{il} \circ \mathbf{g})g_k^l g_j^i + \sum_{i=1}^{n} (f_i \circ \mathbf{g})g_{jk}^i \tag{7.19}$$

  를 얻는다. 그러나 f_{il}, $\mathbf{g}$, g_k^l, g_j^i, f_i & g_{jk}^i가 모두 연속이므로 F_{jk}도 역시 연속이다. 그러므로 $F = f \circ \mathbf{g} \in \mathcal{C}^2(\Omega)$이다.

이러한 과정을 반복하면 요구된 결과를 얻고 증명을 마친다. □

따름정리 7.6.7. 열린집합 $\Omega \subset \mathbb{E}^r$ & $\Delta \subset \mathbb{E}^n$ 위에서 정의된 변환 $\mathbf{g} : \Omega \longrightarrow \mathbb{E}^n$와 변환 $\mathbf{f} : \Delta \longrightarrow \mathbb{E}^p$ 가 주어지고 $\mathbf{g}(\Omega) \subset \Delta$를 만족할 때, 자연수 $q \in \mathbb{N}$에 대하여 $\mathbf{g} \in \mathcal{C}^q(\Omega, \mathbb{E}^n)$ & $\mathbf{f} \in \mathcal{C}^q(\Delta, \mathbb{E}^p)$이면 $\mathbf{F} := \mathbf{f} \circ \mathbf{g} \in \mathcal{C}^q(\Omega, \mathbb{E}^p)$이다.

[증명] 임의로 $l \in \{1, 2, \cdots, p\}$를 정해두고 각각을 성분함수로 표시하면 $F^l = f^l \circ \mathbf{g}$이다. 그러나 $\mathbf{f} \in \mathcal{C}^q(\Delta, \mathbb{E}^p)$이므로 $f^l \in \mathcal{C}^q(\Delta)$이다. 이제, 정리 7.6.6을 적용하면 $F^l = f^l \circ \mathbf{g} \in \mathcal{C}^q(\Omega)$이므로 $\mathbf{F} = \mathbf{f} \circ \mathbf{g} \in \mathcal{C}^q(\Omega, \mathbb{E}^p)$을 얻는다. □

보기 7.6.8. 열린집합 $\Omega \subset \mathbb{E}^1$ & $\Delta \subset \mathbb{E}^2$ 그리고 함수 $g \in \mathcal{C}^2(\Omega)$ & $f \in \mathcal{C}^2(\Delta)$가 주어지고 $\Omega \times g(\Omega) \subset \Delta$를 만족할 때, 각 $x \in \Omega$에 대하여 $F(x) := f(x, g(x))$로 정의된 함수 $F : \Omega \longrightarrow \mathbb{E}^1$에 대하여 $F'(x)$ & $F''(x)$를 계산해보자.

[풀이] 정리 7.6.6을 적용하면 $F'(x) = f_1(x, g(x)) + f_2(x, g(x))g'(x)$이고 더욱이

$$\begin{aligned} F''(x) &= f_{11}(x, g(x)) + f_{12}(x, g(x))g'(x) + f_{21}(x, g(x))g'(x) \\ &\qquad + f_{22}(x, g(x))g'(x)g'(x) + f_2(x, g(x))g''(x) \\ &= f_{11}(x, g(x)) + 2f_{12}(x, g(x))g'(x) + f_{22}(x, g(x))(g'(x))^2 + f_2(x, g(x))g''(x) \end{aligned}$$

를 얻는다. □

보기 7.6.9. 열린집합 $\Omega \subset \mathbb{E}^2$와 함수 $f \in \mathcal{C}^2(\mathbb{E}^2)$가 주어질 때, 각 $(x, y) \in \Omega$에 대하여 $F(x, y) := f(x, xy)$로 정의된 함수 $F : \Omega \longrightarrow \mathbb{E}^1$에 대하여 $F_{12}(x, y)$를 구해보자.

[풀이] 함수 $g^1(x, y) := x$ & $g^2(x, y) := xy$를 생각하고 $\mathbf{g} := (g^1, g^2)$라 두면 $\mathbf{g} \in \mathcal{C}^2(\Omega, \mathbb{E}^2)$ & $F = f \circ \mathbf{g}$이다. 따라서 함수 $F(x, y) := f(g^1(x, y), g^2(x, y))$ $(\forall\, (x, y) \in \Omega)$에 정리 7.6.6을 적용하면

$$\begin{aligned} F_1(x, y) &= f_1(g^1(x, y), g^2(x, y))g^1_1(x, y) + f_2(g^1(x, y), g^2(x, y))g^2_1(x, y) \\ &= f_1(g^1(x, y), g^2(x, y)) + f_2(g^1(x, y), g^2(x, y))y = f_1(x, xy) + f_2(x, xy)y \end{aligned}$$

이고 더욱이

$$\begin{aligned} F_{12}(x, y) &= f_{11}(g^1(x, y), g^2(x, y))g^1_2(x, y) + f_{12}(g^1(x, y), g^2(x, y))g^2_2(x, y) \\ &\qquad + f_{21}(g^1(x, y), g^2(x, y))yg^1_2(x, y) + f_{22}(g^1(x, y), g^2(x, y))yg^2_2(x, y) \\ &\qquad + f_2(g^1(x, y), g^2(x, y)) \\ &= f_{12}(g^1(x, y), g^2(x, y))x + f_{22}(g^1(x, y), g^2(x, y))xy + f_2(g^1(x, y), g^2(x, y)) \\ &= f_{12}(x, xy)x + f_{22}(x, xy)xy + f_2(x, xy) \end{aligned}$$

을 얻는다. □

따름정리 7.6.10. 변환 $\mathbf{g} : \Omega(\subset \mathbb{E}^n) \longrightarrow \mathbb{E}^n$ & $\mathbf{f} : \Delta(\subset \mathbb{E}^n) \longrightarrow \mathbb{E}^n$가 주어지고 $\mathbf{g}(\Omega) \subset \Delta$를 만족할 때, 만일 $\mathbf{g}$가 $\mathbf{t}_0 \in \mathrm{int}(\Omega)$에서 미분가능하고 $\mathbf{f}$는 $\mathbf{g}(\mathbf{t}_0) = \mathbf{x}_0 \in \mathrm{int}(\Delta)$에서 미분가능하면 합성변환 $\mathbf{F} := \mathbf{f} \circ \mathbf{g}$에 대하여 다음이 성립한다.

$$\left.\frac{\partial(F^1, F^2, \cdots, F^n)}{\partial(t^1, t^2, \cdots, t^n)}\right|_{\mathbf{t}=\mathbf{t}_0} = \left.\frac{\partial(f^1, f^2, \cdots, f^n)}{\partial(x^1, x^2, \cdots, x^n)}\right|_{\mathbf{x}_0=\mathbf{g}(\mathbf{t}_0)} \left.\frac{\partial(g^1, g^2, \cdots, g^n)}{\partial(t^1, t^2, \cdots, t^n)}\right|_{\mathbf{t}=\mathbf{t}_0}.$$

[증명] 정리 7.6.3의 관점에서 $D\mathbf{F}(\mathbf{t}_0) = D\mathbf{f}(\mathbf{g}(\mathbf{t}_0)) \circ D\mathbf{g}(\mathbf{t}_0)$가 성립하므로

$$J_{\mathbf{F}}(\mathbf{t}_0) = \det D\mathbf{F}(\mathbf{t}_0) = \det D\mathbf{f}(\mathbf{g}(\mathbf{t}_0))\det D\mathbf{g}(\mathbf{t}_0) = J_{\mathbf{f}}(\mathbf{g}(\mathbf{t}_0))J_{\mathbf{g}}(\mathbf{t}_0)$$

를 얻는다. 즉,

$$\left.\frac{\partial(F^1, F^2, \cdots, F^n)}{\partial(t^1, t^2, \cdots, t^n)}\right|_{\mathbf{t}=\mathbf{t}_0} = \left.\frac{\partial(f^1, f^2, \cdots, f^n)}{\partial(x^1, x^2, \cdots, x^n)}\right|_{\mathbf{x}_0=\mathbf{g}(\mathbf{t}_0)} \left.\frac{\partial(g^1, g^2, \cdots, g^n)}{\partial(t^1, t^2, \cdots, t^n)}\right|_{\mathbf{t}=\mathbf{t}_0}$$

가 성립한다. □

보기 7.6.11. $\mathbf{f}(x,y) = (f^1(x,y),\ f^2(x,y)),\ \ \mathbf{g}(r,\theta) = (r\cos\theta, r\sin\theta)\ \ \&\ \ \mathbf{F} = \mathbf{f}\circ\mathbf{g}$이면

$$\frac{\partial(F^1, F^2)}{\partial(r,\theta)} = \frac{\partial(f^1, f^2)}{\partial(x,y)}r$$

가 성립한다.

[풀이] 우선, $g^1(r,\theta) = r\cos\theta\ \&\ g^2(r,\theta) = r\sin\theta$라 두면

$$\frac{\partial(g^1, g^2)}{\partial(r,\theta)} = \det\begin{pmatrix} g^1_1(r,\theta) & g^1_2(r,\theta) \\ g^2_1(r,\theta) & g^2_2(r,\theta)\end{pmatrix} = \det\begin{pmatrix}\cos\theta & -r\sin\theta \\ \sin\theta & r\cos\theta\end{pmatrix} = r$$

이므로 따름정리 7.6.10에 의하여 요구된 결과를 얻는다. □

7.6.1 합성사상의 미분에 대한 응용

도움정리 7.6.2를 이용하면 정리 7.4.9는 용이하게 확인할 수 있다는 사실을 다음 정리는 보여준다.

정리 7.6.12. 변환 $\mathbf{f} = (f^1, f^2, \cdots, f^n) : \Omega(\subset \mathbb{E}^r) \longrightarrow \mathbb{E}^n$와 점 $\mathbf{x}_0 \in \mathrm{int}(\Omega)$가 주어질 때, $\mathbf{f}$가 $\mathbf{x}_0$에서 미분가능하기 위한 필요충분조건은 각 j $(1 \le j \le n)$에 대하여 f^j가 $\mathbf{x}_0$에서 미분가능한 것이다.

[증명] 각 j $(1 \le j \le n)$에 대하여 표준 좌표함수 $\pi^j : \mathbb{E}^n \longrightarrow \mathbb{E}^1$을 생각하면 $f^j = \pi^j \circ \mathbf{f}$임에 유념하자.

$(\Longrightarrow)$ 임의로 j $(1 \le j \le n)$를 고정해 두고 $\mathbf{f}$가 $\mathbf{x}_0$에서 미분가능함을 가정하자. 이때, π^j가 선형범함수이므로 $\mathbf{x}_0$에서 미분가능하고, 더욱이 도움정리 7.6.2를 적용하면 $f^j = \pi^j \circ \mathbf{f}$는 $\mathbf{x}_0$에서 미분가능하다.

$(\Longleftarrow)$ 각 j $(1 \le j \le n)$에 대하여 f^j가 $\mathbf{x}_0$에서 미분가능함을 가정하자. 이때, Ω 위에서

$$\mathbf{f} = \sum_{j=1}^{n} \boldsymbol{\kappa}^j \circ (\pi^j \circ \mathbf{f}) = \sum_{j=1}^{n} \boldsymbol{\kappa}^j \circ f^j$$

이 성립한다. 여기서 $\boldsymbol{\kappa}^j : \mathbb{E}^1 \longrightarrow \mathbb{E}^n$은 j번째 삽입사상이다. 그런데 각 j $(1 \le j \le n)$에 대하여 $\boldsymbol{\kappa}^j$가 선형변환이므로 도움정리 7.6.2에 의하여 $\boldsymbol{\kappa}^j \circ f^j$는 $\mathbf{x}_0$에서 미분가능하다. 더욱이 명제 7.4.7의 관점에서 $\mathbf{f}$는 $\mathbf{x}_0$에서 미분가능하다. □

명제 7.6.13. 점 $\mathbf{x}_0 \in \mathrm{int}(\Omega)$에서 미분가능한 변환 $\mathbf{f} : \Omega(\subset \mathbb{E}^r) \longrightarrow \mathbb{E}^n$과 실수 $\lambda \in \mathbb{E}^1$가 주어질 때, $\mathbf{f}_\lambda(\mathbf{x}) := \lambda\mathbf{f}(\mathbf{x})$ $(\forall \mathbf{x} \in \Omega)$로 정의된 변환 $\mathbf{f}_\lambda : \Omega \longrightarrow \mathbb{E}^n$은 $\mathbf{x}_0$에서 미분가능하다.

[증명] 우선, $\mathbf{T}_\lambda(\mathbf{x}) := \lambda\mathbf{x}$ $(\forall \mathbf{x} \in \mathbb{E}^n)$로 정의된 변환 $\mathbf{T}_\lambda : \mathbb{E}^n \longrightarrow \mathbb{E}^n$을 생각하면 $\mathbf{T}_\lambda$는 선형변환이므로 명제 7.4.5에 의하여 변환 $\mathbf{T}_\lambda$는 $\mathbb{E}^n$ 위에서 미분가능하다.

다음으로 $\mathbf{f}_\lambda = \mathbf{T}_\lambda \circ \mathbf{f}$이므로 도움정리 7.6.2에 의하여 요구된 결과를 갖는다. □

명제 7.6.14. 변환 $\mathbf{m} : \mathbb{E}^1 \times \mathbb{E}^n \longrightarrow \mathbb{E}^n$을 $\mathbf{m}(\lambda, \mathbf{x}) = \lambda\mathbf{x}$ $(\forall (\lambda, \mathbf{x}) \in \mathbb{E}^1 \times \mathbb{E}^n)$로 정의하면 변환 $\mathbf{m}$은 $\mathbb{E}^1 \times \mathbb{E}^n$ 위에서 미분가능하다.

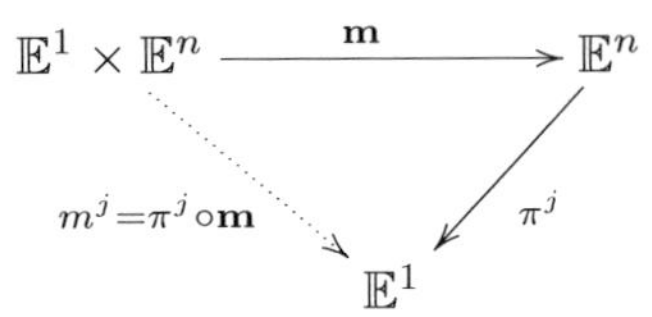

[증명] 각 j $(1 \leq j \leq n)$에 대하여 $m^j = \pi^j \circ \mathbf{m}$라 두면 m^j는 $\mathbf{m}$의 j번째 성분이므로 정리 7.4.9에 의하여 m^j가 $\mathbb{E}^1 \times \mathbb{E}^n$ 위에서 미분가능임을 보이면 충분하다. 여기서 $\pi^j : \mathbb{E}^n \longrightarrow \mathbb{E}^1$는 j-번째 표준 좌표함수이고, π^j와 구분하기 위하여 잠시 또 하나의 j-번째 표준 좌표함수를 $\hat{\pi}^j : \mathbb{E}^{n+1} \longrightarrow \mathbb{E}^1$으로 나타내면 각 $(\lambda, \mathbf{x}) \in \mathbb{E}^1 \times \mathbb{E}^n$에 대하여

$$m^j(\lambda, \mathbf{x}) = \pi^j(\lambda\mathbf{x}) = \lambda x^j = \hat{\pi}^1(\lambda, \mathbf{x})\hat{\pi}^{j+1}(\lambda, \mathbf{x})$$

가 성립한다. 그러나 $\hat{\pi}^1$ & $\hat{\pi}^{j+1}$가 모두 선형범함수이므로 $\mathbb{E}^{n+1}$ 위에서 미분가능하다. 그러므로 연습문제 5.1.15를 적용하면 요구된 결과를 얻는다. □

명제 7.6.15. 열린집합 $\Omega \subset \mathbb{E}^r$ 위에서 미분가능한 함수 $f : \Omega \longrightarrow \mathbb{E}^1$이 주어지면 함수 $\frac{1}{f} : \Omega \setminus f^{-1}(\{0\}) \longrightarrow \mathbb{E}^1$은 열린집합 $\Omega \setminus f^{-1}(\{0\})$ 위에서 미분가능하다.

[증명] 우선, f가 Ω 위에서 연속이고 $\{0\}$은 $\mathbb{E}^1$의 닫힌집합이므로 $f^{-1}(\{0\})$은 Ω의 닫힌집합이다. 따라서 $\Omega \setminus f^{-1}(\{0\})$은 열린집합이다.

다음으로 함수 $g : \mathbb{E}^1 \setminus \{0\} \longrightarrow \mathbb{E}^1$을 $g(x) := \frac{1}{x}$ $(\forall x \in \mathbb{E}^1 \setminus \{0\})$으로 정의하면 g는 열린집합 $\mathbb{E}^1 \setminus \{0\}$ 위에서 미분가능하다. 그런데 $\frac{1}{f} = g \circ f$이므로 $\frac{1}{f}$은 열린집합 $\Omega \setminus f^{-1}(\{0\})$ 위에서 미분가능하다. □

주 의 7.6.16. 사상 $\mathbf{g} : \Omega(\subset \mathbb{E}^n) \longrightarrow \mathbb{E}^m$가 점 $\mathbf{x}_0 \in \mathrm{int}(\Omega)$에서 미분가능할 때, $n = 1$ 또는 $m = 1$인 경우, 선형사상 $D\mathbf{g}(\mathbf{x}_0) : \mathbb{E}^n \longrightarrow \mathbb{E}^m$의 표현에 대하여 주의깊게 관찰하고 기억하기 바란다.

- $n = 1$인 경우: 정리 7.4.9에 따르면, $\mathbf{g} := (g^1, g^2, \cdots, g^m)$이라 둘 때,

$$[D\mathbf{g}(x_0)]_{m\times 1} = \begin{pmatrix} (g^1)'(x_0) \\ (g^2)'(x_0) \\ \vdots \\ (g^m)'(x_0) \end{pmatrix}$$

이므로 주의 7.1.1의 관점에서 각 $h \in \mathbb{E}^1$에 대하여

$$(D\mathbf{g}(x_0))(h) = ((g^1)'(x_0)h, (g^2)'(x_0)h, \cdots, (g^m)'(x_0)h)$$

가 성립한다. 특히, $D\mathbf{g}(\mathbf{x}_0)$를 $\mathbf{g}'(\mathbf{x}_0)$로 나타내기로 한다.

- $m = 1$인 경우: 정리 7.4.9에 따르면 $[Dg(\mathbf{x}_0)]_{1\times n} = (g_1(\mathbf{x}_0)\ \ g_2(\mathbf{x}_0)\ \ \cdots\ \ g_n(\mathbf{x}_0))$이므로 주의 7.1.1의 관점에서 각 $\mathbf{h} = (h^1, h^2, \cdots, h^n) \in \mathbb{E}^n$에 대하여

$$\begin{aligned}(Dg(\mathbf{x}_0))(\mathbf{h}) &= (g_1(\mathbf{x}_0)\ \ g_2(\mathbf{x}_0)\ \ \cdots\ \ g_n(\mathbf{x}_0))\begin{pmatrix} h^1 \\ h^2 \\ \vdots \\ h^n \end{pmatrix} \\ &= g_1(\mathbf{x}_0)h^1 + g_2(\mathbf{x}_0)h^2 + \cdots + g_n(\mathbf{x}_0)h^n = dg(\mathbf{x}_0)\cdot\mathbf{h}\end{aligned}$$

가 성립한다. 그러므로 선형범함수 $Dg(\mathbf{x}_0)$의 코벡터는 $dg(\mathbf{x}_0)$임을 알 수 있다.

미분가능한 변환 $\mathbf{f} : \Omega(\subset \mathbb{E}^r) \longrightarrow \mathbb{E}^n$ (단, $n > 1$)에 대하여 정리 5.1.26 (평균값정리)은 일반적으로 성립하지 않음을 다음 보기를 통하여 알 수 있다.

보기 7.6.17. 사상 $\mathbf{f} : \mathbb{E}^1 \longrightarrow \mathbb{E}^2$를 $\mathbf{f}(t) = (t - t^2, t - t^3)$ $(\forall\, t \in \mathbb{E}^1)$으로 정의하면 $\mathbf{f}$는 $\mathbb{E}^1$ 위에서 미분가능하다. 그러나

$$[D\mathbf{f}(t)]_{2\times 1} = \begin{pmatrix} 1-2t \\ 1-3t^2 \end{pmatrix}$$

이므로

$$[D\mathbf{f}(t)]_{2\times 1} = \begin{pmatrix} 1-2t \\ 1-3t^2 \end{pmatrix} \neq \begin{pmatrix} 0 \\ 0 \end{pmatrix} \qquad (\forall\, t \in \mathbb{E}^1)$$

이다. 따라서

$$\mathbf{f}(1) - \mathbf{f}(0) = (0,0) \neq (1-2s, 1-3s^2) = (D\mathbf{f}(s))(1) \quad (\forall\, s \in (0,1))$$

을 얻는다.

정리 7.6.18. (확장된 평균값정리) 변환 $\mathbf{f} : \Omega(\subset \mathbb{E}^r) \longrightarrow \mathbb{E}^n$와 점 $\mathbf{x}_0 \in \mathrm{int}(\Omega)$가 주어질 때, $\mathbf{f}$가 선분 $[\![\mathbf{x}_0; \mathbf{x}_0 + \mathbf{h}]\!]_s \subset \Omega$ 위에서 연속이고 끝점 $\mathbf{x}_0$와 $\mathbf{x}_0 + \mathbf{h}$를 제외한 모든 점에서 미분가능하면, 임의의 $\mathbf{v} \in \mathbb{E}^n \setminus \{\mathbf{0}\}$에 대하여 조건

$$\mathbf{v}\cdot[\mathbf{f}(\mathbf{x}_0 + \mathbf{h}) - \mathbf{f}(\mathbf{x}_0)] = \mathbf{v}\cdot(D\mathbf{f}(\mathbf{x}_0 + s\mathbf{h}))(\mathbf{h})$$

를 만족하는 실수 $s \in (0,1)$가 존재한다.

[증명] 임의로 $\mathbf{v} \in \mathbb{E}^n \setminus \{\mathbf{0}\}$를 정해두고 함수 $g : \Omega \longrightarrow \mathbb{E}^1$를 $g(\mathbf{x}) := \mathbf{v}\cdot\mathbf{f}(\mathbf{x})$ $(\forall\, \mathbf{x} \in \Omega)$로 정의하자. 이때, $S(\mathbf{t}) := \mathbf{v}\cdot\mathbf{t}$ $(\forall\, \mathbf{t} \in \mathbb{E}^n)$로 정의된 함수 $S : \mathbb{E}^n \longrightarrow \mathbb{E}^1$을 생각하면 S는 선형

범함수이고 $g = S \circ \mathbf{f}$이다. 특히, g는 선분 $[\![\mathbf{x}_0; \mathbf{x}_0 + \mathbf{h}]\!]_s$ 위에서 연속이고 끝점 $\mathbf{x}_0$와 $\mathbf{x}_0 + \mathbf{h}$를 제외한 모든 점에서 미분가능하므로 정리 5.1.26에 의하여

$$g(\mathbf{x}_0 + \mathbf{h}) - g(\mathbf{x}_0) = dg(\mathbf{x}_0 + s\mathbf{h}) \cdot \mathbf{h}$$

를 만족하는 실수 $s \in (0,1)$가 존재한다. 한편, 도움정리 7.6.2에 의하여 $Dg(\mathbf{x}) = S \circ D\mathbf{f}(\mathbf{x})$가 성립하므로 주의 7.6.16의 관점에서

$$\begin{aligned}\mathbf{v} \cdot [\mathbf{f}(\mathbf{x}_0 + \mathbf{h}) - \mathbf{f}(\mathbf{x}_0)] &= g(\mathbf{x}_0 + \mathbf{h}) - g(\mathbf{x}_0) \\ &= dg(\mathbf{x}_0 + s\mathbf{h}) \cdot \mathbf{h} \\ &= (Dg(\mathbf{x}_0 + s\mathbf{h}))(\mathbf{h}) \\ &= [S \circ D\mathbf{f}(\mathbf{x}_0 + s\mathbf{h})](\mathbf{h}) = \mathbf{v} \cdot (D\mathbf{f}(\mathbf{x}_0 + s\mathbf{h}))(\mathbf{h})\end{aligned}$$

를 얻고 증명을 마친다.([8]) □

벡터값 함수에 대하여는 따름정리 5.1.28과 비슷한 결과를 얻을 수 있다.

명제 7.6.19. 열린 볼록집합 $\Omega \subset \mathbb{E}^r$ 위에서 미분가능한 변환 $\mathbf{f} : \Omega \longrightarrow \mathbb{E}^n$이 주어지고, 조건 $\|D\mathbf{f}(\mathbf{t})\| \le M\ (\forall\, \mathbf{t} \in \Omega)$을 만족하는 실수 $M \ge 0$이 존재하면 다음이 성립한다.

$$\|\mathbf{f}(\mathbf{x}) - \mathbf{f}(\mathbf{y})\| \le M\|\mathbf{x} - \mathbf{y}\| \quad (\forall\, \mathbf{x}, \mathbf{y} \in \Omega).$$

[증명] 임의로 $\mathbf{x}, \mathbf{y} \in \Omega$를 정해두고 변환 $\boldsymbol{\gamma} : \mathbb{E}^1 \longrightarrow \mathbb{E}^r$을 $\boldsymbol{\gamma}(t) := (1-t)\mathbf{x} + t\mathbf{y}\ (\forall\, t \in \mathbb{E}^1)$로 정의하면 $\boldsymbol{\gamma}$는 $\mathbb{E}^1$ 위에서 미분가능하고 Ω가 $\mathbb{E}^n$의 볼록인 열린집합이므로 $\boldsymbol{\gamma}^{-1}(\Omega)$는 $\mathbb{E}^1$의 열린부분집합이며 $[0,1] \subset \boldsymbol{\gamma}^{-1}(\Omega)$을 만족한다. 따라서 변환 $\mathbf{g} : \boldsymbol{\gamma}^{-1}(\Omega) \longrightarrow \mathbb{E}^n$을 $\mathbf{g}(t) := \mathbf{f}(\boldsymbol{\gamma}(t))\ (\forall\, t \in \boldsymbol{\gamma}^{-1}(\Omega))$로 정의하면 변환 $\mathbf{g}$는 열린집합 $\boldsymbol{\gamma}^{-1}(\Omega)$ 위에서 미분가능하고, 더욱이 합성사상의 미분법에 의하여

$$D\mathbf{g}(t) = (D\mathbf{f}(\boldsymbol{\gamma}(t)))\boldsymbol{\gamma}'(t) = (D\mathbf{f}(\boldsymbol{\gamma}(t)))(\mathbf{y} - \mathbf{x}) \quad (\forall\, t \in \boldsymbol{\gamma}^{-1}(\Omega))$$

을 얻는다. 특히,

$$\|D\mathbf{g}(t)\| \le \|D\mathbf{f}(\boldsymbol{\gamma}(t))\|\|\mathbf{y} - \mathbf{x}\| \le M\|\mathbf{y} - \mathbf{x}\| \quad (\forall\, t \in [0,1])$$

이 성립한다. 그러므로 명제 7.4.10을 적용하면

$$\|\mathbf{f}(\mathbf{y}) - \mathbf{f}(\mathbf{x})\| = \|\mathbf{g}(1) - \mathbf{g}(0)\| \le \|D\mathbf{g}(t)\| \le M\|\mathbf{y} - \mathbf{x}\|$$

를 얻고 증명을 마친다. □

따름정리 7.6.20. 명제 7.6.19에서 $D\mathbf{f}(\mathbf{t}) = \mathbf{0}\ (\forall\, \mathbf{t} \in \Omega)$이 성립하면 $\mathbf{f}$는 '상수변환'이다.

([8]) 세 번째 등호에서는 코벡터와 선형범함수 사이의 관계를 이용하였다.

연습문제 7.2

1. 열린집합 $\Omega \subset \mathbb{E}^r$ 위에서 정의된 $\mathcal{C}^1$-급 변환 $\mathbf{f} : \Omega \longrightarrow \mathbb{E}^n$가 주어질 때, 집합 $A = \{\mathbf{x} \in \Omega : \mathrm{rank}(D\mathbf{f}(\mathbf{x})) = \min\{r, n\}\}$는 Ω의 열린부분집합임을 보여라.[186]

2. f가 $\mathcal{C}^2$-급이고 $F(r, \theta) = f(r\cos\theta, r\sin\theta)$라 하면
$$f_{11} + f_{22} = F_{11} + \frac{1}{r^2}F_{22} + \frac{1}{r}F_1 \tag{7.20}$$
이 성립함을 보여라.(9) [187]

3. 변환 $\mathbf{g} : \Omega(\subset \mathbb{E}^r) \longrightarrow \mathbb{E}^n$와 변환 $\mathbf{f} : \Delta(\subset \mathbb{E}^n) \longrightarrow \mathbb{E}^p$가 주어지고 $\mathbf{g}(\Omega) \subset \Delta$를 만족할 때, 만일 $\mathbf{g}$가 $\mathbf{t}_0 \in \mathrm{int}(\Omega)$에서 미분가능하고 $\mathbf{f}$가 $\mathbf{g}(\mathbf{t}_0) = \mathbf{x}_0 \in \mathrm{int}(\Delta)$에서 미분가능하면 합성변환 $\mathbf{F} = \mathbf{f} \circ \mathbf{g}$에 대하여 다음이 성립함을 보여라.[188]
$$\mathbf{F}_j(\mathbf{t}_0) = \sum_{i=1}^{n} \mathbf{f}_i(\mathbf{x}_0) g_j^i(\mathbf{t}_0) \quad (\forall j \in \{1, 2, \cdots, r\}).$$
즉,
$$\frac{\partial \mathbf{F}}{\partial t^j}(\mathbf{t}_0) = \sum_{i=1}^{n} \frac{\partial \mathbf{f}}{\partial x^i}(\mathbf{x}_0) \frac{\partial g^i}{\partial t^j}(\mathbf{t}_0) \quad (\forall j \in \{1, 2, \cdots, r\}).$$

4. 실수 $c \in \mathbb{E}^1$와 $\mathcal{C}^2$-급 함수 ϕ, ψ가 주어질 때, $f(x, y) = \phi(x - cy) + \psi(x + cy)$로 정의된 함수 f는 $f_{22}(x, y) = c^2 f_{11}(x, y)$를 만족함을 보여라.[189]

5. 실수 $b \in \mathbb{E}^1$와 $\mathcal{C}^2$-급 함수 f가 조건 $f_2(x, y) = f_{11}(x, y) + bf(x, y)$를 만족할 때, $F(x, y) = e^{-by} f(x, y)$로 정의된 함수 F는 $F_2(x, y) = F_{11}(x, y)$를 만족함을 보여라.[190]

6. 선형변환 $\mathbf{L} : \mathbb{E}^r \longrightarrow \mathbb{E}^n$의 표현행렬을 $(c_{ij})_{n \times r}$이라 하고 함수 $f \in \mathcal{C}^2(\mathbb{E}^n)$가 주어질 때, 합성함수 $F = f \circ \mathbf{L}$에 대하여 다음이 성립함을 보여라.[191]
$$F_{jl}(\mathbf{x}) = \sum_{i,k=1}^{n} f_{ik}(\mathbf{x}) c_{ij} c_{kl} \quad (\forall j, l \in \{1, 2, \cdots, r\}).$$

7. 직교변환 $\mathbf{L} : \mathbb{E}^n \longrightarrow \mathbb{E}^n$과 함수 $f \in \mathcal{C}^2(\mathbb{E}^n)$가 주어질 때, 합성함수 $F = f \circ \mathbf{L}$에 대하여 다음이 성립함을 보여라.
$$F_{11}(\mathbf{x}) + F_{22}(\mathbf{x}) + \cdots + F_{nn}(\mathbf{x}) = f_{11}(\mathbf{L}(\mathbf{x})) + f_{22}(\mathbf{L}(\mathbf{x})) + \cdots + f_{nn}(\mathbf{L}(\mathbf{x})).$$
즉, 라플라시안은 직교변환 아래에서 불변이다.[192]

8. 선형변환 $\mathbf{L} \in \mathscr{L}(\mathbb{E}^n, \mathbb{E}^n)$이 조건 $\mathbf{L}^{-1} = \mathbf{S} \circ \mathbf{L}^t \circ \mathbf{S}$를 만족하면 $\mathbf{L}$을 **로렌츠 변환(Lorentz transformation)**이라 한다. 단, $\mathbf{S}$는 보기 7.2.14에서와 같다.

   선형변환 $\mathbf{M}$, $\mathbf{L} \in \mathscr{L}(\mathbb{E}^n, \mathbb{E}^n)$에 대하여 다음 물음에 답하여라.[193]

---

(9) $f_{11} + f_{22}$를 f의 **라플라시안(Laplacian)**이라 하고, $f_{11} + f_{22} = 0$을 **라플라스 방정식(Laplace equation)**이라 한다. 특히, 라플라스 방정식의 해를 **조화함수(harmonic function)**라 한다.

(가) $\mathbf{M}, \mathbf{L}$이 로렌츠 변환이면 $\mathbf{M} \circ \mathbf{L}$ & $\mathbf{L}^{-1}$도 역시 로렌츠 변환이다.

(나) $\mathbf{L}$이 로렌츠 변환이기 위한 필요충분조건은 $\mathbf{S} = \mathbf{L}^t \circ \mathbf{S} \circ \mathbf{L}$이다.

(다) $\mathbf{L}$이 로렌츠 변환이기 위한 필요충분조건은 임의의 $\mathbf{x} = (x^1, x^2, \cdots, x^n) \in \mathbb{E}^n$에 대하여 등식

$$\sum_{i=1}^{n-1} (L^i(\mathbf{x}))^2 - (L^n(\mathbf{x}))^2 = \sum_{i=1}^{n-1} (x^i)^2 - (x^n)^2$$

이 성립하는 것이다.

9. 로렌츠 변환 $\mathbf{L} : \mathbb{E}^n \longrightarrow \mathbb{E}^n$과 함수 $f \in \mathcal{C}^2(\mathbb{E}^n)$가 주어질 때, 합성함수 $F = f \circ \mathbf{L}$을 생각하면

$$F_{11} + F_{22} + \cdots + F_{(n-1)(n-1)} - F_{nn} = f_{11} + f_{22} + \cdots + f_{(n-1)(n-1)} - f_{nn}$$

이 성립함을 보여라. 바꾸어 말하면, 파동 연산자(wave operator)는 로렌츠 변환 아래에서 불변이다.[194]

10. 집합 $\Omega \subset \mathbb{E}^r$ 위에서 정의된 변환 $\mathbf{f}, \mathbf{g} : \Omega \longrightarrow \mathbb{E}^n$가 $\mathbf{x}_0 \in \text{int}(\Omega)$에서 미분가능하면 함수 $\mathbf{f} \cdot \mathbf{g} : \Omega \longrightarrow \mathbb{E}^1$는 $\mathbf{x}_0$에서 미분가능하고 $d(\mathbf{f} \cdot \mathbf{g})(\mathbf{x}_0) = \mathbf{f}(\mathbf{x}_0) \cdot D\mathbf{g}(\mathbf{x}_0) + \mathbf{g}(\mathbf{x}_0) \cdot D\mathbf{f}(\mathbf{x}_0)$임을 보여라.[195]

11. 열린집합 $\Delta \subset \mathbb{E}^n$와 미분가능한 변환 $\mathbf{g} : \Delta \longrightarrow \mathbb{E}^n$가 주어질 때, $\mathbf{g}$가 등각변환이면 각 $\mathbf{t} \in \Delta$에 대하여 $\boldsymbol{\mu}(\mathbf{t}) = [J_{\mathbf{g}}(\mathbf{t})]^{-\frac{1}{n}}$이 성립함을 보여라. [196]

12. 열린집합 $\Delta \subset \mathbb{E}^2$와 미분가능한 변환 $\mathbf{g} : \Delta \longrightarrow \mathbb{E}^2$가 주어질 때, $\mathbf{g} = (g^1, g^2)$가 등각변환이기 위한 필요충분조건은 $\mathbf{t} \in \Delta$에 대하여

$$\begin{cases} \circ \;\; J_{\mathbf{g}}(\mathbf{t}) > 0\,; \\ \circ \;\; g_1^1(\mathbf{t}) = g_2^2(\mathbf{t}) \;\;\&\;\; g_2^1(\mathbf{t}) = -g_1^2(\mathbf{t}) \end{cases}$$

가 성립하는 것이다.[197]

13. 각 $(s,t) \in \Delta := \mathbb{E}^2 \setminus \{(0,0)\}$에 대하여

$$g^1(s,t) = e^{s^2-t^2} \cos 2st \quad \& \quad g^2(s,t) = e^{s^2-t^2} \sin 2st$$

로 정의된 변환 $\mathbf{g} = (g^1, g^2) : \Delta \longrightarrow \mathbb{E}^2$는 등각변환임을 보여라.[198]

14. 열린집합 $\Omega \subset \mathbb{E}^n$과 변환 $\mathbf{f} \in \mathcal{C}^1(\Omega, \mathbb{E}^n)$에 대하여 다음이 성립함을 보여라.[199]

(가) 각 $\mathbf{x} \in \Omega$에 대하여 $D\mathbf{f}(\mathbf{x}) \in \mathscr{L}(\mathbb{E}^n, \mathbb{E}^n)$가 가역이기 위한 필요충분조건은 $J_{\mathbf{f}}(\mathbf{x}) \neq 0$이다.

(나) 함수 $J_{\mathbf{f}} : \Omega \longrightarrow \mathbb{E}^1$는 Ω 위에서 연속이다.

제 8 장

역함수정리·음함수정리

이장에서는 역함수정리와 음함수정리에 대하여 살펴보기로 한다. 여기서도 단지 유클리드 내적과 유클리드 노름만을 생각하므로 특별한 언급이 없으면 유클리드 내적은 '·', 유클리드 노름은 $\|\cdot\|_u$ 대신 '$\|\cdot\|$'으로 나타내기로 한다. 따라서 구의 표현에 있어서도 B_u 대신 B가 사용됨을 언급해 둔다. 특히, 그들은 유클리드 공간의 차원에 관계없이 동일하게 사용하게 됨을 미리 언급해 둔다.

8.1 역함수정리

해석학을 공부하는 과정에서 가장 중요한 정리중 하나로 알려진 역함수정리에 대하여 알아보기로 한다.

열린집합 $\Delta \subset \mathbb{E}^n$과 변환 $\mathbf{g} \in \mathcal{C}^1(\Delta, \mathbb{E}^n)$가 주어지고 점 $\mathbf{x}_0 \in \Delta$가 조건 $J_{\mathbf{g}}(\mathbf{x}_0) \neq 0$을 만족하면 '역함수정리'는 변환 $\mathbf{g}$가 $\mathbf{x}_0$에서 국소적으로 가역임을 의미하고 더욱이 역변환도 $\mathcal{C}^1$-급이라는 내용이다.(1) 성분으로 표현하여 $\mathbf{g} = (g^1, g^2, \cdots, g^n)$ & $\mathbf{y} = (y^1, y^2, \cdots, y^n)$로 나타내면

$$\mathbf{g}(\mathbf{x}) = \mathbf{y} \iff \begin{cases} g^1(\mathbf{x}) = y^1 \\ g^2(\mathbf{x}) = y^2 \\ \cdots\cdots\cdots \\ g^n(\mathbf{x}) = y^n \end{cases} \tag{8.1}$$

이므로 만일 $\mathbf{g}(\mathbf{x}_0) = \mathbf{y}_0$ & $J_{\mathbf{g}}(\mathbf{x}_0) \neq 0$이면 $\mathbf{y}_0$의 근방에 점 $\mathbf{y}$가 주어지면 방정식 (8.1)을 만족하는 점 $\mathbf{x} \in \Delta$가 $\mathbf{x}_0$의 근방에 유일하게 존재한다는 것이 '역함수정리'의 내용이다.

명제 8.1.1. 열린집합 $\Delta, \Omega \subset \mathbb{E}^n$에 대하여 전사사상 $\mathbf{g} : \Delta \longrightarrow \Omega$가 주어지고 조건

$$\|\mathbf{g}(\mathbf{x}_1) - \mathbf{g}(\mathbf{x}_2)\| \geq k\|\mathbf{x}_1 - \mathbf{x}_2\| \quad (\forall\, \mathbf{x}_1, \mathbf{x}_2 \in \Delta) \tag{8.2}$$

을 만족하는 양수 $k > 0$가 존재하면 $\mathbf{g}$는 전단사이고, 특히 $\mathbf{f} := \mathbf{g}^{-1} : \Omega \longrightarrow \Delta$는 연속이다.

(1) 어떠한 성질이 점 $\mathbf{x}_0$의 근방에서 성립할 때, 간단히 그 성질이 $\mathbf{x}_0$에서 **국소적으로 성립**한다고 표현한다.

[증명] 먼저, $\mathbf{g}$의 단사성을 보이기 위하여 $\mathbf{x}_1 \neq \mathbf{x}_2$를 만족하는 $\mathbf{x}_1, \mathbf{x}_2 \in \Delta$를 임의로 선택하면 (8.2)에 의하여

$$\|\mathbf{g}(\mathbf{x}_1) - \mathbf{g}(\mathbf{x}_2)\| \geq k\|\mathbf{x}_1 - \mathbf{x}_2\| > 0$$

이 성립한다. 따라서 $\mathbf{g}(\mathbf{x}_1) \neq \mathbf{g}(\mathbf{x}_2)$을 얻고 $\mathbf{g}$는 단사이다.

다음으로 $\mathbf{g}$의 연속성을 보이기 위하여 $\mathbf{y}_0 \in \Omega$를 임의로 선택하고 $\mathbf{g}(\mathbf{x}_0) = \mathbf{y}_0$인 $\mathbf{x}_0 \in \Delta$를 생각하자. 이때, $\Omega \subset \mathbb{E}^n$가 열린집합이므로 $B(\mathbf{y}_0; \delta) \subset \Omega$를 만족하는 양수 $\delta > 0$을 찾을 수 있다. 더욱이, 임의의 $\mathbf{u} \in B(\mathbf{0}; \delta) \subset \mathbb{E}^n$에 대하여 $\mathbf{y}_0 + \mathbf{u} \in B(\mathbf{y}_0; \delta)$이므로 $\mathbf{g}(\mathbf{x}_\mathbf{u}) = \mathbf{y}_0 + \mathbf{u}$를 만족하는 $\mathbf{x}_\mathbf{u} \in \Delta$가 유일하게 존재한다. 그러므로 (8.2)를 적용하면

$$\|\mathbf{f}(\mathbf{y}_0 + \mathbf{u}) - \mathbf{f}(\mathbf{y}_0)\| = \|\mathbf{x}_\mathbf{u} - \mathbf{x}_0\| \leq \frac{1}{k}\|\mathbf{g}(\mathbf{x}_\mathbf{u}) - \mathbf{g}(\mathbf{x}_0)\| = \frac{1}{k}\|\mathbf{y}_0 + \mathbf{u} - \mathbf{y}_0\| = \frac{1}{k}\|\mathbf{u}\|$$

을 얻는다. 이것으로부터 $\lim_{\mathbb{E}^n \ni \mathbf{u} \to \mathbf{0}} \mathbf{f}(\mathbf{y}_0 + \mathbf{u}) = \mathbf{f}(\mathbf{y}_0)$가 성립하여 $\mathbf{f}$는 $\mathbf{y}_0 \in \Omega$에서 연속이다. □

명제 8.1.2. 열린집합 $\Delta, \Omega \subset \mathbb{E}^n$에 대하여 조건 (8.2)를 만족하는 전사사상 $\mathbf{g} : \Delta \longrightarrow \Omega$가 주어지고, 특히 $\mathbf{g} \in \mathcal{C}^1(\Delta, \Omega)$ & $J_\mathbf{g}(\mathbf{x}) \neq 0$ $(\forall \mathbf{x} \in \Delta)$이면 다음이 성립한다.

(a) $\mathbf{f} := \mathbf{g}^{-1} : \Omega \longrightarrow \Delta$가 존재한다.
(b) $\mathbf{f} \in \mathcal{C}^1(\Omega, \Delta)$ & $D\mathbf{f}(\mathbf{g}(\mathbf{x})) = [D\mathbf{g}(\mathbf{x})]^{-1}$ $(\forall \mathbf{x} \in \Delta)$.

[증명] 명제 8.1.1에 의하여 $\mathbf{f} := \mathbf{g}^{-1} : \Omega \longrightarrow \Delta$가 존재하고 연속이다. 각 $\mathbf{x} \in \Delta$에 대하여 $J_\mathbf{g}(\mathbf{x}) \neq 0$이므로 $D\mathbf{g}(\mathbf{x}) : \mathbb{E}^n \longrightarrow \mathbb{E}^n$는 전단사인 선형변환임에 유념하자.

(1°) $\mathbf{x}_0 \in \Delta$를 임의로 선택하여 $\mathbf{g}(\mathbf{x}_0) = \mathbf{y}_0 \in \Omega$라 하자. 이때, $\Omega \subset \mathbb{E}^n$가 열린집합이므로 $B(\mathbf{y}_0; \delta) \subset \Omega$를 만족하는 양수 $\delta > 0$을 찾을 수 있다. 더욱이, 임의의 $\mathbf{u} \in B(\mathbf{0}; \delta)$에 대하여 $\mathbf{y}_0 + \mathbf{u} \in B(\mathbf{y}_0; \delta)$이므로 $\mathbf{g}(\mathbf{x}_\mathbf{u}) = \mathbf{y}_0 + \mathbf{u}$를 만족하는 $\mathbf{x}_\mathbf{u} \in \Delta$가 유일하게 존재한다. 이때,

$$\mathbf{f}(\mathbf{y}_0 + \mathbf{u}) - \mathbf{f}(\mathbf{y}_0) - [D\mathbf{g}(\mathbf{x}_0)]^{-1}(\mathbf{u}) = \mathbf{x}_\mathbf{u} - \mathbf{x}_0 - [D\mathbf{g}(\mathbf{x}_0)]^{-1}(\mathbf{u}) \tag{8.3}$$

이므로 임의의 $\mathbf{u} \in B^*(\mathbf{0}; \delta)$에 대하여

$$\begin{aligned} D\mathbf{g}(\mathbf{x}_0)\left(\frac{\mathbf{x}_\mathbf{u} - \mathbf{x}_0 - [D\mathbf{g}(\mathbf{x}_0)]^{-1}(\mathbf{u})}{\|\mathbf{u}\|}\right) &= \frac{(D\mathbf{g}(\mathbf{x}_0))(\mathbf{x}_\mathbf{u} - \mathbf{x}_0) - \mathbf{u}}{\|\mathbf{u}\|} \\ &= -\frac{\mathbf{g}(\mathbf{x}_\mathbf{u}) - \mathbf{g}(\mathbf{x}_0) - (D\mathbf{g}(\mathbf{x}_0))(\mathbf{x}_\mathbf{u} - \mathbf{x}_0)}{\|\mathbf{x}_\mathbf{u} - \mathbf{x}_0\|} \frac{\|\mathbf{x}_\mathbf{u} - \mathbf{x}_0\|}{\|\mathbf{u}\|} \end{aligned}$$

를 얻는다. 또한, (8.2)에 의하여

$$\|\mathbf{x}_\mathbf{u} - \mathbf{x}_0\| \leq \frac{1}{k}\|\mathbf{g}(\mathbf{x}_\mathbf{u}) - \mathbf{g}(\mathbf{x}_0)\| = \frac{1}{k}\|\mathbf{y}_0 + \mathbf{u} - \mathbf{y}_0\| = \frac{1}{k}\|\mathbf{u}\|$$

가 성립하므로 $\lim_{\mathbb{E}^n \ni \mathbf{u} \to \mathbf{0}} \mathbf{x}_\mathbf{u} = \mathbf{x}_0$를 얻는다. 특히, $\mathbf{g} \in \mathcal{C}^1(\Delta, \Omega)$이므로

$$\lim_{\mathbb{E}^n \ni \mathbf{x}_\mathbf{u} \to \mathbf{x}_0} \frac{\mathbf{g}(\mathbf{x}_\mathbf{u}) - \mathbf{g}(\mathbf{x}_0) - (D\mathbf{g}(\mathbf{x}_0))(\mathbf{x}_\mathbf{u} - \mathbf{x}_0)}{\|\mathbf{x}_\mathbf{u} - \mathbf{x}_0\|} = \mathbf{0}$$

이고 따라서

$$\lim_{\mathbb{E}^n \ni \mathbf{u} \to \mathbf{0}} D\mathbf{g}(\mathbf{x}_0)\left(\frac{\mathbf{x}_\mathbf{u} - \mathbf{x}_0 - [D\mathbf{g}(\mathbf{x}_0)]^{-1}(\mathbf{u})}{\|\mathbf{u}\|}\right) = \mathbf{0}$$

이 성립한다. 한편 $D\mathbf{g}(\mathbf{x}_0)$는 선형변환이므로 연속이고 따라서

$$D\mathbf{g}(\mathbf{x}_0)\left(\lim_{\mathbb{E}^n \ni \mathbf{u} \to \mathbf{0}} \frac{\mathbf{x}_\mathbf{u} - \mathbf{x}_0 - [D\mathbf{g}(\mathbf{x}_0)]^{-1}(\mathbf{u})}{\|\mathbf{u}\|}\right) = \mathbf{0}$$

을 얻는다. 그런데 선형변환 $D\mathbf{g}(\mathbf{x}_0)$가 단사이므로

$$\lim_{\mathbb{E}^n \ni \mathbf{u} \to \mathbf{0}} \frac{\mathbf{f}(\mathbf{y}_0 + \mathbf{u}) - \mathbf{f}(\mathbf{y}_0) - [D\mathbf{g}(\mathbf{x}_0)]^{-1}(\mathbf{u})}{\|\mathbf{u}\|} = \lim_{\mathbb{E}^n \ni \mathbf{u} \to \mathbf{0}} \frac{\mathbf{x}_\mathbf{u} - \mathbf{x}_0 - [D\mathbf{g}(\mathbf{x}_0)]^{-1}(\mathbf{u})}{\|\mathbf{u}\|} = \mathbf{0}$$

이 성립한다. 이것은 $D\mathbf{f}(\mathbf{g}(\mathbf{x}_0)) = D\mathbf{f}(\mathbf{y}_0) = [D\mathbf{g}(\mathbf{x}_0)]^{-1}$을 의미한다.

(2°) 정리 7.4.9에 따르면 선형변환 $D\mathbf{g}(\mathbf{x}_0)$에 대한 행렬의 각 성분은 Δ 위에서 연속함수이다. 더욱이 $J_\mathbf{g} \in \mathcal{C}(\Delta)$이므로 선형변환 $[D\mathbf{g}(\mathbf{x}_0)]^{-1}$에 대한 행렬의 각 성분 역시 Ω 위에서 연속함수들이다. 한편, (1°)에 의하여 $D\mathbf{f}(\mathbf{g}(\mathbf{x})) = [D\mathbf{g}(\mathbf{x})]^{-1}$ $(\forall \mathbf{x} \in \Delta)$이므로 $\mathbf{f} \in \mathcal{C}^1(\Omega, \Delta)$을 얻고 증명을 마친다. □

명제 8.1.3. $B(\mathbf{x}_0; r) \subset \mathbb{E}^n$ (단, $r > 0$)과 변환 $\mathbf{f} \in \mathcal{C}^1(B(\mathbf{x}_0; r); \mathbb{E}^n)$이 주어지고 조건

$$\left|f_j^i(\mathbf{x})\right| \le M \quad (\forall i, j \in \{1, 2, \cdots, n\} \ \&\ \forall \mathbf{x} \in B(\mathbf{x}_0; r))$$

을 충족하는 양수 $M > 0$이 존재하면 다음이 성립한다 (단, $\mathbf{f} = (f^1, f^2, \cdots, f^n)$).

$$\|\mathbf{f}(\mathbf{y}) - \mathbf{f}(\mathbf{z})\| \le n^2 M \|\mathbf{y} - \mathbf{z}\| \quad (\forall \mathbf{y}, \mathbf{z} \in B(\mathbf{x}_0; r)).$$

[증명] 먼저, 부등식

$$\|\mathbf{f}(\mathbf{y}) - \mathbf{f}(\mathbf{z})\| \le \sum_{i=1}^n |f^i(\mathbf{y}) - f^i(\mathbf{z})| \quad (\forall \mathbf{y}, \mathbf{z} \in B(\mathbf{x}_0; r))$$

을 염두에 두자. 그때, 임의로 $i \in \{1, 2, \cdots, n\}$을 정해두고 '평균값정리'를 적용하면

$$|f^i(\mathbf{y}) - f^i(\mathbf{z})| = |df^i(\mathbf{v}_i) \cdot (\mathbf{y} - \mathbf{z})| \le \sum_{j=1}^n |f_j^i(\mathbf{v}_i)(y^j - z^j)|$$

를 만족하는 점 $\mathbf{v}_i \in [\![\mathbf{y}; \mathbf{z}]\!]_s$가 존재한다. 그러므로 임의의 $\mathbf{y}, \mathbf{z} \in B(\mathbf{x}_0; r)$에 대하여

$$\begin{aligned}
\|\mathbf{f}(\mathbf{y}) - \mathbf{f}(\mathbf{z})\| &\le \sum_{i=1}^n |f^i(\mathbf{y}) - f^i(\mathbf{z})| \\
&\le \sum_{i=1}^n \sum_{j=1}^n |f_j^i(\mathbf{v}_i)(y^j - z^j)| \\
&\le \sum_{i=1}^n \sum_{j=1}^n M|y^j - z^j| \\
&\le \sum_{i=1}^n \sum_{j=1}^n M\|\mathbf{y} - \mathbf{z}\| = n^2 M \|\mathbf{y} - \mathbf{z}\|
\end{aligned}$$

가 성립함을 알 수 있다. □

명제 8.1.4. 사상 $\mathbf{T} : \mathbb{E}^n \longrightarrow \mathbb{E}^n$가 가역인 선형변환(2) 이면 조건

$$\|\mathbf{T}(\mathbf{x})\| \geq k\|\mathbf{x}\| \quad (\forall\, \mathbf{x} \in \mathbb{E}^n)$$

을 만족하는 양수 $k > 0$를 선택할 수 있다.

[증명] 선형변환 $\mathbf{T} : \mathbb{E}^n \longrightarrow \mathbb{E}^n$가 가역이므로 $\mathbf{T}^{-1} : \mathbb{E}^n \longrightarrow \mathbb{E}^n$는 선형변환이고 도움정리 3.1.11을 적용하면 부등식 $\|\mathbf{T}^{-1}(\mathbf{y})\| \leq C\|\mathbf{y}\|$ $(\forall\, \mathbf{y} \in \mathbb{E}^n)$을 만족하는 양수 $C > 0$이 존재한다. 특히,

$$\|\mathbf{x}\| \leq C\|\mathbf{T}(\mathbf{x})\| \quad (\forall\, \mathbf{x} \in \mathbb{E}^n)$$

이 성립한다. 여기서 $k = \frac{1}{C}$이라 두면 $k > 0$이고 요구된 결과를 얻는다. □

명제 8.1.5. 열린집합 $\Delta \subset \mathbb{E}^n$와 변환 $\mathbf{g} \in \mathcal{C}^1(\Delta, \mathbb{E}^n)$가 주어질 때, $\mathbf{x}_0 \in \Delta$ & $J_{\mathbf{g}}(\mathbf{x}_0) \neq 0$이면 조건

$$\begin{cases} \circ\ B(\mathbf{x}_0; \delta) \subset \Delta\,; \\ \circ\ \|\mathbf{g}(\mathbf{x}) - \mathbf{g}(\mathbf{z})\| \geq k\|\mathbf{x} - \mathbf{z}\| \ \ (\forall\, \mathbf{x}, \mathbf{z} \in B(\mathbf{x}_0; \delta)) \end{cases}$$

을 충족하는 양수 $\delta > 0$ & $k > 0$을 선택할 수 있다.

[증명] 우선 $J_{\mathbf{g}}(\mathbf{x}_0) \neq 0$이므로 선형변환 $D\mathbf{g}(\mathbf{x}_0) : \mathbb{E}^n \longrightarrow \mathbb{E}^n$는 가역이다. 그러므로 명제 8.1.4를 적용하면

$$\|D\mathbf{g}(\mathbf{x}_0)(\mathbf{x})\| \geq 2k\|\mathbf{x}\| \quad (\forall\, \mathbf{x} \in \mathbb{E}^n)$$

을 만족하는 양수 $k > 0$가 존재한다. 여기서 변환 $\mathbf{h} : \Delta \longrightarrow \mathbb{E}^n$을

$$\mathbf{h}(\mathbf{x}) := \mathbf{g}(\mathbf{x}) - (D\mathbf{g}(\mathbf{x}_0))(\mathbf{x}) \quad (\forall\, \mathbf{x} \in \Delta)$$

로 정의하면 $\mathbf{h} \in \mathcal{C}^1(\Delta, \mathbb{E}^n)$ & $D\mathbf{h}(\mathbf{x}_0) = D\mathbf{g}(\mathbf{x}_0) - D\mathbf{g}(\mathbf{x}_0) = \mathbf{0}$이다. 특히, 변환 $\mathbf{h}$를 성분함수로 나타내어 $\mathbf{h} = (h^1, h^2, \cdots, h^n)$이라 두면 각 $i, j \in \{1, 2, \cdots, n\}$에 대하여 $h^i_j \in \mathcal{C}(\Delta)$ & $h^i_j(\mathbf{x}_0) = 0$이다. 그러므로 양수 $\epsilon := \frac{k}{n^2}$을 고려하면 임의의 $i, j \in \{1, 2, \cdots, n\}$에 대하여

$$\begin{cases} \circ\ B(\mathbf{x}_0; \delta) \subset \Delta\,; \\ \circ\ |h^i_j(\mathbf{x})| = |h^i_j(\mathbf{x}) - h^i_j(\mathbf{x}_0)| < \frac{k}{n^2} \ \ (\forall\, \mathbf{x} \in B(\mathbf{x}_0; \delta)) \end{cases}$$

를 충족하는 양수 $\delta > 0$를 선택할 수 있다. 이제, 명제 8.1.3을 적용하면

$$\|\mathbf{h}(\mathbf{x}) - \mathbf{h}(\mathbf{z})\| \leq k\|\mathbf{x} - \mathbf{z}\| \quad (\forall\, \mathbf{x}, \mathbf{z} \in B(\mathbf{x}_0; \delta))$$

을 얻고, 또한 '삼각부등식'을 적용하면 임의의 $\mathbf{x}, \mathbf{z} \in B(\mathbf{x}_0; \delta)$에 대하여

$$\begin{aligned} k\|\mathbf{x} - \mathbf{z}\| &\geq \|\mathbf{h}(\mathbf{x}) - \mathbf{h}(\mathbf{z})\| \\ &= \|\mathbf{g}(\mathbf{x}) - \mathbf{g}(\mathbf{z}) - (D\mathbf{g}(\mathbf{x}_0))(\mathbf{x}) + (D\mathbf{g}(\mathbf{x}_0))(\mathbf{z})\| \\ &\geq \|(D\mathbf{g}(\mathbf{x}_0))(\mathbf{x} - \mathbf{z})\| - \|\mathbf{g}(\mathbf{x}) - \mathbf{g}(\mathbf{z})\| \\ &\geq 2k\|\mathbf{x} - \mathbf{z}\| - \|\mathbf{g}(\mathbf{x}) - \mathbf{g}(\mathbf{z})\| \end{aligned}$$

(2) 선형변환 $\mathbf{T} : \mathbb{E}^n \longrightarrow \mathbb{E}^n$에 대하여 조건 $\mathbf{T} \circ \mathbf{S} = \mathbf{I} = \mathbf{S} \circ \mathbf{T}$를 만족하는 선형변환 $\mathbf{S} : \mathbb{E}^n \longrightarrow \mathbb{E}^n$가 존재하면 $\mathbf{T} : \mathbb{E}^n \longrightarrow \mathbb{E}^n$를 **가역(invertible)**이라 한다.

가 성립한다. 그러므로 이들을 정리하면

$$\mathbf{x}, \mathbf{z} \in B(\mathbf{x}_0; \delta) \implies \|\mathbf{g}(\mathbf{x}) - \mathbf{g}(\mathbf{z})\| \geq k\|\mathbf{x} - \mathbf{z}\|$$

를 얻고 증명을 마친다. □

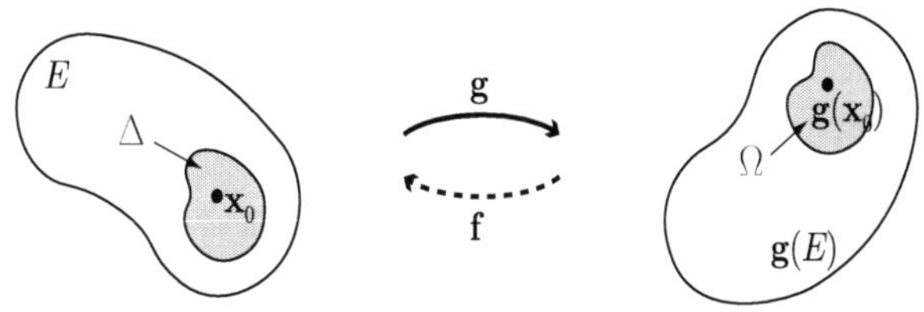

그림 8.1: 역함수정리의 이해

정리 8.1.6. (역함수정리, Inverse function theorem) 열린집합 $E \subset \mathbb{E}^n$와 변환 $\mathbf{g} \in \mathcal{C}^1(E, \mathbb{E}^n)$가 주어질 때, $J_\mathbf{g}(\mathbf{x}_0) \neq 0$인 점 $\mathbf{x}_0 \in E$에 대하여 조건

$$\begin{cases} \circ \text{ 제한사상 } \mathbf{g}|_\Delta : \Delta \longrightarrow \Omega\text{는 전단사이다.}; \\ \circ\ \mathbf{f} := \left(\mathbf{g}|_\Delta\right)^{-1} \in \mathcal{C}^1(\Omega, \Delta)\,; \\ \circ\ D\mathbf{f}(\mathbf{g}(\mathbf{x})) = \left[D\mathbf{g}(\mathbf{x})\right]^{-1} \quad (\forall\, \mathbf{x} \in \Delta) \end{cases} \tag{8.4}$$

을 만족하는 점 $\mathbf{x}_0$의 열린근방 $\Delta \subset E$와 $\mathbf{g}(\mathbf{x}_0)$의 열린근방 $\Omega \subset \mathbb{E}^n$가 존재한다.

[증명] (1°) 명제 8.1.5에 의하여 조건

$$\begin{cases} \circ\ B(\mathbf{x}_0; r) \subset E\,; \\ \circ\ \|\mathbf{g}(\mathbf{x}) - \mathbf{g}(\mathbf{z})\| \geq k\|\mathbf{x} - \mathbf{z}\| \quad (\forall\, \mathbf{x}, \mathbf{z} \in B(\mathbf{x}_0; r)) \end{cases} \tag{8.5}$$

을 만족하는 양수 $r > 0$ & $k > 0$이 존재한다. 특히, 제한사상 $\mathbf{g}|_{B(\mathbf{x}_0;r)} : B(\mathbf{x}_0; r) \longrightarrow \mathbb{E}^n$은 단사이다. 한편, 함수 $J_\mathbf{g} \in \mathcal{C}(E)$ & $J_\mathbf{g}(\mathbf{x}_0) \neq 0$이므로

$$\begin{cases} \circ\ B(\mathbf{x}_0; \delta) \subset \mathbb{E}^n\,; \\ \circ\ J_\mathbf{g}(\mathbf{x}) \neq 0 \quad (\forall\, \mathbf{x} \in B(\mathbf{x}_0; \delta)) \end{cases} \tag{8.6}$$

을 충족하는 양수 $\delta \in (0, r)$을 찾을 수 있다. 여기서 $V := B(\mathbf{x}_0; \delta)$라 두자.

(2°) 함수 $\varphi : \partial V \longrightarrow \mathbb{E}^1$을 $\varphi(\mathbf{x}) := \|\mathbf{g}(\mathbf{x}) - \mathbf{g}(\mathbf{x}_0)\|$ $(\forall\, \mathbf{x} \in \partial V)$로 정의하면 $\overline{V} \subset B(\mathbf{x}_0; r)$이므로 제한사상 $\mathbf{g}|_{\overline{V}} : \overline{V} \longrightarrow \mathbb{E}^n$는 단사이고, 특히 $\mathbf{x}_0 \in V$이므로 $\varphi(\mathbf{x}) > 0$ $(\forall\, \mathbf{x} \in \partial V)$임을 알 수 있다. 또한 임의의 $\mathbf{x}, \mathbf{y} \in \partial V$에 대하여

$$\begin{aligned} |\varphi(\mathbf{x}) - \varphi(\mathbf{y})| &= \big|\|\mathbf{g}(\mathbf{x}) - \mathbf{g}(\mathbf{x}_0)\| - \|\mathbf{g}(\mathbf{y}) - \mathbf{g}(\mathbf{x}_0)\|\big| \\ &\leq \|\mathbf{g}(\mathbf{x}) - \mathbf{g}(\mathbf{y})\| \end{aligned}$$

이므로 함수 φ는 ∂V 위에서 연속이다. 그런데 집합 ∂V는 콤팩트이므로 함수 φ는 ∂V 위에서 양의 최소값을 갖는다. 즉, $m := \min_{\mathbf{x} \in \partial V} \varphi(\mathbf{x}) > 0$이다. 이제, $\Omega := B(\mathbf{g}(\mathbf{x}_0); \frac{m}{2})$을 생각하면 분명 $\Omega \subset \mathbb{E}^n$은 열린집합이다.

(3°) 함의관계 $\Omega \subset \mathbf{g}(V)$을 보이기 위하여 임의로 $\mathbf{t} \in \Omega \setminus \{\mathbf{g}(\mathbf{x}_0)\}$를 선택하자. 이때, 함수 $\psi : \overline{V} \longrightarrow \mathbb{E}^1$을

$$\psi(\mathbf{x}) := \|\mathbf{t} - \mathbf{g}(\mathbf{x})\| \quad (\forall\, \mathbf{x} \in \overline{V})$$

로 정의하면

$$|\psi(\mathbf{x}) - \psi(\mathbf{z})| = \big|\|\mathbf{t} - \mathbf{g}(\mathbf{x})\| - \|\mathbf{t} - \mathbf{g}(\mathbf{z})\|\big| \le \|\mathbf{g}(\mathbf{x}) - \mathbf{g}(\mathbf{z})\| \quad (\forall\, \mathbf{x}, \mathbf{z} \in \overline{V})$$

이므로 함수 $\psi : \overline{V} \longrightarrow \mathbb{E}^1$는 콤팩트집합 $\overline{V}$ 위에서 연속이다. 또한 $\psi(\mathbf{x}_0) = \|\mathbf{t} - \mathbf{g}(\mathbf{x}_0)\| < \frac{m}{2}$이고, 임의의 $\mathbf{x} \in \partial V$에 대하여

$$\begin{aligned} \psi(\mathbf{x}) &= \|\mathbf{t} - \mathbf{g}(\mathbf{x})\| \\ &\ge \|\mathbf{g}(\mathbf{x}) - \mathbf{g}(\mathbf{x}_0)\| - \|\mathbf{t} - \mathbf{g}(\mathbf{x}_0)\| \\ &= \varphi(\mathbf{x}) - \|\mathbf{t} - \mathbf{g}(\mathbf{x}_0)\| \ge m - \frac{m}{2} = \frac{m}{2} \end{aligned}$$

이므로 함수 $\psi : \overline{V} \longrightarrow \mathbb{E}^1$는 어떠한 점 $\mathbf{a} \in V$에서 최솟값을 갖는다. 특히, 함수 $\psi^2 : \overline{V} \longrightarrow \mathbb{E}^1$도 역시 점 $\mathbf{a} \in V$에서 최솟값을 갖는다. 그러나 함수

$$\psi^2(\mathbf{x}) = \|\mathbf{t} - \mathbf{g}(\mathbf{x})\|^2 = \sum_{i=1}^{n} (t^i - g^i(\mathbf{x}))^2 \quad (\forall\, \mathbf{x} \in \overline{V})$$

는 열린집합 V 위에서 미분가능하므로 점 $\mathbf{a} \in V$는 함수 ψ^2의 임계점이다. 그러므로

$$0 = \psi^2_j(\mathbf{a}) = 2\sum_{i=1}^{n} (t^i - g^i(\mathbf{a}))g^i_j(\mathbf{a}) \quad (\forall\, j \in \{1, 2, \cdots, n\})$$

가 성립한다. 한편 $J_{\mathbf{g}}(\mathbf{a}) \neq 0$이므로 $t^i = g^i(\mathbf{a})$ $(\forall\, i \in \{1, 2, \cdots, n\})$를 얻는다. 즉, $\mathbf{t} = \mathbf{g}(\mathbf{a})$를 만족하는 $\mathbf{a} \in V$가 존재하여 $\Omega \subset \mathbf{g}(V)$를 증명하였다.

(4°) 변환 $\mathbf{g} : E \longrightarrow \mathbb{E}^n$가 연속이므로 $\mathbf{g}^{-1}(\Omega)$는 E의 열린부분집합이다. 따라서 $\Delta := \mathbf{g}^{-1}(\Omega) \cap V$라 두면 $\Delta \subset E$는 $\mathbf{x}_0$를 포함하는 열린집합이고 사상 $\mathbf{g}|_\Delta : \Delta \longrightarrow \Omega$는 전단사이다.

(5°) (8.5), (8.6) & 명제 8.1.2에 의하여

$$\begin{cases} \circ\ \mathbf{f} = (\mathbf{g}|_\Delta)^{-1} \in \mathcal{C}^1(\Omega, \Delta)\,; \\ \circ\ D\mathbf{f}(\mathbf{g}(\mathbf{x})) = [D\mathbf{g}(\mathbf{x})]^{-1} \quad (\forall\, \mathbf{x} \in \Delta) \end{cases}$$

을 만족한다. □

보기 8.1.7. 각 $(x, y, z) \in \mathbb{E}^3$에 대하여 $\mathbf{g}(x, y, z) = (e^x \cos y, z \sin y, e^z)$로 변환 $\mathbf{g} : \mathbb{E}^3 \longrightarrow \mathbb{E}^3$를 정의하자. 그때, $g^1(x, y, z) = e^x \cos y$, $g^2(x, y, z) = z \sin y$ & $g^3(x, y, z) = e^z$라 두면 $g^j \in \mathcal{C}^1(\mathbb{E}^3)$ $(\forall\, j \in \{1, 2, 3\})$이므로 $\mathbf{g} \in \mathcal{C}^1(\mathbb{E}^3, \mathbb{E}^3)$이고, 임의의 $(x, y, z) \in \mathbb{E}^3$에 대하여

$$J_{\mathbf{g}}(x, y, z) = \begin{vmatrix} e^x \cos y & -e^x \sin y & 0 \\ 0 & z \cos y & \sin y \\ 0 & 0 & e^z \end{vmatrix} = e^{x+z} z \cos^2 y$$

이다. 점 $(0,\pi,1)\in\mathbb{E}^3$에 대하여 $\mathbf{g}(0,\pi,1)=(-1,0,e)$ & $J_{\mathbf{g}}(0,\pi,1)\neq 0$이므로 정리 8.1.6에 따르면 변환 $\mathbf{g}$는 점 $(0,\pi,1)$에서 국소적으로 단사이며, 특히 점 $(0,\pi,1)$에서 국소적으로 $\mathcal{C}^1$-급 역변환을 갖는다.(3) 방정식 관점에서는, 점 $(-1,0,e)$의 충분히 작은 근방에 속하는 점 $(u,v,w)\in\mathbb{E}^3$이 임의로 주어지면 방정식

$$\begin{cases}\circ\ e^x\cos y=u\,;\\ \circ\ z\sin y=v\,;\\ \circ\ e^z=w\end{cases}$$

는 점 $(0,\pi,1)$의 근방에서 오직 하나의 해를 갖는다는 내용이 '역함수정리'의 주장이다.

보기 8.1.8. 각 $(x,y)\in\mathbb{E}^2$에 대하여 변환 $\mathbf{g}:\mathbb{E}^2\longrightarrow\mathbb{E}^2$를 $\mathbf{g}(x,y)=(e^x+e^y,e^x-e^y)$으로 정의하자. 그때, $g^1(x,y)=e^x+e^y$ & $g^2(x,y)=e^x-e^y$라 두면 g^1, $g^2\in\mathcal{C}^1(\mathbb{E}^2,\mathbb{E}^2)$이므로 $\mathbf{g}\in\mathcal{C}^1(\mathbb{E}^2,\mathbb{E}^2)$이고, 더욱이

$$J_{\mathbf{g}}(x,y)=\begin{vmatrix}g_1^1(x,y) & g_2^1(x,y)\\ g_1^2(x,y) & g_2^2(x,y)\end{vmatrix}=\begin{vmatrix}e^x & e^y\\ e^x & -e^y\end{vmatrix}=-2e^{x+y}\neq 0\quad(\forall\,(x,y)\in\mathbb{E}^2)$$

이다. 변환 $\mathbf{g}$의 $\mathcal{C}^1$-급 국소적 역변환을 찾기 위하여

$$\begin{cases}\circ\ e^x+e^y=u\,;\\ \circ\ e^x-e^y=v\end{cases}$$

라 두면 $u>0$이고 더욱이 $u+v=2e^x>0$ & $u-v=2e^y>0$이므로

$$x=\ln\frac{u+v}{2}\quad\&\quad y=\ln\frac{u-v}{2}$$

를 얻는다. 따라서 열린집합 $\Omega_0:=\{(u,v)\in\mathbb{E}^2:u>0\ \&\ |v|<u\}$를 생각하면 $\mathbf{g}(\mathbb{E}^2)\subset\Omega_0$이다. 더욱이 변환 $\mathbf{f}:\Omega_0\longrightarrow\mathbb{E}^2$를 각 $(u,v)\in\Omega_0$에 대하여

$$\mathbf{f}(u,v)=\left(\ln\frac{u+v}{2},\ln\frac{u-v}{2}\right)\quad(\forall\,(u,v)\in\Omega_0)$$

으로 정의하면 $\mathbf{f}\in\mathcal{C}^1(\Omega,\mathbb{E}^2)$이다. 그러므로 정리 8.1.6에 따르면 변환 $\mathbf{g}$의 $\mathcal{C}^1$-급 국소적 역변환은 $\mathbf{f}$의 제한사상으로 주어진다.

보기 8.1.9. 각 $(x,y)\in\mathbb{E}^2$에 대하여 변환 $\mathbf{g}:\mathbb{E}^2\longrightarrow\mathbb{E}^2$를 $\mathbf{g}(x,y)=(x^3,y^3)$ 으로 정의하자. 그때, $g^1(x,y)=x^3$ & $g^2(x,y)=y^3$라 두면 g^1, $g^2\in\mathcal{C}^1(\mathbb{E}^2,\mathbb{E}^2)$이므로 $\mathbf{g}\in\mathcal{C}^1(\mathbb{E}^2,\mathbb{E}^2)$이고, 더욱이

$$J_{\mathbf{g}}(x,y)=\begin{vmatrix}g_1^1(x,y) & g_2^1(x,y)\\ g_1^2(x,y) & g_2^2(x,y)\end{vmatrix}=\begin{vmatrix}3x^2 & 0\\ 0 & 3y^2\end{vmatrix}=9x^2y^2\quad(\forall\,(x,y)\in\mathbb{E}^2)$$

이다. 그러므로 $J_{\mathbf{g}}(0,0)=0$이다. 한편 각 $(u,v)\in\mathbb{E}^2$에 대하여 $\mathbf{f}(u,v)=(u^{\frac{1}{3}},v^{\frac{1}{3}})$으로 정의된 변환 $\mathbf{f}:\mathbb{E}^2\longrightarrow\mathbb{E}^2$를 생각하면

$$\begin{cases}\circ\ \mathbf{g}(\mathbf{f}(u,v))=\mathbf{g}(u^{\frac{1}{3}},v^{\frac{1}{3}})=(u,v)\ \ (\forall\,(u,v)\in\mathbb{E}^2)\,;\\ \circ\ \mathbf{f}(\mathbf{g}(x,y))=\mathbf{f}(x^3,y^3)=(x,y)\ \ (\forall\,(x,y)\in\mathbb{E}^2)\end{cases}$$

(3) $\mathbf{g}(x,y+2\pi,z)=\mathbf{g}(x,y,z)$ $(\forall\,(x,y,z)\in\mathbb{E}^3)$이므로 $\mathbf{g}$ 자체는 단사가 아니고, 특히 $\mathbf{g}$에 대한 역변환은 존재하지 않는다. '역함수정리'가 주장하는 중요한 의미를 인식하기 바란다.

이므로 $\mathbf{f}$는 $\mathbb{E}^2$ 위에서 $\mathbf{g}$의 역변환이다. 그러나 $\mathbf{g}$의 역변환 $\mathbf{f}$의 존재는 '역함수정리'에 위배되지는 않는다. 왜냐하면: 성분함수 $f^1(u,v) = u^{\frac{1}{3}}$ $(\forall\,(u,v)\in\mathbb{E}^2)$을 생각하자. 그때,

$$\lim_{\mathbb{E}^1\ni t\to 0}\frac{f^1(t,0)-f^1(0,0)}{t} = \lim_{\mathbb{E}^1\ni t\to 0}\frac{t^{\frac{1}{3}}}{t} = \lim_{\mathbb{E}^1\ni t\to 0}\frac{1}{t^{\frac{2}{3}}}\,;$$
$$\lim_{\mathbb{E}^1\ni t\to 0}\frac{f^1(0,t)-f^1(0,0)}{t} = 0$$

이므로 첫번째는 극한이 존재하지 않고, 두 번째로부터 $f^1_2(0,0) = 0$을 얻기 때문에 역변환 $\mathbf{f}$는 원점 $(0,0)$ 근방에서 $\mathcal{C}^1$-급이 아니다. '역함수정리'의 주장은 단순히 역변환의 존재가 아니라 $\mathcal{C}^1$-급 역변환의 존재라는 부분을 유념해야 한다.

참고 8.1.10. 정리 8.1.6에서 $J_{\mathbf{g}}(\mathbf{x}_0)\neq 0$이므로 $\mathbf{L} := D\mathbf{g}(\mathbf{x}_0)$라 두면 $\mathbf{L}:\mathbb{E}^n\longrightarrow\mathbb{E}^n$은 벡터공간사이의 동형사상(isomorphism)이다. 그러므로 $\mathbf{L}\circ\mathbf{L}^{-1} = \mathbf{I} = \mathbf{L}^{-1}\circ\mathbf{L}$이 성립하고 특히 $(\det\mathbf{L})(\det\mathbf{L}^{-1}) = 1$을 얻는다. 따라서 $\det\mathbf{L}^{-1} = (\det\mathbf{L})^{-1}$임을 알 수 있다. 이 사실을 적용하면 $D\mathbf{f}(\mathbf{g}(\mathbf{x})) = [D\mathbf{g}(\mathbf{x})]^{-1}$ $(\forall\,\mathbf{x}\in\Delta)$로부터 다음을 유도할 수 있다.

$$J_{\mathbf{f}}(\mathbf{g}(\mathbf{x})) = \det\left(D\mathbf{f}(\mathbf{g}(\mathbf{x}))\right) = \det\left([D\mathbf{g}(\mathbf{x})]^{-1}\right) = \left(\det\left(D\mathbf{g}(\mathbf{x})\right)\right)^{-1} = \left(J_{\mathbf{g}}(\mathbf{x})\right)^{-1} \quad (\forall\,\mathbf{x}\in\Delta).$$

따름정리 8.1.11. 열린집합 $E\subset\mathbb{E}^n$와 변환 $\mathbf{g}\in\mathcal{C}^1(E,\mathbb{E}^n)$가 주어질 때, 임의의 $\mathbf{x}\in E$에 대하여 $J_{\mathbf{g}}(\mathbf{x})\neq 0$이면 $\mathbf{g}$는 열린사상이다. 즉, 임의의 열린집합 $B\subset E$에 대하여 $\mathbf{g}(B)$는 $\mathbb{E}^n$의 열린부분집합이다.

[증명] $B\subset E$를 열린집합이라 하고 $\mathbf{t}\in\mathbf{g}(B)$를 선택하면 $\mathbf{t} = \mathbf{g}(\mathbf{x})$를 만족하는 $\mathbf{x}\in B$가 존재한다. 그러나 $J_{\mathbf{g}}(\mathbf{x})\neq 0$이므로 정리 8.1.6에 의하여 $\mathbf{g}(\Delta)\subset\mathbb{E}^n$가 열린집합인 $\mathbf{x}$의 열린근방 $\Delta\subset B$가 존재한다. 특히, $\mathbf{t}\in\mathbf{g}(\Delta)\subset\mathbf{g}(B)$가 성립한다. 그런데 $\mathbf{t}\in\mathbf{g}(B)$는 임의이므로 $\mathbf{g}(B)$는 열린집합이다. □

정의 8.1.12. *열린집합 $\Delta\subset\mathbb{E}^n$와 변환 $\mathbf{g}:\Delta\longrightarrow\mathbb{E}^n$가 주어지고 조건*

$$\begin{cases}\circ\ \mathbf{g}\in\mathcal{C}^1(\Delta,\mathbb{E}^n)\,;\\ \circ\ \mathbf{g}\text{는 단사이다.};\\ \circ\ J_{\mathbf{g}}(\mathbf{t})\neq 0\ \ (\forall\,\mathbf{t}\in\Delta)\end{cases}$$

을 만족하면 $\mathbf{g}$를 $\mathcal{C}^1$-급 **미분동형사상(diffeomorphism)***이라 한다.*

주의 8.1.13. 변환 $\mathbf{g}:\Delta(\subset\mathbb{E}^n)\longrightarrow\mathbb{E}^n$가 $\mathcal{C}^1$-급 미분동형사상이면 따름정리 8.1.11에 의하여 $\mathbf{g}(\Delta)$는 $\mathbb{E}^n$의 열린부분집합이다. 특히, $\mathbf{f} := (\mathbf{g}|_\Delta)^{-1}$라 두면 정리 8.1.6에 의하여 변환 $\mathbf{f}:\mathbf{g}(\Delta)\longrightarrow\mathbb{E}^n$ 역시 $\mathcal{C}^1$-급 미분동형사상임을 알 수 있다.

이제 $q\in\mathbb{N}$일 때, $\mathcal{C}^q$-급 변환에 대한 역함수정리를 살펴보기로 하자.

정리 8.1.14. (역함수정리, Inverse function theorem) 열린집합 $E\subset\mathbb{E}^n$, 자연수 $q\in\mathbb{N}$ 그리고 변환 $\mathbf{g}\in\mathcal{C}^q(E,\mathbb{E}^n)$가 주어질 때, $J_{\mathbf{g}}(\mathbf{x}_0)\neq 0$인 점 $\mathbf{x}_0\in E$에 대하여 조건

$$\begin{cases}\circ\ \text{제한사상 }\mathbf{g}|_\Delta:\Delta\longrightarrow\Omega\text{는 전단사이다.};\\ \circ\ \mathbf{f} := (\mathbf{g}|_\Delta)^{-1}\in\mathcal{C}^q(\Omega,\Delta)\,;\\ \circ\ D\mathbf{f}(\mathbf{g}(\mathbf{x})) = [D\mathbf{g}(\mathbf{x})]^{-1}\ \ (\forall\,\mathbf{x}\in\Delta)\end{cases}\tag{8.7}$$

을 만족하는 점 $\mathbf{x}_0$의 열린근방 $\Delta \subset E$와 $\mathbf{g}(\mathbf{x}_0)$의 열린근방 $\Omega \subset \mathbb{E}^n$가 존재한다.

[증명] $q = 1$인 경우는 정리 8.1.6에서 밝혀졌으므로 여기서는 $q > 1$인 경우로 한정한다.

우선 $\mathcal{C}^q(E, \mathbb{E}^n) \subset \mathcal{C}^1(E, \mathbb{E}^n)$이므로 정리 8.1.6에 의하여 (8.7)의 두 번째 성질을 제외하고 모두 성립한다. 그러므로 $\mathbf{f} \in \mathcal{C}^q(\Omega, \Delta)$임을 보이면 충분하다. 먼저 정리 8.1.6에 의하여 $\mathbf{f} \in \mathcal{C}^1(\Omega, \Delta)$이므로 $\mathbf{f}$가 Ω 위에서 미분가능하고, 특히 $\mathbf{f}$는 Ω 위에서 연속임을 상기하자.

(1°) $D\mathbf{f}(\mathbf{t}) = [D\mathbf{g}(\mathbf{f}(\mathbf{t}))]^{-1}$ $(\forall\, \mathbf{t} \in \Omega)$이므로 다음이 성립한다.

$$\begin{pmatrix} f_1^1(\mathbf{t}) & f_2^1(\mathbf{t}) & \cdots & f_n^1(\mathbf{t}) \\ f_1^2(\mathbf{t}) & f_2^2(\mathbf{t}) & \cdots & f_n^2(\mathbf{t}) \\ \vdots & \vdots & \ddots & \vdots \\ f_1^n(\mathbf{t}) & f_2^n(\mathbf{t}) & \cdots & f_n^n(\mathbf{t}) \end{pmatrix} \begin{pmatrix} g_1^1(\mathbf{f}(\mathbf{t})) & g_2^1(\mathbf{f}(\mathbf{t})) & \cdots & g_n^1(\mathbf{f}(\mathbf{t})) \\ g_1^2(\mathbf{f}(\mathbf{t})) & g_2^2(\mathbf{f}(\mathbf{t})) & \cdots & g_n^2(\mathbf{f}(\mathbf{t})) \\ \vdots & \vdots & \ddots & \vdots \\ g_1^n(\mathbf{f}(\mathbf{t})) & g_2^n(\mathbf{f}(\mathbf{t})) & \cdots & g_n^n(\mathbf{f}(\mathbf{t})) \end{pmatrix} = \begin{pmatrix} 1 & 0 & \cdots & 0 \\ 0 & 1 & \cdots & 0 \\ \vdots & \vdots & \ddots & \vdots \\ 0 & 0 & \cdots & 1 \end{pmatrix}.$$

즉, 임의의 $\mathbf{t} \in \Omega$에 대하여 연립방정식

$$f_1^i(\mathbf{t})g_j^1(\mathbf{f}(\mathbf{t})) + f_2^i(\mathbf{t})g_j^2(\mathbf{f}(\mathbf{t})) + \cdots + f_n^i(\mathbf{t})g_j^n(\mathbf{f}(\mathbf{t})) = \delta_{ij} \quad (\forall\, i,\, j \in \{1, 2, \cdots, n\}) \tag{8.8}$$

을 얻는다.

(2°) $\mathbf{g} \in \mathcal{C}^2(E, \mathbb{E}^n)$라 하면 $g_j^i \in \mathcal{C}^1(E)$이므로 $g_j^i \circ \mathbf{f} \in \mathcal{C}^1(\Omega)$이다. 또한 $J_{\mathbf{g}}(\mathbf{f}(\mathbf{t})) \neq 0$ $(\forall\, \mathbf{t} \in \Omega)$이므로 '크라머(Cramer) 공식'과 (8.8)로부터 $f_j^i \in \mathcal{C}^1(\Omega)$ $(\forall\, i,\, j \in \{1, 2, \cdots, n\})$임을 알 수 있고, 특히 $\mathbf{f} \in \mathcal{C}^2(\Omega, \Delta)$를 증명하였다.

$\mathbf{g} \in \mathcal{C}^q(E, \mathbb{E}^n)$라 하면 q에 대한 귀납적인 방법으로 $\mathbf{f} \in \mathcal{C}^q(\Omega, \Delta)$임을 알 수 있다. □

보기 8.1.15. 각 $(s, t) \in \mathbb{E}^2$에 대하여 $\mathbf{g}(s, t) := (s^2 + t^2, 2st)$로 정의된 변환 $\mathbf{g} : \mathbb{E}^2 \longrightarrow \mathbb{E}^2$를 생각하면 임의의 $q \in \mathbb{Z}_+$에 대하여 $\mathbf{g} \in \mathcal{C}^q(\mathbb{E}^2, \mathbb{E}^2)$이다. 이때, 각 $(s, t) \in \mathbb{E}^2$에 대하여

$$J_{\mathbf{g}}(s, t) = \begin{vmatrix} 2s & 2t \\ 2t & 2s \end{vmatrix} = 4(s^2 - t^2)$$

를 얻고 $\lceil J_{\mathbf{g}}(s, t) \neq 0 \iff s^2 \neq t^2 \rfloor$가 성립한다. 한편, 직선 $t = s$ & $t = -s$에 의해서 $\mathbb{E}^2$는 4개의 서로소인 합동영역으로 나누어 진다. 그 중 하나의 영역 $\Delta := \{(s, t) \in \mathbb{E}^2 : s > 0 \text{ \& } |t| < s\}$를 생각하면 다음과 같은 결과를 얻는다.

- 따름정리 8.1.11에 의하여 $\mathbf{g}(\Delta)$는 $\mathbb{E}^2$의 열린부분집합이다.
- $J_{\mathbf{g}}((s, t)) > 0$ $(\forall\, (s, t) \in \Delta)$. 정리 8.1.14에 따르면 임의로 $(s, t) \in \Delta$가 주어질 때, $\mathbf{g}(s, t)$의 충분히 작은 근방 $\Omega_0 \subset \mathbf{g}(\Delta)$ 위에서 제한사상 $\mathbf{g}|_{\Delta} : \Delta \longrightarrow \mathbf{g}(\Delta)$의 $\mathcal{C}^q$-급 역변환 $\mathbf{f} : \Omega_0 \longrightarrow \Delta$를 찾을 수 있다. 역변환 $\mathbf{f}$를 구하기 위하여

$$\begin{cases} \circ\ s^2 + t^2 = x\,; \\ \circ\ 2st = y \end{cases}$$

라 두면

$$\begin{cases} \circ\ x + y = s^2 + 2st + t^2 = (s + t)^2 \geq 0\,; \\ \circ\ x - y = s^2 - 2st + t^2 = (s - t)^2 \geq 0 \end{cases}$$

을 얻는다. 그러나 $(s,t) \in \Delta$이므로

$$s+t=\sqrt{x+y} \quad \& \quad s-t=\sqrt{x-y}$$

이고, 따라서 변환 $\mathbf{f}:\Omega_0 \longrightarrow \mathbb{E}^2$는

$$\mathbf{f}(x,y)=\left(\frac{\sqrt{x+y}+\sqrt{x-y}}{2}, \frac{\sqrt{x+y}-\sqrt{x-y}}{2}\right) \quad (\forall\,(x,y)\in\Omega_0)$$

로 정의된다. 그런데 임의의 $(s,t) \in \Delta$에 대하여 $J_{\mathbf{g}}(s,t) \neq 0$이므로, 이제 Δ와 관련하여 Ω_0를 어떠한 집합으로 선택할 수 있는가?라는 의문이 발생한다.

- 제한사상 $\mathbf{g}|_\Delta : \Delta \longrightarrow \mathbb{E}^2$는 단사이다. 왜냐하면: $(s,t), (s_1,t_1) \in \Delta$에 대하여 $\mathbf{g}(s,t) = \mathbf{g}(s_1,t_1)$을 가정하면 $x=s^2+t^2=s_1^2+t_1^2$ & $y=2st=2s_1t_1$이므로

$$x+y=(s+t)^2=(s_1+t_1)^2 \quad \& \quad x-y=(s-t)^2=(s_1-t_1)^2$$

이다. 그런데 $(s,t), (s_1,t_1) \in \Delta$이므로

$$s+t=\sqrt{x+y}=s_1+t_1 \quad \& \quad s-t=\sqrt{x-y}=s_1-t_1$$

을 얻는다. 결국,

$$s=\frac{\sqrt{x+y}+\sqrt{x-y}}{2}=s_1 \quad \& \quad t=\frac{\sqrt{x+y}-\sqrt{x-y}}{2}=t_1$$

이 성립하므로 $\mathbf{g}|_\Delta$는 단사이다. 특히, 제한사상 $\mathbf{g}|_\Delta$는 C^1-급 미분동형사상이다.

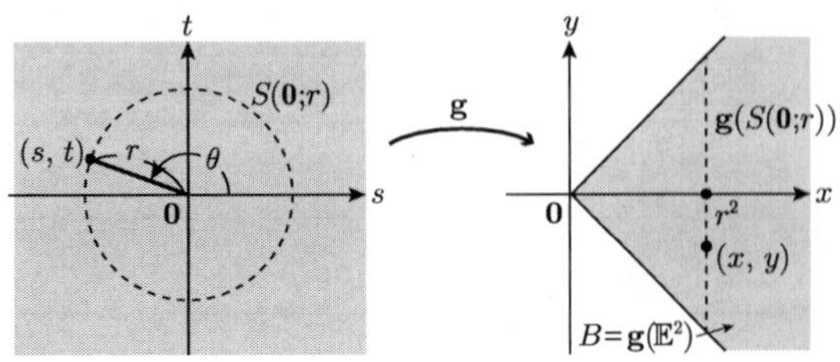

- $B:=\{(x,y)\in\mathbb{E}^2 : x\geq 0 \ \& \ |y|\leq x\}$라 두고 $\mathbf{g}(\mathbb{E}^2)=B$임을 보이자. 이를 위하여 임의로 $(x,y)\in\mathbf{g}(\mathbb{E}^2)$를 선택하면 $x=s^2+t^2$ & $y=2st$를 만족하는 $(s,t)\in\mathbb{E}^2$가 존재한다. 따라서

$$x\geq 0, \quad x+y=(s+t)^2\geq 0 \quad \& \quad x-y=(s-t)^2\geq 0$$

가 성립하므로 $x\geq 0$, $x\geq -y$ & $x\geq y$를 만족한다. 그러므로

$$\mathbf{g}(\mathbb{E}^2)\subset\{(x,y)\in\mathbb{E}^2 : x\geq 0 \ \& \ -x\leq y\leq x\}=B$$

를 얻는다. 한편, 원점 $\mathbf{0}=(0,0)\in\mathbb{E}^2$에 중심을 두고 반지름이 $r>0$인 원 $S(\mathbf{0};r)$을 생각할 때, 임의로 점 $(s,t)\in S(\mathbf{0};r)$가 주어지면 $s=r\cos\theta$ & $t=r\sin\theta$를 만족하는 $\theta\in[0,2\pi)$가 존재한다. 그러므로

$$\mathbf{g}(s,t)=(s^2+t^2,2st)=(r^2,2r^2\cos\theta\sin\theta)=(r^2,r^2\sin 2\theta)$$

를 만족한다. 그러나 $|\sin 2\theta| \le 1$ ($\forall\, \theta \in [0, 2\pi)$)이므로 점 $(r^2, r^2 \sin 2\theta) \in \mathbb{E}^2$는 점 $(r^2, -r^2) \in \mathbb{E}^2$와 점 $(r^2, r^2) \in \mathbb{E}^2$를 잇는 선분위에 위치한다. 즉,

$$\mathbf{g}(S(\mathbf{0}; r)) = \{(r^2, y) \in \mathbb{E}^2 : -r^2 \le y \le r^2\}$$

이다. 그러므로 임의의 점 $(x, y) \in B$가 주어지면 $\mathbf{g}(s, t) = (x, y)$ & $(s, t) \in S(\mathbf{0}; r)$을 만족하는 양수 $r > 0$을 찾을 수 있기 때문에 $B \subset \mathbf{g}(\mathbb{E}^2)$를 얻는다. 결국

$$\mathbf{g}(\mathbb{E}^2) = \{(x, y) \in \mathbb{E}^2 : x \ge 0 \ \ \& \ \ -x \le y \le x\} = B$$

를 증명하였다.

- $B = \{(x, y) \in \mathbb{E}^2 : x \ge 0 \ \& \ |y| \le x\}$에 대하여 $\mathbf{g}(\Delta) = \mathrm{int}(B)$가 성립함을 살펴보기로 하자. 우선, $(x, y) \in \mathrm{int}(B)$를 임의로 선택하면 $x = r^2$ & $y = r^2 \sin 2\theta$를 만족하는 실수 $r \ne 0$과 $\theta \in \left(-\frac{\pi}{4}, \frac{\pi}{4}\right)$를 선택할 수 있다.(4) 한편, $r > 0$ & $-\frac{\pi}{4} < \theta < \frac{\pi}{4}$일 때, $s = r\cos\theta$ & $t = r\sin\theta$라 두면 $\frac{1}{\sqrt{2}} < \cos\theta \le 1$ & $-\frac{1}{\sqrt{2}} < \sin\theta < \frac{1}{\sqrt{2}}$이고 특히, $-\frac{r}{\sqrt{2}} < r\sin\theta < \frac{r}{\sqrt{2}}$을 얻는다. 따라서 $|t| = |r\sin\theta| < \frac{r}{\sqrt{2}} < r\cos\theta = s$가 성립한다. 그러므로
$$\begin{cases} \circ \ (s, t) \in \Delta\,; \\ \circ \ \mathbf{g}(s, t) = \mathbf{g}(r\cos\theta, r\sin\theta) = \big(r^2, r^2 \sin 2\theta\big) = (x, y) \end{cases}$$
가 성립하여 $\mathrm{int}(B) \subset \mathbf{g}(\Delta)$를 보였다. 반면에 $\mathbf{g}(\Delta) \subset \mathbf{g}(\mathbb{E}^2) = B$이고 $\mathbf{g}(\Delta)$가 열린집합이므로 $\mathbf{g}(\Delta) \subset \mathrm{int}(B)$를 얻는다. 결국 $\mathbf{g}(\Delta) = \mathrm{int}(B)$를 보였다.

지금까지의 결과를 종합하면 제한사상 $\mathbf{g}|_\Delta : \Delta \longrightarrow \mathbf{g}(\Delta)$는 전단사이고 역변환 $\mathbf{f} : \mathbf{g}(\Delta) \longrightarrow \Delta$는

$$\mathbf{f}(x, y) = \left(\frac{\sqrt{x+y} + \sqrt{x-y}}{2}, \frac{\sqrt{x+y} - \sqrt{x-y}}{2}\right) \quad (\forall\, (x, y) \in \mathbf{g}(\Delta))$$

로 정의됨을 알 수 있고, 특히 Δ와 관련하여 $\Omega_0 = \mathbf{g}(\Delta)$를 선택할 수 있다

보기 8.1.16. 각 $(s, t) \in \mathbb{E}^2$에 대하여 $\mathbf{g}(s, t) := (\cosh s \cos t, \sinh s \sin t)$로 변환 $\mathbf{g} : \mathbb{E}^2 \longrightarrow \mathbb{E}^2$를 정의하자. 이때, 임의의 $(s, t) \in \mathbb{E}^2$에 대하여, $\cosh^2 s = 1 + \sinh^2 s$ & $\cos^2 t + \sin^2 t = 1$이므로

$$J_{\mathbf{g}}(s, t) = \begin{vmatrix} \sinh s \cos t & -\cosh s \sin t \\ \cosh s \sin t & \sinh s \cos t \end{vmatrix} = \sinh^2 s \cos^2 t + \cosh^2 s \sin^2 t = \sinh^2 s + \sin^2 t$$

를 얻는다. 특히, $\mathbf{g}(s, t \pm 2\pi) = \mathbf{g}(s, t)$ ($\forall\, (s, t) \in \mathbb{E}^2$)가 성립하므로 $\mathbf{g}$는 단사가 아니다. 따라서 영역 $\Delta := \{(s, t) \in \mathbb{E}^2 : s > 0 \ \& \ 0 < t < 2\pi\}$를 생각하면 다음과 같은 결과를 얻는다.

- $J_{\mathbf{g}}((s, t)) > 0$ ($\forall\, (s, t) \in \Delta$).

- 따름정리 8.1.11에 의하여 $\mathbf{g}(\Delta)$는 $\mathbb{E}^2$의 열린부분집합이다.

---

(4) $-r^2 < y < r^2$이므로 $-1 < \sin 2\theta < 1$이다. 그러므로 $-\frac{\pi}{2} < 2\theta < \frac{\pi}{2}$인 각 $\theta \in (0, 2\pi)$를 선택할 수 있다. 따라서 $-\frac{\pi}{4} < \theta < \frac{\pi}{4}$이다.

- 제한사상 $\mathbf{g}|_\Delta : \Delta \longrightarrow \mathbb{E}^2$는 단사임을 보이기로 하자. 이를 위하여 $(s_1,t_1) \neq (s_2,t_2)$인 두 점 $(s_1,t_1), (s_2,t_2) \in \Delta$를 선택하자. 그때,
  ▷ $s_1 \neq s_2$이면 $\mathbf{g}(s_1,t_1)$과 $\mathbf{g}(s_2,t_2)$는 서로다른 타원위에 있게 된다.
  ▷ $\mathbf{g}(s_1,t_1) = \mathbf{g}(s_2,t_2)$ & $s_1 = s_2 = s$를 가정하면

$$\cosh s \cos t_1 = \cosh s \cos t_2 \quad \& \quad \sinh s \sin t_1 = \sinh s \sin t_2$$

  가 성립하고 $\cosh s > 0$ & $\sinh s > 0$이므로 $\cos t_1 = \cos t_2$ & $\sin t_1 = \sin t_2$이다. 그러므로

$$\sin 2t_1 = 2\sin t_1 \cos t_1 = 2\sin t_2 \cos t_2 = \sin 2t_2$$

  를 얻는다. 한편 sin은 주기 2π인 함수이므로 $2t_1 = 2t_2 + 2k\pi$를 만족하는 정수 $k \in \mathbb{Z}$가 존재한다. 또한, $0 < t_1 < 2\pi$ & $0 < t_2 < 2\pi$이므로 $-2\pi < t_1 - t_2 < 2\pi$가 성립한다. 그러므로

$$\pi|k| = |t_1 - t_2| < 2\pi$$

  를 얻기 때문에 $k \in \{-1,0,1\}$이다. 이 가운데 조건 $\cos t_1 = \cos t_2$ & $\sin t_1 = \sin t_2$를 만족하는 것은 $k = 0$인 경우이다. 즉, $t_1 = t_2$이고 결국 $\mathbf{g}|_\Delta$가 단사임을 보였다. 특히, 제한사상 $\mathbf{g}|_\Delta$는 $\mathcal{C}^1$-급 미분동형사상이다.

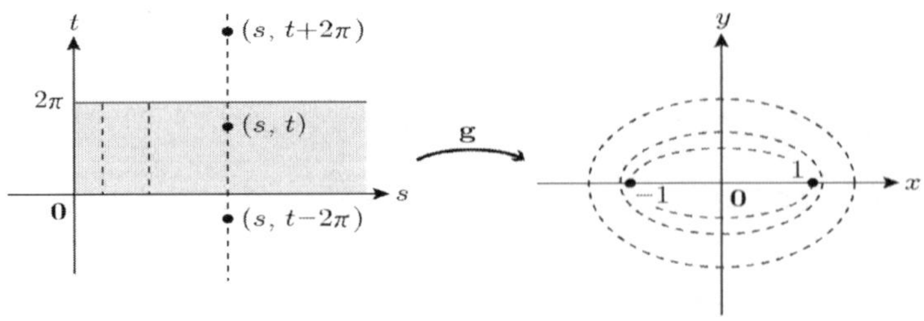

- 임의의 양수 $c > 0$에 대하여 선분 $\ell = \{(c,t) : 0 \leq t \leq 2\pi\}$을 생각하자. 그때, $\mathbf{g}(c,t) = (\cosh c \cos t, \sinh c \sin t)$이므로 $x = \cosh c \cos t$ & $y = \sinh c \sin t$라 두면

$$1 = \cos^2 t + \sin^2 t = \frac{x^2}{\cosh^2 c} + \frac{y^2}{\sinh^2 c}$$

  가 성립하여 선분 ℓ의 상 $\mathbf{g}(\ell)$은 장축의 길이가 $\cosh c > 1$이고 단축의 길이가 $\sinh c$인 타원을 나타낸다. 더욱이, $\mathbf{g}(c,0) = (\cosh c, 0) = \mathbf{g}(c,2\pi)$이고 $(-1,0)$ & $(1,0)$은 타원 $\mathbf{g}(\ell)$의 초점이다.

- 임의의 양수 $s > 0$에 대하여 $\mathbf{g}(s,0) = (\cosh s, 0) = \mathbf{g}(s,2\pi)$이므로 s-축 그리고 s-축과 평행한 Δ의 경계는 $\mathbb{E}^2$ 위의 반직선 $[1,\infty) \times \{0\}$ 위로 사상된다. 즉, $\mathbf{g}(\{(s,0) \in \mathbb{E}^2 : s \geq 0\}) = [1,\infty) \times \{0\}$이다. 또한 $\mathbf{g}(0,t) = (\cos t, 0)$ $(\forall t \in [0,2\pi))$이므로 t-축 위에 있는 Δ의 경계는 $\mathbb{E}^2$ 위의 선분 $[-1,1] \times \{0\}$ 위로 사상된다. 즉, $\mathbf{g}(\{(0,t) \in \mathbb{E}^2 : 0 \leq t < 2\pi\}) = [-1,1] \times \{0\}$이다.

그러므로 마지막 두 개의 결과를 결합하면 $\mathbf{g}(\Delta) = \mathbb{E}^2 \setminus \{(x,0) \in \mathbb{E}^2 : -1 \leq x\}$을 증명하였다. 특히, $\mathbb{E}^2$의 오른쪽 반평면 $\Pi := \{(s,t) \in \mathbb{E}^2 : s > 0\}$를 생각하면 $\mathbf{g}$의 주기성에 비추어

$\mathbf{g}(\Pi) = \mathbb{E}^2 \setminus \{(x,0) \in \mathbb{E}^2 : -1 \leq x \leq 1\}$이 성립함을 알 수 있다.

결국 지금까지 결과를 종합하여 방정식 관점에서 살펴보면 임의로 $(x,y) \in \mathbf{g}(\Delta)$가 주어질 때, 방정식

$$\begin{cases} \circ \ \cosh s \cos t = x\,; \\ \circ \ \sinh s \sin t = y \end{cases}$$

는 오직 하나의 해 $(s,t) \in \Delta$를 갖는다.

역함수정리의 가정에서 편도함수의 연속성이 반드시 필요함을 다음 보기를 통하여 알 수 있다(고차원에 대해서는 연습문제 8.1.4 참조).

보기 8.1.17. 함수 $g : \mathbb{E}^1 \longrightarrow \mathbb{E}^1$을 각 $x \in \mathbb{E}^1$에 대하여

$$g(x) := \begin{cases} x + x^2 \sin \frac{1}{x} & (x \neq 0) \\ 0 & (x = 0) \end{cases}$$

로 정의하면 다음이 성립한다.

(1) 함수 g는 $\mathbb{E}^1$ 위에서 미분가능하고, $g'(0) = 1$이다.

(2) 도함수 g'은 구간 $(-1,1)$ 위에서 유계이지만 0에서 연속은 아니다. 특히 $g \notin \mathcal{C}^1(\mathbb{E}^1)$이고 임의의 자연수 $q \in \mathbb{N}$에 대하여 $g \notin \mathcal{C}^q(\mathbb{E}^1 \setminus \{0\})$이다.

(3) 함수 g는 점 0의 어떠한 근방에서도 단사가 아니다.([5])

[풀이] (1) $\lim_{\mathbb{E}^1 \ni t \to 0} t \sin \frac{1}{t} = 0$에 유념하면

$$\lim_{\mathbb{E}^1 \ni x \to 0} \frac{g(x) - g(0)}{x} = \lim_{\mathbb{E}^1 \ni x \to 0} \frac{1}{x}\left(x + x^2 \sin \frac{1}{x}\right) = \lim_{\mathbb{E}^1 \ni x \to 0}\left(1 + x \sin \frac{1}{x}\right) = 1$$

이고, 또한 $x \neq 0$일 때,

$$g'(x) = 1 + 2x \sin \frac{1}{x} - \cos \frac{1}{x}$$

이므로 함수 g는 $\mathbb{E}^1$ 위에서 미분가능하고, 특히

$$g'(x) = \begin{cases} 1 + 2x \sin \frac{1}{x} - \cos \frac{1}{x} & (x \neq 0) \\ 1 & (x = 0) \end{cases}$$

을 얻는다.

(2) $\max\{\left|x \sin \frac{1}{x}\right|, \left|\cos \frac{1}{x}\right| : x \in (-1,1) \ \& \ x \neq 0\} \leq 1$이므로 $|g'(x)| \leq 4 \, (\forall x \in (-1,1))$이다. 특히, 각 자연수 $k \in \mathbb{N}$에 대하여 $x_k = \frac{1}{2k\pi}$라 두면 $\lim_{k\to\infty} x_k = 0$이고, $g'(x_k) = 0 \, (\forall k \in \mathbb{N})$이므로 $\lim_{k\to\infty} g'(x_k) = 0 \neq 1 = g'(0)$이다. 즉, 정리 3.4.5의 관점에서 g'은 0에서 연속이 아니다. 따라서 $g \notin \mathcal{C}^1(\mathbb{E}^1)$이다.

(3) $x \neq 0$에 대하여

$$g'(x) = 1 + 2x \sin \frac{1}{x} - \cos \frac{1}{x}\,;$$
$$g''(x) = 2 \sin \frac{1}{x} - \frac{2}{x} \cos \frac{1}{x} - \frac{1}{x^2} \sin \frac{1}{x}$$

([5]) 함수 g는 원점 근방에서 $\mathcal{C}^1$-급이 아님에 유의하자.

이고, 또한 각 자연수 $k \in \mathbb{N}$에 대하여

$$g'\left(\frac{1}{2k\pi}\right) = 0 \quad \& \quad g''\left(\frac{1}{2k\pi}\right) = -4k\pi < 0$$

이므로 각 자연수 $k \in \mathbb{N}$에 대하여 g는 $x = \frac{1}{2k\pi}$에서 극댓값을 갖는다. 그런데 각 $k \in \mathbb{N}$에 대하여 $g\left(\frac{1}{2k\pi}\right) = \frac{1}{2k\pi}$이므로

$$g\left(\frac{1}{2k\pi}\right) = \frac{1}{2k\pi} < \frac{1}{2(k-1)\pi} = g\left(\frac{1}{2(k-1)\pi}\right) \quad (\forall k \geq 2)$$

이다. 특히, g는 $(0, \infty)$ 위에서 연속이므로 역시 구간 $\left(0, \frac{1}{2(k-1)\pi}\right)$ 위에서도 연속이다. 따라서 $k > 1$일 때, 함수 g에 대한 그래프의 개형을 생각하면 다음 표와 같다.([6])

x	$\cdots$	$\frac{1}{2k\pi}$	$\cdots$	$\frac{1}{2(k-1)\pi}$	$\cdots$
$g'(x)$	$\cdots$	0	$\cdots$	0	$\cdots$
$g''(x)$	$\cdots$	$-4k\pi$	$\cdots$	$-4(k-1)\pi$	$\cdots$
$g(x)$	$\cdots$	$\frac{1}{2k\pi}$	$\cdots$	$\frac{1}{2(k-1)\pi}$	$\cdots$
	$\cdots$	극댓값	$\cdots$	극댓값	$\cdots$

결국 $g(x_1) = g(x_2)$ & $x_1 \neq x_2$를 만족하는 $x_1, x_2 \in \left(0, \frac{1}{2(k-1)\pi}\right)$가 존재한다. 한편, 임의의 양수 $\delta > 0$가 주어지면 '아르키메데스 성질'에 의하여 $2(m-1)\delta\pi > 1$을 만족하는 자연수 $m \in \mathbb{N}$ & $m \geq 2$를 선택할 수 있으므로 $\left(0, \frac{1}{2(m-1)\pi}\right) \subset (-\delta, \delta)$이다. 그러므로 0의 어떠한 근방에서도 g는 단사가 아님을 알 수 있다. □

([6]) 열린구간 $I \subset \mathbb{E}^1$와 함수 $\varphi \in \mathcal{C}^2(I)$가 주어질 때, $\varphi'(x_0) = 0$인 점 $x_0 \in I$에 대하여 다음과 같은 결과를 얻는다.([1], p205)

- $\varphi''(x_0) > 0$이면 x_0에서 φ는 극솟값을 갖고;
- $\varphi''(x_0) < 0$이면 x_0에서 φ는 극댓값을 갖는다.

연습문제 8.1

1. 다음과 같이 주어진 영역 Δ와 변환 $\mathbf{g}$를 생각할 때, 아래 물음에 답하여라.[200]

   (c1) $\mathbf{g}(\mathbf{t}) := \mathbf{t} + \mathbf{t}_0 \ (\forall\, \mathbf{t} \in \Delta := \mathbb{E}^n)$ (단, $\mathbf{t}_0 \in \mathbb{E}^n$는 주어진 점).

   (c2) $\mathbf{g}(s,t) := (s+2t, s-t) \ (\forall\,(s,t) \in \Delta := \mathbb{E}^2)$.

   (c3) $g(s,t) := (s^2 - s - 2, 3t) \ (\forall\,(s,t) \in \Delta := \mathbb{E}^2)$.

   (c4) $\mathbf{g}(s,t) := (s^2 - t^2, st) \ (\forall\,(s,t) \in \Delta := \mathbb{E}^2 \setminus \{(0,0)\})$.

   (c5) $\mathbf{g}(s,t) := (\ln(st),\ 1/(s^2+t^2)) \ \big(\forall\,(s,t) \in \Delta := \{(s,t) : s \in \mathbb{E}^1 \ \&\ 0 < t < s\}\big)$.

   (가) $J_{\mathbf{g}}(\mathbf{t}) \neq 0 \ (\forall\, \mathbf{t} \in \Delta)$이 성립하는가?

   (나) $\mathbf{g}(\Delta)$를 구하여라.

   (다) $\mathbf{g}$가 단사이면 $\mathbf{g}(\Delta)$ 위에서 $(\mathbf{g}|_\Delta)^{-1}$을 찾아라.

2. 각 $(s,t,u) \in \mathbb{E}^3$에 대하여 $\mathbf{g}(s,t,u) := (u\cos st, u\sin st, s+u)$로 정의된 변환 $\mathbf{g} : \mathbb{E}^3 \longrightarrow \mathbb{E}^3$를 생각할 때, 다음 물음에 답하여라.[201]

   (가) $\mathbf{g}(1,0,1) = (1,0,2)$.

   (나) $J_{\mathbf{g}}(1,0,1) \neq 0$임을 보여라.

   (다) $\mathbf{f}$가 조건 $\mathbf{f}(1,0,2) = (1,0,1)$을 만족하는 $\mathbf{g}$의 국소적 역변환일 때, $D\mathbf{f}(1,0,2)$를 구하여라.

3. 집합 $\Delta := \{(x,y) \in \mathbb{E}^2 : x + y \neq -1\}$을 생각하고 각 $(x,y) \in \mathbb{E}^2$에 대하여 변환 $\mathbf{g} = (g^1, g^2) : \Delta \longrightarrow \mathbb{E}^2$를

$$g^1(x,y) = \frac{x}{x+y+1} \quad \& \quad g^2(x,y) = \frac{y}{x+y+1}$$

   로 정의할 때, 다음을 보여라.[202]

   (가) $J_{\mathbf{g}}(x,y) = (x+y+1)^{-3} \ (\forall\,(x,y) \in \Delta)$.

   (나) 변환 $\mathbf{g}$는 Δ 위에서 단사이다.

   (다) 역변환 $(\mathbf{g}|_\Delta)^{-1}$과 그 정의역을 구하여라.

4. 변환 $\mathbf{f} = (f^1, f^2) : \mathbb{E}^2 \longrightarrow \mathbb{E}^2$를 각 $(x,y) \in \mathbb{E}^2$에 대하여

$$f^1(x,y) := \begin{cases} x + x^2 \sin\frac{1}{x} & (x \neq 0) \\ 0 & (x = 0) \end{cases} \quad \& \quad f^2(x,y) := y$$

   로 정의할 때, 다음이 성립함을 보여라.[203]

   (가) 변환 $\mathbf{f}$는 $\mathbb{E}^2$ 위에서 미분가능하다.

(나) $J_{\mathbf{f}}(0,0) \neq 0$.

(다) 편도함수 f_1^1은 원점 $(0,0)$에서 불연속이다. 특히, $\mathbf{f} \notin \mathcal{C}^1(\mathbb{E}^2, \mathbb{E}^2)$이다.

(라) 변환 $\mathbf{f}$는 원점 $(0,0)$의 어떠한 근방에서도 단사가 아니다.

5. 각 $(s,t) \in \mathbb{E}^2$에 대하여 $\mathbf{g}(s,t) := (\cosh s \cos t, \sinh s \sin t)$로 정의된 변환 $\mathbf{g} : \mathbb{E}^2 \longrightarrow \mathbb{E}^2$를 생각할 때, 다음 물음에 답하여라.[204]

   (가) 임의의 $c \in \mathbb{E}^1$에 대하여 직선 $\ell = \{(s,c) \in \mathbb{E}^2 : s \in \mathbb{E}^1\}$의 상 $\mathbf{g}(\ell)$을 구하여라.

   (나) $\mathbf{g}$가 열린집합 $\Delta = \mathbb{E}^2 - \{(0,k\pi) \in \mathbb{E}^2 : k \in \mathbb{Z}\}$ 위에서 등각변환임을 보여라.

6. 각 $(s,t) \in \mathbb{E}^2$에 대하여 $\mathbf{g}(s,t) := (e^s \cos t, e^s \sin t)$로 정의된 변환 $\mathbf{g} : \mathbb{E}^2 \longrightarrow \mathbb{E}^2$를 생각할 때, 다음 물음에 답하여라.[205]

   (가) 임의의 $(s,t) \in \mathbb{E}^2$에 대하여 $J_{\mathbf{g}}(s,t) \neq 0$이지만 $\mathbf{g}$는 단사가 아님을 보여라.

   (나) $\Delta := \{(s,t) \in \mathbb{E}^2 : s \in \mathbb{E}^1 \ \& \ 0 < t < 2\pi\}$라 두면 제한사상 $\mathbf{g}|_\Delta$가 단사임을 보이고 그의 역사상을 구하여라.

   (다) $\mathbf{g}(\mathbb{E}^2)$를 구하여라.

   (라) $\mathbf{g}$가 등각변환임을 보여라.

7. 열린볼록집합 $\Delta \subset \mathbb{E}^n$ 위에서 정의되고 미분가능한 변환 $\mathbf{g} = (g^1, g^2, \cdots, g^n) : \Delta \longrightarrow \mathbb{E}^n$가 조건

$$\sum_{i,j=1}^{n} g_j^i(\mathbf{t}) h^i h^j > 0 \quad (\forall \mathbf{t} \in \Delta \ \& \ \forall \mathbf{h} = (h^1, h^2, \cdots, h^n) \in \mathbb{E}^n \setminus \{\mathbf{0}\}) \tag{8.9}$$

   을 만족하면 $\mathbf{g}$는 단사임을 보여라.[206]

8. 열린집합 $\Delta \subset \mathbb{E}^n$ 위에서 정의된 변환 $\mathbf{g} \in \mathcal{C}^1(\Delta, \mathbb{E}^n)$가 조건 $J_{\mathbf{g}}(\mathbf{t}) \neq 0$ $(\forall \mathbf{t} \in \Delta)$을 만족할 때, 점 $\mathbf{x} \in \mathbb{E}^n \setminus \mathbf{g}(\Delta)$에 대하여 함수 $\psi : \Delta \longrightarrow \mathbb{E}^1$을 $\psi(\mathbf{t}) := \|\mathbf{x} - \mathbf{g}(\mathbf{t})\|^2$ $(\forall \mathbf{t} \in \Delta)$로 정의하면 $d\psi(\mathbf{t}) \neq \mathbf{0}$ $(\forall \mathbf{t} \in \Delta)$임을 보여라.[207]

9. 변환 $\mathbf{g} \in \mathcal{C}^1(\mathbb{E}^n, \mathbb{E}^n)$에 대하여 조건

$$\|\mathbf{g}(\mathbf{s}) - \mathbf{g}(\mathbf{t})\| \geq c\|\mathbf{s} - \mathbf{t}\| \quad (\forall \mathbf{s}, \mathbf{t} \in \mathbb{E}^n) \tag{8.10}$$

   를 만족하는 양수 $c > 0$가 존재할 때, 다음을 증명하여라.[208]

   (가) $\mathbf{g}$는 단사이다.

   (나) $J_{\mathbf{g}}(\mathbf{t}) \neq 0$ $(\forall \mathbf{t} \in \mathbb{E}^n)$.

   (다) $\mathbf{g}(\mathbb{E}^n) = \mathbb{E}^n$.

8.2 음함수정리

'음함수정리'는 역함수정리를 이용하여 증명할 수 있고 역함수정리와 마찬가지로 해석학의 중요한 이론중 하나이다. 우선, 앞으로 학습하는데 필요한 선형대수학의 내용을 요약 정리해 둔다.

회상 8.2.1. 선형변환 $\mathbf{L} : \mathbb{E}^n \longrightarrow \mathbb{E}^m$이 주어질 때,

$$\dim(\mathbb{E}^n) = \dim(\ker(\mathbf{L})) + \operatorname{rank}(\mathbf{L})$$

이 성립하므로 유클리드공간의 표준기저에 관한 $\mathbf{L}$의 행렬 $A = [\mathbf{L}]_{m\times n}$과 $\mathbf{L}$ 사이에 다음이 성립함을 알 수 있다.

- $\mathbf{L}$이 전사(surjective)이기 위한 필요충분조건은 $\operatorname{rank}(\mathbf{L}) = m$이다. 또한 $\operatorname{rank}(\mathbf{L}) = m$이기 위한 필요충분조건은 $\operatorname{rank}(A) = m$이다. 이 경우, $\operatorname{rank}(A) \le \min\{m, n\}$임에 유의하면 $m \le n$이다.
- $\mathbf{L}$이 단사(one-to-one, injective)이기 위한 필요충분조건은 $\ker(\mathbf{L}) = \{\mathbf{0}\}$이다. 이 경우, $n \le m$이다.
- $\mathbf{L}$이 전단사(one-to-one correspondence, bijective)이기 위한 필요충분조건은 $n = m$ & $\operatorname{rank}(A) = n$이다. 이 경우, $\det A \ne 0$이다.
- $n = m$인 경우, $D\mathbf{L}(\mathbf{x}) = \mathbf{L}$ $(\forall\, \mathbf{x} \in \mathbb{E}^n)$이므로 $\mathbf{L}$의 야코비 행렬과 A는 같다.

열린집합 $\Delta \subset \mathbb{E}^n$와 변환 $\Phi \in \mathcal{C}^q(\Delta, \mathbb{E}^m)$ (단, $1 \le m < n$ & $q \in \mathbb{N}$)이 주어질 때, '음함수정리'는 $\Phi(\mathbf{x}_0) = \mathbf{0}$ & $\operatorname{rank}(D\Phi(\mathbf{x}_0)) = m$을 만족하는 점 $\mathbf{x}_0 \in \Delta$의 근방에서 방정식 $\Phi(\mathbf{x}) = \mathbf{0}$의 사상(mapping)적 정보를 제공한다.(7) $r = n - m$이라 두고 편의상 행렬 $(\Phi^i_j(\mathbf{x}_0))_{m\times n}$에서 마지막 m개의 열벡터를 선택하여 얻은 m차 정방행렬의 행렬식을

$$\tilde{J}_\Phi(\mathbf{x}) := \begin{vmatrix} \Phi^1_{r+1}(\mathbf{x}) & \Phi^1_{r+2}(\mathbf{x}) & \cdots & \Phi^1_{r+m}(\mathbf{x}) \\ \Phi^2_{r+1}(\mathbf{x}) & \Phi^2_{r+2}(\mathbf{x}) & \cdots & \Phi^2_{r+m}(\mathbf{x}) \\ \vdots & \vdots & \ddots & \vdots \\ \Phi^m_{r+1}(\mathbf{x}) & \Phi^m_{r+2}(\mathbf{x}) & \cdots & \Phi^m_{r+m}(\mathbf{x}) \end{vmatrix}$$

으로 규약한다. 특히, $n = r + m$이므로 $\mathbb{E}^n$ 위의 벡터

$$\mathbf{x} = (x^1, x^2, \cdots, x^n) \quad \& \quad \mathbf{x}_0 = (x^1_0, x^2_0, \cdots, x^n_0)$$

가 주어질 때, $\mathbf{x}$ & $\mathbf{x}_0$의 처음 $r(= n - m)$개의 성분으로 구성된 $\mathbb{E}^r$ 위의 벡터를

$$\hat{\mathbf{x}} = (x^1, x^2, \cdots, x^r) \quad \& \quad \hat{\mathbf{x}}_0 = (x^1_0, x^2_0, \cdots, x^r_0)$$

라 두면 $\mathbf{x} = (\hat{\mathbf{x}}, x^{r+1}, \cdots, x^n)$ & $\mathbf{x}_0 = (\hat{\mathbf{x}}_0, x^{r+1}_0, \cdots, x^n_0)$으로 표현된다.

---

(7) $\operatorname{rank}(D\Phi(\mathbf{x}_0)) = m$이란 행렬 $[D\Phi(\mathbf{x}_0)]_{m\times n} = (\Phi^i_j(\mathbf{x}_0))_{m\times n}$의 n개의 열벡터 가운데 m개의 열벡터를 선택하여 얻은 m차 정방행렬의 행렬식이 0이 아니라는 것과 동치임을 상기하자.

표기법 8.2.2. 변환

$$\boldsymbol{\kappa}_1 : \mathbb{E}^r \longrightarrow \mathbb{E}^r \times \mathbb{E}^m \ (\mathbf{t} \longmapsto (\mathbf{t}, \mathbf{0}))$$

과

$$\boldsymbol{\pi}_1 : \mathbb{E}^r \times \mathbb{E}^m \longrightarrow \mathbb{E}^r \ ((\mathbf{t}, \mathbf{y}) \longmapsto \mathbf{t})$$

그리고

$$\boldsymbol{\pi}_2 : \mathbb{E}^r \times \mathbb{E}^m \longrightarrow \mathbb{E}^m \ ((\mathbf{t}, \mathbf{y}) \longmapsto \mathbf{y})$$

등을 생각하면 이들은 분명히 임의의 자연수 $q \in \mathbb{N}$에 대하여 $\mathcal{C}^q$-급임에 유념하자.

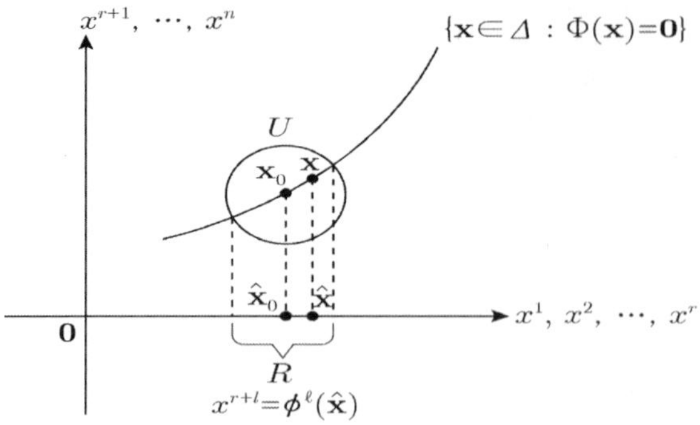

그림 8.2: 음함수정리의 이해

정리 8.2.3. (음함수정리, Implicit function theorem) 열린집합 $\Delta \subset \mathbb{E}^n$, 자연수 $q \in \mathbb{N}$, 그리고 변환 $\Phi \in \mathcal{C}^q(\Delta, \mathbb{E}^m)$ (단, $1 \leq m < n$ & $r = n - m$)가 주어질 때, $\Phi(\mathbf{x}_0) = \mathbf{0}$ & $\tilde{J}_\Phi(\mathbf{x}_0) \neq 0$인 점 $\mathbf{x}_0 \in \Delta$에 대하여 조건

$$\begin{cases} \circ \ \tilde{J}_\Phi(\mathbf{x}) \neq 0 \ \ (\forall\, \mathbf{x} \in U)\,; \\ \circ \ \boldsymbol{\varphi}(\hat{\mathbf{x}}_0) = (x_0^{r+1}, x_0^{r+2}, \cdots, x_0^n)\,; \\ \circ \ \{\mathbf{x} \in U : \Phi(\mathbf{x}) = \mathbf{0}\} = \{(\hat{\mathbf{x}}, \boldsymbol{\varphi}(\hat{\mathbf{x}})) : \hat{\mathbf{x}} \in R\} \end{cases} \tag{8.11}$$

을 만족하는

$$\begin{cases} \circ \ \mathbf{x}_0\text{의 열린근방 } U \subset \Delta\,; \\ \circ \ \hat{\mathbf{x}}_0\text{를 포함하는 열린집합 } R \subset \mathbb{E}^r\,; \\ \circ \ \boldsymbol{\varphi} \in \mathcal{C}^q(R, \mathbb{E}^m) \end{cases} \tag{8.12}$$

가 존재한다. 특히, (8.11)의 조건을 만족하는 변환 $\boldsymbol{\varphi} \in \mathcal{C}^q(R, \mathbb{E}^m)$는 유일하다.

[증명] (1°) $\Phi \in \mathcal{C}^q(\Delta, \mathbb{E}^m) \subset \mathcal{C}^1(\Delta, \mathbb{E}^m)$이므로 $\tilde{J}_\Phi$는 Δ 위에서 연속함수이다. 그런데 $\tilde{J}_\Phi(\mathbf{x}_0) \neq 0$이므로 $\tilde{J}_\Phi(\mathbf{x}) \neq 0$ $(\forall\, \mathbf{x} \in U_0)$을 만족하는 $\mathbf{x}_0$의 열린근방 $U_0 \subset \Delta$가 존재한다.

(2°) 변환 $\mathbf{f} : U_0 \longrightarrow \mathbb{E}^n$을

$$\mathbf{f}(\mathbf{x}) := (\hat{\mathbf{x}}, \Phi(\mathbf{x})) \quad (\forall\, \mathbf{x} \in U_0)$$

로 정의하면 $\mathbf{f} \in \mathcal{C}^q(U_0, \mathbb{E}^n)$ & $J_{\mathbf{f}}(\mathbf{x}) = \tilde{J}_\Phi(\mathbf{x}) \neq 0$ $(\forall \mathbf{x} \in U_0)$을 만족한다. 특히, $J_{\mathbf{f}}(\mathbf{x}_0) \neq 0$이므로 정리 8.1.14를 적용하면 조건

$$\begin{cases} \circ \text{ 제한사상 } \mathbf{f}|_U : U \longrightarrow \Omega\text{는 전단사이다.}; \\ \circ \ \mathbf{g} := (\mathbf{f}|_U)^{-1} \in \mathcal{C}^q(\Omega, U); \\ \circ \ D\mathbf{g}(\mathbf{f}(\mathbf{x})) = [D\mathbf{f}(\mathbf{x})]^{-1} \quad (\forall \mathbf{x} \in U) \end{cases} \tag{8.13}$$

을 만족하는 점 $\mathbf{x}_0$의 열린근방 $U \subset U_0$와 $\mathbf{f}(\mathbf{x}_0) = (\hat{\mathbf{x}}_0, \mathbf{0})$의 열린근방 $\Omega \subset \mathbb{E}^n$가 존재한다.

(3°) 변환 $\boldsymbol{\kappa}_1 : \mathbb{E}^r \longrightarrow \mathbb{E}^r \times \mathbb{E}^m$은 연속이고 $\Omega \subset \mathbb{E}^n (= \mathbb{E}^r \times \mathbb{E}^m)$가 열린집합이므로 $R := \boldsymbol{\kappa}_1^{-1}(\Omega)$은 $\mathbb{E}^r$의 열린부분집합이고 특히 $\hat{\mathbf{x}}_0 \in R$이다.

(4°) 합성변환 $\boldsymbol{\varphi} := (\boldsymbol{\pi}_2|_U) \circ \mathbf{g} \circ (\boldsymbol{\kappa}_1|_R)$을 생각하면 $\mathbf{g} \in \mathcal{C}^q(\Omega, U)$이므로 따름정리 7.6.7의 관점에서 $\boldsymbol{\varphi} \in \mathcal{C}^q(R, \mathbb{E}^m)$임을 알 수 있다. 특히,

$$\boldsymbol{\varphi}(\hat{\mathbf{x}}_0) = (\boldsymbol{\pi}_2 \circ \mathbf{g})(\hat{\mathbf{x}}_0, \mathbf{0}) = \boldsymbol{\pi}_2(\mathbf{x}_0) = (x_0^{r+1}, x_0^{r+2}, \cdots, x_0^n)$$

이 성립한다.

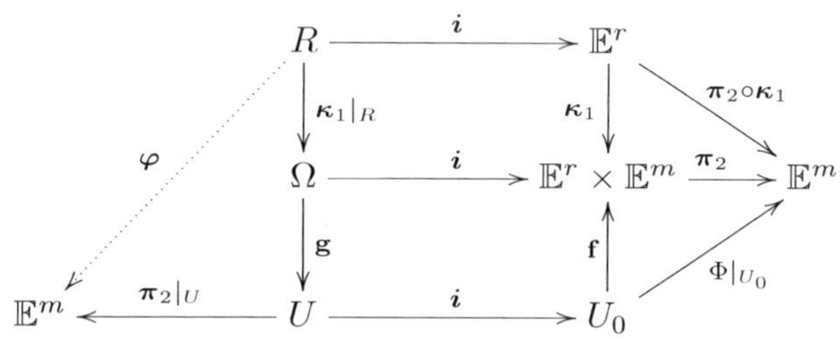

여기서 $\boldsymbol{i}$는 포함사상(inclusion map)을 의미한다.

(5°) $\{\mathbf{x} \in U : \Phi(\mathbf{x}) = \mathbf{0}\} = \{(\hat{\mathbf{x}}, \boldsymbol{\varphi}(\hat{\mathbf{x}})) : \hat{\mathbf{x}} \in R\}$을 보이기로 하자.

- $\Phi(\mathbf{x}) = \mathbf{0}$인 $\mathbf{x} \in U$를 임의로 선택하자. 이때, $\Omega \ni \mathbf{f}(\mathbf{x}) = (\hat{\mathbf{x}}, \Phi(\mathbf{x})) = (\hat{\mathbf{x}}, \mathbf{0})$이므로 $\hat{\mathbf{x}} \in R$ & $\mathbf{g}(\hat{\mathbf{x}}, \mathbf{0}) = \mathbf{x}$이다. 그러므로

  $$\boldsymbol{\varphi}(\hat{\mathbf{x}}) = (\boldsymbol{\pi}_2 \circ \mathbf{g} \circ \boldsymbol{\kappa}_1)(\hat{\mathbf{x}}) = (\boldsymbol{\pi}_2 \circ \mathbf{g})(\hat{\mathbf{x}}, \mathbf{0}) = \boldsymbol{\pi}_2(\mathbf{x}) = (x^{r+1}, x^{r+2}, \cdots, x^n)$$

  이고 따라서 $\mathbf{x} = (\hat{\mathbf{x}}, x^{r+1}, x^{r+2}, \cdots, x^n) = (\hat{\mathbf{x}}, \boldsymbol{\varphi}(\hat{\mathbf{x}}))$ & $\hat{\mathbf{x}} \in R$이 성립한다. 결국 $\{\mathbf{x} \in U : \Phi(\mathbf{x}) = \mathbf{0}\} \subset \{(\hat{\mathbf{x}}, \boldsymbol{\varphi}(\hat{\mathbf{x}})) : \hat{\mathbf{x}} \in R\}$을 보였다.

- $\hat{\mathbf{x}} \in R$을 가정하면 $\boldsymbol{\kappa}_1(\hat{\mathbf{x}}) = (\hat{\mathbf{x}}, \mathbf{0}) \in \Omega$이므로 $(\mathbf{f}|_U)(\mathbf{t}) = (\hat{\mathbf{x}}, \mathbf{0})$를 만족하는 유일한 $\mathbf{t} \in U$가 존재한다. 그러나 $\mathbf{f}(\mathbf{t}) = (\hat{\mathbf{t}}, \Phi(\mathbf{t}))$이므로 $\hat{\mathbf{t}} = \hat{\mathbf{x}}$ & $\Phi(\mathbf{t}) = \mathbf{0}$이다. 또한 (8.13)에 의하여 $\mathbf{g}(\hat{\mathbf{x}}, \mathbf{0}) = \mathbf{t}$이므로

  $$\boldsymbol{\varphi}(\hat{\mathbf{x}}) = (\boldsymbol{\pi}_2 \circ \mathbf{g} \circ \boldsymbol{\kappa}_1)(\hat{\mathbf{x}}) = \boldsymbol{\pi}_2(\mathbf{g}(\hat{\mathbf{x}}, \mathbf{0})) = \boldsymbol{\pi}_2(\mathbf{t}) = (t^{r+1}, t^{r+2}, \cdots, t^n)$$

  이다. 특히,

  $$\begin{cases} \circ \ (\hat{\mathbf{x}}, \boldsymbol{\varphi}(\hat{\mathbf{x}})) = (\hat{\mathbf{t}}, t^{r+1}, t^{r+2}, \cdots, t^n) = \mathbf{t} \in U; \\ \circ \ \Phi(\hat{\mathbf{x}}, \boldsymbol{\varphi}(\hat{\mathbf{x}})) = \Phi(\mathbf{t}) = \mathbf{0} \end{cases}$$

  이므로 $\{(\hat{\mathbf{x}}, \boldsymbol{\varphi}(\hat{\mathbf{x}})) : \hat{\mathbf{x}} \in R\} \subset \{\mathbf{x} \in U : \Phi(\mathbf{x}) = \mathbf{0}\}$을 보였다.

(6°) (8.11)의 조건을 만족하는 변환 $\boldsymbol{\varphi} \in \mathcal{C}^q(R, \mathbb{E}^m)$의 유일성을 보이기 위하여 변환 $\boldsymbol{\psi} \in \mathcal{C}^q(R, \mathbb{E}^m)$가 각 $\hat{\mathbf{x}} \in R$에 대하여 $\Phi(\hat{\mathbf{x}}, \boldsymbol{\psi}(\hat{\mathbf{x}})) = \mathbf{0}$을 만족한다고 가정하자. 이때, 임의의 $\hat{\mathbf{x}} \in R$에 대하여

$$\begin{cases} \circ \ \mathbf{f}(\hat{\mathbf{x}}, \boldsymbol{\varphi}(\hat{\mathbf{x}})) = (\hat{\mathbf{x}}, \Phi(\hat{\mathbf{x}}, \boldsymbol{\varphi}(\hat{\mathbf{x}}))) = (\hat{\mathbf{x}}, \mathbf{0})\,; \\ \circ \ \mathbf{f}(\hat{\mathbf{x}}, \boldsymbol{\psi}(\hat{\mathbf{x}})) = (\hat{\mathbf{x}}, \Phi(\hat{\mathbf{x}}, \boldsymbol{\psi}(\hat{\mathbf{x}}))) = (\hat{\mathbf{x}}, \mathbf{0}) \end{cases}$$

이 성립한다. 그러나 $\mathbf{f}|_U$는 단사이므로 $\boldsymbol{\varphi}(\hat{\mathbf{x}}) = \boldsymbol{\psi}(\hat{\mathbf{x}})$ $(\forall\, \hat{\mathbf{x}} \in R)$을 얻는다. □

따름정리 8.2.4. 열린집합 $\Delta \subset \mathbb{E}^n$, 자연수 $q \in \mathbb{N}$, 그리고 변환 $\Phi \in \mathcal{C}^q(\Delta, \mathbb{E}^m)$ (단, $1 \leq m < n$ & $r = n - m$)가 주어질 때, $\Phi(\mathbf{x}_0) = \mathbf{0}$ & $\tilde{J}_\Phi(\mathbf{x}_0) \neq 0$인 점 $\mathbf{x}_0 \in \Delta$에 대하여 조건

$$\begin{cases} \circ \ \boldsymbol{\psi}(\hat{\mathbf{x}}_0) = \mathbf{x}_0\,; \\ \circ \ \boldsymbol{\psi}\text{는 전단사이다.}\,; \\ \circ \ \operatorname{rank}(D\boldsymbol{\psi}(\hat{\mathbf{x}})) = r \ \ (\forall\, \hat{\mathbf{x}} \in B) \end{cases} \tag{8.14}$$

을 만족하는

$$\begin{cases} \circ \ \mathbf{x}_0\text{의 열린근방 } V \subset \Delta\,; \\ \circ \ \hat{\mathbf{x}}_0\text{를 포함하는 열린구 } B \subset \mathbb{E}^r\,; \\ \circ \ \boldsymbol{\psi} \in \mathcal{C}^q(B, V \cap \Phi^{-1}(\{\mathbf{0}\})) \end{cases} \tag{8.15}$$

가 존재한다.

[증명] 정리 8.2.3의 증명에서 사용했던 표현을 따르기로 하자. 이때, $\mathbf{f}(\mathbf{x}_0) = (\hat{\mathbf{x}}_0, \mathbf{0})$이고 또한 $\Omega \subset \mathbb{E}^n = \mathbb{E}^r \times \mathbb{E}^{n-r}$는 $(\hat{\mathbf{x}}_0, \mathbf{0})$을 포함하는 열린집합이므로 조건

$$\begin{cases} \circ \ B := B(\hat{\mathbf{x}}_0; \delta) \subset \mathbb{E}^r\,; \\ \circ \ D := B(\mathbf{0}; \delta) \subset \mathbb{E}^{n-r}\,; \\ \circ \ B \times D \subset \Omega \end{cases} \tag{8.16}$$

를 만족하는 양수 $\delta > 0$를 선택할 수 있다. 특히, $B \times D$는 $(\hat{\mathbf{x}}_0, \mathbf{0})$을 포함하는 열린집합이므로 $\mathbf{g}(B \times D) \subset U$도 역시 $\mathbf{g}(\hat{\mathbf{x}}_0, \mathbf{0}) = \mathbf{x}_0$를 포함하는 열린집합이다. 더욱이

$$B = \boldsymbol{\kappa}_1^{-1}(B \times D) \subset \boldsymbol{\kappa}_1^{-1}(\Omega) = R$$

을 만족한다. 그러므로 $V := \mathbf{g}(B \times D)$라 두면 사상 $\mathbf{f}|_V : V \longrightarrow B \times D$는 전단사임을 알 수 있다. 한편, 정리 8.2.3의 증명가운데 (5°)에서 U & R 대신 V & B를 생각함으로서

$$V \cap \Phi^{-1}(\{\mathbf{0}\}) = \{\mathbf{x} \in V : \Phi(\mathbf{x}) = \mathbf{0}\} = \{(\hat{\mathbf{x}}, \boldsymbol{\varphi}(\hat{\mathbf{x}})) : \hat{\mathbf{x}} \in B\}$$

을 얻는다. 그러므로 사상 $\boldsymbol{\psi} : B \longrightarrow V \cap \Phi^{-1}(\{\mathbf{0}\})$을 $\boldsymbol{\psi}(\hat{\mathbf{x}}) := (\hat{\mathbf{x}}, \boldsymbol{\varphi}(\hat{\mathbf{x}}))$ $(\forall\, \hat{\mathbf{x}} \in B)$로 정의하면 $\boldsymbol{\psi}$는 전사이다. 더욱이 $\boldsymbol{\varphi} \in \mathcal{C}^q(R, \mathbb{E}^{n-r})$이므로 $\boldsymbol{\psi} \in \mathcal{C}^q(B, V \cap \Phi^{-1}(\{\mathbf{0}\})$이고 $\operatorname{rank}(D\boldsymbol{\psi}(\hat{\mathbf{x}})) = r$ $(\forall\, \hat{\mathbf{x}} \in B)$가 성립한다. 사상 $\boldsymbol{\psi}$에 대한 나머지 성질은 자명하므로 요구된 증명을 마친다. □

보기 8.2.5. 각 $(x,y) \in \mathbb{E}^2$에 대하여 $\Phi(x,y) := x^2 - y^2 - 1$로 정의된 함수 $\Phi : \mathbb{E}^2 \longrightarrow \mathbb{E}^1$와 쌍곡선(hyperbola) $H =: \{(x,y) \in \mathbb{E}^2 : \Phi(x,y) = 0\} = \{(x,y) \in \mathbb{E}^2 : x^2 - y^2 - 1 = 0\}$을 생각하자. 이때, 임의의 $q \in \mathbb{N}$에 대하여 $\Phi \in \mathcal{C}^q(\mathbb{E}^2, \mathbb{E}^1)$이고, 또한 각 $(x,y) \in \mathbb{E}^2$에 대하여

$$\Phi_1(x,y) = 2x \quad \& \quad \Phi_2(x,y) = -2y$$

이다. 그러므로 $(x_0, y_0) \in H$가 주어질 때, 다음과 같이 나누어 정리 8.2.3을 관찰할 수 있다.

- $y_0 \neq 0$인 경우: $\Phi_2(x_0,y_0) \neq 0$이므로 정리 8.2.3에 의하여 조건

$$\begin{cases} \circ\ \Phi_2(x,y) \neq 0 \ \ (\forall\,(x,y) \in U)\,; \\ \circ\ H \cap U = \{(x, \varphi(x)) : x \in R\} \end{cases}$$

  을 충족하는 (x_0,y_0)의 열린근방 $U \subset \mathbb{E}^2$와 x_0의 열린근방 $R \subset \mathbb{E}^1$ 그리고 $\varphi \in \mathcal{C}^q(R, \mathbb{E}^1)$가 존재한다. 특히, 각 $x \in R$에 대하여 $\varphi(x)$는 방정식 $\Phi(x,y) = 0$으로부터 얻어진다. 즉,

$$\varphi(x) = \begin{cases} +\sqrt{x^2-1} & (y_0 > 0) \\ -\sqrt{x^2-1} & (y_0 < 0) \end{cases}$$

  으로 주어지며 R은 $H \cap U$을 x-축 위로 사영(projection)하여 얻어진 열린집합이다.

- $x_0 = \pm 1$ & $y_0 = 0$인 경우: $\Phi_2(x_0,y_0) = 0$이지만 $\Phi_1(x_0,y_0) \neq 0$이므로 정리 8.2.3에 의하여 조건

$$\begin{cases} \circ\ \Phi_1(x,y) \neq 0 \ \ (\forall\,(x,y) \in V)\,; \\ \circ\ H \cap V = \{(\psi(y), y) : y \in R\} \end{cases}$$

  을 충족하는 (x_0,y_0)의 열린근방 $V \subset \mathbb{E}^2$와 y_0의 열린근방 $R \subset \mathbb{E}^1$ 그리고 $\psi \in \mathcal{C}^q(R, \mathbb{E}^1)$가 존재한다. 특히, 각 $y \in R$에 대하여 $\psi(y)$는 방정식 $\Phi(x,y) = 0$ 으로부터 얻어진다. 즉,

$$\psi(y) = \begin{cases} +\sqrt{y^2-1} & (x_0 = 1) \\ -\sqrt{y^2-1} & (x_0 = -1) \end{cases}$$

  으로 주어지며 R은 $H \cap V$을 y-축 위로 사영(projection)하여 얻어진 열린집합이다.

참고 8.2.6. 정리 8.2.3에서 $\boldsymbol{\varphi} \in \mathcal{C}^q(R, \mathbb{E}^m)$의 성분함수인 $\varphi^1, \varphi^2, \cdots, \varphi^m$의 편도함수들은 '연쇄법칙'과 'Cramer 공식'을 활용하면 $\Phi \in \mathcal{C}^q(\Delta, \mathbb{E}^m)$의 성분함수인 $\Phi^1, \Phi^2, \cdots, \Phi^m$의 편도함수들에 의해서 계산된다. 이들의 관계를 살펴보기 위하여 $q \geq 2$ & $n = 3$이라 가정하면 아래와 같이 두가지 경우를 생각할 수 있다.

(A) 정리 8.2.3에서 $n = 3$ & $m = 1$인 경우: 점 $(x_0,y_0,z_0) \in \Delta$가 조건 $\Phi(x_0,y_0,z_0) = 0$ & $\Phi_3(x_0,y_0,z_0) \neq 0$을 만족한다고 가정하면 조건

$$\begin{cases} \circ\ \Phi_3(x,y,z) \neq 0 \ \ (\forall\,(x,y,z) \in U)\,; \\ \circ\ \{(x,y,z) \in U : \Phi(x,y,z) = 0\} = \{(x,y,\varphi(x,y)) : (x,y) \in R\} \end{cases}$$

을 만족하는

$$\begin{cases} \circ \text{ 점 } (x_0, y_0, z_0)\text{의 열린근방 } U \subset \Delta; \\ \circ\ (x_0, y_0)\text{를 포함하는 열린집합 } R \subset \mathbb{E}^2; \\ \circ\ \varphi \in \mathcal{C}^q(R, \mathbb{E}^1) \end{cases}$$

가 존재한다. 그러므로 임의의 점 $(x, y) \in R$에 대하여

$$\Phi(x, y, \varphi(x, y)) = 0 \quad \& \quad \Phi_3(x, y, \varphi(x, y)) \neq 0 \tag{8.17}$$

이 성립한다. (8.17)에 '연쇄법칙'을 적용하여 계산하면 $(x, y) \in R$에 대하여

$$\Phi_1 + \Phi_3\varphi_1 = 0 \quad \& \quad \Phi_2 + \Phi_3\varphi_2 = 0 \tag{8.18}$$

이 성립하므로 'Cramer 공식'에 의하여 점 $(x, y, \varphi(x, y))$에서

$$\varphi_1 = -\frac{\Phi_1}{\Phi_3} \quad \& \quad \varphi_2 = -\frac{\Phi_2}{\Phi_3} \tag{8.19}$$

를 얻는다. 이차 편도함수 φ_{11}, φ_{12}, φ_{21} & φ_{22} 등을 구하기 위하여 (8.18)에 '연쇄법칙'을 한 번 더 적용한다. 예로서, φ_{12}를 구하는 과정을 설명하면 다음과 같다.

$$\Phi_{12} + \Phi_{13}\varphi_2 + [\Phi_{32} + \Phi_{33}\varphi_2]\varphi_1 + \Phi_3\varphi_{12} = 0$$

이 성립하므로 (8.19)를 활용하여

$$\begin{aligned} \varphi_{12} &= -\frac{1}{\Phi_3}\left\{\Phi_{12} + \Phi_{13}\varphi_2 + \Phi_{32}\varphi_1 + \Phi_{33}\varphi_2\varphi_1\right\} \\ &= -\frac{1}{\Phi_3}\left\{\Phi_{12} + \Phi_{13}\left(-\frac{\Phi_2}{\Phi_3}\right) + \Phi_{32}\left(-\frac{\Phi_1}{\Phi_3}\right) + \Phi_{33}\left(-\frac{\Phi_2}{\Phi_3}\right)\left(-\frac{\Phi_1}{\Phi_3}\right)\right\} \\ &= -\frac{(\Phi_3)^2\Phi_{12} - \Phi_2\Phi_3\Phi_{13} - \Phi_1\Phi_3\Phi_{32} + \Phi_1\Phi_2\Phi_{33}}{(\Phi_3)^3} \end{aligned}$$

을 얻는다. 동일한 방법으로 φ_{11}, φ_{21} & φ_{22}를 구할 수 있다.

(B) 정리 8.2.3에서 $n = 3$ & $m = 2$인 경우: $r = n - m = 1$임에 유념하고 점 $(x_0, y_0, z_0) \in \Delta$가 조건 $\Phi(x_0, y_0, z_0) = 0$ & $\tilde{J}_\Phi(x_0, y_0, z_0) \neq 0$을 만족한다고 가정하면 조건

$$\begin{cases} \circ\ \tilde{J}_\Phi(x, y, z) = \begin{vmatrix} \Phi_2^1(x, y, z) & \Phi_3^1(x, y, z) \\ \Phi_2^2(x, y, z) & \Phi_3^2(x, y, z) \end{vmatrix} \neq \mathbf{0} \quad (\forall\, (x, y, z) \in U) \\ \circ\ \{(x, y, z) \in U : \Phi(x, y, z) = \mathbf{0}\} = \{(x, \varphi^1(x), \varphi^2(x)) : x \in R\} \end{cases} \tag{8.20}$$

을 만족하는

$$\begin{cases} \circ\ (x_0, y_0, z_0)\text{의 열린근방 } U \subset \Delta; \\ \circ\ x_0\text{를 포함하는 열린집합 } R \subset \mathbb{E}^1; \\ \circ\ \boldsymbol{\varphi} = (\varphi^1, \varphi^2) \in \mathcal{C}^q(R, \mathbb{E}^2) \end{cases}$$

가 존재한다. 그러므로 $(x, \varphi^1(x), \varphi^2(x))$ $(\forall\, x \in R)$을 생각하면 (8.20)로부터

$$\begin{cases} \circ\ \Phi^1 = 0, ; \\ \circ\ \Phi^2 = 0, ; \\ \circ\ \Phi_2^1\Phi_3^2 - \Phi_3^1\Phi_2^2 \neq 0 \end{cases} \tag{8.21}$$

을 얻는다. (8.21)에 '연쇄법칙'을 적용하면 점 $(x, \varphi^1(x), \varphi^2(x))$ $(\forall x \in R)$에서

$$\begin{cases} \circ\ \Phi^1_1 + \Phi^1_2(\varphi^1)' + \Phi^1_3(\varphi^2)' = 0\,; \\ \circ\ \Phi^2_1 + \Phi^2_2(\varphi^1)' + \Phi^2_3(\varphi^2)' = 0 \end{cases} \tag{8.22}$$

이 성립하므로 'Cramer 공식'에 의하여 점 $(x, \varphi^1(x), \varphi^2(x))$ $(\forall x \in R)$에서

$$(\varphi^1)' = \frac{\Phi^1_3\Phi^2_1 - \Phi^1_1\Phi^2_3}{\Phi^1_2\Phi^2_3 - \Phi^1_3\Phi^2_2} \quad \& \quad (\varphi^2)' = \frac{\Phi^1_1\Phi^2_2 - \Phi^1_2\Phi^2_1}{\Phi^1_2\Phi^2_3 - \Phi^1_3\Phi^2_2} \tag{8.23}$$

를 얻는다. (8.22)에 '연쇄법칙'을 한 번 더 적용하면 이차 편도함수 $(\varphi^1)''$ & $(\varphi^2)''$을 구할 수 있다. 즉, 점 $(x, \varphi^1(x), \varphi^2(x))$ $(\forall x \in R)$에서

$$\begin{aligned} &\Phi^1_{11} + \Phi^1_{12}(\varphi^1)' + \Phi^1_{13}(\varphi^2)' + [\Phi^1_{21} + \Phi^1_{22}(\varphi^1)' + \Phi^1_{23}(\varphi^2)'](\varphi^1)' \\ &\qquad + \Phi^1_2(\varphi^1)'' + [\Phi^1_{31} + \Phi^1_{32}(\varphi^1)' + \Phi^1_{33}(\varphi^2)'](\varphi^2)' + \Phi^1_3(\varphi^2)'' = 0 \\ &\Phi^2_{11} + \Phi^2_{12}(\varphi^1)' + \Phi^2_{13}(\varphi^2)' + [\Phi^2_{21} + \Phi^2_{22}(\varphi^1)' + \Phi^2_{23}(\varphi^2)'](\varphi^1)' \\ &\qquad + \Phi^2_2(\varphi^1)'' + [\Phi^2_{31} + \Phi^2_{32}(\varphi^1)' + \Phi^2_{33}(\varphi^2)'](\varphi^2)' + \Phi^2_3(\varphi^2)'' = 0 \end{aligned} \tag{8.24}$$

을 얻는다. 그러므로 (8.24)에서

$$\begin{aligned} &\Phi^1_{11} + \Phi^1_{12}(\varphi^1)' + \Phi^1_{13}(\varphi^2)' + [\Phi^1_{21} + \Phi^1_{22}(\varphi^1)' + \Phi^1_{23}(\varphi^2)'](\varphi^1)' \\ &\qquad + [\Phi^1_{31} + \Phi^1_{32}(\varphi^1)' + \Phi^1_{33}(\varphi^2)'](\varphi^2)' = C_1 \\ &\Phi^2_{11} + \Phi^2_{12}(\varphi^1)' + \Phi^2_{13}(\varphi^2)' + [\Phi^2_{21} + \Phi^2_{22}(\varphi^1)' + \Phi^2_{23}(\varphi^2)'](\varphi^1)' \\ &\qquad + [\Phi^2_{31} + \Phi^2_{32}(\varphi^1)' + \Phi^2_{33}(\varphi^2)'](\varphi^2)' = C_2 \end{aligned}$$

라 두면 연립방정식

$$\begin{cases} \circ\ \Phi^1_2(\varphi^1)'' + \Phi^1_3(\varphi^2)'' = -C_1\,; \\ \circ\ \Phi^2_2(\varphi^1)'' + \Phi^2_3(\varphi^2)'' = -C_2 \end{cases} \tag{8.25}$$

을 얻고, 더욱이 'Cramer 공식'을 이용하여 풀면

$$(\varphi^1)'' = \frac{\begin{vmatrix} -C_1 & \Phi^1_3 \\ -C_2 & \Phi^2_3 \end{vmatrix}}{\begin{vmatrix} \Phi^1_2 & \Phi^1_3 \\ \Phi^2_2 & \Phi^2_3 \end{vmatrix}} \qquad \& \qquad (\varphi^2)'' = \frac{\begin{vmatrix} \Phi^1_2 & -C_1 \\ \Phi^2_2 & -C_2 \end{vmatrix}}{\begin{vmatrix} \Phi^1_2 & \Phi^1_3 \\ \Phi^2_2 & \Phi^2_3 \end{vmatrix}}$$

을 얻는다.

주 의 8.2.7. 열린집합 $\Delta \subset \mathbb{E}^n$, 자연수 $q \in \mathbb{N}$, 그리고 변환 $\Phi \in \mathcal{C}^q(\Delta, \mathbb{E}^m)$ (단, $1 \le m < n$ & $r = n - m$)가 주어질 때, $\mathbf{x}_0 \in \Delta$에 대하여 $\text{rank}(D\Phi(\mathbf{x}_0)) = m$이란 편도함수로 구성된 행렬 $(\Phi^l_k(\mathbf{x}_0))_{m\times n}$에서 m개의 열벡터를 적당히 선택하여 얻은 m차 정방행렬의 행렬식이 0이 아니라는 정보만을 가지고 있는 것이다. 음함수정리 (정리 8.2.3)에서는 $\tilde{J}_\Phi(\mathbf{x}_0) \neq 0$에 의하여 $\text{rank}(D\Phi(\mathbf{x}_0)) = m$을 대신했지만, 일반적으로는 그렇게 나타낼 수 없다. 일반적인 표현

을 살펴보기 위하여 그러한 m개의 열을 $j_1, j_2, \cdots, j_m$ (단, $j_1 < j_2 < \cdots < j_m$)이라 하고 나머지 열을 $i_1, i_2, \cdots, i_r$ (단, $1 \le i_1 < i_2 < \cdots < i_r \le n$)이라 할 때, 표현

$$\lambda = (i_1, i_2, \cdots, i_r) \quad \& \quad \mathbf{x}^\lambda = (x^{i_1}, x^{i_2}, \cdots, x^{i_r})$$

를 채택하기로 하고 '음함수정리'를 다시 기술하면 조건

$$\begin{cases} \circ \ \frac{\partial(\Phi^1, \Phi^2, \cdots, \Phi^m)}{\partial(x^{j_1}, x^{j_2}, \cdots, x^{j_m})}(\mathbf{x}) \neq 0 \ (\forall \mathbf{x} \in U); \\ \circ \ \{\mathbf{x} \in U : \Phi(\mathbf{x}) = \mathbf{0}\} = \{\mathbf{x} \in \mathbb{E}^n : \mathbf{x}^\lambda \in R \ \& \ x^{j_k} = \varphi^k(\mathbf{x}^\lambda) \ (1 \le k \le m)\} \end{cases}$$

를 만족하는

$$\begin{cases} \circ \ \text{점 } \mathbf{x}_0\text{의 열린근방 } U \subset \Delta; \\ \circ \ \mathbf{x}^\lambda\text{를 포함하는 열린집합 } R \subset \mathbb{E}^r; \\ \circ \ \varphi^1, \varphi^2, \cdots, \varphi^m \in \mathcal{C}^q(R, \mathbb{E}^1) \end{cases}$$

가 존재한다. 특히, 이와 관련하여 생각하면 음함수정리 (정리 8.2.3)에서는

$$j_1 = r+1,\ j_2 = r+2,\ \cdots,\ j_m = r+m \quad \& \quad i_1 = 1,\ i_2 = 2,\ \cdots,\ i_r = r$$

로 선택되었고 따라서 $\lambda = (1, 2, \cdots, r)$ & $\mathbf{x}^\lambda = \hat{\mathbf{x}}$임을 알 수 있다.

주의 8.2.7에 관련된 몇 개의 사례를 생각해 보기로 하자.

보기 8.2.8. $m = 2$ & $n = 5$이고 $\frac{\partial(\Phi^1, \Phi^2)}{\partial(x^1, x^4)}(\mathbf{x}_0) \neq 0$이면 $j_1 = 1, j_2 = 4$ & $\lambda = (2, 3, 5)$로 선택할 수 있다.

$m = 1$인 경우, $[D\Phi(\mathbf{x}_0)]_{1\times n} = (\Phi_1(\mathbf{x}_0) \ \Phi_2(\mathbf{x}_0) \ \cdots \ \Phi_n(\mathbf{x}_0))$이므로 $\operatorname{rank}(D\Phi(\mathbf{x}_0)) = 1$이기 위한 필요충분조건은 편도함수 $\Phi_1(\mathbf{x}_0), \Phi_2(\mathbf{x}_0), \cdots, \Phi_n(\mathbf{x}_0)$중 적어도 하나는 0이 아니다. 따라서 $\Phi_j(\mathbf{x}_0) \neq 0$이라 하면 $j_1 = j$ & $\mathbf{x}^\lambda = (x^1, \cdots, x^{j-1}, x^{j+1}, \cdots, x^n)$로 택할 수 있다.

보기 8.2.9. 각 $(x, y, z) \in \mathbb{E}^3$에 대하여 $\Phi(x, y, z) := x^2 + y^2 + z^2 - 2xz - 4$로 정의된 함수 $\Phi : \mathbb{E}^3 \longrightarrow \mathbb{E}^1$을 생각하면

$$\Phi_1(x, y, z) = 2x - 2z = -\Phi_3(x, y, z) \quad \& \quad \Phi_2(x, y, z) = 2y$$

이므로

$$d\Phi(x, y, z) = (2x - 2z, 2y, 2z - 2x) = \mathbf{0} \iff \lceil y = 0 \ \& \ x = z \rfloor$$

이다. 그러므로

$$\lceil y \neq 0 \text{ 또는 } x \neq z \rfloor \implies d\Phi(x, y, z) \neq \mathbf{0}$$

이 성립한다. 특히, $\Phi(x_0, y_0, z_0) = 0$를 만족하는 점 $(x_0, y_0, z_0) \in \mathbb{E}^3$를 고정해 두면 다음을 얻는다.

- $x_0 \neq z_0$인 경우: $\Phi_1(x_0, y_0, z_0) \neq 0$이므로 $j_1 = 1$ & $\lambda = (2, 3)$을 선택할 수 있고, 또한 $\Phi_3(x_0, y_0, z_0) \neq 0$이므로 $j_1 = 3$ & $\lambda = (1, 2)$를 선택할 수도 있다.

- $x_0 = z_0$ & $y_0 \neq 0$인 경우: $\Phi_2(x_0, y_0, z_0) \neq 0$이므로 $j_1 = 2$ & $\lambda = (1, 3)$을 선택할 수 있다.

연습문제 8.2

아래 문제에서 주어진 Φ는 특별한 언급이 없으면 $\mathcal{C}^2$-급으로 간주하고 나머지 함수(변환)도 필요한 미분가능성이 부여된 것으로 가정한다.

1. $\Phi(x, \varphi(x)) = 0$ & $\Phi_2(x, \varphi(x)) \neq 0$ $(\forall x \in R)$일 때, φ' & φ''을 구하여라.[209]

2. $\Phi(\varphi(y, z), y, z) = 0$ & $\Phi_1(\varphi(y, z), y, z) \neq 0$ $(\forall (y, z) \in R)$일 때, φ_{11}을 구하여라.[210]

3. '음함수정리'에서 $m = 2$ & $n = 4$이고

$$\begin{cases} \circ\ \Phi^1(x^1, x^2, x^3, x^4) = (x^2)^2 + (x^4)^2 - 2x^1x^3\,; \\ \circ\ \Phi^2(x^1, x^2, x^3, x^4) = (x^2)^3 + (x^4)^3 + (x^1)^3 - (x^3)^3 \end{cases}$$

가 주어질 때, $\Phi = (\Phi^1, \Phi^2)$, $\mathbf{x}_0 = (1, -1, 1, 1)$ & $j_1 = 1$, $j_2 = 3$라 두고 다음 물음에 답하여라.[211]

(가) '음함수정리'의 가정을 모두 만족함을 보여라.

(나) '음함수정리'를 만족하는 변환 $\boldsymbol{\varphi} = (\varphi^1, \varphi^2) \in \mathcal{C}^2(R, \mathbb{E}^2)$를 구하고 점 $\mathbf{x}_0^\lambda = (-1, 1)$에서 φ^1 & φ^2의 일차 편미분계수를 계산하여라.

4 각 $(x, y, z) \in \mathbb{E}^3$에 대하여 $\Phi(x, y, z) := x^2 + 4y^2 - 2yz - z^2$로 정의된 함수 $\Phi : \mathbb{E}^3 \longrightarrow \mathbb{E}^1$와 점 $\mathbf{x}_0 = (2, 1, -4) \in \mathbb{E}^3$가 주어질 때, 다음 물음에 답하여라.[212]

(가) '음함수정리'의 가정을 모두 만족함을 보여라.

(나) 조건 $\Phi_3(x, y, z) \neq 0$ $(\forall (x, y, z) \in U)$를 만족하고 중심이 $\mathbf{x}_0$인 가장 큰 열린구 $U \subset \mathbb{E}^3$의 반경을 구하여라.

(다) Φ의 어떠한 임계점도 포함하지 않고 중심이 $\mathbf{x}_0$인 가장 큰 열린구 $U \subset \mathbb{E}^3$의 반경을 구하여라.

5. $\Phi(x, y) := x^2 - y^2$ & $\mathbf{x}_0 = (0, 0)$이 주어질 때, 다음 물음에 답하여라.[213]

(가) 양수 $r > 0$과 $U = B(\mathbf{x}_0; r) \subset \mathbb{E}^2$, 그리고 $R = \left(-r/\sqrt{2}, r/\sqrt{2}\right) \subset \mathbb{E}^1$에 대하여 조건 $\Phi(x, \varphi(x)) = 0$ $(\forall x \in R)$을 만족하는 함수 $\varphi : R \longrightarrow \mathbb{E}^1$를 구하여라.

(나) 조건

$$\{(x, y) \in U : \Phi(x, y) = 0\} = \{(x, \varphi(x)) : x \in R\}$$

을 만족하는 함수 $\varphi : R \longrightarrow \mathbb{E}^1$는 존재하지 않음을 보여라.

(다) Φ는 $\mathbf{x}_0 = (0, 0)$에서 '음함수정리'의 가정을 충족하지 않음을 보여라.

6. 다음 물음에 답하여라.[214]

(가) $m = 2$이고 열린집합 $\Delta \subset \mathbb{E}^n$가 주어질 때, $\Phi^2(\mathbf{x}) = \theta(\mathbf{x})\Phi^1(\mathbf{x})$ $(\forall \mathbf{x} \in \Delta)$ & $\theta : \Delta(\subset \mathbb{E}^n) \longrightarrow \mathbb{E}^1$에 대하여 $\Phi := (\Phi^1, \Phi^2)$라 하면 $\Phi(\mathbf{x}_0) = \mathbf{0}$을 만족하는 임의의 $\mathbf{x}_0 \in \Delta$에 대하여 $\operatorname{rank}(D\Phi(\mathbf{x}_0)) < 2$임을 보여라.

(나) $m > 2$에 대응하는 (가)의 결과를 진술하고 증명하여라.

7. $m = 1$ & $n = 2$이고 $\Phi(x_0, y_0) = 0$ & $\Phi_2(x_0, y_0) \neq 0$를 만족하는 $\mathcal{C}^1$-급 함수 Φ가 주어질 때, 다음 단계를 수행하여 '음함수정리'를 증명하여라. 편의상 $\Phi_2(x_0, y_0) > 0$을 가정하여 둔다.(8) **[215]**

(가) 조건

$$\Phi(x_0, y) : \begin{cases} < 0 & (\forall\, y \in [y_0 - \epsilon, y_0)) \\ > 0 & (\forall\, y \in (y_0, y_0 + \epsilon]) \end{cases}$$

을 만족하는 양수 $\epsilon > 0$이 존재한다.

(나) 조건

$$|x - x_0| < \delta \implies \lceil\, \Phi(x, y_0 - \epsilon) < 0 \;\&\; \Phi(x, y_0 + \epsilon) > 0 \,\rfloor$$

을 만족하는 양수 $\delta > 0$가 존재한다.

(다) $I := \{(x, y) \in \mathbb{E}^2 : |x - x_0| < \delta \;\&\; |y - y_0| < \epsilon\}$라 두자. 이때, 조건 $\Phi_2(x, y) > 0$ $(\forall\, (x, y) \in I)$을 만족하도록 (가) & (나)에서 양수 $\epsilon > 0$ & $\delta > 0$가 선택될 수 있음을 상기하자. 이 경우, 조건 $|x_1 - x_0| < \delta$를 만족하는 x_1이 주어지면 $\Phi(x_1, y_1) = 0$ & $(x_1, y_1) \in I$을 만족하는 유일한 y_1이 존재한다.

(라) (다)로부터 각 $x \in (x_0 - \delta, x_0 + \delta)$에 대하여 $\varphi(x) = y$ (단, $\Phi(x, y) = 0$)으로 정의된 함수 $\varphi : (x_0 - \delta, x_0 + \delta) \longrightarrow \mathbb{E}^1$을 생각하면 φ는 미분가능하고

$$\varphi'(x) = -\frac{\Phi_1(x, \varphi(x))}{\Phi_2(x, \varphi(x))} \quad (\forall\, x \in (x_0 - \delta, x_0 + \delta))$$

이다.

8. $i, j \in \{1, 2, \cdots, n\}$을 정해두고 변환 $\boldsymbol{\varphi} : \mathbb{E}^n \longrightarrow \mathbb{E}^n$을 각 $\mathbf{x} = (x^1, x^2, \cdots, x^n) \in \mathbb{E}^n$에 대하여

$$\boldsymbol{\varphi}(x_1, \cdots, x^i \cdots, x^j, \cdots, x^n) := (x_1, \cdots, x^j \cdots, x^i, \cdots, x^n)$$

로 정의하자. 그때, 임의의 자연수 $q \in \mathbb{N}$에 대하여 $\boldsymbol{\varphi} \in \mathcal{C}^q(\mathbb{E}^n, \mathbb{E}^n)$임을 보여라. 특히, 변환 $\boldsymbol{\varphi}$는 전단사이고, 또한 $J_{\boldsymbol{\varphi}}(\mathbf{x}) \neq 0$ $(\forall\, \mathbf{x} \in \mathbb{E}^n)$임을 보여라.**[216]** 그러므로 변환 $\boldsymbol{\varphi} : \mathbb{E}^n \longrightarrow \mathbb{E}^n$은 $\mathcal{C}^1$-급 미분동형사상이다.

---

(8) 이때, Φ_2가 (x_0, y_0)에서 연속이므로 조건 $\Phi_2(x, y) > 0$ $(\forall\, (x, y) \in U)$를 만족하는 (x_0, y_0)의 열린근방 $U \subset \mathbb{E}^2$가 존재함을 상기하자.

제 9 장

다양체

국소적으로 유클리드공간과 같은 위상공간을 기술하기 위하여 다양체라는 용어를 사용한다. 예로서, $\mathbb{E}^2$ 위의 원주는 국소적으로 $\mathbb{E}^1$과 같고, $\mathbb{E}^3$ 위의 타원면(ellipsoids), 원통(cylinders) 그리고 원환체(tori)등은 국소적으로 $\mathbb{E}^2$와 같다. 이에 반하여 원추(cones)는 꼭지점 근처에서 국소적으로 $\mathbb{E}^2$와 같지 않음을 직관적으로 알 수 있다. 이 장에서도 특별한 언급이 없으면 $\{\epsilon_1, \epsilon_2, \cdots, \epsilon_n\}$은 $\mathbb{E}^n$의 표준기저를 의미하는 것으로 규약한다.

9.1 다양체

정의 9.1.1. $r < n$인 자연수 $r, n \in \mathbb{N}$과 자연수 $q \in \mathbb{N}$을 생각하자. 집합 $M(\neq \varnothing) \subset \mathbb{E}^n$이 주어지고 임의의 점 $\mathbf{x}_0 \in M$에 대하여 조건

$$\begin{cases} \circ \ \operatorname{rank}(D\Phi(\mathbf{x})) = n - r \ \ (\forall \mathbf{x} \in U)\,; \\ \circ \ M \cap U = \{\mathbf{x} \in U : \Phi(\mathbf{x}) = \mathbf{0}\} \end{cases} \tag{9.1}$$

을 만족하는 $\mathbf{x}_0$의 열린근방 $U \subset \mathbb{E}^n$와 변환 $\Phi \in \mathcal{C}^q(U, \mathbb{E}^{n-r})$가 존재하면 M을 $\mathcal{C}^q$**-급** r**-차원 다양체(manifold)**라 한다. 특히, $\mathcal{C}^1$-급 r-차원 다양체를 간단히 r**-다양체(manifold)**라 부른다.

참고 9.1.2. 정의 9.1.1에서 다양체 $M \subset \mathbb{E}^n$을 생각할 때, 조건 (9.1)을 만족하는 열린집합 $U \subset \mathbb{E}^n$과 변환 $\Phi \in \mathcal{C}^q(U, \mathbb{E}^{n-r})$을 찾는 것이 목적이다. 그때,

$$\mathbb{E}^r \times \mathbb{E}^{n-r} = \mathbb{E}^n \supset U \xrightarrow{\ \Phi\ } \mathbb{E}^{n-r}$$

으로 표현하고 $\operatorname{rank}(D\Phi(\mathbf{x})) = n - r$ $(\forall \mathbf{x} \in U)$인 점에 주목하면 유클리드 공간 $\mathbb{E}^n = \mathbb{E}^r \times \mathbb{E}^{n-r}$에서 $\operatorname{rank}(D\Phi(\mathbf{x}))$는 뒷부분에 나타나는 지수 $n - r \in \mathbb{N}$이고, 다양체 $M \subset \mathbb{E}^n$의 차원은 앞부분에 나타나는 지수 $r \in \mathbb{N}$임에 유념하자.

정의 9.1.3. 유클리드 공간 $\mathbb{E}^n$의 모든 열린집합을 $\mathcal{C}^1$**-급** n**-차원 다양체** 또는 간단히 n**-다양체**라 부른다.

보기 9.1.4. $\mathbb{E}^n$의 열린구 $B(\mathbf{x};r)$과 $\mathbb{E}^n$은 n-다양체들이다.

보기 9.1.5. 집합 $H := \{(x,y) \in \mathbb{E}^2 : x^2 - y^2 = 1\}$을 생각하면 H는 1-다양체이다.

[**풀이**] 임의의 점 $(x_0, y_0) \in H$를 정해두고 $(0,0) \notin U$인 (x_0,y_0)의 근방 $U \subset \mathbb{E}^2$를 선택하여 함수 $\Phi : U \longrightarrow \mathbb{E}^1$을 $\Phi(x,y) := x^2 - y^2 - 1$ $(\forall\,(x,y) \in U)$로 정의하면 $\Phi \in \mathcal{C}^1(U, \mathbb{E}^1)$이다.(1) (2) 또한 $d\Phi(x,y) = (2x, 2y)$ $(\forall\,(x,y) \in U)$이므로 $\mathrm{rank}(D\Phi(x,y)) = 1$ $(\forall\,(x,y) \in U)$이고 특히, $H \cap U = \{(x,y) \in U : \Phi(x,y) = 0\}$을 만족한다. 그러므로 H는 1-다양체이다.(3)

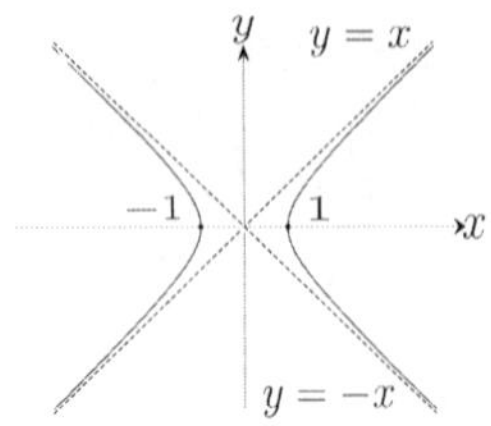

그림 9.1: $x^2 - y^2 = 1$ & $y = \pm x$의 이해

보기 9.1.6. 집합 $M := H \cup \{(x,y) \in \mathbb{E}^2 : y = x\}$을 생각하면 M은 1-다양체이다. 단, H는 보기 9.1.5에서와 같다.

[**풀이**] 임의의 점 $(x_0, y_0) \in M$를 정해두자.

- $(x_0, y_0) \in H$인 경우: 직선 $y = x$를 만나지 않도록 (x_0, y_0)의 근방 $U \subset \mathbb{E}^2$를 임의로 선택하여 함수 $\Phi : U \longrightarrow \mathbb{E}^1$을 $\Phi(x,y) := x^2 - y^2 - 1$ $(\forall\,(x,y) \in U)$로 정의하면 $\Phi \in \mathcal{C}^1(U, \mathbb{E}^1)$이다. 또한 $d\Phi(x,y) = (2x, 2y)$ $(\forall\,(x,y) \in U)$이므로 $\mathrm{rank}(D\Phi(x,y)) = 1$ $(\forall\,(x,y) \in U)$이고 특히, $M \cap U = H \cap U = \{(x,y) \in U : \Phi(x,y) = 0\}$을 만족한다.

- $x_0 = y_0$인 경우: H를 만나지 않도록 (x_0, y_0)의 근방 $U \subset \mathbb{E}^2$를 임의로 선택하여 함수 $\Phi : U \longrightarrow \mathbb{E}^1$을 $\Phi(x,y) := y - x$ $(\forall\,(x,y) \in U)$로 정의하면 $\Phi \in \mathcal{C}^1(U, \mathbb{E}^1)$이다. 또한 $d\Phi(x,y) = (-1, 1)$ $(\forall\,(x,y) \in U)$이므로 $\mathrm{rank}(D\Phi(x,y)) = 1$ $(\forall\,(x,y) \in U)$이고 특히, $M \cap U = \{(x,y) \in U : \Phi(x,y) = 0\}$을 만족한다.

그러므로 M은 1-다양체이다.(4)

보기 9.1.7. 집합 $M := \{(x,y) \in \mathbb{E}^2 : y^2 = x^2\}$을 생각하면 M은 1-다양체가 아니다.

[**풀이**] M이 1-다양체라 가정하면 $(0,0) \in M$이므로 조건

$$\begin{cases} \circ\ \mathrm{rank}(D\Phi(x,y)) = 1 \ \ (\forall\,(x,y) \in U_1)\,; \\ \circ\ M \cap U_1 = \{(x,y) \in U_1 : \Phi(x,y) = 0\} \end{cases} \tag{9.2}$$

(1) 다양체를 다룰때는 함수의 공변역이 실수집합 $\mathbb{E}^1$인 경우에도 다양체의 차원과 밀접한 관련이 있으므로 본 장에서는 함수집합 $\mathcal{C}^1(U)$를 $\mathcal{C}^1(U, \mathbb{E}^1)$으로 표현하기로 규약한다.
(2) $D\Phi(x,y)$와 $d\Phi(x,y)$ 사이의 관계에 대해서는 주의 7.6.16을 참고하기 바란다.
(3) 이 경우, 함수 $\Phi : U \longrightarrow \mathbb{E}^1$은 점 $(x_0, y_0) \in H$에 의존하지 않는다.
(4) 이 경우, 함수 $\Phi : U \longrightarrow \mathbb{E}^1$는 점 $(x_0, y_0) \in H$에 의존함을 알 수 있다.

을 만족하는 $(0,0)$의 열린근방 $U_1 \subset \mathbb{E}^2$와 함수 $\Phi \in \mathcal{C}^1(U_1, \mathbb{E}^1)$이 존재한다. 특히, $\Phi(0,0) = 0$ & $\text{rank}(D\Phi(0,0)) = 1$이므로 $\Phi_2(0,0) \neq 0$을 가정하고 '음함수정리'를 적용하면 조건

$$\begin{cases} \circ \ \text{rank}(D\Phi(x,y)) = 1 \ \ (\forall\,(x,y) \in U)\,; \\ \circ \ M \cap U = \{(x,y) \in U : \Phi(x,y) = 0\} = \{(x,\varphi(x)) : x \in R\} \end{cases} \tag{9.3}$$

을 만족하는

$$\begin{cases} \circ \ (0,0)\text{의 열린근방 } U \subset U_1\,; \\ \circ \ 0\text{을 포함하는 열린집합 } R \subset \mathbb{E}^1\,; \\ \circ \ \varphi \in \mathcal{C}^1(R, \mathbb{E}^1) \end{cases} \tag{9.4}$$

을 선택할 수 있다. 그러나 원점 $(0,0)$에서 만나는 두 직선 $y = x$ & $y = -x$에 대하여 (9.3)의 두 번째를 만족하도록 $(0,0)$의 열린근방 U를 선택할 수 없다. 따라서 M은 1-다양체가 아니다. □

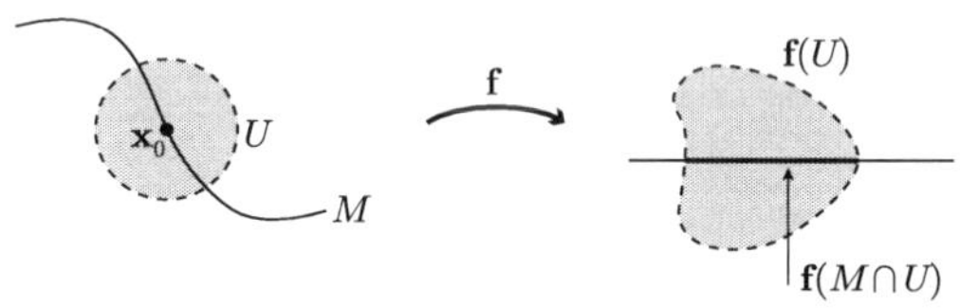

그림 9.2: 다양체의 이해

r-다양체 $M \subset \mathbb{E}^n$이 국소적으로 유클리드 공간 $\mathbb{E}^r$과 어떻게 동일시 할 수 있는지에 대하여 살펴보기로 하자.

참고 9.1.8. r-다양체 $M \subset \mathbb{E}^n$이 주어질 때, $n - r = m$라 두고 점 $\mathbf{x}_0 \in M$을 선택하면 조건

$$\begin{cases} \circ \ \text{rank}(D\Phi(\mathbf{x})) = m \ \ (\forall\,\mathbf{x} \in U_1)\,; \\ \circ \ M \cap U_1 = \{\mathbf{x} \in U_1 : \Phi(\mathbf{x}) = \mathbf{0}\} \end{cases} \tag{9.5}$$

을 만족하는 $\mathbf{x}_0$의 열린근방 $U_1 \subset \mathbb{E}^n$과 변환 $\Phi = (\Phi^1, \Phi^2, \cdots, \Phi^m) \in \mathcal{C}^1(U_1, \mathbb{E}^m)$가 존재한다. $\text{rank}(D\Phi(\mathbf{x}_0)) = m$이므로 편의상 $\tilde{J}_\Phi(\mathbf{x}_0) \neq 0$를 가정하자. 그때, 함수 $\tilde{J}_\Phi$가 열린근방 U_1 위에서 연속이므로 조건

$$\tilde{J}_\Phi(\mathbf{x}) \neq 0 \ \ (\forall\,\mathbf{x} \in U_0) \tag{9.6}$$

을 만족하는 점 $\mathbf{x}_0$의 열린근방 $U_0 \subset U_1$이 존재하고, 더욱이 변환 $\mathbf{f} : U_0 \longrightarrow \mathbb{E}^n$을

$$\mathbf{f}(\mathbf{x}) := (\hat{\mathbf{x}}, \Phi(\mathbf{x})) \quad (\forall\,\mathbf{x} \in U_0)$$

로 정의하면 $\mathbf{f} \in \mathcal{C}^1(U_0, \mathbb{E}^n)$이고, 또한 $J_\mathbf{f}(\mathbf{x}) = \tilde{J}_\Phi(\mathbf{x}) \neq 0$ $(\forall\,\mathbf{x} \in U_0)$를 만족한다. 특히, $J_\mathbf{f}(\mathbf{x}_0) \neq 0$이므로 '역함수정리'를 적용하면

$$\begin{cases} \circ \ \text{제한사상 } \mathbf{f}|_U : U \longrightarrow \Omega\text{는 전단사이다.}\,; \\ \circ \ \mathbf{g} := (\mathbf{f}|_U)^{-1} \in \mathcal{C}^1(\Omega, U)\,; \\ \circ \ D\mathbf{g}(\mathbf{f}(\mathbf{x})) = [D\mathbf{f}(\mathbf{x})]^{-1} \ \ (\forall\,\mathbf{x} \in U) \end{cases} \tag{9.7}$$

을 충족하는 점 $\mathbf{x}_0$의 열린근방 $U \subset U_0$와 $\mathbf{f}(\mathbf{x}_0)$의 열린근방 $\Omega \subset \mathbb{E}^n$을 선택할 수 있다. 이때, 제한사상 $\mathbf{f}|_U : U \longrightarrow \mathbb{E}^n$은 $\mathcal{C}^1$-급 미분동형사상이다. 한편, 정리 8.2.3의 증명에서처럼 $R := \boldsymbol{\kappa}_1^{-1}(\Omega)$ & $\boldsymbol{\varphi} := (\boldsymbol{\pi}_2|_U) \circ \mathbf{g} \circ (\boldsymbol{\kappa}_1|_R)$로 선택하고 (9.5)의 두 번째를 고려하면

$$M \cap U = \{\mathbf{x} \in U : \Phi(\mathbf{x}) = \mathbf{0}\} = \{(\hat{\mathbf{x}}, \boldsymbol{\varphi}(\hat{\mathbf{x}})) : \hat{\mathbf{x}} \in R\}$$

이므로

$$\mathbf{f}(M \cap U) = \{(\hat{\mathbf{x}}, \mathbf{0}) : \hat{\mathbf{x}} \in R\} = \mathbf{f}(U) \cap \operatorname{span}\{\boldsymbol{\epsilon}_1, \boldsymbol{\epsilon}_2, \cdots, \boldsymbol{\epsilon}_r\} = \Omega \cap \operatorname{span}\{\boldsymbol{\epsilon}_1, \boldsymbol{\epsilon}_2, \cdots, \boldsymbol{\epsilon}_r\}$$

을 얻는다.(5) 단, $\operatorname{span}\{\boldsymbol{\epsilon}_1, \boldsymbol{\epsilon}_2, \cdots, \boldsymbol{\epsilon}_r\}$은 $\boldsymbol{\epsilon}_1, \boldsymbol{\epsilon}_2, \cdots, \boldsymbol{\epsilon}_r$에 의해서 생성된 $\mathbb{E}^n$의 r-차원 부분공간이다. 이때, $\Omega \cap \operatorname{span}\{\boldsymbol{\epsilon}_1, \boldsymbol{\epsilon}_2, \cdots, \boldsymbol{\epsilon}_r\}$은 $\mathbb{E}^n$의 r-차원 부분공간 $\operatorname{span}\{\boldsymbol{\epsilon}_1, \boldsymbol{\epsilon}_2, \cdots, \boldsymbol{\epsilon}_r\}$에 대한 상대적 열린집합이다. 이들을 종합하여 위상적으로 판단할 때, 집합 $M \cap U$가 국소적으로 $\mathbb{E}^r$과 같다고 말하는 것은 합리적이다. □

정리 9.1.9. 열린집합 $\Omega \subset \mathbb{E}^n$와 변환 $\Phi \in \mathcal{C}^1(\Omega, \mathbb{E}^m)$ (단, $m < n$)가 주어질 때, 집합 $M := \{\mathbf{x} \in \Omega : \Phi(\mathbf{x}) = \mathbf{0}$ & $\operatorname{rank}(D\Phi(\mathbf{x})) = m\}$을 생각하자. 만일, $M \neq \varnothing$이면 M은 $(n-m)$-다양체이다. 이러한 M을 **Φ에 의하여 결정된** $(n-m)$**-다양체**라 한다.

[증명] 임의의 $\mathbf{x}_0 \in M$을 정해두면 집합 $\Omega_1 := \{\mathbf{x} \in \Omega : \operatorname{rank}(D\Phi(\mathbf{x})) = m\}$이 $\mathbf{x}_0$를 포함하는 열린집합 (연습문제 7.2.1 참고)이므로 $\operatorname{rank}(D\Phi(\mathbf{x})) = m$ $(\forall \mathbf{x} \in U)$을 만족하는 $\mathbf{x}_0$의 열린근방 $U \subset \Omega_1$을 선택할 수 있다. 더욱이, $M \cap U = \{\mathbf{x} \in U : \Phi(\mathbf{x}) = \mathbf{0}\}$을 만족한다. 그러므로 M은 $(n-m)$-다양체이다. □

보기 9.1.10. 집합 $S(\mathbf{0}; 1) = \{\mathbf{x} \in \mathbb{E}^n : \|\mathbf{x}\| = 1\}$을 생각하면 $S(\mathbf{0}; 1)$은 $(n-1)$-다양체이다.

---

(5) 등호부분을 보충해서 설명해 보면 다음과 같다.

- 첫 번째 등호부분을 생각하기 위하여 임의의 $\hat{\mathbf{x}} \in R$을 선택하면 $\Phi(\hat{\mathbf{x}}, \boldsymbol{\varphi}(\hat{\mathbf{x}})) = \mathbf{0}$이므로

$$\mathbf{f}(\hat{\mathbf{x}}, \boldsymbol{\varphi}(\hat{\mathbf{x}})) = (\hat{\mathbf{x}}, \Phi^1(\hat{\mathbf{x}}, \boldsymbol{\varphi}(\hat{\mathbf{x}})), \cdots, \Phi^m(\hat{\mathbf{x}}, \boldsymbol{\varphi}(\hat{\mathbf{x}}))) = (\hat{\mathbf{x}}, \mathbf{0})$$

  이고, 따라서

$$\mathbf{f}(M \cap U) = \{\mathbf{f}(\hat{\mathbf{x}}, \boldsymbol{\varphi}(\hat{\mathbf{x}})) : \hat{\mathbf{x}} \in R\} = \{(\hat{\mathbf{x}}, \mathbf{0}) : \hat{\mathbf{x}} \in R\}$$

  을 얻는다.

- 두 번째 등호 부분 중 $\mathbf{f}(U) \cap \operatorname{span}\{\boldsymbol{\epsilon}_1, \boldsymbol{\epsilon}_2, \cdots, \boldsymbol{\epsilon}_r\} \subset \{(\hat{\mathbf{x}}, \mathbf{0}) : \hat{\mathbf{x}} \in R\}$을 생각하면 충분하다. 이를 위하여 $\mathbf{y} \in \mathbf{f}(U) \cap \operatorname{span}\{\boldsymbol{\epsilon}_1, \boldsymbol{\epsilon}_2, \cdots, \boldsymbol{\epsilon}_r\}$를 임의로 선택하면

$$\begin{cases} \circ\ \mathbf{y} = \mathbf{f}(\mathbf{x}) = (\hat{\mathbf{x}}, \Phi^1(\mathbf{x}), \cdots, \Phi^m(\mathbf{x}))\,; \\ \circ\ \mathbf{y} = (\hat{\mathbf{y}}, 0, \cdots 0) \end{cases}$$

  를 만족하는 $\mathbf{x} \in U$가 존재한다. 그러므로 $y^j = x^j$ $(1 \le j \le r)$ & $\mathbf{x} \in M \cap U$이다. 또한 $\mathbf{f}(M \cap U) = \{\mathbf{f}(\hat{\mathbf{x}}, \boldsymbol{\varphi}(\hat{\mathbf{x}})) : \hat{\mathbf{x}} \in R\}$이므로 $(\hat{\mathbf{t}}, \mathbf{0}) = \mathbf{f}(\mathbf{x}) = (\hat{\mathbf{x}}, \Phi^1(\mathbf{x}), \cdots, \Phi^m(\mathbf{x}))$을 만족하는 $\hat{\mathbf{t}} \in R$이 존재한다. 그러므로 $t^j = x^j$ $(1 \le j \le r)$ & $\Phi^k(\mathbf{x}) = 0$ $(1 \le k \le m)$을 얻는다. 결국 $y^j = x^j = t^j$ $(1 \le j \le r)$ & $\Phi^k(\mathbf{x}) = 0$ $(1 \le k \le m)$가 성립하고 따라서 $\mathbf{y} = (\hat{\mathbf{y}}, 0, \cdots, 0) = (\hat{\mathbf{t}}, 0, \cdots, 0) = (\hat{\mathbf{t}}, \mathbf{0})$ & $\hat{\mathbf{t}} \in R$이므로 $\mathbf{y} \in \{(\hat{\mathbf{x}}, \mathbf{0}) : \hat{\mathbf{x}} \in R\}$임을 알 수 있다.

- 마지막 등호는 $\mathbf{f}(U) = \Omega$이므로 성립한다.

[풀이] 함수 $\Phi : \mathbb{E}^n \setminus \{\mathbf{0}\} \longrightarrow \mathbb{E}^1$을 $\Phi(\mathbf{x}) := \|\mathbf{x}\|^2 - 1$ $(\forall \mathbf{x} \in \mathbb{E}^n \setminus \{\mathbf{0}\})$로 정의하면 $\Phi \in \mathcal{C}^1(\mathbb{E}^n \setminus \{\mathbf{0}\}, \mathbb{E}^1)$이다. 더욱이, $\operatorname{rank}(D\Phi(\mathbf{x})) = 1$ $(\forall \mathbf{x} \in \mathbb{E}^n \setminus \{\mathbf{0}\})$이다. 특히,

$$S(\mathbf{0};1) = \{\mathbf{x} \in \mathbb{E}^n \setminus \{\mathbf{0}\} : \Phi(\mathbf{x}) = \mathbf{0} \ \& \ \operatorname{rank}(D\Phi(\mathbf{x})) = 1\}$$

이므로 정리 9.1.9에 의하여 $S(\mathbf{0};1)$은 $(n-1)$-다양체이다.

보기 9.1.11. 점 $\mathbf{y} \in \mathbb{E}^n \setminus \{\mathbf{0}\}$에 대하여 초평면 $M := \{\mathbf{x} \in \mathbb{E}^n : \mathbf{x} \cdot \mathbf{y} = 1\}$은 $(n-1)$-다양체이다.

[풀이] 함수 $\Phi : \mathbb{E}^n \setminus \{\mathbf{0}\} \longrightarrow \mathbb{E}^1$을 $\Phi(\mathbf{x}) := 1 - \mathbf{x} \cdot \mathbf{y}$ $(\forall \mathbf{x} \in \mathbb{E}^n \setminus \{\mathbf{0}\})$로 정의하면 분명히 $\Phi \in \mathcal{C}^1(\mathbb{E}^n \setminus \{\mathbf{0}\}, \mathbb{E}^1)$ & $\operatorname{rank}(D\Phi(\mathbf{x})) = 1$ $(\forall \mathbf{x} \in \mathbb{E}^n \setminus \{\mathbf{0}\})$이다. 더욱이, $M = \{\mathbf{x} \in \mathbb{E}^n \setminus \{\mathbf{0}\} : \Phi(\mathbf{x}) = 0 \ \& \ \operatorname{rank}(D\Phi(\mathbf{x})) = 1\}$이므로 M은 $(n-1)$-다양체이다. □

명제 9.1.12. 열린집합 $\Omega \subset \mathbb{E}^n$와 함수 $F \in \mathcal{C}^1(\Omega, \mathbb{E}^1)$가 주어질 때, 실수 $c \in \mathbb{E}^1$에 대하여 집합 $B_c := \{\mathbf{x} \in \Omega : F(\mathbf{x}) = c\}$를 **$c$에 대한 F의 등위집합(level set)**라 한다.(6) F의 등위집합에 대하여 다음이 성립한다.

(a) $B_c (\neq \varnothing)$가 F의 어떠한 임계점도 포함하지 않으면 B_c는 $(n-1)$-다양체이다.

(b) B_c가 F의 임계점을 포함하는 경우, 집합 $M_c := B_c \setminus \{\mathbf{x} \in \Omega : dF(\mathbf{x}) = \mathbf{0}\}$을 생각하고 $M_c \neq \varnothing$이면 M_c는 $(n-1)$-다양체이다.

[증명] 함수 $\Phi : \Omega \longrightarrow \mathbb{E}^1$을 $\Phi(\mathbf{x}) := F(\mathbf{x}) - c$ $(\forall \mathbf{x} \in \Omega)$으로 정의하면 $F \in \mathcal{C}^1(\Omega, \mathbb{E}^1)$이므로 $\Phi \in \mathcal{C}^1(\Omega, \mathbb{E}^1)$ & $d\Phi(\mathbf{x}) = dF(\mathbf{x})$ $(\forall \mathbf{x} \in \Omega)$임을 알 수 있다.

(a) $B_c (\neq \varnothing)$가 F의 어떠한 임계점도 포함하지 않기 때문에 $\operatorname{rank}(D\Phi(\mathbf{x})) = 1$ $(\forall \mathbf{x} \in B_c)$이다. 특히, $B_c = \{\mathbf{x} \in \Omega : \Phi(\mathbf{x}) = 0 \ \& \ \operatorname{rank}(D\Phi(\mathbf{x})) = 1\}$이므로 정리 9.1.9에 의하여 B_c는 $(n-1)$-다양체이다.

(b) 주어진 가정에 의하여 $M_c = \{\mathbf{x} \in \Omega : \Phi(\mathbf{x}) = 0 \ \& \ \operatorname{rank}(D\Phi(\mathbf{x})) = 1\}$이므로 정리 9.1.9에 의하여 M_c는 $(n-1)$-다양체이다.

위와 같이 각각 요구된 결과를 갖고 증명을 마친다. □

보기 9.1.13. 함수 $F : \mathbb{E}^2 \longrightarrow \mathbb{E}^1$을 각 $(x,y) \in \mathbb{E}^2$에 대하여 $F(x,y) := e^{xy}$로 정의하면 $F \in \mathcal{C}^1(\mathbb{E}^2, \mathbb{E}^1)$ & $F(0,0) = 1$이다. 더욱이, $\{(x,y) \in \mathbb{E}^2 : dF(x,y) = \mathbf{0}\} = \{(0,0)\}$을 얻는다. 그러므로 실수 $c \in \mathbb{E}^1$에 대하여 명제 9.1.12에서와 같이 집합 B_c를 생각하면 다음과 같이 요약할 수 있다.

- $c \leq 0$인 경우: $F(x,y) > 0$ $(\forall (x,y) \in \mathbb{E}^2)$이므로 $B_c = \varnothing$이다.
- $c > 0$ & $c \neq 1$인 경우: $(0,0) \notin B_c$이므로 B_c는 1-다양체이다.

(6) $n = 2$인 경우, 등위집합을 **등고선(level curve)**이라 부르기도 한다.

- B_1을 생각하면

$$B_1 = \{(x,y) \in \mathbb{E}^2 : e^{xy} = 1\} = \{(x,0) \in \mathbb{E}^2 : x \in \mathbb{E}^1\} \cup \{(0,y) \in \mathbb{E}^2 : y \in \mathbb{E}^1\}$$

  이고 $(0,0) \in B_1$이므로 B_1은 1-다양체가 아니다.

- $M_1 := B_1 \setminus \{(0,0)\}$라 두면 M_1은 1-다양체이다.

명제 9.1.14. 열린집합 $\Omega \subset \mathbb{E}^n$와 변환 $\mathbf{F} \in \mathcal{C}^1(\Omega, \mathbb{E}^m)$ (단, $m < n$)가 주어질 때, $\mathbf{c} \in \mathbb{E}^m$에 대하여 집합 $M_\mathbf{c} := \{\mathbf{x} \in \Omega : \mathbf{F}(\mathbf{x}) = \mathbf{c}\ \&\ \mathrm{rank}(D\mathbf{F}(\mathbf{x})) = m\}$을 생각하면 $M_\mathbf{c} = \varnothing$이거나 $M_\mathbf{c}$는 $(n-m)$-다양체이다.

[증명] $M_\mathbf{c} \neq \varnothing$를 가정하고 변환 $\Phi : \Omega \longrightarrow \mathbb{E}^m$을 $\Phi(\mathbf{x}) := \mathbf{F}(\mathbf{x}) - \mathbf{c}$ $(\forall \mathbf{x} \in \Omega)$로 정의하면 $\Phi \in \mathcal{C}^1(\Omega, \mathbb{E}^m)$ & $D\Phi(\mathbf{x}) = D\mathbf{F}(\mathbf{x})$ $(\forall \mathbf{x} \in \Omega)$이다. 특히, $M_\mathbf{c} = \{\mathbf{x} \in \Omega : \Phi(\mathbf{x}) = \mathbf{0}\ \&\ \mathrm{rank}(D\Phi(\mathbf{x})) = m\}$이므로 정리 9.1.9에 의하여 $M_\mathbf{c}$는 $(n-m)$-다양체이다. □

명제 9.1.15. $\mathbf{v}_1 \in M_1 := \{\mathbf{x} \in \mathbb{E}^n : \|\mathbf{x}\| = 1\}$을 선택하여 집합 $M_2 := \{\mathbf{x} \in \mathbb{E}^n : \|\mathbf{x}\| = 1\ \&\ \mathbf{x} \cdot \mathbf{v}_1 = 0\}$을 생각하면 M_2는 $(n-2)$-다양체이다. 특히, M_2는 M_1의 콤팩트 부분집합이다.

[증명] 각 $\mathbf{x} \in \mathbb{E}^n \setminus \{\mathbf{0}\}$에 대하여 $\Phi^1(\mathbf{x}) := 1 - \mathbf{x} \cdot \mathbf{x}$ & $\Phi^2(\mathbf{x}) := \mathbf{v}_1 \cdot \mathbf{x}$으로 정의된 함수 $\Phi^1 : \mathbb{E}^n \setminus \{\mathbf{0}\} \longrightarrow \mathbb{E}^1$ & $\Phi^2 : \mathbb{E}^n \setminus \{\mathbf{0}\} \longrightarrow \mathbb{E}^1$을 생각하자.

(1°) 변환 $\Phi : \mathbb{E}^n \setminus \{\mathbf{0}\} \longrightarrow \mathbb{E}^2$를 $\Phi(\mathbf{x}) := (\Phi^1(\mathbf{x}), \Phi^2(\mathbf{x}))$ $(\forall \mathbf{x} \in \mathbb{E}^n \setminus \{\mathbf{0}\})$로 정의하면 임의의 $\mathbf{x} \in \mathbb{E}^n \setminus \{\mathbf{0}\}$에 대하여

$$\mathrm{rank}(D\Phi(\mathbf{x})) = \mathrm{rank}\begin{pmatrix} -2x^1 & \cdots & -2x^n \\ v_1^1 & \cdots & v_1^n \end{pmatrix}$$

이다. 점 $\mathbf{x}_0 \in M_2$를 임의로 선택하여 $U := \{\mathbf{x} \in \mathbb{E}^n : \mathbf{x} \cdot \mathbf{x}_0 \neq 0\}$라 두면 $U \subset \mathbb{E}^n$는 $\mathbf{x}_0$를 포함하는 열린부분집합(7) 이고, 또한 임의의 $\mathbf{x} \in U$에 대하여 $\{\mathbf{x}, \mathbf{v}_1\}$은 일차독립인 집합이다.(8) 그러므로 $\mathrm{rank}(D\Phi(\mathbf{x})) = 2$ $(\forall \mathbf{x} \in U)$이다.

(2°) 변환 $\Psi : U \longrightarrow \mathbb{E}^2$를 각 $\mathbf{x} \in U$에 대하여 $\Psi(\mathbf{x}) := (\Phi^1(\mathbf{x}), \Phi^2(\mathbf{x}))$로 정의하면 $\Psi \in \mathcal{C}^1(U, \mathbb{E}^2)$이고 더욱이

$$\begin{cases} \circ\ \mathrm{rank}(D\Psi(\mathbf{x})) = 2\ \ (\forall \mathbf{x} \in U); \\ \circ\ M_2 \cap U = \{\mathbf{x} \in U : \Psi(\mathbf{x}) = \mathbf{0}\} \end{cases}$$

을 만족한다. 따라서 M_2는 $(n-2)$-다양체이다.

(3°) 함수 $\varphi : \mathbb{E}^n \longrightarrow \mathbb{E}^1$을 $\varphi(\mathbf{x}) = \mathbf{x} \cdot \mathbf{v}_1$ $(\forall \mathbf{x} \in \mathbb{E}^n)$로 정의하면 φ는 $\mathbb{E}^n$ 위에서 연속이고 $M_2 = M_1 \cap \varphi^{-1}(\{0\})$이므로 명제 2.3.9에 의하여 M_2는 M_1의 콤팩트 부분집합이다. □

(7) 함수 $\varphi : \mathbb{E}^n \longrightarrow \mathbb{E}^1$을 $\varphi(\mathbf{x}) := \mathbf{x} \cdot \mathbf{x}_0$ $(\forall \mathbf{x} \in \mathbb{E}^n)$로 정의하면 정리 1.1.3에 의하여 φ는 $\mathbb{E}^n$ 위에서 균등연속이고 $U = \varphi^{-1}(\mathbb{E}^1 \setminus \{0\})$이다.

(8) $\lambda\mathbf{x} + \mu\mathbf{v}_1 = \mathbf{0}$을 가정하자. 이때, $0 = (\lambda\mathbf{x} + \mu\mathbf{v}_1) \cdot \mathbf{x}_0 = \lambda(\mathbf{x} \cdot \mathbf{x}_0)$ & $\mathbf{x} \cdot \mathbf{x}_0 \neq 0$이므로 $\lambda = 0$을 얻는다. 또한 $\mu = \mu(\mathbf{v}_1 \cdot \mathbf{v}_1) = (\mu\mathbf{v}_1) \cdot \mathbf{v}_1 = 0$이므로 $\{\mathbf{x}, \mathbf{v}_1\}$은 일차독립인 집합이다.

다음으로 $3 \le k < n$을 만족하는 자연수 $k \in \mathbb{N}$를 정해두고 $\mathbf{v}_j \in M_j$ $(1 \le j \le k-1)$를 선택하여 $M_k := \{\mathbf{x} \in M_1 : \mathbf{x} \cdot \mathbf{v}_j = 0 \ (\forall j \in \{1, 2, \cdots, k-1\})\}$라 두면 M_k는 $(n-k)$-다양체임을 다음 명제를 통하여 알 수 있다. 여기서 M_1 & M_2는 명제 9.1.15에서와 같다.

명제 9.1.16. $3 \le k < n$을 만족하는 자연수 $k \in \mathbb{N}$에 대하여 $M_k := \{\mathbf{x} \in M_1 : \mathbf{x} \cdot \mathbf{v}_j = 0 \ (\forall j \in \{1, 2, \cdots, k-1\})\}$는 $(n-k)$-다양체이다. (단, $\mathbf{v}_j \in M_j$ $(1 \le j \le k-1)$.) 특히, M_k는 M_1의 콤팩트 부분집합이다.

[증명] 각 $\mathbf{x} \in \mathbb{E}^n \setminus \{\mathbf{0}\}$에 대하여 $\Phi^1(\mathbf{x}) := 1 - \mathbf{x} \cdot \mathbf{x}$ & $\Phi^{j+1}(\mathbf{x}) := \mathbf{v}_j \cdot \mathbf{x}$으로 정의된 함수 $\Phi^1 : \mathbb{E}^n \setminus \{\mathbf{0}\} \longrightarrow \mathbb{E}^1$ & $\Phi^{j+1} : \mathbb{E}^n \setminus \{\mathbf{0}\} \longrightarrow \mathbb{E}^1$ $(1 \le j \le k-1)$을 생각하자.

(1°) 변환 $\Phi : \mathbb{E}^n \setminus \{\mathbf{0}\} \longrightarrow \mathbb{E}^k$를 각 $\mathbf{x} \in \mathbb{E}^n \setminus \{\mathbf{0}\}$에 대하여

$$\Phi(\mathbf{x}) := (\Phi^1(\mathbf{x}), \Phi^2(\mathbf{x}), \cdots, \Phi^k(\mathbf{x}))$$

로 정의하면 임의의 $\mathbf{x} \in \mathbb{E}^n \setminus \{\mathbf{0}\}$에 대하여

$$\operatorname{rank}(D\Phi(\mathbf{x})) = \operatorname{rank}\begin{pmatrix} -2x^1 & \cdots & -2x^n \\ v_1^1 & \cdots & v_1^n \\ \cdots & \cdots & \cdots \\ v_{k-1}^1 & \cdots & v_{k-1}^n \end{pmatrix}$$

이다. 점 $\mathbf{x}_0 \in M_k$를 임의로 선택하여 $U := \{\mathbf{x} \in \mathbb{E}^n : \mathbf{x} \cdot \mathbf{x}_0 \neq 0\}$라 두면 $U \subset \mathbb{E}^n$는 $\mathbf{x}_0$를 포함하는 열린부분집합이고 또한 각 $\mathbf{x} \in U$에 대하여

$$\begin{cases} \circ \ \mathbf{x}_0 \cdot \mathbf{x} \neq 0\,; \\ \circ \ \mathbf{x}_0 \cdot \mathbf{v}_j = 0 \ \ (\forall j \in \{1, 2, \cdots, k-1\})\,; \\ \circ \ \mathbf{v}_i \cdot \mathbf{v}_j = \delta_{ij} \ \ (\forall i, j \in \{1, 2, \cdots, k-1\}) \end{cases}$$

이므로 $\{\mathbf{x}, \mathbf{v}_1, \cdots, \mathbf{v}_{k-1}\}$은 $\mathbb{E}^n$의 일차독립인 부분집합이다. 특히, $\operatorname{rank}(\Phi(\mathbf{x})) = k$ $(\forall \mathbf{x} \in U)$이다.

(2°) 변환 $\Psi : U \longrightarrow \mathbb{E}^k$를 $\Psi(\mathbf{x}) := (\Phi^1(\mathbf{x}), \Phi^2(\mathbf{x}), \cdots, \Phi^k(\mathbf{x}))$ $(\forall \mathbf{x} \in U)$로 정의하면 $\Psi \in \mathcal{C}^1(U, \mathbb{E}^k)$이고

$$\begin{cases} \circ \ \operatorname{rank}(D\Psi(\mathbf{x})) = k \ \ (\forall \mathbf{x} \in U)\,; \\ \circ \ M_k \cap U = \{\mathbf{x} \in U : \Psi(\mathbf{x}) = \mathbf{0}\} \end{cases}$$

이 성립한다. 그러므로 M_k는 $(n-k)$-다양체이다.

(3°) 각 $j \in \{1, 2, \cdots, k-1\}$에 대하여 함수 $\varphi_j : \mathbb{E}^n \longrightarrow \mathbb{E}^1$을 $\varphi_j(\mathbf{x}) := \mathbf{x} \cdot \mathbf{v}_j$ $(\forall \mathbf{x} \in \mathbb{E}^n)$로 정의하면 φ_j는 $\mathbb{E}^n$ 위에서 연속이고

$$M_k = M_1 \cap \left(\bigcap_{j=1}^{k-1} \varphi_j^{-1}(\{0\}) \right)$$

이므로 M_k는 M_1의 닫힌 부분집합이다. 그러므로 명제 2.3.9에 의하여 M_k는 M_1의 콤팩트 부분집합이다. □

9.2 다양체에 대한 접벡터

다양체가 주어질 때, 다양체에 대한 접벡터와 접공간의 개념을 살펴보기로 하자.

정의 9.2.1. **다양체** $M \subset \mathbb{E}^n$**과 점** $\mathbf{x}_0 \in M$**가 주어질 때, 벡터** $\mathbf{h} \in \mathbb{E}^n$**에 대하여 조건** $\boldsymbol{\psi}(0) = \mathbf{x}_0$ & $\boldsymbol{\psi}'(0) = \mathbf{h}$**를 만족하는 양수** $\delta > 0$**와 미분가능한 변환** $\boldsymbol{\psi} : (-\delta, \delta) \longrightarrow M$**가 존재하면 벡터** $\mathbf{h} \in \mathbb{E}^n$**를** $\mathbf{x}_0 \in M$**에서** M**에 대한 접벡터(tangent vector)라 한다. 더욱이,** $\mathbf{x}_0 \in M$**에서** M**에 대한 접벡터 전체집합을** $T_{\mathbf{x}_0}(M)$**으로 나타내고** $\mathbf{x}_0 \in M$**에서** M**에 대한 접공간(tangent space)이라 한다.**

정리 9.2.2. r-다양체 $M \subset \mathbb{E}^n$과 점 $\mathbf{x}_0 \in M$가 주어질 때, U & $\Phi = (\Phi^1, \Phi^2, \cdots, \Phi^{n-r})$가 다양체 $M \subset \mathbb{E}^n$의 정의에서와 동일한 것이라 하면 $T_{\mathbf{x}_0}(M) = \ker(D\Phi(\mathbf{x}_0))$이다.

[증명] $n - r = m$ & $\mathbf{L} := D\Phi(\mathbf{x}_0)$라 두고 다음이 성립함을 보임으로서 증명이 완료된다.

$$\left\lceil \mathbf{h} \in T_{\mathbf{x}_0}(M) \iff \mathbf{L}(\mathbf{h}) = \mathbf{0} \right\rfloor.$$

$(\Longrightarrow)$ $\mathbf{h}(\neq \mathbf{0}) \in T_{\mathbf{x}_0}(M)$을 가정하면 정의에 의하여 조건 $\boldsymbol{\psi}_1(0) = \mathbf{x}_0$ & $\boldsymbol{\psi}_1'(0) = \mathbf{h}$를 만족하는 양수 $\delta_1 > 0$과 미분가능한 변환 $\boldsymbol{\psi}_1 : (-\delta_1, \delta_1) \longrightarrow M$가 존재한다. 그런데 $U \subset \mathbb{E}^n$는 $\mathbf{x}_0 = \boldsymbol{\psi}_1(0)$를 포함하는 열린집합이므로 $\boldsymbol{\psi}_1((-\delta, \delta)) \subset M \cap U$를 만족하는 양수 $\delta \in (0, \delta_1)$를 찾을 수 있다. 특히, 제한사상 $\boldsymbol{\psi} := \boldsymbol{\psi}_1|_{(-\delta,\delta)}$를 생각하면 변환 $\boldsymbol{\psi} : (-\delta, \delta) \longrightarrow M$는 미분가능하고 $\boldsymbol{\psi}(0) = \mathbf{x}_0$ & $\boldsymbol{\psi}'(0) = \mathbf{h}$를 만족한다. 한편 $M \cap U = \{\mathbf{x} \in U : \Phi(\mathbf{x}) = \mathbf{0}\}$이므로

$$\Phi(\boldsymbol{\psi}(t)) = \mathbf{0} \ \ (\forall\, t \in (-\delta, \delta))$$

이 성립한다. 그러므로

$$\mathbf{0} = (D\Phi(\mathbf{x}_0))\boldsymbol{\psi}'(0) = \mathbf{L}(\boldsymbol{\psi}'(0)) = \mathbf{L}(\mathbf{h})$$

를 얻는다.

$(\Longleftarrow)$ $\mathbf{L}(\mathbf{h}) = \mathbf{0}$ & $\mathbf{h} \neq \mathbf{0}$을 가정하자. 이때, $\mathrm{rank}(D\Phi(\mathbf{x}_0)) = n - r = m$이므로 편의상 행렬 $(D\Phi(\mathbf{x}_0))_{m\times n}$의 마지막 m개의 열벡터들이 일차독립이라 가정하자. 이때, 변환 $\mathbf{f} : U \longrightarrow \mathbb{E}^n$을 각 $\mathbf{x} \in U$에 대하여

$$\mathbf{f}(\mathbf{x}) := (\hat{\mathbf{x}}, \Phi^1(\mathbf{x}), \cdots, \Phi^m(\mathbf{x}))$$

로 정의하면 $\mathbf{f} \in \mathcal{C}^1(U, \mathbb{E}^n)$이고, 더욱이 $J_{\mathbf{f}}(\mathbf{x}_0) = \tilde{J}_{\Phi}(\mathbf{x}_0) \neq 0$을 만족한다. 그러므로 '역함수 정리'의 관점에서 조건

$$\begin{cases} \circ \ \text{제한사상 } \mathbf{f}|_{U_1} : U_1 \longrightarrow \mathbf{f}(U_1)\text{은 전단사이다.};\\ \circ \ \mathbf{f}(U_1)\text{은 } \mathbb{E}^n\text{의 열린부분집합이다.};\\ \circ \ \mathbf{g} := \left(\mathbf{f}|_{U_1}\right)^{-1} \in \mathcal{C}^1(\mathbf{f}(U_1), U_1);\\ \circ \ D\mathbf{g}(\mathbf{f}(\mathbf{x})) = [D\mathbf{f}(\mathbf{x})]^{-1} \ \ (\forall\, \mathbf{x} \in U_1) \end{cases} \tag{9.8}$$

을 만족하는 점 $\mathbf{x}_0$의 열린근방 $U_1 \subset U$가 존재한다. 한편 $\Phi(\mathbf{x}_0) = 0$ & $\mathrm{rank}(D\Phi(\mathbf{x}_0)) = m$이므로 '음함수정리'에 의하여 조건

$$\begin{cases} \circ\ \mathrm{rank}(D\Phi(\mathbf{x})) = m \quad (\forall\, \mathbf{x} \in U_2)\,; \\ \circ\ M \cap U_2 = \{\mathbf{x} \in U_2 : \Phi(\mathbf{x}) = \mathbf{0}\} = \{(\hat{\mathbf{x}}, \boldsymbol{\varphi}(\hat{\mathbf{x}})) : \hat{\mathbf{x}} \in R_1\} \end{cases} \tag{9.9}$$

을 만족하는

$$\begin{cases} \circ\ \text{점 } \mathbf{x}_0\text{의 열린근방 } U_2 \subset U_1\,; \\ \circ\ \hat{\mathbf{x}}_0\text{를 포함하는 열린집합 } R_1 \subset \mathbb{E}^r\,; \\ \circ\ \boldsymbol{\varphi} \in \mathcal{C}^1(R_1, \mathbb{E}^m) \end{cases} \tag{9.10}$$

가 존재한다. 특히, $R_1 \subset \mathbb{E}^r$은 $\hat{\mathbf{x}}_0$를 포함하는 열린집합이므로 임의의 $t \in (-\delta, \delta)$에 대하여 $\hat{\mathbf{x}}_0 + t\hat{\mathbf{h}} \in R_1$을 만족하는 양수 $\delta > 0$을 선택할 수 있다.(9) 그러므로 변환 $\boldsymbol{\psi} : (-\delta, \delta) \longrightarrow M$을 $\boldsymbol{\psi}(t) := \mathbf{g}(\hat{\mathbf{x}}_0 + t\hat{\mathbf{h}}, \mathbf{0})$ $(\forall\, t \in (-\delta, \delta))$으로 정의하면 $\boldsymbol{\psi} \in \mathcal{C}^1((-\delta, \delta), M)$이고 $\boldsymbol{\psi}(0) = \mathbf{g}(\hat{\mathbf{x}}_0, \mathbf{0}) = \mathbf{x}_0$임을 알 수 있다.(10) 더욱이 $\boldsymbol{\psi}'(0) = (D\mathbf{g}(\hat{\mathbf{x}}_0, \mathbf{0}))(\hat{\mathbf{h}}, \mathbf{0}) = \mathbf{h}$를 얻는다.(11) 결국 $\mathbf{h} \in T_{\mathbf{x}_0}(M)$을 보였다. □

따름정리 9.2.3. r-다양체 $M \subset \mathbb{E}^n$과 점 $\mathbf{x}_0 \in M$가 주어질 때, $\dim T_{\mathbf{x}_0}(M) = r$이다.

[증명] $\mathrm{rank}(D\Phi(\mathbf{x}_0)) = n - r = m$이므로 선형변환 $D\Phi(\mathbf{x}_0) : \mathbb{E}^n \longrightarrow \mathbb{E}^m$은 전사이다. 한편 등식

$$\dim \mathbb{E}^n = \dim\left(\ker(D\Phi(\mathbf{x}_0))\right) + \mathrm{rank}(D\Phi(\mathbf{x}_0))$$

---

(9) $\hat{\mathbf{h}} \neq \mathbf{0}$를 가정하자. R_1이 $\hat{\mathbf{x}}_0$을 포함하는 열린집합이므로 $B(\hat{\mathbf{x}}_0; \delta_1) \subset R_1$을 만족하는 양수 $\delta_1 > 0$이 존재한다. 이때, $0 < \delta < \frac{\delta_1}{\|\hat{\mathbf{h}}\|}$인 양수 $\delta > 0$을 선택하면

$$|t| < \delta \implies \|\hat{\mathbf{x}}_0 + t\hat{\mathbf{h}} - \hat{\mathbf{x}}_0\| = |t|\|\hat{\mathbf{h}}\| < \delta_1$$

을 만족하므로 $\hat{\mathbf{x}}_0 + t\hat{\mathbf{h}} \in B(\hat{\mathbf{x}}_0; \delta_1)$이다.

(10) 우선, 임의의 $t \in (-\delta, \delta)$에 대하여 $\hat{\mathbf{x}}_0 + t\hat{\mathbf{h}} \in R_1$이므로 $(\hat{\mathbf{x}}_0 + t\hat{\mathbf{h}}, \boldsymbol{\varphi}(\hat{\mathbf{x}}_0 + t\hat{\mathbf{h}})) \in M \cap U_2$가 성립한다. 그러므로 각 $t \in (-\delta, \delta)$에 대하여

$$\mathbf{f}(U_2 \cap M) \ni \mathbf{f}(\hat{\mathbf{x}}_0 + t\hat{\mathbf{h}}, \boldsymbol{\varphi}(\hat{\mathbf{x}}_0 + t\hat{\mathbf{h}})) = (\hat{\mathbf{x}}_0 + t\hat{\mathbf{h}}, \Phi(\hat{\mathbf{x}}_0 + t\hat{\mathbf{h}}, \boldsymbol{\varphi}(\hat{\mathbf{x}}_0 + t\hat{\mathbf{h}}))) = (\hat{\mathbf{x}}_0 + t\hat{\mathbf{h}}, \mathbf{0})$$

을 얻고, 따라서 변환 $\boldsymbol{\psi} : (-\delta, \delta) \longrightarrow M$는 잘 정의된다. 또한 $\mathbf{f}(\mathbf{x}_0) = (\hat{\mathbf{x}}_0, \Phi(\mathbf{x}_0)) = (\hat{\mathbf{x}}_0, \mathbf{0})$이므로 $\boldsymbol{\psi}(0) = \mathbf{g}(\hat{\mathbf{x}}_0, \mathbf{0}) = \mathbf{x}_0$이다.

(11) $\mathbf{h} \in \ker(D\Phi(\mathbf{x}_0))$이므로

$$\begin{pmatrix} 1 & 0 & \cdots & 0 & 0 & \cdots & 0 \\ 0 & 1 & \cdots & 0 & 0 & \cdots & 0 \\ \vdots & \vdots & \ddots & \vdots & \vdots & \ddots & \vdots \\ 0 & 0 & \cdots & 1 & 0 & \cdots & 0 \\ \Phi^1_1(\mathbf{x}_0) & \Phi^1_2(\mathbf{x}_0) & \cdots & \Phi^1_r(\mathbf{x}_0) & \Phi^1_{r+1}(\mathbf{x}_0) & \cdots & \Phi^1_n(\mathbf{x}_0) \\ \vdots & \vdots & \ddots & \vdots & \vdots & \ddots & \vdots \\ \Phi^m_1(\mathbf{x}_0) & \Phi^m_2(\mathbf{x}_0) & \cdots & \Phi^m_r(\mathbf{x}_0) & \Phi^m_{r+1}(\mathbf{x}_0) & \cdots & \Phi^m_n(\mathbf{x}_0) \end{pmatrix} \begin{pmatrix} h^1 \\ h^2 \\ \vdots \\ \vdots \\ \vdots \\ h^n \end{pmatrix} = \begin{pmatrix} h^1 \\ h^2 \\ \vdots \\ h^r \\ 0 \\ \vdots \\ 0 \end{pmatrix}$$

가 성립한다. 특히

$$(D\mathbf{f}(\mathbf{x}_0))(\mathbf{h}) = (h^1, h^2, \cdots, h^r, 0, 0, \cdots, 0) = (\hat{\mathbf{h}}, \mathbf{0})$$

을 얻는다. 또한 $\mathbf{f}(\mathbf{x}_0) = (\hat{\mathbf{x}}_0, \Phi(\mathbf{x}_0)) = (\hat{\mathbf{x}}_0, \mathbf{0})$이므로 (9.8)로부터 $[D\mathbf{f}(\mathbf{x}_0)]^{-1} = D\mathbf{g}(\mathbf{f}(\mathbf{x}_0)) = D\mathbf{g}(\hat{\mathbf{x}}_0, \mathbf{0})$을 얻는다. 이들을 종합하면 $(D\mathbf{g}(\hat{\mathbf{x}}_0, \mathbf{0}))(\hat{\mathbf{h}}, \mathbf{0}) = \mathbf{h}$가 성립함을 알 수 있다.

로부터 $\dim(\ker(D\Phi(\mathbf{x}_0))) = n - m$을 얻는다. 결국 정리 9.2.2에 의하여

$$\dim T_{\mathbf{x}_0}(M) = \dim\left(\ker(D\Phi(\mathbf{x}_0))\right) = n - m = r$$

이 성립함을 알 수 있다. □

9.2.1 다양체에 대한 접평면

r-다양체 $M \subset \mathbb{E}^n$과 점 $\mathbf{x}_0 \in M$가 주어질 때, 집합

$$\mathbf{x}_0 + T_{\mathbf{x}_0}(M) := \{\mathbf{x}_0 + \mathbf{h} \in \mathbb{E}^n : \mathbf{h} \in T_{\mathbf{x}_0}(M)\}$$

을 $\mathbf{x}_0$에서 다양체 M에 대한 **접** r-**평면(tangent r-plane)**이라 한다.

명제 9.2.4. 열린집합 $\Omega \subset \mathbb{E}^n$과 함수 $f \in \mathcal{C}^1(\Omega, \mathbb{E}^1)$가 주어질 때, 집합 $M := \{(\mathbf{x}, z) \in \Omega \times \mathbb{E}^1 : z = f(\mathbf{x})\}$을 생각하면 M은 n-다양체이다. 또한 $(\mathbf{x}_0, f(\mathbf{x}_0)) \in M$에서 접 n-평면은

$$P = \{(\mathbf{x}, z) \in \mathbb{E}^{n+1} : z = f(\mathbf{x}_0) + df(\mathbf{x}_0) \cdot (\mathbf{x} - \mathbf{x}_0)\}$$

으로 주어진다.

[증명] 함수 $\Phi : \Omega \times \mathbb{E}^1 \longrightarrow \mathbb{E}^1$을 각 $(\mathbf{x}, z) \in \Omega \times \mathbb{E}^1$에 대하여 $\Phi(\mathbf{x}, z) := z - f(\mathbf{x})$로 정의하면 $\Phi \in \mathcal{C}^1(\Omega \times \mathbb{E}^1, \mathbb{E}^1)$이고, 또한 $\operatorname{rank}(D\Phi(\mathbf{x}, z)) = 1$ $(\forall\, (\mathbf{x}, z) \in \Omega \times \mathbb{E}^1)$이다. 더욱이

$$M = \{(\mathbf{x}, z) \in \Omega \times \mathbb{E}^1 : \Phi(\mathbf{x}, z) = 0 \;\&\; \operatorname{rank}(D\Phi(\mathbf{x}, z)) = 1\}$$

이므로 M은 함수 Φ에 의하여 결정된 n-다양체이다. 다음으로 $z_0 = f(\mathbf{x}_0)$라 두고 주의 7.6.16의 표현을 고려하면

$$\begin{aligned}
&- df(\mathbf{x}_0) \cdot (\mathbf{x} - \mathbf{x}_0) + (z - z_0) \\
&\qquad = (-f_1(\mathbf{x}_0), -f_2(\mathbf{x}_0), \cdots, -f_n(\mathbf{x}_0), 1) \cdot (x^1 - x_0^1, \cdots, x^n - x_0^n, z - z_0) \\
&\qquad = (\Phi_1(\mathbf{x}_0, z_0), \cdots, \Phi_n(\mathbf{x}_0, z_0), \Phi_{n+1}(\mathbf{x}_0, z_0)) \cdot (x^1 - x_0^1, \cdots, x^n - x_0^n, z - z_0) \\
&\qquad = (D\Phi(\mathbf{x}_0, z_0))(\mathbf{x} - \mathbf{x}_0, z - z_0)
\end{aligned}$$

이므로

$$\begin{aligned}
(\mathbf{x}, z) \in (\mathbf{x}_0, z_0) + T_{(\mathbf{x}_0, z_0)}(M) &\iff (\mathbf{x} - \mathbf{x}_0, z - z_0) \in T_{(\mathbf{x}_0, z_0)}(M) \\
&\iff (\mathbf{x} - \mathbf{x}_0, z - z_0) \in \ker(D\Phi(\mathbf{x}_0, z_0)) \\
&\iff z = z_0 + df(\mathbf{x}_0) \cdot (\mathbf{x} - \mathbf{x}_0) \\
&\iff (\mathbf{x}, z) \in P
\end{aligned}$$

임을 알 수 있다. 결국 $P \equiv (\mathbf{x}_0, z_0) + T_{(\mathbf{x}_0, z_0)}(M)$은 점 $(\mathbf{x}_0, f(\mathbf{x}_0)) \in M$에서 다양체 M에 대한 접 n-평면이다. □

9.3 다양체에 대한 정규벡터

다양체가 주어질 때, 접공간과 관련하여 정규벡터와 정규공간을 소개한다.

정의 9.3.1. 다양체 $M \subset \mathbb{E}^n$과 점 $\mathbf{x}_0 \in M$가 주어질 때, 조건 $\mathbf{n} \cdot \mathbf{h} = 0$ $(\forall \mathbf{h} \in T_{\mathbf{x}_0}(M))$을 만족하는 벡터 $\mathbf{n} \in \mathbb{E}^n$을 $\mathbf{x}_0 \in M$에서 M에 대한 **정규벡터(normal vector)**이라 한다. 더욱이, $\mathbf{x}_0 \in M$에서 M에 대한 정규벡터 전체집합을 $T_{\mathbf{x}_0}(M)^{\perp}$으로 나타내고 $\mathbf{x}_0 \in M$에서 M에 대한 **정규공간(normal space)**이라 한다.

주의 9.3.2. r-다양체 $M \subset \mathbb{E}^n$과 점 $\mathbf{x}_0 \in M$가 주어질 때, $T_{\mathbf{x}_0}(M)^{\perp}$은 $\mathbb{E}^n$의 부분공간이고 $\mathbb{E}^n = T_{\mathbf{x}_0}(M) \bigoplus T_{\mathbf{x}_0}(M)^{\perp}$이므로

$$\dim T_{\mathbf{x}_0}(M)^{\perp} = n - \dim T_{\mathbf{x}_0}(M) = n - r$$

을 얻는다.([12])

명제 9.3.3. r-다양체 $M \subset \mathbb{E}^n$과 점 $\mathbf{x}_0 \in M$가 주어질 때, U & $\Phi = (\Phi^1, \Phi^2, \cdots, \Phi^{n-r})$가 다양체 $M \subset \mathbb{E}^n$의 정의에서와 동일한 것이라 하면

$$\{\text{grad}\,\Phi^1(\mathbf{x}_0), \text{grad}\,\Phi^2(\mathbf{x}_0), \cdots, \text{grad}\,\Phi^{n-r}(\mathbf{x}_0)\}$$

는 정규공간 $T_{\mathbf{x}_0}(M)^{\perp}$의 기저를 이룬다.

[증명] 우선, 정리 9.2.2에 의하여 「$\mathbf{h} \in T_{\mathbf{x}_0}(M) \iff (D\Phi(\mathbf{x}_0))(\mathbf{h}) = \mathbf{0}$」이 성립한다. 또한 $n - r = m$이라 두면

$$\begin{pmatrix} \Phi^1_1(\mathbf{x}_0) & \cdots & \Phi^1_n(\mathbf{x}_0) \\ \Phi^2_1(\mathbf{x}_0) & \cdots & \Phi^2_n(\mathbf{x}_0) \\ \cdots & \cdots & \cdots \\ \Phi^m_1(\mathbf{x}_0) & \cdots & \Phi^m_n(\mathbf{x}_0) \end{pmatrix} \begin{pmatrix} h^1 \\ h^2 \\ \vdots \\ h^n \end{pmatrix} = \begin{pmatrix} 0 \\ 0 \\ \vdots \\ 0 \end{pmatrix} \iff (\text{grad}\,\Phi^k(\mathbf{x}_0)) \cdot \mathbf{h} = 0 \;\; (1 \le k \le m)$$

을 얻는다. 그러므로

$$(\text{grad}\,\Phi^k(\mathbf{x}_0)) \cdot \mathbf{h} = 0 \;\; (1 \le k \le m) \iff \mathbf{h} \in T_{\mathbf{x}_0}(M)$$

이 성립하여 $\text{grad}\,\Phi^k(\mathbf{x}_0) \in T_{\mathbf{x}_0}(M)^{\perp}$ $(1 \le k \le m)$을 얻는다. 한편, $\text{rank}(D\Phi(\mathbf{x}_0)) = m$이므로 $\{\text{grad}\,\Phi^1(\mathbf{x}_0), \text{grad}\,\Phi^2(\mathbf{x}_0), \cdots, \text{grad}\,\Phi^m(\mathbf{x}_0)\}$은 정규공간 $T_{\mathbf{x}_0}(M)^{\perp}$의 일차독립인 부분집합이다. 그런데 $\dim T_{\mathbf{x}_0}(M)^{\perp} = m$이므로

$$\{\text{grad}\,\Phi^1(\mathbf{x}_0), \text{grad}\,\Phi^2(\mathbf{x}_0), \cdots, \text{grad}\,\Phi^m(\mathbf{x}_0)\}$$

는 정규공간 $T_{\mathbf{x}_0}(M)^{\perp}$의 기저임을 의미한다. □

([12]) 유한차원 벡터공간 V의 부분공간 W가 주어지면

$$\begin{cases} \circ \; V = W \bigoplus W^{\perp}\,; \\ \circ \; \dim V = \dim W + \dim W^{\perp} \end{cases}$$

이 성립함을 선형대수학에서 이미 학습하였다.

참고 9.3.4. $M \subset \mathbb{E}^n$이 $(n-1)$-다양체일 때, $m = n-(n-1) = 1$이므로 임의의 점 $\mathbf{x}_0 \in M$에 대하여 $\operatorname{grad}\Phi(\mathbf{x}_0)$는 $\mathbf{x}_0$에서 M에 대한 정규벡터이고 특히 $T_{\mathbf{x}_0}(M)^\perp = \operatorname{span}(\operatorname{grad}\Phi(\mathbf{x}_0))$이다. 즉, 정규공간 $T_{\mathbf{x}_0}(M)^\perp$은 $\operatorname{grad}\Phi(\mathbf{x}_0)$에 의하여 생성된다.

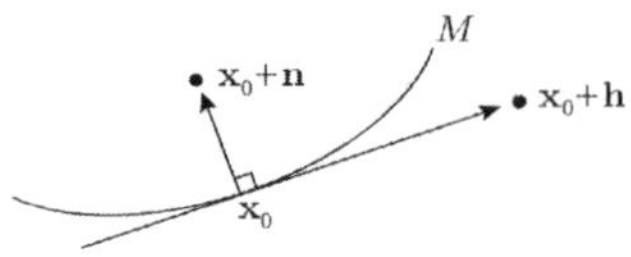

그림 9.3: 다양체에 대한 접벡터와 정규벡터의 이해

참고 9.3.5. r-다양체 $M \subset \mathbb{E}^n$과 점 $\mathbf{x}_0 \in M$가 주어질 때, 정의에 따르면 $\mathbf{x}_0 \in M$에서 M에 대한 접 r-평면은

$$\mathbf{x}_0 + T_{\mathbf{x}_0}(M) = \{\mathbf{x}_0 + \mathbf{h} \in \mathbb{E}^n : \mathbf{h} \in T_{\mathbf{x}_0}(M)\}$$

이므로 r-다양체 M을 정의하는 열린집합 $U \subset \mathbb{E}^n$과 $\mathcal{C}^1$-급 변환 $\Phi = (\Phi^1, \Phi^2, \cdots, \Phi^{n-r})$을 생각하면

$$\mathbf{x}_0 + T_{\mathbf{x}_0}(M) = \{\mathbf{x} \in \mathbb{E}^n : (\operatorname{grad}\Phi^k(\mathbf{x}_0)) \cdot (\mathbf{x} - \mathbf{x}_0) = 0 \ \ (1 \le k \le n-r)\}$$

임에 유념하자. 특히, 접 r-평면을 r에 따라 각각 다음과 같이 부른다.

r	1	2	$n-1$
접 r-평면	접선	접평면	접초평면

보기 9.3.6. 집합 $M = \{(x,y,z) \in \mathbb{E}^3 : x^2 + x + e^y - z + 6 = 0\}$을 생각하고, 각 $(x,y,z) \in \mathbb{E}^3$에 대하여 함수 $\Phi : \mathbb{E}^3 \longrightarrow \mathbb{E}^1$을 $\Phi(x,y,z) = x^2 + x + e^y - z + 6$으로 정의하면 $\Phi \in \mathcal{C}^1(\mathbb{E}^3, \mathbb{E}^1)$ & $\operatorname{rank}(D\Phi(x,y,z)) = 1$ $(\forall\,(x,y,z) \in \mathbb{E}^3)$이다. 그러므로 M은 Φ에 의하여 결정된 2-다양체이다. 특히, $\operatorname{grad}\Phi(1,0,9) = (-3,-1,1)$이므로 점 $(1,0,9) \in M$에서 다양체 M에 대한 정규공간, 접공간 그리고 접평면은 다음과 같다.

$$\begin{aligned}
&T_{(1,0,9)}(M)^\perp = \{\lambda(-3,-1,1) \in \mathbb{E}^3 : \lambda \in \mathbb{E}^1\}\,;\\
&T_{(1,0,9)}(M) = \{(x,y,z) \in \mathbb{E}^3 : -3x - y + z = 0\}\,;\\
&(1,0,9) + T_{(1,0,9)}(M) = \{(x,y,z) \in \mathbb{E}^3 : -3(x-1) - y + (z-9) = 0\}.
\end{aligned}$$

보기 9.3.7. 집합 $M = \{(x,y) \in \mathbb{E}^2 : y = x^2\}$을 생각할 때, M은 1-다양체임을 보이고 $(1,1) \in M$에서 M에 대한 정규공간과 접공간 그리고 접선을 구해보자.

[풀이] 각 $(x,y) \in \mathbb{E}^2$에 대하여 함수 $\Phi : \mathbb{E}^2 \longrightarrow \mathbb{E}^1$를 $\Phi(x,y) := y - x^2$으로 정의하면 $\Phi \in \mathcal{C}^1(\mathbb{E}^2, \mathbb{E}^1)$ & $\operatorname{rank}(D\Phi(x,y)) = 1$ $(\forall\,(x,y) \in \mathbb{E}^2)$이다. 더욱이 $M = \{(x,y) \in \mathbb{E}^2 : \Phi(x,y) = 0$ & $\operatorname{rank}(D\Phi(x,y)) = 1\}$이므로 M은 Φ에 의해서 결정된 1-다양체이다. 다음으

로 각 $(x,y) \in \mathbb{E}^2$에 대하여 $\Phi_1(x,y) = -2x$ & $\Phi_2(x,y) = 1$이므로 $\mathrm{grad}\,\Phi(1,1) = (-2,1)$이다. 그러므로 점 $(1,1) \in M$에서 M에 대한 정규공간, 접공간 그리고 접선은 다음과 같다.

$$\begin{aligned} &T_{(1,1)}(M)^\perp = \{\lambda(-2,1) \in \mathbb{E}^2 : \lambda \in \mathbb{E}^1\}\,; \\ &T_{(1,1)}(M) = \{(x,y) \in \mathbb{E}^2 : -2x + y = 0\}\,; \\ &(1,1) + T_{(1,1)}(M) = \{(x,y) \in \mathbb{E}^2 : -2(x-1) + (y-1) = 0\}. \end{aligned}$$

특히, 미적분학에서 배운것 처럼 곡선 $y = x^2$ 위의 점 $(1,1)$에서 접선의 방정식은 $y - 1 = 2(x-1)$임에 유념하기 바란다. □

9.4 다양체의 교집합·데카르트 곱

9.4.1 다양체의 교집합

1-다양체 $M = \{\mathbf{x} \in \mathbb{E}^3 : (\Phi^1(\mathbf{x}), \Phi^2(\mathbf{x})) = (0,0)\}$과 점 $\mathbf{x}_0 \in M$가 주어질 때,

$$M_1 = \{\mathbf{x} \in \mathbb{E}^3 : \Phi^1(\mathbf{x}) = 0\} \quad \& \quad M_2 = \{\mathbf{x} \in \mathbb{E}^3 : \Phi^2(\mathbf{x}) = 0\}$$

라 두면 $M = M_1 \cap M_2$이고 $M_j \subset \mathbb{E}^3$ $(\forall j \in \{1,2\})$는 2-다양체이다. 더욱이,

$$\begin{cases} \circ\ \mathrm{grad}\,\Phi^1(\mathbf{x}_0) \in T_{\mathbf{x}_0}(M_1)^\perp\,; \\ \circ\ \mathrm{grad}\,\Phi^2(\mathbf{x}_0) \in T_{\mathbf{x}_0}(M_2)^\perp \end{cases}$$

이다. 특히,

$$\mathrm{rank}\begin{pmatrix} \Phi^1_1(\mathbf{x}_0) & \Phi^1_2(\mathbf{x}_0) & \Phi^1_3(\mathbf{x}_0) \\ \Phi^2_1(\mathbf{x}_0) & \Phi^2_2(\mathbf{x}_0) & \Phi^2_3(\mathbf{x}_0) \end{pmatrix} = 2$$

이므로 조건

$$\mathrm{rank}\begin{pmatrix} \Phi^1_1(\mathbf{x}) & \Phi^1_2(\mathbf{x}) & \Phi^1_3(\mathbf{x}) \\ \Phi^2_1(\mathbf{x}) & \Phi^2_2(\mathbf{x}) & \Phi^2_3(\mathbf{x}) \end{pmatrix} = 2 \quad (\forall \mathbf{x} \in U)$$

를 만족하는 $\mathbf{x}_0$의 열린근방 $U \subset \mathbb{E}^3$가 존재한다. 그런데

$$\begin{cases} \circ\ \mathrm{grad}\,\Phi^1(\mathbf{x}) = (\Phi^1_1(\mathbf{x}), \Phi^1_2(\mathbf{x}), \Phi^1_3(\mathbf{x}))\,; \\ \circ\ \mathrm{grad}\,\Phi^2(\mathbf{x}) = (\Phi^2_1(\mathbf{x}), \Phi^2_2(\mathbf{x}), \Phi^2_3(\mathbf{x})) \end{cases}$$

이므로 임의의 $\mathbf{x} \in U$에 대하여 $\{\mathrm{grad}\,\Phi^1(\mathbf{x}), \mathrm{grad}\,\Phi^2(\mathbf{x})\}$는 일차독립이다. 결국, 임의의 점 $\mathbf{x} \in U \cap M$에 대하여 $T_{\mathbf{x}}(M_1) \neq T_{\mathbf{x}}(M_2)$가 성립함을 알 수 있다.

위와 같은 고찰을 확장해서 차원이 다른 다양체가 주어질 때, 그들의 교집합으로 이루어진 다양체에 대하여 알아보기로 하자.

명제 9.4.1. r-다양체 $M \subset \mathbb{E}^n$과 s-다양체 $N \subset \mathbb{E}^n$이 주어지고 $M \cap N \neq \varnothing$이라 할 때, 조건

$$\begin{cases} \circ\ r + s > n\,; \\ \circ\ \dim\left(T_{\mathbf{x}}(M) \cap T_{\mathbf{x}}(N)\right) = r + s - n \ \ (\forall \mathbf{x} \in M \cap N) \end{cases}$$

을 충족하면 $M \cap N \subset \mathbb{E}^n$은 $(r+s-n)$-다양체이다.([13])

([13]) $1 \le r < n$ & $1 \le s < n$이므로 $r + (s-n) < r$ & $s + (r-n) < s$임에 유의하자.

[증명] 임의의 $\mathbf{x}_0 \in M \cap N$를 선택하자. 이때,

- $\mathbf{x}_0 \in M$이므로 조건

$$\begin{cases} \circ \ \operatorname{rank}(D\Phi(\mathbf{x})) = n - r \ \ (\forall \mathbf{x} \in U_1); \\ \circ \ M \cap U_1 = \{\mathbf{x} \in U_1 : \Phi(\mathbf{x}) = \mathbf{0}\} \end{cases}$$

을 만족하는 $\mathbf{x}_0$의 열린근방 $U_1 \subset \mathbb{E}^n$과 변환 $\Phi \in \mathcal{C}^1(U_1, \mathbb{E}^{n-r})$가 존재한다.

- $\mathbf{x}_0 \in N$이므로 조건

$$\begin{cases} \circ \ \operatorname{rank}(D\Psi(\mathbf{x})) = n - s \ \ (\forall \mathbf{x} \in U_2); \\ \circ \ N \cap U_2 = \{\mathbf{x} \in U_2 : \Psi(\mathbf{x}) = \mathbf{0}\} \end{cases}$$

을 만족하는 $\mathbf{x}_0$의 열린근방 $U_2 \subset \mathbb{E}^n$와 변환 $\Psi \in \mathcal{C}^1(U_2, \mathbb{E}^{n-s})$가 존재한다.

그러므로 $U := U_1 \cap U_2$라 두면 $U \subset \mathbb{E}^n$는 $\mathbf{x}_0$의 열린근방이다. 또한 각 $\mathbf{x} \in U$에 대하여 변환 $\Theta : U \longrightarrow \mathbb{E}^{(n-r)+(n-s)}$를 $\Theta(\mathbf{x}) := (\Phi(\mathbf{x}), \Psi(\mathbf{x}))$로 정의하면 $\Theta \in \mathcal{C}^1(U, \mathbb{E}^{(n-r)+(n-s)})$이다. 더욱이

$$(M \cap N) \cap U = \{\mathbf{x} \in U : \Theta(\mathbf{x}) = \mathbf{0}\} \tag{9.11}$$

을 만족한다.(14) 한편, 임의로 $\mathbf{x} \in U$가 주어지면 $D\Theta(\mathbf{x}) = (D\Phi(\mathbf{x}), D\Psi(\mathbf{x}))$이므로 $\mathbf{h} \in \mathbb{E}^n$에 대하여

$$(D\Theta(\mathbf{x}))(\mathbf{h}) = \mathbf{0} \iff \begin{bmatrix} \circ \ (D\Phi(\mathbf{x}))(\mathbf{h}) = \mathbf{0} \in \mathbb{E}^{n-r} \\ \circ \ (D\Psi(\mathbf{x}))(\mathbf{h}) = \mathbf{0} \in \mathbb{E}^{n-s} \end{bmatrix} \iff \mathbf{h} \in T_{\mathbf{x}}(M) \cap T_{\mathbf{x}}(N)$$

이다. 그러므로

$$\ker(D\Theta(\mathbf{x})) = T_{\mathbf{x}}(M) \cap T_{\mathbf{x}}(N) \quad (\forall \mathbf{x} \in U)$$

을 얻는다. 다른 한편 미분의 정의에 따르면 각 $\mathbf{x} \in U$에 대하여 선형변환 $D\Theta(\mathbf{x}) : \mathbb{E}^n \longrightarrow \mathbb{E}^{(n-r)+(n-s)}$가 정의되고 특히

$$\dim \mathbb{E}^n = \dim(\ker(D\Theta(\mathbf{x}))) + \operatorname{rank}(D\Theta(\mathbf{x}))$$

가 성립한다. 따라서 임의의 $\mathbf{x} \in U$에 대하여

$$\operatorname{rank}(D\Theta(\mathbf{x})) = n - \dim(\ker(D\Theta(\mathbf{x}))) = n - (r + s - n) = (n - r) + (n - s)$$

를 얻는다. 결국 $M \cap N \subset \mathbb{E}^n$은 $(r + s - n)$-다양체임을 보였다. □

보기 9.4.2. 2-다양체 $M \subset \mathbb{E}^3$과 2-다양체 $N \subset \mathbb{E}^3$이 주어지고 $M \cap N \neq \varnothing$이라 하자. 더욱이, 임의의 $\mathbf{x} \in M \cap N$에 대하여 $T_{\mathbf{x}}(M) \neq T_{\mathbf{x}}(N)$이면 $M \cap N \subset \mathbb{E}^3$은 1-다양체이고

$$T_{\mathbf{x}}(M \cap N) = T_{\mathbf{x}}(M) \cap T_{\mathbf{x}}(N) \quad (\forall \mathbf{x} \in M \cap N)$$

이 성립한다.

(14) [증명] $\mathbf{x} \in (M \cap N) \cap U$이라 하면 $\mathbf{x} \in M \cap U$ & $\mathbf{x} \in N \cap U$이다. 그러므로 $\mathbf{x} \in U_1$ & $\Phi(\mathbf{x}) = \mathbf{0}$이고 또한 $\mathbf{x} \in U_2$ & $\Psi(\mathbf{x}) = \mathbf{0}$이다. 따라서 $\mathbf{x} \in U$ & $\Theta(\mathbf{x}) = \mathbf{0}$을 얻는다. 역으로 $\mathbf{x} \in U$ & $\Theta(\mathbf{x}) = \mathbf{0}$을 가정하면 $\mathbf{x} \in U_1$ & $\Phi(\mathbf{x}) = \mathbf{0}$이고 또한 $\mathbf{x} \in U_2$ & $\Psi(\mathbf{x}) = \mathbf{0}$이다. 따라서 $\mathbf{x} \in (M \cap U_1) \cap (N \cap U_2) = (M \cap N) \cap U$이다.

9.4.2 다양체의 데카르트곱

두 개의 다양체가 주어질 때, 이들로부터 구성할 수 있는 다양체의 데카르트곱에 대하여 살펴보기로 하자.

명제 9.4.3. (곱다양체, product manifold) r-다양체 $M \subset \mathbb{E}^n$과 s-다양체 $N \subset \mathbb{E}^m$이 주어질 때,

(a) $M \times N$은 $(r+s)$-다양체이다.

(b) 임의의 점 $(\mathbf{x}_0, \mathbf{y}_0) \in M \times N$에 대하여

$$T_{(\mathbf{x}_0,\mathbf{y}_0)}(M \times N) = T_{\mathbf{x}_0}(M) \times T_{\mathbf{y}_0}(N)$$

이다.(15)

[증명] (a) 임의의 $(\mathbf{x}_0, \mathbf{y}_0) \in M \times N$을 정해두자. 이때, 조건

$$\begin{cases} \circ\ \operatorname{rank}(D\Phi(\mathbf{x})) = n - r \quad (\forall \mathbf{x} \in U); \\ \circ\ M \cap U = \{\mathbf{x} \in U : \Phi(\mathbf{x}) = \mathbf{0}\} \end{cases} \quad \& \quad \begin{cases} \circ\ \operatorname{rank}(D\Psi(\mathbf{y})) = m - s \quad (\forall \mathbf{x} \in V); \\ \circ\ N \cap V = \{\mathbf{y} \in V : \Psi(\mathbf{y}) = \mathbf{0}\} \end{cases}$$

을 충족하는

$$\begin{cases} \circ\ \mathbf{x}_0\text{의 열린근방 } U \subset \mathbb{E}^n; \\ \circ\ \mathbf{y}_0\text{의 열린근방 } V \subset \mathbb{E}^m; \\ \circ\ \Phi \in \mathcal{C}^1(U, \mathbb{E}^{n-r}) \ \& \ \Psi \in \mathcal{C}^1(V, \mathbb{E}^{m-s}) \end{cases}$$

가 존재한다. 그러므로 변환 $\Theta : U \times V \longrightarrow \mathbb{E}^{n-r} \times \mathbb{E}^{m-s}$를 각 $(\mathbf{x}, \mathbf{y}) \in U \times V$에 대하여 $\Theta(\mathbf{x}, \mathbf{y}) := (\Phi(\mathbf{x}), \Psi(\mathbf{y}))$로 정의하면 $\Theta \in \mathcal{C}^1(U \times V, \mathbb{E}^{n-r} \times \mathbb{E}^{m-s})$이고 또한

$$(M \times N) \cap (U \times V) = (M \cap U) \times (N \cap V) = \{(\mathbf{x}, \mathbf{y}) \in U \times V : \Theta(\mathbf{x}, \mathbf{y}) = (\mathbf{0}, \mathbf{0})\}$$

을 만족한다. 더욱이, $(\mathbf{x}, \mathbf{y}) \in U \times V$에 대하여 행렬

$$\begin{pmatrix} \Phi_1^1(\mathbf{x}) & \cdots & \Phi_n^1(\mathbf{x}) & 0 & \cdots & 0 \\ \Phi_1^2(\mathbf{x}) & \cdots & \Phi_n^2(\mathbf{x}) & 0 & \cdots & 0 \\ \vdots & \ddots & \vdots & \vdots & \ddots & \vdots \\ \Phi_1^{n-r}(\mathbf{x}) & \cdots & \Phi_n^{n-r}(\mathbf{x}) & 0 & \cdots & 0 \\ 0 & \cdots & 0 & \Psi_1^1(\mathbf{y}) & \cdots & \Psi_m^1(\mathbf{y}) \\ 0 & \cdots & 0 & \Psi_1^2(\mathbf{y}) & \cdots & \Psi_m^2(\mathbf{y}) \\ \vdots & \ddots & \vdots & \vdots & \ddots & \vdots \\ 0 & \cdots & 0 & \Psi_1^{m-s}(\mathbf{y}) & \cdots & \Psi_m^{m-s}(\mathbf{y}) \end{pmatrix}$$

---

(15) $\mathbb{E}^1$ 위의 유한차원 벡터공간 V & W가 주어질 때, 집합 $V \times W := \{(v, w) : v \in V \ \& \ w \in W\}$을 생각하고 $(v, w), (v_1, w_1) \in V \times W \ \& \ \lambda \in \mathbb{E}^1$에 대하여 덧셈과 스칼라 곱셈을 각각

$$(v, w) + (v_1, w_1) := (v + v_1, w + w_1) \quad \& \quad \lambda(v, w) := (\lambda v, \lambda w)$$

로 정의하면 $V \times W$는 $\mathbb{E}^1$ 위의 벡터공간이고 $\dim(V \times W) = \dim V + \dim W$가 성립한다.

를 생각하면 행벡터들은 일차독립이다.[16] 그러므로

$$\operatorname{rank}(D\Theta(\mathbf{x},\mathbf{y})) = n+m-(r+s) \quad (\forall\,(\mathbf{x},\mathbf{y}) \in U \times V)$$

임을 알 수 있다. 결국, $M \times N$이 $(r+s)$-다양체임을 보였다.

(b) $(\mathbf{h},\mathbf{k}) \in \mathbb{E}^n \times \mathbb{E}^m$에 대하여

$$\begin{aligned}(\mathbf{h},\mathbf{k}) \in T_{(\mathbf{x}_0,\mathbf{y}_0)}(M \times N) &\iff (D\Theta(\mathbf{x}_0,\mathbf{y}_0))(\mathbf{h},\mathbf{k}) = (\mathbf{0},\mathbf{0}) \\ &\iff (D\Phi(\mathbf{x}_0))(\mathbf{h}) = \mathbf{0} \ \ \& \ \ (D\Psi(\mathbf{y}_0))(\mathbf{k}) = \mathbf{0} \\ &\iff \mathbf{h} \in T_{\mathbf{x}_0}(M) \ \ \& \ \ \mathbf{k} \in T_{\mathbf{y}_0}(N) \\ &\iff (\mathbf{h},\mathbf{k}) \in T_{\mathbf{x}_0}(M) \times T_{\mathbf{y}_0}(N)\end{aligned}$$

가 성립하므로 $T_{(\mathbf{x}_0,\mathbf{y}_0)}(M \times N) = T_{\mathbf{x}_0}(M) \times T_{\mathbf{y}_0}(N)$을 얻는다. □

---

[16] $\lambda_1(\Phi_1^1(\mathbf{x}),\cdots,\Phi_n^1(\mathbf{x}),0,\cdots,0)+\lambda_2(\Phi_1^2(\mathbf{x}),\cdots,\Phi_n^2(\mathbf{x}),0,\cdots,0)+\lambda_3(\Phi_1^3(\mathbf{x}),\cdots,\Phi_n^3(\mathbf{x}),0,\cdots,0)+\cdots+\lambda_{n-r}(\Phi_1^{n-r}(\mathbf{x}),\cdots,\Phi_n^{n-r}(\mathbf{x}),0,\cdots,0)+\mu_1(0,\cdots,0,\Psi_1^1(\mathbf{y}),\cdots,\Psi_m^1(\mathbf{y}))+\mu_2(0,\cdots,0,\Psi_1^2(\mathbf{y}),\cdots,\Psi_m^2(\mathbf{y}))+\mu_{m-s}(0,\cdots,0,\Psi_1^{m-s}(\mathbf{y}),\cdots,\Psi_m^{m-s}(\mathbf{y}))=(0,0,\cdots,0)$을 가정하면

$$\begin{cases} \lambda_1\Phi_1^1(\mathbf{x})+\lambda_2\Phi_1^2(\mathbf{x})+\cdots+\lambda_{n-r}\Phi_1^{n-r}(\mathbf{x})=0 \\ \qquad\vdots \\ \lambda_1\Phi_n^1(\mathbf{x})+\lambda_2\Phi_n^2(\mathbf{x})+\cdots+\lambda_{n-r}\Phi_n^{n-r}(\mathbf{x})=0 \\ \mu_1\Psi_1^1(\mathbf{y})+\mu_2\Psi_1^2(\mathbf{y})+\cdots+\mu_{m-s}\Psi_1^{m-s}(\mathbf{y})=0 \\ \qquad\vdots \\ \mu_1\Psi_m^1(\mathbf{y})+\mu_2\Psi_m^2(\mathbf{y})+\cdots+\mu_{m-s}\Psi_m^{m-s}(\mathbf{y})=0 \end{cases}$$

이므로

$$\begin{cases} \circ\ \lambda_1(\Phi_1^1(\mathbf{x}),\cdots,\Phi_n^1(\mathbf{x}))+\lambda_2(\Phi_1^2(\mathbf{x}),\cdots,\Phi_n^2(\mathbf{x}))+\cdots+\lambda_{n-r}(\Phi_1^{n-r}(\mathbf{x}),\cdots,\Phi_n^{n-r}(\mathbf{x}))=(0,\cdots,0) \\ \circ\ \mu_1(\Psi_1^1(\mathbf{y}),\cdots,\Psi_m^1(\mathbf{y}))+\mu_2(\Psi_1^2(\mathbf{y}),\cdots,\Phi_m^2(\mathbf{y}))+\cdots+\mu_{m-s}(\Psi_1^{m-s}(\mathbf{y}),\cdots,\Psi_m^{m-s}(\mathbf{y}))=(0,\cdots,0) \end{cases}$$

이 성립한다. 그런데 $\operatorname{rank}(D\Phi(\mathbf{x}))=n-r\ (\forall\,\mathbf{x}\in U)$ & $\operatorname{rank}(D\Psi(\mathbf{y}))=m-s\ (\forall\,\mathbf{y}\in V)$이므로 $\lambda_1=\cdots=\lambda_{n-r}=0$ & $\mu_1=\cdots=\mu_{m-s}=0$을 얻는다.

연습문제 9.1

1. 함수 $F:\mathbb{E}^2 \longrightarrow \mathbb{E}^1$을 $F(x,y) = e^{x^2+2y^2+2}$ $(\forall (x,y) \in \mathbb{E}^2)$으로 정의할 때, 다음 물음에 답하여라.[217]

   (가) 각 $c \in \mathbb{E}^1$에 대한 F의 등고선을 구하여라.

   (나) 1-다양체인 F의 등고선을 구하여라.

2. 함수 $F:\mathbb{E}^3 \longrightarrow \mathbb{E}^1$을 $F(x,y,z) = x^2+y^2-4z^2$ $(\forall (x,y,z) \in \mathbb{E}^3)$으로 정의할 때, 다음 물음에 답하여라.[218]

   (가) 각 실수 $c \in \mathbb{E}^1$에 대하여 F의 등위집합을 구하여라.

   (나) F의 등위집합중 2-다양체를 구하여라.

   (다) 점 $(2,-1,1)$에서 쌍곡면(hyperboloid) $x^2+y^2-4z^2=1$에 대한 접평면을 구하여라.

3. $M = \{(x,y,z) \in \mathbb{E}^3 : x^2+y^2+2z^2 = 2\}$은 2-다양체임을 보여라.[219]

4. 집합 $M := \{(x,y,z) \in \mathbb{E}^3 : xy = 0,\ \ x^2+y^2+z^2 = 1\ \ \&\ \ z \neq \pm 1\}$은 1-다양체임을 보여라.[220]

5. 열린집합 $A \subset \mathbb{E}^2$와 함수 $f \in \mathcal{C}^1(A,\mathbb{E}^1)$에 대하여 집합 $M := \{(x,y,f(x,y)) : (x,y) \in A\}$가 주어질 때, 다음 물음에 답하여라.[221]

   (가) M이 2-다양체임을 보여라.

   (나) $(f_1(x,y), f_2(x,y), -1)$은 $(x,y,f(x,y)) \in M$에서 M에 대한 정규벡터임을 보여라.

   (다) 점 $(x_0,y_0,f(x_0,y_0)) \in M$에서 M에 대한 접평면의 방정식은 명제 5.2.9에서 다룬 것과 일치함을 보여라.

   (라) f가 n변수의 함수일 때, (가)~(다)에 대응하는 내용를 기술하여라.

6. 열린집합 $A \subset \mathbb{E}^1$와 함수 $f,g \in \mathcal{C}^1(A,\mathbb{E}^1)$에 대하여 집합 $M := \{(x,f(x),g(x)) : x \in A\}$가 주어질 때, 다음 물음에 답하여라.[222]

   (가) M이 1-다양체임을 보여라.

   (나) $(1,f'(x),g'(x))$은 $(x,f(x),g(x)) \in M$에서 M에 대한 접벡터임을 보여라.

7. 열린집합 $U := \{(x,y) \in \mathbb{E}^2 : x > 0,\ \ y > 0\ \&\ (x,y) \neq (e,e)\}$에 대하여 집합 $M := \{(x,y) \in U : x^y = y^x\}$을 생각하면 M은 1-다양체임을 보여라.[223]

8. 집합 $M = \{(x,y,z) \in \mathbb{E}^3 : xy = xz = 0\}$은 1-다양체인가?[224]

9. 두 개의 r-다양체 $M \subset \mathbb{E}^n$ & $N \subset \mathbb{E}^n$이 조건 $\overline{M} \cap N = \varnothing = M \cap \overline{N}$을 만족하면 $M \cup N$은 r-다양체임을 보여라.[225]

10. r-다양체 $M \subset \mathbb{E}^n$과 조건 $M \cap A \neq \varnothing$를 만족하는 열린집합 $A \subset \mathbb{E}^n$가 주어지면 $M \cap A$는 r-다양체임을 보여라.[226]

11. $\mathbb{E}^1$ 위의 대칭행렬 $(a_{ij})_{n \times n}$이 주어지고 행렬식 $\det(a_{ij})_{n \times n} \neq 0$일 때, 집합

$$M := \left\{ \mathbf{x} \in \mathbb{E}^n : \sum_{i,j=1}^{n} a_{ij} x^i x^j = 1 \right\}$$

에 대하여 다음 물음에 답하여라.[227]

(가) M이 $(n-1)$-다양체임을 보여라.

(나) $\mathbf{x}_0 = (x_0^1, x_0^2, \cdots, x_0^n) \in M$에서 M에 대한 접초평면은

$$\left\{ \mathbf{x} \in \mathbb{E}^n : \sum_{i,j=1}^{n} a_{ij} x^i x_0^j = 1 \right\}$$

임을 보여라.

12. $M := \{(x,y) \in \mathbb{E}^2 : x^2 + y^2 = 1\}$ & $N := \{(u,v) \in \mathbb{E}^2 : u^2 + v^2 = 1\}$이라 하고 $K := \{(x,y) \in \mathbb{E}^2 : x^2 + y^2 \leq 1\} \times \{(u,v) \in \mathbb{E}^2 : u^2 + v^2 \leq 1\}$라 할 때, 다음 물음에 답하여라.[228]

(가) $C = M \times N$이 2-다양체임을 보여라.

(나) $H = \partial K \setminus C$는 3-다양체임을 보여라.

13. r-다양체 $M \subset \mathbb{E}^n$과 점 $\mathbf{x}_0 \in M$이 주어지고 U, Φ가 다양체 M의 정의에서와 동일하다고 가정하자. 이때, $m = n - r$라 두고 각 $k \in \{1, 2, \cdots, m\}$에 대하여 $\Psi^k(\mathbf{x}) := g^k(\mathbf{x})\Phi^k(\mathbf{x})$ $(\forall \mathbf{x} \in U)$ [단, $g^k \in \mathcal{C}^1(U, \mathbb{E}^1)$ & $g^k(\mathbf{x}_0) \neq 0$]라 하면 조건

$$\begin{cases} \circ\ g^k(\mathbf{x}) \neq 0 \ \ (\forall \mathbf{x} \in U_0 \ \ \& \ \ \forall k \in \{1, 2, \cdots, m\}); \\ \circ\ \mathrm{rank}(D\Psi(\mathbf{x})) = m \ \ (\forall \mathbf{x} \in U_0); \\ \circ\ M \cap U_0 = \{\mathbf{x} \in U_0 : \Psi(\mathbf{x}) = \mathbf{0}\} \end{cases}$$

을 충족하는 $\mathbf{x}_0$의 열린근방 $U_0 \subset \mathbb{E}^n$가 존재함을 보여라. (단, $\Psi = (\Psi^1, \Psi^2, \cdots, \Psi^m)$이다.)[229]

9.5 곱셈자법칙

다양체 $M(\subset \mathbb{E}^n)$을 포함하는 열린집합 $G \subset \mathbb{E}^n$와 함수 $f \in \mathcal{C}^1(G, \mathbb{E}^1)$가 주어질 때, 제한사상 $f|_M$의 극값을 찾는 문제를 생각하자. 이러한 것을 **제약된 극값문제(constrained extremum problem)**라 한다.

정의 9.5.1. r-다양체 $M \subset \mathbb{E}^n$을 포함하는 열린집합 $G \subset \mathbb{E}^n$와 함수 $f \in \mathcal{C}^1(G, \mathbb{E}^1)$가 주어질 때, 점 $\mathbf{x}_0 \in M$에 대하여 다음과 같이 정의한다.

- 조건 $f(\mathbf{x}) \le f(\mathbf{x}_0)$ $(\forall \mathbf{x} \in M \cap U_0)$을 만족하는 점 $\mathbf{x}_0 \in M$의 열린근방 $U_0 \subset G$가 존재하면 f가 점 $\mathbf{x}_0$에서 제약된 극댓값을 갖는다고 말한다.

- 조건 $f(\mathbf{x}) \ge f(\mathbf{x}_0)$ $(\forall \mathbf{x} \in M \cap U_0)$을 만족하는 점 $\mathbf{x}_0 \in M$의 열린근방 $U_0 \subset G$가 존재하면 f가 점 $\mathbf{x}_0$에서 제약된 극솟값을 갖는다고 말한다.

참고 9.5.2. $M(\subset \mathbb{E}^n)$이 r-다양체이면 임의의 점 $\mathbf{x}_0 \in M$에 대하여 조건

$$\begin{cases} \circ\ \operatorname{rank}(D\Phi(\mathbf{x})) = n - r \quad (\forall \mathbf{x} \in U); \\ \circ\ M \cap U = \{\mathbf{x} \in U : \Phi(\mathbf{x}) = \mathbf{0}\} \end{cases} \tag{9.12}$$

을 충족하는 점 $\mathbf{x}_0$의 열린근방 $U \subset \mathbb{E}^n$와 변환 $\Phi \in \mathcal{C}^1(U, \mathbb{E}^{n-r})$가 존재한다. 특히, U_0가 정의 9.5.1에서와 같을 때, 일반성을 잃지않고 $U \subset U_0$라 가정할 수 있다.[17] 이때, $\Phi := (\Phi^1, \Phi^2, \cdots, \Phi^{n-r})$라 두고, 실수 $\sigma_j \in \mathbb{E}^1$ $(\forall j \in \{1, 2, \cdots, n-r\})$에 대하여

$$F(\mathbf{x}) := f(\mathbf{x}) + \sum_{j=1}^{n-r} \sigma_j \Phi^j(\mathbf{x}) \quad (\forall \mathbf{x} \in G \cap U)$$

으로 함수 $F : G \cap U \longrightarrow \mathbb{E}^1$을 정의하면 분명 $F \in \mathcal{C}^1(G \cap U, \mathbb{E}^1)$이다.

다음으로 라그랑주 곱셈자법칙으로 불리우는 정리를 생각해 보기로 하자.[18]

정리 9.5.3. (라그랑주 곱셈자법칙, Lagrange multiplier rule) r-다양체 $M(\subset \mathbb{E}^n)$을 포함하는 열린집합 $G \subset \mathbb{E}^n$와 함수 $f \in \mathcal{C}^1(G, \mathbb{E}^1)$가 주어질 때, 함수 $f : G \longrightarrow \mathbb{E}^1$가 $\mathbf{x}_0 \in M$에서 제약된 극값을 갖는다면 $\mathbf{x}_0 \in M$가 $G \cap U$ 위에서 정의된 함수

$$F := f + \sigma_1 \Phi^1 + \cdots + \sigma_{n-r} \Phi^{n-r} \tag{9.13}$$

의 임계점이 되도록 하는 실수 $\sigma_j \in \mathbb{E}^1$ $(1 \le j \le n-r)$을 찾을 수 있다.[19] 단, $\Phi = (\Phi^1, \Phi^2, \cdots, \Phi^{n-r}) \in \mathcal{C}^1(U, \mathbb{E}^{n-r})$는 조건 (9.12)를 만족하는 변환이다.

---

[17] 필요한 경우 U를 $U \cap U_0$로 선택하여라.
[18] 라그랑주 곱셈자법칙을 **라그랑주 승수법칙**이라고도 한다.
[19] 실수 $\sigma_j \in \mathbb{E}^1$ $(1 \le j \le n-r)$를 **곱셈자(multiplier)**라 한다.

[증명] $\mathbf{x}_0 \in M$에서 f가 제약된 극댓값을 갖는 경우만를 생각하기로 하자. 먼저, $\mathbf{h} \in T_{\mathbf{x}_0}(M)$이라 하면 조건 $\boldsymbol{\psi}(0) = \mathbf{x}_0$ & $\boldsymbol{\psi}'(0) = \mathbf{h}$를 만족하고 미분가능한 변환 $\boldsymbol{\psi} : (-\delta, \delta) \longrightarrow M$가 존재한다(단, $\delta > 0$). 특히, 함수 $\varphi = f \circ \boldsymbol{\psi}$는 구간 $(-\delta, \delta)$ 위에서 미분가능하다. 그러나 함수 $f|_M$가 $\mathbf{x}_0$에서 극댓값을 가지므로 함수 $\varphi = f \circ \boldsymbol{\psi}$는 0에서 극댓값을 갖고 따라서 $\varphi'(0) = 0$이 성립한다. 그러므로 등식

$$0 = \varphi'(0) = \nabla f(\boldsymbol{\psi}(0)) \cdot \boldsymbol{\psi}'(0) = \nabla f(\mathbf{x}_0) \cdot \mathbf{h} \tag{9.14}$$

를 얻고 $\nabla f(\mathbf{x}_0) \in T_{\mathbf{x}_0}(M)^{\perp}$이다. 한편, 명제 9.3.3에 의하여 $\{\nabla \Phi^1(\mathbf{x}_0), \cdots, \nabla \Phi^{n-r}(\mathbf{x}_0)\}$는 정규공간 $T_{\mathbf{x}_0}(M)^{\perp}$의 기저이므로

$$\nabla f(\mathbf{x}_0) = \sum_{k=1}^{n-r} a_k \nabla \Phi^k(\mathbf{x}_0)$$

을 충족하는 실수 $a_k \in \mathbb{E}^1$ $(1 \le k \le n-r)$이 존재한다. 여기서 $\sigma_k := -a_k$라 두면

$$\nabla F(\mathbf{x}_0) = \nabla f(\mathbf{x}_0) + \sum_{k=1}^{n-r} \sigma_k \nabla \Phi^k(\mathbf{x}_0) = 0$$

을 만족하므로 $\mathbf{x}_0 \in M$는 함수

$$F := f + \sigma_1 \Phi^1 + \cdots + \sigma_{n-r} \Phi^{n-r}$$

의 임계점이다. □

명제 3.1.9의 관점에서 정리 9.5.3은 다음과 같이 표현할 수 있다.

따름정리 9.5.4. r-다양체 $M(\subset \mathbb{E}^n)$을 포함하는 열린집합 $G \subset \mathbb{E}^n$와 함수 $f \in \mathcal{C}^1(G, \mathbb{E}^1)$가 주어질 때, 함수 $f : G \longrightarrow \mathbb{E}^1$가 $\mathbf{x}_0 \in M$에서 제약된 극값을 갖는다면 $\mathbf{x}_0 \in M$가 $G \cap U$ 위에서 정의된 함수 $F := f + L \circ \Phi$의 임계점이 되는 선형범함수 $L \in \mathscr{L}(\mathbb{E}^{n-r}, \mathbb{E}^1)$이 존재한다. 여기서 $\Phi \in \mathcal{C}^1(U, \mathbb{E}^{n-r})$는 조건 (9.12)를 만족하는 변환이다.

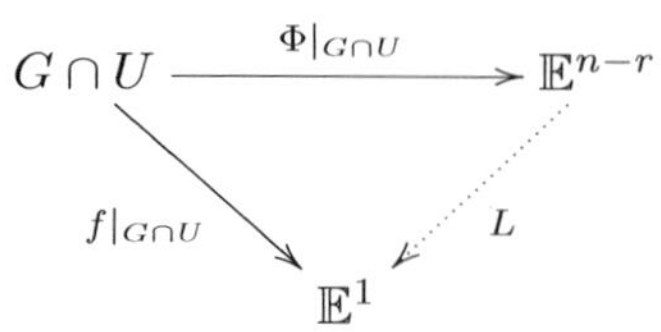

[증명] $\Phi = (\Phi^1, \Phi^2, \cdots, \Phi^{n-r})$라 하면 정리 9.5.3에 의하여 $\mathbf{x}_0$가 함수 $F := f + \sigma_1 \Phi^1 + \cdots + \sigma_{n-r} \Phi^{n-r}$의 임계점이 되는 실수 $\sigma_1, \sigma_2, \cdots, \sigma_{n-r} \in \mathbb{E}^1$가 존재한다. 이때, 함수 $L : \mathbb{E}^{n-r} \longrightarrow \mathbb{E}^1$을 각 $\mathbf{x} = (x^1, x^2, \cdots, x^{n-r}) \in \mathbb{E}^{n-r}$에 대하여 $L(\mathbf{x}) = \sigma_1 x^1 + \sigma_2 x^2 + \cdots + \sigma_{n-r} x^{n-r}$로 정의하면 L은 선형범함수이고 더욱이 $F = f + L \circ \Phi$를 만족한다. 그러므로 요구된 결과를 얻고 증명을 마친다. □

보기 9.5.5. 타원체 $M = \{(x, y, z) \in \mathbb{E}^3 : x^2 + y^2 + 2z^2 = 2\}$와 각 $(x, y, z) \in \mathbb{E}^3$에 대하여 $f(x, y, z) = x - y + 2z$로 정의된 함수 $f : \mathbb{E}^3 \longrightarrow \mathbb{E}^1$가 주어질 때, 함수 $f|_M$의 최댓값과 최솟값을 구해 보자.

[풀이] M은 2-다양체이다(연습문제 9.1.3 참고). 그러므로 함수 $f \in \mathcal{C}^1(\mathbb{E}^3, \mathbb{E}^1)$을 가지고 '곱셈자법칙'을 적용하기 위하여 각 $(x, y, z) \in \mathbb{E}^3 \setminus \{\mathbf{0}\}$에 대하여

$$F(x, y, z) := f(x, y, z) + \sigma(2 - (x^2 + y^2 + 2z^2))$$

로 정의된 함수 $F : \mathbb{E}^3 \setminus \{\mathbf{0}\} \longrightarrow \mathbb{E}^1$을 생각하자. (단, $\sigma \in \mathbb{E}^1$). 이때, 점 $(x_0, y_0, z_0) \in \mathbb{E}^3 \setminus \{\mathbf{0}\}$가 F의 임계점이라 하면

$$\begin{cases} \circ\ 0 = F_1(x_0, y_0, z_0) = 1 - 2\sigma x_0\,; \\ \circ\ 0 = F_2(x_0, y_0, z_0) = -1 - 2\sigma y_0\,; \\ \circ\ 0 = F_3(x_0, y_0, z_0) = 2 - 4\sigma z_0 \end{cases}$$

를 얻는다. 그러므로 $x_0 = \frac{1}{2\sigma}$, $y_0 = -\frac{1}{2\sigma}$ & $z_0 = \frac{1}{2\sigma}$이다. 더욱이 $(x_0, y_0, z_0) \in M$이라 하면

$$0 = 2 - \left(\frac{1}{4\sigma^2} + \frac{1}{4\sigma^2} + \frac{2}{4\sigma^2}\right) = 2 - \frac{1}{\sigma^2}$$

이므로 $\frac{1}{\sigma} = \pm\sqrt{2}$이다. 특히, $(x_0, y_0, z_0) = \pm\frac{\sqrt{2}}{2}(1, -1, 1)$이다. 그러나 $M \subset \mathbb{E}^3$은 콤팩트이고 f는 $\mathbb{E}^3$ 위에서 연속이므로 f는 M 위에서 최댓값과 최솟값을 갖는다. 따라서 '곱셈자법칙'에 의해서 얻은 두 개의 임계점중 하나에서는 최댓값을 갖고 다른 하나에서는 최솟값을 갖게 된다. $f\left(\frac{\sqrt{2}}{2}(1, -1, 1)\right) = \frac{2}{\sqrt{2}}$ & $f\left(-\frac{\sqrt{2}}{2}(1, -1, 1)\right) = -\frac{2}{\sqrt{2}}$이므로 $\frac{2}{\sqrt{2}}$은 $f|_M$의 최댓값이고 $-\frac{2}{\sqrt{2}}$은 $f|_M$의 최솟값이다. □

보기 9.5.6. 점 $\mathbf{y} \in \mathbb{E}^n \setminus \{\mathbf{0}\}$과 실수 $b_j \neq 0$ $(1 \leq j \leq n)$가 주어질 때, 집합 $M = \{\mathbf{x} \in \mathbb{E}^n : \mathbf{x} \cdot \mathbf{y} = 1\}$과

$$f(\mathbf{x}) = \sum_{j=1}^{n} b_j (x^j)^2 \quad (\forall \mathbf{x} \in \mathbb{E}^n)$$

으로 정의된 함수 $f : \mathbb{E}^n \longrightarrow \mathbb{E}^1$를 생각하고 함수 f의 제약된 최댓값과 최솟값을 구해보자.

[풀이] 우선, 보기 9.1.11에서 살펴본 것처럼 M은 $(n-1)$-다양체이다. 그러므로 함수 $f \in \mathcal{C}^1(\mathbb{E}^n, \mathbb{E}^1)$을 가지고 '곱셈자법칙'을 적용하기 위하여 각 $\mathbf{x} \in \mathbb{E}^n \setminus \{\mathbf{0}\}$에 대하여 $F(\mathbf{x}) := f(\mathbf{x}) + \sigma(1 - \mathbf{x} \cdot \mathbf{y})$로 정의된 함수 $F : \mathbb{E}^n \setminus \{\mathbf{0}\} \longrightarrow \mathbb{E}^1$을 생각하자. (단, $\sigma \in \mathbb{E}^1$). 이때, 점 $\mathbf{x}_0 \in M$가 F의 임계점이라 하면 $0 = \nabla F(\mathbf{x}_0) = \nabla f(\mathbf{x}_0) - \sigma \mathbf{y}$가 성립하여 $\nabla f(\mathbf{x}_0) = \sigma \mathbf{y}$를 얻는다. 즉, $2b_j x_0^j = f_j(\mathbf{x}_0) = \sigma y^j$ $(\forall j \in \{1, 2, \cdots, n\})$이다. 이로부터 $x_0^j = \frac{\sigma y^j}{2b_j}$ $(\forall j \in \{1, 2, \cdots, n\})$를 얻고 $\mathbf{y} \cdot \mathbf{x}_0 = 1$임에 유념하면

$$1 = \sum_{j=1}^{n} y^j x_0^j = \sum_{j=1}^{n} \frac{\sigma (y^j)^2}{2b_j} \quad \text{또는} \quad \frac{1}{\sigma} = \sum_{j=1}^{n} \frac{(y^j)^2}{2b_j}$$

이다. 반면에 「$\mathbf{x}_0 + \mathbf{h} \in M \iff \mathbf{y} \cdot \mathbf{h} = 0$」이므로[20] $\mathbf{x}_0 + \mathbf{h} \in M$을 충족하는 임의의

[20] $1 = \mathbf{y} \cdot (\mathbf{x}_0 + \mathbf{h}) = \mathbf{y} \cdot \mathbf{x}_0 + \mathbf{y} \cdot \mathbf{h} = 1 + \mathbf{y} \cdot \mathbf{h}$를 생각하여라.

$\mathbf{h} \in \mathbb{E}^n$에 대하여

$$\begin{aligned} f(\mathbf{x}_0 + \mathbf{h}) &= \sum_{j=1}^{n} b_j (x_0^j + h^j)^2 \\ &= f(\mathbf{x}_0) + \nabla f(\mathbf{x}_0) \cdot \mathbf{h} + f(\mathbf{h}) \\ &= f(\mathbf{x}_0) + \sigma \mathbf{y} \cdot \mathbf{h} + f(\mathbf{h}) = f(\mathbf{x}_0) + f(\mathbf{h}) \end{aligned}$$

이 성립한다. 그러므로 다음과 같은 결과를 얻을 수 있다.

- 조건 $\mathbf{y} \cdot \mathbf{h} = 0$을 만족하는 임의의 $\mathbf{h} \in \mathbb{E}^n$에 대하여 $f(\mathbf{h}) \geq 0$이면 함수 f는 $\mathbf{x}_0 \in M$에서 제약된 최솟값을 갖는다.
- 조건 $\mathbf{y} \cdot \mathbf{h} = 0$을 만족하는 임의의 $\mathbf{h} \in \mathbb{E}^n$에 대하여 $f(\mathbf{h}) \leq 0$이면 함수 f는 $\mathbf{x}_0 \in M$에서 제약된 최댓값을 갖는다. □

이제, 행렬과 관련하여 매우 중요한 성질을 살펴보고 이 절을 마무리 하기로 한다. $\mathbb{E}^1$ 위의 대칭행렬 $A = (a_{ij})_{n \times n}$가 주어질 때, A의 고윳값은 실수이고 각 고윳값에 대응하는 고유벡터들은 유클리드 공간 $\mathbb{E}^n$의 정규직교기저를 구성한다는 사실을 다음 정리를 통하여 알 수 있다.

정리 9.5.7. $\mathbb{E}^1$ 위의 대칭행렬 $A := (a_{ij})_{n \times n}$에 대하여 다음이 성립한다.

(a) A의 고윳값는 모두 실수이다. 특히, 고윳값 $\lambda_j \in \mathbb{E}^1$ $(1 \leq j \leq n)$은 조건 $\lambda_n \leq \lambda_{n-1} \leq \cdots \leq \lambda_1$이 충족하도록 선택할 수 있다.

(b) 각 $k \in \{1, 2, \cdots, n\}$에 대하여 $\mathbf{v}_k \in \mathbb{E}^n$가 고윳값 $\lambda_k \in \mathbb{E}^1$에 대응하는 A의 고유벡터라 하면 $\{\mathbf{v}_1, \mathbf{v}_2, \cdots, \mathbf{v}_n\}$은 $\mathbb{E}^n$의 정규직교기저를 이룬다.

(c) $\{\mathbf{v}_1, \mathbf{v}_2, \cdots, \mathbf{v}_n\}$이 (b)에서와 같고 함수 $f : \mathbb{E}^n \longrightarrow \mathbb{E}^1$가 A에 의해서 유도된 동차이차다항식 즉, 각 $\mathbf{x} = (x^1, x^2, \cdots, x^n) \in \mathbb{E}^n$에 대하여

$$f(\mathbf{x}) := \sum_{i,j=1}^{n} a_{ij} x^i x^j \tag{9.15}$$

로 정의된 함수라 하면 임의의 $\mathbf{x} = \sum_{k=1}^{n} \zeta^k \mathbf{v}_k \in \operatorname{span}\{\mathbf{v}_1, \mathbf{v}_2, \cdots, \mathbf{v}_n\} = \mathbb{E}^n$에 대하여

$$f(\mathbf{x}) = \lambda_1 (\zeta^1)^2 + \lambda_2 (\zeta^2)^2 + \cdots + \lambda_n (\zeta^n)^2 \tag{9.16}$$

이다.(21)

[증명] 변환 $\mathbf{L} : \mathbb{E}^n \longrightarrow \mathbb{E}^n$을 각 $\mathbf{x} \in \mathbb{E}^n$에 대하여

$$\mathbf{L}(\mathbf{x}) := \left(\sum_{j=1}^{n} a_{1j} x^j, \sum_{j=1}^{n} a_{2j} x^j, \cdots, \sum_{j=1}^{n} a_{nj} x^j \right)$$

(21) (9.15)에서 정의된 함수 f를 행렬 A에 의해서 유도된 **동차이차다항식(homogeneous quadratic polynomial)**이라 한다. 선형대수학에서는 함수 f를 대칭행렬 A에 대응하는 **이차형식(quadratic form)**이라 하였다.

로 정의하자. 이때, 함수 $f \in \mathcal{C}^1(\mathbb{E}^n, \mathbb{E}^1)$를 가지고 '라그랑주 곱셈자법칙'과 귀납법을 적용하여 우리의 주장을 밝히기로 하자.

(1°) $M_1 := \{\mathbf{x} \in \mathbb{E}^n : ||\mathbf{x}|| = 1\}$을 생각하면 M_1은 $(n-1)$-다양체이다 (보기 9.1.10 참고). 특히,

$$\lambda_1 = \sup\{f(\mathbf{x}) : \mathbf{x} \in M_1\}$$

라 두면 M_1이 콤팩트이고 함수 $f : \mathbb{E}^n \longrightarrow \mathbb{E}^1$가 연속이므로 $f(\mathbf{v}_1) = \lambda_1$을 만족하는 $\mathbf{v}_1 \in M_1$이 존재한다. 그러므로 정리 9.5.3 ('라그랑주 곱셈자법칙')에 따르면 $\mathbf{v}_1 \in M_1$은 적당한 $\sigma \in \mathbb{E}^1$에 대하여 함수 $F(\mathbf{x}) := f(\mathbf{x}) + \sigma(1 - \mathbf{x} \cdot \mathbf{x})$의 임계점이다. 즉,

$$0 = \nabla F(\mathbf{v}_1) = \left[\nabla f(\mathbf{x}) + \sigma \nabla(1 - \mathbf{x} \cdot \mathbf{x})\right]\Big|_{\mathbf{x}=\mathbf{v}_1} = 2\mathbf{L}(\mathbf{v}_1) - 2\sigma\mathbf{v}_1$$

을 만족하여 $\mathbf{L}(\mathbf{v}_1) = \sigma\mathbf{v}_1$을 얻는다.(22) 따라서 $\sigma \in \mathbb{E}^1$는 $\mathbf{L}$의 고윳값이고 $\mathbf{v}_1 \in M_1$이 σ에 대응하는 $\mathbf{L}$의 고유벡터이다. 한편, $f(\mathbf{x}) = \mathbf{L}(\mathbf{x}) \cdot \mathbf{x}$ $(\forall \mathbf{x} \in \mathbb{E}^n)$ & $||\mathbf{v}_1|| = 1$이므로

$$\lambda_1 = f(\mathbf{v}_1) = \mathbf{L}(\mathbf{v}_1) \cdot \mathbf{v}_1 = (\sigma\mathbf{v}_1) \cdot \mathbf{v}_1 = \sigma$$

가 성립한다. 결국 $\lambda_1 \in \mathbb{E}^1$은 $\mathbf{L}$의 고윳값이고 $\mathbf{v}_1 \in M_1$은 λ_1에 대응하는 $\mathbf{L}$의 고유벡터임을 보였다.

(2°) $M_2 := \{\mathbf{x} \in M_1 : \mathbf{x} \cdot \mathbf{v}_1 = 0\}$라 두면 명제 9.1.15에 의하여 M_2는 $(n-2)$-다양체이고 특히 M_1의 콤팩트 부분집합이다. 그러므로

$$\lambda_2 = \sup\{f(\mathbf{x}) : \mathbf{x} \in M_2\}$$

라 두면 함수 $f : \mathbb{E}^n \longrightarrow \mathbb{E}^1$의 연속성에 의하여 $f(\mathbf{v}_2) = \lambda_2$를 만족하는 $\mathbf{v}_2 \in M_2$가 존재한다. 더욱이, $M_2 \subset M_1$이므로

$$\lambda_2 \leq \lambda_1 \quad \& \quad \mathbf{v}_2 \cdot \mathbf{v}_1 = 0$$

이 성립한다.

$3 \leq k < n$인 자연수 $k \in \mathbb{N}$를 임의로 정해두고 집합 $M_k := \{\mathbf{x} \in M_1 : \mathbf{x} \cdot \mathbf{v}_j = 0 \ (\forall j \in \{1, 2, \cdots, k-1\})\}$을 생각하면 명제 9.1.16에 의하여 M_k는 $(n-k)$-다양체이고 특히 M_1의 콤팩트 부분집합이다. 그러므로

$$\lambda_k = \sup\{f(\mathbf{x}) : \mathbf{x} \in M_k\}$$

라 두면 함수 $f : \mathbb{E}^n \longrightarrow \mathbb{E}^1$의 연속성에 의하여 $f(\mathbf{v}_k) = \lambda_k$를 만족하는 $\mathbf{v}_k \in M_k$가 존재한다.

다음으로 각 $k \in \{2, \cdots, n-1\}$에 대하여 $\lambda_k \in \mathbb{E}^1$는 행렬 A의 고윳값이고 $\mathbf{v}_k \in M_k$는 λ_k에 대응하는 행렬 A의 고유벡터임을 보이기로 하자. 귀납법을 적용하기 위하여 $2 \leq k < n$을 만족하는 자연수 $k \in \mathbb{N}$를 정해두고

$$\mathbf{L}(\mathbf{v}_j) = \lambda_j\mathbf{v}_j \quad (\forall j \in \{1, 2, \cdots, k-1\})$$

(22) 각 $j \in \{1, 2, \cdots, n\}$에 대하여 $f_j(\mathbf{x}) = 2\sum_{k=1}^{n} a_{jk}x^k$이므로 $\nabla f(\mathbf{x}) = 2\mathbf{L}(\mathbf{x})$이다.

을 가정하자. 그때, 함수 $f \in \mathcal{C}^1(\mathbb{E}^n, \mathbb{E}^1)$을 가지고 정리 9.5.3('라그랑주 곱셈자법칙')을 적용하면 $\mathbf{v}_k \in M_k$가 함수

$$F(\mathbf{x}) := f(\mathbf{x}) + \sigma_1(1 - \mathbf{x} \cdot \mathbf{x}) + \sum_{j=1}^{k-1} \sigma_{j+1}(\mathbf{x} \cdot \mathbf{v}_j)$$

의 임계점이 되는 실수 $\sigma_j \in \mathbb{E}^1$ $(1 \leq j \leq k)$를 찾을 수 있다. 따라서

$$\begin{aligned} \mathbf{0} = \nabla F(\mathbf{v}_k) &= [\nabla f(\mathbf{x}) - 2\sigma_1 \mathbf{x} + \sum_{j=1}^{k-1} \sigma_{j+1} \mathbf{v}_j]\Big|_{\mathbf{x}=\mathbf{v}_k} \\ &= 2\mathbf{L}(\mathbf{v}_k) - 2\sigma_1 \mathbf{v}_k + \sum_{j=1}^{k-1} \sigma_{j+1} \mathbf{v}_j \end{aligned} \tag{9.17}$$

이 성립한다. 그러나 $\mathbf{v}_j \cdot \mathbf{v}_k = \delta_{jk}$ $(\forall j \in \{1, 2, \cdots, k\})$이므로

$$\begin{cases} \circ\ 2\mathbf{L}(\mathbf{v}_k) \cdot \mathbf{v}_j + \sigma_{j+1} = 0 & (j < k)\,; \\ \circ\ 2\mathbf{L}(\mathbf{v}_k) \cdot \mathbf{v}_k - 2\sigma_1 = 0 & (j = k) \end{cases} \tag{9.18}$$

을 얻고 더욱이 $f(\mathbf{x}) = \mathbf{L}(\mathbf{x}) \cdot \mathbf{x}$ $(\forall \mathbf{x} \in \mathbb{E}^n)$을 적용함으로서

$$\begin{cases} \circ\ 2\mathbf{L}(\mathbf{v}_k) \cdot \mathbf{v}_j = -\sigma_{j+1} & (j < k)\,; \\ \circ\ \sigma_1 = \mathbf{L}(\mathbf{v}_k) \cdot \mathbf{v}_k = f(\mathbf{v}_k) = \lambda_k & (j = k) \end{cases} \tag{9.19}$$

를 얻는다. 한편 행렬 A가 대칭이므로 $\mathbf{L}(\mathbf{x}) \cdot \mathbf{y} = \mathbf{x} \cdot \mathbf{L}(\mathbf{y})$ $(\forall \mathbf{x}, \mathbf{y} \in \mathbb{E}^n)$이 성립하고 $j < k$일 때 귀납가정을 적용하면

$$-\frac{1}{2}\sigma_{j+1} = \mathbf{L}(\mathbf{v}_k) \cdot \mathbf{v}_j = \mathbf{v}_k \cdot \mathbf{L}(\mathbf{v}_j) = \mathbf{v}_k \cdot (\lambda_j \mathbf{v}_j) = \lambda_j(\mathbf{v}_k \cdot \mathbf{v}_j) = 0 \tag{9.20}$$

을 얻는다. 그러므로 등식 (9.17), (9.19) & (9.20) 로부터

$$\mathbf{L}(\mathbf{v}_k) = \sigma_1 \mathbf{v}_k = \lambda_k \mathbf{v}_k$$

가 성립함을 알 수 있다. 따라서 지금까지의 결과를 요약하면

$$\begin{cases} \circ\ \mathbf{L}(\mathbf{v}_k) = \lambda_k \mathbf{v}_k \ \ (\forall k \in \{2, \cdots, n-1\})\,; \\ \circ\ f(\mathbf{v}_k) = \lambda_k \in \mathbb{E}^1 \ \ (\forall k \in \{2, \cdots, n-1\})\,; \\ \circ\ \mathbf{v}_j \cdot \mathbf{v}_k = \delta_{jk} \ \ (\forall j, k \in \{1, 2, \cdots, n-1\}) \end{cases} \tag{9.21}$$

이 성립한다. 더욱이 (9.21)의 세 번째 성질에 의하여 $\{\mathbf{v}_1, \mathbf{v}_2, \cdots, \mathbf{v}_{n-1}\}$은 $\mathbb{E}^n$의 일차독립인 부분집합이다. 그러나 $\dim \mathbb{E}^n = n$이므로

$$\begin{cases} \circ\ \|\mathbf{v}_n\| = 1\,; \\ \circ\ \mathbf{v}_j \cdot \mathbf{v}_n = 0 \ \ (\forall j \in \{1, 2, \cdots, n-1\})\,; \\ \circ\ \{\mathbf{v}_1, \mathbf{v}_2, \cdots, \mathbf{v}_{n-1}, \mathbf{v}_n\}\text{은 } \mathbb{E}^n\text{의 기저} \end{cases} \tag{9.22}$$

을 만족하는 벡터 $\mathbf{v}_n \in \mathbb{E}^n$을 선택할 수 있다. 즉, $\{\mathbf{v}_1, \mathbf{v}_2, \cdots, \mathbf{v}_{n-1}, \mathbf{v}_n\}$이 $\mathbb{E}^n$의 정규직교기저를 이루는 벡터 $\mathbf{v}_n \in \mathbb{E}^n$가 존재한다(연습문제 9.2.5 참고). 그때,

$$\begin{cases} \circ\ \mathbf{L}(\mathbf{v}_n) = \lambda_n \mathbf{v}_n\,; \\ \circ\ f(\mathbf{v}_n) = \lambda_n \end{cases}$$

을 충족하는 실수 $\lambda_n \in \mathbb{E}^1$을 선택할 수 있다.([23]) 여기서 $M_n := \{\mathbf{v}_n\}$이라 두면 $M_n \subset M_{n-1} \subset \cdots \subset M_1$이므로 $\lambda_n \le \lambda_{n-1} \le \cdots \le \lambda_1$을 얻는다.

(3°) (1°) ~ (2°)를 종합하여 정리하면 조건

$$\begin{cases} \circ\ \mathbf{L}(\mathbf{v}_j) = \lambda_j \mathbf{v}_j \ \ (\forall\, j \in \{1, 2, \cdots, n\})\,; \\ \circ\ f(\mathbf{v}_j) = \lambda_j \ \ (\forall\, j \in \{1, 2, \cdots, n\})\,; \\ \circ\ \lambda_n \le \lambda_{n-1} \le \cdots \le \lambda_1 \end{cases}$$

을 충족하는 $\mathbb{E}^n$의 정규직교기저 $\mathcal{B} := \{\mathbf{v}_1, \mathbf{v}_2, \cdots, \mathbf{v}_{n-1}, \mathbf{v}_n\}$이 존재한다.

(4°) 임의로 $k\,(1 \le k \le n)$를 고정해 두면 각 $\mathbf{x} = \sum_{j=1}^n \zeta^j \mathbf{v}_j \in \operatorname{span}(\mathcal{B}) = \mathbb{E}^n$에 대하여 $\mathbf{x} \cdot \mathbf{v}_k = \zeta^k$이므로 임의의 $\mathbf{x} = \sum_{j=1}^n \zeta^j \mathbf{v}_j \in \operatorname{span}(\mathcal{B}) = \mathbb{E}^n$에 대하여

$$f(\mathbf{x}) = \mathbf{L}(\mathbf{x}) \cdot \mathbf{x} = \sum_{k=1}^n \zeta^k \mathbf{L}(\mathbf{v}_k) \cdot \mathbf{x} = \sum_{k=1}^n \zeta^k (\lambda_k \mathbf{v}_k) \cdot \mathbf{x} = \sum_{k=1}^n \lambda_k (\zeta^k)^2$$

이 성립한다. □

따름정리 9.5.8. $\mathbb{E}^1$ 위에 대칭행렬 $A = (a_{ij})_{n \times n}$이 주어질 때, 함수 $f : \mathbb{E}^n \longrightarrow \mathbb{E}^1$을

$$f(\mathbf{x}) = \sum_{i,j=1}^n a_{ij} x^i x^j \quad (\forall\, \mathbf{x} = (x^1, x^2, \cdots, x^n) \in \mathbb{E}^n)$$

로 정의하고 정리 9.5.7의 표현을 따르면 다음이 성립한다.

f가 양의 정부호이기 위한 필요충분조건은 $\lambda_k > 0$ $(\forall\, k \in \{1, 2, \cdots, n\})$이다.

[증명] $(\Longrightarrow)$ f가 양의 정부호임을 가정하면 각 $\mathbf{x} \in \mathbb{E}^n \setminus \{\mathbf{0}\}$에 대하여 $f(\mathbf{x}) > 0$이다. 그런데 $\lambda_k = f(\mathbf{v}_k)$ $(\forall\, k \in \{1, 2, \cdots, n\})$이므로 바라는 결과를 얻는다.

$(\Longleftarrow)$ 각 $k \in \{1, 2, \cdots, n\}$에 대하여 $\lambda_k > 0$을 가정하자. 이때, 임의의 $\mathbf{x} = \sum_{j=1}^n \xi^j \mathbf{v}_j \in \operatorname{span}\{\mathbf{v}_1, \mathbf{v}_2, \cdots, \mathbf{v}_n\} \setminus \{\mathbf{0}\} = \mathbb{E}^n \setminus \{\mathbf{0}\}$에 대하여

$$f(\mathbf{x}) = \sum_{j=1}^n \lambda_j (\xi^j)^2 > 0$$

이므로 f는 양의 정부호이다. □

([23]) $\{\mathbf{v}_1, \mathbf{v}_2, \cdots, \mathbf{v}_{n-1}, \mathbf{v}_n\}$이 $\mathbb{E}^n$의 기저임을 유념하면 $\mathbf{L}(\mathbf{v}_n) = \alpha_1 \mathbf{v}_1 + \alpha_2 \mathbf{v}_2 + \cdots + \alpha_n \mathbf{v}_n$ (단, $\alpha_j \in \mathbb{E}^1$)으로 나타낼 수 있다. 따라서 각 $j \in \{1, 2, \cdots, n-1\}$에 대하여 행렬 A의 대칭성을 이용하면

$$\alpha_j = \mathbf{L}(\mathbf{v}_n) \cdot \mathbf{v}_j = \mathbf{v}_n \cdot \mathbf{L}(\mathbf{v}_j) = \mathbf{v}_n \cdot (\lambda_j \mathbf{v}_j) = \lambda_j (\mathbf{v}_n \cdot \mathbf{v}_j) = \lambda_j \delta_{jn}$$

이 성립하여 $\mathbf{L}(\mathbf{v}_n) = \alpha_n \mathbf{v}_n$을 얻고 또한

$$f(\mathbf{v}_n) = \mathbf{L}(\mathbf{v}_n) \cdot \mathbf{v}_n = (\alpha_n \mathbf{v}_n) \cdot \mathbf{v}_n = \alpha_n (\mathbf{v}_n \cdot \mathbf{v}_n) = \alpha_n$$

이므로 $f(\mathbf{v}_n) = \alpha_n$이다.

보기 9.5.9. $\mathbb{E}^1$ 위의 대칭행렬

$$A = \begin{pmatrix} 1 & 1 \\ 1 & 1 \end{pmatrix}$$

이 주어질 때, A에 의해서 유도된 동차이차다항식은 $f(x,y) = x^2 + 2xy + y^2$이다. 정리 9.5.7에서 요구된 정규직교기저 $\{\mathbf{v}_1, \mathbf{v}_2\} \subset \mathbb{E}^2$와 $f(x,y)$에 대한 식 (9.16)을 찾아보기로 하자.

(1°) 우선 행렬 A의 고윳값를 구하기 위하여 고유다항식

$$\begin{vmatrix} 1-\lambda & 1 \\ 1 & 1-\lambda \end{vmatrix} = (1-\lambda)^2 - 1 = \lambda(\lambda - 2)$$

을 생각하면 근은 $\lambda \in \{0, 2\}$이다. 이때, 행렬 A의 고윳값를 정리 9.5.7에서 처럼 $\lambda_1 = 2$ & $\lambda_2 = 0$으로 표현하자.

(2°) 행렬 A의 고윳값 λ에 대한 고유벡터 $\mathbf{v} = (x, y) \in \mathbb{E}^2$를 찾기 위하여 관계식

$$\begin{pmatrix} 1 & 1 \\ 1 & 1 \end{pmatrix} \begin{pmatrix} x \\ y \end{pmatrix} = \lambda \begin{pmatrix} x \\ y \end{pmatrix}$$

을 생각하면 방정식

$$\begin{cases} \circ \ x + y = \lambda x\,; \\ \circ \ x + y = \lambda y \end{cases}$$

를 얻는다. 정리 9.5.7에서 처럼 $\mathbf{v}_j \cdot \mathbf{v}_k = \delta_{jk}$ $(\forall j, k \in \{1, 2\})$를 고려하여 고윳값 $\lambda_1 = 2$ & $\lambda_2 = 0$에 대한 고유벡터 $\mathbf{v}_1, \mathbf{v}_2 \in \mathbb{E}^2$를 다음과 같이 선택할 수 있다.

▷ $\lambda_1 = 2$인 경우: $x = y$이므로 $\mathbf{v}_1 = \left(\frac{1}{\sqrt{2}}, \frac{1}{\sqrt{2}}\right)$을 선택하자.

▷ $\lambda_2 = 0$인 경우: $x = -y$이므로 $\mathbf{v}_2 = \left(\frac{1}{\sqrt{2}}, -\frac{1}{\sqrt{2}}\right)$을 선택하자.

(3°) $(x, y) = \zeta^1 \mathbf{v}_1 + \zeta^2 \mathbf{v}_2$를 생각하면

$$\begin{cases} \circ \ x = \frac{\zeta^1 + \zeta^2}{\sqrt{2}}\,; \\ \circ \ y = \frac{\zeta^1 - \zeta^2}{\sqrt{2}} \end{cases}$$

를 얻는다. 이들을 동차이차다항식에 대입해서 계산하면

$$f(x,y) = 2(\zeta^1)^2 + 0(\zeta^2)^2 = \lambda_1(\zeta^1)^2 + \lambda_2(\zeta^2)^2$$

를 얻고 정리 9.5.7의 (9.16)에서 요구된 결과와 동일함을 확인할 수 있다. 특히,

$$P := \begin{pmatrix} \frac{1}{\sqrt{2}} & \frac{1}{\sqrt{2}} \\ \frac{1}{\sqrt{2}} & -\frac{1}{\sqrt{2}} \end{pmatrix} \implies P^t A P = \begin{pmatrix} \lambda_1 & 0 \\ 0 & \lambda_2 \end{pmatrix}$$

임을 알 수 있다.

보기 9.5.10. $\mathbb{E}^1$ 위의 대칭행렬

$$A = \begin{pmatrix} 0 & 1 \\ 1 & 0 \end{pmatrix}$$

이 주어질 때, A에 의해서 유도된 동차이차다항식은 $f(x,y)=2xy$이다. 정리 9.5.7에서 요구된 정규직교기저 $\{\mathbf{v}_1,\mathbf{v}_2\}\subset\mathbb{E}^2$와 $f(x,y)$에 대한 식 (9.16)을 찾아보기로 하자.

(1°) 우선 행렬 A의 고윳값를 구하기 위하여 고유다항식

$$\begin{vmatrix}-\lambda & 1\\ 1 & -\lambda\end{vmatrix}=\lambda^2-1$$

을 생각하면 근은 $\lambda\in\{-1,1\}$이다. 이때, 행렬 A의 고윳값를 정리 9.5.7에서 처럼 $\lambda_1=1$ & $\lambda_2=-1$로 표현하자.

(2°) 행렬 A의 고윳값 λ에 대한 고유벡터 $\mathbf{v}=(x,y)\in\mathbb{E}^2$를 찾기 위하여 관계식

$$\begin{pmatrix}0 & 1\\ 1 & 0\end{pmatrix}\begin{pmatrix}x\\ y\end{pmatrix}=\lambda\begin{pmatrix}x\\ y\end{pmatrix}$$

를 생각하면 방정식

$$\begin{cases}\circ\ y=\lambda x\,;\\ \circ\ x=\lambda y\end{cases}$$

를 얻는다. 정리 9.5.7에서 처럼 $\mathbf{v}_j\cdot\mathbf{v}_k=\delta_{jk}\ (\forall j,k\in\{1,2\})$를 고려하여 고윳값 $\lambda_1=1$ & $\lambda_2=-1$에 대한 고유벡터 $\mathbf{v}_1,\mathbf{v}_2\in\mathbb{E}^2$를 다음과 같이 선택할 수 있다.

▷ $\lambda_1=1$인 경우: $x=y$이므로 $\mathbf{v}_1=\left(\frac{1}{\sqrt{2}},\frac{1}{\sqrt{2}}\right)$을 선택하자.

▷ $\lambda_2=-1$인 경우: $x=-y$이므로 $\mathbf{v}_2=\left(-\frac{1}{\sqrt{2}},\frac{1}{\sqrt{2}}\right)$을 선택하자.

(3°) $(x,y)=\zeta^1\mathbf{v}_1+\zeta^2\mathbf{v}_2$를 생각하면

$$\begin{cases}\circ\ x=\frac{\zeta^1-\zeta^2}{\sqrt{2}}\,;\\ \circ\ y=\frac{\zeta^1+\zeta^2}{\sqrt{2}}\end{cases}$$

를 얻는다. 이들을 동차이차다항식에 대입해서 계산하면

$$f(x,y)=(\zeta^1-\zeta^2)(\zeta^1+\zeta^2)=(\zeta^1)^2-(\zeta^2)^2=\lambda_1(\zeta^1)^2+\lambda_2(\zeta^2)^2$$

을 얻고 정리 9.5.7의 (9.16)에서 요구된 결과와 동일함을 확인할 수 있다. 특히,

$$P:=\begin{pmatrix}\frac{1}{\sqrt{2}} & -\frac{1}{\sqrt{2}}\\ \frac{1}{\sqrt{2}} & \frac{1}{\sqrt{2}}\end{pmatrix}\implies P^tAP=\begin{pmatrix}\lambda_1 & 0\\ 0 & \lambda_2\end{pmatrix}$$

임을 알 수 있다.

보기 9.5.11. $\mathbb{E}^1$ 위의 대칭행렬

$$A=\begin{pmatrix}1 & 0 & 1\\ 0 & 1 & 1\\ 1 & 1 & 0\end{pmatrix}$$

이 주어질 때, A에 의해서 유도된 동차이차다항식은 $f(x,y,z)=x^2+y^2+2xz+2yz$이다. 정리 9.5.7에서 요구된 정규직교기저 $\{\mathbf{v}_1,\mathbf{v}_2,\mathbf{v}_3\}\subset\mathbb{E}^3$와 $f(x,y,z)$에 대한 식 (9.16)을 찾아보기로 하자.

(1°) 우선 행렬 A의 고윳값를 구하기 위하여 고유다항식

$$\begin{vmatrix} 1-\lambda & 0 & 1 \\ 0 & 1-\lambda & 1 \\ 1 & 1 & -\lambda \end{vmatrix} = -\lambda(1-\lambda)^2 - 2(1-\lambda) = (1-\lambda)(\lambda-2)(\lambda+1)$$

을 생각하면 근은 $\lambda \in \{-1,1,2\}$이다. 이때, 행렬 A의 고윳값를 정리 9.5.7에서 처럼 $\lambda_1 = 2$, $\lambda_2 = 1$ & $\lambda_3 = -2$로 표현하자.

(2°) 행렬 A의 고윳값 λ에 대한 고유벡터 $\mathbf{v} = (x,y,z) \in \mathbb{E}^3$를 찾기 위하여 관계식

$$\begin{pmatrix} 1 & 0 & 1 \\ 0 & 1 & 1 \\ 1 & 1 & 0 \end{pmatrix} \begin{pmatrix} x \\ y \\ z \end{pmatrix} = \lambda \begin{pmatrix} x \\ y \\ z \end{pmatrix}$$

를 생각하면 방정식

$$\begin{cases} \circ\ x+z = \lambda x\,; \\ \circ\ y+z = \lambda y\,; \\ \circ\ x+y = \lambda z \end{cases}$$

를 얻는다. 정리 9.5.7에서 처럼 $\mathbf{v}_j \cdot \mathbf{v}_k = \delta_{jk}$ $(\forall j,k \in \{1,2,3\})$을 고려하여 고윳값 $\lambda_1 = 2$, $\lambda_2 = 1$ & $\lambda_3 = -2$에 대한 고유벡터 $\mathbf{v}_1, \mathbf{v}_2, \mathbf{v}_3$를 다음과 같이 선택할 수 있다.

▷ $\lambda_1 = 2$인 경우: $x = y = z$이므로 $\mathbf{v}_1 = \left(\frac{1}{\sqrt{3}}, \frac{1}{\sqrt{3}}, \frac{1}{\sqrt{3}}\right)$을 선택하자.

▷ $\lambda_2 = 1$인 경우: $z = 0$ & $x + y = z$이므로 $\mathbf{v}_2 = \left(\frac{1}{\sqrt{2}}, -\frac{1}{\sqrt{2}}, 0\right)$을 선택하자.

▷ $\lambda_3 = -1$인 경우: $2x = -z = 2y$ & $x + y - z = 0$이므로 $\mathbf{v}_3 = \left(-\frac{1}{\sqrt{6}}, -\frac{1}{\sqrt{6}}, \frac{2}{\sqrt{6}}\right)$을 선택하자.

(3°) $(x,y,z) = \zeta^1\mathbf{v}_1 + \zeta^2\mathbf{v}_2 + \zeta^3\mathbf{v}_3$를 생각하면

$$\begin{cases} \circ\ x = \frac{\sqrt{2}\zeta^1+\sqrt{3}\zeta^2-\zeta^3}{\sqrt{6}}\,; \\ \circ\ y = \frac{\sqrt{2}\zeta^1-\sqrt{3}\zeta^2-\zeta^3}{\sqrt{6}}\,; \\ \circ\ z = \frac{\sqrt{2}\zeta^1+2\zeta^3}{\sqrt{6}} \end{cases}$$

를 얻는다. 이들을 동차이차다항식에 대입해서 계산하면

$$f(x,y,z) = 2(\zeta^1)^2 + (\zeta^2)^2 - (\zeta^3)^2 = \lambda_1(\zeta^1)^2 + \lambda_2(\zeta^2)^2 + \lambda_3(\zeta^3)^2$$

을 얻고 정리 9.5.7의 (9.16)에서 요구된 결과와 동일함을 확인할 수 있다. 특히,

$$P := \begin{pmatrix} \frac{1}{\sqrt{3}} & \frac{1}{\sqrt{2}} & -\frac{1}{\sqrt{6}} \\ \frac{1}{\sqrt{3}} & -\frac{1}{\sqrt{2}} & -\frac{1}{\sqrt{6}} \\ \frac{1}{\sqrt{3}} & 0 & \frac{2}{\sqrt{6}} \end{pmatrix} \implies P^tAP = \begin{pmatrix} \lambda_1 & 0 & 0 \\ 0 & \lambda_2 & 0 \\ 0 & 0 & \lambda_3 \end{pmatrix}$$

임을 알 수 있다.

9.6 이차 곡면의 분류

9.5절에서 얻은 결과에 대한 기하학적인 해석에 대하여 알아보자. 특히, 그 결과를 가지고 타원체를 정의하고 또한 이차 곡면을 분류할 수 있다.

9.6.1 타원체

$\mathbb{E}^1$ 위의 n차 대칭행렬 $A = (a_{ij})_{n\times n}$이 주어질 때, A에 의하여 유도된 동차이차다항식은

$$f(\mathbf{x}) = \sum_{i,j=1}^{n} a_{ij}x^i x^j$$

이고 정리 9.5.7의 표현을 따르면 임의의 $\mathbf{x} = \sum_{k=1}^{n} \zeta^k \mathbf{v}_k \in \mathrm{span}(\{\mathbf{v}_1, \mathbf{v}_2, \cdots, \mathbf{v}_n\}) = \mathbb{E}^n$에 대하여

$$f(\mathbf{x}) = \sum_{k=1}^{n} \lambda_k (\zeta^k)^2$$

이 성립한다. 단, 각 $k \in \{1, 2, \cdots, n\}$에 대하여 λ_k는 행렬 A의 고윳값이고 $\mathbf{v}_k$는 λ_k에 대응하는 행렬 A의 단위 고유벡터이다. 이제 9.5절에서 얻은 결과를 가지고 집합

$$\mathfrak{B}_n := \{\mathbf{x} \in \mathbb{E}^n : f(\mathbf{x}) = 1\} = \left\{\mathbf{x} = \sum_{k=1}^{n} \zeta^k \mathbf{v}_k \in \mathbb{E}^n \,:\, \sum_{k=1}^{n} \lambda_k (\zeta^k)^2 = 1\right\} \tag{9.23}$$

에 대한 기하학적 해석을 생각해 보자.

정의 9.6.1. $\mathbb{E}^1$ **위의** n**차 대칭행렬** $A = (a_{ij})_{n\times n}$**이 주어질 때,** A**에 의하여 유도된 동차이차다항식**

$$f(\mathbf{x}) = \sum_{i,j=1}^{n} a_{ij}x^i x^j \quad (\forall\, \mathbf{x} = (x^1, x^2, \cdots, x^n) \in \mathbb{E}^n) \tag{9.24}$$

을 생각하고 동차이차다항식 $f : \mathbb{E}^n \longrightarrow \mathbb{E}^1$**가 양의 정부호이면 집합** $\mathfrak{B}_n$**을** $(n-1)$**-차원 타원체(ellipsoid)라 한다.**

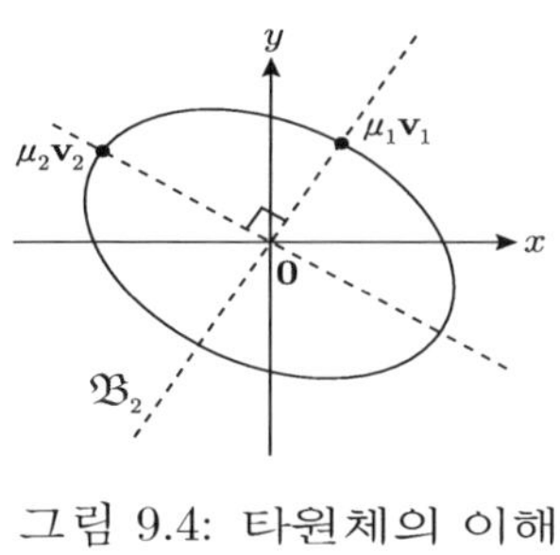

그림 9.4: 타원체의 이해

주의 9.6.2. 동차이차다항식 (9.24)이 양의 정부호일 때, (9.23)에서 $\mu_k := 1/\sqrt{\lambda_k}$ $(1 \le k \le n)$이라 두면 $(n-1)$-차원 타원체 $\mathfrak{B}_n$은

$$\mathfrak{B}_n = \left\{\mathbf{x} \in \mathbb{E}^n \,:\, \sum_{k=1}^{n} \left(\frac{\zeta^k}{\mu_k}\right)^2 = 1\right\}$$

로 변형된다.

9.6.2 이차 곡면의 분류

$\mathfrak{B}_n$에서 $n \in \{2, 3\}$인 경우에 대하여 알아보기로 하자.

(1) $\mathfrak{B}_2 = \left\{\mathbf{x} = \zeta^1\mathbf{v}_2 + \zeta^2\mathbf{v}_2 \in \mathbb{E}^2 : \lambda_1(\zeta^1)^2 + \lambda_2(\zeta^2)^2 = 1\right\}$.

<table>
<tr><th colspan="2">λ_1 & λ_2</th><th>$\mathfrak{B}_2$</th></tr>
<tr><td rowspan="2">$\lambda_1 > 0$</td><td>$\lambda_2 < 0$</td><td>쌍곡선(hyperbola)</td></tr>
<tr><td>$\lambda_2 > 0$</td><td>타원(ellipse)</td></tr>
</table>

(∗) $\mathfrak{B}_2$의 정의에 따르면 $\lambda_2 \leq \lambda_1$이므로 $\mathfrak{B}_2$에서 $\lambda_1 < 0$은 고려의 대상이 아님에 유의하자.

(2) $\mathfrak{B}_3 = \left\{\mathbf{x} = \zeta^1\mathbf{v}_2 + \zeta^2\mathbf{v}_2 + \zeta^3\mathbf{v}_3 \in \mathbb{E}^3 : \lambda_1(\zeta^1)^2 + \lambda_2(\zeta^2)^2 + \lambda_3(\zeta^3)^2 = 1\right\}$.

<table>
<tr><th colspan="2">λ_1, λ_2 & λ_3</th><th>$\mathfrak{B}_3$</th></tr>
<tr><td rowspan="2">$\lambda_1 > 0$ & $\lambda_3 < 0$</td><td>$\lambda_2 > 0$</td><td>일엽 쌍곡면(one sheet hyperboloid)</td></tr>
<tr><td>$\lambda_2 < 0$</td><td>이엽 쌍곡면(two sheet hyperboloid)</td></tr>
<tr><td colspan="2">$\lambda_1 > 0$, $\lambda_2 > 0$ & $\lambda_3 > 0$</td><td>타원체(ellipsoid)</td></tr>
</table>

(∗) $\mathfrak{B}_3$의 정의에 따르면 $\lambda_3 \leq \lambda_2 \leq \lambda_1$이므로 $\mathfrak{B}_3$에서 $\lambda_1 < 0$은 고려의 대상이 아님에 유의하자

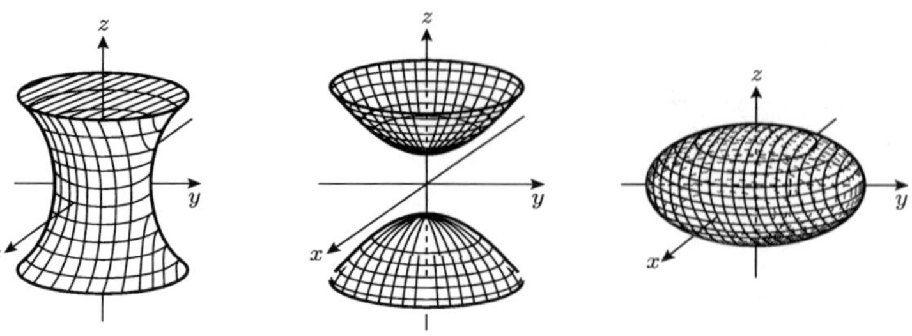

그림 9.5: 이차곡면(일엽·이엽·타원체)의 이해

보기 9.6.3. 보기9.5.10에서 주어진 동차이차다항식에 의해서 얻어진 $\mathfrak{B}_2$는 쌍곡선을 나타낸다.

보기 9.6.4. $\mathbb{E}^1$ 위의 대칭행렬

$$A = \begin{pmatrix} 1 & \frac{1}{2} \\ \frac{1}{2} & 1 \end{pmatrix}$$

이 주어질 때, A에 의해서 유도된 동차이차다항식은 $f(x, y) = x^2 + xy + y^2$이다. 정리 9.5.7에서 요구된 정규직교기저 $\{\mathbf{v}_1, \mathbf{v}_2\} \subset \mathbb{E}^2$와 $f(x, y)$에 대한 식 (9.16)을 찾아보기로 하자.

(1°) 우선 행렬 A의 고윳값를 구하기 위하여 고유다항식

$$\begin{vmatrix} 1-\lambda & \frac{1}{2} \\ \frac{1}{2} & 1-\lambda \end{vmatrix} = (1-\lambda)^2 - \frac{1}{4} = \frac{1}{4}(2\lambda-1)(2\lambda-3)$$

을 생각하면 $\lambda \in \{\frac{1}{2}, \frac{3}{2}\}$이다. 이때, 행렬 A의 고윳값를 정리 9.5.7에서 처럼 $\lambda_1 = \frac{3}{2}$ & $\lambda_2 = \frac{1}{2}$로 표현하자.

(2°) 행렬 A의 고윳값 λ에 대한 고유벡터 $\mathbf{v} = (x, y) \in \mathbb{E}^2$를 찾기 위하여 관계식

$$\begin{pmatrix} 1 & \frac{1}{2} \\ \frac{1}{2} & 1 \end{pmatrix} \begin{pmatrix} x \\ y \end{pmatrix} = \lambda \begin{pmatrix} x \\ y \end{pmatrix}$$

를 생각하면 방정식

$$\begin{cases} \circ\ x + \frac{1}{2}y = \lambda x\,; \\ \circ\ \frac{1}{2}x + y = \lambda y \end{cases}$$

를 얻는다. 정리 9.5.7에서 처럼 $\mathbf{v}_j \cdot \mathbf{v}_k = \delta_{jk}\ (\forall j, k \in \{1, 2\})$를 고려하여 고윳값 $\lambda_1 = \frac{3}{2}$ & $\lambda_2 = \frac{1}{2}$에 대한 고유벡터 $\mathbf{v}_1, \mathbf{v}_2$를 다음과 같이 선택할 수 있다.

▷ $\lambda_1 = \frac{3}{2}$인 경우: $x = y$이므로 $\mathbf{v}_1 = \left(\frac{1}{\sqrt{2}}, \frac{1}{\sqrt{2}}\right)$을 선택하자.

▷ $\lambda_2 = \frac{1}{2}$인 경우: $x = -y$이므로 $\mathbf{v}_2 = \left(\frac{1}{\sqrt{2}}, -\frac{1}{\sqrt{2}}\right)$을 선택하자.

(3°) $(x, y) = \zeta^1\mathbf{v}_1 + \zeta^2\mathbf{v}_2$를 생각하면

$$\begin{cases} \circ\ x = \frac{\zeta^1+\zeta^2}{\sqrt{2}}\,; \\ \circ\ y = \frac{\zeta^1-\zeta^2}{\sqrt{2}} \end{cases}$$

를 얻는다. 이들을 동차이차다항식에 대입해서 계산하면

$$f(x, y) = \frac{3}{2}(\zeta^1)^2 + \frac{1}{2}(\zeta^2)^2 = \lambda_1(\zeta^1)^2 + \lambda_2(\zeta^2)^2$$

을 얻고 동차이차다항식 $f(x, y) = x^2 + xy + y^2$에 의해서 얻어진 $\mathfrak{B}_2$는 타원을 나타낸다. 특히,

$$P := \begin{pmatrix} \frac{1}{\sqrt{2}} & \frac{1}{\sqrt{2}} \\ \frac{1}{\sqrt{2}} & -\frac{1}{\sqrt{2}} \end{pmatrix} \implies P^tAP = \begin{pmatrix} \lambda_1 & 0 \\ 0 & \lambda_2 \end{pmatrix}$$

임을 알 수 있다.

보기 9.6.5. 보기 9.5.11에서 주어진 동차이차다항식에 의해서 얻어진 $\mathfrak{B}_3$는 일엽 쌍곡면을 나타낸다.

마지막으로 행렬과 관련하여 중요하게 다루어지는 특수한 다양체를 소개하고 이 장을 마무리한다.

9.7 일반선형군

벡터공간 $\mathcal{M}_n(\mathbb{E}^1) := \{(c_{ij})_{n\times n} : c_{ij} \in \mathbb{E}^1\}$을 생각하면 $\dim \mathcal{M}_n(\mathbb{E}^1) = n^2$임을 이미 학습하였다 (정리 7.3.2 참고). 행렬 $(c_{ij})_{n\times n} \in \mathcal{M}_n(\mathbb{E}^1)$가 주어질 때, 성분 c_{ij}를 사전식 순서로 나열하여 $\mathbb{E}^{n^2}$의 원소를 얻는다. 동일한 방법으로 $\mathbb{E}^{n^2}$의 원소가 주어지면 $\mathcal{M}_n(\mathbb{E}^1)$의 원소를 얻을 수 있다. 즉,

$$\mathcal{M}_n(\mathbb{E}^1) \ni (c_{ij})_{n\times n} \longleftrightarrow (c_{11}, \cdots, c_{1n}, c_{21}, \cdots, c_{2n}, \cdots, c_{n1}, \cdots, c_{nn}) \in \mathbb{E}^{n^2}. \tag{9.25}$$

이 전단사 사상을 $\mathfrak{h} : \mathcal{M}_n(\mathbb{E}^1) \longrightarrow \mathbb{E}^{n^2}$로 나타내기로 하고, 벡터공간 $\mathcal{M}_n(\mathbb{E}^1)$ 위에 다음과 같이 $\mathbb{E}^{n^2}$으로부터 유도된 위상을 도입하자. 즉, 「$G \subset \mathcal{M}_n(\mathbb{E}^1)$가 열린집합이란 $\mathfrak{h}^{-1}(U) = G$인 열린집합 $U \subset \mathbb{E}^{n^2}$가 존재하는 것이다」. 그 때, 사상 $\mathfrak{h} : \mathcal{M}_n(\mathbb{E}^1) \longrightarrow \mathbb{E}^{n^2}$는 위상동형사상이다. 따라서 두 개의 공간 $\mathcal{M}_n(\mathbb{E}^1)$ & $\mathbb{E}^{n^2}$을 위상공간으로서 동일시 할 수 있다. 이러한 규칙에 따르면 $\mathcal{M}_n(\mathbb{E}^1)$ 위에서의 덧셈, 스칼라곱셈은 각각 $\mathbb{E}^{n^2}$ 위에서의 곱셈, 스칼라곱셈과 동일하다. 그런데 $\mathbb{E}^{n^2}$이 Banach 공간이므로 $\mathcal{M}_n(\mathbb{E}^1)$은 노름공간의 구조를 갖고, 더 나아가 $\mathcal{M}_n(\mathbb{E}^1)$을 Banach 공간으로 간주 할 수 있다. (9.25)에서 보는 바와 같이 $\mathbb{E}^{n^2}$의 원소를 기술하는 것은 좀 장황하므로 때때로 그 원소 표현 대신에 행렬을 이용하여 나타내기로 한다.

명제 9.7.1. 사상 $\mathbf{m} : \mathbb{E}^{n^2} \times \mathbb{E}^{n^2} \longrightarrow \mathbb{E}^{n^2}$을 각 $(A, B) \in \mathbb{E}^{n^2} \times \mathbb{E}^{n^2}$에 대하여 즉,

$$A = (a_{ij})_{n\times n} \ \& \ A = (a_{ij})_{n\times n} \implies \mathbf{m}(A, B) = (c_{ij})_{n\times n}$$

단,

$$c_{ij} = \sum_{k=1}^{n} a_{ik} b_{kj}$$

으로 정의하면 사상 $\mathbf{m} : \mathbb{E}^{n^2} \times \mathbb{E}^{n^2} \longrightarrow \mathbb{E}^{n^2}$은 $\mathcal{C}^\infty$-급이다. 즉, $\mathbf{m} \in \mathcal{C}^\infty(\mathbb{E}^{n^2} \times \mathbb{E}^{n^2}, \mathbb{E}^{n^2})$이다.

[증명] 각 $i, j \in \{1, 2, \cdots, n\}$에 대하여 사상 $\mathbf{m}$의 성분함수를 m^{ij}로 나타낼 때, $m^{ij} \in \mathcal{C}^\infty(\mathbb{E}^{n^2} \times \mathbb{E}^{n^2}, \mathbb{E}^1)$임을 보이면 충분하다. 그런데 m^{ij}는 표준좌표함수 π^{ik}, $\pi^{kj} : \mathbb{E}^{n^2} \longrightarrow \mathbb{E}^1$ $(\forall k \in \{1, 2, \cdots, n\})$의 곱을 n개 합한 것이고 표준좌표함수들은 모두 $\mathcal{C}^\infty$-급 함수임을 고려하면 $m^{ij} \in \mathcal{C}^\infty(\mathbb{E}^{n^2} \times \mathbb{E}^{n^2}, \mathbb{E}^1)$임을 알 수 있다. 이로써 우리의 주장을 증명하였다. □

명제 9.7.2. $\det : \mathcal{M}_n(\mathbb{E}^1) \longrightarrow \mathbb{E}^1$은 $\mathcal{C}^\infty$-급 함수이고, 특히, 연속함수이다.

[증명] 함수 det는 유한개 표준좌표함수들의 곱에 대한 합과 차로 표현되고 또한 표준좌표함수들은 모두 $\mathcal{C}^\infty$-급 함수임을 고려하면 $\det \in \mathcal{C}^\infty(\mathcal{M}_n(\mathbb{E}^1), \mathbb{E}^1)$임을 알 수 있다. 특히, det는 연속함수이다. □

이제, 집합

$$GL(n, \mathbb{E}^1) := \{A \in \mathcal{M}_n(\mathbb{E}^1) : \det A \neq 0\}$$

을 생각하면 $\det : \mathcal{M}_n(\mathbb{E}^1) \longrightarrow \mathbb{E}^1$가 연속함수이고 집합 $\mathbb{E}^1 \setminus \{0\}$은 $\mathbb{E}^1$의 열린 부분집합이므로 $GL(n, \mathbb{E}^1) = \det^{-1}(\mathbb{E}^1 \setminus \{0\})$은 $\mathcal{M}_n(\mathbb{E}^1)$의 열린집합이다. 그러므로 $GL(n, \mathbb{E}^1)$은

n^2-차원 다양체이다. 또한 $GL(n, \mathbb{E}^1)$은 행렬의 곱셈을 이항연산으로 가지고 군을 이룬다. $GL(n, \mathbb{E}^1)$을 **일반 선형군(general linear group)**이라 한다.

다음으로 행렬 $A \in \mathcal{M}_n(\mathbb{E}^1)$가 주어지면 $(AA^t)^t = AA^t$이므로 $AA^t \in \mathcal{M}_n(\mathbb{E}^1)$는 대칭행렬임에 유념하고, 집합

$$O(n) := \{A \in \mathcal{M}_n(\mathbb{E}^1) : A^tA = AA^t = I_n\}$$

을 생각하자. 여기서 I_n은 단위행렬을 의미한다. 즉,

$$A = (a_{ij})_{n\times n} \in O(n) \iff \sum_{k=1}^{n} a_{ik}a_{jk} = \delta_{ij} \ \ (\forall i, j \in \{1, 2, \cdots, n\}). \tag{9.26}$$

명제 9.7.3. 사상 $\mathfrak{f} : \mathcal{M}_n(\mathbb{E}^1) \longrightarrow \mathcal{M}_n(\mathbb{E}^1) \times \mathcal{M}_n(\mathbb{E}^1)$를 각 $A \in \mathcal{M}_n(\mathbb{E}^1)$에 대하여 $\mathfrak{f}(A) := (A, A^t)$로 정의하면 $\mathfrak{f} : \mathcal{M}_n(\mathbb{E}^1) \longrightarrow \mathcal{M}_n(\mathbb{E}^1) \times \mathcal{M}_n(\mathbb{E}^1)$는 $\mathcal{C}^\infty$-급 사상이다.

[증명] 사상 $\mathfrak{f}$의 성분함수는 모두 표준좌표함수들로 구성되어 있고 또한 표준좌표함수들은 모두 $\mathcal{C}^\infty$-급 함수임을 고려하면 $\mathfrak{f} \in \mathcal{C}^\infty(\mathcal{M}_n(\mathbb{E}^1), \mathcal{M}_n(\mathbb{E}^1) \times \mathcal{M}_n(\mathbb{E}^1))$임을 알 수 있다. □

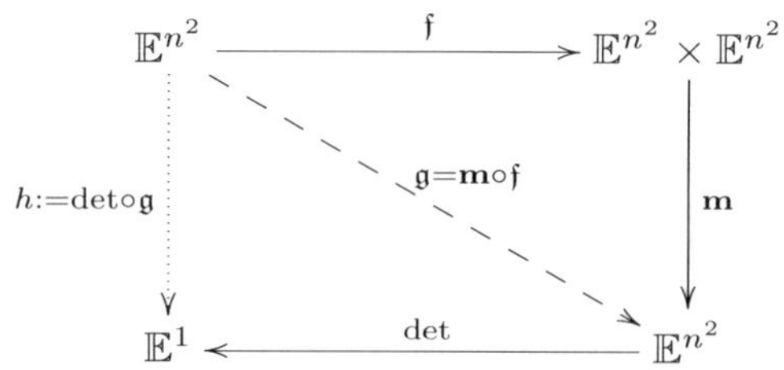

명제 9.7.4. 사상 $\mathfrak{g} : \mathcal{M}_n(\mathbb{E}^1) \longrightarrow \mathcal{M}_n(\mathbb{E}^1)$를 각 $A \in \mathcal{M}_n(\mathbb{E}^1)$에 대하여 $\mathfrak{g}(A) := AA^t$로 정의하면 $\mathfrak{g} : \mathcal{M}_n(\mathbb{E}^1) \longrightarrow \mathcal{M}_n(\mathbb{E}^1)$는 $\mathcal{C}^\infty$-급 사상이다. 특히, 함수 $h := \det \circ \mathfrak{g}$ 역시 $\mathbb{E}^{n^2}$ 위에서 $\mathcal{C}^\infty$-급 함수이다.

[증명] $\mathfrak{g} = \mathbf{m} \circ \mathfrak{f}$이므로 명제 9.7.1 & 명제 9.7.3으로부터 요구된 결과를 얻는다. □

명제 9.7.5. 집합 $O(n)$은 $\frac{1}{2}n(n-1)$-차원 다양체이다.

[증명] 사상 $\Phi : \mathbb{E}^{n^2} \setminus \{\mathbf{0}\} \longrightarrow \mathbb{E}^{\frac{1}{2}n(n+1)}$을 각 $A = (a_{ij})_{n\times n} \in \mathbb{E}^{n^2} \setminus \{\mathbf{0}\}$에 대하여

$$\Phi(A) := (\Phi^{11}(A), \Phi^{21}(A), \Phi^{22}(A), \cdots, \Phi^{n1}(A), \Phi^{n2}(A), \cdots, \Phi^{nn}(A))$$

으로 정의하자. 단,

$$\begin{cases} \circ\ \Phi^{ii}(A) := \sum_{k=1}^{n} a_{ik}a_{ik} - 1 \quad (\forall i \in \{1, 2, \cdots, n\})\,; \\ \circ\ \Phi^{ij}(A) := \sum_{k=1}^{n} a_{ik}a_{jk} \quad (i \neq j). \end{cases}$$

그 때, 임의의 $k, l \in \{1, 2, \cdots, n\}$에 대하여 $\Phi^{kl} \in \mathcal{C}^\infty(\mathbb{E}^{n^2} \setminus \{\mathbf{0}\}, \mathbb{E}^1)$이므로 $\Phi \in \mathcal{C}^\infty(\mathbb{E}^{n^2} \setminus \{\mathbf{0}\}, \mathbb{E}^{\frac{1}{2}n(n+1)})$이다. 그러므로 정리 9.1.9에 의하여

$$O(n) = \left\{A \in \mathbb{E}^{n^2} \setminus \{\mathbf{0}\} : \Phi(A) = \mathbf{0} \ \ \& \ \ \mathrm{rank}(D\Phi(A)) = \frac{1}{2}n(n+1)\right\}$$

은 $\frac{1}{2}n(n-1)$-차원 다양체이다. □

참고 9.7.6. 집합 $O(n)$을 생각하면 $O(n) = \mathfrak{g}^{-1}(\{I_n\})$이므로 $O(n)$은 $\mathcal{M}_n(\mathbb{E}^1)$의 닫힌집합이다. 또한 (9.26)에 의하여

$$\|A\| = \sqrt{\sum_{k=1}^{n}(a_{1k})^2 + \sum_{k=1}^{n}(a_{2k})^2 + \cdots + \sum_{k=1}^{n}(a_{nk})^2} = \sqrt{n} \quad (\forall\, A = (a_{ij})_{n\times n} \in O(n))$$

이므로 $O(n)$은 $\mathcal{M}_n(\mathbb{E}^1)$의 유계집합이다. 따라서 $O(n)$은 $\mathcal{M}_n(\mathbb{E}^1)$의 콤팩트 부분집합이다. 더욱이 $A, B \in O(n)$에 대하여

$$\begin{cases} \circ\ (AB)(AB)^t = (AB)(B^tA^t) = A(BB^t)A^t = (AI_n)A^t = AA^t = I_n\,; \\ \circ\ (AB)^t(AB) = (B^tA^t)(AB) = B^t(A^tA)B = B^t(I_nB) = B^tB = I_n \end{cases}$$

이므로 $AB \in O(n)$이다. 또한 $(A^{-1})^tA^t = (AA^{-1})^t = I_n = (A^{-1}A)^t = A^t(A^{-1})^t$이므로 $(A^{-1})^t = (A^t)^{-1}$을 얻고[24], 따라서 $A \in O(n)$에 대하여

$$\begin{cases} \circ\ (A^{-1})^tA^{-1} = (A^t)^{-1}A^{-1} = (AA^t)^{-1} = I_n\,; \\ \circ\ A^{-1}(A^{-1})^t = A^{-1}(A^t)^{-1} = (A^tA)^{-1} = I_n \end{cases}$$

이 성립하여 $A^{-1} \in O(n)$이다. 특히, $O(n) \subset GL(n, \mathbb{E}^1)$임을 알 수 있다. 그러므로 $O(n)$은 $GL(n, \mathbb{E}^1)$의 부분군이다.[25] $O(n)$을 **직교군(orthogonal group)**이라 한다.

집합 $SL(n, \mathbb{E}^1) := \{A \in \mathcal{M}_n(\mathbb{E}^1) : \det A = 1\}$을 생각하면 함수 $\det : \mathcal{M}_n(\mathbb{E}^1) \longrightarrow \mathbb{E}^1$가 연속이므로 $SL(n, \mathbb{E}^1) = \det^{-1}(\{1\})$은 $\mathcal{M}_n(\mathbb{E}^1)$의 닫힌부분집합이다. 특히, $SL(n, \mathbb{E}^1) \ni A = (a_{ij})_{n\times n}$라 하고 a_{ij} 의 여인수(cofactor)를 Δ_{ij}라 하면

$$D\det(A) = (\Delta_{11}, \Delta_{12}, \cdots, \Delta_{1n}, \Delta_{21}, \cdots, \Delta_{2n}, \cdots, \Delta_{n1}, \cdots, \Delta_{nn})$$

이다.[26] 그러나 $\det A = 1$이므로 모든 여인수 Δ_{ij}가 동시에 0이 되지는 않는다. 그러므로 $\mathrm{rank}(D\det(A)) = 1$이고 따라서 집합 $SL(n, \mathbb{E}^1)$은 (n^2-1)-차원 다양체이다. $SL(n, \mathbb{E}^1)$을 **특수 선형군(special linear group)**이라 한다.

집합 $SO(n) := \{A \in O(n) : \det A = 1\}$을 생각하자. 그 때, $\det A = \pm 1$ $(\forall\, A \in O(n))$이므로 $SO(n) = O(n) \cap \{A \in \mathcal{M}_n(\mathbb{E}^1) : \det(A) \neq -1\}$이다. 그러나 det는 $\mathcal{M}_n(\mathbb{E}^1)$ 위에서 연속함수이므로 $\{A \in \mathcal{M}_n(\mathbb{E}^1) : \det(A) \neq -1\}$은 열린집합이다. 그러므로 연습문제 9.1.10에 의하여 $SO(n)$은 $\frac{1}{2}n(n-1)$-차원 다양체이다. $SO(n)$을 **특수 직교군(special orthogonal group)**이라 한다.

---

(24) $\det A \neq 0$인 행렬 $A \in \mathcal{M}_n(\mathbb{E}^1)$이 주어질 때, 행렬 $X, Y \in \mathcal{M}_n(\mathbb{E}^1)$에 대하여 $AX = I_n = YA$이면

$$\begin{cases} \circ\ X = I_nX = (A^{-1}A)X = A^{-1}(AX) = A^{-1}I_n = A^{-1}\,; \\ \circ\ Y = YI_n = Y(AA^{-1}) = (YA)A^{-1} = I_nA^{-1} = A^{-1} \end{cases}$$

이므로 $X = A^{-1} = Y$이다. 특히, 임의의 $A \in O(n)$에 대하여 $A^t = A^{-1}$를 얻는다.

(25) 행렬 $A = \begin{pmatrix} 3 & 1 \\ 2 & 1 \end{pmatrix}$을 생각하면 $A^{-1} = \begin{pmatrix} 1 & -1 \\ -2 & 3 \end{pmatrix}$이므로 $A^t \neq A^{-1}$임을 알 수 있다.

(26) 함수 $f(\mathbf{x})$에 대하여 $\mathrm{grad}\, f(\mathbf{x})$와 $Df(\mathbf{x})$는 동일한 편도함수를 성분으로 갖지만 차이점은 전자는 벡터이고 후자는 선형범함수라는 점이다.

연습문제 9.2

1. 집합 $M = \{(x,y,z) \in \mathbb{E}^3 : x+y+z=1\}$과 각 $(x,y,z) \in \mathbb{E}^3$에 대하여 $f(x,y,z) = 3x^2+3y^2+z^2$로 정의된 함수가 주어질 때, 제한함수 $f|_M$의 최솟값이 존재함을 보이고 그 최솟값을 구하여라.[230]

2. 실수 $c \in \mathbb{E}^1 \setminus \{0\}$가 주어질 때, 점 $(c,0) \in \mathbb{E}^2$에서 포물선 $x = y^2$까지의 거리 d를 구하여라.[231]

3. 점 $(1,-2,-1) \in \mathbb{E}^3$에서 직선 $\{(x,y,z) \in \mathbb{E}^3 : x = y = z\}$까지의 거리 d를 구하여라.[232]

4. 점 $\mathbf{a} \in \mathbb{E}^n$이 주어질 때, 등식

$$\|\mathbf{a}\| = \max\{\mathbf{a}\cdot\mathbf{x} : \mathbf{x} \in \mathbb{E}^n \ \& \ \|\mathbf{x}\| = 1\}$$

이 성립함을 아래 제시한 방법에 따라서 증명하여라.[233]

(가) '곱셈자법칙'을 적용하여 보여라.

(나) '코시-슈바르츠 부등식'을 적용하여 보여라.

5. 조건 $\mathbf{v}_i \cdot \mathbf{v}_j = \delta_{ij}\,(\forall i,j \in \{1,2,\cdots,n-1\})$을 충족하는 벡터 $\mathbf{v}_1, \mathbf{v}_2, \cdots, \mathbf{v}_{n-1} \in \mathbb{E}^n$이 주어질 때,

$$\begin{cases} \circ\ \|\mathbf{v}_n\| = 1\,; \\ \circ\ \mathbf{v}_j \cdot \mathbf{v}_n = 0 \ \ (\forall j \in \{1,2,\cdots,n-1\})\,; \\ \circ\ \{\mathbf{v}_1, \mathbf{v}_2, \cdots, \mathbf{v}_{n-1}, \mathbf{v}_n\}\text{은 } \mathbb{E}^n\text{의 기저} \end{cases}$$

을 만족하는 벡터 $\mathbf{v}_n \in \mathbb{E}^n$을 선택할 수 있음을 보여라.[234]

6. r-다양체 $M \subset \mathbb{E}^n$와 $\mathbf{x}_1 \notin M$이 주어질 때, $\mathbf{x}_0 \in M$가 $\mathbf{x}_1$에 가장 가까운 점이라 하면 $\mathbf{x}_1 - \mathbf{x}_0 \in \mathbb{E}^n$은 $\mathbf{x}_0$에서 M에 대한 정규벡터임을 보여라.[235]

7. 벡터 $\mathbf{y} \in \mathbb{E}^n \setminus \{\mathbf{0}\}$와 실수 $b \in \mathbb{E}^1$에 대하여 초평면 $H := \{\mathbf{x} \in \mathbb{E}^n : \mathbf{y}\cdot\mathbf{x} = b\}$가 주어질 때, 점 $\mathbf{x}_1 \notin H$에서 H까지의 거리는

$$\frac{|\mathbf{y}\cdot\mathbf{x}_1 - b|}{\|\mathbf{y}\|}$$

임을 보여라.[236]

8. 집합 $M = \{\mathbf{x} \in \mathbb{E}^n : \sum_{i=1}^n x^i = 1 \ \& \ x^i > 0\ (1 \le i \le n)\}$과 각 $\mathbf{x} \in \mathbb{E}^n$에 대하여 $f(\mathbf{x}) := x^1x^2\cdots x^n$으로 정의된 함수 $f : \mathbb{E}^n \longrightarrow \mathbb{E}^1$이 주어질 때, 다음에 답하여라.[237]

(가) 각 $\mathbf{x} \in M$에 대하여 $f(\mathbf{x}) \le n^{-n}$임을 보여라. 특히, $x^1 = x^2 = \cdots = x^n = n^{-1}$인 경우 등호가 성립한다.

(나) n개의 양수들에 대한 기하평균이 그들의 산술평균보다 크지 않음을 보여라. 즉,

$$x^i > 0\ (\forall i \in \{1, 2, \cdots, n\}) \implies \frac{x^1 + x^2 + \cdots + x^n}{n} \geq (x^1 x^2 \cdots x^n)^{\frac{1}{n}}.$$

9. 집합 $M = \{(x, y) \in \mathbb{E}^2 : x^2 + y^2 = 4\}$와 각 $(x, y) \in \mathbb{E}^2$에 대하여 $f(x, y) = x + y$로 정의된 함수가 주어질 때, 제한함수 $f|_M$의 최댓값과 최솟값을 구하여라.[238]

10. 집합 $S = \{(x, y) \in \mathbb{E}^2 : x^2 + y^2 \leq 45\}$와 각 $(x, y) \in \mathbb{E}^2$에 대하여 $f(x, y) := (x - 1)^2 + (y - 2)^2$로 정의된 함수가 주어질 때, 제한함수 $f|_S$의 최댓값과 최솟값을 구하여라.[239]

11. 각 $(x, y, z) \in \mathbb{E}^3$에 대하여 $f(x, y, z) := 2xz + y^2$로 정의된 이차 동차 다항식이 주어질 때, 다음에 답하여라.[240]

(가) f에 대응하는 대칭행렬 A를 찾아라.

(나) 행렬 A에 대한 고윳값을 구하여라.

(다) 두 개의 방정식 $2xz + y^2 = 0$ & $2xz + y^2 = 1$이 나타내는 곡면을 각각 구하여라.

12. 선형변환 $\mathbf{L} \in \mathcal{L}(\mathbb{E}^n, \mathbb{E}^n)$의 표현행렬을 $A := [\mathbf{L}]_{n \times n}$이라 할 때, 행렬 $A^t A$의 가장 큰 고윳값은 $\|\mathbf{L}\|^2$임을 보여라. 단, (7.7)에서와 같이 $\|\mathbf{L}\| = \sup\{\|\mathbf{L}(\mathbf{x})\| : \|\mathbf{x}\| \leq 1\}$이다.[241]

제 10 장

부록

본 교재에 사용된 수식을 읽는데 도움을 주고자 몇 가지 문자표(독일어·라틴어·그리스어)와 보완이 필요한 내용을 수록하여 독자들의 이해를 돕고자 하였다.

10.1 문자표·그리스어 숫자표

10.1.1 문자표 [독일어·라틴어·그리스어]

독일어		라틴어		필기체(1)	필기체(2)	그리스어		reading	읽기
$\mathfrak{A}$	$\mathfrak{a}$	A	a	$\mathcal{A}$	$\mathscr{A}$	A	α	alpha	알파
$\mathfrak{B}$	$\mathfrak{b}$	B	b	$\mathcal{B}$	$\mathscr{B}$	B	β	beta	베타
$\mathfrak{C}$	$\mathfrak{c}$	C	c	$\mathcal{C}$	$\mathscr{C}$	Γ	γ	gamma	감마
$\mathfrak{D}$	$\mathfrak{d}$	D	d	$\mathcal{D}$	$\mathscr{D}$	Δ	δ	delta	델타
$\mathfrak{E}$	$\mathfrak{e}$	E	e	$\mathcal{E}$	$\mathscr{E}$	E	ϵ	epsilon	입실론
$\mathfrak{F}$	$\mathfrak{f}$	F	f	$\mathcal{F}$	$\mathscr{F}$	Z	ζ	zeta	제타
$\mathfrak{G}$	$\mathfrak{g}$	G	g	$\mathcal{G}$	$\mathscr{G}$	H	η	eta	에타
$\mathfrak{H}$	$\mathfrak{h}$	H	h	$\mathcal{H}$	$\mathscr{H}$	Θ	θ, ϑ	theta	쎄타
$\mathfrak{I}$	$\mathfrak{i}$	I	i	$\mathcal{I}$	$\mathscr{I}$	I	ι	iota	이오타
$\mathfrak{J}$	$\mathfrak{j}$	J	j	$\mathcal{J}$	$\mathscr{J}$	K	κ	kappa	카파
$\mathfrak{K}$	$\mathfrak{k}$	K	k	$\mathcal{K}$	$\mathscr{K}$	Λ	λ	lambda	람다
$\mathfrak{L}$	$\mathfrak{l}$	L	l	$\mathcal{L}$	$\mathscr{L}$	M	μ	mu	뮈(뮤)
$\mathfrak{M}$	$\mathfrak{m}$	M	m	$\mathcal{M}$	$\mathscr{M}$	N	ν	nu	뉘(뉴)
$\mathfrak{N}$	$\mathfrak{n}$	N	n	$\mathcal{N}$	$\mathscr{N}$	Ξ	ξ	xi	크시(크사이)
$\mathfrak{O}$	$\mathfrak{o}$	O	o	$\mathcal{O}$	$\mathscr{O}$	O	o	omicron	오미크론
$\mathfrak{P}$	$\mathfrak{p}$	P	p	$\mathcal{P}$	$\mathscr{P}$	Π	π, ϖ	pi	피(파이)
$\mathfrak{Q}$	$\mathfrak{q}$	Q	q	$\mathcal{Q}$	$\mathscr{Q}$	P	ρ, ϱ	rho	로
$\mathfrak{R}$	$\mathfrak{r}$	R	r	$\mathcal{R}$	$\mathscr{R}$	Σ	σ, ς	sigma	시그마
$\mathfrak{S}$	$\mathfrak{s}$	S	s	$\mathcal{S}$	$\mathscr{S}$	T	τ	tau	타우
$\mathfrak{T}$	$\mathfrak{t}$	T	t	$\mathcal{T}$	$\mathscr{T}$	Y	υ	uspilon	웁실론
$\mathfrak{U}$	$\mathfrak{u}$	U	u	$\mathcal{U}$	$\mathscr{U}$	Φ	ϕ, φ	phi	휘(화이)
$\mathfrak{V}$	$\mathfrak{v}$	V	v	$\mathcal{V}$	$\mathscr{V}$	X	χ	chi	키(카이)
$\mathfrak{W}$	$\mathfrak{w}$	W	w	$\mathcal{W}$	$\mathscr{W}$	Ψ	ψ	psi	프시(프사이)
$\mathfrak{X}$	$\mathfrak{x}$	X	x	$\mathcal{X}$	$\mathscr{X}$	Ω	ω	omega	오메가
$\mathfrak{Y}$	$\mathfrak{y}$	Y	y	$\mathcal{Y}$	$\mathscr{Y}$				
$\mathfrak{Z}$	$\mathfrak{z}$	Z	z	$\mathcal{Z}$	$\mathscr{Z}$				

10.1.2 그리스어 숫자표

1	2	3	4	5	6	7	8	9	10	11	12	13	14	15	⋯
I	II	III	IV	V	VI	VII	VIII	IX	X	XI	XII	XIII	XIV	XV	⋯

10.2 관계·순서

10.2.1 관계

집합 A, B가 주어질 때, 집합

$$A \times B := \{(a, b) : a \in A \ \& \ b \in B\}$$

을 A와 B의 **곱집합(product set)**이라 한다. 곱집합에 관한 몇 가지 성질을 살펴보면 다음과 같다.

명제 10.2.1. 집합 A, B, C, D에 대하여 다음이 성립한다.

(a) $A \times B = \varnothing \iff A = \varnothing$ 또는 $B = \varnothing$

(b) $C \times D \neq \varnothing$일 때, $C \times D \subset A \times B \iff \lceil C \subset A \ \& \ D \subset B \rfloor$

(c) $A \times (B \cup C) = (A \times B) \cup (A \times C)$

(d) $A \times (B \cap C) = (A \times B) \cap (A \times C)$

(e) $A \times (B - C) = (A \times B) - (A \times C)$

명제 10.2.2. 집합 $A, B \in \mathcal{P}(X)$ & $C, D \in \mathcal{P}(Y)$에 대하여 다음이 성립한다.(1)

(a) $(A \cup B) \times (C \cup D) = (A \times C) \cup (B \times D) \cup (A \times D) \cup (B \times C)$

(b) $(A \times C) \cup (B \times D) \subset (A \cup B) \times (C \cup D)$

(c) $(A \times C) \cap (B \times D) = (A \cap B) \times (C \cap D)$

(d) $(X \times Y) - (B \times D) = [(X - B) \times Y] \cup [X \times (Y - D)]$

이제 집합사이의 관계에 대하여 살펴보기로 하고, 좀더 자세한 내용에 대해서는 ([1])를 참조하기 바란다.

정의 10.2.3. 집합 X, Y가 주어질 때, 곱집합 $X \times Y$의 부분집합 $\mathscr{R} \subset X \times Y$를 **집합 X에서 집합 Y로의 관계(relation)**라 한다. 특히, $X = Y$일 때, 곱집합 $X \times X$의 부분집합 $\mathscr{R} \subset X \times X$을 **집합 X 위의 관계(relation)**라 한다.

정의 10.2.4. 집합 X 위의 관계 $\mathscr{R} \subset X \times X$가 조건

(a) $(x, x) \in \mathscr{R}$ $(\forall x \in X)$ **(반사율, reflexive law)**

(b) $(x, y) \in \mathscr{R} \implies (y, x) \in \mathscr{R}$ **(대칭율, symmetric law)**

(c) $(x, y) \in \mathscr{R}$ & $(y, z) \in \mathscr{R} \implies (x, z) \in \mathscr{R}$ **(추이율, transitive law)**

(1) $\mathcal{P}(X)$에 의하여 집합 X의 부분집합 전체모임을 의미한다.

을 충족하면, $\mathscr{R} \subset X \times X$를 집합 X 위의 **동치관계(equivalence relation)**라 한다.

표기법 10.2.5. 집합 X 위에 동치관계 $\mathscr{R} \subset X \times X$가 주어질 때, 임의의 $x \in X$에 대하여

$$[x] := \{y \in X : (x, y) \in \mathscr{R}\} \subset X$$

를 $x \in X$의 **동치류(equivalence class)**라 한다. 그리고 동치류 전체집합을

$$\{[x] : x \in X\} = X/\mathscr{R}$$

로 나타낸다.

10.2.2 순서

다음으로 특수한 관계를 갖는 집합에 관하여 살펴보기로 하자.

정의 10.2.6. 집합 X 위의 관계 $\mathscr{R} \subset X \times X$이 조건

(a) $(x, x) \in \mathscr{R}$ $(\forall x \in X)$ **(반사율, reflexive law)**

(b) $(x, y) \in \mathscr{R}$ & $(y, x) \in \mathscr{R} \implies x = y$ **(반대칭율, anti-symmetric law)**

(c) $(x, y) \in \mathscr{R}$ & $(y, z) \in \mathscr{R} \implies (x, z) \in \mathscr{R}$ **(추이율, transitive law)**

을 충족하면, $\mathscr{R} \subset X \times X$을 집합 X 위의 **반순서(partial order)**라 하고, 순서쌍 $(X, \mathscr{R})$을 **반순서집합(partially ordered set)**이라 한다.

정의 10.2.7. 반순서집합 $(X, \mathscr{R})$가 조건

(d) 임의의 $x, y \in X$에 대하여 $(x, y) \in \mathscr{R}$이거나 $(y, x) \in \mathscr{R}$이다

을 만족하면, $\mathscr{R} \subset X \times X$를 집합 X 위의 **전순서(total order)**라 하고, 순서쌍 $(X, \mathscr{R})$을 **전순서집합(totally ordered set)**이라 한다.(2)

보기 10.2.8. 집합 X의 부분집합 전체집합 $\mathcal{P}(X)$ 위에 관계

$$\mathscr{R} := \{(A, B) \in \mathcal{P}(X) \times \mathcal{P}(X) : A \subset B\}$$

는 집합 $\mathcal{P}(X)$ 위의 반순서이지만, 일반적으로 전순서는 아니다.(3)

보기 10.2.9. 자연수들 전체집합 $\mathbb{N}$ 위의 관계

$$\mathscr{R} := \{(x, y) \in \mathbb{N} \times \mathbb{N} : x\text{는 } y\text{의 정수배이다}\}$$

를 생각하면 관계 $\mathscr{R}$은 $\mathbb{N}$ 위의 반순서이지만 전순서는 아니다.

---

(2) '전순서'를 종종 **선형순서(linear order)**라 부른다.

(3) 이 경우 함의 "$\subset$"에 의해서 $\mathcal{P}(X)$ 위에 관계가 주어졌다고 말한다.

정의 10.2.10. 전순서집합 $(X,\mathscr{R})$이 주어지고 조건

$$\varnothing \neq A \subset X \implies \ulcorner \exists a \in A \ :\ (a,x) \in \mathscr{R}\ (\forall x \in A) \lrcorner \tag{10.1}$$

을 충족하면, $\mathscr{R} \subset X \times X$를 집합 X 위의 **정열순서(well order)**라 하고, 순서쌍 $(X,\mathscr{R})$을 **정열순서집합(well ordered set)**이라 한다.

보기 10.2.11. 실수들 전체집합 $\mathbb{E}$ 위의 관계

$$\mathscr{R} := \{(x,y) \in \mathbb{E} \times \mathbb{E} : x \leq y\}$$

은 $\mathbb{E}$ 위의 전순서이지만 정열순서는 아니다. 왜냐하면: $A := (1,2)$라 두면, 분명 $\varnothing \neq A \subset \mathbb{E}$이지만 조건 (10.1)을 만족하는 A의 원소를 선택할 수 없다.

보기 10.2.12. 자연수들 전체집합 $\mathbb{N}$ 위의 관계

$$\mathscr{R} := \{(x,y) \in \mathbb{N} \times \mathbb{N} : x \leq y\}$$

은 $\mathbb{N}$ 위의 정열순서이다.

표기법 10.2.13. 집합 X 위에 반순서 $\mathscr{R} \subset X \times X$이 주어질 때, $(x,y) \in \mathscr{R}$을 종종 $x\mathscr{R}y$로 나타내기도 한다. 특히, 보기 10.2.11과 보기 10.2.12에서 관계 $\mathscr{R}$을 각각

$$x \leq y\ \ (x,y \in \mathbb{E}) \quad \& \quad x \leq y\ \ (x,y \in \mathbb{N})$$

으로 나타내고 또한 순서집합을 $(\mathbb{E},\leq)$과 $(\mathbb{N},\leq)$로 쓰기도 한다. 특별한 언급 없이 실수집합 $\mathbb{E}$를 순서집합으로 생각하는 경우, 항상 순서 "$\leq$"이 주어진 것으로 간주한다.

정의 10.2.14. 반순서집합 $(X,\mathscr{R})$와 원소 $x \in X$가 주어질 때, 비어 있지 않은 집합 $A \subset X$에 대하여 다음과 같이 정의한다.

(a) 조건 $(y,x) \in \mathscr{R}$ $(\forall y \in A)$을 만족할 때 x를 집합 A의 **상계(upper bound)**라 한다.

(b) x가 집합 A의 상계이고, 조건

"$y \in X$가 집합 A의 상계이면 $(x,y) \in \mathscr{R}$이다."

을 만족하면 x를 집합 A의 **상한(supremum)** 또는 **최소상계(least upper bound)**이라 하고 간단히 $\sup A$ 또는 lub$A$로 나타낸다.

참고 10.2.15. 반순서집합 $(X,\mathscr{R})$과 비어 있지 않은 집합 $A \subset X$가 주어질 때, $\mathscr{R}$의 반대칭성에 의하여 집합 A의 상한이 존재하면 유일하다.

참고 10.2.16. 반순서집합 $(X, \mathscr{R})$과 비어 있지 않은 집합 $A \subset X$가 주어질 때, 집합 A의 **하계(lower bound)**와 **하한(infimum)**[또는 **최대하계(greatest lower bound)**]의 정의도 비슷하게 정의된다. 이때, 집합 A의 하한은 간단히 $\inf A$ 또는 glb$A$로 나타낸다. 더욱이, 집합 A의 하한도 존재하면 유일하다.

정의 10.2.17. 반순서집합 $(X, \mathscr{R})$가 주어지고 조건

"비어 있지 않은 집합 $A \subset X$가 상계를 가지면 $\sup A$가 존재하고 $\sup A \in X$이다."

을 만족하면 반순서집합 $(X, \mathscr{R})$을 **완비순서집합(complete ordered set)**이라 한다.

정의 10.2.18. 반순서집합 $(X, \mathscr{R})$에 대하여 다음과 같이 정의한다.

(a) $x \in X$가 조건

$$\lceil (x, y) \in \mathscr{R}\ (\forall y \in X) \implies y = x \rfloor$$

을 만족할 때 $x \in X$를 집합 X 내의 **극대원(maxmal element)**이라 한다.

(b) $x \in X$가 조건

$$\lceil (y, x) \in \mathscr{R}\ (\forall y \in X) \implies y = x \rfloor$$

을 만족할 때 $x \in X$를 집합 X 내의 **극소원(minimal element)**이라 한다.

정의 10.2.19. 반순서집합 $(X, \mathscr{R})$이 주어질 때, 집합 $Y \subset X$가 조건

$$\lceil x, y \in Y \implies (x, y) \in \mathscr{R} \text{ 또는 } (y, x) \in \mathscr{R} \rfloor$$

을 만족할 때 집합 Y를 반순서집합 $(X, \mathscr{R})$ 내의 **사슬** 또는 **연쇄(chain)**라 한다.

보기 10.2.20. 집합족 $\mathcal{S} := \{\varnothing, \{0\}, \{1\}\}$ 위에 포함관계에 의하여 주어진 관계

$$\mathscr{R} := \{(\varnothing, \varnothing), (\varnothing, \{0\}), (\varnothing, \{1\}), (\{0\}, \{0\}), (\{1\}, \{1\})\}.$$

에 대하여 다음이 성립한다.

(1) $\{0\}$ & $\{1\}$은 모두 집합족 $\mathcal{S}$내의 극대원이다

(2) $\varnothing$은 집합족 $\mathcal{S}$내의 극소원이다.

(3) $\{1\}$은 집합족 $\{\varnothing, \{1\}\}$에 대한 상계이다.

(4) $\varnothing$은 집합족 $\mathcal{S}$에 대한 하계이다.

(5) $\{\varnothing, \{0\}\}$은 집합족 $\mathcal{S}$내의 사슬이다.

(6) $\{\varnothing, \{1\}\}$은 집합족 $\mathcal{S}$내의 사슬이다.

10.3 체와 벡터공간

수학에서 기본적으로 다루어지는 체와 벡터공간의 개념에 대하여 살펴보기로 하자.

정의 10.3.1. 집합 $\mathbb{F}$와 두 개의 이항연산(4) 으로 덧셈 '+' & 곱셈 '·'가 주어지고 덧셈에 대하여 조건

(A1) $\lambda + \xi = \xi + \lambda$. **(교환법칙, commutative law)**

(A2) $(\lambda + \xi) + \eta = \lambda + (\xi + \eta)$. **(결합법칙, associative law)**

(A3) $\exists\, 0 \in \mathbb{F} \;:\; \mu + 0 = \mu \; (\forall\, \mu \in \mathbb{F})$. **(항등원, identity element)**

(A4) $\forall\, \mu \in \mathbb{F},\; \exists\, \mu' \in \mathbb{F} \;:\; \mu + \mu' = 0$. **(역원, inverse element)**

을 만족하고, 또한 곱셈에 관하여 조건

(M1) $\lambda \cdot \xi = \xi \cdot \lambda$. **(교환법칙, commutative law)**

(M2) $(\lambda \cdot \xi) \cdot \mu = \lambda \cdot (\xi \cdot \mu)$. **(결합법칙, associative law)**

(M3) $\exists\, e(\neq 0) \in \mathbb{F} \;:\; \lambda \cdot e = \lambda \; (\forall\, \lambda \in \mathbb{F})$. **(항등원, identity element)**

(M4) $\forall\, \nu(\neq 0) \in \mathbb{F},\; \exists\, \nu' \in \mathbb{F} \;:\; \nu \cdot \nu' = e$. **(역원, inverse element)**

를 만족하며, 더욱이 덧셈과 곱셈에 관하여 좌우배분법칙

(LD) $\lambda \cdot (\xi + \mu) = \lambda \cdot \xi + \lambda \cdot \mu$. **(좌배분법칙, left distributive law)**

(RD) $(\lambda + \xi) \cdot \mu = \lambda \cdot \mu + \xi \cdot \mu$. **(우배분법칙, right distributive law)**

이 성립하는 경우, $(\mathbb{F}, +, \cdot)$를 **체(field)**라 한다. 여기서 $\lambda, \xi, \mu \in \mathbb{F}$이다. 체 $(\mathbb{F}, +, \cdot)$를 나타내기 위하여 간단히 체 $\mathbb{F}$로 쓰는 것이 보통이다.

보기 10.3.2. 유리수들 전체집합 $\mathbb{Q}$와 실수들 전체집합 $\mathbb{E}^1$은 체의 조건을 모두 만족한다. 따라서 $\mathbb{Q}$를 **유리수체(rational number field)**, $\mathbb{E}^1$을 **실수체(real number field)**라 한다. 더욱이 복소수들 전체집합을 $\mathbb{C}$라 하면 $\mathbb{C}$도 역시 체의 조건을 모두 만족하여 $\mathbb{C}$를 **복소수체(complex number field)**라 부른다.

정의 10.3.3. 집합 V와 이항연산으로 덧셈 '+'가 주어지고 조건(5)

(A1) $u + v = v + u$. **(벡터합의 교환법칙)**

(A2) $(u + v) + w = u + (v + w)$. **(벡터합의 결합법칙)**

(A3) $\exists\, \theta \in V \;:\; u + \theta = u \; (\forall\, u \in V)$. **(벡터합의 항등원)**

---

(4) 집합 X가 주어질 때, 사상 $\phi : X \times X \longrightarrow X$를 집합 X 위의 **이항연산(binary operation)**이라 한다.
(5) (A1) commutativity of vector addition, (A2) associativity of vector addition, (A3) identity element of vector addition, (A3) inverse element of vector addition.

(A4) $\forall u \in V,\ \exists v \in V\ :\ u + v = \theta.$ **(벡터합의 역원)**

을 만족하고, 또한 체 $\mathbb{F}$에 대하여 '스칼라 곱'으로 불리는 사상 $\psi : \mathbb{F} \times V \longrightarrow V$가 존재하여 조건 ([6])

(SM1) $\psi(\lambda, u + v) = \psi(\lambda, u) + \psi(\lambda, v).$ **(벡터합에 대한 스칼라의 분배법칙)**

(SM2) $\psi(\lambda + \xi, u) = \psi(\lambda, u) + \psi(\xi, u).$ **(스칼라합에 대한 벡터의 분배법칙)**

(SM3) $\psi(\lambda, \psi(\xi, u)) = \psi(\lambda\xi, u).$ **(벡터와 스칼라곱의 호환성)**

(SM4) $\psi(0, u) = \theta\ \&\ \psi(e, u) = u\ (\forall u \in V).$ **(스칼라 0의 곱, 스칼라곱의 항등원)**

이 성립하는 경우, $(V, +, \psi)$를 체 $\mathbb{F}$ 위의 **벡터공간(vector space)**라 한다. 여기서 $u, v, w, \theta \in V\ \&\ \lambda, \xi, 0, e \in \mathbb{F}$이다. 통상 체 $\mathbb{F}$ 위의 벡터공간 $(V, +, \psi)$를 나타내기 위하여 간단히 V는 $\mathbb{F}$ 위의 벡터공간으로 쓴다.

보기 10.3.4. $\mathbb{E}^1$은 체 $\mathbb{E}^1$ 위의 벡터공간이며 또한 체 $\mathbb{Q}$ 위의 벡터공간이기도 하다. 역시 $\mathbb{C}$는 체 $\mathbb{C}$ 위의 벡터공간이며 또한 체 $\mathbb{E}^1$ 위의 벡터공간이기도 함을 곧바로 알 수 있다.

정의 10.3.5. 체 $\mathbb{F}$ 위의 벡터공간 V의 부분집합 $W \subset V$가 주어지고, 조건

$$u, w \in W\ \&\ \lambda, \mu \in \mathbb{F} \implies \lambda u + \mu w \in W$$

을 만족하는 경우, W를 V의 **부분공간(subspace)**이라 한다.

명제 10.3.6. 체 $\mathbb{F}$ 위의 벡터공간 V가 주어질 때, 집합 $S := \{v_1, v_2, \cdots, v_n\} \subset V$에 대하여 집합

$$\operatorname{span}(S) := \left\{ \sum_{k=1}^{n} \lambda_k v_k : \lambda_1, \lambda_2, \cdots, \lambda_n \in \mathbb{F} \right\}$$

을 생각하면 $\operatorname{span}(S)$은 V의 부분공간이다. 이때, 부분공간 $\operatorname{span}(S)$을 **집합 S에 의해서 생성된 V의 부분공간**이라 한다.

[증명] $u, w \in \operatorname{span}(S)\ \&\ \lambda, \mu \in \mathbb{F}$가 임의로 주어지면

$$u = \sum_{j=1}^{n} \lambda_j v_j \quad \& \quad w = \sum_{j=1}^{n} \mu_j v_j$$

로 표현할 수 있다. 단, 각 $j \in \{1, 2, \cdots, n\}$에 대하여 $\lambda_j, \mu_j \in \mathbb{F}$이다. 따라서

$$\lambda u + \mu w = \sum_{j=1}^{n} (\lambda\lambda_j + \mu\mu_j) v_j \quad \& \quad \lambda\lambda_j + \mu\mu_j \in \mathbb{F}$$

이므로 $\lambda u + \mu w \in \operatorname{span}(S)$이다. 즉, $\operatorname{span}(S)$는 V의 부분공간이다. □

([6]) (SM1) distributivity of scalar multiplication with respect to vector addition, (SM2) distributivity of vevtor multiplication with respect to field addition, (SM3) compatibility of scalar multiplication with vector, (SM4) scalar multiplication by zero, identity element of scalar multiplication.

정의 10.3.7. 체 $\mathbb{F}$ 위의 벡터공간 V와 집합 $S := \{v_1, v_2, \cdots, v_n\} \subset V$에 대하여 다음과 같이 정의한다.

(a) 스칼라 $\lambda_1, \lambda_2, \cdots, \lambda_n \in \mathbb{F}$에 대하여

$$\lambda_1 v_1 + \lambda_2 v_2 + \cdots + \lambda_n v_n \quad \text{또는} \quad \sum_{k=1}^{n} \lambda_k v_k$$

을 벡터 $v_1, v_2, \cdots, v_n$ (또는 집합 S)의 **일차결합(linear combination)**이라 한다.

(b) 조건

$$\left[\lambda_k \in \mathbb{F}\ (1 \le k \le n)\ \&\ \sum_{k=1}^{n} \lambda_k v_k = \theta \right] \Longrightarrow \lambda_1 = \lambda_2 = \cdots = \lambda_n = 0$$

을 만족할 때, 벡터 $v_1, v_2, \cdots, v_n$ (또는 집합 S)는 **일차독립(linearly independent)**이라 한다.

(c) 집합 S가 일차독립이 아닐 때, 벡터 $v_1, v_2, \cdots, v_n$ (또는 집합 S)는 **일차종속(linearly dependent)**이라 한다.

(d) 집합 S가 일차독립이면서 동시에 $\text{span}(S) = V$을 만족할 때, 벡터 $v_1, v_2, \cdots, v_n$ (또는 집합 S)은 벡터공간 V의 **기저(basis)**라고 한다.

(e) 집합 S가 벡터공간 V의 기저일 때, S의 원소수 n을 벡터공간 V의 **차원(dimension)**이라 하고, $\dim V$로 나타내며,(7) 이때 V를 **n-차원 벡터공간(n-dimensional vector space)**라 한다.

명제 10.3.8. 체 $\mathbb{E}^1$ 위의 내적공간 $(V, \langle\cdot,\cdot\rangle)$와 비어 있지 않은 유한집합 $S \subset V \setminus \{\mathbf{0}\}$에 대하여 다음이 성립한다.

(a) S가 직교집합일 때 S는 일차독립이다.

(b) S가 V의 직교기저일 때 $\left\{ \frac{1}{\|\mathbf{v}\|}\mathbf{v} : \mathbf{v} \in S \right\}$은 V의 정규직교기저이다.

명제 10.3.9. 유한차원 벡터공간 V와 부분공간 $W(\subset V)$에 대하여 다음이 성립함을 보여라.

(a) $\dim W \le \dim V$ (b) $\dim V = \dim W \Longrightarrow V = W$

10.3.1 행렬과 선형사상의 계수

$\mathbb{E}^1$의 원소를 성분으로 하는 행렬 $A := (a_{ij})_{m\times n}$을 간단히 **$\mathbb{E}^1$ 위의 행렬**이라 하고, 각 $i \in \{1, 2, \cdots, m\}$에 대하여 벡터 $\mathbf{a}_i := (a_{i1}, a_{i2}, \cdots, a_{in}) \in \mathbb{E}^n$을 행렬 A의 **i-번째 행벡터(i-th row vector)**라 한다. 이때,

$$\text{Row}(A) := \text{span}(\{\mathbf{a}_1, \mathbf{a}_2, \cdots, \mathbf{a}_m\})$$

(7) 벡터공간 V를 정의하는 체 $\mathbb{F}$를 강조하여 종종 $\dim_{\mathbb{F}} V$으로도 나타낸다.

가 $\mathbb{E}^n$의 한 부분공간임을 쉽게 확인할 수 있다. Row(A)의 차원을 **행렬 A의 계수(rank)**라 하고 간단히 $\operatorname{rank} A$로 나타낸다. 특히, $\operatorname{rank} A := \dim(\text{Row}(A))$이고, 또한 다음이 성립한다.

$$\begin{cases} \circ\ \operatorname{rank} A \le \min\{m, n\}\,; \\ \circ\ \operatorname{rank} A = 0 \iff A = 0 \end{cases}$$

다음에 소개되는 내용들은 선형대수학 책에서 관련된 증명을 찾아볼 수 있다.

정리 10.3.10. $m \times n$ 행렬 A가 주어질 때, $\operatorname{rank} A = r$이기 위한 필요충분조건은 행렬 A의 $(r+1)$차의 소행렬식의 값은 모두 0이고 r차 소행렬식 가운데 그 값이 0이 아닌것이 존재하는 것이다.

$m \times n$ 행렬 A의 전치행렬 A^t의 소행렬식은 행렬 A의 소행렬식을 전치한 것이므로 소행렬식 값은 변함이 없고, 이로써 다음이 성립한다.

따름정리 10.3.11. $m \times n$ 행렬 A에 대하여 $\operatorname{rank} A = \operatorname{rank} A^t$이다.

선형사상 $\mathbf{L} \in \mathscr{L}(\mathbb{E}^n, \mathbb{E}^m)$의 상 $\operatorname{Im}(\mathbf{L}) := \mathbf{L}(\mathbb{E}^n)$은 $\mathbb{E}^m$의 부분공간이다. 이때, 부분공간 $\operatorname{Im}(\mathbf{L})$의 차원 $\dim(\operatorname{Im}\mathbf{L})$을 **선형사상 $\mathbf{L}$의 계수(rank)**라 하며 간단히 $\operatorname{rank}\mathbf{L}$ 또는 $\operatorname{rank}(\mathbf{L})$로 나타낸다. 즉, $\operatorname{rank}(\mathbf{L}) = \dim(\operatorname{Im}\mathbf{L})$이다.

정리 10.3.12. 선형사상 $\mathbf{L} \in \mathscr{L}(\mathbb{E}^n, \mathbb{E}^m)$의 표준기저에 관한 표현행렬을 $[\mathbf{L}]_{m\times n}$이라 두면

$$\operatorname{rank}(\mathbf{L}) = \operatorname{rank}([\mathbf{L}]_{m\times n})$$

이 성립한다.

10.3.2 행렬과 선형사상의 고윳값와 고유벡터

$\mathbb{E}^1$ 위의 n차 정방행렬 A에 대하여 조건

$$A\mathbf{x} = \alpha\mathbf{x} \tag{10.2}$$

를 충족시키는 복소수 $\alpha \in \mathbb{C}$와 벡터 $\mathbf{x} \in \mathbb{E}^n \setminus \{\mathbf{0}\}$이 존재할 때, 복소수 $\alpha \in \mathbb{C}$를 행렬 A의 **고윳값(eigenvalue, characteristic value)**, $\mathbf{x} \in \mathbb{E}^n \setminus \{\mathbf{0}\}$를 고윳값 α에 대한 행렬 A의 **고유벡터(eigenvector,characteristic vector)**라 한다.

(10.2)를 $\mathbf{x}$에 관한 동차 방정식

$$(A - \alpha I_n)\mathbf{x} = \mathbf{0} \tag{10.3}$$

으로 고쳐 쓸 수 있다. 따라서 동차방정식 (10.3)이 $\mathbf{0}$과 다른 해 $\mathbf{x} \in \mathbb{E}^n \setminus \{\mathbf{0}\}$를 갖기 위한 필요충분조건은 $\det(A - \alpha I_n) = 0$이다. 여기서 I_n은 대각선 성분이 모두 1이고 나머지 성분이 모두 0인 n차 단위행렬을 의미한다. 그러므로 다음과 같은 결론을 얻게 된다.

명제 10.3.13. $\mathbb{E}^1$ 위의 n차 정방행렬 $A = (a_{ij})_{n\times n}$가 주어지고, α가 행렬 A의 고윳값일 필요충분조건은 α가 λ에 관한 n차 다항식

$$\det(A - \alpha I_n) = \begin{vmatrix} a_{11} - \lambda & a_{12} & \cdots & a_{1n} \\ a_{21} & a_{22} - \lambda & \cdots & a_{2n} \\ \vdots & \vdots & \ddots & \vdots \\ a_{n1} & a_{n2} & \cdots & a_{nn} - \lambda \end{vmatrix}$$

의 근이 되는 것이다.

명제 10.3.13에서 λ에 관한 n차 다항식 $\det(A - \alpha I_n)$을 행렬 A의 **고유다항식(characteristic polynomial)**이라 하고, λ에 관한 n차 방정식 $\det(A - \alpha I_n) = 0$을 **고유방정식(characteristic equation)**이라 한다.

정의 10.3.14. 선형사상 $\mathbf{L} : \mathbb{E}^n \longrightarrow \mathbb{E}^n$이 주어지고 표준기저에 관한 $\mathbf{L}$의 표현행렬을 $[\mathbf{L}]_{n\times n}$이라 할 때, $[\mathbf{L}]_{n\times n}$의 고윳값와 고유벡터를 각각 선형사상 $\mathbf{L}$의 고윳값와 고유벡터라 부른다.

참고문헌

[1] 김종진·박성희, *해석학개론*(부록: 연습문제풀이 수록), 경문사, 2020.

[2] 김종진·박성희·이용훈, *르베그 적분[측도론]입문* (부록: 연습문제풀이 수록), 경문사, 2021.

[3] H. Anton, *Elementary Linear Algebra 8/e,*, John Wiley & Sons, 2000.

[4] T. M. Apostol, *Mathematical Analysis, 2/e*, Addison-Wesley, 1984.

[5] M. Bocher, *Introduction to Higher Algebra,*, Macmillan, 1929.

[6] W. Fleming, *Functions of Several Variables*, Springer-Verlag, 1977.

[7] O. Forster, *Analysis, 1: Differential- und Integralrechnung einer Veränderlichen*, Vieweg Studium 24, Grundkurs Mathematik, 1975.

[8] R. Johnsonbaugh and W. E. Pfaffenberger, *Foundations of Mathematical Analysis*, Monographs and Textbooks Pure Appl. Math. No. 62, Marcel Dekker, 1981.

[9] S. Lang, *Calculus of Several Variables, 3/e*, Springer-Verlag, 1987.

[10] J. E. Marsden and M. J. Hoffman, *Elementary Classical Analysis*, W. H. Freemann, New York, 1993.

[11] J. E. Marsden and A. J. Tromba, *Vector Calculus*, Freeman, 2003.

[12] McCallum, Hughes-Hallett, and Gleason et al, *Multivariable Calculus*, John Wiley and Sons, 2002.

[13] K. A. Ross, *Elementary Analysis: The Theory of Calculus*, Springer-Verlag, 1980.

[14] W. Rudin, *Principle of Mathematical Analysis, 3/e*, McGraw-Hill, 1976.

[15] P. Srivastava, *Functions of Several Variables*, Allahabad Math. Soc., 1995.

연습문제풀이

[1](가) $M := \max A$라 두면 $x \leq M\,(\forall x \in A)$이므로 M은 A의 상계이다. 한편, 임의의 $\epsilon > 0$에 대하여 $M-\epsilon < M$이지만 $M \in A$이므로 $M-\epsilon$은 E의 상계가 아니다. 따라서, M은 A의 최소상계이다. 즉, $M = \sup A$이다.

(나) $m := \min A$라 두면 $m \leq x\,(\forall x \in A)$이므로 m은 A의 하계이다. 한편, 임의의 $\epsilon > 0$에 대하여 $m < m+\epsilon$이지만 $m \in A$이므로 $m+\epsilon$은 A의 하계가 아니다. 따라서, m은 A의 최대하계이다. 즉, $m = \inf A$이다.

[2](가) $x \in A \cup B$인 경우, 「$x \leq \sup A$ 또는 $x \leq \sup B$」이다. 그러므로 $\sup(A \cup B) \leq \max\{\sup A, \sup B\}$가 성립한다. 한편, 「$\sup A \leq \sup(A \cup B)$ & $\sup B \leq \sup(A \cup B)$」이므로 $\max\{\sup A, \sup B\} \leq \sup(A \cup B)$를 얻는다. 따라서 이들을 종합하면 요구된 결과를 얻는다.

(나) 임의의 $x \in A$ & $y \in B$를 선택하면 $x + y \leq \sup A + \sup B$이므로 $\sup(A+B) \leq \sup A + \sup B$가 성립한다. 한편, 임의의 양수 $\epsilon > 0$을 정해두면 조건

$$\begin{cases} \circ\ \sup A - \frac{\epsilon}{2} < a\,; \\ \circ\ \sup B - \frac{\epsilon}{2} < b \end{cases}$$

을 만족하는 $a \in A$ & $b \in B$를 선택할 수 있다. 특히,

$$a + b > \sup A + \sup B - \epsilon$$

을 만족하는 $a + b \in A + B$가 존재하고 $\epsilon > 0$이 임의의 양수이므로 '무한소원리'에 의하여 $\sup(A+B) \geq \sup A + \sup B$를 얻는다. 결국 이들을 종합하면 (나)가 성립함을 알 수 있다.

[3](가) $x \in A \cup B$인 경우, 「$x \geq \inf A$ 또는 $x \geq \inf B$」이다. 그러므로 $x \geq \min\{\inf A, \inf B\}$가 성립하고 따라서 $\inf(A \cup B) \geq \min\{\inf A, \inf B\}$을 얻는다. 한편, 「$\inf A \geq \inf(A \cup B)$ & $\inf B \geq \inf(A \cup B)$」이므로 $\min\{\inf A, \inf B\} \geq \inf(A \cup B)$를 얻는다. 따라서 이들을 종합하면 요구된 결과를 얻는다.

(나) 임의의 $x \in A$ & $y \in B$를 선택하면 $x + y \geq \inf A + \inf B$이므로 $\inf(A+B) \geq \inf A + \inf B$가 성립한다. 한편, 임의의 양수 $\epsilon > 0$을 정해두면 조건

$$\begin{cases} \circ\ \inf A + \frac{\epsilon}{2} > a\,; \\ \circ\ \inf B + \frac{\epsilon}{2} > b \end{cases}$$

을 만족하는 $a \in A$ & $b \in B$를 선택할 수 있다. 특히,

$$a + b < \inf A + \inf B + \epsilon$$

을 만족하는 $a + b \in A + B$가 존재하고 $\epsilon > 0$이 임의의 양수이므로 '무한소원리'에 의하여 $\inf(A+B) \leq \inf A + \inf B$를 얻는다. 결국 이들을 종합하면 (나)가 성립함을 알 수 있다.

[4]A가 위로 유계인 경우: '완비성공리'에 의하여 $\alpha := \sup A \in \mathbb{E}$가 존재한다. 이제 임의로 $a \in (-A)$를 선택하면 $-a \in A$이므로 $-a \leq \alpha$이고 따라서 $a \geq -\alpha$이다. 그러므로 $-\alpha \leq \inf(-A)$임을 알 수 있다. 즉, $-\sup A \leq \inf(-A)$이다. 반면에 $-A$는 아래로 유계이므로 $\beta := \inf(-A) \in \mathbb{E}$가 존재한다. 더욱이 임의로 $x \in A$를 선택하면 $-x \in (-A)$이므로 $\beta \leq -x$이고 따라서 $-\beta \geq x$이다. 그러므로 $-\beta \geq \sup A$를 얻는다. 즉, $\beta \leq -\sup A$이다. 이들을 결합하면 $\inf(-A) = -\sup A$를 얻는다. 유사한 방법으로 $\sup(-A) = -\inf A$을 보일 수 있다.

[5]임의의 양수 $\epsilon > 0$을 정해두면 가정에 의하여

$$n \geq N \implies \begin{cases} \circ\ x - \epsilon < x_n < x + \epsilon\,; \\ \circ\ y - \epsilon < y_n < y + \epsilon \end{cases}$$

을 만족하는 자연수 $N \in \mathbb{N}$을 선택할 수 있다. 그러므로 다음과 같은 결과를 얻는다.

$$n \geq N \implies \begin{cases} \circ\ \max\{x, y\} - \epsilon < \max\{x_n, y_n\} < \max\{x, y\} + \epsilon\,; \\ \circ\ \min\{x, y\} - \epsilon < \min\{x_n, y_n\} < \min\{x, y\} + \epsilon. \end{cases}$$

결국 (가) & (나)가 성립함을 보였다.

[6](a) 각 자연수 $k \in \mathbb{N}$에 대하여 $b_k := \sup_{n \geq k} x_n$라 두자.
($\Longrightarrow$) 임의의 실수 $M \in \mathbb{E}$을 정해두면 (2)에 의하여 $b_k \xrightarrow{k\to\infty} \infty$이다. 그러므로

$$\exists\, k_0 \in \mathbb{N} \ : \ k \geq k_0 \implies b_k > M$$

이 성립한다. 특히, b_k의 정의에 의하여 $x_{n_k} > M$을 만족하는 자연수 $n_k \in \mathbb{N}$(단, $n_k \geq k$)가 존재한다. 그러므로 요구된 결과를 얻는다.
($\Longleftarrow$) 임의의 실수 $M \in \mathbb{E}$을 정해두면 각 자연수 $n \in \mathbb{N}$에 대하여 $b_n > M$을 만족한다. 그러므로 $b_n \xrightarrow{n\to\infty} \infty$이고, 따라서 (2)에 비추어 $\limsup_{n\to\infty} x_n = \infty$이다.

(b) 각 자연수 $k \in \mathbb{N}$에 대하여 $b_k := \sup_{n \geq k} x_n$라 두자.
($\Longrightarrow$) 임의의 실수 $M \in \mathbb{E}$을 정해두면 (2)에 의하여 $b_k \xrightarrow{k\to\infty} -\infty$이다. 그러므로

$$\exists\, k_0 \in \mathbb{N} \ : \ k \geq k_0 \implies b_k < M$$

이 성립한다. 특히, b_k의 정의에 따르면

$$n \geq k_0 \implies x_n < M$$

을 만족한다. 그러므로

$$k \geq k_0 \implies x_k < M$$

이 성립한다.
($\Longleftarrow$) 임의의 실수 $M \in \mathbb{E}$을 정해두면 가정에 의하여 $b_m \leq M$을 만족하는 자연수 $m \in \mathbb{N}$이 존재한다. 특히,

$$n \geq m \implies b_n \leq M$$

이 성립한다. 그러므로 $b_n \xrightarrow{n\to\infty} -\infty$이고, 따라서 (2)에 비추어 $\limsup_{n\to\infty} x_n = -\infty$이다.

[7]($\Longrightarrow$) 임의의 양수 $\epsilon > 0$을 정해두자. 이때,

- $\sup_{k\geq 1}\left(\inf_{n\geq k} x_n\right) = \beta$이므로 $\inf_{n\geq k_0} x_n > \beta - \epsilon$을 만족하는 자연수 $k_0 \in \mathbb{N}$가 존재한다. 그러므로
$$n \geq k_0 \implies x_n > \beta - \epsilon$$
이 성립한다.
- $\sup_{k\geq 1}\left(\inf_{n\geq k} x_n\right) < \beta + \epsilon$이므로 각 자연수 $k \in \mathbb{N}$에 대하여 $\inf_{n\geq k} x_n < \beta + \epsilon$이 성립한다. 따라서
$$\forall\, k \in \mathbb{N}, \quad \exists\, n_k \in \mathbb{N} \ : \ n_k \geq k \ \& \ x_n < \beta + \epsilon$$
을 얻는다.

($\Longleftarrow$) 임의의 양수 $\epsilon > 0$을 정해두자. 이때, 첫 번째 조건에 의하여 $\inf_{k\geq n_0} x_k \geq \beta - \epsilon$을 만족하는 자연수 $n_0 \in \mathbb{N}$가 존재한다. 그러므로

$$\liminf_{n\to\infty} x_n = \sup_{n\geq 1}\left(\inf_{k\geq n} x_k\right) \geq \beta - \epsilon$$

이 성립한다. 그러나 $\epsilon > 0$이 임의의 양수이므로 '무한소원리I'을 적용하면 $\liminf_{n\to\infty} x_n \geq \beta$이다. 한편, 두 번째 조건에 따르면 각 자연수 $n \in \mathbb{N}$에 대하여 $\inf_{k\geq n} x_k < \beta + \epsilon$을 만족한다. 따라서

$$\liminf_{n\to\infty} x_n = \sup_{n\geq 1}\left(\inf_{k\geq n} x_k\right) \leq \beta + \epsilon$$

이 성립한다. 그러나 $\epsilon > 0$이 임의의 양수이므로 '무한소원리I'을 적용하면 $\liminf_{n\to\infty} x_n \leq \beta$이다. 결국 $\liminf_{n\to\infty} x_n = \beta$임을 보였다.

[8](1°) $\liminf_{n\to\infty} x_n = \alpha$ & $\liminf_{n\to\infty} y_n = \beta$라 두고 임의의 양수 $\epsilon > 0$을 선택하자. 이때, 명제 0.2.18의 관점에서 조건

$$n \geq n_0 \implies \begin{cases} \circ \ x_n > \alpha - \frac{\epsilon}{2}\,; \\ \circ \ y_n > \beta - \frac{\epsilon}{2} \end{cases}$$

을 만족하는 자연수 $n_0 \in \mathbb{N}$을 선택할 수 있다. 특히,

$$n \geq n_0 \implies x_n + y_n > \alpha + \beta - \epsilon$$

이므로 $\inf_{n \geq n_0}(x_n + y_n) \geq \alpha + \beta - \epsilon$이 성립한다. 그러므로

$$\liminf_{n\to\infty}(x_n + y_n) \geq \alpha + \beta - \epsilon$$

을 얻는다. 그런데 $\epsilon > 0$이 임의이므로

$$\liminf_{n\to\infty}(x_n + y_n) \geq \alpha + \beta = \liminf_{n\to\infty} x_n + \liminf_{n\to\infty} y_n$$

이 성립함을 보였다.

(2°) $\inf_{n\geq k}(x_n + y_n) \leq \inf_{n\geq k} x_n + \sup_{n\geq k} y_n$임을 살펴보기 위하여, 임의의 양수 $\epsilon > 0$을 정해두면,

$$\exists q \in \mathbb{N}\ (q \geq k) \ \ : \ \ x_q < \inf_{n\geq k} x_n + \epsilon$$

이므로

$$\inf_{n\geq k}(x_n + y_n) \leq x_q + y_q < \inf_{n\geq k} x_n + \epsilon + \sup_{n\geq k} y_n$$

이다. 그런데 $\epsilon > 0$은 임의의 양수이므로

$$\inf_{n\geq k}(x_n + y_n) \leq \inf_{n\geq k} x_n + \sup_{n\geq k} y_n$$

이고, 덧붙여 극한의 성질을 적용하면

$$\begin{aligned}
\liminf_{n\to\infty}(x_n + y_n) &= \lim_{k\to\infty}\left[\inf_{n\geq k}(x_n + y_n)\right] \\
&\leq \lim_{k\to\infty}\left[\inf_{n\geq k} x_n + \sup_{n\geq k} y_n\right] \\
&= \lim_{k\to\infty}\left(\inf_{n\geq k} x_n\right) + \lim_{k\to\infty}\left(\sup_{n\geq k} y_n\right) = \liminf_{n\to\infty} x_n + \limsup_{n\to\infty} y_n
\end{aligned}$$

을 얻는다.

(3°) $\sup_{n\geq k}(x_n + y_n) \geq \inf_{n\geq k} x_n + \sup_{n\geq k} y_n$임을 살펴보기 위하여, 임의의 양수 $\epsilon > 0$을 정해두면

$$\exists q \in \mathbb{N}\ (q \geq k) \ \ : \ \ y_q > \sup_{n\geq k} y_n - \epsilon$$

이므로

$$\sup_{n\geq k}(x_n + y_n) \geq x_q + y_q > \inf_{n\geq k} x_n + \sup_{n\geq k} y_n - \epsilon$$

이다. 그런데 $\epsilon > 0$은 임의의 양수이므로

$$\sup_{n\geq k}(x_n + y_n) \geq \inf_{n\geq k} x_n + \sup_{n\geq k} y_n$$

이고, 덧붙여 극한의 성질을 적용하면

$$\begin{aligned}
\limsup_{n\to\infty}(x_n + y_n) &= \lim_{k\to\infty}\left[\sup_{n\geq k}(x_n + y_n)\right] \\
&\geq \lim_{k\to\infty}\left[\inf_{n\geq k} x_n + \sup_{n\geq k} y_n\right] \\
&= \lim_{k\to\infty}\left(\inf_{n\geq k} x_n\right) + \lim_{k\to\infty}\left(\sup_{n\geq k} y_n\right) = \liminf_{n\to\infty} x_n + \limsup_{n\to\infty} y_n
\end{aligned}$$

이 성립한다.

(4°) $\limsup_{n\to\infty} x_n = \alpha$ & $\limsup_{n\to\infty} y_n = \beta$라 두고 임의의 양수 $\epsilon > 0$을 선택하자. 이때, 명제 0.2.16의 관점에서 조건

$$n \geq n_0 \implies \begin{cases} \circ\ x_n < \alpha + \frac{\epsilon}{2}\,; \\ \circ\ y_n < \beta + \frac{\epsilon}{2} \end{cases}$$

을 만족하는 자연수 $n_0 \in \mathbb{N}$을 선택할 수 있다. 특히,

$$n \geq n_0 \implies x_n + y_n < \alpha + \beta + \epsilon$$

이므로 $\sup_{n\geq n_0}(x_n + y_n) \leq \alpha + \beta + \epsilon$이 성립한다. 그러므로

$$\limsup_{n\to\infty}(x_n + y_n) \leq \alpha + \beta - \epsilon$$

을 얻는다. 그런데 $\epsilon > 0$이 임의이므로

$$\limsup_{n\to\infty}(x_n + y_n) \leq \alpha + \beta = \limsup_{n\to\infty} x_n + \limsup_{n\to\infty} y_n$$

이 성립함을 보였다.

[9](1°) 임의의 자연수 $k \in \mathbb{N}$을 정해두자. 그러면 $n \geq k$인 임의의 자연수 $n \in \mathbb{N}$에 대하여

$$\begin{cases} \circ\ 0 \leq \inf_{n\geq k} x_n \leq x_n\,; \\ \circ\ 0 \leq \inf_{n\geq k} y_n \leq y_n \end{cases} \quad \& \quad \begin{cases} \circ\ 0 < x_n \leq \sup_{n\geq k} x_n\,; \\ \circ\ 0 < y_n \leq \sup_{n\geq k} y_n \end{cases}$$

이 성립하므로

$$\left(\inf_{n\geq k} x_n\right)\left(\inf_{n\geq k} y_n\right) \leq x_n y_n \quad \& \quad x_n y_n \leq \left(\sup_{n\geq k} x_n\right)\left(\sup_{n\geq k} y_n\right)$$

을 얻는다. 따라서

$$\left(\inf_{n\geq k} x_n\right)\left(\inf_{n\geq k} y_n\right) \leq \inf_{n\geq k}(x_n y_n) \quad \& \quad \sup_{n\geq k}(x_n y_n) \leq \left(\sup_{n\geq k} x_n\right)\left(\sup_{n\geq k} y_n\right)$$

이 성립하고, 특히 극한의 성질을 적용하면

$$\begin{aligned}\left(\liminf_{n\to\infty} x_n\right)\left(\liminf_{n\to\infty} y_n\right) &= \lim_{k\to\infty}\left[\left(\inf_{n\geq k} x_n\right)\left(\inf_{n\geq k} y_n\right)\right] \\ &\leq \lim_{k\to\infty}\left[\inf_{n\geq k}(x_n y_n)\right] = \liminf_{n\to\infty}(x_n y_n)\end{aligned}$$

과 그리고

$$\begin{aligned}\limsup_{n\to\infty}(x_n y_n) &= \lim_{k\to\infty}\left[\sup_{n\geq k}(x_n y_n)\right] \\ &\leq \lim_{k\to\infty}\left[\left(\sup_{n\geq k} x_n\right)\left(\sup_{n\geq k} y_n\right)\right] = \left(\limsup_{n\to\infty} x_n\right)\left(\limsup_{n\to\infty} y_n\right)\end{aligned}$$

을 얻는다.

(2°) 임의의 자연수 $k \in \mathbb{N}$을 정해두자. 그러면 $n \geq k$인 임의의 자연수 $n \in \mathbb{N}$에 대하여 $y_n \leq [\sup_{n\geq k} y_n]$임을 알 수 있다. 또한, 모든 자연수 $n \in \mathbb{N}$에 대하여 $x_n > 0$이므로 $x_n y_n \leq [x_n \sup_{n\geq k} y_n]$ $(n \geq k)$이 성립한다. 한편, $[\sup_{n\geq k} y_n] > 0$이므로

$$\inf_{n\geq k}(x_n y_n) \leq \left(\inf_{n\geq k} x_n\right)\left(\sup_{n\geq k} y_n\right)$$

이고, 덧붙여 극한의 성질을 적용하면

$$\begin{aligned}\liminf_{n\to\infty}(x_n y_n) &= \lim_{k\to\infty}\left[\inf_{n\geq k}(x_n y_n)\right] \\ &\leq \lim_{k\to\infty}\left[\left(\inf_{n\geq k} x_n\right)\left(\sup_{n\geq k} y_n\right)\right] = \left(\liminf_{n\to\infty} x_n\right)\left(\limsup_{n\to\infty} y_n\right)\end{aligned}$$

이 성립한다.

(3°) 임의의 자연수 $k \in \mathbb{N}$을 정해두자. 그러면 $n \geq k$인 임의의 자연수 $n \in \mathbb{N}$에 대하여 $[\inf_{n\geq k} y_n] \leq y_n$임을 알 수 있다. 또한, 모든 자연수 $n \in \mathbb{N}$에 대하여 $x_n > 0$이므로 $[x_n \inf_{n\geq k} y_n] \leq x_n y_n$ $(n \geq k)$이 성립한다. 한편, $[\inf_{n\geq k} y_n] \geq 0$이므로

$$\left(\sup_{n\geq k} x_n\right)\left(\inf_{n\geq k} y_n\right) \leq \sup_{n\geq k}(x_n y_n)$$

이고, 덧붙여 극한의 성질을 적용하면

$$\begin{aligned}\left(\limsup_{n\to\infty} x_n\right)\left(\liminf_{n\to\infty} y_n\right) &= \lim_{k\to\infty}\left[\left(\sup_{n\geq k} x_n\right)\left(\inf_{n\geq k} y_n\right)\right] \\ &\leq \lim_{k\to\infty}\left[\sup_{n\geq k}(x_n y_n)\right] = \limsup_{n\to\infty}(x_n y_n)\end{aligned}$$

이 성립한다.

[10] (a) 명제 0.2.20에 의하여

$$\limsup_{n\to\infty} x_n + \liminf_{n\to\infty} y_n \leq \limsup_{n\to\infty}(x_n + y_n) \leq \limsup_{n\to\infty} x_n + \limsup_{n\to\infty} y_n$$

이고 $\liminf_{n\to\infty} y_n = \limsup_{n\to\infty} y_n = \lim_{n\to\infty} y_n$이므로 요구된 결과를 얻는다.

(b) 연습문제 0.1.10를 적용하면

$$\left(\limsup_{n\to\infty} x_n\right)\left(\limsup_{n\to\infty} y_n\right) \geq \limsup_{n\to\infty}(x_n y_n) \geq \left(\limsup_{n\to\infty} x_n\right)\left(\liminf_{n\to\infty} y_n\right)$$

이 성립한다. 그러나

$$\limsup_{n\to\infty} y_n = \liminf_{n\to\infty} y_n = \lim_{n\to\infty} y_n$$

이므로 (b)를 얻는다.

(c) 명제 0.2.20에 의하여

$$\liminf_{n\to\infty} x_n + \liminf_{n\to\infty} y_n \leq \liminf_{n\to\infty}(x_n + y_n) \leq \liminf_{n\to\infty} x_n + \limsup_{n\to\infty} y_n$$

이고 $\liminf_{n\to\infty} y_n = \limsup_{n\to\infty} y_n = \lim_{n\to\infty} y_n$이므로 요구된 결과를 얻는다.

(d) 연습문제 0.1.10를 적용하면

$$\left(\liminf_{n\to\infty} x_n\right)\left(\liminf_{n\to\infty} y_n\right) \leq \liminf_{n\to\infty}(x_n y_n) \leq \left(\liminf_{n\to\infty} x_n\right)\left(\limsup_{n\to\infty} y_n\right)$$

이 성립한다. 그러나

$$\limsup_{n\to\infty} y_n = \liminf_{n\to\infty} y_n = \lim_{n\to\infty} y_n$$

이므로 (d)를 얻는다.

[11](가) 임의의 $(x, y) \in A \times B$를 정해두면

$$\phi(x, y) \leq \sup_{\eta\in B} \phi(x, \eta) \leq \sup_{\xi\in A}\left[\sup_{\eta\in B} \phi(\xi, \eta)\right]$$

이 성립하므로

$$\sup_{(x,y)\in A\times B} \phi(x, y) \leq \sup_{x\in A}\left[\sup_{y\in B} \phi(x, y)\right]$$

를 얻는다. 역으로

$$\phi(\xi, \eta) \leq \sup_{(x,y)\in A\times B} \phi(x, y) \quad (\forall\, (\xi, \eta) \in A \times B)$$

이 성립한다. 특히, $\xi \in A$를 임의의 고정해 두면

$$\sup_{\eta\in B}\phi(\xi,\eta) \le \sup_{(x,y)\in A\times B}\phi(x,y)$$

를 얻고, 더 나아가서

$$\sup_{\xi\in A}\left[\sup_{\eta\in B}\phi(\xi,\eta)\right] \le \sup_{(x,y)\in A\times B}\phi(x,y)$$

이 성립한다.

(나) (가)와 비슷한 방법으로 증명할 수 있다.

[12] 각 $k \in \{1, 2, \cdots, n\}$에 대하여 $z^k := |x^k|$ & $y^k := 1$라 두면, 정리 1.1.3에 의하여

$$\sum_{k=1}^{n}|x^k| = \sum_{k=1}^{n} z^k = |\mathbf{z}\cdot\mathbf{y}| \le \|\mathbf{z}\|_u\|\mathbf{y}\|_u = \|\mathbf{x}\|_u\|\mathbf{y}\|_u = \sqrt{n}\|\mathbf{x}\|_u$$

가 성립한다.

[13](가) 우선 $\|\mathbf{x}\|_u^2 = \sum_{k=1}^{n}(x^k)^2 = \sum_{k=1}^{n}|x^k|^2 \ge |x^k|^2\,(\forall k \in \{1,2,\cdots,n\})$이므로 $\|\mathbf{x}\|_u \ge |x^k|\,(\forall k \in \{1,2,\cdots,n\})$가 성립한다. 또한, $M = \max_{1\le k\le n}|x^k|$라 두면

$$\|\mathbf{x}\|_u^2 = \sum_{k=1}^{n}(x^k)^2 = \sum_{k=1}^{n}|x^k|^2 \le \sum_{k=1}^{n} M^2 = nM^2$$

이 성립하므로 $\|\mathbf{x}\|_u \le \sqrt{n}M$을 얻는다.

(나) $\sum_{j=1}^{n}|x^j| \ge \max_{1\le k\le n}|x^k|$이므로 (가)에 의하여 (나)가 성립함을 알 수 있다.

[14] 반드시 성립하는 것은 아니다. 왜냐하면: $n = 3$이고

$$\mathbf{x} = (1,3,1),\ \ \mathbf{y} = (-2,0,2)\ \ \&\ \ \mathbf{z} = (2,0,-2)$$

라 두면 $\mathbf{y} \ne \mathbf{z}$이지만 $\mathbf{x}\cdot\mathbf{y} = 0 = \mathbf{x}\cdot\mathbf{z}$가 성립하기 때문이다.

[15] 주어진 가정에 의하여 $\|\mathbf{x}\|_u^2 = \mathbf{x}\cdot\mathbf{x} = 0$이므로 $\mathbf{x} = \mathbf{0}$이다.

[16] $\lambda_1\mathbf{x}_1 + \lambda_2\mathbf{x}_2 + \cdots + \lambda_r\mathbf{x}_r = 0$을 가정하자. 이때, 임의의 $j \in \{1,2,\cdots,r\}$에 대하여 등식

$$\lambda_j(\mathbf{x}_j\cdot\mathbf{x}_j) = \mathbf{x}_j\cdot(\lambda_1\mathbf{x}_1 + \lambda_2\mathbf{x}_2 + \cdots + \lambda_r\mathbf{x}_r) = 0$$

이 성립한다. 그러나 $\mathbf{x}_j\cdot\mathbf{x}_j > 0$이므로 $\lambda_j = 0$을 얻는다. 그러므로 $\mathbf{x}_1, \mathbf{x}_2, \cdots, \mathbf{x}_r$은 일차독립이다.

[17]($\Longrightarrow$) $\|\mathbf{x}+\mathbf{y}\|_u = \|\mathbf{x}\|_u + \|\mathbf{y}\|_u$를 가정하면

$$\begin{aligned}\mathbf{x}\cdot\mathbf{x} + 2(\mathbf{x}\cdot\mathbf{y}) + \mathbf{y}\cdot\mathbf{y} &= (\mathbf{x}+\mathbf{y})\cdot(\mathbf{x}+\mathbf{y})\\ &= \|\mathbf{x}+\mathbf{y}\|_u^2\\ &= (\|\mathbf{x}\|_u + \|\mathbf{y}\|_u)^2\\ &= \|\mathbf{x}\|_u^2 + 2\|\mathbf{x}\|_u\|\mathbf{y}\|_u + \|\mathbf{y}\|_u^2 = \mathbf{x}\cdot\mathbf{x} + 2\|\mathbf{x}\|_u\|\mathbf{y}\|_u + \mathbf{y}\cdot\mathbf{y}\end{aligned}$$

이므로 $\mathbf{x}\cdot\mathbf{y} = \|\mathbf{x}\|_u\|\mathbf{y}\|_u$를 얻는다. 그러므로 따름정리 1.1.4의 관점에서 $\mathbf{x} = t_0\mathbf{y}$를 만족하는 실수 $t_0 \in \mathbb{E}^1$ $(t_0 \ge 0)$이 존재한다.

($\Longleftarrow$) $\mathbf{x} = t_0\mathbf{y}$를 만족하는 실수 $t_0 \in \mathbb{E}^1$ $(t_0 \ge 0)$가 존재함을 가정하면,

$$\begin{aligned}\|\mathbf{x}+\mathbf{y}\|_u = \|t_0\mathbf{y}+\mathbf{y}\|_u &= \|(t_0+1)\mathbf{y}\|_u\\ &= (t_0+1)\|\mathbf{y}\|_u = t_0\|\mathbf{y}\|_u + \|\mathbf{y}\|_u = \|t_0\mathbf{y}\|_u + \|\mathbf{y}\|_u\end{aligned}$$

를 얻는다.

[18](a) $\|\mathbf{x}\|_u = \sqrt{\mathbf{x}\cdot\mathbf{x}} \geq 0$이다.

(b) ($\Longrightarrow$) $\mathbf{x}\cdot\mathbf{x} = \|\mathbf{x}\|_u^2 = 0$이다. 여기서 $\mathbf{x} = (x^1, x^2, \cdots, x^n)$이라 두면 $\mathbf{x}\cdot\mathbf{x} = (x^1)^2 + (x^2)^2 + \cdots + (x^n)^2$이므로 $(x^1)^2 = (x^2)^2 = \cdots = (x^n)^2 = 0$임을 알 수 있다. 이것은 $\mathbf{x} = \mathbf{0}$을 의미한다. 한편, ($\Longleftarrow$)은 내적의 정의에 의하여 분명하다.

(c) $\lambda\mathbf{x} = (\lambda x^1, \lambda x^2, \cdots, \lambda x^n)$이므로

$$\begin{aligned}\|\lambda\mathbf{x}\|_u &= \sqrt{(\lambda x^1)^2 + (\lambda x^2)^2 + \cdots + (\lambda x^n)^2} \\ &= \sqrt{\lambda^2((\mathrm{x}^1)^2 + (x^2)^2 + \cdots + (x^n)^2)} \\ &= \sqrt{\lambda^2}\sqrt{(\mathrm{x}^1)^2 + (x^2)^2 + \cdots + (x^n)^2} = |\lambda|\|\mathbf{x}\|_u\end{aligned}$$

이다.

(d) 정리 1.1.3을 적용하면

$$\begin{aligned}\|\mathbf{x}+\mathbf{y}\|_u^2 = (\mathbf{x}+\mathbf{y})\cdot(\mathbf{x}+\mathbf{y}) &= \mathbf{x}\cdot\mathbf{x} + 2(\mathbf{x}\cdot\mathbf{y}) + \mathbf{y}\cdot\mathbf{y} \\ &= \|\mathbf{x}\|_u^2 + 2(\mathbf{x}\cdot\mathbf{y}) + \|\mathbf{y}\|_u^2 \\ &\leq \|\mathbf{x}\|_u^2 + 2\|\mathbf{x}\|_u\|\mathbf{y}\|_u + \|\mathbf{y}\|_u^2 = (\|\mathbf{x}\|_u + \|\mathbf{y}\|_u)^2\end{aligned}$$

이 성립하므로 $\|\mathbf{x}+\mathbf{y}\|_u \leq \|\mathbf{x}\|_u + \|\mathbf{y}\|_u$를 얻는다.

[19]명제 1.1.6의 (c) & (d)에 의하여 부등식

$$\begin{cases} \circ\ \|\mathbf{x}\|_u = \|\mathbf{x}-\mathbf{y}+\mathbf{y}\|_u \leq \|\mathbf{x}+\mathbf{y}\|_u + \|-\mathbf{y}\|_u = \|\mathbf{x}+\mathbf{y}\|_u + \|\mathbf{y}\|_u\,; \\ \circ\ \|\mathbf{y}\|_u = \|\mathbf{y}-\mathbf{x}+\mathbf{x}\|_u \leq \|\mathbf{y}+\mathbf{x}\|_u + \|-\mathbf{x}\|_u = \|\mathbf{x}+\mathbf{y}\|_u + \|\mathbf{x}\|_u \end{cases}$$

이므로 $\|\mathbf{x}\|_u - \|\mathbf{y}\|_u \leq \|\mathbf{x}+\mathbf{y}\|_u$ & $\|\mathbf{y}\|_u - \|\mathbf{x}\|_u \leq \|\mathbf{x}+\mathbf{y}\|_u$이고, 특히

$$-\|\mathbf{x}+\mathbf{y}\|_u \leq \|\mathbf{x}\|_u - \|\mathbf{y}\|_u \leq \|\mathbf{x}+\mathbf{y}\|_u$$

가 성립한다. 또한

$$\|\mathbf{x}\pm\mathbf{y}\|_u \leq \|\mathbf{x}\|_u + \|\pm\mathbf{y}\|_u = \|\mathbf{x}\|_u + \|\mathbf{y}\|_u$$

가 성립한다.

[20](a), (c), (d)는 관찰 1.1.9에 의하여 성립한다.

(b) 임의의 실수 $a, b \in \mathbb{E}^1$에 대하여 부등식 $2|ab| \leq a^2 + b^2$이 성립함에 착안하면

$$\|\mathbf{x}\|_u^2 + \|\mathbf{y}\|_u^2 = \frac{1}{2}\{\|\mathbf{x}+\mathbf{y}\|_u^2 + \|\mathbf{x}-\mathbf{y}\|_u^2\} \geq \|\mathbf{x}+\mathbf{y}\|_u\|\mathbf{x}-\mathbf{y}\|_u$$

를 얻는다.

[21]$\mathbf{x} = \mathbf{0}$ 또는 $\mathbf{y} = \mathbf{0}$인 경우는 등식이 자동적으로 성립한다. 따라서 $\mathbf{x} \neq \mathbf{0}$ & $\mathbf{y} \neq \mathbf{0}$라 가정하자. 이때, (1.3)을 적용하면

$$\|\mathbf{x}-\mathbf{y}\|_u^2 = (\mathbf{x}-\mathbf{y})\cdot(\mathbf{x}-\mathbf{y}) = \mathbf{x}\cdot\mathbf{x} - 2(\mathbf{x}\cdot\mathbf{y}) + \mathbf{y}\cdot\mathbf{y} = \|\mathbf{x}\|_u^2 + \|\mathbf{y}\|_u^2 - 2\|\mathbf{x}\|_u\|\mathbf{y}\|_u\cos\theta$$

를 얻는다.

[22]증명은 정리 1.1.3과 동일하다. 실제로, $\|u\| = 0$이거나 또는 $\|v\| = 0$인 경우 분명히 $\langle u, v\rangle = 0$이므로 $\|u\| \neq 0$ & $\|v\| \neq 0$을 가정하자. 이때, 임의의 $t \in \mathbb{E}^1$에 대하여

$$0 \leq \|u+tv\|^2 = \langle u+tv, u+tv\rangle = \|u\|^2 + 2t\langle u, v\rangle + \|v\|^2t^2 \tag{10.4}$$

이 성립한다. 그런데 (10.4)의 우변은 t에 관한 이차식이므로 판별식을 적용하면

$$4\langle u, v\rangle^2 - 4\|u\|^2\|v\|^2 \leq 0 \quad 즉,\quad |\langle u, v\rangle|^2 \leq \|u\|^2\|v\|^2$$

을 만족하여 요구된 결과를 얻고 증명을 마친다.

[23] 임의의 $(\mathbf{x},\mathbf{y})$, $(\mathbf{s},\mathbf{t})$, $(\mathbf{u},\mathbf{v}) \in \mathbb{E}^n \times \mathbb{E}^m$ & λ, $\mu \in \mathbb{E}^1$를 정해두면, $\mathbb{E}^n$ & $\mathbb{E}^m$가 각각 체 $\mathbb{E}^1$ 위의 벡터공간이므로 다음이 성립한다.

- $(\mathbf{x},\mathbf{y})+(\mathbf{s},\mathbf{t}) = (\mathbf{x}+\mathbf{s},\mathbf{y}+\mathbf{t}) = (\mathbf{s}+\mathbf{x},\mathbf{t}+\mathbf{y}) = (\mathbf{s},\mathbf{t})+(\mathbf{x},\mathbf{y})$.
- $\{(\mathbf{x},\mathbf{y})+(\mathbf{s},\mathbf{t})\}+(\mathbf{u},\mathbf{v}) = (\mathbf{x}+\mathbf{s},\mathbf{y}+\mathbf{t})+(\mathbf{u},\mathbf{v}) = ((\mathbf{x}+\mathbf{s})+\mathbf{u},(\mathbf{y}+\mathbf{t})+\mathbf{v}) = (\mathbf{x}+(\mathbf{s}+\mathbf{u}),\mathbf{y}+(\mathbf{t}+\mathbf{v})) = (\mathbf{x},\mathbf{y})+\{(\mathbf{s},\mathbf{t})+(\mathbf{u},\mathbf{v})\}$.
- $(\mathbf{x},\mathbf{y})+(\mathbf{0},\mathbf{0}) = (\mathbf{x}+\mathbf{0},\mathbf{y}+\mathbf{0}) = (\mathbf{x},\mathbf{y})$ & $(\mathbf{0},\mathbf{0}) \in \mathbb{E}^n \times \mathbb{E}^m$.
- $(\mathbf{x},\mathbf{y})+(-\mathbf{x},-\mathbf{y}) = (\mathbf{x}+(-\mathbf{x}),\mathbf{y}+(-\mathbf{y})) = (\mathbf{0},\mathbf{0})$ & $(-\mathbf{x},-\mathbf{y}) \in \mathbb{E}^n \times \mathbb{E}^m$.
- $\lambda\{(\mathbf{x},\mathbf{y})+(\mathbf{u},\mathbf{v})\} = \lambda(\mathbf{x}+\mathbf{u},\mathbf{y}+\mathbf{v}) = (\lambda(\mathbf{x}+\mathbf{u}),\lambda(\mathbf{y}+\mathbf{v})) = (\lambda\mathbf{x}+\lambda\mathbf{u},\lambda\mathbf{y}+\lambda\mathbf{v}) = (\lambda\mathbf{x},\lambda\mathbf{y})+(\lambda\mathbf{u},\lambda\mathbf{v}) = \lambda(\mathbf{x},\mathbf{y})+\lambda(\mathbf{u},\mathbf{v})$.
- $(\lambda+\mu)(\mathbf{x},\mathbf{y}) = ((\lambda+\mu)\mathbf{x},(\lambda+\mu)\mathbf{y}) = (\lambda\mathbf{x}+\mu\mathbf{x},\lambda\mathbf{y}+\mu\mathbf{y}) = (\lambda\mathbf{x},\lambda\mathbf{y})+(\mu\mathbf{x},\mu\mathbf{y}) = \lambda(\mathbf{x},\mathbf{y})+\mu(\mathbf{x},\mathbf{y})$.
- $\lambda[\mu(\mathbf{x},\mathbf{y})] = \lambda(\mu\mathbf{x},\mu\mathbf{y}) = (\lambda(\mu\mathbf{x}),\lambda(\mu\mathbf{y})) = ((\lambda\mu)\mathbf{x},(\lambda\mu)\mathbf{y}) = (\lambda\mu)(\mathbf{x},\mathbf{y})$.
- $0(\mathbf{x},\mathbf{y}) = (0\mathbf{x},0\mathbf{y}) = (\mathbf{0},\mathbf{0})$.
- $1(\mathbf{x},\mathbf{y}) = (1\mathbf{x},1\mathbf{y}) = (\mathbf{x},\mathbf{y})$.

그러므로 곱집합 $\mathbb{E}^n \times \mathbb{E}^m$ 위에서 정의된 '덧셈'과 '스칼라 곱셈'은 벡터공간의 조건을 모두 만족한다. 따라서 $\mathbb{E}^n \times \mathbb{E}^m$은 벡터공간이다.

[24] $0 < \theta < \pi$라 가정하고 코사인 제2법칙을 적용하면

$$\|\mathbf{x}-\mathbf{y}\|_u^2 = \|\mathbf{x}\|_u^2 + \|\mathbf{y}\|_u^2 - 2\|\mathbf{x}\|_u\|\mathbf{y}\|_u \cos\theta \tag{10.5}$$

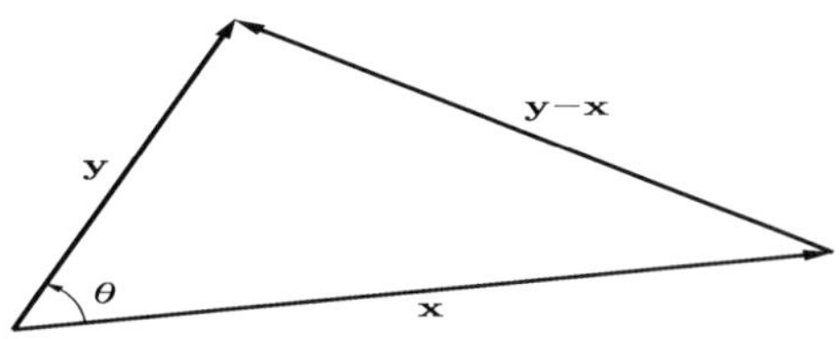

그림 10.1: 코사인 제2법칙의 이해

이 성립한다. 물론 관계식 (10.5)는 $\theta = 0$ 또는 $\theta = \pi$인 경우에도 성립한다. 한편 $\|\mathbf{x}\|_u^2 = (x^1)^2 + (x^2)^2 + \cdots + (x^n)^2$, $\|\mathbf{y}\|_u^2 = (y^1)^2 + (y^2)^2 + \cdots + (y^n)^2$이고 또한

$$\begin{aligned}\|\mathbf{x}-\mathbf{y}\|_u^2 &= (x^1-y^1)^2 + (x^2-y^2)^2 + \cdots + (x^n-y^n)^2 \\ &= \|\mathbf{x}\|_u^2 - 2(x^1y^1 + x^2y^2 + \cdots + x^ny^n) + \|\mathbf{y}\|_u^2\end{aligned} \tag{10.6}$$

이므로 관계식 (10.5)으로부터

$$-2(x^1y^1 + x^2y^2 + \cdots + x^ny^n) = -2\|\mathbf{x}\|_u\|\mathbf{y}\|_u \cos\theta$$

가 성립하여 바라던 결과를 얻는다.

[25] 주어진 조건에 의하여

$$\begin{cases} \circ\ v^1 = \|\mathbf{v}\|_u \cos\alpha\,; \\ \circ\ v^2 = \|\mathbf{v}\|_u \cos\beta\,; \\ \circ\ v^3 = \|\mathbf{v}\|_u \cos\gamma \end{cases}$$

이므로

$$\begin{aligned}\|\mathbf{v}\|_u^2 &= (v^1)^2 + (v^2)^2 + (v^3)^2 \\ &= \|\mathbf{v}\|_u^2 \cos^2\alpha + \|\mathbf{v}\|_u^2 \cos^2\beta + \|\mathbf{v}\|_u^2 \cos^2\gamma \\ &= \|\mathbf{v}\|_u^2 (\cos^2\alpha + \cos^2\beta + \cos^2\gamma)\end{aligned}$$

이 성립하여 바라는 결과를 얻는다.

[26]**(방법1)** 벡터의 합 $(a+c, b+d) = (a,b) + (c,d)$을 생각하면 변의 길이가 $a+c$ & $b+d$인 사각형을 생각할 수 있다. 따라서 그림에서 보는 바와 같이 합동조건(SAS)에 의하여 좌우 두개의 삼각형이 합동이고 또한 위아래 두 개의 삼각형이 합동이므로 평행사변형의 면적은

$$\begin{aligned}S &= (\text{사각형의 면적}) - (4\text{개의 삼각형의 면적}) \\ &= (a+c)(b+d) - 2\left\{\frac{1}{2}(a+c)b + \frac{1}{2}(b+d)c\right\} \\ &= (a+c)(b+d) - (a+c)b - (b+d)c = ad - bc\end{aligned}$$

이다. 물론 면적이므로 항상 양수이고 따라서 $S = |ad - bc|$임에 유의한다.

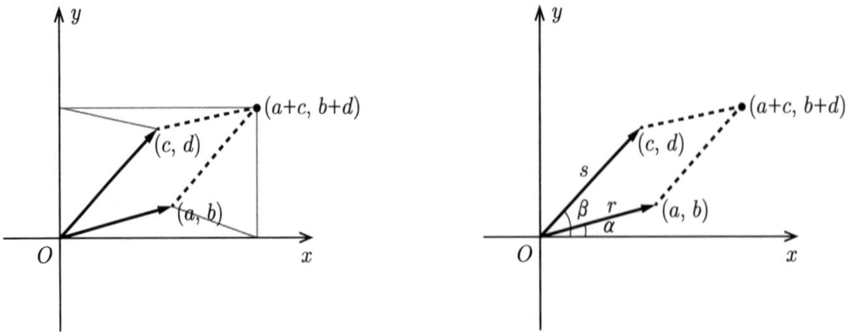

그림 10.2: 평행사변형의 면적의 이해

(방법2) 그림에서 처럼 $r = \sqrt{a^2+b^2}$ & $s = \sqrt{c^2+d^2}$이라 두고 벡터 (a,b)가 양의 x-축이 이루는 각을 α, 벡터 (c,d)가 양의 x-축이 이루는 각을 β라 하면

$$\begin{cases} \circ\ a = r\cos\alpha\,; \\ \circ\ b = r\sin\alpha\,; \\ \circ\ c = s\cos\beta\,; \\ \circ\ d = s\sin\beta \end{cases}$$

이므로 평행사변형의 면적

$$\begin{aligned}S &= (\text{밑변의 길이})(\text{높이}) \\ &= rs\sin(\beta - \alpha) \\ &= rs\sin\beta\cos\alpha - rs\cos\beta\sin\alpha = ad - bc\end{aligned}$$

이다. 물론 면적이므로 항상 양수이고 따라서 $S = |ad - bc|$이다.

(방법3) 두 벡터의 사잇각을 $\theta\,(0 < \theta < \pi)$라 하면 주어진 평행사변형의 면적은

$$S = \|(a,b)\|_u \|(c,d)\|_u \sin\theta$$

임을 알 수있다. 그런데

$$\sin^2\theta = 1-\cos^2\theta = 1-\frac{[(a,b)\cdot(c,d)]^2}{\|(a,b)\|_u^2\|(c,d)\|_u^2} = \frac{(a^2+b^2)(c^2+d^2)-(ac+bd)^2}{\|(a,b)\|_u^2\|(c,d)\|_u^2} = \frac{(ad-bc)^2}{\|(a,b)\|_u^2\|(c,d)\|_u^2}$$

이므로

$$\sin\theta = \frac{|ad-bc|}{\|(a,b)\|_u\|(c,d)\|_u}$$

이고 따라서 $S=|ad-bc|$이다.

[27] 두 벡터의 사잇각을 $\theta\,(0<\theta<\pi)$라 하면 주어진 평행사변형의 면적은

$$S = \|\mathbf{a}\|_u\|\mathbf{b}\|_u\sin\theta$$

임을 알 수 있다. 그런데

$$\sin^2\theta = 1-\cos^2\theta = 1-\frac{[\mathbf{a}\cdot\mathbf{b}]^2}{\|\mathbf{a}\|_u^2\|\mathbf{b}\|_u^2} = \frac{\|\mathbf{a}\|_u^2\|\mathbf{b}\|_u^2-[\mathbf{a}\cdot\mathbf{b}]^2}{\|\mathbf{a}\|_u^2\|\mathbf{b}\|_u^2} = \frac{(a^1b^2-a^2b^1)^2+(a^2b^3-a^3b^2)^2+(a^3b^1-a^1b^3)^2}{\|\mathbf{a}\|_u^2\|\mathbf{b}\|_u^2}$$

이므로

$$\sin\theta = \frac{\sqrt{(a^1b^2-a^2b^1)^2+(a^2b^3-a^3b^2)^2+(a^3b^1-a^1b^3)^2}}{\|\mathbf{a}\|_u\|\mathbf{b}\|_u}$$

이고 따라서

$$S = \sqrt{(a^1b^2-a^2b^1)^2+(a^2b^3-a^3b^2)^2+(a^3b^1-a^1b^3)^2}$$

가 성립한다.

[28] (가) 법선벡터가 $\mathbf{v}=(1,-1,3)$인 평면의 방정식은 $x-y+3z=c$이다. 이 평면위에 점 $P=(4,2,-1)$가 있으므로 대입하면 $c=-1$을 얻는다. 그러므로 구하는 평면의 방정식은 $x-y+3z=-1$이다.

(나) 법선벡터가 $\mathbf{v}=(-1,0,3)$인 평면의 방정식은 $-x+3z=c$이다. 이 평면위에 점 $P=(2,3,5)$가 있으므로 대입하면 $c=13$을 얻는다. 그러므로 구하는 평면의 방정식은 $x-3z=13$이다.

[29] (가) $P_1=(2,1,1)$, $P_2=(3,-1,1)$ & $P_3=(4,1,-1)$라 두면 $\overrightarrow{P_1P_2}=(1,-2,0)$ & $\overrightarrow{P_1P_3}=(2,0,-2)$이다. 구하는 평면의 법선벡터를 $\mathbf{v}=(a,b,c)$라 두면 $\overrightarrow{P_1P_2}\perp\mathbf{v}$ & $\overrightarrow{P_1P_3}\perp\mathbf{v}$이므로 $\mathbf{v}=(2,1,2)$를 선택할 수 있다. 따라서 방정식 $(x,y,z)\cdot(2,1,2)=\overrightarrow{OP_1}\cdot(2,1,2)$을 풀면 $2x+y+2z=7$을 얻는다.

(나) $P_1=(1,-1,2)$, $P_2=(1,2,-1)$ & $P_3=(3,1,2)$라 두면, $\overrightarrow{P_1P_2}=(0,3,-3)$ & $\overrightarrow{P_1P_3}=(2,2,0)$이다. 구하는 평면의 법선벡터를 $\mathbf{v}=(a,b,c)$라 두면 $\overrightarrow{P_1P_2}\perp\mathbf{v}$ & $\overrightarrow{P_1P_3}\perp\mathbf{v}$이므로 $\mathbf{v}=(-1,1,1)$ 를 선택할 수 있다. 따라서 방정식 $(x,y,z)\cdot(-1,1,1)=\overrightarrow{OP_1}\cdot(-1,1,1)$을 풀면 $x-y-z=0$을 얻는다.

[30] (가) 직선의 매개변수방정식은

$$X(t)=(1,3,-2)+t(1,2,2)=(1+t,3+2t,-2+2t)\quad(\forall\,t\in\mathbb{E}^1)$$

으로 주어진다. 따라서 t를 소거하면 구하는 방정식은

$$x-1=\frac{y-3}{2}=\frac{z+2}{2}$$

이다. 즉, $L(P;\mathbf{v})=\left\{(x,y,z)\in\mathbb{E}^3 : x-1=\frac{y-3}{2}=\frac{z+2}{2}\right\}$이다.

(나) 구하는 평면의 방정식은 $(x-1, y+1, z-2)\cdot(1,2,2) = 0$이므로 정리하면 $\{(x,y,z) \in \mathbb{E}^3 : x+2y+2z = 3\}$을 얻는다.

(다) 교점은 $\{(1,3,-2)\}$이다.

[31](가) 벡터 $\mathbf{v} = (3,1,-5)$는 평면 Π의 법선이고 $\|\mathbf{v}\|_u = \sqrt{35}$이다. 또한 점 $P = (2,1,1) \in \Pi$이므로

$$\mathrm{dist}(Q,\Pi) = \frac{|(Q-P)\cdot\mathbf{v}|}{\|\mathbf{v}\|_u} = \frac{8}{\sqrt{35}}$$

을 얻는다.

(나) 벡터 $\mathbf{v} = (1,0,0)$는 평면 Π의 법선이고 $\|\mathbf{v}\|_u = 1$이다. 또한 점 $P = (0,1,1) \in \Pi$이므로

$$\mathrm{dist}(Q,\Pi) = \frac{|(Q-P)\cdot\mathbf{v}|}{\|\mathbf{v}\|_u} = 3$$

을 얻는다.

[32]방정식 $\|\mathbf{x}-\mathbf{x}_1\|_u^2 = \|\mathbf{x}-\mathbf{x}_2\|_u^2$을 전개하고나서 정리하면

$$\mathbf{x}\cdot(\mathbf{x}_2-\mathbf{x}_1) = \frac{1}{2}(\|\mathbf{x}_2\|_u^2 - \|\mathbf{x}_1\|_u^2)$$

을 얻는다. 그러므로

$$\{\mathbf{x}\in\mathbb{E}^n : \|\mathbf{x}-\mathbf{x}_1\|_u = \|\mathbf{x}-\mathbf{x}_2\|_u\} = P(\mathbf{x}_2-\mathbf{x}_1; 1/2(\|\mathbf{x}_2\|_u^2 - \|\mathbf{x}_1\|_u^2))$$

로 요약된다.

[33]방정식 $\|\mathbf{x}-\mathbf{x}_1\|_u^2 = c^2\|\mathbf{x}-\mathbf{x}_2\|_u^2$을 전개하고나서 정리하면

$$\left\|\mathbf{x} - \frac{1}{1-c^2}(\mathbf{x}_1 - c^2\mathbf{x}_2)\right\|_u^2 = \frac{c^2}{(1-c^2)^2}\|\mathbf{x}_1-\mathbf{x}_2\|_u^2$$

을 얻는다. 그러므로

$$\{\mathbf{x}\in\mathbb{E}^n : \|\mathbf{x}-\mathbf{x}_1\|_u = c\|\mathbf{x}-\mathbf{x}_2\|_u\} = S_u\left(\frac{1}{1-c^2}(\mathbf{x}_1-c^2\mathbf{x}_2); \frac{c}{1-c^2}\|\mathbf{x}_1-\mathbf{x}_2\|_u\right)$$

로 요약된다.

[34]우선, $W := \{\mathbf{x}\in\mathbb{E}^n : \mathbf{v}\cdot\mathbf{x} = 0\}$라 두면, $\mathbf{v} = (v^1, v^2, \cdots, v^n) \neq 0$이므로 일반성에 어긋남이 없이 $v^1 \neq 0$을 가정할 수 있고, W가 $\mathbb{E}^n$의 부분공간임은 분명하다. 이제, 차원을 보이기 위하여 기저를 찾으면 충분하다. 주어진 방정식

$$0 = \mathbf{v}\cdot\mathbf{x} = v^1x^1 + v^2x^2 + \cdots + v^nx^n \tag{10.7}$$

을 생각하면 벡터들

$$\mathbf{v}_1 = \left(-\frac{v^2}{v^1}, 1, 0, \cdots, 0\right),\ \mathbf{v}_2 = \left(-\frac{v^3}{v^1}, 0, 1, \cdots, 0\right),\ \cdots,\ \mathbf{v}_{n-1} = \left(-\frac{v^n}{v^1}, 0, 0, \cdots, 1\right)$$

은 모두 방정식 (10.7)의 일차독립인 해이다. 더욱이 $\mathbf{x}\in W$라 하면 방정식 (10.7)로부터

$$x^1 = -\frac{1}{v^1}(v^2x^2 + \cdots + v^nx^n)$$

을 얻게 되므로

$$\begin{aligned}\mathbf{x} = (x^1, x^2, \cdots, x^n) &= \left(-\frac{1}{v^1}(v^2x^2 + \cdots + v^nx^n), x^2, \cdots, x^n\right)\\ &= x^2\mathbf{v}_1 + x^3\mathbf{v}_2 + \cdots + x^n\mathbf{v}_{n-1}\end{aligned}$$

를 얻는다. 따라서 $\{\mathbf{v}_1, \mathbf{v}_2, \cdots, \mathbf{v}_{n-1}\}$은 벡터공간 W의 기저를 이룬다.

[35]두 직선에 대한 법선벡터는 각각 $(-m, 1)$, $(-m'1)$이다. 따라서 다음이 성립한다.

$$\begin{aligned}\text{“주어진 두 직선이 서로 직교한다.”} &\iff \text{“주어진 두 직선의 법선이 서로 직교한다.”}\\ &\iff (-m,1)\cdot(-m',1)=0\\ &\iff mm'=-1.\end{aligned}$$

[36]$\{\mathbf{x}_1-\mathbf{x}_0,\, \mathbf{x}_2-\mathbf{x}_0, \cdots, \mathbf{x}_{n-1}-\mathbf{x}_0\} \subset \mathbb{E}^n$가 일차독립인 집합이고 $\dim \mathbb{E}^n = n$이므로 $\{\mathbf{x}_1-\mathbf{x}_0,\, \mathbf{x}_2-\mathbf{x}_0, \cdots, \mathbf{x}_{n-1}-\mathbf{x}_0, \mathbf{u}_n\}$이 $\mathbb{E}^n$의 기저가 되는 벡터 $\mathbf{u}_n \in \mathbb{E}^n \setminus \{\mathbf{0}\}$이 존재한다.

[존재성] 집합 $P := \{\mathbf{x} \in \mathbb{E}^n : (\mathbf{x}-\mathbf{x}_0)\cdot\mathbf{u}_n = 0\}$는 $\mathbb{E}^n$ 위의 초평면이다. 한편 $W := \{\lambda\mathbf{u}_n : \lambda \in \mathbb{E}^1\}$은 $\mathbb{E}^n$의 일차원 부분공간이고 $W^\perp := \{\mathbf{x} \in \mathbb{E}^n : \mathbf{x}\cdot\mathbf{u}_n = 0\}$을 생각하면 $W^\perp$는 연습문제 1.2.7에 의하여 $\mathbb{E}^n$의 $(n-1)$차원 부분공간이다. 더욱이 $W \cap W^\perp = \{\mathbf{0}\}$이고 임의의 벡터 $\mathbf{x} \in \mathbb{E}^n$가 주어질 때, $\mathbf{x} = \mathbf{w}_1 + \mathbf{w}_2$ ($\mathbf{w}_1 \in W$ & $\mathbf{w}_2 \in W^\perp$)와 같이 유일하게 표현된다. 그러나 $\{\mathbf{x}_1-\mathbf{x}_0,\, \mathbf{x}_2-\mathbf{x}_0, \cdots, \mathbf{x}_{n-1}-\mathbf{x}_0, \mathbf{u}_n\}$이 $\mathbb{E}^n$의 기저이므로 각 $j \in \{1, 2, \cdots, n-1\}$에 대하여 $\mathbf{x}_j - \mathbf{x}_0 \neq \mathbf{0}$ & $\mathbf{x}_j - \mathbf{x}_0 \notin W$이다. 따라서 $\mathbf{x}_j - \mathbf{x}_0 \in W^\perp$이고 사실상 $\{\mathbf{x}_1-\mathbf{x}_0,\, \mathbf{x}_2-\mathbf{x}_0, \cdots, \mathbf{x}_{n-1}-\mathbf{x}_0\}$은 부분공간 $W^\perp$의 기저이다. 특히 $\mathbf{x}_0, \mathbf{x}_j \in P$ $(\forall j \in \{1, 2, \cdots, n-1\}$임을 알 수 있다.

[유일성] $P_1 := \{\mathbf{x} \in \mathbb{E}^n : \mathbf{x}\cdot\mathbf{v} = c\}$가 벡터 $\mathbf{x}_0, \mathbf{x}_1, \cdots, \mathbf{x}_{n-1}$을 포함하는 또 하나의 초평면이라 하자. (단, $\mathbf{v} \in \mathbb{E}^n \setminus \{\mathbf{0}\}$ & $c \in \mathbb{E}^1$). 그때, $\mathbf{x}_j \cdot \mathbf{v} = c$ $(\forall j \in \{0, 1, \cdots, n-1\})$이므로 $(\mathbf{x}_j - \mathbf{x}_0)\cdot\mathbf{v} = 0$ $(\forall j \in \{0, 1, \cdots, n-1\})$이다. 따라서 $P_1 = \{\mathbf{x} \in \mathbb{E}^n : (\mathbf{x}-\mathbf{x}_0)\cdot\mathbf{v} = 0\}$으로 고쳐쓸 수 있다. 한편 $\{\mathbf{x}_1-\mathbf{x}_0,\, \mathbf{x}_2-\mathbf{x}_0, \cdots, \mathbf{x}_{n-1}-\mathbf{x}_0, \mathbf{v}\}$가 일차독립인 집합이고(8) $\dim \mathbb{E}^n = n$이므로 $\{\mathbf{x}_1-\mathbf{x}_0,\, \mathbf{x}_2-\mathbf{x}_0, \cdots, \mathbf{x}_{n-1}-\mathbf{x}_0, \mathbf{v}\}$는 $\mathbb{E}^n$의 기저이다. 그러나 $\mathbf{v} \notin W^\perp$ & $W \cap W^\perp = \{\mathbf{0}\}$이므로 $\mathbf{v} \in W$이다. 즉, $\mathbf{v} = \alpha\mathbf{u}_n$를 만족하는 실수 $\alpha \in \mathbb{E}^1 \setminus \{0\}$을 선택할 수 있다. 그러므로

$$\begin{aligned}P_1 &= \{\mathbf{x} \in \mathbb{E}^n : (\mathbf{x}-\mathbf{x}_0)\cdot\mathbf{v} = 0\}\\ &= \{\mathbf{x} \in \mathbb{E}^n : (\mathbf{x}-\mathbf{x}_0)\cdot\alpha\mathbf{u}_n = 0\}\\ &= \{\mathbf{x} \in \mathbb{E}^n : (\mathbf{x}-\mathbf{x}_0)\cdot\mathbf{u}_n = 0\} = P\end{aligned}$$

이다.

[37](가) $\mathbf{x}, \mathbf{y} \in K$와 $t \in [0,1]$을 생각하면 $t\mathbf{x} + (1-t)\mathbf{y} = (tx^1 + (1-t)y^1, \cdots, tx^n + (1-t)y^n)$이므로

$$\sum_{k=1}^{n} |tx^k + (1-t)y^k| \le \sum_{k=1}^{n} t|x^k| + \sum_{k=1}^{n} (1-t)|y^k| \le t + (1-t) = 1$$

이 성립하여 $t\mathbf{x} + (1-t)\mathbf{y} \in K$를 얻는다.

(나) $\mathbf{x}, \mathbf{y} \in K$와 $t \in [0,1]$을 생각하면

$$\mathbf{x} = \sum_{k=1}^{n} c_k\mathbf{v}_k \quad \& \quad \mathbf{y} = \sum_{k=1}^{n} d_k\mathbf{v}_k$$

를 만족하는 상수 $c_k, d_k \in [0,1]$ $(1 \le k \le n)$이 존재한다. 그러므로

$$\begin{cases} \circ\ t\mathbf{x} + (1-t)\mathbf{y} = \sum_{k=1}^{n} [tc_k + (1-t)d_k]\mathbf{v}_k\,; \\ \circ\ 0 \le tc_k + (1-t)d_k \le t + (1-t) = 1 \ \ (\forall k \in \{1, 2, \cdots, n\}) \end{cases}$$

이 성립하여 $t\mathbf{x} + (1-t)\mathbf{y} \in K$를 얻는다.

[38](b) $S \subset K$이면 분명히 $\hat{S} \subset \hat{K}$임을 알 수 있다. 그러나 K가 볼록이므로 명제 1.4.25에 의하여 $\hat{K} \subset K$이다. 결국 $\hat{S} \subset K$가 성립함을 알 수 있다.

(c) 먼저, (a)에 의하여 $\hat{S}$는 볼록집합이고, 더욱이 $S \subset \hat{S}$임은 분명하다. 다음으로 $S \subset K$인 볼록집합 $K \subset \mathbb{E}^n$를 임의의 선택하면 (b)에 의하면 $\hat{S} \subset K$이다. 그러므로 $\hat{S}$는 S를 포함하는 가장 작은 볼록집합이다.

---

(8) $\lambda_1(\mathbf{x}_1-\mathbf{x}_0) + \lambda_2(\mathbf{x}_2-\mathbf{x}_0) + \cdots + \lambda_{n-1}(\mathbf{x}_{n-1}-\mathbf{x}_0) + \lambda\mathbf{v} = 0$을 가정하자. 그때, $\lambda\|\mathbf{v}\|^2 = 0$이므로 $\lambda = 0$이고 더욱이 $\lambda_1 = \lambda_2 = \lambda_{n-1} = 0$을 얻는다.

[39](1°) 각 $j \in \{1,2,\cdots,m\}$에 대하여 집합 $A_j := \{\mathbf{y}_{jk} : 1 \le k \le m_j\}$를 생각하고 $\mathbf{y}_{jk} \neq \mathbf{y}_{jl}$ $(k \neq l)$을 가정하자. 우선 집합 A_1의 원소를 횡으로 나열하고 난 뒤 A_2의 원소를 두번째 행에 나열하되 A_1의 원소와 동일한 것은 열을 맞추어 재배열한다. 다음으로 $j \in \{3,4,\cdots,m\}$에 대하여 A_j의 원소를 j번째 행에 나열하되 $A_1 \cup A_2 \cup \cdots A_{j-1}$의 원소와 동일한 것은 열을 맞추어 재배열한다. 그리고 서로 다른 원소를 $\mathbf{z}_1, \mathbf{z}_2, \cdots, \mathbf{z}_p$이라 하고 각 $k \in \{1,2,\cdots,p\}$에 대하여

$$\begin{cases} \circ\ B_k := \{j \in \{1,2,\cdots,m\} : \mathbf{y}_{jk} = \mathbf{z}_k\}\,; \\ \circ\ \#(B_k) := n_k \end{cases}$$

라 두면 다음이 성립한다.

$$\begin{cases} \circ\ B_k \cap B_l = \varnothing\ \ (k \neq l)\,; \\ \circ\ 1 \le n_k \le m\ \ (\forall\, k \in \{1,2,\cdots,p\})\,; \\ \circ\ n_1 + n_2 + \cdots + n_p = m_1 + m_2 + \cdots + m_m. \end{cases}$$

(2°) 가정에 의하여 $\mathbf{x} \in \mathbb{E}^n$가 $\mathbf{x}_1, \mathbf{x}_2, \cdots, \mathbf{x}_m \in \mathbb{E}^n$의 볼록결합이므로

$$\begin{cases} \circ\ s^j \ge 0\ \ (\forall\, j \in \{1,2,\cdots,m\})\,; \\ \circ\ \sum_{j=1}^m s^j = 1\,; \\ \circ\ \mathbf{x} = \sum_{j=1}^m s^j \mathbf{x}_j \end{cases}$$

로 나타낼 수 있고 또한 각 $j \in \{1,2,\cdots,m\}$에 대하여 $\mathbf{x}_j$는 $\mathbf{y}_{j1}, \mathbf{y}_{j2}, \cdots, \mathbf{y}_{jm_j} \in \mathbb{E}^n$의 볼록결합이므로

$$\begin{cases} \circ\ t_j^k \ge 0\ \ (\forall\, k \in \{1,2,\cdots,m_j\})\,; \\ \circ\ \sum_{k=1}^{m_j} t_j^k = 1\,; \\ \circ\ \mathbf{x}_j = \sum_{k=1}^{m_j} t_j^k \mathbf{y}_{jk} \end{cases}$$

로 표현할 수 있다.

(3°) 각 $k \in \{1,2,\cdots,p\}$에 대하여 $u^k := \sum_{j \in B_k} s^j t_j^k$라 두면 $u^k \ge 0$ & $\sum_{k=1}^p u^k = 1$이다. 더욱이

$$\begin{aligned} \mathbf{x} &= s^1\mathbf{x}_1 + s^2\mathbf{x}_2 + \cdots + s^m\mathbf{x}_m \\ &= s^1 \sum_{k=1}^{m_1} t_1^k \mathbf{y}_{1k} + s^2 \sum_{k=1}^{m_2} t_2^k \mathbf{y}_{2k} + \cdots + s^m \sum_{k=1}^{m_m} t_m^k \mathbf{y}_{mk} \\ &= \sum_{j=1}^{n_1} s^j t_j^1 \mathbf{y}_{j1} + \sum_{j=1}^{n_2} s^j t_j^2 \mathbf{y}_{j2} + \cdots + \sum_{j=1}^{n_p} s^j t_j^p \mathbf{y}_{jp} \\ &= \sum_{j \in B_1} s^j t_j^1 \mathbf{z}_1 + \sum_{j \in B_2} s^j t_j^2 \mathbf{z}_2 + \cdots + \sum_{j \in B_p} s^j t_j^p \mathbf{z}_p \\ &= u^1\mathbf{z}_1 + u^2\mathbf{z}_2 + \cdots + u^p\mathbf{z}_p \end{aligned}$$

가 성립함을 알 수 있다. 그러므로 $\mathbf{x}$는 $\mathbf{z}_1, \mathbf{z}_2, \cdots, \mathbf{z}_p$의 볼록결합이다.

[40]$P := \{\mathbf{x} \in \mathbb{E}^n : \mathbf{z} \cdot \mathbf{x} = c\}$라 두자. (단, $\mathbf{z} \in \mathbb{E}^n \setminus \{\mathbf{0}\}$ & $c \in \mathbb{E}^1$). 임의로 $\mathbf{x} \in L(\mathbf{x}_2; \mathbf{x}_1 - \mathbf{x}_2)$를 선택하면 $\mathbf{x} = \mathbf{x}_2 + (1-t)(\mathbf{x}_1 - \mathbf{x}_2)$인 실수 $t \in \mathbb{E}^1$을 선택할 수 있다. 그런데 $\mathbf{z} \cdot \mathbf{x}_j = c$ $(\forall\, j \in \{1,2\})$이므로

$$\mathbf{z} \cdot \mathbf{x} = \mathbf{z} \cdot [\mathbf{x}_2 + (1-t)(\mathbf{x}_1 - \mathbf{x}_2)] = \mathbf{z} \cdot \mathbf{x}_2 + (1-t)[\mathbf{z} \cdot (\mathbf{x}_1 - \mathbf{x}_2)] = c$$

가 성립한다. 즉, $\mathbf{x} \in P$임을 알 수 있다.

[41]임의의 $\mathbf{x}$, $\mathbf{y} \in [\![A;B]\!]$ & $\lambda \in [0,1]$을 정해두자. 이때,

$$\lambda\mathbf{x} + (1-\lambda)\mathbf{y} \in [\![A;B]\!]$$

임을 보이는 것이 목적이다. 그런데 $\lambda = 0$ 또는 $\lambda = 1$인 경우는 자명하므로 $\lambda \in (0,1)$을 가정한다. 우선 $\mathbf{x}, \mathbf{y} \in [\![A;B]\!]$이므로 $\mathbf{x} \in [\![\mathbf{a};\mathbf{b}]\!]_s$ & $\mathbf{y} \in [\![\mathbf{c};\mathbf{d}]\!]_s$인 $\mathbf{a}, \mathbf{c} \in A$ & $\mathbf{b}, \mathbf{d} \in B$를 선택할 수 있고, 특히 $\mathbf{x} = \alpha\mathbf{a} + (1-\alpha)\mathbf{b}$ & $\mathbf{y} = \beta\mathbf{c} + (1-\beta)\mathbf{d}$인 $\alpha, \beta \in [0,1]$가 존재한다. 이때 α, β의 값에 따라서 다음과 같이 분류할 수 있다.

- $\alpha = 1$인 경우: $\mathbf{x} = \mathbf{a}$ & $\mathbf{y} = \beta\mathbf{c} + (1-\beta)\mathbf{d}$이므로

$$\lambda\mathbf{x} + (1-\lambda)\mathbf{y} = \lambda\mathbf{a} + (1-\lambda)[\beta\mathbf{c} + (1-\beta)\mathbf{d}] = \lambda\mathbf{a} + (1-\lambda)\beta\mathbf{c} + (1-\lambda)(1-\beta)\mathbf{d}$$

이다. 한편 $\lambda\mathbf{x} + (1-\lambda)\mathbf{y} \in [\![\mathbf{a};\mathbf{y}]\!]_s$이므로 꼭지점 $\mathbf{a}$, $\mathbf{d}$, $\mathbf{c}$인 삼각형을 생각하면

$$\lambda\mathbf{x} + (1-\lambda)\mathbf{y} = \zeta[\mu\mathbf{a} + (1-\mu)\mathbf{c}] + (1-\zeta)\mathbf{d}$$

를 만족하는 점 $\mu\mathbf{a} + (1-\mu)\mathbf{c} \in [\![\mathbf{a};\mathbf{c}]\!]_s \subset A$를 선택할 수 있다. 그러므로

$$\lambda\mathbf{a} + (1-\lambda)\beta\mathbf{c} + (1-\lambda)(1-\beta)\mathbf{d} = \zeta[\mu\mathbf{a} + (1-\mu)\mathbf{c}] + (1-\zeta)\mathbf{d}$$

로 부터 ζ, μ를 계산하면

$$\zeta = 1 - (1-\lambda)(1-\beta) = \beta + \lambda - \beta\lambda \quad \& \quad \mu = \frac{\lambda}{\beta + \lambda - \beta\lambda}$$

를 얻는다. 그러나

$$\begin{cases} \circ\ \beta + \lambda - \beta\lambda - \lambda = \beta(1-\lambda) \geq 0\,; \\ \circ\ 1 - \beta - \lambda + \beta\lambda = (1-\lambda)(1-\beta) \geq 0 \end{cases}$$

임을 고려하면 $0 < \lambda \leq \beta + \lambda - \beta\lambda \leq 1$이고, 더욱이

$$\lambda\mathbf{x} + (1-\lambda)\mathbf{y} = (\beta + \lambda - \beta\lambda)\left[\frac{\lambda}{\beta + \lambda - \beta\lambda}\mathbf{a} + \frac{\beta(1-\lambda)}{\beta + \lambda - \beta\lambda}\mathbf{c}\right] + (1 - \beta - \lambda + \beta\lambda)\mathbf{d}$$

가 성립하여 $\lambda\mathbf{x} + (1-\lambda)\mathbf{y} \in [\![A;B]\!]$를 얻는다.

- $\beta, \alpha \in (0,1)$ & $\beta = \alpha$인 경우:

$$\begin{aligned} \lambda\mathbf{x} + (1-\lambda)\mathbf{y} &= \lambda\alpha\mathbf{a} + \lambda(1-\alpha)\mathbf{b} + (1-\lambda)\alpha\mathbf{c} + (1-\lambda)(1-\alpha)\mathbf{d} \\ &= \alpha[\lambda\mathbf{a} + (1-\lambda)\mathbf{c}] + (1-\alpha)[\lambda\mathbf{b} + (1-\lambda)\mathbf{d}] \end{aligned}$$

이다. 그런데 A, B가 볼록집합이므로 $\lambda\mathbf{a}+(1-\lambda)\mathbf{c} \in A$ & $\lambda\mathbf{b}+(1-\lambda)\mathbf{d} \in B$이고, 따라서 $\lambda\mathbf{x}+(1-\lambda)\mathbf{y} \in [\![A;B]\!]$를 얻는다.

- $\beta, \alpha \in (0,1)$ & $\beta \neq \alpha$인 경우: 일반성을 잃지 않고 $\beta < \alpha$를 가정할 수 있다. 이때,

$$\begin{aligned} \lambda\mathbf{x} + (1-\lambda)\mathbf{y} &= \lambda\alpha\mathbf{a} + \lambda(1-\alpha)\mathbf{b} + (1-\lambda)\beta\mathbf{c} + (1-\lambda)(1-\beta)\mathbf{d} \\ &= \lambda\alpha\mathbf{a} + (1-\lambda)\beta\mathbf{c} + \lambda(1-\alpha)\mathbf{b} + (1-\lambda)(1-\beta)\mathbf{d} \end{aligned}$$

이다. 한편 $\lambda\mathbf{x} + (1-\lambda)\mathbf{y} \in [\![\mathbf{x};\mathbf{y}]\!]_s$이므로 꼭지점 $\mathbf{a}$, $\mathbf{b}$, $\mathbf{d}$, $\mathbf{c}$인 사각형을 생각하면

$$\lambda\mathbf{x} + (1-\lambda)\mathbf{y} = \zeta[\mu\mathbf{a} + (1-\mu)\mathbf{c}] + (1-\zeta)[\eta\mathbf{b} + (1-\eta)\mathbf{d}]$$

를 만족하는 점 $\mu\mathbf{a} + (1-\mu)\mathbf{c} \in [\![\mathbf{a};\mathbf{c}]\!]_s \subset A$ & $\eta\mathbf{b} + (1-\eta)\mathbf{d} \in [\![\mathbf{b};\mathbf{d}]\!]_s \subset B$를 선택할 수 있다. 그러므로

$$\lambda\alpha\mathbf{a} + (1-\lambda)\beta\mathbf{c} + \lambda(1-\alpha)\mathbf{b} + (1-\lambda)(1-\beta)\mathbf{d} = \zeta[\mu\mathbf{a} + (1-\mu)\mathbf{c}] + (1-\zeta)[\eta\mathbf{b} + (1-\eta)\mathbf{d}]$$

로 부터 ζ, μ, η를 계산하면

$$\begin{cases} \circ\ \zeta = \beta - \lambda\beta + \lambda\alpha = \beta + \lambda(\alpha - \beta)\,; \\ \circ\ \mu = \frac{\lambda\alpha}{\beta + \lambda(\alpha-\beta)}\,; \\ \circ\ \eta = \frac{\lambda(1-\alpha)}{1-\beta-\lambda(\alpha-\beta)} \end{cases}$$

를 얻는다. 특히,

$$\begin{cases} \circ\ 1 - \beta - \lambda(\alpha-\beta) - \lambda(1-\alpha) = 1 - \beta + \lambda\beta - \lambda = (1-\beta)(1-\lambda) \geq 0\,; \\ \circ\ \beta + \lambda(\alpha-\beta) - \lambda\alpha = \beta(1-\lambda) \geq 0 \end{cases}$$

임에 유념하면 $1 - \beta - \lambda(\alpha-\beta) \geq \lambda(1-\alpha) \geq 0$ & $\beta + \lambda(\alpha-\beta) \geq \lambda\alpha$가 성립한다. 그러므로

$$\begin{aligned} \lambda\mathbf{x} + (1-\lambda)\mathbf{y} = (\beta + \lambda(\alpha-\beta))&\left[\frac{\lambda\alpha}{\beta + \lambda(\alpha-\beta)}\mathbf{a} + \left(1 - \frac{\lambda\alpha}{\beta + \lambda(\alpha-\beta)}\right)\mathbf{c}\right] \\ + (1 - \beta - \lambda(\alpha-\beta))&\left[\frac{\lambda(1-\alpha)}{1-\beta-\lambda(\alpha-\beta)}\mathbf{b} + \left(1 - \frac{\lambda(1-\alpha)}{1-\beta-\lambda(\alpha-\beta)}\right)\mathbf{d}\right] \end{aligned}$$

로 표현된다. 그러나 A, B가 볼록집합이므로

$$\frac{\lambda\alpha}{\beta+\lambda(\alpha-\beta)}\mathbf{a}+\left(1-\frac{\lambda\alpha}{\beta+\lambda(\alpha-\beta)}\right)\mathbf{c}\in A\,;$$
$$\frac{\lambda(1-\alpha)}{1-\beta-\lambda(\alpha-\beta)}\mathbf{b}+\left(1-\frac{\lambda(1-\alpha)}{1-\beta-\lambda(\alpha-\beta)}\right)\mathbf{d}\in B$$

이고, 따라서 $\lambda\mathbf{x}+(1-\lambda)\mathbf{y}\in[\![A;B]\!]$를 얻는다.

결국 어느 경우든지 $\lambda\mathbf{x}+(1-\lambda)\mathbf{y}\in[\![A;B]\!]$가 성립하므로 $[\![A;B]\!]$는 볼록집합이다.

[42] 임의의 한 점 $\mathbf{x}\in\mathsf{Conv}\{\mathbf{x}_0,\mathbf{x}_1,\cdots,\mathbf{x}_r\}$을 정해두고,

$$\mathbf{x}=\sum_{j=0}^{r}t^j\mathbf{x}_j=\sum_{j=0}^{r}s^j\mathbf{x}_j\qquad\left(\text{단, } s_j\geq 0,\ \ t_j\geq 0\ \ \&\ \ \sum_{j=0}^{r}s^j=1=\sum_{j=0}^{r}t^j\right)$$

을 가정하면

$$\sum_{j=0}^{r}t^j(\mathbf{x}_j-\mathbf{x}_0)=\mathbf{x}-\mathbf{x}_0=\sum_{j=0}^{r}s^j(\mathbf{x}_j-\mathbf{x}_0)$$

이므로 $\sum_{j=0}^{r}(t^j-s^j)(\mathbf{x}_j-\mathbf{x}_0)=\mathbf{0}$이고, 또한 $\mathbf{x}_1-\mathbf{x}_0,\mathbf{x}_2-\mathbf{x}_0,\cdots,\mathbf{x}_r-\mathbf{x}_0$가 일차독립이므로 $t^j-s^j=0\ (\forall j\in\{1,2,\cdots,r\})$가 성립하여 바라는 결과를 얻는다.

[43] 편의상 $\boldsymbol{\epsilon}_0:=\mathbf{0}$라 두고 증명을 전개하기로 한다.

($\Longrightarrow$) $(t^0,t^1,\cdots,t^n)$이 점 $\mathbf{x}\in\mathsf{Conv}\{\mathbf{0},\boldsymbol{\epsilon}_1,\cdots,\boldsymbol{\epsilon}_n\}$의 무게중심좌표라 하면

$$\mathbf{x}=\sum_{k=0}^{n}t^k\boldsymbol{\epsilon}_k\qquad\left(\text{단, } t^k\geq 0\ (0\leq k\leq n)\ \ \&\ \ \sum_{k=0}^{n}t^k=1\right)$$

을 만족한다. 특히,

$$(x^1,x^2,\cdots,x^n)=\mathbf{x}=\sum_{k=0}^{n}t^k\boldsymbol{\epsilon}_k=(t^1,t^2,\cdots,t^n)$$

이므로 $t^k=x^k\ (1\leq k\leq n)$이다. 또한 $t^0=1-\sum_{k=1}^{n}t^k=1-\sum_{k=1}^{n}x^k$이다.

($\Longleftarrow$) 우선, $\mathbf{x}\in\mathsf{Conv}\{\mathbf{0},\boldsymbol{\epsilon}_1,\cdots,\boldsymbol{\epsilon}_n\}$이므로

$$\mathbf{x}=\sum_{k=0}^{n}s^k\boldsymbol{\epsilon}_k\qquad\left(\text{단, } s^k\geq 0\ (0\leq k\leq n)\ \ \&\ \ \sum_{k=0}^{n}s^k=1\right)$$

이다. 그러므로

$$\begin{cases}\circ\ x^k=s^k\ \ (1\leq k\leq n)\,;\\ \circ\ s^0=1-\sum_{k=1}^{n}s^k\end{cases}$$

을 얻는다. 특히, 가정에 의하여

$$\begin{cases}\circ\ t^k=x^k=s^k\ \ (1\leq k\leq n)\,;\\ \circ\ t^0=1-\sum_{k=1}^{n}x^k=1-\sum_{k=1}^{n}s^k=1-\sum_{k=1}^{n}t^k\end{cases}$$

이므로

$$\mathbf{x}=\sum_{k=0}^{n}t^k\boldsymbol{\epsilon}_k\qquad\left(\text{단, } t^k\geq 0\ (0\leq k\leq n)\ \ \&\ \ \sum_{k=0}^{n}t^k=1\right)$$

이 성립하여 $(t^0,t^1,\cdots,t^n)$은 점 $\mathbf{x}\in\mathsf{Conv}\{\mathbf{0},\boldsymbol{\epsilon}_1,\cdots,\boldsymbol{\epsilon}_n\}$의 무게중심좌표이다.

[44] 벡터 $\boldsymbol{\xi}-\boldsymbol{\eta}$와 $-\mathbf{v}$가 이루는 각을 $\theta\in[0,\pi]$라 하고, $\boldsymbol{\eta}$에서 평면에 내린 수선의 발을 $\boldsymbol{\xi}_0\in P(\boldsymbol{\xi};\mathbf{v})$라 하자. 그 때, 사잇각의 정의 (1.3)에 의하여

$$\cos\theta=\frac{(\boldsymbol{\xi}-\boldsymbol{\eta})\cdot(-\mathbf{v})}{\|\boldsymbol{\xi}-\boldsymbol{\eta}\|_{\mathbf{u}}\|-\mathbf{v}\|_{\mathbf{u}}}=\frac{(\boldsymbol{\xi}-\boldsymbol{\eta})\cdot(-\mathbf{v})}{\|\boldsymbol{\xi}-\boldsymbol{\eta}\|_{\mathbf{u}}\|\mathbf{v}\|_{\mathbf{u}}}$$

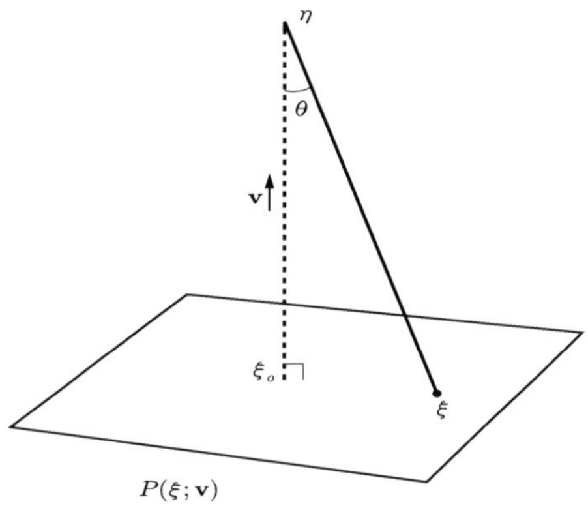

이므로

$$\mathrm{dist}(\boldsymbol{\eta}, P(\boldsymbol{\xi}; \mathbf{v})) = \|\boldsymbol{\eta} - \boldsymbol{\xi}_0\|_{\mathbf{u}} = \left| \|\boldsymbol{\xi} - \boldsymbol{\eta}\|_{\mathbf{u}} \cos\theta \right| = \left| \frac{(\boldsymbol{\xi} - \boldsymbol{\eta}) \cdot (-\mathbf{v})}{\|\mathbf{v}\|_{\mathbf{u}}} \right| = \frac{|(\boldsymbol{\xi} - \boldsymbol{\eta}) \cdot \mathbf{v}|}{\|\mathbf{v}\|_{\mathbf{u}}}$$

을 얻고 따라서 정리 1.4.17의 결과와 동일함을 알 수 있다.

[45] 임의의 점 $(\mathbf{x}, \mathbf{y}) \in U \times V$을 정해두면, $\mathbf{x} \in U$ & $\mathbf{y} \in V$이다. 이때, 집합 U와 V가 모두 열린집합이므로 조건 $B_u(\mathbf{x}; \epsilon_1) \subset U$ & $B_u(\mathbf{y}; \epsilon_2) \subset V$을 만족하는 양수 $\epsilon_1 > 0$ & $\epsilon_2 > 0$가 존재하고, $B_u(\mathbf{x}; \epsilon_1) \times B_u(\mathbf{y}; \epsilon_2) \subset U \times V$이다. 한편, $\epsilon := \min\{\epsilon_1, \epsilon_2\}$라 두면,

$$\begin{aligned}
(\mathbf{s}, \mathbf{t}) \in B_u((\mathbf{x}, \mathbf{y}); \epsilon) \cap (\mathbb{E}^m \times \mathbb{E}^n) &\Longrightarrow \|(\mathbf{s}, \mathbf{t}) - (\mathbf{x}, \mathbf{y})\|_u < \epsilon \\
&\Longrightarrow \|\mathbf{s} - \mathbf{x}\|_u^2 + \|\mathbf{t} - \mathbf{y}\|_u^2 < \epsilon^2 \\
&\Longrightarrow \max\{\|\mathbf{s} - \mathbf{x}\|_u, \|\mathbf{t} - \mathbf{y}\|_u\} < \epsilon \\
&\Longrightarrow (\mathbf{s}, \mathbf{t}) \in B_u(\mathbf{x}; \epsilon) \times B_u(\mathbf{y}; \epsilon) \\
&\Longrightarrow (\mathbf{s}, \mathbf{t}) \in U \times V
\end{aligned}$$

이므로 $B_u((\mathbf{x}, \mathbf{y}); \epsilon) \subset U \times V$이고, 특히 $(\mathbf{x}, \mathbf{y})$는 $U \times V$의 내점이다. 그런데 $(\mathbf{x}, \mathbf{y})$는 곱집합 $U \times V$의 임의의 점이므로 $U \times V$는 $\mathbb{E}^{m+n}$의 열린집합이다.

[46] 임의의 점 $(\mathbf{x}, \mathbf{y}) \in (F \times H)^c$을 정해두면, $(\mathbf{x}, \mathbf{y}) \in (\mathbb{E}^m \times \mathbb{E}^n) \setminus (F \times H)$이므로 $\mathbf{x} \notin F$이거나 $\mathbf{y} \notin H$이다. 그런데 가정에 의하여 두 집합 F^c와 H^c가 각각 $\mathbb{E}^m$와 $\mathbb{E}^n$의 열린집합이므로 조건 $B_u(\mathbf{x}; r) \subset F^c$ 또는 $B_u(\mathbf{y}; r) \subset H^c$을 만족하는 양수 $r > 0$을 택할 수 있고, 특히

$$B_u((\mathbf{x}, \mathbf{y}); r) \cap (\mathbb{E}^m \times \mathbb{E}^n) \subset B_u(\mathbf{x}; r) \times B_u(\mathbf{y}; r) \subset (\mathbb{E}^m \times \mathbb{E}^n) \setminus (F \times H) = (F \times H)^c$$

이므로 $(\mathbf{x}, \mathbf{y})$는 $(F \times H)^c$의 내점이다. 그런데 $(\mathbf{x}, \mathbf{y})$는 집합 $(F \times H)^c$의 임의의 점이므로 $(F \times H)^c$는 $\mathbb{E}^{m+n}$의 열린집합이고, 특히 $F \times H$는 $\mathbb{E}^{m+n}$의 닫힌집합이다.

[47] $(\Longrightarrow)$ $U_1 \cap U_2 \neq \varnothing$을 가정하면 $\mathbf{y} \in U_1 \cap U_2$를 만족하는 $\mathbf{y} \in \mathbb{E}^n$가 존재한다. 이때, 부등식 $\|\mathbf{x}_1 - \mathbf{y}\|_u < \delta$ & $\|\mathbf{x}_2 - \mathbf{y}\|_u < \delta$가 성립하므로

$$\|\mathbf{x}_1 - \mathbf{x}_2\|_u \leq \|\mathbf{x}_1 - \mathbf{y}\|_u + \|\mathbf{x}_2 - \mathbf{y}\|_u < 2\delta$$

를 얻는다.

$(\Longleftarrow)$ $\|\mathbf{x}_1 - \mathbf{x}_2\|_u < 2\delta$를 가정하면

$$\left\| \frac{\mathbf{x}_1 + \mathbf{x}_2}{2} - \mathbf{x}_1 \right\|_u = \frac{\|\mathbf{x}_2 - \mathbf{x}_1\|_u}{2} < \delta \quad \& \quad \left\| \frac{\mathbf{x}_1 + \mathbf{x}_2}{2} - \mathbf{x}_2 \right\|_u = \frac{\|\mathbf{x}_2 - \mathbf{x}_1\|_u}{2} < \delta$$

가 성립하므로 $\frac{\mathbf{x}_1 + \mathbf{x}_2}{2} \in U_1 \cap U_2$이다.

[48] $C := \{(x,0) \in \mathbb{E}^2 : x \geq -1\} \cup \{(x,y) \in \mathbb{E}^2 : x \geq -1 \ \&\ y = x+1\}$와 $D := \{(x,y) \in \mathbb{E}^2 : x \geq -1 \ \&\ 0 \leq y \leq x+1\}$라 두면,

A	int A	∂A	$\overline{A}$
(가))	$0 < \|\mathbf{x} - \mathbf{x}_0\|_u < \delta$	$\mathbf{x}_0$ & $\|\mathbf{x} - \mathbf{x}_0\|_u = \delta$	$\|\mathbf{x} - \mathbf{x}_0\|_u \leq \delta$
(나))	$\varnothing$	$\|\mathbf{x} - \mathbf{x}_0\|_u = \delta$	$\|\mathbf{x} - \mathbf{x}_0\|_u = \delta$
(다))	A	C	D
(라))	$\varnothing$	$\mathbb{E}^2$	$\mathbb{E}^2$
(마))	$\varnothing$	A	A
(바))	$\varnothing$	$A \cup \{0\}$	$A \cup \{0\}$

[49](가) 우선, $A \cap B \subset A$ & $A \cap B \subset B$이므로 $\text{int}(A \cap B) \subset \text{int}(A)$ & $\text{int}(A \cap B) \subset \text{int}(B)$이다. 그러므로 $\text{int}(A \cap B) \subset \text{int}(A) \cap \text{int}(B)$를 얻는다. 역으로 $\mathbf{x} \in \text{int}(A) \cap \text{int}(B)$라 하면 $B_u(\mathbf{x}; r_1) \subset A$ & $B_u(\mathbf{x}; r_2) \subset B$를 만족하는 양수 $r_1 > 0$ & $r_2 > 0$가 존재한다. 여기서 $r = \min\{r_1, r_2\}$라 두면

$$\begin{cases} \circ\ B_u(\mathbf{x}; r) \subset B_u(\mathbf{x}; r_1) \subset A; \\ \circ\ B_u(\mathbf{x}; r) \subset B_u(\mathbf{x}; r_2) \subset B \end{cases}$$

이므로 $B_u(\mathbf{x}; r) \subset A \cap B$이고, 따라서 $\mathbf{x} \in \text{int}(A \cap B)$이다. 그러므로 $\text{int}(A) \cap \text{int}(B) \subset \text{int}(A \cap B)$가 성립한다.

(나) 우선, $A \subset A \cup B$ & $B \subset A \cup B$이므로 $\overline{A} \subset \overline{A \cup B}$ & $\overline{B} \subset \overline{A \cup B}$이다. 그러므로 $\overline{A} \cup \overline{B} \subset \overline{A \cup B}$가 성립한다. 역으로 $\mathbf{x} \in \overline{A \cup B}$라 하면 임의의 양수 $\epsilon > 0$에 대하여 $B_u(\mathbf{x}; \epsilon) \cap (A \cup B) \neq \varnothing$이 성립한다. 그런데

$$B_u(\mathbf{x}; \epsilon) \cap (A \cup B) = [\, B_u(\mathbf{x}; \epsilon) \cap A] \cup [\, B_u(\mathbf{x}; \epsilon) \cap B]$$

이므로

$$B_u(\mathbf{x}; \epsilon) \cap A \neq \varnothing \quad \text{또는} \quad B_u(\mathbf{x}; \epsilon) \cap B \neq \varnothing$$

을 얻고, 따라서 $\mathbf{x} \in \overline{A}$이거나 $\mathbf{x} \in \overline{B}$이다. 그러므로 $\overline{A \cup B} \subset \overline{A} \cup \overline{B}$가 성립한다.

[50](가) $A \subset A \cup B$ & $B \subset A \cup B$이므로 $\text{int}(A) \subset \text{int}(A \cup B)$ & $\text{int}(B) \subset \text{int}(A \cup B)$이다. 그러므로 $\text{int}(A) \cup \text{int}(B) \subset \text{int}(A \cup B)$가 성립한다.

(나) $A \cap B \subset A$ & $A \cap B \subset B$이므로 $\overline{A \cap B} \subset \overline{A}$ & $\overline{A \cap B} \subset \overline{B}$이다. 그러므로 $\overline{A \cap B} \subset \overline{A} \cap \overline{B}$를 얻는다.

(다) $\text{int}(A) \cup \text{int}(B) \subsetneq \text{int}(A \cup B)$에 관하여 살펴보기 위하여 $A = \{\mathbf{x} \in \mathbb{E}^n : 0 < \|\mathbf{x}\|_u \leq 1\}$ & $B = \{\mathbf{0}\}$이라 하면 $A \cup B = \{\mathbf{x} \in \mathbb{E}^n : \|\mathbf{x}\|_u \leq 1\}$이다. 그런데

$$\text{int}(A \cup B) = \{\mathbf{x} \in \mathbb{E}^n : \|\mathbf{x}\|_u < 1\}, \quad \text{int}(A) = \{\mathbf{x} \in \mathbb{E}^n : 0 < \|\mathbf{x}\|_u < 1\} \quad \& \quad \text{int}(B) = \varnothing$$

이므로

$$\text{int}(A) \cup \text{int}(B) = \text{int}(A) \subsetneq \text{int}(A \cup B)$$

이 성립한다. 다음으로 $\overline{A \cap B} \subsetneq \overline{A} \cap \overline{B}$에 대하여 살펴보기 위하여 $\mathbf{x}_0 = (2, 0, \cdots, 0) \in \mathbb{E}^n$라 두고

$$A = \{\mathbf{x} \in \mathbb{E}^n : \|\mathbf{x}\|_u < 1\} \quad \& \quad B = \{\mathbf{x} \in \mathbb{E}^n : \|\mathbf{x} - \mathbf{x}_0\|_u < 1\}$$

을 선택하면 $A \cap B = \varnothing$이므로 $\overline{A \cap B} = \varnothing$이다. 한편

$$\overline{A} = \{\mathbf{x} \in \mathbb{E}^n : \|\mathbf{x}\|_u \leq 1\} \quad \& \quad \overline{B} = \{\mathbf{x} \in \mathbb{E}^n : \|\mathbf{x} - \mathbf{x}_0\|_u \leq 1\}$$

이므로 $\overline{A} \cap \overline{B} = \{(1, 0, \cdots, 0)\}$을 얻는다. 그러므로

$$\overline{A \cap B} = \varnothing \subsetneq \{(1, 0, \cdots, 0)\} = \overline{A} \cap \overline{B}$$

가 성립함을 알 수 있다.

[51](a) $D^c \subset \overline{D^c}$이므로 $\overline{D^c}^c \subset (D^c)^c = D$이고; 정리 2.1.18의 (b)에 의하여 $\overline{D^c}$가 닫힌집합이므로 $\overline{D^c}^c$은 열린집합이고, 특히 $\overline{D^c}^c \subset \text{int}D$이다. 한편, $\mathbf{x} \in \text{int}D$일 때 조건 $B_u(\mathbf{x}; r) \subset D$을 만족하는 양수 $r > 0$가 존재하고, 특히 $B_u(\mathbf{x}; r) \cap D^c = \varnothing$이므로 $\mathbf{x} \notin \overline{D^c}$이다. 따라서 $\text{int}D \subset \overline{D^c}^c$이다.

(b) '외부'의 정의와 (a)에 의하여 $\text{ext}D = \text{int}(D^c) = \overline{(D^c)^c}^c = \overline{D}^c$가 성립한다.

(c) D 대신 D^c에 대하여 (a)의 결과를 적용하면, $\overline{D}^c = \text{int}(D^c)$이므로 $\overline{D} = [\text{int}(D^c)]^c$이고, 또한 주의 2.1.20의 (가)에 의하여 $\partial D = [\text{int}(D^c)]^c \cap (\text{int}D)^c = \overline{D} \cap (\text{int}D)^c = \overline{D} \setminus \text{int}D$가 성립한다. 한편, (b)에 의하여 $\text{int}D = \text{ext}(D^c) = \overline{D^c}^c$이므로 $\partial D = \overline{D} \cap (\text{int}D)^c = \overline{D} \cap \overline{D^c}$가 성립한다.

(d) 분명 $\text{int}D \subset D$이므로

$$D \cup \partial D = D \cup (\overline{D} \setminus \text{int}D) = D \cup [\overline{D} \cap (\text{int}D)^c] = (D \cup \overline{D}) \cap [D \cup (\text{int}D)^c] = \overline{D} \cap \mathbb{E}^n = \overline{D}$$

가 성립한다.

(e) 분명 $D \subset \overline{D}$ & $\text{int}D \subset D$이므로

$$\begin{aligned} D \setminus \partial D &= D \cap (\overline{D} \setminus \text{int}D)^c = D \cap [\overline{D} \cap (\text{int}D)^c]^c \\ &= D \cap \left(\overline{D}^c \cup \text{int}D\right) = \left(D \cap \overline{D}^c\right) \cup (D \cap \text{int}D) = \text{int}D \end{aligned}$$

가 성립한다.

(f) 위의 (c)에 의하여 $\partial(D^c) = \overline{D^c} \cap \overline{(D^c)^c} = \overline{D^c} \cap \overline{D} = \partial D$가 성립한다.

[52](가) 보기 2.1.7의 (2) & (5)에 의하여, 집합 $B_u(\mathbf{x};\epsilon)$와 $[C_u(\mathbf{x};\epsilon)]^c$가 모두 열린집합이므로 다음이 성립한다.

- $\mathbf{y} \in B_u(\mathbf{x};\epsilon)$일 때 조건 $B_u(\mathbf{y};r) \subset B_u(\mathbf{x};\epsilon)$을 만족하는 양수 $r > 0$을 선택할 수 있고, 특히 $B_u(\mathbf{y};r) \cap [C_u(\mathbf{x};\epsilon)]^c = \varnothing$이므로 $B_u(\mathbf{x};\epsilon) \cap \partial [C_u(\mathbf{x};\epsilon)] = \varnothing$이다.
- $\mathbf{z} \notin C_u(\mathbf{x};\epsilon)$일 때 조건 $B_u(\mathbf{z};\rho) \subset [C_u(\mathbf{x};\epsilon)]^c$을 만족하는 $\rho > 0$가 존재하고, 특히 $B_u(\mathbf{z};\rho) \cap C_u(\mathbf{x};\epsilon) = \varnothing$이므로 $[C_u(\mathbf{x};\epsilon)]^c \cap \partial [C_u(\mathbf{x};\epsilon)] = \varnothing$이다.

한편, 분명 $\{\mathbf{y} \in \mathbb{E}^n : \|\mathbf{y} - \mathbf{x}\|_u = \epsilon\} \subset C_u(\mathbf{x};\epsilon)$이고, 덧붙여

$$B_u(\mathbf{x};\epsilon) = \{\mathbf{y} \in \mathbb{E}^n : \|\mathbf{y} - \mathbf{x}\|_u < \epsilon\} \quad \& \quad \mathbb{E}^n \setminus C_u(\mathbf{x};\epsilon) = \{\mathbf{y} \in \mathbb{E}^n : \|\mathbf{y} - \mathbf{x}\|_u > \epsilon\}$$

이므로 $\partial [C_u(\mathbf{x};\epsilon)] = \{\mathbf{y} \in \mathbb{E}^n : \|\mathbf{y} - \mathbf{x}\|_u = \epsilon\}$이고, 특히 보기 2.1.7의 (6)에 의하여 바라는 결과를 얻는다.

(나) 보기 2.1.7의 (2)에 의하여 $B_u(\mathbf{x};\epsilon)$은 열린집합이므로 $\text{int}[B_u(\mathbf{x};\epsilon)] = B_u(\mathbf{x};\epsilon)$이다. 한편, 명제 2.1.21의 (e)에 의하여 $\text{int}\,[C_u(\mathbf{x};\epsilon)] = C_u(\mathbf{x};\epsilon) \setminus \partial [C_u(\mathbf{x};\epsilon)]$이고, 덧붙여 (가)(의 증명)에 의하여 $\partial [C_u(\mathbf{x};\epsilon)] = \{\mathbf{y} \in \mathbb{E}^n : \|\mathbf{y} - \mathbf{x}\|_u = \epsilon\}$이므로 $\text{int}\,[C_u(\mathbf{x};\epsilon)] = B_u(\mathbf{x};\epsilon)$이다.

(다) 주의 2.1.20의 (나)에 의하여

$$\begin{aligned} \text{ext}[B_u(\mathbf{x};\epsilon)] &= \mathbb{E}^n \setminus \{\text{int}[B_u(\mathbf{x};\epsilon)] \cup \partial[B_u(\mathbf{x};\epsilon)]\}, \\ \text{ext}\,[C_u(\mathbf{x};\epsilon)] &= \mathbb{E}^n \setminus \{\text{int}\,[C_u(\mathbf{x};\epsilon)] \cup \partial\,[C_u(\mathbf{x};\epsilon)]\} \end{aligned}$$

이므로, (가)와 (나)에 의하여, $\text{ext}[B_u(\mathbf{x};\epsilon)] = \{\mathbf{y} \in \mathbb{E}^n : \|\mathbf{y} - \mathbf{x}\|_u > \epsilon\} = \text{ext}\,[C_u(\mathbf{x};\epsilon)]$가 성립한다.

(라) 명제 2.1.21의 (d)에 의하여 $\overline{B_u(\mathbf{x};\epsilon)} = B_u(\mathbf{x};\epsilon) \cup \partial[B_u(\mathbf{x};\epsilon)]$이다. 또한 보기 2.1.7의 (6)에 의하여, $\partial[B_u(\mathbf{x};\epsilon)] = \{\mathbf{y} \in \mathbb{E}^n : \|\mathbf{y} - \mathbf{x}\|_u = \epsilon\}$이므로 $\overline{B_u(\mathbf{x};\epsilon)} = \{\mathbf{y} \in \mathbb{E}^n : \|\mathbf{y} - \mathbf{x}\|_u \le \epsilon\} = C_u(\mathbf{x};\epsilon)$가 성립한다.

[53](1) 임의의 두 점 $\mathbf{x}, \mathbf{y} \in \text{int}(K)$ (단, $\mathbf{x} \neq \mathbf{y}$)와 실수 $\lambda \in (0,1)$를 정해두자. 이때, $\mathbf{z} := \lambda\mathbf{x} + (1-\lambda)\mathbf{y} \in \text{int}(K)$를 보이는 것이 목적이다. 즉, $B_u(\mathbf{z};\delta) \subset K$를 만족하는 양수 $\delta > 0$를 찾는 것이다. 우선, $\text{int}(K)$가 열린집합이므로 $B_u(\mathbf{x};r) \subset \text{int}(K)$ & $B_u(\mathbf{y};r) \subset \text{int}(K)$인 양수 $r > 0$을 선택할 수 있다. 이때, $\delta = (1-\lambda)r$라 두면 분명히 $0 < \delta < r$이다. 임의의 $\mathbf{t} \in B_u(\mathbf{z};\delta)$를 선택하자. 이때, $\|\mathbf{t} - \mathbf{z}\|_u < \delta$이므로 $\rho := \delta - \|\mathbf{t} - \mathbf{z}\|_u$라 두면 $0 < \rho < \delta$이다. 그러므로 $\mathbf{a} \in B_u(\mathbf{x};\rho) \subset B_u(\mathbf{x};r)$를 선택하여

$$\mathbf{b} := \frac{\mathbf{t} - \lambda\mathbf{a}}{1 - \lambda}$$

라 두면

$$\begin{aligned}\|\mathbf{b}-\mathbf{y}\|_u &= \left\|\frac{\mathbf{t}-\lambda\mathbf{a}}{1-\lambda}-\mathbf{y}\right\|_u \\ &= \left\|\frac{\mathbf{t}-\lambda\mathbf{a}-(\mathbf{z}-\lambda\mathbf{x})}{1-\lambda}\right\|_u \\ &= \frac{1}{1-\lambda}\|\mathbf{t}-\mathbf{z}-\lambda(\mathbf{a}-\mathbf{x})\|_u \\ &\le \frac{1}{1-\lambda}(\|\mathbf{t}-\mathbf{z}\|_u+\lambda\|\mathbf{a}-\mathbf{x}\|_u) \\ &< \frac{1}{1-\lambda}\left(\|\mathbf{t}-\mathbf{z}\|_u+\lambda((1-\lambda)r-\|\mathbf{t}-\mathbf{z}\|_u)\right) \\ &= \|\mathbf{t}-\mathbf{z}\|_u+\lambda r \\ &< \delta+\lambda r=(1-\lambda)r+\lambda r=r\end{aligned}$$

이므로 $\mathbf{b}\in B_u(\mathbf{y};r)$이다. 특히, $(1-\lambda)\mathbf{b}=\mathbf{t}-\lambda\mathbf{a}$이고, 따라서 $\mathbf{t}=\lambda\mathbf{a}+(1-\lambda)\mathbf{b}$이다. 그러나 $\mathbf{a},\mathbf{b}\in K$이고 K가 볼록집합이므로 $\mathbf{t}=\lambda\mathbf{a}+(1-\lambda)\mathbf{b}\in K$를 얻게되어 $B_u(\mathbf{z};\delta)\subset K$를 증명하였다.

(2) 임의의 $\mathbf{x},\mathbf{y}(\neq)\in\overline{K}$ & $\lambda\in(0,1)$을 정해두자. 이때, $\lambda\mathbf{x}+(1-\lambda)\mathbf{y}\in\overline{K}$를 보이는 것이 목적이며, 특히 $\overline{K}=\operatorname{int}(K)\cup\partial K$임에 유념하면 다음과 같이 분류할 수 있다.

- $\mathbf{x},\mathbf{y}\in\operatorname{int}(K)$인 경우, (1)에서 밝힌 것처럼 $\lambda\mathbf{x}+(1-\lambda)\mathbf{y}\in\operatorname{int}(K)$이므로 $\lambda\mathbf{x}+(1-\lambda)\mathbf{y}\in\overline{K}$이다.
- $\mathbf{x}\in\operatorname{int}(K)$ & $\mathbf{y}\in\partial K$인 경우, $\mathbf{z}:=\lambda\mathbf{y}+(1-\lambda)\mathbf{x}$라 두면 $\mathbf{z}=\lambda\mathbf{a}+(1-\lambda)\mathbf{b}$인 $\mathbf{a},\mathbf{b}\in K$를 찾을 수 있다.([9]) 그러나 $\mathbf{a},\mathbf{b}\in K$이고 K가 볼록집합이므로 $\mathbf{z}=\lambda\mathbf{a}+(1-\lambda)\mathbf{b}\in K$를 얻게 되어 $\mathbf{z}\in\overline{K}$이다.
- $\mathbf{x},\mathbf{y}\in\partial K$ & $[\![\mathbf{x};\mathbf{y}]\!]_u\cap\operatorname{int}(K)\neq\varnothing$인 경우, $\mathbf{t}\in[\![\mathbf{x};\mathbf{y}]\!]_u\cap\operatorname{int}(K)$를 선택하여 $\mathbf{z}:=\lambda\mathbf{x}+(1-\lambda)\mathbf{y}$라 두면 $\mathbf{z}\in[\![\mathbf{x};\mathbf{t}]\!]_u\cup[\![\mathbf{t};\mathbf{y}]\!]_u$이다. 그런데 $\mathbf{x},\mathbf{y}\in\partial K$ & $\mathbf{t}\in\operatorname{int}(K)$이므로 두 번째 경우에서 확인한 것처럼
$$\begin{cases}\circ\ \mathbf{z}\in[\![\mathbf{x};\mathbf{t}]\!]_u \implies \mathbf{z}\in K\,; \\ \circ\ \mathbf{z}\in[\![\mathbf{t};\mathbf{y}]\!]_u \implies \mathbf{z}\in K\end{cases}$$
이 성립한다. 특히, $\mathbf{z}\in\overline{K}$이다.
- $\mathbf{x},\mathbf{y}\in\partial K$ & $[\![\mathbf{x};\mathbf{y}]\!]_u\cap\operatorname{int}(K)=\varnothing$인 경우, $[\![\mathbf{x};\mathbf{y}]\!]_u\subset\partial K$이고,([10]) 따라서 $[\![\mathbf{x};\mathbf{y}]\!]_u\subset\overline{K}$을 얻는다.

결국 어느 경우든지 임의의 $\lambda\in[0,1]$에 대하여 $\lambda\mathbf{x}+(1-\lambda)\mathbf{y}\in\overline{K}$이므로 $\overline{K}$는 볼록집합이다.

([9]) 왜냐하면: $\mathbf{x}\in\operatorname{int}(K)$이므로 $B_u(\mathbf{x};r)\subset\operatorname{int}(K)$를 만족하는 양수 $r>0$이 존재한다. 이때, $\delta:=(1-\lambda)r$라 두면 분명히 $0<\delta<r$이다. 그런데 $\mathbf{y}\in\partial K$이므로 $B_u(\mathbf{y};\delta)\cap K\neq\varnothing$이고, 따라서 $\mathbf{a}\in B_u(\mathbf{y};\delta)\cap K$가 존재한다. 이때,
$$\mathbf{b}:=\frac{\mathbf{z}-\lambda\mathbf{a}}{1-\lambda}$$
라 두면
$$\|\mathbf{b}-\mathbf{x}\|_u=\left\|\frac{\mathbf{z}-\lambda\mathbf{a}}{1-\lambda}-\mathbf{x}\right\|_u=\left\|\frac{\mathbf{z}-\lambda\mathbf{a}-(\mathbf{z}-\lambda\mathbf{y})}{1-\lambda}\right\|_u=\frac{1}{1-\lambda}\|\lambda(\mathbf{y}-\mathbf{a})\|_u<\frac{\lambda\delta}{1-\lambda}=\lambda r<r$$
이므로 $\mathbf{b}\in B_u(\mathbf{x};r)$이고, 특히 $\mathbf{z}=\lambda\mathbf{a}+(1-\lambda)\mathbf{b}$이다.

([10]) 만일 $\mathbf{w}\in[\![\mathbf{x};\mathbf{y}]\!]_u$ & $\mathbf{w}\notin\partial K$를 가정하고 $\mathbf{w}=\mu\mathbf{x}+(1-\mu)\mathbf{y}$ (단, $\mu\in(0,1)$)라 두면 $B_u(\mathbf{w};r)\cap\overline{K}=\varnothing$을 만족하는 양수 $r>0$을 선택할 수 있다. 이때, 양수 $\delta\in\mathbb{E}^1$ $(0<\delta<r)$를 생각하면 $\mathbf{x},\mathbf{y}\in\partial K$이므로 $B_u(\mathbf{x};\delta)\cap K\neq\varnothing\neq B_u(\mathbf{y};\delta)\cap K$이고, 따라서 $\mathbf{a}\in B_u(\mathbf{x};\delta)\cap K$ & $\mathbf{b}\in B_u(\mathbf{x};\delta)\cap K$를 선택할 수 있다. 여기서 K가 볼록집합임을 고려하면 $\mathbf{v}:=\mu\mathbf{a}+(1-\mu)\mathbf{b}\in K$이고, 또한
$$\|\mathbf{v}-\mathbf{w}\|_u=\|\mu(\mathbf{x}-\mathbf{a})+(1-\mu)(\mathbf{y}-\mathbf{b})\|_u\le\mu\|\mathbf{x}-\mathbf{a}\|_u+(1-\mu)\|\mathbf{y}-\mathbf{b}\|_u<\mu\delta+(1-\mu)\delta=\delta<r$$
이므로 $\mathbf{v}\in B_u(\mathbf{w};r)$이다. 그러나 $B_u(\mathbf{w};r)\cap\overline{K}=\varnothing$이므로 $\mathbf{v}\notin\overline{K}$이다. 이것은 $\mathbf{v}=\mu\mathbf{a}+(1-\mu)\mathbf{b}\in K$에 모순이다.

[54](가) $U = \{(x,y) \in \mathbb{E}^2 : x > 0\}$ & $V = \{(x,y) \in \mathbb{E}^2 : x < 0\}$라 두면 U, V는 $\mathbb{E}^2$의 열린집합이고, 더욱이

$$S \cap U \neq \varnothing \neq S \cap V, \quad S \subset U \cup V \quad \& \quad S \cap U \cap V = \varnothing$$

이므로 $S = \{(x,y) \in \mathbb{E}^2 : x^2 - y^2 = 1\}$은 非연결집합이다.

(나) $U = \{(x,y) \in \mathbb{E}^2 : y > x + 1\}$ & $V = \{(x,y) \in \mathbb{E}^2 : y < x + 1\}$라 두면 U, V는 $\mathbb{E}^2$의 열린집합이고, 더욱이

$$S \cap U \neq \varnothing \neq S \cap V, \quad S \subset U \cup V \quad \& \quad S \cap U \cap V = \varnothing$$

이므로 $S = \{(x,y) \in \mathbb{E}^2 : x^2 + y^2 \leq 4 \ \& \ y \neq x + 1\}$은 非연결집합이다.

(다) $U = (-1, 2)$ & $V = (2, 5)$라 두면 U, V는 $\mathbb{E}^1$의 열린집합이고, 더욱이

$$S \cap U \neq \varnothing \neq S \cap V, \quad S \subset U \cup V \quad \& \quad S \cap U \cap V = \varnothing$$

이므로 $S = [0, 1] \cup [3, 4]$는 非연결집합이다.

(라) $U = \{(x,y) \in \mathbb{E}^2 : x > 0\}$ & $V = \{(x,y) \in \mathbb{E}^2 : x < 0\}$라 두면 U, V는 $\mathbb{E}^2$의 열린집합이고, 더욱이

$$S \cap U \neq \varnothing \neq S \cap V, \quad S \subset U \cup V \quad \& \quad S \cap U \cap V = \varnothing$$

이므로 $S = \{(x,y) \in \mathbb{E}^2 : y^2 \leq x^2 \ \& \ x \neq 0\}$은 非연결집합이다.

[55]$S = \{\mathbf{a}_1, \mathbf{a}_2, \cdots, \mathbf{a}_p\}$를 생각하자. (단, $p \in \mathbb{N}$ & $p > 2$). 여기서 $\mathbf{a}_1 \in S$을 고정하고 $2r = \min\{\|\mathbf{a}_1 - \mathbf{a}_k\|_u : k \in \{2, 3, \cdots, p\}\}$라 두면 $r > 0$이다. 그러므로 $U := B_u(\mathbf{a}_1; r)$ & $V := \mathbb{E}^n \setminus \{\mathbf{a}_1\}$을 선택하면 U, V는 $\mathbb{E}^n$의 열린집합이고, 더욱이

$$S \cap U \neq \varnothing \neq S \cap V, \quad S \subset U \cup V \quad \& \quad S \cap U \cap V = \varnothing$$

이므로 $S = \{\mathbf{a}_1, \mathbf{a}_2, \cdots, \mathbf{a}_p\}$은 非연결집합이다.

[56]$\{U, V\}$가 T의 분리라 하자. 환언하면 U, V는 $\mathbb{E}^n$의 열린부분집합이고

$$\begin{cases} \circ \ U \cap V \cap T = \varnothing\,; \\ \circ \ T \subset U \cup V\,; \\ \circ \ T \cap U \neq \varnothing \neq T \cap V \end{cases} \tag{10.8}$$

를 충족한다. 그러나 $S \subset T$이므로

$$U \cap V \cap S = \varnothing \quad \& \quad S \subset U \cup V$$

이다. 또한 (10.8)로부터 $\overline{S} \cap U \neq \varnothing \neq \overline{S} \cap V$가 성립하고 명제 2.1.17을 적용하면 $S \cap U \neq \varnothing \neq S \cap V$을 얻는다. 결국 $\{U, V\}$가 S의 분리를 의미하므로 $S(\neq \varnothing) \subset \mathbb{E}^n$가 연결집합이라는 가정에 모순이다. 따라서 T의 분리는 존재하지 않기 때문에 T는 연결집합이다.

[57]일반적으로 아니다. 왜냐하면: $S = \{\mathbf{x} \in \mathbb{E}^n : \|\mathbf{x}\|_u \leq 1\}$라 두면 $\text{int}(S) = \{\mathbf{x} \in \mathbb{E}^n : \|\mathbf{x}\|_u < 1\}$이고, 집합 S & $\text{int}(S)$는 모두 볼록집합이므로 명제 2.2.7에 의하여 연결집합이다. 이제 점 $\mathbf{x}_0 = (2, 0, \cdots, 0) \in \mathbb{E}^n$에 대하여 집합

$$T = \{\mathbf{x} \in \mathbb{E}^n : \|\mathbf{x}\|_u \leq 1\} \cup \{\mathbf{x} \in \mathbb{E}^n : \|\mathbf{x} - \mathbf{x}_0\|_u \leq 1\}$$

을 생각하자. 이때,

$$A = \{\mathbf{x} \in \mathbb{E}^n : \|\mathbf{x}\|_u \leq 1\} \quad \& \quad B = \{\mathbf{x} \in \mathbb{E}^n : \|\mathbf{x} - \mathbf{x}_0\|_u \leq 1\}$$

라 두면 A, B는 볼록집합이므로 명제 2.2.7에 의하여 연결집합이다. 또한 $A \cap B = \{(1, 0, \cdots, 0)\} \neq \varnothing$이므로 명제 2.2.9에 의하여 집합 T는 연결집합이다. 그러나

$$\text{int}(T) = \{\mathbf{x} \in \mathbb{E}^n : \|\mathbf{x}\|_u < 1\} \cup \{\mathbf{x} \in \mathbb{E}^n : \|\mathbf{x} - \mathbf{x}_0\|_u < 1\}$$

이고, $U = \{\mathbf{x} \in \mathbb{E}^n : \|\mathbf{x}\|_u < 1\}$ & $V = \{\mathbf{x} \in \mathbb{E}^n : \|\mathbf{x} - \mathbf{x}_0\|_u < 1\}$라 두면 $\{U, V\}$는 $\text{int}(T)$의 분리이므로 $\text{int}(T)$는 연결집합이 아니다.

[58](가) 열린 구간들의 모임 $\left\{\left(1+\frac{1}{n},4\right) : n\in\mathbb{N}\right\}$은 구간 $(1,3]$의 열린덮개이지만 유한부분덮개를 가지지 않는다.
(나) 열린구간들의 모임 $\{(n-1,n+1) : n\in\mathbb{N}\}$은 집합 $\mathbb{N}$의 열린덮개이지만 유한부분덮개를 가지지 않는다.
(다) 열린구간들의 모임 $\left\{\left(\frac{1}{n+1},2\right) : n\in\mathbb{N}\right\}$은 집합 $\left\{\frac{1}{n} : n\in\mathbb{N}\right\}$의 열린덮개이지만 유한부분덮개를 가지지 않는다.
(라) 열린집합들의 모임 $\left\{\left(-1,\sqrt{2}-\frac{1}{n}\right)\cup\left(\sqrt{2}+\frac{1}{n},3\right) : n\in\mathbb{N}\right\}$은 집합 $[0,2]\cap\mathbb{Q}$의 열린덮개이지만 유한부분덮개를 가지지 않는다.
(마) 열린구간들의 모임 $\{(-1,n) : n\in\mathbb{N}\}$은 구간 $[0,\infty)$의 열린덮개이지만 유한부분덮개를 가지지 않는다.

[59]'하이네-보렐 정리'와 따름정리 2.1.11의 (a)에 의하여 분명하다.

[60](가) '하이네-보렐 정리'와 따름정리 2.1.11의 (b)에 의하여 분명하다.

(나) 명제 2.3.10 (또는 '하이네-보렐 정리')에 따르면 각 자연수 $n\in\mathbb{N}$에 대하여 구간 $\left[\frac{1}{n},1\right]$은 콤팩트집합이고, $(0,1]=\bigcup_{n=1}^{\infty}\left[\frac{1}{n},1\right]$이다. 그러나 반열린구간 $(0,1]$은 콤팩트집합이 아니다.

[61]가정에 의하여 $\varnothing\neq K_{n+1}\subset K_n\ (\forall n\in\mathbb{N})$이므로 $\bigcap_{n\in\Lambda}K_n=K_{\min\Lambda}\neq\varnothing\ (\forall\Lambda\subset_{\text{fnt}}\mathbb{N})$ (즉, '집합족 $\mathcal{F}$는 유한교차성을 가진다')이고, 특히 정리 2.3.15에 의하여 $\bigcap_{n\in\mathbb{N}}K_n\neq\varnothing$가 성립한다.

[62]각 $n\in\mathbb{N}$에 대하여 열린구간 $A_n:=\left(0,\frac{1}{n}\right)$을 생각하면 $A_n\supset A_{n+1}$ & $\bigcap_{n=1}^{\infty}A_n=\varnothing$이다. 또한 각 $n\in\mathbb{N}$에 대하여 닫힌구간 $B_n=[n,\infty)$을 생각하면 B_n은 콤팩트집합이 아니고 $B_n\supset B_{n+1}$ & $\bigcap_{n=1}^{\infty}B_n=\varnothing$이다.

[63]열린구간들의 모임 $\{(-n,n+2) : n\in\mathbb{N}\}$은 집합 $\mathbb{E}^1$의 열린덮개이지만 유한부분덮개를 가지지 않는다. 물론, '하이네-보렐 정리'를 이용하여 설명할 수도 있다.

[64]결론을 부정하여 $\mathbf{x}_0\in P\cap\text{int}(K)$를 가정하면 $B_u(\mathbf{x}_0;\delta)\subset K$인 양수 $\delta>0$을 찾을 수 있다. 그러나 $\mathbf{x}_0\in P$이므로 P에 의해서 결정된 닫힌 반공간을 H_1 & H_2라 하면

$$\begin{cases}\circ\ H_1\cup H_2=\mathbb{E}^n\,;\\ \circ\ H_1\cap H_2=P\,;\\ \circ\ H_1\cap B_u(\mathbf{x}_0;\delta)\neq\varnothing\neq B_u(\mathbf{x}_0;\delta)\cap H_2\end{cases}$$

이다. 따라서 P는 K에 대한 받침 초평면이 될 수 없고, 이것으로 요구된 결과를 얻는다.

[65](가) $A\subset B\subset X$이므로 $y\in Y$ 일 때

$$y\in f(A)\implies\lceil\exists x\in A\ :\ y=f(x)\rfloor\overset{A\subset B}{\implies}\lceil x\in B\ \&\ y=f(x)\rfloor\implies y\in f(B)$$

이고, 특히 $f(A)\subset f(B)$가 성립한다.

(나) $x\in X$일 때

$$x\in f^{-1}(C)\implies f(x)\in C\overset{C\subset D}{\implies}f(x)\in D\implies x\in f^{-1}(D)$$

이므로 $f^{-1}(C)\subset f^{-1}(D)$가 성립한다.

(다) $y\in Y$일 때

$$\begin{aligned}y\in f\left(\bigcup_{F\in\mathcal{F}}F\right)&\iff\left[\exists x\in\bigcup_{F\in\mathcal{F}}F\ :\ y=f(x)\right]\\&\iff\exists x\in X\ :\ \lceil(\exists F\in\mathcal{F}\ :\ x\in F)\ \&\ y=f(x)\rfloor\\&\iff\exists x\in X,\ \exists F\in\mathcal{F}\ :\ \lceil x\in F\ \&\ y=f(x)\rfloor\\&\iff\exists F\in\mathcal{F},\ \exists x\in X\ :\ \lceil x\in F\ \&\ y=f(x)\rfloor\\&\overset{F\subset X}{\iff}\exists F\in\mathcal{F}\ :\ \lceil\exists x\in F\ :\ y=f(x)\rfloor\\&\iff\exists F\in\mathcal{F}\ :\ y\in f(F)\\&\iff y\in\bigcup_{F\in\mathcal{F}}f(F)\end{aligned}$$

이므로 $f\left(\bigcup_{F\in\mathcal{F}} F\right)=\bigcup_{F\in\mathcal{F}} f(F)$가 성립한다.

(라) $y\in Y$일 때

$$\begin{aligned} y\in f\left(\bigcap_{F\in\mathcal{G}} F\right) &\implies \left[\exists x\in\bigcap_{F\in\mathcal{F}} F \ :\ y=f(x)\right] \\ &\implies \exists x\in X \ :\ \forall F\in\mathcal{F},\ \lceil x\in F \ \&\ y=f(x)\rfloor \\ &\implies \forall F\in\mathcal{F},\ \exists x\in X \ :\ \lceil x\in F \ \&\ y=f(x)\rfloor \\ &\implies \forall F\in\mathcal{F},\ y\in f(F) \\ &\implies y\in\bigcap_{F\in\mathcal{F}} f(F) \end{aligned}$$

이므로 $f\left(\bigcap_{F\in\mathcal{G}} F\right)\subset\bigcap_{F\in\mathcal{F}} f(F)$가 성립한다.

(마) $x\in X$일 때

$$\begin{aligned} x\in f^{-1}\left(\bigcup_{G\in\mathcal{G}} G\right) &\iff f(x)\in\bigcup_{G\in\mathcal{G}} G \\ &\iff \left[\exists y\in\bigcup_{G\in\mathcal{G}} G \ :\ y=f(x)\right] \\ &\iff \exists y\in Y \ :\ \lceil(\exists G\in\mathcal{G} \ :\ y\in G)\ \&\ y=f(x)\rfloor \\ &\iff \exists y\in Y,\ \exists G\in\mathcal{G} \ :\ \lceil y\in G \ \&\ y=f(x)\rfloor \\ &\iff \exists G\in\mathcal{G},\ \exists y\in Y \ :\ \lceil y\in G \ \&\ y=f(x)\rfloor \\ &\overset{G\subset Y}{\iff} \exists G\in\mathcal{G} \ :\ x\in f^{-1}(G) \\ &\iff x\in\bigcup_{G\in\mathcal{G}} f^{-1}(G) \end{aligned}$$

이므로 $f^{-1}\left(\bigcup_{G\in\mathcal{G}} G\right)=\bigcup_{G\in\mathcal{G}} f^{-1}(G)$가 성립한다.

(바) $x\in X$일 때

$$\begin{aligned} x\in f^{-1}\left(\bigcap_{G\in\mathcal{G}} G\right) &\iff f(x)\in\bigcap_{G\in\mathcal{G}} G \\ &\iff \forall G\in\mathcal{G},\ f(x)\in G \\ &\iff \forall G\in\mathcal{G},\ x\in f^{-1}(G) \\ &\iff x\in\bigcap_{G\in\mathcal{G}} f^{-1}(G) \end{aligned}$$

이므로 $f^{-1}\left(\bigcap_{G\in\mathcal{G}} G\right)=\bigcap_{G\in\mathcal{G}} f^{-1}(G)$가 성립한다.

(사) $x\in X$일 때

$$x\in A \overset{A\subset X}{\implies} f(x)\in f(A) \implies x\in f^{-1}(f(A))$$

이므로 $A\subset f^{-1}(f(A))$가 성립한다.

(아) $y\in Y$일 때

$$y\in f(f^{-1}(C)) \implies \lceil\exists x\in f^{-1}(C) \ :\ y=f(x)\rfloor \implies y=f(x)\in C$$

이므로 $f(f^{-1}(C))\subset C$가 성립한다.

(자) $y \in Y$일 때

$$\begin{aligned} y \in f(A) \setminus f(B) &\Longrightarrow \lceil y \in f(A) \ \& \ y \notin f(B) \rfloor \\ &\Longrightarrow \lceil \exists a \in A \ : \ y = f(a) \rfloor \ \& \ \lceil \forall b \in B, \ y \neq f(b) \rfloor \\ &\Longrightarrow \exists x \in X \ : \ \lceil x \in A, \ x \notin B \ \& \ y = f(x) \rfloor \\ &\Longrightarrow \exists x \in A \setminus B \ : \ y = f(x) \\ &\Longrightarrow y \in f(A \setminus B) \end{aligned}$$

이므로 $f(A) \setminus f(B) \subset f(A \setminus B)$가 성립한다.

(차) $x \in X$일 때

$$\begin{aligned} x \in f^{-1}(C \setminus D) &\Longleftrightarrow f(x) \in C \setminus D \\ &\Longleftrightarrow \lceil f(x) \in C \ \& \ f(x) \notin D \rfloor \\ &\Longleftrightarrow \lceil x \in f^{-1}(C) \ \& \ x \notin f^{-1}(D) \rfloor \\ &\Longleftrightarrow x \in f^{-1}(C) \setminus f^{-1}(D) \end{aligned}$$

이므로 $f^{-1}(C \setminus D) = f^{-1}(C) \setminus f^{-1}(D)$가 성립한다.

(카) $x \in X$일 때

$$\begin{aligned} x \in f^{-1}(Y \setminus C) &\Longleftrightarrow f(x) \in Y \setminus C \\ &\Longleftrightarrow \lceil x \in X \ \& \ f(x) \notin C \rfloor \\ &\Longleftrightarrow \lceil x \in X \ \& \ x \notin f^{-1}(C) \rfloor \\ &\Longleftrightarrow x \in X \setminus f^{-1}(C) \end{aligned}$$

이므로 $f^{-1}(Y \setminus C) = X \setminus f^{-1}(C)$가 성립한다.

(타) $y \in Y$일 때

$$\begin{aligned} y \in f\left(A \cap f^{-1}(C)\right) &\Longleftrightarrow \exists x \in A \cap f^{-1}(C) \ : \ y = f(x) \\ &\Longleftrightarrow \exists x \in A \ : \ \lceil f(x) \in C \ \& \ y = f(x) \rfloor \\ &\Longleftrightarrow \exists x \in A \ : \ y = f(x) \in C \\ &\Longleftrightarrow \lceil y \in f(A) \ \& \ y \in C \rfloor \\ &\Longleftrightarrow y \in f(A) \cap C \end{aligned}$$

이므로 $f\left(A \cap f^{-1}(C)\right) = f(A) \cap C$가 성립한다.

[66](가) $x, y \in$ (단, $x \neq y$)일 때, 사상 f가 단사이므로 $f(x) \neq f(y)$이고, 또한 사상 g가 단사이므로 $(g \circ f)(x) = g(f(x)) \neq g(f(y)) = (g \circ f)(y)$이다.
(나) $z \in Z$일 때, 사상 g가 전사이므로 $z = g(y)$인 $y \in Y$를 택할 수 있고, 또한 사상 f가 전사이므로 $y = f(x)$인 $x \in X$를 택할 수 있으며, 특히 $(g \circ f)(x) = g(f(x)) = g(y) = z$가 성립한다.
(다) (가)와 (나)에 의해 분명하다.

[67](1) 사상 $f : \mathbb{N} \longrightarrow \mathbb{Z}$와 사상 $g : \mathbb{Z} \longrightarrow \mathbb{Z}$를 각각

$$f(x) := x^2 \ \ (\forall x \in \mathbb{N}) \quad \& \quad g(x) := x^2 \ \ (\forall x \in \mathbb{Z})$$

로 정의하면 사상 f와 $g \circ f$는 모두 단사이지만 사상 g는 단사가 아니다.

(2) 사상 $f : [0, \infty) \longrightarrow \mathbb{E}^1$와 사상 $g : \mathbb{E}^1 \longrightarrow [0, \infty)$를 각각

$$f(x) := x \ \ (\forall x \in [0, \infty)) \quad \& \quad g(x) := x^2 \ \ (\forall x \in \mathbb{E}^1)$$

로 정의하면 사상 g와 $g \circ f$는 모두 전사이지만 사상 f는 전사가 아니다.

[68](가) $x, y \in X$ (단, $x \neq y$)일 때, 사상 $g \circ f$가 단사이므로 $g(f(x)) = (g \circ f)(x) \neq (g \circ f)(y) = g(f(y))$이고, 특히 $f(x) \neq f(y)$이다.
(나) $z \in Z$일 때 사상 $g \circ f$가 전사이므로 $z = (g \circ f)(x)$인 $x \in X$를 선택할 수 있다. 더욱이 $f(x) \in Y$이고 $z = (g \circ f)(x) = g(f(x))$이다.

[69]극한값이 존재하는 경우를 생각하자. 만일

$$\lim_{k\to\infty} \mathbf{x}_k = \mathbf{y}_1 \quad \& \quad \lim_{k\to\infty} \mathbf{x}_k = \mathbf{y}_2$$

을 만족하는 점 $\mathbf{y}_j \in \mathbb{E}^n$ $(j = 1, 2)$를 생각하면 임의의 양수 $\epsilon > 0$에 대하여 조건

$$k \geq N \implies \begin{cases} \circ \ \|\mathbf{x}_k - \mathbf{y}_1\|_u < \frac{\epsilon}{2}; \\ \circ \ \|\mathbf{x}_k - \mathbf{y}_2\|_u < \frac{\epsilon}{2} \end{cases}$$

을 만족하는 자연수 $N \in \mathbb{N}$을 선택할 수 있다. 그러므로 $k \geq N$을 만족하는 자연수 $k \in \mathbb{N}$를 정해두면

$$\|\mathbf{y}_1 - \mathbf{y}_2\|_u \leq \|\mathbf{y}_1 - \mathbf{x}_k\|_u + \|\mathbf{x}_k - \mathbf{y}_2\|_u < \epsilon$$

을 만족한다. 이제 '무한소원리I'을 적용하면 $\|\mathbf{y}_1 - \mathbf{y}_2\|_u \leq 0$을 얻기 때문에 $\mathbf{y}_1 = \mathbf{y}_2$를 보였다.

[70]임의의 양수 $\epsilon > 0$을 정해두면 $\lim_{k\to\infty} \mathbf{x}_k = \mathbf{x}_0 \in \mathbb{E}^n$이므로 조건

$$k \geq k_1 \implies \|\mathbf{x}_k - \mathbf{x}_0\|_u < \epsilon$$

을 만족하는 자연수 $k_1 \in \mathbb{N}$을 선택할 수 있다. 특히, $k \geq \max\{k_0, k_1\}$를 만족하는 모든 자연수 $k \in \mathbb{N}$ 에 대하여 $\mathbf{x}_k \in B_u(\mathbf{x}_0; \epsilon)$을 얻는다. 이것은 $B_u(\mathbf{x}_0; \epsilon) \cap A \neq \varnothing$을 의미하므로 명제 2.1.17에 의하여 $\mathbf{x}_0 \in \overline{A}$이다.

[71](가) 연습문제 3.2.2에 의하여 $\mathbf{x}_0 \in \overline{A}$이다. 한편, $A \subset \mathbb{E}^n$가 닫힌집합이므로 $\overline{A} = A$이고 따라서 $\mathbf{x}_0 \in A$가 성립한다.

(나) 집합 $A = \{\mathbf{x} \in \mathbb{E}^n : 0 < \|\mathbf{x}\|_u \leq 1\}$를 생각하고 각 자연수 $k \in \mathbb{N}$에 대하여 $\mathbf{x}_k = (\frac{1}{k}, 0, \cdots, 0) \in \mathbb{E}^n$라 두면 $(\mathbf{x}_k)_{k\geq 1} \subset A$ & $\lim_{k\to\infty} \frac{1}{k} = 0$이다. 그러므로 명제 3.2.6의 관점에서 $\lim_{k\to\infty} \mathbf{x}_k = \mathbf{0}$이다. 그러나 $\mathbf{0} \in A'$이지만 $\mathbf{0} \notin A$이므로 정리 2.1.18에 의하여 A는 닫힌집합은 아니다..

[72]각 자연수 $p \in \mathbb{N}$에 대하여

$$A_p := \sum_{k=1}^{p} \mathbf{x}_k, \quad B_p := \sum_{k=1}^{p} \mathbf{y}_k \quad \& \quad C_p := \sum_{k=1}^{p} (\mathbf{x}_k + \mathbf{y}_k)$$

라 두면 $\lim_{p\to\infty} A_p := \mathbf{s}$ & $\lim_{p\to\infty} B_p = \mathbf{t}$이다. 그러므로

(a) 정리 3.2.5를 적용하면

$$\lim_{p\to\infty} C_p = \lim_{p\to\infty} (A_p + B_p) = \lim_{p\to\infty} A_p + \lim_{p\to\infty} B_p = \mathbf{s} + \mathbf{t}$$

이므로 $\sum_{k=1}^{\infty} (\mathbf{x}_k + \mathbf{y}_k) = \mathbf{s} + \mathbf{t}$를 얻는다.

(b) 정리 3.2.5를 적용하면

$$\lim_{p\to\infty} \lambda A_p = \lambda \lim_{p\to\infty} A_p = \lambda \mathbf{s}$$

이므로 $\sum_{k=1}^{\infty} \lambda \mathbf{x}_k = \lambda \mathbf{s}$을 얻는다.

[73]각 자연수 $p \in \mathbb{N}$에 대하여

$$A_p = \sum_{k=1}^{p} \mathbf{x}_k = \left(\sum_{k=1}^{p} x_k^1, \sum_{k=1}^{p} x_k^2, \cdots, \sum_{k=1}^{p} x_k^n \right)$$

라 두고 명제 3.2.6을 적용하면

$$\sum_{k=1}^{\infty} \mathbf{x}_k = \mathbf{s} \iff \lim_{p\to\infty} A_p = \mathbf{s} \iff \lim_{p\to\infty} \sum_{k=1}^{p} x_k^j = s^j \ \ (1 \leq j \leq n)$$

이 성립한다.

[74] 연습문제 2.0.9에서 이미 다룬 문제로서 여기서는 점열의 개념을 이용하면 훨씬 용이하게 보일 수 있다는 점을 설명하기 위한 것이다.
임의로 $\mathbf{a}, \mathbf{b} \in \overline{K}$ & $\lambda \in [0,1]$을 선택하자. 그 때, 조건 $\lim_{k\to\infty} \mathbf{a}_k = \mathbf{a}$ & $\lim_{k\to\infty} \mathbf{b}_k = \mathbf{b}$를 만족하는 점열 $(\mathbf{a}_k)_{k\geq1} \subset K$ & $(\mathbf{b}_k)_{k\geq1} \subset K$를 선택할 수 있다. 한편 K가 볼록집합이므로 각 $k \in \mathbb{N}$에 대하여 $\lambda\mathbf{a}_k + (1-\lambda)\mathbf{b}_k \in K$이고 또한

$$\lambda\mathbf{a} + (1-\lambda)\mathbf{b} = \lim_{k\to\infty} (\lambda\mathbf{a}_k + (1-\lambda)\mathbf{b}_k)$$

이다. 그러므로 연습문제 3.2.2에 의하여 $\lambda\mathbf{a} + (1-\lambda)\mathbf{b} \in \overline{K}$임을 알 수 있고 따라서 $\overline{K}$는 볼록집합이다.

[75] 각 $n \in \mathbb{N}$에 대하여 점 $\mathbf{y}_n \in B_u(\mathbf{y}; \frac{1}{n}) \cap K^c$을 선택하면 $\|\mathbf{y}_n - \mathbf{y}\|_u < \frac{1}{n}$이다. 특히, 점열 $(\mathbf{y}_n)_{n\geq1} \subset \mathbb{E}^n$에 대하여 $\lim_{n\to\infty} \mathbf{y}_n = \mathbf{y}$이다. 한편, 정리 2.3.21를 따르면 각 $n \in \mathbb{N}$에 대하여 조건

$$\|\mathbf{x}_n - \mathbf{y}_n\|_u \leq \|\mathbf{t} - \mathbf{y}_n\|_u \quad (\forall\, \mathbf{t} \in K) \tag{10.9}$$

을 만족하는 유일한 점 $\mathbf{x}_n \in K$를 찾을 수 있다. 여기서 $\mathbf{z}_n := \frac{\mathbf{y}_n - \mathbf{x}_n}{\|\mathbf{y}_n - \mathbf{x}_n\|_u} \in \mathbb{E}^n$ 이라 두면 분명히 $\|\mathbf{z}_n\|_u = 1$ & $\lim_{n\to\infty} \mathbf{x}_n = \mathbf{y}$를 만족한다.(11) 반면에 명제 2.4.5를 적용하면 각 $\mathbf{y}_n \in K^c$에 대하여 조건

$$\begin{cases} \circ\ K \subset H_n^+(\mathbf{z}_n; \mathbf{z}_n \cdot \mathbf{y}_n) := \{\mathbf{x} \in \mathbb{E}^n : \mathbf{z}_n \cdot (\mathbf{x} - \mathbf{y}_n) \geq 0\}\,; \\ \circ\ \mathbf{x}_n \notin H_n^+(\mathbf{z}_n; \mathbf{z}_n \cdot \mathbf{y}_n) \end{cases} \tag{10.10}$$

을 결정짓는 K에 대한 받침 초평면 $H_n(\mathbf{z}_n; \mathbf{z}_n \cdot \mathbf{y}_n) := \{\mathbf{x} \in \mathbb{E}^n : \mathbf{z}_n \cdot (\mathbf{x} - \mathbf{y}_n) = 0\}$을 선택할 수 있다.(12) 그러나 점열 $(\mathbf{z}_n)_{n\geq1} \subset \mathbb{E}^n$이 유계이므로 집합 $\{\mathbf{z}_n : n \in \mathbb{N}\}$은 집적점 $\mathbf{z} \in \mathbb{E}^n$을 갖는다. 따라서 $\lim_{k\to\infty} \mathbf{z}_{n_k} = \mathbf{z}$인 $(\mathbf{z}_n)_{n\geq1}$의 부분점열 $(\mathbf{z}_{n_k})_{k\geq1}$을 선택할 수 있다. 이 부분점열을 편의상 $(\mathbf{z}_n)_{n\geq1}$으로 나타내기로 한다. 그 때, 초평면과 반공간을

$$\begin{cases} \circ\ H(\mathbf{z}; \mathbf{z} \cdot \mathbf{y}) := \{\mathbf{x} \in \mathbb{E}^n : \mathbf{z} \cdot (\mathbf{x} - \mathbf{y}) = 0\}\,; \\ \circ\ H^+(\mathbf{z}; \mathbf{z} \cdot \mathbf{y}) := \{\mathbf{x} \in \mathbb{E}^n : \mathbf{z} \cdot (\mathbf{x} - \mathbf{y}) \geq 0\} \end{cases}$$

으로 정의하면 다음이 성립한다.

- 초평면 $H(\mathbf{z}; \mathbf{z} \cdot \mathbf{y})$은 반공간 $H^+(\mathbf{z}; \mathbf{z} \cdot \mathbf{y})$을 경계짓는다.
- $\mathbf{y} \in K$ & $\mathbf{y} \in H(\mathbf{z}; \mathbf{z} \cdot \mathbf{y})$이므로 $K \cap H(\mathbf{z}; \mathbf{z} \cdot \mathbf{y}) \neq \varnothing$이다.
- $\mathbf{x} \in K$이면 (10.10)에 의하여 $\mathbf{x} \in H_n^+(\mathbf{z}_n; \mathbf{z}_n \cdot \mathbf{y}_n)$ $(\forall\, n \in \mathbb{N})$임을 알 수 있다. 즉, $\mathbf{z}_n \cdot (\mathbf{x} - \mathbf{y}_n) \geq 0$ $(\forall\, n \in \mathbb{N})$이다. 그러므로 정리 3.2.5를 적용하면 $\mathbf{z} \cdot (\mathbf{x} - \mathbf{y}) \geq 0$을 얻고,(13) 따라서 $\mathbf{x} \in H^+(\mathbf{z}; \mathbf{z} \cdot \mathbf{y})$이다. 이것은 $K \subset H^+(\mathbf{z}; \mathbf{z} \cdot \mathbf{y})$을 의미한다.

결국 $H(\mathbf{z}; \mathbf{z} \cdot \mathbf{y})$은 K에 대한 받침 초평면이고 더욱이 $\mathbf{y} \in H(\mathbf{z}; \mathbf{z} \cdot \mathbf{y})$이다.

[76] 각 점에서 극한(값)의 존재여부를 살펴보자.

---

(11) $\mathbf{y} \in K$임을 이용하면 각 $n \in \mathbb{N}$에 대하여 (10.9)로부터 부등식

$$\|\mathbf{x}_n - \mathbf{y}\|_u \leq \|\mathbf{x}_n - \mathbf{y}_n\|_u + \|\mathbf{y}_n - \mathbf{y}\|_u \leq \|\mathbf{y}_n - \mathbf{y}\|_u + \|\mathbf{y}_n - \mathbf{y}\|_u = 2\|\mathbf{y}_n - \mathbf{y}\|_u$$

이 성립한다.

(12) $\mathbf{z}_n \cdot (\mathbf{x}_n - \mathbf{y}_n) = -\|\mathbf{y}_n - \mathbf{x}_n\|_u < 0$이므로 $\mathbf{x}_n \notin H_n^+(\mathbf{z}_n; \mathbf{z}_n \cdot \mathbf{y}_n)$이다.

(13) 수열 $(a_n)_{n\geq1} \subset \mathbb{E}^1$이 조건 $a_n \geq 0\,(\forall\, n \in \mathbb{N})$ & $\lim_{n\to\infty} a_n = a \in \mathbb{E}^1$을 만족하면 $a \geq 0$이다. $(\because)$ 결론을 부정하여 $a < 0$이라 하면 $\epsilon := -\frac{a}{2} > 0$이다. 이때, $\lim_{n\to\infty} a_n = a$이므로 조건

$$n \geq N \implies |a_n - a| < \epsilon$$

을 만족하는 자연수 $N \in \mathbb{N}$을 선택할 수 있다. 그러나

$$n \geq N \implies a_n < a + \epsilon = \frac{a}{2} < 0$$

이므로 $a_n \geq 0\,(\forall\, n \in \mathbb{N})$이라는 가정에 모순이기 때문이다.

- $\lim_{x\to 0+} f(x) = 0$ & $\lim_{x\to 0-} f(x) = -1$이므로 $x = 0$에서 극한(값)은 존재하지 않는다.
- $\lim_{x\to 1+} f(x) = 1$ & $\lim_{x\to 1-} f(x) = 0$이므로 $x = 1$에서 극한(값)은 존재하지 않는다.
- $\lim_{x\to\sqrt{3}+} f(x) = 1$ & $\lim_{x\to\sqrt{3}-} f(x) = 1$이므로 $x = \sqrt{3}$에서 극한(값)은 1이다. 즉, $\lim_{x\to\sqrt{3}} f(x) = 1$이다.

[77] (가) $f(x) = \sin\frac{1}{x}$라 두면 각 자연수 $n \in \mathbb{N}$에 대하여

$$f(x) = \begin{cases} 0 & (\frac{1}{x} = n\pi) \\ 1 & (\frac{1}{x} = (2n+\frac{1}{2})\pi) \\ -1 & (\frac{1}{x} = (2n-\frac{1}{2})\pi) \end{cases}$$

이다. 그러나

$$\lim_{n\to\infty}\frac{1}{n\pi} = 0 = \lim_{n\to\infty}\frac{1}{(2n+\frac{1}{2})\pi} = \lim_{n\to\infty}\frac{1}{(2n-\frac{1}{2})\pi}$$

이므로 극한(값)이 존재하지 않는다.

(나) 임의의 $x \in \mathbb{E}^1 \setminus \{0\}$에 대하여 $|xf(x)| \le |x|$ & $\lim_{x\to 0} x = 0$이므로 $\lim_{x\to 0} xf(x) = 0$이다.

(다) & (라) 임의의 $x \in \mathbb{E}^1 \setminus \{0\}$에 대하여

$$f(x) = \begin{cases} 1 & (x > 0) \\ -1 & (x < 0) \end{cases}$$

이므로

$$\lim_{x\to 0} f(x) = \begin{cases} 1 & (x \to 0+) \\ -1 & (x \to 0-) \end{cases}$$

이다. 따라서 함수 f는 원점에서 극한(값)을 갖지 않는다.

[78] 임의의 $t \in \mathbb{E}^1 \setminus \{0\}$에 대하여

$$\begin{cases} \circ\ f((0,0) + t\boldsymbol{\epsilon}_1) = f(t,0) = 1\,; \\ \circ\ f((0,0) + t\boldsymbol{\epsilon}_2) = f(0,t) = -1 \end{cases}$$

이므로 원점 $(0,0)$에서 함수 f의 극한(값)은 존재하지 않는다.

[79] 실수 $a \in \mathbb{E}^1 \setminus \{0\}$에 대하여 직선 $y = ax$를 따라 원점 $(0,0)$에 가까워질 때,

$$\lim_{x\to 0} f(x,y) = \lim_{x\to 0}\frac{ax^2}{x^2 + a^2x^2} = \frac{a}{1+a^2}$$

이므로 원점 $(0,0)$에서 함수 f의 극한(값)은 실수 a의 값에 의존한다. 따라서 원점 $(0,0)$에서 함수 f의 극한(값)은 존재하지 않는다.

[80] 임의의 $t \in \mathbb{E}^1 \setminus \{0\}$에 대하여

$$\begin{cases} \circ\ f((0,0) + t\boldsymbol{\epsilon}_1) = f(t,0) = \frac{1}{2}\,; \\ \circ\ f((0,0) + t\boldsymbol{\epsilon}_2) = f(0,t) = t \end{cases}$$

이므로 원점 $(0,0)$에서 함수 f의 극한(값)은 존재하지 않는다.

[81] $\mathbf{v} = (h,k) \in \mathbb{E}^2 \setminus \{(0,0)\}$를 임의로 정해두면

$$f(\mathbf{x}_0 + t\mathbf{v}) = f(th, tk) = \frac{(tk^2 - h)^2}{t^2k^4 + h^2} \quad (\forall t \in \mathbb{E}^1 \setminus \{0\})$$

이므로 $\lim_{\mathbb{E}^1 \ni t \to 0} f(\mathbf{x}_0 + t\mathbf{v}) = 1$이다. 그러나 함수 f가 원점에서 극한(값) $\alpha \in \mathbb{E}^1$를 갖는다면 명제 3.3.10의 관점에서 $\alpha = 1$이어야 한다. 반면에 $0 < \epsilon < 1$일 때, 임의의 양수 $\delta > 0$에 대하여 $t_\delta = \frac{1}{2}\min\{\delta, 1\} \in \mathbb{E}^1$이라 두고 $\mathbf{x}_\delta := (t_\delta^2, t_\delta) \in \mathbb{E}^2$를 선택하면

$$\begin{cases} \circ\ 0 < \|\mathbf{x}_\delta - \mathbf{0}\|_u = \sqrt{t_\delta^2(t_\delta^2+1)} < \sqrt{2}t_\delta < \delta\,; \\ \circ\ |f(\mathbf{x}_\delta) - 1| = |0 - 1| = 1 > \epsilon \end{cases}$$

이므로 함수 f는 원점 $(0,0)\in\mathbb{E}^2$에서 극한(값) $\alpha=1$을 갖지 않는다.

[82](a) 임의의 양수 $\epsilon>0$을 정해두면 $\lim_{D\ni\mathbf{x}\to\mathbf{x}_0} f(\mathbf{x})=\mathbf{a}_0$ & $\lim_{D\ni\mathbf{x}\to\mathbf{x}_0} g(\mathbf{x})=\mathbf{b}_0$이므로 조건

$$\lceil \mathbf{x}\in D \ \&\ 0<\|\mathbf{x}-\mathbf{x}_0\|_u<\delta \rfloor \implies \begin{cases} \circ\ \|f(\mathbf{x})-\mathbf{a}_0\|_u<\frac{\epsilon}{2}\,; \\ \circ\ \|g(\mathbf{x})-\mathbf{b}_0\|_u<\frac{\epsilon}{2} \end{cases}$$

을 만족하는 양수 $\delta>0$를 선택할 수 있다. 특히, $0<\|\mathbf{x}-\mathbf{x}_0\|_u<\delta$을 만족하는 임의의 $\mathbf{x}\in D$에 대하여

$$\|[f(\mathbf{x})+g(\mathbf{x})]-(\mathbf{a}_0+\mathbf{b}_0)\|_u\le\|f(\mathbf{x})-\mathbf{a}_0\|_u+\|g(\mathbf{x})-\mathbf{b}_0\|_u<\epsilon$$

을 얻고 따라서 $\lim_{D\ni\mathbf{x}\to\mathbf{x}_0}[f(\mathbf{x})+g(\mathbf{x})]=\mathbf{a}_0+\mathbf{b}_0$을 증명하였다.

(b) 실수 $\lambda\in\mathbb{E}^1$을 취하자. 만일 $\lambda=0$인 경우는 분명하므로 $\lambda\neq0$를 가정하고 임의의 양수 $\epsilon>0$을 정해두면 $\lim_{D\ni\mathbf{x}\to\mathbf{x}_0} f(\mathbf{x})=\mathbf{a}_0$이므로 조건

$$\lceil \mathbf{x}\in D \ \&\ 0<\|\mathbf{x}-\mathbf{x}_0\|_u<\delta \rfloor \implies \|f(\mathbf{x})-\mathbf{a}_0\|_u<\frac{\epsilon}{|\lambda|}$$

을 만족하는 양수 $\delta>0$를 선택할 수 있다. 특히,

$$\lceil \mathbf{x}\in D \ \&\ 0<\|\mathbf{x}-\mathbf{x}_0\|_u<\delta \rfloor \implies \|\lambda f(\mathbf{x})-\lambda\mathbf{a}_0\|_u=|\lambda|\|f(\mathbf{x})-\mathbf{a}_0\|_u<\epsilon$$

을 얻고 따라서 $\lim_{D\ni\mathbf{x}\to\mathbf{x}_0}\lambda f(\mathbf{x})=\lambda\mathbf{a}_0$을 증명하였다.

(c) 우선, 명제 3.3.5에 의하여

$$\lceil \mathbf{x}\in D \ \&\ 0<\|\mathbf{x}-\mathbf{x}_0\|_u<\delta_1 \rfloor \implies \|\mathbf{f}(\mathbf{x})\|_u\le M_1$$

을 만족하는 양수 $\delta_1>0$ & $M_1>0$을 선택할 수 있다. 이때, $M:=\max\{M_1,\|\mathbf{b}_0\|_u\}$라 두고 임의의 양수 $\epsilon>0$을 선택하면 조건

$$\lceil \mathbf{x}\in D \ \&\ 0<\|\mathbf{x}-\mathbf{x}_0\|_u<\delta_2 \rfloor \implies \begin{cases} \circ\ \|\mathbf{f}(\mathbf{x})-\mathbf{a}_0\|_u<\frac{\epsilon}{2M}\,; \\ \circ\ \|\mathbf{g}(\mathbf{x})-\mathbf{b}_0\|_u<\frac{\epsilon}{2M} \end{cases}$$

이 성립하는 양수 $\delta_2>0$가 존재한다. 그러므로 $\delta:=\min\{\delta_1,\delta_2\}$라 두면 $0<\|\mathbf{x}-\mathbf{x}_0\|_u<\delta$을 만족하는 임의의 $\mathbf{x}\in D$에 대하여 정리 1.1.3을 적용하면

$$\begin{aligned}|\mathbf{f}(\mathbf{x})\cdot\mathbf{g}(\mathbf{x})-\mathbf{a}_0\cdot\mathbf{b}_0|&=|\mathbf{f}(\mathbf{x})\cdot(\mathbf{g}(\mathbf{x})-\mathbf{b}_0)+\mathbf{b}_0\cdot(\mathbf{f}(\mathbf{x})-\mathbf{a}_0)|\\&\le\|\mathbf{f}(\mathbf{x})\|_u\|\mathbf{g}(\mathbf{x})-\mathbf{b}_0\|_u+\|\mathbf{b}_0\|_u\|\mathbf{f}(\mathbf{x})-\mathbf{a}_0\|_u<\epsilon\end{aligned}$$

을 얻고, 따라서 $\lim_{D\ni\mathbf{x}\to\mathbf{x}_0}\mathbf{f}(\mathbf{x})\cdot\mathbf{g}(\mathbf{x})=\mathbf{a}_0\cdot\mathbf{b}_0$을 증명하였다.

[83] 각 $(x,y)\in\mathbb{E}^2$에 대하여 $\|\mathbf{f}(x,y)\|_u=\sqrt{1+y^2}$이므로

$$\lim_{\mathbb{E}^2\ni(x,y)\to(0,0)}\|\mathbf{f}(x,y)\|_u=\lim_{\mathbb{E}^1\ni y\to0}\sqrt{1+y^2}=1$$

을 얻는다. 그러나 직선 $\boldsymbol{\varphi}(t)=(t,0)$ $(\forall\,t\in\mathbb{E}^1)$는 원점 $(0,0)$을 지나고 각 $t\in\mathbb{E}^1\setminus\{0\}$에 대하여

$$(\mathbf{f}\circ\boldsymbol{\varphi})(t)=\begin{cases}(1,0) & (t>0)\\(-1,0) & (t<0)\end{cases}$$

이므로 사상 $(\mathbf{f}\circ\boldsymbol{\varphi})(t)$은 $t=0$에서 극한값을 갖지 않는다. 특히, 사상 $\mathbf{f}(x,y)$는 점 $(0,0)$에서 극한을 갖지 않는다.

[84](가) 임의의 양수 $\epsilon>0$을 정해두면 조건

$$\lceil \mathbf{x}\in D \ \&\ 0<\|\mathbf{x}-\mathbf{x}_0\|_u<\delta \rfloor \implies \|\mathbf{f}(\mathbf{x})-\mathbf{y}\|_u<\epsilon$$

을 만족하는 양수 $\delta>0$를 선택할 수 있다. 특히 삼각부등식 $|\|\mathbf{a}\|_u-\|\mathbf{b}\|_u|\|\mathbf{a}-\mathbf{b}\|_u$ $(\forall\,\mathbf{a},\,\mathbf{b}\in\mathbb{E}^m)$을 적용하면

$$\lceil \mathbf{x}\in D \ \&\ 0<\|\mathbf{x}-\mathbf{x}_0\|_u<\delta \rfloor \implies |\|\mathbf{f}(\mathbf{x})\|_u-\|\mathbf{y}\|_u|<\epsilon$$

이 성립하고, 따라서 $\lim_{D\ni\mathbf{x}\to\mathbf{x}_0}\|\mathbf{f}(\mathbf{x})\|_u=\|\mathbf{y}\|_u$임을 보였다.

(나) $\mathbf{y} = \mathbf{0} \in \mathbb{E}^m$ 인 경우,

$$\|\mathbf{f}(\mathbf{x}) - \mathbf{y}\|_u = \|\mathbf{f}(\mathbf{x})\|_u = \big| \|\mathbf{f}(\mathbf{x})\|_u - \|\mathbf{y}\|_u \big|$$

이므로 요구된 결과가 성립한다.

(다) 함수 $f : \mathbb{E}^2 \longrightarrow \mathbb{E}^1$을

$$f(x,y) = \begin{cases} +1 & (y \geq 0) \\ -1 & (y < 0) \end{cases}$$

로 정의하면 $|f(x,y)| = 1\,(\forall\,(x,y) \in \mathbb{E}^2)$이므로 $\lim_{(x,y)\to(0,0)} |f(x,y)| = 1$이 성립한다. 반면에 $(0,0) \in \mathbb{E}^2$에서 함수 f의 극한값이 존재하지 않음을 살펴보기 위하여 $\lim_{(x,y)\to(0,0)} f(x,y) = \alpha$라 하자.

- $\alpha = -1$일 때,

  $$|f(x,y) - \alpha| = \begin{cases} 0 & (y < 0) \\ 2 & (y \geq 0) \end{cases}$$

  가 성립하고 양수 $\epsilon \in (0,2)$를 택하면 임의의 양수 $\delta > 0$에 대하여

  $$0 < \sqrt{x^2 + y^2} = \|(x,y)\|_u < \delta \quad \& \quad |f(x,y) - \alpha| > \epsilon$$

  을 만족하는 점 $(x,y) \in \mathbb{E}^2$가 존재한다.

- $\alpha = 1$일 때,

  $$|f(x,y) - \alpha| = \begin{cases} 0 & (y \geq 0) \\ 2 & (y < 0) \end{cases}$$

  가 성립하고 양수 $\epsilon \in (0,2)$를 택하면 임의의 양수 $\delta > 0$에 대하여

  $$0 < \sqrt{x^2 + y^2} = \|(x,y)\|_u < \delta \quad \& \quad |f(x,y) - \alpha| > \epsilon$$

  을 만족하는 점 $(x,y) \in \mathbb{E}^2$가 존재한다.

- $\alpha \in \mathbb{E}^1 \setminus \{\pm 1\}$일 때, 양수 $\epsilon \in (0,1)$를 택하면 임의의 양수 $\delta > 0$에 대하여

  $$0 < \sqrt{x^2 + y^2} = \|(x,y)\|_u < \delta \quad \& \quad |f(x,y) - \alpha| > \epsilon$$

  을 만족하는 점 $(x,y) \in \mathbb{E}^2$가 존재한다.

그러므로 어느 경우든지 $(0,0) \in \mathbb{E}^2$에서 극한의 정의를 충족하지 못하므로 함수 f는 $(0,0) \in \mathbb{E}^2$에서 극한값을 갖지 않는다.

[85] $(\Longrightarrow)$ 임의의 양수 $\epsilon > 0$을 정해두면 $\lim_{D \ni \mathbf{x} \to \mathbf{x}_0} f(\mathbf{x}) = \infty$이므로 조건

$$\lceil \mathbf{x} \in D \ \& \ 0 < \|\mathbf{x} - \mathbf{x}_0\|_u < \delta \rfloor \implies f(\mathbf{x}) > \max\{\epsilon, 1/\epsilon\}$$

을 만족하는 양수 $\delta > 0$를 선택할 수 있다. 특히,

$$\lceil \mathbf{x} \in D \ \& \ 0 < \|\mathbf{x} - \mathbf{x}_0\|_u < \delta \rfloor \implies \lceil f(\mathbf{x}) > \epsilon > 0 \quad \& \quad \frac{1}{f(\mathbf{x})} < \epsilon \rfloor$$

이 성립한다. 그러므로 요구된 두 개의 결과를 얻는다.

$(\Longleftarrow)$ 양수 $C > 0$를 임의의 정해두면 가정에 의하여

$$\lceil \mathbf{x} \in D \ \& \ 0 < \|\mathbf{x} - \mathbf{x}_0\|_u < \delta \rfloor \implies \lceil f(\mathbf{x}) > 0 \quad \& \quad \frac{1}{f(\mathbf{x})} < \frac{1}{C} \rfloor$$

을 만족하는 양수 $\delta > 0$를 선택할 수 있다. 특히,

$$\lceil \mathbf{x} \in D \ \& \ 0 < \|\mathbf{x} - \mathbf{x}_0\|_u < \delta \rfloor \implies f(\mathbf{x}) > C$$

가 성립한다. 그러므로 정의에 의하여 요구된 결과를 얻고 증명을 마친다.

[86](1°) 두 개의 함수 $f_1(x,y) := x\,(\forall (x,y) \in \mathbb{E}^2)$ & $f_2(x,y) := \cos\frac{1}{y}\,(\forall (x,y) \in \mathbb{E}^2 \setminus \{(x,0) \in \mathbb{E}^2 : x \in \mathbb{E}^1\})$을 생각하면 f_1, f_2는 집합 $\mathbb{E}^2 \setminus \{(x,0) \in \mathbb{E}^2 : x \in \mathbb{E}^1\}$ 위에서 연속이다. 따라서 $f_1 f_2$는 집합 $\mathbb{E}^2 \setminus \{(x,0) \in \mathbb{E}^2 : x \in \mathbb{E}^1\}$ 위에서 연속이다. 그러나 집합 $\mathbb{E}^2 \setminus \{(x,0) \in \mathbb{E}^2 : x \in \mathbb{E}^1\}$ 위에서 $f = f_1 f_2$이므로 함수 f는 집합 $\mathbb{E}^2 \setminus \{(x,0) \in \mathbb{E}^2 : x \in \mathbb{E}^1\}$ 위에서 연속이다.

(2°) $f(x,0) = 0\,(\forall x \in \mathbb{E}^1)$이므로 임의의 실수 $y \in \mathbb{E}^1 \setminus \{0\}$에 대하여 부등식

$$|f(x,y) - 0| = \left|x \cos\frac{1}{y}\right| \le |x| \le \sqrt{x^2+y^2}$$

이 성립한다. 그러므로 임의의 양수 $\epsilon > 0$이 주어질 때, 양수 $\delta = \epsilon$을 선택하면 조건 (3.23)을 만족한다. 그러므로 함수 f는 $(0,0)$에서 연속이다.

(3°) 우선

$$\cos\frac{1}{y} = \pm 1 \iff \frac{1}{y} = k\pi \ (k \in \mathbb{Z}) \quad \& \quad \lim_{k\to\pm\infty}\frac{1}{k\pi} = 0 \tag{10.11}$$

에 유념하고 임의의 점 $(t,0) \in \mathbb{E}^2\,(t \ne 0)$을 선택하자. 이제 $0 < \epsilon < |t|$를 만족하는 양수 $\epsilon > 0$을 정해두면 임의의 양수 $\delta > 0$에 대하여

$$0 < \sqrt{(x-t)^2+y^2} = \|(x,y)-(t,0)\|_u < \delta \quad \& \quad |f(x,y) - f(t,0)| = |f(x,y)| = \left|x\cos\frac{1}{y}\right| = |x| > \epsilon$$

을 만족하는 점 $(x,y) \in \mathbb{E}^2$가 존재한다.(14) 그러므로 함수 f는 $(t,0) \in \mathbb{E}^2\,(t \ne 0)$에서 연속이 아니다.

[87] 임의의 양수 $\epsilon > 0$이 주어질 때,

$$|f(x)| = |x|^a < \epsilon \iff |x| < \epsilon^{\frac{1}{a}}$$

에 유념하고 양수 $\delta = \epsilon^{\frac{1}{a}} > 0$을 선택하면 연속의 정의 (3.23)을 만족한다.

[88] 집합 $S_u = \{\mathbf{x} \in \mathbb{E}^n : \|\mathbf{x}\|_u = 1\}$은 콤팩트이고 $f(\mathbf{x}) > 0\,(\forall x \in \mathbb{E}^n \setminus \{\mathbf{0}\})$이므로 정리 3.4.38를 적용하면

$$\min\{f(\mathbf{x}) : \mathbf{x} \in S_u(\mathbf{0};1)\} = m \quad \& \quad \max\{f(\mathbf{x}) : \mathbf{x} \in S_u(\mathbf{0};1)\} = M$$

을 만족하는 양수 $m > 0$ & $M > 0$이 존재한다. 이때, 임의의 $\mathbf{x} \in \mathbb{E}^n \setminus \{\mathbf{0}\}$를 선택하면 $\frac{\mathbf{x}}{\|\mathbf{x}\|_u} \in S_u(\mathbf{0};1)$이므로 부등식

$$m \le f\left(\frac{\mathbf{x}}{\|\mathbf{x}\|_u}\right) = \frac{1}{\|\mathbf{x}\|_u} f(\mathbf{x}) \le M$$

이 성립한다. 그러므로 $m\|\mathbf{x}\|_u \le f(\mathbf{x}) \le M\|\mathbf{x}\|_u$를 얻는다. 한편 가정에 의하여

$$f(\mathbf{0}) = f(\mathbf{0}+\mathbf{0}) = 2f(\mathbf{0}) = f(\mathbf{0}) + f(\mathbf{0})$$

이 성립하므로 $f(\mathbf{0}) = 0$을 얻는다. 따라서 요구된 결과의 증명을 마친다.

[89] 각 $t \in \mathbb{E}^1$에 대하여 $\mathbf{f_x}(t) := t\mathbf{x}$로 정의된 사상 $\mathbf{f_x} : \mathbb{E}^1 \longrightarrow \mathbb{E}^n$에 대하여 분명 $\{t \in \mathbb{E}^1 : t\mathbf{x} \in F\} = \mathbf{f_x}^{-1}(F)$가 성립한다. 한편,

$$\|\mathbf{f_x}(s) - \mathbf{f_x}(t)\|_u = \|s\mathbf{x} - t\mathbf{x}\|_u = \|(s-t)\mathbf{x}\|_u = |s-t|\|\mathbf{x}\|_u = \|\mathbf{x}\|_u|s-t| \quad (\forall s,t \in \mathbb{E}^1)$$

이므로 $\mathbf{f_x} \in \mathrm{Lip}(\mathbb{E}^1, \mathbb{E}^n)$이고, 특히 도움정리 3.4.14에 의하여 $\mathbf{f_x} \in \mathcal{C}(\mathbb{E}^1, \mathbb{E}^n)$이다. 따라서 '위상적 연속성정리'에 의하여 $\mathbf{f_x}^{-1}(F)$가 $\mathbb{E}^1$의 닫힌부분집합이므로 $\{t \in \mathbb{E}^1 : t\mathbf{x} \in F\}$은 $\mathbb{E}^1$의 닫힌부분집합이다.

[90] 임의의 $\mathbf{x}_1$, $\mathbf{x}_2 \in \mathbb{E}^n$이 주어지면 '삼각부등식'에 의하여

$$|f(\mathbf{x}_1) - f(\mathbf{x}_2)| = \big|\|\mathbf{x}_1 - \mathbf{x}_0\|_u - \|\mathbf{x}_2 - \mathbf{x}_0\|_u\big| \le \|\mathbf{x}_1 - \mathbf{x}_2\|_u$$

---

(14) 임의의 양수 $\delta > 0$가 주어질 때, (10.11)에 의하여 $|\frac{1}{k\pi}| < \delta$인 정수 $k \in \mathbb{Z}$를 선택할 수 있다. 따라서 점 $(t, \frac{1}{k\pi}) \in \mathbb{E}^2$을 선택하면

$$\|(t, 1/k\pi) - (t,0)\|_u = \left|\frac{1}{k\pi}\right| < \delta \quad \& \quad |f(t, 1/k\pi)| = |t\cos k\pi| = |t|$$

이 성립한다.

가 성립하므로 함수 $f : \mathbb{E}^n \longrightarrow \mathbb{E}^1$는 (균등)연속이다. 이제, 비어 있지 않은 임의의 닫힌집합 $A \subset \mathbb{E}^n$을 정해두면, 다음이 성립한다.

- $\mathbf{x}_0 \in A$인 경우: $f(\mathbf{x}) \geq 0\,(\forall\,\mathbf{x} \in \mathbb{E}^n)$이고 또한 $f(\mathbf{x}_0) = 0$이므로 함수 f는 A 위에서 최솟값 0을 갖는다.
- $\mathbf{x}_0 \notin A$인 경우: $f(\mathbf{x}) > 0\,(\forall\,\mathbf{x} \in A)$이다. 한편, $A \cap B_u(\mathbf{x}_0; k) \neq \varnothing$을 만족하는 자연수 $k \in \mathbb{N}$를 찾을 수 있다. 그러나 $\overline{B_u(\mathbf{x}_0; k)} \subset \mathbb{E}^n$은 콤팩트이므로 명제 2.3.9에 의하여 집합 $K := A \cap \overline{B_u(\mathbf{x}_0; k)}$는 $\mathbb{E}^n$의 콤팩트부분집합이다. 더욱이 정리 3.4.38에 의하여 함수 f는 집합 K 위에서 최솟값을 갖는다. 즉, $f(\mathbf{x}_1) \leq f(\mathbf{x})\ (\forall\,\mathbf{x} \in K)$를 만족하는 점 $\mathbf{x}_1 \in K$이 존재한다. 반면에 $\|\mathbf{x}_1 - \mathbf{x}_2\|_u$는 두 점 $\mathbf{x}_1$과 $\mathbf{x}_2$ 사이의 거리를 의미하므로 $\mathbf{y} \in A \setminus K$에 대하여 $f(\mathbf{y}) \geq f(\mathbf{x}_1)$이 성립한다. 결국, 함수 f는 A 위에서 최솟값 $f(\mathbf{x}_1)$을 가진다.

[91](가) 명제 2.3.19에 의하여 성립한다.

(나) 임의의 $\mathbf{x}_1,\ \mathbf{x}_2 \in \mathbb{E}^n$가 주어지면

$$d_A(\mathbf{x}_1) \leq \|\mathbf{x}_1 - \mathbf{y}\|_u \leq \|\mathbf{x}_1 - \mathbf{x}_2\|_u + \|\mathbf{x}_2 - \mathbf{y}\|_u \quad (\forall\,\mathbf{y} \in A)$$

이 성립한다. 즉, $d_A(\mathbf{x}_1) - \|\mathbf{x}_1 - \mathbf{x}_2\|_u \leq \|\mathbf{x}_2 - \mathbf{y}\|_u\ (\forall\,\mathbf{y} \in A)$를 만족하고, 따라서 $d_A(\mathbf{x}_1) - \|\mathbf{x}_1 - \mathbf{x}_2\|_u \leq d_A(\mathbf{x}_2)$를 얻는다. 동일한 방법으로 $\mathbf{x}_1$와 $\mathbf{x}_2$의 역할을 바꾸면 $d_A(\mathbf{x}_2) - \|\mathbf{x}_2 - \mathbf{x}_1\|_u \leq d_A(\mathbf{x}_1)$을 얻는다. 그러므로

$$|d_A(\mathbf{x}_1) - d_A(\mathbf{x}_2)| \leq \|\mathbf{x}_1 - \mathbf{x}_2\|_u$$

을 증명하였다. 특히, 임의의 양수 $\epsilon > 0$에 대하여 양수 $\delta = \epsilon$을 선택하면

$$\|\mathbf{x}_1 - \mathbf{x}_2\|_u < \delta \implies |d_A(\mathbf{x}_1) - d_A(\mathbf{x}_2)| < \epsilon$$

이 성립한다.

(다) (나)에 의하여 $d_A \in \mathrm{Lip}(\mathbb{E}^n, \mathbb{E}^1)$이므로 명제 3.4.40의 (나)에 의하여 함수 d_A는 $\mathbb{E}^n$ 위에서 균등연속이다.

(라) (다)와 명제 3.4.40의 (가)에 의하여 함수 d_A가 $\mathbb{E}^n$ 위에서 연속이므로 집합 $\{\mathbf{x} \in \mathbb{E}^n : d_A(\mathbf{x}) \leq c\} = d_A^{-1}((-\infty, c])$는 닫힌집합이다. 또한 $A \subset \mathbb{E}^n$가 콤팩트이므로 $\|\mathbf{y}\|_u \leq M\ (\forall\,\mathbf{y} \in A)$을 만족하는 양수 $M > 0$이 존재한다. 이제, 조건 $d_A(\mathbf{x}) \leq c$을 만족하는 점 $\mathbf{x} \in \mathbb{E}^n$를 임의의 선택하고 $d = c + 1$라 두면 $\|\mathbf{x} - \mathbf{y}\|_u < d$인 점 $\mathbf{y} \in A$가 존재한다. 그러므로 '삼각부등식' $\big|\|\mathbf{a}\|_u - \|\mathbf{b}\|_u\big| \leq \|\mathbf{a} - \mathbf{b}\|_u\ (\forall\,\mathbf{a},\,\mathbf{b} \in \mathbb{E}^n)$을 적용하면 $\|\mathbf{x}\|_u \leq \|\mathbf{y}\|_u + d \leq M + d$를 얻는다. 특히, 집합 $\{\mathbf{x} \in \mathbb{E}^n : d_A(\mathbf{x}) \leq c\}$는 유계이다. 결국, '하이네-보렐'정리에 비추어 집합 $\{\mathbf{x} \in \mathbb{E}^n : d_A(\mathbf{x}) \leq c\}$는 콤팩트이다.

[92](가) 각 $\mathbf{y} \in \mathbb{E}^n$에 대하여 $g(\mathbf{y}) := \inf\{\|\mathbf{x} - \mathbf{y}\|_u : \mathbf{x} \in A\}$라 두자. 이때, 연습문제 0.1.12를 적용하면

$$\inf\{\|\mathbf{x} - \mathbf{y}\|_u : \mathbf{x} \in A\ \&\ \mathbf{y} \in B\} = \inf\{g(\mathbf{y}) : \mathbf{y} \in B\}$$

가 성립한다. 또한 연습문제 3.4.6의 (가)에 따르면 $g(\mathbf{y}) > 0\ (\forall\,\mathbf{y} \in B)$이다. 특히, 연습문제 3.4.6에 의하여 함수 $g : \mathbb{E}^n \longrightarrow \mathbb{E}^1$가 연속이고 $B \subset \mathbb{E}^n$는 콤팩트집합이므로 함수 g는 B 위에서 최솟값을 갖는다. 따라서

$$\inf\{g(\mathbf{y}) : \mathbf{y} \in B\} = \min\{g(\mathbf{y}) : \mathbf{y} \in B\}$$

임을 알 수 있다. 그런데 $g(\mathbf{y}) > 0\ (\forall\,\mathbf{y} \in B)$이므로 $\mathrm{dist}(A, B) = \inf_{\mathbf{y} \in B} g(\mathbf{y}) = \min_{\mathbf{y} \in B} g(\mathbf{y}) > 0$을 얻는다.

(나) 집합 $A = \{(x, y) \in \mathbb{E}^2 : xy = 1\}\ \&\ B = \{(x, y) \in \mathbb{E}^2 : y = 0\}$을 생각하면 $A,\ B \subset \mathbb{E}^2$는 닫혀있고 $A \cap B = \varnothing$이다. 더욱이 임의의 양수 $\epsilon > 0$에 대하여 $\mathbf{a} = (2/\epsilon, \epsilon/2) \in A\ \&\ \mathbf{b} = (2/\epsilon, 0) \in B$를 선택하면

$$\|\mathbf{a} - \mathbf{b}\|_u = \frac{\epsilon}{2}$$

이므로

$$\inf\{\|\mathbf{a} - \mathbf{b}\|_u : \mathbf{a} \in A\ \&\ \mathbf{b} \in B\} < \epsilon$$

이 성립한다. 그러나 $\epsilon > 0$이 임의의 양수이므로 '무한소원리1'을 적용하면 $\mathrm{dist}(A, B) = 0$을 얻는다.

[93] 사상 $\mathbf{f}$가 $\mathbf{x}_0 \in D$에서 연속이므로 조건

$$\ulcorner \mathbf{x} \in D \ \& \ \|\mathbf{x} - \mathbf{x}_0\|_u < \delta \urcorner \implies \|\mathbf{f}(\mathbf{x}) - \mathbf{f}(\mathbf{x}_0)\|_u < 1$$

을 만족하는 양수 $\delta > 0$를 선택할 수 있다. 그러므로 $K = \|\mathbf{f}(\mathbf{x}_0)\|_u + 1 > 0$라 두고, '삼각부등식'을 적용하면

$$\mathbf{x} \in D \cap B_u(\mathbf{x}_0; \delta) \implies \|\mathbf{f}(\mathbf{x})\|_u \leq K$$

를 얻는다.

[94] (가)$\Longrightarrow$(나) 연속사상 $f : D \longrightarrow \{0, 1\}$가 임의로 주어질 때, $A = f^{-1}(\{0\})$ & $B = f^{-1}(\{1\})$라 두면 집합 $\{0, 1\} \subset \mathbb{E}^1$은 $\mathbb{E}^1$의 보통위상에 의해서 유도된 상대위상을 갖기 때문에 $\{0\}, \{1\}$은 모두 위상공간 $\{0, 1\}$의 열린집합이다. 그러므로 정리 3.4.30의 관점에서 A & B는 D에서 상대적 열린집합이다. 즉, 조건 $A = D \cap U$ & $B = D \cap V$를 충족하는 열린집합 $U, V \subset \mathbb{E}^n$을 선택할 수 있다. 따라서

$$\begin{cases} \circ \ D \cap U \cap V = (D \cap U) \cap (D \cap V) = A \cap B = \varnothing\,; \\ \circ \ D = A \cup B = (D \cap U) \cup (D \cap V) = D \cap (U \cup V) \subset U \cup V \end{cases}$$

가 성립한다. 여기서 명제 2.2.8을 적용하면 $A = D \cap U = \varnothing$이거나 $B = D \cap V = \varnothing$이다. 그런데 $A \cup B = D$이므로 어느 경우든지 f는 '상수사상'이다.

(나)$\Longrightarrow$(가) D가 非연결집합이라 가정하고 D의 분리 $\{U, V\}$를 생각하자. 즉, $U, V \subset \mathbb{E}^n$는 조건

$$U \cap V \cap D = \varnothing, \quad D \subset U \cup V \quad \& \quad U \cap D \neq \varnothing \neq V \cap D$$

을 충족하는 열린집합이다. 여기서 $A = U \cap D$ & $B = V \cap D$라 두고 사상 $g : D \longrightarrow \{0, 1\}$을 각 $\mathbf{x} \in D$에 대하여

$$g(\mathbf{x}) = \begin{cases} 0 & (\mathbf{x} \in A) \\ 1 & (\mathbf{x} \in B) \end{cases}$$

로 정의하면 사상 $g : D \longrightarrow \{0, 1\}$는 분명히 '상수사상'은 아니다. 그러나 $W \subset \{0, 1\}$가 열린집합이라 하면

$$g^{-1}(W) = \begin{cases} \varnothing & (W = \varnothing) \\ A & (W = \{0\}) \\ B & (W = \{1\}) \\ D & (W = \{0, 1\}) \end{cases}$$

이므로 $g^{-1}(W)$는 D에서 상대적 열린집합이다. 그러므로 정리 3.4.30의 관점에서 사상 $g : D \longrightarrow \{0, 1\}$는 연속이다. 결국 D가 非연결집합이면 D 위에서 '상수사상'이 아닌 연속사상이 존재함을 보였다.

[95] 함수 $f : (0, 1] \longrightarrow \mathbb{E}^1$을 각 $x \in (0, 1]$에 대하여 $f(x) = \frac{1}{x}$로 정의하자. 이때, 정리 3.4.9에 의하여 함수 f는 $(0, 1]$ 위에서 연속이다. 한편, 함수 f가 $(0, 1]$ 위에서 균등연속이라 가정하고 양수 $\epsilon = 10$을 선택하면 균등연속의 조건을 만족하는 양수 $\delta \in (0, 1)$를 선택할 수 있다. 그러나 $x = \delta$ & $y = \frac{\delta}{11}$라 두면 분명히 $x, y \in (0, 1]$이지만

$$|x - y| = \frac{10}{11}\delta < \delta \quad \& \quad |f(x) - f(y)| = \frac{11}{\delta} - \frac{1}{\delta} = \frac{10}{\delta} > 10 = \epsilon$$

이므로 함수 f는 $(0, 1]$ 위에서 균등연속이라는 가정에 모순이 발생한다.

[96] 함수 $f : \mathbb{E}^1 \longrightarrow \mathbb{E}^1$을 각 $x \in \mathbb{E}^1$에 대하여 $f(x) = x^2$로 정의하자. 이 함수를 가지고 관찰해 보면 다음과 같은 결과를 얻는다.

(1°) 집합 $A = (0, 1]$와 제한사상 $f|_A$를 생각하고 양수 $\epsilon > 0$을 임의의 정해두자. 이때,

$$|f(x) - f(y)| = |x^2 - y^2| = |(x - y)(x + y)| \leq 2|x - y| \quad (\forall\, x, y \in A)$$

이므로 $\delta = \frac{\epsilon}{2}$로 선택하면

$$\ulcorner x, y \in A \ \& \ |x - y| < \delta \urcorner \implies |f(x) - f(y)| < 2\delta = \epsilon$$

이 성립하여 제한사상 $f|_A$는 집합 A 위에서 균등연속이다.

(2°) 함수 f는 $\mathbb{E}^1$ 위에서 균등연속이 아니다. 왜냐하면: 양수 $\epsilon = 1$을 선택하고 임의의 양수 $\delta > 0$에 대하여 $x = \frac{1}{\delta}$ & $y = \frac{1}{\delta} + \frac{\delta}{2}$라 두면 $x, y \in \mathbb{E}^1$ & $|x - y| = \frac{\delta}{2} < \delta$이지만

$$|f(x) - f(y)| = |x - y||x + y| = \frac{\delta}{2}\left(\frac{1}{\delta} + \frac{1}{\delta} + \frac{\delta}{2}\right) = \frac{\delta}{2}\left(\frac{2}{\delta} + \frac{\delta}{2}\right) > \frac{\delta}{2}\frac{2}{\delta} = 1 = \epsilon$$

이다. 그러므로 함수 f는 $\mathbb{E}^1$ 위에서 균등연속이 아니다.

[97] 임의의 양수 $\epsilon > 0$을 정해두면, 변환 $\mathbf{f}$가 집합 D 위에서 균등연속이므로 조건

$$\ulcorner \mathbf{x}, \mathbf{y} \in D \ \& \ \|\mathbf{y} - \mathbf{x}\|_u < \delta \lrcorner \implies \|\mathbf{f}(\mathbf{x}) - \mathbf{f}(\mathbf{y})\|_u < \epsilon$$

을 만족하는 양수 $\delta > 0$를 택할 수 있다. 이제, 임의의 코시 열 $(\mathbf{x}_k)_{k\geq 1} \subset D$를 정해두면, 조건

$$k, l \geq N \implies \|\mathbf{x}_k - \mathbf{x}_l\|_u < \delta$$

를 만족하는 자연수 $N \in \mathbb{N}$가 존재하고, 특히

$$k, l \geq N \implies \|\mathbf{f}(\mathbf{x}_k) - \mathbf{f}(\mathbf{x}_l)\|_u < \epsilon$$

가 성립한다. 그런데 ϵ은 임의의 양수이므로 점열 $(\mathbf{f}(\mathbf{x}_k))_{k\geq 1}$은 $\mathbb{E}^m$에서 코시 열이다.

[98] 임의의 $\epsilon > 0$을 정해두면, 변환 $\mathbf{g} : S \longrightarrow \mathbb{E}^p$가 균등연속이므로 조건

$$\ulcorner \mathbf{y}_1, \mathbf{y}_2 \in S \ \& \ \|\mathbf{y}_1 - \mathbf{y}_2\|_u < \eta \lrcorner \implies \|\mathbf{g}(\mathbf{y}_1) - \mathbf{g}(\mathbf{y}_2)\|_u < \epsilon$$

을 만족하는 양수 $\eta > 0$를 택할 수 있고, 또한 변환 $\mathbf{f} : \mathbb{E}^n \longrightarrow \mathbb{E}^m$가 균등연속이므로 조건

$$\ulcorner \mathbf{x}_1, \mathbf{x}_2 \in D \ \& \ \|\mathbf{x}_1 - \mathbf{x}_2\|_u < \delta \lrcorner \implies \|\mathbf{f}(\mathbf{x}_1) - \mathbf{f}(\mathbf{x}_2)\|_u < \eta$$

를 만족하는 양수 $\delta > 0$를 택할 수 있다. 따라서,

$$\begin{aligned}\ulcorner \mathbf{x}_1, \mathbf{x}_2 \in D \ \& \ \|\mathbf{x}_1 - \mathbf{x}_2\|_u < \delta \lrcorner &\implies \ulcorner \mathbf{f}(\mathbf{x}_1), \mathbf{f}(\mathbf{x}_2) \in f(D) \subset S \ \& \ \|\mathbf{f}(\mathbf{x}_1) - \mathbf{f}(\mathbf{x}_2)\|_u < \eta \lrcorner \\ &\implies \|(\mathbf{g} \circ \mathbf{f})(\mathbf{x}_1) - (\mathbf{g} \circ \mathbf{f})(\mathbf{x}_2)\|_u = \|\mathbf{g}(\mathbf{f}(\mathbf{x}_1)) - \mathbf{g}(\mathbf{f}(\mathbf{x}_2))\|_u < \epsilon\end{aligned}$$

이 성립한다.

[99] (가) 임의의 $\epsilon > 0$을 정해두면, 변환 $\mathbf{f}, \mathbf{g}$가 모두 D 위에서 균등연속이므로 조건

$$\begin{cases} \circ \ \ulcorner \mathbf{x}, \mathbf{y} \in D \ \& \ \|\mathbf{x} - \mathbf{y}\|_u < \delta_1 \lrcorner \implies \|\mathbf{f}(\mathbf{x}) - \mathbf{f}(\mathbf{y})\|_u < \frac{\epsilon}{2}\,; \\ \circ \ \ulcorner \mathbf{x}, \mathbf{y} \in D \ \& \ \|\mathbf{x} - \mathbf{y}\|_u < \delta_2 \lrcorner \implies \|\mathbf{g}(\mathbf{x}) - \mathbf{g}(\mathbf{y})\|_u < \frac{\epsilon}{2} \end{cases}$$

을 만족하는 양수 $\delta_1 > 0$ & $\delta_2 > 0$를 선택할 수 있다. 이때, $\delta := \min\{\delta_1, \delta_2\}$라 두면 $\delta > 0$이고, 또한 $\mathbf{x}, \mathbf{y} \in D$ & $\|\mathbf{x} - \mathbf{y}\|_u < \delta$일 때,

$$\begin{aligned}\|(\mathbf{f} + \mathbf{g})(\mathbf{x}) - (\mathbf{f} + \mathbf{g})(\mathbf{y})\|_u &= \|\{\mathbf{f}(\mathbf{x}) + \mathbf{g}(\mathbf{x})\} - \{\mathbf{f}(\mathbf{y}) + \mathbf{g}(\mathbf{y})\}\|_u \\ &\leq \|\mathbf{f}(\mathbf{x}) - \mathbf{f}(\mathbf{y})\|_u + \|\mathbf{g}(\mathbf{x}) - \mathbf{g}(\mathbf{y})\|_u < \frac{\epsilon}{2} + \frac{\epsilon}{2} = \epsilon\end{aligned}$$

이 성립한다.

(나) $\lambda = 0$인 경우는 분명하므로 $\lambda \neq 0$을 가정하고, 양수 $\epsilon > 0$을 임의의 정해두자. 이때, 변환 $\mathbf{f}$가 D 위에서 균등연속이므로 조건

$$\ulcorner \mathbf{x}, \mathbf{y} \in D \ \& \ \|\mathbf{x} - \mathbf{y}\|_u < \delta \lrcorner \implies \|\mathbf{f}(\mathbf{x}) - \mathbf{f}(\mathbf{y})\|_u < \frac{\epsilon}{|\lambda|}$$

를 만족하는 양수 $\delta > 0$를 선택할 수 있다. 그러므로

$$\ulcorner \mathbf{x}, \mathbf{y} \in D \ \& \ \|\mathbf{x} - \mathbf{y}\|_u < \delta \lrcorner \implies \|\lambda\mathbf{f}(\mathbf{x}) - \lambda\mathbf{f}(\mathbf{y})\|_u = |\lambda|\|\mathbf{f}(\mathbf{x}) - \mathbf{f}(\mathbf{y})\|_u < \epsilon$$

이 성립하여 요구된 결과를 얻는다.

[100] $t \in X \setminus C_d(x; \delta)$라면 $d(x, t) > \delta$이므로 $2r := d(x, t) - \delta > 0$이다. 따라서 $B_d(t; r) \cap C_d(x; \delta) = \emptyset$이므로 $C_d(x; \delta)$는 닫힌집합이다. 한편 $B_d(x; \delta) \subset C_d(x; \delta)$이므로 $\overline{B_d(x; \delta)} \subset C_d(x; \delta)$가 성립한다.

다음으로 조건 $\overline{B_d(x;\delta)} \subsetneq C_d(x;\delta)$를 충족하는 보기를 찾아보자. 이를 위하여 두개 이상의 원소를 갖는 집합 X에 대하여 $x, y \in X$가 주어질 때,

$$d(x,y) := \begin{cases} 0 & (x = y) \\ 1 & (x \neq y) \end{cases}$$

로 정의하면 $d : X \times X \longrightarrow \mathbb{E}^1$은 거리의 조건을 모두 만족한다(보기 4.1.4 참고). 이 경우,

$$C_d(x;1) = X \quad \& \quad B_d(x;1) = \{x\}$$

이다. 특히, $B_d(x;1)$은 X의 열린집합임과 동시에 닫힌집합이므로

$$\overline{B_d(x;1)} = \{x\} \subsetneq X = C_d(x;\delta)$$

를 얻는다.

[101] 임의로 $x, y, z \in X$를 선택하자. 그 때, 분명히 $\rho(x,y) \geq 0$이고, $d(x,y) = d(y,x)$이므로

$$\rho(x,y) = \frac{d(x,y)}{1 + d(x,y)} = \frac{d(y,x)}{1 + d(y,x)} = \rho(y,x)$$

을 만족한다. 마지막으로 '삼각부등식' $\rho(x,z) \leq \rho(x,y) + \rho(y,z)$가 성립함을 보이는 것이 목적이다. 우선, $0 \leq d(x,z) \leq d(x,y) + d(y,z)$임에 유념하고 구분하여 살펴보자.

- $d(x,y) + d(y,z) = 0$인 경우: $d(x,y) = d(y,z) = d(x,z) = 0$이므로 $\rho(x,y) = \rho(y,z) = \rho(x,z) = 0$이고 따라서 요구된 부등식은 자동적으로 성립한다.
- $d(x,y) + d(y,z) > 0$인 경우: 만일 $d(x,z) = 0$이면,

$$\rho(x,y) + \rho(y,z) = \frac{d(x,y)}{1 + d(x,y)} + \frac{d(y,z)}{1 + d(y,z)} \geq \frac{d(x,y) + d(y,z)}{1 + d(x,y) + d(y,z)} > 0 = \rho(x,z)$$

이고, 만일 $d(x,z) > 0$이면, $\frac{1}{d(x,z)} \geq \frac{1}{d(x,y)+d(y,z)}$이므로

$$\begin{aligned} \rho(x,y) + \rho(y,z) &= \frac{d(x,y)}{1 + d(x,y)} + \frac{d(y,z)}{1 + d(y,z)} \\ &\geq \frac{d(x,y) + d(y,z))}{1 + d(x,y) + d(y,z)} \\ &= \frac{1}{\frac{1}{d(x,y)+d(y,z)} + 1} \\ &\geq \frac{1}{\frac{1}{d(x,z)} + 1} = \frac{d(x,z)}{1 + d(x,z)} = \rho(x,z) \end{aligned}$$

가 성립한다.

결국 함수 ρ는 집합 X 위에서 거리의 조건을 모두 만족한다. 즉, (X, ρ) 역시 거리공간이다.

[102] $\theta \in \{0, \frac{\pi}{2}\}$인 경우는 분명하므로 $0 < \theta < \frac{\pi}{2}$를 임의로 정해두자. 그때, 각 $t \in [0, \frac{\pi}{2}]$에 대하여

$$\phi(t) = \begin{cases} \frac{\sin t}{t} & (t \neq 0) \\ 1 & (t = 0) \end{cases}$$

로 정의된 함수 $\phi : [0, \frac{\pi}{2}] \longrightarrow \mathbb{E}^1$은 닫힌구간 $[0, \frac{\pi}{2}]$ 위에서 연속이고 열린구간 $(0, \frac{\pi}{2})$ 위에서 미분가능하다. 한편, 각 $t \in (0, \pi/2)$에 대하여 $\frac{\sin t}{t} = \cos\xi$인 $\xi \in (0,t)$를 택할 수 있고,(15) 특히 코사인함수는 닫힌구간 $[0, \frac{\pi}{2}]$ 위에서 감소하므로

$$\phi'(t) = \frac{t\cos t - \sin t}{t^2} = \frac{\cos t - \frac{\sin t}{t}}{t} = \frac{\cos t - \cos\xi}{t} < 0$$

(15) 사인함수 $\psi(x) := \sin x$ $(\forall x \in \mathbb{E})$는 $\mathbb{E}$ 위에서 미분가능하므로, '미분에 대한 평균값정리'에 의하여

$$\forall t \in (0, \pi/2), \ \exists \xi \in (0,t) \ : \ \frac{\sin t - \sin 0}{t - 0} = \psi'(\xi) = \cos\xi \tag{10.12}$$

이다.

가 성립한다. 따라서, '단조성정리'([1]; 정리 6.2.7 또는 연습문제 6.2.1.2)에 의하여 ϕ는 구간 $[0, \frac{\pi}{2}]$ 위에서 순감소하고, 특히 $\frac{2}{\pi} = \phi(\frac{\pi}{2}) < \phi(\theta) = \frac{\sin\theta}{\theta}$가 성립하여 바라는 결과를 얻는다.

[103](가) 반지름이 $r > 0$인 원을 생각할 때, 중심각이 $\theta \in [0, \pi)$인 호의 길이를 ℓ_1이라 하고 현의 길이를 ℓ_2라 하면 이미 알고 있는 것처럼

$$\ell_1 = r\theta \quad \& \quad \ell_2 = 2r\sin\frac{\theta}{2}$$

이다. 여기서 $0 \le \sin\theta \le \theta$ $(\forall\theta \in [0, \pi])$와 연습문제 4.0.4를 적용하면

$$\begin{cases} \circ\ \ell_2 = 2r\sin\frac{\theta}{2} \le 2r\frac{\theta}{2} = r\theta = \ell_1\,; \\ \circ\ \ell_2 = 2r\sin\frac{\theta}{2} \ge 2r\frac{\theta}{\pi} = \frac{2}{\pi}r\theta = \frac{2}{\pi}\ell_1 \end{cases}$$

이 성립한다. 그러므로

$$\ell_2 \le \ell_1 \le \frac{\pi}{2}\ell_2 \tag{10.13}$$

를 얻는다. 한편 $d(\mathbf{x}, \mathbf{y})$는 현의 길이를 의미하고 $\rho(\mathbf{x}, \mathbf{y})$는 호의 길이를 의미하므로 (10.13)로부터 (가)를 얻는다.
(나) 명제 4.1.15와 (가)에 의하여 분명하다.

[104](가) 이차형식을 계산하면

$$x^2 + 2xy + 4y^2 = (x + y)^2 + 3y^2 > 0 \quad (\forall (x, y) \in \mathbb{E}^2 \setminus \{(0, 0)\})$$

이므로 주어진 행렬은 양의 정부호를 갖는다.

(나) 임의의 $(x, y) \in \mathbb{E}^2$에 대하여

$$\|(x, y)\|_B = \sqrt{x^2 + 2xy + 4y^2}$$

이다.

(다) $\|\boldsymbol{\epsilon}_1 - \boldsymbol{\epsilon}_2\|_B = \|(1, -1)\|_B = \sqrt{1 - 2 + 4} = \sqrt{3}$이다.

[105](1°) 임의로 $\mathbf{x}, \mathbf{y} \in \mathbb{E}^n$이 주어지면 p의 성질 **(n3)** & **(n4)**에 의하여

$$\begin{cases} \circ\ p(\mathbf{x}) = p(\mathbf{x} - \mathbf{y} + \mathbf{y}) \le p(\mathbf{x} - \mathbf{y}) + p(\mathbf{y})\,; \\ \circ\ p(\mathbf{y}) = p(\mathbf{y} - \mathbf{x} + \mathbf{x}) \le p(\mathbf{y} - \mathbf{x}) + p(\mathbf{x})\,; \\ \circ\ p(\mathbf{y} - \mathbf{x}) = p(-(\mathbf{x} - \mathbf{y})) = p(\mathbf{x} - \mathbf{y}) \end{cases}$$

이므로 부등식

$$|p(\mathbf{x}) - p(\mathbf{y})| \le p(\mathbf{x} - \mathbf{y}) \quad (\forall \mathbf{x}, \mathbf{y} \in \mathbb{E}^n)$$

이 성립한다.

(2°) $\{\boldsymbol{\epsilon}_1, \boldsymbol{\epsilon}_2, \cdots, \boldsymbol{\epsilon}_n\}$이 $\mathbb{E}^n$의 표준기저라 하고 $p \ne 0$라 가정하자. 그때,

$$C := \max\{p(\boldsymbol{\epsilon}_1), p(\boldsymbol{\epsilon}_2), \cdots, p(\boldsymbol{\epsilon}_n)\}$$

이라 두면 $C > 0$이다.([16]) 따라서 임의로 $\mathbf{x}, \mathbf{y} \in \mathbb{E}^n$이 주어지면

$$\begin{aligned} p(\mathbf{x} - \mathbf{y}) &= p((x^1 - y^1)\boldsymbol{\epsilon}_1 + (x^2 - y^2)\boldsymbol{\epsilon}_2 + \cdots + (x^n - y^n)\boldsymbol{\epsilon}_n) \\ &\le \sum_{j=1}^{n} |x^j - y^j| p(\boldsymbol{\epsilon}_j) \\ &\le C\sum_{j=1}^{n} |x^j - y^j| \le nC\|\mathbf{x} - \mathbf{y}\|_u \end{aligned}$$

([16]) 만일 $C = 0$이면 $p(\boldsymbol{\epsilon}_k) = 0$ $(\forall k \in \{1, 2, \cdots, n\})$이다. 그러므로 임의의 $\mathbf{x} = (x^1, x^2, \cdots, x^n) \in \mathbb{E}^n$에 대하여 반노름의 성질 **(n3)** & **(n4)**를 적용하면

$$0 \le p(\mathbf{x}) = p(x^1\boldsymbol{\epsilon}_1 + x^2\boldsymbol{\epsilon}_2 + \cdots + x^n\boldsymbol{\epsilon}_n) \le |x^1|p(\boldsymbol{\epsilon}_1) + |x^2|p(\boldsymbol{\epsilon}_2) + \cdots + |x^n|p(\boldsymbol{\epsilon}_n) = 0$$

이 성립하여 $\mathbf{p} \equiv 0$을 얻는다.

이 성립한다. 그러므로 양수 $\epsilon > 0$이 임의로 주어지면 $\delta := \frac{\epsilon}{nC}$을 선택함으로서 함수 p가 $\mathbb{E}^n$ 위에서 균등연속임을 알 수 있다.

[106](가) $K = p^{-1}((-\infty, 1])$이고 $(-\infty, 1]$은 $\mathbb{E}^1$의 닫힌집합이다. 그런데 연습문제 4.0.7에 의하여 p는 $\mathbb{E}^n$ 위에서 연속함수이므로 K는 $\mathbb{E}^n$에 포함되는 닫힌집합이다.

(나) 성질 (b)를 보이기 위하여 $\mathbf{x}, \mathbf{y} \in K$ & $\lambda \in [0, 1]$을 임의로 선택하자. 그 때, $p(\mathbf{x}) \leq 1$ & $p(\mathbf{y}) \leq 1$이므로

$$p(\lambda\mathbf{x} + (1-\lambda)\mathbf{y}) \leq \lambda p(\mathbf{x}) + (1-\lambda)p(\mathbf{y}) \leq \lambda + (1-\lambda) = 1$$

을 얻는다. 그러므로 $\lambda\mathbf{x} + (1-\lambda)\mathbf{y} \in K$이고 따라서 K는 볼록집합이다. 성질 (c)를 보이기 위하여 $\mathbf{x} \in K$를 선택하면 $p(-\mathbf{x}) = |-1|p(\mathbf{x}) = p(\mathbf{x}) \leq 1$이므로 $-\mathbf{x} \in K$이다. 마지막으로 성질 (d)를 보이기 위하여 $B = \{\mathbf{x} \in \mathbb{E}^n : p(\mathbf{x}) < 1\}$라 두자. 그 때, 함수 p가 $\mathbb{E}^n$ 위에서 연속이고 $B = p^{-1}((-\infty, 1))$이므로 B는 $\mathbb{E}^n$의 열린부분집합이고, $B \subset K$이다. 한편 임의의 $\mathbf{x} \in \mathbb{E}^n$와 $\lambda \in \mathbb{E}^1$에 대하여 $p(\lambda\mathbf{x}) = |\lambda|p(\mathbf{x})$이므로 $\lambda = 0$을 선택함으로서 $p(\mathbf{0}) = 0$을 얻게되어 $\mathbf{0} \in B$임을 알 수 있다. 그러므로 $B_u(\mathbf{0}; \epsilon) \subset B \subset K$를 만족하는 양수 $\epsilon > 0$이 존재한다.

(다) ($\Longrightarrow$) $p(\mathbf{x}) = 0$을 가정하고 $\mathbf{x} = \mathbf{0}$을 보이는 것이 목적이다. 우선, K가 콤팩트집합이므로 K는 유계집합이고, $\|\mathbf{x}\|_u \leq C$ $(\forall \mathbf{x} \in K)$를 만족하는 양수 $C > 0$를 선택할 수 있다. 한편 $p(\mathbf{x}) = 0$이므로 임의의 자연수 $n \in \mathbb{N}$에 대하여 $p(\mathbf{x}) < \frac{1}{n}$이다. 그러므로

$$p(n\mathbf{x}) = np(\mathbf{x}) < 1$$

이 성립하여 $n\mathbf{x} \in K$이고, 특히 $\|n\mathbf{x}\|_u \leq C$를 얻는다. 즉, $\|\mathbf{x}\|_u \leq \frac{C}{n}$ $(\forall n \in \mathbb{N})$이 성립한다. 그러므로 '무한소원리I'을 적용하면 $\mathbf{x} = \mathbf{0}$을 얻게되어 p는 $\mathbb{E}^n$ 위에서 노름이다.

($\Longleftarrow$) p가 $\mathbb{E}^n$ 위에서 노름이라 가정하자. 그 때, 정리 4.2.8에 따르면

$$m\|\mathbf{x}\|_u \leq p(\mathbf{x}) \quad (\forall \mathbf{x} \in \mathbb{E}^n)$$

이 성립한다. 특히,

$$m\|\mathbf{x}\|_u \leq p(\mathbf{x}) \leq 1 \quad (\forall \mathbf{x} \in K)$$

를 얻는다. 그러므로

$$\|\mathbf{x}\|_u \leq \frac{1}{m} \quad (\forall \mathbf{x} \in K)$$

이므로 K는 $\mathbb{E}^n$에 포함되는 유계집합이다. 그러나 (가)에 의하여 K는 $\mathbb{E}^n$의 닫힌부분집합이므로 $K \subset \mathbb{E}^n$는 콤팩트집합이다.

[107]$K \subset \mathbb{E}^n$가 유계인 경우는 주어진 가정과 결합하면 K는 콤팩트집합이다. 이 경우에는 정리 4.2.13에서 정의된 함수 $N : \mathbb{E}^n \longrightarrow \mathbb{E}^1$과 함수 $p : \mathbb{E}^n \longrightarrow \mathbb{E}^1$는 동일하다. 따라서 p는 $\mathbb{E}^n$ 위에서 노름이고, 특히 반노름이다. 그러므로 K가 비유계인 경우를 생각하자. 먼저 $K = \mathbb{E}^n$인 경우에는 임의의 $\mathbf{x} \in \mathbb{E}^n \setminus \{\mathbf{0}\}$에 대하여 $L(\mathbf{0}; \mathbf{x}) \subset K$이므로 $p(\mathbf{x}) = 0$이다. 그러므로 p는 반노름의 성질을 모두 만족한다. 다음으로 $K \subsetneq \mathbb{E}^n$인 경우를 살펴보기로 하자. 임의의 $\mathbf{x} \in \mathbb{E}^n \setminus \{0\}$에 대하여 $p(\mathbf{x}) \geq 0$은 정의로부터 분명하다. 다음으로 임의의 $\mathbf{x} \in \mathbb{E}^n \setminus \{0\}$ & $\lambda \in \mathbb{E}^1 \setminus \{0\}$에 대하여 $p(\lambda\mathbf{x}) = |\lambda|p(\mathbf{x})$가 성립함을 보이기로 하자.

- $L(\mathbf{0}; \mathbf{x}) \subset K$인 경우, $L(\mathbf{0}; \lambda\mathbf{x}) \subset K$이므로 $p(\lambda\mathbf{x}) = 0 = |\lambda|p(\mathbf{x})$을 얻는다.
- $L(\mathbf{0}; \mathbf{x}) \setminus K \neq \varnothing$인 경우: $L(\mathbf{0}; \lambda\mathbf{x}) = L(\mathbf{0}; \mathbf{x})$임에 유념하자.

  ▷ K의 대칭성에 의하면

  $$\max\{t \in \mathbb{E}^1 : t\mathbf{x} \in K\} = \max\{t \in \mathbb{E}^1 : -t\mathbf{x} \in K\} = \max\{t \in \mathbb{E}^1 : t(-x) \in K\}$$

  이므로 $p(\mathbf{x}) = p(-\mathbf{x})$가 성립한다.

  ▷ $\lambda > 0$이면

  $$\max\{t \in \mathbb{E}^1 : t(\lambda\mathbf{x}) \in K\} = \frac{1}{\lambda}\max\{\lambda t \in \mathbb{E}^1 : (\lambda t)\mathbf{x} \in K\} = \frac{1}{\lambda}\max\{s \in \mathbb{E}^1 : s\mathbf{x} \in K\}$$

  이므로

  $$p(\lambda\mathbf{x}) = \frac{1}{\max\{t \in \mathbb{E}^1 : t(\lambda\mathbf{x}) \in K\}} = \lambda\frac{1}{\max\{s \in \mathbb{E}^1 : s\mathbf{x} \in K\}} = \lambda p(\mathbf{x})$$

를 얻는다.

▷ $\lambda < 0$이면 $p(\lambda\mathbf{x}) = p(-\lambda\mathbf{x}) = -\lambda p(\mathbf{x})$를 얻는다.

결국 $p(\lambda\mathbf{x}) = |\lambda|p(\mathbf{x})$가 성립함을 알 수 있다.

마지막으로 임의의 $\mathbf{x}, \mathbf{y} \in \mathbb{E}^n \setminus \{\mathbf{0}\}$에 대하여 $p(\mathbf{x}+\mathbf{y}) \le p(\mathbf{x}) + p(\mathbf{y})$가 성립함을 보이기로 하자.

- $L(\mathbf{0};\mathbf{x}) \cup L(\mathbf{0};\mathbf{y}) \subset K$인 경우: $\frac{1}{2}(\mathbf{x}+\mathbf{y}) \in K$이므로 '평행사변형법칙'과 K의 볼록성에 비추어 $L(\mathbf{0};\mathbf{x}+\mathbf{y}) \subset K$이고 따라서 $p(\mathbf{x}+\mathbf{y}) = 0 = p(\mathbf{x}) = p(\mathbf{y})$이다. 그러므로 $p(\mathbf{x}+\mathbf{y}) = p(\mathbf{x}) + p(\mathbf{y})$를 얻는다.
- $L(\mathbf{0};\mathbf{x}) \subset K$ & $L(\mathbf{0};\mathbf{y}) \setminus K \neq \varnothing$인 경우:
  ▷ $L(\mathbf{0};\mathbf{x}+\mathbf{y}) \subset K$이면 $p(\mathbf{x}+\mathbf{y}) = 0 = p(\mathbf{x})$ & $p(\mathbf{y}) \ge 0$이므로 $p(\mathbf{x}+\mathbf{y}) \le p(\mathbf{x}) + p(\mathbf{y})$가 성립한다.
  ▷ $L(\mathbf{0};\mathbf{x}+\mathbf{y}) \setminus K \neq \varnothing$이면 '평행사변형법칙'과 K의 볼록성에 비추어
  $$\max\{t \in \mathbb{E}^1 : t\mathbf{x} \in K\} \le \max\{t \in \mathbb{E}^1 : t(\mathbf{x}+\mathbf{y}) \in K\}$$
  가 성립하고 따라서
  $$p(\mathbf{x}+\mathbf{y}) = \frac{1}{\max\{t \in \mathbb{E}^1 : t(\mathbf{x}+\mathbf{y}) \in K\}} \le \frac{1}{\max\{t \in \mathbb{E}^1 : t\mathbf{y} \in K\}} = p(\mathbf{y})$$
  을 얻는다. 그러나 $p(\mathbf{x}) = 0$이므로 $p(\mathbf{x}+\mathbf{y}) \le p(\mathbf{x}) + p(\mathbf{y})$가 성립한다.
- $L(\mathbf{0};\mathbf{x}) \setminus K \neq \varnothing$ & $L(\mathbf{0};\mathbf{y}) \setminus K \neq \varnothing$인 경우:
  ▷ $L(\mathbf{0};\mathbf{x}+\mathbf{y}) \subset K$이면 $p(\mathbf{x}+\mathbf{y}) = 0$ & $\min\{p(\mathbf{x}), p(\mathbf{y})\} \ge 0$이므로 $p(\mathbf{x}+\mathbf{y}) \le p(\mathbf{x}) + p(\mathbf{y})$가 성립한다.
  ▷ $L(\mathbf{0};\mathbf{x}+\mathbf{y}) \setminus K \neq \varnothing$이면 정리 4.2.13의 증명과 동일한 과정을 반복함으로서 $p(\mathbf{x}+\mathbf{y}) \le p(\mathbf{x}) + p(\mathbf{y})$를 얻는다. 즉,
  $$\begin{cases} \circ\ \alpha := \max\{t \in \mathbb{E}^1 : t\mathbf{x} \in K\}; \\ \circ\ \beta := \max\{t \in \mathbb{E}^1 : t\mathbf{y} \in K\} \end{cases}$$
  라 두고 $\gamma := \frac{\beta}{\alpha+\beta}$라 하자. 이때, $0 < \gamma < 1$이고, 또한
  $$\frac{1}{\alpha\gamma} = \frac{\alpha+\beta}{\alpha\beta} = \frac{1}{\alpha} + \frac{1}{\beta} = p(\mathbf{x}) + p(\mathbf{y})$$
  이며, 특히 $\alpha\gamma = \frac{\alpha\beta}{\alpha+\beta} = (1-\gamma)\beta$이므로 $\alpha\gamma(\mathbf{x}+\mathbf{y}) = \gamma(\alpha\mathbf{x}) + (1-\gamma)(\beta\mathbf{y})$가 성립한다. 그런데 $\alpha\mathbf{x}, \beta\mathbf{y} \in K$이므로 K의 볼록성에 의하여 $\alpha\gamma(\mathbf{x}+\mathbf{y}) \in K$이고, 특히 $\alpha\gamma \in \{t \in \mathbb{E}^1 : t(\mathbf{x}+\mathbf{y}) \in K\}$이다. 따라서
  $$p(\mathbf{x}+\mathbf{y}) \le \frac{1}{\alpha\gamma} = p(\mathbf{x}) + p(\mathbf{y})$$
  가 성립한다.

결국 어느 경우든지 함수 p는 $\mathbb{E}^n$ 위에서 '삼각부등식'을 만족한다.

[108](가) 명제 4.2.12의 조건 (a),(b),(c),(d)를 충족함을 살펴보자. 이를 위하여 임의로 $(x, y) \in K$를 선택하고 x, y의 범위를 찾아보면 다음과 같다.

- $1 \ge x^2 + xy + 4y^2 = 4\left(y^2 + \frac{1}{4}xy\right) + x^2 = 4\left(y + \frac{1}{8}x\right)^2 + \frac{15}{16}x^2 \ge \frac{15}{16}x^2$ 이므로 $x^2 \le \frac{16}{15}$이다. 즉, $|x| \le \frac{4}{\sqrt{15}}$임을 알 수 있다.
- $1 \ge x^2 + xy + 4y^2 = \left(x + \frac{1}{2}y\right)^2 + \frac{15}{4}y^2 \ge \frac{15}{4}y^2$이므로 $y^2 \le \frac{4}{15}$이다. 즉, $|y| \le \frac{2}{\sqrt{15}}$임을 알 수 있다.

이제, 명제 4.2.12의 조건 (a),(b),(c),(d)를 충족하는지 조사해 보기로 하자.

(a) 집합 K의 콤팩트성은 '하이네-보렐 정리'의 관점에서 살펴보자. 임의로 $(x, y) \in K$를 선택하면

$$\begin{aligned} x^2 + y^2 &\le 1 - xy - 4y^2 + y^2 \quad (\because x^2 + xy + 4y^2 \le 1) \\ &= 1 - xy - 3y^2 \\ &= 1 - 3\left(y + \frac{1}{6}x\right)^2 + \frac{1}{12}x^2 \\ &\le 1 + \frac{1}{12}x^2 \le 1 + \frac{1}{12}\frac{16}{15} = \frac{49}{45} < 2 \end{aligned}$$

이므로 $(x,y) \in B\left((0,0);\sqrt{2}\right)$를 얻고 따라서 $K \subset B\left((0,0);\sqrt{2}\right)$이다. 그러므로 K는 유계집합이다. 한편 각 $(x,y) \in \mathbb{E}^2$에 대하여 $\varphi(x,y) := x^2 + xy + 4y^2$으로 정의된 함수 $\varphi : \mathbb{E}^2 \longrightarrow \mathbb{E}^1$은 연속이므로 $K = \varphi^{-1}((-\infty, 1])$는 $\mathbb{E}^2$의 닫힌집합이다. 결국 '하이네-보렐 정리'의 관점에서 K는 콤팩트집합이다.

(b) K의 볼록성을 확인하기 위하여 $(x_1,y_1),(x_2,y_2) \in K$와 $\lambda \in [0,1]$을 선택했을 때,

$$\lambda(x_1,y_1) + (1-\lambda)(x_2,y_2) = (\lambda x_1 + (1-\lambda)x_2, \lambda y_1 + (1-\lambda)y_2) \in K \tag{10.14}$$

를 보이는 것이 목표이다. 여기서 $1-\lambda = \mu$ & $\varphi(x,y) := x^2 + xy + 4y^2$라 두면 (10.14)은

$$\varphi(\lambda x_1 + \mu x_2, \lambda y_1 + \mu y_2) \le 1$$

을 규명하는 것과 동치이다. 우선,

$$\begin{aligned}\varphi(\lambda x_1 + \mu x_2, \lambda y_1 + \mu y_2) &= (\lambda x_1 + \mu x_2)^2 + (\lambda x_1 + \mu x_2)(\lambda y_1 + \mu y_2) + 4(\lambda y_1 + \mu y_2)^2 \\ &= \lambda^2(x_1^2 + x_1y_1 + 4y_1^2) + \lambda\mu\{2x_1x_2 + 8y_1y_2 + x_1y_2 + y_1x_2\} \\ &\quad + \mu^2(x_2^2 + x_2y_2 + 4y_2^2) \\ &= \lambda^2\varphi(x_1,y_1) + \underbrace{\lambda\mu\{2x_1x_2 + 8y_1y_2 + x_1y_2 + y_1x_2\}}_{=:A} + \mu^2\varphi(x_2,y_2)\end{aligned} \tag{10.15}$$

을 얻는다. 한편 '코시-슈바르츠'부등식과 $\varphi(x_j,y_j) \le 1$ $(\forall j \in \{1,2\})$을 적용하면

$$\begin{aligned}A &= 2\lambda\mu\left\{x_1x_2 + \frac{x_1y_2 + y_1x_2}{2} + 4y_1y_2\right\} \\ &= 2\lambda\mu\left\{\left(x_1 + \frac{y_1}{2}\right)\left(x_2 + \frac{y_2}{2}\right) + \frac{\sqrt{15}}{2}y_1\frac{\sqrt{15}}{2}y_2\right\} \\ &\le 2\lambda\mu\sqrt{\left(x_1 + \frac{y_1}{2}\right)^2 + \left(\frac{\sqrt{15}}{2}y_1\right)^2}\sqrt{\left(x_2 + \frac{y_2}{2}\right)^2 + \left(\frac{\sqrt{15}}{2}y_2\right)^2} \\ &= 2\lambda\mu\sqrt{x_1^2 + x_1y_1 + 4y_1^2}\sqrt{x_2^2 + x_2y_2 + 4y_2^2} \\ &= 2\lambda\mu\sqrt{\varphi(x_1,y_1)}\sqrt{\varphi(x_2,y_2)} \le 2\lambda\mu\end{aligned} \tag{10.16}$$

가 성립한다. 그러므로 (10.15) & (10.16)으로부터

$$\begin{aligned}\varphi(\lambda x_1 + \mu x_2, \lambda y_1 + \mu y_2) &= \lambda^2\varphi(x_1,y_1) + A + \mu^2\varphi(x_2,y_2) \\ &\le \lambda^2\varphi(x_1,y_1) + 2\lambda\mu + \mu^2\varphi(x_2,y_2) \\ &\le \lambda^2 + 2\lambda\mu + \mu^2 = (\lambda+\mu)^2 = 1\end{aligned} \tag{10.17}$$

가 성립하여 요구된 결과를 얻는다. 따라서 K는 볼록집합이다.

(c) 임의로 $(x,y) \in K$를 선택하자. 그때,

$$(-x)^2 + (-x)(-y) + 4(-y)^2 = x^2 + xy + 4y^2 \le 1$$

이므로 $(-x,-y) \in K$이고 따라서 K는 원점 $\mathbf{0} = (0,0)$에 관하여 대칭이다.

(d) 부등식

$$\begin{aligned}x^2 + xy + 4y^2 &\le x^2 + |xy| + 4y^2 \\ &\le x^2 + \frac{1}{2}(x^2+y^2) + 4y^2 = \frac{3}{2}x^2 + \frac{9}{2}y^2 \le 5(x^2+y^2)\end{aligned}$$

이 성립하므로

$$x^2 + y^2 \le \frac{1}{5} \implies x^2 + xy + 4y^2 \le 1 \implies (x,y) \in K$$

를 얻는다. 즉, $B((0,0);1/\sqrt{5}) \subset K$이다.

결국 명제 4.2.12의 조건 (a),(b),(c),(d)를 모두 충족함을 보였다.

(나) 정리 4.2.13에 따르면 $K = \{(x,y) \in \mathbb{E}^2 : N((x,y)) \le 1\}$인 노름 $N : \mathbb{E}^2 \longrightarrow \mathbb{E}^1$이 존재한다. 특히, 임의로 $(x,y) \in \mathbb{E}^2 \setminus \{(0,0)\}$을 선택하면

$$x^2 + xy + 4y^2 = \left(x + \frac{1}{2}y\right)^2 + \frac{15}{4}y^2 > 0$$

이므로

$$\begin{aligned}\max\{t \in \mathbb{E}^1 : t(x,y) \in K\} &= \max\{t \in \mathbb{E}^1 : t^2(x^2+xy+4y^2) \le 1\} \\ &= \frac{1}{\sqrt{x^2+xy+4y^2}}\end{aligned}$$

이다. 따라서 정리 4.2.13에서 정의된 노름 $N : \mathbb{E}^2 \longrightarrow \mathbb{E}^1$을 고려하면

$$N((x,y)) = \sqrt{x^2+xy+4y^2} = \|(x,y)\|_B$$

를 얻는다.

[109] $\mathbf{a} = (1,1,2)$

[110] 명제 3.1.9에 의하여 $L(\mathbf{x}) = \mathbf{a} \cdot \mathbf{x} \, (\forall \mathbf{x} \in \mathbb{E}^n)$을 만족하는 유일한 점 $\mathbf{a} = (a_1, a_2, \cdots, a_n) \in \mathbb{E}^n \setminus \{\mathbf{0}\}$가 존재하므로

$$P = \{\mathbf{x} \in \mathbb{E}^n : L(\mathbf{x}) = c\} = \{\mathbf{x} \in \mathbb{E}^n : \mathbf{a} \cdot \mathbf{x} = c\}$$

이다. 따라서 P는 초평면이다.

[111] $\mathbf{v} = (\cos\theta, \sin\theta) \; (0 \le \theta \le 2\pi)$라 두면

$$\begin{aligned}\lim_{\mathbb{E}^1 \ni t \to 0} \frac{f(\mathbf{x}_0 + t\mathbf{v}) - f(\mathbf{x}_0)}{t} &= \lim_{\mathbb{E}^1 \ni t \to 0} \frac{f(t\cos\theta, 1 + t\sin\theta) - f(0,1)}{t} \\ &= \lim_{\mathbb{E}^1 \ni t \to 0} \frac{(t\cos\theta - 1)^2 - (1 + t\sin\theta)^2}{t} \\ &= \lim_{\mathbb{E}^1 \ni t \to 0} \left\{t(\cos^2\theta - \sin^2\theta) - 2(\cos\theta + \sin\theta)\right\} = -2(\cos\theta + \sin\theta)\end{aligned}$$

이므로 $f_{\mathbf{v}}(\mathbf{x}_0) = -2(\cos\theta + \sin\theta)$을 얻는다.

[112] $\mathbf{v} = (\cos\theta, \sin\theta) \; (0 \le \theta \le 2\pi)$라 두면

$$\lim_{\mathbb{E}^1 \ni t \to 0} \frac{f((0,0) + t\mathbf{v}) - f(0,0)}{t} = \lim_{\mathbb{E}^1 \ni t \to 0} \frac{f(t\cos\theta, t\sin\theta)}{t} = \lim_{\mathbb{E}^1 \ni t \to 0} \frac{(t^2\cos\theta\sin\theta)^{\frac{1}{3}}}{t}$$

를 얻는다.

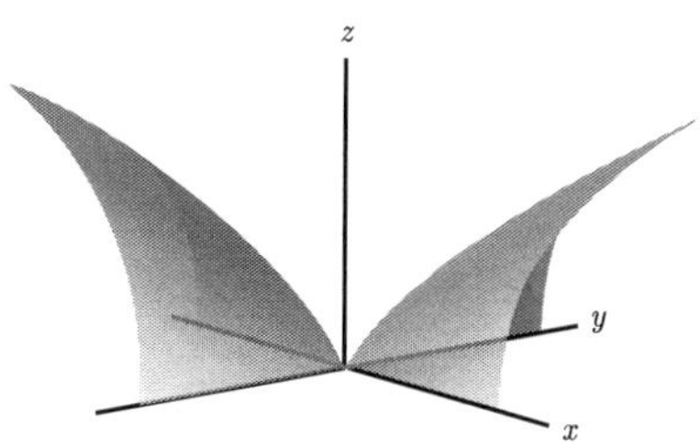

그림 10.3: 함수 $f(x,y) = (xy)^{\frac{1}{3}}$ & $z \ge 0$의 이해

(가) & (나) $\cos\theta\sin\theta = 0$인 방향 $\mathbf{v} = (\cos\theta, \sin\theta)$를 생각하면 $\theta = 0, \frac{\pi}{2}, \pi, \frac{3\pi}{2}$이고, 특히 $f_{\mathbf{v}}(0,0) = 0$이다. 한편 $\cos\theta\sin\theta \ne 0$인 방향 $\mathbf{v} = (\cos\theta, \sin\theta)$에 대해서는

$$\lim_{\mathbb{E}^1 \ni t \to 0} \frac{f((0,0) + t\mathbf{v}) - f(0,0)}{t} = (\cos\theta\sin\theta)^{\frac{1}{3}} \lim_{\mathbb{E}^1 \ni t \to 0} \frac{1}{t^{\frac{1}{3}}}$$

이므로 극한값이 존재하지 않는다.

(다) 임의의 양수 $\epsilon > 0$을 정해두고 $\delta^2 = 2\epsilon^3 > 0$을 선택하자. 이때, $|xy| \le \frac{x^2+y^2}{2}$ 이므로

$$|xy|^{\frac{1}{3}} \le \left(\frac{x^2+y^2}{2}\right)^{\frac{1}{3}}$$

을 얻는다. 그러므로

$$\sqrt{x^2+y^2} < \delta \implies |xy|^{\frac{1}{3}} \le \left(\frac{x^2+y^2}{2}\right)^{\frac{1}{3}} < \epsilon$$

이 성립하여 함수 f가 원점 $(0,0)$에서 연속임을 보였다.

[113] 곡선 $\boldsymbol{\varphi}_1(t) = (t,0)$ & $\boldsymbol{\varphi}_2(t) = (t^2,t)$를 생각하면 모두 원점 $(0,0)$을 지나고 임의의 $t \in \mathbb{E}^1 \setminus \{0\}$에 대하여

$$(f \circ \boldsymbol{\varphi}_1)(t) = f(t,0) = 0 \quad \& \quad (f \circ \boldsymbol{\varphi}_2)(t) = \frac{1}{2}$$

이다. 그러므로

$$\lim_{\mathbb{E}^1 \ni t \to 0} (f \circ \boldsymbol{\varphi}_1)(t) = 0 \quad \& \quad \lim_{\mathbb{E}^1 \ni t \to 0} (f \circ \boldsymbol{\varphi}_2)(t) = \frac{1}{2}$$

을 얻고 따라서 $\lim_{\mathbb{E}^2 \ni (x,y) \to (0,0)} f(x,y)$는 존재하지 않는다. 특히, f는 $(0,0)$에서 불연속이다. 다음으로 방향 $\mathbf{v} = (v^1, v^2) \in \mathbb{E}^2$를 생각하면

$$\lim_{\mathbb{E}^1 \ni t \to 0} \frac{f(tv^1, tv^2) - f(0,0)}{t} = \lim_{\mathbb{E}^1 \ni t \to 0} \frac{v^1(v^2)^2}{(v^1)^2 + t^2(v^2)^4} = \begin{cases} \frac{(v^2)^2}{v^1} & (v^1 \neq 0) \\ 0 & (v^1 = 0) \end{cases}$$

을 얻는다. 그러므로 임의의 방향으로 $(0,0)$에서 f의 방향도함수는 존재한다.

[114] (가) & (다) 영역 $\mathbb{E}^2 \setminus \{(0,0)\}$ 위에서 f 는 유리함수이므로 미분가능하다. 특히, $\mathbb{E}^2 \setminus \{(0,0)\}$ 위의 임의의 점에서 편도함수를 포함하여 모든 방향으로의 방향 도함수가 존재한다. 다음으로 원점 $(0,0)$에서 함수 f의 편도함수를 살펴보기로 하자.

$$\lim_{\mathbb{E}^1 \ni h \to 0} \frac{f(h,0) - f(0,0)}{h} = 0 \quad \& \quad \lim_{\mathbb{E}^1 \ni k \to 0} \frac{f(0,k) - f(0,0)}{k} = 0$$

이므로 $f_1(0,0) = 0 = f_2(0,0)$임을 알 수 있다. 결국 $\mathbb{E}^2$ 위의 모든 점에서 함수 f의 편도함수가 존재한다.

(나) $v^1v^2 \neq 0$를 만족하는 방향 $\mathbf{v} = (v^1, v^2) \in \mathbb{E}^2$을 생각하면

$$\lim_{\mathbb{E}^1 \ni h \to 0} \frac{f(hv^1, hv^2) - f(0,0)}{h} = \frac{v^1v^2}{(v^1)^2 + (v^2)^2} \lim_{\mathbb{E}^1 \ni h \to 0} \frac{1}{h}$$

이므로 극한이 존재하지 않는다. 즉, 원점 $(0,0)$에서 방향 $\mathbf{v} = (v^1, v^2)$로의 함수 f의 방향도함수는 존재하지 않는다. 특히, f는 원점 $(0,0)$에서 미분불가능하다.

(라) 직선 $\boldsymbol{\varphi}_1(t) = (t,0)$ & $\boldsymbol{\varphi}_2(t) = (t,t)$를 생각하면 모두 원점 $(0,0)$을 지나고 임의의 $t \in \mathbb{E}^1 \setminus \{0\}$에 대하여

$$(f \circ \boldsymbol{\varphi}_1)(t) = f(t,0) = 0 \quad \& \quad (f \circ \boldsymbol{\varphi}_2)(t) = \frac{1}{2}$$

이다. 그러므로

$$\lim_{\mathbb{E}^1 \ni t \to 0} (f \circ \boldsymbol{\varphi}_1)(t) = 0 \quad \& \quad \lim_{\mathbb{E}^1 \ni t \to 0} (f \circ \boldsymbol{\varphi}_2)(t) = \frac{1}{2}$$

을 얻는다. 즉, $\lim_{\mathbb{E}^2 \ni (x,y) \to (0,0)} f(x,y)$는 존재하지 않는다. 그러므로 원점에서 함수 f는 연속이 아니고 특히 미분불가능하다.

[115] 구하는 방향을 $\mathbf{v} = (v^1, v^2, v^3) \in \mathbb{E}^3$라 하면

$$\begin{aligned}\lim_{\mathbb{E}^1 \ni t \to 0} \frac{f((x_0,y_0,z_0) + t\mathbf{v}) - f(x_0,y_0,z_0)}{t} &= \lim_{\mathbb{E}^1 \ni t \to 0} \frac{f(x_0 + tv^1, y_0 + tv^2, z_0 + tv^3)}{t} \\ &= \lim_{\mathbb{E}^1 \ni t \to 0} \frac{|t(v^1 + v^2 + v^3)|}{t}\end{aligned}$$

를 얻는다. 그러므로 다음과 같이 정리할 수 있다.

- $v^1+v^2+v^3=0$인 방향 $\mathbf{v}=(v^1,v^2,v^3)$에 대하여 $f_{\mathbf{v}}(x_0,y_0,z_0)=0$이다.
- $v^1+v^2+v^3\neq 0$인 방향 $\mathbf{v}=(v^1,v^2,v^3)$에 대하여

$$\lim_{\mathbb{E}^1\ni t\to 0}\frac{f((x_0,y_0,z_0)+t\mathbf{v})-f(x_0,y_0,z_0)}{t}=|v^1+v^2+v^3|\lim_{\mathbb{E}^1\ni t\to 0}\frac{|t|}{t}$$

이므로 점 (x_0,y_0,z_0)에서 함수 f의 방향도함수가 존재하지 않는다.

[116](가) 직선 $\boldsymbol{\varphi}_1(t)=(t,0)$ & $\boldsymbol{\varphi}_2(t)=(t,t)$를 생각하면 모두 원점 $(0,0)$을 지나고 임의의 $t\in\mathbb{E}^1\setminus\{0\}$에 대하여

$$(f\circ\boldsymbol{\varphi}_1)(t)=f(t,0)=t \quad \& \quad (f\circ\boldsymbol{\varphi}_2)(t)=1$$

이다. 그러므로

$$\lim_{\mathbb{E}^1\ni t\to 0}(f\circ\boldsymbol{\varphi}_1)(t)=0 \quad \& \quad \lim_{\mathbb{E}^1\ni t\to 0}(f\circ\boldsymbol{\varphi}_2)(t)=1$$

을 얻는다. 즉, $\lim_{\mathbb{E}^2\ni(x,y)\to(0,0)}f(x,y)$는 존재하지 않는다.

(나) 원점에서 함수 f의 편도함수를 살펴보기로 하자.

$$\lim_{\mathbb{E}^1\ni h\to 0}\frac{f(h,0)-f(0,0)}{h}=\lim_{\mathbb{E}^1\ni h\to 0}\frac{h}{h}=1 \quad \& \quad \lim_{\mathbb{E}^1\ni k\to 0}\frac{f(0,k)-f(0,0)}{k}=\lim_{\mathbb{E}^1\ni k\to 0}\frac{k}{k}=1$$

이므로 $f_1(0,0)=1=f_2(0,0)$임을 알 수 있다. 한편, $v^1v^2\neq 0$를 만족하는 방향 $\mathbf{v}=(v^1,v^2)\in\mathbb{E}^2$을 생각하면

$$\lim_{\mathbb{E}^1\ni h\to 0}\frac{f(hv^1,hv^2)-f(0,0)}{h}=\lim_{\mathbb{E}^1\ni h\to 0}\frac{1}{h}$$

이므로 극한이 존재하지 않는다. 즉, 원점 $(0,0)$에서 방향 $\mathbf{v}=(v^1,v^2)$로의 함수 f의 방향도함수는 존재하지 않는다.

[117](가) 부등식

$$|f(x,y)-f(0,0)|=\sqrt{|x||y|}\leq\sqrt{x^2+y^2}=\sqrt{\|(x,y)\|^2}=\|(x,y)\|$$

을 고려하고 임의의 양수 $\epsilon>0$이 주어질 때, $\delta\leq\epsilon$을 만족하는 양수 $\delta>0$를 선택하자. 이때,

$$\|(x,y)\|<\delta \implies |f(x,y)-f(0,0)|\leq\|(x,y)\|<\delta\leq\epsilon$$

이므로 함수 f는 원점 $(0,0)$에서 연속이다.

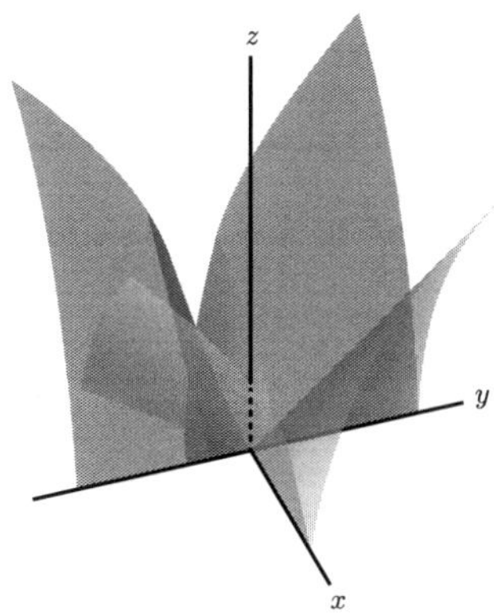

그림 10.4: 함수 $f(x,y)=\sqrt{|xy|}$의 이해

(나) 원점에서 함수 f의 편도함수를 살펴보기로 하자.

$$\lim_{\mathbb{E}^1\ni h\to 0}\frac{f(h,0)-f(0,0)}{h}=0 \quad \& \quad \lim_{\mathbb{E}^1\ni k\to 0}\frac{f(0,k)-f(0,0)}{k}=0$$

이므로 $f_1(0,0) = 0 = f_2(0,0)$임을 알 수 있다.

(다) $v^1v^2 \neq 0$를 만족하는 방향 $\mathbf{v} = (v^1, v^2) \in \mathbb{E}^2$을 생각하면

$$\lim_{\mathbb{E}^1 \ni h \to 0} \frac{f(hv^1, hv^2) - f(0,0)}{h} = \lim_{\mathbb{E}^1 \ni h \to 0} \frac{|h|}{h}\sqrt{|v^1v^2|} = \begin{cases} \sqrt{|v^1v^2|} & (h \to 0+) \\ -\sqrt{|v^1v^2|} & (h \to 0-) \end{cases}$$

를 얻는다. 그러므로 원점 $(0,0)$에서 방향 $\mathbf{v} = (v^1, v^2)$로의 함수 f의 방향도함수는 존재하지 않는다..

(라) 특히, (다)에 의하여 함수 f는 원점 $(0,0)$에서 미분불가능하다.

[118](가) $xy \neq 0$인 점 $(x,y) \in \mathbb{E}^2$에 대하여

$$f_1(x,y) = \frac{1}{y} - \frac{y}{x^2} \quad \& \quad f_2(x,y) = -\frac{x}{y^2} + \frac{1}{x}$$

이므로 $xy \neq 0$인 점 $(x,y) \in \mathbb{E}^2$에서 편도함수 f_1 & f_2는 모두 존재하고 더욱이 연속이다.

(나) $xy = 0$인 점 $(x,y) \in \mathbb{E}^2 \setminus \{(0,0)\}$를 생각하자. 먼저 점 $(x,0)$ (단, $x \neq 0$)에 대하여

$$\lim_{h \to 0} \frac{f(x+h,0) - f(x,0)}{h} = \frac{0}{h} = 0$$

이므로 $f_1(x,0) = 0$이다. 또한

$$\lim_{k \to 0} \frac{f(x,0+k) - f(x,0)}{k} = \lim_{k \to 0} \frac{1}{k}\left(\frac{x}{k} + \frac{k}{x}\right) = \lim_{k \to 0}\left(\frac{x}{k^2} + \frac{1}{x}\right)$$

이므로 $f_2(x,0)$는 존재하지 않는다. 다음으로 점 $(0,y)$ (단, $y \neq 0$)에 대하여 동일한 방법으로 진행하면 $f_1(0,y)$는 존재하지 않고 $f_2(0,y) = 0$이다.

(다) 편도함수의 정의에 입각해서 극한을 생각하면

$$\lim_{h \to 0} \frac{f(h,0) - f(0,0)}{h} = \lim_{h \to 0} \frac{0}{h} = 0 \quad \& \quad \lim_{k \to 0} \frac{f(0,k) - f(0,0)}{k} = \lim_{h \to 0} \frac{0}{k} = 0$$

이므로 $f_1(0,0) = 0 = f_2(0,0)$을 얻는다.

[119](가) $f_i(\mathbf{x}) = x_0^i$이므로 $\operatorname{grad} f(\mathbf{x}) = \mathbf{x}_0$이다.

(나) $f_i(\mathbf{x}) = \left(\sum_{j=1}^n (x^j)^2\right)^{-\frac{1}{2}} x^i = \frac{x^i}{\|\mathbf{x}\|}$ 이므로 $\operatorname{grad} f(\mathbf{x}) = \frac{\mathbf{x}}{\|\mathbf{x}\|}$이다.

(다) $f_i(\mathbf{x}) = 2\,(\mathbf{x}_0 \cdot \mathbf{x})\,x_0^i$이므로 $\operatorname{grad} f(\mathbf{x}) = 2(\mathbf{x}_0 \cdot \mathbf{x})\mathbf{x}_0$이다.

[120](가) 양수 $\epsilon > 0$을 임의로 정해두고 $0 < \delta < \epsilon$을 만족하는 실수 δ를 선택하자. 이때, 임의의 $(x,y) \in \mathbb{E}^2$에 대하여 $2|xy| \leq x^2 + y^2$이 성립한다. 특히, $xy \neq 0$인 임의의 $(x,y) \in \mathbb{E}^2$에 대하여

$$\frac{2|xy|}{\sqrt{x^2+y^2}} \leq \frac{2|xy|}{\sqrt{2|xy|}} = \sqrt{2|xy|}$$

를 얻는다. 그러므로 다음이 성립한다.

$$\sqrt{x^2+y^2} < \delta \implies |f(x,y) - f(0,0)| = |f(x,y)| < \epsilon.$$

즉, f는 원점 $(0,0)$에서 연속이다.

(나) $\mathbf{v} = (\cos\theta, \sin\theta)$ $(0 \leq \theta \leq 2\pi)$라 두면

$$\begin{aligned} \lim_{\mathbb{E}^1 \ni t \to 0} \frac{f((0,0) + t\mathbf{v}) - f(0,0)}{t} &= \lim_{\mathbb{E}^1 \ni t \to 0} \frac{f(t\cos\theta, t\sin\theta)}{t} \\ &= \lim_{\mathbb{E}^1 \ni t \to 0} \frac{1}{t}\frac{2t^2\cos\theta\sin\theta}{|t|} = \lim_{\mathbb{E}^1 \ni t \to 0} \frac{2t\cos\theta\sin\theta}{|t|} \end{aligned}$$

을 얻는다. 그러므로 다음과 같이 정리할 수 있다.

- $\cos\theta\sin\theta = 0$인 방향 $\mathbf{v} = (\cos\theta, \sin\theta)$에 대하여 $f_{\mathbf{v}}(0,0) = 0$이다.

- $\cos\theta\sin\theta \neq 0$인 방향 $\mathbf{v} = (\cos\theta, \sin\theta)$에 대하여

$$\lim_{\mathbb{E}^1 \ni t \to 0} \frac{f((0,0)+t\mathbf{v}) - f(0,0)}{t} = 2\cos\theta\sin\theta_{\mathbb{E}^1 \ni t\to 0}\frac{t}{|t|} = \begin{cases} 2\cos\theta\sin\theta & (t \to 0+)\,; \\ -2\cos\theta\sin\theta & (t\to 0-) \end{cases}$$

이므로 방향도함수는 존재하지 않는다.

(다) 명제 5.1.11의 대우를 생각함으로서 함수 f는 원점 $(0,0)$에서 미분불가능이다.

[121]$(\Longrightarrow)$ 임의의 $\mathbf{x}(\neq 0) \in \Delta$를 정해두면 $\Delta \subset \mathbb{E}^n$이 열린집합이므로 $B(\mathbf{x};\delta) \subset \Delta$를 만족하는 양수 $\delta > 0$가 존재한다. 특히, $\delta_1 = \min\left\{1, \frac{\delta}{\|\mathbf{x}\|}\right\}$라 두면 $t\mathbf{x} \in B(\mathbf{x};\delta)$ $(\forall t \in (1-\delta_1, 1+\delta_1))$이 성립한다. 그러므로 함수 $\varphi : (1-\delta_1, 1+\delta_1) \longrightarrow \mathbb{E}^1$을 $\varphi(t) = f(t\mathbf{x})$로 정의하면 명제 5.1.25에 의하여 $\varphi'(t) = df(t\mathbf{x})\cdot\mathbf{x}$ $(\forall t \in (1-\delta_1, 1+\delta_1))$가 성립한다. 한편, $f(t\mathbf{x}) = t^p f(\mathbf{x})$ $(\forall t \in (1-\delta_1, 1+\delta_1))$이므로 $\varphi'(t) = pt^{p-1}f(\mathbf{x})$을 얻는다. 그러므로 $df(\mathbf{x})\cdot\mathbf{x} = \varphi'(1) = pf(\mathbf{x})$가 성립함을 알 수 있다.

$(\Longleftarrow)$ 임의의 $\mathbf{x} \neq \mathbf{0}) \in \Delta \setminus \{\mathbf{0}\}$ & $t \in \mathbb{E}^1 \setminus \{0\}$를 정해두자.

- $t > 0$인 경우: 함수 $\psi : (0,\infty) \longrightarrow \mathbb{E}^1$을 $\psi(s) = s^{-p}f(s\mathbf{x})$ $(\forall s \in (0,\infty))$로 정의하면

$$\psi'(s) = df(s\mathbf{x})\cdot s^{-p}\mathbf{x} - ps^{-p-1}f(s\mathbf{x}) = s^{-p-1}\{df(s\mathbf{x})\cdot s\mathbf{x} - pf(s\mathbf{x})\} \quad (\forall s \in (0,\infty))$$

가 성립한다. 한편, $df(\mathbf{x})\cdot\mathbf{x} = pf(\mathbf{x})$ $(\forall \mathbf{x}(\neq \mathbf{0}) \in \Delta)$이므로 $\psi'(s) = 0$ $(\forall s \in (0,\infty))$을 얻는다. 그런데 구간 $(0,\infty)$가 연결집합임을 고려하면 ψ는 '상수함수'이다. 즉,

$$s^{-p}f(s\mathbf{x}) = \psi(s) = \psi(1) = f(\mathbf{x}) \quad (\forall s \in (0,\infty))$$

이다. 특히, $f(t\mathbf{x}) = t^p f(\mathbf{x})$가 성립한다.

- $t < 0$인 경우: 함수 $\psi : (-\infty, 0) \longrightarrow \mathbb{E}^1$을 $\psi(s) = s^{-p}f(s\mathbf{x})$ $(\forall s \in (-\infty,0))$로 정의하면

$$\psi'(s) = df(s\mathbf{x})\cdot s^{-p}\mathbf{x} - ps^{-p-1}f(s\mathbf{x}) = s^{-p-1}\{df(s\mathbf{x})\cdot s\mathbf{x} - pf(s\mathbf{x})\} \quad (\forall s \in (-\infty,0))$$

가 성립한다. 한편, $df(\mathbf{x})\cdot\mathbf{x} = pf(\mathbf{x})$ $(\forall \mathbf{x}(\neq \mathbf{0}) \in \Delta)$이므로 $\psi'(s) = 0$ $(\forall s \in (-\infty,0))$을 얻는다. 그런데 구간 $(-\infty,0)$가 연결집합임을 고려하면 ψ는 '상수함수'이다. 즉,

$$s^{-p}f(s\mathbf{x}) = \psi(s) = \psi(1) = f(\mathbf{x}) \quad (\forall s \in (-\infty,0))$$

이다. 특히, $f(t\mathbf{x}) = t^p f(\mathbf{x})$가 성립한다.

어느 경우든지 $f(t\mathbf{x}) = t^p f(\mathbf{x})$이므로 f는 p차 동차함수이다.

[122](가) 각 $j \in \{1,2,\cdots,n\}$에 대하여

$$f_j(\mathbf{x}) = \frac{p}{2}\{Q(\mathbf{x})\}^{\frac{p}{2}-1}\left\{\sum_{k=1}^n c_{kj}x^k + \sum_{k=1}^n c_{jk}x^k\right\} = p\{Q(\mathbf{x})\}^{\frac{p}{2}-1}\sum_{k=1}^n c_{kj}x^k$$

이므로

$$df(\mathbf{x}) = \sum_{j=1}^n f_j(\mathbf{x})\epsilon^j = \sum_{j=1}^n\left(p\{Q(\mathbf{x})\}^{\frac{p}{2}-1}\sum_{k=1}^n c_{kj}x^k\right)\epsilon^j = p\{Q(\mathbf{x})\}^{\frac{p}{2}-1}\sum_{j,k=1}^n c_{kj}x^k\epsilon^j$$

를 얻는다. 단, ϵ^j는 j번째 좌표가 1이고 나머지는 모두 0인 코벡터이다$(1 \leq j \leq n)$.

(나) 임의의 $\mathbf{x} \in \mathbb{E}^n \setminus \{\mathbf{0}\}$에 대하여

$$df(\mathbf{x})\cdot\mathbf{x} = p\{Q(\mathbf{x})\}^{\frac{p}{2}-1}\sum_{j,k=1}^n c_{kj}x^kx^j = p\{Q(\mathbf{x})\}^{\frac{p}{2}-1}Q(\mathbf{x}) = p\{Q(\mathbf{x})\}^{\frac{p}{2}} = pf(\mathbf{x})$$

이다.

[123] 가정에 의하여 f, g가 점 $\mathbf{x}_0 \in \mathrm{int}(\Delta)$에서 미분가능하므로

$$\lim_{\mathbb{E}^n \ni \mathbf{h} \to 0} \frac{f(\mathbf{x}_0+\mathbf{h}) - f(\mathbf{x}_0) - df(\mathbf{x}_0)\cdot\mathbf{h}}{\|\mathbf{h}\|} = 0 \quad \& \quad \lim_{\mathbb{E}^n \ni \mathbf{h} \to 0} \frac{g(\mathbf{x}_0+\mathbf{h}) - g(\mathbf{x}_0) - dg(\mathbf{x}_0)\cdot\mathbf{h}}{\|\mathbf{h}\|} = 0$$

가 성립한다. 그러므로

$$\begin{aligned}
&\lim_{\mathbb{E}^n \ni \mathbf{h} \to 0} \frac{(fg)(\mathbf{x}_0+\mathbf{h}) - (fg)(\mathbf{x}_0) - [f(\mathbf{x}_0)dg(\mathbf{x}_0) - g(\mathbf{x}_0)df(\mathbf{x}_0)]\cdot\mathbf{h}}{\|\mathbf{h}\|} \\
&= \lim_{\mathbb{E}^n \ni \mathbf{h} \to 0} \frac{f(\mathbf{x}_0+\mathbf{h})g(\mathbf{x}_0+\mathbf{h}) - f(\mathbf{x}_0)g(\mathbf{x}_0) - f(\mathbf{x}_0)dg(\mathbf{x}_0)\cdot\mathbf{h} - g(\mathbf{x}_0)df(\mathbf{x}_0)\cdot\mathbf{h}}{\|\mathbf{h}\|} \\
&= \lim_{\mathbb{E}^n \ni \mathbf{h} \to 0} \frac{f(\mathbf{x}_0+\mathbf{h})g(\mathbf{x}_0+\mathbf{h}) - f(\mathbf{x}_0+\mathbf{h})g(\mathbf{x}_0) - f(\mathbf{x}_0)dg(\mathbf{x}_0)\cdot\mathbf{h}}{\|\mathbf{h}\|} \\
&\qquad + \lim_{\mathbb{E}^n \ni \mathbf{h} \to 0} \frac{f(\mathbf{x}_0+\mathbf{h})g(\mathbf{x}_0) - f(\mathbf{x}_0)g(\mathbf{x}_0) - g(\mathbf{x}_0)df(\mathbf{x}_0)\cdot\mathbf{h}}{\|\mathbf{h}\|} \\
&= \lim_{\mathbb{E}^n \ni \mathbf{h} \to 0} \frac{f(\mathbf{x}_0+\mathbf{h})g(\mathbf{x}_0+\mathbf{h}) - f(\mathbf{x}_0+\mathbf{h})g(\mathbf{x}_0) - f(\mathbf{x}_0)dg(\mathbf{x}_0)\cdot\mathbf{h}}{\|\mathbf{h}\|} \\
&\qquad + \lim_{\mathbb{E}^n \ni \mathbf{h} \to 0} \frac{f(\mathbf{x}_0+\mathbf{h}) - f(\mathbf{x}_0) - df(\mathbf{x}_0)\cdot\mathbf{h}}{\|\mathbf{h}\|} g(\mathbf{x}_0) \\
&= \lim_{\mathbb{E}^n \ni \mathbf{h} \to 0} \frac{f(\mathbf{x}_0+\mathbf{h})g(\mathbf{x}_0+\mathbf{h}) - f(\mathbf{x}_0+\mathbf{h})g(\mathbf{x}_0) - f(\mathbf{x}_0)dg(\mathbf{x}_0)\cdot\mathbf{h}}{\|\mathbf{h}\|} \\
&= \underbrace{\lim_{\mathbb{E}^n \ni \mathbf{h} \to 0} f(\mathbf{x}_0+\mathbf{h}) \frac{g(\mathbf{x}_0+\mathbf{h}) - g(\mathbf{x}_0) - dg(\mathbf{x}_0)\cdot\mathbf{h}}{\|\mathbf{h}\|}}_{A} + \underbrace{\lim_{\mathbb{E}^n \ni \mathbf{h} \to 0} \{f(\mathbf{x}_0+\mathbf{h}) - f(\mathbf{x}_0)\} \frac{dg(\mathbf{x}_0)\cdot\mathbf{h}}{\|\mathbf{h}\|}}_{B}
\end{aligned}$$

가 성립함을 알 수 있다. 한편, f가 $\mathbf{x}_0$에서 연속이므로 $\lim_{\mathbb{E}^n \ni \mathbf{h} \to 0} f(\mathbf{x}_0+\mathbf{h}) = f(\mathbf{x}_0)$이고 따라서

$$\begin{aligned}
A &= \lim_{\mathbb{E}^n \ni \mathbf{h} \to 0} f(\mathbf{x}_0+\mathbf{h}) \frac{g(\mathbf{x}_0+\mathbf{h}) - g(\mathbf{x}_0) - dg(\mathbf{x}_0)\cdot\mathbf{h}}{\|\mathbf{h}\|} \\
&= \lim_{\mathbb{E}^n \ni \mathbf{h} \to 0} f(\mathbf{x}_0+\mathbf{h}) \lim_{\mathbb{E}^n \ni \mathbf{h} \to 0} \frac{g(\mathbf{x}_0+\mathbf{h}) - g(\mathbf{x}_0) - dg(\mathbf{x}_0)\cdot\mathbf{h}}{\|\mathbf{h}\|} \\
&= f(\mathbf{x}_0) \lim_{\mathbb{E}^n \ni \mathbf{h} \to 0} \frac{g(\mathbf{x}_0+\mathbf{h}) - g(\mathbf{x}_0) - dg(\mathbf{x}_0)\cdot\mathbf{h}}{\|\mathbf{h}\|} = 0
\end{aligned}$$

이 성립하고 또한, 부등식

$$\left| \{f(\mathbf{x}_0+\mathbf{h}) - f(\mathbf{x}_0)\} \frac{dg(\mathbf{x}_0)\cdot\mathbf{h}}{\|\mathbf{h}\|} \right| \le |f(\mathbf{x}_0+\mathbf{h}) - f(\mathbf{x}_0)| \|dg(\mathbf{x}_0)\| \xrightarrow{\mathbf{h}\to 0} 0$$

이 성립하므로 $B = 0$을 얻는다. 결국 fg는 점 $\mathbf{x}_0$에서 미분가능하고 $d(fg)(\mathbf{x}_0) = f(\mathbf{x}_0)dg(\mathbf{x}_0) + g(\mathbf{x}_0)df(\mathbf{x}_0)$이다.

[124] 우선, 부등식

$$\begin{aligned}
&|f(\mathbf{x})g(\mathbf{x}) - f(\mathbf{x}_0)g(\mathbf{x}_0) - f(\mathbf{x}_0)dg(\mathbf{x}_0)\cdot(\mathbf{x}-\mathbf{x}_0)| \\
&= |f(\mathbf{x})g(\mathbf{x}) - f(\mathbf{x}_0)dg(\mathbf{x}_0)\cdot(\mathbf{x}-\mathbf{x}_0)| \\
&\le |f(\mathbf{x})g(\mathbf{x}) - f(\mathbf{x}_0)g(\mathbf{x})| + |f(\mathbf{x}_0)g(\mathbf{x}) - f(\mathbf{x}_0)dg(\mathbf{x}_0)\cdot(\mathbf{x}-\mathbf{x}_0)| \\
&= |g(\mathbf{x})||f(\mathbf{x}) - f(\mathbf{x}_0)| + |f(\mathbf{x}_0)||g(\mathbf{x}) - dg(\mathbf{x}_0)\cdot(\mathbf{x}-\mathbf{x}_0)|
\end{aligned}$$

을 생각하고 $M = 1 + |f(\mathbf{x}_0)| >$라 두자. 이때, 임의의 양수 $\epsilon > 0$을 정해두면 f는 $\mathbf{x}_0$에서 연속이며 함수 g는 $\mathbf{x}_0$에서 미분가능하고 $g(\mathbf{x}_0) = 0$이라는 가정에 의하여

$$0 < \|\mathbf{x}-\mathbf{x}_0\| < \delta \implies \begin{cases} \circ\ |g(\mathbf{x}) - dg(\mathbf{x}_0)\cdot(\mathbf{x}-\mathbf{x}_0)| < \frac{\epsilon}{2M}\|\mathbf{x}-\mathbf{x}_0\|; \\ \circ\ |f(\mathbf{x}) - f(\mathbf{x}_0)| < \frac{M\epsilon}{2M\|dg(\mathbf{x}_0)\|+\epsilon} \end{cases}$$

을 만족하는 양수 $\delta > 0$가 존재한다. 한편,

$$\begin{aligned}
|g(\mathbf{x})| &\le |g(\mathbf{x}) - dg(\mathbf{x}_0)\cdot(\mathbf{x}-\mathbf{x}_0)| + |dg(\mathbf{x}_0)\cdot(\mathbf{x}-\mathbf{x}_0)| \\
&< \frac{\epsilon}{2M}\|\mathbf{x}-\mathbf{x}_0\| + \|dg(\mathbf{x}_0)\|\|\mathbf{x}-\mathbf{x}_0\| = \frac{2M\|dg(\mathbf{x}_0)\|+\epsilon}{2M}\|\mathbf{x}-\mathbf{x}_0\|
\end{aligned}$$

이 성립하므로 $0 < \|x - \mathbf{x}_0\| < \delta$를 만족하는 임의의 $\mathbf{x} \in \mathbb{E}^n$에 대하여

$$\begin{aligned}|f(\mathbf{x})g(\mathbf{x}) - f(\mathbf{x}_0)g(\mathbf{x}_0) - f(\mathbf{x}_0)dg(\mathbf{x}_0)\cdot(\mathbf{x}-\mathbf{x}_0)| &< \frac{2M\|dg(\mathbf{x}_0)\|+\epsilon}{2M}\|\mathbf{x}-\mathbf{x}_0\|\frac{M\epsilon}{2M\|dg(\mathbf{x}_0)\|+\epsilon} \\ &\quad + |f(\mathbf{x}_0)|\frac{\boldsymbol{\epsilon}}{2M}\|\mathbf{x}-\mathbf{x}_0\| < \boldsymbol{\epsilon}\|\mathbf{x}-\mathbf{x}_0\|\end{aligned}$$

를 만족한다. 이것은

$$\lim_{\mathbb{E}^n \ni \mathbf{x}\to\mathbf{x}_0} \frac{(fg)(\mathbf{x}) - (fg)(\mathbf{x}_0) - f(\mathbf{x}_0)dg(\mathbf{x}_0)\cdot(\mathbf{x}-\mathbf{x}_0)}{\|\mathbf{x}-\mathbf{x}_0\|} = 0$$

을 의미하므로 fg는 점 $\mathbf{x}_0$에서 미분가능하고 $d(fg)(\mathbf{x}_0) = f(\mathbf{x}_0)dg(\mathbf{x}_0)$이다.

[125] 각 $i \in \{1, 2, \cdots, n\}$ 에 대하여 $(fg)_i(\mathbf{x}_0) = f(\mathbf{x}_0)g_i(\mathbf{x}_0)+g(\mathbf{x}_0)f_i(\mathbf{x}_0)$이므로 (가)를 얻고, 또한 $\left(\frac{1}{f}\right)_i(\mathbf{x}_0) = -\frac{f_i(\mathbf{x}_0)}{f^2(\mathbf{x}_0)}$이므로 (나)가 성립한다.

[126] 임의의 $\mathbf{x} \in \Delta$와 양수 $\boldsymbol{\epsilon} > 0$을 정해두면 Δ가 열린집합이므로 $B(\mathbf{x}; r_1) \subset \Delta$를 만족하는 양수 $r_1 > 0$이 존재한다. 여기서 $r = \min\{r_1, \frac{\epsilon}{nM}\}$라 두면 $r > 0$이고 $B(\mathbf{x}; r) \subset \Delta$이다. 임의의 $\mathbf{y} \in B(\mathbf{x}; r)$에 대하여 $\mathbf{y} - \mathbf{x} = \mathbf{h} = (h^1, h^2, \cdots, h^n)$라 놓고

$$\mathbf{u}_0 = \mathbf{0} \quad \& \quad \mathbf{u}_k = h^1\boldsymbol{\epsilon}_1 + \cdots + h^k\boldsymbol{\epsilon}_k \ \ (1 \le k \le n)$$

(단, $\{\boldsymbol{\epsilon}_1, \boldsymbol{\epsilon}_2, \cdots, \boldsymbol{\epsilon}_n\}$은 $\mathbb{E}^n$의 표준기저이다.)을 생각하면 $\|\mathbf{u}_j\| < r\,(1 \le j \le n)$이고 $B(\mathbf{x}; r)$은 볼록이므로 $[\![\mathbf{x} + \mathbf{u}_{j-1}; \mathbf{x} + \mathbf{u}_j]\!]_s \subset B(\mathbf{x}; r)$이다. 한편

$$f(\mathbf{y}) - f(\mathbf{x}) = f(\mathbf{x}+\mathbf{h}) - f(\mathbf{x}) = \sum_{j=1}^{n}\{f(\mathbf{x}+\mathbf{u}_j) - f(\mathbf{x}+\mathbf{u}_{j-1})\} \quad \& \quad \mathbf{u}_j = \mathbf{u}_{j-1} + h^j\boldsymbol{\epsilon}_j$$

이므로 각 $j \in \{1, 2, \cdots, n\}$에 대하여 '평균값정리'를 적용하면

$$f(\mathbf{x}+\mathbf{u}_j) - f(\mathbf{x}+\mathbf{u}_{j-1}) = h^j f_j(\mathbf{x}+\mathbf{u}_{j-1}+\theta_j h^j\boldsymbol{\epsilon}_j)$$

를 만족하는 $\theta_j \in (0, 1)$을 선택할 수 있다. 그러므로 '삼각부등식'에 의하여

$$|f(\mathbf{y}) - f(\mathbf{x})| \le \sum_{j=1}^{n}|h^j|M \le nM\|\mathbf{h}\| < \epsilon$$

이 성립하므로 f는 점 $\mathbf{x} \in \Delta$에서 연속이다. 그런데 $\mathbf{x}$는 임의이므로 함수 f는 Δ 위에서 연속이다.

[127] $\mathbf{x} = (a, x^2, \cdots, x^n), \mathbf{y} = (b, x^2, \cdots, x^n)$ & $a \ne b$을 만족하는 $\mathbf{x}, \mathbf{y} \in \Delta$를 임의로 선택하자. 이때, $a < b$를 가정하고 임의의 $t \in [a, b]$를 선택하면 $t = (1-s)a + sb$를 만족하는 $s \in [0, 1]$가 존재하므로

$$(t, x^2, \cdots, x^n) = ((1-s)a + sb, x^2, \cdots, x^n) = (1-s)\mathbf{x} + s\mathbf{y} \in \Delta$$

이고, 따라서 함수 $\varphi : [a, b] \longrightarrow \mathbb{E}^1$을 $\varphi(t) = f(t, x^2, \cdots, x^n)\,(\forall\, t \in [a, b])$으로 정의하면 $f_1(\mathbf{t})\,(\forall\, \mathbf{t} \in \Delta)$가 존재하므로 φ는 $[a, b]$ 위에서 미분가능하다. 특히, '평균값정리'를 적용하면 $\varphi(b) - \varphi(a) = (b-a)\varphi'(c)$를 만족하는 $c \in (a, b)$를 선택할 수 있다. 한편

$$\begin{aligned}\varphi'(c) &= \lim_{\mathbb{E}^1 \ni t\to 0}\frac{\varphi(c+t) - \varphi(c)}{t} \\ &= \lim_{\mathbb{E}^1 \ni t\to 0}\frac{f(c+t, x^2, \cdots, x^n) - f(c, x^2, \cdots, x^n)}{t} = f_1(c, x^2, \cdots, x^n) = 0\end{aligned}$$

이므로 $\varphi(b) = \varphi(a)$가 성립한다. 즉, $f(\mathbf{x}) = \varphi(a) = \varphi(b) = f(\mathbf{y})$를 얻는다. 이것은 함수 f가 Δ 위에서 첫 번째 변수에 독립임을 의미한다.

[128] (가) $(x, y) \ne (0, 0)$일 때,

$$f_1(x, y) = \frac{x^2(x^2+3y^2)}{(x^2+y^2)^2} \quad \& \quad f_2(x, y) = -\frac{2x^3y}{(x^2+y^2)^2}$$

이며, 또한

$$\lim_{\mathbb{E}^1 \ni t\to 0}\frac{f(t, 0) - f(0, 0)}{t} = 1 \quad \& \quad \lim_{\mathbb{E}^1 \ni t\to 0}\frac{f(0, t) - f(0, 0)}{t} = 0$$

이므로 $f_1(0,0)=1$ & $f_2(0,0)=0$이다. 더욱이, 임의의 $(x,y)\in\mathbb{E}^2\setminus\{(0,0)\}$에 대하여

$$|f_1(x,y)|=\frac{x^2(x^2+3y^2)}{(x^2+y^2)^2}\le\frac{x^2(3x^2+3y^2)}{(x^2+y^2)^2}=\frac{3x^2}{x^2+y^2}\le 3$$
$$|f_2(x,y)|=\frac{2x^2|x||y|}{(x^2+y^2)^2}\le\frac{x^2(x^2+y^2)}{(x^2+y^2)^2}=\frac{x^2}{x^2+y^2}\le 1$$

이므로 편도함수 $f_j\,(\forall j\in\{1,2\})$는 $\mathbb{E}^2$ 위에서 유계이다. 특히, 연습문제 5.1.18을 적용하면 함수 f는 $\mathbb{E}^2$ 위에서 연속이다.

(나) 임의의 방향 $\mathbf{v}=(v^1,v^2)\in\mathbb{E}^2$에 대하여

$$\lim_{\mathbb{E}^1\ni t\to 0}\frac{f((0,0)+t\mathbf{v})-f(0,0)}{t}=\lim_{\mathbb{E}^1\ni t\to 0}\frac{f(tv^1,tv^2)-f(0,0)}{t}=\lim_{\mathbb{E}^1\ni t\to 0}\frac{t^3(v^1)^3}{t^3((v^1)^2+(v^2)^2)}=(v^1)^3$$

이므로 $f_{\mathbf{v}}(0,0)=(v^1)^3$이고 따라서 $|f_{\mathbf{v}}(0,0)|=|v^1|^3\le\|\mathbf{v}\|^3=1$이다.

(다) f가 원점 $(0,0)$에서 미분가능함을 가정하면 참고 5.1.14의 관점에서

$$f_{\mathbf{v}}(0,0)=df(0,0)\cdot\mathbf{v}=f_1(0,0)v^1+f_2(0,0)v^2=v^1$$

가 성립한다. 그러나 (나)에 따르면 $f_{\mathbf{v}}(0,0)=(v^1)^3$이므로 모순에 이른다. 이것은 f가 원점 $(0,0)$에서 미분불가능함을 의미한다.

[129](가) $(x,y)\ne(0,0)$일 때,

$$f_1(x,y)=\frac{y(x^2-y^2)}{x^2+y^2}+\frac{4x^2y^3}{(x^2+y^2)^2}\quad\&\quad f_2(x,y)=\frac{x(x^2-y^2)}{x^2+y^2}-\frac{4x^3y^2}{(x^2+y^2)^2}$$

이므로

$$f_{12}(x,y)=\frac{3(x^2-y^2)}{x^2+y^2}+\frac{2(y^4-x^4)}{(x^2+y^2)^2}+\frac{8x^2y^2(x^2-y^2)}{(x^2+y^2)^3}=f_{21}(x,y)$$

을 얻는다.

(나) 연속함수들의 합, 차, 곱 그리고 상은 모두 연속함수이므로 (가)에 의하여 분명히 $f\in\mathcal{C}^1(\mathbb{E}^2\setminus\{(0,0)\})$임을 알 수 있다. 다음으로

$$\lim_{\mathbb{E}^1\ni h\to 0}\frac{f(h,0)-f(0,0)}{h}=0=\lim_{\mathbb{E}^1\ni k\to 0}\frac{f(0,k)-f(0,0)}{k}$$

이므로 $f_1(0,0)=0=f_2(0,0)$이다. 마지막으로 편도함수 f_1 & f_2가 점 $(0,0)\in\mathbb{E}^2$에서 연속임을 보이는 것이 필요하다. 즉,

$$\begin{cases}\circ\ \lim_{\mathbb{E}^2\ni(x,y)\to(0,0)}f_1(x,y)=0=f_1(0,0)\\ \circ\ \lim_{\mathbb{E}^2\ni(x,y)\to(0,0)}f_2(x,y)=0=f_2(0,0)\end{cases}$$

을 밝히기 위하여 임의의 양수 $\epsilon>0$을 정해두자. 이때, $\max\{|x^2-y^2|,2xy\}\le x^2+y^2$이므로 임의의 $(x,y)\in\mathbb{E}^2\setminus\{(0,0)\}$에 대하여

$$|f_1(x,y)-0|\le|y|+|y|=2|y|\le 2\sqrt{x^2+y^2}\quad\&\quad|f_2(x,y)-0|\le|x|+|x|=2|x|\le 2\sqrt{x^2+y^2}$$

를 얻는다. 그러므로 $\delta=\frac{\epsilon}{2}>0$라 두면 다음이 성립한다.

$$0<\sqrt{x^2+y^2}<\delta\implies\begin{cases}\circ\ |f_1(x,y)-0|<\epsilon;\\ \circ\ |f_2(x,y)-0|<\epsilon.\end{cases}$$

특히,

$$\begin{cases}\circ\ \lim_{\mathbb{E}^2\ni(x,y)\to(0,0)}f_1(x,y)=0=f_1(0,0)\\ \circ\ \lim_{\mathbb{E}^2\ni(x,y)\to(0,0)}f_2(x,y)=0=f_2(0,0)\end{cases}$$

이 성립한다. 결국 $f\in\mathcal{C}^1(\mathbb{E}^2)$임을 보였다.

(다) 편도함수의 정의에 의하여

$$\lim_{\mathbb{E}^1\ni t\to 0}\frac{f_1((0,0)+(0,t))-f_1(0,0)}{t}=\lim_{\mathbb{E}^1\ni t\to 0}\frac{f_1(0,t)}{t}=\lim_{\mathbb{E}^1\ni t\to 0}\frac{-t}{t}=-1\,;$$
$$\lim_{\mathbb{E}^1\ni t\to 0}\frac{f_2((0,0)+(t,0))-f_2(0,0)}{t}=\lim_{\mathbb{E}^1\ni t\to 0}\frac{f_2(t,0)}{t}=\lim_{\mathbb{E}^1\ni t\to 0}\frac{t}{t}=1$$

를 얻는다. 그러므로 $f_{12}(0,0)=-1$ & $f_{21}(0,0)=1$이다.

(라) (가)에 의하여 임의의 $(x,y)\neq(0,0)$에 대하여 $f_{12}(x,y)=f_{21}(x,y)$이다. 그러므로

$$\lim_{\mathbb{E}^2\ni(x,y)\to(0,0)}f_{12}(x,y)=\lim_{\mathbb{E}^2\ni(x,y)\to(0,0)}f_{21}(x,y)$$

이 성립한다. 그러나 f_{12} & f_{21}은 원점 $(0,0)$에서 연속이 아니다. 왜냐하면: f_{12} & f_{21}가 원점 $(0,0)$에서 연속이라 가정하면 등식

$$-1=f_{12}(0,0)=\lim_{\mathbb{E}^2\ni(x,y)\to(0,0)}f_{12}(x,y)=\lim_{\mathbb{E}^2\ni(x,y)\to(0,0)}f_{21}(x,y)=f_{21}(0,0)=1$$

을 얻게되어 모순에 이르기 때문이다. 따라서 정리 5.2.23에 위배되지 않는다.

[130](가) $x_n=\frac{1}{n\pi}$ $(\forall\, n\in\mathbb{N})$라 두면

$$\lim_{n\to\infty}x_n=0\quad\&\quad\lim_{n\to\infty}f(x_n)=\lim_{n\to\infty}\sin n\pi=0$$

이 성립한다. 또한 $y_n=\frac{1}{(2n+\frac{1}{2})\pi}$ $(\forall\, n\in\mathbb{N})$라 두면

$$\lim_{n\to\infty}y_n=0\quad\&\quad\lim_{n\to\infty}f(y_n)=\lim_{n\to\infty}\sin\left(2n+\frac{1}{2}\right)\pi=1$$

이 성립한다. 그러므로 $\lim_{\mathbb{E}^1\ni x\to 0}f(x)$가 존재하지 않고 따라서 함수 f는 0에서 연속이 아니다. 한편 연속함수들의 합, 차, 곱, 상 그리고 합성은 모두 연속함수이므로 함수 f의 정의에 따르면 $\mathbb{E}^1\setminus\{0\}$ 위에서 연속이다.

(나) $|f(x)|=\left|x\sin\frac{1}{x}\right|\le|x|$ $(\forall\, x\in\mathbb{E}^1\setminus\{0\})$이므로 임의의 양수 $\epsilon>0$에 대하여 $\delta=\epsilon$을 선택하면 다음이 성립한다.

$$0<|x|<\delta\implies|f(x)|<\delta=\epsilon.$$

즉, $\lim_{\mathbb{E}^1\ni x\to 0}f(x)=0$이므로 함수 f는 0에서 연속이다. 한편 연속함수들의 합, 차, 곱, 상 그리고 합성은 모두 연속함수이므로 함수 f의 정의에 따르면 $\mathbb{E}^1\setminus\{0\}$ 위에서 연속이다. 따라서 $f\in\mathcal{C}^0(\mathbb{E}^1)$이다. 다음으로

$$\lim_{\mathbb{E}^1\ni t\to 0}\frac{f(t)-f(0)}{t}=\lim_{\mathbb{E}^1\ni t\to 0}\frac{t\sin\frac{1}{t}}{t}=\lim_{\mathbb{E}^1\ni t\to 0}\sin\frac{1}{t}$$

이다. 그런데 각 자연수 $n\in\mathbb{N}$에 대하여 $\frac{1}{t_n}=2n+\frac{\pi}{2}$ & $\frac{1}{s_n}=2n+\frac{3\pi}{2}$라 두면 $\lim_{n\to\infty}t_n=0=\lim_{n\to\infty}s_n$이고 $\sin\frac{1}{t_n}=1$ & $\sin\frac{1}{s_n}=-1$이므로 '점열극한정리'의 관점에서 함수 f는 0에서 미분불가능이다.

(다) 우선,

$$\lim_{\mathbb{E}^1\ni t\to 0}\frac{f(t)-f(0)}{t}=\lim_{\mathbb{E}^1\ni t\to 0}\frac{t^2\sin\frac{1}{t}}{t}=\lim_{\mathbb{E}^1\ni t\to 0}t\sin\frac{1}{t}=0$$

이므로 $f'(0)=0$이고 함수 f는 0에서 미분가능이다. 한편 미분가능한 함수들의 합, 차, 곱, 상 그리고 합성은 모두 미분가능한 함수이므로 함수 f의 정의에 따르면 $\mathbb{E}^1\setminus\{0\}$ 위에서 미분가능하다. 결국 f는 $\mathbb{E}^1$ 위에서 미분가능함을 보였다. 다음으로

$$f'(x)=\begin{cases}2x\sin\frac{1}{x}-\cos\frac{1}{x} & (x\neq 0)\\ 0 & (x=0)\end{cases}\tag{10.18}$$

이다. 그런데 각 자연수 $n\in\mathbb{N}$에 대하여 $\frac{1}{t_n}=2n\pi$이라 두면 $\lim_{n\to\infty}t_n=0$이고 $f'(t_n)=-1$ $(\forall\, n\in\mathbb{N})$이므로 '점열극한정리'의 관점에서 도함수 f'은 0에서 연속이 아니다. 또한 연속함수들의 합, 차, 곱, 상 그리고 합성은 모두 연속함수이므로 (10.18)에 따르면 $f'\in\mathcal{C}^0(\mathbb{E}^1\setminus\{0\})$임을 알 수 있다. 결국 $f\notin\mathcal{C}^1(\mathbb{E}^1)$임을 보였다.

(라) $k \geq 3$인 자연수 $k \in \mathbb{N}$을 선택하자. 이때, 임의의 $x \in \mathbb{E}^1 \setminus \{0\}$ 에 대하여 다음을 얻는다.

$$\begin{aligned}
f'(x) &= kx^{k-1}\sin\frac{1}{x} - x^{k-2}\cos\frac{1}{x}, \\
f''(x) &= k(k-1)x^{k-2}\sin\frac{1}{x} - kx^{k-3}\cos\frac{1}{x} - (k-2)x^{k-3}\cos\frac{1}{x} - x^{k-4}\sin\frac{1}{x} \\
&= k(k-1)x^{k-2}\sin\frac{1}{x} - 2(k-1)x^{k-3}\cos\frac{1}{x} - x^{k-4}\sin\frac{1}{x}, \\
f'''(x) &= k(k-1)(k-2)x^{k-3}\sin\frac{1}{x} - k(k-1)x^{k-4}\cos\frac{1}{x} - k(k-3)x^{k-4}\cos\frac{1}{x} \\
&\quad - kx^{k-5}\sin\frac{1}{x} - (k-2)(k-3)x^{k-4}\cos\frac{1}{x} - (k-2)x^{k-5}\sin\frac{1}{x} \\
&\quad - (k-4)x^{k-5}\sin\frac{1}{x} + x^{k-6}\cos\frac{1}{x} \\
&= k(k-1)(k-2)x^{k-3}\sin\frac{1}{x} - (3k^2-9k+6)x^{k-4}\cos\frac{1}{x} - 3(k-2)x^{k-5}\sin\frac{1}{x} + x^{k-6}\cos\frac{1}{x}
\end{aligned}$$

....

특히, 임의의 자연수 $l \in \mathbb{N}$에 대하여

$$\lim_{\mathbb{E}^1 \ni x \to 0} x^l \sin\frac{1}{x} = 0 = \lim_{\mathbb{E}^1 \ni x \to 0} x^l \cos\frac{1}{x} \tag{10.19}$$

이 성립하므로 $f'(x)$, $f''(x)$ & $f'''(x)$의 맨 마지막 항에서 x의 지수

$$k-2 = k-2\times 1, \quad k-4 = k-2\times 2, \quad k-6 = k-2\times 3, \quad \cdots$$

에 주목하여 관찰하는 것이 필요하다. 우선, 다음이 성립함을 알 수 있다.([17])

- $k=3$이면 연속함수들의 합, 차, 곱, 상 그리고 합성은 연속함수이므로 도함수 f'은 $\mathbb{E}^1 \setminus \{0\}$ 위에서 연속임을 알 수 있다. 또한 $\lim_{x\to 0} f'(x) = 0 = f'(0)$이므로 도함수 f'은 0에서 연속이다. 따라서 $f \in \mathcal{C}^1(\mathbb{E}^1)$임을 보였다. 한편 명제 10.3.15과 (10.19)에 의하여

$$\lim_{\mathbb{E}^1 \ni x \to 0} \frac{f'(x)-f'(0)}{x} = \lim_{\mathbb{E}^1 \ni x \to 0} \left\{3x\sin\frac{1}{x} - \cos\frac{1}{x}\right\}$$

가 존재하지 않으므로 $f \notin \mathcal{C}^2(\mathbb{E}^1)$이다.

- $k=4$이면 $f \in \mathcal{C}^1(\mathbb{E}^1)$이고

$$\lim_{\mathbb{E}^1 \ni x \to 0} \frac{f'(x)-f'(0)}{x} = \lim_{\mathbb{E}^1 \ni x \to 0} \left\{4x^2\sin\frac{1}{x} - x\cos\frac{1}{x}\right\} = 0$$

이므로 $f''(0)=0$이지만 명제 10.3.15과 (10.19) 에 의하여

$$\lim_{\mathbb{E}^1 \ni x \to 0} f''(x) = \lim_{\mathbb{E}^1 \ni x \to 0} \left\{12x^2\sin\frac{1}{x} - 6x\cos\frac{1}{x} - \sin\frac{1}{x}\right\}$$

는 존재하지 않으므로 f''은 0에서 불연속이다. 따라서 $f \notin \mathcal{C}^2(\mathbb{E}^1)$이다.

([17])

명제 10.3.15. 함수 f는 a에서 극한이 존재[미분가능]하고 함수 g는 a에서 극한이 존재하지 않으[미분불가능]면 함수 $f+g$는 a에서 극한이 존재하지 않는[미분불가능]다.

[증명] 극한의 경우를 증명하기 위하여 함수 $f+g$가 a에서 극한이 존재한다고 가정하자. 이때, $g=(f+g)-f$이므로 극한의 성질을 적용하면

$$\lim_{\mathbb{E}^1 \ni x \to a} g(x) = \lim_{\mathbb{E}^1 \ni x \to a} (f+g)(x) - \lim_{\mathbb{E}^1 \ni x \to a} f(x)$$

이므로 g는 a에서 극한을 갖는다. 이것은 함수 g가 a에서 극한을 갖지 않는다는 가정에 모순이다.

미분의 경우도 동일한 방법으로 증명할 수 있다. □

- $k = 5$이면 연속함수들의 합, 차, 곱, 상 그리고 합성은 연속함수이므로 이차 도함수 f''은 $\mathbb{E}^1 \setminus \{0\}$ 위에서 연속임을 알 수 있다. 또한 $\lim_{x\to 0} f''(x) = 0 = f''(0)$이므로 도함수 f''은 0에서 연속이다. 따라서 $f \in \mathcal{C}^2(\mathbb{E}^1)$임을 보였다. 그러나 명제 10.3.15과 (10.19)에 의하여
$$\lim_{\mathbb{E}^1 \ni x\to 0} \frac{f''(x)-f''(0)}{x} = \lim_{\mathbb{E}^1 \ni x\to 0} \left\{20x^2 \sin\frac{1}{x} - 8x\cos\frac{1}{x} - \sin\frac{1}{x}\right\}$$
가 존재하지 않으므로 $f \notin \mathcal{C}^3(\mathbb{E}^1)$이다.

- $k = 6$이면 $f \in \mathcal{C}^2(\mathbb{E}^1)$이고
$$\lim_{\mathbb{E}^1 \ni x\to 0} \frac{f''(x)-f''(0)}{x} = \lim_{\mathbb{E}^1 \ni x\to 0} \left\{30x^3 \sin\frac{1}{x} - 10x^2\cos\frac{1}{x} - x\sin\frac{1}{x}\right\} = 0$$
이므로 $f'''(0) = 0$이다. 그러나 명제 10.3.15과 (10.19)에 의하여 $\lim_{\mathbb{E}^1 \ni x\to 0} f'''(x)$는 존재하지 않으므로 f'''은 0에서 불연속이고, 특히 $f \notin \mathcal{C}^3(\mathbb{E}^1)$이다.

  ....

(1°) $q = \max\{p \in \mathbb{N} : k - 2p > 0\} = \max\{p \in \mathbb{N} : p < \frac{k}{2}\}$이면 $f \in \mathcal{C}^q(\mathbb{E}^1)$이다. 특히, $q = \left[\frac{k-1}{2}\right]$이다. 왜냐하면: $k \ge 3$인 자연수이므로 $\frac{k}{2} = l + \alpha$로 나타낼 수 있다.(단, $l \in \mathbb{N}$이고 $\alpha = 0$ 또는 $\alpha = \frac{1}{2}$)이다.

† $\alpha = 0$인 경우 :
$$q = l - 1 = \frac{k}{2} - 1 = \left[\frac{k}{2} - 1\right] = \left[\frac{k}{2} - \frac{1}{2}\right] = \left[\frac{k-1}{2}\right].$$

† $\alpha = \frac{1}{2}$인 경우 :
$$q = l = \frac{k}{2} - \frac{1}{2} = \left[\frac{k}{2} - \frac{1}{2}\right] = \left[\frac{k-1}{2}\right]$$

이기 때문이다.

(2°) $q = \min\{p \in \mathbb{N} : k - 2p \le 0\} = \min\{p \in \mathbb{N} : p \ge \frac{k}{2}\}$이면 $f \notin \mathcal{C}^q(\mathbb{E}^1)$이다. 특히, $q = \left[\frac{k+1}{2}\right]$이다. 왜냐하면: $k \ge 3$인 자연수이므로 $\frac{k}{2} = l + \alpha$로 나타낼 수 있다.(단, $l \in \mathbb{N}$이고 $\alpha = 0$ 또는 $\alpha = \frac{1}{2}$)이다.

† $\alpha = 0$인 경우 :
$$q = l = \left[l + \frac{1}{2}\right] = \left[\frac{k}{2} + \frac{1}{2}\right] = \left[\frac{k+1}{2}\right].$$

† $\alpha = \frac{1}{2}$인 경우 :
$$q = l + 1 = \frac{k}{2} + \frac{1}{2} = \left[\frac{k}{2} + \frac{1}{2}\right] = \left[\frac{k+1}{2}\right]$$

이기 때문이다.

[131] (x, y)가 1사분면의 점이면 $f(x, y) = x + y$이므로 $f_1(x, y) = 1 = f_2(x, y)$를 얻는다. 동일한 방법을 적용하면 다음 표와 같은 결과를 얻는다.

편도함수	1사분면	2사분면	3사분면	4사분면
$f_1(x, y)$	1	-1	-1	1
$f_2(x, y)$	1	1	-1	-1

그러므로 각 사분면 위에서 편도함수 f_1 & f_2는 모두 연속이다. 특히 정리 5.2.23에 의하여 함수 f는 각 사분면 위에서 미분가능하다. 한편, y축 위의 점 $(0, y)$를 생각하면
$$\lim_{h\to 0} \frac{f(0+h, y) - f(0, y)}{h} = \lim_{h\to 0} \frac{|h| + |y| - |y|}{h} = \lim_{h\to 0} \frac{|h|}{h}$$

이다. 따라서 $f_1(0,y)$가 존재하지 않고 특히 편미분불가능하다. 또한 x축 위의 점 $(x,0)$을 생각하면

$$\lim_{h\to0}\frac{f(x,0+h)-f(x,0)}{h}=\lim_{h\to0}\frac{|x|+|h|-|x|}{h}=\lim_{h\to0}\frac{|h|}{h}$$

이다. 따라서 $f_2(x,0)$가 존재하지 않고 특히 편미분불가능하다. 결국 명제 5.1.11에 의하여 함수 f는 x-축 또는 y-축 위의 모든 점에서 미분불가능하다.

[132](가) 연습문제 5.1.10(가)에 정리 5.2.23을 적용하면 함수 f는 $xy\neq0$인 점 $(x,y)\in\mathbb{E}^2$에서 미분가능하다.

(나) 연습문제 5.1.10(나)에 명제 5.1.11을 적용하면 함수 f는 $xy=0$인 점 $(x,y)\in\mathbb{E}^2\setminus\{(0,0)\}$에서 미분불가능하다.

(다) 직선 $y=x$는 원점을 지나므로 중심이 원점인 모든 원판은 직선 $y=x$의 부분을 포함한다. 그러므로 직선 $y=x$를 따라 원점에 접근하는 것을 생각함으로서 다음 결과를 얻는다.

$$\lim_{t\to0}f(t,t)=2\neq0=f(0,0).$$

즉, 함수 f는 원점에서 연속이 아니므로 함수 f는 원점에서 미분불가능하다.

[133]함수 f의 정의에 의하여 $f_1(x,y)=\frac{1}{3}x^{-\frac{2}{3}}$ & $f_2(x,y)=2y$이므로 편도함수 f_1은 y축을 제외한 모든 점에서 연속이고 편도함수 f_2는 좌표평면위의 모든 점에서 연속이다. 그러므로 정리 5.2.23에 의하여 함수 f는 y축을 제외한 모든 점에서 미분가능하다. 한편 편도함수 f_1은 y축 위에서는 정의되지 않기 때문에 명제 5.1.11에 의하여 함수 f는 y-축 위의 모든 점에서 미분불가능하다.

[134]$\Delta\subset\mathbb{E}^n$가 열린집합이고 $\mathbf{x}_0\in\Delta$이므로 조건 $B(\mathbf{x}_0;\delta)\subset\Delta$를 만족하는 양수 $\delta>0$가 존재한다. 그러므로 $\{\boldsymbol{\epsilon}_1,\boldsymbol{\epsilon}_2,\cdots,\boldsymbol{\epsilon}_n\}$을 $\mathbb{E}^n$의 표준기저라 하면 임의의 $j\in\{1,2,\cdots,n\}$에 대하여 다음이 성립한다.

$$\lceil\, t\in\mathbb{E}^1 \ \&\ |t|<\delta\,\rfloor \implies \mathbf{x}_0+t\boldsymbol{\epsilon}_j\in B(\mathbf{x}_0;\delta)\subset\Delta.$$

이제, $|t|<\delta$를 만족하는 $t\in\mathbb{E}^1$와 $k\in\{1,2,\cdots,n\}$를 임의로 정해두고 함수 $g:[0,1]\longrightarrow\mathbb{E}^1$를 $g(s):=f(\mathbf{x}_0+st\boldsymbol{\epsilon}_k)$ $(\forall s\in[0,1])$로 정의하면 $f\in\mathcal{C}^0(\Delta)$이고 $[\![\mathbf{x}_0;\mathbf{x}_0+t\boldsymbol{\epsilon}_k]\!]_s\subset\Delta$이므로 g 는 $[0,1]$ 위에서 연속이다. 또한 $f\in\mathcal{C}^1(\Delta\setminus\{\mathbf{x}_0\})$이므로 g는 $(0,1)$ 위에서 미분가능하다. 그러므로 '평균값정리'를 적용하면 $g(1)-g(0)=g'(s)$를 만족하는 실수 $s\in(0,1)$가 존재한다. 그러나

$$g(1)=f(\mathbf{x}_0+t\boldsymbol{\epsilon}_k),\quad g(0)=f(\mathbf{x}_0)\quad\&\quad g'(s)=df(\mathbf{x}_0+st\boldsymbol{\epsilon}_k)\cdot t\boldsymbol{\epsilon}_k$$

이다. 그러므로 $l_k=\lim_{\mathbb{E}^n\ni\mathbf{x}\to\mathbf{x}_0}f_k(\mathbf{x})$를 고려하면

$$\begin{aligned}\lim_{\mathbb{E}^1\ni t\to0}\frac{f(\mathbf{x}_0+t\boldsymbol{\epsilon}_k)-f(\mathbf{x}_0)}{t}&=\lim_{\mathbb{E}^1\ni t\to0}\frac{df(\mathbf{x}_0+st\boldsymbol{\epsilon}_k)\cdot t\boldsymbol{\epsilon}_k}{t}\\&=\lim_{\mathbb{E}^1\ni t\to0}df(\mathbf{x}_0+st\boldsymbol{\epsilon}_k)\cdot\boldsymbol{\epsilon}_k=\lim_{\mathbb{E}^1\ni t\to0}f_k(\mathbf{x}_0+st\boldsymbol{\epsilon}_k)=l_k\end{aligned}$$

를 얻는다. 즉, $f_k(\mathbf{x}_0)=l_k$이다. 특히,

$$\lim_{\mathbb{E}^n\ni\mathbf{x}\to\mathbf{x}_0}f_k(\mathbf{x})=l_k=f_k(\mathbf{x}_0)$$

가 성립하므로 f_k는 $\mathbf{x}_0$에서 연속이다. 그러나 $f\in\mathcal{C}^0(\Delta)\cap\mathcal{C}^1(\Delta\setminus\{\mathbf{x}_0\})$이므로 $f\in\mathcal{C}^1(\Delta)$를 증명하였다.

[135]$|\alpha|=q$를 만족하는 $\alpha\in\mathbb{Z}_+^n$를 임의의 선택하고 $\alpha_k\geq1$인 k $(1\leq k\leq n)$에 대하여

$$\beta=(\alpha_1,\cdots,\alpha_{k-1},\alpha_k-1,\alpha_{k+1},\cdots,\alpha_n)$$

라 두면 $\beta\in\mathbb{Z}_+^n$ & $|\beta|=q-1$이다. 그 때,

$$\lim_{\mathbb{E}^1\ni t\to0}\frac{(\mathcal{D}^\beta f)(\mathbf{x}_0+t\boldsymbol{\epsilon}_k)-(\mathcal{D}^\beta f)(\mathbf{x}_0)}{t}=l_\alpha$$

임을 보임으로서 $\mathcal{D}^\alpha f(\mathbf{x}_0)$의 존재성과 $\mathcal{D}^\alpha f(\mathbf{x}_0)=l_\alpha$이 동시에 밝혀진다.

우선, $\Delta \subset \mathbb{E}^n$가 열린집합이고 $\mathbf{x}_0 \in \Delta$이므로 조건 $B(\mathbf{x}_0;\delta) \subset \Delta$를 만족하는 양수 $\delta > 0$가 존재한다. 그러므로 $\{\boldsymbol{\epsilon}_1, \boldsymbol{\epsilon}_2, \cdots, \boldsymbol{\epsilon}_n\}$을 $\mathbb{E}^n$의 표준기저라 하면 임의의 $j \in \{1, 2, \cdots, n\}$에 대하여 다음이 성립한다.

$$\ulcorner t \in \mathbb{E}^1 \ \& \ |t| < \delta \lrcorner \implies \mathbf{x}_0 + t\boldsymbol{\epsilon}_j \in B(\mathbf{x}_0;\delta) \subset \Delta.$$

이제, $|t| < \delta$를 만족하는 $t \in \mathbb{E}^1$를 임의로 정해두고 함수 $g : [0,1] \longrightarrow \mathbb{E}^1$를 $g(s) := (\mathcal{D}^\beta f)(\mathbf{x}_0 + st\boldsymbol{\epsilon}_k)$ $(\forall s \in [0,1])$로 정의하면 $\mathcal{D}^\beta f \in \mathcal{C}^0(\Delta)$이고 $[\![\mathbf{x}_0; \mathbf{x}_0 + t\boldsymbol{\epsilon}_k]\!]_s \subset \Delta$이므로 g는 $[0,1]$ 위에서 연속이다. 또한 $\mathcal{D}^\beta f \in \mathcal{C}^1(\Delta \setminus \{\mathbf{x}_0\})$이므로 g는 $(0,1)$ 위에서 미분가능하다. 그러므로 '평균값정리'를 적용하면 $g(1) - g(0) = g'(s)$를 만족하는 실수 $s \in (0,1)$가 존재한다. 그러나

$$g(1) = (\mathcal{D}^\beta f)(\mathbf{x}_0 + t\boldsymbol{\epsilon}_k), \quad g(0) = (\mathcal{D}^\beta f)(\mathbf{x}_0) \quad \& \quad g'(s) = d(\mathcal{D}^\beta f)(\mathbf{x}_0 + st\boldsymbol{\epsilon}_k) \cdot t\boldsymbol{\epsilon}_k$$

이다. 그러므로 $l_\alpha = \lim_{\mathbb{E}^n \ni \mathbf{x} \to \mathbf{x}_0} \mathcal{D}^\alpha f(\mathbf{x})$를 고려하면

$$\begin{aligned}
\lim_{\mathbb{E}^1 \ni t \to 0} \frac{(\mathcal{D}^\beta f)(\mathbf{x}_0 + t\boldsymbol{\epsilon}_k) - (\mathcal{D}^\beta f)(\mathbf{x}_0)}{t} &= \lim_{\mathbb{E}^1 \ni t \to 0} \frac{d(\mathcal{D}^\beta f)(\mathbf{x}_0 + st\boldsymbol{\epsilon}_k) \cdot t\boldsymbol{\epsilon}_k}{t} \\
&= \lim_{\mathbb{E}^1 \ni t \to 0} d(\mathcal{D}^\beta f)(\mathbf{x}_0 + st\boldsymbol{\epsilon}_k) \cdot \boldsymbol{\epsilon}_k \\
&= \lim_{\mathbb{E}^1 \ni t \to 0} (\mathcal{D}^\alpha f)(\mathbf{x}_0 + st\boldsymbol{\epsilon}_k) = l_\alpha
\end{aligned}$$

를 얻는다. 즉, $(\mathcal{D}^\alpha f)(\mathbf{x}_0) = l_\alpha$이다. 특히,

$$\lim_{\mathbf{x} \to \mathbf{x}_0} (\mathcal{D}^\alpha f)(\mathbf{x}) = l_\alpha = (\mathcal{D}^\alpha f)(\mathbf{x}_0)$$

가 성립하므로 $\mathcal{D}^\alpha f$는 $\mathbf{x}_0$에서 연속이다. 그러나 $f \in \mathcal{C}^{q-1}(\Delta) \cap \mathcal{C}^q(\Delta \setminus \{\mathbf{x}_0\})$이므로 $f \in \mathcal{C}^q(\Delta)$를 증명하였다.

[136] f는 3차 다항식이고 $R_4(x,y) = 0$ $(\forall (x,y) \in \mathbb{E}^2)$이므로 테일러 공식에 의하여

$$\begin{aligned}
f(x,y) &= f(1,-1) + f_1(1,-1)(x-1) + f_2(1,-1)(y+1) \\
&\quad + \frac{1}{2!}\{f_{11}(1,-1)(x-1)^2 + 2f_{12}(1,-1)(x-1)(y+1)\} \\
&\quad + \frac{1}{3!}\{3f_{112}(1,-1)(x-1)^2(y+1)\}
\end{aligned}$$

이다. 그러나 $f_1(x,y) = 2xy$, $f_2(x,y) = x^2$, $f_{11}(x,y) = 2y$, $f_{12}(x,y) = 2x$, $f_{21}(x,y) = 2x$, $f_{22}(x,y) = 0$, $f_{111}(x,y) = 0$, $f_{112}(x,y) = 2$, $f_{121}(x,y) = 2$, $f_{122}(x,y) = 0$, $f_{211}(x,y) = 2$, $f_{212}(x,y) = 0 = f_{221}(x,y) = f_{222}(x,y)$이므로 이들을 대입하면

$$f(x,y) = x^2y = -1 - 2(x-1) + (y+1) - (x-1)^2 + 2(x-1)(y+1) + (x-1)^2(y+1)$$

를 얻는다.

[137] 주어진 함수 $f(x,y)$는 x, y에 관한 다항식이므로 원점 $(0,0)$에서 테일러 급수는 명제 5.4.5에 의하여 그 자체이다. 그런데 함수 $f(x,y)$는 전개했을 때, 단지 $3, 5, 10, 11$ 그리고 12차 만을 항으로 갖고 다른 차수의 항은 없으므로 차수가 7인 항의 계수는 0이다.

[138] 우선, $f \in \mathcal{C}^q(\mathbb{E}^2)$ $(\forall q \in \mathbb{N})$임에 유의하자.

(가) 우선, 편도함수를 구해보면

$$\begin{aligned}
&f_1(x,y) = 3x^2 + y^2, \quad f_2(x,y) = 3y^2 + 2xy, \\
&f_{11}(x,y) = 6x, \quad f_{12}(x,y) = 2y = f_{21}(x,y), \quad f_{22}(x,y) = 6y + 2x, \\
&f_{111}(x,y) = 6, \quad f_{112}(x,y) = 0, \quad f_{221}(x,y) = 2, \quad f_{222}(x,y) = 6
\end{aligned}$$

이므로

$$\begin{aligned} f(x,y) &= f(1,2) + \frac{1}{1!}\{f_1(1,2)(x-1) + f_2(1,2)(y-2)\} \\ &\quad + \frac{1}{2!}\{f_{11}(1,2)(x-1)^2 + 2f_{12}(1,2)(x-1)(y-2) + f_{22}(1,2)(y-2)^2\} \\ &\quad + \frac{1}{3!}\{f_{111}(1,2)(x-1)^3 + 3f_{112}(1,2)(x-1)^2(y-2) + 3f_{221}(1,2)(x-1)(y-2)^2 \\ &\quad + f_{222}(1,2)(y-2)^3\} \\ &= 13 + 7(x-1) + 16(y-2) + \frac{1}{2!}\{6(x-1)^2 + 8(x-1)(y-2) + 14(y-2)^2\} \\ &\quad + \frac{1}{3!}\{6(x-1)^3 + 6(x-1)(y-2)^2 + 6(y-2)^3\} \end{aligned}$$

을 얻는다.

(나) 우선, 편도함수를 구해보면

$$\begin{aligned} &f_1(x,y) = 2x + y, \quad f_2(x,y) = x + 2y, \\ &f_{11}(x,y) = 2, \quad f_{12}(x,y) = 1 = f_{21}(x,y), \quad f_{22}(x,y) = 2 \end{aligned}$$

이므로

$$\begin{aligned} f(x,y) &= f(1,2) + \frac{1}{1!}\{f_1(1,2)(x-1) + f_2(1,2)(y-2)\} \\ &\quad + \frac{1}{2!}\{f_{11}(1,2)(x-1)^2 + 2f_{12}(1,2)(x-1)(y-2) + f_{22}(1,2)(y-2)^2\} \\ &= 7 + 4(x-1) + 5(y-2) + \frac{1}{2!}\{2(x-1)^2 + 2(x-1)(y-2) + 2(y-2)^2\} \end{aligned}$$

을 얻는다.

[139] 우선, $f \in \mathcal{C}^q(\mathbb{E}^2)$ $(\forall\, q \in \mathbb{N})$임에 유의하자.

$$\begin{aligned} &f_1(x,y) = e^x \cos y, \quad f_2(x,y) = -e^x \sin y, \\ &f_{11}(x,y) = e^x \cos y, \quad f_{12}(x,y) = -e^x \sin y = f_{21}(x,y), \quad f_{22}(x,y) = -e^x \cos y, \\ &f_{111}(x,y) = e^x \cos y, \quad f_{112}(x,y) = -e^x \sin y, \quad f_{221}(x,y) = -e^x \cos y, \quad f_{222}(x,y) = e^x \sin y \end{aligned}$$

이므로

$$\begin{aligned} f(x,y) &= f(0,0) + \frac{1}{1!}\{f_1(0,0)x + f_2(0,0)y\} + \frac{1}{2!}\{f_{11}(0,0)x^2 + 2f_{12}(0,0)xy + f_{22}(0,0)y^2\} \\ &\quad + \frac{1}{3!}\{f_{111}(0,0)x^3 + 3f_{112}(0,0)x^2y + 3f_{221}(0,0)xy^2 + f_{222}(0,0)y^3\} + R_3(f;(x,y)) \\ &= 1 + x + \frac{1}{2!}(x^2 - y^2) + \frac{1}{3!}(x^3 - 3xy^2) + R_3(f;(x,y)) \end{aligned}$$

를 얻는다.

[140] 우선, 함수 f가 3차이므로 $R_4(f;(x,y,z)) = 0$이다. 그러므로 $h^1 = x-1$, $h^2 = y+1$ & $h^3 = z$라 두면 테일러 정리는

$$f(x,y,z) = f(\mathbf{x}_0) + \sum_{i=1}^{3} f_i(\mathbf{x}_0)h^i + \frac{1}{2!}\sum_{i,j=1}^{3} f_{ij}(\mathbf{x}_0)h^ih^j + \frac{1}{3!}\sum_{i,j,k=1}^{3} f_{ijk}(\mathbf{x}_0)h^ih^jh^k$$

이므로 정리하면

$$xyz = f(x,y,z) = -z + (y+1)z - (x-1)z + (x-1)(y+1)z$$

를 얻는다.

[141] (1°) 함수 $\varphi : \mathbb{E}^2 \longrightarrow \mathbb{E}^1$ $((x,y) \longmapsto ax + by)$를 생각하면

$$\begin{aligned} |\varphi(x,y) - \varphi(x_0,y_0)| &= |a(x-x_0) + b(y-y_0)| \\ &\le |a||x-x_0| + |b||y-y_0| \\ &\le 2\max\{|a|,|b|\}\sqrt{(x-x_0)^2 + (y-y_0)^2} = 2\max\{|a|,|b|\}\|(x,y) - (x_0,y_0)\| \end{aligned}$$

이므로 함수 $\varphi : \mathbb{E}^2 \longrightarrow \mathbb{E}^1$는 연속이다. 더욱이 함수의 정의에 따르면 $\varphi \in \mathcal{C}^\infty(\mathbb{E}^2)$이다. 한편, $I \subset \mathbb{E}^1$이 0을 포함하는 열린집합이므로 $D = \varphi^{-1}(I) \subset \mathbb{E}^2$는 원점 $(0,0)$을 포함하는 열린집합이다. 따라서 함수 $f : D \longrightarrow \mathbb{E}^1$ 는 $f(x,y) = (\psi \circ \varphi)(x,y)$ $(\forall (x,y) \in D)$와 같이 정의됨을 알 수 있다.

(2°) 임의의 $(x,y) \in D$에 대하여

$$\begin{aligned} &f_1(x,y) = \psi'(ax+by)a, \quad f_2(x,y) = \psi'(ax+by)b, \\ &f_{11}(x,y) = \psi''(ax+by)a^2, \quad f_{21}(x,y) = \psi''(ax+by)ab, \\ &f_{12}(x,y) = \psi''(ax+by)ab, \quad f_{22}(x,y) = \psi''(ax+by)b^2, \\ &\cdots\cdots \end{aligned}$$

으로 표현된다. 특히 $i_1, i_2, \cdots, i_l$ $(l \leq q)$중 1이 $(l-j)$개이고 2가 j개인 경우,

$$f_{i_1 i_2 \cdots i_l}(x,y) = \psi^{(l)}(ax+by)a^{l-j}b^j$$

이므로, $h^1 = x$ & $h^2 = y$라 두면, 테일러 정리는

$$\begin{aligned} f(x,y) &= f(0,0) + \sum_{i=1}^{2} f_i(0,0)h^i \\ &\quad + \frac{1}{(q-1)!} \sum_{i_1,i_2,\cdots,i_{q-1}=1}^{2} f_{i_1 i_2 \cdots i_{q-1}}(0,0)h^{i_1}h^{i_2}\cdots h^{i_{q-1}} + R_q(f;(x,y)) \end{aligned}$$

으로 주어진다. 그러므로 이를 정리하면

$$\begin{aligned} f(x,y) &= \psi(0) + \psi'(0)(ax+by) + \frac{\psi''(0)}{2!}\left\{(ax)^2 + 2axby + (by)^2\right\} + \cdots \\ &\quad + \frac{\psi^{(q-1)}(0)}{(q-1)!}\left\{(ax)^{q-1} + \binom{q-1}{1}(ax)^{q-2}(by) + \cdots + \binom{q-1}{q-2}(ax)(by)^{q-2} + (by)^{q-1}\right\} \\ &\quad + R_q(f;(x,y)) \\ &= \sum_{k=0}^{q-1} \frac{\psi^{(k)}(0)}{k!} \sum_{j=0}^{k} \binom{k}{j}(ax)^j(by)^{k-j} + R_q(f;(x,y)) \end{aligned}$$

을 얻는다.

[142] f가 n차 동차이므로 'Euler 공식'에 의하여 $df(x,y)\cdot(x,y) = nf(x,y)$ $(\forall (x,y) \in \Delta \setminus \{(0,0)\})$가 성립한다. 즉,

$$xf_1(x,y) + yf_2(x,y) = nf(x,y) \quad (\forall (x,y) \in \Delta \setminus \{(0,0)\})$$

이다. 그러므로 한 번 더 x, y에 관하여 편미분하면

$$xf_{11}(x,y) + f_1(x,y) + yf_{21}(x,y) = nf_1(x,y) \quad \& \quad xf_{12}(x,y) + f_2(x,y) + yf_{22}(x,y) = nf_2(x,y) \quad (10.20)$$

를 얻는다. 한편 $f \in \mathcal{C}^2(\Delta)$이므로 $f_{12}(x,y) = f_{21}(x,y)$ $(\forall (x,y) \in \Delta)$가 성립하고 (10.20)의 두 식을 연립해서 풀면

$$x^2 f_{11}(x,y) + (xf_1(x,y) + yf_2(x,y)) + 2xyf_{12}(x,y) + y^2 f_{22}(x,y) = n(xf_1(x,y) + yf_2(x,y))$$

를 얻고 이를 정리하면

$$x^2 f_{11}(x,y) + 2xyf_{12}(x,y) + y^2 f_{22}(x,y) = (n-1)(xf_1(x,y) + yf_2(x,y)) = n(n-1)f(x,y)$$

이다.

[143] $f_1(x,y) = ye^{xy}$ & $f_2(x,y) = xe^{xy}$이므로 $f_1(1,1) = e = f_2(1,1)$이다. 그러므로 (가) 가장 가파르게 증가하는 방향은 $\nabla f(1,1) = (e,e)$ 쪽이므로 구하는 방향은 $\frac{1}{\sqrt{2}e}(e,e) = \frac{1}{\sqrt{2}}(1,1)$이다. (나) 가장 가파르게 감소하는 방향은 $-\nabla f(1,1) = (16,-12)$ 쪽이므로 구하는 방향은 $-\frac{1}{\sqrt{2}}(1,1)$이다. (다) 변화율이 0인 방향은 $e(x+y) = 0$을 만족하는 (x,y) 쪽이므로 구하는 방향은 $\frac{1}{\sqrt{x^2+y^2}}(x,y)$이다.

[144] $f_1(x,y) = 2xy^3$ & $f_2(x,y) = 3x^2y^2$이므로 $f_1(-1,2) = -16$ & $f_2(-1,2) = 12$이다. 그러므로 (가) 최대변화율 방향은 $\nabla f(-1,2) = (-16,12)$ 쪽이다. (나) 최소변화율 방향은 $-\nabla f(-1,2) = (16,-12)$ 쪽이다. (다) 변화율이 0인 방향은 $-16x + 12y = 0$을 만족하는 (x,y) 쪽이다. 하나의 예로서 $(12,16)$ 쪽 방향은 변화율이 0이다.

[145] 단위벡터 $\mathbf{u} \in \mathbb{E}^2$에 대하여

$$f_{\mathbf{u}}(\mathbf{P}) = \nabla f(\mathbf{P}) \cdot \mathbf{u} = \|\nabla f(\mathbf{P})\|\|\mathbf{u}\| \cos\theta$$

임에 유념하자. 여기서 $\theta \in [0,\pi]$는 $\nabla f(\mathbf{P})$와 $\mathbf{u}$가 이루는 사잇각이다. 따라서 $\nabla f(\mathbf{P})$와 $\mathbf{u}_j$가 이루는 사잇각을 $\theta_j\ (j=1,2,3,4)$라 두면 $j=1,4$에 대하여 $\theta_j \in [0,\pi/2)$이고 $0 = \theta_1 < \theta_4$이므로 $0 < f_{\mathbf{u}_4}(\mathbf{P}) < f_{\mathbf{u}_1}(\mathbf{P})$이다. 또한 $j=2,3$에 대하여 $\theta_j \in (\pi/2,\pi]$이고 $\theta_2 < \theta_3 = \pi$이므로 $f_{\mathbf{u}_3}(\mathbf{P}) < f_{\mathbf{u}_2}(\mathbf{P}) < 0$이다. 그러므로

$$f_{\mathbf{u}_3}(\mathbf{P}) < f_{\mathbf{u}_2}(\mathbf{P}) < 0 < f_{\mathbf{u}_4}(\mathbf{P}) < f_{\mathbf{u}_1}(\mathbf{P})$$

가 성립함을 알 수 있다.

[146] (가) 함수의 정의로부터 $f \in \mathcal{C}^2(\mathbb{E}^2)$이고 $f_1(x,y) = 1-2x$ & $f_2(x,y) = -2y$이므로 $\left(\frac{1}{2},0\right)$은 f의 임계점이다. 다음으로 $f_{11}(x,y) = -2,\ f_{12}(x,y) = 0 = f_{21}(x,y)$ & $f_{22}(x,y) = -2$이므로

$$d_1(1/2,0) = -2 < 0 \quad \& \quad d_2(1/2,0) = \begin{vmatrix} -2 & 0 \\ 0 & -2 \end{vmatrix} = 4 > 0$$

이다. 그러므로 정리 6.3.5에 의하여 $f\left(\frac{1}{2},0\right) = \frac{1}{4}$는 f의 극댓값임과 동시에 최대값이다.

(나) 함수의 정의로부터 $f \in \mathcal{C}^2(\mathbb{E}^2)$이고 $f_1(x,y) = y-2$ & $f_2(x,y) = x+1$이므로 $(-1,2)$는 f 의 임계점이다. 다음으로 $f_{11}(x,y) = 0,\ f_{12}(x,y) = 1 = f_{21}(x,y)$ & $f_{22}(x,y) = 0$이다. 더욱이

$$f_{11}(-1,2)f_{22}(-1,2) - f_{12}^2(-1,2) = \begin{vmatrix} 0 & 1 \\ 1 & 0 \end{vmatrix} = -1 < 0$$

이므로 $(-1,2)$는 f의 안장점이다.

(다) 함수의 정의로부터 $f \in \mathcal{C}^2(\mathbb{E}^2)$이고 $f_1(x,y) = 2xy - y$ & $f_2(x,y) = x(x-1)$이므로 $(0,0)$ & $(1,0)$은 f의 임계점이다. 또한 $f_{11}(x,y) = 2y,\ f_{12}(x,y) = 2x-1 = f_{21}(x,y)$ & $f_{22}(x,y) = 0$이므로

$$\begin{cases} \circ\ f_{11}(0,0)f_{22}(0,0) - f_{12}^2(0,0) = -1\,; \\ \circ\ f_{11}(1,0)f_{22}(1,0) - f_{12}^2(1,0) = -1 \end{cases}$$

이고 따라서 $(0,0)$ & $(1,0)$은 모두 f의 안장점이다.

(라) 함수의 정의로부터 $f \in \mathcal{C}^2(\mathbb{E}^2)$임을 알 수 있다. 또한 $f_1(x,y) = y\cos xy$ & $f_2(x,y) = x\cos xy$이므로 $(0,0)$과 각 $k \in \mathbb{Z}$에 대하여

$$xy = \frac{\pi}{2} + 2k\pi \quad \& \quad xy = -\frac{\pi}{2} + 2k\pi$$

을 만족하는 $(x,y) \in \mathbb{E}^2$는 모두 f의 임계점이다. 다음으로

$$f_{11}(x,y) = -y^2 \sin xy, \quad f_{12}(x,y) = \cos xy - xy\sin xy = f_{21}(x,y) \quad \& \quad f_{22}(x,y) = -x^2 \sin xy$$

이다. 특히, $(x,y) \in \mathbb{E}^2$에 대하여

$$d_2((x,y)) = f_{11}(x,y)f_{22}(x,y) - f_{12}^2(x,y) = x^2y^2\sin^2 xy - (\cos xy - xy\sin xy)^2$$

이므로 다음과 같이 분류된다.

- $d_2((0,0)) = -1$이므로 $(0,0)$은 f의 안장점이다.

- $xy = \frac{\pi}{2} + 2k\pi\ (\forall\, k \in \mathbb{Z})$을 만족하는 점 $(x,y) \in \mathbb{E}^2$의 경우 :

$$f_{11}(x,y) = -y^2 < 0 \quad \& \quad d_2((x,y)) = \left(\frac{\pi}{2} + 2k\pi\right)^2 - \left(\frac{\pi}{2} + 2k\pi\right)^2 = 0$$

이므로 정리 6.3.5를 적용할 수 없다. 그러나 함수 $g(t) := \sin t \ (\forall t \in \mathbb{E}^1)$를 생각하면 $g \in \mathcal{C}^2(\mathbb{E}^1)$이므로 일변수함수의 극값을 구하는 문제로 변환할 수 있다. 특히, $g'(t) = \cos t$ & $g''(t) = -\sin t$이고 또한 각 $t_k = \frac{\pi}{2} + 2k\pi \ (\forall k \in \mathbb{Z})$에 대하여 $g'(t_k) = 0$이다. 한편 $g''(t_k) = -1 < 0$이므로 함수 g는 $t_k = \frac{\pi}{2} + 2k\pi \ (\forall k \in \mathbb{Z})$에서 극댓값을 갖는다. 따라서 함수 f는 $xy = \frac{\pi}{2} + 2k\pi \ (\forall k \in \mathbb{Z})$을 만족하는 점 $(x, y) \in \mathbb{E}^2$에서 최대값을 갖는다.

- $xy = -\frac{\pi}{2} + 2k\pi \ (\forall k \in \mathbb{Z})$을 만족하는 점 $(x, y) \in \mathbb{E}^2$의 경우 :

$$f_{11}(x, y) = y^2 > 0 \quad \& \quad d_2((x, y)) = \left(-\frac{\pi}{2} + 2k\pi\right)^2 - \left(-\frac{\pi}{2} + 2k\pi\right)^2 = 0$$

이므로 정리 6.3.5를 적용할 수 없다. 그러나 함수 $h(t) := \sin t \ (\forall t \in \mathbb{E}^1)$를 생각하면 $h \in \mathcal{C}^2(\mathbb{E}^1)$이므로 일변수함수의 극값을 구하는 문제로 변환할 수 있다. 특히, $h'(t) = \cos t$ & $h''(t) = -\sin t$이고 또한 각 $t_k = -\frac{\pi}{2} + 2k\pi \ (\forall k \in \mathbb{Z})$에 대하여 $h'(t_k) = 0$이다. 한편 $h''(t_k) = 1 > 0$이므로 함수 h는 $t_k = -\frac{\pi}{2} + 2k\pi \ (\forall k \in \mathbb{Z})$에서 극솟값을 갖는다. 따라서 함수 f는 $xy = -\frac{\pi}{2} + 2k\pi \ (\forall k \in \mathbb{Z})$을 만족하는 점 $(x, y) \in \mathbb{E}^2$에서 최솟값을 갖는다.

[147] (가) 함수의 정의로부터 $f \in \mathcal{C}^2(\mathbb{E}^2)$이고 $f_1(x, y) = 2x \exp(1 + x^2 - y^2)$ & $f_2(x, y) = -2y \exp(1 + x^2 - y^2)$이므로 $(0, 0)$은 f의 임계점이다. 다음으로

$$\begin{aligned} f_{11}(x, y) &= 2\exp(1 + x^2 - y^2) + 4x^2 \exp(1 + x^2 - y^2), \\ f_{12}(x, y) &= -4xy \exp(1 + x^2 - y^2) = f_{21}(x, y), \\ f_{22}(x, y) &= -2\exp(1 + x^2 - y^2) + 4y^2 \exp(1 + x^2 - y^2) \end{aligned}$$

이므로

$$f_{11}(0, 0) = 2e, \quad f_{12}(0, 0) = 0 = f_{21}(0, 0) \quad \& \quad f_{22}(0, 0) = -2e$$

이다. 특히,

$$f_{11}(0, 0) f_{22}(0, 0) - f_{12}^2(0, 0) = -4e^2 < 0$$

이므로 $(0, 0)$은 f의 안장점이다.

(나) 함수의 정의로부터 $f \in \mathcal{C}^2(\mathbb{E}^2)$이고 $f_1(x, y) = e^x \cos y$ & $f_2(x, y) = -e^x \sin y$이므로 f의 임계점은 존재하지 않는다.

(다) 함수의 정의로부터 $f \in \mathcal{C}^2(\mathbb{E}^2)$이고 $f_1(x, y) = \sin y$ & $f_2(x, y) = x \cos y$이므로 $(0, n\pi) \ (\forall n \in \mathbb{Z})$는 f의 임계점이다. 특히, $f_{11}(x, y) = 0$, $f_{12}(x, y) = \cos y = f_{21}(x, y)$ & $f_{22}(x, y) = -x \sin y$이므로 각 $n \in \mathbb{Z}$에 대하여

$$f_{11}(0, n\pi) f_{22}(0, n\pi) - f_{12}^2(0, n\pi) = -(-1)^{2n} = -1 < 0$$

을 얻는다. 즉, $(0, n\pi) \ (\forall n \in \mathbb{Z})$는 f의 안장점이다.

[148] 함수의 정의로부터 $f \in \mathcal{C}^2(\mathbb{E}^2)$이고 $f_1(x, y) = y - \frac{1}{x^2}$ & $f_2(x, y) = x - \frac{1}{y^2}$이므로 $(1, 1)$은 f의 임계점이다. 특히,

$$f_{11}(x, y) = \frac{2}{x^3}, \quad f_{12}(x, y) = 1 = f_{21}(x, y) \quad \& \quad f_{22}(1, 1) = \frac{2}{y^3}$$

이므로

$$f_{11}(1, 1) = 2 > 0 \quad \& \quad f_{11}(1, 1) f_{22}(1, 1) - f_{12}^2(1, 1) = 3 > 0$$

를 얻는다. 그러므로 정리 6.3.5에 의하여 $3 = f(1, 1)$은 f의 극솟값이다.

[149] (가) 함수의 정의로부터 $f \in \mathcal{C}^2(\mathbb{E}^2)$이고 $f_1(x, y) = 3x^2 + 1 - 4y$ & $f_2(x, y) = -4x - 4y$이므로 $\left(-\frac{1}{3}, \frac{1}{3}\right)$, $(-1, 1)$은 f의 임계점이다. 다음으로 $f_{11}(x, y) = 6x$, $f_{12}(x, y) = -4 = f_{21}(x, y)$ & $f_{22}(x, y) = -4$이므로

$$f_{11}(-1/3, 1/3) = -2, \quad f_{12}(-1/3, 1/3) = -4 = f_{21}(-1/3, 1/3) \quad \& \quad f_{22}(-1/3, 1/3) = -4$$

이다. 즉, $(-1/3, 1/3)$은 f의 안장점이다. 다음으로

$$d_1(-1,1) = -6 < 0 \quad \& \quad d_2(-1,1) = \begin{vmatrix} -6 & -4 \\ -4 & -4 \end{vmatrix} = 8 > 0$$

이다. 그러므로 정리 6.3.5에 의하여 $f(-1,1) = 0$은 f의 극댓값임과 동시에 최대값이다.

(나) 함수의 정의로부터 $f \in \mathcal{C}^2(\mathbb{E}^2)$, $f_1(x,y) = y + 1 - 2xy$ & $f_2(x,y) = x - x^2$이므로 $(0,-1)$ & $(1,1)$는 f의 임계점이다. 다음으로 $f_{11}(x,y) = -2y$, $f_{12}(x,y) = 1 - 2x = f_{21}(x,y)$ & $f_{22}(x,y) = 0$이므로

$$f_{11}(0,-1)f_{22}(0,-1) - f_{12}^2(0,-1) = \begin{vmatrix} 2 & 1 \\ 1 & 0 \end{vmatrix} = -1 < 0$$

이므로 $(0,-1)$은 f의 안장점이다. 또한

$$f_{11}(1,1)f_{22}(1,1) - f_{12}^2(1,1) = \begin{vmatrix} -2 & -1 \\ -1 & 0 \end{vmatrix} = -1 < 0$$

이므로 $(1,1)$ 역시 f의 안장점이다.

(다) 함수의 정의로부터 $f \in \mathcal{C}^2(\mathbb{E}^2)$이고 $f_1(x,y) = -\sin x \cosh y$ & $f_2(x,y) = \cos x \sinh y$이므로 각 $k \in \mathbb{Z}$에 대하여 $(k\pi, 0)$은 f의 임계점이다. 다음으로 $f_{11}(x,y) = -\cos x \cosh y$, $f_{12}(x,y) = -\sin x \sinh y = f_{21}(x,y)$ & $f_{22}(x,y) = \cos x \cosh y$이므로

$$f_{11}(k\pi, 0) = -(-1)^k, \quad f_{12}(k\pi, 0) = 0 = f_{21}(k\pi, 0) \quad \& \quad f_{22}(k\pi, 0) = (-1)^k$$

이다. 따라서 $(k\pi, 0)$ $(\forall\, k \in \mathbb{Z})$은 모두 f의 안장점이다.

[150] 함수의 정의로부터 $f \in \mathcal{C}^2(\mathbb{E}^3)$이고 $f_1(x,y,z) = 2x$, $f_2(x,y,z) = 2y$ & $f_3(x,y) = -2z$이므로 $(0,0,0)$은 f의 유일한 임계점이다. 또한 $f_{11}(x,y,z) = 2$, $f_{12}(x,y,z) = 0 = f_{21}(x,y,z)$, $f_{22}(x,y,z) = 2$, $f_{13}(x,y,z) = 0 = f_{31}(x,y,z)$, $f_{23}(x,y,z) = 0 = f_{32}(x,y,z)$ & $f_{33}(x,y,z) = -2$이므로

$$d_1(0,0,0) = 2 > 0, \quad d_2(0,0,0) = \begin{vmatrix} 2 & 0 \\ 0 & 2 \end{vmatrix} = -4 < 0 \quad \& \quad d_3(0,0,0) = \begin{vmatrix} 2 & 0 & 0 \\ 0 & 2 & 0 \\ 0 & 0 & -2 \end{vmatrix} = 8 > 0$$

이다. 그러므로 $Q_f((0,0,0), \cdot)$은 부정이고 따라서 f는 극값을 갖지 않는다.

[151] (방법1) $(x - y + z)^2 = x^2 + y^2 + z^2 - 2xy + 2xz - 2yz$이므로

$$f(x,y,z) = (x - y + z)^2 + 2yz + 2y^2 + z^2 = (x - y + z)^2 + y^2 + (y + z)^2 \geq 0 \quad (\forall\,(x,y,z) \in \mathbb{E}^3)$$

이므로 함수 f는 원점 $\mathbf{0} \in \mathbb{E}^3$에서 최솟값 0을 갖는다.

(방법2) 함수의 정의로부터 $f \in \mathcal{C}^2(\mathbb{E}^3)$이고 $f_1(x,y,z) = 2x - 2y + 2z$, $f_2(x,y,z) = 6y - 2x$ & $f_3(x,y,z) = 4z + 2x$이므로 $(0,0,0)$은 f의 임계점이다. 다음으로

$$f_{11}(x,y,z) = 2, \quad f_{12}(x,y,z) = -2, \quad f_{13}(x,y,z) = 2$$
$$f_{21}(x,y,z) = -2, \quad f_{22}(x,y,z) = 6, \quad f_{23}(x,y,z) = 0$$
$$f_{31}(x,y,z) = 2, \quad f_{32}(x,y,z) = 0, \quad f_{33}(x,y,z) = 4$$

이므로 $d_1((0,0,0)) = 2$, $d_2((0,0,0)) = 8$ & $d_3((0,0,0)) = 8$ 이다. 이제 정리 6.3.9 & 정리 6.2.9를 적용하면 $f(0,0,0) = 0$은 f의 극솟값임과 동시에 최솟값이다.

[152] 함수를 좀더 구체적으로 표현하면

$$f(\mathbf{x}) = \sum_{j=1}^{m} \{\mathbf{x} \cdot \mathbf{x} - 2\mathbf{x} \cdot \mathbf{x}_j + \mathbf{x}_j \cdot \mathbf{x}_j\} = m \sum_{i=1}^{n} (x^i)^2 - 2 \sum_{j=1}^{m} \sum_{i=1}^{n} x^i x_j^i + \sum_{j=1}^{m} \sum_{i=1}^{n} (x_j^i)^2$$

이므로 각 $i \in \{1, 2, \cdots, n\}$에 대하여

$$f_i(\mathbf{x}) = 2mx^i - 2 \sum_{j=1}^{m} x_j^i$$

를 얻는다. 그러므로 $\frac{1}{m}(\mathbf{x}_1+\mathbf{x}_2+\cdots+\mathbf{x}_m)\in\mathbb{E}^n$은 f의 임계점이다. 또한, 각 $i,j\in\{1,2,\cdots,n\}$에 대하여 $f_{ij}(\mathbf{x})=2m\delta_{ij}$이므로 $d_k(\mathbf{x})=(2m)^k>0$ $(\forall k\in\{1,2,\cdots,n\})$을 얻는다. 따라서 정리 6.3.9 & 정리 6.2.9를 적용하면 $f\left(\frac{1}{m}(\mathbf{x}_1+\mathbf{x}_2+\cdots+\mathbf{x}_m)\right)$은 함수 f의 극솟값임과 동시에 최솟값이다. 그러나

$$f\left(\frac{1}{m}(\mathbf{x}_1+\mathbf{x}_2+\cdots+\mathbf{x}_m)\right)=\sum_{j=1}^m\left\|\frac{1}{m}(\mathbf{x}_1+\mathbf{x}_2+\cdots+\mathbf{x}_m)-\mathbf{x}_j\right\|^2$$
$$=\frac{1}{m^2}\sum_{j=1}^m\|(\mathbf{x}_1+\mathbf{x}_2+\cdots+\mathbf{x}_m)-m\mathbf{x}_j\|^2=\frac{1}{m^2}\sum_{j=1}^m\left\|\sum_{k=1}^m(\mathbf{x}_k-\mathbf{x}_j)\right\|^2$$

이다.

[153](가) $f(\mathbf{x})=\psi(a^1x^1+\cdots+a^nx^n)$ $(\forall\mathbf{x}=(x^1,x^2,\cdots,x^n)\in\mathbb{E}^n)$이므로 각 $i\in\{1,2,\cdots,n\}$에 대하여 $f_i(\mathbf{x})=\psi'(\mathbf{a}\cdot\mathbf{x})a^i$이다. 그러므로 $\{\mathbf{x}\in\mathbb{E}^n:\psi'(\mathbf{a}\cdot\mathbf{x})=0\}$은 f의 임계점 전체집합이다.

(나) 각 $i,j\in\{1,2,\cdots,n\}$에 대하여 $f_{ij}(\mathbf{x})=\psi''(\mathbf{a}\cdot\mathbf{x})a^ia^j$이므로

$$d_n(\mathbf{x})=\begin{vmatrix}f_{11}(\mathbf{x})&f_{12}(\mathbf{x})&\cdots&f_{1n}(\mathbf{x})\\f_{21}(\mathbf{x})&f_{22}(\mathbf{x})&\cdots&f_{2n}(\mathbf{x})\\\vdots&\vdots&\ddots&\vdots\\f_{n1}(\mathbf{x})&f_{n2}(\mathbf{x})&\cdots&f_{nn}(\mathbf{x})\end{vmatrix}$$
$$=\begin{vmatrix}\psi''(\mathbf{a}\cdot\mathbf{x})a^1a^1&\psi''(\mathbf{a}\cdot\mathbf{x})a^1a^2&\cdots&\psi''(\mathbf{a}\cdot\mathbf{x})a^1a^n\\\psi''(\mathbf{a}\cdot\mathbf{x})a^2a^1&\psi''(\mathbf{a}\cdot\mathbf{x})a^2a^2&\cdots&\psi''(\mathbf{a}\cdot\mathbf{x})a^2a^n\\\vdots&\vdots&\ddots&\vdots\\\psi''(\mathbf{a}\cdot\mathbf{x})a^na^1&\psi''(\mathbf{a}\cdot\mathbf{x})a^na^2&\cdots&\psi''(\mathbf{a}\cdot\mathbf{x})a^na^n\end{vmatrix}$$
$$=(\psi''(\mathbf{a}\cdot\mathbf{x}))^na^1a^2\cdots a^n\begin{vmatrix}a^1&a^2&\cdots&a^n\\a^1&a^2&\cdots&a^n\\\vdots&\vdots&\ddots&\vdots\\a^1&a^2&\cdots&a^n\end{vmatrix}=0$$

이 성립한다. 따라서 함수 f의 모든 임계점은 퇴화한다.

[154]이 경우 $\mathbf{a}=(1,-1)\in\mathbb{E}^2$이고 $\psi(t)=t^2$ $(\forall t\in\mathbb{E}^1)$로 정의하면 $\psi\in\mathcal{C}^2(\mathbb{E}^1)$이다. 특히, $f_1(x,y)=2(x-y)$ & $f_2(x,y)=-2(x-y)$이므로 $\{(x,x)\in\mathbb{E}^2:x\in\mathbb{E}^1\}$는 f의 임계점 전체집합이다. 더욱이, 임의의 $(x,y)\in\mathbb{E}^2$에 대하여

$$f_{11}(x,y)=2,\quad f_{12}(x,y)=-2=f_{21}(x,y)\quad\&\quad f_{22}(x,y)=2$$

이므로

$$\begin{vmatrix}f_{11}(x,x)&f_{11}(x,x)\\f_{21}(x,x)&f_{22}(x,x)\end{vmatrix}=\begin{vmatrix}2&-2\\-2&2\end{vmatrix}=0$$

을 얻게되어 모든 임계점은 퇴화한다.

[155](가) 함수의 정의로부터 $f\in\mathcal{C}^2(\mathbb{E}^2)$이고 $f_1(x,y)=1-2x$ & $f_2(x,y)=-2y$이므로 $\left(\frac{1}{2},0\right)$은 f의 임계점이다. 다음으로 $f_{11}(x,y)=-2$, $f_{12}(x,y)=0=f_{21}(x,y)$ & $f_{22}(x,y)=-2$이므로

$$d_1(1/2,0)=-2<0\quad\&\quad d_2(1/2,0)=\begin{vmatrix}-2&0\\0&-2\end{vmatrix}=4>0$$

이다. 그러므로 정리 6.3.9에 의하여 $f(1/2,0)=\frac{1}{4}$은 집합 $\text{int}(A)$ 위에서 f의 극댓값이다. 한편 A의 경계위에서 $f(x,y)=x-x^2-y^2=x-(x^2+y^2)=x-1$ & $-1\le x\le 1$이므로 A의 경계위에서 최대값은 0이다. 따라서 $f(1/2,0)=\frac{1}{4}$은 집합 A 위에서 f의 최대값이다. 또한

$$f(x,y)=x-(x^2+y^2)\ge x-1\quad(\forall(x,y)\in A)$$

이 성립하므로 집합 A 위에서 f의 최솟값은 -2이다.

(나) 우선, 연습문제 6.1.4에서 살펴본 것처럼 $\mathbb{E}^2$ 위에서 함수 f의 임계점은 $(0,0)$와 그리고 $xy = \frac{\pi}{2} + 2k\pi$ $(k \in \mathbb{Z})$ & $xy = -\frac{\pi}{2} + 2k\pi$ $(k \in \mathbb{Z})$인 점 $(x,y) \in \mathbb{E}^2$이다. 그런데 $0 \le (x \pm y)^2 = x^2 \pm 2xy + y^2$ $(\forall\,(x,y) \in \mathbb{E}^2)$가 성립하므로 집합 $\mathrm{int}(A)$ 내에 포함되는 임계점은 $(0,0)$이 유일하고 그 점은 함수 f의 안장점이다. 한편 $2|xy| \le x^2 + y^2 \le 1$ $(\forall\,(x,y) \in A)$이므로

$$-\frac{1}{2} \le xy \le \frac{1}{2} \quad (\forall\,(x,y) \in A)$$

이다. 또한 구간 $\left[-\frac{1}{2}, \frac{1}{2}\right]$ 위에서 sin은 순증가하므로

$$-\sin\frac{1}{2} = \sin\left(-\frac{1}{2}\right) \le \sin xy \le \sin\frac{1}{2} \quad (\forall\,(x,y) \in A)$$

를 얻는다. 따라서 $-\sin\frac{1}{2}$은 집합 A 위에서 함수 f의 최솟값이고 $\sin\frac{1}{2}$ 은 함수 f의 최대값이다.

[156] 함수의 정의로부터 $f \in \mathcal{C}^2(\mathbb{E}^2)$이고 $f_1(x,y) = x-3y-9$ & $f_2(x,y) = 9y^2+18y+9-3x$이다. 그러므로 함수 f의 임계점을 찾기 위하여 $f_1(x,y) = 0$ & $f_2(x,y) = 0$이라 두고 연립하여 정리하면 방정식 $9y^2 + 9y - 18 = 0$을 얻는다. 이로부터 $y = -2$ & $y = 1$을 얻게 되므로 함수 f의 임계점은 $(3,-2)$ & $(12,1)$이다. 한편, $f_{11}(x,y) = 1$, $f_{12}(x,y) = -3 = f_{21}(x,y)$ & $f_{22}(x,y) = 18y+18$이므로 $f_{11}(3,-2) = 1 = f_{11}(12,1)$, $f_{12}(3,-2) = -3 = f_{12}(12,1)$, $f_{22}(3,-2) = -18$ & $f_{22}(12,1) = 36$이다. 따라서

$$\begin{cases} \circ\ f_{11}(3,-2)f_{22}(3,-2) - f_{12}^2(3,-2) = -27 < 0\,; \\ \circ\ f_{11}(12,1)f_{22}(12,1) - f_{12}^2(12,1) = 27 > 0 \end{cases}$$

이므로 점 $(3,-2)$는 함수 f의 안장점이고, 점 $(12,1)$은 함수 f가 극소값을 갖는 점이다.

[157] 함수의 정의로부터 $f \in \mathcal{C}^2(\mathbb{E}^2)$이고 $f_1(x,y) = -2x - \beta$ & $f_2(x,y) = -2y - \gamma$이다. 그러므로 주어진 조건에 따라 $-\frac{\beta}{2} = x = -2$ & $-\frac{\gamma}{2} = y = 1$이므로 $\beta = 4$ & $\gamma = -2$이다. 따라서 주어진 함수는 $f(x,y) = \alpha - (x^2 + 4x + y^2 - 2y)$로 표현된다. 특히,

$$\begin{cases} \circ\ f_{11}(x,y) = -2,\ f_{12}(x,y) = 0 = f_{21}(x,y)\ \&\ f_{22}(x,y) = -2\,; \\ \circ\ f_{11}(x,y)f_{22}(x,y) - f_{12}^2(x,y) = 4 > 0 \end{cases}$$

이므로 정리 6.3.5에 의하여 함수 f는 $(-2,1)$에서 극댓값을 갖는다. 그런데 극댓값이 15이므로 $f(-2,1) = 15$이도록 α를 구하면 $\alpha = 10$이다.

[158] 함수의 정의로부터 $f \in \mathcal{C}^2(\mathbb{E}^2)$이고 $f_1(x,y) = 2\alpha x - 4y$ & $f_2(x,y) = 2y - 4x$이다. 더욱이 $f_{11}(x,y) = 2\alpha$, $f_{12}(x,y) = -4 = f_{21}(x,y)$ & $f_{22}(x,y) = 2$이므로

$$\begin{cases} \circ\ f_{11}(0,0) = 2\alpha\,; \\ \circ\ f_{11}(0,0)f_{22}(0,0) - f_{12}^2(0,0) = 4\alpha - 16 \end{cases}$$

를 얻는다.

(가) $4\alpha - 16 < 0$으로부터 $\alpha < 4$인 실수 $\alpha \in \mathbb{E}^1$를 선택하면 함수 f는 $(0,0)$을 안장점으로 갖는다.

(나) 정리 6.3.5에 의하여 $2\alpha < 0$ & $4\alpha - 16 > 0$인 실수 $\alpha \in \mathbb{E}^1$에 대하여 함수 f는 $(0,0)$을 극대점으로 갖는다. 그러나 $\alpha < 0$ & $\alpha > 4$인 실수 $\alpha \in \mathbb{E}^1$은 존재하지 않는다. 즉, 어떠한 실수 $\alpha \in \mathbb{E}^1$를 선택해도 함수 f는 임계점 $(0,0)$에서 극대값을 갖지 않는다.

(다) 정리 6.3.5에 의하여 $2\alpha > 0$ & $4\alpha - 16 > 0$인 실수 $\alpha \in \mathbb{E}^1$을 선택하면 함수 f는 $(0,0)$을 극소점으로 갖는다. 따라서 $\alpha > 4$인 실수 $\alpha \in \mathbb{E}^1$를 선택하면 함수 f는 임계점 $(0,0)$에서 극소값 0을 갖는다.

[159] $P'(x) = 4\alpha x^3 + 3\beta x^2 + 2\gamma x + \delta$ & $P''(x) = 12\alpha x^2 + 6\beta x + 2\gamma = 2(6\alpha x^2 + 3\beta x + \gamma)$이므로

$$P''(x) \ge 0 \ \ (\forall\, x \in \mathbb{E}^1) \iff \lceil \alpha > 0\ \&\ 3\beta^2 \le 8\alpha\gamma \rfloor$$

이다. 그러나 $Q_P(x,h) = P''(x)h^2$ $(\forall\, x, h \in \mathbb{E}^1)$이므로 정리 6.4.26을 적용하면 구하는 조건은 $\alpha > 0$ & $3\beta^2 \le 8\alpha\gamma$이다.

[160] (가) 주어진 함수로부터 $f_1(x,y,z)=2x,\ f_2(x,y,z)=2y$ & $f_3(x,y,z)=-8z$이므로

$$\begin{aligned} &f_{11}(x,y,z)=2, \quad f_{12}(x,y,z)=0=f_{21}(x,y,z), \quad f_{13}(x,y,z)=0=f_{13}(x,y,z),\\ &f_{22}(x,y,z)=2, \quad f_{23}(x,y,z)=0=f_{32}(x,y,z),\\ &f_{33}(x,y,z)=-8 \end{aligned}$$

을 얻는다. 따라서 임의의 $(x,y,z),(h,k,l)\in\mathbb{E}^3$가 주어질 때,

$$Q_f((x,y,z),(h,k,l))=2h^2+2k^2-8l^2$$

은 $h,k,l\in\mathbb{E}^1$에 따라 양·음의 값을 취하므로 정리 6.4.26 & 정리 6.4.27을 따르면 f는 $\mathbb{E}^3$ 위에서 볼록도 오목도 아니다.

(나) 주어진 함수로부터 $f_1(x,y,z)=1,\ f_2(x,y,z)=-2y$ & $f_3(x,y,z)=-2z$이므로

$$\begin{aligned} &f_{11}(x,y,z)=0, \quad f_{12}(x,y,z)=0=f_{21}(x,y,z), \quad f_{13}(x,y,z)=0=f_{13}(x,y,z),\\ &f_{22}(x,y,z)=-2, \quad f_{23}(x,y,z)=0=f_{32}(x,y,z),\\ &f_{33}(x,y,z)=-2 \end{aligned}$$

을 얻는다. 따라서 임의의 $(x,y,z),(h,k,l)\in\mathbb{E}^3$가 주어질 때,

$$Q_f((x,y,z),(h,k,l))=-2k^2-2l^2=-2(k^2+l^2)\le 0$$

이므로 정리 6.4.27을 적용하면 f는 $\mathbb{E}^3$ 위에서 오목이다.

(다) 주어진 함수로부터 $f_1(x,y,z)=(2x+y)\exp(x^2+xy+y^2+z^2),\ f_2(x,y,z)=(x+2y)\exp(x^2+xy+y^2+z^2)$ & $f_3(x,y,z)=2z\exp(x^2+xy+y^2+z^2)$이므로

$$\begin{aligned} f_{11}(x,y,z)&=[2+(2x+y)^2]\exp(x^2+xy+y^2+z^2),\\ f_{12}(x,y,z)&=[1+(2x+y)(x+2y)]\exp(x^2+xy+y^2+z^2)=f_{21}(x,y,z),\\ f_{13}(x,y,z)&=2z(2x+y)\exp(x^2+xy+y^2+z^2)=f_{31}(x,y,z)\\ f_{22}(x,y,z)&=[2+(x+2y)^2]\exp(x^2+xy+y^2+z^2),\\ f_{23}(x,y,z)&=2z(x+2y)\exp(x^2+xy+y^2+z^2)=f_{32}(x,y,z),\\ f_{33}(x,y,z)&=[2+4z^2]\exp(x^2+xy+y^2+z^2) \end{aligned}$$

을 얻는다. 따라서 임의의 $(x,y,z),(h,k,l)\in\mathbb{E}^3$가 주어질 때,

$$Q_f((x,y,z),(h,k,l))=\left\{2h^2+2hk+2k^2+2l^2+[(2x+y)h+(x+2y)k+2zl]^2\right\}\exp(x^2+xy+y^2+z^2)\ge 0$$

이므로 정리 6.4.26을 적용하면 f는 $\mathbb{E}^3$ 위에서 볼록이다.

(라) 주어진 함수로부터 $f_1(x,y)=y\exp(xy)$ & $f_2(x,y,z)=x\exp(xy)$이므로

$$f_{11}(x,y)=y^2\exp(xy), \quad f_{12}(x,y)=\exp(xy)+xy\exp(xy)=f_{21}(x,y), \quad f_{22}(x,y)=x^2\exp(xy)$$

을 얻는다. 따라서 임의의 $(x,y),(h,k)\in\mathbb{E}^2$가 주어질 때,

$$Q_f((x,y),(h,k))=[(xk+yh)^2+2hk]\exp(xy)$$

은 $h,k\in\mathbb{E}^1$에 따라 양·음의 값을 취하므로 정리 6.4.26 & 정리 6.4.27을 따르면 f는 $\mathbb{E}^2$ 위에서 볼록도 오목도 아니다.

(마) 주어진 함수로부터 $f_1(x,y)=p(x+y+1)^{p-1}$ & $f_2(x,y)=p(x+y+1)^{p-1}$이므로

$$\begin{aligned} &f_{11}(x,y)=p(p-1)(x+y+1)^{p-2}, \quad f_{12}(x,y)=p(p-1)(x+y+1)^{p-2}=f_{21}(x,y),\\ &f_{22}(x,y)=p(p-1)(x+y+1)^{p-2} \end{aligned}$$

을 얻는다. 따라서 임의의 $(x,y) \in K$ & $(h,k) \in \mathbb{E}^2$가 주어질 때,

$$Q_f((x,y),(h,k)) = (h^2+2hk+k^2)p(p-1)(x+y+1)^{p-2} = (h+k)^2p(p-1)(x+y+1)^{p-2}$$

이므로 「$p \le 0$ 또는 $p \ge 1$」이면 $Q_f((x,y),(h,k)) \ge 0$이고, $0 \le p \le 1$이면 $Q_f((x,y),(h,k)) \le 0$이다. 따라서 「$p \le 0$ 또는 $p \ge 1$」이면 f는 K 위에서 볼록이고, $0 \le p \le 1$이면 f는 K 위에서 오목이다.

[161]($\Longrightarrow$) f가 $\mathbb{E}^n$ 위에서 볼록이라 하면 명제 6.4.3에 의하여 $K_0 = \{\mathbf{x} \in \mathbb{E}^n : f(\mathbf{x}) \le 0\}$은 $\mathbb{E}^n$의 볼록부분집합이다. 그러나 $A = K_0$이므로 A는 $\mathbb{E}^n$의 볼록부분집합이다.

($\Longleftarrow$) 임의의 $\mathbf{x}_1$, $\mathbf{x}_2 \in \mathbb{E}^n$ & $t \in [0,1]$를 정해두고 부등식

$$f(t\mathbf{x}_1 + (1-t)\mathbf{x}_2) \le tf(\mathbf{x}_1) + (1-t)f(\mathbf{x}_2)$$

가 성립함을 보이는 것이 목표이다.

- $\mathbf{x}_1$, $\mathbf{x}_2 \in \mathbb{E}^n \setminus A$인 경우: A가 $\mathbb{E}^n$의 닫힌 볼록집합이므로 조건

  $$f(\mathbf{x}_1) = \|\mathbf{x}_1 - \mathbf{y}_1\| \quad \& \quad f(\mathbf{x}_2) = \|\mathbf{x}_2 - \mathbf{y}_2\|$$

  을 만족하는 $\mathbf{y}_1, \mathbf{y}_2 \in A$가 존재한다. 그러므로 $t\mathbf{y}_1 + (1-t)\mathbf{y}_2 \in A$를 이용하면

  $$\begin{aligned} f(t\mathbf{x}_1 + (1-t)\mathbf{x}_2) &= \inf_{\mathbf{y}\in A} \|t\mathbf{x}_1 + (1-t)\mathbf{x}_2 - \mathbf{y}\| \\ &\le \|t\mathbf{x}_1 + (1-t)\mathbf{x}_2 - t\mathbf{y}_1 - (1-t)\mathbf{y}_2\| \\ &\le t\|\mathbf{x}_1 - \mathbf{y}_1\| + (1-t)\|\mathbf{x}_2 - \mathbf{y}_2\| = tf(\mathbf{x}_1) + (1-t)f(\mathbf{x}_2) \end{aligned}$$

  를 얻는다.

- $\mathbf{x}_1$, $\mathbf{x}_2 \in A$인 경우: A가 볼록이므로 $t\mathbf{x}_1 + (1-t)\mathbf{x}_2 \in A$이고 따라서 $f(t\mathbf{x}_1 + (1-t)\mathbf{x}_2) = 0 = f(\mathbf{x}_1) = f(\mathbf{x}_2)$를 얻는다. 그러므로

  $$f(t\mathbf{x}_1 + (1-t)\mathbf{x}_2) = tf(\mathbf{x}_1) + (1-t)f(\mathbf{x}_2)$$

  가 성립한다.

- $\mathbf{x}_1 \in \mathbb{E}^n \setminus A$ & $\mathbf{x}_2 \in A$인 경우: 조건 $f(\mathbf{x}_1) = \|\mathbf{x}_1 - \mathbf{y}_1\|$을 만족하는 유일한 $\mathbf{y}_1 \in A$가 존재한다.

  ▷ 만일 $t\mathbf{x}_1 + (1-t)\mathbf{x}_2 \in \mathbb{E}^n \setminus A$이면 $f(\mathbf{x}_2) = 0$ & $t\mathbf{y}_1 + (1-t)\mathbf{x}_2 \in A$이므로

  $$\begin{aligned} f(t\mathbf{x}_1 + (1-t)\mathbf{x}_2) &\le \|t\mathbf{x}_1 + (1-t)\mathbf{x}_2 - t\mathbf{y}_1 - (1-t)\mathbf{x}_2\| \\ &= t\|\mathbf{x}_1 - \mathbf{y}_1\| \\ &= tf(\mathbf{x}_1) + (1-t)f(\mathbf{x}_2) \end{aligned}$$

  를 얻는다.

  ▷ 만일 $t\mathbf{x}_1 + (1-t)\mathbf{x}_2 \in A$이면 $f(\mathbf{x}_2) = 0$ & $f(\mathbf{x}_1) = \|\mathbf{x}_1 - \mathbf{y}_1\| > 0$이므로

  $$\begin{aligned} f(t\mathbf{x}_1 + (1-t)\mathbf{x}_2) = 0 &\le t\|\mathbf{x}_1 - \mathbf{y}_1\| + (1-t)f(\mathbf{x}_2) \\ &= tf(\mathbf{x}_1) + (1-t)f(\mathbf{x}_2) \end{aligned}$$

  를 얻는다.

어느 경우든지 요구된 결과가 성립함을 알 수 있다.

[162]($\Longrightarrow$) 임의의 $\mathbf{x}, \mathbf{y} \in \mathbb{E}^n$ & $t \in \mathbb{E}^1$을 정해두고

$$f(\mathbf{x}+\mathbf{y}) = f(\mathbf{x}) + f(\mathbf{y}) \quad \& \quad f(t\mathbf{x}) = tf(\mathbf{x}) \tag{10.21}$$

가 성립함을 보이는 것이 목적이다. 먼저, 함수 f가 볼록이고 오목이므로

$$f(t\mathbf{x} + (1-t)\mathbf{y}) = tf(\mathbf{x}) + (1-t)f(\mathbf{y}) \quad (\forall\, \mathbf{x}, \mathbf{y} \in \mathbb{E}^n \ \& \ \forall\, t \in [0,1]) \tag{10.22}$$

이 성립한다.

- $t > 1$이면 $0 < \frac{1}{t} < 1$이고 $f(\mathbf{0}) = 0$이므로 (10.22)에 의하여 $f(\frac{1}{t}\mathbf{x}) = \frac{1}{t}f(\mathbf{x})$를 얻는다. 그러므로
$$f(\mathbf{x}) = f\left(\frac{1}{t}(t\mathbf{x})\right) = \frac{1}{t}f(t\mathbf{x}) \tag{10.23}$$
가 성립하여 $f(t\mathbf{x}) = tf(\mathbf{x})$를 얻게된다. 결국 (10.22) & (10.23)로부터
$$tf(\mathbf{x}) = f(t\mathbf{x}) \quad (\forall\, \mathbf{x} \in \mathbb{E}^n \ \ \& \ \forall\, t \in \mathbb{E}^1_{\geq 0}) \tag{10.24}$$
이 성립한다.

- $2\mathbf{x}$, $2\mathbf{y} \in \mathbb{E}^n$이므로 (10.22)에 의하여
$$f(\mathbf{x}+\mathbf{y}) = f\left(\frac{1}{2}(2\mathbf{x}) + \frac{1}{2}(2\mathbf{y})\right) = \frac{1}{2}f(2\mathbf{x}) + \frac{1}{2}f(2\mathbf{y})$$
이므로 (10.24)을 적용하면
$$f(2\mathbf{x}) + f(2\mathbf{y}) = 2f(\mathbf{x}+\mathbf{y}) = f(2\mathbf{x}+2\mathbf{y}) \tag{10.25}$$
가 성립하고, 특히
$$f(\mathbf{x}+\mathbf{y}) = f\left(2\frac{1}{2}\mathbf{x} + 2\frac{1}{2}\mathbf{y}\right) = f\left(2\frac{1}{2}\mathbf{x}\right) + f\left(2\frac{1}{2}\mathbf{y}\right) = f(\mathbf{x}) + f(\mathbf{y}) \tag{10.26}$$
를 얻는다.

- (10.26)을 적용하면 $f(\mathbf{x}) + f(-\mathbf{x}) = f(\mathbf{x} + (-\mathbf{x})) = f(\mathbf{0}) = 0$이므로
$$f(-\mathbf{x}) = -f(\mathbf{x}) \tag{10.27}$$
를 얻는다.

- $t < 0$이면 $-t > 0$이므로 (10.27) & (10.24)에 의하여
$$-f(t\mathbf{x}) = f(-t\mathbf{x}) = -tf(\mathbf{x})$$
이고 따라서
$$f(t\mathbf{x}) = tf(\mathbf{x}) \tag{10.28}$$
를 얻는다. 결국 (10.24) & (10.28)에 의하여
$$f(t\mathbf{x}) = tf(\mathbf{x}) \quad (\forall\, t \in \mathbb{E}^1) \tag{10.29}$$
이 성립함을 보였다.

(10.29) & (10.26)에 의하여 요구된 결과가 성립하므로 $f : \mathbb{E}^n \longrightarrow \mathbb{E}^1$는 선형범함수이다.

($\Longleftarrow$) $f : \mathbb{E}^n \longrightarrow \mathbb{E}^1$가 선형범함수이면 요구된 성질은 자동적으로 성립한다.

[163] $f(\mathbf{0}) = b \in \mathbb{E}^1$라 두고 함수 $g : \mathbb{E}^n \longrightarrow \mathbb{E}^1$를 $g(\mathbf{x}) := f(\mathbf{x}) - b$ $(\forall\, \mathbf{x} \in \mathbb{E}^n)$로 정의하면 임의의 $\mathbf{x}, \mathbf{y} \in \mathbb{E}^n$ 과 $t \in [0, 1]$ 에 대하여
$$g(t\mathbf{x} + (1-t)\mathbf{y}) = f(t\mathbf{x} + (1-t)\mathbf{y}) - b = t[f(\mathbf{x}) - b] + (1-t)[f(\mathbf{y}) - b] = tg(\mathbf{x}) + (1-t)g(\mathbf{y})$$
를 만족하므로 함수 g는 볼록이고 오목이며 $g(\mathbf{0}) = 0$이다. 그러므로 연습문제 6.2.4에 의하여 $g : \mathbb{E}^n \longrightarrow \mathbb{E}^1$는 선형범함수이다. 특히, 명제 3.1.9 을 적용하면 $g(\mathbf{x}) = \mathbf{a} \cdot \mathbf{x}$ $(\forall\, \mathbf{x} \in \mathbb{E}^n)$를 만족하는 코벡터 $\mathbf{a} \in \mathbb{E}^n$이 존재한다. 따라서 $f(\mathbf{x}) = \mathbf{a} \cdot \mathbf{x} + b$ $(\forall\, \mathbf{x} \in \mathbb{E}^n)$이므로 요구된 결과를 얻고 증명을 마친다.

[164] 우선, 임의의 $(x, y) \in \mathbb{E}^2$에 대하여 $f_1(x, y) = 2x\varphi'(x^2 + y^2)$ & $f_2(x, y) = 2y\varphi'(x^2 + y^2)$이므로
$$f_{11}(x, y) = 2\varphi'(x^2 + y^2) + 4x^2\varphi''(x^2 + y^2), \quad f_{22}(x, y) = 2\varphi'(x^2 + y^2) + 4y^2\varphi''(x^2 + y^2),$$
$$f_{12}(x, y) = 4xy\varphi''(x^2 + y^2) = f_{21}(x, y)$$

이다. 따라서

$$\begin{aligned} Q_f((x,y),(h,k)) &= [2\varphi'(x^2+y^2)+4x^2\varphi''(x^2+y^2)]h^2 + 8\varphi'(x^2+y^2)xyhk \\ &\quad + [2\varphi'(x^2+y^2)+4y^2\varphi''(x^2+y^2)]k^2 \\ &= 2\varphi'(x^2+y^2)(h^2+k^2) + 4\varphi''(x^2+y^2)[x^2h^2+2xyhk+y^2k^2] \\ &= 2\varphi'(x^2+y^2)(h^2+k^2) + 4\varphi''(x^2+y^2)(xh+yk)^2 \end{aligned} \tag{10.30}$$

를 얻는다.

($\Longrightarrow$) f가 K 위에서 볼록이라 가정하면 정리 6.4.26에 의하여 $Q_f((x,y),\cdot) \geq 0$ $(\forall (x,y) \in K)$이다. 그러므로 (10.30)에서 $h = x$ & $k = y$라 두면

$$\varphi'(x^2+y^2) + 2\varphi''(x^2+y^2)(x^2+y^2) \geq 0 \quad (\forall (x,y) \in K)$$

이 성립한다.

($\Longrightarrow$) 임의의 $t \in [0, r^2]$에 대하여 $\varphi'(t) + 2t\varphi''(t) \geq 0$을 가정하자. 이때, φ의 오목성에 의하여 $\varphi''(t) \leq 0$ $(\forall t \in [0, r^2])$이므로

$$\begin{aligned} Q_f((x,y),(h,k)) &= 2\varphi'(x^2+y^2)(h^2+k^2) + 4\varphi''(x^2+y^2)(xh+yk)^2 \\ &\geq -4(x^2+y^2)\varphi''(x^2+y^2)(h^2+k^2) + 4\varphi''(x^2+y^2)(xh+yk)^2 \\ &= 4\varphi''(x^2+y^2)\left\{x^2h^2+2xyhk+y^2k^2-x^2h^2-x^2k^2-y^2h^2-y^2k^2\right\} \\ &= -4\varphi''(x^2+y^2)(xk-yh)^2 \geq 0 \end{aligned}$$

이 성립한다. 그러므로 정리 6.4.26를 적용하면 f는 K 위에서 볼록이다.

[165](가) $\varphi(t) := \ln(1+t)$ $(\forall t \in (0,\infty))$라 두면 $\varphi \in \mathcal{C}^2((0,\infty))$이며 순증가하고 오목이다. 더욱이,

$$0 \leq \varphi'(t) + 2t\varphi''(t) = \frac{1}{1+t} - \frac{2t}{(1+t)^2} = \frac{1-t}{(1+t)^2} \iff t \leq 1$$

이 성립하므로 연습문제 6.2.6에 의하여 $r^2 = 1$이다. 즉, $r = 1$이 구하는 실수이다.

(나) 연습문제 6.2.6을 적용하기 위하여 충분히 작은 양수 $\epsilon > 0$을 선택하자. 그 때, $\varphi(t) := \sin t$ $(\forall t \in (-\epsilon, \pi/2))$라 두면 $\varphi \in \mathcal{C}^2((-\epsilon,\pi/2))$이며 함수 φ는 열린구간 $(-\epsilon,\pi/2)$ 위에서 순증가하고 오목이다. 더욱이, 임의의 $t \in (0, r^2]$ (단, $r^2 < \pi/2$)에 대하여

$$0 \leq \varphi'(t) + 2t\varphi''(t) = \cos t - 2t\sin t \iff 2t \leq \frac{\cos t}{\sin t} = \cot t$$

가 성립한다.(18) 그러므로 연습문제 6.2.6에 의하여 $2r^2 = \cot r^2$ & $r^2 < \frac{\pi}{2}$를 만족하는 양수 $r > 0$이 구하는 실수이다.

[166]우선, $g(\mathbf{x}) := \|\mathbf{x}\|$ $(\forall \mathbf{x} \in \mathbb{E}^n)$로 정의된 함수 $g : \mathbb{E}^n \longrightarrow \mathbb{E}^1$를 생각하면, 임의의 $\mathbf{x}, \mathbf{y} \in \mathbb{E}^n$ & $t \in [0,1]$에 대하여

$$g(t\mathbf{x} + (1-t)\mathbf{y}) = \|t\mathbf{x} + (1-t)\mathbf{y}\| \leq t\|\mathbf{x}\| + (1-t)\|\mathbf{y}\| = tg(\mathbf{x}) + (1-t)g(\mathbf{y})$$

가 성립하므로 g는 $\mathbb{E}^n$ 위에서 볼록이고 $g(\mathbb{E}^n) = [0,\infty)$이다.

(가) $\psi(s) := |s|^p$ $(\forall s \in \mathbb{E}^1)$로 정의된 함수 $\psi : \mathbb{E}^1 \longrightarrow \mathbb{E}^1$를 생각하자. 이때, $\psi'(s) = ps^{p-1}$ $(\forall s \in [0,\infty))$이므로 ψ'은 구간 $[0,\infty)$ 위에서 단조증가한다. 그러므로 명제 6.4.21에 의하여 ψ는 구간 $[0,\infty)$ 위에서 볼록이다. 또한 ψ 는 구간 $[0,\infty)$ 위에서 단조증가하므로 명제 6.4.14를 적용하면 $f = \psi \circ g$는 $\mathbb{E}^n$ 위에서 볼록이다.

(나) (1°) $\phi(t) := t^2$ $(\forall t \in \mathbb{E}^1)$로 정의하면 함수 ϕ는 구간 $[0,\infty)$ 위에서 단조증가한다. 또한 $\phi'(t) = 2t$ $(\forall t \in [0,\infty))$이므로 도함수 ϕ'은 구간 $[0,\infty)$ 위에서 단조증가한다. 특히, 명제 6.4.21에 의하여 함수 ϕ는 구간 $[0,\infty)$ 위에서 볼록이다. 따라서 명제 6.4.14를 적용하면 함수 $h := \phi \circ g$는 $\mathbb{E}^n$ 위에서 볼록이다. 더욱이

$$h(\mathbf{x}) = \|\mathbf{x}\|^2 = \mathbf{x}\cdot\mathbf{x} = (x^1)^2 + (x^2)^2 + \cdots + (x^n)^2 \quad (\forall \mathbf{x} = (x^1, x^2, \cdots, x^n) \in \mathbb{E}^n)$$

(18) $t = 0$에서 $\varphi'(t) + 2t\varphi''(t) = \cos 0 = 1 > 0$임에 유념하자.

이므로 $h \in \mathcal{C}^2(\mathbb{E}^n)$임에 유념하자.

(2°) $\psi(s) := (1+s)^s$ ($\forall s \in \mathbb{E}^1$)로 정의된 함수 $\psi : \mathbb{E}^1 \longrightarrow \mathbb{E}^1$를 생각하고 $I = [0, \infty)$라 두면 $\psi \in \mathcal{C}^2(I)$이고 임의의 $s \in I$에 대하여

$$\psi'(s) = (1+s)^s \left\{ \ln(1+s) + \frac{s}{1+s} \right\} \geq 0,$$
$$\psi''(s) = (1+s)^s \left\{ \ln(1+s) + \frac{s}{1+s} \right\}^2 + (1+s)^s \frac{2+s}{(1+s)^2} \geq 0$$

를 만족한다. 그러므로 명제 6.4.28에 의하여 $f = \psi \circ h$는 $\mathbb{E}^n$ 위에서 볼록이다.

(다) $\psi(s) := (1+s)^p$ ($\forall s \in \mathbb{E}^1$)로 정의된 함수 $\psi : \mathbb{E}^1 \longrightarrow \mathbb{E}^1$와 (나)의 (1°)에서 주어진 함수 h를 생각하자. 이때, $h \in \mathcal{C}^2(\mathbb{E}^n)$이고 함수 h는 $\mathbb{E}^n$ 위에서 볼록임을 상기하자.

- $p = 1$인 경우: 함수 ψ는 구간 $\mathbb{E}^1$ 위에서 단조증가한다. 또한 임의의 $x, y \in \mathbb{E}^1$ & $t \in [0, 1]$에 대하여
$$\psi(tx + (1-t)y) = 1 + tx + (1-t)y = t(1+x) + (1-t)(1+y) = t\psi(x) + (1-t)\psi(y)$$
가 성립하므로 함수 ψ는 $\mathbb{E}^1$ 위에서 볼록이다. 그러므로 명제 6.4.14를 적용하면 $f = \psi \circ h$는 $\mathbb{E}^n$ 위에서 볼록이다.

- $p > 1$인 경우: $\psi \in \mathcal{C}^2(\mathbb{E}^1)$이고 각 $s \in [0, \infty)$에 대하여
$$\psi'(s) = p(1+s)^{p-1} \geq 0 \quad \& \quad \psi''(s) = p(p-1)(1+s)^{p-2} \geq 0$$
이므로 명제 6.4.28에 의하여 $f = \psi \circ h$는 $\mathbb{E}^n$ 위에서 볼록이다.

결국 $p \geq 1$인 실수 $p \in \mathbb{E}^1$에 대하여 함수 $f = \psi \circ h$는 $\mathbb{E}^n$ 위에서 볼록임을 보였다.

[167] 우선, 임의의 $t \in (0, \infty)$에 대하여

$$f'(t) = \phi(t) + t\phi'(t) \quad \& \quad f''(t) = 2\phi'(t) + t\phi''(t)$$

이고 또한

$$g'(t) = -\frac{1}{t^2}\phi'(1/t) \quad \& \quad g''(t) = \frac{1}{t^3}\left[2\phi'\left(\frac{1}{t}\right) + \frac{1}{t}\phi''\left(\frac{1}{t}\right)\right]$$

이다. 따라서 각 $h \in \mathbb{E}^1$에 대하여 등식

$$Q_f(t, h) = f''(t)h^2 = [2\phi'(t) + t\phi''(t)]h^2,$$
$$Q_g(t, h) = g''(t)h^2 = \frac{1}{t^3}\left[2\phi'\left(\frac{1}{t}\right) + \frac{1}{t}\phi''\left(\frac{1}{t}\right)\right]h^2$$

를 얻는다. 더욱이 각 $t \in (0, \infty)$에 대하여

$$Q_f(t, h) \geq 0 \iff 2\phi'(t) + t\phi''(t) \geq 0$$
$$\iff 2\phi'\left(\frac{1}{t}\right) + \frac{1}{t}\phi''\left(\frac{1}{t}\right) \geq 0 \iff Q_g(t, h) \geq 0$$

이므로 정리 6.4.26을 적용하면 f가 $(0, \infty)$ 위에서 볼록이기 위한 필요충분조건은 g가 $(0, \infty)$ 위에서 볼록인 것이다.

[168] 자연대수 ln은 구간 $(0, \infty)$ 위에서 순증가하고 오목이므로

$$\ln(tx + (1-t)y) \geq t\ln x + (1-t)\ln y = \ln x^t y^{1-t}$$

이 성립하여 요구된 결과를 얻는다.

[169] m에 대한 귀납법으로 증명한다. 먼저 $m = 2$인 경우, 함수 f의 오목성에 의해서 성립한다. 다음으로 $m \geq 2$인 경우, $m - 1$에 대하여 성립을 가정하자. 그때,

- $t^m = 1$인 경우: $\sum_{j=1}^{m} t^j = 1$이므로 각 $j \in \{1, 2, \cdots, m-1\}$ 에 대하여 $t^j = 0$이고 따라서

$$\sum_{j=1}^{m} t^j f(\mathbf{x}_j) = f(\mathbf{x}_m) = f\left(\sum_{j=1}^{m} t^j \mathbf{x}_j\right)$$

 을 얻는다.

- $t^m < 1$인 경우: $t = 1 - t^m$ & $s^j = \frac{t^j}{t}$ $(\forall j \in \{1, 2, \cdots, m-1\})$라 두자. 이때,

$$\sum_{j=1}^{m-1} s^j = \frac{1}{t}\sum_{j=1}^{m-1} t^j = \frac{1}{t}\left(t^1 + t^2 + \cdots + t^{m-1}\right) = \frac{1}{t}(1 - t^m) = 1$$

 이고 $\sum_{j=1}^{m-1} s^j \mathbf{x}_j \in \hat{K} = K$이므로 귀납법의 가정을 적용하여 정리하면

$$\begin{aligned} f\left(\sum_{j=1}^{m} t^j \mathbf{x}_j\right) &= f\left(t\sum_{j=1}^{m-1} s^j \mathbf{x}_j + t^m \mathbf{x}_m\right) \\ &\geq t f\left(\sum_{j=1}^{m-1} s^j \mathbf{x}_j\right) + t^m f(\mathbf{x}_m) \\ &\geq t\sum_{j=1}^{m-1} s^j f(\mathbf{x}_j) + t^m f(\mathbf{x}_m) \\ &= \sum_{j=1}^{m-1} t^j f(\mathbf{x}_j) + t^m f(\mathbf{x}_m) = \sum_{j=1}^{m} t^j f(\mathbf{x}_j) \end{aligned}$$

 가 성립한다.

[170](가) 함수 ln이 구간 $(0, \infty)$ 위에서 순증가하는 오목함수이므로 연습문제 6.2.11을 적용하면

$$\ln(t^1 x_1 + t^2 x_2 + \cdots + t^m x_m) \geq \sum_{j=1}^{m} t^j \ln x_j = \sum_{j=1}^{m} \ln x_j^{t^j} = \ln(x_1^{t^1} \cdots x_m^{t^m})$$

이 성립한다. 따라서 부등식 $t^1 x_1 + t^2 x_2 + \cdots + t^m x_m \geq x_1^{t^1} \cdots x_m^{t^m}$ 을 얻는다.

(나) (가)에서 각 $j \in \{1, 2, \cdots, m\}$에 대하여 $t^j = \frac{1}{m}$라 두면

$$\begin{aligned} \frac{x_1 + x_2 + \cdots + x_m}{m} &= t^1 x_1 + t^2 x_2 + \cdots + t^m x_m \\ &\geq x_1^{t^1} \cdots x_m^{t^m} = x_1^{\frac{1}{m}} \cdots x_m^{\frac{1}{m}} = (x_1 \cdots x_m)^{\frac{1}{m}} \end{aligned}$$

이 성립한다.

[171] 임의의 $\mathbf{x}, \mathbf{y} \in K$와 $t \in [0, 1]$을 정해두면 f, g가 집합 K 위에서 볼록이므로

$$\begin{aligned} (f+g)(t\mathbf{x} + (1-t)\mathbf{y}) &= f(t\mathbf{x} + (1-t)\mathbf{y}) + g(t\mathbf{x} + (1-t)\mathbf{y}) \\ &\leq t f(\mathbf{x}) + (1-t) f(\mathbf{y}) + t g(\mathbf{x}) + (1-t) g(\mathbf{y}) = t(f+g)(\mathbf{x}) + (1-t)(f+g)(\mathbf{y}) \end{aligned}$$

이 성립한다. 그러므로 $f + g$는 집합 $K \subset \mathbb{E}^n$ 위에서 볼록이다.

[172] 이를 증명하기 위하여

$$K_h^+ := \{(\mathbf{x}, z) \in \mathbb{E}^{n+1} : \mathbf{x} \in K \ \& \ h(\mathbf{x}) \leq z\}$$

라 두고 K_h^+가 $\mathbb{E}^{n+1}$의 볼록부분집합임을 보이면 명제 6.4.2에 의하여 h는 K 위에서 볼록이다. 따라서 임의의 $(\mathbf{x}, z)$, $(\mathbf{x}', z') \in K_h^+$와 $t \in [0, 1]$를 정해두자. 이때,

$$t(\mathbf{x}, z) + (1-t)(\mathbf{x}', z') = (t\mathbf{x} + (1-t)\mathbf{x}', tz + (1-t)z') \in K_h^+ \iff h(t\mathbf{x} + (1-t)\mathbf{x}') \leq tz + (1-t)z'$$

이므로 부등식 $h(t\mathbf{x} + (1-t)\mathbf{x}') \leq tz + (1-t)z'$이 성립함을 보이면 충분하다.

우선, $(\mathbf{x}, z) \in K_h^+$이므로 $\max\{f(\mathbf{x}), g(\mathbf{x})\} = h(\mathbf{x}) \le z$이고 따라서 $f(\mathbf{x}) \le z$ & $g(\mathbf{x}) \le z$을 얻는다. 동일한 방법으로 $f(\mathbf{x}') \le z'$ & $g(\mathbf{x}') \le z'$을 얻는다. 한편, f, g가 집합 K 위에서 볼록이므로

$$\begin{cases} \circ\ f(t\mathbf{x} + (1-t)\mathbf{x}') \le tf(\mathbf{x}) + (1-t)f(\mathbf{x}') \le tz + (1-t)z'\,; \\ \circ\ g(t\mathbf{x} + (1-t)\mathbf{x}') \le tg(\mathbf{x}) + (1-t)g(\mathbf{x}') \le tz + (1-t)z' \end{cases}$$

이 성립한다. 특히,

$$h(t\mathbf{x} + (1-t)\mathbf{x}') = \max\{f(t\mathbf{x} + (1-t)\mathbf{x}'), g(t\mathbf{x} + (1-t)\mathbf{x}')\} \le tz + (1-t)z'$$

이 성립한다. 즉, K_h^+는 $\mathbb{E}^{n+1}$의 볼록부분집합이다.

[173](1°) 임의의 $\mathbf{x}_1, \mathbf{x}_2, \cdots, \mathbf{x}_n \in K$ (단, $n \in \mathbb{N}$)에 대하여 부등식

$$P(n) \ \ : \ f\left(\frac{\mathbf{x}_1 + \mathbf{x}_2 + \cdots + \mathbf{x}_n}{n}\right) \le \frac{1}{n}\{f(\mathbf{x}_1) + \cdots + f(\mathbf{x}_n)\}$$

이 성립함을 귀납적으로 보이자. 가정에 의하여 $P(2)$가 성립한다. 따라서 $P(2^n)$이 성립함을 가정하고 $2^n = m$라 두면 $2m = 2^{n+1}$이고 $\frac{\mathbf{x}_1+\mathbf{x}_2+\cdots+\mathbf{x}_m}{m}, \frac{\mathbf{x}_{m+1}+\mathbf{x}_{m+2}+\cdots+\mathbf{x}_{2m}}{m} \in \hat{K} = K$이므로

$$\begin{aligned} f\left(\frac{\mathbf{x}_1 + \mathbf{x}_2 + \cdots + \mathbf{x}_{2m}}{2m}\right) &= f\left(\frac{1}{2}\left\{\frac{1}{m}(\mathbf{x}_1 + \mathbf{x}_2 + \cdots + \mathbf{x}_m) + \frac{1}{m}(\mathbf{x}_{m+1} + \mathbf{x}_{m+2} + \cdots + \mathbf{x}_{2m})\right\}\right) \\ &\le \frac{1}{2}f\left(\frac{\mathbf{x}_1 + \mathbf{x}_2 + \cdots + \mathbf{x}_m}{m}\right) + \frac{1}{2}f\left(\frac{\mathbf{x}_{m+1} + \mathbf{x}_{m+2} + \cdots + \mathbf{x}_{2m}}{m}\right) \\ &\le \frac{1}{2m}\{f(\mathbf{x}_1) + \cdots + f(\mathbf{x}_m)\} + \frac{1}{2m}\{f(\mathbf{x}_{m+1}) + \cdots + f(\mathbf{x}_{2m})\} \\ &= \frac{1}{2m}\{f(\mathbf{x}_1) + \cdots + f(\mathbf{x}_{2m})\} \end{aligned} \tag{10.31}$$

이 성립한다. 특히, $P(2^{n+1})$이 성립한다. 다음으로 $n \ge 2$인 자연수 $n \in \mathbb{N}$에 대하여 $P(n)$이 성립함을 가정하고 $\mathbf{y} = \frac{\mathbf{x}_1+\mathbf{x}_2+\cdots+\mathbf{x}_{n-1}}{n-1}$라 두면 $\mathbf{y} \in \hat{K} = K$이고

$$f(\mathbf{y}) = f\left(\frac{(n-1)\mathbf{y} + \mathbf{y}}{n}\right) = f\left(\frac{\mathbf{x}_1 + \mathbf{x}_2 + \cdots + \mathbf{x}_{n-1} + \mathbf{y}}{n}\right) \le \frac{1}{n}\{f(\mathbf{x}_1) + \cdots + f(\mathbf{x}_{n-1}) + f(\mathbf{y})\}$$

을 얻는다. 그러므로

$$\left(1 - \frac{1}{n}\right) f(\mathbf{y}) \le \frac{1}{n}\{f(\mathbf{x}_1) + \cdots + f(\mathbf{x}_{n-1})\}$$

이 성립한다. 즉,

$$f\left(\frac{\mathbf{x}_1 + \mathbf{x}_2 + \cdots + \mathbf{x}_{n-1}}{n-1}\right) \le \frac{1}{n-1}\{f(\mathbf{x}_1) + \cdots + f(\mathbf{x}_{n-1})\} \tag{10.32}$$

을 얻는다. 특히, $P(n-1)$이 성립한다.

(2°) 다음으로 $\mathbf{x}, \mathbf{y} \in K$와 $t \in [0, 1]$를 임의의 정해두고 부등식 $f(t\mathbf{x} + (1-t)\mathbf{y}) \le tf(\mathbf{x}) + (1-t)f(\mathbf{y})$가 성립함을 보이자.

- $t = 0$ 또는 $t = 1$인 경우는 자명하다.

- t가 유리수인 경우: $t = \frac{m}{n}$을 만족하는 자연수 $m, n \in \mathbb{N}$ $(m < n)$이 존재한다. 이때, $1 - t = \frac{n-m}{n}$이다. 그러므로 $\mathbf{x}_1 = \mathbf{x}_2 = \cdots = \mathbf{x}_m = \mathbf{x}$ & $\mathbf{x}_{m+1} = \mathbf{x}_{m+2} = \cdots = \mathbf{x}_n = \mathbf{y}$을 가지고 (1°)를 적용하면

$$\begin{aligned} f(t\mathbf{x} + (1-t)\mathbf{y}) = f\left(\frac{m\mathbf{x} + (n-m)\mathbf{y}}{n}\right) &\le \frac{1}{n}\{\underbrace{f(\mathbf{x}) + \cdots + f(\mathbf{x})}_{m\text{개}} + \underbrace{f(\mathbf{y}) + \cdots + f(\mathbf{y})}_{(n-m)\text{개}}\} \\ &= \frac{m}{n}f(\mathbf{x}) + \frac{n-m}{n}f(\mathbf{y}) = tf(\mathbf{x}) + (1-t)f(\mathbf{y}) \end{aligned} \tag{10.33}$$

  을 얻는다.

- t가 무리수인 경우: 조건 $\lim_{n\to\infty} t_n = t$를 만족하는 양의 유리수열 $(t_n)_{n\geq 1} \subset (0,1) \cap \mathbb{Q}$이 존재한다. 더욱이 $\lim_{n\to\infty}(1-t_n) = 1-t$이다. 한편, (10.33)을 적용하면 각 $n \in \mathbb{N}$에 대하여 부등식

$$f(t_n\mathbf{x} + (1-t_n)\mathbf{y}) \leq t_n f(\mathbf{x}) + (1-t_n)f(\mathbf{y})$$

가 성립한다. 또한 f가 K 위에서 연속이고 $\lim_{n\to\infty}(t_n\mathbf{x} + (1-t_n)\mathbf{y}) = t\mathbf{x} + (1-t)\mathbf{y}$이므로

$$\begin{aligned} f(t\mathbf{x} + (1-t)\mathbf{y}) &= \lim_{n\to\infty} f(t_n\mathbf{x} + (1-t_n)\mathbf{y}) \\ &\leq \lim_{n\to\infty}\{t_n f(\mathbf{x}) + (1-t_n)f(\mathbf{y})\} = tf(\mathbf{x}) + (1-t)f(\mathbf{y}) \end{aligned}$$

를 얻는다.

결국 f는 집합 K 위에서 볼록임을 증명하였다.

[174] 임의의 점 $x \in \mathbb{E}^1$을 정해두면 다음이 성립한다.

- $x > 0$인 경우: 이항정리를 적용하여

$$\lim_{\mathbb{E}^1\ni h\to 0}\frac{f(x+h)-f(x)}{h} = \lim_{\mathbb{E}^1\ni h\to 0}\frac{|x+h|^p - |x|^p}{h} = \lim_{\mathbb{E}^1\ni h\to 0}\frac{(x+h)^p - x^p}{h} = px^{p-1} = p|x|^{p-1}$$

을 얻는다.

- $x = 0$인 경우: $p > 1$이므로

$$\begin{aligned} &\lim_{\mathbb{E}^1\ni h\to 0+}\frac{|h|^p}{h} = \lim_{\mathbb{E}^1\ni h\to 0+}\frac{h^p}{h} = \lim_{\mathbb{E}^1\ni h\to 0+} h^{p-1} = 0, \\ &\lim_{\mathbb{E}^1\ni h\to 0-}\frac{|h|^p}{h} = \lim_{\mathbb{E}^1\ni h\to 0-}\frac{(-h)^p}{h} = -\lim_{\mathbb{E}^1\ni h\to 0-}\frac{(-h)^p}{-h} = -\lim_{\mathbb{E}^1\ni h\to 0-}(-h)^{p-1} = 0 \end{aligned}$$

이고, 또한

$$\lim_{\mathbb{E}^1\ni h\to 0}\frac{f(0+h)-f(0)}{h} = \lim_{\mathbb{E}^1\ni h\to 0}\frac{|h|^p}{h} = 0$$

가 성립한다.

- $x < 0$인 경우: 이항정리에 의하여

$$\begin{aligned} \lim_{\mathbb{E}^1\ni h\to 0}\frac{f(x+h)-f(x)}{h} &= \lim_{\mathbb{E}^1\ni h\to 0}\frac{|x+h|^p - |x|^p}{h} = \lim_{\mathbb{E}^1\ni h\to 0}\frac{(-x-h)^p - (-x)^p}{h} \\ &= -\lim_{\mathbb{E}^1\ni h\to 0}\frac{(-x-h)^p - (-x)^p}{-h} = -p(-x)^{p-1} = -p|x|^{p-1} \end{aligned}$$

가 성립한다.

[175] 점 $\mathbf{x} \in K \setminus \mathscr{E}(K)$를 가정하면 조건 $\mathbf{x} = t\mathbf{x}_1 + (1-t)\mathbf{x}_2$를 충족하는 서로 다른 점 $\mathbf{x}_1, \mathbf{x}_2 \in K$와 그리고 $t \in (0,1)$을 선택할 수 있다. 특히, $\mathbf{x} \in [\![\mathbf{x}_1; \mathbf{x}_2]\!]_s \subset K$를 유념하자.

- $\mathbf{x} \in \mathrm{int}(K)$인 경우: $\mathbf{x}$를 포함하는 초평면은 K에 대한 받침 초평면이 될 수 없으므로 $\mathbf{x} \notin K \cap P$이다. 특히, $\mathbf{x} \notin \mathscr{E}(K \cap P)$이다.

- $\mathbf{x} \in \partial K$인 경우: 연습문제 3.2.7에 따르면 $\mathbf{x} \in P$인 K에 대한 받침 초평면 P가 존재한다. 그러나

$$\begin{cases} \circ\ \mathbf{x} = t\mathbf{x}_1 + (1-t)\mathbf{x}_2\,; \\ \circ\ \mathbf{x}_1, \mathbf{x}_2 \in K\ \ \&\ \ \mathbf{x}_1 \neq \mathbf{x}_2\,; \\ \circ\ t \in (0,1) \end{cases}$$

이고 P가 $\mathbf{x}$를 포함하는 K에 대한 받침 초평면임을 고려하면 $[\![\mathbf{x}_1;\mathbf{x}_2]\!]_s \subset P$임을 알 수 있고 따라서 $[\![\mathbf{x}_1;\mathbf{x}_2]\!]_s \subset K\cap P$이다. 결국

$$\begin{cases} \circ\ \mathbf{x} = t\mathbf{x}_1 + (1-t)\mathbf{x}_2\,; \\ \circ\ \mathbf{x}_1, \mathbf{x}_2 \in K\cap P\ \ \&\ \ \mathbf{x}_1 \neq \mathbf{x}_2\,; \\ \circ\ t \in (0,1) \end{cases}$$

가 성립하여 $\mathbf{x} \notin \mathscr{E}(K\cap P)$을 얻는다.

결국 $\mathscr{E}(K\cap P) \subset \mathscr{E}(K)$가 성립함을 보이고 증명을 마친다.

[176](가) 주어진 선형변환의 정의에 의하여

$$[\mathbf{L}]_{2\times 3} = \begin{pmatrix} 1 & 1 & 5 \\ -2 & 0 & 1 \end{pmatrix}$$

를 얻는다.

(나) 주어진 선형변환의 정의에 의하여 $(1,-2),(1,0) \in \mathbf{L}(\mathbb{E}^3)$이고, 실수 $\lambda,\mu \in \mathbb{E}^1$에 대하여 $\lambda(1,-2)+\mu(1,0) = (0,0)$을 가정하면 $\lambda=\mu=0$이므로 $(1,-2)$ & $(1,0)$은 일차독립이다. 그러나 $\mathbf{L}(\mathbb{E}^3) \subset \mathbb{E}^2$이므로 $\mathrm{rank}(\mathbf{L}) = \dim(\mathbf{L}(\mathbb{E}^3)) = 2$이다.

(다) 주어진 선형변환의 정의에 의하여 $\mathbf{L}(x,y,z) = (x+y+5z, -2x+z)$ $(\forall\,(x,y,z)\in\mathbb{E}^3)$이므로

$$\ker(\mathbf{L}) = \{(x,y,z)\in\mathbb{E}^3 : x+y+5z = 0 = -2x+z\} = \{t(1,-11,2)\in\mathbb{E}^3 : t\in\mathbb{E}^1\}$$

이다.

[177]$\{\mathbf{u}_1,\mathbf{u}_2,\cdots,\mathbf{u}_n\}$이 $\mathbb{E}^n$의 기저라 하면 $\{\mathbf{L}(\mathbf{u}_1),\mathbf{L}(\mathbf{u}_2),\cdots,\mathbf{L}(\mathbf{u}_n)\}$은 $\mathbf{L}(\mathbb{E}^n)$를 생성한다. 그러므로 요구된 명제는 다음과 같이 요약할 수 있다.

$$\mathbf{L}(\mathbb{E}^n) = \mathbb{E}^n \overset{(1)}{\Longleftrightarrow} \{\mathbf{L}(\mathbf{u}_1),\mathbf{L}(\mathbf{u}_2),\cdots,\mathbf{L}(\mathbf{u}_n)\} : \text{일차독립} \overset{(2)}{\Longleftrightarrow} \mathbf{L} : \text{단사(injective)}$$

(1)의 동치성을 살펴보자.

(1°) $\mathbf{L}(\mathbb{E}^n) = \mathbb{E}^n$를 가정하고 $\{\mathbf{L}(\mathbf{u}_1),\mathbf{L}(\mathbf{u}_2),\cdots,\mathbf{L}(\mathbf{u}_n)\}$이 일차종속이라 하면

$$\alpha_1\mathbf{L}(\mathbf{u}_1) + \alpha_2\mathbf{L}(\mathbf{u}_2) + \cdots + \alpha_n\mathbf{L}(\mathbf{u}_n) = \mathbf{0}$$

을 만족하고 전부 0일 필요가 없는 상수 $\alpha_1,\ \alpha_2, \cdots, \alpha_n \in \mathbb{E}$이 존재한다. 일반성을 잃지않고 $\alpha_1 \neq 0$라 가정하면

$$\mathbf{L}(\mathbf{u}_1) = -\frac{\alpha_2}{\alpha_1}\mathbf{L}(\mathbf{u}_2) - \frac{\alpha_3}{\alpha_1}\mathbf{L}(\mathbf{u}_3) - \cdots - \frac{\alpha_n}{\alpha_1}\mathbf{L}(\mathbf{u}_n)$$

으로 표현된다. 특히 $\mathbf{L}(\mathbb{E}^n)$는 $\{\mathbf{L}(\mathbf{u}_2),\ \mathbf{L}(\mathbf{u}_3),\ \cdots,\ \mathbf{L}(\mathbf{u}_n)\}$에 의하여 생성되므로 $\dim(\mathbb{E}^n) = \dim(\mathbf{L}(\mathbb{E}^n)) < n$을 얻고 모순을 낳는다.

(2°) $\{\mathbf{L}(\mathbf{u}_1),\mathbf{L}(\mathbf{u}_2),\cdots,\mathbf{L}(\mathbf{u}_n)\}$이 일차독립이라 가정하면 $\{\mathbf{L}(\mathbf{u}_1),\mathbf{L}(\mathbf{u}_2),\cdots,\mathbf{L}(\mathbf{u}_n)\}$은 $\mathbf{L}(\mathbb{E}^n)$를 생성하므로 상공간 $\mathbf{L}(\mathbb{E}^n)$의 기저를 이룬다. 그러므로 $\dim(\mathbf{L}(\mathbb{E}^n)) = n$이고 따라서 $\mathbf{L}(\mathbb{E}^n) = \mathbb{E}^n$이 성립한다.

(2)의 동치성을 살펴보자.

(1°) $\{\mathbf{L}(\mathbf{u}_1),\mathbf{L}(\mathbf{u}_2),\cdots,\mathbf{L}(\mathbf{u}_n)\}$이 일차독립이라 가정하고 $\mathbf{L}(\mathbf{x}) = \mathbf{0}$이라 하자. 이때, $\{\mathbf{u}_1,\mathbf{u}_2,\cdots,\mathbf{u}_n\}$이 $\mathbb{E}^n$의 기저이므로 $\mathbf{x} = \sum_{k=1}^n \alpha_k\mathbf{u}_k$ 로 표현할 수 있고 따라서

$$\mathbf{0} = \mathbf{L}(\mathbf{x}) = \mathbf{L}\left(\sum_{k=1}^n \alpha_k\mathbf{u}_k\right) = \sum_{k=1}^n \alpha_k\mathbf{L}(\mathbf{u}_k)$$

가 성립한다. 그런데 $\{\mathbf{L}(\mathbf{u}_1),\mathbf{L}(\mathbf{u}_2),\cdots,\mathbf{L}(\mathbf{u}_n)\}$이 일차독립이므로 $\alpha_k = 0\ (1 \le k \le n)$을 얻는다. 따라서 $\mathbf{x} = \mathbf{0}$이므로 선형사상 $\mathbf{L}$은 단사이다.

(2°) 선형사상 $\mathbf{L}$이 단사라 가정하고 $\sum_{k=1}^{n}\beta_k\mathbf{L}(\mathbf{u}_k)=\mathbf{0}$이라 하면 $\mathbf{L}$이 선형이므로

$$\mathbf{0}=\sum_{k=1}^{n}\beta_k\mathbf{L}(\mathbf{u}_k)=\mathbf{L}\left(\sum_{k=1}^{n}\beta_k\mathbf{u}_k\right)$$

을 만족한다. 그러나 $\mathbf{L}$이 단사이므로 $\sum_{k=1}^{n}\beta_k\mathbf{u}_k=\mathbf{0}$이다. 또한 $\{\mathbf{u}_1,\mathbf{u}_2,\cdots,\mathbf{u}_n\}$이 $\mathbb{E}^n$의 기저(basis)이므로 $\beta_k=0\ (1\le k\le n)$이 성립한다. 따라서 $\{\mathbf{L}(\mathbf{u}_1),\mathbf{L}(\mathbf{u}_2),\cdots,\mathbf{L}(\mathbf{u}_n)\}$은 일차독립인 벡터들의 모임이다.

[178]주어진 조건에 의하여

$$\mathbf{g}=\mathbf{g}\circ\mathbf{I}=\mathbf{g}\circ(\boldsymbol{\varphi}\circ\mathbf{h})=(\mathbf{g}\circ\boldsymbol{\varphi})\circ\mathbf{h}=\mathbf{I}\circ\mathbf{h}=\mathbf{h}$$

가 성립한다. 한편, $\boldsymbol{\varphi}\circ\boldsymbol{\varphi}^{-1}=\mathbf{I}=\boldsymbol{\varphi}^{-1}\circ\boldsymbol{\varphi}$이므로 $\mathbf{g}=\boldsymbol{\varphi}^{-1}$ & $\mathbf{h}=\boldsymbol{\varphi}^{-1}$이다.

[179](가) $\mathbf{f}:\mathbb{E}^r\longrightarrow\mathbb{E}^n$ & $\mathbf{g}:\mathbb{E}^n\longrightarrow\mathbb{E}^p$가 아핀변환이라 하면

$$\mathbf{f}(\mathbf{t})=\mathbf{L}(\mathbf{t})+\mathbf{x}_0\ \ (\forall\,\mathbf{t}\in\mathbb{E}^r)\quad\&\quad\mathbf{g}(\mathbf{s})=\mathbf{M}(\mathbf{s})+\mathbf{y}_0\ \ (\forall\,\mathbf{s}\in\mathbb{E}^n)$$

을 만족하는 선형변환 $\mathbf{L}:\mathbb{E}^r\longrightarrow\mathbb{E}^n$ & $\mathbf{M}:\mathbb{E}^n\longrightarrow\mathbb{E}^p$와 점 $\mathbf{x}_0\in\mathbb{E}^n$ & $\mathbf{y}_0\in\mathbb{E}^p$가 존재한다. 따라서 임의의 $\mathbf{t}\in\mathbb{E}^r$에 대하여

$$(\mathbf{g}\circ\mathbf{f})(\mathbf{t})=\mathbf{g}(\mathbf{L}(\mathbf{t})+\mathbf{x}_0)=\mathbf{M}(\mathbf{L}(\mathbf{t})+\mathbf{x}_0)+\mathbf{y}_0=(\mathbf{M}\circ\mathbf{L})(\mathbf{t})+\mathbf{M}(\mathbf{x}_0)+\mathbf{y}_0$$

를 만족한다. 그런데 $\mathbf{M}\circ\mathbf{L}:\mathbb{E}^r\longrightarrow\mathbb{E}^p$는 선형변환이고 $\mathbf{M}(\mathbf{x}_0)+\mathbf{y}_0\in\mathbb{E}^p$이므로 $\mathbf{g}\circ\mathbf{f}:\mathbb{E}^r\longrightarrow\mathbb{E}^p$는 아핀변환이다.

(나) $\mathbf{f}:\mathbb{E}^r\longrightarrow\mathbb{E}^n$가 아핀변환이기 위한 필요충분조건은

$$\mathbf{f}(\mathbf{t})=\mathbf{L}(\mathbf{t})+\mathbf{x}_0\quad(\forall\,\mathbf{t}\in\mathbb{E}^r)$$

을 만족하는 선형변환 $\mathbf{L}:\mathbb{E}^r\longrightarrow\mathbb{E}^n$과 점 $\mathbf{x}_0\in\mathbb{E}^n$가 존재하는 것이므로

$$\mathbf{f}:\text{단사}\iff\mathbf{L}:\text{단사}$$

이다.

[180](가) 임의의 $(x,y)\in\mathbb{E}^2$에 대하여 $\mathbf{L}(x,y)=(y,x)$이므로

$$(\mathbf{S}\circ\mathbf{L})(x,y)=\mathbf{S}(\mathbf{L}(x,y))=\mathbf{S}(y,x)=(y,-x)\quad\&\quad(\mathbf{L}\circ\mathbf{S})(x,y)=\mathbf{L}(\mathbf{S}(x,y))=\mathbf{L}(x,-y)=(-y,x)$$

이다. 특히, $(\mathbf{S}\circ\mathbf{L})(1,0)=(0,-1)$ & $(\mathbf{S}\circ\mathbf{L})(0,1)=(1,0)$이고 또한 $(\mathbf{L}\circ\mathbf{S})(1,0)=(0,1)$ & $(\mathbf{S}\circ\mathbf{L})(0,1)=(-1,0)$이다. 그러므로 구하는 표현행렬은

$$[\mathbf{S}\circ\mathbf{L}]_{2\times2}=\begin{pmatrix}0&1\\-1&0\end{pmatrix}\quad\&\quad[\mathbf{L}\circ\mathbf{S}]_{2\times2}=\begin{pmatrix}0&-1\\1&0\end{pmatrix}$$

이다.

(나) 우선 $\det(\mathbf{S}\circ\mathbf{L})=1=\det(\mathbf{L}\circ\mathbf{S})$이다. 또한 임의의 $(x,y),\,(s,t)\in\mathbb{E}^2$에 대하여

$$(\mathbf{S}\circ\mathbf{L})(x,y)\cdot(\mathbf{S}\circ\mathbf{L})(s,t)=(y,-x)\cdot(t,-s)=yt+xs=(x,y)\cdot(s,t),$$
$$(\mathbf{L}\circ\mathbf{S})(x,y)\cdot(\mathbf{L}\circ\mathbf{S})(s,t)=(-y,x)\cdot(-t,s)=yt+xs=(x,y)\cdot(s,t)$$

가 성립하므로 $\mathbf{S}\circ\mathbf{L}$ & $\mathbf{L}\circ\mathbf{S}$는 직교변환이다. 따라서 $\mathbf{S}\circ\mathbf{L}$ & $\mathbf{L}\circ\mathbf{S}$는 원점 $\mathbf{0}\in\mathbb{E}^2$에 관한 $\mathbb{E}^2$의 회전이다.

[181](가) $S=\{\mathbf{u}_\alpha\in\mathbb{E}^n:\alpha\in\Lambda\}$가 정규직교집합이라 가정하자. 이때, 임의의 $\alpha,\,\beta\in\Lambda$에 대하여

$$\mathbf{L}(\mathbf{u}_\alpha)\cdot\mathbf{L}(\mathbf{u}_\beta)=\mathbf{u}_\alpha\cdot\mathbf{u}_\beta=\delta_{\alpha\beta}$$

이므로 $\mathbf{L}(S)$는 정규직교집합이다.

(나) $\{\boldsymbol{\epsilon}_1,\boldsymbol{\epsilon}_2,\cdots,\boldsymbol{\epsilon}_n\}$을 $\mathbb{E}^n$의 표준기저라 하면 명제 7.2.6에 의하여 $\{\mathbf{L}(\boldsymbol{\epsilon}_1),\mathbf{L}(\boldsymbol{\epsilon}_2),\cdots,\mathbf{L}(\boldsymbol{\epsilon}_n)\}$은 $\mathbb{E}^n$의 정규직교기저이다. 이것은 $\mathbf{L}(\mathbb{E}^n)=\mathbb{E}^n$을 의미한다. 특히, 명제 7.1.8에 의하여 $\mathbf{L}$은 단사이다. 그러므로 $\mathbf{L}$은 전단사이다.

[182](1) 임의의 $\mathbf{x}, \mathbf{y} \in \mathbb{E}^n$을 정해두고 $\mathbf{L}^{-1}$에 관하여 생각하기 위하여 $\mathbf{L}^{-1}(\mathbf{x}) = \mathbf{s}$ & $\mathbf{L}^{-1}(\mathbf{y}) = \mathbf{t}$라 하면 $\mathbf{L}(\mathbf{s}) = \mathbf{x}$ & $\mathbf{L}(\mathbf{t}) = \mathbf{y}$이므로

$$\mathbf{L}^{-1}(\mathbf{x}) \cdot \mathbf{L}^{-1}(\mathbf{y}) = \mathbf{s} \cdot \mathbf{t} = \mathbf{L}(\mathbf{s}) \cdot \mathbf{L}(\mathbf{t}) = \mathbf{x} \cdot \mathbf{y}$$

가 성립하고 또한 $\det \mathbf{L} = 1$이므로

$$1 = \det(\mathbf{L} \circ \mathbf{L}^{-1}) = (\det \mathbf{L})(\det \mathbf{L}^{-1}) = \det \mathbf{L}^{-1}$$

을 얻는다. 결국 $\mathbf{L}^{-1}$는 원점 $\mathbf{0} \in \mathbb{E}^n$에 관한 $\mathbb{E}^n$의 회전이다.

(2) 임의의 $\mathbf{x}, \mathbf{y} \in \mathbb{E}^n$을 정해두고 $\mathbf{M}, \mathbf{L}$이 회전임을 차례로 적용하면

$$(\mathbf{M} \circ \mathbf{L})(\mathbf{x}) \cdot (\mathbf{M} \circ \mathbf{L})(\mathbf{y}) = \mathbf{M}(\mathbf{L}(\mathbf{x})) \cdot \mathbf{M}(\mathbf{L}(\mathbf{y})) = \mathbf{L}(\mathbf{x}) \cdot \mathbf{L}(\mathbf{y}) = \mathbf{x} \cdot \mathbf{y}$$

가 성립하고 또한 $\det \mathbf{L} = 1 = \det \mathbf{M}$이므로

$$\det(\mathbf{M} \circ \mathbf{L}) = (\det \mathbf{M})(\det \mathbf{L}) = 1$$

을 얻는다.(19) 결국 $\mathbf{M} \circ \mathbf{L}$은 원점 $\mathbf{0} \in \mathbb{E}^n$에 관한 $\mathbb{E}^n$의 회전이다.

[183](가) 각 $i, j \in \{1, 2, 3\}$에 대하여 $\mathbf{v}_i \cdot \mathbf{v}_j = \delta_{ij}$이므로 $\{\mathbf{v}_1, \mathbf{v}_2, \mathbf{v}_3\}$는 $\mathbb{E}^3$의 정규직교기저이다.

(나) 가정에 의하여

$$[\mathbf{L}]_{3\times3} = \begin{pmatrix} \frac{1}{\sqrt{5}} & -\frac{2}{\sqrt{10}} & \frac{2}{\sqrt{10}} \\ 0 & \frac{\sqrt{5}}{\sqrt{10}} & \frac{\sqrt{5}}{\sqrt{10}} \\ \frac{2}{\sqrt{5}} & \frac{1}{\sqrt{10}} & -\frac{1}{\sqrt{10}} \end{pmatrix} \quad \& \quad [\mathbf{L}]^t_{3\times3} = \begin{pmatrix} \frac{1}{\sqrt{5}} & 0 & \frac{2}{\sqrt{5}} \\ -\frac{2}{\sqrt{10}} & \frac{\sqrt{5}}{\sqrt{10}} & \frac{1}{\sqrt{10}} \\ \frac{2}{\sqrt{10}} & \frac{\sqrt{5}}{\sqrt{10}} & -\frac{1}{\sqrt{10}} \end{pmatrix}$$

이므로 임의의 $(x, y, z) \in \mathbb{E}^3$에 대하여

$$\mathbf{L}^t(x, y, z) = \left(\frac{1}{\sqrt{5}}x + \frac{2}{\sqrt{5}}z,\ -\frac{2}{\sqrt{10}}x + \frac{\sqrt{5}}{\sqrt{10}}y + \frac{1}{\sqrt{10}}z,\ \frac{2}{\sqrt{10}}x + \frac{\sqrt{5}}{\sqrt{10}}y - \frac{1}{\sqrt{10}}z \right)$$

이다. 더욱이 $[\mathbf{L}^t \circ \mathbf{L}]_{3\times3} = [\mathbf{L}^t]_{3\times3}[\mathbf{L}]_{3\times3}$이므로 행렬의 곱셈을 계산하면

$$[\mathbf{L}^t \circ \mathbf{L}]_{3\times3} = \begin{pmatrix} \frac{1}{\sqrt{5}} & 0 & \frac{2}{\sqrt{5}} \\ -\frac{2}{\sqrt{10}} & \frac{\sqrt{5}}{\sqrt{10}} & \frac{1}{\sqrt{10}} \\ \frac{2}{\sqrt{10}} & \frac{\sqrt{5}}{\sqrt{10}} & -\frac{1}{\sqrt{10}} \end{pmatrix} \begin{pmatrix} \frac{1}{\sqrt{5}} & -\frac{2}{\sqrt{10}} & \frac{2}{\sqrt{10}} \\ 0 & \frac{\sqrt{5}}{\sqrt{10}} & \frac{\sqrt{5}}{\sqrt{10}} \\ \frac{2}{\sqrt{5}} & \frac{1}{\sqrt{10}} & -\frac{1}{\sqrt{10}} \end{pmatrix} = \begin{pmatrix} 1 & 0 & 0 \\ 0 & 1 & 0 \\ 0 & 0 & 1 \end{pmatrix}$$

을 얻게되어 $\mathbf{L}^t \circ \mathbf{L} = \mathbf{I}$이 성립한다. 마지막으로

$$\det \mathbf{L} = \begin{vmatrix} \frac{1}{\sqrt{5}} & -\frac{2}{\sqrt{10}} & \frac{2}{\sqrt{10}} \\ 0 & \frac{\sqrt{5}}{\sqrt{10}} & \frac{\sqrt{5}}{\sqrt{10}} \\ \frac{2}{\sqrt{5}} & \frac{1}{\sqrt{10}} & -\frac{1}{\sqrt{10}} \end{vmatrix} = \frac{1}{10\sqrt{5}} \begin{vmatrix} 1 & -2 & 2 \\ 0 & \sqrt{5} & \sqrt{5} \\ 2 & 1 & -1 \end{vmatrix} = \frac{1}{10} \begin{vmatrix} 1 & -2 & 2 \\ 0 & 1 & 1 \\ 2 & 1 & -1 \end{vmatrix} = -1$$

을 얻게되어 $\mathbf{L}$은 원점 $\mathbf{0}$에 관한 $\mathbb{E}^3$의 회전은 아니다.

[184](1°) 임의의 $\lambda \in \mathbb{E}^1$ & $\mathbf{x}, \mathbf{y} \in \mathbb{E}^r$에 대하여

$$\begin{aligned} (\mathbf{v} \cdot \mathbf{L})(\lambda\mathbf{x} + \mathbf{y}) &= \mathbf{v} \cdot \mathbf{L}(\lambda\mathbf{x} + \mathbf{y}) \\ &= \mathbf{v} \cdot (\lambda\mathbf{L}(\mathbf{x}) + \mathbf{L}(\mathbf{y})) \\ &= \mathbf{v} \cdot (\lambda\mathbf{L}(\mathbf{x})) + \mathbf{v} \cdot \mathbf{L}(\mathbf{y}) \\ &= \lambda(\mathbf{v} \cdot \mathbf{L}(\mathbf{x})) + \mathbf{v} \cdot \mathbf{L}(\mathbf{y}) = \lambda(\mathbf{v} \cdot \mathbf{L})(\mathbf{x}) + (\mathbf{v} \cdot \mathbf{L})(\mathbf{y}) \end{aligned}$$

가 성립하므로 $\mathbf{v} \cdot \mathbf{L}$은 선형범함수이다.

(19) 여기서 $[M \circ L]_{n\times n} = [M]_{n\times n}[L]_{n\times n}$과 그리고 n차 행렬 A, B에 대하여 $\det(AB) = (\det A)(\det B)$임을 이용하였다.

(2°) 임의의 $\mathbf{x} \in \mathbb{E}^r$에 대하여

$$\begin{aligned}(\mathbf{v}\cdot\mathbf{L})(\mathbf{x}) = \mathbf{v}\cdot\mathbf{L}(\mathbf{x}) &= v^1L^1(\mathbf{x}) + v^2L^2(\mathbf{x}) + \cdots + v^nL^n(\mathbf{x}) \\ &= (v^1L^1 + v^2L^2 + \cdots + v^nL^n)(\mathbf{x}) = \left(\sum_{j=1}^{n} v^jL^j\right)(\mathbf{x})\end{aligned}$$

가 성립하므로 선형범함수로서 $\mathbf{v}\cdot\mathbf{L} = \sum_{j=1}^{n} v^jL^j$이다.

[185] 우선, $\mathbf{L} = (L^1, L^2, \cdots, L^n) \in \mathscr{L}(\mathbb{E}^r, \mathbb{E}^n)$을 임의의 선택하고 $\mathbf{w}_1, \mathbf{w}_2, \cdots, \mathbf{w}_n \in \mathbb{E}^r$이 $[\mathbf{L}]_{n\times r}$의 행벡터라 하면, 각 $i \in \{1, 2, \cdots, n\}$에 대하여 $L^i(\mathbf{x}) = \mathbf{w}_i \cdot \mathbf{x}$ $(\forall \mathbf{x} \in \mathbb{E}^r)$가 성립한다.

(가) 정의에 따르면 분명히 $|||\mathbf{L}||| \geq 0$이다. $\mathbf{L} \neq \mathbf{0}$이라 하면 $\mathbf{L}(\mathbf{x}) \neq \mathbf{0}$를 만족하는 $\mathbf{x} \in \mathbb{E}^r \setminus \{\mathbf{0}\}$가 존재한다. 특히, $L^i(\mathbf{x}) \neq 0$를 만족하는 $i \in \{1, 2, \cdots, n\}$가 존재하므로 $\mathbf{w}_i \neq \mathbf{0}$이다. 따라서 $|||\mathbf{L}||| > 0$이 성립한다. 더욱이 $|||\mathbf{L}||| = 0$이라 하면 정의에 의하여 $\mathbf{w}_i = \mathbf{0}$ $(\forall i \in \{1, 2, \cdots, n\})$이므로 $L^i = 0$ $(\forall i \in \{1, 2, \cdots, n\})$이다. 즉, $\mathbf{L} = \mathbf{0}$이다. 다음으로 임의의 $\lambda \in \mathbb{E}^1$에 대하여

$$|||\lambda\mathbf{L}||| = \sum_{i=1}^{n} \|\lambda\mathbf{w}_i\| = |\lambda| \sum_{i=1}^{n} \|\mathbf{w}_i\| = |\lambda| |||\mathbf{L}|||$$

을 얻는다. 마지막으로 또 하나의 $\mathbf{M} \in \mathscr{L}(\mathbb{E}^r, \mathbb{E}^n)$을 선택하고 $\mathbf{u}_1, \mathbf{u}_2, \cdots, \mathbf{u}_n \in \mathbb{E}^r$은 $\mathbf{M}$의 표현행렬 $[\mathbf{M}]_{n\times r}$의 행벡터라 하자. 이때,

$$|||\mathbf{L} + \mathbf{M}||| = \sum_{i=1}^{n} \|\mathbf{w}_i + \mathbf{u}_i\| \leq \sum_{i=1}^{n} \|\mathbf{w}_i\| + \sum_{i=1}^{n} \|\mathbf{u}_i\| = |||\mathbf{L}||| + |||\mathbf{M}|||$$

가 성립한다.

(나) $\|\mathbf{x}\| \leq 1$을 만족하는 임의의 $\mathbf{x} \in \mathbb{E}^r$에 대하여 $|L^i(\mathbf{x})| \leq \|\mathbf{w}_i\|$ $(\forall i \in \{1, 2, \cdots, n\})$이므로

$$\|\mathbf{L}(\mathbf{x})\| = \sqrt{\{L^1(\mathbf{x})\}^2 + \{L^2(\mathbf{x})\}^2 + \cdots + \{L^n(\mathbf{x})\}^2} \leq \sum_{i=1}^{n} |L^i(\mathbf{x})| \leq \sum_{i=1}^{n} \|\mathbf{w}_i\| = |||\mathbf{L}|||$$

가 성립하므로 $\|\mathbf{L}\| \leq |||\mathbf{L}|||$을 얻는다.

[186] 일반성을 잃지않고 $r \leq n$이라 가정할 수 있다. 이때, $\mathbf{x}_0 \in A$를 임의로 선택하면 $\text{rank}(D\mathbf{f}(\mathbf{x}_0)) = r$이므로 $\det B \neq 0$를 만족하는 행렬 $[D\mathbf{f}(\mathbf{x}_0)]_{n\times r}$의 r-차 부분정방행렬 B를 선택할 수 있다. 행렬 B에서 $\mathbf{x}_0$ 대신 변수 $\mathbf{t}$를 사용한 행렬을 B_1이라 하면 $\mathbf{f}$가 $\mathcal{C}^1$-급이므로 $\det B_1$의 연속성에 비추어 Δ 위에서 $\det B_1 \neq 0$을 만족하는 $\mathbf{x}_0$의 열린근방 $\Delta \subset \Omega$가 존재한다. 특히, 임의의 $\mathbf{x} \in \Delta$에 대하여 $\text{rank}(D\mathbf{f}(\mathbf{x})) = r$이므로 $\Delta \subset A$이고 따라서 A는 Ω의 열린부분집합이다.

[187] $g^1(r, \theta) = r\cos\theta$ & $g^2(r, \theta) = r\sin\theta$라 두면 $F(r, \theta) = f(g^1(r, \theta), g^2(r, \theta))$이다. 그러므로 '연쇄법칙'을 적용하면

$$\begin{aligned}F_1(r, \theta) &= f_1(r\cos\theta, r\sin\theta)g_1^1(r, \theta) + f_2(r\cos\theta, r\sin\theta)g_1^2(r, \theta) \\ &= f_1(r\cos\theta, r\sin\theta)\cos\theta + f_2(r\cos\theta, r\sin\theta)\sin\theta\end{aligned}$$

를 얻는다. 또한 동일한 방법으로

$$F_2(r, \theta) = -rf_1(r\cos\theta, r\sin\theta)\sin\theta + rf_2(r\cos\theta, r\sin\theta)\cos\theta$$

를 얻는다. 한 번 더 '연쇄법칙'을 적용하면

$$\begin{aligned}F_{11}(r, \theta) &= \cos\theta\,[f_{11}\cos\theta + f_{12}\sin\theta] + \sin\theta\,[f_{21}\cos\theta + f_{22}\sin\theta] \\ &= f_{11}\cos^2\theta + f_{12}\cos\theta\sin\theta + f_{21}\cos\theta\sin\theta + f_{22}\sin^2\theta \\ &= f_{11}\cos^2\theta + 2f_{12}\cos\theta\sin\theta + f_{22}\sin^2\theta\end{aligned}$$

이고 또한

$$\begin{aligned}F_{22}(r,\theta) &= -r\sin\theta\,[f_{11}(-r\sin\theta)+f_{12}(r\cos\theta)] + r\cos\theta\,[f_{21}(-r\sin\theta)+f_{22}(r\cos\theta)]\\&\quad - f_1 r\cos\theta - f_2 r\sin\theta\\&= r^2\sin^2\theta f_{11} - r^2\sin\theta\cos\theta f_{12} - r^2\sin\theta\cos\theta f_{21} + r^2\cos^2\theta f_{22}\\&\quad - r\cos\theta f_1 - r\sin\theta f_2\\&= r^2\sin^2\theta f_{11} - 2r^2\sin\theta\cos\theta f_{12} + r^2\cos^2\theta f_{22} - r\cos\theta f_1 - r\sin\theta f_2\end{aligned}$$

를 얻는다. 그러므로

$$\begin{aligned}F_{11}+\frac{1}{r^2}F_{22}+\frac{1}{r}F_1 &= f_{11}\cos^2\theta + 2f_{12}\cos\theta\sin\theta + f_{22}\sin^2\theta\\&\quad + f_{11}\sin^2\theta - 2f_{12}\cos\theta\sin\theta + f_{22}\cos^2\theta\\&\quad - \frac{1}{r}f_1\cos\theta - \frac{1}{r}f_2\sin\theta + \frac{1}{r}(f_1\cos\theta + f_2\sin\theta)\\&= f_{11}+f_{22}\end{aligned}$$

가 성립함을 증명하였다.

[188] $D\mathbf{F}(\mathbf{t}_0) = D\mathbf{f}(\mathbf{x}_0)\circ D\mathbf{g}(\mathbf{t}_0)$이므로 정리 7.4.9 & 명제 7.1.5을 적용하면 다음이 성립한다.

$$\begin{pmatrix} F_1^1(\mathbf{t}_0) & \cdots & F_r^1(\mathbf{t}_0)\\ F_1^2(\mathbf{t}_0) & \cdots & F_r^2(\mathbf{t}_0)\\ \vdots & \ddots & \vdots\\ F_1^p(\mathbf{t}_0) & \cdots & F_r^p(\mathbf{t}_0)\end{pmatrix} = \begin{pmatrix} f_1^1(\mathbf{x}_0) & f_2^1(\mathbf{x}_0) & \cdots & f_n^1(\mathbf{x}_0)\\ f_1^2(\mathbf{x}_0) & f_2^2(\mathbf{x}_0) & \cdots & f_n^2(\mathbf{x}_0)\\ \vdots & \vdots & \ddots & \vdots\\ f_1^p(\mathbf{x}_0) & f_2^p(\mathbf{x}_0) & \cdots & f_n^p(\mathbf{x}_0)\end{pmatrix}\begin{pmatrix} g_1^1(\mathbf{t}_0) & g_2^1(\mathbf{t}_0) & \cdots & g_r^1(\mathbf{t}_0)\\ g_1^2(\mathbf{t}_0) & g_2^2(\mathbf{t}_0) & \cdots & g_r^2(\mathbf{t}_0)\\ \vdots & \vdots & \ddots & \vdots\\ g_1^n(\mathbf{t}_0) & g_2^n(\mathbf{t}_0) & \cdots & g_r^n(\mathbf{t}_0)\end{pmatrix}. \tag{10.34}$$

또한, $\mathbf{f} = (f^1, f^2, \cdots, f^p)$ & $\mathbf{F} = (F^1, F^2, \cdots, F^p)$라 두면 참고 7.4.13에 의하여

$$\mathbf{F}_j(\mathbf{t}_0) = \left(F_j^1(\mathbf{t}_0), F_j^2(\mathbf{t}_0), \cdots, F_j^p(\mathbf{t}_0)\right) \quad \& \quad \mathbf{f}_i(\mathbf{x}_0) = \left(f_i^1(\mathbf{x}_0), f_i^2(\mathbf{x}_0), \cdots, f_i^p(\mathbf{x}_0)\right) \tag{10.35}$$

이다. 따라서 전치행렬의 성질 (즉, $(AB)^t = B^tA^t$)을 적용하면

$$\begin{pmatrix}\mathbf{F}_1(\mathbf{t}_0)\\ \mathbf{F}_2(\mathbf{t}_0)\\ \vdots\\ \mathbf{F}_r(\mathbf{t}_0)\end{pmatrix} = \begin{pmatrix} g_1^1(\mathbf{t}_0) & g_1^2(\mathbf{t}_0) & \cdots & g_1^n(\mathbf{t}_0)\\ g_2^1(\mathbf{t}_0) & g_2^2(\mathbf{t}_0) & \cdots & g_2^n(\mathbf{t}_0)\\ \vdots & \vdots & \ddots & \vdots\\ g_r^1(\mathbf{t}_0) & g_r^2(\mathbf{t}_0) & \cdots & g_r^n(\mathbf{t}_0)\end{pmatrix}\begin{pmatrix}\mathbf{f}_1(\mathbf{x}_0)\\ \mathbf{f}_2(\mathbf{x}_0)\\ \vdots\\ \mathbf{f}_n(\mathbf{x}_0)\end{pmatrix}. \tag{10.36}$$

가 성립한다. 이제, 행렬의 곱셈을 계산하면, 각 $j \in \{1, 2, \cdots, r\}$에 대하여

$$\mathbf{F}_j(\mathbf{t}_0) = \sum_{i=1}^{n}\mathbf{f}_i(\mathbf{x}_0)g_j^i(\mathbf{t}_0) \tag{10.37}$$

를 얻는다. 실제로 (10.34)으로부터 직접 계산을 통하여 살펴보면 각 $j \in \{1, 2, \cdots, r\}$에 대하여

$$\begin{aligned}g_j^1\mathbf{f}_1 + g_j^2\mathbf{f}_2 + \cdots + g_j^n\mathbf{f}_n &= g_j^1(f_1^1, f_1^2, \cdots, f_1^p) + g_j^2(f_2^1, f_2^2, \cdots, f_2^p) + \cdots + g_j^n(f_n^1, f_n^2, \cdots, f_n^p)\\&= (g_j^1f_1^1 + \cdots + g_j^nf_n^1,\ g_j^1f_1^2 + \cdots + g_j^nf_n^2,\ \cdots,\ g_j^1f_1^p + \cdots + g_j^nf_n^p)\\&= (F_j^1, F_j^2, \cdots, F_j^p) = \mathbf{F}_j\end{aligned} \tag{10.38}$$

를 얻게되어 (10.37)와 동일함을 알 수 있다.

[189] 주어진 함수의 정의에 의하여

$$f_1(x,y) = \phi'(x-cy) + \psi'(x+cy) \quad \& \quad f_2(x,y) = -c\phi'(x-cy) + c\psi'(x+cy)$$

이 성립하고 더욱이

$$f_{11}(x,y) = \phi''(x-cy) + \psi''(x+cy) \quad \& \quad f_{22}(x,y) = c^2\phi''(x-cy) + c^2\psi''(x+cy)$$

가 성립하므로

$$f_{22}(x,y)=c^2\{\phi''(x-cy)+\psi''(x+cy)\}=c^2f_{11}(x,y)$$

를 얻는다.

[190]주어진 함수의 정의로부터 $F_1(x,y)=e^{-by}f_1(x,y)$ & $F_2(x,y)=-be^{-by}f(x,y)+e^{-by}f_2(x,y)$이다. 특히, $F_{11}(x,y)=e^{-by}f_{11}(x,y)$이므로 주어진 조건 $f_2(x,y)=f_{11}(x,y)+bf(x,y)$를 적용하면

$$F_2(x,y)=e^{-by}\left[f_2(x,y)-bf(x,y)\right]=e^{-by}f_{11}(x,y)=F_{11}(x,y)$$

가 성립한다.

[191]우선, 임의의 $\mathbf{x}\in\mathbb{E}^r$에 대하여 $D\mathbf{L}(\mathbf{x})=\mathbf{L}$ & $dF(\mathbf{x})=df(\mathbf{L}(\mathbf{x}))\circ D\mathbf{L}(\mathbf{x})$이므로 $\mathbf{L}=(L^1,L^2,\cdots,L^n)$라 두면

$$(F_1(\mathbf{x}),F_2(\mathbf{x}),\cdots,F_r(\mathbf{x}))=(f_1(\mathbf{L}(\mathbf{x})),f_2(\mathbf{L}(\mathbf{x})),\cdots,f_n(\mathbf{L}(\mathbf{x})))\begin{pmatrix}L_1^1(\mathbf{x}) & L_2^1(\mathbf{x}) & \cdots & L_r^1(\mathbf{x})\\ L_1^2(\mathbf{x}) & L_2^2(\mathbf{x}) & \cdots & L_r^2(\mathbf{x})\\ \vdots & \vdots & \ddots & \vdots\\ L_1^n(\mathbf{x}) & L_2^n(\mathbf{x}) & \cdots & L_r^n(\mathbf{x})\end{pmatrix}$$

이다. 더욱이 $L_\alpha^\beta(\mathbf{x})=c_{\beta\alpha}$ (단, $\alpha\in\{1,2,\cdots,r\}$ & $\beta\in\{1,2,\cdots,n\}$)이므로 각 $j\in\{1,2,\cdots,r\}$에 대하여

$$F_j(\mathbf{x})=\sum_{i=1}^n f_i(\mathbf{L}(\mathbf{x}))L_j^i(\mathbf{x})=\sum_{i=1}^n f_i(\mathbf{L}(\mathbf{x}))c_{ij}$$

을 얻는다. 동일한 방법으로 계산하면, 각 $l\in\{1,2,\cdots,r\}$에 대하여

$$F_{jl}(\mathbf{x})=\sum_{i=1}^n\left(\frac{\partial}{\partial x^l}f_i(\mathbf{L}(\mathbf{x}))\right)c_{ij}=\sum_{i=1}^n\left(\sum_{k=1}^n\frac{\partial f_i}{\partial x^k}(\mathbf{L}(\mathbf{x}))\frac{\partial L^k}{\partial x^l}(\mathbf{x})\right)c_{ij}=\sum_{i,k=1}^n f_{ik}(\mathbf{L}(\mathbf{x}))c_{kl}c_{ij}$$

가 성립한다.

[192]$\mathbf{L}$의 표현행렬을 $(c_{ij})_{n\times r}$이라 하면 $\mathbf{L}$이 직교하므로

$$\begin{pmatrix}c_{11} & c_{12} & \cdots & c_{1n}\\ c_{21} & c_{22} & \cdots & c_{2n}\\ \vdots & \vdots & \ddots & \vdots\\ c_{n1} & c_{n2} & \cdots & c_{nn}\end{pmatrix}\begin{pmatrix}c_{11} & c_{21} & \cdots & c_{n1}\\ c_{12} & c_{22} & \cdots & c_{n2}\\ \vdots & \vdots & \ddots & \vdots\\ c_{1n} & c_{2n} & \cdots & c_{nn}\end{pmatrix}=\begin{pmatrix}1 & 0 & \cdots & 0\\ 0 & 1 & \cdots & 0\\ \vdots & \vdots & \ddots & \vdots\\ 0 & 0 & \cdots & 1\end{pmatrix}\tag{10.39}$$

이 성립한다. 즉, $\sum_{i=1}^n c_{ki}c_{li}=\delta_{kl}$ ($\forall\, k,l\in\{1,2,\cdots,n\}$)이다. 한편, 연습문제 7.2.6 & (10.39)에 의하여

$$\begin{aligned}\sum_{i=1}^n F_{ii}(\mathbf{x}) &= \sum_{i,k=1}^n (f_{ik}\circ\mathbf{L})(\mathbf{x})c_{i1}c_{k1}+\cdots+\sum_{i,k=1}^n(f_{ik}\circ\mathbf{L})(\mathbf{x})c_{in}c_{kn}\\ &= \sum_{i,k=1}^n(f_{ik}\circ\mathbf{L})(\mathbf{x})\,(c_{i1}c_{k1}+\cdots+c_{in}c_{kn})\\ &= \sum_{i,k=1}^n(f_{ik}\circ\mathbf{L})(\mathbf{x})\sum_{l=1}^n c_{il}c_{kl}=\sum_{i=1}^n f_{ii}(\mathbf{L}(\mathbf{x}))\end{aligned}$$

가 성립한다. 즉, 임의의 $\mathbf{x}\in\mathbb{E}^n$에 대하여

$$F_{11}(\mathbf{x})+F_{22}(\mathbf{x})+\cdots+F_{nn}(\mathbf{x})=f_{11}(\mathbf{L}(\mathbf{x}))+f_{22}(\mathbf{L}(\mathbf{x}))+\cdots+f_{nn}(\mathbf{L}(\mathbf{x}))$$

가 성립한다.

[193](가) $\mathbf{L}^{-1}=\mathbf{S}\circ\mathbf{L}^t\circ\mathbf{S}$ & $\mathbf{M}^{-1}=\mathbf{S}\circ\mathbf{M}^t\circ\mathbf{S}$이고 $\mathbf{S}^2=\mathbf{I}$이므로 합성변환의 성질을 적용하면

$$(\mathbf{M}\circ\mathbf{L})^{-1}=\mathbf{L}^{-1}\circ\mathbf{M}^{-1}=(\mathbf{S}\circ\mathbf{L}^t\circ\mathbf{S})\circ(\mathbf{S}\circ\mathbf{M}^t\circ\mathbf{S})=\mathbf{S}\circ\mathbf{L}^t\circ\mathbf{M}^t\circ\mathbf{S}=\mathbf{S}\circ(\mathbf{M}\circ\mathbf{L})^t\circ\mathbf{S}$$

을 얻는다. 그러므로 $\mathbf{M} \circ \mathbf{L}$은 로렌츠 변환이다. 또한, $\mathbf{S} = \mathbf{S}^{-1}$ & $(\mathbf{L}^{-1})^t \circ \mathbf{L}^t = (\mathbf{L} \circ \mathbf{L}^{-1})^t = \mathbf{I}$이므로

$$\mathbf{L} = (\mathbf{L}^{-1})^{-1} = (\mathbf{S} \circ \mathbf{L}^t \circ \mathbf{S})^{-1} = \mathbf{S}^{-1} \circ (\mathbf{L}^t)^{-1} \circ \mathbf{S}^{-1} = \mathbf{S} \circ (\mathbf{L}^{-1})^t \circ \mathbf{S}$$

을 얻는다. 그러므로 $\mathbf{L}^{-1}$는 로렌츠 변환이다.

(나) $\mathbf{S}^2 = \mathbf{I}$ & $\mathbf{S} = \mathbf{S}^{-1}$이므로

$$\begin{aligned} \mathbf{L}^{-1} = \mathbf{S} \circ \mathbf{L}^t \circ \mathbf{S} = \mathbf{S}^{-1} \circ \mathbf{L}^t \circ \mathbf{S} &\iff \mathbf{L}^{-1} \circ \mathbf{S} = \mathbf{S}^{-1} \circ \mathbf{L}^t \\ &\iff \mathbf{L}^{-1} \circ \mathbf{S} \circ (\mathbf{L}^t)^{-1} = \mathbf{S}^{-1} \iff \mathbf{S} = \mathbf{L}^t \circ \mathbf{S} \circ \mathbf{L} \end{aligned}$$

(다) (나)를 적용하면

$$\mathbf{L}^{-1} = \mathbf{S} \circ \mathbf{L}^t \circ \mathbf{S} \iff \mathbf{S} = \mathbf{L}^t \circ \mathbf{S} \circ \mathbf{L} \iff \mathbf{S}(\mathbf{x}) \cdot \mathbf{x} = (\mathbf{L}^t \circ \mathbf{S} \circ \mathbf{L})(\mathbf{x}) \cdot \mathbf{x} \quad (\forall \mathbf{x} \in \mathbb{E}^n)$$

이 성립한다. 그러나

$$(\mathbf{L}^t \circ \mathbf{S} \circ \mathbf{L})(\mathbf{x}) \cdot \mathbf{x} = \mathbf{L}^t(\mathbf{S}(\mathbf{L}(\mathbf{x})) \cdot \mathbf{x} = \mathbf{S}(\mathbf{L}(\mathbf{x})) \cdot \mathbf{L}(\mathbf{x}) \quad (\forall \mathbf{x} \in \mathbb{E}^n)$$

이므로 임의의 $\mathbf{x} \in \mathbb{E}^n$에 대하여

$$\begin{aligned} (x^1, \cdots, x^{n-1}, -x^n) \cdot (x^1, \cdots, x^n) &= \mathbf{S}(\mathbf{x}) \cdot \mathbf{x} \\ &= \mathbf{S}(\mathbf{L}(\mathbf{x})) \cdot \mathbf{L}(\mathbf{x}) \\ &= (L^1(\mathbf{x}), \cdots, L^{n-1}(\mathbf{x}), -L^n(\mathbf{x})) \cdot (L^1(\mathbf{x}), \cdots, L^n(\mathbf{x})) \end{aligned}$$

이 성립한다. 즉, $\mathbf{L}$이 Lorentz이기 위한 필요충분조건은 임의의 $\mathbf{x} = (x^1, x^2, \cdots, x^n) \in \mathbb{E}^n$에 대하여

$$\sum_{i=1}^{n-1} (x^i)^2 - (x^n)^2 = \sum_{i=1}^{n-1} (L^i(\mathbf{x}))^2 - (L^n(\mathbf{x}))^2$$

이 성립하는 것이다.

[194] $[\mathbf{L}]_{n \times n} = (c_{ij})_{n \times n}$라 두면 $\mathbf{L}$이 로렌츠 변환이므로 $\mathbf{L}^{-1} = \mathbf{S} \circ \mathbf{L}^t \circ \mathbf{S}$이다. 이것을 행렬로 표현하면

$$\begin{aligned} \begin{pmatrix} c_{11} & c_{12} & \cdots & c_{1n} \\ c_{21} & c_{22} & \cdots & c_{2n} \\ \vdots & \vdots & \ddots & \vdots \\ c_{n1} & c_{n2} & \cdots & c_{nn} \end{pmatrix}^{-1} &= \begin{pmatrix} 1 & 0 & \cdots & 0 \\ 0 & 1 & \cdots & 0 \\ \vdots & \vdots & \ddots & \vdots \\ 0 & 0 & \cdots & -1 \end{pmatrix} \begin{pmatrix} c_{11} & c_{21} & \cdots & c_{n1} \\ c_{12} & c_{22} & \cdots & c_{n2} \\ \vdots & \vdots & \ddots & \vdots \\ c_{1n} & c_{2n} & \cdots & c_{nn} \end{pmatrix} \begin{pmatrix} 1 & 0 & \cdots & 0 \\ 0 & 1 & \cdots & 0 \\ \vdots & \vdots & \ddots & \vdots \\ 0 & 0 & \cdots & -1 \end{pmatrix} \\ &= \begin{pmatrix} 1 & 0 & \cdots & 0 \\ 0 & 1 & \cdots & 0 \\ \vdots & \vdots & \ddots & \vdots \\ 0 & 0 & \cdots & -1 \end{pmatrix} \begin{pmatrix} c_{11} & c_{21} & \cdots & -c_{n1} \\ c_{12} & c_{22} & \cdots & -c_{n2} \\ \vdots & \vdots & \ddots & \vdots \\ c_{1n} & c_{2n} & \cdots & -c_{nn} \end{pmatrix} \\ &= \begin{pmatrix} c_{11} & c_{21} & \cdots & -c_{n1} \\ c_{12} & c_{22} & \cdots & -c_{n2} \\ \vdots & \vdots & \ddots & \vdots \\ -c_{1n} & -c_{2n} & \cdots & c_{nn} \end{pmatrix} \end{aligned}$$

와 같다. 그러므로

$$\begin{pmatrix} 1 & 0 & \cdots & 0 \\ 0 & 1 & \cdots & 0 \\ \vdots & \vdots & \ddots & \vdots \\ 0 & 0 & \cdots & 1 \end{pmatrix} = \begin{pmatrix} c_{11} & c_{12} & \cdots & c_{1n} \\ c_{21} & c_{22} & \cdots & c_{2n} \\ \vdots & \vdots & \ddots & \vdots \\ c_{n1} & c_{n2} & \cdots & c_{nn} \end{pmatrix} \begin{pmatrix} c_{11} & c_{21} & \cdots & -c_{n1} \\ c_{12} & c_{22} & \cdots & -c_{n2} \\ \vdots & \vdots & \ddots & \vdots \\ -c_{1n} & -c_{2n} & \cdots & c_{nn} \end{pmatrix}$$

을 얻는다. 즉,

$$\begin{cases} \circ\ \sum_{j=1}^{n-1}(c_{kj})^2-(c_{kn})^2=1\ \ (\forall\, k\in\{1,2,\cdots,n-1\})\,; \\ \circ\ \sum_{i=1}^{n-1}(c_{ni})^2-(c_{nn})^2=-1\,; \\ \circ\ \sum_{j=1}^{n-1}c_{ij}c_{kj}-c_{in}c_{kn}=0\ \ (i\neq k) \end{cases} \tag{10.40}$$

이 성립한다. 이제, 연습문제 7.2.6을 적용하고 (10.40)를 이용하면

$$\begin{aligned} F_{11}+F_{22}+\cdots+F_{(n-1)(n-1)}-F_{nn} &= \sum_{i,k=1}^{n} f_{ik}\left(c_{i1}c_{k1}+\cdots+c_{i(n-1)}c_{k(n-1)}-c_{in}c_{kn}\right) \\ &= \sum_{i=1}^{n-1} f_{ii}+f_{nn}\left(c_{n1}c_{n1}+\cdots+c_{n(n-1)}c_{n(n-1)}-c_{nn}c_{nn}\right) \\ &= f_{11}+f_{22}+\cdots+f_{(n-1)(n-1)}-f_{nn} \end{aligned}$$

를 얻고 증명을 마친다.

[195] 각 $\mathbf{x}\in\Omega$에 대하여 $\boldsymbol{\varphi}(\mathbf{x}):=(\mathbf{f}(\mathbf{x}),\mathbf{g}(\mathbf{x}))$로 정의된 변환 $\boldsymbol{\varphi}:\Omega\longrightarrow\mathbb{E}^n\times\mathbb{E}^n$과 그리고 $\Phi(\mathbf{u},\mathbf{v}):=\mathbf{u}\cdot\mathbf{v}$로 정의된 함수 $\Phi:\mathbb{E}^n\times\mathbb{E}^n\longrightarrow\mathbb{E}^1$를 생각하면 $\mathbf{f}\cdot\mathbf{g}=\Phi\circ\boldsymbol{\varphi}$이다. 그런데 정리 7.4.9에 의하면 Φ는 $\boldsymbol{\varphi}(\mathbf{x}_0)=(\mathbf{f}(\mathbf{x}_0),\mathbf{g}(\mathbf{x}_0))$에서 미분가능하므로 $\mathbf{f}\cdot\mathbf{g}=\Phi\circ\boldsymbol{\varphi}$는 $\mathbf{x}_0$에서 미분가능하다. 그러므로 '연쇄법칙'을 적용하면

$$\begin{aligned} D(\mathbf{f}\cdot\mathbf{g})(\mathbf{x}_0) &= D(\Phi\circ\boldsymbol{\varphi})(\mathbf{x}_0) \\ &= D\Phi(\boldsymbol{\varphi}(\mathbf{x}_0))\circ D\boldsymbol{\varphi}(\mathbf{x}_0) \\ &= D\Phi(\mathbf{f}(\mathbf{x}_0),\mathbf{g}(\mathbf{x}_0))\circ(D\mathbf{f}(\mathbf{x}_0),D\mathbf{g}(\mathbf{x}_0)) \end{aligned}$$

를 얻는다. 이 관계를 명제 7.1.5을 적용하여 행렬로 변경하고 연습문제 7.1.9를 이용하면

$$\begin{aligned} &\begin{pmatrix}(\mathbf{f}\cdot\mathbf{g})_1(\mathbf{x}_0) & (\mathbf{f}\cdot\mathbf{g})_2(\mathbf{x}_0) & \cdots & (\mathbf{f}\cdot\mathbf{g})_r(\mathbf{x}_0)\end{pmatrix} \\ &= \begin{pmatrix}g^1(\mathbf{x}_0) & \cdots & g^n(\mathbf{x}_0) & f^1(\mathbf{x}_0) & \cdots & f^n(\mathbf{x}_0)\end{pmatrix}\begin{pmatrix} f_1^1(\mathbf{x}_0) & \cdots & f_r^1(\mathbf{x}_0) \\ f_1^2(\mathbf{x}_0) & \cdots & f_r^2(\mathbf{x}_0) \\ \vdots & \ddots & \vdots \\ f_1^n(\mathbf{x}_0) & \cdots & f_r^n(\mathbf{x}_0) \\ g_1^1(\mathbf{x}_0) & \cdots & g_r^1(\mathbf{x}_0) \\ g_1^2(\mathbf{x}_0) & \cdots & g_r^2(\mathbf{x}_0) \\ \vdots & \ddots & \vdots \\ g_1^n(\mathbf{x}_0) & \cdots & g_r^n(\mathbf{x}_0) \end{pmatrix} \\ &= \begin{pmatrix}g^1(\mathbf{x}_0) & \cdots & g^n(\mathbf{x}_0)\end{pmatrix}\begin{pmatrix} f_1^1(\mathbf{x}_0) & \cdots & f_r^1(\mathbf{x}_0) \\ f_1^2(\mathbf{x}_0) & \cdots & f_r^2(\mathbf{x}_0) \\ \vdots & \ddots & \vdots \\ f_1^n(\mathbf{x}_0) & \cdots & f_r^n(\mathbf{x}_0) \end{pmatrix} \\ &\qquad + \begin{pmatrix}f^1(\mathbf{x}_0) & \cdots & f^n(\mathbf{x}_0)\end{pmatrix}\begin{pmatrix} g_1^1(\mathbf{x}_0) & \cdots & g_r^1(\mathbf{x}_0) \\ g_1^2(\mathbf{x}_0) & \cdots & g_r^2(\mathbf{x}_0) \\ \vdots & \ddots & \vdots \\ g_1^n(\mathbf{x}_0) & \cdots & g_r^n(\mathbf{x}_0) \end{pmatrix} \\ &= \mathbf{g}(\mathbf{x}_0)\cdot D\mathbf{f}(\mathbf{x}_0)+\mathbf{f}(\mathbf{x}_0)\cdot D\mathbf{g}(\mathbf{x}_0) \end{aligned}$$

을 얻는다. 결국 $d(\mathbf{f}\cdot\mathbf{g})(\mathbf{x}_0)=\mathbf{g}(\mathbf{x}_0)\cdot D\mathbf{f}(\mathbf{x}_0)+\mathbf{f}(\mathbf{x}_0)\cdot D\mathbf{g}(\mathbf{x}_0)$가 성립함을 보였다.

[196] 정리 7.5.8의 증명으로부터 얻어진다.

[197] 우선, 적어도 하나는 0이 아닌 실수 $a,b,c,d \in \mathbb{E}^1$에 대하여 다음이 성립함에 주목하자.([20])

$$\left\{\begin{array}{l} \circ\ ac+bd=0\,; \\ \circ\ a^2+b^2=ad-bc=c^2+d^2>0 \end{array}\right] \iff \lceil a=d \ \&\ b=-c \rfloor. \tag{10.44}$$

정리 7.5.8에 의하여 $\mathbf{g}=(g^1,g^2)$가 등각변환이기 위한 필요충분조건은 $\mathbf{t}\in\Delta$에 대하여

$$\left\{\begin{array}{l} \circ\ J_{\mathbf{g}}(\mathbf{t})>0\,; \\ \circ\ (g_1^1(\mathbf{t}))^2+(g_1^2(\mathbf{t}))^2=g_1^1(\mathbf{t})g_2^2(\mathbf{t})-g_2^1(\mathbf{t})g_1^2(\mathbf{t})=(g_2^1(\mathbf{t}))^2+(g_2^2(\mathbf{t}))^2>0\,; \\ \circ\ g_1^1(\mathbf{t})g_2^1(\mathbf{t})+g_1^2(\mathbf{t})g_2^2(\mathbf{t})=0 \end{array}\right. \tag{10.45}$$

이고 또한 (10.44)을 적용하면 (10.45)은 다음과 동치이다.

$$\left\{\begin{array}{l} \circ\ J_{\mathbf{g}}(\mathbf{t})>0\,; \\ \circ\ g_1^1(\mathbf{t})=g_2^2(\mathbf{t})\ \ \&\ \ g_2^1(\mathbf{t})=-g_1^2(\mathbf{t}) \end{array}\right.$$

[198] 각 $(s,t)\in\Delta$에 대하여

$$g_1^1(s,t)=2se^{s^2-t^2}\cos 2st-2te^{s^2-t^2}\sin 2st=g_2^2(s,t),$$
$$g_2^1(s,t)=-2te^{s^2-t^2}\cos 2st-2se^{s^2-t^2}\sin 2st=-g_1^2(s,t)$$

이고 또한

$$J_{\mathbf{g}}(s,t)=\begin{vmatrix} g_1^1(s,t) & g_2^1(s,t) \\ g_1^2(s,t) & g_2^2(s,t) \end{vmatrix}=\left[g_1^1(s,t)\right]^2+\left[g_2^1(s,t)\right]^2=4(s^2+t^2)e^{2(s^2-t^2)}>0$$

이므로 연습문제 7.2.12에 의하여 $\mathbf{g}$는 등각변환이다.

[199] (가) 선형변환 $\mathbf{L}\in\mathscr{L}(\mathbb{E}^n,\mathbb{E}^n)$이 가역이기 위한 필요충분조건은 $\mathbf{L}$에 대응하는 행렬이 역행렬을 갖는 것이다. 또한 행렬이 역행렬을 갖기 위한 필요충분조건은 그의 행렬식이 0이 아닌 것이다. 이들을 결합하면 요구된 결과를 얻는다.

(나) $\mathbf{f}=(f^1,f^2,\cdots,f^n)$이라 두면 가정에 의하여 행렬식 $J_{\mathbf{f}}(\mathbf{x})$의 각 성분함수 f_k^j $(\forall j,k\in\{1,2,\cdots,n\})$는 Ω 위에서 연속이다. 그런데 행렬식 $J_{\mathbf{f}}(\mathbf{x})$의 전개는 먼저 유한개의 $f_k^j(\mathbf{x})$들의 곱을 취하고 난뒤 그들의 유한개의 합과 차들로 구성되므로 함수 $J_{\mathbf{f}}$는 Ω 위에서 연속이다.

[200] (c1) 각 $j\in\{1,2,\cdots,n\}$에 대하여 $g^j(\mathbf{t}):=t^j+t_0^j$ $(\forall\,\mathbf{t}\in\Delta)$이므로

$$J_{\mathbf{g}}(\mathbf{t})=\begin{vmatrix} 1 & 0 & \cdots & 0 \\ 0 & 1 & \cdots & 0 \\ \vdots & \vdots & \ddots & \vdots \\ 0 & 0 & \cdots & 1 \end{vmatrix}=1 \quad (\forall\,\mathbf{t}\in\Delta)$$

([20]) [증명] ($\Longrightarrow$) 두 번째식의 첫 번째 등식의 양변에 c를 곱하면

$$a^2c+b^2c=acd-bc^2 \tag{10.41}$$

이고, 첫 번째 등식의 양변에 a를 곱하면

$$a^2c+abd=0 \tag{10.42}$$

이다. 이때, 식 (10.41)에서 (10.42)를 빼면

$$b(bc-ad)=b^2c-abd=acd-bc^2=(ad-bc)c$$

을 얻는다. 그런데 두 번째 등식에서 $ad-bc\neq 0$이므로 $b=-c$이다. 이것을 적용하면

$$\left\{\begin{array}{l} \circ\ a^2+b^2=c^2+d^2=b^2+d^2\,; \\ \circ\ ad+b^2=ad-bc=a^2+b^2 \end{array}\right. \tag{10.43}$$

이 성립하므로 이들을 연립하여 풀면 $a=d$ 또는 $d=0$이다. 그러나 $d=0$인 경우, (10.43)의 첫 번째 식으로부터 $a=0$을 얻고 따라서 $a^2+d^2>0$이라는 사실에 모순이므로 $a=d$이다.
($\Longleftarrow$) 분명하다. □

이다. 또한 임의의 $\mathbf{x} \in \mathbb{E}^n$에 대하여 $\mathbf{g}(\mathbf{x} - \mathbf{t}_0) = \mathbf{x}$이므로 $\mathbf{g}(\Delta) = \mathbb{E}^n$이다. 마지막으로 역함수는 $\mathbf{g}^{-1}(\mathbf{x}) = \mathbf{x} - \mathbf{t}_0$ $(\forall\, \mathbf{x} \in \mathbb{E}^n)$으로 주어진다.

(c2) $g^1(s,t) := s + 2t$ & $g^2(s,t) := s - t$ $(\forall\,(s,t) \in \Delta)$이므로

$$J_{\mathbf{g}}(s,t) = \begin{vmatrix} 1 & 2 \\ 1 & -1 \end{vmatrix} = -3 \quad (\forall\,(s,t) \in \Delta)$$

이다. 또한

$$\{s + 2t \in \mathbb{E}^1 : (s,t) \in \Delta\} = \mathbb{E}^1 = \{s - t \in \mathbb{E}^1 : (s,t) \in \Delta\}$$

이므로 $\mathbf{g}(\Delta) = \mathbb{E}^2$이다. 마지막으로 $\mathbf{g}(s,t) = \mathbf{g}(s_1,t_1)$을 가정하면 $s + 2t = s_1 + 2t_1$ & $s - t = s_1 - t_1$이므로 $t - t_1 = s - s_1 = 2(t_1 - t)$가 성립하여 $t = t_1$을 얻고 더욱이 $s = s_1$이다. 그러므로 $\mathbf{g}$는 단사이고 역함수는 $\mathbf{g}^{-1}(x,y) = \left(\frac{x+2y}{3}, \frac{x-y}{3}\right)$ $(\forall\,(x,y) \in \mathbb{E}^2)$으로 주어진다.

(c3) $g^1(s,t) := s^2 - s - 2$ & $g^2(s,t) := 3t$ $(\forall\,(s,t) \in \Delta)$ 이므로

$$J_{\mathbf{g}}(s,t) = \begin{vmatrix} 2s-1 & 0 \\ 0 & 3 \end{vmatrix} = 3(2s-1) \quad (\forall\,(s,t) \in \Delta)$$

이다. 그러므로

$$J_{\mathbf{g}}(s,t) : \begin{cases} = 0 & (s = \frac{1}{2} \ \&\ t \in \mathbb{E}^1) \\ \neq 0 & (s \neq \frac{1}{2} \ \&\ t \in \mathbb{E}^1) \end{cases}$$

이다. $(s,t) \in \Delta$에 대하여 $s^2 - s - 2 = x$ & $3t = y$라 두면 $x = (s - \frac{1}{2})^2 - \frac{9}{4}$이므로 $x + \frac{9}{4} = (s - \frac{1}{2})^2 \geq 0$이다. 그러므로

$$\mathbf{g}(\Delta) = \{(s^2 - s - 2, 3t) \in \mathbb{E}^2 : (s,t) \in \Delta\} \subset \{(x,y) \in \mathbb{E}^2 : 4x \geq -9 \ \&\ y \in \mathbb{E}^1\}$$

를 얻는다. 한편, $4x \geq -9$를 만족하는 실수 $x \in \mathbb{E}^1$가 주어지면 $x + \frac{9}{4} \geq 0$이다. 따라서 $s = \pm\sqrt{x + \frac{9}{4}} + \frac{1}{2}$라 두면 $s \in \mathbb{E}^1$는

$$\left(s - \frac{1}{2}\right)^2 = x + \frac{9}{4}$$

를 만족하므로 정리하면 $s^2 - s - 2 = x$이다. 결국

$$\mathbf{g}(\Delta) = \{(x,y) \in \mathbb{E}^2 : 4x \geq -9 \ \&\ y \in \mathbb{E}^1\}$$

을 얻는다. 마지막으로 $\mathbf{g}(s,t) = \mathbf{g}(s_1,t_1)$을 가정하면 $s^2 - s - 2 = s_1^2 - s_1 - 2$ & $3t = 3t_1$이므로 $(s - s_1)(s + s_1 - 1) = s^2 - s_1^2 - s + s_1 = 0$ & $t = t_1$이 성립한다. 그러므로

$$\lceil s = s_1 \ \&\ t = t_1 \rfloor \quad \text{또는} \quad \lceil s + s_1 = 1 \ \&\ t = t_1 \rfloor$$

을 얻는다. 특히, $\mathbf{g}(\frac{1}{3}, t) = \mathbf{g}(\frac{2}{3}, t)$ $(\forall\, t \in \mathbb{E}^1)$이므로 $\mathbf{g}$는 단사가 아니다.

(c4) $g^1(s,t) := s^2 - t^2$ & $g^2(s,t) := st$ $(\forall\,(s,t) \in \Delta)$ 이므로

$$J_{\mathbf{g}}(s,t) = \begin{vmatrix} 2s & -2t \\ t & s \end{vmatrix} = 2(s^2 + t^2) > 0 \quad (\forall\,(s,t) \in \Delta)$$

이다. 또한 $\{s^2 - t^2 : (s,t) \in \Delta\} = \mathbb{E}^1 = \{st : (s,t) \in \Delta\}$이고, 임의의 $(s,t) \in \Delta$에 대하여 $(s^2 - t^2, st) \neq (0,0)$이므로 $\mathbf{g}(\Delta) = \mathbb{E}^2 \setminus \{(0,0)\}$을 얻는다. 마지막으로 $\mathbf{g}(s,t) = \mathbf{g}(-s,-t)$ $(\forall\,(s,t) \in \Delta)$이므로 $\mathbf{g}$는 단사가 아니다.

(c5) $g^1(s,t) := \ln st$ & $g^2(s,t) := \frac{1}{s^2+t^2}$ $(\forall\,(s,t) \in \Delta)$이므로

$$J_{\mathbf{g}}(s,t) = \begin{vmatrix} \frac{t}{st} & \frac{s}{st} \\ \frac{-2s}{(s^2+t^2)^2} & \frac{-2t}{(s^2+t^2)^2} \end{vmatrix} = \frac{2(s^2 - t^2)}{st(s^2+t^2)^2} > 0 \quad (\forall\,(s,t) \in \Delta)$$

이다. 또한 $(s,t) \in \Delta$에 대하여 $x = \ln st$ & $y = \frac{1}{s^2+t^2}$라 두면, $e^x = st$ & $y^{-1} = s^2 + t^2$이므로

$$y^{-1} - 2e^x = s^2 + t^2 - 2st = (s-t)^2 > 0 \quad (\forall\,(s,t) \in \Delta)$$

를 얻는다. 그러므로 $y^{-1} > 2e^x$이고, 따라서 $0 < y < \frac{1}{2}e^{-x}$가 성립한다. 즉,

$$\mathbf{g}(\Delta) = \left\{\left(\ln st, \frac{1}{s^2+t^2}\right) \in \mathbb{E}^2 : (s,t) \in \Delta\right\} \subset \left\{(x,y) \in \mathbb{E}^2 : x \in \mathbb{E}^1 \ \& \ 0 < y < \frac{1}{2}e^{-x}\right\}$$

가 성립한다. 한편 조건 $x \in \mathbb{E}^1$ & $0 < y < \frac{1}{2}e^{-x}$을 만족하는 $(x,y) \in \mathbb{E}^2$에 대하여

$$s = \frac{1}{2}\left\{(y^{-1}+2e^x)^{\frac{1}{2}} + (y^{-1}-2e^x)^{\frac{1}{2}}\right\} \quad \& \quad t = \frac{1}{2}\left\{(y^{-1}+2e^x)^{\frac{1}{2}} - (y^{-1}-2e^x)^{\frac{1}{2}}\right\} \tag{10.46}$$

라 두면 $(s,t) \in \Delta$이고 더욱이 $x = \ln st$ & $y = \frac{1}{s^2+t^2}$이 성립한다. 따라서

$$\left\{(x,y) \in \mathbb{E}^2 : x \in \mathbb{E}^1 \ \& \ 0 < y < \frac{1}{2}e^{-x}\right\} \subset \mathbf{g}(\Delta)$$

임을 알 수 있다. 결국,

$$\mathbf{g}(\Delta) = \left\{\left(\ln st, \frac{1}{s^2+t^2}\right) \in \mathbb{E}^2 : (s,t) \in \Delta\right\} = \left\{(x,y) \in \mathbb{E}^2 : x \in \mathbb{E}^1 \ \& \ 0 < y < \frac{1}{2}e^{-x}\right\}$$

를 증명하였다.

마지막으로 $(s_1,t_1), (s_2,t_2) \in \Delta$에 대하여 $\mathbf{g}(s_1,t_1) = \mathbf{g}(s_2,t_2)$을 가정하면 $\ln s_1t_1 = \ln s_2t_2$ & $s_1^2+t_1^2 = s_2^2+t_2^2$이므로 $s_1t_1 = s_2t_2$ & $s_1^2+t_1^2 = s_2^2+t_2^2$를 얻는다. 따라서

$$(s_1+t_1)^2 = (s_2+t_2)^2 \quad \& \quad (s_1-t_1)^2 = (s_2-t_2)^2$$

가 성립한다. 그러나 $(s_1,t_1), (s_2,t_2) \in \Delta$이므로 $s_1+t_1 = s_2+t_2$ & $s_1-t_1 = s_2-t_2$가 성립하여 $s_1 = s_2$ & $t_1 = t_2$를 얻고, $\mathbf{g}$는 Δ 위에서 단사임을 알 수 있다.

$\mathbf{g}(\Delta)$ 위에서 $\mathbf{g}^{-1}$을 구하기 위하여 $(x,y) \in \mathbf{g}(\Delta)$를 임의로 선택하면 $x = \ln st$ & $y = \frac{1}{s^2+t^2}$을 만족하는 $(s,t) \in \Delta$가 유일하게 존재한다. 이러한 s,t는 (10.46)에서 처럼 구할 수 있고 따라서

$$\mathbf{g}^{-1}(x,y) = \left(\frac{1}{2}\left\{(y^{-1}+2e^x)^{\frac{1}{2}} + (y^{-1}-2e^x)^{\frac{1}{2}}\right\}, \frac{1}{2}\left\{(y^{-1}+2e^x)^{\frac{1}{2}} - (y^{-1}-2e^x)^{\frac{1}{2}}\right\}\right)$$

으로 주어진다.

[201](가) $\mathbf{g}(1,0,1) = (\cos 0, \sin 0, 2) = (1,0,2)$.

(나) $g^1(s,t,u) = u\cos st$, $g^2(s,t,u) = u\sin st$ & $g^3(s,t,u) = s+u$라 두면

$$J_{\mathbf{g}}(s,t,u) = \begin{vmatrix} g_1^1(s,t,u) & g_2^1(s,t,u) & g_3^1(s,t,u) \\ g_1^2(s,t,u) & g_2^2(s,t,u) & g_3^2(s,t,u) \\ g_1^3(s,t,u) & g_2^3(s,t,u) & g_3^3(s,t,u) \end{vmatrix} = \begin{vmatrix} -ut\sin st & -us\sin st & \cos st \\ ut\cos st & us\cos st & \sin st \\ 1 & 0 & 1 \end{vmatrix}$$

이므로

$$J_{\mathbf{g}}(1,0,1) = \begin{vmatrix} 0 & 0 & 1 \\ 0 & 1 & 0 \\ 1 & 0 & 1 \end{vmatrix} = -1$$

을 얻는다.

(다) (나)와 역함수정리에 의하여

$$\begin{aligned} D\mathbf{f}(1,0,2) &= [D\mathbf{g}(1,0,1)]^{-1} \\ &= \begin{pmatrix} 0 & 0 & 1 \\ 0 & 1 & 0 \\ 1 & 0 & 1 \end{pmatrix}^{-1} = -\begin{pmatrix} 1 & 0 & -1 \\ 0 & -1 & 0 \\ -1 & 0 & 0 \end{pmatrix} = \begin{pmatrix} -1 & 0 & 1 \\ 0 & 1 & 0 \\ 1 & 0 & 0 \end{pmatrix} \end{aligned}$$

을 얻는다.

[202](가) 각 $j \in \{1,2\}$에 대하여 g^j는 Δ 위의 유리함수이므로, 따라서 $g^j \in \mathcal{C}^1(\Delta)$이다. 특히, $\mathbf{g} \in \mathcal{C}^1(\Delta, \mathbb{E}^2)$임을 알 수 있다. 한편, 각 $(x,y) \in \Delta$에 대하여

$$g^1_1(x,y) = \frac{1+y}{(1+x+y)^2}, \quad g^1_2(x,y) = \frac{-x}{(1+x+y)^2}$$
$$g^2_1(x,y) = \frac{-y}{(1+x+y)^2}, \quad g^2_2(x,y) = \frac{1+x}{(1+x+y)^2}$$

이므로 $A = (x+y+1)^{-2}$라 두고 행렬식의 성질을 적용하면

$$J_{\mathbf{g}}(x,y) = \begin{vmatrix} A(1+y) & -Ax \\ -Ay & A(1+x) \end{vmatrix} = A^2 \begin{vmatrix} 1+y & -x \\ -y & 1+x \end{vmatrix} = A^2(1+x+y) = (1+x+y)^{-3}$$

이다.

(나) $(x^1,y^1), (x^2,y^2) \in \Delta$에 대하여 $\mathbf{g}(x^1,y^1) = \mathbf{g}(x^2,y^2)$라 하면

$$\frac{x^1}{x^1+y^1+1} = \frac{x^2}{x^2+y^2+1} \quad \& \quad \frac{y^1}{x^1+y^1+1} = \frac{y^2}{x^2+y^2+1} \tag{10.47}$$

가 성립하므로

$$\frac{x^1+y^1}{x^1+y^1+1} = \frac{x^2+y^2}{x^2+y^2+1}$$

이고 따라서

$$\frac{1}{x^1+y^1+1} = 1 - \frac{x^1+y^1}{x^1+y^1+1} = 1 - \frac{x^2+y^2}{x^2+y^2+1} = \frac{1}{x^2+y^2+1}$$

을 얻는다. 결국 $x^1+y^1+1 = x^2+y^2+1$이고 (10.47)을 적용하면 $x^1 = x^2$ & $y^1 = y^2$를 얻게되어 변환 $\mathbf{g}$는 Δ 위에서 단사이다.

(다) $\mathbf{g}(\Delta) = \{(u,v) \in \mathbb{E}^2 : (u,v) = \mathbf{g}(x,y) \ \& \ (x,y) \in \Delta\}$이므로 $(x,y) \in \Delta$에 대하여

$$\frac{x}{x+y+1} = g^1(x,y) = u \quad \& \quad \frac{y}{x+y+1} = g^2(x,y) = v$$

라 두면

$$u+v = \frac{x+y}{x+y+1}$$

이다. 그러므로

$$\mathbf{g}(\Delta) = \left\{(u,v) \in \mathbb{E}^2 : u+v = \frac{x+y}{x+y+1} \ \& \ (x,y) \in \Delta\right\}$$

이다. 한편 $(\mathbf{g}|_\Delta)^{-1} = \mathbf{f} := (f^1, f^2)$라 두면

$$u = \frac{x}{x+y+1} = x[1-(u+v)] \quad \& \quad v = \frac{y}{x+y+1} = y[1-(u+v)]$$

이므로

$$f^1(u,v) = \frac{u}{1-(u+v)} \quad \& \quad f^2(u,v) = \frac{v}{1-(u+v)}$$

이다. 특히, 변환 $\mathbf{f} = (f^1, f^2)$는 집합 $\mathbf{g}(\Delta)$위에서 정의된다.

[203](가) 우선 f^2는 $\mathbb{E}^2$ 위에서 선형범함수이므로 $\mathbb{E}^2$ 위에서 미분가능하고, 각 $(x,y) \in \mathbb{E}^2$에 대하여 $f^2_1(x,y) = 0$ & $f^2_2(x,y) = 1$이다. 이제, 함수 f^1에 대하여 알아보자.

- $x \neq 0$일 때,

$$f^1_1(x,y) = 1 + 2x\sin\frac{1}{x} - \cos\frac{1}{x} \quad \& \quad f^1_2(x,y) = 0$$

  이므로 편도함수 f^1_1 & f^1_2는 $\mathbb{E}^2 \setminus \{(0,y) : y \in \mathbb{E}^1\}$ 위에서 연속이다. 따라서 f^1은 $\mathbb{E}^2 \setminus \{(0,y) : y \in \mathbb{E}^1\}$ 위에서 $\mathcal{C}^1$-급이므로 f^1은 $\mathbb{E}^2 \setminus \{(0,y) : y \in \mathbb{E}^1\}$ 위에서 미분가능하다.

- $x=0$일 때,

$$\lim_{\mathbb{E}^1\ni h\to 0}\frac{f^1(h,y)-f^1(0,y)}{h}=\lim_{\mathbb{E}^1\ni h\to 0}\frac{1}{h}\left(h+h^2\sin\frac{1}{h}\right)=\lim_{\mathbb{E}^1\ni h\to 0}\left(1+h\sin\frac{1}{h}\right)=1,$$
$$\lim_{\mathbb{E}^1\ni k\to 0}\frac{f^1(0,y+k)-f^1(0,y)}{k}=\lim_{\mathbb{E}^1\ni k\to 0}\frac{0}{k}=0$$

이므로 각 $y\in\mathbb{E}^1$에 대하여 $f^1_1(0,y)=1$ & $f^1_2(0,y)=0$이다. 다음으로 각 $y\in\mathbb{E}^1$에 대하여 $df^1(0,y)=(1,0)$을 코벡터로 갖는 선형범함수 $L:\mathbb{E}^2\longrightarrow\mathbb{E}^1$ $((h,k)\longmapsto h)$를 생각하면

$$\begin{aligned}&\lim_{\mathbb{E}^2\ni(h,k)\to(0,0)}\frac{f^1((0,y)+(h,k))-f^1(0,y)-df^1(0,y)\cdot(h,k)}{\|(h,k)\|}\\&=\lim_{\mathbb{E}^2\ni(h,k)\to(0,0)}\frac{f^1(h,y+k)-f^1(0,y)-df^1(0,y)\cdot(h,k)}{\|(h,k)\|}\\&=\lim_{\mathbb{E}^2\ni(h,k)\to(0,0)}\frac{h+h^2\sin\frac{1}{h}-h}{\sqrt{h^2+k^2}}\\&=\lim_{\mathbb{E}^2\ni(h,k)\to(0,0)}\frac{h^2\sin\frac{1}{h}}{\sqrt{h^2+k^2}}\end{aligned}$$

를 얻는다. 그러나

$$\left|\frac{h}{\sqrt{h^2+k^2}}\right|\le 1\quad(\forall\,(h,k)\in\mathbb{E}^2\setminus\{(0,0)\})\quad\&\quad\lim_{\mathbb{E}^1\ni h\to 0}h\sin\frac{1}{h}=0$$

이므로

$$\lim_{\mathbb{E}^2\ni(h,k)\to(0,0)}\frac{h^2\sin\frac{1}{h}}{\sqrt{h^2+k^2}}=\lim_{\mathbb{E}^2\ni(h,k)\to(0,0)}\frac{h}{\sqrt{h^2+k^2}}h\sin\frac{1}{h}=0$$

이 성립하고 따라서 f^1은 점 $(0,y)$에서 미분가능하다.

결국 f^1은 $\mathbb{E}^2$ 위에서 미분가능하므로 정리 7.4.9를 적용하면 변환 $\mathbf{f}=(f^1,f^2)$는 $\mathbb{E}^2$ 위에서 미분가능하다.

(나)

$$J_{\mathbf{f}}(0,0)=\begin{vmatrix}1&0\\0&1\end{vmatrix}=1$$

이다.

(다) 각 자연수 $k\in\mathbb{N}$에 대하여 $x_k:=\frac{1}{2k\pi}$ & $y_k:=\frac{1}{(2k+1)\pi}$라 두면 $\lim_{k\to\infty}x_k=0=\lim_{k\to\infty}y_k$이다. 그러나

$$\lim_{k\to\infty}f^1_1(x_k,0)=\lim_{k\to\infty}\left(1+2x_k\sin\frac{1}{x_k}-\cos\frac{1}{x_k}\right)=0,$$
$$\lim_{k\to\infty}f^1_1(y_k,0)=\lim_{k\to\infty}\left(1+2y_k\sin\frac{1}{y_k}-\cos\frac{1}{y_k}\right)=2$$

이므로 편도함수 f^1_1은 $(0,0)$에서 불연속이다. 특히, $\mathbf{f}\notin\mathcal{C}^1(\mathbb{E}^2,\mathbb{E}^2)$이다.

(라) 각 $\in\mathbb{E}^1$에 대하여 $g(x):=f^1(x,0)$라 두면 보기 8.1.17에서 살펴본 것처럼 g는 0의 임의의 근방에서 단사가 아니다. 따라서 임의의 양수 $\delta>0$에 대하여 $g(x_1)=g(x_2)$ & $x_1\neq x_2$를 만족하는 $x_1,x_2\in(-\delta,\delta)$를 선택할 수 있다. 특히, 임의의 양수 $\delta>0$에 대하여

$$\mathbf{f}(x_1,0)=(f^1(x_1,0),f^2(x_1,0))=(g(x_1),0)=(g(x_2),0)=(f^1(x_2,0),f^2(x_2,0))=\mathbf{f}(x_2,0)$$

이 성립하는 $(x_1,0),(x_2,0)\in B((0,0);\delta)$ & $x_1\neq x_2$가 존재하므로 원점 $(0,0)$의 어떠한 근방에서도 $\mathbf{f}$는 단사가 아님을 알 수 있다.

[204](가) $x:=\cosh s\cos c$ & $y:=\sinh s\sin c$라 두자. 이때, 다음이 성립한다.

- $0 < \cos c < 1$인 경우:
$$\frac{x^2}{\cos^2 c} - \frac{y^2}{\sin^2 c} = 1 \quad \& \quad x = \cosh s \cos c > 0 \tag{10.48}$$
이므로 $\mathbf{g}(\ell)$은 쌍곡선 (10.48)의 오른쪽 절반이다.

- $-1 < \cos c < 0$인 경우:
$$\frac{x^2}{\cos^2 c} - \frac{y^2}{\sin^2 c} = 1 \quad \& \quad x = \cosh s \cos c < 0 \tag{10.49}$$
이므로 $\mathbf{g}(\ell)$은 쌍곡선 (10.49)의 왼쪽 절반이다.

- $\cos c = 0$인 경우: $\mathbf{g}(\ell) = \{(0, \sinh s \sin c) \in \mathbb{E}^2 : s \in \mathbb{E}^1\}$이므로 $\mathbf{g}(\ell)$은 y-축이다.

- $\cos c = 1$인 경우: $\mathbf{g}(\ell) = \{(\cosh s, 0) \in \mathbb{E}^2 : s \in \mathbb{E}^1\}$이다. 그런데 $\cosh s > 0$ $(\forall s \in \mathbb{E}^1)$이므로 $\mathbf{g}(\ell)$은 x-축의 오른쪽 절반이다.

- $\cos c = -1$인 경우: $\mathbf{g}(\ell) = \{(-\cosh s, 0) \in \mathbb{E}^2 : s \in \mathbb{E}^1\}$이다. 그런데 $\cosh s > 0$ $(\forall s \in \mathbb{E}^1)$이므로 $\mathbf{g}(\ell)$은 x-축의 왼쪽 절반이다.

(나) $g^1(s,t) := \cosh s \cos t$ & $g^2(s,t) := \sinh s \sin t$라 두면 임의의 $(s,t) \in \mathbb{E}^2$에 대하여
$$g_1^1(s,t) = \sinh s \cos t = g_2^2(s,t) \quad \& \quad g_2^1(s,t) = -\cosh s \sin t = -g_1^2(s,t)$$
이고 또한
$$J_{\mathbf{g}}((s,t)) = \begin{vmatrix} g_1^1(s,t) & g_2^1(s,t) \\ g_1^2(s,t) & g_2^2(s,t) \end{vmatrix} = \sinh^2 s + \sin^2 t > 0 \quad (\forall (s,t) \in \Delta)$$
을 얻는다. 그러므로 연습문제 7.2.12에 의하여 열린집합 Δ 위에서 $\mathbf{g}$는 등각변환이다.

[205](가) $g^1(s,t) := e^s \cos t$ & $g^2(s,t) := e^s \sin t$라 두면 임의의 $(s,t) \in \mathbb{E}^2$에 대하여
$$g_1^1(s,t) = e^s \cos t = g_2^2(s,t) \quad \& \quad g_2^1(s,t) = -e^s \sin t = -g_1^2(s,t)$$
이고 또한
$$J_{\mathbf{g}}(s,t) = \begin{vmatrix} g_1^1(s,t) & g_2^1(s,t) \\ g_1^2(s,t) & g_2^2(s,t) \end{vmatrix} = e^{2s} > 0$$
을 얻는다. 한편, 임의의 $(s,t) \in \mathbb{E}^2$에 대하여 $\mathbf{g}(s, t+2\pi) = \mathbf{g}(s,t)$이므로 $\mathbf{g}$는 단사가 아니다.

(나) 다음과 같이 구분하여 살펴보자.

- 제한사상 $\mathbf{g}|_\Delta$가 단사임을 보이기 위하여 $(s,t), (s_1,t_1) \in \Delta$에 대하여 $\mathbf{g}(s,t) = \mathbf{g}(s_1,t_1)$을 가정하면
$$e^s \cos t = e^{s_1} \cos t_1 \quad \& \quad e^s \sin t = e^{s_1} \sin t_1$$
이 성립하므로 각각을 제곱해서 변변 더하면 $e^{2s} = e^{2s_1}$을 얻고 따라서 $s = s_1$이다. 또한,
$$\sin(t + t_1) = \sin t \cos t_1 + \cos t \sin t_1 = \sin t \cos t + \cos t \sin t = \sin(t+t)$$
이므로 $t + t_1 = 2t + 2k\pi$를 만족하는 정수 $k \in \mathbb{Z}$가 존재한다. 즉, $t_1 - t = 2k\pi$를 만족하는 정수 $k \in \mathbb{Z}$가 존재한다. 한편 $0 < t, t_1 < 2\pi$이므로 $-2\pi < t_1 - t < 2\pi$이고 따라서 $-2\pi < 2k\pi < 2\pi$가 성립하여 $k = 0$을 얻는다. 결국 $t = t_1$을 증명하였고 제한사상 $\mathbf{g}|_\Delta$는 단사이다.

- $\mathbf{g}(\Delta)$를 구해보면
$$\mathbf{g}(\Delta) = \{\mathbf{g}(s,t) \in \mathbb{E}^2 : (s,t) \in \Delta\} = \{(e^s \cos t, e^s \sin t) \in \mathbb{E}^2 : s \in \mathbb{E}^1 \;\; \& \;\; 0 < t < 2\pi\}$$
를 얻는다.

- $\lceil (\mathbf{g}|_\Delta)(s,t) = (x,y) \iff (\mathbf{g}|_\Delta)^{-1}(x,y) = (s,t) \rfloor$이므로 $x = e^s \cos t$ & $y = e^s \sin t$라 두고 s & t를 x & y에 관한 식으로 표현하자. 이때, $x^2+y^2 = e^{2s}$이므로 $s = \frac{1}{2}\ln(x^2+y^2)$을 얻는다. 또한 $\Theta(x,y)$를 양의 x-축으로부터 원점을 시점으로 갖고 (x,y)를 지나는 반직선까지의 각(angle)이라 하자. 이때,
$$(\mathbf{g}|_\Delta)^{-1}(x,y) = \left(\frac{1}{2}\ln(x^2+y^2),\ \Theta(x,y)\right) \quad (\forall\,(x,y) \in \mathbf{g}(\Delta))$$
으로 주어진다.

(다) (나)에서 살펴본 것처럼 변환 $\mathbf{g}$의 주기성을 적용하면
$$\begin{aligned}\mathbf{g}(\mathbb{E}^2) &= \{\mathbf{g}(s,t) \in \mathbb{E}^2 : (s,t) \in \mathbb{E}^2\}\\ &= \{\mathbf{g}(s,t) \in \mathbb{E}^2 : s \in \mathbb{E}^1 \ \&\ 0 \le t < 2\pi\}\\ &= \{(e^s\cos t, e^s \sin t) \in \mathbb{E}^2 : s \in \mathbb{E}^1 \ \&\ 0 \le t < 2\pi\})\end{aligned}$$
이 성립한다. 그런데
$$\{e^s \cos t : s \in \mathbb{E}^1 \ \&\ 0 \le t < 2\pi\} = \mathbb{E}^1 = \{e^s \sin t : s \in \mathbb{E}^1 \ \&\ 0 \le t < 2\pi\}$$
이다. 또한 $x = e^s\cos t$ & $y = e^s \sin t$라 두면 $x^2+y^2 = e^{2s}$ & $e^{2s} \in (0,\infty)\,(\forall\, s \in \mathbb{E}^1)$이므로 $\mathbf{g}(\mathbb{E}^2) = \mathbb{E}^2 \setminus \{(0,0)\}$을 얻는다.(21)

(라) 연습문제 7.2.12와 (가)에 의하여 $\mathbf{g}$는 등각변환이다.

[206] 변환 $\mathbf{g}$가 Δ 위에서 단사가 아님을 가정하면 $\mathbf{g}(\mathbf{t}_1) = \mathbf{g}(\mathbf{t}_2)$ & $\mathbf{t}_1 \ne \mathbf{t}_2$를 만족하는 점 $\mathbf{t}_1, \mathbf{t}_2 \in \Delta$가 존재한다. 이때, $\mathbf{h} := \mathbf{t}_1 - \mathbf{t}_2 \in \mathbb{E}^n$라 두고 함수 $f : \Delta \longrightarrow \mathbb{E}^1$을 각 $\mathbf{t} \in \Delta$에 대하여
$$f(\mathbf{t}) := \sum_{k=1}^{n} (g^k(\mathbf{t}) - g^k(\mathbf{t}_1))h^k$$
로 정의하면 명제 7.4.7에 의하여 f는 Δ 위에서 미분가능한 함수이다. 특히, 각 $j \in \{1,2,\cdots,n\}$에 대하여 $f_j(\mathbf{t}) = \sum_{k=1}^n g_j^k(\mathbf{t})h^k$ $(\forall\,\mathbf{t} \in \Delta)$이므로 '평균값정리'를 적용하면
$$\begin{aligned}f(\mathbf{t}_2) - f(\mathbf{t}_1) &= df(\mathbf{t}_1 + s\mathbf{h}) \cdot \mathbf{h}\\ &= \sum_{j=1}^{n} f_j(\mathbf{t}_1 + s\mathbf{h})h^j = \sum_{j,k=1}^{n} g_j^k(\mathbf{t}_1 + s\mathbf{h})h^j h^k\end{aligned}$$
를 만족하는 실수 $s \in (0,1)$가 존재한다. 한편, $f(\mathbf{t}_2) = 0 = f(\mathbf{t}_1)$이므로 $\sum_{j,k=1}^n g_j^k(\mathbf{t}_1 + s\mathbf{h})h^jh^k = 0$을 얻는다. 그러나 $\Delta \subset \mathbb{E}^n$가 열린블록집합이므로 $\mathbf{t}_1 + s\mathbf{h} \in \Delta$이고 $\mathbf{h} = \mathbf{t}_1 - \mathbf{t}_2 \in \mathbb{E}^n \setminus \{\mathbf{0}\}$임을 고려하면 (8.9)에 모순이다. 따라서 변환 $\mathbf{g}$는 Δ 위에서 단사이다.

[207] 함수의 정의에 의하여
$$\psi(\mathbf{t}) = \|\mathbf{x} - \mathbf{g}(\mathbf{t})\|^2 \equiv \sum_{k=1}^n (x^k)^2 - 2\sum_{k=1}^n x^k g^k(\mathbf{t}) + \sum_{k=1}^n (g^k(\mathbf{t}))^2 \quad (\forall\,\mathbf{t} \in \Delta)$$
이므로 각 $j \in \{1,2,\cdots,n\}$에 대하여
$$\psi_j(\mathbf{t}) = -2\sum_{k=1}^n x^k g_j^k(\mathbf{t}) + 2\sum_{k=1}^n g^k(\mathbf{t})g_j^k(\mathbf{t}) = 2\sum_{k=1}^n (g^k(\mathbf{t}) - x^k)g_j^k(\mathbf{t}) \quad (\forall\,\mathbf{t} \in \Delta)$$
을 얻는다. 그러므로 각 $\mathbf{t} \in \Delta$에 대하여
$$\begin{aligned}d\psi(\mathbf{t}) = (\psi_1(\mathbf{t}), \psi_2(\mathbf{t}), \cdots, \psi_n(\mathbf{t})) &= 2\begin{pmatrix} g_1^1(\mathbf{t}) & g_1^2(\mathbf{t}) & \cdots & g_1^n(\mathbf{t})\\ g_2^1(\mathbf{t}) & g_2^2(\mathbf{t}) & \cdots & g_2^n(\mathbf{t})\\ \vdots & \vdots & \ddots & \vdots\\ g_n^1(\mathbf{t}) & g_n^2(\mathbf{t}) & \cdots & g_n^n(\mathbf{t})\end{pmatrix}\begin{pmatrix} g^1(\mathbf{t}) - x^1\\ g^2(\mathbf{t}) - x^2\\ \vdots\\ g^n(\mathbf{t}) - x^n\end{pmatrix}\\ &= 2(D\mathbf{g}(\mathbf{t}))^t(\mathbf{g}(\mathbf{t}) - \mathbf{x})\end{aligned} \tag{10.50}$$

(21) $\sin t = 0 = \cos t$이 성립하는 $t \in [0, 2\pi)$는 존재하지 않음에 유념한다.

이 성립한다. 한편, $J_{\mathbf{g}}(\mathbf{t}) \neq 0$ $(\forall \mathbf{t} \in \Delta)$이므로 각 $\mathbf{t} \in \Delta$에 대하여 선형변환 $D\mathbf{g}(\mathbf{t}) : \mathbb{E}^n \longrightarrow \mathbb{E}^n$은 동형(isomorphism)이다. 특히, $D\mathbf{g}(\mathbf{t})^t : \mathbb{E}^n \longrightarrow \mathbb{E}^n$도 역시 동형(isomorphism)이고, 또한 $\mathbf{x} \notin \mathbf{g}(\Delta)$이므로 (10.50)로부터 $d\psi(\mathbf{t}) \neq \mathbf{0}$ $(\forall \mathbf{t} \in \Delta)$을 얻는다.

[208](가) 주어진 조건에 의하여 분명하다.

(나) $J_{\mathbf{g}}(\mathbf{t}_0) = 0$을 만족하는 $\mathbf{t}_0 \in \mathbb{E}^n$이 존재함을 가정하면 선형변환 $D\mathbf{g}(\mathbf{t}_0) : \mathbb{E}^n \longrightarrow \mathbb{E}^n$은 단사가 아니므로 $(D\mathbf{g}(\mathbf{t}_0))(\mathbf{u}) = \mathbf{0}$이 성립하는 단위벡터 $\mathbf{u} \in \mathbb{E}^n$이 존재한다. 따라서 함수 $f : \mathbb{E}^1 \longrightarrow \mathbb{E}^n$을 $f(x) := \mathbf{g}(\mathbf{t}_0 + x\mathbf{u})$ $(\forall x \in \mathbb{E}^1)$로 정의하면 $f \in \mathcal{C}^1(\mathbb{E}^1, \mathbb{E}^n)$이고 또한 $f'(x) = (D\mathbf{g}(\mathbf{t}_0 + x\mathbf{u}))(\mathbf{u})$ $(\forall x \in \mathbb{E}^1)$이므로 $f'(0) = (D\mathbf{g}(\mathbf{t}_0))(\mathbf{u}) = \mathbf{0}$이다. 더욱이 명제 7.5.5의 관점에서 조건

$$\|f(x) - f(y)\| \leq \frac{c}{2}|x - y| \quad (\forall x, y \in I) \tag{10.51}$$

을 만족하는 0의 근방 $I \subset \mathbb{E}^1$이 존재한다(단, $c > 0$). 한편

$$\|f(x) - f(y)\| = \|\mathbf{g}(\mathbf{t}_0 + x\mathbf{u}) - \mathbf{g}(\mathbf{t}_0 + y\mathbf{u})\| \geq c\|(x - y)\mathbf{u}| = c|x - y| \quad (\forall x, y \in \mathbb{E}^1)$$

이므로 (10.51)에 모순이다. 그러므로 $J_{\mathbf{g}}(\mathbf{t}) \neq 0$ $(\forall \mathbf{t} \in \mathbb{E}^n)$이 성립한다.

(다) (1°) $\mathbf{g}(\mathbb{E}^n)$이 $\mathbb{E}^n$의 닫힌부분집합임을 목표로 한다. 이를 위하여 조건 $\lim_{n\to\infty} \mathbf{g}(\mathbf{x}_n) = \mathbf{u} \in \mathbb{E}^n$을 만족하는 점열 $(\mathbf{g}(\mathbf{x}_n))_{n\geq 1} \subset \mathbf{g}(\mathbb{E}^n)$을 선택하면 $(\mathbf{g}(\mathbf{x}_n))_{n\geq 1}$은 $\mathbb{E}^n$ 위의 코시수열이다. 그러므로 주어진 조건 (8.10)을 적용하면 $(\mathbf{x}_n)_{n\geq 1}$ 역시 $\mathbb{E}^n$ 위의 코시수열이고 정리 3.2.9를 적용하면 $\lim_{n\to\infty} \mathbf{x}_n = \mathbf{x}_0$을 만족하는 점 $\mathbf{x}_0 \in \mathbb{E}^n$가 존재한다. 그런데 주어진 조건에 의하여 $\mathbf{g}$는 연속변환이므로 $\lim_{n\to\infty} \mathbf{g}(\mathbf{x}_n) = \mathbf{g}(\mathbf{x}_0)$이고 극한의 유일성에 의하여 $\mathbf{g}(\mathbf{x}_0) = \mathbf{u}$를 얻는다. 이것은 $\mathbf{g}(\mathbb{E}^n)$가 $\mathbb{E}^n$의 닫힌부분집합임을 의미한다.

(2°) $\mathbf{g}(\mathbb{E}^n) \subsetneq \mathbb{E}^n$를 가정하고 $\mathbf{x} \in \mathbb{E}^n \setminus \mathbf{g}(\mathbb{E}^n)$을 선택하여 함수 $\psi : \mathbb{E}^n \longrightarrow \mathbb{E}^1$을 $\psi(\mathbf{t}) := \|\mathbf{x} - \mathbf{g}(\mathbf{t})\|^2$ $(\forall \mathbf{t} \in \mathbb{E}^n)$으로 정의하면 연습문제 8.1.8에 의하여

$$d\psi(\mathbf{t}) \neq \mathbf{0} \quad (\forall \mathbf{t} \in \mathbb{E}^n) \tag{10.52}$$

을 얻는다. 한편, (1°)에 의하여 $\mathbf{g}(\mathbb{E}^n)$가 $\mathbb{E}^n$의 비어 있지 않은 닫힌부분집합이므로 명제 2.3.20의 관점에서 조건 $\|\mathbf{x} - \mathbf{g}(\mathbf{t}_0)\| \leq \|\mathbf{x} - \mathbf{g}(\mathbf{t})\|$ $(\forall \mathbf{t} \in \mathbb{E}^n)$을 만족하는 $\mathbf{t}_0 \in \mathbb{E}^n$가 존재하고, 따라서 $\psi(\mathbf{t}_0) \leq \psi(\mathbf{t})$ $(\forall \mathbf{t} \in \mathbb{E}^n)$가 성립한다. 즉, ψ는 $\mathbf{t}_0$에서 극솟값을 갖게되므로 명제 6.1.5의 관점에서 $d\psi(\mathbf{t}_0) = \mathbf{0}$이다. 이것은 (10.52)에 모순이므로 $\mathbb{E}^n \setminus \mathbf{g}(\mathbb{E}^n) = \varnothing$이다. 결국 $\mathbf{g}(\mathbb{E}^n) = \mathbb{E}^n$을 증명하였다.

[209]$\Phi_1 + \Phi_2\varphi' = 0$이므로 $\varphi' = -\frac{\Phi_1}{\Phi_2}$이다. 또한,

$$\Phi_{11} + \Phi_{12}\varphi' + \Phi_{21}\varphi' + \Phi_{22}(\varphi')^2 + \Phi_2\varphi'' = 0$$

이므로

$$\varphi'' = -\frac{\Phi_{11} + 2\Phi_{12}\left(-\frac{\Phi_1}{\Phi_2}\right) + \Phi_{22}\left(\frac{\Phi_1^2}{\Phi_2^2}\right)}{\Phi_2} = -\frac{\Phi_{11}\Phi_2^2 - 2\Phi_{12}\Phi_1\Phi_2 + \Phi_{22}\Phi_1^2}{\Phi_2^3}$$

를 얻는다.

[210]$\Phi_1\varphi_1 + \Phi_2 = 0$이므로 $\varphi_1 = -\frac{\Phi_2}{\Phi_1}$이다. 또한,

$$\Phi_{11}\varphi_1^2 + \Phi_{12}\varphi_1 + \Phi_1\varphi_{11} + \Phi_{21}\varphi_1 + \Phi_{22} = 0$$

이므로

$$\varphi_{11} = -\frac{\Phi_{11}\left(-\frac{\Phi_2}{\Phi_1}\right)^2 - 2\Phi_{12}\left(\frac{\Phi_2}{\Phi_1}\right) + \Phi_{22}}{\Phi_1} = -\frac{\Phi_{11}\Phi_2^2 - 2\Phi_{12}\Phi_1\Phi_2 + \Phi_{22}\Phi_1^2}{\Phi_1^3}$$

를 얻는다.

[211](가) 우선,

$$\Phi_1^1(x^1,x^2,x^3,x^4) = -2x^3 \quad \& \quad \Phi_3^1(x^1,x^2,x^3,x^4) = -2x^1,$$
$$\Phi_1^2(x^1,x^2,x^3,x^4) = 3(x^1)^2 \quad \& \quad \Phi_3^2(x^1,x^2,x^3,x^4) = -3(x^3)^2$$

이므로

$$\tilde{J}_\Phi(x^1,x^2,x^3,x^4) = \begin{vmatrix} \Phi_1^1(x^1,x^2,x^3,x^4) & \Phi_3^1(x^1,x^2,x^3,x^4) \\ \Phi_1^2(x^1,x^2,x^3,x^4) & \Phi_3^2(x^1,x^2,x^3,x^4) \end{vmatrix} = \begin{vmatrix} -2x^3 & -2x^1 \\ 3(x^1)^2 & -3(x^3)^2 \end{vmatrix}$$

을 얻고 특히

$$\tilde{J}_\Phi(1,-1,1,1) = \begin{vmatrix} -2 & -2 \\ 3 & -3 \end{vmatrix} = 6+6 = 12$$

이다. 더욱이

$$\Phi(1,-1,1,1) = (\Phi^1(1,-1,1,1), \Phi^2(1,-1,1,1)) = (1+1-2, -1+1+1-1) = (0,0)$$

이다. 따라서 '음함수정리'의 가정을 모두 만족한다.

(나) '음함수정리'에 의하여 조건

$$\begin{cases} \circ\ \tilde{J}_\Phi(\mathbf{x}) \neq 0 \ \ (\forall\, \mathbf{x} \in U)\,; \\ \circ\ \{\mathbf{x} \in U : \Phi(\mathbf{x}) = \mathbf{0}\} = \big\{(\varphi^1(x^2,x^4), x^2, \varphi^2(x^2,x^4), x^4) : (x^2,x^4) \in R\big\} \end{cases} \tag{10.53}$$

을 만족하는

$$\begin{cases} \circ\ \mathbf{x}_0\text{의 열린근방 } U \subset \mathbb{E}^4\,; \\ \circ\ (-1,1)\text{을 포함하는 열린집합 } R \subset \mathbb{E}^2\,; \\ \circ\ \boldsymbol{\varphi} = (\varphi^1, \varphi^2) \in \mathcal{C}^2(R, \mathbb{E}^2) \end{cases}$$

가 존재한다. 특히, (10.53)의 두 번째 조건에 따르면 임의의 $(x^2,x^4) \in R$에 대하여

$$\begin{cases} \circ\ (x^2)^2 + (x^4)^2 - 2\varphi^1(x^2,x^4)\varphi^2(x^2,x^4) = 0\,; \\ \circ\ (x^2)^3 + (x^4)^3 + [\varphi^1(x^2,x^4)]^3 - [\varphi^2(x^2,x^4)]^3 = 0 \end{cases} \tag{10.54}$$

이 성립한다. 이제, 점 $\mathbf{x}_0^\lambda = (-1,1)$에서 φ^1 & φ^2의 값을 계산하면 $x^2 = -1$ & $x^4 = 1$이므로

$$\begin{cases} \circ\ 1+1-2\varphi^1(-1,1)\varphi^2(-1,1) = 0\,; \\ \circ\ -1+1+[\varphi^1(-1,1)]^3 - [\varphi^2(-1,1)]^3 = 0 \end{cases} \tag{10.55}$$

이다. 그러므로 $\varphi^1(-1,1)\varphi^2(-1,1) = 1$ & $[\varphi^1(-1,1)]^3 = [\varphi^2(-1,1)]^3$을 얻고 따라서

$$\varphi^1(-1,1) = 1 = \varphi^2(-1,1) \quad \text{또는} \quad \varphi^1(-1,1) = -1 = \varphi^2(-1,1)$$

이다. 한편 (10.54)로부터 편도함수를 계산하면

$$\begin{cases} \circ\ 2x^2 - 2\varphi_1^1(x^2,x^4)\varphi^2(x^2,x^4) - 2\varphi^1(x^2,x^4)\varphi_1^2(x^2,x^4) = 0\,; \\ \circ\ 2x^4 - 2\varphi_2^1(x^2,x^4)\varphi^2(x^2,x^4) - 2\varphi^1(x^2,x^4)\varphi_2^2(x^2,x^4) = 0\,; \\ \circ\ 3(x^2)^2 + 3[\varphi^1(x^2,x^4)]^2\varphi_1^1(x^2,x^4) - 3[\varphi^2(x^2,x^4)]^2\varphi_1^2(x^2,x^4) = 0\,; \\ \circ\ 3(x^4)^2 + 3[\varphi^1(x^2,x^4)]^2\varphi_2^1(x^2,x^4) - 3[\varphi^2(x^2,x^4)]^2\varphi_2^2(x^2,x^4) = 0 \end{cases} \tag{10.56}$$

이므로 점 $\mathbf{x}_0^\lambda = (-1,1)$에서 방정식

$$\begin{cases} \circ\ \varphi_1^1(-1,1)\varphi^2(-1,1) + \varphi^1(-1,1)\varphi_1^2(-1,1) = -1\,; \\ \circ\ \varphi_2^1(-1,1)\varphi^2(-1,1) + \varphi^1(-1,1)\varphi_2^2(-1,1) = 1\,; \\ \circ\ [\varphi^1(-1,1)]^2\varphi_1^1(-1,1) - [\varphi^2(-1,1)]^2\varphi_1^2(-1,1) = -1\,; \\ \circ\ [\varphi^1(-1,1)]^2\varphi_2^1(-1,1) - [\varphi^2(-1,1)]^2\varphi_2^2(-1,1) = -1 \end{cases} \tag{10.57}$$

을 얻는다. 그러므로 다음과 같은 결과가 성립함을 알 수 있다.

- $\varphi^1(-1,1) = 1$ & $\varphi^2(-1,1) = 1$인 경우: (10.57)의 첫 번째와 세 번째식으로부터

  $$\varphi_1^1(-1,1) = -1 \quad \& \quad \varphi_1^2(-1,1) = 0$$

  을 얻고, 또한 (10.57)의 두 번째와 네 번째식으로부터

  $$\varphi_2^1(-1,1) = 0 \quad \& \quad \varphi_2^2(-1,1) = 1$$

  을 얻는다.

- $\varphi^1(-1,1) = -1$ & $\varphi^2(-1,1) = -1$인 경우: (10.57)의 첫 번째와 세 번째식으로부터

$$\varphi_1^1(-1,1) = 0 \quad \& \quad \varphi_1^2(-1,1) = 1$$

을 얻고, 또한 (10.57)의 두 번째와 네 번째식으로부터

$$\varphi_2^1(-1,1) = -1 \quad \& \quad \varphi_2^2(-1,1) = 0$$

을 얻는다.

[212](가) $\Phi(2,1,-4) = 4+4+8-16 = 0$이다. 또한,

$$\Phi_1(x,y,z) = 2x, \quad \Phi_2(x,y,z) = 8y-2z \quad \& \quad \Phi_3(x,y,z) = -2y-2z$$

이므로

$$\Phi_1(2,1,-4) = 4, \quad \Phi_2(2,1,-4) = 16 \quad \& \quad \Phi_3(2,1,-4) = 6$$

이다. 따라서 함수 Φ는 점 $\mathbf{x}_0 = (2,1,-4) \in \mathbb{E}^3$에서 '음함수정리'의 가정을 모두 만족한다.

(나) $\ulcorner \Phi_3(x,y,z) \neq 0 \iff y \neq -z \lrcorner$이므로 $y+z=0$인 평면과 점 $\mathbf{x}_0$의 거리를 d라 하면 $d = \frac{3}{\sqrt{2}}$로 주어진다. 따라서, 구하는 점 $\mathbf{x}_0$를 포함하는 가장 큰 열린구 U의 반경은 $\frac{3}{\sqrt{2}}$이다.

(다) $\Phi_1(x,y,z) = \Phi_2(x,y,z) = \Phi_3(x,y,z) = 0$을 만족하는 점은 오직 $(0,0,0)$이다. 그러므로 함수 Φ는 유일한 임계점 $(0,0,0)$을 갖는다. 따라서 $(0,0,0)$에서 $\mathbf{x}_0$까지의 거리 $r = \sqrt{2^2+1^2+4^2} = \sqrt{21}$이 구하는 반경이다.

[213](가) $\ulcorner \Phi(x,\varphi(x)) = 0 \iff \varphi(x)^2 = x^2 \lrcorner$이므로 U, R 그리고 미분을 고려하여 함수 $\varphi : R \longrightarrow \mathbb{E}^1$을 선택하면 $\varphi(x) = x$ 또는 $\varphi(x) = -x$이다.

(나) 우선,

$$\{(x,y) \in U : \Phi(x,y) = 0\} = \left\{(x,y) \in U : y^2 = x^2\right\} = \{(x,y) \in U : y = x\} \cup \{(x,y) \in U : y = -x\}$$

임에 착안하면 (가)에서 얻은 함수 $\varphi : R \longrightarrow \mathbb{E}^1$에 대하여 오직

$$\{(x,y) \in U : \Phi(x,y) = 0\} \supsetneq \{(x,\varphi(x) : x \in R\}$$

이 성립한다. 그러므로 조건

$$\{(x,y) \in U : \Phi(x,y) = 0\} = \{(x,\varphi(x)) : x \in R\}$$

을 만족하는 함수 $\varphi : R \longrightarrow \mathbb{E}^1$는 존재하지 않는다.

(다) $\Phi_1(x,y) = 2x$ & $\Phi_2(x,y) = -2y$이므로 $\Phi_1(0,0) = 0 = \Phi_2(0,0)$이다. 따라서 '음함수정리'의 가정이 충족되지 않는다.

[214](가) 각 $j \in \{1,2,\cdots,n\}$에 대하여

$$\Phi_j^2(\mathbf{x}) = \theta_j(\mathbf{x})\Phi^1(\mathbf{x}) + \theta(\mathbf{x})\Phi_j^1(\mathbf{x}) \quad (\forall\, \mathbf{x} \in \Delta)$$

이다. 그러므로 $\Phi(\mathbf{x}_0) = \mathbf{0}$을 만족하는 임의의 $\mathbf{x}_0 \in \Delta$에 대하여 $\Phi_j^2(\mathbf{x}_0) = \theta(\mathbf{x}_0)\Phi_j^1(\mathbf{x}_0)$를 얻는다. 여기서

$$[D\Phi(\mathbf{x}_0)]_{2\times n} = \begin{pmatrix} \Phi_1^1(\mathbf{x}_0) & \Phi_2^1(\mathbf{x}_0) & \cdots & \Phi_n^1(\mathbf{x}_0) \\ \Phi_1^2(\mathbf{x}_0) & \Phi_2^2(\mathbf{x}_0) & \cdots & \Phi_n^2(\mathbf{x}_0) \end{pmatrix}$$

임에 유념하자. 그러나 임의의 $i,j \in \{1,2,\cdots,n\}$를 정해두면 $\Phi(\mathbf{x}_0) = \mathbf{0}$을 만족하는 임의의 $\mathbf{x}_0 \in \Delta$에 대하여

$$\begin{vmatrix} \Phi_i^1(\mathbf{x}_0) & \Phi_j^1(\mathbf{x}_0) \\ \Phi_i^2(\mathbf{x}_0) & \Phi_j^2(\mathbf{x}_0) \end{vmatrix} = \begin{vmatrix} \Phi_i^1(\mathbf{x}_0) & \Phi_j^1(\mathbf{x}_0) \\ \theta(\mathbf{x}_0)\Phi_i^1(\mathbf{x}_0) & \theta(\mathbf{x}_0)\Phi_j^1(\mathbf{x}_0) \end{vmatrix} = 0$$

을 얻는다. 따라서 $\Phi(\mathbf{x}_0) = \mathbf{0}$을 만족하는 임의의 $\mathbf{x}_0 \in \Delta$에 대하여 $\operatorname{rank}(D\Phi(\mathbf{x}_0)) < 2$임을 알 수 있다.

(나) $\Phi^m(\mathbf{x}) = \theta^1(\mathbf{x})\Phi^1(\mathbf{x}) + \theta^2(\mathbf{x})\Phi^2(\mathbf{x}) + \cdots + \theta^{m-1}(\mathbf{x})\Phi^{m-1}(\mathbf{x})$ $(\forall \mathbf{x} \in \Delta)$을 만족하는 $\theta^j : \Delta \longrightarrow \mathbb{E}^1$이 존재할 때, 변환 $\Phi = (\Phi^1, \Phi^2, \cdots, \Phi^{m-1}, \Phi^m)$을 생각하면 $\Phi(\mathbf{x}_0) = \mathbf{0}$을 만족하는 임의의 $\mathbf{x}_0 \in \Delta$에 대하여 $\mathrm{rank}(D\Phi(\mathbf{x}_0)) < m$이다.

(증명) 각 $j \in \{1, 2, \cdots, n\}$에 대하여

$$\begin{aligned}\Phi^m_j(\mathbf{x}) &= \theta^1_j(\mathbf{x})\Phi^1(\mathbf{x}) + \theta^2_j(\mathbf{x})\Phi^2(\mathbf{x}) + \cdots + \theta^{m-1}_j(\mathbf{x})\Phi^{m-1}(\mathbf{x}) \\ &\quad + \theta^1(\mathbf{x})\Phi^1_j(\mathbf{x}) + \theta^2(\mathbf{x})\Phi^2_j(\mathbf{x}) + \cdots + \theta^{m-1}(\mathbf{x})\Phi^{m-1}_j(\mathbf{x}) \quad (\forall \mathbf{x} \in \Delta)\end{aligned} \tag{10.58}$$

이다. 그러므로 $\Phi(\mathbf{x}_0) = \mathbf{0}$을 만족하는 임의의 $\mathbf{x}_0 \in \Delta$에 대하여

$$\Phi^m_j(\mathbf{x}_0) = \theta^1(\mathbf{x}_0)\Phi^1_j(\mathbf{x}_0) + \theta^2(\mathbf{x}_0)\Phi^2_j(\mathbf{x}_0) + \cdots + \theta^{m-1}(\mathbf{x}_0)\Phi^{m-1}_j(\mathbf{x}_0)$$

를 얻는다. 여기서

$$[D\Phi(\mathbf{x}_0)]_{m\times n} = \begin{pmatrix} \Phi^1_1(\mathbf{x}_0) & \Phi^1_2(\mathbf{x}_0) & \cdots & \Phi^1_n(\mathbf{x}_0) \\ \Phi^2_1(\mathbf{x}_0) & \Phi^2_2(\mathbf{x}_0) & \cdots & \Phi^2_n(\mathbf{x}_0) \\ \vdots & \vdots & \ddots & \vdots \\ \Phi^m_1(\mathbf{x}_0) & \Phi^m_2(\mathbf{x}_0) & \cdots & \Phi^m_n(\mathbf{x}_0) \end{pmatrix}$$

임에 유념하자. 그러나 $1 \le i_1 < i_2 < \cdots < i_m \le n$을 만족하는 $i_1, i_2, \cdots, i_m$을 임의의 정해두면 $\Phi(\mathbf{x}_0) = \mathbf{0}$을 만족하는 임의의 $\mathbf{x}_0 \in \Delta$에 대하여

$$\begin{aligned}&\begin{vmatrix} \Phi^1_{i_1}(\mathbf{x}_0) & \Phi^1_{i_2}(\mathbf{x}_0) & \cdots & \Phi^1_{i_m}(\mathbf{x}_0) \\ \Phi^2_{i_1}(\mathbf{x}_0) & \Phi^2_{i_2}(\mathbf{x}_0) & \cdots & \Phi^2_{i_m}(\mathbf{x}_0) \\ \vdots & \vdots & \ddots & \vdots \\ \Phi^m_{i_1}(\mathbf{x}_0) & \Phi^m_{i_2}(\mathbf{x}_0) & \cdots & \Phi^m_{i_m}(\mathbf{x}_0) \end{vmatrix} \\ &= \sum_{k=1}^{m-1} \begin{vmatrix} \Phi^1_{i_1}(\mathbf{x}_0) & \Phi^1_{i_2}(\mathbf{x}_0) & \cdots & \Phi^1_{i_m}(\mathbf{x}_0) \\ \Phi^2_{i_1}(\mathbf{x}_0) & \Phi^2_{i_2}(\mathbf{x}_0) & \cdots & \Phi^2_{i_m}(\mathbf{x}_0) \\ \vdots & \vdots & \ddots & \vdots \\ \theta^k(\mathbf{x}_0)\Phi^k_{i_1}(\mathbf{x}_0) & \theta^k(\mathbf{x}_0)\Phi^k_{i_2}(\mathbf{x}_0) & \cdots & \theta^k(\mathbf{x}_0)\Phi^k_{i_m}(\mathbf{x}_0) \end{vmatrix} = 0\end{aligned}$$

을 얻는다. 따라서 $\Phi(\mathbf{x}_0) = \mathbf{0}$을 만족하는 임의의 $\mathbf{x}_0 \in \Delta$에 대하여 $\mathrm{rank}(D\Phi(\mathbf{x}_0)) < m$임을 알 수 있다.

[215](가) $f := \Phi(x_0, \cdot)$라 두면 Φ가 $\mathcal{C}^1$-급 함수이므로 f는 y_0에서 미분가능하고 $f(y_0) = \Phi(x_0, y_0) = 0$이다. 더욱이 $f'(y_0) = \Phi_2(x_0, y_0) > 0$을 만족한다. 그러므로 f는 y_0의 근방에서 순증가(strictly increasing)한다. 즉, 구간 $[y_0 - \epsilon, y_0 + \epsilon]$ 위에서 함수 f가 순증가하는 양수 $\epsilon > 0$이 존재한다. 특히, $f(y_0) = 0$이므로

$$\Phi(x_0, y) : \begin{cases} < 0 & (\forall y \in [y_0 - \epsilon, y_0)) \\ > 0 & (\forall y \in (y_0, y_0 + \epsilon]) \end{cases}$$

이 성립한다.

(나) $g := \Phi(\cdot, y_0 - \epsilon)$ & $h := \Phi(\cdot, y_0 + \epsilon)$이라 두면 g & h는 x_0에서 연속이다. 한편 $g(x_0) < 0$ & $h(x_0) > 0$이므로 조건

$$|x - x_0| < \delta \implies \lceil \Phi(x, y_0 - \epsilon) = g(x) < 0 \;\&\; \Phi(x, y_0 + \epsilon) = h(x) > 0 \rfloor$$

을 만족하는 양수 $\delta > 0$가 존재한다.

(다) 함수 $k := \Phi(x_1, \cdot)$를 생각하면 함수 k는 열린구간 $(y_0 - \epsilon, y_0 + \epsilon)$ 위에서 미분가능하고 $k'(t) = \Phi_2(x_1, t) > 0$ $(\forall t \in (y_0 - \epsilon, y_0 + \epsilon))$가 성립한다. 따라서 함수 k는 열린구간 $(y_0 - \epsilon, y_0 + \epsilon)$ 위에서 순증가한다. 한편 (나)에 의하여

$$\begin{cases} \circ \; k(y_0 - \epsilon) = \Phi(x_1, y_0 - \epsilon) < 0\,; \\ \circ \; k(y_0 + \epsilon) = \Phi(x_1, y_0 + \epsilon) > 0 \end{cases}$$

이므로 조건 $\Phi(x_1, y_1) = k(y_1) = 0$을 만족하는 유일한 점 $y_1 \in (y_0 - \epsilon, y_0 + \epsilon)$가 존재한다.

(라) $\Phi(x,\varphi(x))=0$이므로 $\Phi_1(x,\varphi(x))+\Phi_2(x,\varphi(x))\varphi'(x)=0$이 성립한다. 그러므로

$$\varphi'(x)=-\frac{\Phi_1(x,\varphi(x))}{\Phi_2(x,\varphi(x))}\quad(\forall\, x\in(x_0-\delta,x_0+\delta))$$

을 얻는다.

[216] $i=j$인 경우는 분명하므로 $i<j$라 가정하자.

- 변환 $\boldsymbol{\varphi}$의 성분함수를 생각하면 충분하므로 $\boldsymbol{\varphi}:=(\varphi^1,\cdots,\varphi^n)$라 두면, 각 $k\in\{1,2,\cdots,n\}$에 대하여

$$\begin{cases}\circ\ \varphi^k(x_1,\cdots,x^i\cdots,x^j,\cdots,x^n)=x^k\ \ (\forall\, k\notin\{i,j\})\,;\\ \circ\ \varphi^i(x_1,\cdots,x^i\cdots,x^j,\cdots,x^n)=x^j\,;\\ \circ\ \varphi^j(x_1,\cdots,x^i\cdots,x^j,\cdots,x^n)=x^i\end{cases}$$

임에 유념하면 각 $l\in\{1,2,\cdots,n\}$에 대하여

$$\begin{cases}\circ\ \varphi^k_l(x_1,\cdots,x^i\cdots,x^j,\cdots,x^n)=\delta_{kl}\ \ (\forall\, k\notin\{i,j\})\,;\\ \circ\ \varphi^i_l(x_1,\cdots,x^i\cdots,x^j,\cdots,x^n)=\delta_{jl}\,;\\ \circ\ \varphi^j_l(x_1,\cdots,x^i\cdots,x^j,\cdots,x^n)=\delta_{il}\end{cases}\tag{10.59}$$

임을 알 수 있다. 그러므로 $\varphi^k\in\mathcal{C}^q(\mathbb{E}^n)$이고, 특히 $\boldsymbol{\varphi}\in\mathcal{C}^q(\mathbb{E}^n,\mathbb{E}^n)$임을 보였다.

- 변환 $\boldsymbol{\varphi}$가 전단사인 것은 분명하다.

- 임의의 $\mathbf{x}\in\mathbb{E}^n$을 정해두면, (10.59)에 의하여, $J_{\boldsymbol{\varphi}}(\mathbf{x})=-1$을 얻는다.

[217] (가) 실수 $c\in\mathbb{E}^1$에 대하여 등고선은

$$\{(x,y)\in\mathbb{E}^2:x^2+2y^2+2=\ln c\}=\begin{cases}\varnothing & (\ln c<2)\\ \{(0,0)\} & (\ln c=2)\\ \dfrac{x^2}{(\sqrt{\ln c-2})^2}+\dfrac{y^2}{\left(\frac{\sqrt{\ln c-2}}{\sqrt{2}}\right)^2}=1 & (\ln c>2)\end{cases}$$

이므로

$$\{(x,y)\in\mathbb{E}^2:F(x,y)=c\}=\begin{cases}\varnothing & (\ln c<2)\\ \{(0,0)\} & (\ln c=2)\\ \dfrac{x^2}{(\sqrt{\ln c-2})^2}+\dfrac{y^2}{\left(\frac{\sqrt{\ln c-2}}{\sqrt{2}}\right)^2}=1 & (\ln c>2)\end{cases}$$

을 얻는다.

(나) $\ln c>2$인 경우, $M_c:=\{(x,y)\in\mathbb{E}^2:x^2+2y^2+2=\ln c\}$라 두고 함수 $\Phi:\mathbb{E}^2\setminus\{(0,0)\}\longrightarrow\mathbb{E}^1$을 $\Phi(x,y):=x^2+2y^2+2-\ln c\,(\forall\,(x,y)\in\mathbb{E}^2\setminus\{(0,0)\})$로 정의하면 $\operatorname{rank}(D\Phi(x,y))=1\,(\forall\,(x,y)\in\mathbb{E}^2\setminus\{(0,0)\})$이므로 M_c는 1-다양체이다.

[218] (가) 실수 $c\in\mathbb{E}^1$에 대하여 등위집합은

$$\{(x,y)\in\mathbb{E}^2:F(x,y)=c\}=\begin{cases}\{(x,y,z)\in\mathbb{E}^3:x^2+y^2-4z^2=c\} & (c\neq0)\\ \{(x,y,z)\in\mathbb{E}^3:x^2+y^2=4z^2\} & (c=0)\end{cases}$$

이다.

(나) $c=0$인 경우, $\mathbf{0}$은 F의 임계점이므로 원뿔(cone)인 F의 등위집합 $\{(x,y,z)\in\mathbb{E}^3:x^2+y^2=4z^2\}$은 2-다양체가 아니다. $c\neq0$인 경우, 함수 $\Phi:\mathbb{E}^3\setminus\{\mathbf{0}\}\longrightarrow\mathbb{E}^1$을 $\Phi(x,y,z):=x^2+y^2-4z^2-c$로 정의하면 $\Phi\in\mathcal{C}^1(\mathbb{E}^3\setminus\{\mathbf{0}\},\mathbb{E}^1)$이고 $\operatorname{rank}(D\Phi(x,y,z))=1\ \big(\forall\,(x,y,z)\in\mathbb{E}^3\setminus\{\mathbf{0}\}\big)$이다. 그러므로 F의 등위집합 $\{(x,y,z)\in\mathbb{E}^3\setminus\{\mathbf{0}\}:x^2+y^2-4z^2=c\}$은 2-다양체이다.

(다) $M_1:=\{(x,y,z)\in\mathbb{E}^3:x^2+y^2-4z^2=1\}$라 두고 각 $(x,y,z)\in\mathbb{E}^3\setminus\{\mathbf{0}\}$에 대하여 함수 $\Phi:\mathbb{E}^3\setminus\{\mathbf{0}\}\longrightarrow\mathbb{E}^1$을 $\Phi(x,y,z):=x^2+y^2-4z^2-1$로 정의하면 $\operatorname{grad}\Phi(2,-1,1)=(4,-2,-8)$이다. 그러므로

점 $(2,-1,1) \in M_1$에서 2-다양체 M_1에 대한 접평면은 $4(x-2)-2(y+1)-8(z-1)=0$으로 주어진다. 즉, $2(x-2)-(y+1)-4(z-1)=0$이다.

[219] 각 $(x,y,z) \in \mathbb{E}^3 \setminus \{\mathbf{0}\}$에 대하여 함수 $\Phi : \mathbb{E}^3 \setminus \{\mathbf{0}\} \longrightarrow \mathbb{E}^1$을 $\Phi(x,y,z) := 2 - x^2 - y^2 - 2z^2$로 정의하면 $\Phi \in \mathcal{C}^1(\mathbb{E}^3 \setminus \{\mathbf{0}\}, \mathbb{E}^1)$ & $\operatorname{rank}(D\Phi(x,y,z)) = 1$ $(\forall ((x,y,z) \in \mathbb{E}^3 \setminus \{\mathbf{0}\})$이다. 그러므로 $M = \{(x,y,z) \in \mathbb{E}^3 \setminus \{\mathbf{0}\} : \Phi(x,y,z) = 0\}$은 2-다양체이다.

[220] $\Omega := \{(x,y,0) \in \mathbb{E}^3 : x^2 = y^2\}$이라 두면 Ω는 $\mathbb{E}^3$의 닫힌부분집합이므로 $\Delta := \mathbb{E}^3 \setminus \Omega$는 $\mathbb{E}^3$의 열린 부분집합이다. 특히, 변환 $\Phi : \Delta \longrightarrow \mathbb{E}^2$를 $\Phi(x,y,z) := (xy, x^2+y^2+z^2-1)$ $(\forall (x,y,z) \in \Delta)$로 정의하면 $\Phi \in \mathcal{C}^1(\Delta, \mathbb{E}^2)$이고 또한 $\operatorname{rank}(D\Phi(x,y,z)) = 2$ $(\forall (x,y,z) \in \Delta)$을 만족한다. 그러므로 $M := \{(x,y,z) \in \Delta : \Phi(x,y,z) = \mathbf{0}$ & $\operatorname{rank}(D\Phi(x,y,z)) = 2\}$은 1-다양체이다. 특히, $M = \{(0,y,z) \in \mathbb{E}^3 : y^2+z^2 = 1$ & $y \neq 0\} \cup \{(x,0,z) \in \mathbb{E}^3 : x^2+z^2 = 1$ & $x \neq 0\}$ 임에 유념하자.

[221] 함수 $\Phi : A \times \mathbb{E}^1 \longrightarrow \mathbb{E}^1$을 $\Phi(x,y,z) := f(x,y) - z$ $(\forall (x,y,z) \in A \times \mathbb{E}^1)$으로 정의하자. 그때,

(가) $\Phi \in \mathcal{C}^1(A \times \mathbb{E}^1, \mathbb{E}^1)$이고 $\operatorname{rank}(D\Phi(x,y,z)) = 1$ $(\forall (x,y,z) \in A \times \mathbb{E}^1)$이다. 그러므로

$$M = \{(x,y,z) \in A \times \mathbb{E}^1 : \Phi(x,y,z) = 0 \ \& \ \operatorname{rank}(D\Phi(x,y,z)) = 1\}$$

은 2-다양체이다.

(나) 우선,

$$\operatorname{grad}\Phi(x,y,z) = (\Phi_1(x,y,z), \Phi_2(x,y,z), \Phi_3(x,y,z)) = (f_1(x,y), f_2(x,y), -1)$$

이므로 $(f_1(x,y), f_2(x,y), -1)$은 $(x,y,f(x,y)) \in M$에서 M에 대한 정규벡터이다.

(다) 명제 5.2.9에서 주어진 접초평면은

$$P = \{(x,y,z) \in \mathbb{E}^3 : z = f(x_0,y_0) + f_1(x_0,y_0)(x-x_0) + f_2(x_0,y_0)(y-y_0)\} \tag{10.60}$$

이다. 한편 $z_0 = f(x_0,y_0)$라 할 때, $(x_0,y_0,z_0) \in M$에서 다양체 M에 대한 접평면은

$$\begin{aligned} &\{(x,y,z) \in \mathbb{E}^3 : \Phi_1(x_0,y_0,z_0)(x-x_0) + \Phi_2(x_0,y_0,z_0)(y-y_0) + \Phi_3(x_0,y_0,z_0)(z-z_0) = 0\} \\ &\quad = \{(x,y,z) \in \mathbb{E}^3 : f_1(x_0,y_0)(x-x_0) + f_2(x_0,y_0)(y-y_0) - (z-z_0) = 0\} \end{aligned} \tag{10.61}$$

으로 주어진다. 이들을 비교해 보면 (10.60)와 (10.61)은 동일하다.

(라) 열린집합 $A \subset \mathbb{E}^n$와 함수 $f \in \mathcal{C}^1(A, \mathbb{E}^1)$에 대하여 집합 $M := \{(\mathbf{x}, f(\mathbf{x})) : \mathbf{x} \in A\}$을 생각할 때, M은 n-다양체이고, $(f_1(\mathbf{x}), f_2(\mathbf{x}), \cdots, f_n(\mathbf{x}), -1)$은 $(\mathbf{x}, f(\mathbf{x})) \in M$에서 M에 대한 정규벡터이다. 마지막으로 점 $(\mathbf{x}_0, f(\mathbf{x}_0)) \in M$에서 M에 대한 접평면의 방정식은 명제 5.2.9에서 다룬것과 일치한다.

[222] 변환 $\Phi : A \times \mathbb{E}^2 \longrightarrow \mathbb{E}^2$를 $\Phi(x,y,z) := (y - f(x), z - g(x))$ $(\forall (x,y,z) \in A \times \mathbb{E}^2)$로 정의하자. 그때,

(가) $\Phi \in \mathcal{C}^1(A \times \mathbb{E}^2, \mathbb{E}^1)$이고 $\operatorname{rank}(D\Phi(x,y,z)) = 2$ $(\forall (x,y,z) \in A \times \mathbb{E}^2)$이다. 그러므로

$$M = \{(x,y,z) \in A \times \mathbb{E}^2 : \Phi(x,y,z) = 0 \ \& \ \operatorname{rank}(D\Phi(x,y,z)) = 2\}$$

는 1-다양체이다.

(나) 임의의 $(x,y,z) \in A \times \mathbb{E}^2$에 대하여 $\Phi^1(x,y,z :) = y - f(x)$ & $\Phi^2(x,y,z) := z - g(x)$라 두면

$$\operatorname{grad}\Phi^1(x,y,z) = (-f'(x), 1, 0) \quad \& \quad \operatorname{grad}\Phi^2(x,y,z) = (-g'(x), 0, 1)$$

이므로

$$\begin{cases} \circ \ \operatorname{grad}\Phi^1(x, f(x), g(x)) \cdot (1, f'(x), g'(x)) = (-f'(x), 1, 0) \cdot (1, f'(x), g'(x)) = 0\,; \\ \circ \ \operatorname{grad}\Phi^2(x, f(x), g(x)) \cdot (1, f'(x), g'(x)) = (-g'(x), 0, 1) \cdot (1, f'(x), g'(x)) = 0 \end{cases}$$

를 얻는다. 그러므로 $(1, f'(x), g'(x))$는 $(x, f(x), g(x))$에서 M에 대한 접벡터이다.

[223] 함수 $\Phi : U \longrightarrow \mathbb{E}^1$을 $\Phi(x,y) := x^y - y^x \ (\forall (x,y) \in U)$로 정의하면 $\Phi \in \mathcal{C}^1(U, \mathbb{E}^1)$이고 $\mathrm{rank}(D\Phi(x,y)) = 1 \ (\forall (x,y) \in U)$이다. 그러므로 $M = \{(x,y) \in U : \Phi(x,y) = 0 \ \& \ \mathrm{rank}(D\Phi(x,y)) = 1\}$은 1-다양체이다.

[224] $M = \{(0,y,z) \in \mathbb{E}^3 : y,z \in \mathbb{E}^1\} \cup \{(x,0,0) \in \mathbb{E}^3 : x \in \mathbb{E}^1\}$ 이므로 M은 1 (또는 2)-다양체가 아니다.

[225] 임의의 점 $\mathbf{x}_0 \in M \cup N$을 정해두면 다음이 성립한다.

- $\mathbf{x}_0 \in M$인 경우: $\mathbf{x}_0 \notin \overline{N}$이므로 $\mathrm{dist}(\mathbf{x}_0, \overline{N}) > 0$ 이다. 특히, M이 r-다양체이므로 조건
$$\begin{cases} \circ \ U \cap \overline{N} = \varnothing\,; \\ \circ \ \mathrm{rank}(D\Phi(\mathbf{x})) = n - r \ \ (\forall \mathbf{x} \in U)\,; \\ \circ \ M \cap U = \{\mathbf{x} \in U : \Phi(\mathbf{x}) = \mathbf{0}\} \end{cases}$$
를 충족하는 $\mathbf{x}_0$의 열린근방 $U \subset \mathbb{E}^n$와 변환 $\Phi \in \mathcal{C}^1(U, \mathbb{E}^{n-r})$가 존재한다.

- $\mathbf{x}_0 \in N$인 경우: $\mathbf{x}_0 \notin \overline{M}$이므로 $\mathrm{dist}(\mathbf{x}_0, \overline{M}) > 0$ 이다. 특히, N이 r-다양체이므로 조건
$$\begin{cases} \circ \ V \cap \overline{M} = \varnothing\,; \\ \circ \ \mathrm{rank}(D\Psi(\mathbf{x})) = n - r \ \ (\forall \mathbf{x} \in V)\,; \\ \circ \ N \cap V = \{\mathbf{x} \in V : \Psi(\mathbf{x}) = \mathbf{0}\} \end{cases}$$
를 충족하는 $\mathbf{x}_0$의 열린근방 $V \subset \mathbb{E}^n$와 변환 $\Psi \in \mathcal{C}^1(V, \mathbb{E}^{n-r})$가 존재한다.

그러나
$$\begin{cases} \circ \ (M \cup N) \cap U = M \cap U\,; \\ \circ \ (M \cup N) \cap V = N \cap V \end{cases}$$
이므로 $M \cup N$은 r-다양체이다.

[226] 임의로 $\mathbf{x}_0 \in M \cap A$를 선택하면 M이 r-다양체이므로 조건
$$\begin{cases} \circ \ \mathrm{rank}(D\Phi(\mathbf{x})) = n - r \ \ (\forall \mathbf{x} \in V)\,; \\ \circ \ M \cap V = \{\mathbf{x} \in V : \Phi(\mathbf{x}) = \mathbf{0}\} \end{cases}$$
를 충족하는 $\mathbf{x}_0$의 열린근방 $V \subset \mathbb{E}^n$와 변환 $\Phi \in \mathcal{C}^1(V, \mathbb{E}^{n-r})$가 존재한다. 특히, A가 열린집합이므로 $U := V \cap A$라 두면 $U \subset \mathbb{E}^n$는 $\mathbf{x}_0$의 열린근방이고 $\Phi \in \mathcal{C}^1(U, \mathbb{E}^{n-r})$이다. 더욱이 조건
$$\begin{cases} \circ \ \mathrm{rank}(D\Phi(\mathbf{x})) = n - r \ \ (\forall \mathbf{x} \in U)\,; \\ \circ \ (M \cap A) \cap U = (M \cap V) \cap A = \{\mathbf{x} \in U : \Phi(\mathbf{x}) = \mathbf{0}\} \end{cases}$$
를 만족한다. 그러므로 $M \cap A$는 r-다양체이다.

[227] (가) $A := (a_{ij})_{n \times n}$라 두고 함수 $\Phi : \mathbb{E}^n \setminus \{\mathbf{0}\} \longrightarrow \mathbb{E}^1$를 $\Phi(\mathbf{x}) := \sum_{i,j=1}^n a_{ij} x^i x^j - 1 \ \ (\forall \mathbf{x} \in \mathbb{E}^n \setminus \{\mathbf{0}\})$으로 정의하면 $\Phi \in \mathcal{C}^1(\mathbb{E}^n \setminus \{\mathbf{0}\}, \mathbb{E}^1)$이고 $\mathrm{rank}(D\Phi(\mathbf{x})) = 1 \ \ (\forall \mathbf{x} \in \mathbb{E}^n \setminus \{\mathbf{0}\})$이다.(22) 더욱이, $M \cap (\mathbb{E}^n \setminus \{\mathbf{0}\}) = M = \{\mathbf{x} \in \mathbb{E}^n \setminus \{\mathbf{0}\} : \Phi(\mathbf{x}) = 0\}$가 성립한다. 그러므로 M은 $(n-1)$-다양체이다.

(나) $\mathrm{grad}\,\Phi(\mathbf{x}_0) = 2\left(\sum_{k=1}^n a_{1k} x_0^k, \sum_{k=1}^n a_{2k} x^k, \cdots, \sum_{k=1}^n a_{nk} x_0^k\right)$이고 또한 $\sum_{j,k=1}^n a_{jk} x_0^k x_0^j = 1$이므로 $\mathbf{x}_0 \in M$에서 M에 대한 접초평면은
$$\begin{aligned} \mathbf{x}_0 + T_{\mathbf{x}_0}(M) &= \{\mathbf{x} \in \mathbb{E}^n \ : \ \mathrm{grad}\,\Phi(\mathbf{x}_0) \cdot (\mathbf{x} - \mathbf{x}_0) = 0\} \\ &= \left\{\mathbf{x} \in \mathbb{E}^n : \left(\sum_{k=1}^n a_{1k} x_0^k, \cdots, \sum_{k=1}^n a_{nk} x_0^k\right) \cdot (x^1 - x_0^1, \cdots, x^n - x_0^n) = 0\right\} \\ &= \left\{\mathbf{x} \in \mathbb{E}^n : \sum_{j,k=1}^n a_{jk} x_0^k (x^j - x_0^j) = 0\right\} = \left\{\mathbf{x} \in \mathbb{E}^n : \sum_{j,k=1}^n a_{jk} x_0^k x^j = 1\right\} \end{aligned}$$

---

(22) 각 $j \in \{1,2,\cdots,n\}$에 대하여 $\Phi_j(\mathbf{x}) = 2\sum_{k=1}^n a_{kj} x^k$이므로 $(\Phi_1(\mathbf{x}), \Phi_2(\mathbf{x}), \cdots, \Phi_n(\mathbf{x}))^t = 2A\mathbf{x}^t$가 성립한다. 그러나 'Cramer 법칙'을 적용하면 $\det A \neq 0$이므로 「$A\mathbf{x}^t = \mathbf{0} \iff \mathbf{x} = \mathbf{0}$」를 얻게되어 $\mathrm{rank}(D\Phi(\mathbf{x})) = 1 \ (\forall \mathbf{x} \in \mathbb{E}^n \setminus \{\mathbf{0}\})$이다.

으로 주어진다.

[228] (가) 함수 $\Phi : \mathbb{E}^2 \setminus \{\mathbf{0}\} \longrightarrow \mathbb{E}^1$을 각 $(x, y) \in \mathbb{E}^2 \setminus \{\mathbf{0}\}$에 대하여 $\Phi(x, y) := x^2 + y^2 - 1$로 정의하면 $\Phi \in \mathcal{C}^1(\mathbb{E}^2 \setminus \{\mathbf{0}\}, \mathbb{E}^1)$이고 $\text{rank}(D\Phi(x, y)) = 1$ $(\forall (x, y) \in \mathbb{E}^2 \setminus \{\mathbf{0}\})$이므로 $M = \{(x, y) \in \mathbb{E}^2 \setminus \{\mathbf{0}\} : \Phi(x, y) = 0 \ \& \ \text{rank}(D\Phi(x, y)) = 1\}$은 1-다양체이다. 따라서 명제 9.4.3에 의하여 $C = M \times N$은 2-다양체이다.

(나) 우선, 집합 $A, B, E, F \subset \mathbb{E}^n$에 대하여

$$\begin{cases} \circ\ \partial(A \times B) = [(\partial A) \times \overline{B}] \cup [\overline{A} \times \partial B]\,; \\ \circ\ \overline{A \times B} = \overline{A} \times \overline{B}\,; \\ \circ\ (A \times B) \cap (E \times F) = (A \cap E) \times (B \cap F) \end{cases}$$

가 성립함을 유념하자. 집합을 정리하면

$$\begin{cases} \circ\ \partial K = [M \times \{(u, v) \in \mathbb{E}^2 : u^2 + v^2 \leq 1\}] \cup [\{(x, y) \in \mathbb{E}^2 : x^2 + y^2 \leq 1\} \times N]\,; \\ \circ\ \{(x, y) \in \mathbb{E}^2 : x^2 + y^2 \leq 1\} = \{(x, y) \in \mathbb{E}^2 : x^2 + y^2 < 1\} \cup \{(x, y) \in \mathbb{E}^2 : x^2 + y^2 = 1\} \end{cases}$$

을 얻는다. 그런데 $G_1 = \{(x, y) \in \mathbb{E}^2 : x^2 + y^2 < 1\}$은 $\mathbb{E}^2$의 열린부분집합이므로 G_1은 2- 다양체이고, 또한 $G_2 = \{(u, v) \in \mathbb{E}^2 : u^2 + v^2 < 1\}$ 역시 $\mathbb{E}^2$의 열린부분집합이므로 G_2는 2-다양체임에 주목하자. 이때,

$$\partial K = (M \times G_2) \cup C \cup (G_1 \times N) \cup C = (M \times G_2) \cup (G_1 \times N) \cup C$$

이고 $M \times G_2$, $G_1 \times N$ & C는 서로소인 집합이므로 $H = \partial K \setminus C = (M \times G_2) \cup (G_1 \times N)$이 성립한다. 더욱이

$$(\overline{M \times G_2}) \cap (G_1 \times N) = \varnothing = (M \times G_2) \cap (\overline{G_1 \times N})$$

이 성립하므로 연습문제 9.1.9 & 명제 9.4.3에 의하여 H는 3-다양체이다.

[229] 먼저, $\text{rank}(D\Phi(\mathbf{x}_0)) = m$이므로 편의상

$$\begin{vmatrix} \Phi_1^1(\mathbf{x}_0) & \cdots & \Phi_m^1(\mathbf{x}_0) \\ \Phi_1^2(\mathbf{x}_0) & \cdots & \Phi_m^2(\mathbf{x}_0) \\ \cdots & \cdots & \cdots \\ \Phi_1^m(\mathbf{x}_0) & \cdots & \Phi_m^m(\mathbf{x}_0) \end{vmatrix} \neq 0$$

라 가정할 수 있다. 그런데 $\Psi^k \in \mathcal{C}^1(U, \mathbb{E}^1)$이고 각 $j \in \{1, 2, \cdots, n\}$에 대하여

$$\begin{cases} \circ\ \Psi_j^k(\mathbf{x}) = g_j^k(\mathbf{x})\Phi^k(\mathbf{x}) + g^k(\mathbf{x})\Phi_j^k(\mathbf{x}) \ \ (\forall\, \mathbf{x} \in U)\,; \\ \circ\ \Phi^k(\mathbf{x}_0) = 0 \ \ (\forall\, k \in \{1, 2, \cdots, m\}) \end{cases}$$

이므로

$$\begin{aligned} \begin{vmatrix} \Psi_1^1(\mathbf{x}_0) & \cdots & \Psi_m^1(\mathbf{x}_0) \\ \Psi_1^2(\mathbf{x}_0) & \cdots & \Psi_m^2(\mathbf{x}_0) \\ \cdots & \cdots & \cdots \\ \Psi_1^m(\mathbf{x}_0) & \cdots & \Psi_m^m(\mathbf{x}_0) \end{vmatrix} &= \begin{vmatrix} g^1(\mathbf{x}_0)\Phi_1^1(\mathbf{x}_0) & \cdots & g^1(\mathbf{x}_0)\Phi_m^1(\mathbf{x}_0) \\ g^2(\mathbf{x}_0)\Phi_1^2(\mathbf{x}_0) & \cdots & g^2(\mathbf{x}_0)\Phi_m^2(\mathbf{x}_0) \\ \cdots & \cdots & \cdots \\ g^m(\mathbf{x}_0)\Phi_1^m(\mathbf{x}_0) & \cdots & g^m(\mathbf{x}_0)\Phi_m^m(\mathbf{x}_0) \end{vmatrix} \\ &= g^1(\mathbf{x}_0)\cdots g^m(\mathbf{x}_0) \begin{vmatrix} \Phi_1^1(\mathbf{x}_0) & \cdots & \Phi_m^1(\mathbf{x}_0) \\ \Phi_1^2(\mathbf{x}_0) & \cdots & \Phi_m^2(\mathbf{x}_0) \\ \cdots & \cdots & \cdots \\ \Phi_1^m(\mathbf{x}_0) & \cdots & \Phi_m^m(\mathbf{x}_0) \end{vmatrix} \neq 0 \end{aligned} \tag{10.62}$$

이 성립한다. 한편 각 $k \in \{1, 2, \cdots, m\}$ & $j \in \{1, 2, \cdots, n\}$에 대하여 Φ_j^k가 연속이고 $g^k(\mathbf{x}_0) \neq 0$이므로 조건

$$\begin{cases} \circ\ g^k(\mathbf{x}) \neq 0 \ \ (\forall\, \mathbf{x} \in U_0 \ \& \ \forall\, k \in \{1, 2, \cdots, m\})\,; \\ \circ\ \text{rank}(D\Phi(\mathbf{x})) = m \ \ (\forall\, \mathbf{x} \in U_0) \end{cases}$$

를 만족하는 $\mathbf{x}_0$의 열린근방 $U_0 \subset U$를 선택할 수 있다. 따라서 (10.62)로부터

$$\begin{cases} \circ\ g^k(\mathbf{x}) \neq 0 \ \ (\forall\, \mathbf{x} \in U_0 \ \& \ \forall\, k \in \{1, 2, \cdots, m\})\,; \\ \circ\ \text{rank}(D\Psi(\mathbf{x})) = m \ \ (\forall\, \mathbf{x} \in U_0) \end{cases}$$

을 얻는다. 더욱이 $M \cap U = \{\mathbf{x} \in U : \Phi(\mathbf{x}) = \mathbf{0}\}$이므로 $M \cap U_0 = \{\mathbf{x} \in U_0 : \Psi(\mathbf{x}) = \mathbf{0}\}$이다. 따라서 요구된 결과를 얻는다.

[230](1°) 함수 $\Phi : \mathbb{E}^3 \longrightarrow \mathbb{E}^1$을 각 $(x,y,z) \in \mathbb{E}^3$에 대하여 $\Phi(x,y,z) := 1 - x - y - z$으로 정의하자. 그때, $\Phi \in \mathcal{C}^1(\mathbb{E}^3, \mathbb{E}^1)$ & $\mathrm{rank}(D\Phi(x,y,z)) = 1$ $(\forall\,(x,y,z) \in \mathbb{E}^3)$이므로 $M = \{(x,y,z) \in \mathbb{E}^3 : \Phi(x,y,z) = 0\}$은 2-다양체이다.

(2°) 함수 $f \in \mathcal{C}^1(\mathbb{E}^3, \mathbb{E}^1)$을 가지고 '곱셈자법칙'을 적용하기 위하여 함수 $F(x,y,z) = f(x,y,z) + \sigma\Phi(x,y,z)$을 생각하자. (단, $\sigma \in \mathbb{E}^1$). 이때, $(x_0,y_0,z_0) \in \mathbb{E}^3$가 F의 임계점이라 하면

$$\mathbf{0} = \mathrm{grad}\, F(x_0,y_0,z_0) = (6x_0 - \sigma, 6y_0 - \sigma, 2z_0 - \sigma)$$

이므로 $x_0 = \frac{1}{6}\sigma = y_0$ & $z_0 = \frac{1}{2}\sigma$를 얻는다. 특히, $(x_0,y_0,z_0) \in M$ 이라 하면 $1 = x_0 + y_0 + z_0 = \frac{5}{6}\sigma$이므로 $\sigma = \frac{6}{5}$이고 따라서 $(x_0,y_0,z_0) = (\frac{1}{5}, \frac{1}{5}, \frac{3}{5}) \in M$ 을 얻는다.

(3°) $f(x,y,z) = 3x^2 + 3y^2 + z^2 \geq 0$ $(\forall\,(x,y,z) \in \mathbb{E}^3)$이므로 제한함수 $f|_M$의 최솟값은 0이상 임을 알 수 있다. 한편

$$(x_0 + h^1, y_0 + h^2, z_0 + h^3) \in M \iff h^1 + h^2 + h^3 = 0$$

이고 $\mathrm{grad}\, f(x_0,y_0,z_0) = \mathrm{grad}\, f(\frac{1}{5}, \frac{1}{5}, \frac{3}{5}) = -\sigma \mathrm{grad}\, \Phi(\frac{1}{5}, \frac{1}{5}, \frac{3}{5}) = -\sigma(-1,-1,-1) = (\sigma,\sigma,\sigma)$이므로 임의의 $(x_0 + h^1, y_0 + h^2, z_0 + h^3) \in M$에 대하여 다음이 성립한다.

$$\begin{aligned} f(x_0 + h^1, y_0 + h^2, z_0 + h^3) &= f(x_0,y_0,z_0) + \mathrm{grad}\, f(x_0,y_0,z_0) \cdot (h^1,h^2,h^3) + f(h^1,h^2,h^3) \\ &= f(x_0,y_0,z_0) + \sigma(h^1 + h^2 + h^3) + f(h^1,h^2,h^3) \\ &= f(x_0,y_0,z_0) + f(h^1,h^2,h^3) \\ &\geq f(x_0,y_0,z_0). \end{aligned}$$

따라서 제한함수 $f|_M$의 최솟값이 존재하고 그 최솟값은 $f(x_0,y_0,z_0) = \frac{3}{5}$이다.

[231](1°) $M = \{(x,y) \in \mathbb{E}^2 : x = y^2\}$라 두고 함수 $\Phi : \mathbb{E}^2 \longrightarrow \mathbb{E}^1$을 각 $(x,y) \in \mathbb{E}^2$에 대하여 $\Phi(x,y) := x - y^2$로 정의하면 $\Phi \in \mathcal{C}^1(\mathbb{E}^2, \mathbb{E}^1)$ & $\mathrm{rank}(D\Phi(x,y)) = 1$ $(\forall\,(x,y) \in \mathbb{E}^2)$이므로 $M = \{(x,y) \in \mathbb{E}^2 : \Phi(x,y) = 0\}$은 1-다양체이다.

(2°) 함수 $f(x,y) := (x-c)^2 + y^2$ $(\forall\,(x,y) \in \mathbb{E}^2)$을 생각하면 $f \in \mathcal{C}^1(\mathbb{E}^2, \mathbb{E}^1)$이다. 그러므로 함수 f를 가지고 '곱셈자법칙'을 적용하기 위하여 함수 $F(x,y) = f(x,y) + \sigma\Phi(x,y)$ (단, $\sigma \in \mathbb{E}^1$)의 임계점을 조사해 보자. 이때,

$$\begin{aligned} \mathrm{grad}\, F(x,y) &= \mathrm{grad}\, f(x,y) + \sigma \mathrm{grad}\, \Phi(x,y) \\ &= (2(x-c), 2y) + \sigma(1, -2y) = (2(x-c) + \sigma, 2y - 2\sigma y) \end{aligned}$$

이므로 $(x_0,y_0) \in \mathbb{E}^2$가 F의 임계점이라 하면

$$\mathrm{grad}\, F(x_0,y_0) = \mathbf{0} \iff \ulcorner (x_0 = c - \sigma/2 \ \& \ y_0 = 0) \quad \text{또는} \quad (x_0 = c - \sigma/2 \ \& \ \sigma = 1) \lrcorner$$

이다.

(3°) $(x_0,y_0) \in M$이라 하고 다음과 같은 경우를 생각해 보자.

▷ $x_0 = y_0 = 0$ & $\sigma = 2c$인 경우: 임의의 $(h,k) \in M$에 대하여 다음이 성립한다.

$$\begin{aligned} f(0+h, 0+k) = f(h,k) &= (h-c)^2 + k^2 \\ &= h^2 - 2ch + c^2 + k^2 \\ &= f(0,0) + h^2 - 2ck^2 + k^2 \quad ((\because)\ h = k^2) \\ &\geq f(0,0) + k^2(1 - 2c). \end{aligned}$$

그러므로 $1 - 2c \geq 0$이면 $f(0+h, 0+k) \geq f(0,0) = c^2$ $(\forall\,(h,k) \in M)$이므로 점 $(c,0)$에서 M까지의 거리

$$d = \mathrm{dist}((c,0), M) = \sqrt{f(0,0)} = \sqrt{c^2} = |c|$$

를 얻는다.

▷ $\sigma = 1$ & $x_0 = c - \frac{1}{2}$인 경우: $0 \le y_0^2 = x_0 = c - \frac{1}{2}$이므로 $c \ge \frac{1}{2}$이다. 또한, $x_0 = y_0^2$이므로

$$(x_0+h, y_0+k) \in M \iff x_0 + h = (y_0+k)^2 = y_0^2 + 2y_0k + k^2 \iff h = 2y_0k + k^2$$

이 성립하고 따라서 임의의 $(x_0+h, y_0+k) \in M$에 대하여 다음을 얻는다.

$$\begin{aligned} f(x_0+h, y_0+k) &= (x_0+h-c)^2 + (y_0+k)^2 \\ &= (x_0-c)^2 + h^2 + 2h(x_0-c) + y_0^2 + 2y_0k + k^2 \\ &= f(x_0,y_0) + h^2 - h + 2y_0k + k^2 \quad ((\because)\ x_0 - c = -1/2) \\ &= f(x_0,y_0) + h^2 \quad ((\because)\ h = 2y_0k + k^2) \\ &\ge f(x_0,y_0). \end{aligned}$$

그러나 $f(x_0,y_0) = (c - \frac{1}{2} - c)^2 + c - \frac{1}{2} = c - \frac{1}{4}$이므로 점 $(c,0)$에서 M까지의 거리

$$d = \operatorname{dist}((c,0), M) = \sqrt{f(x_0,y_0)} = \sqrt{c - 1/4}$$

을 얻는다.

[232] 각 $(x,y,z) \in \mathbb{E}^3$에 대하여 $\Phi^1(x,y,z) = x - y$ & $\Phi^2(x,y,z) = y - z$으로 정의된 함수 $\Phi^1, \Phi^2 \in \mathcal{C}^1(\mathbb{E}^3, \mathbb{E}^1)$을 생각하자.

(1°) $M = \{(x,y,z) \in \mathbb{E}^3 : x = y = z\}$라 두고 각 $(x,y,z) \in \mathbb{E}^3$에 대하여 변환 $\Phi : \mathbb{E}^3 \longrightarrow \mathbb{E}^2$을 $\Phi(x,y,z) := (\Phi^1(x,y,z), \Phi^2(x,y,z))$으로 정의하자. 그때, $\Phi \in \mathcal{C}^1(\mathbb{E}^3, \mathbb{E}^2)$ & $\operatorname{rank}(D\Phi(x,y,z)) = 2\,(\forall\,(x,y,z) \in \mathbb{E}^3)$이므로 $M = \{(x,y,z) \in \mathbb{E}^3 : \Phi(x,y,z) = \mathbf{0}\}$은 1-다양체이다.

(2°) 각 $(x,y,z) \in \mathbb{E}^3$에 대하여 $f(x,y,z) := (x-1)^2 + (y+2)^2 + (z+1)^2$로 정의된 함수 $f : \mathbb{E}^3 \longrightarrow \mathbb{E}^1$을 생각하면 $f \in \mathcal{C}^1(\mathbb{E}^3, \mathbb{E}^1)$이다. 이제, 함수 f를 가지고 '곱셈자법칙'을 적용하기 위하여 함수 $F(x,y,z) = f(x,y,z) + \sigma_1\Phi^1(x,y,z) + \sigma_2\Phi^2(x,y,z)$를 생각하자. (단, $\sigma_1, \sigma_2 \in \mathbb{E}^1$). 이때,

$$\begin{aligned} \operatorname{grad} F(x,y,z) &= \operatorname{grad} f(x,y,z) + \sigma_1 \operatorname{grad} \Phi^1(x,y,z) + \sigma_2 \operatorname{grad} \Phi^2(x,y,z) \\ &= (2(x-1) + \sigma_1, 2(y+2) - \sigma_1 + \sigma_2, 2(z+1) - \sigma_2) \end{aligned}$$

이므로 $(x_0,y_0,z_0) \in \mathbb{E}^3$가 F의 임계점이라 하면

$$\operatorname{grad} F(x_0,y_0,z_0) = \mathbf{0} \iff x_0 = \frac{2-\sigma_1}{2},\ \ y_0 = \frac{\sigma_1 - \sigma_2 - 4}{2}\ \ \&\ \ z_0 = \frac{\sigma_2 - 2}{2}$$

이다. 특히, $(x_0,y_0,z_0) \in M$이 되도록 취하면 $\sigma_1 = \frac{10}{3}$ & $\sigma_2 = \frac{2}{3}$이므로 $x_0 = y_0 = z_0 = -\frac{2}{3}$을 얻는다.

(3°) 임의의 점 $(h,k,l) \in \mathbb{E}^3$에 대하여 다음이 성립한다.

$$(x_0+h, y_0+k, z_0+l) \in M \iff x_0 + h = y_0 + k = z_0 + l \iff h = k = l.$$

(4°) $h = k = l$을 만족하는 임의의 점 $(h,k,l) \in \mathbb{E}^3$에 대하여

$$\begin{aligned} f(x_0+h, y_0+k, z_0+l) &= (x_0+h-1)^2 + (y_0+k+2)^2 + (z_0+l+1)^2 \\ &\ge f(x_0,y_0,z_0) + 2h(x_0+y_0+z_0+2) \\ &= f(x_0,y_0,z_0) + 2h(3x_0+2) \quad ((\because)\ x_0 = y_0 = z_0) \\ &= f(x_0,y_0,z_0) \quad ((\because)\ x_0 = -2/3) \end{aligned}$$

가 성립한다.

(5°) (4°)에서 $x_0 = y_0 = z_0 = -\frac{2}{3}$임을 이용하면 $f|_M$의 최소값은 $f(x_0,y_0,z_0) = \frac{14}{3}$임을 알 수 있다. 따라서 구하는 거리는

$$d = \sqrt{(x_0-1)^2 + (y_0+2)^2 + (z_0+1)^2} = \sqrt{f(x_0,y_0,z_0)} = \sqrt{\frac{14}{3}}$$

이다.

[233] $\mathbf{a} = \mathbf{0}$인 경우는 분명하므로 $\mathbf{a} \neq \mathbf{0}$라 가정하자.

(가) 임의의 $\mathbf{x} \in \mathbb{E}^n \setminus \{\mathbf{0}\}$에 대하여 $\Phi(\mathbf{x}) := 1 - \|\mathbf{x}\|^2$ & $f(\mathbf{x}) := \mathbf{a} \cdot \mathbf{x}$로 정의된 함수를 생각하면 $\Phi, f \in \mathcal{C}^1(\mathbb{E}^n \setminus \{\mathbf{0}\}, \mathbb{E}^1)$이다. 이때, $(n-1)$-다양체 $M = \{\mathbf{x} \in \mathbb{E}^n \setminus \{\mathbf{0}\} : \|\mathbf{x}\| = 1\}$과 함수 f를 가지고 '곱셈자법칙'을 적용하기 위하여 함수 $F(\mathbf{x}) = f(\mathbf{x}) + \sigma\Phi(\mathbf{x})$ $(\forall \mathbf{x} \in \mathbb{E}^n \setminus \{\mathbf{0}\})$을 생각하자. (단, $\sigma \in \mathbb{E}^1$). 만일 함수 F의 임계점을 $\mathbf{x}_0 \in \mathbb{E}^n \setminus \{\mathbf{0}\}$라 하면 $\operatorname{grad} F(\mathbf{x}_0) = \mathbf{0}$이므로 $x_0^j = \frac{a_j}{2\sigma}$ $(\forall j \in \{1, 2, \cdots, n\})$을 얻는다. 특히, $\mathbf{x}_0 \in M$이라 하면 $1 = \|\mathbf{x}_0\|$이므로 $2|\sigma| = \|\mathbf{a}\|$이다. 여기서 $\sigma > 0$을 선택하면 $\mathbf{x}_0 = \frac{\mathbf{a}}{\|\mathbf{a}\|}$임을 알 수 있다. 한편,

$$\begin{aligned} \mathbf{x}_0 + \mathbf{h} \in M &\iff \|\mathbf{x}_0 + \mathbf{h}\| = 1 \\ &\iff 1 = \|\mathbf{x}_0 + \mathbf{h}\|^2 = \|\mathbf{x}_0\|^2 + 2\mathbf{x}_0 \cdot \mathbf{h} + \mathbf{h} \cdot \mathbf{h} = 1 + 2\mathbf{x}_0 \cdot \mathbf{h} + \mathbf{h} \cdot \mathbf{h} \\ &\iff \mathbf{x}_0 \cdot \mathbf{h} = -\frac{1}{2}\mathbf{h} \cdot \mathbf{h} = -\frac{1}{2}\|\mathbf{h}\|^2 \end{aligned}$$

이 성립하므로 $\mathbf{a} = \|\mathbf{a}\|\mathbf{x}_0$임을 이용하여 정리하면 임의의 $\mathbf{x}_0 + \mathbf{h} \in M$에 대하여

$$\begin{aligned} f(\mathbf{x}_0 + \mathbf{h}) = \mathbf{a} \cdot (\mathbf{x}_0 + \mathbf{h}) = \mathbf{a} \cdot \mathbf{x}_0 + \mathbf{a} \cdot \mathbf{h} &= f(\mathbf{x}_0) + \|\mathbf{a}\|\mathbf{x}_0 \cdot \mathbf{h} \\ &= f(\mathbf{x}_0) - \frac{\|\mathbf{a}\|}{2}\|\mathbf{h}\|^2 \leq f(\mathbf{x}_0) \end{aligned}$$

을 얻는다. 그러나, $f(\mathbf{x}_0) = \mathbf{a} \cdot \mathbf{x}_0 = \mathbf{a} \cdot \frac{\mathbf{a}}{\|\mathbf{a}\|} = \|\mathbf{a}\|$이므로

$$\max\{\mathbf{a} \cdot \mathbf{x} : \|\mathbf{x}\| = 1\} = \max\{f(\mathbf{x}) : \|\mathbf{x}\| = 1\} \leq \|\mathbf{a}\|$$

가 성립한다. 한편 $\mathbf{x} = \frac{\mathbf{a}}{\|\mathbf{a}\|}$라 두면 $\|\mathbf{x}\| = 1$ & $f(\mathbf{x}) = \mathbf{a} \cdot \mathbf{x} = \|\mathbf{a}\|$이므로

$$\|\mathbf{a}\| \leq \max\{f(\mathbf{x}) : \|\mathbf{x}\| = 1\} = \max\{\mathbf{a} \cdot \mathbf{x} : \|\mathbf{x}\| = 1\}$$

이다. 그러므로

$$\max\{\mathbf{a} \cdot \mathbf{x} : \|\mathbf{x}\| = 1\} = \|\mathbf{a}\|$$

가 성립한다.

(나) '코시-슈바르츠 부등식'을 적용하면

$$|\mathbf{a} \cdot \mathbf{x}| \leq \|\mathbf{a}\|\|\mathbf{x}\| = \|\mathbf{a}\| \quad (\forall \mathbf{x} \in M)$$

이 성립하므로 임의의 $\mathbf{x} \in M$에 대하여 $-\|\mathbf{a}\| \leq \mathbf{a} \cdot \mathbf{x} \leq \|\mathbf{a}\|$를 얻는다. 한편, $\mathbf{x} = \frac{\mathbf{a}}{\|\mathbf{a}\|}$로 선택하면

$$\|\mathbf{x}\| = 1 \quad \& \quad \mathbf{a} \cdot \mathbf{x} = \frac{\mathbf{a} \cdot \mathbf{a}}{\|\mathbf{a}\|} = \|\mathbf{a}\|$$

이므로 $\|\mathbf{a}\| \in \{\mathbf{a} \cdot \mathbf{x} : \|\mathbf{x}\| = 1\}$을 얻는다. 그러므로 등식

$$\max\{\mathbf{a} \cdot \mathbf{x} : \|\mathbf{x}\| = 1\} = \|\mathbf{a}\|$$

가 성립한다.

[234] 임의의 $i, j \in \{1, 2, \cdots, n-1\}$에 대하여 $\mathbf{v}_i \cdot \mathbf{v}_j = \delta_{ij}$이므로 $\mathcal{B} := \{\mathbf{v}_1, \mathbf{v}_2, \cdots, \mathbf{v}_{n-1}\} \subset \mathbb{E}^n$은 일차독립인 집합이다. 따라서 $W := \operatorname{span}(\mathcal{B})$라 두고 $W^\perp := \{\mathbf{x} \in \mathbb{E}^n : \mathbf{x} \cdot \mathbf{y} = 0\ (\forall \mathbf{y} \in W)\}$를 생각하면 $\mathbb{E}^n = W \oplus W^\perp$ & $\dim(\mathbb{E}^n) = \dim(W) + \dim(W^\perp)$이므로 $W^\perp = \operatorname{span}(\{\mathbf{w}\})$인 벡터 $\mathbf{w} \in \mathbb{E}^n \setminus \{\mathbf{0}\}$가 존재한다. 특히 $\mathbf{v}_n := \frac{\mathbf{w}}{\|\mathbf{w}\|}$라 두면 $\|\mathbf{v}_n\| = 1$ & $W^\perp = \operatorname{span}(\{\mathbf{v}_n\})$이다. 더욱이 $\mathbf{v}_n \cdot \mathbf{v}_k = 0$ $(\forall k \in \{1, 2, \cdots, n-1\})$이므로 $\mathcal{B}$은 $\mathbb{E}^n$의 정규직교기저이다.

[235] 각 $\mathbf{x} \in \mathbb{E}^n$에 대하여 $f(\mathbf{x}) := \|\mathbf{x} - \mathbf{x}_1\|^2$으로 정의된 함수 $f : \mathbb{E}^n \longrightarrow \mathbb{E}^1$을 생각하면 $f \in \mathcal{C}^1(\mathbb{E}^n, \mathbb{E}^1)$이다. 그런데 $\mathbf{x}_1 \notin M$이므로 임의의 $\mathbf{x} \in M$에 대하여 $f(\mathbf{x}) > 0$임을 알 수 있다. 가정에 의하여 $\mathbf{x}_0 \in M$가 $\mathbf{x}_1$에 가장 가까운 점이므로 $\mathbf{x}_0$에서 제한함수 $f|_M$는 극소값을 갖는다. 그러므로 함수 f를 가지고 '곱셈자법칙'을 적용하기 위하여 함수 $F(\mathbf{x}) = f(\mathbf{x}) + \sum_{k=1}^{n-r}\sigma_k\Phi^k(\mathbf{x})$를 생각하자. 여기서 $\sigma_j \in \mathbb{E}^1$ $(1 \leq j \leq n-r)$이고 Φ_j $(\forall j \in \{1, 2, \cdots, n-r\})$는 다양체 M을 정의하는 $\mathcal{C}^1$-급 함수들이다.

특히, $\mathbf{x}_0 \in M$는 함수 F의 임계점이므로 $\mathbf{0} = \mathrm{grad}\, F(\mathbf{x}_0) = \mathrm{grad}\, f(\mathbf{x}_0) + \sum_{k=1}^{n-r} \sigma_k \mathrm{grad}\, \Phi^k(\mathbf{x}_0)$가 성립한다. 그러나 $\mathrm{grad}\, f(\mathbf{x}_0) = 2(\mathbf{x}_0 - \mathbf{x}_1)$이므로

$$2(\mathbf{x}_0 - \mathbf{x}_1) = -\sum_{k=1}^{n-r} \sigma_k \mathrm{grad}\, \Phi^k(\mathbf{x}_0)$$

를 얻고, 명제 9.3.3에 따르면 $\mathbf{x}_1 - \mathbf{x}_0 \in \mathbb{E}^n$은 $\mathbf{x}_0$에서 M에 대한 정규벡터임을 알 수 있다.

[236] 우선, H는 $(n-1)$-다양체임에 유념하고 각 $\mathbf{x} \in \mathbb{E}^n$에 대하여 $\Phi(\mathbf{x}) := b - \mathbf{y} \cdot \mathbf{x}$ & $f(\mathbf{x}) := \|\mathbf{x} - \mathbf{x}_1\|^2$으로 정의된 함수 $f, \Phi : \mathbb{E}^n \longrightarrow \mathbb{E}^1$를 생각하면 $f, \Phi \in \mathcal{C}^1(\mathbb{E}^n, \mathbb{E}^1)$이다. 이때, 함수 f를 가지고 '곱셈자법칙'을 적용하기 위하여 함수 $F(\mathbf{x}) := f(\mathbf{x}) + \sigma\Phi(\mathbf{x})$를 생각하자 (단, $\sigma \in \mathbb{E}^1$). $\mathbf{x}_0 \in \mathbb{E}^n$가 함수 F의 임계점이라 하면 $\mathrm{grad}\, F(\mathbf{x}_0) = \mathbf{0}$이므로

$$x_0^j = x_1^j + \frac{\sigma}{2} y^j \quad (\forall j \in \{1, 2, \cdots, n\})$$

을 얻는다. 더욱이, $\mathbf{x}_0 \in H$라 하면

$$b = \sum_{j=1}^n y^j x_0^j = \sum_{j=1}^n y^j x_1^j + \frac{\sigma}{2} \sum_{j=1}^n (y^j)^2 = \mathbf{y} \cdot \mathbf{x}_1 + \frac{\sigma}{2}\|\mathbf{y}\|^2$$

을 얻는다. 그러므로

$$\frac{\sigma}{2} = \frac{b - \mathbf{y} \cdot \mathbf{x}_1}{\|\mathbf{y}\|^2}$$

가 성립하고 따라서

$$\mathbf{x}_0 - \mathbf{x}_1 = \frac{\sigma}{2}\mathbf{y} = \frac{b - \mathbf{y} \cdot \mathbf{x}_1}{\|\mathbf{y}\|^2}\mathbf{y}$$

를 얻는다. 한편, $\mathbf{h} \in \mathbb{E}^n$에 대하여

$$\mathbf{x}_0 + \mathbf{h} \in H \iff b = \mathbf{y} \cdot (\mathbf{x}_0 + \mathbf{h}) = b + \mathbf{y} \cdot \mathbf{h} \iff \mathbf{y} \cdot \mathbf{h} = 0$$

이다. 그러므로 임의의 $\mathbf{x}_0 + \mathbf{h} \in H$에 대하여

$$\begin{aligned} f(\mathbf{x}_0 + \mathbf{h}) &= \|\mathbf{x}_0 + \mathbf{h} - \mathbf{x}_1\|^2 \\ &= \|(\mathbf{x}_0 - \mathbf{x}_1) + \mathbf{h}\|^2 \\ &= \|\mathbf{x}_0 - \mathbf{x}_1\|^2 + 2(\mathbf{x}_0 - \mathbf{x}_1) \cdot \mathbf{h} + \|\mathbf{h}\|^2 \geq f(\mathbf{x}_0) + \sigma\mathbf{y} \cdot \mathbf{h} = f(\mathbf{x}_0) \end{aligned}$$

이 성립한다. 특히,

$$f(\mathbf{x}_0) = \|\mathbf{x}_0 - \mathbf{x}_1\|^2 = \left\| \frac{b - \mathbf{y} \cdot \mathbf{x}_1}{\|\mathbf{y}\|^2}\mathbf{y} \right\|^2 = \frac{|b - \mathbf{y} \cdot \mathbf{x}_1|^2}{\|\mathbf{y}\|^2}$$

이므로

$$\mathrm{dist}(\mathbf{x}_1, H) = \sqrt{f(\mathbf{x}_0)} = \frac{|\mathbf{y} \cdot \mathbf{x}_1 - b|}{\|\mathbf{y}\|}$$

임을 알 수 있다.

[237] (가) 두 개의 집합 $S = \{\mathbf{x} \in \mathbb{E}^n : \sum_{i=1}^n x^i = 1\}$ & $A := \{\mathbf{x} \in \mathbb{E}^n : x^i > 0 \ (1 \leq i \leq n)\}$을 생각하자. 그때, $M = S \cap A$임에 유념하자.

(1°) 함수 $\Phi : \mathbb{E}^n \longrightarrow \mathbb{E}^1$을 각 $\mathbf{x} \in \mathbb{E}^n$에 대하여 $\Phi(\mathbf{x}) := 1 - (x^1 + x^2 + \cdots + x^n)$로 정의하면 $\Phi \in \mathcal{C}^1(\mathbb{E}^n, \mathbb{E}^1)$ & $\mathrm{rank}(D\Phi(\mathbf{x})) = 1$ $(\forall \mathbf{x} \in \mathbb{E}^n)$이다. 그러므로 $S = \{\mathbf{x} \in \mathbb{E}^n : \Phi(\mathbf{x}) = 0\}$은 $(n-1)$-다양체이다. 특히, $A \subset \mathbb{E}^n$은 $\mathbb{E}^n$의 열린집합이므로 연습문제 9.1.10에 의하여 $M = A \cap S$는 $(n-1)$-다양체이다.

(2°) $M_1 := \Phi^{-1}(\{0\}) \cap \{\mathbf{x} \in \mathbb{E}^n : x^j \geq 0 \ (1 \leq j \leq n)\}$ 이라 두면 연습문제 1.1.3에 의하면 $\|\mathbf{x}\| \leq \sqrt{n}$ $(\forall \mathbf{x} \in M_1)$이므로 M_1은 $\mathbb{E}^n$의 유계 부분집합이다. 또한 M_1은 $\mathbb{E}^n$의 닫힌 부분집합이다. 따라서 $M_1 \subset \mathbb{E}^n$은 콤팩트집합이고, 함수 f는 $\mathbb{E}^n$ 위에서 연속이므로 f는 M_1 위에서 최댓값과 최솟값을 갖는다. 여기서 $f(\mathbf{x}) \geq 0$ $(\forall \mathbf{x} \in M_1)$이고 $f(\mathbf{y}) = 0$인 점 $\mathbf{y} \in M_1$이 존재함을 고려하면 함수 f의 콤팩트집합 M_1 위에서 최솟값은 0이다. 특히, 집합 M과 집합 M_1의 구성에 비추어 $f|_M$의 최댓값과 $f|_{M_1}$의 최댓값은 일치한다.

(3°) $f(\mathbf{x}) > 0$ $(\forall \mathbf{x} \in M)$이고 $\ln$은 증가함수이므로 집합 M 위에서 함수 f와 $\ln f$가 최댓값을 갖는 점은 동일하다. 특히, 주어진 함수 f의 구성에 따라서 $\ln f$를 이용하는 편이 문제해결에 용이함을 알 수 있다. 이제,

$\ln f \in \mathcal{C}^1(A, \mathbb{E}^1)$을 가지고 '곱셈자법칙'을 적용하기 위하여 함수 $F(\mathbf{x}) := \ln f(\mathbf{x}) + \sigma\Phi(\mathbf{x})$를 생각하자. (단, $\sigma \in \mathbb{E}^1$). 만일 $\mathbf{x}_0 \in M$가 F의 임계점이라 하면

$$\begin{cases} \circ\ (F_1(\mathbf{x}_0), F_2(\mathbf{x}_0), \cdots, F_n(\mathbf{x}_0)) = \operatorname{grad} F(\mathbf{x}_0) = \mathbf{0}\,; \\ \circ\ x_0^1 + x_0^2 + \cdots + x_0^n = 1\,; \\ \circ\ x_0^j > 0\ (\forall j \in \{1, 2, \cdots, n\}) \end{cases}$$

이다. 그러므로 $\frac{1}{\sigma} = x_0^j\ (\forall j \in \{1, 2, \cdots, n\})\ \&\ x_0^1 + x_0^2 + \cdots + x_0^n = 1$이다. 즉, $\sigma = n$이고 따라서 $x_0^j = \frac{1}{n}\ (\forall j \in \{1, 2, \cdots, n\})$을 얻는다. 이것으로부터 $f(\mathbf{x}) \leq f(\mathbf{x}_0) = \left(\frac{1}{n}\right)^n\ (\forall \mathbf{x} \in S)$임을 알 수 있다. 특히, $x^1 = x^2 = \cdots = x^n = n^{-1}$인 경우 등호가 성립한다.

(나) $\alpha := x^1 + x^2 + \cdots + x^n > 0$라 두면 $\frac{x^1}{\alpha} + \frac{x^2}{\alpha} + \cdots + \frac{x^n}{\alpha} = 1$이다. 그러므로 (가)를 적용하면

$$\frac{x^1}{\alpha}\frac{x^2}{\alpha}\cdots\frac{x^n}{\alpha} \leq \left(\frac{1}{n}\right)^n$$

을 얻는다. 따라서

$$\frac{(x^1x^2\cdots x^n)^{\frac{1}{n}}}{\alpha} = \left(\frac{x^1}{\alpha}\frac{x^2}{\alpha}\cdots\frac{x^n}{\alpha}\right)^{\frac{1}{n}} \leq \frac{1}{n}$$

이 성립한다. 결국

$$(x^1x^2\cdots x^n)^{\frac{1}{n}} \leq \frac{\alpha}{n} = \frac{x^1 + x^2 + \cdots + x^n}{n}$$

이 성립함을 보였다.

[238] (1°) 함수 $\Phi : \mathbb{E}^2 \setminus \{\mathbf{0}\} \longrightarrow \mathbb{E}^1$을 각 $(x, y) \in \mathbb{E}^2 \setminus \{\mathbf{0}\}$에 대하여 $\Phi(x, y) := 4 - x^2 - y^2$로 정의하면

$$\Phi \in \mathcal{C}^1(\mathbb{E}^2 \setminus \{\mathbf{0}\}, \mathbb{E}^1) \quad \& \quad \operatorname{rank}(D\Phi(x, y)) = 1\ \ (\forall\,(x, y) \in \mathbb{E}^2 \setminus \{\mathbf{0}\})$$

이므로 $M = \{(x, y) \in \mathbb{E}^2 \setminus \{\mathbf{0}\} : \Phi(x, y) = 0\}$은 1-다양체이다.

(2°) 함수 $f \in \mathcal{C}^1(\mathbb{E}^2 \setminus \{\mathbf{0}\}, \mathbb{E}^1)$를 가지고 '곱셈자법칙'을 적용하기 위하여 함수 $F(x, y) := f(x, y) + \sigma\Phi(x, y)$를 생각하자. (단, $\sigma \in \mathbb{E}^1$). 이때, $(x_0, y_0) \in \mathbb{E}^2$가 F의 임계점이라 하면

$$\mathbf{0} = \operatorname{grad} F(x_0, y_0) = (1 - 2\sigma x_0, 1 - 2\sigma y_0)$$

이므로 $x_0 = \frac{1}{2\sigma} = y_0$를 얻는다. 특히, $(x_0, y_0) \in M$이라 하면 $4 = x_0^2 + y_0^2 = \frac{1}{2\sigma^2}$이므로 $\sigma^2 = \frac{1}{8}$이고 따라서 $(x_0, y_0) = (\sqrt{2}, \sqrt{2})$ 또는 $(-\sqrt{2}, -\sqrt{2})$를 얻는다. 그러나 $f(\sqrt{2}, \sqrt{2}) = 2\sqrt{2}\ \&\ f(-\sqrt{2}, -\sqrt{2}) = -2\sqrt{2}$이므로 최댓값은 $2\sqrt{2}$이고 최솟값은 $-2\sqrt{2}$이다.

[239] 집합 S 위에 제한함수 $f|_S$의 최댓값과 최솟값을 구하기 위하여 두 개의 집합 $B := \{(x, y) \in \mathbb{E}^2 : x^2 + y^2 < 45\}\ \&\ M := \{(x, y) \in \mathbb{E}^2 : x^2 + y^2 = 45\}$를 생각하자. B 위에서 함수 f의 최댓값과 최솟값을 계산하고, 또한 함수 $f|_M$의 최댓값과 최솟값을 계산하여 비교한 후 결정함으로서 해결할 수 있다.

[1단계] B 위에서 함수 $f \in \mathcal{C}^1(\mathbb{E}^2, \mathbb{E}^1)$의 유일한 임계점은 $f_1(x, y) = 2(x - 1)\ \&\ f_2(x, y) = 2(y - 2)$이므로 $(1, 2)$이다. 특히 $f(1, 2) = 0$이므로 0은 B 위에서 함수 f의 최솟값이다. 그러나 이 경우 B가 열린집합이므로 함수 f는 최댓값은 존재하지 않는다.

[2단계] (1°) 함수 $\Phi : \mathbb{E}^2 \setminus \{\mathbf{0}\} \longrightarrow \mathbb{E}^1$을 각 $(x, y) \in \mathbb{E}^2 \setminus \{\mathbf{0}\}$에 대하여 $\Phi(x, y) := 45 - x^2 - y^2$로 정의하면 $\Phi \in \mathcal{C}^1(\mathbb{E}^2 \setminus \{\mathbf{0}\}, \mathbb{E}^1)\ \&\ \operatorname{rank}(D\Phi(x, y)) = 1\ (\forall\,(x, y) \in \mathbb{E}^2 \setminus \{\mathbf{0}\})$이므로 $M = \{(x, y) \in \mathbb{E}^2 \setminus \{\mathbf{0}\} : \Phi(x, y) = 0\}$은 1-다양체이다.

(2°) 함수 $f \in \mathcal{C}^1(\mathbb{E}^2, \mathbb{E}^1)$을 가지고 '곱셈자법칙'을 적용하기 위하여 함수 $F(x, y) := f(x, y) + \sigma\Phi(x, y)$를 생각하자. (단, $\sigma \in \mathbb{E}^1$). 이때, $(x_0, y_0) \in M$가 F의 임계점이라 하면

$$\mathbf{0} = \operatorname{grad} F(x_0, y_0) = (2(x_0 - 1) - 2\sigma x_0, 2(y_0 - 2) - 2\sigma y_0)$$

이므로 $\frac{x_0 - 1}{x_0} = \sigma = \frac{y_0 - 2}{y_0}$를 얻는다. 특히, $y_0 = 2x_0$이고 $(x_0, y_0) \in M$이므로 $x_0^2 = 9$를 얻는다. 따라서 M 위에 있는 함수 f의 임계점은 $(3, 6)\ \&\ (-3, -6)$이고 또한 $f(3, 6) = 20\ \&\ f(-3, -6) = 80$이다.

[1단계] & [2단계]로부터 제한함수 $f|_S$의 최댓값은 80이고 최솟값은 0임을 알 수 있다.

[240](가) 이차 동차 다항식 $f(x,y,z)$를 정리하면

$$\begin{aligned} f(x,y,z) &= 0x^2 + 0xy + 1xz \\ &\quad + 0yx + 1y^2 + 0yz \\ &\quad + 1zx + 0zy + 0z^2 \end{aligned}$$

이므로 구하는 행렬은

$$A = \begin{pmatrix} 0 & 0 & 1 \\ 0 & 1 & 0 \\ 1 & 0 & 0 \end{pmatrix}$$

이다.

(나) 방정식

$$0 = \begin{vmatrix} -\lambda & 0 & 1 \\ 0 & 1-\lambda & 0 \\ 1 & 0 & -\lambda \end{vmatrix} = \lambda^2(1-\lambda) - (1-\lambda) = (1-\lambda)(\lambda^2 - 1)$$

로부터 $\lambda = 1$ 또는 $\lambda = \pm 1$을 얻는다. 그러므로 $\lambda_1 = 1 = \lambda_2$ & $\lambda_3 = -1$은 행렬 A의 고윳값이다. 더욱이 각 $j \in \{1,2,3\}$에 대하여 $\mathbf{v}_j$가 λ_j에 대응하는 고유벡터러 하면

$$\mathbf{v}_1 = (0,1,0), \quad \mathbf{v}_2 = \left(\frac{1}{\sqrt{2}}, 0, \frac{1}{\sqrt{2}}\right) \quad \& \quad \mathbf{v}_3 = \left(\frac{1}{\sqrt{2}}, 0, -\frac{1}{\sqrt{2}}\right)$$

이다. 특히, $(x,y,z) = \zeta^1\mathbf{v}_1 + \zeta^2\mathbf{v}_2 + \zeta^3\mathbf{v}_3$라면

$$x = \frac{1}{\sqrt{2}}(\zeta^2 + \zeta^3), \quad y = \zeta^1 \quad \& \quad z = \frac{1}{\sqrt{2}}(\zeta^2 - \zeta^3)$$

임에 유념하면

$$2xz + y^2 = 2\frac{1}{2}(\zeta^2+\zeta^3)(\zeta^2-\zeta^3) + (\zeta^1)^2 = \lambda_1(\zeta^1)^2 + \lambda_2(\zeta^2)^2 + \lambda_3(\zeta^3)^2$$

으로 표현된다. 이것은 (9.16)에서 보였던 식을 의미한다.

(다) 각 $j \in \{1,2,3\}$에 대하여 $\mathbf{v}_j \in \mathbb{E}^3$가 $\lambda_j \in \mathbb{E}^1$에 대응하는 행렬 A 의 고유벡터라 하자.

이때, 이차 곡면의 분류에 따르면 방정식 $2xz + y^2 = 1$이 나타내는 곡면은 정리 9.5.7의 (9.16)에 따라서

$$B_1 := \{(x,y,z) \in \mathbb{E}^3 : 2xz + y^2 = 1\} = \left\{ \mathbf{x} = \sum_{j=1}^{3} \zeta^j \mathbf{v}_j \in \mathbb{E}^3 : (\zeta^1)^2 + (\zeta^2)^2 - (\zeta^3)^2 = 1 \right\}$$

이므로 일엽 쌍곡면이고, 방정식 $2xz + y^2 = 0$이 나타내는 곡면은 정리 9.5.7의 (9.16)에 따라서

$$B_2 := \{(x,y,z) \in \mathbb{E}^3 : 2xz + y^2 = 0\} = \left\{ \mathbf{x} = \sum_{j=1}^{3} \zeta^j \mathbf{v}_j \in \mathbb{E}^3 : (\zeta^1)^2 + (\zeta^2)^2 - (\zeta^3)^2 = 0 \right\}$$

이므로 이차 추면(conical surface)이다.

[241](1°) $(A^tA)^t = A^t(A^t)^t = A^tA$이므로 A^tA는 대칭행렬이다.(23)

(2°) 각 $\mathbf{x} \in \mathbb{E}^n$에 대하여 $f(\mathbf{x}) := (\mathbf{L}^t \circ \mathbf{L})(\mathbf{x}) \cdot \mathbf{x}$로 정의된 동차이차다항식 $f : \mathbb{E}^n \longrightarrow \mathbb{E}^1$을 생각하면 명제 7.2.9에 의하여 $\mathbf{y} \cdot \mathbf{L}(\mathbf{x}) = \mathbf{L}^t(\mathbf{y}) \cdot \mathbf{x}$ $(\forall \mathbf{x}, \mathbf{y} \in \mathbb{E}^n)$이므로

$$f(\mathbf{x}) = (\mathbf{L}^t \circ \mathbf{L})(\mathbf{x}) \cdot \mathbf{x} = \mathbf{L}(\mathbf{x}) \cdot \mathbf{L}(\mathbf{x}) = \|\mathbf{L}(\mathbf{x})\|^2 \quad (\forall \mathbf{x} \in \mathbb{E}^n)$$

---

(23) 그러므로 정리 9.5.7에서 대칭행렬 A 대신 A^tA을 이용하고 정리 9.5.7의 해법을 따라하면 요구된 결과를 얻게 된다.

이 성립한다.

(3°) $\alpha := \sup\{\|\mathbf{L}(\mathbf{x})\| : \|\mathbf{x}\| \leq 1\}$ & $\beta := \sup\{\|\mathbf{L}(\mathbf{x})\| : \|\mathbf{x}\| = 1\}$라 두고 $\alpha = \beta$임을 살펴보기로 하자. 우선, $\beta \leq \alpha$는 분명하므로 $0 < \|\mathbf{x}\| \leq 1$을 만족하는 $\mathbf{x} \in \mathbb{E}^n$를 임의의 선택하자. 이때, $\left\|\frac{\mathbf{x}}{\|\mathbf{x}\|}\right\| = 1$이므로 $\left\|\mathbf{L}\left(\frac{\mathbf{x}}{\|\mathbf{x}\|}\right)\right\| \leq \beta$이다. 그러나

$$\frac{1}{\|\mathbf{x}\|}\|\mathbf{L}(\mathbf{x})\| = \left\|\mathbf{L}\left(\frac{\mathbf{x}}{\|\mathbf{x}\|}\right)\right\|$$

이므로 $\|\mathbf{L}(\mathbf{x})\| \leq \beta\|\mathbf{x}\| \leq \beta$가 성립하여 $\alpha \leq \beta$를 얻는다.

(4°) 노름과 선형변환의 연속성을 콤팩트집합 $\{\mathbf{x} \in \mathbb{E}^n : \|\mathbf{x}\| = 1\}$에 적용하면

$$\|\mathbf{L}(\mathbf{x}_0)\| = \max\{\|\mathbf{L}(\mathbf{t})\| : \mathbf{t} \in \mathbb{E}^n \;\;\&\;\; \|\mathbf{t}\| = 1\}$$

을 만족하는 $\mathbf{x}_0 \in \mathbb{E}^n$ & $\|\mathbf{x}_0\| = 1$가 존재한다. 그러나

$$\max\{\|\mathbf{L}(\mathbf{t})\| : \mathbf{t} \in \mathbb{E}^n \;\;\&\;\; \|\mathbf{t}\| = 1\} = \sup\{\|\mathbf{L}(\mathbf{x})\| : \mathbf{x} \in \mathbb{E}^n \;\;\&\;\; \|\mathbf{x}\| = 1\}$$

이므로 (3°)에 의하여 $\|\mathbf{L}(\mathbf{x}_0)\| = \|\mathbf{L}\|$이다. 특히, (2°)에 의하여 $f(\mathbf{x}_0) = \|\mathbf{L}(\mathbf{x}_0)\|^2 = \|\mathbf{L}\|^2$을 얻는다.

(5°) 마지막으로 정리 9.5.7에 따라서 $\|\mathbf{L}\|^2$는 행렬 A^tA의 가장 큰 고윳값이다. 왜냐하면: $B = A^tA$라 두면 B는 n차 대칭행렬이고 B에 의해서 유도된 동차이차다항식은 각 $\mathbf{x} \in \mathbb{E}^n$에 대하여 $f(\mathbf{x}) := (\mathbf{L}^t \circ \mathbf{L})(\mathbf{x}) \cdot \mathbf{x}$로 정의된다. 그러므로 (2°) $\sim$ (4°)에 따르면 행렬 B의 가장큰 고윳값은 $\|\mathbf{L}\|^2$임을 알 수 있다.

찾아보기

다변수 함수론 입문 : 미분을 중심으로

지은이 김종진 • 박성희
펴낸이 조경희
펴낸곳 경문사
펴낸날 2022년 2월 28일 1판 1쇄
2024년 3월 4일 1판 2쇄
등 록 1979년 11월 9일 제1979-000023호
주 소 04057, 서울특별시 마포구 와우산로 174
전 화 (02)332-2004 팩스 (02)336-5193
이메일 kyungmoon@kyungmoon.com

값 30,000원

ISBN 979-11-6073-519-2